V. 1138.
A.

7558

J. Purtt Sculps.

VOYAGE HISTORIQUE DE L'AMERIQUE MERIDIONALE

FAIT PAR ORDRE DU ROI D'ESPAGNE

Par DON GEORGE JUAN,
COMMANDEUR D'ALIAGA DANS L'ORDRE DE MALTHE, ET COMMANDANT DE LA COMPAGNIE DES GENTILS-HOMMES GARDES DE LA MARINE,

ET

Par DON ANTOINE DE ULLOA,
LIEUTENANT DE LA MEME COMPAGNIE,

Tous deux Capitaines de Haut-Bord de l'Armée Navale du Roi d'Espagne, Membres des Sociétés Royales de Londres & de Berlin, & Correspondans de l'Académie des Sciences de Paris.

OUVRAGE ORNÉ DES FIGURES, PLANS ET CARTES NECESSAIRES.

ET QUI CONTIENT UNE

HISTOIRE DES YNCAS DU PEROU;

Et les Observations Astronomiques & Physiques, faites pour déterminer la Figure & la Grandeur de la Terre.

TOME PREMIER.

A PARIS, RUE DAUPHINE,
Chez CHARLES-ANTOINE JOMBERT, Libraire du Roi pour l'Artillerie & le Génie, à l'Image Notre-Dame.
M D C C L I I.

A
SON ALTESSE ROYALE
MONSEIGNEUR
LE PRINCE ROYAL
DE POLOGNE,
(a)

PRINCE
ELECTORAL
DE SAXE,
&c. &c. &c.

MONSEIGNEUR,

Votre Altesse Royale toujours charmée d'obliger ceux qui ont recours à sa
bon-

EPITRE.

bonté, & déjà instruite du mérite de cet Ouvrage, a daigné nous permettre de lui en dédier la Traduction. Cette permission, Monseigneur, dont nous ne saurions assez témoigner notre sincére reconnoissance, ne peut que confirmer le Public dans l'opinion avantageuse qu'il a conçue de l'Ouvrage même ; & c'est un préjugé bien favorable pour un Livre, que d'y voir à la tête le nom d'un Prince qui a un goût si décidé pour les Arts & pour les Sciences. Souffrez, Monseigneur, qu'en mettant cette Traduction à vos pieds, nous vous présentions en même tems les très-humbles

EPITRE.

bles assurances du respect très-profond avec lequel nous sommes,

MONSEIGNEUR,

DE VOTRE ALTESSE ROYALE

Les très-humbles & très-soumis Serviteurs.

ARKSTE'E & MERKUS.

AVERTISSEMENT
DES
LIBRAIRES.

LE Voyage des *Académiciens François*, envoyés au *Pérou* par Sa Majesté *Très-Chrétienne*, pour y mesurer un degré du Méridien, a fait trop de bruit en *Europe*, pour qu'on ne souhaite pas d'en avoir une rélation un peu circonstanciée: ce qui en a été publié jusqu'à-présent à *Paris*, se borne presqu'uniquement aux Observations tant Astronomiques que Physiques, qui ont été le principal objet de ce Voyage, mais qui en même-tems ne sont à la portée que d'un petit nombre de Lecteurs. Cependant les remarques que de si habiles gens ont faites sur l'Histoire tant Civile que Naturelle, & sur la Géographie d'un Pays si peu connu, où ils ont passé plusieurs années, ne peuvent qu'être extrèmement intéressantes. Mrs. les *Académiciens François* ne manqueront pas sans-doute d'en donner un détail circonstancié: en attendant qu'ils satisfassent à l'impatience du Public à cet égard, on verra avec plaisir la Traduction de l'Ouvrage que nous publions à-présent. C'est celui des deux Mathématiciens *Espagnols*, qui ont été choisis par Sa Majesté *Catholique*, pour accompagner Mrs. les *Académiciens de Paris*, & les assister dans leurs Observations. Par la lecture de ce Livre on se convaincra que ce choix n'auroit pas pu tomber sur des sujets plus capables. Il ne laisse rien à désirer sur cet important Voyage. Tous les Pays que ces Messieurs ont parcourus y sont décrits avec la derniere exactitude; & rien de ce qui regarde les Mœurs des Habitans, leurs Loix, leur Gouvernement & leur Commerce, n'y est oublié, non plus que ce qui a rapport à l'Histoire Naturelle.

Dans le second Volume on trouvera une Histoire Abrégée des *Yncas*, & des Vicerois qui ont gouverné jusqu'à-présent le *Pérou*; nous l'avons ornée de plusieurs Planches qui ne se trouvent point dans l'Original *Espagnol*, mais qu'il ne faut pas cependant regarder comme étrangeres au sujet, puisqu'elles sont toutes tirées de l'*Histoire des Yncas* de *Garcillasso de la Vega*. A la fin de ce même Volume on trouve le détail de toutes les *Observations Astronomiques & Physiques* sur lesquelles a été fondée la mesure du degré du Méridien sous l'Equateur. Et qu'on ne croye pas que cette derniere Partie ne contient que ce qu'on a déjà vu dans les Ouvrages qui ont été publiés en *France*. Si les *François* ont la gloire d'a-

AVERTISSEMENT DES LIBRAIRES.

voir formé les premiers le deffein de faire cette mefure, nos Auteurs *Efpagnols* ont l'avantage d'avoir les premiers fait part au Public de fon exécution, puisque leur Livre a paru en 1748, c'eft-à-dire, qu'il eft antérieur à ce qui a été publié fur le même fujet en *France*; & ceux qui font en état d'en juger, nous affurent qu'on trouve dans cet Ouvrage une clarté & une précifion bien propres à prouver que les Sciences les plus difficiles ne font pas moins cultivées en *Efpagne* que dans le refte de l'*Europe*, & qu'on a lieu d'efpérer qu'elles y feront pouffées à un haut degré de perfection, fous les aufpices du grand Prince qui y régne à-préfent, & qui accorde aux Gens de Lettres une protection toute particuliere.

Mr. d'ULLOA eft actuellement occupé à donner de éclairciffemens fur la difpute qui s'eft élevée à l'occafion des Pyramides érigées aux deux extrémités de la Baye, qui a fervi de fondement à la mefure du degré du Méridien : cet Ouvrage appartient naturellement à celui-ci, auffi dès-qu'il paroîtra nous ne manquerons pas d'en publier inceffamment la Traduction, qui fera faite fous les yeux de l'Auteur, & nous l'imprimerons dans le même format & avec le même caractere que celle-ci, pour qu'on puiffe les relier enfemble. Au-refte les Lecteurs s'appercevront aifément que nous n'avons rien négligé pour rendre cette Edition auffi belle qu'il nous a été poffible ; & afin qu'elle fût également correcte, des gens au fait des matieres qui font traitées dans ce Livre, ont bien voulu la revoir, & la comparer avec le texte original.

PRE-

PREFACE
DE
DON ANTONIO DE ULLOA.

LE Roi Philippe V. d'heureuse memoire, ayant jugé à propos d'envoyer dans l'*Amérique* Méridionale deux personnes de confiance pour y faire diverses observations, principalement celles qui pouvoient servir à déterminer la véritable figure de la Terre, le choix de ce Monarque tomba sur *Don George Juan* & sur moi, & c'est la relation de ce voyage qui fait le sujet de ce Volume & des trois autres suivans. Dans le Tome écrit par *Don George Juan* on est entré dans un détail convenable; & pour que tout fût traité avec plus de succès & de clarté, nous avons cru, comme on peut le voir dans sa Préface, devoir partager notre travail, & que *Don George Juan* se chargeât de décrire les *Observations Astronomiques* faites par l'un & l'autre tant en commun qu'en particulier, pendant que j'aurois soin du détail Historique de notre Voyage.

Le présent Ouvrage est divisé en deux Parties: la premiere comprend depuis notre départ de *Cadix* jusqu'à la conclusion de la mesure des degrés du Méridien Terrestre contigus à l'Equateur, & c'est le sujet des cinq premiers Livres, & le sixiéme contient une description de la Province de *Quito*. La seconde Partie roule sur les voyages faits à *Lima* & au Royaume de *Chily*, en deux Livres qui forment le Tome III. & un autre Livre forme le IV. Volume, qui contient la rélation de notre Voyage de *Callao* jusqu'en *Europe*, à quoi on a joint une Chronologie des Monarques qui ont régné au *Pérou* depuis le premier *Ynca Manco Capac* Fondateur de ce vaste Empire jusqu'au Roi glorieusement régnant Ferdinand VI. avec la Liste des Vicerois qui ont gouverné cet Empire depuis la conquête jusqu'à-présent. On a joint à cette Chronologie un récit abrégé des principaux événemens arrivés sous les régnes des Empereurs *Yncas* & dans la suite.

En l'une & l'autre partie de cet Ouvrage on trouvera la description des Mers où nous avons navigué, & des Pays que nous avons traversés, avec un détail de ce qui nous a paru mériter quelque attention, tant à l'égard des Mœurs & Coutumes des Habitans, que par rapport à la nature du Climat, du Terroir,

PRÉFACE

des Plantes particulieres qu'il produit, & autres point curieux d'Hiſtoire Naturelle. Je dois pourtant avertir le Lecteur que les Philoſophes & les Botaniſtes de profeſſion ne trouveront pas ici des deſcriptions auſſi complettes & auſſi détaillées qu'ils pourroient le déſirer; une application indiſpenſable aux Obſervations Aſtronomiques & Géométriques, principal objet de notre miſſion dans les lieux où nous avons ſéjourné ou par où nous avons paſſé, ne nous a pas permis de donner une plus grande attention à d'autres objets. Ces ſortes de recherches n'ont pu être que le fruit de quelques heures de loiſir.

Mais ſi ces Meſſieurs nous trouvent trop ſuccints à certains égards, & particulierement au ſujet des Plantes, le peu que nous avons dit pourra bien paroître long & ennuyeux à une autre eſpéce de Lecteurs, qui veulent des avantures ou des faits hiſtoriques dans un voyage, & ne goûtent aucune autre ſorte de détail. Vouloir plaire à tout le monde, ce ſeroit une entrepriſe trop difficile, vu que ce qui fait plaiſir aux uns, comme ayant rapport à leur profeſſion, paroît fade & languiſſant à ceux qui ne cherchent qu'à s'amuſer. J'ai tâché de tenir un milieu: pour cet effet, j'ai parlé des Plantes & des Animaux pour la ſatisfaction des Curieux, & j'ai évité la prolixité pour ménager la délicateſſe des autres, & le dégoût qu'auroient pu leur cauſer des détails trop circonſtanciés.

On trouvera peut-être auſſi que je m'étends trop au ſujet des Mers & des Vents; mais ces détails qui rebuteront ceux qui ne ſont pas marins, ont paru utiles & néceſſaires pour la perfection de la Navigation, puiſque ſans cela les Gens de mer ne retireroient aucune utilité de la lecture d'un pareil Ouvrage: il leur faut à eux des variations de l'Aiguille, des notices des Vents qui régnent dans chaque Parage; les Oiſeaux, & les Poiſſons qu'on y rencontre, ce ſont-là autant de marques qui contribuent à régler leur route.

Je n'ai pas cru devoir m'amuſer à réfuter certains traits répandus dans diverſes Hiſtoires & Rélations de voyages, au ſujet de ces Pays. Mon deſſein n'a été que de faire part au Public de mes remarques, & non de m'engager dans des diſcuſſions critiques pour ruiner des opinions peu fondées, & en acréditer de plus probables qui ne s'accordent point avec celles-là. Il ſuffira d'aſſurer le Lecteur qu'on n'avance rien dans cet Ouvrage qui n'ait été vérifié & examiné avec une attention extrême, tant en

gros

gros qu'en détail; qu'il n'y est fait mention d'aucun lieu où nous n'ayons été & fait quelque séjour; & qu'à l'égard de ceux dont nous parlons sans y avoir passé, comme cela arrive dans la description Géographique de la Province de *Quito* & des *Corrégimens* de la Viceroyauté de *Lima*, nous n'avons entrepris d'en faire mention qu'après avoir consulté les personnes les mieux au fait. Nous en avons usé de-même à l'égard des Missions des Peres Jésuites, de l'étendue de chaque District, & des Peuplades y contenues, des Paroisses & de ceux qui les dirigent, & de ce qui concerne l'Histoire naturelle de chaque lieu. Ceux à qui nous nous sommes adressés, ont concouru avec zéle à remplir les vues de Sa Majesté: ils ont satisfait à nos questions, éclairci nos doutes, & répondu à toutes nos difficultés avec toute la bonté imaginable. Chacun néanmoins est le maître de suivre l'opinion qui lui paroîtra la plus probable, en rendant à tous la justice qui leur est due.

On a inféré dans d'autres Rélations plusieurs propriétés d'Animaux & de Plantes, aussi nouvelles pour nous en *Europe*, qu'il nous a été impossible de les trouver en *Amérique*, où elles sont entierement inconnues. Si quelqu'un s'étonne que nous n'en fassions pas mention, qu'il soit assuré que nous n'avons manqué ni de travail ni d'application pour approfondir jusqu'aux moindres choses; mais que souvent nous avons trouvé des propriétés contraires à celles dont on nous avoit parlé, & que nous avons pris, pour ne nous point tromper, des précautions qu'observent rarement ceux qui font des rélations de ces Pays; vu qu'ils adoptent souvent sans examen ce qu'ils ont ouï dire à des *Indiens*, à des Métifs, & autres sortes de gens semblables, qui parlent de bonne foi, mais qui étant peu éclairés font cause que ces Ecrivains en imposent au Public sur des choses qui examinées de près ne se trouvent pas telles qu'ils les supposent. Cela fait d'autant plus de tort à la vérité, qu'il est difficile de desabuser des personnes autorisées du témoignage de ces Ecrivains, & attachées à tout ce qui porte un caractère de merveilleux & d'extraordinaire. De-là naissent des préjugés dont on a de la peine à se défaire, quoiqu'on en sente l'abus. Si l'on trouve donc que nous avons omis certaines choses dans cet Ouvrage, ou que sur certains points nous disons le contraire de ce que d'autres ont affirmé, on peut compter que l'omission vient de ce que nous avons trouvé ces choses ou fausses ou peu avérées, & que la contradiction naît de ce que nous avons trouvé le contraire, ou du-moins que les faits allégués nous ont paru douteux & incertains.

Comme la repréfentation des objets fait plus d'impreffion qu'un fimple récit, tout l'Ouvrage eft enrichi des Figures & Planches néceffaires tant pour l'intelligence de l'Hiftoire du Voyage que pour celle des Obfervations Aftronomiques, Géométriques & Phyfiques, le tout exécuté par les plus habiles Graveurs d'*Efpagne*. Ces Planches feront placées dans les lieux qui leur conviennent. De maniere que celles qui repréfentent les Bruyeres où fe font faites les obfervations, & les fignaux pour la mefure de la Méridienne dont il eft traité dans le premier Tome, fe trouveront à la fin du fecond, parce qu'il contient la defcription générale de toute la Province de *Quito*, Bruyeres, Fleuves & autres chofes qui appartiennent à cette defcription. Dans le premier Tome on trouvera les figures des habillemens des Habitans de *Quito*, tant Blancs que Métifs (ou Métices), & *Indiens* dont il eft parlé dans le même Tome. On y trouvera auffi la figure & la ftructure des Ponts. Les autres Planches contenant des Plans de Villes & de Ports, des Profpects que la terre offre dans la Navigation, feront placées dans les lieux où elles appartiennent.

Parmi les Plans on trouvera à dire ceux de la Ville de *Panama*, & de fon Golphe, lesquels fe font égarés lorfque j'eus le malheur d'être pris par les *Anglois*; & comme *Don George Juan* n'en avoit pas les *Duplicata*, il n'a pas été poffible de les inférer ici, comme on l'auroit fait fans cet accident, d'autant plus fâcheux que les *Duplicata* des autres Plans dont j'ai été chargé, fe trouvent ici à *Madrit*, y ayant été envoyés à mefure qu'ils étoient levés fur les lieux.

Enfin nous efpérons que le Public nous faura quelque gré de notre travail, & qu'il nous pardonnera les défauts qu'il pourra remarquer dans notre ftile: on ne doit pas attendre que des Marins s'expriment en Orateurs, ni en Hiftoriens fleuris & éloquens.

TABLE

TABLE DES LIVRES
ET
DES CHAPITRES.
PREMIERE PARTIE.

Voyage au Royaume du *Pérou*, comprenant la defcription des mœurs & ufages jufqu'au Royaume de *Quito*, avec diverfes remarques fur la navigation & la connoiffance des Mers. Defcriptions de Villes & de Provinces, & méthode obfervée pour mefurer les degrés du Méridien fous l'Equateur.

LIVRE PREMIER.

Raifons pour lesquelles ce Voyage eft entrepris. Navigation de la Baye de *Cadix* à *Carthagéne* des *Indes*. Defcription de cette derniere Ville, & remarques fur ce fujet.   Pag. 3

CHAPITRE I. *Motif du Voyage à l'Amérique Méridionale ; deffein de mefurer quelques degrés du Méridien fous l'Equateur ; fortie de la Baye de* Cadix ; *arrivée à* Carthagéne des Indes ; *remarques fur la Navigation dans cette traverfée.*   ibid.

CHAP. II. *Séjour à* Carthagéne. *Defcription de cette Ville, fa fituation, fa découverte, fa grandeur, fes édifices & fes richeffes. Tribunaux qu'elle renferme, & leur Jurifdiction.*   19

CHAP. III. *Defcription de la Baye de* Carthagéne des Indes, *fa grandeur, fa difpofition, & fes marées.*   24

CHAP. IV. *Des Habitans de* Carthagéne, *de leur qualité ; différence des Caftes ou Races, & leur origine ; Génie & Coutumes.*   27

CHAP. V. *Du Climat de la Ville de* Carthagéne des Indes. *Maniere dont les Habitans divifent les Saifons. Maladies auxquelles font fujets les Européens nouvellement arrivés en ce Pays ; caufes de ces maladies. Autres maladies qui affligent également les Créoles & les Chapetons.*   38

CHAP. VI. *De l'Agrément des Campagnes aux environs de* Carthagéne, *des Plantes & des Arbres communs & particuliers qui y croiffent.*   44

CHAP. VII. *Des Animaux & Oifeaux domeftiques & fauvages qui fe trouvent dans les Campagnes & Montagnes de* Carthagéne. *Efpéces differentes de Reptiles & Infectes venimeux avec leurs propriétés.*   48

CHAP.

TABLE DES LIVRES

CHAP. VIII. *Où il est traité des denrées que produit le terroir de* Carthagéne, *& de la nourriture des Habitans.* 61

CHAP. IX. *Du Commerce de* Carthagéne *après l'arrivée des Gallions, & autres Vaisseaux venans* d'Espagne. *Du Commerce qu'elle fait des Marchandises & Fruits de son crû avec les autres Contrées des* Indes. 70

LIVRE SECOND.

Voyage de *Carthagéne* au Royaume de *Tierra-Firme*, & à la Ville de Portobélo. 75

CHAP. I. *Départ de* Carthagéne *pour* Portobélo. *Vents alisés ou généraux qui régnent sur ces côtes. Avis sur les courans & sur le tems qu'ils arrivent.* ibid.

CHAP. II. *Description de la Ville de* Saint Philippe de Portobélo. 77

CHAP. III. *Description du Port de* Portobélo. 79

CHAP. IV. *Climat de* Portobélo. *Maladies épidémiques & funestes aux Equipages des Gallions.* 82

CHAP. V. *Habitans de* Portobélo: *leur Génie & leurs Usages. Plantes, Arbres & Animaux qui se trouvent dans les Campagnes de cette Ville. Maniere de se pourvoir de Vivres.* 85

CHAP. VI. *Du Commerce de* Portobélo *pendant le séjour des Gallions, & du peu qu'il y en a en tems mort.* 90

LIVRE TROISIEME.

Voyage de *Portobélo* à *Panama*. Description de cette derniere Ville, & Remarques sur le Royaume de *Tierra-Firme*. 93

CHAP. I. *Départ de* Portobélo. *Navigation par la Riviere de* Chagre, *& Voyage de* Cruces *à* Panama *par terre.* ibid.

CHAP. II. *Description de la Ville de* Panama. *Maniere dont les maisons y sont bâties. Tribunaux, & Richesses des Habitans.* 98

CHAP. III. *Du Climat & des Habitans de* Panama; *des Champs & des Fruits qu'ils produisent.* 104

CHAP. IV. *De la nourriture ordinaire des Habitans de* Panama, *avec quelques Observations particulieres.* 106

CHAP. V. *Commerce que la Ville de* Panama *fait en tout tems avec les Royaumes du* Pérou *& de* Tierra-Firme. 108

CHAP. VI *Etendue de la Jurisdiction de l'Audience de* Panama *au Royaume de* Tierra-Firme. *Limites de ce Royaume & Provinces dont il est composé.* 114

ET DES CHAPITRES.
LIVRE QUATRIEME.

Voyage du Port de *Périco* à *Guayaquil*. Remarques fur cette Navigation, & Defcription de la Ville de *Guayaquil* & de fon Corrégiment ou Sénechauffée. 121

CHAP. I. *Voyage du Port de* Périco *à* Guayaquil. ibid.

ADDITION *au Chapitre précédent, contenant la Defcription d'un Inftrument de nouvelle invention pour prendre hauteur en Mer, & où l'on fait voir les avantages qu'il a fur tous ceux dont on fe fert dans la Navigation.* 126

CHAP. II. *Remarques fur la Navigation depuis le Port* Périco *jufqu'à la Puna. Vents & Courans dans cette traverfée.* 137

CHAP. III. *De notre féjour à* Guayaquil, *& des mefures que nous prîmes pour nous rendre à la Montagne.* 140

CHAP. IV. *Defcription de* Guayaquil. *Sa fituation, découverte, fondation, grandeur, & ftructure des Maifons de cette Ville.* 141

CHAP. V. *Habitans, Coutumes & Richeffes de* Guayaquil, *& différence des Habillemens des Femmes.* 144

CHAP. VI. *Climat de* Guayaquil. *Divifion de l'Hiver & de l'Eté. Incommodités du Pays & maladies qui y régnent.* 147

CHAP. VII. *Alimens ordinaires des Habitans de* Guayaquil. *Rareté & cherté de quelques Denrées, & maniere d'apprêter les Mêts.* 150

CHAP. VIII. *Etendue du Corrégiment de* Guayaquil. *Lieutenances & Baillages dont il eft compofé.* 152

CHAP. IX. *Remarques fur le Fleuve de* Guayaquil, *& fur les Habitations qui peuplent fes bords. Fabrique des Bâtimens qui trafiquent fur ce Fleuve, & Pêche qui s'y fait.* 163

CHAP. X. *Du Commerce qui fe fait par la voye de la Ville & du Fleuve de* Guayaquil *entre les Royaumes du* Pérou, *de* Tierra-Firme *& les Côtes de la nouvelle* Efpagne, *& de celui que le Corrégiment de* Guayaquil *fait de fes Denrées avec ces Provinces.* 174

LIVRE CINQUIEME.

Comprenant notre Voyage depuis *Guayaquil* jufqu'à la Ville de *Quito* : mefure de la Méridienne dans la Province de ce nom : difficultés à faire les ftations dans les points qui formoient les triangles : defcription de la Ville de *Quito*. 178

CHAP. I. *Paffage de* Guayaquil *au* Caracol, *où fe fait le débarquement en Hiver. Voyage du* Caracol *à* Quito. ibid.

TABLE DES LIVRES

CHAP. II. *De la peine que nous eûmes à faire les Observations de la Méridienne, & de la maniere de vivre à laquelle nous fûmes réduits tant que ces Opérations durèrent.* 192

CHAP. III. *Comprenant les noms des Bruyeres, & autres Lieux où étoient les Signaux qui formoient les Triangles de la Méridienne, & ceux où chaque Compagnie séjourna pour faire les Observations convenables; avec de courtes remarques sur le tems qu'il fit pendant ces Opérations.* 206

CHAP. IV. *Description de la Ville de Quito. Tribunaux qui y sont établis.* 218

CHAP. V. *Des Habitans de Quito, de leurs différentes Classes, de leurs Mœurs, & de leurs Richesses.* 227

CHAP. VI. *Climat de Quito: maniere de distinguer l'Hiver de l'Eté, ses particularités; les inconvéniens auxquels on y est exposé; les avantages & les maladies qui y régnent.* 238

CHAP. VII. *De la Fertilité du Terroir de Quito: des Alimens ordinaires des Habitans, de leur espéce, & de leur abondance en tout tems.* 243

CHAP. VIII. *Commerce de Quito & de toute la Province de ce nom, tant en marchandises d'Espagne qu'en celles du Pays & autres du Pérou.* 251

LIVRE SIXIEME.

Description de la Province de Quito quant à l'étendue de la jurisdiction de son Audience. Remarques sur la Géographie, l'Histoire tant Politique que Naturelle de ce Pays, & sur ses Habitans. 254

CHAP. I. *Etendue de la Province de Quito, ou Jurisdiction de l'Audience de ce nom: Gouvernemens & Corrégimens qu'elle comprend, & notice des derniers en particulier.* ibid.

CHAP. II. *Continuation des Remarques sur les derniers Corrégimens de la Province de Quito.* 269.

CHAP. III. *Comprenant la Description du Gouvernement de Popayan & d'Atacames, appartenant à la Province de Quito. Comment ce Pays fut découvert, conquis & peuplé.* 282

CHAP. IV. *Description des Gouvernemens de Quixos, de Macas, & de Jaën de Bracamoros, avec une idée abrégée de la découverte & de la conquête qui en furent faites.* 296

CHAP. V. *Description du Gouvernement de Maynas, & de la Riviere du Marannon ou des Amazones. Découverte & cours de ce Fleuve. Rivieres qui s'y jettent.* 306

§. I. Où il est parlé des Sources du *Marannon*, & de diverses Rivieres qui

qui groſſiſſent ce Fleuve; du cours qu'il a, & des divers noms ſous leſquels il eſt connu. 306

§. II. Premieres Découvertes & Navigations entrepriſes en divers tems pour reconnoître le *Marannon*. 319

§. III. Où il eſt traité des conquêtes faites ſur le *Marannon*, des Miſſions qui y ſont établies, des Nations qui habitent ſur les bords de ce Fleuve, avec d'autres particularités dignes de l'attention du Lecteur. 325

Chap. VI. *Génie, Coutumes, & Qualités des Indiens de la Province de* Quito. 334

Chap. VII. *Deſcription Hiſtorique des Montagnes & Bruyeres les plus remarquables des Cordilleres des Andes; des Rivieres qui en viennent; & la maniere de les paſſer.* 351

Chap. VIII. *Continuation des particularités des* Paramos *ou Bruyeres. Animaux & Oiſeaux qu'on y trouve; & autres particularités de cette Province, deſquelles il n'a point encore été fait mention.* 360

Chap. IX. *Phénoménes ſinguliers ſur les Paramos & dans le reſte de la Province. Maniere de courre le chevreuil, & adreſſe des chevaux de ce Pays.* 367

Chap. X. *Courtes Remarques ſur les Minieres d'Argent & d'Or dont la Province de* Quito *abonde. Maniere d'extraire le Métal de quelques Mines d'Or.* 371

Chap. XI. *Monumens des anciens Indiens dans la Province de* Quito, *& Remarques ſur quelques Pierres curieuſes qui ſe trouvent dans les Carrieres.* 381

SECONDE PARTIE.
LIVRE PREMIER.

Contenant les motifs de notre Voyage à *Lima*. Relation de ce Voyage. Deſcription des Peuplades qui ſe rencontrent ſur la route, & de la Ville de *Lima*. 399

Chap. I. *Voyage par terre de* Quito *à* Truxillo. *Raiſons de notre départ pour* Lima. *Relation de la Route & des Peuplades, avec la maniere de voyager en ces Pays.* ibid.

Chap. II. *Arrivée à* Truxillo. *Deſcription abrégée de cette Ville, & continuation du voyage juſqu'à* Lima. 414

Chap. III. *Deſcription de la Ville de* Lima *Capitale du Pérou & réſidence de ſes Vicerois; ſon admirable ſituation, ſon étendue, & la majeſté de ſes Tribunaux.* 422

Chap. IV. *De la Réception que la Ville de* Lima *fait à ſes Vicerois. Pompe &*

TABLE DES LIVRES

fomptuofité de cette Cérémonie, & d'autres qui reviennent tous les ans. 437

CHAP. V. *Du nombre des Habitans de* Lima; *leur race, leur humeur, leurs ufages, leur richeffe, avec leur maniere de s'habiller.* 442

CHAP. VI. *De la température dont jouït la Ville de* Lima *ainfi que tout le Pays des Vallées. Divifion des Saifons de l'Année.* 452

CHAP. VII. *Fléaux auxquels la Ville de* Lima *eft fujette. Particularités des Tremblemens de terre. Maladies dont les Habitans de cette Ville font affligés.* 464

CHAP. VIII. *Fertilité du terroir de* Lima. *Efpéces & abondance de Fruits qu'il produit, avec la maniere de cultiver les Terres.* 476

CHAP. IX. *Abondance de nourriture à* Lima; *différentes efpéces d'alimens & maniere de s'en pourvoir.* 484

CHAP. X. *Commerce de* Lima, *tant en Marchandifes d'*Europe, *que de celles du crû du* Pérou, *& de la Nouvelle* Efpagne. 488

CHAP. XI. *Etendue de la Viceroyauté du* Pérou. *Audiences qui y font contenues. Evêchés dépendans de chacune. Corrégimens ou Sénéchauffées felon leur rang, & en particulier de celles qui appartiennent à l'Archevêché de* Lima. 493

CHAP. XII. *Où l'on traite des Corrégimens contenus dans les Diocéfes de* Truxillo, Guamanga, Cuzco *&* Arequipa. 500

CHAP. XIII. *Audience de* Charcas. *Evêchés Suffragans de cet Archevêché, & Corrégimens compris dans ce Diocéfe.* 517

CHAP. XIV. *Notices des trois Evêchés de* la Paz, Santa Cruz *de* la Sierra, *&* Tucuman, *& des Corrégimens qu'ils contiennent.* 530

CHAP. XV. *Notices des deux derniers Gouvernemens de l'Audience de* Charcas, *le* Paraguay *&* Buénos-Ayres, *& des Miffions que les* Jéfuites *y ont établies, avec la maniere dont ils les gouvernent, & la Police qu'ils y font obferver.* 540

LIVRE SECOND.

Retour de *Lima* à *Quito*. Navigation du *Callao* à *Guayaquil*, & remarques à ce fujet. Voyage fait à *Guayaquil* pour mettre cette Ville en état de réfifter à l'Efcadre *Angloife*, commandée par l'Amiral *Anfon*. Second Voyage à *Lima*, & de-là aux Iles de *Jean Fernandez* & à la Côte du *Chili*. Defcription des Mers & Villes de ce Pays, & retour au *Callao*. Pag. 1

CHAPITRE I. *Voyage par mer du Port du* Callao *à celui de* Payta, *& de ce dernier à* Guayaquil *& à* Quito. *Defcription de* Payta, *& remarques fur cette traverfée.* ibid.

CHAP.

ET DES CHAPITRES.

CHAP. II. *De ce qui nous survint à* Quito, *& qui nous obligea de différer la conclusion des Observations. Motif qui nous fit partir subitement pour* Guayaquil. *Le Viceroi du* Pérou *nous appelle pour la seconde fois. Nouveau voyage à* Lima. 5

CHAP. III. *Voyage du Port de* Callao *aux Iles de* Juan Fernandez. *Notices des Mers & des Vents qu'on rencontre dans cette Navigation.* 13

CHAP. IV. *Description des Iles de* Juan Fernandez. *Voyage de ces Iles à celle de* Ste. Marie, *& de celle-ci à la Baye de* la Conception, *avec des remarques sur la Navigation, les Vents, & les Mers dans cette traversée.* 21

CHAP. V. *Description de la Ville de* la Conception *au Royaume de* Chili. *Ravages qu'elle a soufferts de la part des* Indiens. *Situation, Climat, & Habitans de cette Ville. Fertilité de son terroir, & son Commerce.* 32

CHAP. VI. *Description de la Baye de* la Conception. *Remarques sur les Ports de cette Baye. Poissons qu'on y prend. Carrieres singulieres de Coquilles.* 42

CHAP. VII. *Description de la Ville de* Santiago, *Capitale du Royaume de* Chili; *sa Fondation, sa Grandeur, ses Habitans & ses Tribunaux.* 47

CHAP. VIII. *Rélation du Royaume de* Chili *en ce qui est de la Jurisdiction de l'Audience de* Santiago; *Gouvernement & Capitainie-Générale; des Gouvernemens particuliers & des Corrégimens.* 51

CHAP. IX. *Du Commerce du* Chili *avec le* Pérou, Buénos-Ayres *& le* Paraguay, *& de celui qui se fait entre ses propres Provinces. Remarques sur les* Indiens Gentils *qui habitent sur les Frontieres. Maniere de traiter avec eux, & de les engager à vivre en paix.* 58

CHAP. X. *Voyage du Port de* la Conception *aux Iles de* Juan Fernandez, *& de-là au Port de* Valparayso. *Description de ce Port.* 66

CHAP. XI. *Voyage de* Valparayso *au* Callao. *Remarques sur cette Navigation. Second retour à* Quito *pour terminer les Observations. Troisiéme voyage à* Lima *pour passer de-là en* Espagne *par le Cap* Hornes. 71

LIVRE TROISIEME.

Voyages du Port de *Callao* en *Europe*, avec des Remarques sur la Navigation, depuis *la Conception* de *Chili* jusqu'à l'Ile de *Fernando de Noronna*, *Cap-Breton*, *Terre-Neuve*, & *Portsmouth* en *Angleterre*; & depuis le même Port du *Callao* jusqu'à celui du Cap *François* en l'Ile de *St. Domingue*, & de-là à *Brest* en France. 77

CHAPITRE I. *Départ du* Callao: *arrivée au Port de* la Conception: *& voyage de-là à l'Ile de* Fernando de Noronna. *ibid.*

CHAP. II. *Réflexions sur le Voyage par le Cap de* Hornes. *Notice des Courans*

TABLE DES LIVRES ET DES CHAPITRES.

rans & des Vents ordinaires dans cette traversée; des tems que nous y eûmes; & des Variations de l'Aiguille observées depuis la Conception *jusqu'à l'Ile de* Fernando de Noronna. 87

CHAP. III. *Entrée au Port de l'Ile de* Fernando de Noronna. *Description de ce Port.* 95

CHAP. IV. *Départ de l'Ile de* Fernando de Noronna *pour les Ports d'*Espagne. *Combat des Fregates* Françoises *contre deux Corsaires* Anglois, *& ses suites.* 102

CHAP. V. *Voyage de* la Délivrance *au Port de* Louïs-Bourg *dans l'*Ile Royale *ou* Cap Breton, *où elle fut aussi prise. Remarques sur cette Navigation.* 108

CHAP. VI. *Relation du voyage que fit* D. Jorge Juan *du Port de* la Conception *au Cap* François *en l'Ile de* St. Domingue, *& de-là à* Brest *en* France, *jusqu'à son retour en* Espagne *& à* Madrid. 117

CHAP. VII. *De la Carte Marine qui comprend les Côtes du* Pérou, *& partie de la Nouvelle* Espagne, *& sur quels fondemens elle a été dressée.* 129

CHAP. VIII. *Description du Port & de la Forteresse de* Louïsbourg *au* Cap Breton. *Siége de cette Forteresse par les* Anglois, *& causes du succès de ce siége, avec quelques remarques particulieres sur le commerce que les* François *faisoient dans ce Port par le moyen de la pêche de la Morue.* 139

CHAP. IX. *Contenant quelques remarques sur la Colonie de* Boston; *son origine, son progrès, & autres choses particulieres.* 151

CHAP. X. *Voyage de* l'Ile Royale *à celle de* Terre-Neuve. *Maniere dont on fait la pêche de la Morue, & Voyage de* Terre-Neuve *en* Angleterre. 157

ERRA.

ERRATA Pour Le Tome Premier.

pag. 9 lig. 24 74½ lisez 47½.
pag. 12 lig. 24 regulier. lisez d'ordinaire.
pag. 29 lig. 1 Les dans Rues de la Ville dans le lieux *Estancias* lisez qu'eux dans les Rues de la Ville, dans les *Estancias*.
pag. 76 lig. 44 Chagre, lisez Chagre.
pag. 76 lig. 8 par Ouëst Sud, lisez Ouëst.
pag. 94 lig. 16 à ¼ du soir, lisez à ¼ après midi.
pag. 102 lig. 23 Le flot commence, lisez il faut pleine Mer.
pag. 103 lig. 1 Le fond, lisez la trop grande quantité.
pag. 110 lig. 14 48. lisez 43.
pag. 117 lig. 9 *a fine* Cacique lisez Cacique *Urraca*.
pag. 141 lig. 13 *a fine Picera* lisez *Piura*.
pag. 167 lig. 3 *a fine* Marée, lisez Vagues.
pag. 269 lig. 20 Ceranse, lisez Cerarse.
pag. 303 lig. 8 *a fine* descendre, lisez aller par terre.
pag. 314 lig. 13 arrive o. lisez ce Lieu à l'égard de.
pag. 353 lig. 3 Nord. lisez Nord-Est.
pag. 362 lig. 3 par jour suffisent, lisez en differens jours de suite.
——— lig. 9 Province du lisez Province Méridionale du.
pag. 369 lig. 1 de l'Occident au Sud. lisez entre l'Ouëst & le Sud.
——— lig. 23 à courre. lisez à la courir.
pag. 407 lig. 13 15000 lisez 1500.
pag. 416 lig. 9 *a fine* louvoyant lisez retournant.
pag. 468 lig. 18 Fennin lisez Fermin.
pag. 525 lig. 27 Gruro lisez Oruro.
pag. 534 lig. 16 il y a 70 lisez il y a en quelques endroits 70.

ERRATA pour le Tome Second.

pag. 3 lig. 22 & 23 Sud-Ouëst lisez Sud-Est.
pag. 43 lig. 17 arer le Vaisseau lisez chasser les Vaisseaux sur leurs ancres.
pag. 79 lig. 34 prendre un ris lisez prendre tous les ris.
——— lig. 3 *a fine* deux grandes lisez deux basses.
pag. 83 lig. 2 *a fine* & remîmes nos voiles de hune lisez & nous montâmes nos mâts de perroquet.
pag. 114 lig. 13 22 min. à l'Orient de *la Conception* lisez 22 min. & à l'Orient de *la Conception* de 19 deg. 1 min.
pag. 116 lig. 10 sester lisez sixter.
pag. 117 lig. 2 *a fine* de 35 deg. 11 min. lisez 35 degrés & 11 degrés.
pag. 118 lig. 12 55 deg. lisez 58 deg.
——— lig. 26 minutes lisez milles.
pag. 119 lig. 6 Paru lisez Paris.
pag. 137 lig. 9 ce sont les seules dans la Carte qui soient lisez toutes celles qui sont dans la Carte sont.

Tome Second, Partie Seconde.

pag. 3 lig. 1 *a fine* La superficie, lisez sa surface.
pag. 4 lig. 16 Six ans lisez six cens ans.
——— lig. 24 Circumpolaires lisez près des poles.
pag. 8 lig. 21 en quoi lisez dans lesquels.
——— lig. 28 qu'ils lisez qu'elles.
pag. 212 en marge pl. 5. lisez pl. XLII.
pag. 223 en marge pl. 6. lisez pl. XLIII.
pag. 235 en marge pl. 7. lisez pl. XLIV.
pag. 235 & 236 en marge pl. 7. lisez pl. XLIV.
pag. 242 en marge pl. 8. lisez XLV.

AVIS AU RELIEUR
POUR PLACER LES FIGURES.

Tome Premier. *Tome Second, Premiere Partie.*

Planche I. ⎫			Planche XXVI.	Pag.	21
II. ⎪			XXVII.		28
III. ⎬ Pag.	19		XXVIII.		31
IV. ⎪			XXIX.		32
V. ⎭			XXX.		49
VI.	20		XXXI.		25
VII.	24		XXXII.		51
VIII.	79		XXXIII.		68
IX.	126		XXXIV.		95
X.	122		XXXV.		122
XI.	166		XXXVI.		129
XII.	220		XXXVII.		139
XIII.	230				
XIV.	358		*Tome Second, Seconde Partie.*		
XV.	368				
XVI.	382		Planche XXXVIII.	Pag.	30
XVII.	386		XXXIX.		53
XVIII.	387		XL.		105
XIX. ⎫	389		XLI.		210
XX. ⎭			XLII.		216
XXI. N°. 1, 2 & 3. Ces trois demi feuilles doivent être collées, afin de ne faire qu'une Carte.	206		XLIII.		224
			XLIV.		238
			XLV.		308
XXII.	425		XLVI.		85
XXIII.	445				
XXIV.	443				
XXV.	468				

NOUVEAU PROJET D'UNE MESURE INVARIABLE,
PROPRE A DEVENIR UNIVERSELLE.

Extrait d'un Mémoire lû à l'assemblée publique de l'Académie des Sciences, le 24 Avril 1748, par M. de la Condamine.

UNE mesure fixe & invariable, à laquelle la suite des siècles ni la distance des lieux n'apporteroient aucune altération, a été desirée dans tous les temps*. Combien d'avantages la Société en général, & les Sciences en particulier, ne retireroient-elles pas d'une pareille mesure !

* Huygens, de Horologio oscillatorio, Prop. XXV.

Je réponds dans la première partie du Mémoire, dont je donne ici l'extrait, aux objections qu'on peut former contre tout projet d'une *Mesure universelle*. Dans la seconde, je propose celui que j'ai toûjours eu en vûe dans toutes les expériences du Pendule, que j'ai faites dans le cours de mon voyage à l'Equateur ; & j'expose les nouveaux moyens que ce voyage a fournis pour l'exécution de ce projet.

Les objections se réduisent à trois. 1.° Une mesure uniforme, selon quelques Spéculatifs, est inutile, & même contraire au bien du commerce. 2.° Ce projet, quand il seroit utile, paroît être d'une difficulté impraticable dans l'exécution. 3.° Les différens peuples pourront-ils jamais s'accorder sur le choix d'une mesure commune ?

La première objection ne mérite une réponse sérieuse que

ij

parce que le nombre de ceux qui la répètent, fans y avoir bien réfléchi, femble lui donner quelque poids.

Rien n'eft moins prouvé que la réalité du prétendu profit que peut procurer la diverfité des poids & des mefures. Si le marché fe fait de marchand à marchand, ils font, d'ordinaire, auffi clair-voyans l'un que l'autre : fi c'eft d'un marchand à un particulier, celui-ci n'achette la marchandife qu'au poids & à la mefure qu'il connoît ; il n'y aura donc dans l'un ni dans l'autre cas aucun bénéfice : s'il y en avoit un, il ne feroit pas légitime, puifqu'il ne pourroit jamais venir que de la mauvaife foi de celui qui feroit le profit, ou au moins d'une erreur de fait préjudiciable à l'un des deux contractans. Dira-t-on que la fraude & l'erreur font avantageufes au commerce ? foûtiendra-t-on qu'elles doivent être autorifées, ou tolérées, quand il eft poffible de les prévenir ?

Suppofons le profit réel, & le gain légitime : l'intérêt du petit nombre de gens à qui ce commerce équivoque feroit utile, doit-il être mis en balance avec la commodité que trouveroit tout le refte des citoyens, dans une uniformité de mefures qui porteroit la lumière dans le commerce, en débarraffant les calculs de réductions incommodes, peu exactes, & fujettes à erreur? Si tous les hommes parloient la même langue, l'office d'interprète deviendroit inutile ; ceux qui l'exercent y perdroient fûrement : conclurra-t-on de là que la diverfité des langues eft avantageufe à la fociété ? Tel eft le raifonnement de ceux qui prétendent que la variété des poids & des mefures eft utile au commerce.

Quant à l'impoffibilité prétendue d'établir une mefure uniforme, plufieurs de nos Rois ont penfé bien différemment :

Charlemagne avoit rétabli dans tout son Empire l'usage du poids & des mesures romaines; le Roi *Philippe V*, dit le *Long*, avoit résolu d'introduire en France une mesure uniforme*. Cela ne seroit assurément pas plus difficile, que d'y donner cours à une nouvelle monnoie, ou de changer la valeur de l'ancienne; ce qui a été fait tant de fois sans difficulté. N'en trouvera-t-on que dans l'exécution des projets qui peuvent contribuer au bien de l'E'tat?

* *Voy.* Mézeray & *le Préside*nt Hénault, *an. 1321.*

Sans abroger d'abord par une loi absolue l'ancien usage, il suffiroit d'obliger de faire tous les marchés qui auroient besoin du ministère public des Notaires ou des Tribunaux, sur le pied de l'ancienne & de la nouvelle mesure. On auroit des tables de réductions toutes calculées, & imprimées, comme on a des tarifs pour les monnoies, &c. Le public s'habitueroit bien-tôt à la mesure nouvelle: avec le temps elle deviendroit plus familière que l'ancienne, & celle-ci s'oublieroit, comme à *Genève* l'aune de France fait oublier celle du pays.

Enfin on allègue l'impossibilité de convenir d'une mesure.

Avant que de répondre directement, je fais voir combien le rapport des mesures des différens pays, & même des différentes provinces d'un royaume, est peu connu, & combien il reste d'incertitude sur la longueur absolue des mesures qui passent pour les plus authentiques, à commencer par l'aune de *Paris*, & par celle de *Lyon*, sans excepter même la toise du Châtelet, dont la longueur n'a été parfaitement fixée, qu'au temps où elle a été employée aux dernières mesures de la terre. Quant au choix d'une mesure commune; s'il n'étoit question que d'opter entre celles des différentes nations, la toise qui a servi à déterminer les degrés dans les trois Zones, mériteroit la préférence sur les autres; mais comme cette raison ne paroîtroit probablement pas suffisante à tous les peuples de l'Europe, pour abandonner leurs anciennes mesures, je conclus qu'il n'y a qu'une mesure puisée dans le sein de la Nature, une mesure constante, inaltérable, vérifiable dans tous les temps, qui puisse, par ces avantages réunis, arracher, pour ainsi dire, le consentement de toutes les nations, pour en faire une mesure universelle.

Un corps pesant, attaché au bout d'une corde arrêtée par son autre extrémité; une balle de plomb, par exemple, suspendue par un fil à un clou, est ce qu'on appelle un *Pendule*.

On sait que cette balle, si on la met en mouvement, en l'écartant de la ligne à-plomb, où elle tend par son propre poids, fera des balancemens qui diminueront peu à peu de grandeur, mais dont la durée sera sensiblement la même.

A *Paris*, il faut donner au Pendule une longueur d'environ 3 pieds 8 lignes & demie pour qu'il fasse 60 oscillations par minute; c'est-à-dire, pour que chaque oscillation dure précisément une seconde.

Si l'aune de *Paris* eût été fixée autrefois à la longueur du Pendule à secondes; quand il ne resteroit pas le moindre vestige de l'aune, il n'y auroit qu'à attacher une balle de plomb à un fil délié, puis chercher par expérience la longueur qu'il faudroit donner à ce fil, pour qu'il suivît exactement les vibrations d'une horloge à secondes bien réglée : on retrouveroit la mesure perdue de l'étalon de l'aune.

Ces réflexions firent naître l'idée d'une mesure fixe & invariable, & divers projets d'une mesure universelle. La Société royale de *Londres*, M. *Huygens*, M. *Picard*, plusieurs Savans du dernier siècle, proposèrent pour modèle ou archetype d'une pareille mesure, la longueur du Pendule qui bat les fecondes. On la fuppofoit alors la même par toute la terre, & l'on ignoroit que cette longueur eft différente à chaque degré de latitude. C'eft ce qu'ont prouvé les expériences de M. *Richer* à *Cayenne* en 1671, que j'y ai répétées en 1744 avec de nouvelles précautions, & celles des Académiciens, tant fous le Cercle polaire que fous l'Equateur.

Il y a donc autant de longueurs du Pendule à fecondes, qu'il y a de Parallèles à l'Equateur. On demande laquelle de toutes ces différentes longueurs a le plus de droit pour devenir le modèle de la mefure univerfelle.

Je dis que fi quelqu'une mérite la préférence, c'eft celle du Pendule à fecondes fous l'Equateur, & voici mes raifons.

L'Equateur eft le milieu de la terre habitable, le terme d'où l'on commence à compter les latitudes; celui de la moindre pefanteur. Le Pendule équinoctial eft unique: il eft déjà mefuré. Il n'y a pas lieu de préfumer qu'en le choififfant on ait eu en vûe la convenance d'une nation pluftôt que d'une autre.

Quant au Pendule du Parallèle de 45 degrés, qu'on pourroit propofer comme moyen entre les Pendules extrêmes de l'Equateur & des Poles, il eft fujet à trop d'inconvéniens.

1.° Il n'eft pas unique, puifqu'il y a un autre Parallèle de 45 degrés au delà de la Ligne: & qui fait fi la longueur du Pendule y eft la même que dans cet hémifphère?

2.° Le Pendule du Parallèle de 45 degrés, feroit toûjours foupçonné d'avoir été choifi, parce que ce Parallèle traverfe la France; & cela fuffiroit, vrai-femblablement, pour faire rejeter ce Pendule par les autres nations de l'Europe, avec plus de fondement encore que celui du Parallèle de *Paris*, qui, du moins, a l'avantage d'avoir été immédiatement déterminé par un grand nombre d'expériences.

3.° Si, contre toute apparence, les diverses nations de l'Europe s'accordoient à préférer le Pendule de 45 degrés, il faudroit commencer par fixer sa longueur absolue par des expériences, qui de long-temps, ou peut-être jamais, n'auroient l'authenticité de celles par lesquelles Mrs *Godin, Bouguer* & moi, avons déterminé la longueur du Pendule à *Quito*, par différens procédés, & avec différens instrumens, sans presque différer de plus d'un centième de ligne.

4.° Enfin la convention du Pendule du Parallèle de 45 degrés, si elle pouvoit avoir lieu, ne seroit fondée que sur la convenance ou l'accord de quelques nations de l'Europe, que nous regardons comme seules dépositaires des Sciences dans le moment présent; au lieu que la préférence donnée au Pendule équinoctial, convient à tous les lieux & à tous les temps. Aucune nation, ni aucun siècle à venir, ne pourra protester contre ce choix. Un François préféreroit sans doute le Pendule du Parallèle de *Paris*, comme un Anglois celui de *Londres*. Un Européen, en général, pourroit opter pour celui de 45 degrés. Le Philosophe & le citoyen du monde choisira, sans contredit, le Pendule équinoctial.

J'ajoûte que, même sans adopter la longueur absolue du Pendule de *Quito*, confirmée par un si grand nombre d'expériences, on peut conclurre la longueur du Pendule équinoctial avec autant de certitude que celle du Pendule à *Paris*.

Il suffit pour cela de savoir combien une horloge à secondes, ou un Pendule à verge de métal, fait en vingt-quatre heures, sous l'Equateur, moins d'oscillations qu'à *Paris* dans le même temps. M. *Godin*, M. *Bouguer* & moi, avons fait, chacun en particulier, des expériences sous l'Equateur avec un Pendule de cette espèce: le mien conserve son mouvement plus de vingt-quatre heures : je l'ai mis en expérience pendant des huit, dix & quinze jours, à *Quito*, à *Cayenne*, & à *Paris;* & dans toutes les saisons, ayant égard aux différens degrés de chaleur indiqués par le Thermomètre.

Je sais combien mon Pendule fait à *Paris* l'été & l'hiver, & dans une moyenne température d'air, plus d'oscillations qu'il n'en faisoit dans tous les lieux précédens, & notamment sous la Ligne au niveau de la mer ; & comme il est démontré que chaque oscillation de plus ou de moins en 24 heures, répond à un centième de ligne sur la longueur du Pendule à secondes, il est aisé d'en conclurre combien il y a de centièmes de lignes à retrancher de la longueur du Pendule à secondes à *Paris,* tant de fois vérifiée, & toûjours *vérifiable,* pour la réduire à celle du Pendule équinoctial ; qu'on trouvera de 3 pieds 0 pouces, & un peu plus de 7 lignes *

Le voyage à l'Equateur nous met donc en état de laisser à la postérité, une mesure fixe, invariable, reçûe des propres mains de la Nature, & sur laquelle le temps même n'aura plus de pouvoir. Elle joint à ces avantages celui d'être unique, & de convenir également à tous les peuples, sans que les jalousies nationales puissent fournir aucun prétexte pour la rejeter.

L'exemple du Calendrier grégorien, qui s'introduit insensiblement dans les pays, où des raisons de politique avoient empêché de l'admettre, donne lieu de croire que si la

---

* Je me réserve d'en fixer plus précisément la longueur quand je donnerai le détail de mes expériences. En attendant, je saisis la première occasion qui se présente, & je déclare que la formule *(Mém. de l'Acad. 1735, p. 538)* pour trouver le centre d'oscillation du Pendule, n'est pas tout-à-fait la même que celle qu'on tire de la théorie de M. *Huygens,* comme je le crus alors ; ce qui m'empêcha de citer M. *Bouguer,* qui me l'avoit communiquée sans m'en avertir, & qui réclame aujourd'hui ses droits.

nouvelle mesure s'établissoit aujourd'hui en France, elle trouveroit peu d'obstacles à sa propagation.

Du moins ne peut-on douter que toutes les Académies & les Sociétés Littéraires d'Europe ne l'adoptassent avec joie: elle leur serviroit à parler désormais la même langue, & à se communiquer plus aisément leurs découvertes réciproques. Ce langage des Académies deviendroit bien-tôt celui des Ingénieurs & des Architectes; avec le temps, celui des Arpenteurs & des Maçons, quelque jour celui des Marchands, & enfin celui du peuple. En attendant, la France auroit l'honneur d'avoir montré l'exemple aux autres nations, en faisant pour l'avenir ce que nous souhaiterions que les siècles passés eussent fait pour le nôtre.

Je me suis contenté, dans le Mémoire dont je viens de donner l'extrait, de proposer des vûes générales sur l'utilité de la mesure universelle, sur la possibilité de son établissement, & sur le choix de cette mesure.

Quant à la réduction de toutes les mesures, tant linéaires que quarrées & cubiques, à la nouvelle *Mesure physique*, en ramenant à celle-ci la toise, l'aune, la lieue, l'arpent, le setier, le boisseau, le muid, &c. même les poids, qui ne sont autre chose qu'une mesure solide, jusqu'ici fort défectueuse, mais qu'on pourroit aussi pareillement rendre invariable, par la fixation de la mesure linéaire; les bornes d'une lecture académique ne me permettoient pas d'entrer dans ces détails: ils fourniront la matière de plusieurs Mémoires, si le nouveau projet est agréé.

VOYAGE AU PEROU,

PREMIERE PARTIE.
CONTENANT
LA RELATION
DE LA ROUTE SUIVIE JUSQU'AU
ROYAUME DE QUITO.
AVEC DIFFERENTES OBSERVATIONS

Sur la Navigation, & la Connoissance des Mers, la Description des Villes & des Provinces, & la Méthode observée pour mesurer quelques degrés du Méridien immédiatement sous l'Equateur.

VOYAGE AU PEROU,

LIVRE PREMIER.

Raisons pour lesquelles ce Voyage est entrepris. Navigation de la Baye de *Cadix*, à *Carthagéne* des *Indes*. Description de cette derniére Ville, & Remarques sur ce sujet.

CHAPITRE I.

Motif du Voyage à l'Amérique Méridionale; dessein de mesurer quelques degrés du Méridien sous l'Equateur; sortie de la Baye de Cadix; *arrivée à* Carthagéne des Indes; *Remarques sur la Navigation dans cette traversée.*

LE cœur de l'homme est naturellement porté aux choses, qui, plus elles présentent de difficultés, plus elles paroissent avantageuses. Il n'épargne aucune peine pour en venir à bout, & il s'anime à mesure que les difficultés semblent devoir le rebuter. L'éguillon de la gloi-

A 2 re

re inféparable des grandes entreprifes, eft un puiffant attrait qui enchante l'efprit; l'efpoir du gain fe joint à ce motif & détermine la volonté; il diminue les périls, adoucit les incommodités, & applanit les obftacles, qui fans cela paroîtroient énormes & infurmontables. Souvent néanmoins il ne fuffit pas pour réüffir d'avoir le défir & la réfolution; & les moyens dont la prudence & la politique des hommes fe promettoient d'heureux fuccès par les mefures les plus juftes, ne font pas toujours efficaces. La divine Providence, qui par fes fuprêmes & incompréhenfibles jugemens dirige le cours de nos actions & de nos fuccès, femble leur avoir prefcrit des bornes, au-delà defquelles toutes nos tentatives font vaines; les points où nous voulons pénétrer, nous reftent cachés, par un effet de fa fageffe infinie; & ce qui réfulte d'une femblable conduite, doit plutôt être l'objet de notre refpect que de nos fpéculations. La connoiffance des bornes de l'efprit humain, une recréation honnête, l'emploi de nos lumiéres pour la démonftration des vérités, qu'on ne peut découvrir que par une étude continuelle propre à bannir l'oifiveté, & à donner du plaifir & du repos à l'âme, tous ces avantages méritent une eftime finguliére, & font des objets qu'on ne peut trop recommander. De tout tems le défir de pouvoir éclairer les autres par quelque nouvelle découverte, a excité les hommes au travail, & les a engagés dans des recherches continuelles qui ont été la principale fource des progrès des Sciences.

Quelquefois le hazard a découvert des chofes, qui ont réfifté longtems à la fagacité & à l'application. Souvent l'objet de la penfée s'offrant comme environné d'écueils inévitables, a rebuté la plus ferme réfolution. La raifon en eft, que les obftacles fe préfentent fous les couleurs les plus vives qu'on puiffe imaginer, & que les moyens de les furmonter échappent aux recherches, jufqu'à ce qu'applanis à force de travail & d'application, on vient enfin à bout de les furmonter avec plus de facilité.

De toutes les découvertes dont l'Hiftoire fait mention, foit que nous en foyons redevables au hazard, ou à l'étude, celle des *Indes* n'eft pas la moins confidérable. Ces Régions furent pendant plufieurs fiécles ignorées des *Européens*, ou du-moins effacées de leur fouvenir, obfcurcies dans les ténèbres de l'Antiquité, & enveloppées dans la confufion & l'obfcurité où elles fe trouvoient. Enfin l'heureufe époque arriva, où l'induftrie & la conftance devoient faire difparoître toutes les difficultés que l'ignorance augmentoit. C'eft cette époque qui fignala le régne, déjà recommandable par tant d'autres endroits, de *Ferdinand d'Arragon* & d'*Ifabelle*

de

de *Caſtille*. La raiſon & l'expérience diſſipérent toutes les idées de témérité & de ridiculité, dont on avoit été prévenu juſqu'alors. Il ſemble que la Providence ne permit le refus des autres Nations que pour relever la gloire de la nôtre, & pour récompenſer le zéle de nos Souverains qui dirigérent cette importante affaire, la prudence de leurs Sujets qui l'entreprirent, & la pieuſe fin que les uns & les autres ſe propoſoient dans tous leurs deſſeins. Au-reſte j'ai parlé du hazard & de l'étude, parce qu'il ne me paroît pas bien décidé ſi *Chriſtofle* Colomb a dû à ſa ſeule capacité & à ſon habileté dans la Coſmographie, l'aſſurance avec laquelle il ſoutenoit qu'il y avoit du côté de l'Occident des Régions & des Terres qui n'étoient point encore connues ni découvertes, ou s'il fut inſtruit par un certain Pilote qui les avoit découvertes y ayant été jetté par la tempête, & qui ayant été reçu & bien traité dans la maiſon de *Colomb*, en reconnoiſſance de ce favorable accueil, lui remit en mourant les Papiers & Mémoires qui contenoient un détail de cette découverte.

Quoi qu'il en ſoit, l'étendue de ce vaſte Continent, la multitude & la grandeur de ſes Provinces, la variété de ſes Climats, ſes productions, ſes ſingularités, & enfin la difficulté de la communication entre cette partie du Monde & les autres, ſurtout avec l'*Europe*, tout cela eſt cauſe que ce Pays, quoique découvert & habité dans ſes principales parties par les *Européens*, eſt inconnu dans la totalité, & qu'on en ignore une infinité de choſes qui ne contribueroient pas peu à donner une idée plus parfaite d'une ſi conſidérable partie du Globe.

Ces ſortes de recherches ſont ſans doute dignes de l'attention d'un grand Monarque, & de l'application de ſes Sujets les plus éclairés; mais ce ne fut pas-là l'objet principal de notre Voyage. Un deſſein plus grand & plus important avoit ſurtout influé dans la réſolution que le Roi prit de nous envoyer dans ce Continent.

On n'ignore pas dans la République des Lettres la fameuſe queſtion qui s'eſt élevée dans ces derniers tems ſur la figure & la grandeur de la Terre, & que juſques-là on l'avoit crue parfaitement ſphérique. La prolixité des derniéres obſervations avoit fait naître deux opinions différentes parmi les Philoſophes. Suppoſant tous qu'elle étoit elliptique, les uns prétendoient que ſon plus grand diamétre étoit aux Poles, & les autres qu'il étoit à l'Equateur. On peut voir le détail de cette diverſité dans les Obſervations Aſtronomiques & Phyſiques, faites par ordre de Sa Majeſté dans le Royaume du *Pérou*. La déciſion de ce procès, qui intéreſſoient non

feulement la Géographie & la Cofmographie, mais encore la Navigation, l'Aftronomie & d'autres Arts & Sciences, fut ce qui donna lieu
à notre entreprife. Qui auroit cru que ces Pays nouvellement découverts, feroient le moyen par lequel on parviendroit à la parfaite connoiffance de l'ancien Monde, & que fi le premier avoit été découvert par celui-ci, il le récompenferoit à fon tour par la découverte de fa véritable figure jufqu'à-préfent ignorée ou controverfée? Qui, dis-je, auroit penfé
que les Sciences trouveroient dans ce Pays-là des tréfors non moins efti-
mables que l'or des Mines qu'ils renferment, & qui ont tant enrichi les
autres Contrées? Que de difficultés ne s'eft-il pas rencontré, que d'obftacles n'a-t-il pas falu vaincre dans des opérations fi longues? l'intempérie
des Climats & des lieux où il les faloit faire, enfin la nature même de l'entreprife, comme on le voit en partie dans le Livre déjà cité, & comme
on le verra dans celui-ci. Toutes ces circonftances relévent infiniment
la gloire du Monarque par la protection duquel l'entreprife a été heureufement exécutée. Ce fuccès étoit réfervé à ce fiécle, & aux deux Monarques *Espagnols*, *Philippe V.* défunt & *Ferdinand VI.* notre Souverain.
Le premier a fait exécuter l'entreprife, le fecond l'a honorée de fa protection, & en a fait publier la relation, non feulement pour que fes Sujets
profitaffent des lumiéres qui y font répandues, mais auffi afin que les autres Nations en recueilliffent le même avantage, comme n'y étant pas
moins intéreffées. Et afin de rendre cette relation plus inftructive nous
parlerons des circonftances particuliéres qui ont donné lieu à notre Voyage, & qui ont été comme la bafe & le fondement des autres entreprifes
dont nous ferons mention dans la fuite, chacune felon fong rang.

L'Académie des Sciences de *Paris*, toujours attentive aux progrès des
Connoiffances humaines, & toujours empreffée à faifir les moyens propres
à les étendre, ne voyoit pas tranquillement l'incertitude où l'on étoit touchant la véritable figure & grandeur de la Terre, objet qui occupoit depuis plufieurs années les premiers génies de l'*Europe*. Cette célèbre Compagnie repréfenta à fon Souverain la néceffité de terminer une difpute,
dont la décifion feroit extrêmement avantageufe à la Géographie &
à la Navigation. Le moyen qu'elle propofa pour y parvenir, fut
de mefurer quelques degrés du Méridien dans le voifinage de l'Equateur, & de les comparer avec ceux qu'on avoit mefurés en *France*, ou
(comme on fit encore avec plus de juftteffe après notre départ) avec
d'autres degrés pris & vérifiés fous le Cercle Polaire, afin qu'on pût

juger

juger des différentes parties de sa circonférence par leur égalité ou leur inégalité, & par cette connoissance déterminer sa figure & sa grandeur. La Province de *Quito* dans l'*Amérique Méridionale* parut la plus propre au succès de l'entreprise. Les autres Pays par où passe la Ligne Equinoxiale tant en *Asie* qu'en *Afrique* étoient ou habités par des Barbares, ou d'une trop petite étendue pour ces sortes d'opérations; & toute réflexion faite, celui de *Quito* fut jugé le seul convenable au plan projetté.

Le Roi *Très-Chrétien Louis XV.* le Protecteur des Arts & des Sciences, fit solliciter par ses Ministres le Roi *Philippe V.* de vouloir bien permettre que quelques Membres de Sa Royale Académie se transportassent à *Quito* pour y faire les observations projettées, lui faisant en même-tems insinuer quel en étoit le but & l'utilité : objets simples & fort éloignés de tout ce qui peut inspirer cette méfiance politique qu'on nomme raison d'Etat. Sa Majesté, persuadée de la sincérité de ces instances, & voulant concourir à un si beau dessein, sans préjudicier à sa Couronne ni à ses Sujets, demanda l'avis du Conseil des *Indes*. Ce Tribunal ayant examiné l'affaire, & donné une réponse favorable, la permission fut accordée avec toutes les recommandations nécessaires, & les assurances de la protection Royale aux personnes qui devoient passer dans ces Pays pour ce sujet. Les Patentes qui leur furent expédiées le 14. & 20. *Août* 1734. contenoient les ordres les plus précis aux Viceroïs, Gouverneurs & autres Officiers de Justice, ainsi qu'à tous les Tribunaux, de les favoriser, aider & secourir dans tous les lieux par où ils passeroient, leur facilitant les transports, de sorte que personne ne pût leur faire payer plus que ceux du Pays n'étoient obligés de payer; ajoûtant d'ailleurs toutes les preuves imaginables de sa munificence Royale, & de son empressement à contribuer aux progrès des Sciences, & à l'estime de ceux qui en font profession.

A cette attention générale Sa Majesté en ajoûta de particuliéres pour l'honneur de la Nation *Espagnole*; & pour entretenir parmi ses Sujets le goût des Sciences. Elle destina deux Officiers de ses Armées, habiles dans les Mathématiques, pour concourir aux observations qui se devoient faire, & pour leur donner plus de relief & en étendre l'utilité, ne voulant pas que les *Espagnols* fussent redevables à d'autres qu'à eux-mêmes du fruit qu'on s'en promettoit. D'ailleurs Sa Majesté considéroit que les Académiciens *François* voyageant en compagnie de ces Officiers seroient plus considérés & respectés par les naturels du Pays, & ne donneroient aucun ombrage dans les Lieux par où ils devoient passer, aux personnes qui n'étoient

pas

pas fuffifamment inftruites. En conféquence, il fut ordonné aux Chefs & Directeurs du noble Corps des Gardes de la Marine, de choifir & propofer deux perfonnes, non feulement douées des lumiéres néceffaires & d'une prudence à pouvoir entretenir une correfpondance amicale & réciproque avec les Académiciens *François*, mais encore pour exécuter également & avec une jufte proportion, les obfervations & expériences qu'on fe propofoit.

Don George Juan Commandeur d'*Aliaga*, de l'Ordre de *Malthe*, Sous-Brigadier des Gardes de la Marine, auffi recommandable par fon application aux Mathématiques, que par fes fervices, fut un de ceux fur qui tomba le choix de Sa Majefté & qui parut propre à contribuer au fuccès de l'entreprife. Quoiqu'inférieur à lui à cet égard, je ne laiffai pas d'avoir la même deftination. L'un & l'autre revêtus du grade de Lieutenans de Vaiffeau, & munis des ordres & des inftructions néceffaires, nous reçûmes commandement de nous embarquer fur deux Vaiffeaux de guerre qu'on armoit à *Cadix* pour tranfporter à *Carthagéne* des *Indes* & de-là à *Portobello* le Marquis de *Villa-Garcia* nommé Viceroi du *Pérou*. A peu près dans le même tems les Académiciens *François* devoient partir à bord d'un Bâtiment de leur Nation, & prenant leur route par l'Ile de *St. Domingue*, nous venir joindre à *Carthagéne*, pour continuer le Voyage tous enfemble.

Les deux Vaiffeaux de guerre à bord defquels nous devions nous embarquer, étoient le *Conquérant* de 64 Canons, & l'*Incendie* de 50. Le premier commandé par *Don Francifco de Lianno* de l'Ordre de *Malthe*, & Capitaine de Haut-bord; le fecond par *Don Auguftin d'Iturriaga*, Capitaine de Fregate, lefquels décidérent que *Don George Juan* s'embarqueroit fur le *Conquérant*, & moi fur l'*Incendie*. Nous ne pûmes partir que le 26. de Mai 1735. jour auquel nous fîmes voile de la Baye de *Cadix*; mais le vent ayant changé, nous fûmes forcés de venir jetter l'ancre à une demie lieue environ de *Las Puercas*, & de demeurer-là tout le jour du 27. étant fort incommodés du vent & de la mer.

Le 28. le tems s'étant remis au beau & le vent devenu Nord-Eft, on remit à la voile, & l'on continua la route de la maniére qu'on le verra dans les deux Journaux fuivans.

JOURNAL
DE DON GEORGE JUAN
SUR LE VAISSEAU LE CONQUERANT.

LE 2 de *Juin* 1735 on eut connoiſſance des Iles *Canaries*, & les vents, qui ſont d'ordinaire fort variables dans cette traverſée, furent ou Nord-Oueſt, ou Nord, ou Nord-Eſt. Don *George Juan* trouva par ſon eſtime, que la Longitude entre *Cadix* & le *Pic de Ténériffe* étoit de 10 degr. 30 min. Selon les obſervations du Pere *Feuillée*, faites à *Lorotava*, à 6¼ minutes à l'Orient du *Pic*, la Longitude entre ce dernier & l'Obſervatoire de *Paris* eſt de 18 degr. 51 min. En ſouſtrayant 8 degr. 27 min. que la connoiſſance des tems compte entre l'Obſervatoire & *Cadix*, la Longitude entre cette Ville & le *Pic de Ténériffe* reſte à 10 degr. 24 min. & differe par conſéquent de 6 minutes de l'eſtime de Don *George Juan*.

Le 7. on perdit de vue les *Canaries*, & l'on continua à naviguer vers la *Martinique*, gouvernant au troiſiéme Quadrant par les 42 & 45 degrés, dont l'angle s'augmenta chaque jour, juſqu'à ce qu'approchant de l'Ile, on continua par ſon paralléle, & le 26 de *Juin*, on découvrit la *Martinique* & la *Dominique*, au milieu deſquelles on paſſa.

La Longitude entre *Cadix* & la *Martinique* fut, ſelon l'eſtime, de 59 degr. 55 min. ce qui eſt 3 degr. 55 min. plus que celle qui ſe trouve dans la Carte dreſſée par le Pilote *Antonio de Matos*, ſuivie généralement par ceux qui font cette route. Selon les Obſervations du Pere *Laval* faites à la *Martinique*, la différence en Longitude eſt de 55 degr. 8¼ min. & du Pere *Feuillée* 55 degr. 19 min.

Cette erreur vient en partie du peu d'exactitude de la Ligne de *Lok*; puiſque ſi le Pilote du Conquérant, qui éprouva le même défaut, avoit donné à la Ligne de *Lok* 50 piés *Anglois* au-lieu de 74½, la Longitude eſtimée n'auroit été que de 57 degrés. Cette faute de marquer mal la Ligne de *Lok* eſt preſque générale parmi les Pilotes *Eſpagnols* & ceux des autres Nations: & ce defaut ainſi que bien d'autres qui ſubſiſtent dans la Navigation, n'eſt point corrigé à cauſe du peu d'attention qu'on y fait.

La Ligne de *Lok* doit, d'un nœud à l'autre, contenir $\frac{1}{12}$ de mille, en ſuppoſant que l'horloge ou ſablier eſt juſte d'une demi-minute: & quoique tous conviennent à cet égard, il n'en est pas de même par rapport au mille, pour lequel on devroit se régler sur les mesures les plus exactes, comme sont celles de Mr. *Caffini* en *France*, celles que nous avons conclues dans la Province de *Quito*, & celles que Mr. de *Maupertuis* a faites en *Laponie*. Si l'on prend le degré selon les mesures de Mr. *Caffini* de 57060 toises, une *minute ou mille* contiendra 951 toises, ou 5706 piés de Roi, dont $\frac{1}{120}$ = 47 piés 6¼ pouces, réduits aux piés d'*Angleterre*, qui sont à celui de *Paris* comme 16 à 15 *, font à peu de chose près 50 piés 8¼ pouces, ce qui fait la distance qu'on devroit donner à la Ligne de *Lok*.

Cette mesure, sur laquelle on auroit dû se régler jusqu'à-présent, n'est pourtant pas entiérement exacte, si on la compare avec celle qui a été prise en déterminant la figure de la Terre, bien différente de ce qu'on l'avoit crue jusqu'aujourd'hui ; desorte qu'il n'est pas étonnant qu'il y ait eu des erreurs dans ce qui regarde la Navigation, dont les régles, ainsi que l'explication de ses problêmes, pour procéder avec succès, se trouvent dans le Traité des Observations que nous avons déjà cité.

MON JOURNAL
A BORD DE LA FREGATE L'INCENDIE.

LE même jour 28 *Mai* nous mîmes à la voile, & après avoir fait la route, par les 52 & 56 degrés au troisiéme du quart de nonante, nous apperçûmes le 2 de *Juin* sur les six heures du soir l'Ile des *Sauvages* & les *Canaries*, & le 3. l'Ile de *Ténériffe*. Je trouvai 11 degr. 6 min. de Longitude entre *Cadix* & la pointe de *Naga*, ce qui est conforme aux Cartes marines des *Anglois* & des *Hollandois*, mais un peu different de la véritable Longitude déterminée par le Pere *Feuillée* à *Lorotava* dans la même Ile de *Ténériffe*.

Le 4. nous reconnûmes les Iles de *la Palme*, *la Gomere*, & l'Ile de *Fer*, que nous perdîmes de vue le 5. Le 29. sur le midi nous reconnûmes la *Martinique*, & poursuivant notre route, nous passâmes entre cette Ile & la

---

* Le pié de *Paris* est à celui de *Londres*, comme 864 à 811 selon le dernier réglement fait par la Société Royale de *Londres*, & les mesures qu'elle a envoyées à l'Académie des Sciences à *Paris*, lesquelles m'ont été communiquées par le Président de la dite Société Mr. le Chevalier *Folkes*, d'où l'on peut juger que celles que le Pere *Tofca* a données ne sont point du tout exactes.

la *Dominique*. La Longitude entre cette Ile & la Baye de *Cadix* fe trouva, felon mon eftime, de 57 degr. & 5 min. ce qui eft un degré de plus qu'il n'y a fur la Carte de *San Telmo*. Mais il eft bon d'avertir que pour réduire ma route fans courir rifque de trouver une grande différence en abordant à terre, j'eus la précaution de fuivre deux calculs differens, l'un felon la mefure que les Pilotes donnent communément à la Ligne de Lok de 47½ piés *Anglois*; & l'autre en la réduifant à 47 piés de Roi; car quoiqu'à la rigueur elle devroit être de 47½ piés de ceux-ci, la différence n'étant pas grande, je crus qu'il falloit abandonner ce demi-pié, comme inutile, pour arriver à la terre par mes points avant le Navire: par le premier, la Longitude entre *Cadix* & cette Ile fut de 60 à 61 degrés, ce qui s'accorde à peu de chofe près avec le Journal de *Don George Juan*.

De l'Ile de la *Martinique* nous continuâmes à faire route pour celle de *Curaçao*, que nous apperçûmes le 3. de *Juillet*. La différence des Méridiens entre celle-ci & la *Martinique* fut trouvée par *Don George Juan* de 6 degr. 49 min. & par moi, de 7 degr. 56 min. La caufe de cette inégalité, c'eft qu'ayant trouvé une différence fenfible dans la Latitude, je me réglai fur les courans, me figurant, fuivant le fentiment de tous les Marins, qu'ils alloient vers le Nord-Oueft, ce que *Don George Juan* ne fit point, & voilà pourquoi fon eftime fe trouva conforme à la veritable diftance qui eft entre ces deux Iles, & que la mienne ne le fut pas. Il n'eft pas douteux que l'eau n'ait été en mouvement; car dans toutes les Latitudes, depuis le 30 de *Juin*, jufqu'au 3 de *Juillet*, celles qui font obfervées, excedent celles qui ne font qu'eftimées de 10. 13. & de 15 minutes: d'où il faut conclure, que les courans portent directement au Nord, & non pas au Nord-Oueft.

Depuis le 2. à fix heures du matin jufqu'au jour que nous découvrîmes l'Ile de *Curaçao* & celle d'*Uruba*, nous naviguâmes fur un eau verdâtre & peu profonde, d'où nous ne fortîmes que le foir fur les fept heures & demie, que nous entrâmes dans le Golphe.

Notre route depuis la *Martinique* jufqu'à *Curaçao* fut, les deux premiers jours, par l'angle de 81 degrés au troifiéme Quadrant, & les deux derniers jours par l'angle de 64 degrés. De-là jufqu'à *Carthagéne* notre route fut à une fi médiocre diftance de la côte, que nous pouvions reconnoître fes Caps, & diftinguer les lieux habités.

Le 5. nous découvrîmes les Montagnes de *Ste. Marthe*, fameufes par leur hauteur & la neige dont elles font toujours couvertes; & le 6. au matin

nous

nous paſſâmes au travers de la Riviere *de la Madelaine*, dont l'eau trouble ſe fait remarquer à quelques lieues dans la Mer. Nous nous trouvâmes ſur les ſix heures du ſoir au Nord de la pointe de *Canoa*, & nous mîmes à la Cape avec les Huniers. Nous reſtâmes ainſi juſqu'au ſept au matin, que nous remîmes toutes nos voiles au vent; & continuant notre route nous vinmes à huit heures du ſoir jetter l'ancre ſous le Fort de *Boca-Chica* à 34 braſſes d'eau, fond de vaſe. Le 8. nous eſſayâmes d'entrer dans la Baye de *Carthagéne*; mais nous n'en pûmes venir à bout que le 9. auquel jour nous fûmes amarés ſous la Ville même.

Pendant que nous avions paſſé entre les Iles *Canaries*, nous avions eu des vents foibles & variables, avec quelques calmes de peu de durée; mais à meſure que nous nous en éloignions, nous commençâmes à les éprouver plus forts, quoique néanmoins modérés, & ils ſe maintinrent de la ſorte juſqu'à 170 à 180 lieues de la *Martinique*, que nous eûmes des grains, ou bouſées mêlées de pluye. Depuis que nous eûmes paſſé les *Canaries*, & à vingt lieues environ de ces Iles, nous eûmes le vent Nord-Oueſt, & à la diſtance à peu près de 80 lieues ils ſe tournerent au Nord-Eſt, & Eſt-Nord-Eſt. Ils ſe trouverent à peu près les mêmes au milieu du Golphe, puis tournerent à l'Eſt, fraichiſſant tantôt plus, tantôt moins, ſans toutefois que cette variation occaſionnât aucune incommodité.

Tels ſont les vents aliſés que l'on éprouve preſque toujours dans cette traverſée. Quelquefois ils ſe tournent au Nord-Oueſt & Oueſt-Nord-Oueſt, ce qui arrive rarement de continuer: d'autrefois ils ſont interrompus par de longs calmes, qui rendent le Voyage plus long que régulier. Tout cela dépend des ſaiſons; & ſelon celle où l'on fait cette traverſée, on a des tems plus ou moins favorables, & des vents plus ou moins propres à la Navigation. Le tems le plus propre pour profiter de ces vents généraux, lorſqu'ils commencent à ſouffler, eſt dès que le Soleil, retournant du Tropique du Capricorne, & paſſant vers celui du Cancer s'approche le plus de l'Equateur; car dès-qu'il approche de l'Equinoxe d'Automne, c'eſt le tems où l'on éprouve ordinairement les calmes.

Depuis les Iles de la *Martinique* & de la *Dominique*, juſqu'à celle de *Curaçao* & les côtes de *Carthagéne*, les vents continuerent du même côté que dans le Golphe, quoiqu'avec moins de conſtance & un tems moins ſerein. J'ai déjà dit qu'environ 170 lieues avant d'arriver à la *Martinique*, ils étoient mêlés de grains; leſquels étant plus fréquens après qu'on a dépaſſé ces Iles, on éprouve des calmes de peu de durée, & le vent recommenmence à fouſler une demi-heure après, une heure, deux heures & quelquefois davantage. Je ne ſaurois dire préciſément de quel côté ces grains ſe forment; tout ce que je puis aſſurer, c'eſt que dès-qu'ils ſont paſſés, le vent recommence à ſoufler du même côté qu'auparavant, & à peu près avec la même force. Il eſt bon d'avertir que la moindre apparence qu'on apperçoive de ces grains dans l'Atmoſphere, il faut tenir la manœuvre préparée à les recevoir; car ils aſſaillent avec tant de promtitude, qu'ils ne donnent pas le tems de ſe reconnoître, & la moindre négligence à cet égard peut avoir de fâcheuſes ſuites.

Dans la traverſée de *Cadix* aux *Canaries*, il y a des occaſions, où quoique les vents ſoient d'ailleurs modérés, la Mer eſt quelquefois agitée par ceux de Nord & Nord-Oueſt; quelquefois les vagues ſont groſſes & longues, quelquefois petites & fréquentes, ce qui arrive quand il fait des tems venteux ſur les côtes de *France* & d'*Eſpagne*; car dans le Golphe, les vents ſont ſi modérés, que ſouvent on ne s'apperçoit pas du mouvement du Vaiſſeau, deſorte que la traverſée en eſt extrèmement douce & commode. Depuis les Iles de *Barlovento* juſques dans le Golphe, & avant d'arriver à ces Iles, dans les parages où l'on ſent ces violentes bouffées ou grains, la mer eſt agitée à proportion du tems qu'ils durent & de leur force: mais ſitôt que le vent ſe modere les eaux redeviennent claires & unies.

L'Athmoſphere du Golphe eſt préciſément auſſi ſerein & auſſi paiſible que les vents & la mer, deſorte qu'il eſt rare qu'on ne puiſſe obſerver la Latitude faute de Soleil ou de clarté en l'horiſon. Cela doit s'entendre de la bonne ſaiſon; car dans la mauvaiſe, il y a des jours ſombres où l'air eſt couvert de vapeurs, & l'horiſon fort brouillé. En tout tems on le voit dans le lointain, rempli de nuées blanches & élevées, qui ont divers rameaux, & forment quantité de figures qui ſervent d'ornement au Ciel & divertiſſent la vue fatiguée de voir continuellement deux objets ſi ſemblables, le Ciel & la Mer. Depuis les Iles de *Barlovento* en dedans, l'athmoſphere eſt beaucoup plus inégal; la quantité de vapeurs que la Terre exhale le troublent ſi fort, que quelquefois on ne voit que nuages, dont une partie eſt néanmoins diſſipée par la chaleur du Soleil; deſorte qu'on y voit des eſpaces ſereins & d'autres obſcurs, & qu'il n'eſt pas offuſqué tout le long du jour.

C'eſt une choſe connue & avouée de tous les Marins, que dans le cours de cette Navigation, auſſi loin que s'étend le Golphe, on ne ſent pas le

moin-

moindre courant, mais bien depuis les Iles ; & même dans quelques parages les courans y font si violens & si irréguliers, qu'il faut une grande attention, pour ne pas se mettre en danger dans cet Archipel. Nous traiterons plus au long ce sujet, ainsi que celui des vents, comme étant des propriétés de ces côtes ; mais comme ce n'en est pas ici le lieu, nous continuerons à parler des choses qui appartiennent à ce Chapitre.

Avant que d'arriver à la *Martinique* & à la *Dominique*, il y a un espace, où l'eau blanchâtre se distingue sensiblement de celle du Golphe. Don *George Juan* trouva par sa route, que cet espace se termine à cent lieues de la *Martinique*, & selon moi à cent huit lieues environ. Sur quoi l'on peut prendre un milieu entre ces deux opinions, & mettre 104 lieues. Cette différence vient sans-doute de ce que la couleur de cette eau ne se distingue pas si facilement de celle du Golphe, lorsqu'on est au bout de cet espace. Il commence à environ 140 lieues de la *Martinique*, ce qui doit s'entendre de-là où la différence de la couleur de ses eaux est bien sensible : car si l'on compte de-là où l'on commence à s'en appercevoir un peu, il faudra mettre la distance à 180 lieues. Au-reste c'est sans-doute une eau croupissante, qui peut bien servir à juger des points où l'on veut aller, puisqu'après l'avoir quittée on peut savoir à coup sûr le chemin qu'on a encore à faire. Les Cartes ordinaires ne manquent point cet espace, excepté la nouvelle Carte qu'on a fait en *France* ; mais il seroit à-propos qu'il fût marqué dans toutes celles dont nous nous servons.

Il me reste à parler des Variations de l'Aiguille, selon les différens parages, par la latitude & la longitude où se sont trouvés les Navires. C'est un des points les plus importans de la Navigation, non seulement à cause de l'utilité générale qu'il y a pour un Navigateur de savoir de combien de degrés son Nord apparent differe du véritable Nord du Monde ; mais encore à cause de l'avantage particulier de pouvoir perfectionner, par des observations reïtérées, le Systême de la Longitude, & connoître, à un degré, ou un degré & demi près, le parage où se trouve le Vaisseau. C'est-là le plus haut point d'exactitude où ce Systême ait pu être porté par ceux qui l'ont renouvellé au commencement de ce siécle. De ce nombre est le célébre *Anglois* Mr. *Halley*, à l'exemple duquel d'autres personnes de la même Nation, & des *François* se sont attachés à le perfectionner. On commence à jouïr des fruits de leur travail dans les Cartes de Variations, imprimées depuis peu : bien que l'utilité qu'on en peut tirer se réduise jusqu'à-présent aux Voyages de long cours, où la différence de deux & même de

trois

trois degrés, n'est pas regardée comme une erreur considérable, dès-qu'il est certain que cela n'ira pas au-delà. Ce Systême, quoique nouveau à l'égard de l'usage qu'on en fait aujourd'hui, ne l'est pas en soi-même, pour les *Espagnols* & les *Portugais*: on en trouve des traces assez marquées dans plusieurs anciens Auteurs, qui ont traité de la Navigation. *Manuël de Figueyredo*, Cosmographe Major de *Portugal*, a donné, dans son Hydrographie, ou Examen des Pilotes, imprimé à *Lisbonne* en 1608. Chap. 9. & 10. la méthode de connoître, par le moyen de la variation de l'Aiguille, le chemin qu'on fait en naviguant Est-Ouest; & Don *Lazare de Flores* dans son *Art de Naviguer*, imprimé en 1672. Chap. 1. Part. 2. fait, en citant cet Auteur & s'appuyant de son autorité, la même remarque; ajoûtant au Chap. 9. que les *Portugais* regardent cette méthode comme si sûre, qu'ils la recommandent dans tous leurs réglemens sur la Navigation. Toutefois il faut avouer que ces anciens Auteurs n'ont pas traité ce point-là avec la délicatesse & la sagacité avec lesquelles les *Anglois* & les *François* l'ont traité par le secours d'un plus grand nombre d'observations qu'ils ont employées. Et pour que ceux à qui ces sortes d'observations sont utiles, puissent profiter de celles qui ont été faites dans notre Voyage, je les marquerai dans les deux Tables suivantes, après avoir averti le Lecteur, que les longitudes correspondantes à chaque observation sont les véritables, parce qu'on y a corrigé l'erreur de la route quant à la différence qui se trouve entre elle, & la véritable différence des Méridiens, selon les observations des Peres *Laval* & *Feuillée*.

Variations observées par Don George Juan, *dans lesquelles la Longitude Occidentale se compte depuis Cadix.*

Degrés de Latitude.	Degrés de Longitude.	Variation observée.	Variation par la Carte de Vars.	Différence.
27 ... 30	11 ... 00	08 .. 00 N.O.	09 .. 00 N.O.	01 .. 00
25 ... 30	14 ... 30	06 .. 20	07 .. 20	01 .. 00
24 ... 00	17 ... 00	04 .. 30	06 .. 00	01 .. 30
23 ... 20	18 ... 30	03 .. 30	05 .. 00	01 .. 30
22 ... 30	20 ... 00	02 .. 30	04 .. 30	02 .. 00
21 ... 50	22 ... 00	01 .. 30	04 .. 00	02 .. 30
21 ... 35	26 ... 00	00 .. 30	03 .. 00	02 .. 30
16 ... 20	43 ... 00	04 .. 30 N.E.	02 .. 30	02 .. 00
15 ... 40	45 ... 00	05 .. 00	03 .. 20	01 .. 40
Au-dessus de la *Martinique*		06 .. 00	05 .. 00	01 .. 00

Variations que j'ai observées. La Longitude se compte de même que dans les précédentes.

Degré.	Min.			Degrés.	Min.	Degrés.	Min.		
36	...20	00	...25	09	..30 N.O.	13	..00 N.O.	03	..30
31	...23	08	...22	07	..00	10	..30	03	..30
30	...11	10	...21	06	..00	09	..30	03	..30
26	...57	14	...54	04	..00	07	..00	03	..00
25	...52	15	...59	03	..40	06	..30	02	..50
16	...28	43	...46	00	..30	02	..00	01	..30
15	...20	47	...32	02	..30	04	..00	01	..30
Au-dessus du Cap de la *Vela*.				06	..00	07	..30	01	..30

A ces observations de la Variation de l'Aiguille, comparées avec celles de la Carte de Variation inventée par le savant Mr. *Halley* en 1700 & corrigée en 1744 sur les avis & les Journaux de *Guillaume Mountaine* & de *Jacob Doofon*, à *Londres*, je joindrai quelques réflexions, pour faire voir le peu de soin qu'on apporte dans la fabrique des Aiguilles. Premièrement il paroît par les deux Tables précédentes que les Variations observées par Don *George Juan* ne sont point conformes aux miennes. Ce qu'on ne peut attribuer au défaut des observations. Il n'y a qu'à les comparer pour se convaincre du contraire : en effet les différences remarquées par Don *George Juan* & celles de la Carte, sont toujours uniformes entre elles, à peu de chose près, puisque la plus considérable de toutes est d'un degr. & 30 min. ; car d'un côté il y a 2 degr. 30 min. & de l'autre un degré ; ce qui ne vient probablement que du roulis du Vaisseau, qui ne laisse point reposer l'aiguille, & de ce que le Disque du Soleil n'est pas bien déterminé à cause des vapeurs, ou d'autres accidens inévitables, & qui ne causent pas une erreur sensible dans ces observations, quand la différence n'est que d'environ un degré. Ainsi en prenant un milieu entre toutes, il faudra conclure, que l'aiguille qui servit à ces observations varioit moins d'un degré 43 minutes, que celles qui s'accordent avec la Carte.

La même chose se remarque dans les différences qui résultent de mes observations avec celles de la Carte ; mais il faut observer que les ayant faites avec deux differentes aiguilles, celles qui appartiennent à chacune d'elles, s'accordent ; desorte qu'entre les cinq premieres, la plus grande altération est de 40 minutes, qui interviennent depuis la plus petite différence de deux degr. jusqu'à 50 min. jusqu'à la plus grande de 3 degr. 30 min. : or, en prenant un milieu entre elles, la différence entre mes observations

&

& celles de la Carte fera de 3 degr. 16 min. celles-ci moindres que celles-là. Les trois dernieres n'ont pas befoin de cette opération, puifque la différence d'un degré 30 min. y eft égale, & que les obfervations font auffi moindres à l'égard de celles qui font établies dans la Carte, l'efpéce ayant encore paffé à un figne contraire, c'eft-à-dire, du Nord-Oueft au Nord-Eft. Il paroît de-là que la premiere aiguille dont je me fuis fervi, foit qu'elle eût été mal touchée, foit que l'acier en fût mal placé, varioit au Nord-Oueft d'un degré 33 min. moins que celle de Don *George Juan*. Et comme cet Officier continua fes obfervations jufques à la fin du Voyage avec la même Aiguille, la différence qui d'abord étoit négative, devint pofitive auffitôt que le figne de la variation changea: & comme dans les miennes, je changeai d'inftrument, cette différence refta toujours négative à mon égard. La raifon en eft, que la différence des cinq premieres obfervations provenoit, moins d'une différence réelle dans la variation, que des poles des aciers, qui ne correfpondant pas parfaitement à la ligne Nord-Sud de la Rofe, s'inclinoient vers fa partie Nord-Eft; & par conféquent, quelle que fût la valeur de cette inclinaifon, elle diminuoit la variation de l'efpéce contraire.

Par ces Obfervations ainfi comparées, on voit évidemment les erreurs où s'expofent les Pilotes, pour ne pas donner affez d'attention aux Aiguilles qu'ils devroient choifir non feulement bien faites & exactes, mais auffi éprouvées fur la ligne méridienne par des perfonnes d'une intelligence fuffifante, avant que de s'en fervir dans aucun Voyage. Il régne à cet égard en *Efpagne* une négligence, qui eft la fource de mille erreurs que cette inattention rend inévitables; puifque fi un Pilote employe dans la correction du Rumb qu'il a navigué, une variation différente de la véritable, il trouvera néceffairement de l'inégalité entre la latitude terminée par la route, & la latitude obfervée. Et pour faire l'équation néceffaire felon les régles le plus communément reçues, s'il navigue dans les Rumbs près du Nord & du Sud, il faut qu'il augmente ou diminue la diftance, jufqu'à ce qu'elle s'accorde avec la latitude; car dans ces fortes de cas la caufe principale procéde du Rumb. La même chofe arrive dans les Parages où l'on foupçonne qu'il y a des Courans; car ces foupçons naiffent fouvent dans la Navigation, quand on voit que la latitude de la route ne s'accorde pas avec celle de l'eftime, quoique les eaux ne faffent pas le moindre mouvement. Et cette différence vient de ce qu'on a employé une autre variation dans la correction du Rumb, que celle que l'Aiguille a, & par où l'on gouverne le Navire. C'eſt ce qui m'arriva depuis l'Ile de la *Martinique* juſqu'au dedans, & tous les Pilotes du Vaiſſeau concoururent à cette erreur. Il y a encore dans la Navigation une erreur à quoi les Pilotes ſont fort ſujets, quoique moins par leur propre faute: c'eſt de gouverner le Vaiſſeau par une Aiguille, & d'obſerver la variation par une autre; car quoiqu'elles ayent été comparées, & qu'on ait remarqué en quoi elles different, comme leurs mouvemens ſont inégaux, quand même il n'y auroit au commencement du Voyage que quelques degrés de différence entre elles, le mouvement que celle-là fait continuellement ſur le pivot, l'appeſantit plus que l'autre qu'on ne monte ordinairement que pour faire les obſervations, & qui tout le reſte du tems eſt gardée avec ſoin; de-là vient que l'altération de l'une & de l'autre reſte dans la même différence. Pour remédier à cela il conviendroit que toutes les Aiguilles deſtinées au ſervice des Navires, fuſſent également propres aux obſervations de la variation, & qu'on fît ces obſervations avec les mêmes Aiguilles qui ſervent à diriger la route du Vaiſſeau; & pour tirer avantage des Cartes de variation, il faudroit que les Aiguilles fuſſent touchées avec une même méthode, & ajuſtées au méridien d'un Parage avec la préciſion de la variation qu'on ſait y être la véritable. De cette maniere on ne remarqueroit pas tant de différence entre les obſervations faites ſur un Navire, & celles qui ont été faites ſur un autre dans le même lieu, quand l'intervalle entre les deux obſervations n'eſt pas aſſez conſidérable, pour rendre ſenſible la différence formelle de la variation obſervée depuis maintes années & admiſe par toutes les Nations.

Telles ſont les cauſes qui font que les Aiguilles different entre elles. Il peut y en avoir d'autres, mais il ſuffira d'avoir touché les principales.

Comme il eſt fort utile pour la connoiſſance des Terres qu'on a découvertes, de repréſenter les figures qu'elles forment ſelon les aſpects qui correſpondent à la ſituation où ſe trouve celui qui les obſerve, on doit apporter beaucoup de ſoin à bien deſſiner celles qui n'étant point offuſquées de vapeurs, ſe peuvent diſtinguer clairement; c'eſt ce qu'on verra dans les Eſtampes ſuivantes, dont les deux premieres ont été deſſinées par Don *George Juan*, & les trois autres par moi.

ISLE DE LA PALMA

S — N

Die Nördliche Spitze liegt im Winkel von 59°, und die Südliche im
Winkel von 53¼° des 3 Quadranten in einer Entfernung von 6 bis 7 Seemeilen.
La Pointe du Nord à l'angle de 59° et celle du Sud à l'angle de 53¼°
du 3 Quadran à 6 ou 7 Lieues de loin.

ISLE DE GOMERA

N — O.

Die Nördliche Spitze steht im Winkel von 42°45' und die Westliche im Winkel
von 20°15' des 2ten Quadranten in einer Entfernung von 10 bis 11 Seemeilen.
La Pointe Nord est à l'angle de 40°45' et celle de l'Ouest à l'angle de 20°15'
du 2 Quadran. 10 à 11 Lieues.

PIC DE TENERIFFE

Gipfel ist im Winkel von 84° des 2ten Quadranten in einer Entfernung von 18 bis 20 Seemeilen.
Wie der P. Feuillée will, so ist er 2283 Toisen über die Meeres fläche erhaben.

Le Sommet est à l'angle de 84° du 2 Quadran à 18 ou 20 Lieues
et est suivant le P. Feuillée. 2283 Toises au dessus de la superficie de la Mer

ISLE DE CURAZAO

SE — NE

Die Süd östliche Spitze liegt im Winkel von 15° des 3ten Quadranten, und die Nord östliche im Winkel von 41°.
La Pointe Sud Est étant à l'angle de 15° du 3 Quadran et celle de Nord Est à l'angle de 41°.

ISLE D'ORUBA

E — O.

Die Östliche Spitze liegt im Winkel von 3° und die Westliche im Winkel von 82° des 3ten Quadranten.
La Pointe de l'Est à l'angle de 3° et celle d'Ouest à l'angle de 82° du 3 Quadran.

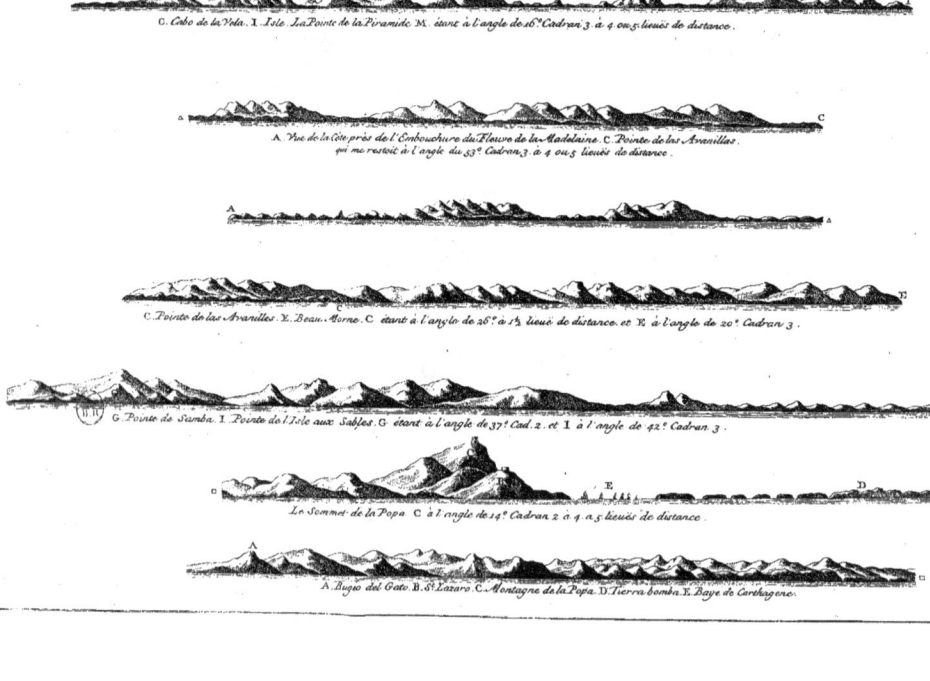

Pl. III

Vue du Pic de Teides, restant au SSO à la distance de 18. lieuës marines.

Vue de l'Isle de Palma depuis le milieu jusqu'à la pointe Orientale à 4 lieuës de distance.

Vue de l'Isle de Palma, comme elle se presente à la distance de 5 lieues.

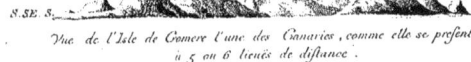

Vue de l'Isle de Gomere l'une des Canaries, comme elle se presente à 5 ou 6 lieuës de distance.

L'Isle-de-Fer l'une des Canaries, comme elle se presente à une distance de 4 lieuës.

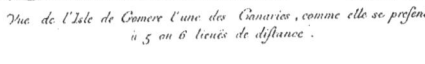

Isle de Curazao l'une des Caraibes près des côtes des Caraques comme elle se presente à environ 4 lieuës de distance.

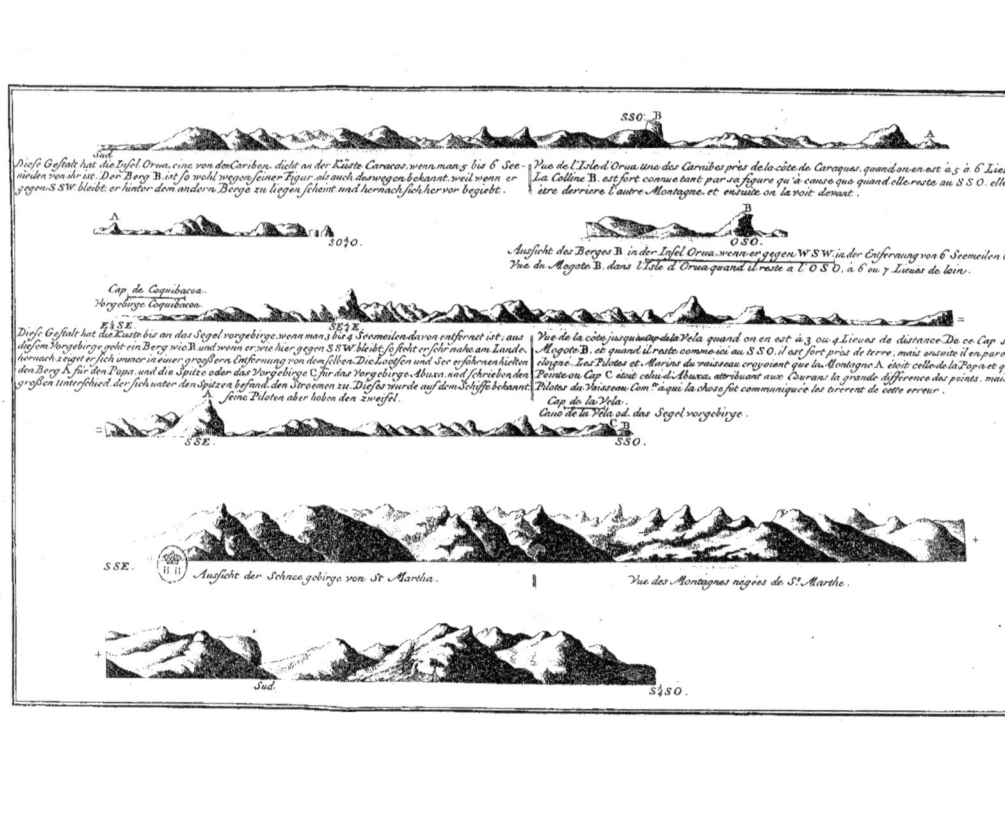

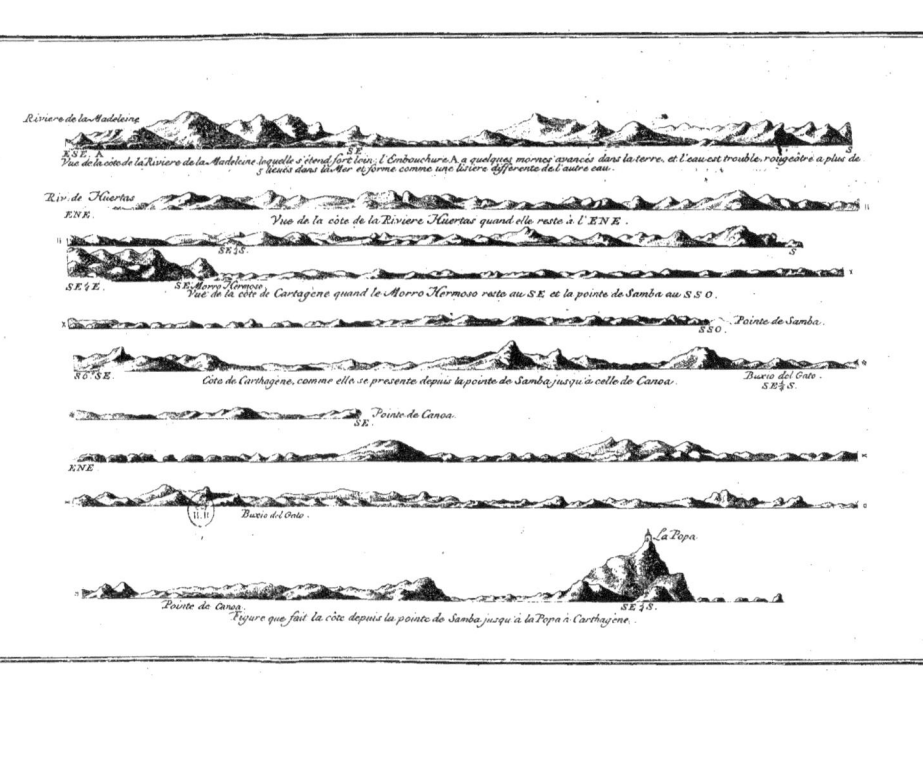

PL. V.

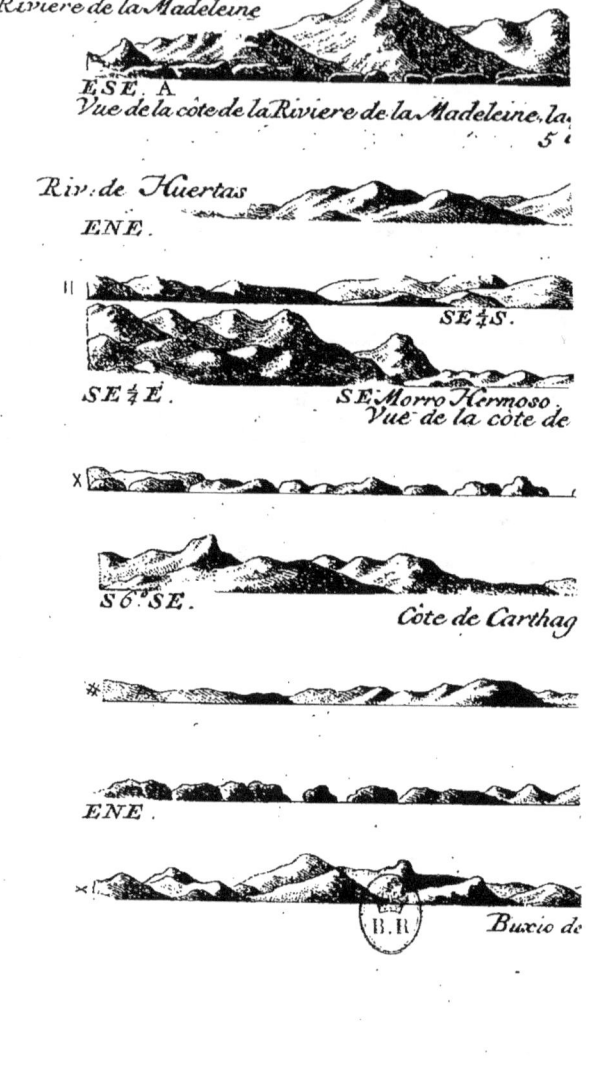

CHAPITRE II.

Séjour à Carthagéne. *Description de cette Ville, sa situation, sa découverte, sa grandeur, ses édifices & ses richesses. Tribunaux qu'elle renferme, & leur Jurisdiction.*

LE 9. de *Juillet* 1735, jour de notre débarquement, Don *George Juan* & moi nous allâmes saluer le Gouverneur de la Place, & nous apprîmes que les Académiciens n'étoient point encore arrivés, & qu'on n'en avoit aucunes nouvelles. Sur quoi nous résolûmes de les attendre conformément à nos instructions, & d'employer notre tems à quelque chose d'utile. Malheureusement nous n'avions point d'instrumens, ceux que Sa Majesté avoit commandés à *Paris* & à *Londres* n'ayant pu être achevés avant notre départ de *Cadix*, & ne les ayant reçus qu'après notre arrivée à *Quito*. Nous fûmes cependant informés qu'il y en avoit dans la Ville quelques-uns, qui avoient appartenu à Don *Juan de Herréra*, Brigadier des Armées du Roi, & Ingénieur de la Place, & qui après sa mort étoient tombés entre les mains de son fils & de quelques autres Officiers, que nous priâmes de vouloir bien nous les prêter, ce que nous obtinmes; & par le moyen de ces instrumens nous observâmes la latitude, la longitude & la variation de l'Aiguille, & réglâmes les Plans de la Place & de la Baye sur ceux que le même Ingénieur avoit levés, en y ajoûtant ce qui manquoit, selon qu'il nous parut nécessaire.

Nous employâmes à ces occupations jusqu'au milieu de *Novembre* 1735, fort impatiens de voir arriver les Académiciens *François*, & fort inquiets de ne point recevoir de leurs nouvelles. Enfin le 15. de ce mois un Bâtiment *François* armé en guerre vint dans la nuit donner fond à *Boca-Chica*, & nous apprîmes qu'il portoit ces Messieurs. Le 16. nous passâmes à bord de ce Bâtiment, où Mr. *de Ricour*, Capitaine de Vaisseau & Lieutenant de Roi de *Guarico* dans l'Ile de *St. Domingue*, qui le commandoit, nous fit mille politesses, ainsi que Mrs. *Godin*, *Bouguer* & *de la Condamine* Académiciens, qui étoient accompagnés de Mrs. *de Jussieu* Botaniste, *Seniergues* Chirurgien, *Verguin*, *Couplet*, & *Desordonnais* Associés, *Moranville* Dessinateur, & *Hugot* Horloger. Les trois premiers descendirent à terre avec nous, & après les avoir accompagnés chez le Gouverneur, nous les conduisîmes à la maison que nous leur avions fait préparer. Le jour suivant tous les autres vinrent à terre.

Comme notre deſſein étoit de paſſer à l'Equateur le plutôt poſſible, il ne fut plus queſtion que de choiſir la route que nous prendrions pour faire notre voyage plus commodément juſques à *Quito*. Nous étant déterminés pour la route de *Porto-bello*, *Panama*, & *Guayaquil*, nous nous diſpoſâmes à nous embarquer tous enſemble pour ce premier Port, & en attendant nous recommençâmes à faire avec les inſtrumens que les Académiciens avoient apportés, de nouvelles Obſervations ſur la Latitude, le poids de l'Air, la variation de l'Aiguille; obſervations dont nous donnerons le réſultat dans la Deſcription ſuivante.

La Ville de *Carthagéne* des *Indes* eſt ſituée à 10 degr. 25 min. & 48 ½ ſec. de Latitude Boréale, à 282 degr. 28 min. 36 ſec. de Longitude à l'Occident du Méridien de *Paris*, & à 301 degr. 19 min. 36 ſec. du Méridien du *Pic de Ténériffe*, ſuivant ce que nous avons conclu par la ſuite de nos obſervations, comme on pourra le voir dans le Livre des *Obſervations Aſtronomiques & Phyſiques*. Nous trouvâmes que l'Aiguille varioit au Nord-Eſt de 8 degr. & nous nous en aſſurâmes par les obſervations que nous fîmes à ce ſujet.

La Baye & le Pays, appellé auparavant *Calamari*, furent découverts en 1502, par *Rodrigue de Baſtidas*; & en 1504 *Juan de la Coſa*, & *Chriſtoval Guerra*, commencerent la guerre contre les *Indiens* qui l'habitoient. Ils trouverent plus de réſiſtance qu'ils ne ſe l'étoient imaginés; car ces *Indiens* étoient belliqueux, vaillans; & les femmes mêmes ne ſe diſpenſoient pas des fatigues & des périls de la guerre. Leurs armes étoient des flêches qu'ils empoiſonnoient avec le ſuc de quelques herbes, de maniere que les plus légeres bleſſures étoient mortelles. *Alonſo de Ojéda* ſuccéda aux deux premiers dans la même entrepriſe, & vint dans le Pays accompagné du même *Juan de la Coſa*, qui étoit premier Pilote, & d'*Améric Veſpuce* Géographe de ce tems-là; mais il n'avança pas plus que les autres, quoiqu'il remportât divers avantages ſur les *Indiens*. *Alonſo* fut ſuccédé par *Grégoire Hernandez de Oviédo*. Enfin Don *Pédro de Hérédia* vint à bout de domter les *Indiens*; car ayant remporté ſur eux diverſes victoires, il établit & peupla la Ville avec titre de Gouvernement.

Carthagéne eſt ſi avantageuſement ſituée, ſa Baye eſt ſi large & ſi ſure, qu'elle eut bientôt une part conſidérable au Commerce de ce Continent Méridional, & qu'elle fut bientôt jugée digne d'être érigée en Siége Epiſcopal. Toutes ces circonſtances contribuerent à la conſerver & à l'agrandir, étant recherchée non ſeulement par les *Eſpagnols* qui venoient s'y établir,

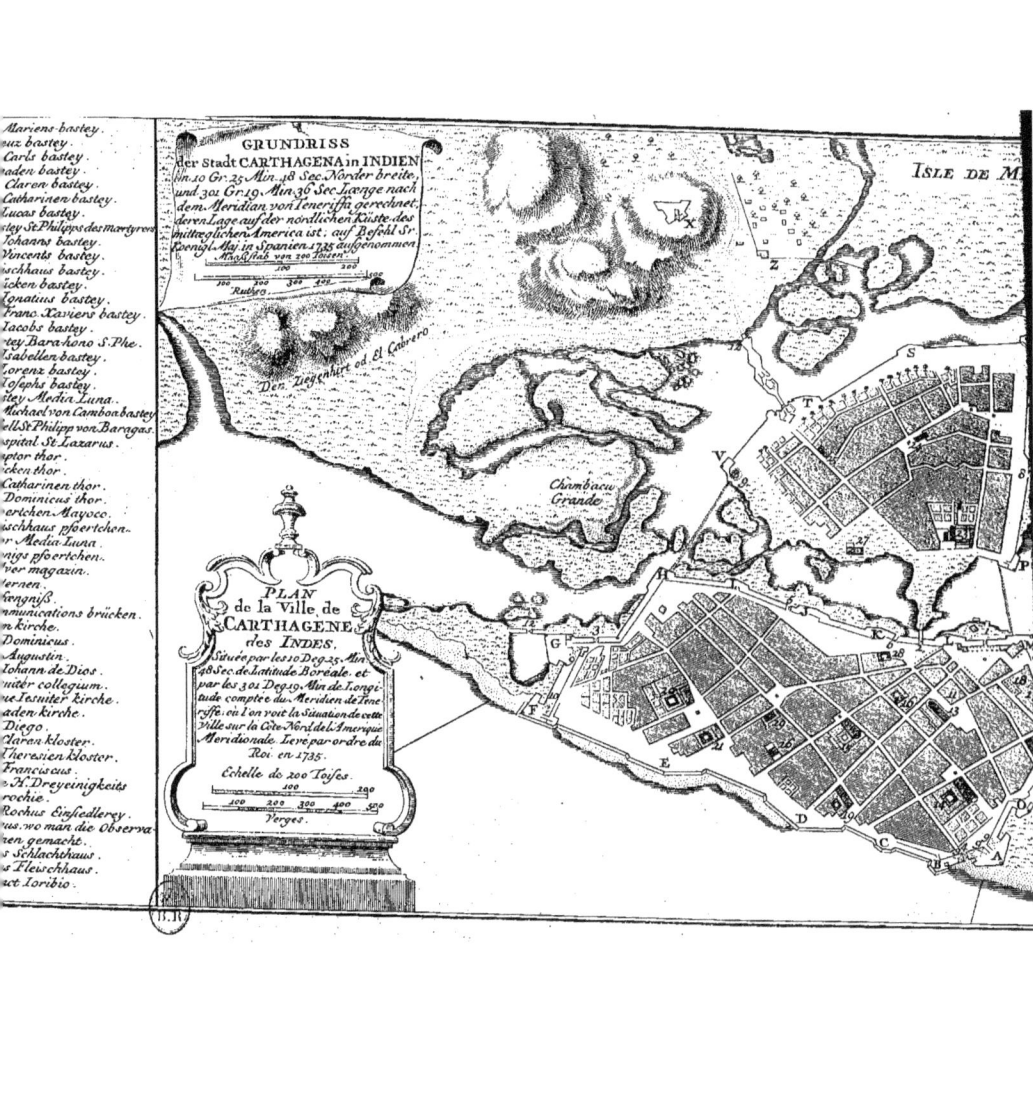

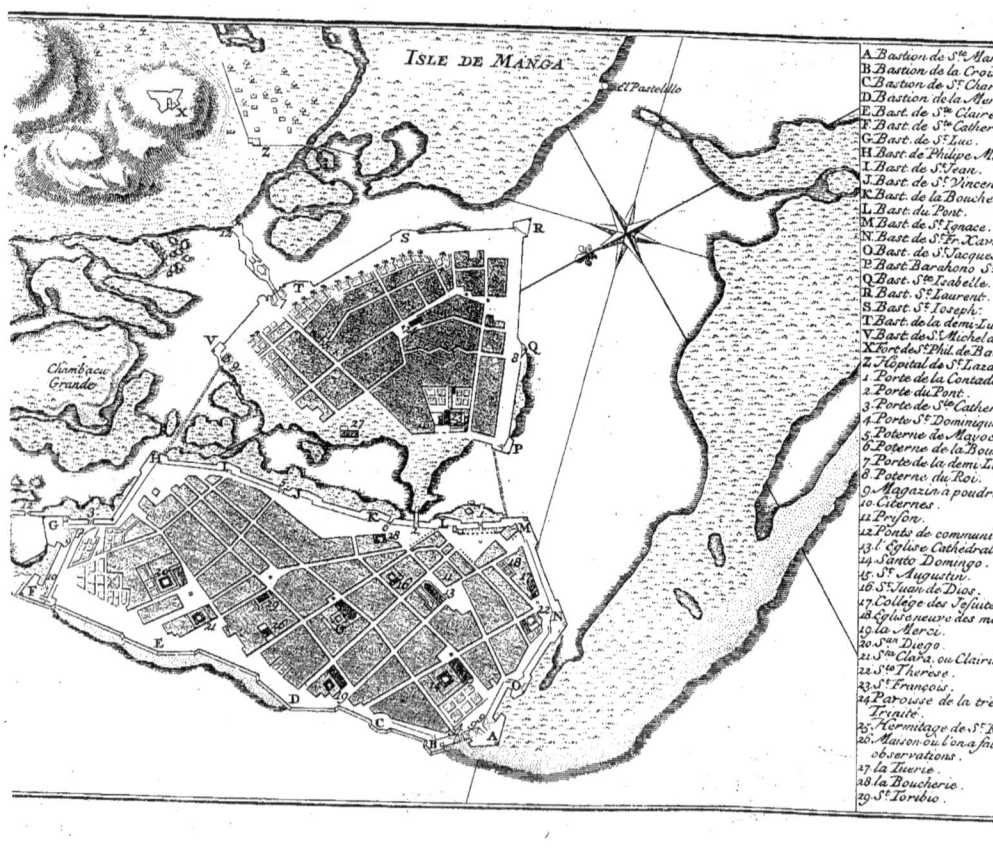

tablir, mais enviée des Etrangers, qui excités, ou par fon importance, ou par fes richeffes, l'ont envahie, prife, & faccagée plufieurs fois.

La premiere invafion arriva peu de tems après fa fondation en 1544 par certains Avanturiers *François* guidés par un *Corfe* de nation, qui y ayant fait un long féjour, les mit au fait de fa fituation, & leur enfeigna par quel côté ils pouvoient entrer & s'en rendre maîtres, comme en effet ils le firent. La feconde fois, par *François Drak*, appellé *le Deftructeur des nouvelles conquêtes*, en 1585. Ce Pirate, après l'avoir abandonnée au pillage, y fit mettre le feu, & ayant réduit en cendres la moitié de cette Colonie, il voulut bien épargner le refte pour 120000 ducats d'argent que les Colonies voifines donnérent pour rançon.

Elle fouffrit une troifiéme invafion en 1697 de la part des *François* fous la conduite de Mr. *de Pointis*, qui fe rendit devant la Place avec un gros armement, confiftant en partie en *Flibuftiers*, forte de Pirates fujets du Roi de *France*, & protégés par ce Monarque: ayant débarqué fon monde, emporté la Fortereffe de *Boca-Chica*; & rendu l'entrée du Port libre, il mit le fiége devant le Fort de *St. Lazare*, & l'ayant emporté, la Ville battit la chamade. La capitulation ne la fauva pas du pillage auquel la cupidité l'avoit condamnée. Quelques-uns ont attribué la facilité de cette conquête à une intelligence fecrette entre le Gouverneur de la Place & *Pointis*; & ce qui augmenta le foupçon, fut que celui-là s'embarqua fur l'Efcadre ennemie avec tous fes tréfors, qui avoient été exempts du pillage.

La Ville eft fituée fur une Ile de fable, qui formant un paffage étroit du côté du Sud-Oueft, ouvre une communication avec la partie nommée *Tierra-Bomba*, jufqu'à *Boca-Chica*. La gorge qui les joint aujourd'hui, étoit autrefois l'entrée de la Baye, & fubfifta ainfi longtems; mais l'ordre étant venu de la fermer, il n'eft refté que l'entrée de *Boca-Chica*, qui même a été comblée depuis la derniere entreprife que les *Anglois* ont faite contre cette Place durant la derniere guerre, lesquels s'étant rendu maîtres des Forts qui la défendoient, entrerent par-là, & le devinrent bientôt de la Baye, efpérant de l'être auffi inceffamment de la Ville: mais ils fe tromperent prodigieufement; car ils furent repouffés, & obligés de fe retirer avec honte & un perte très-confidérable. Ce fuccès fut caufe qu'on eut ordre de rouvrir l'ancienne entrée, & c'eft par-là que tous les Vaiffeaux entrent aujourd'hui dans la Baye. Du côté du Nord-Eft, la terre eft de-même fort refferrée, n'ayant que la largeur de 35 toifes d'une Mer à l'autre proche de la muraille; mais le terrein s'élargiffant forme une autre Ile à ce côté, &

toute la Ville eſt exaɑ̂ctement environnée de la Mer, excepté dans ces deux endroits, qui ſont même fort petits. Un pont de bois qui eſt à l'Eſt de la Ville ſert de communication à un grand Fauxbourg qu'ils appellent *Xéxémani*, bâti ſur une autre Ile, & qui communique à la terre-ferme par un autre pont de bois. Les fortifications de la Ville, & celles qui défendent le Fauxbourg, ſont à la moderne, & revêtues de bonnes pierres de taille. La Garniſon en tems de paix conſiſte en dix Compagnies de Troupes réglées de 77 hommes chacune, y compris les Officiers. Il y a auſſi un Corps de Milice compoſé de Compagnies Bourgeoiſes.

Du côté de *Xéxémani*, à une petite diſtance de ce Fauxbourg, eſt une Colline d'une hauteur médiocre, ſur laquelle eſt un Fort nommé le Fort de *San Lazaro*, qui commande toute la Ville & ſon Fauxbourg. La Colline a de hauteur 20 à 21. toiſes, ayant été meſurée géométriquement. Cette Colline eſt accompagnée de pluſieurs autres, qui s'étendent à l'Eſt, & s'élévent au-deſſus d'elle. Celles-ci ſont terminées par une autre plus élevée encore, appellée le Mont *de la Popa*, qui a 84 toiſes de haut, & ſur le ſommet duquel eſt bâti un Couvent d'*Auguſtins* Déchauſſées, ſous le nom de *Noſtra Sennora de la Popa*. On jouït dans cet endroit d'une vue admirable; car n'y ayant rien qui la borne, elle s'étend fort au loin ſur les Campagnes & ſur la Côte.

La Ville & ſes Fauxbourgs ne ſont pas moins beaux en-dedans Les rues en ſont droites, larges & toutes pavées ; les maiſons bien bâties, la plupart d'un ſeul étage ſans le rez-de-chauſſée, les appartemens bien diſtribués, & toutes bâties de pierres & de chaux, excepté quelques-unes qui ſont de briques. Toutes ont des balcons & des treillis ou jalouſies de bois, matiere plus durable pour ces ſortes d'ouvrages que le fer; car celui-ci eſt bientôt rouillé & détruit par l'humidité, & par des vents nitreux, qui rendent les murailles enfumées, & ſont cauſe que les édifices paroiſſent toujours ſales en dehors.

Les Egliſes & Couvens qui ſont dans la Ville ſont l'*Igléſia Mayor*, ou Cathédrale, la Paroiſſe *de la Trinité* au Fauxbourg, bâtie par l'Evêque *Don Gregorio de Molléda*, qui a auſſi fondé dans la Ville en 1734 une Succurſale dédiée à *San Toribio*. Les Ordres Religieux qui ont des Couvens à *Carthagéne*, ſont celui de *St. François* dans le Fauxbourg, de *St. Dominique*, de *St. Auguſtin*, la *Merci*, de *St. Diégo* Recollets, un Collége de *Jéſuites*, & l'Hôpital de *San Juan*. Les Monaſteres de Filles ſont ceux de *Ste. Claire* & de *Ste. Théréſe*. Toutes ces Egliſes & Couvens

ſont

font d'une affez bonne architecture, & affez grands. Dans les ornemens servant au Culte on remarque feulement quelque pauvreté, & tous ne font pas d'une décence convenable. Les Communautés, & en particulier celle de *St. François*, font fournies d'un nombre fuffifant de fujets, tant *Européens* que *Créoles* blancs, & *Indiens* du Pays.

Carthagéne avec fon Fauxbourg fait une Ville comme celle du troifiéme rang en *Europe*; elle eft bien peuplée, quoique la plus grande partie de fes habitans foit de race *Indienne*. Elle n'eft pas des plus riches de ces Contrées; car outre les pillages qu'elle a foufferts, comme on n'y cultive ni n'exploite aucune Mine, on n'y voit guere d'autre argent que celui qu'on y fait tenir de *Santa-Fé* & de *Quito*, par voye de remife, pour les gages du Gouverneur, & des Officiers Civils & Militaires, & pour la folde des Troupes que le Roi y tient en garnifon: cependant il s'y trouve des perfonnes qui fe font enrichies par le Commerce, & qui font logées d'une maniere convenable à leur opulence.

Le Gouverneur fait fa réfidence dans la Ville, & a été indépendant dans le Gouvernement Militaire jufqu'en 1739. A l'égard des Affaires Civiles on peut appeller à l'audience de *Santa-Fé*, le Roi ayant érigé dans cette derniere Ville, cette même année 1739, un Officier fupérieur fous le titre de Viceroi de la *Nouvelle Grenade*. Celui qui a été revêtu le premier de cette Viceroyauté, c'eft *Don Sébaftian de Eflava*, Lieutenant-Général des Armées du Roi; le même qui a défendu *Carthagéne* contre la puiffante invafion des *Anglois* en 1741, & qui les força, après un long fiége, à fe retirer & à laiffer la Ville libre.

Il y a à *Carthagéne* un Evêque, dont la Jurifdiction fpirituelle s'étend auffi loin que le Gouvernement Militaire & Civil. L'Evêque & les Prébendiers forment le Chapitre Eccléfiaftique. Il y a auffi un Tribunal de la *Sainte Inquifition*, dont la jurifdiction s'étend jufqu'aux trois Provinces de l'Ile *Efpagnole* où il fut d'abord établi, & fur *Tierra Firme* & *Santa-Fé*.

Outre ces Tribunaux, il y a un Magiftrat Séculier, compofé de Régidors, parmi lefquels on élit tous les ans deux Alcaldes, pour la Juftice & Police de la Ville: ces deux charges font d'ordinaire deftinées aux perfonnes les plus diftinguées parmi les habitans.

Il y a auffi un Tréfor Royal à *Carthagéne*, & deux Officiers des Finances du Roi, qui font un Maître-des-Comptes, & un Tréforier. Ce font eux qui perçoivent tous les Droits Royaux & Deniers du Roi, & qui les diftribuent. Enfin il y a encore un Homme de Loi, avec le titre

d'*Au-*

d'*Auditeur des Gens de guerre*, lequel a aussi une espéce de Jurisdiction.

La Jurisdiction du Gouvernement de *Carthagéne* s'étend par l'Orient jusques aux bords de la large & profonde Riviere appellée *Rio de la Magdalena*; d'où elle s'étend au Sud jusques aux confins de la Province d'*Antioquia*, & au Couchant, la Riviere de *Darien* lui sert de bornes. Au Septentrion elle s'étend jusqu'à l'Océan tout le long des côtes entre les embouchures de ces deux Rivieres. Ce Gouvernement, selon la plus commune opinion, a de l'Orient à l'Occident 53 lieues, & du Midi au Septentrion 85. On trouve dans cet espace plusieurs Vallées fertiles appellées, aux *Indes*, *Savanes*, telles que celles de *Zamba*, de *Zenu*, *Tola*, *Mompose*, la *Barranca*, & autres; où il y a diverses Peuplades, grandes & petites, composées d'*Européens*, de *Créoles Espagnols*, & d'*Indiens*. C'est une tradition dans le Pays, que tous ces lieux, aussi-bien que *Carthagéne*, abondoient en Or avant l'arrivée des *Chrétiens*; & quoiqu'on voye encore des traces des anciennes Mines de ce métal dans les lieux de *Simiti*, *San Lucas*, & de *Guamaco*, il est certain qu'elles sont entiérement négligées, peut-être parce qu'elles sont épuisées. Mais ce qui ne contribuoit pas moins alors à la richesse de cette Contrée, c'est le commerce qu'elle faisoit avec les Pays voisins, d'où elle tiroit, en échange de ce métal, tous les ouvrages que l'industrie y fabriquoit & dont ces Pays avoient besoin. Ce prétieux métal étoit la plus commune parure des *Indiens* tant hommes que femmes.

CHAPITRE III.

Description de la Baye de Carthagéne *des Indes, sa grandeur, sa disposition, & ses marées.*

LA Ville de *Carthagéne* a une des meilleures Bayes qu'on puisse voir, non seulement sur cette côte, mais même dans tous les parages connus de ce Continent. Elle a deux lieues & demie d'étendue Nord-Sud, beaucoup de fond & bon. L'air y est toujours fort serein, desorte qu'on n'y sent pas plus d'agitation que sur une Riviere tranquille. Néanmoins, en y entrant, il est nécessaire de bien gouverner, à cause de quelques basses qui s'y trouvent, & où il y a si peu de fond que les moindres Bâtimens y échouent. Pour prévenir ce danger, il est à propos de prendre un Pilote du Port avant que d'y entrer. C'est aussi pour cette raison que le Roi en

entre-

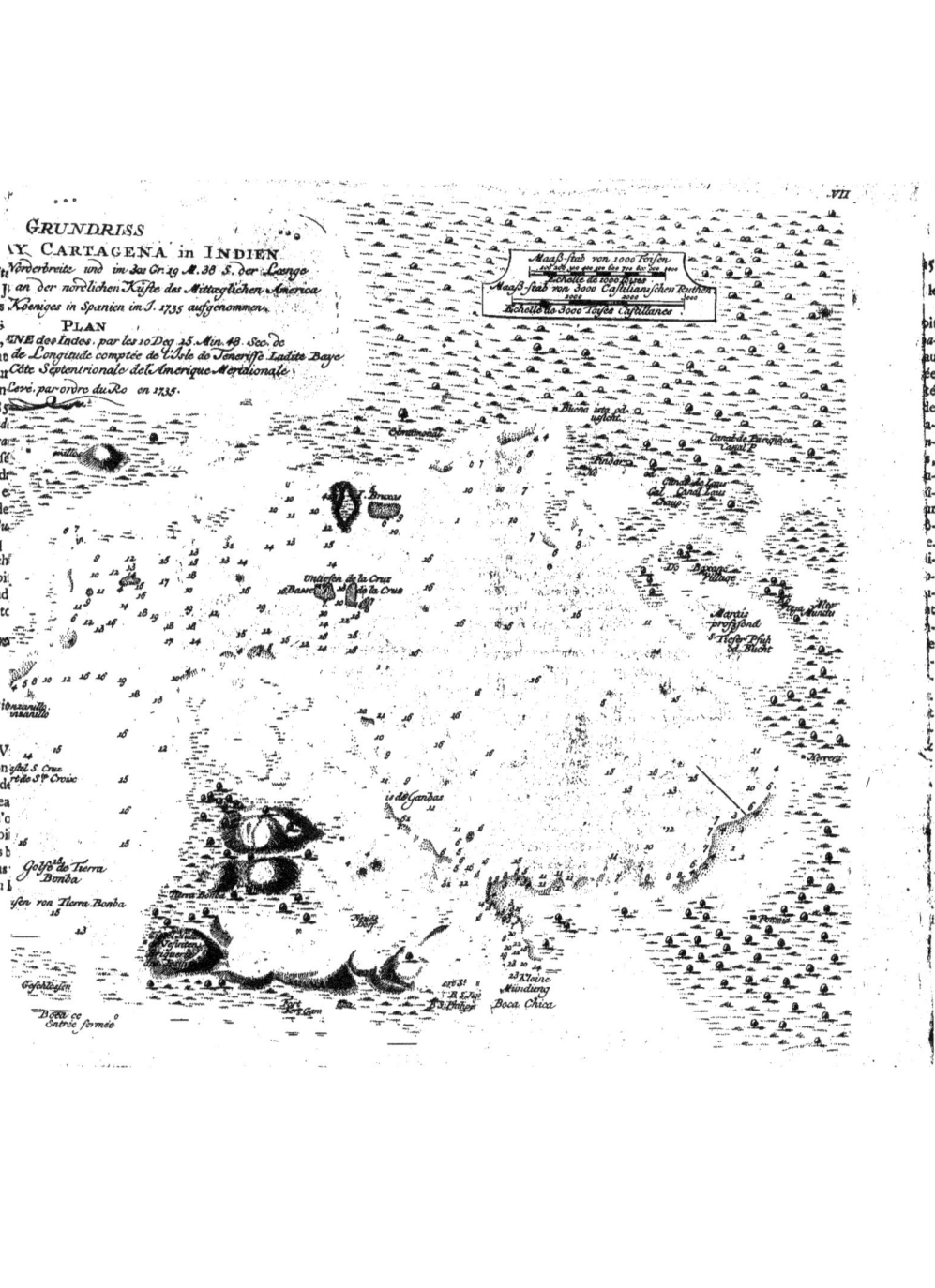

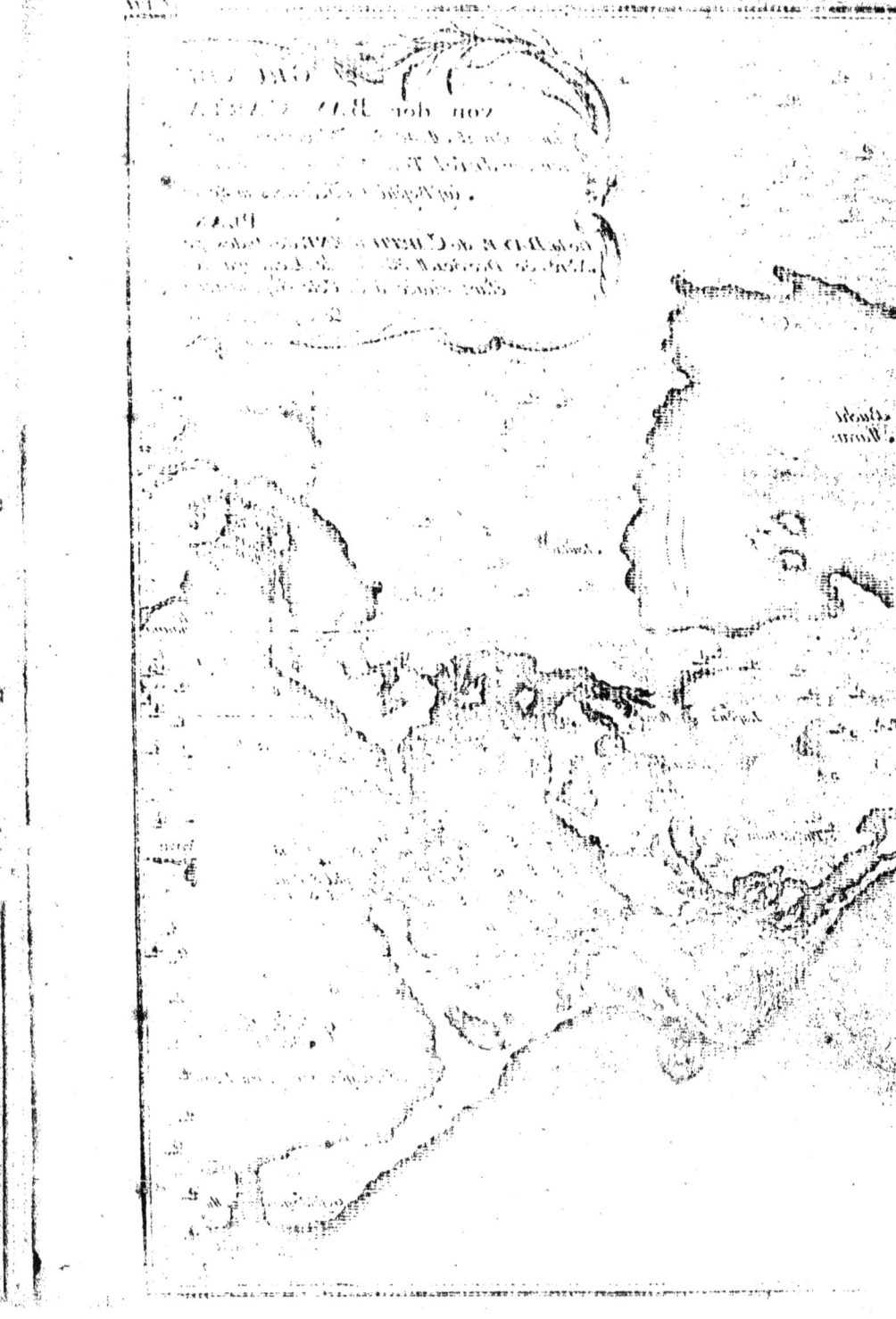

entretient un qui a foin de marquer ces endroits dangereux quand le befoin l'exige.

On entroit dans la Baye, comme il a déja été dit, par le Canal étroit de *Boca-Chica*, nom convenable à fa petiteffe (car *Boca-Chica* en *Efpagnol* fignifie bouche petite) puifqu'il n'y pouvoit paffer qu'un Vaiffeau à la fois, encore faloit-il qu'il rafât la terre de bien près. Cette entrée étoit défendue par un Fort nommé *San Luis de Boca-Chica*, bâti du côté de l'Eft, à l'extrémité de *Tierra-Bomba*, & par un autre Fort nommé de *St. Jofeph*, fitué du côté oppofé dans l'Ile de *Baru*. Celui-là, après avoir foutenu une rude attaque par mer & par terre de la part des *Anglois*, dans les dernier fiége, & ayant été canonné pendant 11 jours, fe trouva enfin fans défenfes, fes parapets démolis, fon Artillerie toute démontée, & enfin abandonné. Les Ennemis s'en étant ainfi rendus maîtres, s'ouvrirent l'entrée, & pafferent au fond de la Baye avec toute leur Efcadre & leur Armement; mais par la précaution & la diligence des nôtres, ils trouverent toute l'Artillerie du Fort de *Santa Cruz*, enclouée. Ce Fort s'appelloit auffi le *Grand Fort* à caufe de fa grandeur, & il dominoit tous les Navires qui donnoient fond dans la Baye. Les Forts de *Boca-Chica*, de *St. Jofeph*, & deux autres, l'un nommé *Munzanillo*, & l'autre *Paftelillo*, lors de la levée du fiége & de l'évacuation du Fort, furent démolis par l'Armée ennemie, défefpérée du mauvais fuccès de fon entreprife. Ce fut le fuccès de cette invafion, qui, comme je l'ai dit dans le Chapitre précédent, a fait penfer, s'il ne feroit pas mieux de fermer & rendre impraticable l'entrée de *Boca-Chica*, & d'ouvrir l'ancien Canal, en le fortifiant de maniere qu'il ne fût pas facile aux Efcadres ennemies de le forcer.

Les marées de la Baye ne font rien moins que régulieres, & l'on peut dire la même chofe, à peu de différence près, de celles de toute la côte. On remarque d'ordinaire qu'elle monte pendant un jour entier, & qu'elle baiffe enfuite dans 4 ou 5 heures. Le plus grand changement qu'on obferve dans fa hauteur eft de deux pieds, ou deux pieds & demi, quelquefois-même il eft moins fenfible, & ne fe remarque que par les flots que l'eau pouffe. Et c'eft alors qu'il eft dangereux d'échouer, malgré la férénité qu'y régne, & qu'il n'y ait pas le moindre changement de tems; mais la raifon eft que le fond étant de vafe, quand un Bâtiment vient à s'y affabler, il faut néceffairement l'alléger pour le remettre à flot.

Du côté de *Boca-Chica*, & à deux lieues & demie de diftance, on trouve un bas-fond de gravier & de gros fable, où il n'y a pas en plufieurs endroits plus d'un pied & demi d'eau. En 1731. le Vaiffeau de guerre

le Conquérant partant de *Carthagène* pour *Portobello*, & passant par ce ba
fond, eut le malheur de toucher, & fut en grand danger de périr; ma
il fut favorisé par le grand calme qui régnoit en mer, & il s'en tir
heureusement. Quelques-uns prétendoient que ce banc étoit conn
& distinguée des autres par le nom de *Salmédina*, mais tous les Routiers qu
étoient dans le Navire, s'inscrivirent en faux contre ce sentiment, d
assurerent qu'avant que le Vaisseau touchât, il le leur avoit été i
connu. Les Pilotes & les Routiers remarquerent, pendant que le Vai
seau étoit assablé, que *Notre Dame de la Popa* étoit à l'Est-Nord-Est
deux degrés vers le Nord; le Fort de *San Luis de Boca-Chica* à l'E
Sud-Ouest à trois lieues & demie ou à peu près, & la pointe Septen
trionale de l'Ile de *Kosaria* au S. ¼ S. O. Bien entendu que ces remarque
sont faites sur les rumbs apparens de l'Aiguille.

La Baye abonde en Poissons de diverses espéces, sains & de fort bon goût
les plus communs sont les Aloses, qui à-la-vérité ne sont pas d'une gran
de délicatesse: des Tortues en grande quantité, fort grosses, & d'un goû
agréable. Il s'y trouve aussi beaucoup de *Taburous* ou *Requins*, anim
monstrueux & dangereux pour les Gens de mer, puisqu'ils attaquer
les hommes qui ont le malheur de tomber dans l'eau, & même dan
les barques, & les dévorent en un instant.

Les Matelots des Navires qui s'arrêtent quelque tems dans la Baye
se divertissent à la pêche de ce monstre, avec des hameçons pendus a
bout d'une chaîne. Quand ils en prennent quelqu'un, ils le mettent e
piéces, sans pouvoir s'en régaler, car leur chair n'étant que graisse n'e
bonne qu'à faire de l'huile. On en a vu qui avoient quatre rangs de den
molaires: ceux qui ne sont pas si vieux n'en ont ordinairement que deu
Il est si vorace qu'il avale toutes les immondices qu'on jette des Vai
seaux dans la mer. J'en ai vu un qui avoit dans l'estomac le corps en
tier d'un chien, dont il n'avoit encore digéré que les parties le plus mo
les. Les Naturels du Pays prétendent avoir vu aussi dans la Baye, de
Caymans, sorte de *Lézard* monstreux & amphibie; mais comme cet an
mal n'aime que l'eau de Riviere, il est probable que si on en voit dan
l'eau de Mer, ce ne peut être que très-rarement.

C'est dans cette Baye qu'arrivent les Gallions. Ils y demeurent ju
qu'à ce que celui du *Pérou* soit arrivé devant *Panama*. Au premier
vis qu'ils en reçoivent, ils lévent l'ancre & se rendent à *Portobello*, c
Portobelo, & à la fin de la Foire qui s'y tient, ils reviennent dans la Baye,
font les vivres & provisions qui leur sont nécessaires pour leur retour, &

plutôt qu'ils peuvent ils remettent à la voile. Pendant leur abfence la Baye eft fort folitaire, n'y ayant que quelques Bâtimens du Pays, en petit nombre; ce ne font même que quelques Balandres & Felouques, qui ne s'arrêtent que pour fe caréner & fe radouber, afin de continuer leur voyage vers les lieux d'où elles font venues.

CHAPITRE IV.

Des Habitans de Carthagéne; *de leur qualité, différence des* Caftes *ou* Races, *& leur origine; Génie & Coutumes.*

Après avoir donné une defcription affez détaillée de la Ville de *Carthagéne*, il nous paroît convenable de dire un mot de fes Habitans. On les divife en diverfes *Caftes* ou *Races*, formées par l'union des Blancs avec les Négres & les *Indiens*. Nous traiterons de chacune felon fon rang.

Les Blancs qui habitent à *Carthagéne*, fe peuvent divifer en deux efpéces: l'une d'*Européens*, & l'autre de *Créoles*, ou de Blancs nés dans le Pays. Les premiers font communément appellés *Chapetons*, & le nombre en eft peu confidérable, vu que la plupart, ou s'en retournent en *Europe* après avoir acquis un certain fond, ou paffent plus avant dans les Provinces intérieures pour augmenter leur petite fortune. Ceux qui fe font fixés à *Carthagéne*, y font tout le commerce, & vivent dans l'opulence, tandis que les autres habitans font miférables, & réduits à vivre du travail de leurs mains. Les familles des *Créoles* blancs poffédent les Terres ou Champs, & il y en a quelques-unes de grande diftinction, comme étant defcendues d'ayeux venus dans le Pays pour y exercer des emplois confidérables, & qui y ayant amené leurs familles avoient jugé à propos de s'y fixer. Ces familles fe font maintenues dans leur luftre, en s'alliant dans le Pays avec leurs égaux, ou avec des *Européens* qui fervent fur les Gallions. Il eft vrai qu'il y en a quelques-unes qui commencent à décheoir.

Il y a auffi d'autres familles de Blancs pauvres, qui font ou entées fur des familles *Indiennes*, ou du-moins alliées avec elles, de maniere qu'il y a quelque mêlange dans leur fang; mais quand la couleur ne les trahit pas, cela leur fuffit pour fe croire heureux, dès-qu'ils jouïffent de l'avantage d'être Blancs.

Paffons maintenant aux Efpéces qui doivent leur origine au mêlange des Blancs avec les Noirs, ou Négres. Nous commencerons par les *Mulâtres*, fi connus de tout le monde, qu'il feroit fuperflu d'expliquer la fignification de ce nom: après ceux-là vient la troifiéme Efpéce ou Claffe, appellée *Claffe* des *Tercerons*, qui proviennent de l'union des Mulâtreffes avec les Blancs, ou des Blanches avec les Mulâtres, & commencent à approcher des Blancs, bien-que leur couleur les décéle. La Claffe des *Quarterons*, ou quatriéme Claffe, provient du mêlange des Blancs avec la Claffe des *Tercerons*; la derniere enfin, ou la Claffe des *Quinterons*, vient du mêlange des Blancs avec les *Quarterons*, ou quatriéme Claffe. Quand ils font arrivés à cette Claffe, il n'eft plus queftion de race Négre, & l'on ne peut plus les diftinguer des Blancs ni pour leurs manieres, ni pour leur couleur, & qui plus eft les Enfans d'un Blanc & d'une *Quinteronne* font appellés *Efpagnols*, & on les regarde comme hors de toute race de Négres, quoique leurs Grands-peres, qui fouvent font encore en vie, ne different guere des Mulâtres. Ils font fi jaloux de l'ordre de leurs *Caftes* ou Race, que fi par hazard on s'y méprend, & qu'on les traite un degré plus bas, ils s'en formalifent, & le tiennent à injure quelque éloigné qu'on ait été de les vouloir offenfer. Ils reprennent ceux qui ont commis cette faute par mégarde, & leur difent qu'ils ne font pas tels qu'ils les ont nommés, & qu'ils efperent qu'on ne voudra pas les priver d'un bien que la fortune leur a fait. Avant que d'arriver à la Claffe des *Quinterons*, il y a plufieurs obftacles qui quelquefois les en éloignent car entre le Mulâtre & le Négre, il y a encore une Race intermédiaire qu'il appellent *Sambo*, laquelle eft formée du mêlange de ces deux races avec le fang *Indien*, ou des deux races mêmes. On les diftingue auffi par la race de leurs Peres. Entre les *Tercerons* & les *Mulâtres*, les *Quarterons* & les *Tercerons*, & ainfi de fuite, font ceux qu'ils appellent *Tente en el Ayre* comme qui diroit *les Enfans en l'air*, parce qu'ils n'avancent, ni ne reculent. Les Enfans nés du mêlange des *Quarterons*, ou des *Quinterons* avec le fang *Mulâtre* ou *Terceron*, font appellés *Salto atrás*, c'eft-à-dire, *Saut en arriere*; parce qu'au-lieu d'avancer & de devenir Blancs, ils ont reculé, & fe font rapprochés de la *Cafte*, ou Race des Négres. De-même tous les Enfans iffus du mêlange depuis le Négre jufqu'au *Quinteron* avec le fang *Indien*, font nommés *Sambos* de *Négre*, de *Mulâtre*, de *Terceron*, &c.

Ce font-là les *Caftes* ou Races les plus connues & les plus communes non qu'il n'y en ait beaucoup d'autres qui proviennent de l'union des uns avec les autres; mais les efpéces font fi différentes & en fi grand nombre qu'ils ne favent pas eux-mêmes à quelle Claffe ils appartiennent, & qu' ne voit les dans les rues de la Ville, dans les qu'eux *Eſtancias* * & dans les Villages. C'eſt par hazard que l'on rencontre des Blancs dans ces endroits, ſur-tout des femmes; car celles qui n'ont pas renoncé à toute pudeur, vivent fort retirées dans leurs maiſons.

Ces *Caſtes* ou *Races*, à compter depuis les Mulâtres juſques aux *Quinterons*, ſont toutes vêtues à l'*Eſpagnole*, & les unes & les autres d'habits fort légers, à cauſe de la chaleur du Climat. Ils n'exercent que des Arts Méchaniques dans la Ville. Les Blancs, *Créoles* & *Chapetons*, regardent ces occupations comme fort au-deſſous d'eux, & ne s'adonnent qu'au Commerce; mais comme la fortune ne prodigue pas également ſes faveurs, & que pluſieurs ne peuvent ſe ſoutenir par le crédit, on en voit qui aiment mieux vivre dans la miſere, que d'exercer les profeſſions qu'ils ont apprifes en *Europe*; & qui bien éloignés d'acquérir les richeſſes dont ils s'étoient flattés au ſeul nom des *Indes*, tombent dans la derniere indigence.

Parmi toutes ces *Caſtes* ou *Races*, celle des Négres n'eſt pas la moindre. On les diviſe en deux Claſſes, en Négres Libres, & en Négres Eſclaves; & on les ſubdiviſe encore en *Créoles* & en *Bozales*, ou nouveaux-venus; une partie de ces derniers eſt employée à la culture des *Haziendas* † ou *Eſtancias*. Ceux qui habitent dans la Ville y ſont employés aux travaux les plus rudes; au moyen de quoi ils gagnent leur vie, en payant néanmoins à leurs Maîtres une certaine portion de leur ſalaire par jour, & du peu qui leur reſte il faut qu'ils ſe nourriſſent. La violence des chaleurs ne leur permet pas de porter aucun habillement, & par conſéquent ils vont tout nuds, à la réſerve d'un petit pagne, ou morceau de toile de coton qu'ils portent pour couvrir ce que la pudeur défend de montrer. Les Eſclaves Négreſſes n'ont pas d'autre habillement. Les unes vivent dans les *Eſtancias*, mariées avec les Négres qui cultivent ces champs; & les autres dans la Ville, où elles gagnent à vendre dans les places les choſes comeſtibles, & à porter par la Ville les fruits, les confitures du Pays, & divers autres mêts tels que les gâteaux ou bignets de Maïz, & la Caſſave dont on fait le pain pour les Négres. Celles qui ont de petits Enfans, & qui les nourriſſent, comme elles font preſque toutes, les portent ſur les épaules, pour qu'elles puiſſent agir & avoir les bras libres.

Quand

---

* *Eſtancias* ſignifie proprement *ſéjour*, lieu où l'on s'arrête pour repoſer; mais à *Carthagéne* il s'entend pour une Maiſon de Campagne, qui quelquefois forme un Village conſidérable, à cauſe de la quantité des Eſclaves, qui en dépendent.

† *Hazienda*, ſignifie en cet endroit une Maiſon de Campagne avec les terres, qui en dépendent. Il a auſſi d'autres ſignifications qui ne viennent pas à notre ſujet.

Quand ces Enfans veulent téter, elles leur préfentent la mamelle, ou par-deffous l'aiffelle, ou par-deffus l'épaule, & ainfi fans les remuer de leur place elles leur donnent l'aliment qu'ils défirent. Cela paroîtra incroyable à quiconque ne l'a pas vu; mais fi l'on confidere que ces Créatures laiffent croître leurs mamelles fans les gêner en aucune façon, & qu'il y en a à qui elles pendent au-deffous de la ceinture, on ne trouvera pas étrange qu'elles puiffent les jetter par-deffus les épaules, pour que l'enfant les puiffe faifir.

L'habillement des Blancs, tant hommes que femmes, eft peu différent de celui qu'on porte en *Efpagne*. Les perfonnes en charge font vêtues comme on l'eft en *Europe*, avec cette différence que tous leurs habits font fort légers, deforte que pour l'ordinaire ils portent des veftes de toile fine de *Bretagne* & les culotes de même : les pourpoints font de quelque étoffe fort mince, ordinairement de tafetas uni de toute couleur, dont l'ufage eft général fans exception de perfonne. Les perruques ne font point en ufage en cette Ville, & dans le tems que nous y étions, il n'y avoit guere que le Gouverneur & quelques Officiers de la Ville qui en portaffent; mais le nombre en étoit fort petit. On n'y porte pas non plus de cravates; on fe contente de fermer le col de la chemife avec quelque gros bouton d'or, mais le plus fouvent on le laiffe ouvert. Ils portent fur la tête un bonnet blanc de toile fine; plufieurs vont auffi nu-tête, & fe coupent les cheveux au chignon. Ils ont la coutume de porter des éventails pour s'éventer. Ces éventails font tiffus d'une efpéce de palme fine & fort déliée, en forme de demi-lune avec un bout de la même palme qui fert de manche. Ceux qui ne font pas Blancs, ni d'une famille diftinguée, portent une cape ou efpéce de manteau, & des chapeaux ronds. Quelques-uns, quoique Mulâtres & quelquefois même Négres, s'habillent comme les *Efpagnols* & comme les plus diftingués du Pays.

Les femmes *Efpagnoles* portent une forte de jupe qu'elles attachent à la ceinture, & qui pend de-là jufqu'aux talons; elles l'appellent *Polléra*. Elle eft de tafetas uni & fans doublure, les chaleurs ne leur permettant pas d'en ufer autrement. Un pourpoint leur defcend du haut du corps jufqu'au milieu. Elles ne le portent que dans la faifon qu'elles nomment Hiver, en Eté elles le quittent & ne le peuvent fouffrir. Elles fe lacent toujours pour fe couvrir la poitrine. Quand elles fortent du logis elles prennent la mantille & la jupe, & ont coutume, lorfqu'elles vont à la Meffe les jours de Preceptes, de le faire dès les trois heures du matin, pour éviter la chaleur qui commence avec le jour.

Les

Les femmes qui ne font pas exactement de race Blanche mettent par-[dessus] la *Polléra* une *Basquigne*, ou Jupe de tafetas de la couleur qu'il leur [plaî]t, mais jamais noire. Cette jupe est toute percée de petits trous pour [laiss]er voir celle qui est par-dessous. Elles se couvrent la tête d'une espéce [de b]onnet qui ressemble à une mitre. Il est de toile blanche & fine, fort [garn]i de dentelles. A force d'empois elles parviennent à le faire tenir [tout] droit sur la tête. Il est terminé par une pointe qui répond perpendi-[cul]airement au front. Elles appellent ce bonnet *Pagnito*, & ne sortent [jam]ais sans cette coiffure. Les Femmes de condition, & en général tou-[tes] les Blanches, sont vêtues de même dans leur négligé; mais cet habille-[me]nt leur sied mieux qu'aux autres, comme leur étant plus naturel. Elles [ne] portent jamais de souliers ni dedans ni hors de la maison, mais seule-[me]nt une espéce de mules où il n'entre que la pointe du pied. Quand el-[les] sont dans leurs maisons, tout leur exercice consiste à se coucher à [mo]itié dans leur *Jamacas* *, où elles se bercent & se brandillent pour se [rafr]aîchir. Ces *Jamacas* sont si à la mode en cette Ville, que dans toutes [les] maisons il y en deux, trois ou davantage, selon la famille. Les fem-[me]s y passent la plus grande partie du jour, & quelquefois les hommes s'y [rep]osent comme les femmes, sans se soucier de l'incommodité qu'il y a de [ne] pouvoir pas bien étendre le corps.

[O]n remarque communément dans les deux Sexes beaucoup d'esprit & de [pén]étration, & cette facilité à réüssir dans toutes les Sciences & dans tous les [Ar]ts. Dans les Jeunes-gens on apperçoit une grande envie d'apprendre, [&]beaucoup de dispositions aux Lettres, donnant dans cet âge tendre des [ma]rques de génie qu'on n'apperçoit ailleurs que plus tard & moins com-[mu]nement. Cette application leur dure jusqu'à l'âge de 20 à 30 ans; mais [à p]eine y sont-ils parvenus, qu'ils paroissent oublier avec la même fa-[cili]té qu'ils ont appris; & souvent même avant que d'arriver à cet âge, [où]il faut commencer à recueillir les fruits de l'étude, ils abandonnent entié-[rem]ent les Sciences, par une paresse naturelle qui met fin à leurs progrès [&]détruit l'espérance qu'on avoit conçue de leur génie.

[ ]La principale cause de cette décadence, vient sans-doute du defaut de ne [sav]oir pas à quoi employer ses lumieres, & de n'avoir aucun objet d'é-[mu]lation, ne pouvant se flatter que leurs talens leur procurent l'avancement [dû] à leur travaux littéraires; car il n'y a là ni Armée de terre, ni de [me]r, & les Emplois Littéraires sont en si petite quantité, qu'il n'est pas é-
ton-

* C'est ce qu'on appelle autrement *Hamacs*, c'est-à-dire, des Lits suspendus. *Not. du [Tra]d.*

tonnant que, perdant l'espérance de se pousser par cette voye, ils perdent aussi l'envie de se distinguer dans les Sciences, & que tombant dans l'oisiveté, ils donnent aussi dans le vice, auquel ils se livrent jusqu'à perdre la raison, & à oublier tous les bons principes qu'ils peuvent avoir appris dans leur bas-âge, lorsque l'obéissance à leurs Parens & aux Maîtres mettoit un frein à leurs passions. La même disposition se remarque dans les Arts Méchaniques, où ils réüssissent avec beaucoup d'adresse & en très-peu de tems, sans toutefois parvenir à un certain degré de perfection, & sans rafiner sur ce qu'on leur a montré. Cependant rien n'est si admirable que la précocité des esprits dans ce Pays-là, & d'y voir parler plus raisonnablement de petits Enfans de deux à trois ans, que ceux d'*Europe* qui en ont six à sept. A cet âge, où à peine ils ont les yeux ouverts à la lumiere sans pouvoir la distinguer, ils connoissent tout ce qui est renfermé dans la méchanceté.

L'esprit des *Américains* étant plus précoce que celui des *Européens*, on croit qu'il s'affoiblit aussi beaucoup plutôt, & que dès l'âge de 60 ans ils n'ont plus ce jugement solide, cette pénétration, cette prudence, qui est commune parmi nous à cet âge; ce qui fait dire que leur esprit baisse & décroît, lorsque celui des *Européens* tend à sa plus grande maturité. Mais ceci n'est peut-être qu'un préjugé vulgaire, qui ne tiendra pas contre des exemples contraires, ni contre les moyens de défense allégués par le célébre Pere *Fr. Benoit Feyjoo dans son 6. Discours Tom. IV.* de son *Theatro Critico*. Quoi qu'il en soit, il est certain que l'expérience est contraire à ce sentiment. Ceux qui ont voyagé dans ce Pays avec quelque attention, y ont trouvé de bons esprits de tout âge, & ne se sont point apperçus que 10 ans de plus altérassent la raison de personne, si ce n'est de ceux qui livrés aux excès du libertinage étouffoient les lumieres de leur raison dans le vice. En effet on y trouve des personnes douées d'une grande prudence, & de grands talens tant dans les Sciences spéculatives que pratiques, dans la Politique & la Morale, & ces sortes de personnes conservent ces avantages jusques dans un âge fort avancé.

La Charité est une des vertus que les habitans de *Carthagéne* font éclater, & la plus commune dans toutes les conditions. Ils l'exercent particuliérement envers les *Européens* nouvellement arrivés, qui venant, comme ils disent, pour *busquer fortune*, ne trouvent souvent que la misere, les maladies, & enfin la mort. C'est ici un sujet qui me paroît mériter qu'on en fasse mention; & quoique les circonstances en soient assez connues à ceux qui ont été dans ce Pays, je ne laisserai pas d'en dire un mot, ne fût-ce que pour desabuser certaines gens, qui avides de posséd-
plu

VOYAGE AU PEROU. Liv. I, Ch. IV.

plus de bien qu'ils n'en ont dans leur Patrie, penfent qu'il fuffit d'aller aux *Indes* pour fe trouver tout d'un coup dans l'opulence.

Ceux qu'on appelle dans les Vaiffeaux *Pulizons*, font des hommes qui fans emplois, fans fond, fans recommandation, viennent comme des vagabonds, & gens fans aveu, chercher fortune dans un Pays où perfonne ne les connoît; & qui après avoir couru longtems les rues de la Ville, fans avoir de retraite, ni de quoi fe nourrir, font enfin obligés d'en venir à la derniere reffource, qui eft le Couvent des Cordeliers, où on leur donne, non pas pour appaifer leur faim, mais pour les empêcher de mourir, de la bouillie de Caffave, qui n'étant pas un mets fupportable pour ceux du Pays, on peut juger quel goût elle doit avoir pour de pauvres gens qui n'y font point accoutumés. Le coin d'une Place, ou la porte d'une Eglife font des gîtes dignes de gens qui font de tels repas. Telle eft la vie qu'ils ménent, jufqu'à ce que quelque Négociant, qui paffe dans les Provinces intérieures, & qui a befoin de quelqu'un pour le fervir, les emméne avec lui; car les Marchands de la Ville, qui n'ont pas befoin d'eux, ne font pas grand accueil à ces *Avanturiers*, qu'on peut appeller ainfi à jufte titre. Affectés par la différence du Climat, nourris de mauvais alimens, abattus, découragés, ces miférables deviennent la proye de mille maux qu'il n'eft pas poffible de fe bien repréfenter. Défefpérés de voir leurs projets de fortune & d'opulence s'en aller en fumée, ils prennent infailliblement la maladie appellée à *Carthagéne*, la *Chapetonnade* *, fans avoir d'autre réfuge que la Providence Divine; car il ne faut pas fonger à l'Hôpital de *San Juan de Dios*, où l'on ne reçoit que ceux qui payent, & d'où par conféquent la mifere eft un titre d'exclufion. C'eft alors qu'on voit éclater la charité du Peuple de cette Ville. Touchées de leurs maux, les Négreffes & les Mulatreffes libres les accueillent, & les retirent dans leurs maifons, où elles les affiftent, & les font guérir à leurs dépens, avec autant de foin & d'exactitude que fi elles y étoient obligées. Si l'un d'eux meurt, elles le font enterrer par charité, & lui font même dire des Meffes. La fin de ces témoignages de compaffion & de charité, c'eft qu'après fa guérifon, le *Chapeton* enchanté de l'amitié qu'on lui a témoignée, fe marie avec fa Bienfaitrice Négreffe ou Mulatreffe, ou avec quelqu'une de fes filles: & le voilà établi, mais dans un état beaucoup plus miférable que celui qu'il auroit pu fe faire dans fa Patrie, en y travaillant felon les occafions & fes talens.

Le

---

* C'eft-à-dire la maladie des Blancs, ou la maladie du Pays. Not. du Trad.

Tome I. E

Le desintéreffement des *Carthagénois* eft fi grand, qu'on ne peut foupçonner ces femmes de n'avoir que le mariage pour but de leur charité envers les *Chapetons*; d'autant plus qu'il n'eft pas rare de les voir refufer de s'allier avec eux, pour ne pas perpétuer leur mifere: mais plutôt elles tâchent, de leur procurer l'occafion & les moyens de paffer plus avant dans l'intérieur du Pays; les uns à *Santa Fé*, *Popayan* & à *Quito*, & les autres au *Pérou*, felon qu'ils font portés pour quelqu'un de ces lieux-là.

Ceux qui reftent à *Carthagéne*, foit qu'ils y ayent fait quelqu'un de ces mauvais mariages dont nous avons parlé, foit qu'ils fe trouvent dans un autre certain état bien dangereux pour le falut éternel, & qui n'eft que trop ordinaire, fe font *Pulperos** ou *Canotiers*, ou quelque autre chofe femblable; mais dans tous ces métiers, ils vont fi mal habillés & font fi accablés de travail, qu'ils n'ont certainement pas fujet d'oublier la vie qu'ils ont menée dans leur Patrie, quelque miférable qu'elle ait pu être. Ils font fort heureux, quand après avoir travaillé tout le jour & une partie de la nuit, ils peuvent fe régaler de quelques Bananas, d'un peu de gâteau de Maïz ou de Caffave, qui leur tient lieu de pain, & d'un morceau de *Tafaje*, qui eft de la chair de vache, féche & falée. Ils paffent ordinairement bien des années fans goûter de pain de froment, qui dumoins ne leur manqueroit pas en *Efpagne*.

D'autres auffi malheureux que ceux-là, & dont le nombre n'eft pas petit, fe retirent de la Ville & vont s'établir dans quelque petite *Eftancia*, où ils fe bâtiffent une *Bujio* ou Cabane de paille, & vivent-là peu différens des bêtes, cultivant les grains que le Pays produit, & vendant le fruit de leur travail pour fubvenir à leur entretien.

Ce que nous avons dit des Négreffes & Mulatreffes doit s'entendre de toutes les *Caftes* ou Races, & fe fuppofer, à l'égard de la charité des femmes Blanches & de tous les Blancs en général, qui dans toutes les efpéces font doux & prévenans; mais il faut avouër que les femmes étant d'un naturel plus doux encore & plus compatiffant, l'emportent fur les hommes dans la pratique de cette vertu *Chrétienne*.

Quant aux ufages de la Nation, il y en a quelques-uns qui different fenfiblement de ceux des *Efpagnols*, & même de ceux qui fe pratiquent

dans

---

* *Pulperos* font des gens qui travaillent à des efpéces de Tente, appellées en *Efpagnol Pulperias*, & les *Canotiers* font les Matelots qui naviguent dans les Pirogues, pour faire le tranfport des Marchandifes de toute efpéce.

dans les principaux Pays d'*Europe*. Les plus remarquables font, l'ufage du Brandevin, celui du Cacao, du Miel & autres douceurs, & l'ufage du Tabac à fumer; à quoi il faut ajoûter quelques fingularités, dont il fera fait mention en leur lieu.

L'ufage du Brandevin eft fi commun, que les perfonnes les plus réglées & les plus fobres, ne manquent pas d'en boire tous les matins à onze heures: leur raifon en eft, que cette liqueur fortifie l'eftomac, aiguife l'appétit, & rétablit les efprits diffipés par la continuelle tranfpiration. Ils s'invitent les uns les autres *para hacer las once*, A FAIRE LES ONZE, c'eft-à-dire, à boire le Brandevin. Mais cette coutume, qui n'eft pas mauvaife quand on la pratique avec modération, dégenere en vice chez plufieurs, que cette liqueur affriande fi fort, qu'ils commencent *à faire les onze* en fortant du lit, & ne finiffent qu'en y rentrant. Les Perfonnes de diftinction boivent du Brandevin d'*Efpagne*, mais le petit peuple & les Négres, courent à celui du Pays, qui eft fait du jus ou du fuc des cannes de fucre, & qui eft nommé à caufe de cela *Eau de vie de canne*, dont il fe fait un beaucoup plus grand débit que de l'autre.

Le *Chocolat*, qui n'eft connu-là que fous le nom de *Cacao*, eft fi commun, qu'il n'y a pas jufqu'aux Négres Efclaves qui n'en prennent réglément tous les jours après leur déjeuné, & à cette fin il y a des Négreffes qui en portent de tout prêt dans les rues pour le vendre, & le faifant feulement un peu chaufer le diftribuent pour un *Quartillo de Real de Plata*. Mais ce n'eft pas du *Cacao* tout pur, il y en a feulement une petite quantité mêlée avec du Maïz. Celui que boivent les Perfonnes de diftinction eft de pur *Cacao* préparé tout comme en *Efpagne*. Ils en reprennent une heure après le repas, & c'eft une coutume fi inviolable qu'il ne leur arrive jamais d'y manquer. Jamais ils n'en prennent à jeun, ou du-moins fans avoir mangé un morceau auparavant.

Les Confitures & le Miel font encore de leurs mets favoris. Toutes les fois qu'ils s'avifent de vouloir boire de l'eau, ce n'eft jamais fans avoir mangé avant quelques confitures. Souvent ils préferent le miel aux conferves, & autres confitures au caramel, ou féches; ils trouvent que le miel adoucit davantage. Ils mangent les confitures avec du pain de froment, & ils en trempent auffi dans le chocolat; mais pour le miel ils le mangent avec des tourtes ou gâteaux de Caffave.

Leur paffion pour le Tabac à fumer n'eft pas moindre, ni moins générale. Là tout le monde fume, hommes & femmes, fans diftinction d'âge ni de rang. Les Dames & les femmes Blanches ne fument que chez elles. Cette retenue n'eſt pas imitée dans les autres *Caſtes*, & les hommes de toute eſpéce n'y regardent pas non plus de ſi près. Ils ne ſavent ce que c'eſt que diſtinguer les lieux & les tems pour leur fumerie. Ils petunent en tout lieu & en toute occaſion. Leur méthode eſt de fumer de petits rouleaux de feuilles de Tabac. Les femmes tiennent dans la bouche l'extrémité d'un bout de tabac allumé, dont elles tirent la fumée pendant un aſſez long eſpace de tems, ſans l'éteindre & ſans que le feu les incommode: une des plus grandes marques d'amitié qu'elles puiſſent donner aux perſonnes avec qui elles ont quelque rélation, & qu'elles honorent de leur eſtime, c'eſt d'allumer pour eux du tabac, & de leur en préſenter à la ronde dans les viſites qu'elles reçoivent. Ce ſeroit les desobliger & les mortifier beaucoup, que de refuſer ce préſent de leur main: auſſi ne ſe hazardent-elles pas de faire cette politeſſe à ceux qu'elles ſavent ne pas aimer le tabac. Les Femmes de diſtinction s'accoutument à fumer dès leur bas-âge, & il n'eſt pas douteux qu'elles ne contractent cette habitude par l'exemple de leurs nourrices, qui ſont les Negreſſes Eſclaves. Et cet uſage étant ſi commun parmi les Femmes de qualité, il n'eſt pas ſurprenant que les perſonnes qui arrivent d'*Europe* & qui font quelque ſéjour à *Carthagéne*, ne puiſſent réſiſter à cette eſpéce de contagion.

La Danſe eſt un des plus grands amuſemens des gens de ce Pays-là. Quand les Gallions arrivent, ou qu'il y a des Gardes-côtes ou autres Vaiſſeaux qui viennent d'*Eſpagne* dans la Baye, on ne voit que Bals dans la Ville, dans leſquels il ſe commet de grands desordres cauſés par les équipages des Vaiſſeaux qui y accourent. Ces Bals ſont appellés *Faudangos*. Quand ces divertiſſemens ſe donnent dans des maiſons de diſtinction, tout s'y paſſe dans l'ordre, & rien n'en trouble la tranquillité. Les Bals commencent par quelques danſes *Eſpagnoles*, & continuent par celles du Pays, qui ne ſont pas ſans graces ni ſans vivacité. Elles ſont accompagnées de chanſons convenables, & durent juſqu'au jour.

Les *Faudangos* ou Bals de la populace conſiſtent principalement dans des excès de Brandevin & de Vin, d'où naiſſent des mouvemens & des geſtes indécens & ſcandaleux dont ils compoſent leurs danſes; & comme dans les intervalles ils ne ceſſent de boire, il ſurvient bientôt des querelles qui cauſent de grands malheurs. Les Etrangers qui ſont dans la Ville, ſont ceux qui arrangent ces Bals & qui en font les fraix; & comme l'entrée en eſt libre, & qu'on n'y épargne pas les liqueurs à ceux qui y viennent, ils ne deſempliſſent point.

On remarque encore quelques ſingularités dans leur deuil. C'eſt
qu'e

qu'éclate leur luxe & leur oftentation, fouvent aux dépens de leur commodité. Si le défunt eft une perfonne de diftinction, on place fon corps fur un magnifique lit de parade dreffé dans le plus bel appartement de la maifon, & éclairé de quantité de cierges & de bougies. Il refte-là pendant l'efpace de 24 heures, ou davantage, & pendant ce tems les portes de la maifon font ouvertes pour que les perfonnes de connoiffance puiffent entrer & fortir plus librement, & généralement toutes les femmes de baffe condition qui ont coutume de venir pleurer le défunt.

Ces mêmes femmes, vétues ordinairement de noir, viennent le foir dans l'appartement où eft le corps mort. Les unes s'approchent de lui & fe mettent à genoux. Les autres fe tiennent debout, & toutes les bras ouverts comme pour l'embraffer: c'eft alors qu'elles commencent à piauler d'un ton lamentable, pouffant de tems en tems des cris affreux dont le nom du mort eft toujours le refrein. Après qu'elles ont bien criaillé, elles commencent, fans changer de ton & auffi defagréablement, l'hiftoire du mort, où elles rapportent fes bonnes & fes mauvaifes qualités, & n'oublient pas furtout fes foibleffes, & les commerces d'impureté qu'il peut avoir eus. Elles en font même un détail fi fidéle & fi circonftancié, qu'il n'y a pas de confeffion générale qui contienne des defcriptions plus particulieres. Après avoir paffé quelque tems dans cet exercice, fe trouvant fatiguées, elles fe retirent dans un coin de la fale, où elles trouvent du Brandevin & du Vin, & boivent de ce qu'elles aiment le mieux. Mais à peine ont-elles quitté le mort que d'autres s'en approchent & font la même chofe que les premieres, fe relayant ainfi continuellement jufqu'à ce qu'il n'y en ait plus qui viennent de dehors. Après que ces pleureufes ont fini leurs piailleries, les domeftiques, les efclaves & les amis de la maifon continuent la même cérémonie durant toute la nuit, fur quoi on peut fe figurer quel cahos ce doit être que tout cela, & quelle mufique doivent faire les hurlemens de tant de voix difcordantes.

L'enterrement eft accompagné des mêmes clameurs, & après que le corps eft inhumé, le deuil continue pendant 9 jours dans la maifon, & les *Affligés*, tant hommes que femmes, ne doivent pas s'écarter de l'appartement où ils reçoivent les *Péfames* *. Toutes les perfonnes qui ont quelque liaifon avec les *Affligés* doivent leur tenir compagnie les 9 nuits durant, depuis le coucher du Soleil jufqu'à fon lever. Et l'on peut dire qu'ils font tous véritablement affligés; ceux qui ménent deuil, le font de la perte

du

---

* Complimens de condoléance.

du défunt; & ceux qui leur tiennent compagnie, ne le font guere moin
de l'incommodité qu'ils souffrent.

CHAPITRE V.

Du Climat de la Ville de Carthagéne *des Indes. Maniere dont les Habita*
divisent les Saisons. Maladies auxquelles sont sujets les Européens *nouve*
lement arrivés en ce Pays; causes de ces maladies. Autres maladies qui aff
gent également les Créoles & les Chapetons.

LE Climat de *Carthagéne* est excessivement chaud; puisque par les o
servations que nous y fîmes au moyen d'un Thermométre de la f
çon de Mr. de *Reaumur*, le 19 de *Novembre* 1735, la liqueur se soutint au
1025 ½ parties, sans varier dans les épreuves réitérées que nous fîmes
diverses heures, que depuis 1024 jusqu'à 1026. Dans les observatio
faites la même année à *Paris* avec un Thermométre de l'invention d
même Auteur, la liqueur monta le 16 de *Juillet* à trois heures du soir,
le 10 d'*Août* à 3 ½ à 1025 ½, & ce fut la plus grande chaleur qu'on sentit
Paris de toute cette année: par conséquent la chaleur du jour le plus chau
du Climat de *Paris* est continuelle à *Carthagéne*.

La nature de ce Climat se fait encore mieux sentir depuis le mois d
Mai jusqu'à la fin de *Novembre*, qui est la Saison qu'ils appellent Hiver,
cause que pendant ce tems-là les pluyes, les tonnerres & les éclairs y so
si fréquens que d'un instant à l'autre on voit les orages se succéder. L
nues se fondent en eau, les rues de *Carthagéne* sont inondées & les ca
pagnes submergées. Les habitans profitent de ces circonstances pour re
plir leurs citernes. C'est une précaution que l'on observe dans toutes l
maisons, pour suppléer au défaut de Riviere & de Source. Outre l'e
que chacun ramasse pour soi, il y a encore de larges citernes sur les ter
pleins des bastions de la Place, que l'on remplit, pour que la Ville
manque jamais d'eau. Ce n'est pas qu'il n'y ait aussi des puits dans la V
le, mais l'eau en est épaisse & saumache. On l'employe aux usages les p
communs, mais elle n'est pas potable.

Depuis la Mi-*Décembre* jusqu'à la fin d'*Avril*, on jouït d'un tems p
agréable; car la chaleur n'est plus si insupportable, parce que les vents
Nord-Est qui régnent alors, rafraîchissent la terre. Cet espace de te
est appellé l'Eté. Il y en a encore un autre qu'ils nomment le petit l

le *St. Jean*; parce que vers le tems que l'Eglife célèbre la nativité de ce Saint, les pluyes ceffent, & quelques vents de Nord commencent à fouffler, & cela dure environ un mois.

Comme les grandes chaleurs font continuelles en ce Pays-là, fans qu'il y ait aucune différence fenfible à cet égard entre la nuit & le jour, la tranfpiration des corps y eft très-confidérable, jufques-là que les habitans en ont tous une couleur fi pâle & fi livide, qu'on diroit qu'ils relévent de quelque grande maladie. Leurs actions répondent à leur couleur; tous leurs mouvemens ont je ne fai quoi de mou & de pareffeux; cela paffe jufqu'à leur ton de voix; ils parlent lentement & bas, & leurs paroles font entre-coupées. Cependant ils fe portent bien, quoiqu'ils ayent toutes les apparences du contraire. Ceux qui arrivent d'*Europe* confervent leurs forces & leurs couleurs vives durant l'efpace de trois à quatre mois; mais bientôt à force de fuer & de tranfpirer ces couleurs fe flétriffent, l'air robufte fe diffipe, & en un mot ces nouveaux-venus n'ont plus rien extérieurement qui les diftingue des anciens habitans. C'eft principalement dans la premiere jeuneffe & à la fleur de l'âge que l'on eft fujet à ces accidens; car les perfonnes plus âgées en font exemtes, & ont beaucoup meilleur vifage, jouiffant d'une fanté fi robufte qu'ils atteignent la quatre-vingtiéme année & au-delà, & cela eft même commun dans chaque *Cafte*, ou efpéce d'habitans.

Les fingularités des Maladies vont de pair avec celles du Climat. On peut les confidérer fous deux efpéces différentes; celles qui n'affectent que les *Européens* nouvellement débarqués, & celles qui font communes à chacun, tant *Créoles* que *Chapetons*.

Les maladies de la premiere efpéce font nommées vulgairement dans le Pays, les *Chapetonnades*, par allufion au nom qu'on donne aux perfonnes nées en *Europe*. Ces maladies font fi dangereufes, qu'elles emportent une infinité de monde, & font périr quantité de gens des équipages des Vaiffeaux qui viennent d'*Europe*. Elles ont cela de particulier, qu'elles ne font pas languir longtems: trois ou quatre jours fuffifent pour décider du fort de ceux qui en font attaqués. Au bout de ce court efpace, ou l'on eft mort, ou l'on eft hors de danger. La nature de cette maladie eft peu connue: ordinairement elle vient à quelques perfonnes pour s'être refroidies; à d'autres par quelque indigeftion, d'où s'enfuit bientôt le *Vomito priéto*, ou *Vomiffement violent*, qui expédie le malade dans l'efpace de tems fusdit; car il eft très-rare qu'on échappe dès qu'on eft venu à ce fymptôme. Il y en a qui dès qu'ils commencent à vomir, en-

trent

trent dans un délire fi furieux, qu'il faut les lier pour les empêcher de ſ
déchirer en piéces. Ils expirent au milieu de leurs tranſports, comm
s'ils étoient atteints de la rage.

Il eſt bien étonnant que cette cruelle maladie reſpecte les gens d
Pays & ceux qui y ſont habitués depuis longtems, tandis qu'elle fait d
ſi cruels ravages parmi les *Européens* nouvellement arrivés: cependant l
choſe eſt certaine: on voit ceux-là jouir d'une ſanté parfaite, tandis qu
cette funeſte épidémie porte la mort parmi les autres. On remarque er
core qu'elle fait plus de ravage parmi les équipages des Vaiſſeaux, qu
parmi les perſonnes qui ont mangé des mêts plus ſains; d'où l'on conclu
que la viande ſalée eſt pernicieuſe à ceux qui ſont atteints de ce ma
en effet les humeurs qu'elle engendre, joint au travail continuel des Ma
telots, met leur ſang dans une diſpoſition à ſe corrompre aiſément;
c'eſt de cette corruption, autant qu'on le peut conjecturer, que naît
Vomito priéto. Ce n'eſt pas que les Mariniers ſeuls en ſoient attaqués;
ſe trouve auſſi des Paſſagers, qui n'ont peut-être pas tâté de viande ſa
lée dans toute la traverſée, qui cependant en ſont affligés. Ce qui fra
pe le plus, c'eſt que les perſonnes qui ont été une fois dans ce Clima
& qui l'ayant quitté y reviennent au bout de deux ou trois ans, ou m
me davantage, n'en ſont jamais attaquées, & jouïſſent de la même ſa
té que ceux du Pays, quoique leur façon de vivre n'ait pas été des plu
tempérantes.

L'envie de connoître la cauſe d'une ſi étrange maladie, a donné d
l'exercice aux plus habiles Chirurgiens des Vaiſſeaux, & aux Médeci
de la Ville; & tous les progrès qu'ils ont pu faire dans cette recherch
ſe réduiſent à l'attribuer aux alimens & au travail des Gens de me
ainſi que nous l'avons déjà obſervé. On ne ſauroit douter que cela r
contribue en effet en partie à ce mal; mais reſte à ſavoir pourquoi ceu
qui ne ſont point dans le même cas, ne laiſſent pas d'être quelquefo
la victime de cette maladie. Malheureuſement, quelque expérience qu'o
ait faite, on n'a pu encore parvenir à trouver une bonne méthode po
la traiter, ni de ſpécifique pour la guérir, ni de préſervatif pour la pr
venir. Les ſymptômes en ſont ſi différens, que ſouvent elle commen
par les mêmes qu'on reſſent dans de légeres indiſpoſitions: le vomiſ
ment en eſt toutefois d'ordinaire le premier avantcoureur; & on a
marqué que les fiévres qui le précédent ſont accablantes, & embarraſſe
beaucoup la tête.

Ordinairement cette maladie ne ſe manifeſte pas immédiatement ap l'arrivée des Vaisseaux d'*Europe* dans la Baye, & n'eſt pas non plus fort ancienne dans le Pays; car ce qu'on y nommoit autrefois *Chapétonnâdes* n'étoient que des indigeſtions, qui quoique toujours dangereuſes dans ces Climats, étoient néanmoins aiſément guéries par quelques remédes que les femmes du Pays ſavoient préparer & avec quoi elles les guériſſent encore, ſurtout quand on les applique dès le commencement. Les Vaiſſeaux paſſant enſuite à *Portovélo*, c'étoit-là que ſurvenoit la mortalité, toujours attribuée à l'irrégularité du Climat, & aux fatigues qu'eſſuyent les équipages en déchargeant, & chariant les Marchandiſes pendant la Foire.

Le *Vomito Priéto* étoit inconnu à *Carthagéne* & ſur toute cette côte avant 1729. & 1730. A la premiere de ces deux époques, *Don Domingo Juſtiniani*, commandant les Vaiſſeaux de Guerre Gardes-Côtes, perdit une partie de ſes équipages par cette maladie à *Santa Marta*. Ceux qui échaperent furent épouvantés des ravages que ce mal avoit fait, & de la mort d'un ſi grand nombre de leurs Camarades. A la ſeconde époque les équipages des Gallions commandés par *Don Manuel Lopez Pintado*, en furent affligés à *Carthagéne*, & les accidens en furent ſi ſoudains, que tel qu'on voyoit ſe promener un jour étoit porté le lendemain à la ſépulture.

Les Habitans de la Ville de *Carthagéne* & ceux de tous les Lieux où s'étend la juriſdiction de ſon Gouvernement, ſont extrêmement ſujets à la Lépre, ou Mal de *San Lazaro*. Le nombre de ceux qui en ſont infectés eſt conſidérable. Quelques Médecins en attribuent la cauſe à la chair de Porc qu'on ſert fréquemment ſur les tables: on peut leur objecter que dans diverſes Contrées des *Indes* où l'on mange encore plus de cette chair, on n'apperçoit pas les effets qu'ils lui attribuent: d'où il paroît qu'il faut en chercher la principale ſource dans la nature du Climat. Pour empêcher que cette maladie ne ſe communique, il y a un Hôpital appellé l'Hôpital de *Saint Lazare*, ſitué hors de la Ville, aſſez près d'une Colline où il y a un Château qui porte le même nom. C'eſt dans cet Hôpital qu'on renferme tous ceux qu'on ſait être attaqués de ce mal, ſans diſtinction de ſexe, ni d'âge, ni de rang; & on les y conduit de force, quand ils refuſent d'y aller de bonne grace. Cependant leur mal ne fait qu'augmenter parmi eux dans cet Hôpital, parce qu'on leur permet de ſe marier Lépreux avec Lépreuſe, & la maladie paſſe ainſi de génération en génération. D'ailleurs on leur donne ſi peu de choſe pour leur ſubſiſtance, que ne pouvant s'accommoder d'une économie qui leur retranche le néceſſaire, ils demandent la permiſſion de pouvoir aller mendier leur pain dans la Ville, à quoi on n'a garde de s'oppoſer; & le commerce qu'ils ont enſuite de cette permiſ-

fion avec les perfonnes qui fe portent bien, eft caufe que le nombre de
malades ne diminue jamais. Il eft même fi confidérable, que cet Hôpita
reffemble à une petite Ville par l'étendue de fon enceinte. Dès que quel
qu'un entre dans cet Hôpital pour caufe de Lépre, on lui marque un en
droit où il doit finir fes jours. Là il fe bâtit une cabane appellée dans l
Pays *Bugio* & proportionée à fes facultés, & il y vit comme chez lui, ex
cepté qu'on lui défend de fortir de cet efpace, à-moins qu'il ne foit fi pau
vre qu'il faille lui permettre d'aller mendier fon pain dans les rues de *Car*
thagéne. Le terrain que l'Hôpital occcupe eft environné de murailles don
on ne peut fortir que par une feule porte.

Quoique ces infortunés fouffrent les incommodités inféparables de cet
maladie, ils ne laiffent pas que de vivre longtems, deforte qu'on en vo
qui meurent dans un âge avancé. Il eft étonnant combien ce mal excit
le feu de la concupifcence, & combien il eft difficile à ceux qui en fo
atteints de reprimer cette paffion déréglée. Auffi leur permet-on de s
marier pour prévenir les defordres qui ne manqueroient pas d'en refulte

Si la Lépre eft une maladie commune & contagieufe dans ce Clima
la Galle & la Rogne ne le font pas moins; furtout aux *Européens*, do
il y a très-peu qui en foient exemts, principalement quand ils ne fe fo
pas familiarifés avec le Climat. Si on néglige d'apporter remède à ce ma
& de le guérir dès le commencement, il eft dangereux de le vouloir fai
paffer quand il eft invétéré. Le fpécifique le plus ordinaire & le plus ef
cace pour le guérir dès qu'il commence, eft une certaine terre qu'ils nor
ment *Maquimaqui*, qu'on trouve dans le voifinage de *Carthagéne*, d'où
eft transportée pour le même ufage dans les lieux où elle ne fe trouve pa

Encore une autre maladie fort finguliere, quoique moins commun
eft celle qui eft appellée vulgairement le *Serpenteau* ou *la Culebrilla*. E
le confifte, felon la plus faine opinion, en une tumeur caufée par
malignité de certaines humeurs qui forment un dépôt entre les memb
nes de la peau, laquelle tumeur augmente tous les jours & s'éten
jufqu'à ce qu'elle occupe toute la circonférence de la partie qui en
attaquée. Elle fe loge principalement aux bras, aux cuiffes & a
jambes ; quelquefois elle fe répand tout du long de ces parties. L
marques extérieures de ce mal, font de faire enfler en rond de la gro
feur d'un demi-doigt l'efpace qu'il occupe, d'enflammer la peau, de ca
fer des douleurs quoique peu vives, & de mortifier le bras ou la jambe
taquée. Les Gens du Pays guériffent ce mal avec beaucoup d'adreffe
de fuccès. La premiere chofe qu'ils font, c'eft d'examiner la partie où

VOYAGE AU PEROU. Liv. I. Ch. V.

la tête, pour me servir de leurs termes. Ensuite ils y appliquent un petit emplâtre supuratif, & frottent d'un peu d'huile tout l'espace où s'étend la tumeur. Le jour suivant en levant l'appareil, on voit la peau ouverte à l'endroit où étoit l'emplâtre, & sortir de cette ouverture une espéce de petit nerf ou de muscle de couleur blanche & environ de la grosseur d'un gros fil, qu'ils disent être la tête du *Serpenteau*. Ils le prennent avec grand soin, l'attachent à un petit bout de soye, & l'entortillent autour d'une carte roulée; ils refrottent encore avec de l'huile, & le jour suivant ils entortillent encore sur la carte ce qui recommence à paroître du petit nerf, & continuent ainsi jusqu'à ce qu'il n'en reste plus rien, & que le malade en soit entiérement délivré. Pendant cette opération, leur plus grand soin est d'empêcher que le petit nerf ne se rompe avant qu'il soit tout sorti; car ils prétendent que l'humeur que ce prétendu petit Serpent renferme, se répandant dans le corps rend la guérison très-difficile & produit une grande quantité d'autres petits Serpens. Ils disent aussi que quand il joint sa tête avec sa queue pour faire un cercle dans l'espace où il est, faute d'y avoir remédié assez-tôt, il survient des accidens si fâcheux que celui qui les souffre en meurt. Je crois que peu de gens s'exposent à ce danger, vu que l'incommodité que ce mal cause, les oblige à recourir d'abord au reméde auquel il est bon de joindre quelques émolliens pour dissiper l'humeur.

Ces bonnes gens sont persuadés que ce petit muscle ou nerf est un véritable Serpent, & c'est pour cette raison qu'ils lui en ont donné le nom. Il est certain qu'on lui voit faire quelque mouvement dans le moment qu'il sort, mais cela ne dure qu'un instant; & d'ailleurs ce mouvement peut venir de la compression, ou de l'extension des parties nerveuses dont il est formé, & il n'est pas nécessaire qu'il soit animé pour cela. Cependant je n'oserois prononcer décisivement sur cette matiere.

Outre tous ces maux on est encore sujet en ce Pays-là au *Pasme*, ou *Défaillance*, qui est une maladie mortelle, mais qui vient rarement seule. J'aurai occasion d'en parler ailleurs plus au long, quand je viendrai à certains lieux des *Indes* où elle est beaucoup plus commune & non moins dangereuse.

CHAPITRE VI.

De l'Agrément des Campagnes aux environs de Carthagéne, *des Plantes & des Arbres communs & particuliers qui y croissent.*

LE terroir autour de *Carthagéne* est si fertile qu'on ne peut se lasser d'admirer ces feuillages toujours verds, dont les Plantes qu'il produisont ornées. Les Bois & les Prez sont continuellement émaillés de verdure, mais les naturels du Pays ne profitent guere de ces avantages: né paresseux & indolens ils ne cultivent point la terre & en laissent le soin la Nature, qui véritablement semble leur prodiguer ses trésors. Les branches & les rameaux que les Arbres poussent dans ce fertile terroir, s'entrelassent les uns dans les autres, forment des toits impénétrables à l'ardeur du Soleil & à la lumiere du jour.

La diversité de ces Arbres est égale à leur grandeur & à leur grosseur ils different beaucoup de ceux d'*Europe*. Les plus grands & les plus gros font les *Caobes*, ou *Acajous*, les *Cédres*, l'*Arbre-Marie*, & les *Baumes*. Le bois des premiers sert à fabriquer des Canots & des *Champanes*, sortes de Barques dont les habitans se servent pour la pêche & pour leur commerce le long de la Côte & sur les Rivieres aussi loin que s'étend la jurisdiction de ce Gouvernement. Ces Arbres ne produisent aucun fruit bon manger. Il semble qu'ils s'épuisent à produire un bois solide, beau, & odoriferant. Les Cédres sont de deux sortes, les uns tout blancs, & les autres rougeâtres. Ces derniers sont les plus estimés. Le *Baume* & l'*Arbre-Marie*, outre l'utilité de leur bois, distillent une liqueur resineuse de differente espéce, l'une appellée *Huile-Marie*, & l'autre *Baume-Tolu* qui est le nom d'un Village aux environs duquel cet Arbre croît en plus grande abondance, & où sa liqueur a le plus de vertu.

Outre ces Arbres il y a des *Tamarins*, des *Néfliers*, des *Sapotes*, des *Papayes* des *Gouyaves*, des *Cassiers*, des *Palmiers*, des *Manzanilles*, & beaucoup d'autres, qui produisent des fruits bons à manger, & font un bois très-bon & de diverses couleurs. Le *Manzanille* est un Arbre singulier: son nom vient du mot *Espagnol Manzana*, qui signifie *Pomme*; le fruit de cet Arbre ayant en effet la figure, la couleur, & l'odeur des Pommes; mais sous cette beauté apparente il cache un poison si subtil, qu'on en ressent les mauvais effets avant d'en avoir mangé. L'Arbre est grand, ses branches se terminent en houpe, & la couleur de son bois tire un peu sur le jaune. Quand on le coupe, il en sort un suc blanc semblable à celui du Figuier, sino

qu'

qu'il a moins de confiſtance, & qu'il n'eſt pas ſi blanc; du reſte il eſt auſſi venimeux que le fruit-même: s'il touche quelque partie du corps, il pénétre les chairs & y cauſe inflammation. De-là il ſe répand dans toutes les autres parties du corps, à-moins que par des remédes extérieurs on n'en arrête les progrès. C'eſt pourquoi il eſt néceſſaire, après qu'on l'a coupé de le laiſſer ſecher quelque tems, pour pouvoir enſuite le travailler ſans péril; & c'eſt alors qu'on voit la beauté de ce bois, qui eſt jaſpé & vené comme un marbre ſur un fond jaunâtre. Si par inadvertance quelqu'un a le malheur de manger du fruit de cet Arbre, tout ſon corps s'enfle dans le moment, & l'enflure augmente juſqu'à ce que le poiſon ne trouvant plus de quoi s'étendre, le malheureux qui l'a avalé, créve & meurt victime de ſon erreur. On en a vu de triſtes exemples dans les *Européens* qui ſervent ſur les Vaiſſeaux, & qui ont été envoyés à terre pour faire du bois. Les *Eſpagnols* en firent auſſi de cruelles épreuves dans le tems de la conquête de ces Contrées, mais ſelon *Herrera* (a) ils éviterent la mort en avalant de l'huile commune, qu'ils trouverent être un puiſſant antidote contre ce Poiſon. Pour prévenir les accidens que cette erreur peut cauſer, & éviter l'effet de diverſes autres Plantes pernicieuſes, il convient de ſe faire accompagner dans l'occaſion par quelqu'un du Pays qui les connoiſſe.

Mais pour faire mieux comprendre le degré de malignité du *Manzanille*, on aſſure que ſes branches ne ſont pas moins perfides, & que ſi l'on s'endort à l'ombre de ſes feuilles, on ſe réveille tout auſſi enflé que ſi l'on avoit mangé du fruit, d'où il réſulte de fâcheux accidens juſqu'à ce que par des frictions reïtérées, & l'uſage des tiſanes rafraichiſſantes on parvienne à diſſiper l'enflure. Ce qu'il y a d'admirable, c'eſt cet inſtinct que Dieu a donné aux bêtes pour les préſerver de cet Arbre. Elles l'évitent avec ſoin, & n'en mangent jamais le fruit.

Les Palmiers élevant leurs têtes touffues au-deſſus des autres Arbres forment une agréable perſpective ſur ces Montagnes. Il y en a de diverſes ſortes, quoiqu'aſſez peu differens à la vue; mais la diverſité de leurs fruits a fait diſtinguer l'eſpéce de l'Arbre. On en compte quatre principales; le *Cocotier*, le *Datier*, le *Palmier-Royal*, qui produit un fruit ſemblable aux *Dates* pour la figure; mais plus petit & ſans aucun goût agréable; & enfin le *Corozo*, dont le fruit plus gros que les *Dates*, eſt fort ſavoureux, & propre aux tiſanes rafraichiſſantes ſi utiles à la ſanté. Les fruits du *Palmier-Royal* s'appellent *Palmites*; ils ont fort bon goût & ſont ſi gros

qu'il

(a) HERRERA, *Dec. I. Lib. VII. cap.* 16.

qu'il y en a qui péfent deux ou trois Arrobes*; & quoique les autres efpéces en produifent d'auffi gros, ils ne font ni fi doux, ni fi agréables au goût. De ces quatre efpéces d'arbre on tire le vin de Palmier, mais plus ordinairement du *Palmier-Royal* & du *Corozo* qui produifent le meilleur. La maniere de le faire eft de couper quelquefois la palme, mais le plus fouvent c'eft de faire une incifion dans le tronc de l'arbre, & de tenir un vafe immédiatement au-deffous pour recevoir la liqueur qui en coule. On la laiffe fermenter cinq à fix jours plus ou moins felon le Pays, & enfuite on en boit. La couleur de ce vin eft blanche. Il mouffe plus que le vin de Champagne, eft fort piquant & monte facilement à la tête, deforte qu'il enivre pour peu qu'on en boive avec excès. Son grand défaut c'eft de s'aigrir en très-peu de tems. Les naturels du Pays prétendent qu'il eft rafraichiffant. C'eft le régal des *Indiens* & des *Négres*.

Le *Gayac* & l'*Ebénier* font prefque auffi durs que le fer. On porte quelquefois de ces bois en *Efpagne* où ils font fort eftimés, tandis qu'on en fait peu de cas dans le Pays où ils font fi communs.

Parmi les Plantes qui naiffent fous les Arbres & dans les Bois, celle qu'on nomme *Senfitive* y eft très-commune. La proprieté de cette Plante fuffiroit, quand on n'auroit pas une infinité d'autres preuves, pour démontrer la fenfibilité des Plantes. On n'a qu'à toucher une de fes petites feuilles, & l'on voit auffitôt celles du même rameau fe retirer, & fe preffe les unes contre les autres fi fubitement, qu'il femble que tous leurs reffort n'ayent attendu que cet inftant pour jouër tous à la fois. Après un peti efpace de tems elles commencent à fe déployer de nouveau, mais lentement, & à fe féparer jufqu'à ce qu'elles foient tout à fait ouvertes. L *Senfitive* eft une petite Plante d'un pied & demi de haut. Sa tige principale eft menue, & les rameaux foibles & délicats à proportion. Les feuilles en font longues, fort minces & jointes enfemble, deforte que toute celles d'un rameau peuvent être confidérées comme n'en faifant qu'un feule de quatre à cinq pouces de long, fur dix lignes de large. A les confidérer chacune à part, on trouve que chaque petite feuille a quatre à cin lignes de long, fur un peu moins d'une ligne de large. Dès qu'on en tou che une de ces petites, elles fe redreffent toutes & deviennent perpend culaires, au-lieu de la figure horizontale qu'elles avoient auparavant, unies par leur fuperficie intérieure; celles qui faifoient deux feuilles ava ce mouvement fi fenfible, n'en forment plus qu'une feule chacune de fe
côt

---

* L'Arrobe eft un poids de 25 livres.

côté. Le nom que les *Carthagénois* donnent à cette feuille ne convenant pas ici, nous trouvons à-propos de l'omettre. Dans d'autres endroits où elle eſt en plus grande eſtime, on l'appelle la *Vergonzoſa* ou *Pudique*, & la *Donzella* ou la *Pucelle*. Ces bonnes gens croyoient que les mots qui expriment ſon nom étant prononcés au moment de l'attouchement, produiſoient l'effet en queſtion ; prévenus de cette idée ils s'étonnoient qu'une herbe eût du ſentiment, & l'inſtinct de témoigner ſon obéiſſance à ce qui lui étoit ordonné, ou que honteuſe de l'injure qu'on lui faiſoit elle ne pût diſſimuler ſon reſſentiment.

Nous vîmes dans la ſuite beaucoup de cette herbe à *Guayaquil*, dont le Climat ſemble mieux lui convenir que celui de *Carthagêne*, tant parce qu'elle y eſt en plus grande quantité, que parce qu'elle y croît plus vigoureuſe, ayant au moins trois à quatre piés de hauteur, & ſes feuilles à proportion.

Sur les Montagnes aux environs de *Carthagêne* on trouve quantité de *Bejucos* * les uns plus gros que les autres; il y en a de figure & couleur différentes; quelques-uns ont le bois applati. Il y en a une eſpéce qui eſt ſurtout fort connue par le fruit qu'elle produit, auquel ils donnent le nom de *Habilla de Carthagena* †. Sa vertu particuliere mérite bien qu'on en parle. Cette *Habilla* a environ un pouce de large ſur neuf lignes de long, platte & en forme de cœur. Elle a une gouſſe blanchâtre un peu dure, quoique déliée; le dehors en eſt un peu rude. Cette gouſſe renferme un noyau comme celui d'une amande ordinaire, pas tout-à-fait ſi blanc, mais exceſſivement amer. C'eſt le plus excellent antidote que l'on connoiſſe contre la morſure des Viperes & des Serpens. Si un homme mordu par quelqu'un de ces reptiles peut manger de ce fruit auſſitôt, il arrête tous les effets du venin, & le diſſipe entierement. C'eſt pour cela que tous ceux qui travaillent ſur les Montagnes, n'entrent jamais dans un Bois pour couper du bois, pour ſarcler, ou pour chaſſer, ſans avoir auparavant pris à jeun un peu de cette *Habilla*, moyennant quoi ils marchent & travaillent ſans nulle crainte. J'ai ouï dire à un *Européen* qui étoit grand chaſſeur, qu'avec cette précaution, quoiqu'on fût piqué par un Serpent on n'en recevoit aucune incommodité. Les gens du Pays prétendent que la *Habilla*, de ſa nature, eſt chaude au ſuprême degré, ce qui eſt cauſe qu'on n'en peut manger beaucoup. Deſorte que la doſe ordinaire eſt moins que la

qua-

---

* Eſpéce de Saule pliant & propre à faire des liens.
† Favéole ou Haricot de *Carthagêne*.

quatriéme partie d'un noyau. Quand on l'a prife il faut bien fe garder [de] boire immédiatement aucune liqueur échaufante, comme Vin, Brandev[in] & autres de cette efpéce. Tout ce qu'on peut dire de cela, c'eft que l'[ex]périence leur a fervi de maître. La *Habilla* n'eft pas inconnue dans q[uel]ques autres Contrées des *Indes* voifines de *Carthagéne*. Elle y eft ren[om]mée pour fa vertu particuliere, & on lui donne le même nom, parce [que] c'eft le terroir de *Carthagéne* qui jouït du privilége de la produire.

CHAPITRE VII.

Des Animaux & Oifeaux domeftiques & fauvages qui fe trouvent dans [les] Campagnes & Montagnes de Carthagéne. *Efpéces differentes de Reptiles & Infectes venimeux avec leurs propriétés.*

APrès avoir parlé des Arbres & des Plantes les plus remarquables [des] environs de *Carthagéne*, refte à informer le Lecteur des differ[ents] Animaux qu'on y trouve. Ces Animaux font de toute forte, les uns [do]meftiques pour la nourriture des Habitans, les autres fauvages, dont [les] differentes qualités & efpéces furprennent & font admirer la diverfité [que] l'Auteur de la Nature a mife dans la multitude de fes ouvrages. Il y a [des] Quadrupédes & des Reptiles qui ont la peau tavelée de diverfes manie[res] & qui habitent dans des lieux déferts & arides; des Volatiles dont les p[lu]mages brillent de diverfes couleurs & recréent la vue. Les uns & les [au]tres abondent dans ces Campagnes.

Les Animaux domeftiques comeftibles font les Vaches & les [Co]chons qui y font en grande quantité. La Vache ne fait pas une via[nde] agréable, quoiqu'elle ne foit point abfolument mauvaife: mais la cha[leur] du Climat, rendant ces animaux fecs & peu fubftantieux, la chair [ne] fauroit être bonne. Les Cochons au-contraire y font parfaitem[ent] bons & leur chair fi délicate, qu'ils paffent pour les meilleurs de t[ou]tes les *Indes*, & l'on croit même qu'ils font meilleurs que ceux d'[Eu]rope. C'eft auffi le régal des *Européens* & des *Créoles de Carthagéne*, [&] leur mets le plus ordinaire. Ils croient que c'eft la viande la plus fa[ine] & ils en ufent dans leurs maladies préférablement aux Perdrix & à la [Vo]laille, comme Poules, Pigeons, Perdrix, & Oyes, qui font en abon[dan]ce & de fort bon goût.

Il ne me paroît pas hors de propos de dire un mot de la maniere ils prennent les Oyes sauvages. Le bas prix auquel on les vendoit nous inspira la curiosité de nous en instruire, & voici ce que nous en apprîmes. Dans le voisinage de *Carthagéne* à l'Orient du Mont de la *Popa*, est un grand Etang nommé la *Cienéga de Tescas*, fort abondant en poissons peu estimés par la réputation qu'ils ont d'être malsains, mais renommé par ses Oyes. Sa communication avec la Mer rend son eau salée. Il ne croît ni ne décroît; car le peu de différence que la marée y cause, ne vaut pas la peine qu'on en parle. Tous les soirs une nuée d'Oyes se rend à cet Etang comme à leur gîte naturel, elles y accourent des campagnes voisines, où elles vont pendant le jour pour s'y repaître. Ceux qui font métier de cette chasse, ou plutôt de cette pêche, jettent dans l'Etang quinze à vingt grandes Calebasses, qu'ils appellent *Totumos*. Les Oyes à force de voir ces Calebasses flotter sur l'eau s'y accoutument, & ne les fuyent point. Au bout de trois ou quatre jours le chasseur revient de grand matin à l'Etang, muni d'une autre Calebasse où il a pratiqué quelques petits trous pour voir & pour respirer: il fourre la tête dans cette Calebasse, & entre ensuite dans l'eau de maniere qu'il n'y a que la Calebasse qui paroisse au dehors. Il s'approche des Oyes le plus doucement qu'il lui est possible, les saisit d'un main par les jambes & les tire dans l'eau, puis il les prend de l'autre main. Ce manége dure jusqu'à ce que n'en pouvant tenir davantage, il est obligé de se retirer. Il remet ce qu'il a pris à son camarade, qui est aussi dans l'eau au bord de l'Etang, après quoi il va recommencer sa chasse & continue ainsi jusqu'à ce qu'il en ait assez, ou que soit venu le tems auquel ces Oiseaux retournent à la Campagne.

La chasse procure de la venaison, comme Daims, Lapins, & une espéce de Sangliers appellés par les gens du Pays, *Sajones*; mais il n'y a guere que les *Négres* & les *Indiens* de la Campagne qui mangent de ces animaux, à l'exception du Lapin, dont les gens de la Ville se régalent assez souvent.

Les Bêtes féroces sont de différentes sortes. Il y a des Tigres fort dangereux *, qui causent beaucoup de mal non seulement aux troupeaux, mais aux hommes dès qu'ils les sentent. La peau de ces animaux est fort belle. Ils sont fort grands, & on en voit qui ressemblent pour la taille à des poulains. On trouve encore dans les Bois, des Léopards, des Renards, des *Armadilles*, † des *Ardilles* ‡, & beaucoup d'autres moins considé-

---

* Mais pas tant à beaucoup près que ceux d'*Afrique*. Not. du Trad.
† Sorte de Lezard, couvert d'une Armure.
‡ Sorte d'Ecureuil.

fidérables par leur groffeur. Les arbres fervent de retraite à quantité de Singes de diverfes fortes, dont les uns font remarquables par leur groffeur, les autres par leur couleur.

Le Renard de ce Pays a un moyen fingulier de fe défendre contre les Chiens & autres animaux qui le pourfuivent & lui font la guerre. Il mouille fa queue de fon urine en fuyant & la leur fait jaillir au mufeau, ce qui fuffit pour les arrêter & leur faire perdre la pifte, tant l'urine de cet animal eft puante & infupportable. Par-là il leur échappe. Au-refte la puanteur de cette urine eft telle qu'on la fent à un quart de lieue de l'endroit où il l'a répandue, & fouvent pendant une demi-heure. Le Renard des *Indes* eft petit. Il n'excéde guere la groffeur d'un Chat ordinaire. Son poil tire fur la couleur de Canelle, & eft très-fin. Sa queue n'eft pas fort longue ; mais elle eft extrêmement bien fournie d'un poil fpongieux, lequel forme un panache qui fert à fa défenfe & à l'ornement de fa figure.

La Nature prévoyante qui a donné au Renard ces armes défenfives, n'a pas oublié l'Armadille, dont le nom fait affez connoître ce qu'il eft. Il eft de la groffeur d'un Lapin ordinaire, quoique d'une figure fort differente. Son grouin, fes pieds, & fa queue reffemblent à ceux du Cochon. Tout fon corps eft couvert d'une écaille dure & forte, laquelle fe conformant à toutes les irrégularités de la ftructure du corps, le met à couvert des infultes des autres animaux, & n'empêche point fon allure. Outre cette écaille il en a une autre en façon de mantille, & laquelle eft unie à la premiere par une jointure. Il s'en fert pour garantir fa tète, moyennant quoi toutes les parties de fon corps font en fureté. Le dehors de ces écailles repréfente divers deffeins en relief, de differentes couleurs foncées & claires, de maniere que ce qui lui fert de défenfe lui fert auffi de parure. Les *Négres* & les *Indiens* ne font pas difficulté de manger la chair de cet animal, & la trouvent même excellente.

Les Singes de ce Pays font de diverfes efpéces ; les plus communs font une forte de Sapajou que les Habitans nomment *Micos*, & qui font les plus petits. Ils ne font pas plus gros qu'un Chat ordinaire. Leur peau eft griffâtre. Ils font trop connus pour s'amufer à les décrire. Les gros qu le font moins trouveront leur place ailleurs, & plus à propos quand nou parlerons de quelque lieu où ils font en très-grande quantité.

Les Oifeaux de ce Climat chaud font de fi differentes fortes, qu'il n'ef pas poffible d'en donner une idée exacte. Les cris & les croaffemens de uns confondus avec le chant des autres, ne permet pas de diftinguer le ramages doux & agréables de ceux-ci d'avec le ton rude & difcordant d

ceux

ceux-là. Mais c'est une chose admirable que l'équité avec laquelle la Nature répand ses dons : car pour ne pas donner tout aux uns & rien aux autres, elle a paré des plus vives couleurs le plumage de ces Oiseaux dont les croassemens sont si desagréables, & par une juste compensation elle a doué d'un chant mélodieux ceux dont le plumage n'a rien d'extraordinaire. Le *Guamayo* est une preuve de cette équité de la Nature. Les brillantes & vives couleurs de ses plumes l'embellissent au point qu'il n'y a pas de Peintre qui puisse imiter un tel coloris. En revanche ses croassemens sont aigus & importuns, & cela lui est commun avec les autres Oiseaux qui ont le bec courbé, fort, & la langue épaisse, comme les *Loros*, les *Cotorras* & les *Periquitos*. Tous ces Oiseaux volent par troupe, & le tintamare qu'ils font en l'air s'entend de fort loin.

Toutes les singularités que l'on remarque dans les autres Oiseaux semblent se rencontrer dans le bec de l'Oiseau appellé communément dans ce Pays *Tulcan*, ou *Prêcheur*. Il est à peu près de la grosseur d'un gros ramier ; mais il a les jambes plus longues. Sa queue est courte, bigarrée de bleu turquin, de pourpre, de jaune & autres couleurs qui font un fort bel effet sur le brun obscur qui domine. Il a la tête excessivement grosse à proportion du corps ; mais sans cela il ne pourroit pas soutenir la difformité de son bec : car il a au-moins de sa racine au bout six à huit pouces de long : la partie supérieure a dans sa racine un pouce & demi ou deux de base, formant une figure triangulaire qui continue jusqu'au bout. Les superficies latérales forment une espéce de bosse ou d'élevation sur la partie supérieure : la troisiéme superficie sert à recevoir la partie inférieure du bec, qui s'emboite avec la supérieure dans toute sa longueur, desorte que les deux parties sont parfaitement égales dans l'étendue, s'avancent en saillie & diminuent insensiblement depuis leur racine jusqu'au bout. Là, leur diminution est si considérable qu'elle forme une pointe forte & aigue, comme celle d'un poignard. Sa langue a la forme d'une plume. Elle est rouge aussi-bien que tout le dedans de sa bouche. On voit rassemblées en son bec les plus vives couleurs qui parent les plumes des autres Oiseaux. Ordinairement il est jaune à sa racine, ainsi qu'à la bosse ou élevation, & cette couleur forme tout autour comme un ruban d'un demi pouce de large ; tout le reste est d'un beau pourpre foncé, excepté deux rayes d'un beau cramoisi, à un pouce de distance l'une de l'autre vers la racine. Les lévres intérieures qui se touchent quand il a le bec fermé, sont armées de dents qui forment deux machoires faites en maniere de scie. Le nom de *Prêcheur* qu'on donne à cet Oiseau, vient de ce qu'étant perché au haut

d'un

d'un arbre pendant que les autres Oiseaux dorment plus bas, il fait un bruit de sa langue lequel ressemble à des paroles mal-articulées, & il répand ce bruit à droite & à gauche, afin que les Oiseaux de proye ne s'avisent pas de vouloir profiter du sommeil des autres pour les dévorer. Au reste ces Prêcheurs s'apprivoisent avec tant de facilité que dans les maisons où il y en a, ils courent parmi les personnes, & viennent quand on les appelle pour recevoir ce qu'on veut leur donner. Leur nourriture ordinaire ce sont les fruits; ceux qui sont apprivoisés mangent aussi d'autres choses, & en général tout ce qu'on leur donne.

Ce seroit une trop vaste entreprise que de vouloir décrire tous les autres Oiseaux extraordinaires que ce Pays produit; mais je ne puis m'empêcher de dire un mot de ceux auxquels ils donnent le nom de *Gallinazos*, à cause de la ressemblance qu'ils ont avec les poules. Cet Oiseau est de la grosseur d'un Paonneau, sinon qu'il a le cou plus gros & la tête un peu plus grande. Depuis le jabot jusqu'à la racine du bec il n'a point de plume. Cet espace est entouré d'une peau âpre, rude, & glanduleuse, qui forme diverses verrues & autres inégalités semblables. Les plumes dont il est couvert sont noires ainsi que cette peau, mais communément d'un noir qui tire sur le brun. Le bec est bien proportionné, fort & un peu courbe. Cet Oiseau est familier dans la Ville, les toits des maisons en sont couverts; ce sont eux qui les nettoient de toutes les immondices. Il est peu, ou point d'animal dont ils ne fassent curée; & quand cette nourriture leur manque, ils ont recours à d'autres ordures. La subtilité de leur odorat est telle que sans autre guide ils vont à trois ou quatre lieues dans les endroits où il y a quelque charogne, qu'ils n'abandonnent que quand il n'en reste plus que la carcasse. Si la Nature n'avoit pourvu ces Climats d'une si grande quantité d'Oiseaux, ils seroient inhabitables à cause de la corruption que les continuelles chaleurs y causeroient, d'où naîtroit bientôt l'infection de l'air. Au commencement ils volent pesamment, mais ensuite ils s'élévent si haut qu'on les perd entiérement de vue. A terre ils marchent en sautant avec une espéce de stupidité. Leurs jambes sont dans une assez juste proportion. Leurs pieds ont trois doigts par devant & un à côté, inclinant un peu par derriere. Les autres doigts qui forment le pied sont tournés en dedans des deux jambes, de maniere que ceux d'un pied s'acrochant avec ceux de l'autre il ne leur est pas possible de marcher agilement, & sont obligés de bondir pour avancer. Chaque doigt est terminé par une grife ou serre, longue & forte, mais sans disproportion.

Quand les *Gallinazos* n'ont pas de charogne à manger, ils attaquent dans les champs les bêtes qui paissent, surtout s'ils sont pressés de la faim. S'ils rencontrent une bête un peu blessée sur le garot ou sur l'échine, ils se jettent dessus, la saisissent par cet endroit; & il ne sert de rien à ces pauvres animaux de se vautrer à terre, ni de vouloir les épouvanter par leurs cris, ils ne lâchent point prise, & à coups de bec ils agrandissent si bien la playe que l'animal devient enfin leur proye.

Il y a encore d'autres *Gallinazos* un peu plus gros que ceux-là, lesquels ne quittent jamais les champs. Leur tête & partie de leur cou sont blanches dans quelques-uns & rouges dans les autres, ou mêlées de ces deux couleurs. Un peu au-dessus du commencement du jabot, ils ont un colier de plumes blanches. Ils ne sont pas moins carnaciers que les précédens. Dans le Pays on les appelle *Reyes de Gallinazos*, Roi des *Gallinazos*, probablement parce que le nombre en est petit, & qu'on a observé que quand l'un d'eux s'attache à une bête morte, les autres n'en approchent pas, jusqu'à ce qu'il en ait mangé les yeux par où il commence ordinairement, & qu'il se soit retiré.

Les Chauvessouris sont assez communes dans tout les Pays, mais la quantité prodigieuse qu'il y en a à *Carthagéne* les rend remarquables. En effet le nombre en est si grand, que lorsqu'elles commencent à voler après le coucher du Soleil, on en voit des nuées qui couvrent les rues de cette Ville. D'ailleurs ce sont d'adroites sangsues s'il en fut jamais, n'épargnant ni les hommes ni les bêtes. On en voit de fâcheux exemples: car comme les Habitans, à cause des grandes chaleurs, laissent les portes & les fenêtres des chambres où ils couchent, ouvertes, les chauvessouris y entrent, & si elles trouvent le pied de quelqu'un découvert elles le piquent à la veine plus subtilement que le plus habile Chirurgien, & sucent le sang qui en sort, & après qu'elles s'en sont rassasiées, elles s'en vont laissant toujours couler le sang. J'ai vu quelques personnes à qui pareil accident étoit arrivé, qui m'ont assuré elles-mêmes que pour peu qu'elles eussent tardé de se réveiller, elles auroient dormi pour toujours; car l'abondance de sang qui étoit sorti de leur veine, & dont le lit étoit déjà tout trempé, ne leur auroit pas laissé assez de force pour arrêter celui qui sortoit encore par l'ouverture. La raison pourquoi on ne sent pas la piquure, vient sans-doute de la subtilité du coup, & de l'air que les ailes de la chauvessouris agitent, & qui rafraîchissant le dormeur, le dispose encore plus à dormir, & en un mot l'empêche de sentir cette légere piquure. La même chose arrive à peu près aux chevaux, aux mules, &

aux boutiques. Mais les animaux qui ont la peau dure & épaisse ne sont point exposés à cet inconvenient.

Nous allons maintenant traiter des Insectes & des Reptiles, qui ne sont pas une moindre preuve du pouvoir de la Nature. Il y en a un si grand nombre que les Habitans n'en sont pas peu incommodés; leur vie n'est même pas en sûreté contre la morsure venimeuse de quelques-uns: tels sont les Serpens, les *Centpieds*, les *Macrans*, ou Scorpions, les Araignées, & une infinité d'autres de diverses espéces, & dont les venins n'ont pas tous une égale violence.

Les plus venimeux & les plus communs de tous les Serpens sont les Corales ou Serpens-à-Coral, les *Cascabéles* ou Serpens à sonnettes, & les Serpens-de-saule. Les premiers sont longs de quatre à cinq pieds, sur un pouce d'épaisseur. La peau de leur corps ressemble à un Damier, étant mêlées de quarrés rouges, jaunes & verds, qui font un très-bel effet. Sa tête est platte & grosse comme les viperes l'ont en *Europe*. Ses machoires sont garnies de dents ou crochets, par le moyen desquels il introduit son venin, dont l'effet est si prompt que d'abord le corps s'enfle, & le sang commence bientôt après à se corrompre dans tous les organes des sens; jusqu'à ce qu'enfin les tuniques des veines se rompent à l'extrémité des doigts, le sang jaillit dehors, & en peu tems le patient perd la vie.

Le Serpent à sonnettes n'est ordinairement pas si grand que le précedent. Il n'a que deux ou trois piés de long. Ceux qui ont un demi pié de plus sont fort rares. Sa couleur est un gris de fer, cendré & ondé. À l'extrémité de sa queue est attachée ce qu'on appelle sa *cascabéle* ou sonnette. Celle-ci ressemble à la cosse d'un pois de gravance après qu'elle est sechée sur la plante. Elle est divisée de même, & contient cinq à six osselets ronds comme des pois, avec lesquels, dès qu'il se remue, il rend un son pareil à celui de deux ou trois sonnettes, d'où est venu le nom qu'on lui donne. Ainsi la Nature qui a donné au Serpent-à-coral cette diversité de couleurs vives pour le faire appercevoir, a aussi donné à celui-ci ce bruit qui annonce son approche, & sans lequel il ne seroit guère possible de le distinguer de la terre où il rampe, vu qu'il est de même couleur.

On donne le nom de Serpent-de-saule à une autre espéce de Couleuvre fort nombreuse, qui ressemble assez au bois de saule par sa couleur & comme elles sont toujours colées aux branches de cet arbre elles semblent en faire partie. Leur piquure, quoique moins dangereuse que ce des autres est toujours mortelle, si on n'y apporte promptement le remède de quelque antidote. Il y a des spécifiques infaillibles qui sont connus des Négres, des Mulâtres & des *Indiens*, qui vont souvent dans les Montagnes, & à qui on donne le surnom de *Curandores* *. Le meilleur reméde c'est la *Habilla*, dont nous avons déjà parlé.

Tous ces Serpens dont la piquure est si dangereuse, ne font jamais de mal à personne s'ils ne sont offensés. D'ailleurs loin d'être agiles, ils sont au-contraire très-paresseux & presque défaillans, desorte que s'ils piquent ou mordent, c'est lorsqu'on a marché dessus, ou qu'on les a autrement provoqués: hors de-là on passeroit cent fois devant eux sans qu'ils fassent le moindre mouvement. Et si ce n'étoit la coutume qu'ils ont de se retirer pour se cacher dans les feuilles, on ne distingueroit pas s'ils sont morts ou en vie.

Il y a peu de lieux en *Europe* où les *Cientopies*, ou *Centpieds* †, ne soient connus; mais ils le sont bien davantage à *Carthagène*, non seulement à cause du grand nombre qu'il y en a, mais aussi à cause de leur monstrueuse grosseur, & parce que pullulant beaucoup plus dans les maisons qu'à la Campagne, on n'est pas sans danger de leur part. Ils sont ordinairement en longueur comme les deux tiers d'une aune: il y en a même qui ont près d'une aune de long sur cinq à six pouces de large plus ou moins selon la longueur. Leur figure est presque circulaire, toute la superficie supérieure & latérale est couverte d'écailles dures couleur de musc tirant sur le rouge. Elles ont des jointures au moyen desquelles elles se peuvent mouvoir de tous côtés. Cette espéce de toit est assez fort pour le défendre contre quelque coup que ce soit; & comme il n'est pas facile de les blesser par-là, il est nécessaire de les frapper à la tête quand on veut les tuer. Ils sont extrèmement agiles, & leur piquure est mortelle, mais quand on y remédie promptement il n'y a pas de danger pour la vie. On en est quitte pour souffrir en attendant que les remédes fassent leur effet & détruisent la malignité du poison.

Les Scorpions ne sont pas moins communs que les *Centpieds*. Il y en a de diverses sortes; les uns noirs, les autres rouges, les autres bruns, & quelques-uns jaunes. Les premiers s'engendrent dans les bois secs & pourris, & les autres dans les coins des maisons & dans les armoires.

Leur

---

* *Guérisseurs.*
† C'est apparemment le même Insecte que nous appellons en *François*: *Cloporte* ou *Millepieds*, & que les *Grecs* nommoient: *Polypodes*, Not. du Trad.

aux bourriques. Mais les animaux qui ont la peau dure & épaisse ne sont point exposés à cet inconvenient.

Nous allons maintenant traiter des Infectes & des Reptiles, qui ne sont pas une moindre preuve du pouvoir de la Nature. Il y en a un si grand nombre que les Habitans n'en sont pas peu incommodés; leur vie n'est même pas en sureté contre la morsure venimeuse de quelques-uns: tels sont les Serpens, les *Centpieds*, les *Macrans*, ou Scorpions, les Araignées, & une infinité d'autres de diverses espéces, & dont les venins n'ont pas tous une égale violence.

Les plus venimeux & les plus communs de tous les Serpens sont le Corales ou Serpens-à-Coral, les *Cascabéles* ou Serpens à sonnettes, & le Serpens-de-saule. Les premiers sont longs de quatre à cinq pieds, sur un pouce d'épaisseur. La peau de leur corps ressemble à un Damier, étant mêlées de quarrés rouges, jaunes & verds, qui font un très-bel effet. Sa tête est platte & grosse comme les viperes l'ont en *Europe*. Ses machoires sont garnies de dents ou crochets, par le moyen desquels il introduit son venin, dont l'effet est si prompt que d'abord le corps s'enfle, & le sang commence bientôt après à se corrompre dans tous les organes des sens; jusqu'à ce qu'enfin les tuniques des veines se rompent à l'extrémité des doigts, le sang jaillit dehors, & en peu tems le patient perd la vie.

Le Serpent à sonnettes n'est ordinairement pas si grand que le précedent. Il n'a que deux ou trois piés de long. Ceux qui ont un demi pié de plus sont fort rares. Sa couleur est un gris de fer, cendré & ondé. A l'extrémité de sa queue est attachée ce qu'on appelle sa *cascabéle* ou sornette. Celle-ci ressemble à la cosse d'un pois de gravance après qu'elle est sechée sur la plante. Elle est divisée de-même, & contient cinq à six osselets ronds comme des pois, avec lesquels, dès qu'il se remüe, il rend un son pareil à celui de deux ou trois sonnettes, d'où est venu le nom qu'on lui donne. Ainsi la Nature qui a donné au Serpent-à-coral cette diversité de couleurs vives pour le faire appercevoir, a aussi donné à celui-ci ce bruit qui annonce son approche, & sans lequel il ne seroit guere possible de le distinguer de la terre où il rampe; vu qu'il est de même couleur.

On donne le nom de Serpent-de-saule à une autre espéce de Coulevre fort nombreuse, qui ressemble assez au bois de saule par sa couleur & comme elles sont toujours colées aux branches de cet arbre elles semblent en faire partie. Leur piquure, quoique moins dangereuse que ce

le des autres eſt toujours mortelle, ſi on n'y apporte promptement le re‑
méde de quelque antidote. Il y a des ſpécifiques infaillibles qui ſont
connus des Négres, des Mulâtres & des *Indiens*, qui vont ſouvent dans
les Montagnes, & à qui on donne le ſurnom de *Curandores* *. Le meil‑
leur reméde c'eſt la *Habilla*, dont nous avons déjà parlé.

 Tous ces Serpens dont la piquure eſt ſi dangereuſe, ne font jamais de
mal à perſonne s'ils ne ſont offenſés. D'ailleurs loin d'être agiles, ils ſont
au-contraire très-pareſſeux & preſque défaillans, deſorte que s'ils piquent
ou mordent, c'eſt lorſqu'on a marché deſſus, ou qu'on les a autrement
provoqués: hors de-là on paſſeroit cent fois devant eux ſans qu'ils faſ‑
ſent le moindre mouvement. Et ſi ce n'étoit la coutume qu'ils ont de
ſe retirer pour ſe cacher dans les feuilles, on ne diſtingueroit pas s'ils
ſont morts ou en vie.

 Il y a peu de lieux en *Europe* où les *Cientopies*, ou *Centpieds* †, ne ſoient
connus; mais ils le ſont bien davantage à *Carthagéne*, non ſeulement à
cauſe du grand nombre qu'il y en a, mais auſſi à cauſe de leur monſtrueu‑
ſe groſſeur, & parce que pullulant beaucoup plus dans les maiſons qu'à
la Campagne, on n'eſt pas ſans danger de leur part. Ils ſont ordinaire‑
ment en longueur comme les deux tiers d'une aune: il y en a même qui
ont près d'une aune de long ſur cinq à ſix pouces de large plus ou moins
ſelon la longueur. Leur figure eſt preſque circulaire, toute la ſuperficie
ſupérieure & latérale eſt couverte d'écailles dures couleur de muſc tirant
ſur le rouge. Elles ont des jointures au moyen deſquelles elles ſe peuvent
mouvoir de tous côtés. Cette eſpéce de toit eſt aſſez fort pour le défen‑
dre contre quelque coup que ce ſoit; & comme il n'eſt pas facile de les
bleſſer par-là, il eſt néceſſaire de les frapper à la tête quand on veut les
tuer. Ils ſont extrêmement agiles, & leur piquure eſt mortelle, mais
quand on y remédie promtement il n'y a pas de danger pour la vie. On
en eſt quitte pour ſouffrir en attendant que les remédes faſſent leur effet
& détruiſent la malignité du poiſon.

 Les Scorpions ne ſont pas moins communs que les *Centpieds*. Il y en
a de diverſes ſortes; les uns noirs, les autres rouges, les autres bruns, &
quelques-uns jaunes. Les premiers s'engendrent dans les bois ſecs &
pourris, & les autres dans les coins des maiſons & dans les armoires.

Leur

---

* *Guériſſeurs.*
† C'eſt apparemment le même Inſecte que nous appellons en *François Cloporte* ou *Mil‑
lepieds*, & que les *Grecs* nommoient *Polypodes*, Not. du Trad.

Leur grosseur est différente: les plus grands ont trois pouces de long, non compris la queue. Leur piquure est plus venimeuse dans les uns que dans les autres. Celle des noirs, selon l'opinion des habitans, est plus dangereuse que celle des autres, mais elle n'est pas mortelle quand on y remédie promptement. Celle des autres se réduit à causer la fiévre, à engourdir la paume des mains & la plante des pieds, le front, les oreilles, les narines, les lévres, à faire enfler la Langue, à troubler la vue, & l'on reste dans cet état une ou deux fois vingt-quatre heures, après quoi le venin commence à se dissiper, & le malade se rétablit entierement.

Les gens de ce Pays sont dans l'idée, que quand un Scorpion tombe dans l'eau il la purifie, & conséquemment ils en boivent sans scrupule. Ils sont si accoutumés à ces Insectes qu'ils n'en ont aucune crainte. Ils les prennent avec les doigts sans répugnance, les saisissant par la derniere vertébre de la queue pour n'en être point piqués. Quelquefois ils leur coupent la queue même & jouent ensuite avec eux. Nous avons observé qu'un Scorpion étant mis dans un vase de Cristal avec un peu de fumée de Tabac dedans, a une si grande aversion pour cette odeur, que dès qu'il la sent de si près, il devient comme enragé, se piquant la tête de son aiguillon jusqu'à ce qu'il se soit tué lui-même. Cette expérience répétée plusieurs fois m'a fait conclure que son venin produit sur son corps le même effet qu'il fait sur les autres.

Il y a encore un autre Insecte appellé communément *Caracol Soldado*, *Limaçon Soldat*, qui, depuis le milieu du corps jusqu'à l'extrémité postérieure, a la figure des Limaçons ordinaires, de couleur blanchâtre, & tourné en spirale; mais depuis l'autre moitié du corps jusqu'à l'extrémité contraire il ressemble à une Ecrevisse, tant en grosseur que dans la disposition de ses pates. La couleur de cette partie du corps, laquelle est véritablement la principale, est blanche mêlée de gris; & la partie même a environ deux pouces de long sur un & demi de large, non compris la queue ni l'autre partie. Il n'a aucune coquille ni écaille, & tout son corps est flexible. Il a une industrie singuliere pour se garantir du mal qu'on pourroit lui faire, c'est de chercher une coquille de Limaçon proportionnée à sa grandeur, & de s'y fourrer dedans: quelquefois il marche avec cette coquille, d'autrefois il la laisse en quelque endroit, & va ensuite chercher à vivre: dès qu'il sent qu'on veut le prendre, il court vite vers le lieu où il a laissé la coquille. Il y rentre en commençant par la partie postérieure, afin que celle de devant ferme l'entrée & qu'il puisse se défendre avec ses deux pates, dont il se sert pour mordre à la maniere des
écre

écreviſſes. Sa morſure cauſe pendant 48 heures les mêmes accidens que la piqure du Scorpion. On a grand ſoin d'empêcher que le Patient ne boive de l'eau pendant qu'il reſſent les effets de ce venin ; car on a remarqué, que de boire de l'eau dans ces circonſtances, cauſoit le *Paſme* *
dont on rechape rarement.

Les Naturels du Pays racontent que quand cet animal a groſſi au point qu'il ne peut plus rentrer dans la coquille qui lui ſervoit de retraite, il va ſur le bord de la Mer en chercher une plus grande; que là il tue le limaçon dont la coquille lui convient davantage, & s'empare de l'habitation. Il pratique la même méthode à l'égard de la premiere coquille. Cette derniere particularité, & le déſir de voir la figure de cet animal nous engagea *Don George Juan* & moi à prier quelques perſonnes de nous en procurer un; ce qu'ayant obtenu, nous vérifiâmes tout ce que je viens de dire, à l'exception de la piqure dont nous ne jugeâmes pas à propos de faire l'expérience, & le tout ſe trouva exactement vrai.

Il y a encore diverſes autres ſortes d'Inſectes, qui pour être moins gros, n'en ſont pas moins dignes d'attention, vu les ſingularités qui les diſtinguent, & le plaiſir que cauſent aux yeux une quantité innombrable de Papillons, dont il ſera difficile de faire connoître la diverſité & les propriétés. Quoiqu'à la variété de leurs figures, du deſſein de leur travail, & de leurs couleurs on ſente leur diſſemblance, on ne peut néanmoins décider leſquels ſont les plus beaux & les plus agréables à la vue.

La beauté de ceux-ci étant compenſée par l'incommodité des autres, je ne ſai s'il ne vaudroit pas mieux ſe paſſer du plaiſir de voir les uns, que d'être tourmenté par les autres. Les Moſquites dont on voit des nuées, ſurtout dans les Savanes, & ſur les Mangliers †, ſont des plus incommodes. Les Savanes les attirent par la verdure qui y régne, & ils trouvent ſur les Mangliers la nourriture qui leur eſt propre. Il n'eſt pas beſoin d'autres obſtacles pour rendre impraticables les chemins par les Savanes.

Cet Inſecte eſt de pluſieurs eſpéces, mais on en peut compter quatre principales; ceux de la premiere ſont appellés *Zancudos*; ils ſont plus gros que les autres. Ceux de la ſeconde ſont les Moſquites proprement dits, leſquels ne different pas de ceux d'*Eſpagne*. Enſuite viennent les *Gégénes*, qui ſont fort petits & faits autrement. Ils reſſemblent à ces petits vers qui mangent le bled, & qu'on appelle *Palomita*. Ils ſont de la groſſeur

---

* Le *Paſme* eſt une eſpéce d'étourdiſſement, de pamoiſon, ou convulſion.

† Ou Mangles. Les *François* appellent cet Arbre *Palétuvier*. Not. du Trad.

feur d'un grain de moutarde, & un peu cendrés. La quatriéme espéce comprend une sorte de Cirons nommés les *Manteaux blancs*. Ils sont si petits que l'on sent la cuisson ardente que cause leur piquure, sans qu'on apperçoive à peine ce qui l'a causée. La quantité qui s'en répand dans l'air donne occasion d'obferver qu'ils sont blancs, & c'est de-là qu'ils ont pris leur nom. Ceux des deux premieres espéces ne manquent pas dans les maisons. Leur piquure cause une grosse tumeur, dont la cuisson ne se dissipe que dans l'espace de deux heures. Ceux des deux dernieres espéces, que l'on voit très-communément dans les champs & dans les jardins, ne causent pas de tumeur en piquant, mais ils font ressentir une demangeaison insupportable. Ainsi l'ardeur du Soleil rend les jours longs & ennuyeux, & ces Insectes incommodes ne rendent pas les nuits amusantes. Pour s'en garantir pendant le sommeil on a recours aux *Mosquiteros**; qui néanmoins ne sont d'aucune ressource contre les petits, à-moins que la toile ne fût si serrée, qu'ils ne pussent pénétrer au-travers; mais en ce cas on s'exposeroit à étouffer de chaleur & faute d'air.

L'Insecte nommé à *Carthagéne Nigua*, & au *Pérou Pique*, est à peu près fait comme une puce, mais si petit qu'il est presque imperceptible. Ses jambes n'ont pas les ressorts des jambes des puces; ce qui n'est pas une petite faveur de la Providence; car si cet Insecte avoit la faculté de sauter, il n'y a corps vivant qui n'en fût rempli; & la quantité de cette engeance feroient périr les trois quarts des hommes dans les accidens qui pourroient leur arriver. Cet Insecte est toujours dans la poussiere, & on le trouve plus abondamment dans les lieux malpropres. Il s'attache aux pieds, à la plante même, & aux doigts. Il perce si subtilement la peau, que les personnes auxquelles il s'attache, n'en sentent rien. Quand il commence à s'étendre on s'en apperçoit, sans pouvoir comprendre comment il est entré. Quand on le remarque, au commencement, il est aisé de le tirer dehors; mais quand il n'auroit introduit que la tête, il faut sacrifier la chair tout autour, vu qu'il se cramponne si fortement, qu'on rompt plutôt ce qui est dehors que de lui faire lâcher prise. Quand on ne s'en apperçoit pas à tems, l'Insecte perce sans obstacle la premiere peau, & se loge entre elle & l'épiderme. Là il suce le sang, & se fait un nid d'une tunique déliée & blanche, ayant la figure d'une perle platte. Il se tapit dans l'un des deux côtés de cet espace, de maniere que la tête & les pieds sont tournés vers la partie extérieure, pour la commodité de la nourriture; &

la

* Sorte de rideaux de Canevas ou Gaze, en usage dans toute l'*Amérique*. Not. du Trad.

la partie postérieure de son corps répond au côté intérieur de la tunique, afin qu'il puisse y déposer ses œufs. A mesure qu'il en pond davantage la petite perle s'élargit, jusqu'à ce qu'elle soit parvenue à avoir une ligne & demie, ou deux lignes de diamétre, ce qui arrive au bout de quatre à cinq jours. Alors il est tems de la tirer de-là, sans quoi elle créve d'elle-même, & répand une infinité de germes semblables à des lentes, d'où il se forme autant de *Niguas*, qui occupent tout le pied, où ils causent beaucoup de douleur, desorte qu'il est bien difficile de les en tirer; car quelquefois ils pénétrent jusqu'aux os; & la douleur, même après qu'on les a tirés, dure jusqu'à ce que la chair ait bouché les cavités qu'ils ont creusées & que la peau se soit refermée.

La méthode qu'on observe dans cette opération est longue & douloureuse. Elle consiste à séparer avec la pointe d'une aiguille, la chair qui touche à la membrane où résident les œufs de l'Insecte: or ces œufs sont si attachés à la chair, & à cette membrane, qu'il n'est pas aisé de faire cette opération sans crever la tunique qui les renferme, & sans causer de vives douleurs à celui à qui on la fait. Après avoir bien cerné de tous côtés & détaché jusqu'aux moindres racines qui l'attachoient aux membranes & aux muscles de cette partie, on fait sortir la petite perle en question, qui est plus ou moins grande, selon qu'elle y a demeuré plus ou moins. Si par hazard elle créve en la tirant, il faut encore plus d'attention à bien décharner & arracher toutes les racines, & surtout à ne pas laisser la principale *Nigua*; car avant que la playe fût guérie elle pondroit encore des œufs, & s'enfonceroit encore plus avant dans la chair, d'où par conséquent il seroit plus difficile de l'arracher.

On met dans le trou que laisse la perle de la *Nigua* un peu de cendre chaude de tabac mâché ou pulverisé. Dans les Pays chauds comme *Carthagéne*, il faut se garder pendant deux jours de se mouiller le pied. Sans cette attention on prend tout de suite le *Pasme*, maladie dangereuse, dont il est bien rare qu'on échappe. Peut-être que cette observation qu'on a apparemment faite dans quelques personnes, est devenue une régle générale pour tous ceux à qui on a tiré la *Nigua*.

Dans le moment que cet Insecte s'insinue on ne sent rien; mais le lendemain on sent une demangeaison ardente & beaucoup de douleur, plus néanmoins en quelques parties qu'en d'autres; & de même de l'opération. C'est ce qu'on remarque à l'égard des ongles, quand l'Insecte se trouve entre elles & la chair des orteils, ou à leur extrémité. On en est moins incommodé à la plante du pied ou autres endroits où la peau est plus grosse.

Il y a quelques animaux à qui cet Insecte fait une guerre opiniâtre, entre autres le *Cerdo*, qu'il attaque de telle maniere que quand il est mort on ne trouve aux pieds de devant & de derriere que les trous que cet Insecte y a laissés.

Tout petit qu'est cet Insecte, on le distingue en deux espéces, dont l'une est venimeuse & l'autre ne l'est pas. Celle-ci ressemble parfaitement aux puces quant à la couleur, & rend blanche la membrane où elle dépose ses œufs, & est de la même couleur que les lendes. Elle ne fait d'autre effet que de causer la douleur, & l'incommodité ordinaire. L'autre espéce est jaunâtre, & le nid qu'elle se fait est un peu foncé & de couleur de cendre. L'effet qu'elle produit est plus extraordinaire; car se logeant à l'extrémité des orteils, elle cause inflammation aux glandes des aînes, accompagnée de douleurs aigues, qui ne finissent qu'après qu'on a tiré la *Nigua*. C'est tout le reméde qu'il faut, car immédiatement après l'enflure passe & la douleur cesse. Ces glandes affligées sont celles qui répondent au pied où réside la cause du mal. Je ne saurois trouver la véritable raison d'un effet si singulier. On prétend que c'est parce que l'Insecte pique de petits muscles qui descendent de ces glandes jusqu'au pied, & que ces muscles offensés par le venin de la *Nigua* le communiquent aux glandes, ce qui y cause inflammation & douleur. Tout ce que je puis assurer, c'est que je l'ai éprouvé plusieurs fois, & les premieres je fus dans une grande inquiétude, jusqu'à ce qu'ayant remarqué à diverses reprises, que tous ces effets cessoient aussitôt que la *Nigua* étoit dehors, je conclus qu'elle en étoit l'unique cause. La même chose arriva à tous les Membres de l'Académie des Sciences qui nous accompagnoient dans ce Voyage, & en particulier à Mr. de *Jussieu* Botaniste du Roi de *France*, lequel fut le premier à distinguer ces deux espéces après avoir passé à diverses fois par ces sortes d'accidens.

Mais si les hommes sont exposés aux morsures des Animaux & aux piquures des Insectes venimeux, les meubles des maisons, & généralement toutes les marchandises tissues, comme toiles de lin, étoffes de soye, d'or & d'argent, ont d'autres Insectes pour ennemis, lesquels ruïnent & détruisent tout excepté les métaux, qui résistent à leurs attaques. Le plus redoutable pour ces sortes d'effets est celui qu'on appelle dans le Pays *Comégen*, qui n'est qu'une espéce de tigne ou d'artuson, si vif, & si expéditif dans ses opérations, qu'en moins de rien il fait convertir en poussiere le ballot de marchandise où il se glisse; & sans en déranger la forme il la perce partout d'outre en outre avec tant de subtilité, qu'on ne s'apperçoit pas qu'il y ait touché,

ché, jufqu'à ce qu'en maniant cette marchandife, on voit qu'au-lieu d'étoffe ou de toile, on n'a que des retailles & de la pouffiere. Il faut une attention extrême pour prévenir ces accidens en tout tems, mais furtout lors de l'arrivée des Gallions : car c'eft alors que ce vers deftructeur peut faire le plus de dommage, vu la quantité d'effets qu'on débarque pour les magazins & les boutiques. On a foin de placer les ballots fur des bancs élevés d'un tiers d'aune de-deffus terre, & dont les pieds font enduits de goudron, qui eft le feul préfervatif qu'on ait pu trouver contre cette engeance ; car quoiqu'il perce le bois comme les marchandifes, il n'approche pas de celui qui eft goudronné. Cette précaution ne fuffiroit pas pour éloigner le *Comégen* de ces précieux effets, fi on n'avoit le fecret de les éloigner des murailles, moyennant quoi il n'y a plus rien à craindre. Cet Infecte eft fi petit que l'œil a de la peine à le difcerner ; mais fon activité eft telle qu'une nuit lui fuffit pour détruire toutes les marchandifes d'un magazin, s'il parvient à s'en rendre maître. Auffi eft-il ordinaire que quand on court les rifques du Commerce on fpécifie à l'égard des marchandifes qui vont à *Carthagéne*, & entre les pertes qui peuvent arriver dans cette Ville, celles que caufe le *Comégen*. Mais ce qu'il y a de plus étonnant en tout cela, c'eft que cet Infecte eft fi particulier à cette Ville, que *Portobélo*, ni fes environs, qui ont tant d'autres chofes communes avec *Carthagéne*, loin d'être fujets à ce fléau ne connoiffent pas même l'Infecte, qui l'emporte fi fort fur la tigne & l'artufon pour la vivacité & l'activité. Ce que nous venons de dire fuffira pour donner une idée de ce Pays autant qu'il convient à notre fujet. Car nous ne croyons pas devoir nous arrêter à ce que d'autres ont déjà rapporté, ni groffir cet Ouvrage de quantité d'obfervations déjà publiées, & que tout le monde fait. C'eft pourquoi nous pafferons à des objets plus intéreffans, & à des particularités qui font éclater la puiffance de l'Auteur de la Nature.

CHAPITRE VIII.

Où il eft traité des denrées que produit le terroir de Carthagéne, *& de la nourriture des Habitans.*

Quoique le terroir de *Carthagéne* n'ait pas l'avantage de produire tous les fruits qui croiffent en *Europe*, il ne laiffe pas d'en produire d'autres qui les valent bien, & dont les Habitans fe nourriffent. Il eft vrai que les *Européens* nouvellement arrivés ont de la peine à s'en accommoder, mais avec le tems ils s'y font si bien qu'ils en oublient les premiers.

Ce Climat est trop humide & trop chaud pour que l'Orge, le Froment & autres semblables grains y viennent bien : mais en revanche on y recueille quantité de Maïz & de Ris. Un boisseau de Maïz semé au labour en rend cent à la récolte. Ce Blé *Indien* sert non seulement à faire le *Bollo* *, qui tient lieu de pain dans toutes ces Contrées, mais aussi à engraisser les porcs & la volaille.

Le *Bollo* de Maïz n'a aucune ressemblance avec le pain de froment, ni pour la forme, ni pour la couleur, ni pour le goût. Il a la figure d'un gâteau ; il est blanc, mais fade & insipide. La maniere de faire le *Bollo*, c'est de faire tremper le Maïz † & de l'écraser ensuite entre deux pierres ; après quoi à force de le broyer & de le changer d'eau, on vient à bout d'en séparer la peau ou gousse qui l'enveloppoit. L'ayant bien nettoyé, on le paîtrit, & puis on recommence à le moudre comme auparavant. Ensuite on l'enveloppe dans des feuilles de Plane ou de *Vijahua*, qu'on met dans des pots pleins d'eau auprès du feu pour les cuire. Etant cuits on les retire de-là pour manger. Cette espéce de pain ne se conserve pas longtems, passé 24 heures il devient pâteux & n'est point du tout bon à manger. Dans les bonnes maisons on paîtrit le *Bollo* avec du lait, & il n'en est que meilleur ; mais jamais on ne peut parvenir à le faire lever parce que les liquides ne peuvent bien le pénétrer, & qu'il ne change jamais sa couleur naturelle ; par conséquent il ne prend aucun goût étranger, & conserve toujours celui de la farine de Maïz.

Outre le *Bollo*, il y a d'autres espéces de pain dont les Négres font un grand usage : ils l'appellent *Cassave*. Ce pain est fait de racines de *Yuca* de *Nagmes*, & de *Manioc*. La premiere chose qu'ils font, c'est de dépouiller ces racines de leur premiere peau, & ensuite de les grager sur un grage ou rape de cuivre de quinze à dix-huit pouces de longueur. Leur substance se trouvant réduite en une farine semblable à la grosse sciure est jettée dans de l'eau pour en ôter un suc âcre & fort qui est un vrai poison. On change souvent l'eau pour filtrer cette farine & enlever ce suc malin ; après quoi on la fait sécher & on la paîtrit en façon de fouasse ou de gâteau rond de deux piés de long, & d'environ autant de diametre

---

* Sorte de gâteau ou de petits pains.
† Le Maïz ou Mahis est le même grain qu'on nomme quelquefois *Mil*, & quelquefois *Blé de Turquie*. Not. du Trad.

tre, fur quatre lignes d'épaiffeur. Il les font cuire dans de petits fours fur de grandes plaques de cuivre, ou fur une efpéce de brique. C'eſt une nourriture fort fubſtantieufe, mais fade. Elle fe conferve longtems fans fe corrompre. On y trouve au bout de deux mois le même goût que le premier jour, excepté qu'elle fe durcit.

Quoique le *Bollo* & la *Caffave* foient le principal aliment des Habitans, ils ne laiffent pas de fe régaler de pain de froment: mais comme il faut que la farine en vienne d'*Efpagne*, on peut croire qu'il n'eſt pas à bon marché. Il n'y a guere que les *Européens* établis à *Carthagéne* & quelques *Créoles* qui en mangent en prenant le Cacao, ou en mangeant des confitures au caramel, qui eſt la feule occaſion où ils ne peuvent s'en paffer. Dans tous leurs autres repas la coutume a jetté parmi eux dès le berceau de fi profondes racines, qu'ils ne balancent pas de préférer le *Bollo* au pain de froment, & de manger du miel avec la *Caffave*.

Ils font encore d'autres pâtifferies de la farine de Maïz, & en compofent divers mets, auffi bons pour la fanté que le *Bollo* qui ne fait jamais mal à ceux qui y font accoutumés.

Outre les racines dont nous venons de parler, le terroir produit beaucoup de *Camotes*, qui reffemblent fort aux Patates de *Malaga* pour le goût; mais d'une figure un peu différente, car elles font prefque rondes & leur fuperficie rabotteufe. Ils en font des conferves, & s'en fervent comme de légumes dans leurs ragoûts. Néanmoins comme cette racine y eſt fort commune, ils n'en tirent pas tout l'avantage qu'ils pourroient; il y a apparence que s'ils l'employoient dans la *Caffave*, elle auroit meilleur goût qu'étant faite de racines fades de foi-même.

Les Cannes de fucre font en fi grande abondance dans ce Pays-là, que le miel y perd de fon prix. Un partie du jus de ces cannes eſt convertie en eau de vie pour le mieux débiter. Au-refte elles croiffent fi promtement qu'on les peut couper deux fois par an, & leur verdure variée égaye les campagnes.

Il y a auffi beaucoup de Cotoniers, dont les uns font plantés & cultivés, & ce font les meilleurs; les autres font produits par la fertilité naturelle de la terre. Le Coton des uns & des autres étant filé fert à faire toute forte d'ouvrages tiffus, dont les Négres des *Haciendas* & les *Indiens* s'habillent.

Le *Cacaotier* croît en abondance fur les bords de la Riviere de la *Madelaine*, & en d'autres lieux convenables à cet arbre. Le Cacaotier de *Carthagéne* eſt le plus eſtimé, tant parce que le fruit en eſt plus gros que

celui

celui des *Caraques*, de *Maracaybo* & de *Guayaquil*, que parce qu'il eſt plus huileux. Le Cacao de *Carthagéne* eſt peu connu en *Eſpagne*; celui qu'on y envoye, eſt par maniere de préſens. Comme il a plus de réputation que le Cacao des autres lieux, il ſe conſume preſque tout dans le diſtrict de cette Ville, & dans quelques autres endroits des *Indes*, où il s'en fait un grand débit: ce qui eſt cauſe qu'on en apporte des *Caraques* dans l'intérieur du diſtrict de *Carthagéne* pour ſupléer à celui de la *Madelaine* qu'on envoye ailleurs. Il n'eſt même pas mal de mêler celui-là avec celui-ci, afin que le Chocolat ſoit moins huileux qu'il ne l'eſt quand il n'eſt fait que du Cacao de la *Madelaine*. Pour diſtinguer celui-ci des autres on le vend par *milliers* dans *Carthagéne*, chaque *millier* du poids de quatre livres. Celui des *Caraques* ſe vend par boiſſeau de 110 livres, & celui de *Maracaybo* de 96.

Ce fruit eſt le tréſor le plus ſûr dont la Nature ait pu gratifier ce terroir, mais il n'eſt pas le ſeul: on y voit encore quantité d'autres Arbres & Plantes, qui portent d'autres fruits non moins utiles ni moins agréables, & qui ſont une preuve éternelle de ſa fertilité. On eſt ravi d'étonnement en voyant ces arbres produire, en toute ſaiſon, des fruits dont les uns ſont ſemblables à ceux d'*Eſpagne*, & les autres particuliers au Pays: ceux-là cultivés, & ceux-ci ſans autre culture que la diſpoſition naturelle du Climat.

Ceux qui reſſemblent aux fruits d'*Eſpagne*, ſont les Melons, les *Anguries* *, qu'on nomme dans le Pays *Patilles*, les Raiſins de treille, les Oranges, les Neſles, les Dates. Les Raiſins n'ont pas ſi bon goût que ceux d'*Eſpagne*; mais les Neſles y ſont beaucoup plus délicates, & ſi douces qu'elles en ſont un peu fades. Les autres n'ont point de différence remarquable, mais leur ſaveur parvient à un grand point de perfection.

Parmi ceux qui ſont particuliers au Pays, la Pomme-de-Pin mérite le premier rang. On la nomme communément la *Reine des Fruits*, tant à cauſe de ſa beauté que de ſon odeur & de ſon bon goût. Les autres ſont les *Papayes*, les *Guanabanes*, les *Gouyaves*, les *Sapotes*, les *Maméis*, les *Platanes*, les *Cocos*, & quantité d'autres qu'il ſeroit ennuyeux de rapporter. Il ſuffira de dire que ce ſont-là les principaux.

La *Pomme-de-Pin* ou *Pigna* †, que les *Eſpagnols* nommerent ainſi à cauſe de la reſſemblance que ce fruit a avec ce qu'on nomme Pomme-de-Pin en *Europe*, naît d'une Plante qui reſſemble beaucoup à l'Aloés, excepté que les feuilles de celle-là ne ſont pas ſi grandes que celles de l'Aloés, ni ſi

épais-

* Sorte de Melons d'eau.   † On la nomme plus ordinairement *Ananas*.

épaisses. Elles s'étendent toutes presqu'horizontalement près de terre, jusqu'à ce qu'à mesure qu'elles diminuent elles se déployent moins. La hauteur de la Plante ne passe guere trois piés. Elle se termine par une espéce de fleur de Lys en maniere de couronne, & d'un cramoisi éblouissant. Du centre de cette fleur on voit sortir la *Pigna*, de la grosseur d'une noix au commencement, & à mesure qu'elle croît, la fleur perd l'éclat de sa couleur, & ses feuilles s'élargissent pour faire place au fruit, & lui servir de base & d'ornement. Au haut de la *Pigna* même est une autre fleur en forme de couronne, dont les feuilles ressemblent à celles de la Plante, & sont d'un verd fort vif. Cette fleur croît avec le fruit, jusqu'à ce que l'une & l'autre soient parvenues à leur dernier degré d'accroissement; jusques-là elles different peu pour la couleur. Dès que le fruit cesse de croître, il commence à mûrir, & à changer sa couleur verte en une couleur de paille claire. A mesure que la couleur devient plus pâle le fruit répand une odeur si suave qu'il n'est pas difficile de le trouver, quoiqu'il soit couvert de plusieurs branches. Pendant qu'il croît il se garnit d'épines médiocrement fortes, qui partent de toutes les extrémités des côtes qui forment son écorce. Mais à mesure qu'il mûrit ces épines se dessechent, & perdent leur consistance, comme si elles craignoient de nuire à celui qui doit cueillir le fruit. Toutes les singularités qu'on observe dans cette production de la Nature, ne sont pas un petit motif d'admirer la sagesse du Créateur, pour peu qu'on les considere avec attention. En effet la fleur qui sert de couronne à la *Pigna* pendant qu'elle croît dans les Forêts, devient une nouvelle Plante étant semée, tandis que celle qui lui a servi de tige se desseche aussitôt que l'on coupe le fruit, comme pour marquer qu'elle n'est plus bonne à rien. Outre la Plante que le rejetton de la *Pigna* peut produire, les racines continuent à en pousser de nouvelles, ce qui achéve d'en multiplier l'espéce.

La *Pigna* conserve toujours son agréable odeur, après avoir été séparée de la Plante, jusqu'à ce qu'après un assez long espace elle commence à se pourrir. L'odeur qu'elle répand est si considérable, que non seulement on s'en apperçoit dans la chambre où est le fruit, mais que même elle pénétre dans les appartemens voisins. La *Pigna* a cinq à sept pouces de longueur, sur trois à quatre de diamétre à sa base, d'où elle va en diminuant jusqu'à l'extrémité opposée. Pour la manger on la péle, & on la coupe en rouëlles. Elle est si pleine de suc qu'en la mâchant elle se réduit toute en substance liquide. Elle a un goût de douceur, mêlé d'acide fort agréable. Son écorce infusée dans de l'eau, après avoir fermenté, fait une boisson fort rafraîchissante & fort bonne, qui conserve toujours les propriétés du fruit.

Tous les autres fruits de ce terroir sont aussi estimables que celui-là dans leur espéce. Quelques-uns ont le même avantage de répandre une odeur agréable comme la *Gouayave*, qui est outre cela pectorale & astringente.

Les Fruits les plus communs & les plus abondans de tous sont les *Planes* ou *Platanes*, si connus en *Europe*, sinon pour la figure & le goût, du-moins quant au nom. Il y en a de trois espéces, les *Bananes*, qui sont les plus gros & qui ont environ un pied de long. Il s'en fait une grande consommation, car outre qu'on les mange en guise de pain, on les met encore à toutes les sauces. Le noyau en est dur & la chair aussi, mais elle n'est point malfaisante. La seconde espéce est les *Dominicos*, qui ne sont ni si longs ni si gros que les *Bananes*, mais qui sont d'un goût supérieur. On les mange comme les premiers.

Les *Guinéos* sont la troisiéme espéce, plus petits que les précédens; mais de beaucoup meilleur goût, quoique moins convenables à la santé, au dire des gens du Pays, qui prétendent qu'ils échaufent beaucoup. Leur longueur est d'ordinaire de quatre pouces. Quand ils sont murs, leur écorce est jaunâtre, plus luisante & plus unie que celle des autres, & leur noyau est aussi bon & aussi délicat que la chair. Les gens du Pays ont coutume de boire de l'eau après avoir mangé de ce fruit: mais les équipages des Vaisseaux d'*Europe*, gens qui ménagent peu leur santé, & qui boivent de l'eau-de-vie avec tout ce qu'ils mangent, ne manquent pas, en usant de ce fruit, d'en boire avec le même excès qu'ils ont accoutumé en toute autre occasion, d'où résultent en partie les maladies dont ils sont accablés dans ce Pays, & les morts subites, qui à la vérité ont un peu étonné ceux qui se portoient bien, sans leur inspirer néanmoins la pratique de la sobriété. Selon que nous l'avons éprouvé, ce n'est pas la qualité de l'eau-de-vie qui fait le mal, c'est la quantité. En effet quelques personnes de notre compagnie essayerent de boire modérément de cette liqueur après avoir mangé de ce fruit; ils réitérerent plusieurs fois cette épreuve, & ne s'en trouverent pas plus mal. Entre plusieurs manieres d'apprêter les *Guinéos*, celle qui nous a paru une des meilleures, c'est de les faire rôtir dans leur écorce sur de la braise, & de les mettre ensuite dans un peu d'eau-de-vie & de sucre pour les faire renfler. C'est ainsi qu'on en servoit tous les jours à notre table, & les *Créoles* mêmes les trouvoient très-bons.

Les *Papayes* ont six à huit pouces de long, & ressemblent aux limons. Elles sont plus grosses à un bout qu'à l'autre. Leur écorce reste toujours verte.

verte. Leur chair eſt blanche, pleine de jus, un peu filaſſeuſe & d'un goût acide, ſans être piquant. C'eſt un Arbre qui produit ce fruit, & non pas une Plante, comme celle qui produit la Pomme-de-pin & le *Platane*. Ceux dont nous allons parler croîſſent auſſi ſur des arbres.

La *Guanabane* reſſemble beaucoup au melon, ſinon que ſon écorce eſt plus liſſe, & verdâtre. Sa chair eſt un peu jaune, comme celle de certains melons, & leur reſſemble aſſez pour le goût; mais ce qui met de la différence entre ces deux fruits, c'eſt que la *Guanabane* a une odeur un peu rebutante. Le pepin qu'elle renferme, eſt rond, obſcur, luiſant, & a environ deux lignes de diamétre. Il eſt compoſé d'une petite peau fort mince & tranſparente, & d'une moëlle un peu ferme & pleine de jus. L'odeur de cette ſemence eſt plus forte que celle du fruit, & incomparablement plus fade. Ceux du Pays prétendent qu'en mangeant cette ſemence on n'a rien à craindre du fruit, qui, ſelon eux, eſt peſant & indigeſte: mais quoique la ſemence n'ait point mauvais goût, elle rebute & affadit par ſon odeur.

Les *Sapotes* ſont ronds, d'environ deux pouces de circonférence. L'écorce en eſt fort mince & ſe détache facilement du fruit. Elle eſt brunâtre, nuancée de rouge. La chair eſt de couleur de feu, peu vineuſe, s'attachant au palais, fibreuſe & ſolide. Ce n'eſt pas un fruit délicat, mais il a aſſez bon goût. Elle renferme deux ou trois pepins & même davantage, leſquels ſont durs & oblongs.

Quant à la couleur les *Maméis* ne different des *Sapotes*, que parce qu'ils ſont d'un brun plus clair. D'ailleurs leur écorce ne ſe ſépare pas ſi aiſément de la chair, à moins qu'on ne la péle avec un couteau. Ce fruit reſſemble beaucoup au Brugnon. Il a ſeulement une couleur un peu plus vive, la chair un peu plus ferme, & un peu moins de jus. Le noyau eſt proportionné à la groſſeur du fruit, lequel a entre trois à quatre pouces de diamétre, de figure preſque circulaire, mais irréguliere. Le noyau a un pouce & demi de long ſur un de large en ſon milieu, rond dans cette partie quoique long dans le total. Sa ſuperficie extérieure eſt liſſe, de couleur brunâtre, excepté d'un côté où elle eſt traverſée verticalement par une bande blanchâtre en façon de côte de melon; & cette bande n'a ni la dureté ni le poli du reſte de l'écorce du noyau, qui ſemble être couvert en cet endroit, & un peu raboteux.

Le *Coco* eſt un fruit fort commun & peu eſtimé. Tout l'uſage qu'on en fait, c'eſt d'en boire le ſuc, pendant qu'il eſt en lait, & avant qu'il commence à ſe cailler. Alors il eſt plein d'une liqueur blanchâtre, auſſi liquide que l'eau naturelle, de très-bon goût & rafraîchissante. L'écale qui couvre la Noix de *Coco* est verte en dehors & blanche en dedans, pleine de fibres qui la traversent en long & qui ont de la consistance. On la sépare facilement avec un couteau. Le *Coco* est aussi blanchâtre, quand il est à ce point dont nous avons parlé, & est d'ailleurs assez tendre ; mais à-mesure que sa chair prend de la consistance & qu'elle devient plus ferme, elle change la couleur verte de son écale en jaune. Celle-ci séche aussitôt que le dedans est parvenu à sa perfection ou maturité ; & elle prend alors une couleur brune, devient filasseuse & si serrée qu'on a de la peine à l'ouvrir, & à la séparer du *Coco* auquel sont unis quelques fibres de l'écale. De la chair de ces *Cocos* on tire un lait comme celui d'amande, & on se sert de celui-là plutôt que de celui-ci pour apprêter le ris.

Bien que les Limons soient rares dans cette Ville, s'entend ceux qu'on voit ordinairement en *Europe*, & que l'on cueille en si grande abondance en quelques Contrées d'*Espagne*, il y en a une si grande quantité d'une autre espéce qu'ils appellent *Sutiles* ou *Seutiles*, que sans soin ni culture les campagnes sont couvertes des arbres qui les produisent. Le fruit & l'arbre sont beaucoup plus petits que ceux d'*Espagne*. Ce dernier n'a pas plus de huit ou dix pieds de haut, ce qui fait à peu près trois aunes. Dès le pied ou peu au-dessous il se divise en diverses branches, qui en s'étendant forment une houpe fort agréable ; ses feuilles, d'ailleurs semblables à celles des Citroniers, sont plus petites & fort lisses. Le fruit n'est pas plus gros qu'un œuf ordinaire, l'écorce en est fort déliée & fort fine. Il contient plus de jus à proportion de sa grosseur que les Citrons d'*Europe*, & il est infiniment plus acide & plus piquant, ce qui fait aussi que les Médecins d'*Europe* ne le croient pas bon pour la santé, quoiqu'on s'y accoutume dans le Pays sans scrupule. On l'employe dans toutes les sauces, sans qu'on s'apperçoive d'aucun mauvais effet. Une chose particuliere qu'on remarque en cette Ville à l'égard de ces Limons, c'est que les Habitans ayent cette idée, qu'il ne faut mettre la viande près du feu que trois quarts d'heure, ou une heure avant le repas. Suivant cette opinion ils ne mettent jamais de l'eau au pot avec la viande sans y exprimer en même tems le jus de trois ou quatre de ces Limons plus ou moins, selon la quantité de viande ; par ce moyen la viande s'amollit & se cuit si bien, qu'elle est en état d'être servie au bout de ce court espace. Ces gens-là sont si accoutumés à cette facilité d'apprêter leurs viandes, qu'ils se moquent des *Européens*, qui employent toute une matinée pour faire une chose qui leur coute si peu de tems.

Les Tamarins ne font rien moins que rares dans les campagnes de *Cartagéne*. C'eſt un grand arbre, fort toufu. Ses feuilles font d'un verd foncé. Il pouſſe des coſſes de médiocre grandeur, & plattes, au dedans lesquelles eſt une moëlle de couleur brune, mielleuſe & filaſſeuſe. Ils donnent à ces coſſes le même nom qu'à l'arbre. Au milieu de la coſſe eſt un pepin, ou noyau dur aplati par les bords, & de ſix à huit lignes de long, ſur deux ou trois de large. Le goût en eſt aigredoux, mais l'acide y domine. On ne s'en ſert que pour le diſſoudre dans de l'eau dont on fait une boiſſon qui rafraîchit le ſang; mais il en faut boire modérément, & rarement, parce que ſon acide & ſa qualité froide affoibliſſent & gâtent l'eſtomac.

Un autre fruit qu'ils appellent *Mani* eſt fort différent de celui-là, car il eſt exceſſivement chaud, & par-là même fort malſain dans un pareil Climat. Ce fruit reſſemble aux pignons. Il le font rôtir pour le manger, ou ils le confiſſent.

Les fruits que le terroir ne produit pas font, outre le Froment, l'Orge & ſemblables grains dont nous avons déjà parlé, les Raiſins de Vigne, les Amandes, les Olives, & par conſéquent ils ne recueillent ni Vins, ni Huiles, ni Raiſins, qui font des Marchandiſes qu'il faut qu'ils tirent d'*Europe*, & qui pour cette raiſon font rares & cheres; & il y a même des tems où elles manquent abſolument. Quand cela arrive à l'égard du vin, c'eſt un grand mal pour la ſanté de bien des gens; car ceux qui ne boivent point d'eau-de-vie à leurs repas ordinaires, étant accoutumés à boire du vin, ce qui comprend preſque tous les Habitans excepté les Négres, la privation de cette liqueur cauſe une révolution dans leur tempérament. Leur eſtomac n'ayant plus la même activité pour la digeſtion ſe dérange & s'affoiblit, d'où naiſſent enſuite des maladies épidémiques qui affligent toute la Ville. C'eſt le cas où elle ſe trouvoit à notre arrivée. Le vin y étoit alors ſi rare qu'on n'y diſoit la Meſſe que dans une ſeule Egliſe.

Quand l'Huile manque, on ne s'en apperçoit gueres, vu qu'ils apprêtent tous leurs mêts chair ou poiſſon avec le ſaindoux ou graiſſe de Cochon, dont ils ont grande abondance, deſorte qu'ils en employent une partie à faire du ſavon, qui eſt fort bon, & point cher pour le Pays. Ils font des chandelles de ſuif pour éclairer la nuit. Ainſi le ſeul uſage qu'ils faſſent de l'huile c'eſt dans les ſalades.

On peut juger avec quelle profuſion les tables ſont ſervies dans un Pays qui abonde en viandes, fruits & poiſſons. Je parle des maiſons de diſtinction où l'on se pique de vivre somptueusement. La plupart des méts accommodés à la maniere du Pays ne different pas peu de ceux d'*Espagne*. Cependant ils en savent apprêter quelques-uns si délicatement, qu'elles ne sont pas moins agréables aux Etrangers qu'à ceux du Pays même qui sont les plus accoutumés à s'en régaler. L'*Agi-aco* est un de leurs méts favoris, & il est rare qu'il manque à une table; il est composé de divers ingrédiens qui suffiroient pour en faire un excellent ragoût. Il y entre de la friture de Porc, des Oiseaux, des Platanes, de la pâte de Maïz, & autres ingrédiens auxquels on ajoûte le *Piment*, ou *Agi*, comme ils l'appellent, pour y donner le haut-goût.

Les Habitans de *Carthagène* font réglément deux repas par jour, & un troisiéme plus léger. Le premier se fait le matin & consiste en quelque friture, & pâtisserie feuilletée faite de pâte de Maïz, ou autres choses semblables, qui sont suivies du chocolat. Le second se fait à midi avec plus d'apparat; & le troisiéme est le repas du soir, qui n'est proprement qu'une colation consistant en confitures & chocolat. Quoique plusieurs familles soupent formellement comme on fait en *Europe*, ils ne laissent pas de dire communément, que les soupés sont pernicieux à *Carthagène*: mais pour nous, nous ne remarquâmes rien de semblable, & en tout cas le mal sera dans l'excès & non dans la chose même.

CHAPITRE IX.

Du Commerce de Carthagéne *après l'arrivée des Gallions, & autres Vaisseaux venans d'*Espagne. *Du Commerce qu'elle fait des Marchandises & Fruits de son cru avec les autres Contrées des* Indes.

LA Baye de *Carthagéne* des *Indes* est la premiere échelle où se rendent les Gallions qui viennent d'*Espagne*, & par conséquent elle jouit des prémices du Commerce par les ventes qui s'y font. Ces ventes, quoique dépouillées des formalités qu'on observe à la Foire de *Portobélo*, ne laissent pas d'être considérables. Les Négocians des Provinces intérieures, comme *Santa-Fé*, *Popayan*, & *Quito*, y apportent leurs fonds propres & ceux qu'on leur a confiés *por Encomienda*, c'est-à-dire, *pour des Commissions*, lesquels fonds ils employent à des marchandises, & à des provisions. Les deux premieres Provinces, *Santa-Fé* & *Popayan*, ne peuvent recevoir les unes ni les autres que par la voye de *Carthagéne*. C'est pour pourquoi les Marchands partent de ces Provinces & viennent dans cette Ville avec de l'argent & de l'or monnoyé, en lingots & en poudre, & avec des Emeraudes, qui font les pierreries les plus eftimées de ces Pays, dans lefquels, outre les Mines d'Argent qu'on exploite à *Santa-Fé*, & qui s'augmentent tous les jours par de nouvelles découvertes, il y en a d'autres qui produifent les plus belles Emeraudes qu'on puiffe voir. A la vérité ces Pierreries ont beaucoup perdu de leur prix en *Europe* & furtout en *Efpagne*, où l'on n'en fait plus grand cas; ce qui a fait diminuer le falaire des Ouvriers & déchoir ce Commerce, qui étoit autrefois fort confidérable. Les unes & les autres produifent beaucoup d'or que l'on tire à *Choco*, & qui paye le quint au Roi dans le Bureau établi en cette Capitale.

Ce Commerce fut défendu pendant quelques années aux preffantes follicitations des Négocians de *Lima*, qui fe plaignirent qu'ils recevoient un grand préjudice de ce que les Marchandifes d'*Europe* paffant de *Quito* dans le *Pérou*, les Marchands de ce Royaume s'en fourniffoient par cette voye, pendant qu'eux Négocians de *Lima* étoient occupés à faire leurs achats aux Foires de *Panama* & de *Portobélo*, & trouvoient à leur retour le prix des Marchandifes fort baiffé, ce qui leur caufoit des pertes infinies. On eut alors égard à leurs repréfentations. Mais dans la fuite on fit réflexion que de défendre aux Marchands de *Quito* & autres, l'achat des Marchandifes à *Carthagéne* auffitôt que les Gallions arrivent, c'étoit leur caufer un retardement très-onéreux & préjudiable. C'eft pourquoi il fut décidé, pour contenter les uns fans préjudicier aux autres, que du moment qu'on publieroit dans ces Provinces l'arrivée des Gallions à *Carthagéne*, tout Commerce de Marchandifes d'*Europe* cefferoit entre *Quito* & *Lima*, & que les bornes des deux Audiences feroient celles du Commerce de chacune; c'eft-à-dire, que celui de *Quito* ne s'étendroit pas au-delà de la lifiere du *Corrégiment* ou Senechauffée de *Loja* & de *Zamore*, qui appartiennent à l'Audience Royale de *Quito*; & que *Piura*, qui eft un *Corrégiment* de l'Audience de *Lima*, feroit le terme du Commerce de cette Capitale du *Pérou*. Par cet expédient on parvint au but que l'on fe propofoit. Ce réglement fut exécuté pour la premiere fois en 1730 à l'arrivée de l'Efcadre commandée par le Lieutenant-Général *Don Manuel Lopez Pintado*, que le Roi avoit chargé de rétablir le Commerce de *Carthagéne*, s'il trouvoit que le nouveau réglement remplît les deux objets qui l'avoient occafionné, & qu'on ne pût trouver aucun expédient plus commode pour accommoder les parties; mais celui-là fut feul employé, & l'on trouva que non feulement il rempliffoit l'objet principal, mais auffi qu'il procuroit un autre

avan--

avantage, puisque pendant le séjour que les Gallions font à *Carthagéne*, les *Cargadores* * n'y restent pas sans rien faire, & trouvent bien à se dédommager des fraix qu'ils y font, par les ventes de leurs marchandises.

Pendant que la défense subsistoit les Marchands de *Carthagéne* étoient ou obligés de profiter de la Flottille du *Pérou* pour descendre par *Guayaquil* à *Panama*, ou d'attendre, pour faire leurs emplettes, que la Foire étant finie, les Gallions revinssent à *Carthagéne*, ce qui les réduisoit à acheter le rebut des autres. La premiere voye ne leur étoit pas moins préjudiciable, puisqu'avant d'arriver à *Guayaquil*, pour joindre la Flottille du *Pérou*, il leur faloit traverser toute la jurisdiction de *Santa-Fé*, & faire par terre, avec l'argent destiné aux emplettes, un voyage de plus quatre cens lieues, & autant en revenant avec leurs marchandises; ce qui les constituoit en des fraix immenses. Enfin les avaries † inévitables dans un voyage de si long cours, où il falloit traverser des Rivieres & des Montagnes, & exposer leurs marchandises à mille accidens, rendoient cette voye si impraticable, qu'il ne leur restoit d'autre ressource que dans les Gallions qui revenoient de la Foire, au hazard encore de n'en rapporter rien, ou du moins trop peu de chose pour pouvoir satisfaire à toutes leurs emplettes; sans compter que les Marchands des Provinces intérieures venant à *Carthagéne* pour faire des achats, risquoient de n'y pas trouver de quoi se pourvoir, & de s'en retourner avec leur argent sans avoir fait autre chose que des fraix: autant d'inconvéniens qui ont fait abolir la défense & régler les choses sur le pied avantageux où elles sont.

A l'occasion de la petite Foire, qu'il me soit permis d'appeller ainsi le Commerce qui se fait à *Carthagéne*, on voit quantité de boutiques pleines de marchandises, dont le profit est en partie pour les *Espagnols* venus sur les Gallions & recommandés aux *Cargadores* ou Associés avec eux, & l'autre partie pour les Marchands de la Ville. Les *Cargadores* favorisent ceux là en leur livrant la marchandise, pour cultiver leur nouvelle pratique, & ceux-ci en qualité d'anciens chalands. Ils fournissent les boutiques des uns & des autres à mesure qu'ils vendent, & les assortissent de tout ce qu' faut. Pendant ce tems-là tout le monde gagne. Les uns donnent des chambres & des boutiques à louage: les autres font les ouvrages qu'o leur commande, chacun selon sa profession: & d'autres enfin profiter du travail de leurs Négres & Négresses Esclaves, dont le salaire est d'au tant plus fort qu'il y a plus d'ouvrage à faire. L'argent circule alors d

---

* Ceux qui ont chargé des Marchandises d'*Europe* pour les *Indes*.
† Dommages qu'un Marchand souffre dans son Commerce.

tous côtés, & chacun en a fa part; de maniere que tous ont, non feulement de quoi acheter pour fe vêtir jufqu'à l'arrivée d'une autre Efcadre, mais auffi quelque chofe de refte. Auffi voit-on dans ces occafions des Efclaves acheter leur liberté de l'argent qu'ils ont amaffé après avoir payé leurs journées à leurs Maîtres, & acheté ce qui leur étoit néceffaire.

Ces avantages s'étendent jufqu'aux Villages, aux *Eftancias*, & aux plus miférables *Chacares* de cette jurisdiction; par la raifon que l'abord des Etrangers augmente la confommation des denrées, & les renchérit, ce qui eft avantageux pour ceux dont la condition eft de les cultiver & de les vendre.

Tout ce fracas de Commerce ne dure qu'autant que les Gallions féjournent dans la Baye. Après leur départ tout rentre dans le filence & dans fa premiere tranquillité. Les Citoyens appellent cela, *le tems mort*. Le Commerce particulier que la Ville de *Carthagéne* fait dans ce tems mort avec les Peuples des autres Gouvernemens, eft fi peu de chofe, qu'il ne mérite pas qu'on y faffe attention. La meilleure partie de ce Commerce fe fait par quelques Balandres, qui viennent de la *Trinité*, de la *Havane*, de *St. Domingue* chargées de Tabac en corde & en poudre & de Sucre, & qui après s'en être défaits s'en retournent avec une Cargaifon de Cacao de la *Madelaine*, des Vafes de terre, du Ris, & d'autres marchandifes femblables qui font rares dans ces Iles. Mais fouvent on eft des deux ou trois mois fans voir un de ces Bâtimens. Il en eft de-même à l'égard de ceux qui vont de *Carthagéne* à *Nicaragua*, la *Vera-Cruz*, *Honduras* & autres lieux. Ils vont un peu plus fouvent à *Portobélo*, à *Chayre*, ou à *Santa Marta*. La raifon de la foibleffe de ce Commerce eft que prefque tous ces lieux font pourvus des mêmes denrées, & par conféquent on n'a pas occafion de trafiquer avec eux.

Ce qui foutient *Carthagéne en tiempo muerto*, ou *au tems mort*, ce font les Bourgades de fa jurisdiction, d'où l'on y apporte tout ce qui eft néceffaire à la nourriture & à l'entretien de fes Habitans, comme *Maïz*, *Ris*, *Coton*, *Cochons* en vie, *Tabou*, *Platanes*, *Oifeaux*, *Caffave*, *Sucre*, *Miel* & *Cacao*. La plus grande partie de ces denrées eft apportée dans des Canots, & des *Champanes*, forte de Batteaux propres à naviguer fur les Rivieres. Les premiers côtoyent toujours le rivage de la Mer, & les feconds viennent par la Riviere de la *Madelaine*, ou par celle de *Sinu*. En échange de ces denrées ils fe chargent de quelques Marchandifes pour des habillemens dont les boutiques & les magazins des Négocians font pourvues par les Gallions, quelquefois par quelque prife

Tome I. K fai-

faite fur la côte par quelque Corfaire *Efpagnol*, ou par des Bâtimens particuliers armés par les Habitans.

Tout ce qui eft pour manger ne paye aucun droit au Roi. Chacun tue dans fa maifon les Cochons qu'il croit pouvoir vendre ce jour-là car la chair de cet animal ne fe mange point falée à *Carthagéne*, & le chaleurs ne permettent pas de la garder longtems fraîche. Les denrée qu'on apporte d'*Efpagne* font l'Eau-de-vie, le Vin, l'Huile, les Amandes & les Raifins fecs, qui payent des droits d'entrée, & fe vendent enfu te librement. Ceux qui les débitent en détail, font obligés de paye l'*Alcavale* * pour leur échope & boutiques.

Outre ces Marchandifes qui font aller ce petit Commerce inte rieur, il y a un Bureau des Finances du Roi pour l'*Affiento* des Négre Efclaves que les Vaiffeaux apportent dans cette Ville, où ils reftent com me en dépôt, jufqu'à ce qu'on les faffe paffer dans les Provinces inte rieures pour y être vendus à ceux qui en ont befoin pour travailler au *Haciendas*; car généralement on employe les Négres à cette forte d'ou vrage. L'*Affiento* fait un objet pour le Commerce de *Carthagéne*, ma un objet peu confidérable. Les Bureaux des Finances Royales établis dan cette Ville ne produifent pas affez pour l'entretien du Gouverneur, de l Garnifon, & des autres Officiers du Roi; on y fuplée par les Bureaux d *Santa Fé* & de *Quito*, au moyen de quoi on trouve les fommes néce faires pour le payement de ces perfonnes, & pour l'entretien des Fortific tions, de l'Artillerie, & autres dépenfes néceffaires à la fureté de cette Plac

* Impôt fur les Marchandifes, & autres Effets.

LIVR

LIVRE SECOND.

Voyage de *Carthagéne* au Royaume de *Tierra Firme*, & à la Ville de *Portobélo*.

CHAPITRE I.

Départ de Carthagène *pour* Portobélo. *Vents alisés ou généraux qui régnent sur ces côtes. Avis sur les courans & sur le tems qu'ils arrivent.*

DEs que le Vaisseau *François* eut achevé de faire ses provisions, & qu'il se trouva prêt à remettre à la voile, nous passâmes sur son bord avec notre bagage le 24. de *Novembre* de la même année 1735, & le jour suivant 25. nous levâmes l'ancre. Après quatre jours de navigation, c'est-à-dire, le 29. du même mois à 5¼. du soir notre Vaisseau donna fond par 18. brasses d'eau à l'entrée du Port de *Portobélo*; le Château de *Todofierro* étant au Nord-Est par les 4 deg. Nord & la pointe Méridionale du Port à l'Est ¼ N. E. la Longitude entre *Carthagéne* & *Punta de Nave* fut trouvée de 4 deg. 24 min.

Nous avions couru par O. N. O. & O. quart N. O. jusqu'à ce qu'on observa que le Vaisseau étoit par les 11 deg. de Latitude; alors nous portâmes à l'Ouest, mais nous trouvant par les 3. deg. 10 min. de longitude. Depuis la détermination de *Carthagéne*, nous revirâmes au Sud-Ouest & Sud quart Sud-Ouest, & continuant par ce rumb, nous découvrîmes le 29. à 5¼. du matin *Punta de Nave*, que nous laissâmes toujours au Sud, étant obligés de faire des bordées pour entrer dans le Port.

Nous eûmes des vents frais durant la traversée, les deux premiers jours par Nord quart Nord-Est, & les autres jours par Nord-Est jusqu'au moment que nous découvrîmes la Terre; pendant tout ce tems la Mer fut un peu mâle ou agitée; mais dès que nous eûmes découvert *Punta de Nave*, le vent tomba, & nous n'eûmes plus qu'un vent de terre qui nous empêchoit d'aborder, ce qui fut cause que le Vaisseau ne put entrer ce jour-là au Port. Le jour suivant 30. il fut toujours contraire, desorte qu'on fut obligé d'employer les rames & la touée pour avancer, & par ce moyen nous entrâmes dans le Port, d'où nous débarquâmes tous avec nos Bagages & les Instrumens nécessaires pour commencer nos observations. C'est ici le lieu de parler des Vents qui régnent dans cette traversée & sur cette côte comme sur celle de *Carthagéne*, c'est ce que je vais faire dans les paragrafes suivans.

Il régne deux sortes de Vents alisés sur ces côtes, les uns appellés *Brises*, les autres *Vendavales*. Les premiers souflent par le Nord-Est, & les autres par Ouest-Sud & Ouest-Sud-Ouest. Ceux-là commencent à se faire sentir au milieu de *Novembre*, quoiqu'ils ne soient bien réglés qu'au commencement ou au milieu de *Décembre*, qui est ce qu'on appelle en ce Pays-là l'Eté. Ils continuent dans leur plus grande force & sans varier jusqu'au milieu de *Mai*. Alors ils cessent, & ceux-ci leur succédent, avec cette observation, que les *Vendavales* ne se font sentir que jusqu'à la hauteur de 12. ou 12. & $\frac{1}{4}$. deg. de Latitude; car au-delà de cette distance les *Brises* régnent constamment, & fraîchissent quelquefois plus, quelquefois moins, se tournant tantôt à l'Est & tantôt au Nord.

Pendant que les *Vandavales* durent, il survient de gros tems mêlés de pluye, mais cela n'est pas de durée; & dès qu'il cesse le calme succéde pour quelque tems, peu à peu le vent se léve, sur-tout lorsqu'on est près de terre, où il est plus régulier. La même chose arrive à la fin d'*Octobre* & au commencement de *Novembre*, les vents n'étant pas alors encore bien réglés, ni bien établis.

Pendant que les *Brises* régnent, les Courans portent depuis 12. jusqu'à 12. & $\frac{1}{4}$. deg. par l'Ouest, mais d'ordinaire avec moins de force dans les conjonctions * de la Lune que dans ses oppositions. Communément au-delà de cette hauteur ils portent au Nord-Ouest, ce qui pourtant ne doit s'entendre qu'avec restriction; car près de quelques Iles, & de quelques Basses, leur cours est irrégulier, parce qu'ils entrent quelquefois dans la Mer par le canal de leurs lits, quelquefois elles sont poussées dehors par la rencontre d'autres, & tout cela provient des différens tours & détours qu'elles font, & de la disposition des côtes. C'est pourquoi dans tous ces courans il est nécessaire de naviguer avec précaution, & de ne pas se fier entiérement aux notices générales; car bien qu'elles soient fondées sur l'expérience des Pilotes pratiques qui ont fait ces trajets sur toute sorte de Bâtimens grands & petits, pendant vingt & trente ans, & qui par conséquent devroient être parfaitement instruits sur ce sujet, il est toujours certain que cette expérience est insuffi-

---

* La *Conjonction* est le premier aspect d'un Astre. Tous les mois la Lune est en conjonction avec le Soleil. N. D. T.

suffisante, puisque les Pilotes avouent eux-mêmes qu'il y a des endroits où les Courans sont fort irréguliers, tels que ceux dont nous avons parlé.

Quand les *Brises* commencent à foiblir, ce qui arrive dans le mois d'*Avril*, les courans portent à l'Est jusqu'à 8, 10, & 12 lieues de distance de la côte, & se maintiennent dans un cours égal tant que durent les *Vendavales*. Pour éviter cet inconvénient & celui des vents contraires qui soufflent de terre dans cette saison dans le trajet de *Carthagéne* à *Portobélo*, il n'y a qu'à naviguer par les 12 ou 13 degrés, ou même davantage selon l'occasion, moyennant quoi les Navires n'ont rien à craindre, & l'on est assuré du succès du trajet.

Pendant que les *Brises* sont dans leur force, les eaux entrent avec impétuosité dans le Golphe de *Darien*, & au-contraire pendant les *Vendavales* sortent au-dehors. La raison de ce second changement vient, de ce que quantité de Fleuves grossis par les pluyes ordinaires dans cette saison, en se déchargeant dans ce Golphe, refoulent ses eaux & les font regorger par la force de leurs courans & par l'accroissement de leurs eaux; mais pendant les *Brises* le tribut qu'ils apportent au Golphe étant peu considérable, rien n'empêche qu'ils n'entrent dans ce même Golphe, & qu'ils ne continuent à sortir par les sinuosités des côtes.

CHAPITRE II.

Description de la Ville de Saint Philippe de Portobélo.

LA Ville de *Saint Philippe de Portobélo* est située, selon nos observations, par les 9 degr. 34 min. 35 sec. de Latitude Boréale, & par les 277 degr. 50 min. de Longitude, selon les observations du P. Feuillée, en prenant pour premier Méridien celui de *Paris*, ou à 296 degr. 41 min. en prenant celui du *Pic de Ténériffe*. Le Port de *Portobélo* fut découvert en 1502. le 2. Novembre, par l'Amiral *Christofle Colomb*, qui le trouva si bon & si commode qu'il le nomma *Beauport*, ou *Portobélo*. Continuant ses découvertes il arriva à celui qu'il nomma de *Bastimentos*, où fut depuis fondée en 1510 par *Diego de Niqueza* la Ville de *Nombre de Dios*, ainsi appellée parce que le Commandant en abordant dit à ses gens qu'il falloit s'établir-là au *Nom de Dieu*, ce qui fut exécuté. Il arriva quelques incidens qui retarderent les progrès de cette fondation: les *Indiens de Darien* ruinerent cette Ville naissante; il falut la repeupler de nouveau quelques années après. Elle se maintint jusqu'en 1584. que le Roi *Philippe II* ordonna qu'on l'abandonnât, & que les Habitans allassent peupler *Porto bélo*. Ce qui fut exécuté par *Don Inigo de la Mota Fernandez*, Présiden de *Panama*. On considéra dans ce changement, que le Port de *Portobe lo* étoit meilleur que l'autre, & qu'il paroissoit mieux situé pour le Commer ce. *Portobélo* fut saccagé par *Jean Morgan*, fameux Pirate qui infesta ce Mers-là. Il se contenta de la piller, & en partit sans détruire une seu le maison.

La Ville de *Portobélo* est située en forme de croissant sur le penchan d'une Montagne qui environne le Port. La plupart des maisons y sont d bois, quelques-unes ont le premier étage de pierre & de chaux, & le res te de bois. Elles sont en tout environ au nombre de 130. presque tou tes fort grandes & fort logeables.

Cette Ville a un Gouverneur avec titre de Lieutenant-Général, parc qu'il est Lieutenant du Président de *Panama*, & qu'il est pourvu par l Roi sans aucun tems limité. C'est toujours à un Militaire que l'on don ne cet emploi, vu qu'il a sous ses ordres les Commandans des Forts qu défendent le Port, & dont les emplois sont à vie.

Toutes les maisons ensemble ne forment qu'une rue principale qui su la figure du Port, avec quelques ruelles pour traverser du penchant de l Montagne à la plage. Il y a deux places fort spacieuses; l'une vis-à-v le Bureau des Finances du Roi, qui est un Edifice bâti à chaux & à pie res, lequel touche au Mole où se font les débarquemens. L'autre plac est près de la Cathédrale, qui est une Eglise bâtie des mêmes matériau que le Bureau des Finances. Elle est grande & assez ornée pour la pet tesse du lieu. Elle est desservie par un Vicaire & quelques autres Prêtre natifs du Pays.

Outre cette Paroisse il y a encore deux autres Eglises, l'une de *Nuestr Segnora de la Merced*, qui est un Couvent des P. P. de *la Merci*; & l'au tre s'appelle *San Juan de Dios*. Celle-ci doit être un Hôpital, mais el n'en a que le titre, & au fond ce n'est rien moins que cela. L'Eglise d *la Merci* est de pierre, mais fort délabrée & pauvre, de-même que Couvent qui tombe en ruïne, & dont les Religieux ne pouvant y habi ter commodément vivent répandus en diverses maisons particulieres.

L'Eglise de *San Juan de Dios* est un petit bâtiment qui ressemble à u Oratoire. Elle n'est pas en meilleur état que *Notre Dame de la Merc* Toute la Communauté consiste en un Prieur, un Chapelain & un aut Religieux; & quelquefois moins. Ainsi le logement de la Communau

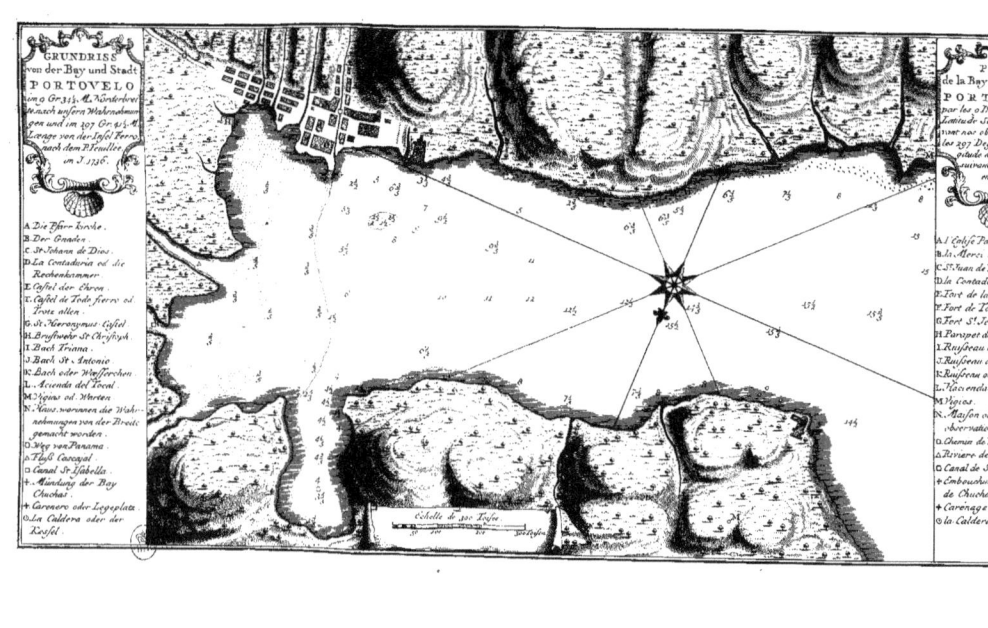

fort petit, puisque proprement il n'y a point de Communauté. On n'y ʒoit de malades que ceux qui peuvent payer le traitement de leurs maladies, & le reſte de leur entretien. D'où il ſuit qu'il n'eſt d'aucune utilé aux pauvres de la Ville, il ſert ſeulement de couvert aux malades des iiſſeaux de Guerre d'*Europe*; les Chirurgiens des Vaiſſeaux les traitent leurs maladies, & les Vaiſſeaux pourvoyent à leurs beſoins.

En avançant vers l'Eſt à l'un des bouts de la Ville par où l'on va à *Pama*, on trouve un Quartier nommé *la Petite Guinée*, parce que c'eſt-là que meurent tous les Négres & toutes les Négreſſes eſclaves & libres. Ce lartier eſt toujours extrèmement peuplé dans le tems des Gallions, parce e les habitans de la Ville ſe retirent dans quelque coin de leurs maiſons ur louer le reſte de leurs appartemens aux *Européens*, aimant mieux ſe ner que de négliger cette occaſion de faire quelque profit. Les Mulâtres autres pauvres gens qui ſont obligés alors de déloger, vont demeurer ns la *Petite Guinée*, & ſe logent comme ils peuvent dans les baraques déjà nſtruites dans ce Quartier, ou dans celles qu'on y conſtruit de-nouveau, que les gens qui viennent de *Panama* aident à conſtruire, chacun ſelon profeſſion.

Du côté de la Mer, dans un terrain ſpacieux entre la Ville & le Châlu de *la Gloire*, on dreſſe auſſi des baraques pour y loger les gens de mer, i de leur côté y font des échopes, où ils étalent toute ſorte de denrées de fruits d'*Eſpagne* : mais dès que la Foire eſt finie, tout cela diſparoît, Vaiſſeaux partent, & ces lieux auparavant peuplés redeviennent déſerts. Nous fîmes une expérience avec le Baromètre dans un lieu plus élevé ine toiſe que la ſuperficie de la Mer, & la hauteur du *Mercure* fut trouée de 27 pouces 11½ lignes.

CHAPITRE III.

Deſcription du Port de Portobélo.

E nom de ce Port en fait aſſez connoître les avantages pour toute ſorte de Bâtimens grands & petits ; & quoique l'entrée en ſoit large, elle eſt ez bien défendue par le Château ou Fort de *Saint Philippe* de *Todo Fierro*, ſià la pointe de la côte du Nord, qui forme l'entrée. Cette entrée n'a 'environ 600 toiſes de large, c'eſt-à-dire, un peu moins d'un quart de ue. D'ailleurs la côte du Sud eſt dangereuſe à cauſe des pointes & des rochers qui y font à fleur d'eau, deforte que pour les éviter il faut dériver vers le Nord où il y a plus de fond, quoiqu'à tout prendre la véritable entrée foit par le milieu du Canal, où l'on trouve toujours quinze ou du-moins dix braſſes d'eau fond de vaſe & de craye mêlé de ſable.

A la côte qui forme le Port au Sud & vis-à-vis de la Rade étoit un autre Fort ſpacieux nommé *Saint Jaques de la gloire*. A l'Eſt de ce Fort, à la diſtance d'environ cent toiſes, la Ville commence, ayant devant ſoi une pointe de terre qui s'avance dans le Port. Sur cette avance étoit un petit Fort nommé le Fort de *St. Jérôme*, qui ne ſe trouvoit qu'à dix toiſes des maiſons. Tous ces Forts furent démolis par l'Amiral *Vernon*, qui à la tête d'une nombreuſe Armée navale ſe rendit maître de ce Port en 1740, l'ayant trouvé ſi dépourvu de tout, que la plus grande partie de l'Artillerie, ſurtout celle du Château de *Todo Fierro*, étoit démontée faute d'affuts; les Munitions de guerre en petite quantité, & en partie gâtées; la Garniſon foible, puiſqu'elle n'étoit pas même complette ſur le pied qu'elle doit être en tems de Paix. Le Gouverneur de la Ville *Don Bernardo Gutierrez de Bocanegra* étoit abſent, & ſe trouvoit à *Panama*, où il ſe juſtifioit de quelques accuſations intentées contre lui avant le ſiége. L'Armée *Angloiſe* ne trouvant de cette maniere aucune réſiſtance, n'eut pas de peine à réuſſir, & la Ville ſe rendit par capitulation. Les ennemis avoient beſoin de tout ce concours de circonſtances avantageuſes pour ſe rendre maîtres de *Portobelo*.

Le mouillage des Vaiſſeaux de guerre & des autres gros Navires, eſt au Nord-Oueſt du Château de *la gloire*, ce qui eſt à peu près le milieu du Port. Les petits Bâtimens pouvant raſer de plus près la terre, s'avancent davantage, mais il faut qu'ils prennent garde de ne pas toucher à un banc de ſable à 150 toiſes du Fort, ou Pointe de *St. Jérôme*, à l'Oueſt quart Nord-Oueſt, où il n'y a que deux ou même qu'une braſſe & demie d'eau.

Au Nord-Oueſt de la Ville eſt un petit Golphe, nommé la *Caldera*, où l'on trouve quatre braſſes & demie d'eau. C'eſt un endroit fort propre à la caréne, pourvu qu'on apporte tout ce qu'il faut pour cela: outre le fond dont nous venons de parler ce Golphe eſt à l'abri de tout vent. Pour y entrer il faut ranger la côte vers l'Oueſt & paſſer environ par le tiers de la bouche de l'entrée, où l'on trouve cinq braſſes d'eau, tandis qu'on ne trouve que deux ou trois pieds au tiers de la même entrée à l'Eſt. Aprés que les Vaiſſeaux ſont entrés, ils peuvent s'affourcher Eſt & Oueſt avec quatre cables dans un ⟨...⟩ que forme la *Caldera* vers l'Oueſt; car ils doivent toujours ⟨...⟩ côté-là.

A

Au Nord-Eſt de la Ville eſt l'embouchure de la Riviere de *Caſcajal*. On n'y peut faire d'eau douce qu'à un quart de lieue au-deſſus; & l'on y rencontre quelquefois des Caymans, qui ſont une eſpéce de Lézards monſtrueux.

Les Marées ne ſont point régulieres dans ces Parages; & à cet égard, comme à celui des Vents, ce Port ne differe point de celui de *Carthagéne*, excepté qu'ici les Navires ne peuvent entrer qu'à la toue, vu qu'ils ont toujours le vent contraire, ou un grand calme.

En conſéquence de pluſieurs obſervations que nous fîmes tant par l'Etoile polaire que par l'*Azimuth* du Soleil [*], nous trouvâmes que l'aiguille varioit dans ce Port de 8 deg. 40 min. au Nord-Eſt.

Parmi les Montagnes qui environnent tout le Port de *Portobélo*, à commencer à la pointe du Fort de *Todo Fierro* bâti à demi côte de la premiere juſqu'à celle qui eſt à l'autre bout oppoſé, il y en a une entre autres qui eſt remarquable, tant à cauſe de ſa hauteur, que parce qu'elle eſt le Thermométre de la Ville, annonçant le tems qu'il doit faire. Cette Montagne, appellée *Monte Capiro*, donne d'un côté ſur le chemin qui méne à *Panama*, & de l'autre ſur le Port. Le ſommet de cette Montagne eſt toujours couvert de nuages qui l'environnent, & que l'on diſtingue des autres qui occupent cette Athmoſphere, en ce qu'ils ſont plus ſombres & plus épais. Ces nuages ſont appellés le *Capillo* ou Bonnet de la Montagne, d'où par corruption on aura dit *Capiro*, & de-là l'étymologie du nom de la Montagne. Quand ces nuages ſe condenſent & s'épaiſſiſſent, ils baiſſent de la hauteur où ils ſe tiennent d'ordinaire, & alors c'eſt un ſigne de tempête; au-contraire quand ils s'élévent & s'éclairciſſent c'eſt un ſigne de beau tems: mais il eſt bon d'avertir que ces changemens de tems ſe ſuccédent fréquemment & avec tant de promtitude qu'on n'a que bien rarement le loiſir de diſcerner le ſommet de la Montagne, qui eſt d'ordinaire éclipſé par l'obſcurité du tems, ou s'il eſt viſible ce n'eſt que pour un inſtant.

La juridiction du Lieutenant-Général qui commande à *Portobélo* ne s'étend pas au-delà de cette Ville & de ſes Forts, ou tout au plus ſur les Montagnes & Collines des environs, & dans les Vallées qu'elles laiſſent entre elles, où ſont quelques Métairies, ou *Haciendas* en petit nombre, la nature du Pays ne permettant pas autre choſe.

---

[*] *Azimuth* eſt un mot *Arabe* & un terme d'Aſtronomie. C'eſt proprement un grand Cercle vertical qui paſſe par le *Zénith* & le *Nadir*, & coupe l'Horizon à angles droits. Not. du Trad.

CHAPITRE IV.

Climat de Portobélo. *Maladies épidémiques & funestes aux Equipages des Gallions.*

Toute l'*Europe* sait jusques à quel point l'air de *Portobélo* est préjudiciable à la santé, non seulement des Etrangers qui y abordent, mais encore des Habitans, qui quoique familiarisés avec la malignité du Climat ne laisse pas d'être sujets à des maux qui affoiblissent leur tempérament, & leur causent souvent la mort. C'est une opinion commune dans cette Ville que les accouchemens y étoient autrefois, c'est-à-dire il y a environ vingt ans, extrêmement dangereux, & que peu de femmes en échappoient. Prévenues de cette idée, les femmes alloient faire leurs couches à *Panama*, & partoient pour cette Ville dès le quatre ou cinquiéme mois de leur grossesse, d'où elles ne revenoient qu'après que tous les accidens qui suivent les accouchemens étoient cessés. Quelques-unes à-la-vérité avoient le courage de ne pas bouger de *Portobélo*, & d'y attendre leur délivrance; mais le nombre de ces femmes étoit très-petit en comparaison de celles qui préféroient les incommodités du trajet au risque de mourir en suivant cet exemple.

L'amour extrême qu'une Dame de *Portobélo*, fort connue dans cette Ville, avoit pour son mari, la crainte que celui-ci ne l'oubliât pendant son absence, & l'impossibilité où le mari étoit de l'accompagner à *Panama*, étant revêtu d'un emploi à *Portobélo* qui ne lui permettoit pas de s'éloigner, tout cela obligea la Dame en question à hazarder d'interrompre l'usage & l'ordre observé jusques-là. Les raisons qu'elle avoit de craindre l'inconstance de son mari étoient de nature à justifier sa résolution, & le parti qu'elle prenoit de s'exposer à un danger incertain pour en éviter un qui étoit certain. Heureusement elle s'en tira à merveille, & son exemple commença à rassurer les autres, & peu à peu elles s'y sont conformées, à mesure que leurs craintes occasionnées par les mauvais succès précédens se sont évanouies, & que le préjugé qui leur faisoit regarder ce Climat comme mortel pour les femmes en couche, se dissipoit.

Les Habitans de cette Ville ont des idées bien plus singulieres encore. Ils prétendent que les animaux des autres Pays cessent de multiplier leur espéce dès qu'ils sont transplantés à *Portobélo*; que les Poules, par exemple, qu'on y apporte de *Panama* & de *Carthagéne*, deviennent stériles aussitôt après leur arrivée; que les Bœufs qu'on y améne de *Panama*, y

devien-

deviennent si maigres, qu'on n'en peut presque manger la chair, sans que les pâturages, dont les Montagnes & les Vallons abondent, puissent empêcher le dépérissement de ces animaux. Par la même raison on n'y voit point de haras de Chevaux ni d'Anes, & tout cela rend probable l'opinion où l'on est que ce Climat est contraire à la génération des animaux nés sous un Ciel plus doux, ou du-moins beaucoup moins nuisible que celui-là. Cependant nous défiant de la force des préjugés & en garde contre les erreurs vulgaires, nous approfondîmes les choses, nous adressant pour cet effet à gens sages & éclairés, qui nous parlerent d'un ton peu différent de l'opinion générale, & qui nous alléguerent des faits & des expériences faites par eux-mêmes sur tous ces sujets.

Le Mercure du Thermomètre de Mr. *de Reaumur* marqua le 4 de *Décembre* de la même année 1735 à 6 heures du matin 1021, & à midi 1023.

Les Chaleurs de ce Climat sont excessives, à quoi ne contribuent pas peu les hautes Montagnes dont la Ville est entourée, & qui fermant le passage au vent l'empêchent d'en être rafraîchie. Les arbres épais dont ces Montagnes sont couvertes, ne permettent pas aux rayons du Soleil de sécher la terre que leurs feuillages cachent; ce qui est cause qu'il en sort continuellement des vapeurs épaisses, d'où se forment de gros nuages qui se résolvent en pluyes abondantes, après lesquelles le Soleil recommence à paroître. Mais à peine a-t-il séché, par l'activité de ses rayons, la superficie du terrain que les arbres couvrent de leurs ombres, & les rues de la Ville, qu'il se trouve enveloppé dans de nouvelles vapeurs, & obscurci pour le reste du jour. Il survient pendant ce tems-là & la nuit des pluyes successives & subites, & le tems s'éclaircit avec la même promptitude, sans que dans tous ces changemens on en éprouve aucun dans la chaleur.

Ces pluyes sont des ondées violentes qui semblent d'abord devoir tout submerger. Elles sont accompagnées d'orage, de tonnerres, d'éclairs, avec un fracas épouvantable, & tel que les plus braves en sont effrayés: & comme le Port est, pour ainsi dire, au milieu de ces Montagnes, le bruit est encore augmenté & retentit encore plus longtems par la repercussion du vague de l'air à laquelle répondent les échos que forment les concavités & les crevasses des Montagnes: on diroit d'un Canon qui gronde encore une minute après avoir été lâché. A tout ce fracas se joint le tintamarre des Singes de toute espèce qui sont dans les Montagnes, particuliérement la nuit & le matin, quand les Vaisseaux de guerre tirent le coup de retraite ou de réveil.

Cette intempérie continuelle, & les fatigues que les Equipages essuyent dans le déchargement des Navires, & en transportant les marchandises, les uns dans de petits batteaux, les autres sur des brouettes ou des haquets, après qu'elles ont été hissées à terre, tout cela augmente la transpiration, & diminue leurs forces, desorte que pour reprendre vigueur ils ont recours au Brandevin, dont il se fait alors un grande consommation. Plus ils sont harassés plus ils boivent, & cela joint au Climat qui leur est contraire dérange les meilleurs tempéramens, & leur cause ces fâcheuses maladies trop communes dans ce Pays, & dont tous les accidens sont mortels, parce que les corps attaqués de ces infirmités, sont trop affoiblis pour y résister, d'où résultent des épidémies & des mortalités.

À-la-vérité ce ne soit pas les Marins seuls qui sont sujets à ces maux, il y a bien d'autres gens qui en sont attaqués sans avoir souffert ni de la mer, ni du travail. Dans ce cas il ne faut s'en prendre qu'au Climat, les autres causes sont des accessoires qui contribuent à hâter le mal & à le répandre davantage : car il est évident que quand la masse du sang se trouve disposée à recevoir ces altérations, la maladie fait des progrès plus rapides & est terminée par une fin plus promte.

Dans quelques occasions on a amené des Médecins de *Carthagéne*, afin que, comme étant mieux au fait de la méthode de traiter les maladies ordinaires dans ces Climats, ils assistâssent les malades de *Portobélo*; mais tout cela n'a servi de rien, & n'a pas empêché que la moitié des Equipages des Gallions, ou autres Vaisseaux d'*Europe* obligés à faire quelque séjour dans ce Port, n'ait péri de cette maniere. C'est pour cela qu'on donne, non sans raison, à cette Ville le nom de *Tombeau des Espagnols*; mais on peut sans exagérer, l'appeller le tombeau de toutes les Nations qui y viennent. En 1726. ce terrible Climat détruisit plus d'*Anglois* que le Canon ni les Mousquets. Cette Nation se flattoit de s'emparer du trésor rassemblé à *Portobélo* à l'occasion de la Foire des Gallions, qui par le décès du Marquis de *Grillo* étoient commandés par *Don Francisco Cornajo*, l'un des meilleurs Officiers qu'ait eu l'*Espagne*, & sous lesquels la Marine *Espagnole* a le plus brillé. Ce Général fit ranger ses Vaisseaux sur une ligne dans le Port, & dresser une batterie sur la côte du Sud à l'entrée dudit Port. Il en confia la garde aux Troupes de la Marine, & se chargea lui-même du soin de la diriger & de la défendre. Enfin il n'y eu forte de précautions qu'il ne prît, n'épargnant ni soins ni vigilance, rien qu'il ne prévît & à quoi il ne pourvût. Par cette sage conduite il jetta une telle épouvante dans la nombreuse Flotte des *Anglois*, qui s'étoit pré-
senté

fentée devant le Port, qu'elle n'ofa jamais en tenter l'entrée, & fe contenta de le bloquer. Le Général *Efpagnol* étoit bien affuré de tirer fuffifamment de vivres de *Carthagéne* pour la fubfiftance de fes gens, & il efpéroit que le manque de vivres forceroit l'Ennemi à s'en aller, ne pouvant l'y contraindre par la force. D'un autre côté le Général ennemi ne comptoit pas moins fur le fuccès de fes projets, mais bientôt il s'apperçut que fes Equipages diminuoient. En effet la maladie y fit de fi grands ravages, qu'il fe vit contraint d'abandonner fon entreprife, & de retourner à la *Jamaïque* après avoir fait jetter à la mer plus de la moitié de fes gens, victimes de l'inclémence de ce Climat.

Quelque pernicieux que foit le féjour de *Portobélo* pour la fanté & la vie des *Européens*, on a remarqué que l'Efcadre qui y aborda en 1730. n'y éprouva aucune maladie, quoique le travail & l'intempérance n'euffent pas été moindres parmi les Equipages, & que le Climat n'eût pas changé, du moins fenfiblement. Cette différence fut attribuée au féjour que l'Efcadre avoit fait à *Carthagéne*, où elle avoit paffé le tems de l'épidémie; d'où il fuit que le tempérament des *Européens* n'eft fi altéré par ces Climats que faute d'y être accoutumé. Ce changement extraordinaire caufe une révolution fubite dans leur fang, & les fait périr, ou les prépare à ne plus en éprouver les mauvais effets, jufqu'à ce que familiarifés avec l'air du Pays, ils jouiffent d'une auffi bonne fanté que les *Créoles* & les autres habitans.

CHAPITRE V.

Habitans de Portobélo: *leur Génie & leurs Ufages. Plantes, Arbres & Animaux qui fe trouvent dans les Campagnes de cette Ville. Maniere de fe pourvoir de Vivres.*

IL n'y a prefque pas de différence effentielle entre *Carthagéne* & *Portobélo*: & je me borne à toucher ici les circonftances qui diftinguent cette derniere Ville, & à faire quelques remarques qui peuvent contribuer à faire connoître la nature de ces Pays.

Le nombre des Habitans de *Portobélo* n'eft pas confidérable, tant parce que la Ville eft petite, qu'à caufe de l'intempérie du Climat. Ils ne confiftent prefque qu'en Négres & en Mulâtres. Il n'y a pas au-delà de trente familles de Blancs. Ceux qui font un peu à leur aife, foit par le

Commerce, soit par les denrées de leurs Terres, vont passer leur vie à *Panama*. Desorte qu'il ne reste à *Portobélo* que les personnes qui y sont obligées par leurs emplois, comme le Gouverneur, ou Lieutenant-Général, les Commandans des Forts, les Officiers Royaux, les Officiers & Soldats de la Garnison, les Alcaldes ordinaires, ceux de la *Hermandad*, & le Grefier de la Ville, à cela près on y voit peu d'*Espagnols*. Lorsque nous y étions il y avoit environ 125 hommes de Garnison, composés de Détachemens tirés de *Panama*. Ces Soldats, quoiqu'habitués dans une Ville si proche, ne laissent pas d'être des preuves parlantes du mauvais air de *Portobélo*, puisqu'au bout d'un mois ils se trouvent si foibles, qu'ils ne peuvent faire le moindre travail, ni subvenir même à leurs exercices ordinaires, jusqu'à ce que s'y étant accoutumés ils reprennent leurs forces peu-à-peu. Aucun de ces gens-là, ni des enfans du Pays issus de Mulâtres, ne s'établit dans cette Ville; ces derniers se voyant dans une Classe plus distinguée que les Mulâtres, croiroient s'avilir que de vivre à *Portobélo*. Preuve de la mauvaise qualité du lieu, puisque ceux à qui il a donné naissance l'abandonnent.

Les Usages des Habitans de *Portobélo* ne different pas de ceux des *Carthagénois*, excepté que ces derniers paroissent plus francs & plus généreux, & que les premiers avouent que ce n'est pas tout-à-fait à tort qu'on les accuse d'être intéressés.

Les Vivres sont rares à *Portobélo*, & par conséquent fort chers, surtout pendant le séjour des Gallions & le tems de la Foire: on les tire alors de *Carthagéne* & de *Panama*. De la premiere on apporte du Maïz, du Ris, de la Cassave, des Cochons, des Poules, & toute sorte de Racines: de la seconde on tire du gros Bétail, ils ont du Poisson excellent & en abondance. Les Fruits du Pays sont abondans, comme aussi les Cannes douces dont les *Chacares* sont remplies, & il y a des Moulins pour le Sucre dans ces mêmes *Chacares* *. On y fait du Miel & de l'Eau-de-vie de Cannes.

L'Eau douce ne manque pas dans ce terroir, elle descend en torrens du haut des Montagnes. Quelques-uns de ces torrens coulent hors de la Ville, quelques autres au-travers. Les eaux en sont légeres & bonnes pour la digestion, desorte que quand on y est accoutumé, elles excitent l'appétit, & ont une qualité qui ne se trouve guere ailleurs. Toutefois cette même qualité qui dans un autre Pays les rendroit recommandables, les rend ic nuisi-

---

* Nous avons déjà expliqué ailleurs ce qu'on entend dans ce Pays-là par le mot *Chacare*. Ce sont des Chaumines, ou tout au plus de petites Granges dans un champ cultivé ou que l'on cultive.

nuifibles; & c'eſt un grand malheur pour ce Pays que ce qui eſt bon de
foi y devienne mauvais par l'influence du Climat. En effet cette eau eſt
trop déliée & trop active pour des eſtomacs auſſi foibles que ceux des Habitans. Elle leur cauſe la diſſenterie dont il eſt rare qu'ils échappent, &
toutes leurs autres maladies ſe terminent ordinairement par celle-là, qui à
ſon tour eſt terminée par la mort.

Les Ruiſſeaux qui deſcendent en caſcades des Montagnes forment de
petit reſervoirs dans les cavités des rochers, dont la fraîcheur & l'agrément eſt augmenté par le feuillage toujours verd des arbres qui les environnent: c'eſt-là que les Habitans de tout ſexe & de tout âge vont ſe
baigner tous les jours à 11 heures du matin; en quoi ils ſont imités par
les *Européens*, & les uns les autres cherchent à tempérer par-là l'exceſſive chaleur, & à ſe rafraîchir le ſang.

Comme les Montagnes & les Bois qui les couvrent touchent, pour
ainſi dire, aux maiſons de la Ville, & qu'ils ſont peuplés d'animaux
ſauvages & féroces, les Tigres qui y ſont en grand nombre ſe prévalent
de cet azyle pour faire des ſorties dans les rues de la Ville à la faveur
des ténébres, pour enlever les Poules, les Chiens, & quelquefois de petits Enfans lorſqu'ils en rencontrent. Quand une fois un de ces animaux
a pris goût à cette chaſſe, il mépriſe celle qu'il peut faire ſur les Montagnes, & dès-qu'il eſt une fois affriandé par la chair humaine, il dédai-
gne celle des bêtes; alors on leur tend des piéges, ou étant tombés on
les tue. Les Négres & Mulâtres qui ſont ſouvent dans les Montagnes
pour couper du bois, ſont fort adroits à lutter contre ces animaux, & en
viennent toujours à bout. Ils les attaquent debout au corps avec une
intrépidité étonnante. Il y en a même qui ont la hardieſſe d'aller à cette
chaſſe de propos délibéré, & qui ne reviennent qu'avec leur proye. Les
armes dont ils ſe ſervent pour ces ſortes de combats, ſont un épieu de
deux & demie à trois aunes de long, d'un bois fort, dont la pointe eſt
durcie au feu, & une eſpéce de coutelas fait à peu près comme un grand
couteau-de-chaſſe. Muni de ces armes le combattant tient l'épieu de la
main gauche, & dans l'autre main il a le coutelas. Il attend de pied ferme que le Tigre s'élance ſur le bras qui tient l'épieu, & qui eſt enveloppé
d'un petit manteau de *Bayéte* *. Quelquefois le Tigre ſentant le péril, ſemble ne vouloir rien avoir à démêler avec ſon ennemi, & ſe tient coi;
mais

---

* J'avertis ici pour n'y plus revenir, que la *Bayéte* eſt une eſpéce de flanelle qu'on fait
aux *Indes*. Not. du Trad.

mais le champion le touche légérement de l'épieu pour le provoquer, afin de mieux affener fon coup: auffitôt que ce fier animal fe voit infulté, il faifit avec les grifes d'une de fes pattes l'épieu, comme pour defarmer fon adverfaire, & de fes autres grifes il empoigne le bras qui tient l'épieu, & qu'il déchireroit en piéces fans le manteau qui l'enveloppe. C'eft cet inftant que le champion attend, & dont il fe hâte de profiter pour lui décharger fur la jambe un coup du coutelas qu'il tient dans fa main droite, & qu'il cache derriere foi. De ce coup il lui coupe le jarret, & lui fait abandonner le bras qu'il avoit faifi. L'animal furieux fe retire un peu en arriere fans lâcher l'épieu, & revenant pour faifir le bras de fon autre patte, le champion lui décharge un fecond coup avec le même fuccès. Alors le Tigre, privé de fes plus terribles armes, & incapable de fe mouvoir, refte à la difcrétion de fon ennemi, qui achève de le tuer; après quoi il l'écorche, & revient triomphant avec la peau, les pieds & la tête de l'animal qui lui fervent de trophée.

Parmi les divers Animaux qu'on rencontre dans ce Pays, il y en a un d'une efpéce finguliere, appellé *Perico Ligero* *, nom qui lui a été donné par ironie à caufe de fon extrême pareffe & de fa lenteur. Il a la figure d'un Singe de médiocre groffeur. Il eft hideux à voir; fa peau eft toute ridée, & d'un gris brun. Ses pattes & fes jambes font prefque fans poil. Il eft fi pareffeux qu'il n'eft pas néceffaire de l'enchaîner pour l'obliger à refter dans un endroit, puifqu'il n'en bouge que lorfque la faim le contraint de changer de place. Il ne s'étonne ni de la vue des hommes, ni de celle des bêtes les plus féroces: quand il fe meut, il accompagne chaque mouvement d'un cri fi desagréable & fi lamentable, qu'il produit dans celui qui l'entend de la pitié & de l'horreur. Il fait la même chofe dans le moindre mouvement qu'il fait de la tête, des jambes & des pieds; ce qui ne vient probablement que de la contraction de fes nerfs & de fes mufcles, qui lui caufe une douleur extrême lorfqu'il veut faire agir fes membres. Toute fa défenfe confifte dans ces cris defagréables. Attaqué par une bête féroce il prend la fuite, & en fuyant il redouble fes cris en redoublant d'action; & celui qui le pourfuit eft fi importuné de ce bruit, qu'il renonce à fa pourfuite pour fe délivrer d'un fon fi defagréable. Après avoir hurlé ainfi cinq à fix fois en marchant, il répéte les mêmes cris pour fe repofer, & avant que de fe remettre en marche il refte longtems immobile Cet animal vit de fruits fauvages; quand il n'en trouve point à terre, il efca

---

* Mot à mot *Pierrot-coureur*.

eſcalade l'arbre qui en eſt le plus chargé. Dès qu'il eſt au haut, il abat autant de fruits qu'il peut, pour s'épargner la peine de remonter ſur l'arbre. Quand ſa proviſion eſt faite, il ſe met en un peloton, & ſe laiſſe tomber à plomb de l'arbre pour éviter la fatigue de deſcendre ; après cela il demeure au pied de l'arbre tant que dure la proviſion de fruit, & ne change de place que quand la faim l'oblige à aller chercher une nouvelle nourriture.

Les Serpens ne ſont ni en moindre quantité ni moins dangereux dans les environs de *Portobélo* qu'à *Carthagéne*, & il y a infiniment de Crapauds. On en trouve non ſeulement dans les lieux marécageux & humides, comme dans les autres Pays, mais dans les rues, dans les cours des maiſons, & généralement dans tous les lieux découverts. La quantité prodigieuſe qu'on en voit tout à la fois à la moindre giboulée, a fait imaginer à quelques-uns que chaque goûte d'eau ſe convertiſſoit en crapaud ; & quoiqu'ils prétendent le prouver par la multiplication extraordinaire qui s'en fait à la moindre petite pluye, il ne me paroît pas que leur opinion ſoit bien certaine. Je ne ſuis pas éloigné de croire que la grande quantité qu'il y a de ces reptiles, tant dans les Montagnes, que dans les Ruiſſeaux voiſins, & dans la Ville même, produiſant une infinité de petits œufs, qui ſelon l'opinion la plus commune des Naturaliſtes contiennent le germe de ces reptiles, ces mêmes œufs ſont élevés avec les vapeurs d'où ſe forme la pluye, & tombant avec elle ſur la terre exceſſivement échauffée par la force des rayons du Soleil, ou déjà mêlés avec la même pluye après ſa chute & après que les crapauds les ont dépoſées en terre, ſe vivifient & s'animent en auſſi grande abondance qu'on le voit quelquefois en *Europe*. Mais comme ceux qui paroiſſent après la pluye ſont ſi gros qu'il y en a qui ont plus de ſix pouces de long, & qu'il n'y a pas moyen de les regarder comme l'effet d'une production momentanée, je croirois volontiers, fondé ſur mes propres obſervations, que l'humidité qui régne dans cette partie du Pays, la rend propre à produire des crapauds de cette eſpéce, & que ce reptile aimant les lieux où il y a de l'eau, fuit le terrain que la chaleur du Soleil deſſéche en peu de tems, & cherche les lieux où la terre eſt molle : il s'y tapit, & comme il reſte au-deſſus quelque partie de celle qui eſt ſéche, on ne l'apperçoit point ; mais auſſitôt qu'il pleut, il ſort de ſon terrier pour chercher l'eau qui lui fait tant de plaiſir ; & c'eſt ainſi que les rues & les places ſe rempliſſent de ces reptiles, dont l'apparition ſubite a fait croire que chaque goûte de pluye ſe transformoit en crapaud. Quand c'eſt la nuit qu'il pleut, on ne ſauroit ſe figurer la quantité de crapauds qu'on voit le matin dans les rues & les places, on diroit d'un pavé; & l'on n'y peut marcher fans les fouler aux pieds, d'où réfultent quelques morfures fâcheufes; car outre que ces vilaines bêtes font venimeufes, elles font fi groffes qu'elles bleffent confidérablement la perfonne que leurs dents ont atteinte. Nous avons dit que quelques-uns ont au-delà de fix pouces de long, & nous ajoûterons que les plus petits ne different pas beaucoup de cette groffeur. Rien n'eft fi desagréable ni fi importun que leurs coaffemens pendant la nuit, tout autour de la Ville, fur les Montagnes, & dans les crevaffes.

CHAPITRE VI.

Du Commerce de Portobélo *pendant le féjour des Gallions, & du peu qu'il y en a en tems mort.*

LA Ville de *Portobélo*, que fon Climat malfain, la ftérilité de fon terroir, & la rareté des vivres rendent fi peu confidérable, devient une des plus peuplées de l'*Amérique* méridionale au tems des Gallions. Sa fituation dans l'Ifthme qui fépare la Mer du Sud de celle du Nord, la bonté de fon Port, & le peu de diftance qu'il y a entre elle & *Panama*, l'ont fait choifir pour être le rendez-vous des deux Commerces d'*Efpagne* & du *Pérou*, & le lieu d'une Foire fameufe.

Dès-qu'on a reçu à *Carthagéne* la nouvelle que la Flotte du *Pérou* a dépofé fes cargaifons à *Panama*, les Gallions mettent à la voile pour *Portobélo*, pour éviter des délais qui ne font qu'occafionner des maladies parmi les Equipages. Le concours des perfonnes de l'une & de l'autre Flotte eft fi grand à *Portobélo*, que les logemens y font d'une cherté exceffive. Une chambre de médiocre grandeur avec un petit bouge, fe paye pour le tems de la Foire jufqu'à mille écus. Et il y a des maifons dont les loyers montent à quatre, cinq, ou fix mille écus, plus ou moins felon qu'elles font fpacieufes, & que le nombre des Commerçans eft confidérable.

Auffitôt que les Vaiffeaux font amarrés dans le Port, la premiere chofe qu'on fait, c'eft de dreffer pour chaque chargement une grande tente compofée de voiles de Vaiffeaux, tout près de la Bourfe. Les propriétaires des marchandifes font préfens lorfqu'on les apporte dans cette efpéce de magazin, pour reconnoître leurs balots aux marques qui les diftinguent; & ce font les Matelots qui charrient ces marchandifes fur des brouëttes,

&

VOYAGE AU PEROU. Liv. II. Ch. VI.

& qui partagent entre eux le falaire qui leur revient pour ce déchargement.

Pendant que les Gens de mer, & les Commerçans font occupés à arranger ces effets précieux, des troupeaux de plus de cent mules chacun arrivent de *Panama* par terre, chargées de caiffons pleins d'or & d'argent pour le compte des Marchands du *Pérou*. Les uns font déchargés à la Bourfe, les autres au milieu de la Place, fans qu'il arrive dans la confufion d'une fi grande foule de gens ni vol, ni perte, ni defordre. On eft frappé d'étonnement quand on a vu ce lieu en *tems mort*, fi pauvre, fi folitaire & fi morne, fon Port défert & fi propre à faire naître la mélancolie, & qu'on le voit enfuite fourmiller de tant de monde, les maifons occupées, fes places & fes rues pleines de balots, de marchandifes & de caiffes d'or & d'argent monnoyé, en barres, ou travaillé, fon Port rempli de Navires & de petits Bâtimens, dont les uns apportent par la Riviere de *Chagre* des marchandifes du *Pérou*, comme *Cacao*, *Quinquina de Loxa*, Laine de *Vicogne* & *Pierres de Bézoar*; & les autres viennent de *Carthagéne* chargés de vivres pour la nourriture de tant de perfonnes: deforte que cette Ville, que l'on fuit toute l'année quand on aime fa fanté, devient au tems dont nous parlons le dépôt des richeffes de l'ancien & du nouveau Monde, & le théatre d'un des plus grands Commerces qu'il y ait.

Le déchargement étant fait, & les marchandifes du *Pérou* arrivées, ainfi que le Préfident de *Panama*, on procéde à l'ouverture de la Foire. Pour cet effet les Députés des deux Commerces s'affemblent à bord du Vaiffeau-Amiral des Gallions pour traiter de leurs affaires en préfence du Commandant de l'Efcadre & du Préfident de *Panama* *, & pour régler le prix des marchandifes. Ce qui eft terminé après trois ou quatre féances; & les contracts étant fignés de part & d'autre on en fait publier le contenu, afin que chacun procéde à la vente de fes effets felon le tau dont on eft convenu, pour que l'un ne puiffe porter préjudice à l'autre. Les emplettes & les ventes, ainfi que les changes de marchandifes & d'argent, fe font par le moyen de Courtiers qui viennent à cet effet d'*Efpagne* & du *Pérou*. Ceux-ci font chargés des mémoires contenant la lifte des marchandifes dont les Marchands ont befoin pour leur affortiment, & ceuxlà des mémoires des marchandifes à vendre. Après quoi chacun commence à difpofer de ce qui lui appartient; les Marchands *Efpagnols* des caiffes d'argent bien conditionnées qu'ils font embarquer, & les Négocians

du

---

* Le premier comme Juge Confervateur des Intérêts du Commerce de l'*Efpagne*, & le fecond comme celui du Commerce du *Pérou*.

du *Pérou* des marchandifes qu'ils ont achetées, & qu'ils font tranfporter avec des Bâtimens nommés *Chatas* & *Bongos* par la Riviere de *Chagre*. Et par-là fe fait la clôture de la Foire.

Cette Foire n'avoit anciennement point de tems limité; mais dans la fuite on a fait réflexion qu'un trop long féjour dans ce Port étoit préjudiciable aux Commerçans de part & d'autre, par la mauvaife qualité du Climat; & le Roi a ordonné que la Foire ne dureroit que quarante jours, à compter de celui que les Vaiffeaux mouilleroient dans le Port; & fi dans cet efpace les Négocians n'ont pu convenir du tau, il eft permis à ceux d'*Efpagne* de paffer plus avant dans le Pays, même jufqu'au *Pérou*, avec leurs marchandifes. Le Commandant des Gallions eft toujours muni de cette permiffion par écrit, & c'eft à lui à en faire ufage. Quand le cas arrive, l'Efcadre retourne à *Carthagéne*. Mais hors de ce cas il eft défendu à tout Négociant *Efpagnol* d'aller débiter fes marchandifes au-delà de *Portobélo*, ou de les envoyer plus loin pour fon compte; tout cela feroit contraire aux conventions faites entre les Négocians de part & d'autre, & confirmées par le Roi. D'un autre côté il n'eft pas non plus permis aux Marchands du *Pérou* de faire des remifes d'argent en *Efpagne* pour des achats de marchandifes, le tout pour empêcher qu'ils ne fe portent préjudice les uns aux autres.

Pendant que les *Anglois* jouiffoient de l'avantage du *Vaiffeau de permiffion*, leurs Négocians venoient à cette Foire avec une cargaifon pour leur compte, après avoir féjourné quelque tems à la *Jamaïque*. Cette cargaifon alloit beaucoup au-delà de la moitié de celle de tous les Gallions; car outre que le port du Vaiffeau paffoit infiniment les 500 tonneaux ftipulés, & qu'il alloit même au-delà de 900 tonneaux, il n'avoit ni vivres, ni eau, ni autres embarras qui occupent beaucoup de place dans un Navire. Il tiroit tout cela de la *Jamaïque*, & fe faifoit accompagner dans la traverfée de cinq à fix Paquetbots chargés de marchandifes, qu'ils tranfportoient fur fon Bord dès qu'ils arrivoient à la vue de *Portobélo*, & dont ils rempliffoient les chambres & les entreponts autant qu'il leur étoit poffible. Deforte que ce feul Vaiffeau contenoit plus d'effets que cinq à fix de nos plus grands Navires: & cette Nation ayant la liberté de vendre, & vendant à meilleur marché que nos Négocians, notre Commerce en fouffroit infiniment.

En *tems mort*, le Commerce de *Portobélo* eft peu de chofe, & ne confifte que dans le débit des Vivres qui viennent de *Carthagéne*, le Cacao qu'on embarque fur la *Chagre*, & le Quinquina. Le Cacao eft tranfporté dans des Balandres à la *Vera Cruz*; & le Quinquina eft mis dans les magazins de

Portobélo, ou embarqué fur les Vaiffeaux auxquels on a permis de paffer d'*Espagne* à *Nicaragua*, ou à *Honduras*. Il vient auffi à *Portobélo* quelques petits Bâtimens de l'Ile de *Cuba*, de la *Trinité*, & de *St. Domingue*, chargés de Tabac. Ils y chargent du Cacao, & de l'Eau-de-vie de Canne.

Tant que l'*Affiento* des Négres a duré avec les *François*, ou avec les *Anglois*, cette Ville a été une des principales Factoreries, & celle qui profitoit le plus de ce Commerce; car c'eft par cette voye que non feulement *Panama* fe fournit de Négres, mais auffi que tout le *Pérou* s'en pourvoit. Pour cette raifon, il eft permis à ceux qui tiennent cet *Affiento*, d'apporter une certaine quantité de vivres qu'on juge néceffaire, tant pour leur propre fubfiftance, que pour celle des Efclaves de tout fexe qu'ils aménent avec eux.

LIVRE TROISIEME,

Voyage de *Portobélo* à *Panama*. Defcription de cette dernière Ville, & Remarques fur le Royaume de *Tierra-Firme*.

CHAPITRE I.

Départ de Portobélo. *Navigation par la Riviere de* Chagre, *& Voyage de* Cruces *à* Panama *par terre*.

COMME nous n'avions pas deffein de nous arrêter inutilement, & que nous ne fongions qu'à remplir les devoirs de notre vocation, nous nous hâtâmes de quitter ces Climats fi funeftes à la fanté, & de paffer aux lieux de notre deftination, tant pour exécuter promtement notre commiffion, que pour abréger notre féjour aux *Indes* autant qu'il feroit poffible. Dans cette vue, nous donnâmes avis de notre arrivée à *Don Diónyfio Martinez de la Vega*, Préfident de *Panama*; & lui fîmes part en même tems du motif de notre voyage, que nous n'avions entrepris que par ordre du Roi, le priant de vouloir bien donner fes ordres pour que nous euffions un Bâtiment qui nous tranfportât à *Panama* par la Riviere, le voyage n'étant pas praticable par terre à caufe des Inftrumens de Mathématiques que nous avions, & qui étoient d'un trop grand volume pour pouvoir être charriés fur des mules par des chemins fi étroits,

& fi rudes. Ce Préfident, qui a toujours fait paroître un grand zéle pour le fervice du Roi, ne fe démentit point dans cette occafion. Sa réponfe fut conforme à fa politeffe & à nos défirs, & fes offres de fervice furent fuivies de deux Bâtimens qui arrivèrent par fes ordres à *Portobélo*. Nous ne perdîmes point de tems à faire embarquer les Inftrumens & équipages tant des Académiciens *François* que les nôtres; & le 22 de *Décembre* de la même année 1735 nous mîmes à la voile.

Nous fortîmes de *Portobélo* au moyen de nos avirons, le vent de terre nous étant contraire; mais la *Brife* s'étant levée fur les 9 heures du matin, nos deux Bâtimens éventerent leurs voiles, & le vent fraîchiffant de plus en plus, nous vinmes, le même jour 22 à 4 heures du foir, débarquer à la *Douane*, qui eft à l'embouchure de la *Chagre*. Le lendemain nous commençâmes à remonter ce Fleuve à force de rames.

Le 24. nous continuâmes de-même; mais nos rames ne pouvant furmonter la force du courant, nous fûmes obligés de nous faire touer. Nous mefurâmes le cours de l'eau à 1 ¼ du foir, & trouvâmes qu'en 40 ½ fec. l'eau parcouroit un efpace de dix toifes & un pied. Nous continuâmes d'aller à la toue jufqu'au 27 que nous arrivâmes à *Cruces*, qui eft le lieu du débarquement, à 5 lieües environ de *Panama*. A mefure qu'on avance dans les terres la rapidité de l'eau augmente confidérablement; puifque le 25 nous obfervâmes qu'en 26 ½ fec. l'eau couroit 10 toifes dans le lieu où nous paffâmes la nuit, le 26 en 14 ½ fec. les mêmes 10 toifes; & à *Cruces* le 27 en 16 fec. le même efpace de 10 toifes; deforte que l'eau de cette Riviere parcourt 2483 toifes par heure, ce qui fait à peu près une lieue.

Ce Fleuve, qui portoit autrefois le nom de *Lagartos* *, & qui n'eft aujourd'hui connu que fous celui de *Chagre*, tire fa fource des Montagnes voifines de *Cruces*. Son embouchure, qui eft par les 9 deg. 18 min. 40 fec. de Latitude Septentrionale & 295 deg. 6 min. de Longitude comptée du Méridien de *Ténériffe*, par où le Fleuve entre dans la Mer du Nord, fut découverte en 1510 par *Lope de Olano*. *Diego de Alvitez* la découvrit dans l'endroit où eft *Cruces*, & le Capitaine *Hernando de la Serna* fut le premier *Efpagnol* qui en 1527 defcendit de-là jufqu'à fon embouchure. L'entrée en eft défendue par un Fort conftruit à la côte de l'Eft, fur un roc efcarpé & battu des flots de la Mer. Ce Fort eft appellé *San Lorenzo de Chagres*. Il y a un Commandant avec un Lieutenant l'un & l'autre nommés par le Roi. La Garnifon eft compofée d'un détachement des Troupes réglées de *Panama*.

* Riviere des *Lézards*.

A environ huit toifes du Fort qui défend l'embouchure du Fleuve, eſt un Bourg qui en porte le nom. Les maiſons ſont de chaume, & les habitans compoſés de Négres, Mulâtres, & Métifs, gens de cœur & diſpos, & en aſſez grand nombre pour tripler la Garniſon du Fort en cas d'attaque. A la côte vis-à-vis, & ſur un terrain uni & bas, eſt la Douane Royale par où paſſent & ſont enrégiſtrées les marchandiſes qui entrent dans le Fleuve. La largeur de ce Fleuve eſt d'environ 120 toiſes, mais elle diminue à meſure qu'on approche plus de ſa ſource. A *Cruces*, qui eſt le lieu où il commence d'être navigable, il n'a que 20 toiſes de large; & depuis ce Bourg juſqu'à ſon embouchure en droite ligne, on compte 20 milles vers Nord-Oueſt quart d'Oueſt 3 degr. 36 min. plus à l'Oueſt. Mais en ſuivant les tours & détours qu'il fait, toute l'étendue de ſon cours eſt de 43 milles.

La Riviere de *Chagre* renferme quantité de Caymans, dont quelques-uns ſe font quelquefois voir ſur les bords, qui ſont couverts d'une infinité d'arbres ſauvages ſi ſerrés & ſi près les uns des autres, que le rivage eſt impénétrable, outre que les intervalles ſont garnis de halliers & ſemés de buiſſons d'épines extrêmement fortes & aigues. On ſe ſert de ces arbres, & en particulier du Cédre, pour la fabrique des Canots & d'une eſpéce de Pirogue nommée *Bongos*, qui ſont les Bâtimens qui naviguent ſur ce Fleuve. Quelques-uns de ces arbres ruinés par l'eau, tombent déracinés dans le Fleuve quand il s'enfle. La grandeur de leur tronc, & l'étendue de leurs branches ne permet pas au courant de les entraîner, deſorte qu'ils reſtent couchés bien avant dans l'eau, & ſont des écueils bien dangereux pour les Bâtimens qui montent ou qui deſcendent; car comme une partie des branches eſt cachée ſous l'eau, c'eſt un grand miracle ſi le petit Bâtiment qui les heurte à l'imprévue ne fait pas capot. Outre cet inconvénient qui embaraſſe la navigation de cette Riviere, il y a encore celui des *Raudales*, qui ſont des endroits bas, où les Bâtimens, quoique fabriqués pour cette navigation, ne peuvent avancer, deſorte qu'il faut les alléger pour les remettre à flot, & leur faire paſſer ces endroits-là.

Les Bâtimens qui naviguent ſur ce Fleuve ſont de deux ſortes, les uns nommés *Chatas*, & les autres *Bongos*, qu'on appelle *Bonques* au *Pérou*. Les premiers ſont en forme de Barques, fabriqués de pluſieurs piéces, & d'une largeur convenable pour qu'ils ne tirent pas beaucoup d'eau. Ils portent ſix à ſept cens quintaux. Les *Bongos* ſont faits du ſeul tronc d'un arbre, & l'on ne peut les voir ſans admirer qu'il y ait des arbres aſſez prodigieuſement gros pour qu'on puiſſe en faire d'une ſeule piéce de pareils Bâtimens, vu qu'il y en a qui ont de largeur juſqu'à onze pieds de *Paris*,

qui

qui font quatre aunes & un quart mefuré d'*Efpagne*, & portent depuis quatre jufqu'à cinq cens quintaux. Ces deux efpéces de Bâtimens ont une maniere de chambre à la poupe, où logent les paffagers. Cette chambre eft couverte de planches recourbées qui vont jufqu'à la proue, avec une féparation au milieu qui tient toute la longueur du Bâtiment: le tout eft encore couvert de cuirs de bœuf, pour que les ondées, qui font très-fréquentes, n'endommagent point les marchandifes. Chaque Bâtiment a pour équipage 18 à 20 Négres robuftes, outre le Patron, nombre fans lequel il ne feroit pas poffible de réfifter au courant.

Toutes les Montagnes & les Bois près de la *Chagre* font remplis d'Animaux, & furtout de Singes de toute forte, les uns noirs, les autres gris, rouges & bigarrés: les uns de la longueur d'une aune ou environ, d'autres moindres, & les plus petits d'un tiers d'aune. Leur chair eft un grand régal pour les Négres, furtout celle des rouges. Mais il me femble que quand cette chair feroit d'un goût encore plus délicat, la feule figure de ces animaux devroit en dégoûter. En effet à peine font-ils tués que les Négres les échaudent ou les flambent pour les épiler. La chaleur fait retirer la peau, & après qu'ils font bien nettéiés, à voir leur peau blanche & tendue, & tout leur corps racourci & ramaffé, on les prendroit pour un enfant de deux ans, qui eft affligé & fur le point de pleurer. Malgré cette reffemblance qui eft parfaite & qui donne de l'horreur, la rareté des autres viandes en divers endroits des *Indes*, fait que non feulement les Négres, mais les *Créoles* & les *Européens* mêmes n'y regardent pas de fi près.

Rien à mon avis n'égale le fpectacle que les Rivieres de ce Pays offrent à la vue. Tout ce que la Peinture peut imaginer de plus ingénieux n'approche point de la beauté de cet afpect ruftique formé des mains de la Nature. L'épaiffeur des Bôcages qui ombragent les Vallons, les Arbres de différente grandeur qui couvrent les Collines, la variété de leurs feuilles & de leurs rameaux jointe à la diverfité de leurs couleurs, tout cela enfemble fait le plus beau coup d'œil qu'on puiffe imaginer. Ajoûtez-y cette quantité d'Animaux qui y forment diverfes nuances, & exprimez, fi vous le pouvez, par des paroles l'agrément de ce fpectacle; les Singes de diverfes efpéces qui voltigent par troupe d'un arbre à l'autre, & s'attachent aux branches, qui s'uniffent fix & huit enfemble pour paffer la Riviere, les meres portant leurs petits fur le dos, & faifant cent geftes & cent grimaces ridicules; tout cela paroîtra inventé à plaifir à quiconque ne l'a pas vu. Si l'on fait attention à la diverfité des Oifeaux, on ne fera pas moins étonné; car outre ceux dont nous avons parlé au Chapitre

tre VII. du Livre I. & qui font ici en fi grande abondance qu'ils paroisfent être originaires de ce Fleuve; on y voit des *Paons de Montagnes*, & des *Paons Royaux*, des Faifans, des Tourterelles, & des Hérons. Ces derniers font de différente efpéce; les uns font tout blancs, les autres auffi blancs, mais avec des plumes rougeâtres au cou & par tous les endroits du corps où cette couleur paroît plus vive; ceux-ci noirs avec un cou & des ailes blanches tout autour, ainfi que fous le corps, ceux-là de diverfes autres couleurs, & tous de grandeur différente. Ceux de la premiere efpéce font les plus petits, & les blancs & noirs font les plus grands & les plus délicats à manger. Les Paons font d'un excellent goût, de-même que les Faifans. Les Arbres de cette Riviere font chargés de toute forte de fruits. On eftime entre autres les *Pignes* ou Pommes-de-pin qu'on y cueille, & qui furpaffent celles des autres lieux, tant par leur groffeur, que par leur goût, & par leur excellente odeur. Ce qui les a rendu fameufes, & les fait rechercher dans toutes les *Indes*.

Dès que nos Bâtimens furent près de *Cruces*, nous débarquâmes & allâmes loger chez le Lieutenant de l'*Alcade* du Bourg, dont la maifon fervoit de Douane où l'on enrégiftroit toutes les marchandifes qui alloient defcendre le Fleuve. Nous étant enfuite préparés à paffer par terre à *Panama*, nous partîmes le 29. 11 ½ du matin, & le même jour à 6 ½ du foir nous entrâmes dans *Panama*. Notre premier foin fut d'aller faluer le Préfident; nous devions cette attention à fa dignité, & à la maniere obligeante dont il nous avoit rendu fervice. Ce Seigneur toujours poli, furtout envers les Etrangers, eut la bonté de recommander aux Officiers du Roi & à toutes les Perfonnes de diftinction de la Ville de nous prévenir dans toutes les occafions, montrant par-là fon refpect pour les ordres du Roi, & fon zèle à fe conformer aux intentions de fon Souverain.

Les préparatifs indifpenfables pour la continuation de notre voyage, nous retinrent plus à *Panama* que nous n'avions cru, ce qui nous donna le tems de faire diverfes obfervations fur la Latitude, fur le Pendule, & autres; fans pouvoir néanmoins déterminer la Longitude, à caufe que *Jupiter* fe trouvoit près du Soleil. Pour moi, je m'occupai principalement à lever le plan de cette Place, de fes fortifications, & de fes côtes; & tout cela étant achevé nous fîmes embarquer nos inftrumens & nos équipages, afin de pouvoir partir fans perte de tems.

CHAPITRE II.

Description de la Ville de Panama. *Maniere dont les maisons y sont bâties. Tribunaux, & Richesses des Habitans.*

LA Ville de *Panama* est située dans l'Isthme du même nom, près de la plage que le flot de la Mer du Sud baigne. Elle est par les 8 deg. 57 min. 48 $\frac{1}{4}''$ de Latitude Boréale selon nos observations. Quant à la Longitude les sentimens sont différens, aucun des Astronômes qui ont été-là n'ayant pu s'en assurer par ses observations. C'est pourquoi l'on doute encore si *Panama* est plus Oriental ou plus Occidental que *Portobélo*. Les Géographes *François* le croient plus Oriental, & l'ont ainsi placé dans leurs Cartes; mais les *Espagnols* croient le contraire, comme il paroît par leurs Cartes, auxquelles suivant mon avis on doit donner la préférence, vu les fréquens voyages que les *Espagnols* font de l'une de ces Villes à l'autre, & que ce sont ces voyages qui doivent leur avoir donné occasion de les placer ainsi; au-lieu que les *François* n'ont pas le même avantage, ni par conséquent les mêmes occasions de faire à cet égard des observations aussi fréquentes. J'avouerai cependant que de tous les *Espagnols* qui font ce petit voyage, il n'y en a presqu'aucun qui soit en état de faire des observations de ce genre, & de porter un jugement raisonnable sur la route qu'ils tiennent; mais il ne se peut aussi qu'il n'y ait eu parmi tant d'autres qui ont fait ce même voyage, des Pilotes entendus, & des personnes curieuses & capables de plus d'attention & de réflexion, sur l'avis desquels sans doute on s'est déterminé à placer ainsi cette Ville. Ce sentiment est confirmé par la route que nous avons faite, car celle que nous prîmes en remontant le Fleuve, fut, depuis son embouchure jusqu'au Bourg de *Cruces*, Sud-Est quart d'Est 3 deg. 36 min. Est. La distance étant de 21 milles, il s'en faut de 20 min. que *Chagra* ne soit aussi Oriental que *Cruces*, puisque ces 20 min. font la différence qu'i y a entre les deux Méridiens. Présentement il faut considérer la distance naviguée depuis *Portobélo* jusqu'à *Chagre*; on vogua à voile & à ram pendant deux heures & demie à cause du vent de terre, nous conjecturâ mes que nous faisions 1 $\frac{1}{2}$ lieues par heures. Ensuite on vogua 7 heures pa un vent frais de *Brise*, à 2 lieues par heures, ce qui fait en tout 18 lieues & comme la route fut toujours dirigée à l'Ouest, il se trouve 44 mille de différence dans la Longitude, ou 41 milles si l'on veut décompter le petits détours qu'il peut y avoir eu dans la route à l'Ouest. En soustra yant donc de cette route les 20 min. dont *Cruces* eft plus Oriental que *Chagre*, il réfulte que *Cruces* eft plus Occidental de 21 min. que *Portobélo*. Joignez maintenant la diftance de *Cruces* à *Panama*, laquelle fe dirige à peu près vers le Sud-Oueft, en comptant les fept heures de chemin à trois quarts de lieues chacune, à caufe que le Pays eft rude & pierreux, elles donneront 14 milles qui font $10\frac{1}{2}$ min. de différence de Méridien: par conféquent *Panama* fe trouvera environ 31 min. à l'Occident de *Portobélo*, d'où il fuit que les Cartes *Efpagnoles* le placent mieux que les Cartes *Françoifes*.

Les *Efpagnols* furent redevables de la premiere connoiffance qu'ils eurent de *Panama* à *Tello de Gufman*, qui y aborda en 1515. mais il n'y trouva que quelques cabanes de Pêcheurs, qui demeuroient-là à caufe de la commodité de la pêche, d'où le lieu avoit pris fon nom, car *Panama* en *Indien* fignifie *un lieu poiffonneux*. En 1513. *Vafco Nugnez de Balboa* avoit déjà découvert la *Mer du Sud*, & en avoit pris juridiquement poffeffion au nom des Rois de *Caftille*. La découverte de *Panama* fut fuivie de la Peuplade qui y fut établie en 1518. par *Pedrarias Davila*, Gouverneur de la *Caftille d'Or*, nom que l'on donnoit à cette partie du Royaume de *Tierra-Firme*; en 1521. cette Peuplade obtint le nom de Ville avec tous les avantages convenables à ce titre, lesquels lui furent accordés par Sa Majefté Catholique l'Empereur *Charles V.*

Cette Ville eut le malheur d'être prife & faccagée par le Pirate *Anglois Jean Morgan*, qui la réduifit en cendres en 1670. Ce Pirate après avoir faccagé *Portobélo* & *Maracaybo* fe retira aux Iles; là il fit avertir les autres Pirates qui infeftoient ces Mers, qu'il avoit deffein de paffer à *Panama*, fur quoi beaucoup de ces fortes de gens fe vinrent joindre à lui. Il vint débarquer à *Chagre* avec ces renforts, & commença à battre cette Fortereffe du Canon de fes Vaiffeaux. Il n'auroit fans-doute pas réuffi dans fon deffein fans un hazard extraordinaire qui le favorifa. Déjà fes Vaiffeaux étoient fort maltraités, quantité de fes gens tués ou bleffés, & ceux qui combattoient encore, fort découragés: déjà il méditoit de s'en retourner, quand une des fléches que les *Indiens* décochoient contre eux vint percer l'œil d'un des compagnons de *Morgan*. Cet homme ainfi bleffé devient furieux; il arrache lui-même la fléche de la playe, la garnit d'étoupe ou de coton à l'un des bouts, & la fourre ainfi dans le canon de fon fufil déjà chargé. Il tire contre le Fort, dont les maifons étoient couvertes de chaume & les murailles de bois, felon l'ufage du Pays. La fléche tombant directement fur un de ces toits, y mit le feu. Les gens du

Fort occupés à combattre & à défendre les Parapets ne s'apperçurent point de l'incendie, jufqu'à ce que la flamme & la fumée leur annoncerent que tout le Fort étoit en feu; & comme le Magazin à poudre étoit fous le Fort même, la flamme ne pouvoit guere tarder d'y pénétrer. Un accident fi imprévu frappa les efprits d'une terreur fi foudaine, que la valeur des Soldats fe changea en defordre & en defobéiffance; chacun ne fongea plus qu'à fe mettre en fureté, & à quitter fon pofte pour fuir le double danger de bruler, ou de fauter en l'air. Le Commandant, ou *Châtelain,* toujours conftant au milieu du péril, & perfiftant à vouloir fe défendre, refta dans fon pofte fans quitter les armes, n'ayant autour de lui que 15 ou 20 Soldats, réfolus de périr avec lui. Ce brave homme perdit la vie en faifant fon devoir jufqu'au bout, & tomba percé de coups. Après fa mort ce peu de Soldats fe voyant fans Chef, & attaqués de tous côtés, fe rendirent, & les Pirates s'emparerent du Bourg, qu'ils détruifirent. Cet avantage, dont ils furent redevables à l'impoffibilité d'arrêter les progrès du feu, leur ouvrit la route de *Panama,* qui fans cela étoit impraticable. Ils laifferent leurs Vaiffeaux à l'ancre avec les gens néceffaires pour les garder, & s'embarquant dans leurs Chaloupes & leurs Canots, ils remonterent le Fleuve & vinrent débarquer à *Cruces,* d'où ils continuerent leur chemin par terre jufqu'à *Panama.* En arrivant fur la *Savane,* qui eft une Plaine fpacieufe devant cette Ville, ils trouverent quelques Troupes, avec lesquelles ils eurent diverfes efcarmouches toutes à l'avantage de *Morgan* qui fe rendit maître de la Ville, qu'il trouva abandonnée & déferte car les Habitans épouvantés de la défaite de leurs gens s'étoient fauvés la Campagne, & fe tenoient cachés dans les Bois. Maîtres de cette Vill les Pirates la pillerent tout à leur aife, & après s'y être arrêtés quelque jours, ils offrirent de ne point toucher aux Edifices moyennant une gro fe fomme d'argent; mais quand ils eurent touché cette fomme, ils o blierent leurs promeffes, & y mirent le feu par mégarde, à ce que d l'hiftoire de leurs faits & geftes, mais plus vraifemblablement de deffe prémédité. Les Pirates fentirent eux-mêmes l'irrégularité de ce procéd & pour s'en difculper ils publierent que les Habitans avoient eux-mêm été les Incendiaires. Ce moyen leur parut propre à excufer le violeme du Traité qu'ils avoient conclu.

Après ce malheur on fut obligé de rebâtir la Ville. On choifit po cet effet le terrain qu'elle occupe aujourd'hui, environ à une lieue & mie de celui où elle étoit auparavant, & beaucoup plus avantageux. E eft toute ceinte d'une muraille de pierres fort larges, & défendue par u forte Garnifon, dont on envoye des Détachemens pour la garde de *Darien*, le *Chagre* & de *Portobélo*. Affez près de la Ville du côté du Nord eft une Colline nommée *Ancon*, qui s'éléve au-deffus de la Plaine à la hauteur de 101 toifes, felon la mefure Géométrique qui en a été prife.

 Les maifons de *Panama* font toutes de bois, à un étage, avec un toit de tuiles. Elles font grandes & belles à voir par leur difpofition & la fimétrie des fenêtres. On y en trouve auffi qui font bâties de pierres, mais le nombre en eft petit. Il y a hors de l'enceinte des murailles un fauxbourg plus grand que la Ville, & dont les maifons font auffi de bois & couvertes de même, à l'exception de quelques-unes les plus proches de la campagne, lesquelles ont des toiles de claye mêlée de glayeul. Les rues, tant du fauxbourg que de la Ville, font droites, larges, & pavées de pierres, au moins la plupart.

 Quoique les maifons ne foient que de bois, cette Ville n'en eft pas pour cela plus expofée aux incendies; car foit qu'il tombe du feu fur les planches ou contre les murailles, il ne fait que percer fans allumer le bois, & s'éteint dans fa cendre. Malgré tout cela cette Ville ne laiffa pas d'être réduite en cendres en 1737, & la bonté du bois des maifons ne la fauva pas du ravage des flammes, bienqu'il femble qu'il faut que quelque autre caufe ait concouru à le rendre plus combuftible qu'il ne l'eft naturellement. Le feu commença dans une cave où entre autres marchandifes il y avoit du Brai, du Goudron, & de l'Eau-de-vie, de maniere que les flammes élevant ces matieres facilement avec foi, s'attachoient aux murailles & rendoient cette finguliere efpéce de bois plus combuftible. Le fauxbourg fut exemt de malheur, graces à la diftance de 200 toifes où il eft de la Ville. Depuis cet accident on l'a rebâtie, & l'on a conftruit une grande partie des maifons de pierres, ce qui n'eft pas bien difficile dans cet endroit-là.

 Il y a dans *Panama* une *Audience Royale*, dont le Préfident eft en même tems Gouverneur de la Ville, & Capitaine-Général du Royaume de *Tierra-Firme*; emplois qui ne fe donnent qu'à des perfonnes de diftinction, quoique communément on ne faffe mention de celui qui les exerce que fous le titre de Préfident de *Panama*.

 Cette Ville a une Eglife Cathédrale avec un Chapitre compofé de l'Evêque & d'un nombre fuffifant de Prébendiers. Il y a un *Ayuntamiento*, ou Confeil-de-Ville, compofé d'Alcaldes ordinaires & de Régidors; des Caiffes Royales, avec trois Officiers des Finances, qui font un Maître-des-Comptes, un Tréforier, & un Facteur: enfin une Commiffairerie de l'*Inquifition* compofée d'Officiers nommés par le Tribunal de l'*Inquifition* de *Carthagéne*.

La Cathédrale, ainfi que les Couvens, font bâtis à pierre & à chaux. Avant l'incendie il y avoit quelques Eglifes de bois, mais on a compris la néceffité de bâtir plus folidement. Il y a des *Dominicains*, des *Cordeliers*, des *Auguftins*, des P. P. de *la Merci*, & un Collége de *Jéfuites*; un Couvent de Sœurs de *Ste. Claire*, & un Hôpital de *San Juan de Dios*. Les Communautés font en général peu nombreufes, parce que les Couvens n'ont pas d'affez groffes rentes; & par une fuite de cette médiocrité, les Eglifes ne font pas extrêmement ornées, quoique d'une décence convenable au Culte.

Les ameublemens des maifons particulieres font affez jolis quoique de prix médiocre, parce que l'opulence ne régne pas dans cette Ville comme en quelques autres des *Indes*. Il y a des gens riches, & l'on n'y trouve aucun habitant qui n'ait de quoi vivre; mais en général on ne peut la compter ni parmi les Villes opulentes, ni parmi les pauvres.

Le Port de *Panama* eft formé dans la rade même, & couvert de diverfes Iles, dont les principales font *Havo*, *Perico*, & *Flamencos*. Le mouillage eft à celle du milieu, d'où il eft appellé *Mouillage de Périco*. Les Vaiffeaux y font en fureté, & il eft éloigné d'environ 2½ ou 3 lieues de la Ville.

Les Marées y font régulieres; & nous obfervâmes que le jour de la conjonction * le flot commence à trois heures du foir. L'eau monte & baiffe confidérablement; ce qui joint à la difpofition de la plage, qui eft unie & au niveau de la Mer, fait que le flot en fe retirant s'en éloigne & la découvre trop dans la baffe marée. C'eft une chofe digne d'être rapportée ici, que la différence qu'on obferve entre les deux Mers *du Sud* & *du Nord* par rapport aux marées. Leurs mouvemens ont une correfpondance admirable, & ce qu'on regarde comme une irrégularité dans la *Mer du Nord*, eft une régularité dans celle *du Sud*. Quand celle-là ceffe de croître ou de décroître, celle-ci s'enfle ou baiffe, s'étendant fur les plages, ou (a) les élargiffant, comme c'eft l'effet propre du flux & reflux. Cette fingularité eft fi conftante, qu'on la remarque dans tous les autres Ports de la *Mer du Sud*: puifqu'à *Manta*, qui eft prefque fous l'Equinoxial, la Mer croît & diminue réguliérement pendant fix heures, plus ou moins, & l'on voit affez l'effet de ces deux mouvemens fur les plages. La même chof

---

* Voyez ce qui a été dit ci-deffus.

hose arrive dans la Riviere de *Guayaquil*, quand le fond de ces eaux n'interrompt pas l'ordre des marées. Il en est de-même à *Payta*, à *Guanchaco*, au *Callao*, & dans les autres Ports de cette Mer, avec la différence que l'eau monte ou baisse plus dans les uns que dans les autres; desorte qu'on n'y sauroit vérifier cette opinion bien fondée & répandue parmi les Gens de mer, qu'entre les Tropiques les marées sont irrégulieres, tant dans la disproportion du tems que la Mer employe dans le flux avec celui qu'elle met dans le reflux, qu'à l'égard de la quantité d'eau qui monte ou baisse à chacun de ces mouvemens, puisqu'on y voit tout le contraire. Il ne sera pas aisé de trouver la raison de ce Phénoméne si singulier & si digne de remarque. Tout ce qu'on peut dire, c'est que l'Isthme qui sépare les deux Mers en question, en divisant leurs eaux, est un moyen par lequel renfermées dans leurs bornes l'une & l'autre Mer subissent des loix différentes.

L'Aiguille varie dans la Rade de *Panama* de 7 deg. 39 min. au Nord-Est. Cette Rade & toute la Côte abondent en plusieurs sortes d'excellens Poissons. Le rivage fournit aussi quantité de Coquillages, & entre autres des Huitres grosses & petites, mais dont celles-ci sont beaucoup plus estimées.

Le fond de cette Mer est très-propre à la formation des Perles, dans la nacre desquelles on trouve des huitres exquises, & dont la pêche est fort abondante dans toutes les Iles de ce Golphe.

C'est au Port de *Périco* qu'abordent les Flottes du *Pérou*, lorsqu'elles viennent en Foire. Ce Port alors n'est jamais sans Vaisseaux qui apportent des vivres qu'ils ont chargé dans les autres Ports du *Pérou*, sans compter quantité de Barques le long de la côte, qui vont de-là au *Choco*, ou aux Ports de la Côte Occidentale du même Royaume.

Les Vents qui soufflent ici sont les mêmes que ceux qui se font sentir sur toute la Côte. Les marées sont plus sensibles dans les Iles qu'à quelque distance des mêmes Iles. On ne sauroit donner de règle certaine sur le rumb qu'elles suivent; car cela dépend du lieu où se trouve un Vaisseau, respectivement aux Canaux que ces Iles forment entre elles. D'ailleurs dans les mêmes Parages, elles varient selon les vents qui régnent. Il nous suffira donc d'avoir dit qu'il y a marée sur ces Côtes. Chacun pourra profiter de cet avis comme il le jugera à propos.

CHA-

CHAPITRE III.

Du Climat & des Habitans de Panama; *des Champs & des Fruits qu'ils produisent.*

Plusieurs endroits des *Indes* se ressemblent si fort, tant à l'égard de leurs Habitans que de leurs Usages & Coutumes, qu'on les prendroit tous pour les mêmes. La même ressemblance se trouve dans les Climats, lorsque la disposition accidentelle du terroir n'y met pas de différence. Il seroit inutile & ennuyant de répéter ici une matiere que nous avons déjà suffisamment expliquée, il suffira de rapporter les différences. Ainsi, après avoir dit que les Habitans de *Carthagéne* ressemblent à ceux de *Panama*, j'ajoûte que ces derniers sont plus économes, plus laborieux, plus agissans, fins & rusés où il s'agit de profit, & enfin entierement tournés à leurs intérêts, qui sont la Boussole des *Européens* comme des *Créoles*; & il seroit difficile de décider laquelle de ces deux espéces d'hommes a donné l'exemple à l'autre. Le même esprit d'économie & d'intérêt régne également chez les femmes, à la réserve de quelques Dames venues d'*Espagne* avec leurs maris nommés à des Charges d'Auditeurs ou autres, lesquelles conservent la même façon de penser qu'elles ont apportée de leur Pays.

Les Femmes de *Panama* commencent à imiter celles du *Pérou* dans la façon de se mettre. Leur habillement consiste, quand elles sortent, en une Mante, & une *Basquigne* ou Jupe assez ressemblantes à celles que l'on porte en *Espagne*: mais dans leur maison, ou quand elles font des visites, ou qu'elles s'acquittent de quelque autre cérémonie, elles n'ont que la chemise depuis la ceinture en-haut. Cette chemise a de grandes manches ouvertes par en-bas; & ces ouvertures, ainsi que celle du cou sont ornées & garnies de dentelles d'autant plus fines que c'est en cela que consiste la plus grande magnificence du Beau-sexe de *Panama*. Elles portent des ceintures, & cinq à six Chapelets de différente espéce pendus à leur cou; les grains des uns sont enfilés avec du fil d'or, ceux des autres sont de corail mêlés de grains d'or, & les ordinaires sont enfilés avec du fil de soye. Ces grains sont de différente grosseur pour qu'ils paroissent davantage. Par-dessus tout cela elles mettent deux ou trois chaînes d'or où pendent quelques reliquaires. Leur poignets sont ornés de bracelets d'or ou de tombac, auxquels elles joignent un peu au-dessus un autre bracelet de perles, de corail, ou de jayet. Le jupon qu'elles portent de la ceinture en-bas, ne leur descend que jusqu'aux mollets. De-là jusques près de la cheville régne un cercle de dentelles larges qui pendent de la jupe de dessous. Pour chaussure elles portent des souliers. Les Femmes Métices & Négresses sont distinguées des *Espagnoles*, en ce qu'elles n'osent porter la mante ni la jupe, qui sont des habillemens réservés à ces dernieres, qui par ce privilége ont toutes le titre de *Segnoras*, quoique plusieurs d'entre elles ne soient guere d'un rang à mériter ce titre.

Quoique ce que je vais dire regarde autant les Habitans de *Carthagéne* & de *Portobélo* que ceux de *Panama*, j'ai cru devoir le réserver pour cet endroit. Les uns & les autres ont une façon singuliere de *culbuter* les paroles qu'ils prononcent; & comme il y a des Peuples arrogans & fiers, d'autres doux & polis, quelques-uns brefs & concis dans leurs paroles, ceux dont nous parlons ont une volubilité de langue, un bredouillement tout-à-fait importun & insupportable quand on n'y est pas acoutumé. Ce qu'il y a de singulier, c'est que chacune de ces Villes a sa façon particuliere de bredouiller, & de donner à leur voix un ton foible accompagné de diverses syllabes propres à chacune, & aussi distinguées les unes des autres qu'elles le sont toutes de la façon de parler en *Espagne*. J'ai pensé que cela pouvoit provenir de la mauvaise disposition des corps débilités par la grande chaleur du Climat. Je ne prétens pourtant pas nier que l'habitude n'y ait beaucoup de part.

Le Climat de *Panama* differe de celui de *Carthagéne* en ce qu'à *Panama* l'Eté commence plus tard & finit plutôt, parce que les *Brises* y sont plus tardives, & y cessent de meilleure heure. Par les observations que nous fîmes en divers jours avec le Thermométre, sans qu'on remarquât aucune variation entre un jour & l'autre, nous trouvâmes le 5. & le 6. de *Janvier* 1736. qu'à 6 heures du matin la liqueur étoit à $1020\frac{1}{2}$, à midi à $1023\frac{1}{2}$, & le soir à trois heures à 1025. Mais il faut remarquer que c'est-là le tems où les *Brises* commencent à régner, & que la chaleur n'est pas alors aussi grande que dans les mois d'*Août*, de *Septembre* & d'*Octobre*.

A en juger par la qualité de ce Climat il semble que le terroir de *Panama* devroit produire beaucoup de Grains; mais la chose ne va pas ainsi, & les grains du cru du Pays sont en très-petite quantité. Après tout, c'est moins la faute du terroir, que du peu de soin que les Habitans prennent de le cultiver: ce qui ne provient que de la facilité qu'ils ont de négocier, & de leur éloignement pour l'Agriculture. Quoi qu'il en soit, il est certain que dans les champs autour de cette Ville, on n'apperçoit aucune autre trace de culture que celle dont la Nature veut bien faire les fraix. On ne voit pas même qu'ils en ayent jamais eu d'autre. Cela fait que le grain est rare & cher dans cette Ville. On n'y voit, par la même raison, ni Herbes potageres, ni Légumes, ce qu'on ne peut attribuer à la stérilité de la terre, puisqu'un petit Jardin qu'un *Galicien* cultivoit dans le tems que nous étions à *Panama*, en produisoit de toutes les sortes. C'est ainsi que cette Ville est réduite à tirer du dehors les choses les plus nécessaires à la vie, & de les faire venir des Côtes du *Pérou*, ou de celles de sa jurisdiction.

CHAPITRE IV.

De la nourriture ordinaire des Habitans de Panama, *avec quelques autres Observations particulieres.*

LE défaut même de provisions du cru du territoire de *Panama*, est cause qu'on y vit plus noblement; car cette Ville ne subsistant que par le Commerce, tout ce qui s'y consume y est apporté d'ailleurs: les Vaisseaux du *Pérou* sont continuellement occupés à ce Négoce, & les Barques de la Côte ne cessent d'apporter ce que la Province de *Panama* produit dans les lieux de sa jurisdiction, & dans ceux de la jurisdiction de *Veraguas*, d'où il arrive que *Panama* se trouve abondamment pourvu de tout ce qu'il y a de meilleur en Pain de froment, en Maïz, en Viande, & en Volaille. Soit la bonté de ces alimens, soit la disposition du Climat, soit quelque autre raison qui m'est inconnue, il est certain que les Habitans de cette Ville n'ont pas la phisionomie si pâle ni si décharnée que ceux de *Carthagéne* & de *Portobélo*.

Le mêt le plus ordinaire des Habitans de *Panama* est un Animal qu'ils nomment *Iguana*. Cet animal est amphibie, puisqu'il vit également dans l'eau & sur terre. Il a la figure d'un Lézard, mais il est plus grand, ayant ordinairement une aune de long, & même davantage. On en trouve pourtant qui ne sont pas si grands. Sa couleur est jaune mêlée de verd, d'un jaune plus vif & plus clair sous le ventre que sur le dos, où le verd domine. Il a quatre pieds comme le Lézard: les doigts en sont plus grands à proportion que ceux du Lézard, & unis par une membrane déliée qui les couvre, & forme la même figure qu'aux pieds d'une Oye, excepté que les ongles qui sont au bout de chaque doigt sont plus longs, & entiérement au-dessus de la membrane. Sa peau est couverte d'une écaille qui lui est attachée & qui la rend dure & rude, & depuis la partie supérieure de la tête, jufqu'à la naiffance de la queue, qui a ordinairement une demie aune de long, il a une file d'écailles tournées verticalement, & longues de trois à quatre lignes, fur une & demie ou deux lignes de large. Ces écailles font féparées l'une de l'autre, & forment une maniere de fcie. Depuis l'extrémité du cou jufqu'à la racine de la queue les écailles diminuent tellement qu'on ne les apperçoit presque plus à ce bout; le ventre eft difproportionnément plus gros que le corps; & la gueule eft garnie de dents aigues, & féparées l'une de l'autre. Il femble plutôt marcher fur l'eau que nager, vu qu'il n'y enfonce que ces membranes qui l'y foutiennent. Il court avec tant de viteffe fur cet élément, que dans un inftant on le perd de vue; mais fur terre, fans être pareffeux, il s'en faut qu'il n'aille fi vite. Quand les femelles portent, elles ont le ventre d'une exceffive groffeur, & pondent jufqu'à foixante œufs & davantage d'une feule ventrée. Ces œufs font gros comme des œufs de Pigeon; & font un grand régal, non feulement pour les habitans de *Panama*, mais pour ceux de bien d'autres endroits. Ils font enveloppés dans une membrane déliée & longue comme un ruban. Quand l'animal eft écorché il offre une chair extrêmement blanche, que ces gens-là apprêtent & mangent avec autant d'appétit que les œufs: mais quant à moi, après avoir goûté de l'une & des autres, je trouve la chair un peu moins mauvaife, douçâtre, & d'une petite odeur forte & dégoûtante. Pour les œufs je les ai trouvés pâteux & d'un goût déteftable. Quand ils font cuits, ils ont la couleur des jaunes d'œufs de poule; & il ne tient pas aux habitans du Pays qu'on ne croye que la chair a le goût du poulet; mais je n'ai jamais pu être de leur fentiment, & n'ai remarqué aucun rapport entre cette chair & celle des poulets. Il faut que les gens de ce Pays accoutumés à voir des Lézards ayent oublié l'horreur naturelle qu'on a pour ces animaux, pour fe faire un régal de leur chair, qui eft un mêt que nous ne goûtons pas facilement.

Les Habitans de *Panama* font extrêmement infatués de deux fingularités qu'ils attribuent à la Nature; l'une eft la Plante qu'ils nomment *l'Herbe-du-coq*, & l'autre *le Serpent à deux têtes*. Je dirai un mot de l'une & de l'autre.

C'eft une opinion générale dans cette Ville, que la Campagne aux environs produit une efpéce de Serpent qui a une tête à chaque extrémité de fon corps, & qu'il nuit auffi-bien de l'une que de l'autre, fon venin n'étant pas moins préfent que celui du *Cafcabet*, ou *Serpent-à-fonnettes*. Il ne nous fut pas poffible pendant notre féjour dans cette Ville, de voir un de ces merveilleux Serpens à deux têtes, quelque effort que nous fiffions pour cela: mais suivant ce qu'on nous en dit, leur longueur ordinaire est d'une demie aune. Leur corps est rond, & ressemble à un Ver-de-terre de six à huit lignes de diamétre, & leurs têtes different de celles des autres Serpens, étant toutes d'une venue comme le corps: mais il est plus probable qu'ils n'en ont qu'une, & qu'étant égale au corps elle ressemble à la queue, d'où ils auront conclu qu'ils en avoient deux, faute de pouvoir distinguer la seule véritable. Ce Serpent est fort lent à se mouvoir. Il est de couleur grise mêlée de taches blanchâtres.

Ils vantent beaucoup la vertu de l'*Herbe-de-coq*, & ils prétendent qu'on peut couper la tête à un coq ou à un poulet, pourvu qu'on ne coupe pas une des vertébres du cou, & qu'en y appliquant cette herbe immédiatement après l'animal blessé est guéri sur le champ. On donnera à cette guérison tel tour qu'on voudra, il reste toujours décidé que ce n'est qu'un bruit populaire: & si j'en parle, c'est pour éviter que ceux qui ont ouï parler de cette herbe, ne m'accusent d'avoir ignoré ce qu'on en raconte. Durant notre séjour à *Panama*, nous sollicitâmes beaucoup ceux qui nous parloient de cette herbe, de vouloir bien nous en montrer; mais nous ne pûmes l'obtenir, quoique quelques personnes habituées à *Panama* m'ayent depuis assuré qu'elle y étoit fort commune: ce qui prouve qu'elle n'a pas la vertu qu'on lui attribue, puisque si elle l'avoit on n'auroit pas refusé de nous en donner pour en faire l'expérience. Il y a grande apparence qu'elle a la propriété d'étancher le sang d'une blessure où il n'y a pas de grand vaisseau offensé; mais qu'elle puisse réunir les grandes artéres après qu'elles ont été coupées, ainsi que les nerfs & les tendons, c'est ce que personne ne croira facilement. Si elle produisoit un tel effet sur la volaille, il seroit tout simple qu'elle le produisît sur tout autre animal, & en ce cas les hommes auroient aussi part au bénéfice; & ce seroit un meuble bien nécessaire pour ceux qui vont à la guerre, qu'une ou deux onces d'un si souverain reméde pour guérir toutes les blessures mortelles.

CHAPITRE V.

Commerce que la Ville de Panama *fait en tout tems avec les Royaumes du* Pérou *& de* Tierra-Firme.

PAr ce qui a été dit du Commerce de *Portobélo* à l'arrivée des Gallions on pourra juger de celui de *Panama* dans le même tems: puisqu' c'est dans cette Ville qu'on débarque le Tréfor du *Pérou*, & qu'elle fert d'entrepôt aux Marchandifes qui remontent la *Chagre*. Ce Trafic eft d'un grand profit aux Habitans. Il confifte dans le loyer des Maifons, le fret des Bâtimens, les fournitures des Mules, & des Négres, qui vont prendre à *Cruces* les effets les plus volumineux & les plus fragiles, & les charient par ce chemin coupé à pic fur pierre vive, & qui traverfe les Montagnes des Cordilleres, fi étroit en divers endroits qu'une bête de fomme a de la peine à y paffer fon corps, & n'y fauroit paffer fans un très-grand rifque avec une charge.

Hors du tems de l'*Armadille* ou Flotte du *Pérou*, *Panama* ne laiffe pas de voir aborder beaucoup d'étrangers dans fes murs; les uns y viennent pour paffer dans les Ports de la *Mer du Sud*, les autres en revenant des mêmes Ports pour s'en retourner en *Efpagne*; à quoi il faut ajoûter l'abord continuel des Vaiffeaux qui apportent les denrées du *Pérou*, comme Farines, Vins, Eau-de-vie-de-vin ou de *Caftille*, comme ils parlent dans toutes les *Indes*, Sucre, Savon, Sain-doux, Huiles, Olives, & autres chofes femblables. Les Vaiffeaux de *Guayaquil* apportent du Cacao & du Quinquina, dont il fe fait un grand débit dans cette Ville, furtout en tems de Paix. Le prix de ces denrées, particulierement de celles du *Pérou*, varie beaucoup. Il eft des occafions où les propriétaires en perdent une partie & fouvent le total, & d'autres où ils gagnent trois cens pour cent, felon qu'il y a abondance ou rareté de denrées. Les Farines font fujettes à fe gâter & à fe corrompre par la grande chaleur, de maniere qu'il faut quelquefois les jetter à la mer. Les Vins & le Brandevin, ou Eau-de-vie, s'échaufent dans les Jarres, & contractent une odeur de poix, qui les rendent entierement inutiles: le Sain-doux fe fond, fe confume enfuite & fe convertit en terre, & ainfi des autres Marchandifes; deforte que fi les profits font grands, les rifques le font encore davantage.

Les Barques côtieres qui viennent de la côte de l'Oueft & de celle de l'Eft apportent à *Panama* du Porc, de la Volaille, du Taffajo ou Viande falée & fechée, du Sain-doux, du Fruit de plane, des Racines, & autres alimens dont cette Ville eft par ce moyen toujours abondamment pourvue.

Les Vaiffeaux du *Pérou* ou de *Guayaquil* hors du tems des Flottes s'en retournent à vuide. Quelquefois ils peuvent charger des Négres, parce que lorfque l'*Affiento* de ces Efclaves a cours, il y a à *Panama* une Factorerie femblable à celle de *Portobélo* pour ce commerce. Les Négres font amenés à cette Factorerie, d'où on les diftribue dans tout le Pays de *Tierra Firme* & dans le *Pérou*.

Le Préſident de *Panama* a le pouvoir de permettre tous les ans à un ou deux Vaiſſeaux de paſſer aux Ports de *Sonſonate*, du *Realejo*, & autres de la Province de *Guatemala*, & de la *Nouvelle Eſpagne*, pour charger de la Poix, du Goudron & des Cordages pour les Bâtimens qui trafiquent à *Panama*, & pour porter dans ces Ports les denrées du *Pérou* qui ne peuvent ſe conſumer à *Panama*. Ceux qui ont obtenu cette permiſſion, reviennent rarement immédiatement à *Panama*, parce que la meilleure partie de leur cargaiſon conſiſtant en Indigo, ou ils vont le porter à *Guayaquil*, ou ils vont en droiture dans les autres Ports plus au Sud.

La cherté des Denrées ordinaires à *Panama* & aux environs, vient de la quantité qu'il en faut & des fraix du tranſport; mais cet inconvénient eſt bien réparé par l'ineſtimable tréſor des Perles que l'on pêche dans ſon Golphe. Cette pêche précieuſe ſe fait aux Iles *du Roi*, de *Taboga*, & autres au nombre de 48, qui forment un petit Archipel. Le premier à qui les *Indiens* donnerent connoiſſance de cette Miniere fut *Basco Hugnez de Balboa*, qui paſſant pour découvrir la Mer du Sud reçut du *Cacique Tumaco* un préſent de quelques perles. Elles ſont à-préſent d'autant plus communes à *Panama*, qu'il y a peu de perſonnes aiſées qui n'employent un certain nombre de Négres à cette pêche. Et comme la maniere de pêcher les perles n'eſt pas connue de tout le monde, je crois qu'il ne ſera pas hors de propos d'en dire ici un mot en paſſant.

Les propriétaires des Négres choiſiſſent entre leurs Eſclaves ceux qui ſont les plus propres à cette pêche. Pour s'enfoncer dans l'eau il faut qu'ils ſoient bons nageurs, & qu'ils puiſſent retenir longtems leur haleine. Après en avoir choiſi un certain nombre, ils les envoyent aux Iles ſusdites où ils ont leurs *Puncheries* ou habitations & des barques propres pour cette pêche; là on les diſtribue ſur ces barques par bandes de 18 ou 20 plus ou moins ſelon la capacité du Bâtiment, & à chaque bande on joint un Caporal. Ils naviguent vers les Parages où ils ont reconnu qu'il y a des perles, & où il n'y a pas au-delà de 10, 12 ou 15 braſſes d'eau. Arrivé en cet endroit, ils jettent l'ancre, s'attachent une corde au milieu du corps qui tient par un bout à la barque à la place que chaque pécheur occupoit, & prenant avec ſoi un petit poids afin de devaler plus aiſément dans l'eau, ils plongent, & dès qu'ils touchent le fond ils arrachent une perle qu'ils mettent ſous le bras gauche, ils tiennent la ſeconde dans la main du même bras, & la troiſiéme dans la main droite; avec ces trois perles, ou une quatriéme qu'ils tiennent quelquefois dans la bouche, reviennent pour prendre haleine, & fourrent ce qu'ils ont pris dans un eſc carcelle. Dès qu'ils ont un peu recommencé à refpirer, ils fe replongent dans l'eau, & continuent cet exercice jufqu'à ce qu'ils ayent rempli leur tâche, ou jufqu'à ce qu'ils foient fur les dents. Chacun de ces Négres plongeurs eft taxé à un certain nombre de perles pour le compte de leurs Maîtres. Ce qu'ils prennent au-delà eft pour eux. Cette taxe eft générale & égale pour chaque propriétaire d'Efclaves. Dès qu'ils ont le nombre prefcrit de perles ils ceffent de plonger, & procédent à l'ouverture de l'huitre ou coquille qui renferme la perle. Ils en tirent ces perles, & les remettent à l'Infpecteur. S'il s'en trouve qui foient petites & de mauvaife qualité, elles ne laiffent pas d'être comptées. Toutes celles que le Négre a prifes au-delà du nombre fixé font pour lui, quelque belles qu'elles foient; & fi le Maître les veut avoir il faut qu'il les achette de fon Efclave, qui peut même les vendre à un autre; mais pour l'ordinaire il ne les refufe pas à fon Maître pour un prix modique.

Les Négres n'achévent pas chaque jour leur tâche: quelquefois ils ont le malheur de prendre des huitres où la perle n'eft pas encore figée, d'autres où il n'y en a point du tout, & d'autres enfin où l'huitre eft morte. Dans tous ces cas les piéces ainfi défectueufes n'entrent point en ligne de compte, & il faut qu'ils les remplacent par des perles *de recibo* * pour me fervir de leur termes.

Outre les peines & les fatigues que ces miférables plongeurs effuyent dans cette pêche, vu que les écailles font fi fortement attachées au roc qu'il n'eft pas aifé de les en arracher, ils courent encore de grands dangers de la part de certains Poiffons cétacées, qui font en grande quantité dans ces Parages, & qui dévorent les Négres qu'ils apperçoivent au fond de l'eau, ou fe laiffent tomber fur eux & les écrafent ou étoufent par leur poids †. Il femble que ces animaux veuillent défendre les productions les plus précieufes de leur élément, contre les hommes qui viennent les ravir; & quoique tout le long de ces Côtes il y ait affez de ces Poiffons monftrueux & voraces, & qu'on y courre les mêmes rifques de leur part, ils fe trouvent néanmoins en plus grand nombre dans les lieux où cette forte de richeffe abonde. Les *Taburons* ou *Requins*, & les *Teinturieres*, font des poiffons d'une grandeur démefurée, qui fe nourriffent de la chair de ces

---

* *Perles recevables.*

† C'eft ce que fait admirablement bien le Poiffon qu'on nomme *Pantouflier* à la Martinique. On a remarqué que le Requin, le Lamentin & autres Poiffons voraces attaquent plutôt un Négre qu'un Blanc. Not. du Trad.

ces malheureux plongeurs qu'ils attrapent. Les *Mantas* * les enveloppent dans leurs corps & les étouffent, ou se laissant tomber sur eux de toute leur pesanteur ils les écrasent contre le fond. Il paroît, & ce n'est pas sans raison, qu'on a donné le nom de *Manta* à ce Poisson, à cause de sa figure; car il est large, & s'étend comme une courte-pointe: dès qu'il a attrapé un homme ou un autre animal, il l'enveloppe & le roule dans son corps comme dans une couverture, & à force de le serrer & de le comprimer i l'étouffe. Ce Poisson ressemble à la Raye quant à la figure, excepté qu'i est infiniment plus gros.

Pour se défendre contre des ennemis si redoutables, chaque plongeu est armé d'un couteau fort pointu & bien affilé. Dès qu'il apperçoit u de ces poissons voraces, il l'attaque par quelque endroit dont il ne puiss être blessé, & lui plante son couteau dans le corps. Le poisson se sen tant blessé prend la fuite & laisse le Négre en repos. Le Caporal Négre qui a l'inspection sur les autres Esclaves, prend garde à ces cruels animaux, du haut de la barque où il est: dès qu'il en découvre un, il en avertit les plongeurs par le moyen des cordes que chacun d'eux a autour d corps; les secousses qu'il donne à ces cordes, font assez entendre aux Né gres qu'ils doivent être sur leurs gardes; souvent il se jette lui-même dan l'eau armé d'un pareil couteau, pour secourir le plongeur qui est en dan ger; mais malgré toutes ces précautions, il arrive assez souvent que le Pécheurs de Perles trouvent la mort & la sépulture dans l'estomac d ces poissons, ou qu'ils reviennent estropiés d'une jambe ou d'un bras qu l'animal a mordu ou dévoré. On a tâché d'imaginer quelque machine ar tificieuse pour écarter ces animaux, & pourvoir à la sureté des plongeurs & quoiqu'on ait inventé divers moyens, le succès n'a pas répondu à l'i dée qu'on s'en étoit faite.

Les Perles que l'on pêche dans ces Parages sont ordinairement de très belle eau, & quelques-unes ont été remarquables par leur grosseur & leu figure: il est bon d'observer, que comme il y en a d'une forme plus régu liere les unes que les autres, il s'en trouve aussi qui sont de très-belle eau & d'autres dont la couleur est médiocre & très-imparfaite. Une parti des perles que l'on pêche dans les lieux en question, est transportée e *Europe*, & c'est la moindre. L'autre partie, qui est la plus considérabl est envoyée à *Lima*, où les perles sont extrêmement recherchées, & d'c l'on en envoye dans toutes les Provinces intérieures du Royaume du *Péro*

* *Manta*, mot qui signifie couverture de lit.

VOYAGE AU PEROU. Liv. III. Ch. V.

Outre les Perles, le Royaume de *Tierra-Firme* avoit encore l'article de l'Or, que l'on tiroit des Minieres de sa dépendance, ce qui n'augmentoit pas peu ses richesses. Partie de ces Minieres sont dans la Province de *Veraguas*, partie dans celle de *Panama*, & le plus grand nombre, les plus abondantes, celles qui produisent le plus fin Or sont dans la Province de *Darien*, & ont toujours été l'objet de l'attention des Exploiteurs de Mines; mais les *Indiens* s'étant révoltés & rendus maîtres de presque toute la Province, il falut abandonner les Mines, & la plus grande partie en fut perdue. Tout ce qu'on en put conserver, fut réduit à celles qui se trouvoient sur les frontieres d'où l'on tire encore quelque peu d'Or. On pourroit en tirer beaucoup davantage, si la crainte qu'on a de l'inconstance naturelle aux *Indiens*, & le peu de confiance qu'on prend en leur amitié, n'obligeoient les Maîtres des Mines à trop de précautions, & ne les empêchoient de prendre les mesures les plus efficaces pour en tirer tout le parti possible.

Quoique les Mines de *Veraguas* & de *Panama* ne soient pas exposées au péril dont nous venons de parler, elles n'en sont pas pour cela poussées avec plus de vigueur, par deux raisons. La premiere, c'est que l'Or qu'elles fournissent n'est ni si abondant, ni de si bon aloi que celui des Mines de *Darien*. La seconde, qui est en même tems la plus importante, c'est que ces Mers produisant abondamment des Perles, les gens du pays sont portés à cette pêche, parce qu'elle leur procure des profits plus certains, & ne les engage presqu'à aucun fraix; c'est pourquoi ils préférent ce revenu à celui des Mines d'Or; ils ne laissent pas cependant d'en exploiter quelques-unes, mais en petit nombre, sans celles des frontieres de *Darien*, dont nous avons déja parlé.

Outre l'argent que le Commerce attire à *Panama*, il s'y fait tous les ans une remise considérable de Deniers Royaux, qu'on y envoye de *Lima* pour le payement des Troupes, des Officiers de l'Audience & autres qui servent le Roi, les revenus que ce Monarque tire de *Panama* même ne suffisant pas pour payer tant de gens employés au service de Sa Majesté.

Tome I. P CHA-

CHAPITRE VI.

Etendue de la Jurisdiction de l'Audience de Panama *au Royaume de* Tierra-Firme. *Limites de ce Royaume & Provinces dont il est composé.*

LA Ville de *Panama* ne jouit pas seulement de l'avantage d'être la Capitale de la Province du même nom, mais elle est aussi Métropole du Royaume de *Tierra-Firme*, lequel est composé des trois Provinces, de *Panama*, de *Darien*, & de *Veraguas*. La Province de *Panama* est la plus considérable des trois. Elle est située au centre du Royaume, ayant à l'Est le Pays de *Darien*, & à l'Ouëst celui de *Veraguas*.

Le Royaume de *Tierra-Firme* commence du côté du Septentrion à la Riviere de *Darien*, & continuant par *Nombre de Dios*, *Bòcas del Toro*, *Bahia de l'Amirante*, il est terminé à l'Occident par le Fleuve de *Los Dorados*, & par la *Mer du Nord*. Vers la *Mer du Sud*, en tournant à l'Ouëst, il s'étend depuis *Punta Gorda* dans la *Costa Rica* ou *Côte Riche*, & continue par *Punta de Mariatos* & *Morro de Puercas* jusqu'au Golphe de *Darien*, d'où il s'allonge par la Côte du Sud, & par *Puerto de Pinas*, & *Morro Quemado*, jusqu'à la Baye de *St. Bonaventure*. Sa longueur du *Levant* au *Ponent* est de 180 lieues, quoiqu'en suivant la côte il ait plus de 230 lieues de long. Sa largeur du Nord au Sud est la même que celle de l'Isthme qui renferme la Province de *Panama* & partie de celle de *Darien*. L'espace le plus étroit de l'Isthme est depuis les Rivieres de *Darien* & de *Chagre*, à la côte de la *Mer du Nord*, jusqu'aux Rivieres de *Pito* & de *Caymito* vers la *Mer du Sud*, & dans cet espace on ne compte que 14 lieues. Mais ensuite l'Isthme s'élargit vers le *Choco*, & vers *Sitara*, ainsi que par la partie Occidentale de la Province de *Veraguas*, où il a bien 40 lieues de largeur de l'une à l'autre Mer.

Cet Isthme est traversé par cette longue chaîne de hautes Montagnes si connues sous le nom de *Cordillere des Andes*, qui commençant à s'élever dans la *Terre Magellanique* courent par le Royaume de *Chili*, & la Province de *Buénos Ayres* jusqu'à celle du *Pérou* & de *Quito*, d'où elles continuent en se retrecissant & se resserrant pour traverser l'Isthme de *Panama*, après quoi elles recommencent à s'élargir & à s'étendre par les Provinces & Royaumes de *Nicaragua*, de *Guatimala*, de *Costa Rica*, de *San Miguel*, de *Mexique*, de *Guayaca* & de *Puébla*, poussant une infinité

rameaux comme pour unir les parties Méridionales du Continent d'A-
rique avec les Septentrionales.

Pour qu'on puisse se former une idée plus juste du Royaume de *Tierra-*
me, je crois qu'il est à propos de parler de chacune de ses trois Pro-
nces en particulier, & pour commencer par celle de *Panama* comme
principale, je dis d'abord que la plus grande partie des Peuplades qu'el-
contient, sont situées dans les petites plaines qui sont le long de la pla-
; le reste de son Territoire est rude & coupé de Montagnes inhabita-
es tant par leur stérilité naturelle, que par l'intempérie de l'air qui
régne.

Toute la Province renferme trois Villes, une Villotte, des Forts, des
illages & des Habitations, dont on trouvera les noms ci-dessous avec les
stes des Habitans spécifiées.

Les Villes ou Cités, sont *Panama*, *Portobello*, & *Santiago de Nata de los*
avalleros. L'emplacement que cette derniére occupe fut découvert par
Capitaine *Alonso Perez de la Rua* en 1515, pendant que *Nata* étoit Ca-
ique de ce District. Le Licentié *Gaspar de Espinosa* la peupla la premie-
fois en 1517 avec titre de Ville; les *Indiens* l'ayant prise & brulée, il
rétablit, & on lui donna alors le titre de Cité. Elle est grande, les
aisons sont de brique crue, ou de paille: ses Habitans partie *Espagnols*,
artie *Indiens*.

La Ville que l'on nomme *Los Santos* est une Peuplade moderne
Espagnols Habitans de la Cité de *Nata*, lesquels poussés par l'es-
érance de faire mieux leurs affaires, abandonnerent cette derniere Ville
our s'aller bâtir des maisons dans l'autre, & par-là *Los Santos* est deve-
ue plus peuplée que *Nata*. Les environs de celle-là furent découverts
ar *Rodriguez Valenzuela*; il y avoit alors dans le même endroit une Bourgade *Indienne*, dont le Cacique s'appelloit *Guazan*. Par l'origine de cette
Ville on peut aisément juger que ses Habitans sont en partie *Espagnols*,
n partie *Indiens*.

Les Bourgs & les Villages de cette Province sont de différente espé-
e, & en grand nombre.

I. Nous mettrons à la tête de tous celui de *Nuestra Segnora de Pacora*,
abité par des Mulâtres & Enfans de Mulâtres.

II. *San Christoval de Chepo*, qui tire son nom de ses Caciques *Chepo* &
Chepauri, fut découvert par *Tello de Guzman* en 1515. Outre les *Indiens*
dont ce Village est peuplé, il y a une Compagnie de Soldats de la Garnison de *Panama*, dont la plupart y sont mariés & établis.

Diverses *Rancheries* & Habitations d'*Indiens* sont de la dépendance de ce Village. Ces *Rancheries* sont situées dans les Coulées * du côté du Sud.

Dans les Savanes de *Rio*, ou Riviere de *Mamoni*, il y a diverses Habitations répandues çà & là, savoir,

A *Rio de la Campana*.
Dans la Coulée de *Curcuti*.
A *Rio de Cagnas* & à son embouchure.
A *Rio de Platanar*.
A *Rio de Pinganti*.
A *Rio de Bayano*.
Dans la Coulée de *Terralbe*.
Dans celle de *Platanar*.
Dans celle de *Calobre*.
Dans celle de *Pugibay*.
Dans celle de *Marcelo*.
A *Rio de Mange*.

Le Village de *Chepo* a encore sous sa dépendance les Habitations ou *Rancheries* suivantes, qui sont vers le Nord.

A *Rio del Playon*.
A *Rio Chico de la Conception*.
A *Rio de Guanacati*.
A *Rio de Coço* ou *Madinga*.

Sur la Riviere de Sarati.

III. Le Village de St. *Jean* situé sur le chemin de *Panama* à *Portobello* & habité par des Mulâtres.

IV. Le Village de *Nueſtra Segnora de conſolation*: c'est une Peuplade de Négres.

V. Le Village de la *Santiſſima Trinitad de Chamé*, découvert par Gonzalo de *Badajoz*. Le Cacique du lieu se nommoit *Chamé*, d'où le nom est resté au Village. Il est habité d'*Espagnols* & d'*Indiens*.

VI. Le Village de St. *Isidore de Quiguones* découvert par le mêm Badajoz. Le Cacique se nommoit *Totronagua*. Ce Village est aujourd'hu peuplé d'*Espagnols* & d'*Indiens*.

VII. L

---

* Les *Coulées* sont des Vallons qui se forment entre les Montagnes par la chute quelque Colline qu'un torrent furieux entraîne & fait couler. Les *Espagnols* des *Ind* appellent ces *Coulées Quebradas*, Crevaſſes.

VII. Le Bourg de *San Francifco de Paule*, qui eft dans la *Cordillere*, habité par des *Efpagnols* & des *Indiens*.

VIII. Le Village de *St. Jean de Pononomé*, ainfi appellé du nom de fon Cacique. Il eft compofé d'*Indiens* qui ont encore confervé l'ufage des arcs & des flêches dont ils fe fervent avec beaucoup d'adreffe, & font fort vaillans.

IX. Le Village de *Ste. Marie*, fitué dans un endroit qui fut découvert par *Gonzalo de Badajoz*. Le dernier Cacique de ce lieu fe nommoit *Efce*- ; il n'eft habité que par des *Efpagnols*.

X. Le Village de *Santo Domingo de Parita*. Ce dernier mot étoit le nom du Cacique, & le Village n'avoit anciennement que des *Indiens* pour habitans, mais aujourd'hui il y a beaucoup d'*Efpagnols* parmi eux.

XI. Les Iles près desquelles on pêche les Perles, *Taboga*, *Taboguilla* & autres, furent découvertes par ordre de *Pedro Arias Davila*, le premier Gouverneur & Capitaine-Général qu'ait eu le Royaume de *Tierra-Firme*. Il y a dans ces Iles des Habitations de quelques *Efpagnols* & de Négres plongeurs pour la pêche.

XII. Les *Iles du Roi* furent découvertes par *Gafpar de Moralès* & le Capitaine *François Pizarro*. Outre les Habitations d'*Efpagnols*, grand nombre de plongeurs Négres font leur demeure dans ces Iles.

Seconde Province de Tierra-Firme.

La feconde Province de ce Royaume eft celle de *Veraguas*, dont la Ville de *Sant-Jago* furnommée de *Veraguas* eft la Capitale. L'Amiral *Chriftophle Colomb* fut le premier qui découvrit cette côte en 1503. Il donna le nom de *Verdes Aguas* à la Riviere nommée aujourd'hui *Veraguas*, à caufe de la couleur verte de fes eaux, ou, comme d'autres le veulent, parce que les *Indiens* lui donnoient ce nom dans leur Langue: quoi qu'il en foit, il eft toujours de-là qu'eft dérivé le nom de la Province. En 1518 les Capitaines *Gafpar de Efpinofa* & *Diego de Albitez* recommencerent la découverte par terre; mais ils n'y purent réuffir, ayant rencontré le Cacique qui les repouffa & les empêcha de pénétrer plus avant, deforte qu'il falut fe contenter alors de former un établiffement dans le voifinage, où les Efpagnols ne purent même fe maintenir, à caufe des invafions & des courfes fréquentes des *Indiens*. Pour s'en mettre mieux à couvert, on jugea qu'il faloit avoir un établiffement plus folide, & ce fut ce qui fit fonder la Ville de *Sant-Jago de Veraguas*, dans le lieu où elle eft préfentement.

Outre cette Ville la Province en contient encore deux autres, & divers Villages: Savoir,

La Ville & Cité de *Sant-Jago al Angel*, fondée en 1521 par *Benoit Hurtado* Régidor de *Panama*: elle a été depuis détruite & rebâtie deux fois. Ses Habitans font partie *Espagnols*, partie *Mulâtres*.

La Ville de *Nueſtra Segnora de los Remedios de Pueblo Nuevo* eſt habitée comme la précédente.

I. Le Village de *San Franciſco de la Montagna* habité par des *Indiens* tireurs de fléches.

II. Le Village de *San Miguel de la Halaya* peuplé de toute forte de gens.

III. Celui de *San Marcelo de Leonmeſa de Tabarana*, habité par les *Indiens*.

IV. Celui de *San Raphael de Guaymi*, auſſi d'*Indiens*.

V. Celui de *San Phelipe del Guaymi*, d'*Indiens*.

VI. Celui de *San Martin de los Coſtos*, d'*Indiens*.

VII. Celui de *San Joſeph de Bugava*, d'*Indiens*.

VIII. Celui de *San Auguſtin de Ulate*, d'*Indiens Changuins*.

IX. & X. Celui de *la Pietad*, & celui de *San Miguel*, auſſi d'*Indiens Changuins*.

XI. Les deux Bourgades de *St. Pierre* & de *St. Paul des Platanes*, d'*Indiens*.

XII. Celle de *San Pedro Nolaſco*, d'*Indiens Doraſes*.

XIII. Celle de *San Carlos*, d'*Indiens Doraſes*.

Troiſiéme Province de Tierra-Firme.

La troiſiéme Province de *Tierra-Firme* eſt celle de *Darien*, dont la plupart des Habitans font des *Indiens* vagabonds, qui ont fecoué le joug, pour vivre dans leur ancienne liberté, fans nulle Religion, & comme les Peuples les plus barbares. En 1716. il y avoit divers Villages, pluſieurs Doctrines * & Peuplades qui avoient juré obéiſſance au Roi d'*Eſpagne*, & qui étoient fous la dépendance des Gouverneurs de *Panama*. Il n'en reſte plus aujourd'hui que quelques-unes en petit nombre. Voici les noms de celles qui ſubſiſtoient cette année-là.

I. Le Village & *Aſſiento* des Mines de *Santa Cruz de Cagua*; c'étoit une Peuplade conſidérable d'*Eſpagnols* & d'*Indiens*.

II. Le Village de *la Conception de Sabalo*, habité comme le précédent, mais moins peuplé.

III. Celui de *St. Michel de Tayequa*, habité de même.

IV. Celui de *Santo Domingo de Balzas*, habité par des *Eſpagnols* & des *Indiens*.

V. La

---

* C'eſt le nom que les Jéſuites donnent à des Peuplades d'*Indiens* qu'ils ont raſſemblés & civiliſés. Not. du Trad.

V. La Bourgade d'*Espagnols* dans le terrain de *Santa Maria*.
VI. La Doctrine de *San Geronimo de Tabira*, nom qui dans la Langue Pays signifie *Vierge* : ce Village est près d'une Riviere qu'on apelle, par cette raison, *Riviere Vierge* ; il est peuplé d'*Indiens*.
VII. Celle de *San Enriquez de Capeti*, ou l'*Endormi*.
VIII. Celle de *Santa Cruz de Pucro* : ce mot *Pucro* signifie en Langage Pays une sorte de bois léger nommé *Balsa* à *Guayaquil*.
IX. La Doctrine de *San Juan de Terracuna*, & de *Matarnati* : ces deux noms sont ceux de deux Montagnes de *la Cordillere*, lesquelles touchent cette Peuplade.
X. Le Village de *San Joseph de Zéte-Gaati* n'est pas une Doctrine : *Zéte-Gaati* est le nom d'une espéce de Saule qui croît prés de cet endroit.

Habitations au Sud.

Bourgade de *Nuestra Segnora del Rosario de Rio-Congo*.
Autres Bourgades sur les Rivieres de *Zabalos*, *Balsas* & *Uron*.
A *Rio de Tapanacul*.
A *Rio de Pucro*.
A *Rio de Paya* & à son embouchure.
Aux *Paparos*, ou *Villageois*.
A *Rio Tuqueza*.
A *Rio Tupisa*.
A *Rio de Tabisa*.
A *Chepigana*.

Habitations au Nord.

A *Rio de Queno*
A *Rio de Seraque*.
A *Rio Sutugunti*.
A *Rio Moreti*.
A *Rio Agrasenuqua*.
A *Rio de Ocabajanti*.
A *Rio de Uraba*.

Toutes les Doctrines & Peuplades étoient d'*Indiens* assez nombreux, puisque quelques-unes de ces dernieres contenoient jusques à 400 personnes, & les autres pour l'ordinaire 150 à 200. Il est aisé de conclure de-là combien les Doctrines devoient être peuplées : mais pour épargner au Lecteur l'ennui de parcourir tous les lieux habités de ce Royaume, desquels je n'ai pas cru devoir omettre les noms, je finirai par une liste abrégée de tous ces lieux, ce qui suffira pour mettre le Lecteur au fait de ce Pays.

Liste de tous les Lieux habités du Royaume de Tierra-Firme.

 IV. Forteresses.
 VI. Cités.
 I. Ville d'*Espagnols* & d'*Indiens*.
 XXXV. Villages. $\begin{cases} \text{XI. d'}Espagnols\ \&\ \text{d'}Indiens. \\ \text{II. de } Mulâtres\ \&\ \text{de } Nègres. \\ \text{XXII. d'}Indiens,\ \text{la plupart Doctrines.} \end{cases}$

 XXXII. Habitations ou Rancheries, qui comprennent chacune diverses maisons répandues dans les coulées, le long des Rivieres & dans les Savanes.

 XLIII. Iles où l'on pêche les Perles. La plupart de ces Iles sont situées dans le Golphe de *Panama*, les autres près de la côte de cette Ville, & quelques-unes au Sud de *Veraguas*.

LIVRE

LIVRE QUATRIEME.

Voyage du Port de Périco à Guayaquil. Remarques sur cette Navigation, & Description de la Ville de Guayaquil & de son Corrégiment ou Sénechaussée.

CHAPITRE I.

Voyage du Port de Périco *à* Guayaquil.

Nous étant arrangés pour notre passage avec *Don Juan Manuel Morel*, Capitaine du Vaisseau le *San Christoval*, & tous nos préparatifs étant faits, nous nous embarquâmes tous ensemble le 1. de *Février* 1736. & le jour suivant 22. nous mîmes à la voile de grand matin. Le vent étoit foible & variable, ce qui fut cause que nous ne perdîmes la terre tout-à-fait de vue que le 26. au coucher du soleil. La derniere terre que nous apperçûmes fut *Punta de Mala*.

Par les observations que nous fîmes jusqu'au moment que nous perdîmes cette derniere pointe de vue, lesquelles s'accordoient avec les observations précédentes, mais différoient des conclusions que nous tirions de notre route, nous connûmes que les courans portoient au Sud-Ouëst quart au Sud, 5 degrés à l'Ouëst; & cette observation se trouva conforme au rapport des Pilotes, qui assuroient que cela continuoit de-même jusqu'à la hauteur de 3 à 4 degrés de Latitude: sur quoi nous eûmes la précaution de corriger le Journal de route à raison d'un mille & un sixiéme par heure. Il est bon d'avertir qu'avant que notre Vaisseau fût à la hauteur de *Punta de Mala*, nous n'apperçûmes aucune marque de courant; & que pendant que nous naviguâmes dans le Golphe de *Panama*, la Latitude de la route fut conforme à la Latitude observée.

Depuis que nous eûmes mis à la voile jusqu'à ce que nous eûmes *Punta de Mala* au Nord-Ouëst quart au Nord 6 deg. 30 min. Ouëst, nous continuâmes à faire route par 1 deg. 30 min. Sud-Sud-Ouëst & 8 deg. 30 min. Ouëst. Nous eûmes des vents variables & de peu de durée, avec des calmes par intervalle.

Aussitôt que nous eûmes dépassé *Punta de Mala*, nous naviguâmes par les 8. deg. au tiers du Cadran, & par les 2 deg. 30 min. au deuxiéme, jusqu'au 1. de *Mars* 1736 à 6 heures du soir, que nous découvrîmes la terre qui eſt proche de la Baye de *St. Matthieu*. Dès-lors nous portâmes au Sud-Oueſt, tant pour éviter une baſſe de roche qui eſt à trois lieues dans la Mer, que pour ne pas nous expoſer aux courans qui nous auroient fait dériver vers le Golphe de la *Gorgone*.

Cette baſſe fut découverte en 1594 par un Navire qui eut le malheur d'y toucher & d'y périr.

Depuis la Baye de *St. Matthieu* nous portâmes d'abord au Sud-Oueſt par les 6 deg. 15 min. Oueſt, & le jour ſuivant au Sud-Eſt au quart au Sud. Et ce jour même, qui étoit le 3, nous découvrîmes, à une heure après midi, le Cap *St. François* au Nord quart de Nord-Eſt.

Don George Juan trouva par ſon calcul la différence du Méridien de *Panama* avec celui de ce Cap *St. François*, de 00 deg. 36 min. que ce Cap eſt à l'Orient; & je trouvai par le mien 00 deg. 26 min. ce qui s'accorde à peu de choſe près avec la Carte de ces Côtes, dont nous parlerons ci-après; mais il faut ſuppoſer qu'on avoit donné à la Ligne de *Lok* pour chaque mille 47 piés 5 ¼ pouces de Roi, qui répondent à 50 ⅞ pieds *Anglois*; & cette meſure confirme non ſeulement ce que nous avons dit au Chap. I. du I. Livre, mais démontre auſſi la juſteſſe de nos obſervations touchant les courans.

Auſſitôt que nous eûmes doublé ce Cap, nous courûmes à l'Oueſt quart au Sud-Oueſt, 3 deg. Oueſt, Sud-Oueſt quart à l'Oueſt, 3 deg. Oueſt, & les jours 6 & 7 au Sud quart au Sud-Eſt 7 deg. Eſt, & Sud-Eſt quart au Sud 6 deg. Eſt: le 7 à 8 heures du matin, nous revîmes le Cap *St. François* au Nord quart au Nord-Eſt 5 deg. Eſt, & le Cap *Paſſado* au Sud. Depuis lors nous ne fîmes plus que courir la côte à la vue des lieux les plus connus juſqu'au 9. que nous mouillâmes ſur les 3 ½ heures du ſoir à la Plage de *Manta*, à onze braſſes fond de ſable mêlé de vaſe: le Cap *St. Lorenzo* à O. S. O. & *Monte Chriſto* au S. au S. S. E. 6 deg. E.

Deux raiſons nous engagerent à mouiller à cette Plage: la premiere, que notre deſſein étant de meſurer quelques degrés de l'Equateur outre ceux du Méridien, & ayant ouï parler à *Panama* de cette Côte, nous voulûmes la reconnoître, & voir ſi nous pourrions tirer parti des plaines qu'elle devoit contenir, & y commencer une ſuite de triangles qui devoient être continués de-là juſqu'aux Montagnes voiſines de *Quito*: la ſeconde, c'eſt que nous avions beſoin d'eau & de vivres; car nous nous étions flattés à *Panama* que la ſaiſon étant ſi avancée nous pourrions gagner les briſes, & par ce moyen arriver bientôt à *Guayaquil*, ce qui nous avoit empêché de faire des proviſions proportionnées à la longueur du tems que nous

pré-

A. Punta de Frailes. B. Pointe de Mala. C. Isle d'Yguanas. A. étant à l'angle de 34¾° et C à l'angle de

Suite de la côte

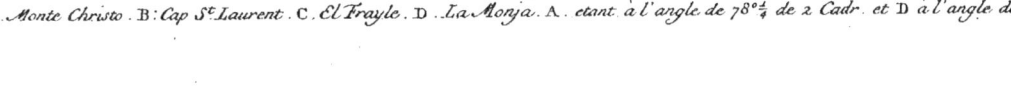

inte de la Baleine. B. Cap Pasado. B étant à l'angle de 3° de 2 Cad. le Cap St. François qui est aussi de côte basse étoit à l'a
terre est haute et ce sont ces hauteurs qu'on nomme de Qua

Monte Christo. B: Cap St. Laurent. C. El Frayle. D. La Monja. A. étant à l'angle de 78°¼ de 2 Cadr. et D à l'angle de

Suite de la côte dans le lointain.

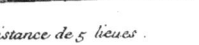

Isle de la Plata au N E ¼ E à la distance de 5 lieues.

Isle de Ste Claire ou le corps

122 V

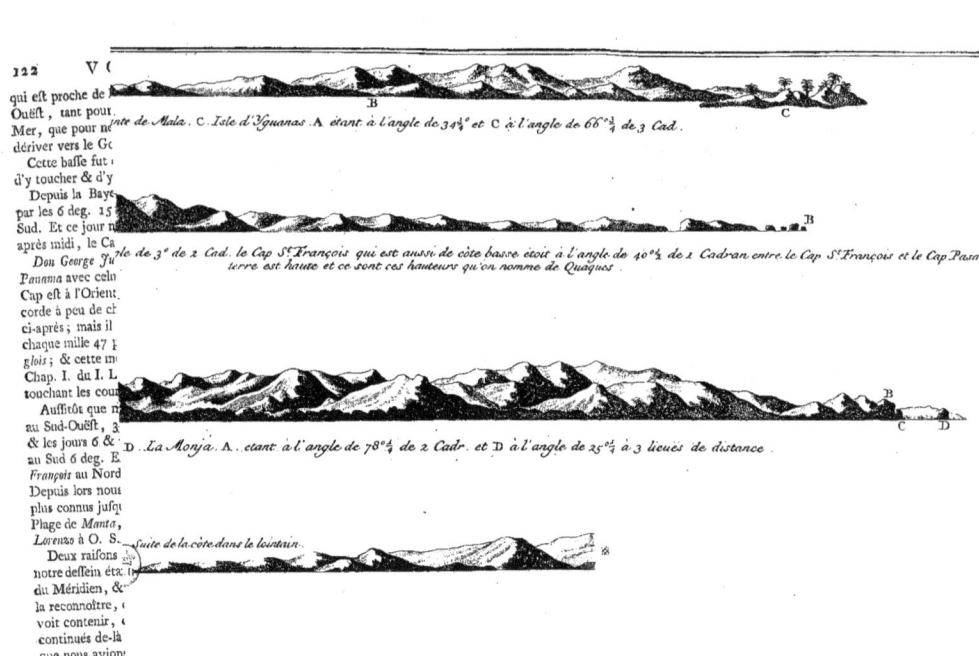

qui est proche de
Oüest, tant pour
Mer, que pour n
dériver vers le G

Cette basse fut
d'y toucher & d'y

Depuis la Bay
par les 6 deg. 15
Sud. Et ce jour n
après midi, le Ca

Don George Ju
Panama avec celu
Cap est à l'Orient
corde à peu de ch
ci-après; mais il
chaque mille 47
glois; & cette m
Chap. I. du I. L
touchant les cour

Aussitôt que n
au Sud-Oüest, 3
& les jours 6 &
au Sud 6 deg. E
François au Nord
Depuis lors nou
plus connus jusqu
Plage de Manta,
Lorenzo à O. S.

Deux raisons
notre dessein étai
du Méridien, &
la reconnoître,
voit contenir,
continués de-là
que nous avion
Panama que la
& par ce moye
de faire des pro

prévoyions alors devoir paſſer en mer, à en juger par celui qu'il y avoit déjà que nous y étions.

Pour nous éclaircir ſur le premier de ces deux motifs, nous prîmes tous terre le 10. & le ſoir nous nous rendîmes au Village de *Monte Chriſto*, qui n'eſt qu'à 2½ ou trois lieues de la Plage; mais nous reconnûmes bientôt que le Pays n'étoit pas propre à des opérations Géométriques, étant extrêmement montueux, & embarraſſé de tant de grands & gros arbres, qu'ils étoient ſeuls un obſtacle ſuffiſant pour empêcher l'exécution de notre projet. Le rapport des Habitans *Indiens*, ſi conforme à ce que nous voyions déjà, nous confirma dans l'idée que nous commencions à avoir du pays, & nous fit réſoudre à paſſer à *Guayaquil*, pour de-là aller à *Quito*. Sur quoi nous revinmes à la Plage de *Manta* le 11. & pendant que l'Equipage étoit occupé à faire les proviſions d'eau & de vivres, nous employâmes le tems à faire quelques obſervations, par leſquelles la Latitude de ce lieu fut déterminée auſtrale à 56 min. 5¼ ſec. Mrs. *Bouguer & de la Condamine*, conſidérant qu'il faudroit ſéjourner à *Guayaquil* pour attendre les Mules de *Guaranda* qui devoient nous transporter aux Montagnes, réſolurent de reſter-là pour faire quelques obſervations de Longitude & de Latitude, pour déterminer le lieu par où l'Equateur coupe la côte, examiner la longueur du pendule, & autres obſervations non moins importantes: pour cet effet ils ſe pourvurent des inſtrumens dont ils avoient beſoin pour exécuter leur deſſein.

Le 13. du même mois de *Mars* notre Vaiſſeau leva l'ancre, & ſe mit à ranger la côte. Le jour ſuivant nous paſſâmes entre elle & l'Ile de *la Plata*; & le 15. nous commençâmes à perdre de vue à 1. heure après-midi & cette Ile & le Cap de *St. Laurent*. Nous courûmes au S. S. E. juſqu'au 17. que nous découvrîmes *Cabo Blanco*, qui fait la pointe du Sud du Golphe de *Guayaquil*. Depuis *Cabo Blanco* nous rangeâmes la Côte du dedans du Golphe juſqu'au 18. à midi, qu'étant arrivés à l'embouchure de la Riviere de *Tumbez* nous jettâmes l'ancre à environ demie lieue de la terre, ayant l'embouchure de la Riviere à l'Eſt 5 deg. Nord; & l'Ile de *Ste. Claire*, appellée communément *el Muerto*, à-cauſe de la figure qu'elle fait, qui reſſemble à un corps mort, au Nord quart au Nord-Eſt, 4 deg. Eſt; notre Vaiſſeau étant mouillé à 14 braſſes d'eau, fond de vaſe.

Nous reſtâmes à l'ancre dans le même endroit juſqu'au 20, attendant que le Maître du Navire eût fini quelques affaires particulieres: après quoi nous remîmes à la voile à 6 heures du matin, & le ſoir à 6¼ heures nous mouillâmes, parce que la force du courant, qui eſt grande pendant le reflux, faiſoit dériver le Vaiſſeau. Nous continuâmes de la ſorte, tantôt jettant l'ancre, tantôt la levant, ſelon que les marées l'exigeoient. Nous obſervâmes que le courant ſuivoit continuellement le cours du reflux, & que le tems qu'il s'arrêtoit étoit fort court, puiſqu'en 19 heures & demie conſécutives nous n'y remarquâmes pas de pauſe : ce qui doit être attribué à la grande abondance des eaux de la Riviere* principale, & de celles qui s'y déchargent. Le 23. ayant mouillé à *Punta de Arenas* de l'Ile de *Puna*, nous envoyâmes au Port de cette Ile pour avoir un Pilote-Côtier qui fît entrer notre Vaiſſeau dans le Port ; car quoique nous n'euſſions que ſept lieues juſques-là, nous ne pouvions naviguer ſans cette précaution, à cauſe de la quantité de baſſes qu'on rencontre dans ce court paſſage, & du danger où ſe trouve un Navire qui y touche. Le 24. à 7 heures du matin nous mouillâmes dans le Port de *la Puna*, laiſſant la *Pointe de la Centinela* au Sud Sud-Oueſt 2 deg. 30 min. Oueſt, & celle de *Maria Mandinga* à l'Oueſt Sud-Oueſt 1 deg. 15 min. Oueſt à la diſtance d'un quart de lieue.

Depuis *Punta de Mala* juſqu'à la Baye de *St. Matthieu*, nous eûmes Vent de Nord & de Nord-Oueſt ; il devint enſuite Nord-Eſt, & le dernier jour de notre route il ſe mit à l'Eſt Nord-Eſt : mais quand nous fûmes à la vue de cette Baye il redevint Nord, ayant été précédé de quelques grains de pluye peu conſidérable, qui nous accompagnerent durant la traverſée juſqu'à *Manta*; les Vents ayant ſauté au Sud-Eſt, Sud, Sud-Oueſt, & Oueſt, avec des variations dans chacun de ces rumbs.

Nous avons déjà dit qu'à la Baye de *St. Matthieu* ce ne fut pas ſeulement le ſentiment des Pilotes par rapport aux courans qui portoient à la *Gorgone*, mais encore notre propre expérience, qui nous fit changer de rumb, changement d'ailleurs néceſſaire pour continuer notre route. Depuis le Cap *St. François* juſqu'à *Manta* tout le long de cette Côte les courans porterent toujours au Nord, ce qui fut cauſe que nous ne pûmes gagner le deſſus du vent, & que nous fûmes obligés de faire des bordées pour prendre le vent contraire.

Dans la traverſée de *Manta* juſqu'à *Cabo Blanco*, les vents ne nous furent pas plus favorables ; puiſqu'ils ſe maintinrent comme auparavant, à la réſerve d'un jour qu'ils ſauterent au Nord-Oueſt & au Nord Nord-Eſt, ce qui nous mit à même de reconnoître ce Cap. Les courans porterent toujours au Nord, & depuis ce Cap juſqu'au Port de *la Puna* toujours à l'Oueſt par

les

---

* De *Guayaquil*. Not. du Trad.

VOYAGE AU PEROU. Liv. IV. Ch. I.

les raisons déjà rapportées ; &, comme il est aisé de juger, ils étoient bien plus forts & plus rapides pendant les heures du reflux que dans le tems du flux.

Comme nous ne voulions pas perdre l'occasion d'observer une Eclipse de Lune qui devoit arriver le 26. de *Mars*, & n'ayant pas trop de tems pour nous y préparer, nous nous proposâmes de rester dans un petit Village près du Port de *la Puna*. Mais étant descendus à terre, & ayant vu le peu de solidité de ces maisons, toutes bâties de cannes jusqu'au toit, nous ne trouvâmes aucun lieu propre à placer le pendule ; c'est pourquoi nous résolûmes de passer à *Guayaquil* dans une Barque légere, & le même jour à 11½ heures de nuit nous laissâmes le Vaisseau à l'ancre & commençâmes à voguer, & nos Rameurs ayant surmonté les courans après bien des efforts nous abordâmes à *Guayaquil* le 21. à 5 heures du soir, & le 26. nous fûmes occupés à arranger le pendule ; mais toutes nos peines furent inutiles ; car l'air s'étant couvert de vapeurs durant la nuit, nous ne pûmes rien voir.

Quoique dans la Carte des Côtes de la *Mer du Sud* on ait marqué les variations de l'aiguille, que nous avons observées, je crois cependant qu'il est à propos de ne pas les omettre ici, & de suivre le même ordre que dans celles du Voyage de *Cadix* à *Carthagéne*, afin que ceux qui ne sont pas à portée de consulter cette Carte, ne soient pas privés de cette observation.

TABLE des Variations observées en la Mer du Sud, *dans les Lieux qui indiquent la Latitude & la Longitude, celle-ci comptée du Méridien de* Panama.

Latitudes.	Longitud.	Variat.
Degrés. Min.	Degrés. Min.	Degrés. Min.
8 ... 17 Septentr.	359 ... 55 à l'Occid.	8 ... 45 Nord-Est.
7 ... 49	359 ... 42 de Pana-	7 ... 34
7 ... 30	359 ... 31 ma.	7 ... 49
7 ... 02	359 ... 18	7 ... 59
3 ... 55	358 ... 21	7 ... 34
00 ... 56	358 ... 43	7 ... 20
00 ... 36	359 ... 06	8 ... 29
00 ... 20	358 ... 40	7 ... 25
00 ... 15	358 ... 56	7 ... 30
00 ... 22 Austral.	359 ... 50	8 ... 17
00 ... 51 *Monte Christo* étant au S. E. ¼ S.		8 ... 00
L'Ile de *la Plata* étant au Sud..... & *Monte Christo* à l'Est-Sud-Est.		15 d. 45 min. Ouëst. 7 d. 46 min.
02 ... 18 Austral.		8 ... 00
Cabo Blanco au Sud Sud-Ouëst.		3 d. 30 min. Ouëst.
Punta de Méro à l'Est. 7 d. Nord.		8 d. 00.
Punta de Méro au Sud 9 deg. Est à trois lieues de distance		8 deg. 15 min.
A la Plage de *Tumbez*, dont la Latitude observée fut de 3 deg. 14 min.		
. . . .		8 ... 11

ADDITION

Au Chapitre précédent, contenant la Description d'un Instrument de nouvelle invention pour prendre hauteur en Mer, & où l'on fait voir les avantages qu'il a sur tous ceux dont on se sert dans la Navigation.

Nous eussions été bien des fois privés de la connoissance des Latitudes, qui est un objet de la plus grande importance pour tous les Navigateurs, si Mr. *Godin* n'avoit eu la précaution de se munir d'un Instrument qui venoit de paroître à *Londres*, & dont le but étoit de faciliter cette opération. Ce Savant ayant passé à *Londres* avant que d'entreprendre le Voyage d'*Amérique*, y acheta divers Instrumens, & entre autres celui dont il est ici question; lequel est dû à Mr. *Jean Hadley*, & qui nous fut d'un très-grand usage pour la sureté de notre Voyage, fondé sur la connoissance des Latitudes dans cette traversée: connoissance difficile tant par le concours de diverses circonstances, que parce que les côtes ont leur direction tantôt au Nord, tantôt au Sud, & que les courans suivent les mêmes rumbs. Par le moyen de cet Instrument nous vinmes à bout de prendre plusieurs fois les hauteurs Méridiennes du Soleil, pendant que la quantité de vapeurs qui occupoient l'athmosphere ne permettoit pas de distinguer l'image ou l'ombre de cet astre d'avec sa lumiere dans les Instrumens ordinaires, dont on se sert dans la Navigation. Cet Instrument ayant outre cela d'autres avantages non moins considérables, m'a paru mériter une description particuliere, pour le faire connoître à ceux qui en peuvent profiter, & qui n'en ont encore aucune connoissance. Nous traduirons le Memoire même de l'Auteur, à quoi l'on peut d'autant plus ajoûter foi, que les particularités qu'il contient ont été confirmées par notre propre expérience, tant de la part de *Don George Juan*, que de la mienne dans diverses occasions qui se sont offertes.

„ Description d'un Instrument pour prendre angles, nouvellement in-
„ venté par *J. Hadley*, Ecuyer, communiqué à la Société Royale de
„ *Londres* le $\frac{13}{24}$. de *Mai* 1731. n. 420. pag. 147. *Août* &c. 1731.

„ Le but de cet Instrument est de remédier aux inconvéniens qui
„ rendent si incertain l'usage de ceux qu'on employe d'ordinaire sur mer,
„ d'où il arrive qu'il est bien difficile de faire des observations avec ces
„ Instrumens, ou que celles qu'on fait sont peu assurées.

„ L'invention de celui qu'on propose ici, est fondée sur ces principes
„ communs de Catoptrique, c'est-à-dire, que si des rayons de lumiere
„ di-

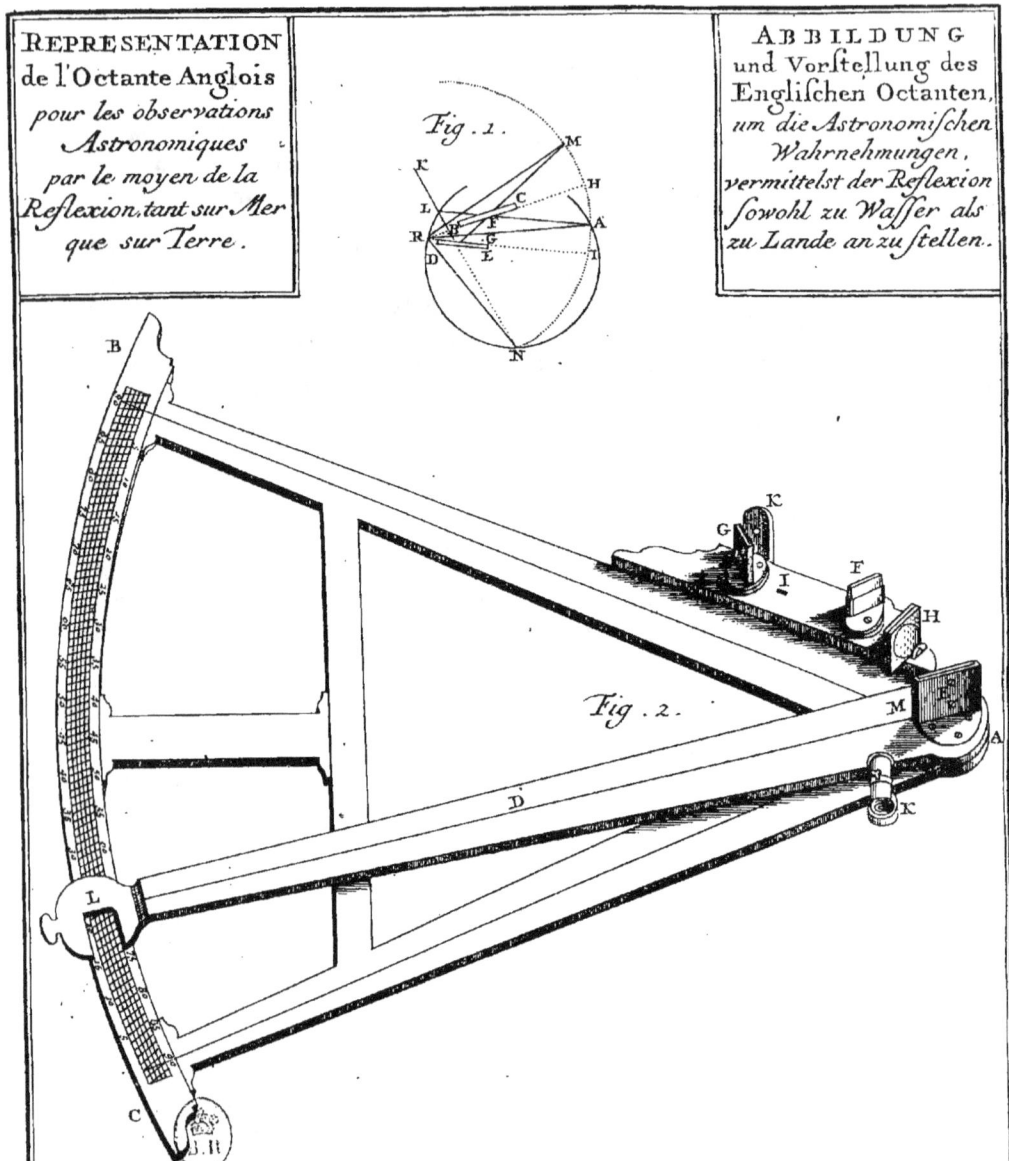

VOYAGE AU PEROU. Liv. IV. Ch. I. 127

„ divergens ou convergens vers un point, font réfléchis par une furfa-
„ ce plane & polie, après la réflexion ils feront divergens ou convergens
„ vers un autre point placé au côté oppofé de cette furface, à la même
„ diftance qu'en eft le premier point; & qu'une ligne, qui, étant per-
„ pendiculaire à la fuperficie, paffe par l'un de ces points, paffera par
„ tous les deux. Il fuit de-là, que fi un rayon de lumiere qui part d'un
„ point d'un objet eft réfléchi fucceffivement par deux fuperficies pla-
„ nes, & qu'un troifiéme plan perpendiculaire aux deux autres, paffe
„ par le point de l'objet, il paffera auffi au travers de chacune des deux
„ images fucceffives formées par les réflexions, & les trois points feront
„ à diftances égales de l'interfection commune des trois plans: fi l'on ti-
„ re deux lignes à cette commune interfection, l'une du point original
„ dans l'objet, & l'autre de l'image tracée par la feconde réflexion, ces
„ deux lignes renfermeront un angle double de celui de l'inclinaifon des
„ deux fuperficies planes.

„ Soient RFH *Fig. 1. Planche 9.* & RGI les repréfentations des fec-
„ tions du plan de la Figure par les fuperficies planes des deux miroirs
„ BC & DE, élevés perpendiculairement fur cette Figure, & qui fe
„ rencontrent dans le point R, où la commune fection eft perpendiculai-
„ re au même plan: ainfi HRI eft l'angle d'inclinaifon. Soit AF un
„ rayon de lumiere de quelque point d'un objet comme A qui tombe fur
„ le point F du premier miroir BC, & de-là eft réfléchi par la ligne FG
„ au point G du fecond miroir DE, d'où il eft réfléchi encore par la li-
„ gne GK: prolongez les lignes GF & KG en arriere jufqu'en M &
„ N, qui feront les deux images fucceffives du point A; enfuite tirez les
„ lignes RA, RM, & RN.

„ Suppofé que le point A foit dans le plan de la Figure, le point M y
„ fera auffi par les Loix de la Catoptrique. La ligne FM eft égale à la li-
„ gne FA, & l'angle MFA double de HFA ou MFH: par conféquent RM
„ fera égal à RA, & l'angle MRA double de HRA, ou MRH. De-même
„ le point N eft dans le plan de la Figure & la ligne RN fera égale à RM,
„ & l'angle MRN double de MRI, ou IRN. On n'a qu'à fouftraire
„ l'angle MRA de MRN, & l'angle ARN reftera égal à la double dif-
„ férence de MRI & de MRH, ou bien fera double de l'angle HRI, qui
„ eft la mefure de l'inclinaifon de la fuperficie du miroir DE à celle du
„ miroir BC; & les lignes RA, RM, & RN feront égales.

„ *Premier Corolaire.* L'image N reftera au même point, quoique les
„ deux

„ deux miroirs tournent enſemble circulairement ſur l'axe R, pourvu
„ que le point A reſte élevé ſur la ſuperficie de BC, & que la même in-
„ clinaiſon demeure.

„ *Deuxiéme Corolaire*. Si l'œil ſe poſe en L, qui eſt le point où la ligne
„ AF continuëe coupe GK, les points A & N lui paroîtront à la diſtan-
„ ce angulaire ALN, laquelle eſt égale à ARN: car l'angle ALN eſt la
„ différence des angles FGN & GFL : & FGN comme GFL étant dou-
„ bles de FGI & de GFR, la double différence de FRG, ou HRI, ſera
„ égale à ALN: par conſéquent L eſt dans la circonférence d'un cercle
„ qui paſſe par AN & R.

„ *Troiſiéme Corolaire*. Si la diſtance AR eſt infinie, les points A & N
„ paroîtront à la même diſtance angulaire, en quelque point de la Fi-
„ gure que ſoient placés l'œil & les miroirs, pourvu que l'inclinaiſon
„ de leurs ſuperficies ne ſouffre aucun changement, & que leur ſection
„ commune reſte paralléle à elle-même.

„ *Quatriéme Corolaire*. Toutes les parties d'un objet quelconque ſe ma-
„ nifeſteront à l'œil de l'Obſervateur par les deux réflexions ſucceſſives,
„ comme on vient de le dire, dans la même ſituation que ſi elles avoient
„ tourné enſemble circulairement autour de l'axe R, en conſervant leurs
„ diſtances reſpectives de l'une à l'autre, & l'axe reſtant dans la direc-
„ tion HI, c'eſt-à-dire, dans le même chemin qui meſure l'inclinaiſon du
„ ſecond miroir DE à l'égard du premier BC.

„ *Cinquiéme Corolaire*. Si l'on ſuppoſe que les miroirs ſont au centre
„ d'une ſphére infinie, & les objets dans la circonférence d'un grand cer-
„ cle, auquel la commune ſection de ces miroirs ſoit perpendiculaire, ces
„ objets paroîtront mus par les deux réflexions dans un arc de cercle deux
„ fois plus grand que l'inclinaiſon des miroirs, comme il a déjà été dit au-
„ paravant. Mais ſi les objets ſont éloignés de ce cercle ils paroîtront mus
„ en l'arc d'un cercle paralléle au premier : par la même raiſon la varia-
„ tion de leur lieu apparent ſe meſurera dans l'arc d'un grand cercle, dont
„ la corde eſt à la corde d'un arc (égal à la double inclinaiſon des miroirs)
„ comme les ſinus de complément de leurs diſtances reſpectives de ce cercle
„ ſont au rayon. Si ces diſtances ſont fort petites, la différence entre la tran-
„ ſlation apparente de quelqu'un de ces objets & celle de celui qui eſt dans
„ la circonférence dudit grand cercle, ſera à un arc égal au ſinus verſe de la
„ diſtance de l'objet du grand cercle à peu près, comme le double du ſinus
„ de l'angle d'inclinaiſon des miroirs eſt au ſinus du complément du même.

Cet

Cet Inſtrument conſiſte en un *Octant*, comme *ABC Fig. 2. Planche 9*, dont le limbe, ou arc *BC* contient 45 degrés diviſés en 90 parties égales, ou demi degrés, leſquels, par la nature des réflexions, valent comme des degrés entiers: ſur le centre de cet *Octant* tourne une Alidade ou Indice, qui marque par l'une de ſes extrémités les degrés dans les diviſions du limbe. Vers le centre eſt un Miroir *E* enchaſſé dans cette régle mobile perpendiculairement au plan de l'Inſtrument, dont la ſuperficie coïncide avec la ligne qui partant du centre de l'Inſtrument diviſe l'Alidade par le milieu, & marque les degrés dans le limbe comme *LM*. C'eſt ſur ce miroir que tombent les premiers rayons des objets, d'où ils ſont réfléchis à un autre petit miroir ſitué à l'un des bras de l'Inſtrument, lequel eſt dans le plan du premier ou dans un autre qui lui eſt parallèle, & au-deſſus duquel il s'élève à la même hauteur que le miroir du centre: & comme l'enchaſſure de ce dernier couvre ſa partie poſtérieure, de-même celle du petit miroir en garnit la moitié qui eſt la plus proche de l'Inſtrument, & la ſeule qui ſoit enduite de vif-argent, comme il ſe voit à *F*, l'autre moitié reſtant tranſparente. Ce petit miroir qui regarde vers l'Obſervateur (au-contraire du grand) ſert à faire obſerver les objets qu'on a en face, tandis qu'on obſerve ceux qu'on a à dos par un autre petit miroir *G* placé au même bras de l'Inſtrument, un peu plus éloigné du centre; mais il faut qu'il ſoit perpendiculaire au plan, & dans le même que le grand miroir, c'eſt-à-dire, dans un plan parallèle à celui de l'Inſtrument, & qui en ſoit fort proche.

Le premier miroir placé au centre de l'Alidade & de l'Inſtrument reſte fixe. Mais comme ſon enchaſſure forme une baſe circulaire ou de quelque autre figure, laquelle eſt arrêtée par des vis ſur l'Alidade ou Indice, on lui laiſſe un peu de jeu, afin que par le moyen d'une des vis on puiſſe l'ajuſter de maniere qu'il réponde à la ligne du milieu de l'Alidade. Les deux petits miroirs conſervent deux mouvemens, l'un circulaire, & l'autre latéral; celui-ci ſe fait par le moyen des vis, qui retiennent les baſes de leurs enchaſſures ſur ce qui les reçoit au bras de l'Inſtrument, & ſert à les placer perpendiculairement au plan dudit Inſtrument: l'autre ſe fait par le moyen d'une cheville qui eſt à la partie poſtérieure, & qui fait mouvoir circulairement les deux baſes de chaque miroir, pour leur donner l'inclinaiſon néceſſaire: de maniere que l'Alidade étant miſe ſur zéro, la ſuperficie de ſon miroir, & celle du petit qui ſert à obſerver les objets en face, ſe trouvent parallèles; mais avec l'autre, par lequel on obſerve les objets qu'on a à dos, elles forment des angles droits parfaits.

La hauteur d'un Aſtre quelconque ſur l'horizon, priſe par cet Inſtrument, eſt déterminée par l'inclinaiſon des plans des deux miroirs l'un à l'égard de l'autre, quand l'objet ſe manifeſte exactement dans l'horizon. Cela doit s'entendre de l'inclinaiſon de chacun des petits miroirs à l'égard du principal, qui eſt celui de l'Alidade, & chacun dans ſon emploi; car à ce dernier égard les deux petits ſont indépendans l'un de l'autre. Dans l'obſervation des objets en face, le double de l'angle d'inclinaiſon eſt la hauteur cherchée, dont la valeur eſt marquée dans le limbe, par l'Indice. Dans l'obſervation des objets à dos, le double de la différence de cet angle d'inclinaiſon d'avec un droit eſt auſſi la hauteur de l'Aſtre, laquelle eſt marquée de la même manière que la précédente par l'Alidade; car la même échelle de degrés ſert à l'une & à l'autre obſervation, ſans autre différence que de prendre dans l'une l'angle d'inclinaiſon des ſuperficies des deux miroirs, & dans l'autre ſon complément.

Pour l'uſage de chacun des deux petits miroirs il y a deux pinules où l'on applique l'œil; la place de ces deux pinules a été ſuffiſamment déterminée par les détails précédens. La pinule deſtinée à l'obſervation des objets en face, laquelle eſt $K\,1$, a deux trous, ou lumières, l'un deſquels eſt auſſi élevé, par rapport au plan de l'Inſtrument, que le milieu de la partie enduite de vif-argent du petit miroir à laquelle il répond exactement, tandis que l'autre répond à la ligne qui ſépare cette partie enduite de vif-argent de celle qui ne l'eſt pas, où ſe place un peu plus bas. La pinule $K\,2$, qui ſert à obſerver les objets à dos, n'a qu'un trou qui répond exactement au milieu de la tranſparence du miroir G; car celui-ci a deux parties enduites de vif-argent, & entre les deux un petit eſpace qui ne l'eſt point, & qui étant par conſéquent tranſparent, & parallèle au plan de l'Inſtrument, ſert à découvrir l'horizon.

Il eſt des objets, le Soleil par exemple, dont l'éclat réfléchi éblouiroit les yeux, & empêcheroit l'obſervation: pour obvier à cela, il y a deux verres l'un plus obſcur que l'autre H; & l'on employe l'un ou l'autre ſelon que l'Aſtre eſt plus ou moins reſplendiſſant, ou tous les deux, pour tempérer l'éclat de ſes rayons. Ces deux verres ont chacun leur enchaſſure particuliere: à l'un des coins eſt un tenon à vis qui embraſſe ces deux enchaſſures, & qui entre dans deux trous pratiqués au rayon de l'Inſtrument où ſont les miroirs dans le trou H quand on obſerve les objets en face, & dans I quand on obſerve ceux qui ſont à dos. Ces deux verres tournent autour de la vis qui les aſſujettit au tenon, deſorte que

ſans

sans tirer celui-ci du trou, on détourne les verres de la direction du rayon réfléchi, où on les y met, selon qu'il est nécessaire.

La maniere de faire des obfervations avec cet Inftrument, c'eft de le placer verticalement, deforte que fon plan coïncide avec le cercle vertical, qui paffe par le zénith de l'Obfervateur & l'objet. Après quoi on applique l'œil à la pinule convenable, & l'on tourne l'Alidade circulairement jufqu'à ce que par le petit miroir où l'on dirige la vue, on voye l'objet exactement dans l'horizon. Ce n'eft pas par la réflexion qu'on le découvre, puifqu'on le regarde au-travers de la partie du miroir où il n'y a point de vif-argent. Si l'Aftre n'eft pas encore arrivé au méridien, à mefure qu'il s'éléve davantage fur l'horizon on le voit s'en éloigner par le petit miroir, & en avançant peu à peu l'Alidade, il fe rajufte & rencontre l'objet.

Si l'objet n'a qu'une foible luëur, comme cela arrive au Soleil quand il eft offufqué par des nüages, ainfi qu'aux Etoiles, il faut en ce cas que l'objet tombe fur la partie du miroir qui eft enduite de vif-argent, & l'on forme fon jugement quand il vient à être dans une même ligne avec celle que fait l'horizon dans l'autre partie du miroir où il n'y a point de vif-argent. Mais alors on doit être attentif à conferver la ligne dans laquelle on voit l'image de l'objet, à la conferver, dis-je, auffi paralléle au plan de l'Inftrument qu'il fera poffible. Pour cette raifon quand on obferve l'objet en face, fi le Soleil a affez de lumiere, il faut que fon image réponde au milieu de la partie du miroir qui n'a point de vif-argent, & que l'on regarde par le trou le plus extérieur de la pinule: mais s'il eft offufqué, & que fa lumiere foit foible, ou fi l'on obferve quelque Etoile, il faut que fon image tombe fur le bord de la partie enduite de vif-argent, & qu'on applique l'œil au trou le plus près de l'Inftrument.

Dès que l'objet s'éléve fur l'horizon, ou qu'il s'en approche, il faut mouvoir l'Inftrument de gauche à droite ou de droite à gauche, le tenant toujours verticalement, & alors on verra que l'image du Soleil paroît comme nager fur l'horizon; mais fi l'objet eft éloigné de l'horizon, & qu'il ne le touche d'aucune part, il faut avancer l'Alidade, & ajufter l'Inftrument vers la partie de l'horizon dont l'objet eft le plus près, & quoiqu'alors l'objet fe joigne à l'horizon, il s'en éloigne toujours par quelque endroit à mefure qu'il s'éléve.

Pour connoître fi l'Inftrument eft bien droit, il faut le porter, en remuant tout le corps, fans faire agir les bras de gauche à droite ou de droite à gauche. S'il eft bien droit, l'objet paroîtra parcourir l'horizon;

s'il ne l'eſt pas, le même objet coupera l'horizon & donnera une hauteur incertaine. Et de cette façon tant que le plan de l'Inſtrument reſtera dans celui du cercle vertical mentionné ci-deſſus, l'image de l'objet obſervé ne ſortira pas de la ligne de l'horizon.

Pour obſerver le Soleil avec quelque exactitude, il ne faut pas prendre le centre de cet Aſtre ; parce que ſon diamétre étant de 30 à 32 minutes, il n'eſt pas poſſible d'en déterminer préciſément le centre. Il faut donc prendre un des limbes ou bords de cet Aſtre, c'eſt-à-dire, le bord d'en-bas ou celui d'en-haut : & on corrige la hauteur en additionnant, ou en ſouſtrayant les 15 ou 16 minutes de ſon ſémidiamétre, ſuivant le limbe obſervé.

Pour faire cette correction on doit ſe ſouvenir que l'image de l'objet qu'on obſerve en face, n'eſt point renverſé enſuite des deux réflexions, puiſque le limbe inférieur du Soleil eſt réellement tel qu'il paroît ; & ſi c'eſt ce limbe qu'on obſerve on doit additionner les 15 ou 16 minutes à la hauteur marquée par l'Indice dans l'*Octant*, afin d'avoir la véritable hauteur du centre du Soleil ſur l'horizon ; mais il faut les ſouſtraire, ſi c'eſt le limbe ſupérieur qu'on obſerve. On fera le contraire ſi l'on obſerve le Soleil à dos ; parce que de cette maniere les objets ſont renverſés, & ce qui eſt réellement inférieur paroît ſupérieur : deſorte qu'alors il faut ſouſtraire la valeur du demi-diamétre du Soleil, ſi l'on a pris le limbe inférieur dans l'apparence, lequel eſt celui qui parvient le premier à toucher l'horizon, & ſur lequel tout le corps de l'Aſtre eſt élevé ; mais ſi on avoit pris le limbe ſupérieur apparent, qui laiſſe tout le corps de l'Aſtre comme néyé, il faudroit additionner la même quantité.

Pour obſerver une Etoile, le plus ſûr eſt de la regarder directement par la réflexion de l'Inſtrument, après avoir mis l'Indice ou Alidade au commencement de la diviſion du limbe, & le faiſant gliſſer (ſans perdre l'Etoile de vue) ſur ledit limbe, juſqu'à ce que l'objet arrive à l'horizon. Dès qu'on en eſt venu-là, il n'y a plus de difficulté pour continuer l'obſervation comme à l'ordinaire avec le Soleil. Mais s'il y a deux ou pluſieurs Etoiles d'égale clarté ou grandeur, les unes près des autres, l'obſervation peut être fautive par le riſque que l'on court de prendre une Etoile pour l'autre. Si l'horizon étoit fort ſerein, & l'Etoile peu lumineuſe, il feroit mieux d'employer l'obſervation à dos ; par où l'Etoile ſe fera voir, & par le moyen du mouvement de l'Indice s'approchera de l'horizon, juſqu'à ce qu'elle s'y joigne. Ces dernieres obſervations ſe faiſant ordinairement de nuit, il eſt difficile de diſtinguer alors l'horizon. Pour y réuſſir il eſt à propos que l'Obſervateur s'approche autant qu'il ſera possible de la superficie de l'eau; par ce moyen l'horizon étant retreci devient plus aisé à distinguer.

Il y a deux choses à remarquer dans cet Instrument pour faire chaque observation, soit qu'on ait l'objet en face ou à dos; 1. de bien connoître si les miroirs sont perpendiculaires au plan de l'Instrument; 2. d'examiner si l'inclinaison qu'ils doivent avoir entre eux l'un à l'égard de l'autre est celle qui convient. La premiere ne demande pas beaucoup d'aprêts, puisqu'il suffit qu'ils ne s'écartent pas beaucoup de la position convenable de l'Instrument. Pour faire cet examen on choisit un objet à la distance d'une demie lieue, (il seroit plus sûr d'avoir recours à l'horizon) l'*Indice* étant au commencement de la division sur zéro, on regarde par la pinule qui répond au petit miroir par lequel on observe les objets en face. Si alors la ligne de l'horizon vue directement par les deux côtés du miroir, & celle que réfléchit le miroir de l'*Indice*, coïncident ensemble & ne font qu'une seule & même ligne, c'est une marque que le miroir est bien situé: Et s'il ne l'est pas encore on pourra y remédier par le moyen des petites vis mises à cette fin sur la planchette qui sert de base à son cadre, haussant les unes & baissant les autres jusqu'à ce que les lignes coïncident. Le second examen se fera en plaçant l'Instrument verticalement, & tenant l'*Indice* sur zéro, on regarde comme auparavant par la pinule: si l'horizon apparent qui se trace dans la partie enduite de vif-argent du petit miroir, se rencontre avec celui qui se voit directement par-là, & qui n'est point apparent, & forment une ligne droite, les deux miroirs seront parallèles; s'ils ne le sont pas, c'est que l'un est plus haut que l'autre; on tourne alors le petit autant qu'il est nécessaire jusqu'à ce qu'il soit ajusté par le moyen de la cheville qui est derriere l'Instrument, après quoi on presse une petite vis, qui est-là exprès pour empecher le miroir de se mouvoir ou de se déplacer.

Pour les observations des objets qu'on a à dos, on examine le petit miroir destiné à cet effet, de la même maniere qu'on examine les autres. La premiere épreuve se fait en le plaçant horizontalement, & la seconde en le plaçant verticalement. Etant ainsi ajusté l'observation que l'on fera d'un objet en face, s'accordera avec celle d'un objet à dos, à-moins que l'Observateur ne soit dans un lieu trop élevé au-dessus de la superficie de l'eau, comme cela arrive dans les grands Vaisseaux; car en ce cas l'Observateur n'est point dans la ligne droite qui va d'un bout de l'horizon à l'autre, mais plutôt il est beaucoup plus haut. Pour corriger cette petite différence, au-lieu de poser l'*Indice* sur zéro pour éprouver l'Inſtrument verticalement dans l'obſervation des objets à dos; on le placera loin du zéro le double du nombre de minutes qui ſe trouvent dans la différence qu'il y a entre l'horizon apparent & le véritable, ſelon que celui-là eſt plus bas que celui-ci. Après quoi les images ou lignes des deux horizons, c'eſt-à-dire, de l'horizon poſtérieur vu par réflexion, & de l'horizon antérieur qu'on a directement devant ſoi, s'accordant entre elles, on pourra en toute ſureté faire les obſervations.

Il n'eſt pas hors de propos d'avertir ici que l'horizon poſtérieur vu par la réflexion eſt renverſé, c'eſt-à-dire, que l'eau paroît au-deſſus & le Ciel en bas.

Quand on fait ces épreuves on ſuppoſe le miroir de l'*Indice* bien ajuſté dans ſon lieu & immobile. On l'examine par le moyen d'une échelle, &, comme on vient de le dire, il faut qu'il ſoit placé bien perpendiculairement & dans la ligne de la direction de l'*Indice*.

A l'égard de l'exactitude requiſe dans la fabrique de cet Inſtrument, il y a diverſes précautions que l'Ouvrier ne doit point négliger; & principalement il ne ſauroit trop apporter d'attention dans la diviſion du limbe, car toutes les erreurs qu'il y commet ſont doubles: la raiſon en eſt, que comme chaque demi-degré vaut un degré entier par l'effet de la réflexion, de-même l'erreur d'une minute dans la transverſale, ou point de diviſion, équivaut à deux. L'Alidade ou *Indice* doit avoir un mouvement fixe ſur le centre, & par conſéquent ſon axe doit reſter conſtamment perpendiculaire au plan de l'Inſtrument. Son mouvement doit être doux & par-tout égal, de peur qu'elle ne plie par la pointe; & pour plus de ſureté à cet égard, il conviendroit qu'elle fût un peu plus forte, & qu'on la fît un peu plus large à l'extrémité qui eſt vers le centre; on préviendroit par-là les inconvéniens où l'expoſe ſa trop grande flexibilité.

Les ſuperficies des miroirs doivent être exactement planes, & unies; car la moindre inégalité ou courbure non ſeulement feroit confondre les objets, mais auſſi varier leur véritable ſituation, quand on les verroit par la réflexion; enfin tout l'ouvrage y compris le bois & le métal, c'eſt-à-dire le limbe, le centre, & les rayons, doivent être dans un même plan, & tous les miroirs dans un autre paralléle à celui-là, & le plus près qu'il eſt poſſible. Les verres opaques, quoiqu'il ſoit à propos qu'ils ſoient bien unis, ne requierent pas une ſi grande exactitude que les autres verres, pour leſquels il faut une attention extrême, outre qu'il convient de leur donner aſſez d'épaiſſeur. Enfin il eſt néceſſaire que les ſuperficies de chaque verre opaque ſoient parfaitement paralléles, ou du-
moins

moins autant qu'il est possible: au-reste ces sortes de verres peuvent être ou de métal, ou de cristal.

L'invention de cet Instrument procure dans les observations divers avantages, que n'ont pas ceux dont on s'est servi jusqu'aujourd'hui dans la Navigation. Ces avantages sont:

Le roulis du Vaisseau n'empêche pas l'effet de cet Instrument, vu que l'objet lumineux venant à paroître sur l'horizon par le moyen de la réflexion, on découvre & l'objet & l'horizon au-travers du même miroir; & quoique tout le corps de l'Instrument soit agité, & que les objets semblent mus dans le miroir, ils ne laissent pas de garder la même situation l'un à l'égard de l'autre: d'où il suit que si l'Astre & l'horizon sont arrangés de maniere qu'ils se touchent, le mouvement ne les séparera point: tout au plus ils sortiront du miroir si l'agitation est bien grande, mais ils rentreront, & avec la même facilité on verra l'Astre s'élever sur l'horizon, s'il reste dans le Méridien, ou s'il décline. Il sera en même tems aussi aisé de connoître sa situation, que de la corriger en perfectionnant & réitérant l'observation autant de fois qu'il sera nécessaire. Cet avantage ne se trouve pas dans les Instrumens ordinaires, & bien loin qu'on s'en puisse prévaloir dans pareilles occasions, à peine, après beaucoup de peine & de travail, peut-on trouver par leur moyen une Latitude qui ne differe que de 10 à 12 minutes de la véritable, encore ne peut-on pas s'assurer de la justesse de l'observation. Souvent même les observations faites par diverses personnes sur une Mer tranquille, & par un tems serein, different entre elles au-delà de la quantité que je viens de marquer.

Tous les Instrumens dont nous avons connoissance, & dont on se sert communément dans la Navigation pour observer les Latitudes, sont incommodes, en ce qu'il faut en observant avoir en même tems l'œil sur deux objets, qui étant de différente espéce, & situés dans des distances fort inégales, ne peuvent être parfaitement distingués, & l'observation est sujette à être interrompue: d'où il suit qu'on ne peut se faire aucune idée exacte de l'image ou de l'ombre du Soleil, ni de l'horizon, qui est retracée dans l'Instrument ordinaire; vu que l'horizon est trop éloigné de cette image, & qu'en faisant attention à l'un on perd l'autre de vue; ce qui n'arrive point avec le nouvel *Octant* dont il est ici question, dans lequel on découvre distinctement le disque du Soleil & l'horizon dans le même lieu, & par cette raison lorsqu'ils coïncident ils ne forment plus qu'un seul objet. Et cet objet c'est le point de leur attouchement, ou la petite

te distance qu'il y a de l'un à l'autre s'ils ne parviennent point à se toucher. Mais comme il importe de détruire cette distance pour que l'observation soit bonne, il est évident que quoique les objets soient ici séparés, on ne fait attention à aucun en particulier, puisqu'il ne s'agit pas de les comparer entre eux, mais seulement de les unir.

Dans tous les Instrumens ordinaires on ne peut observer la hauteur méridienne du Soleil, quand sa lumiere est trop foible pour faire ombre & tracer son image dans lesdits Instrumens, ce qui arrive lorsque quelque nuage épais l'offusque. Au-contraire, dans l'Instrument en question l'observation se fait alors avec la même précision que si les rayons de cet Astre étoient dans toute leur force, avec cette seule différence, qu'étant foibles il n'est pas nécessaire d'interposer les verres opaques destinés à tempérer leur éclat & leur vivacité. A quoi il faut ajoûter que quoique l'horizon soit un peu brouillé, il n'empêche pas le succès de l'observation, pourvu qu'il soit perceptible à l'œil nud, puisqu'on le voit de la même façon & sans la moindre différence au-travers du miroir, & l'observation se fait aussi exactement dans ces deux cas que s'il n'y avoit pas le moindre obstacle au Soleil & à l'horizon. Ces sortes de cas se rencontrent fréquemment sur Mer, & sont cause qu'on ne peut connoître la Latitude dans certains parages, où cette connoissance seroit extrêmement nécessaire.

Tant que le Soleil est près du zénith, ou les hauteurs observées sont peu exactes, ou elles sont tout-à-fait inutiles, & dans aucun de ces cas il n'y auroit pas de prudence à s'y fier. La raison est, qu'il faut que le mouvement de l'Astre soit considérable pour qu'on l'apperçoive dans l'Instrument; mais la justesse de l'Instrument dont nous parlons ici, est telle qu'on y remarque jusqu'à une minute, ce qui paroîtra étonnant à ceux qui sont accoutumés d'observer avec des Instrumens où 3 ou 4 minutes ne se font point remarquer, quelque attentifs que soient ceux qui dirigent ces sortes d'Instrumens. Pour s'en convaincre, il suffira de concevoir que le corps du Soleil est transposé à l'horizon par l'effet de la réflexion, & par conséquent tous les mouvemens qu'il fait étant près du zénith, répondent ici à ceux qu'il fait le matin quand il commence à se lever ou le soir quand il se couche.

Aux quatre avantages essentiels que l'on vient d'expliquer, on peut en joindre d'autres qui résultent du maniement dudit Instrument, lesquels en certains cas ne sont pas moins importans que les précédens. Tel est celui-ci, savoir, qu'avec la même facilité qu'on observe le petit arc de la hauteur du Soleil ou d'un autre Astre qu'on a en face, on observe aussi le
plus

plus grand de celui qu'on a à dos. D'où il suit que si une partie de l'horizon est totalement offusquée, ou interceptée par la côte voisine, on peut faire l'observation par le côté opposé.

La disposition de cet Instrument & la position qu'il requiert, ne l'exposent pas tant au vent que les autres; tout le volume de celui-ci est presque couvert du corps de l'Observateur, de-là vient qu'il n'est pas si agité quand le vent est extrêmement fort. Enfin il a encore d'autres avantages & commodités qui le rendent préférable aux Instrumens de cette espéce inventés jusqu'ici, comme il sera aisé de s'en convaincre par l'usage. Mais il est sur-tout estimable par la facilité qu'il y a à le diriger.

CHAPITRE II.

Remarques sur la Navigation depuis le Port Périco *jusqu'à la* Puna. *Vents & Courans dans cette Traversée.*

LEs *Brises* sont, comme il a été dit, la cause du changement des Saisons & du Climat de *Panama*, & d'où provient l'Eté. C'est ce même vent qui fait varier le tems dans la traversée du Port de *Périco* à *la Puna*, ou plutôt jusqu'au *Cabo Blanco*. Après que ce vent a commencé à se faire sentir à *Panama*, il s'étend peu à peu, & combat les vents de Sud jusqu'à ce qu'il les ait surmontés, & qu'il se soit établi. Ordinairement les *Brises* ne se font pas sentir au-delà de l'Equateur, où elles ont même assez peu de force, desorte qu'elles sont souvent interrompues par des calmes, ou par d'autres vents foibles & variables. Quelquefois pourtant elles pénétrent plus loin, & jusqu'à l'Ile de *la Plata*, ou aux environs. Leur plus grande force se fait toujours sentir à mesure qu'on approche de *Panama*. Ce vent, qui court du Nord au Nord-Est, nettoye l'air de tout nuage, éclaircit les côtes en écartant les brouillards, & n'est point accompagné de pluyes orageuses; mais il pousse des bouffées si violentes & si fréquentes, surtout depuis le Cap *San Francisco* jusqu'au Golphe de *Panama*, que sans une attention particuliere dans la maneuvre on courroit de grands risques.

Quand les *Brises* cessent, les vents de Sud commencent à s'animer, & parviennent à un degré de force au-dessus des *Brises* quand ils sont bien établis. Ces vents ne viennent pas précisément du Midi comme plusieurs l'ont cru; mais ils courent du Sud-Est au Sud-Ouëst, s'éloignant plus du

Sud en certains tems qu'en d'autres. Quand ils inclinent au Sud-Eſt, qui eſt le côté du Continent, ils ſont accompagnés d'orages & de tempêtes, qui heureuſement ne ſont pas de durée. Les Navires qui font la traite de la Côte du *Pérou*, de *Guayaquil* pour *Panama*, partent de leurs Ports reſpectifs pendant que les vents de Sud régnent, afin de profiter de ceux du Nord pour leur retour, & pour abréger leur voyage. Ce n'eſt pas qu'ils obſervent toujours cette régle, & qu'ils ne faſſent ce trajet pendant qu'il régne d'autres vents; mais en ce cas ils riſquent d'être plus longtems en mer juſqu'à ce qu'ils ayent gagné le Port de *Payta*. Quand il leur arrive de naviguer ainſi dans la Saiſon contraire, ils ſont obligés de toucher aux Ports de *Tumaco*, d'*Atacames*, de *Manta*, ou à *Punta de Santa Helena* pour faire de l'eau & des vivres.

Tels ſont les vents aliſés qui régnent toujours dans cette traverſée: ce n'eſt pas qu'il n'y ait quelquefois des changemens à cet égard, mais ils durent peu, & le vent établi reprend toujours le deſſus.

Les courans ne tiennent pas une route ſi régulière que les vents; car dans la Saiſon des *Briſes* les eaux courent depuis *Morro de Puercos* juſqu'à la hauteur de *Malpelo* au Sud-Ouëſt & Ouëſt, & de-là juſqu'au Cap *San Franciſco* elles portent à l'Eſt & Eſt-Sud-Eſt en inclinant vers la *Gorgone*. Depuis le Cap *San Franciſco* elles portent au Sud & Sud-Ouëſt, & conſervent cette direction juſqu'à 30 ou 40 lieues en mer; avec cette différence que leur mouvement eſt plus ou moins fort, ſelon la force ou la foibleſſe des *Briſes*.

Quand les vents de Sud ſoufflent, les courans portent depuis la Pointe de *Santa Helena* juſqu'au Cap *San Franciſco* par Nord & Nord-Ouëſt, auſſi à 30 ou 40 lieues en mer: de-là juſqu'à la hauteur & le méridien de *Malpelo* ils inclinent vers l'Eſt avec beaucoup de force, & au Sud-Eſt depuis *Morro de Puercos*, le long de la côte, néanmoins à quelque diſtance, puiſque leur direction tend vers le Golphe de la *Gorgone*; mais depuis *Malpelo* juſqu'à *Morro de Puercos* par le Méridien du premier, ils portent avec violence au Nord-Ouëſt & à l'Ouëſt. De-même, dans la traverſée de *Cabo Blanco* à la Pointe de *Santa Helena* les eaux de *Guayaquil* ſortant avec violence quand ce Fleuve eſt enflé, comme on le verra dans ſon lieu, courent à l'Ouëſt; & au-contraire, quand la Riviere eſt baſſe, ils entrent dans le Golphe de *la Puna*. Le premier effet ſe remarque pendant que les *Briſes* régnent; & le ſecond quand ce ſont les vents de Sud.

Dans quelque tems qu'on faſſe voile de *Périco* pour *Guayaquil* ou pour la Côte du *Pérou*, on tâche d'éviter l'Ile de *la Gorgone*, pour ne point *s'engorgonner*, comme parlent les Pilotes de cette Mer; ce qui n'arrive que trop fréquemment, ou par négligence, ou plus ordinairement quand les Vaisseaux ont été retardés par des calmes. Il n'est pas moins nécessaire d'éviter l'Ile de *Malpelo*, dont le nom * annonce assez ce qu'elle est: & dans l'alternative de *s'engorgonner*, ou d'aller périr sur cette Ile, il vaudroit encore mieux choisir le premier que l'autre: on en seroit quitte à meilleur marché, & pour quelque retardement dans le voyage.

Dès qu'une fois on vient à découvrir l'Ile de *la Gorgone*, il est bien difficile de s'en éloigner en gouvernant par le Sud, le Sud-Ouëst, l'Ouëst, & même par le Nord; desorte que le plus sûr en pareil cas est de revirer vers *Panama*, en suivant la côte, parce que c'est-là que les eaux changent de direction; & il faut bien prendre garde de ne pas trop s'en éloigner, de peur de retomber dans le fil du courant qui porte au Sud-Est.

Les terres de toute la côte depuis *Panama* jusqu'à la pointe de *Santa Helena*, sont de médiocre hauteur; mais dans quelques parages on découvre dans le lointain des Montagnes fort hautes, qui font partie des *Cordillères* intérieures. *Monte Christo* est l'endroit par où l'on connoît *Manta*; c'est une Montagne assez haute, au bas de laquelle est un Village de même nom.

Dans les anses qne forme cette côte, particuliérement dans celles où il y a des embouchures de Rivieres, il est dangereux de trop s'avancer vers terre, à-cause qu'il y a des basses qui ne sont même pas assez connues des Pilotes du Pays. Dans l'Anse, ou Golphe, de *Manta*, il y en a une où divers Vaisseaux ont touché à trois ou quatre lieues de terre. Ils s'en sont tirés heureusement, parce que l'eau y est fort tranquille: mais on a été obligé de leur donner la carène d'abord après, pour boucher les voyes d'eau qu'ils s'étoient fait en touchant.

Dans toute cette traversée on éprouve rarement la Mer mâle. Les grains de vent & de pluye y sont à-la-vérité plus fréquens, mais ils agitent peu la Mer, & cessent même dès que le vent commence à foiblir.

Pendant que les vents de Sud régnent il y a des brouillards sur les côtes, qui en sont souvent toutes couvertes; c'est ce que nous expérimentâmes en partie dans notre voyage; mais c'étoit peu de chose, puisque nous ne laissâmes pas de dessiner les divers prospects qu'elles formoient. C'est tout le contraire quand les *Brises* régnent; car alors l'air étant toujours serein, les côtes ne sont point offusquées, & l'on peut alors s'en approcher avec plus de sûreté & de confiance.

CHA-

---

* *Malpelo*, comme qui diroit *Maupoil* ou *Mauvaispoil*.

CHAPITRE III.

De notre séjour à Guayaquil, *& des mesures que nous prîmes pour nous rendre à la Montagne.*

LE Navire le *San Chriſtoval*, que nous avions laiſſé mouillé à *la Puna*, remit à la voile après notre départ pour entrer dans le Fleuve, & la nuit du 26 de *Mars* 1736 vint jetter l'ancre vis-à-vis de la Ville. Le lendemain nos Equipages & Inſtrumens furent portés à terre, & nous commençâmes nos obſervations pour déterminer la ſituation de *Guayaquil* ſelon ſa Latitude & ſa Longitude: mais quoique l'envie d'y réuſſir nous rendît fort attentifs à obſerver une immerſion des ſatellites de *Jupiter*, pour nous conſoler en même tems de n'avoir pu obſerver l'Eclipſe de Lune, nous ne fûmes cette fois pas plus heureux qu'à l'égard de l'Eclipſe. L'air couvert de nuages qui avoient de la peine à ſe diſſiper entiérement, ne nous permit pas de venir à bout de notre deſſein. Le jour étant plus favorable que la nuit à nos opérations Aſtronomiques, nous en profitâmes pour prendre diverſes hauteurs méridiennes du Soleil; & nous tâchâmes de ſaiſir les momens de la nuit où les nuages laiſſoient quelque intervalle, pour obſerver les Etoiles que nous découvrions.

A notre arrivée à *Guayaquil* le Corrégidor de cette Ville, de qui nous recevions toute ſorte de civilités, ainſi que des Officiers du Roi & autres Perſonnes de diſtinction, donna avis au Corrégidor de *Guaranda* de notre arrivée, afin qu'il eût ſoin d'envoyer des voitures au Port de *Caracol*, pour nous tranſporter à la Montagne, dont le paſſage étoit alors effectivement interrompu à-cauſe de la Saiſon, car c'étoit vers la fin de l'Hiver dans ce Pays-là; tems extrêmement contraire à ce voyage, tant parce que les chemins ſont mauvais, que parce que toutes les Rivieres ſont débordées, & qu'on ne peut les guéer ſans danger, n'y ayant point de ponts à-cauſe de leur largeur.

Le Corrégidor de *Guaranda* étoit alors retenu à *Quito* pour des affaires concernant ſon emploi. Mais *Don Dionyſio de Alcedo, y Herrera*, Préſident & Gouverneur de cette Province, étant informé de notre deſſein, lui donna ordre de ſe rendre d'abord à ſon Corrégiment, & de pourvoir à tout ce qui nous ſeroit néceſſaire pour notre voyage; il envoya en même tems des ordres circulaires à tous les autres Corrégidors, dont les juriſdic-

tions

tions fe trouvoient fur notre route jufqu'à *Quito*, leur enjoignant de nous rendre tous les fervices poffibles. Tout étant ainfi difpofé, & les Mules dont nous avions befoin étant déjà en marche pour *Caracol*, où elles arriverent le 6 de *Mai*, nous nous préparâmes à nous embarquer fur le Fleuve, qui eft la route que l'on prend ordinairement: ce n'eft pas qu'il n'y en ait une par terre, mais elle eft impraticable à-caufe des marais qui fe trouvent tout le long du chemin depuis *Guayaquil* jufqu'à *Caracol*, fans compter quantité de grandes Rivieres qu'il faut paffer; de maniere que cette route ne fe peut faire qu'en Eté, encore faut-il que le Voyageur ne foit embaraffé d'aucun bagage, & qu'il fache les lieux, où il y a des canots pour paffer les Fleuves.

CHAPITRE IV.

Defcription de Guayaquil. *Sa fituation, découverte, fondation, grandeur, & ftructure des Maifons de cette Ville.*

Quoiqu'on ne foit pas bien affuré du tems auquel on commença à bâtir la Ville de *Guayaquil*, il eft néanmoins décidé que ce fut la féconde Ville que les *Efpagnols* fonderent, non feulement dans cette Province, mais même dans tout le Royaume du *Pérou*, puifque felon les anciens Memoires confervés dans les Archives de la Ville, fa fondation fuivit immédiatement celle de la Ville de *Picera*. Or celle-ci ayant été fondée en 1532, & la Ville de *los Reyes*, *Rimac* ou *Lima* en 1534, ou, felon d'autres, en 1535, ce doit être dans l'intervalle de ces deux ans qu'on jetta les premiers fondemens de *Guayaquil*, fous la conduite de l'*Adelantado Belalcazar**; mais elle fubfifta peu dans cette nouvelle forme. Les *Indiens*, après diverfes infultes, la prirent & la détruifirent. En 1537 le Capitaine *Francifco de Orellana* la rétablit. D'abord elle fut fituée fur le Golphe de *Charopoto*, un peu plus au Nord qu'elle n'eft préfentement, & à peu près dans l'endroit où eft à-préfent le Village de *Monte Chrifto*; enfuite elle fut rebâtie dans le lieu qu'elle occupe préfentement, qui eft la rive ou côte occidentale du Fleuve de *Guayaquil* par les 2. deg. 11. min. 21. fec. de Latitude Auftrale fuivant nos obfervations. Sa Longitude n'eft pas déterminée par des obfervations particulieres; mais, à en juger

* Commandant.

ger par celles que nous fîmes à *Quito*, elle est par les 297. deg. 17. min. du Méridien du *Pic de Ténériffe*. Ses anciens Habitans ayant été transférés par *Orellana*, comme nous venons de le dire, bâtirent leurs habitations sur le penchant d'une Colline nommée *Cerrillo Verde*, & c'est ce qu'on appelle aujourd'hui la vieille Ville, ou *Ciudad Vieja*. Dans la suite les Habitans se trouvant d'un côté trop resserrés par la colline, & de l'autre par les *esteros* ou inégalités causées par les eaux qui creusent ce terrain, ont jugé à-propos, non pas de quitter entiérement le lieu, mais de bâtir une autre Ville à 5 ou 600 toises de celle-là, & commencerent à exécuter ce projet en 1693, conservant la communication avec la vieille Ville par un pont de bois, qui a environ 300 toises de long, & sur lequel on traverse sans incommodité les creux qui sont entre les deux Villes: dans les intervalles que ces creux laissent des deux côtés du pont, il y a des maisons habitées par de pauvres gens, lesquelles unissent les deux Villes.

L'étendue de cette Ville est très-considérable, puisque depuis la vieille Ville jusqu'à la nouvelle elle occupe tout le long du Fleuve un terrain d'une demi-lieue. Mais elle a très-peu de profondeur, chacun se piquant de bâtir sur le bord du Fleuve, non seulement pour jouir de l'amusement que fournit le Commerce qui s'y fait, mais aussi pour profiter des vents agréables qu'il attire, & qui rafraîchissent ses bords; vents d'autant plus attrayans qu'ils sont rares en Hiver.

Toutes les Maisons de l'une & de l'autre Ville sont de bois; celles de la nouvelle & quelques-unes de la vieille sont couvertes de tuiles; les autres ont des toits de chaume ou de *gamalote*. Présentement il est défendu d'en faire de pareils, pour éviter les incendies, dont la Ville a ressenti des effets dans neuf occasions différentes, & toujours avec une très-grande désolation. La plupart de ces incendies sont arrivés par la malice des *Négres*, qui pour se venger des châtimens que leurs Maîtres leur infligeoient, ont jetté du feu sur les toits de leurs maisons, favorisés par les ténébres & le silence de la nuit, & par-là ont ruiné non seulement les maisons de ceux contre qui ils étoient animés, mais causé une perte infinie au reste de la Ville.

Quoique les Maisons ne soient que de bois, elles sont néanmoins extrêmement belles & grandes; elles sont toutes à un étage avec un entresol, & le bas est occupé dans l'intérieur par des Magazins, & sur le devant par des Boutiques de toute espéce, qui ont généralement des portiques fort spacieux, qui sont les seuls passages qu'on ait en Hiver, les rues étant alors impraticables.

Comme on y eſt toujours en crainte, & avec raiſon, contre le feu, on a jugé à-propos de ſéparer les cuiſines des maiſons, afin de prévenir les malheurs que la négligence peut cauſer quelquefois. Elles ſont fort élevées, à 12 ou 15 pas de diſtance des maiſons avec leſquelles elles communiquent par une galerie découverte en maniere de pont. Cette galerie eſt conſtruite fort légérement, afin qu'elle puiſſe être abattue dans l'inſtant que le feu prend à la cuiſine. Les Perſonnes diſtinguées de la Ville occupent les appartemens de l'étage d'en-haut, & les entreſols ſont loués aux Etrangers qui trafiquent dans la Ville, ou qui s'y arrêtent en paſſant avec leurs marchandiſes.

Le terrain ſur lequel la Ville neuve eſt ſituée, & tout celui d'alentour, n'eſt pas praticable en Hiver pour des gens à pied ou à cheval; car outre qu'il a un fond de craye ſpongieuſe, il eſt par-tout ſi égal, que n'ayant point de pente, il n'offre aucun écoulement à l'eau; deſorte que dès-qu'il pleut, ce n'eſt plus qu'un bourbier. On eſt donc obligé, quand les pluyes commencent & juſqu'à la fin de l'Hiver, de mettre au-travers des rues, des places & autres lieux où il n'y a pas de portiques, de groſſes & larges poutres pour pouvoir marcher par-deſſus. Cette invention a cela d'incommode, que ſi celui qui marche vient à gliſſer il s'enfonce dans la boue, d'où il ne peut ſe tirer qu'en remontant ſur la poutre. Dès-que l'Eté commence le terrain eſt bientôt ſec & ferme. Dans la vieille Ville le ſol n'eſt pas ſi mauvais, étant tout gravier; & quoique l'eau y cauſe quelque boue, elle n'amollit pas le fond, & n'empêche pas d'y marcher en tout tems.

La Ville de *Guayaquil* eſt défendue par trois Forts, dont deux ſont ſitués ſur le bord de la Riviere tout près de la Ville, & le troiſiéme eſt derriere & défend l'entrée d'un *Eſtero*. Toutes ces Fortifications ont été faites il n'y a pas long-tems. Autrefois il n'y avoit qu'une batterie ſur un cavalier de pierre, laquelle ſubſiſte encore & eſt dans la vieille Ville ou *Ciudad Vieja*. Les trois premiers Forts ſont bâtis de groſſes piéces de bois bien ſolides, & diſpoſées en façon de paliſſades les unes dans les autres. Ce bois ſe maintient incorruptible dans l'eau & dans la boue, & convient fort à un lieu ſi humide. Avant que cette Ville fût ainſi fortifiée, elle eut le malheur d'être priſe & ſaccagée dans deux occaſions par des Pirates qui pénétrerent dans la Mer du Sud en 1686 & 1709. Cette derniere fois ils auroient eu lieu de ſe repentir d'avoir entrepris cette attaque, ſans un Mulâtre, qui voulant ſe venger de quelques perſonnes de la Ville, introduiſit l'Ennemi dans la Place par des chemins ſecrets, par où les

Habi-

Habitans ne les attendoient pas, de maniere que se voyant surpris, ils ne purent empêcher que l'Ennemi ne se rendît maître de la Ville.

Les Eglises & les Couvens sont aussi de bois à l'exception de celui de *Saint Dominique* situé dans la vieille Ville, lequel est de pierres. La trop grande solidité du terrain empêche qu'on n'employe beaucoup ces matériaux, à-cause de la difficulté de creuser les fondemens. Les Couvens de la nouvelle Ville, outre l'Eglise Paroissiale, sont un de *St. François*, un de *St. Augustin*, & un Collége de *Jésuites*: les uns & les autres ont fort peu de sujets, à-cause de la modicité des revenus dont ils jouïssent. Il y a aussi un Hôpital de fondation, mais qui n'a que les quatre murailles.

La Ville & sa jurisdiction est gouvernée par un Corrégidor pourvu par le Roi pour l'espace de cinq ans. Il est soumis au Président, & à l'Audience de *Quito*; les Lieutenans du Corrégidor repartis dans sa jurisdiction le reconnoissent en revanche pour leur supérieur. Pour le Gouvernement Politique & Civil il y a un Corps d'*Alcaldes* ordinaires & de Régidors, & un Tribunal des Caisses du Roi composé de deux Juges, Officiers des Finances Royales, lesquels sont le Trésorier & le *Contador* ou Maître-des-comptes préposés pour le recouvrement des Tributs des *Indiens* de cette jurisdiction, des Droits d'entrée & de sortie, & de l'Impôt sur les denrées qui se consument dans cette Ville.

Quant au Gouvernement Spirituel il y a un Vicaire de l'Evêque de *Quito*, qui est ordinairement le Curé de la Ville.

CHAPITRE V.

Habitans, Coutumes & Richesses de Guayaquil; *& difference des Habillemens des Femmes.*

LA Ville de *Guayaquil* est, à proportion de sa grandeur, l'une des plus peuplées des *Indes*. Le Commerce y attire beaucoup d'Etrangers, ce qui ne contribue pas peu à la rendre fort peuplée. On y compte 20000 Ames de tout âge & de toute condition. Une grande partie de ses Habitans les plus distingués sont des *Européens* mariés & établis; après ces Familles & celles des Créoles, le reste est composé de *Castes*, comme dans les autres Villes dont nous avons parlé.

Tous ces Habitans en état de porter les armes, sont distribués en diverses Compagnies, selon les qualités & *castes* des personnes; de maniere

re qu'ils font eux-mêmes les défenseurs de leur Patrie & de leurs Biens. L'une de ces Compagnies, toute composée d'*Européens* & nommée la *Compagnie des Etrangers*, est la plus nombreuse & la plus brillante; car sans s'excuser sur leur rang ou qualité, ils prennent tous les armes dès-que l'occasion le demande, & accourent aux ordres de leurs Officiers, gens choisis parmi ceux qui ont servi en *Espagne*, & qui doivent avoir plus d'expérience & de conduite dans les expéditions militaires. Le Corrégidor est le principal Chef des Armes; il a sous lui un Mestre-de-Camp & un Sergent-Major pour la Discipline, & pour faire exercer les Compagnies.

Quoique le Climat de ce Pays ne soit pas moins chaud que celui de *Panama* & de *Carthagéne*, il a cela de particulier, que les hommes n'y ont pas le même tein qu'ailleurs; & si un Auteur a appellé ce Pays *Les Pays-Bas Equinoxiaux*, à cause de la ressemblance de sa situation avec les *Pays-Bas d'Europe*, on peut lui donner ce nom avec autant de raison à cause de la ressemblance de la couleur des habitans. En effet, excepté ceux qui sont nés du mêlange de différent sang, tous les autres sont blonds, & ont les traits du visage si parfaits, qu'il faut avouer qu'ils ont l'avantage de la beauté non seulement sur tous les autres habitans de la Province de *Quito*, mais même sur ceux de tout le *Pérou*. Il y a là-dedans deux choses d'autant plus remarquables, qu'elles sont contraires à l'opinion commune; l'une est que le Pays étant si chaud, les naturels n'y sont point basanés ou olivâtres; l'autre que les *Espagnols* n'ayant pas naturellement le tein aussi blanc que les Nations Septentrionales d'*Europe*, leurs enfans, s'entend ceux qu'ils ont eus d'une *Espagnole*, sont blonds à *Guayaquil*. Je ne vois aucune raison qui puisse décider cette difficulté; car si l'on veut l'attribuer aux eaux de la Riviere sur laquelle la Ville est bâtie, je ne crois pas qu'on puisse se payer de cette raison, puisque bien d'autres hommes ont l'avantage de vivre sur les bords d'un Fleuve sans avoir celui d'être blanc. Au-lieu qu'ici il y a beaucoup de blondins, & que tous les petits enfans y ont les cheveux & le sourcils blonds, accompagnés de fort beaux traits de visage.

A ces avantages personnels la Nature, libérale envers les habitans de cette Ville, a ajoûté d'autres qualités, comme l'agrément & la politesse, par lesquelles ils ne brillent pas moins, & qui engagent plusieurs *Européens*, après qu'ils ont fait quelque séjour à *Guayaquil*, à s'y marier & à s'y établir, sans qu'on puisse dire que l'intérêt y ait part; puisque les Filles n'y sont pas aussi avantagées des dons de la Fortune que dans quelques autres Villes de ces Contrées, car les habitans n'y sont pas si riches.

L'Habillement des Femmes de *Guayaquil* est assez semblable à celui des Femmes de *Panama*, excepté qu'au-lieu de la *Polléra*, elles portent le *Faldellin* quand elles vont en visite, ou qu'elles régalent chez elles. Cette *Robe*, ou *Faldellin*, n'est pas plus longue que la *Polléra*. Elle est ouverte par devant, & les deux côtés se croisent l'un sur l'autre. Elle est garnie de bandes d'une autre étoffe plus riche, de demie aune de large, & ces bandes sont chargées de dentelles fines, de franges d'or & d'argent & de très-beaux rubans, les uns & les autres disposés avec tant d'art & de simétrie, qu'ils rendent cet habillement extrêmement beau & brillant. Quand elles sortent & qu'elles ne veulent pas mettre la mante, elles mettent une cape de bayette de couleur de musc clair, également garnie de bandes de velours noir, mais sans dentelles ni autre chose. Leur cou & leurs bras ne sont pas moins parés qu'à *Panama*, de chaînes, de perles, de rosaires, de bracelets, & d'ouvrages de corail. A leurs oreilles elles portent des pendans chargés de pierreries, auxquels elles ajoûtent de petits boutons de soye noire de la grosseur d'une Noisette tout hérissés de perles: on les appelle *Polizonds*, & on ne peut rien voir de plus beau.

Les richesses de cette Ville ne sont pas extraordinaires, quoiqu'à son commerce on pût soupçonner le contraire. Les deux saccagemens qu'elle a soufferts, & les incendies sont sans-doute cause de cette médiocrité: en effet elle a été entièrement détruite par ces accidens; & quoique les maisons n'y soient bâties que de bois, comme nous l'avons dit, & que ces matériaux ne coutent que la peine de les couper, les Montagnes en étant chargées, cela n'empêche pas qu'il n'y ait des maisons qui reviennent à 15 ou 20000 piastres, & souvent davantage selon leur grandeur: les ouvriers y sont fort chers & le fer encore plus, c'est ce qui est cause que les maisons coutent tant. Les *Européens* qui ont fait quelque fortune dans cette Ville, & qui n'y ont pas de biens fonds qui les y retiennent, se transportent ordinairement avec leurs familles à *Lima*, ou à quelque autre Ville du *Pérou*, où ils ne craignent ni les Elémens, ni les Ennemis. Cependant il y a des habitans à *Guayaquil* riches de 50 à 60000 écus, & beaucoup qui le sont moins. En général ce n'est point par l'opulence que ce Peuple brille, quand on le compare avec les habitans du *Pérou*, comme nous le verrons en son lieu.

CHAPITRE VI.

Climat de Guayaquil. *Division de l'Hiver & de l'Eté. Incommodités du Pays & maladies qui y régnent.*

L'Hiver commence à *Guayaquil* avec le mois de *Décembre*, quelquefois il tarde jusqu'au milieu, & quelquefois jusqu'à la fin de ce mois. Il dure jusqu'en *Avril* ou en *Mai*. Il semble, dans cette Saison, que tous les Elémens, les Serpens & les autres Insectes soient d'accord pour tourmenter les hommes. La chaleur est extrême, puisqu'autant qu'on en peut juger par les expériences du Thermométre, le 3. *Avril*, tems auquel elle commence à diminuer, cet Instrument marquoit à 6 heures du matin 1022, à midi 1025, & à trois heures du soir 1027; d'où il suit qu'au plus fort de l'Hiver ce Climat est plus chaud que celui de *Carthagéne*. Les pluyes ne sont pas moins fortes & continuelles, accompagnées de tonnerres & d'éclairs épouvantables. Enfin tout semble conjuré contre ces pauvres habitans: la chaleur y est intolérable en soi-même; les pluyes & les Rivieres qui entrent dans le Fleuve le faisant enfler, inondent tout le terrain & le rendent impraticable. Le calme qui régne pendant ce tems-là fait désirer la fraîcheur, & la quantité innombrable d'Insectes qui infectent l'air & la terre est insupportable. Les Couleuvres, les Viperes, les Scorpions, les Millepieds entrent familiérement dans les maisons au péril de la vie des habitans, si par malheur ils viennent à les piquer; & quoique ces cruels Reptiles ne manquent pas durant toute l'année, il semble que dans le tems dont nous parlons il en pleuve par milliers, & qu'ils ayent plus d'agilité. Il est donc bien nécessaire alors de ne pas se coucher sans avoir soigneusement examiné le lit; car il arrive souvent que quelqu'une de ces Bêtes s'y cache; & autant pour prévenir ce danger que pour se garantir des autres Insectes, il n'y a personne qui n'ait un *Toldo* pour dormir*, sans en excepter les *Négres* esclaves & les *Indiens*. Les Pauvres en font de *Tucuyo*, qu'on appelle aussi *Toile d'Algodon*, qui se fabrique dans les Montagnes; & les autres se servent de toile blanche & fine, chacun selon ses facultés; ils garnissent ces *Toldos* de dentelles plus ou moins belles à proportion de leurs moyens.

Quoique dans tous ces Pays chauds & humides la quantité & la diversité d'Insectes volatils soient très-grandes, je crois que *Guayaquil* l'empor-te

---

* Le *Toldo* est un grand drap qui environne & couvre le lit.

te de beaucoup à cet égard, puisqu'il n'eſt pas poſſible qu'une chandelle reſte allumée trois ou quatre minutes hors d'un fanal; la quantité d'Inſeƈtes qui voltigent autour de la lumiere, & ſe précipitent deſſus, eſt telle qu'elle eſt éteinte en un moment. Les perſonnes qui ſont obligées d'être près de la lumiere en ſont bientôt écartées par ces Inſeƈtes, qui leur entrent dans les yeux, dans les oreilles, & par-tout où ils peuvent. Ce fut un ſupplice pour nous, que de faire des obſervations pendant la nuit dans cette Ville; car d'un côté nous étions expoſés aux piquures, & de l'autre nous ne pouvions ni voir, ni reſpirer; en un mot l'incommodité étoit ſi grande, que nous étions ſouvent obligés de finir plutôt que nous ne ſouhaitions.

Une autre playe de cette Ville, non moins fâcheuſe que les précédentes, ce ſont les Rats qu'ils nomment *Péricotes*; qui ſont en ſi grande quantité que les maiſons en foiſonnent. Dès-qu'il commence à faire nuit ils ſortent de leurs nids, & trottent dans les appartemens des maiſons avec tant de bruit qu'ils éveillent ceux qui n'y ſont pas accoutumés; ils eſcaladent les lits & les armoires, & ſont ſi aguerris que ſi quelqu'un poſe une chandelle quelque part où ils puiſſent atteindre, ils l'enlèvent en ſa préſence & la vont manger à l'autre bout de la chambre, à-moins qu'on n'ait la précaution de la tenir dans une lanterne, ce qui eſt très-néceſſaire, vu que le contraire expoſeroit la maiſon à un grand danger; cependant il n'eſt pas poſſible de ne pas manquer quelquefois d'attention.

Toutes ces incommodités qui paroiſſent inſupportables à qui n'y eſt point accoutumé, & qui ſemblent devoir rendre ce Pays inhabitable, ne font que peu d'impreſſion ſur les naturels du Pays, leſquels s'y étant accoutumés depuis longtems ne paroiſſent guere s'en ſoucier; & tous ces maux enſemble ne leur ſemblent rien au prix du froid qui régne ſur les Montagnes, & que les *Européens* trouvent très-médiocre.

L'Eté eſt ici la Saiſon la plus ſupportable, car c'eſt alors que ces ſortes d'incommodités diminuent. Quelques Auteurs ont prétendu le contraire, mais certainement ils ſe ſont trompés. La chaleur eſt moins étouffante, à cauſe que les Vents qu'ils nomment *Chandui* ſouflent alors. Ces Vents ſont ceux de Sud-Oueſt, & d'Oueſt-Sud-Oueſt; & les habitans les appellent *Chandui*, parce qu'ils viennent du côté d'une Montagne qui porte ce nom. Ils ſouflent journellement depuis midi juſqu'à cinq ou ſix heures du matin, & rafraîchiſſent la terre, modérant en même tems l'exceſſive chaleur. Le Ciel pendant ce tems eſt toujours ſerein, les pluyes ſont rares, les vivres en plus grande abondance, & les fruits du Pays ont meilleur

leur goût étant cueillis frais, principalement les Melons, & cette autre espéce du même fruit nommée *Sandias* ou *Anguries*, qu'on apporte par la Riviere dans de grandes *Balzes** jufqu'à la Ville où les Melons du crû du Pays ne peuvent tous fe confumer. Enfin l'Eté eft la Saifon la plus faine comme la plus agréable.

En Hiver on y eft fujet aux fiévres tierces & quartes plus qu'en nul autre lieu, & on néglige de les guérir avec le Spécifique fi connu fous le nom de *Quinquina*, pour lequel ils ont même de la répugnance, fe figurant qu'ayant une qualité chaude il ne peut être convenable à ceux qui vivent dans ce Climat. Aveuglés par ce préjugé, & ne confultant pas de Médecin qui les en délivre, ils laiffent invétérer le mal au point que plufieurs en meurent. Les habitans des Montagnes, accoutumés à la fraîcheur de leur Climat, ne peuvent fouffrir celui de *Guayaquil*, qui les affoiblit jufqu'à les jetter dans un état de langueur. Ils s'y laiffent tenter par la beauté des fruits & en mangent avec excès, ce qui leur caufe bientôt des fiévres, qui font auffi communes pour eux dans une Saifon que dans l'autre.

Outre ces maladies qui y font très-ordinaires, on y a auffi éprouvé le *Vomito Priéto* en 1740, lorfque les Gallions de la *Mer du Sud* ayant quité *Panama* à cauſe de la guerre, & étant venus à *Guayaquil* pour mettre le Tréfor en fureté, y apporterent cette maladie épidémique dont il mourut beaucoup de gens, la plupart appartenant aux Vaiffeaux, ou des Etrangers, mais peu de perfonnes du Pays. J'ai dit que les Gallions apporterent cette maladie à *Guayaquil*, & j'ai fuivi en cela l'opinion générale, fondée fur ce qu'avant cette époque elle y avoit été inconnue.

Les Habitans de cette Ville font fort fujets à la Cataracte, & autres maladies des yeux, qui les rendent fouvent tout-à-fait aveugles. Si cela n'eft pas commun, du-moins eft-il plus ordinaire qu'en aucun autre lieu. La caufe de ces accidens procéde felon moi des vapeurs continuelles qu'engendre cette inondation conftante qui couvre tout le Pays durant l'Hiver, & que la qualité du terroir qui eft tout de craye rend très-vifqueufes. Ces vapeurs pénétrent aifément les tuniques extérieures, & non feulement épaiffiffent le criftalin, mais même obfcurciffent la prunelle, d'où naiffent les Cataractes & les autres maux des yeux.

* On verra ci-après ce que c'eft, l'Auteur en donne lui-même une defcription.

CHAPITRE VII.

Alimens ordinaires des Habitans de Guayaquil. *Rareté & cherté de quelques Denrées, & maniere d'apprêter les Mêts.*

ICi, comme à *Carthagéne*, la Nature & la nécessité ont fait imaginer diverses sortes de Pains de semence & de racines, pour supléer au pain de froment qui y est fort rare. Le pain le plus ordinaire à *Guayaquil* est celui qu'ils appellent *Pain du Pays*, ou *Pain Créole*, qu'ils font de Platanes. Dès que ce fruit est formé, ils ne lui donnent pas le tems de se meurir, ils le coupent, le rôtissent, & le servent tout chaud sur la table. Il semble que l'habitude plus que la nécessité leur a donné du goût pour cette espéce de pain; puisque les farines qu'on apporte des Montagnes suffiroient pour fournir de pain toute la Ville, à la réserve des Pauvres, pour qui le Pain de farine seroit sans-doute trop cher en comparaison du Platane. Quoi qu'il en soit, il est certain que le Pain de froment est beaucoup moins de leur goût que celui dont nous parlons, & cela n'est pas étonnant; car ils font si mal le Pain de froment, que les *Européens* mêmes ne peuvent le manger, & sont contraints de s'accoutumer au *Pain Créole*, qui, quand on y est un peu fait, n'a point mauvais goût, & fait aisément oublier le Pain de froment.

Il faut tirer du dehors presque tous les autres alimens. On les apporte tous des Montagnes & du *Pérou*, à l'exception des Vaches, Fruits & Racines que le terroir de la Ville produit. Il semble que les eaux du Fleuve qui l'arrose devroient fournir en abondance le Poisson le plus exquis; cependant ce n'est point cela, le poisson est cher à *Guayaquil*, parce que le peu qu'on en prend dans les environs est de très-mauvaise qualité, & si plein d'arêtes, que les seuls naturels du Pays, à force d'habitude, peuvent le manger sans danger. Il y a apparence que le poisson n'est si mauvais, que parce qu'il participe du mêlange des eaux douces & salées. A quelques lieues au-dessus de la Ville on en pêche de très-bon, & l'on en pourroit prendre en grande quantité, si les chaleurs ne l'empêchoient de se conserver longtems sans sel; c'est ce qui est cause qu'on en apporte fort peu dans la Ville, & même assez rarement, le Pêcheur craignant avec raison de perdre sa peine & son tems.

Les Côtes & les Ports du voisinage abondent en Poissons excellens pour le goût & pour la santé; on en apporte, mais rarement, une certaine quantité à *Guayaquil*, vu qu'il se conserve un peu mieux que celui de la

Riviere,

Riviere, & c'est ce poisson joint aux poissons à coquille de différentes espéces qu'on y trouve en abondance & de fort bonne qualité, qui fait la meilleure partie de la nourriture des habitans de cette Ville. L'*Estéro Salado*, ou *Canal Salé*, leur fournit des Homars très-bons & en abondance dont ils font divers ragoûts, & ils tirent de l'*Estéro* de *Jambéli*, sur la Côte de *Tumbez*, une grande quantité d'Huitres, qu'on prend près de quelques Iles, & qui sont fort grandes & fort délicates; ce sont même les meilleures qu'il y ait sur toutes ces Côtes depuis *Panama* jusqu'au *Pérou*, où elles sont fort renommées & où l'on en fait venir en quantité.

La même raison qui éloigne les bons Poissons de cette partie de la Riviere de *Guayaquil*, & renvoye les uns dans l'eau douce, & les autres dans l'eau salée, qui leur est naturelle, prive la Ville d'eau propre à boire, principalement en Eté; car alors il faut la tirer de quatre à cinq lieues au-dessus de cet endroit du Fleuve, quelquefois plus haut, quelquefois plus bas selon la crue de ses eaux. Il y a des *Balzes* occupées à apporter l'eau à la Ville, où elle est vendue. En Hiver ce petit négoce diminue beaucoup, parce que les Rivieres qui se déchargent dans ce Fleuve en font enfler alors les eaux au point que celles de *Guayaquil* deviennent buvables.

A *Carthagéne* & ailleurs tous les Mêts s'apprêtent avec la graisse de Porc, mais à *Guayaquil* c'est avec la graisse de Bœuf; mais soit que ces animaux, que ce Climat ne laisse guere engraisser, n'ayent pas la graisse naturellement bonne, soit qu'en la tirant de leur ventre on ne la sépare pas bien de la matiere fécale, il est toujours certain qu'elle n'a que le goût & l'odeur de cette matiere; ce qui la rend insupportable aux Etrangers. Pour comble de malheur ils ajoûtent à tous leurs ragoûts, de l'*Aji*, qui est une espéce de Piment si fort qu'à la seule odeur, tout petit qu'il est, on s'apperçoit qu'il doit être extrêmement piquant. C'est pourquoi ceux qui n'y sont point accoutumés font pénitence, de quelque maniere qu'ils s'y prennent; car s'ils mangent de quelques mêts ils se mettent la bouche en feu, & s'ils n'en mangent pas il faut qu'ils jeûnent jusqu'à ce que la faim surmonte l'aversion qu'ils ont pour cet assaisonnement; & quand une fois ils s'y sont accoutumés, ils trouvent insipides tous les mêts où il n'y pas d'*Aji*.

Les habitans de *Guayaquil* donnent à manger avec beaucoup d'ostentation, mais leurs tables sont servies avec un certain goût peu propre à réveiller l'appétit d'un *Européen*. Ils commencent par des plats de sucreries & confitures, & continuent par des ragoûts où ils mêlent les ingrédiens les plus piquans, & ainsi alternativement ils mêlent l'*Aji* avec le sucre,

jusjufqu'à la fin du repas. La Boiffon ordinaire en ces fortes d'occafions c'eft l'Eau de vie de vin, qu'ils nomment *Eau de vie de Caftille*, des Roffolis faits de cette eau de vie avec beaucoup de fucre, & du Vin, buvant indifféremment des uns & des autres pendant le repas : mais ordinairement les *Européens* préferent le vin aux liqueurs.

Le *Ponche* eft encore une boiffon que les *Guayaquiliens* aiment fort, & on a remarqué qu'étant prife modérément elle eft fort convenable à ce Climat. C'eft ainfi qu'en ufent les Perfonnes de diftinction, ils en boivent un peu fur les onze heures du matin, & le foir, pour tempérer la foif, fe gardant bien de boire beaucoup d'eau ; car outre le déboire que l'eau contracte naturellement par la grande chaleur, elle excite encore extrêmement la tranfpiration. De-là vient que la mode de boire du *Ponche* eft fi générale, que les Dames mêmes en boivent régulierement. L'acide eft mêlé avec l'eau de vie en petite quantité dans cette boiffon, c'eft pourquoi elle eft rafraîchiffante & ne fauroit faire de mal.

CHAPITRE VIII.

Etendue du Corrégiment de Guayaquil. Lieutenances ou Baillages dont il eft compofé.

LE Corrégiment de *Guayaquil* commence vers le Septentrion au *Cap Paffado*, ainfi nommé parce qu'il eft par les 20 min. au Sud de l'Equinoxial environ un demi-degré au Nord du Golphe de *Manta*. Depuis ce Cap il s'étend tout le long de la Côte, & renfermant l'Ile de *la Puna* il va jufqu'au Village de *Machala* fur la Côte de *Tumbez*, & de ce côté-là il confine à la Jurifdiction de *Piura*, d'où il tourne à l'Eft, & finit à celle de *Cuença* : de-là il s'étend vers le Nord par le côté occidental de la *Cordillere des Andes* jufqu'aux confins des Jurifdictions de *Rio Bamba* & de *Chimbo*. Son étendue du Nord au Sud eft d'environ 60 lieues, & de 40 à 45 de l'Orient à l'Occident, à compter de la Pointe de *Ste. Héléne* jufqu'aux Plages qu'on nomme dans le Pays *Ojibar*. Tout le Territoire de ce Corrégiment eft de Plaines, comme les environs de fa Capitale, & eft fubmergé de-même tous les Hivers. On le divife en fept Lieutenances ou Baillages : le Corrégidor nomme ceux qui doivent remplir ces poftes avec le titre de fes Lieutenans, & l'Audience de *Quito* les confirme. Ces Baillages

lages sont *Puerto Viéjo*, *Punta de Santa Elena*, *la Puña*, *Yaguache*, *Babahoyo*, *Baba*, & *Daule*.

Le Baillage de *San Gregorio de Puerto Viéjo* confine du côté du Nord avec le Gouvernement d'*Atacames*, & vers le Sud au Baillage de *Punta de Santa Elena*. La Ville de ce nom, Capitale du Baillage, jouit des priviléges de Cité, bien-qu'elle soit fort petite & pauvre. A ce Baillage appartiennent les Villages de *Monte Christo*, *Picoasa*, *Charapoto*, & *Xipi-Japa*, qui sont tous autant de Paroisses dont les Curés sont en même tems Directeurs Spirituels des autres moindres Villages qui se trouvent dans ce District.

La Peuplade de *Monte Christo* étoit auparavant établie dans *Manta*, & portoit le nom de ce lieu. Elle étoit considérable à-cause du Commerce qu'y attiroient les Bâtimens qui passoient de *Panama* dans les Ports du *Pérou*. Mais les Pirates qui infestoient ces Mers ayant saccagé, pillé & détruit *Manta*, les habitans se retirerent au pied de la Montagne, & y formerent un Bourg, qui a pris son nom de la Montagne même.

On recueille quelque Tabac dans cette Jurisdiction, mais il n'est pas de la meilleure sorte. Les autres productions de son terroir sont la Cire, le Chanvre, & le Coton, en si petite quantité qu'à peine suffisent-ils pour l'entretien des habitans, qui ne sont pourtant pas en grand nombre à-cause de la pauvreté générale qui régne dans toutes ces Peuplades. Le Bois est la production la plus abondante de ce terroir, ce qui n'est pas étonnant dans un Pays si chaud & si humide.

Anciennement il y avoit une Pêche de Perles sur la Côte, & sur le Golphe appartenant à ce Baillage: mais il y a longtems qu'elle ne subsiste plus, tant à-cause de la quantité de Monstres marins, comme *Mantas* & *Tinturieres*, dont il a été parlé ailleurs; que parce que les habitans étant la plupart *Indiens*, ou *Mulâtres*, n'ont pas les moyens nécessaires pour acheter des Négres pour cette Pêche. C'est peut-être de la quantité de Poisson *Manta* que le Golphe a pris le nom qu'il porte : la chose est d'autant plus croyable, que tous les habitans des environs ne s'occupent à autre chose qu'à la pêche. Ils savent saler le Poisson, & ils en font négoce dans les Provinces intérieures. L'adresse avec laquelle ils vont pêcher à la Senne dans la Mer, est quelque chose d'admirable pour les *Européens*. Ils jettent dans l'eau une espéce de solive ou de bâton de *Balze* de la longueur de 2 ou 3 toises (5 ou 6 aunes) sur environ un pied de diamétre dans sa grosseur, ce qui est suffisant pour le poids qu'il doit porter, lequel consiste en une senne couchée sur un bout de la solive, tandis que sur

Tome I.   V   l'autre

l'autre bout eſt un *Indien* debout ſur ſes pieds, voguant avec une *Canulète*, qui eſt une Rame particuliere à ce Pays. Il s'éloigne à une bonne demie lieue de la Plage. Là il largue ſa ſenne ou filet. Un autre *Indien* voguant de-même ſur une ſolive pareille, ſaiſit le bout de la ſenne que ſon camarade vient de jetter dans l'eau; & tenant ainſi la ſenne tenduë par les deux bouts ils ſe tournent en avançant vers le rivage, où leurs compagnons les attendent pour les aider à tirer la ſenne à terre. Maintenant je laiſſe juger au Lecteur s'ils ne faut pas que ces *Indiens* ayent bien de l'adreſſe & de la legéreté pour ſe tenir en équilibre ſur une ſolive ronde, où ils ſont obligés de faire divers mouvemens & de changer à chaque inſtant de ſituation, pour ne pas être renverſés par le mouvement des vagues: mais ce qui eſt plus difficile à concevoir, c'eſt qu'ils puiſſent avoir l'attention néceſſaire à voguer, & en même tems à tirer la ſenne vers la terre. La vérité eſt qu'étant grands nageurs, s'ils viennent à trébucher, ce qui eſt très-rare, ils rattrapent bientôt la ſolive & y remontent deſſus comme ſi de rien n'étoit, & ſans riſque de faire naufrage.

    Je mettrai pour le ſecond Baillage la *Punta de Santa Elena*, comme étant le plus proche du précédent vers le Sud. Ce Baillage s'étend le long de la Côte Occidentale depuis les Iles de *la Plata* & *Salango* juſqu'à cette même *Punta de Sta. Elena*, & de-là il s'étend au Septentrion le long de la Côte que forme le Golphe de la Riviere de *Guayaquil*. Dans cet eſpace-ci il renferme les Villages de *la Punta*, *Chongon*, le *Morro*, *Colonche*, & *Chanduy*. Deux Curés Doctrinaires font leur réſidence dans les Villages de *Chongon* & de *Morro*, les autres Villages ſont des annexes de leurs Paroiſſes. Le Lieutenant ou Baillif fait ſa demeure à la Ville ou plutôt au Village de *la Punta* à deux lieuës du Port de ce nom, où il n'y a point d'Habitations, mais ſeulement quelques Baraques pour ſerrer le Sel & autres effets.

    Le Port de *la Punta* eſt ſi abondant en Salines, qu'il ſuffit tout ſeul pour fournir du ſel à toute la Province de *Quito* & à la Juriſdiction de *Guayaquil*. Ce ſel eſt un peu brun, mais fort peſant & très-bon pour les Salaiſons.

    C'eſt ſur les Côtes de la Lieutenance ou Baillage de *la Punta de Santa Elena* que ſe trouve la Pourpre, dont les Anciens faiſoient tant de cas, & qu'on a oubliée depuis, parce que l'animal dont on la tiroit n'étant pas connu, quelques Modernes ont cru que l'eſpéce en étoit perduë. Cet animal néanmoins ſe trouve dans une coquille de limaçon, & reſſemble aux Limaçons ordinaires, que nous appellons *Bulgados*. On les rencontre

ſur

fur les rochers que la Mer baigne. Ils font de la groffeur d'environ une noix, un peu plus. Cet Efcargot renferme une liqueur qui eft la véritable Pourpre, & qui probablement lui tient lieu de fang. On n'a qu'à y tremper un fil de coton, ou quelque chofe de femblable, en peu de tems il prend une couleur fi vive & fi adhérente, qu'il n'y a point de leffive qui puiffe l'effacer; au-contraire elle en devient plus éclatante, & le tems même ne peut la ternir. Dans la Jurifdiction du Port de *Nicoya*, qui appartient à la Province de *Guatemala*, on trouve ce même Limaçon, & l'on en employe la liqueur à teindre le fil de coton. On s'en fert auffi pour des rubans, des dentelles & autres ornemens; & l'on en fait des ouvrages, dont le tiffu eft extrêmement eftimé à-caufe de l'éclat & de la vivacité de cette couleur. La maniere d'extraire la liqueur eft différente. Les uns tuent l'animal, & pour cet effet ils le tirent de fa coquille, le pofent enfuite fur le revers de la main, & le preffent avec un couteau depuis la tête jufqu'à la queue; après quoi ils féparent du refte du corps la partie où s'eft amaffée la liqueur, & jettent le refte. Ils font la même manœuvre avec plufieurs Limaçons, jufqu'à ce qu'ils en ayent une quantité fuffifante. Alors ils paffent au-travers de la liqueur le fil qu'ils veulent teindre, & n'y font pas d'autre façon. Mais la couleur qu'il doit avoir ne paroît pas d'abord; on ne la remarque que quand le fil eft fec; car la couleur de la liqueur, ou humeur, eft blanchâtre tirant fur celle du lait, enfuite elle devient verte, & enfin pourpre. D'autres la tirent fans tuer le Limaçon, & fans le tirer entièrement de fa coquille ils le preffent & lui font baver une humeur dont ils teignent le fil, après quoi ils le remettent fur le roc où ils l'ont pris, & quelque tems après ils lui font rendre la même liqueur, mais ils n'en tirent pas tant que la premiere fois, & dès la quatriéme il n'en rend que très-peu; fi l'on continue il meurt à force de perdre ce qui fait le principe de fa vie, & qu'il n'a plus la force de renouveller. En 1744 me trouvant dans ce Baillage de *Santa Elena*, j'eus occafion d'examiner cet animal, de voir extraire fa liqueur felon la premiere méthode & teindre quelques fils. Ce fil teint en pourpre n'eft pas fort commun, comme fe le font imaginé quelques Auteurs; car quoique ce Limaçon multiplie affez, la grande quantité qu'il en faut pour teindre quelques onces de fil, eft caufe qu'on n'en trouve que peu & qu'avec affez de difficulté; de-là vient que la teinture en eft fort chere, & d'autant plus eftimée. Cette raifon jointe à la fingularité de la couleur m'engagea à en acheter plufieurs, dont il me refte encore un que je conferve comme une chofe rare. Parmi diverfes circonftances qui rendent cette couleur remarquable & digne d'attention, la plus singuliere est sans-doute la différence de poids qu'elle donne au même coton selon les différentes heures du jour. Je ne pus rien apprendre de cette propriété à *Punta de Santa Elena*; apparemment les habitans de ce lieu, peu curieux de leur naturel, n'ont pas poussé leurs spéculations jusqu'à se mettre au fait d'une singularité si grande. Mais quoi qu'il en soit, ceux de *Nicoya* ne l'ignorent pas, & les Marchands qui achettent d'eux de pareil coton, ne manquent jamais de spécifier à quelle heure il sera pesé, pour éviter toute tromperie, le Vendeur & l'Acheteur sachant fort bien quelles sont les heures où cette marchandise pèse plus ou moins. On peut inférer que ce qui arrive à *Nicoya* à l'égard de la variation du poids dans le coton teint en pourpre, doit aussi arriver à *Punta de Santa Elena*, vu que le Limaçon est de la même espéce dans l'un & l'autre lieu, & que la teinture qu'il donne n'est point du tout différente. Une autre particularité assez remarquable que je tiens de personnes dignes de toute croyance sur cette matiere, c'est que cette teinture n'est jamais si belle ni si parfaite dans le fil de lin que dans le fil de coton. Il seroit à propos que cette particularité fût mieux examinée, & que l'on fît différentes épreuves tant sur du lin, que sur de la soye & sur de la laine.

Quelques-uns ont prétendu que l'animal qui donne cette teinture naissoit dans une nacre: il se peut qu'ils entendent par ce nom toutes les coquilles en général, tant plattes que rondes & spirales; mais pour ôter toute équivoque j'avertirai qu'il ne se trouve que dans les coquilles de cette derniere espéce: c'est pour cela aussi que le fil ainsi teint de cette pourpre est appellé *Caracolillo* *.

Ce Baillage produit outre cela des Bêtes à cornes, des Mules, de la Cire, du Poisson. Il ne contient que peu de Villages, mais ils sont plus peuplés que ceux des autres Baillages. Le Port de la *Punta* est fort fréquenté par les Vaisseaux, s'entend ceux qui vont de *Panama* aux Ports du *Pérou*; ils s'y pourvoyent de Veaux, de Cabrits & de Volaille, enfin de toute sorte de vivres qu'on y trouve en abondance. On y voit aussi très-souvent des Bâtimens de cent & de deux cens tonneaux qui y viennent charger du sel pour le compte des Marchands de *Guayaquil*, qui y font de gros profits, vu qu'il y est à grand marché.

La *Puna* est le troisiéme Baillage qui vient après celui-là, du côté méridional.

* Diminutif de **Caracol**, qui en *Espagnol* signifie en général tout ce qui a la figure d'une ligne spirale, & en particulier un limaçon.

ridional. Ce qu'on appelle la *Puna* est une Ile située au milieu du Golphe que forme l'embouchure de la Riviere de *Guayaquil*. Elle a la figure d'un quarré long, & s'étend de Nord-Est à Sud-Ouëst environ six ou sept lieues. Si l'on en croit la tradition, elle étoit anciennement si peuplée qu'elle contenoit 12 à 14000 habitans; mais aujourd'hui elle est réduite à un petit Village situé près du Port qui est au Nord-Est. Les habitans de ce lieu sont la plupart Mulâtres avec quelques *Espagnols* & très-peu d'*Indiens*. Le Village de *Machala* sur la Côte de *Tumbez* appartient à ce Baillage, ainsi que le Village de *Naranjal*, Port où l'on débarque, sur le Fleuve de même nom, qu'on appelle aussi Riviere de *Suya*, par où l'on passe dans les Jurisdictions de *Cuenca* & d'*Alausi*: l'un & l'autre Village ne sont pas plus considérables que celui de l'Ile. Ils dépendent tous du Lieutenant du Corrégidor pour le Temporel, & du Curé pour le Spirituel: ceux-ci font leur résidence dans l'Ile, tant parce que *Puna* est le Village principal, qu'à-cause de la commodité de son Port où l'on charge les gros Vaisseaux, ce qui ne se peut faire dans l'intérieur de la Riviere de *Guayaquil* à-cause des bancs de sable qu'il y a: d'autres Vaisseaux y viennent faire du bois.

Le terroir de *Machala*, & celui de *Naranjal*, produisent quantité de Cacao, celui de *Machala* est le meilleur qui se cueille dans toute la Jurisdiction de *Guayaquil*. Dans ses environs, ainsi que dans toute l'Ile de *la Puna*, on trouve une grande quantité de Mangles ou Mangliers. Ces arbres couvrent par leurs branches entrelacées & leurs troncs épais toutes ces Plaines, qui étant fort unies & fort basses sont continuellement inondées par le flux de la Mer. Comme le Manglier est un arbre peu connu en *Europe* j'en donnerai ici la description.

Cet Arbre se distingue des autres, en ce qu'il croît & se nourrit dans les terres que le flot de la Mer inonde tous les jours, & qu'il demande des lieux bourbeux où la corruption s'engendre aisément. En effet dès que l'eau s'est retirée, tous les lieux où il y a des Mangliers répandent une vilaine odeur de bourbe. Dès que cet arbre sort de terre il commence à se diviser en branches noueuses & torses; & à produire par chaque nœud une infinité d'autres branches, qui se multiplient jusqu'à ce qu'elles forment un entrelassement impénétrable: quand l'arbre est déjà un peu grand, on ne peut discerner les rejettons des branches principales; car outre qu'elles sont plus embrouillées qu'un labirinte, on ne remarque aucune différence entre celles de la sixiéme & celles de la premiere production par rapport à la grosseur, qui dans toutes est presque d'un & demi ou deux pouces de diamétre. Elles sont si souples & si maniables qu'on a beau les tordre,

tordre, on ne peut les rompre qu'avec le tranchant de quelque inſtrument de fer. Elles s'étendent preſqu'horizontalement, ce qui n'empêche pas le tronc, ou les troncs principaux de croître en hauteur & en groſſeur. Ses feuilles ſont petites en comparaiſon de la grandeur de ſes branches; elles n'ont qu'un pouce & demi ou deux de long, de figure preſque ronde; elles ſont épaiſſes, & d'un verd pâle. Les troncs principaux croiſſent d'ordinaire juſqu'à la hauteur de 18 à 20 aunes, & même davantage, ſur 8, 10, ou 12 pouces de diamétre. Ils ſont couverts d'une écorce mince & raboteuſe, qui n'a guére plus d'une ligne d'épaiſſeur. Le bois du Manglier eſt ſi peſant, ſi compacte, & ſi ſolide, qu'il s'enfonce dans l'eau, & qu'il donne beaucoup de peine à couper. Quand on l'employe dans la fabrique des Vaiſſeaux, il eſt un tems infini dans la Mer ſans ſe corrompre, ni ſans être endommagé.

Les *Indiens* de cette Juriſdiction payent pour tribut annuel une certaine quantité de bois de Manglier, que l'on employe aux uſages convenables à ſes propriétés.

Le Baillage de *Yaguache* eſt ſur la Riviere du même nom, laquelle ſe jette dans celle de *Guayaquil* du côté du Sud. Il commence au pied des Montagnes, au Sud de *Rio-Bamba*. Sa Juriſdiction eſt compoſée de trois Villages, dont le principal eſt *San Jacinto* de *Jaguache*, où eſt la Douane Royale. Les autres deux ſont *Gnauſa*, & *Alonche*. Ces trois Villages ont deux Curés pour le Gouvernement Spirituel des Ames, l'un d'eux demeure au Village principal, & l'autre à *Gnauſa*. Ces Villages ſont peu peuplés; mais en revanche il y a beaucoup de monde répandu dans les Biens de Campagne, & dans les *Chacaras* des pauvres gens.

Le Bois eſt le produit le plus important de la Juriſdiction de *Yaguache*. On y recueille peu de *Cacao*; mais on y nourrit des Troupeaux, & l'on y recueille beaucoup de Coton, en quoi conſiſtent les *Haciendas* ou Biens de Campagne.

Babahoyo, dont le nom eſt aſſez connu dans ces Contrées, à cauſe que c'eſt-là qu'eſt établi le Bureau de la Douane Royale, par où paſſe tout ce qui va dans les Montagnes, & tout ce qui en vient. Sa Juriſdiction eſt fort étendue. On y compte outre le Village principal, ceux d'*Ujibar*, de *Caracol*, de *Quilca* & de *Mangaches*. Ces deux derniers ſont au pied des Montagnes éloignés du Village principal, qui eſt *Ujibar*, où le Curé fait ſa demeure en Hiver; mais en Eté il va demeurer à celui de *Babahoyo*, qui eſt un grand paſſage de gens qui trafiquent, & qui paſſent avec leurs effets d'un lieu à l'autre, ſans compter qu'il eſt fort peuplé d'habitans.

Le terroir de ce Baillage est si uni & si bas, que dès-que les Rivieres du *Caluma*, ou d'*Ujibar* & de *Caracol*, commencent à s'enfler par l'effet des premieres pluyes, leurs lits n'étant pas assez profonds, elles se débordent & se répandent dans les Campagnes, où elles forment un Océan, plus profond en quelques endroits qu'en d'autres, particuliérement à *Babahoyo*, où l'eau inonde tout le bas des maisons, même jusqu'au premier étage, desorte qu'il n'y a pas moyen alors de les habiter: c'est pourquoi aussi elles sont abandonnées durant tout l'Hiver.

Les Champs de cette Jurisdiction, & ceux de *Baba*, dont nous parlerons tout à l'heure, sont remplis d'une quantité prodigieuse de *Cacautiers* ou *Cacaoyers*, jusques-là qu'il y en a beaucoup qui sont négligés, & abandonnés aux Singes & autres animaux qui recueillent seuls les fruits que produit la fécondité de la terre, malgré la négligence des hommes. Cette même terre produit du Coton, du Riz, de l'*Aji*, & des Fruits. Elle nourrit aussi des Bœufs, des Chevaux, des Mules que l'on fait retirer de ces Plaines dans les Montagnes pendant les inondations; & quand les eaux se sont écoulées on les ramène dans la Plaine, pour leur faire brouter la *Gamalote*, qui est une herbe qui pousse en si grande abondance qu'elle couvre toute la terre, & croît à la hauteur de plus de deux aunes & demie, & si près à près qu'on ne sauroit passer au-travers, & qu'elle embarrasse même les chemins battus par les Négocians.

La feuille de la *Gamalote* est semblable à celle de l'Orge, excepté qu'elle est plus longue, plus large, plus grosse & plus rude, d'un verd un peu obscur & vif, le tuyau fort, & garni de nœuds à la racine de chaque feuille, ayant en grosseur un peu plus de deux lignes de diamétre. Quand la *Gamalote* a fait son crû & que le Pays vient à être inondé, la hauteur de l'eau surpassant celle de l'herbe, celle-ci est submergée, & pourrit, de maniere que quand l'inondation cesse, on voit la terre couverte de cette herbe couchée dans le limon; mais à peine le Soleil a-t-il fait sentir la chaleur de ses premiers rayons, qu'elle recommence à pousser, & croît si bien en peu de jours, qu'elle reverdit toutes les Campagnes. Ce qu'il y a de singulier, c'est que cette Herbe est aussi profitable aux Troupeaux de la Plaine que nuisible à ceux des Montagnes: ce que l'on a observé en diverses occasions.

La Lieutenance ou le Baillage de *Baba* est une des plus grandes du Corrégiment de *Guayaquil*. Sa Jurisdiction s'étend jusqu'au panchant de la *Cordillere* ou Montagnes d'*Angamarca*, qui appartiennent au Corrégiment de *Latacunga*, ou *Liatacunga*, comme prononcent les *Indiens*. Outre le

Village principal qui donne fon nom à tout le Baillage, il y en a d'autres qui en font des annexes, dont l'Adminiftration Spirituelle n'a qu'un feul Curé, qui fait fa demeure ordinaire à *Baba*, ainfi que le Lieutenant du Corrégidor. Anciennement la Riviere qui porte le nom du Village couloit tout auprès; mais dans la fuite *Don N. Vinces* ayant fait tirer un canal pour arrofer les Cacaotiers de fes terres, & la Riviere ayant plus de pente vers ce nouveau lit que vers l'ancien, s'y précipita de maniere que quand on voulut la forcer à reprendre fon premier canal, on n'en put jamais venir à bout, deforte qu'elle a continué à couler à une affez grande diftance du Village. Les annexes de ce Village font *San Lorenzo*, & *Palenque*, qui eft fort éloigné du principal, étant fitué au pied des Montagnes: les *Indiens* qui y habitent font peu policés.

Le Cacaotier, dont j'ai dit que ce Diftrict produifoit une fi grande quantité, a ordinairement 18 à 20 pieds de haut, & non 4 à 5 pieds, comme l'ont dit quelques Ecrivains, qui peut-être n'en parlent ainfi que parce qu'ils n'en ont vu que dans le commencement de leur crue. Quoi qu'il en foit, lorfqu'il commence à pouffer, il fe divife en quatre ou cinq troncs, plus ou moins; felon qu'eft bonne & vigoureufe la racine principale d'où les autres naiffent. Chaque tronc a depuis 4 jufqu'à 7 pouces de diametre, les uns plus, les autres moins. A mefure qu'ils croiffent, ils penchent vers la terre, & c'eft auffi pour cela que leurs branches font éparfes & éloignées les unes des autres. Leurs feuilles font longues de 4 jufqu'à 6 pouces, fur 3 à 4 de large, fort liffes, fort agréables à l'odorat, & terminées en pointe; en un mot faites à peu près comme la feuille de l'Oranger connue en *Efpagne* fous le nom d'*Oranger de la Chine*, & au *Pérou* fous celui d'*Oranger de Portugal*. Elles different un peu dans la couleur, en ce que la feuille du Cacaotier eft d'un verd qui tient un milieu entre l'obfcur & le cendré, & n'eft point luifante comme celle de l'Oranger, & enfin le Cacaotier n'en a pas à beaucoup près autant. Du tronc de l'arbre, ainfi que des branches, naiffent les gouffes qui contiennent le Cacao. Elles font précédées d'une fleur blanche & fort grande, dont le piftil contient la gouffe encore petite. Cette gouffe croît de la longueur de 6 à 7 pouces, fur 4 à 5 de large. Elle a la figure d'un melon pointu, & divifé en côtes marquées tout du long depuis la tige jufqu'à la pointe, avec un peu plus de profondeur que dans le melon. Toutes les gouffes ne font pas exactement de la grandeur que nous venons de marquer, & leur volume n'eft pas toujours proportionné à la groffeur de la branche, ou du tronc qui les produit, & auquel elles font attachées, comme fi

elles

elles étoient des excrefcences; car il y en a de beaucoup plus petites, & il arrive fouvent qu'une petite eft attachée au tronc principal, tandis qu'une grande l'eft à un rameau fort foible. J'ai obfervé qu'ordinairement, quand deux gouffes croiffent l'une près de l'autre, il y en a une qui tire à foi prefque toute la fubftance nutritive, & qui par conféquent devient fort grande, & l'autre refte petite.

La gouffe eft verte comme les feuilles pendant qu'elle croît, mais dès qu'elle ceffe de croître elle devient jaune. L'écorce qui la couvre eft mince, liffe, & unie. Quand la gouffe eft parvenue au point de maturité qu'il faut, on la cueille, & on la coupe en rouelles: alors on découvre fa chair intérieure, qui eft blanche, pleine de jus, & qui renferme de petite pepins, difpofés le long des côtes, & qui n'ont pas plus de confiftance que la chair même, mais font plus blancs, compofés d'une membrane fort déliée qui contient une liqueur qui reffemble à du lait, mais tranfparente & un peu vifqueufe: on peut les manger comme un autre fruit, ils ont un goût aigre-doux qui n'eft point defagréable; mais les gens du Pays prétendent que leur fève eft nuifible à la fanté & fiévreufe. Quand la gouffe eft jaune en dehors, c'eft une marque que le *Cacao* commence à fe nourrir de fa fubftance, & à prendre de la confiftance, & que le pepin fe remplit & croît. Bientôt la couleur jaune devient pâle, & enfin la graine ou pepins du dedans, étant à un parfait degré de maturité, l'écorce extérieure de la gouffe prend une couleur de mufc foncée, & c'eft la marque qu'il faut la cueillir. L'épaiffeur de l'écorce eft alors d'environ deux lignes ; & chaque grain eft renfermé dans les divifions que forment les membranes de la gouffe, tant dans la largeur que le long des côtes, fuivant les divifions de la gouffe.

Auffitôt que la gouffe eft détachée de l'arbre, on l'ouvre, & on en vuide les grains fur des cuirs de bœuf fecs, préparés pour cet effet, ou plus ordinairement fur des feuilles de *Vijahuas* où l'on les fait fecher. Etant fecs on les met dans des peaux pour les transporter où ils doivent être vendus. La vente s'en fait par *charges*, chaque *charge* contient dans ce Pays-là 81 livres. Le prix n'en eft point fixe. Il eft des tems où la difette d'Acheteurs fait qu'on les vend fix ou fept réales la charge, ce qui eft moins que les fraix qu'on fait pour la récolte de cette fameufe Graine; mais quand il y a des débouchés, le prix courant eft de trois à quatre écus la charge. En tems de Gallions ou autres occafions femblables, où il fe préfente beaucoup d'Acheteurs, le prix augmente à proportion.

La Récolte du *Cacao* fe fait deux fois par an, & l'une n'eft ni moins

Tome I. X abon-

abondante, ni de moins bonne qualité que l'autre. Ces deux Récoltes produifent dans l'étendue de la Jurisdiction de *Guayaquil* 40 à 50000 charges de *Cacao*.

Les *Cacaotiers* ou *Cacaoyers* requierent une fi grande abondance d'eau, qu'il faut que la terre où ils font femés foit prefque changée en marais pour qu'ils viennent bien. Si l'eau leur manque, ils ceffent de produire du fruit, fe defféchent & dépériffent entiérement. Outre cela il faut qu'ils ayent continuellement de l'ombrage, deforte que les rayons du Soleil ne tombent point directement deffus; c'eft pour cela que quand on les féme on a foin de planter d'autres arbres plus robuftes auprès, à l'abri desquels ils puiffent croître & fructifier. Le terroir de *Guayaquil* eft fort propre aux *Cacaotiers*, vu que l'eau n'y manque pas; car étant compofé de *Savanes* ou grandes Plaines, comme nous l'avons dit, il eft inondé tout l'Hiver, & en Eté il eft arrofé par les Canaux tirés des Rivieres. Enfin il a un fecond avantage pour faire profpérer les *Cacaotiers*, c'eft que toute forte d'autres Arbres y croiffent fans difficulté & fort promptement.

Toute la culture du *Cacaotier* confifte à farcler les petites Plantes qu'un terroir fi humide ne peut manquer de produire; car fi l'on néglige cette attention, ces petites Plantes pouffent fi fort en peu d'années qu'elles confument les *Cacaotiers*, leur ôtant la nourriture qui devoit les fertilifer.

Daule eft le dernier Bailliage dont il nous refte à parler: le principal Village de ce Bailliage s'appelle auffi *Daule*, du nom de la Riviere fur laquelle il eft fitué. Il eft fort grand, & contient plufieurs grandes maifons appartenant à des habitans de *Guayaquil*. C'eft dans ce Village que demeurent le Lieutenant & le Curé, qui ont fous leur jurisdiction les Villages de *Sainte Lucie* & de *Valfar*. Il y a dans ce District diverfes Plantations de Tabac, de Cannes de Sucre, de Cacao, de Coton, de Fruits & de Grains.

La Riviere de *Daule*, qui comme celle de *Baba* porte le tribut de fes eaux dans le Fleuve de *Guayaquil*, eft confidérable & ne contribue pas peu au commerce avec cette Ville. Celui que le Village de *Daule* y fait, confifte dans les Fruits que fon terrain produit en grande abondance, & particuliérement les Platanes, qui en tout tems fervent de pain aux habitans. Quant au Tabac que l'on recueille dans les autres parties du reffort de *Guayaquil*, il n'eft pas d'auffi bonne qualité que celui du Bailliage de *Daule*.

Prefque dans tous ces Bailliages on nourrit du gros Bétail plus ou moins,
felon

VOYAGE AU PEROU. Liv. IV. Ch. IX. 163

felon la difpofition du terroir, & qu'on eft à portée des lieux élevés où l'eau ne puiffe atteindre, pour y retirer les Troupeaux en Hiver.

CHAPITRE IX.

Remarques fur le Fleuve de Guayaquil, *& fur les Habitations qui peuplent fes bords. Fabrique des Bâtimens qui trafiquent fur ce Fleuve, & Pêche qui s'y fait.*

LA Riviere de *Guayaquil* étant le Canal par où fe fait le Commerce de la Ville de ce nom, nous croyons devoir placer ici la defcription de ce Fleuve, avant que de parler du Commerce, afin que le Lecteur puiffe mieux comprendre ce qui fera dit fur cette matiere.

L'étendue navigable de cette Riviere, depuis la Ville jufqu'à la Douane de *Babahoyo* où l'on débarque, eft communément divifée par ceux qui font fouvent cette route en *tours*, par où l'on entend les inflexions que le Fleuve fait en ferpentant; & comme il ferpente beaucoup, on compte vingt de ces tours, quoiqu'à la rigueur il y en ait vingt-quatre en comptant depuis la Ville jufqu'au *Caracol*, qui eft le Port où l'on débarque en Hiver. Les plus larges de ces tours font les trois que le Fleuve fait près de la Ville, lesquels ont environ deux lieues & demie d'étendue, & les autres environ une lieue: d'où il faut conclure que la diftance de *Guayaquil* à la Douane de *Babahoyo*, computée par les différens tours du Fleuve, eft de $24\frac{1}{4}$ lieues, & jufqu'à *Caracol* de $28\frac{1}{2}$. On fait cette route fort diverfement à l'égard du tems qu'on employe dans le trajet. Quelquefois on eft 8 à 9 jours pour aller de *Guayaquil* à *Caracol* en remontant le Fleuve en Hiver dans une *Chata*, & on le defcend en deux. En Eté on le remonte en trois marées dans un Canot léger, & il en faut un peu plus de deux pour le defcendre. La même chofe arrive à l'égard des autres Bâtimens, avec cette différence qu'on employe toujours moins de tems à defcendre qu'à monter, à caufe de la pente naturelle que le Fleuve a dans les tours voifins de la Douane, où la plus grande force de la marée ne produit d'autre effet que de retarder l'eau qui defcend.

Depuis *Guayaquil* jufqu'à *Ifla Verde*, qui eft l'embouchure de la Riviere dans le Golphe de *la Puna*, les Pilotes comptent environ 6 lieues. Cette diftance eft compofée de plufieurs *tours* dans la même forme que de l'autre côté: d'*Ifla Verde* à *la Puna* il y a trois lieues; deforte que depuis le

Caracol, qui eſt le Port de la Riviere le plus éloigné où les Bâtimens puiſſent arriver, juſques à *la Puna* il y a 37 lieues & demie. Dans la distance entre *Iſla Verde* & *la Puna* le Fleuve s'élargit tellement qu'on ne voit que le Ciel & l'Eau vers Nord & Sud; ſeulement dans quelques endroits on apperçoit les Mangliers vers le Nord.

La largeur du Fleuve à l'embouchure près d'*Iſla Verde* eſt d'environ une lieue. Il a la même largeur & même un peu plus à *Guayaquil*. Mais depuis cette Ville en haut il ſe retrecit, & forme dans tout ſon cours outre ſon lit principal divers Bras ou *Eſtéros*, dont l'un a ſon embouchure vis-à-vis de la Ville, & eſt appellé *Eſtéro de Santay*; & l'autre qui ſe rejoint au Fleuve à une médiocre diſtance de la Douane de *Babahoyo*, eſt nommé *Eſtéro de Lagartos* *. Ce ſont-là les deux Bras les plus conſidérables, qui s'éloignant beaucoup du Fleuve principal, forment de fort grandes Iles.

Les Marées, comme nous l'avons dit, font ſentir leurs effets juſqu'à cette Douane, refoulant les eaux du Fleuve, & les faiſant enfler ſenſiblement. Il n'en eſt pas de-même en Hiver, à-cauſe de la force de leur courant, & l'on n'y remarque ces effets que dans les tours près de *Guayaquil*. Il y a même trois ou quatre occaſions dans l'année où l'abondance des eaux que le Fleuve raſſemble, font entièrement diſparoître les marées. Cela arrive pour la premiere fois vers Noël.

La cauſe principale des débordemens de ce Fleuve vient des eaux qu'il reçoit des Montagnes; car quoiqu'il pleuve beaucoup dans le Plat-pays, la plus grande partie des eaux de ces pluyes reſte dans les Plaines & dans les Marais, deſorte que le Fleuve n'en ſeroit pas beaucoup augmenté ſans les eaux des Montagnes.

La crue des eaux du Fleuve change la ſituation des Bancs de ſable, qui ſont entre la Ville & *Iſla Verde*; c'eſt pourquoi il faut aller à la ſonde & les bien noter, pour que les gros Bâtimens puiſſent entrer ſans danger d'échouer.

Les rivages du Fleuve de *Guayaquil*, comme ceux des Rivieres de *Taguache*, de *Baba*, de *Daulo*, & des *Eſtéros* ou Canaux qu'il forme, ſont parſemés de Maiſons de campagne & d'Habitations de pauvres gens de toutes *Caſtes*, qui ſont-là à portée de la pêche, & des terres qu'ils doivent enſemencer. Les petits eſpaces qui ſont entre ces habitations & maiſons de campagne, ſont remplis d'arbres de tant de différente eſpéce, qu'il ſeroit difficile à l'Art d'imiter de ſi beaux Payſages que la Nature forme

* Canal des Caymans.

me conjointement avec ces maisons rustiques, dont il est à propos que nous donnions ici une idée.

Les principaux & les plus ordinaires matériaux des Maisons qui sont sur les bords du Fleuve de *Guayaquil*, ne sont autre chose que des cannes. Nous parlerons ailleurs de leur grosseur & autres particularités. Il suffira de remarquer ici qu'elles sont employées pour le toit intérieur des maisons au-lieu de charpente, pour les murailles, les planchers, pour les escaliers des maisons petites & basses, & autres commodités nécessaires. Les grandes maisons ne different de celles-là que par quelques piéces de charpente, & par leurs escaliers qui sont de bois. La maniere de les bâtir consiste à ficher en terre dix à douze piéces de bois plus ou moins selon que la maison doit être grande, en maniere de fourche, d'une hauteur suffisante; car tous les appartemens doivent être en-haut, sans rez-de-chaussée. On met des poutres en-travers pour arrêter ces piéces de bois, & ces poutres sont à 4 ou 5 aunes au-dessus de la terre. Ils mettent là-dessus de ces gros roseaux en guise de solives, & s'en servent en même tems pour faire les planchers, qui sont aussi fermes & aussi solides que s'ils étoient de bois; les cloisons qui séparent les chambres sont aussi faites de ces cannes. Quant aux murailles extérieures, ou elles sont tout ouvertes pour donner une libre entrée à la fraîcheur, ou elles sont seulement treillissées à peu près comme un balcon. Les toits de ces grandes maisons ont leurs piéces principales de bois, les solives sont de cannes, recouvertes d'autres cannes couchées en-travers, le tout est couvert en dehors de feuilles de *Vijahua* au-lieu de tuiles. De pareilles maisons sont bientôt bâties & à peu de fraix, & cependant elles ne laissent pas d'être aussi logeables qu'on peut les souhaiter. A l'égard des pauvres gens, toute la dépense se réduit à leur travail personnel: car quand ils veulent se bâtir une habitation, ils n'ont qu'à se mettre dans un petit canot sur les *Estéros*, & avec leur couteau seulement aller sur la premiere Montagne couper les cannes, la *Vijahua* & les *Bejucos* dont ils ont besoin, & ayant conduit le tout au bord de l'eau ils font un radeau des cannes qu'ils ont coupées, sur lequel ils chargent les autres matériaux, après quoi ils descendent la Riviere jusqu'au-lieu où ils veulent fixer leur demeure. Là ils procédent à l'édifice, attachant avec la *Bejuque* * les piéces qu'il faudroit clouer. En peu de jours la maison est construite avec tous les appartemens

---

* La *Bejuque* est une espéce de Saule pliant & si souple qu'on s'en sert au-lieu de corde. Not. du Trad.

temens néceſſaires; il y a de ces maiſons qui ſont auſſi grandes que celles qui ſont faites de merrin.

Le bas de ces maiſons tant petites que grandes, ainſi que de celles de tous les lieux de la Juridiction de *Guayaquil* bâties dans le même goût, eſt ouvert à tous les vents, ſans muraille, ni rien autre choſe que le pied des piquets ſur leſquels tout l'édifice eſt appuyé. D'ailleurs il ſeroit aſſez inutile d'en faire un rez-de-chauſſée logeable, vu que tout l'Hiver cette partie du logis eſt ſubmergée. Dans les lieux qui ne ſont point ſujets à cet inconvénient, on la ferme d'une muraille de cannes; & ces rez-de-chauſſée ſervent de Magazin au *Cacao* & autres marchandiſes & fruits. Là où les inondations ont lieu, l'eau paſſe & repaſſe au-travers de cette partie inférieure, & ceux qui habitent dans l'étage au-deſſus, ne manquent pas de tenir leurs canots toujours prêts pour pouvoir voguer d'une maiſon à l'autre. Ils ſont ſi adroits dans cet exercice, qu'on voit quelquefois une petite fille ſe mettre ſeule dans une nacelle fort mince & fort légére, où un homme moins habile n'oſeroit mettre le pied, gouverner ce miſérable petit Bâtiment, & traverſer là-deſſus des courans rapides & violens, avec autant de ſang froid que ſi elle étoit dans un Vaiſſeau ſolide: entrepriſe qui embarraſſeroit les plus habiles Marins qui n'y ſeroient point accoutumés.

Les pluyes continuelles de l'Hiver, & le peu de ſolidité de ſes maiſons, obligent à des réparations périodiques; c'eſt-à-dire, qu'il faut racommoder en Eté ce que l'Hiver a gâté, & mettre la maiſon en état de réſiſter à l'Hiver ſuivant. Quant à celle des Pauvres, il faut les rebâtir de-nouveau tous les deux ans, & renouveller les matériaux, excepté les piquets qui ſervent de fondement dont on peut ſe ſervir longtems.

Après avoir parlé des Bâtimens fixes de ce Pays, il eſt juſte que nous parlions des Bâtimens flottans qui y ſont en uſage. Nous omettrons les *Chates* & les Canots, comme étant trop connus; & nous ne parlerons que des *Balzes*, dont le nom fait aſſez connoître la fabrique *, mais non la façon particuliére de leur Gouvernement Nautique, & l'uſage que les *Indiens* en font pour leur Navigation, ſans que ces Peuples groſſiers & ignorans ayent eu d'autre Maître que la néceſſité & l'expérience.

Les *Balzes*, qu'on nomme auſſi *Jangades*, ſont compoſées de 5. 7. ou 9. ſolives d'un bois qui, quoiqu'il ne ſoit connu-là que ſous le nom-même de *Balze*, eſt appellé *Pucro* par les *Indiens* du *Darien*; & qui ſelon toute apparence eſt le même que celui que les *Latins* nommoient *Ferula*, dont *Columelle* parle au *Liv. V.* & *Pline* au *Liv. XIII. Chap. 22.* où il remarque

* *Balza* en *Eſpagnol* ſignifie un *Radeau*.

marque qu'il y en a de deux fortes, l'un plus petit, que les *Grecs* nommoient *Nartechia*, & l'autre plus grand, qu'ils appelloient *Northeæ*. *Nebrya* l'appelle en *Espagnol Canna beja*, ou *Canna beja*. *Don George Juan* en a vu à *Malthe*, où il croît naturellement; & il dit qu'il n'y a point de différence entre celui-là & la *Balza* ou *Pucro*, sinon que la *Canna beja*, que les *Malthois* nomment *Ferula* comme les *Latins*, est beaucoup plus petite. Quoi qu'il en soit, la *Balza* est un bois blanchâtre, mou, & fort léger, tellement qu'un morceau de trois à quatre aunes de long & d'un pied de diamétre peut être levé & transporté d'un lieu à un autre par un petit garçon sans la moindre difficulté? C'est avec ce bois que les *Indiens* font leurs *Jangades* ou *Balzes*, comme on peut le voir dans la Planche XI. Au-dessus est une espéce de tillac ou de couvert L, fait de planchettes de *Cannas* ou Roseaux; & par-dessus cela ils mettent un toit C, lequel a deux côtés. Au-lieu de vergue, ils attachent la voile à deux perches de Manglier qui se rencontrent en haut D; & dans les *Balzes* qui ont le mât de trinquet il en est de-même.

Ce n'est pas seulement sur le Fleuve que les *Balzes* naviguent; elles vont aussi en Mer, & même font le trajet jusqu'à *Payta*. Leur grandeur est différente, aussi-bien que leur usage. Les unes sont employées pour la pêche; les autres pour trafiquer sur le Fleuve, transportant toute sorte de marchandises, depuis la *Bodega* ou Douane de *Babahoyo* jusqu'à *Guayaquil*, & de-là à *la Puna*, *Salto de Tumbez*, & *Payta*. Il y en a qui sont très-proprement construites, & qui servent à transporter les familles à leurs Terres & Maisons de campagne. On est dans ces *Balzes* aussi commodément que dans une maison. On n'y est point incommodé du mouvement, & l'on y est fort au large, comme on en peut juger par la grandeur du Bâtiment; les *Pucros* dont elles sont faites ayant 12 à 13 toises de long sur 2 ou 2 ½ pieds de diamétre dans leur grosseur, desorte que les 9 solives dont elles sont composées forment une largeur d'environ 20 à 24 pieds, toise de *Paris*, qui sont à peu près 4 de ces toises, & reviennent à 8 ou 9 aunes de *Castille*. On peut par-là se faire une idée des *Balzes* qui n'ont que 7 solives ou même moins.

Les solives qui composent cette espéce de Bâtiment, ne sont jointes que par des liens de *Bejuques*, avec lesquels, & au moyen des piéces ou soliveaux en-travers qui croisent sur chaque bout, ils sont amarrés si fortement l'un contre l'autre, qu'ils résistent aux plus fortes marées dans les traversées à la Côte de *Tumbez* & de *Payta*. Ces liens ont l'avantage qu'étant une fois bien noués, ils ne se défont jamais, malgré le mouvement continuel, quoique foible, qu'un tel Bâtiment ne peut manquer d'avoir. Il arrive néanmoins quelquefois que les *Indiens* négligeant de visiter les *Bejuques* & de les changer avant de partir, quand ils sont usés par le tems & le travail, le Bâtiment chargé de marchandises, ou d'autres effets, combat quelque tems contre les flots; mais enfin il se déjoint, la cargaison se perd, & les passagers périssent. Quant aux *Indiens* ils se tirent mieux d'affaire, & montant sur la premiere solive qu'ils trouvent, cela leur suffit pour se sauver, & pour aborder au premier Port. Il arriva une ou deux avantures pareilles pendant que nous étions dans la Province de *Quito*: triste effet de la négligence & de la confiance barbare des *Indiens*, qui ne prennent aucune mesure pour prévenir de pareils accidens.

La plus grosse solive, ou pour mieux dire la plus grosse poutre de la *Balze*, avance en saillie vers la poupe un peu plus que les autres. C'est à celle-là qu'on attache la premiere poutre à droite & à gauche,& les autres ainsi de suite. C'est la maîtresse-piéce du Bâtiment, & c'est aussi pour cela que le nombre des solives est toujours impair. Les grandes *Balzes* portent ordinairement depuis quatre jusqu'à cinq cens quintaux de marchandises, sans que la proximité de l'eau y cause le moindre dommage; car les coups de Mer n'y peuvent entrer, & l'eau qui bat entre les solives n'y pénétre point, parce-que tout le corps du Bâtiment suit le cours & le mouvement de l'eau.

Jusqu'ici nous n'avons parlé que de la fabrique des *Balzes*, & du trafic auquel on les emploie. Mais nous ne devons pas oublier une particularité bien plus extraordinaire: c'est que ces Radeaux peuvent voguer & louvoyer quand le vent est contraire aussi-bien qu'aucun Vaisseau à quille. Ils courent si surement le bord qu'on veut leur faire courir, que si elles s'écartent de la route, ce n'est jamais que de peu. Cela se fait par un autre moyen que par le gouvernail. On a des planches de 3 à 4 aunes de long sur une demie aune de large, qu'ils appellent *Guares*, & qu'ils arrangent verticalement à la poupe & à la proue, entre les solives de la *Balze*; ils enfoncent les unes dans l'eau & en retirent un peu les autres, & par ce moyen on s'éloigne, on arrive, on gagne le vent, on revire de bord, & on se maintient à la cape, selon qu'on veut maneuvrer. Invention qui jusqu'à-présent a été inconnue aux Nations les plus éclairées de l'*Europe*, & dont les *Indiens* qui l'ont découverte ne connoissent que la maneuvre ou le méchanisme, sans que leur esprit mal-cultivé ait jamais cherché d'en pénétrer la cause & les raisons, ni pu les concevoir. Mais si la chose étoit connue & pratiquée en *Europe*, il n'arriveroit pas tant de nau-

VOYAGE AU PEROU. Liv. IV. Ch. IX.

naufrages lamentables, & ceux qui ont péri faute d'une pareille invention auroient du-moins conservé leur vie. Lorsque la Fregate du Roi la *Génoise* fit naufrage à la *Vibora*, plusieurs personnes tâcherent de se sauver par le moyen d'une *Jangade* ou Radeau qu'ils firent à la hâte, & sur lequel ils s'embarquerent; mais ils ne purent venir à bout de leur dessein pour s'être livrés aux flots sans autre gouvernail que celui des courans, & s'être abandonnés au gré des vents. Des exemples si tragiques m'ont déterminé à examiner sur quoi est fondée la maniere de gouverner ces Bâtimens & en quoi elle consiste, afin que chacun puisse s'en servir dans l'occasion; &, pour mieux réussir dans mon dessein, je me servirai d'un petit Mémoire que *Don George Juan* a composé sur cette matiere.

La détermination, dit-il, dans laquelle se meut un Vaisseau poussé par le vent, est une ligne perpendiculaire à la voile, comme le démontrent Mrs. *Renau* dans la *Théorie des Manœuvres* Chap. 2. Art. 1. *Bernoulli* Chap. 1. Art. 4. & *Pitot* Sect. II. Art. 13. Or la réaction étant égale & contraire à l'action, la force que l'eau oppose au mouvement du Vaisseau doit être comme une ligne perpendiculaire à la voile, laquelle ligne commence sous le vent & finit au-dessus; poussant avec plus de force un grand corps qu'un petit, en raison composée de leurs superficies & des quarrés des *Sinus* des angles d'incidence, c'est-à-dire, dans la supposition de l'égalité des vitesses: d'où il suit que toutes les fois qu'on enfonce une *Guare* dans l'eau à la proue du Bâtiment, celui-ci sera au lof, & si on la retire il sera à dérive. De-même, si on enfonce la *Guare* à la poupe dans l'eau, le Bâtiment sera à dérive, & au-contraire si on la retire il sera au lof. Telle est la méthode des *Indiens* pour gouverner leurs *Balzes*; ils augmentent le nombre des *Guares* jusques à quatre, cinq ou six pour se maintenir sur le vent: car il est évident que plus on en enfonce, plus on augmente la résistance que le Bâtiment trouve à fendre l'eau par le côté, vu que les *Guares* font l'office des Ourses dont les Mariniers se servent sur les petits Bâtimens. La manœuvre de ces *Guares* est si facile, que dès-qu'on a mis le Bâtiment dans la direction de sa route, il suffit d'en enfoncer ou retirer une seule un ou deux pieds quand il est nécessaire, & il se maintient par-là dans sa direction.

Le Fleuve de *Guayaquil* & ses *Estéros* abondent en Poissons, comme nous l'avons déjà observé. Les *Indiens* & les *Mulâtres*, qui ont leurs habitations sur ses bords, s'occupent quelque tems à la pêche, & s'y préparent aussitôt que l'Eté commence à tirer vers sa fin: alors ils ont semé, & fait la récolte de leurs petites *Chacares*. Ils ne pensent qu'à préparer

Tome I. Y leurs

leurs *Balzes*, à les viſiter, les réparer, à les couvrir de nouvelles feuilles de *Vijahua*, pour qu'elles puiſſent réſiſter à la pluye. Ils ſe pourvoyent de ſel pour mariner le poiſſon, préparent leur fléches & leurs harpons, & font proviſion de vivres à proportion du tems qu'ils veulent employer à la pêche: ils amaſſent du *Maïz*, des *Platanes*, & quelque peu de *Taſſajo**. Tout étant ainſi diſpoſé ils embarquent leurs Canots dans la *Balze*, de-même que leurs femmes, leurs enfans, & le peu de meuble qu'ils ont chez eux. Ceux qui poſſédent quelques Vaches, ou Chevaux, comme cela eſt aſſez ordinaire, les envoyent dans les Montagnes pour les y faire paſſer l'Hiver; & pour eux ils s'embarquent ſur leur *Balze*, & vont ſe poſter à l'embouchure de quelque *Eſtéro*, où ils croyent qu'il y a beaucoup de poiſſons. Ils y demeurent juſqu'à ce qu'ils ayent fait capture; s'ils voyent qu'il n'y ait rien à faire, ils paſſent à un autre, & leur pêche finie ils s'en retournent chacun chez ſoi. Là ils apportent des feuilles de *Vijahua*, des *Bejuques*, & des Roſeaux ou *Cannas* pour réparer les dommages que leurs maiſons ont ſoufferts. Quand la communication eſt ouverte avec la Province des Montagnes, & que les Troupeaux commencent à deſcendre, ils paſſent avec leur poiſſon juſqu'aux *Bodegas* de *Babahoyo* où ils le vendent, & du produit ils achettent de la *Bayéte* du Pays, du *Tucayo*, & les autres choſes néceſſaires pour ſe vétir eux & leurs familles.

Voici quelle eſt la maniere de pêcher d'un *Indien*. Il ſe poſte à l'embouchure d'un *Eſtéro* avec ſa *Balze* amarrée au bord de l'eau, ſe met dans un de ſes petits Canots avec quelque fléches, ou quelques harpons. Dès-qu'il voit le poiſſon, il le ſuit juſqu'à ce qu'il en ſoit aſſez proche: alors il lui décoche ſa fléche ou ſon harpon, le bleſſe, & le prend dans ſon Canot: la même fléche lui ſert encore pour d'autres poiſſons. Ils ſont ſi adroits dans cet exercice, qu'il eſt bien rare qu'ils manquent leur coup. Si le lieu ou parage eſt abondant, en 3 ou 4 heures le Canot eſt chargé; le Pêcheur retourne à la *Balze* pour y vuider & ſaler ſa pêche.

Quelquefois ils employent à leur pêche une Herbe qu'ils nomment *Barbaſco*, ſur-tout dans les lieux où les *Eſtéros* forment quelque mare ou marais. Ils prennent une bouchée de cette herbe, la mâchent, & l'incorporent enſuite dans de l'apât qu'ils répandent dans l'eau. Le jus de cette herbe eſt ſi fort, que dès-que le poiſſon en a goûté, il eſt ivre, & ſurnage comme s'il étoit mort; deſorte que le Pêcheur n'a que la peine de le prendre. Tout le fretin qui goûte de cette herbe meurt; mais le gros poiſ-

---

* *Viande ſechée au vent.*

poisson, après un assez long intervalle, revient à son état naturel, à-moins qu'il n'en ait trop mangé. Il semble que le Poisson pris de cette maniere devroit être mal-sain, toutefois l'expérience prouve le contraire; c'est pourquoi aussi on le mange sans crainte. Outre ces deux manieres de pêcher, ils en ont encore une troisiéme, qui se fait par le moyen d'une espéce de senne ou filets, qu'ils nomment *Chinchorros*; mais alors ils se joignent plusieurs Pêcheurs ensemble pour faciliter la manœuvre de leurs *Chinchorros*.

Le Poisson le plus gros qu'on prenne dans les *Estéros*, c'est le *Bagre*. Il a une aune ou une aune & demie de long. Il est filasseux, fade, & mal-sain, c'est pourquoi on ne le mange jamais frais. Le *Robalo* * est le plus délicat, & il a en effet très-bon goût; mais comme on ne le trouve que dans les *Estéros* éloignés & au-dessus de *Guayaquil*, on n'en voit point dans cette Ville.

Toutes ces Rivieres & *Estéros* auroient une plus grande quantité de Poissons, si les *Caymans*, ou Lézards comme on les appelle dans ce Pays, n'en détruisoient pas tant. Le Cayman est un animal amphibie, qui vit tantôt dans l'eau & tantôt sur terre, quoiqu'ordinairement il ne s'écarte guere du bord des Rivieres où il a fixé sa demeure. La quantité que l'on voit de ces animaux le long des Canaux ou des Rivieres est si grande, qu'on ne peut les compter. Quand ils se sont rassasiés dans l'eau, ils viennent à terre se secher au Soleil; ils ressemblent à quantité de troncs d'arbres à moitié pourris, que l'eau a jettés sur le rivage. Dès qu'ils sentent un Bâtiment qui approche, ils se jettent à l'eau. Il y en a de si monstrueux, qu'ils ont plus de 5 aunes de long. Tandis qu'ils sont à terre, ils tiennent la gueule ouverte & restent ainsi, jusqu'à ce qu'il s'y soit rassemblé une assez grande quantité de mouches & de mosquites; alors ils la ferment pour les avaler: malgré les contes que des Auteurs ont débités sur cet animal, je sai par expérience, de-même que toute notre compagnie, qu'il fuit les hommes quand il est à terre; & dès-qu'il apperçoit quelqu'un, il se jette dans l'eau. Tout son corps est couvert d'écailles si fortes qu'elles résistent aux balles, à-moins qu'on ne l'atteigne à l'aisselle, qui est le seul endroit pénétrable.

Cet animal naît d'un œuf. Quand la femelle veut pondre, elle vient à terre sur le bord de la Riviere. Là elle creuse un grand trou dans le sable & y dépose ses œufs, qui sont de la grosseur d'un œuf médiocre d'Autruche,

* *Loup maria.*

che, & dont la coque eſt blanche comme celle d'un œuf de Poule, mais beaucoup plus épaiſſe. Elle en pond plus de cent d'une ſeule portée dans l'eſpace d'un ou deux jours. Dès-qu'elle les a mis bas, elle les couvre de ſable, & a l'attention de ſe rouler deſſus pour cacher l'endroit où ils ſont, pouſſant même la précaution juſqu'à ſe vautrer tout autour pour mieux deſorienter les ennemis de ſon eſpéce. Après avoir ainſi pourvu à leur ſureté, elle ſe replonge dans l'eau, & les laiſſe couver auſſi longtems que la Nature lui enſeigne qu'ils doivent couver. Alors elle vient ſuivie du mâle, & écartant le ſable, elle découvre les œufs, en caſſe la coque, & auſſitôt les petits Caymans ſortent ſans autre accident, de maniere que d'une couvée il n'y a preſque pas un œuf de perdu. Dès qu'ils ſont hors de la coque la mere les met ſur ſon dos & ſur les écailles de ſon cou, tâchant de gagner l'eau avec cette nouvelle peuplade; mais durant ce tems-là les *Gallinazos*, toujours alerte, en enlévent quelques-uns, & le mâle même en mange autant qu'il peut, juſqu'à ce qu'enfin la femelle ait gagné l'eau avec le peu qui lui reſte; mais ceux qui ſe détachent d'elle ou ne nagent pas, elle les dévore; deſorte que d'une ſi nombreuſe couvée à peine en échappe-t-il cinq à ſix.

Les *Gallinazos*, dont nous avons déjà parlé ailleurs dans l'article de *Carthagéne*, ſont les plus cruels ennemis des Caymans. Ils en veulent ſurtout à leurs œufs, & uſent de beaucoup de ruſe pour s'en emparer. Il y a en Eté de ces *Gallinazos* qui ne ſont occupés qu'à obſerver les femelles des Caymans, car c'eſt dans cette Saiſon qu'elles pondent, lorſque les bords des Fleuves ne ſont plus inondés. Les *Gallinazos* ſe mettent en ſentinelle ſur quelque arbre tout près de-là, ſe cachent ſous les feuilles & ſous les branches, pour que la femelle ne puiſſe les appercevoir. Le *Gallinazo* la laiſſe tranquillement pondre ſes œufs, & n'interrompt pas même les précautions qu'elle prend pour les cacher; mais à peine a-t-elle tourné le dos, qu'il fond ſur le nid, & avec ſon bec, ſes ſerres & ſes aîles, il découvre les œufs, & les gobe ſans en laiſſer que les coquilles. Le banquet ſeroit grand pour celui qui a eu la patience d'attendre cette occaſion, ſi une multitude de ſes ſemblables n'accouroit pour l'aider dans cette opération, & ne lui enlevoit une partie du prix de ſon induſtrie & de ſes peines. Je me ſuis ſouvent diverti à voir cette manœuvre des *Gallinazos* durant notre paſſage de *Guayaquil* aux *Bodegas* de *Babahoyo*, & par curioſité je pris quelques-uns de ces œufs. Les perſonnes qui naviguent fréquemment ſur le Fleuve, & particuliérement les Mulâtres, ne font pas difficulté de s'en régaler quand ils ſont frais. Admirons la ſageſſe de la Providence, qui a

donné

donné aux Caymans mâles ce panchant à dévorer ces petits animaux dont ils font peres, & aux *Gallinazos* ce goût pour les œufs des femelles. Sans cela les eaux du Fleuve, ni toute la plaine, ne fuffiroient pas pour contenir la quantité de Caymans qui naîtroient de ces nombreufes pontes; puifque malgré la déconfiture que les uns & les autres en font, on ne fauroit s'imaginer combien il en refte encore.

Les Caymans font les plus grands deftructeurs du poiffon que le Fleuve produit; ils en font leur pâture ordinaire, & les pêchent avec autant d'artifice que les plus habiles Pêcheurs. En effet ils fe joignent 8 ou 10 enfemble, & fe vont placer l'un près de l'autre à l'embouchure d'une Riviere ou d'un *Eſtéro*; par ce moyen il ne fort aucun poiffon qui ne devienne leur proye, & cependant il faut que le poiffon tâche de fortir, parce que pendant que ces 8 ou 10 Caymans forment ce cordon à l'embouchure de la Riviere ou du Canal, il y en a d'autres qui le chaffent par en haut. Le Cayman ne peut manger fous l'eau; c'eft pourquoi quand il a pris quelque chofe, il éléve la tête au-deffus de l'eau, & peu à peu il introduit fa proye dans l'intérieur de fa gueule, où il la mâche pour l'avaler. Quand ils ont fini leur pêche, ils fe retirent fur les bords des Rivieres pour fe repofer à terre, fans être détourné par les ténèbres de la nuit.

Quand ces animaux font preffés de la faim, ils viennent à terre, & courent dans les plaines voifines de quelque Riviere ou Ruiffeau; les Veaux & les Poulains ne font pas à l'abri de leurs pourfuites, & dès-qu'une fois ils ont goûté de leur chair ils en font fi afriandés, qu'ils ne fe foucient plus de poiffon. Alors ils vont à la chaffe des Hommes & des Bêtes à la faveur des ténèbres. On a vu de triftes exemples de leur voracité, quand quelque enfant mal-avifé s'eft trouvé à ces heures-là hors de la maifon, fans en être cependant fort éloigné. Un Cayman eft venu, a pris l'enfant dans la gueule & l'a emporté dans la Riviere, pour ne point s'expofer à ceux que les cris de cette petite victime pouvoient faire accourir à fon fecours. Leur coutume eft de porter ces fortes de proye jufqu'au fond de l'eau, & après les avoir étouffées de les venir manger au-deffus.

On a des exemples qu'ils en ont ufé de même à l'égard de quelques Canotiers, qui s'étant imprudemment endormis fur les planches de leurs Canots, avec une jambe ou un bras hors du Canot, ont paffé des bras du fommeil dans ceux de la mort; car ces animaux les faififfant les ont tirés dans l'eau & dévorés incontinent. Les Caymans qui ont ainfi goûté une fois de la chair humaine, font toujours les plus redoutables. Les perfonnes qui ont leurs habitations dans des lieux où ces animaux font en grand nombre tâchent de les prendre & de les tuer. Pour cet effet ils lui tendent un piége, qu'ils appellent *Casonéte*: c'est une espéce d'hameçon, qui consiste en un morceau de bois fort & pointu par les deux bouts, lequel est enveloppé dans les poûmons de quelque animal. La *Casonéte* est attachée à une forte courroye liée bien ferme à terre. L'hameçon flotte sur l'eau, & le Cayman qui l'apperçoit le hape, impatient d'avaler la viande qu'il voit devant lui; mais il s'engorge tellement que les pointes du bois lui entrant dans les deux machoires il ne peut ni ouvrir ni fermer la gueule. Cependant on le tire à terre. Là il devient furieux & attaque les assistans, qui l'agacent comme un Taureau, & se divertissent à le voir s'élancer contre l'un & contre l'autre, bien assurés que tout le mal qu'il peut faire est de renverser celui qui n'est pas assez agile pour l'éviter.

 Le Cayman ressemble extrêmement au *Lézard*, ce qui est cause que dans ce Pays-là on lui donne le nom de *Lézard*. Il y a néanmoins quelque différence entre la tête du *Lézard* & celle du Cayman, comme on le peut voir dans toutes les figures qui le représentent. La tête du Cayman est fort longue, & se termine en pointe, formant un museau comme le grouïn d'un Cochon, & c'est ce museau qu'il tient continuellement hors de l'eau quand il est dans une Riviere; d'où l'on peut conclure qu'il a besoin de respirer fréquemment un air grossier. Ses deux machoires sont garnies de dents fort serrées, très-fortes & terminées en pointe. Quelques-uns leur ont attribué des vertus singulieres. Je ne saurois dire si c'est avec raison; mais il est certain que je n'en ai rien ouï dire dans le Pays, ni aucun de mes compagnons de voyage non plus, quoique nous fussions extrêmement soigneux de nous instruire de tout ce qui les regardoit.

CHAPITRE X.

Du Commerce qui se fait par la voye de la Ville & du Fleuve de Guayaquil *entre les Royaumes du Pérou, de* Tierra-Firme *& les Côtes de la nouvelle* Espagne, *& de celui que le Corrégiment de* Guayaquil *fait de ses Denrées avec ces Provinces.*

ON peut considérer le Commerce de *Guayaquil* sous deux differens points de vue. L'un stable, consistant dans les Denrées & Marchandises difes de fon crû; l'autre paffager, confiftant en Marchandifes étrangeres, auxquelles *Guayaquil* fert comme d'échelle pour paffer dans les Provinces du *Pérou*, de *Tierra-Firme* & de *Guatemala*. C'eft dans le Port de cette Ville qu'on débarque toutes les Marchandifes qui ayant fait le trajet par Mer doivent être tranfportées dans les Provinces des Montagnes, & qu'on apporte de ces mêmes Provinces les Marchandifes de leur crû qui doivent être tranfportées par Mer dans les différens Ports des Côtes voifines. Ces deux Commerces étant de différente nature, je traiterai d'abord du premier, & enfuite du fecond.

Le *Cacao*, qu'on doit regarder comme la principale Denrée du Terroir de *Guayaquil*, eft embarqué pour *Panama*, ou pour les Ports de *Sonfonate Realejo*, & autres Ports de la nouvelle *Efpagne*, ou enfin pour ceux du *Pérou*, où le débit eft néanmoins médiocre. Il eft affez remarquable que dans cette Ville & fa Jurisdiction, où le *Cacao* abonde le plus, il s'en confume le moins.

Le Bois, que nous pouvons mettre pour fecond article, fe tranfporte & fe débite au Port de *Callao*, quelquefois auffi dans ceux qui font entre celui-là & *Guayaquil*. Il n'en coute aux habitans de cette Ville que de le faire couper & conduire par le plus proche *Eftéro*, ou Riviere jufqu'à *Guayaquil*, ou à *la Puna*. Les Bâtimens légers qui ne tirent pas beaucoup d'eau viennent jufques-là, & c'eft dans l'un ou l'autre de ces deux Ports qu'on charge ce bois tout coupé. Les Navires qui n'y font entrés que pour fe caréner, en font grande provifion & le vont trafiquer; & les Vaiffeaux qui fortant des Chantiers ne font pas deftinés à des voyages d'un grand avantage, font employés à charger de ce bois & à le transporter où l'on en a befoin; par-là les uns fe dédommagent des fraix de la carêne, & font même des profits, & les autres rendent en partie ce que leur fabrique a pu couter.

Si les deux articles précédens font confidérables, celui du Sel ne l'eft pas moins, quoiqu'il n'ait d'autre débouché que les Bourgs & Villages intérieurs de la Province de *Quito*. Ajoûtez à tout cela le Coton, le Riz, le Poiffon falé & fec.

Enfin toute cette Jurisdiction de *Guayaquil* fait un grand Commerce avec les Pays des Montagnes en Bœufs, Vaches, Mules, Mulets, que fes vaftes Campagnes nourriffent en grande quantité.

Il y a encore d'autres articles moins importans, qui n'entrent point en ligne de compte, comme le Tabac, la Cire, le *Mani*, l'*Aji*, & la Laine de *Ceibo*, & autres femblables, qui pris à part ne méritent pas tant
d'atten-

d'attention, mais qui tous enfemble font un objet non moins confidérable qu'un des articles ci-deffus.

La Laine de *Ceibo* eft ainfi appellée du nom de l'Arbre qui la produit. Cet arbre eft fort haut & fort touffu. Le tronc en eft droit & fort peu inégal; les feuilles en font médiocres & rondes. Il pouffe parmi fes feuilles une petite fleur, dans laquelle fe forme un bouton ou efpéce de cocon qui croît de la longueur d'un pouce & demi ou deux, fur environ un pouce de diamétre. C'eft dans ce bouton ou cocon qu'eft renfermée la laine en queftion. Dès que le cocon eft mûr & fec il s'ouvre, & laiffe voir la laine qu'il contient, laquelle reffemble à un flocon de coton, & eft un peu rouge. Cette laine eft beaucoup plus douce & plus fine que le Coton; la mouffe ou filaffe dont elle eft compofée plus menue & plus déliée, d'où vient que les naturels du Pays croyent communément qu'on ne peut la filer: mais pour moi je fuis perfuadé que cela vient de ce qu'on n'a pas encore trouvé le véritable moyen de la rendre filable; & fi jamais on y parvient, je crois qu'on pourra lui donner le nom de *Soye de Ceibo*, à-caufe de fa grande fineffe, plutôt que celui de *Laine*. Le feul ufage qu'on en ait fait jufqu'ici a été d'en remplir des matelas, à quoi elle eft plus propre que tout autre chofe, tant à-caufe de fa molleffe naturelle, que par la facilité qu'elle a étant mife au Soleil de fe lever & gonfler jufqu'à rendre la toile du matelas tendue comme un tambour, fans qu'elle diminue pour être tranfportée enfuite à l'ombre, à-moins qu'on ne l'expofe à l'humidité qui eft la qualité contraire qui la comprime. On prétend dans le Pays que cette laine eft extrêmement froide, c'eft ce qui fait que l'ufage n'en eft pas auffi général qu'il pourroit l'être. J'ai pourtant connu diverfes perfonnes qui ont couché toute leur vie fur des matelas faits de cette laine, fans s'en être jamais trouvé mal.

En échange des Marchandifes que la Jurifdiction de *Guayaquil* envoye dans les Provinces les plus éloignées, elle reçoit du *Pérou* pour fa propre confommation des Vins, des Eaux-de-vie, de l'Huile, des Fruits fecs; & de la Province de *Quito*, elle reçoit des *Bayétes* qu'on y fabrique, des *Tucuyos*, des Farines, des *Papas*, du Lard, des Jambons, des Fromages, & autres femblables Marchandifes. Elle tire de la Jurifdiction de *Panama* les Marchandifes qu'on apporte d'*Europe* aux Foires d'*Amérique*; & de celle de la *Nouvelle Efpagne*, le Fer qu'on y tire des Mines, lequel n'eft pas à-la-vérité fi bon que celui d'*Europe*, étant fort aigre & caffant; mais on ne laiffe pas de l'employer dans les ouvrages où cette mauvaife qualité n'eft point un obftacle; dans la fabrique des Vaiffeaux que l'on l'on conſtruit dans les Chantiers de cette Ville, ce fer eſt de peu d'uſage; en revanche on apporte de cette Côte de la Poix & du Goudron pour ces Vaiſſeaux & pour ceux que l'on carène à *Guayaquil*. On ... de la même Côte, ou du *Pérou*, des Cordages de Chanvre: il eſt vrai que les Propriétaires des Vaiſſeaux font venir cette derniere marchandiſe, ainſi que le Fer d'*Europe*, pour leur compte, & que les habitans de cette Ville n'en font pas commerce.

Le Commerce paſſager n'eſt pas moins conſidérable que le précédent. Il conſiſte dans la correſpondance qu'il y a entre le Royaume de *Quito* & celui de *Lima*, & dans l'échange réciproque que ces deux Contrées font des Denrées de leur crû & des Marchandiſes de leurs Fabriques. *Lima* fournit des Vins & des Huiles, & *Quito* des *Draps*, des *Bayetes*, des *Tucuyos*, des *Serges*, des *Chapeaux*, des *Bas*, & divers autres Ouvrages de *Laine* pour la parfaite teinture desquels on ne peut guere ſe paſſer d'Indigo, dont le Pays de *Quito* manque: les Marchands de *Guayaquil* le tirent des Côtes de la nouvelle *Eſpagne*, pour en fournir toutes les Fabriques des Montagnes & de la Province de *Quito*.

C'eſt principalement en Eté que ces Commerces fleuriſſent, parce que c'eſt alors que les Marchandiſes que produiſent les Montagnes peuvent deſcendre, & qu'on peut tranſporter dans ce Pays de Montagnes les Marchandiſes de *Guayaquil*, & celles des autres Ports ou Côtes, qui doivent paſſer par-là: cependant il y a toujours des Bâtimens dans la Riviere de *Guayaquil* pour y charger les Marchandiſes du crû de cette Juriſdiction, qu'on peut tranſporter par Mer en tout tems. Ce Commerce continuel de la Ville de *Guayaquil* pouvoit ſeul l'empêcher d'être anéantie après les ſaccagemens des Pirates & les incendies qu'elle a ſoufferts tant de fois; c'eſt auſſi uniquement par les avantages du Négoce qu'elle s'eſt relevée avec éclat de ſes infortunes paſſées, & qu'elle eſt aujourd'hui dans un état auſſi floriſſant que ſi elle avoit toujours proſpéré depuis ſa fondation, & autant que le permettent la qualité du terrain où elle eſt ſituée, le climat, & les incommodités auxquelles elle eſt ſujette en Hiver, ainſi que nous l'avons déjà obſervé.

VOYAGE AU PEROU.

LIVRE CINQUIEME,

Comprenant notre Voyage depuis *Guayaquil* jusqu'à la Ville de *Quito* : mesure de la Méridienne dans la Province de ce nom : difficultés à faire les stations dans les points qui formoient les triangles : description de la Ville de *Quito*.

CHAPITRE I.

Passage de Guayaquil au Caracol où se fait le débarquement en Hiver. Voyage du Caracol à Quito.

Aussitôt que nous eûmes avis que les montures que le Corrégidor de *Guaranda* devoit nous envoyer pour nous transporter, étoient en route pour le *Caracol*, nous nous disposâmes au départ, & nous nous embarquâmes sur le Fleuve le 3. *Mai* 1736, dans une grande *Chata*. Après bien des retardemens causés par le courant de l'eau, bien des incommodités & des accidens, nous arrivâmes le 11. du même mois au Bourg du *Caracol*, où nous débarquâmes.

Il seroit difficile de donner une idée exacte de ce que nous souffrîmes de la part des *Mosquites* pendant notre navigation sur ce Fleuve; ni la précaution que nous avions eue de mettre des guêtres, ni les *Toldos* ou *Mosquiteres* ne purent nous garantir de ce cruel martyre. Pendant le jour nous étions dans un mouvement continuel, & la nuit nous souffrions des douleurs insupportables. Les gants à-la-vérité nous garantissoient les mains; mais le visage restoit exposé, & l'habit n'empêchoit pas que le reste du corps ne fût tourmenté; les aiguillons pénétroient au-travers du drap, piquoient la chair, & y causoient un feu & une demangeaison horrible. La plus cruelle de toutes les nuits que nous passâmes sur ce Fleuve, fut celle où nous fîmes alte dans une maison fort grande & d'assez bonne apparence pour le Pays, mais inhabitée. A-peine nous étions-nous emparés de cette solitude, que nous y fûmes assaillis d'une quantité prodigieuse de *Mosquites*, qui loin de nous laisser dormir, ne nous permirent pas même d'être un moment en repos. Ceux de nous qui s'étoient couchés dans leurs *Toldos*, croyant être à couvert de ces cruels insectes, se trouverent dans l'instant même attaqués de tous côtés, & réduits à se lever pour être moins incommodés : ceux qui étoient dans la maison en fortoient pour fe délivrer de cette horrible engeance, aimant mieux s'exposer au danger incertain d'être mordu par quelque Serpent, que de fe livrer à un fupplice affuré. Ils gagnoient les champs pour y prendre quelque repos; mais bientôt ils fentoient qu'ils s'étoient abufés, & qu'il étoit difficile de décider en quel lieu on étoit le plus perfécuté dans le *Toldo*, ou hors du *Toldo*, ou dans les Champs. D'un côté la grande fumée que nous faifions en brulant divers arbres nous étoufoit, & de l'autre ces diaboliques infectes ne diminuoient point pour cela, mais au-contraire fembloient s'acroître à tout moment. Quand le jour fut venu, nous apperçûmes les effets des cruelles careffes de ces abominables camarades de chambrées: nos vifages enflés, nos mains enflammées & pleines d'ampoules, faifoient affez juger dans quel état étoit le refte du corps. La nuit fuivante nous allâmes gîter dans une maifon habitée, où les *Mofquites* ne manquoient pas, bien-qu'en moindre quantité que dans la précédente. Nous racontâmes notre avanture à notre hôte, qui nous dit gravement que la maifon dont nous parlions, avoit été abandonnée parce qu'une âme y faifoit fon purgatoire; à quoi l'un de la compagnie repliqua fur le champ, qu'*il étoit bien plus naturel qu'on l'eût abandonnée, parce qu'elle étoit le purgatoire des vivans.*

Les Mules étant arrivées au *Caracol* nous nous mîmes en chemin le 14 Mai 1736, & après avoir marché quatre lieues par des *Savanes*, des Bois de Planes & de Cacaotiers, nous arrivâmes fur les *Plages* de la Riviere d'*Ojibar*, que nous côtoyâmes & traverfâmes à gué neuf fois, non fans quelque péril, à-caufe de fa grande rapidité, des rochers dont elle eft femée, de fa profondeur & de fa largeur. A $3\frac{1}{2}$ du foir nous fîmes alte dans une maifon près de la Riviere, dans un Lieu nommé le *Port des Mofquites*.

Tout le chemin depuis le *Caracol* jufqu'aux *Plages* ou *Berges* d'*Ojibar* eft fi marécageux, que nous marchions continuellement ou par une ravine, ou par un bourbier, où nos mules entroient jufqu'au poitrail; mais quand nous eûmes paffé les *Plages* ou *Berges*, le chemin devint plus ferme & moins incommode.

Le nom du Lieu & de la Maifon où nous paffâmes la nuit, donne affez à entendre ce que c'étoit. La maifon étoit auffi inhabitée que celle que nous avions rencontrée fur le Fleuve de *Guayaquil*, & elle étoit auffi devenue le féjour de *Mofquites* de toute efpéce; deforte que fi la nuit que nous paffâmes dans celle-là fut fâcheufe, celle que nous paffâmes dans celle-ci ne lui en devoit rien: en effet ces maudits infectes nous firent une fi cruelle guerre, que quelques-uns de nous prirent le parti de s'aller

jetter

jetter dans la Riviere & de se tenir dans l'eau, espérant d'être par-là délivrés de cette engeance; mais leurs visages, la seule partie du corps qu'ils ne pouvoient plonger dans l'eau, en furent bientôt si couverts, qu'il falut renoncer à cet expédient & laisser partager le martyre à toutes les autres parties du corps.

Le 15. nous continuâmes notre route par une Montagne couverte d'arbres épais, au sortir de laquelle nous arrivâmes encore aux *Plages*, & passâmes la Riviere à gué quatre autres fois, avec non moins de danger que les précédentes: sur les cinq heures du soir nous fîmes alte au bord de la Riviere dans un endroit nommé *Caluma*, qui dans notre Langue signifie *Poste des Indiens*. Il n'y avoit dans cet endroit aucune maison pour nous loger, & nous n'en avions point rencontré de toute cette journée; mais les *Indiens* voituriers & autres qui nous accompagnoient, entrerent dans la Montagne, couperent des pieux & des feuilles de *Vijahua*, & nous bâtirent de ces matériaux des cabanes qui nous mirent tous à couvert de la pluye. Ces cabanes furent faites en moins d'une heure, assez grandes & si bien couvertes que la pluye n'y put pénétrer. En quoi il faut admirer la Providence, qui produit ces matériaux dans ces Déserts.

Le chemin de ce jour-là dans les Montagnes fut très-incommode, à-cause de la quantité d'arbres qui se touchent presque, desorte que nous étions exposés à nous blesser à chaque instant en passant; & malgré la plus grande attention, nous ne laissions pas de nous meurtrir les genoux & les jambes contre les troncs, & la tête contre les branches. Quelquefois les Mules & les Cavaliers s'embarassoient dans les *Béjuques* qui traversoient d'un arbre à l'autre, & alors ou ils tomboient rudement, ou ils ne pouvoient se débarasser si on ne les secouroit.

Le 16. à six heures du matin le Thermométre marquoit à *Caluma* 1016, desorte que nous commençâmes à respirer un air plus frais. A $8\frac{1}{2}$ heures du matin nous nous remîmes en chemin, & à midi nous passâmes par un lieu nommé en *Indien Mama Rumi*, c'est-à-dire en *Espagnol Madre de Piedra**. C'est la plus belle cascade qu'on puisse imaginer. Le Rocher d'où l'eau se précipite a au-moins 50 toises de haut, qui font $116\frac{1}{2}$ aunes de *Castille*. Il est taillé à pic, & bordé à droite & à gauche d'arbres extrêmement hauts & touffus. La blancheur de l'eau éblouit la vue, & rien n'égale la clarté & le cristal des ondes dont elle forme la nape de sa chute.

---

* Mot à mot *Mere de Roche*; mais il faut observer que le mot *Espagnol Madre* se prend aussi pour le lit, le canal où coule une Riviere. N. D. T.

te. Elle vient se repofer dans un fond de roche, d'où elle fort pour continuer fon cours dans un lit un peu incliné fur lequel paffe le Chemin Royal. Cette cafcade ou cataracte eft nommée par les *Indiens Paccha* & par les *Efpagnols* du Pays *Chorréra*. Nous continuâmes notre chemin, & après avoir repaffé la Riviere encore deux fois fur des ponts non moins dangereux que les gués, nous arrivâmes à deux heures après midi à un endroit nommé *Tarigagua*, où nous terminâmes notre journée, & trouvâmes une maifon de bois, & de *Vijahua*, affez grande, conftruite expreffément pour nous loger, & nous délaffer de la fatigue du chemin de ce jour, non moins incommode que les précédens. D'un côté il n'offroit que des précipices affreux, & de l'autre il étoit fi étroit que les montures & les Cavaliers ne pouvoient prefque point paffer, & encore moins éviter de heurter tantôt à un arbre, tantôt à l'autre, & quelquefois contre le roc, deforte qu'en arrivant au gîte nous étions tous fort meurtris.

Je viens de dire que les Ponts n'étoient pas moins dangereux que les gués. En effet, comme ils font de bois & fort longs, ils branlent quand on les paffe; d'ailleurs ils ont à-peine trois pieds de large, fans gardefous ni parapets fur les bords, deforte que fi une monture vient à broncher elle tombe infailliblement dans l'eau & périt avec fa charge, comme on nous dit que cela arrivoit fréquemment. On fabrique ces ponts tous les Hivers pour s'en fervir à paffer alors la Riviere, car en Eté elle eft guéable, & on n'a que faire de pont. Ils font fi peu folides, qu'il faut tous les ans en faire de neufs. L'eau de la pluye les gâte & les pourrit tellement dans cet efpace de tems, qu'ils deviennent tout-à-fait inutiles.

Quand une perfonne de marque, comme Préfident, Evêque, Auditeur & autres femblables, doit paffer du *Caracol* ou de *Babahoyo* à *Guaranda*, c'eft le Corrégidor du même *Guaranda* qui a foin d'envoyer des *Indiens* pour fabriquer des *Rancheries*, ou *Baraques*, aux lieux où ils doivent fe repofer fur la route, comme à *Tarigagua* & autres endroits. Après leur paffage, ces *Baraques* reftent fur pied & fervent aux Voyageurs, jufqu'à ce que faute d'entretien & de réparation, elles tombent & foient détruites; & alors les Voyageurs font réduits à n'avoir pour tout gîte que les *Chozas*, ou Hutes que leurs *Indiens* Voituriers ou Guides leur bâtiffent à la hâte.

Le 17 à fix heures du matin le Thermométre marquoit à *Tarigagua* 1014¼, & ce degré nous paroiffoit un peu frais à nous qui étions accoutumés à des Climats très-chauds. Il eft remarquable que dans cet endroit, on voit quelquefois deux températures tout oppofées à la même heure. Cela

arrive

arrive quand deux perfonnes, dont l'une vient des Montagnes & l'autre de *Guayaquil*, fe rencontrent ici enfemble; le premier trouve dès-lors le Climat fi chaud qu'il ne peut fouffrir qu'un habit fort léger, & l'autre trouve au-contraire que le froid y eft fi fenfible qu'il s'affuble de fes plus gros habits. Celui-là trouve l'eau de la Riviere fi chaude, qu'il commence à s'y baigner, & celui-ci la trouve fi froide qu'il évite d'y tremper la main. La même chofe s'obferve dans une feule & même perfonne, qui dans la même faifon de l'année fera le voyage de *Guayaquil* aux Montagnes, & des Montagnes à *Guayaquil*. Une différence fi frappante ne vient que du changement naturel, dont on doit s'appercevoir, en quittant un Climat auquel on étoit accoutumé, & paffant à un autre qui lui eft oppofé: ainfi deux perfonnes accoutumées, l'une au Climat froid des Montagnes, l'autre au Climat chaud de *Guayaquil*, doivent fentir une différence égale, l'un par un excès de chaleur, l'autre par un excès de froid, en arrivant dans un lieu mitoyen comme *Tarigagua*: ce qui prouve cette fameufe opinion, que les fenfations font fujettes à autant d'altérations apparentes, qu'il y a de diverfité dans les fens de ceux que les objets affectent. En effet, felon la différente difpofition des fens l'impreffion des objets eft différente, & les organes font diverfement affectés, parce qu'ils fe trouvent diverfement difpofés. A 9¼ du matin nous commençâmes à marcher par la Montagne de *Saint Antoine*, qui commence à *Tarigagua*, & à une heure après midi nous arrivâmes à un endroit appellé en *Indien Guamac* & en *Efpagnol Cruz de Canna* *. C'eft un petit efpace de plaine un peu en pente, qui faifoit, à ce qu'on nous dit, le milieu de la montée. Nous fûmes contraints de refter-là, n'en pouvant plus de la fatigue du chemin.

Il n'eft pas aifé de repréfenter au jufte l'âpreté du défilé qu'il faut traverfer depuis *Tarigagua* pour paffer la Montagne de *Saint Antoine*. Tout ce que nous avions eu de mauvais chemin jufques-là, n'étoit que bagatelle au prix de celui-ci. Qu'on fe figure une montée prefque à plomb, & une defcente fi rude que les mules ont toutes les peines du monde de s'y tenir debout. En quelques endroits le chemin eft fi étroit qu'il ne peut prefque pas contenir une monture, & en d'autres il eft fi bordé de précipices qu'à chaque pas on craint de tomber & de périr dans ces rochers. Ces chemins, qu'on pourroit plutôt nommer de petits fentiers, font remplis dans toute leur longueur, & d'un pas à l'autre, de trous profonds de ¾ d'aune & quelquefois davantage, où les mules mettent leurs pieds

---

* *Croix de rofeaux.*

pieds de devant & de derriere ; quelquefois elles traînent par-deſſus le ventre & les pieds des Cavaliers ; de maniere que ces trous font des eſpéces d'eſcaliers ſans leſquels les chemins ne feroient pas praticables. Mais en revanche ſi la monture met le pied entre deux de ces trous, ou ne le place pas bien dedans, elle tombe, & le Cavalier court plus ou moins de danger, ſelon le lieu & le côté par où il tombe. Quelqu'un dira, pourquoi ne pas aller à pied dans de pareils chemins ? Cela feroit bon s'il étoit aiſé de poſer toujours les pieds fermes ſur les éminences qui font entre les trous ; car ſi l'on vient à gliſſer, il faut malgré qu'on en ait s'enfoncer dans le trou même, c'eſt-à-dire dans la boue juſqu'à la ceinture ; car tous ces trous en font remplis, & ſouvent même comblés.

Ces trous font appellés *Camellons* par les gens du Pays. Ils rendent cette route périlleuſe & extrêmement incommode. Ce font autant de trebuchets pour les pauvres mules. Cependant, qui le croiroit ? les paſſages où il n'y a pas de pareils trous font encore plus dangereux : la raiſon en eſt, que ces Berges étant extrêmement eſcarpées & gliſſantes, vu la nature du terrain qui eſt de craye continuellement détrempée par la pluye, il ne feroit pas poſſible aux bêtes de charge d'y marcher, ſi les Voituriers *Indiens* n'alloient devant les mules pour préparer le chemin, afin qu'elles puiſſent avancer avec ſureté. Pour cet effet ils portent chacun un petit hoyau, avec quoi ils ouvrent de petits foſſés ou rigoles, à la diſtance d'un pas l'un de l'autre, au moyen de quoi les mules affermiſſent leurs pieds & ſurmontent l'âpreté du terrain. Ce travail ſe renouvelle toutes les fois qu'il paſſe une autre troupe de mules, parce que dans l'eſpace d'une nuit la pluye défait ce que les Muletiers du jour précédent avoient fait. On ſe conſoleroit encore de l'incommodité qu'il y a d'avoir toujours des gens pour préparer ainſi les chemins, des meurtriſſures que l'on reçoit fréquemment, & du deſagrément de ſe voir croté depuis les pieds juſqu'à la tête, & mouillés juſqu'à la peau, ſi on n'avoit ſous ſes yeux des précipices & des abîmes qui font treſſaillir d'horreur ; car on peut dire, ſans outrer le tableau, que ce font des paſſages où le plus brave ne ſauroit marcher ſans friſſonner de crainte, un ſpectacle qui fait frémir le plus déterminé, particulierement ſi l'on vient à faire réflexion ſur la proximité du danger, & le peu de diſtance qu'il y a de la foibleſſe des animaux auxquels on confie un bien auſſi précieux que la vie, & les précipices qui ſemblent n'être-là que pour vous engloutir.

La maniere de deſcendre de ces lieux élevés ne doit pas cauſer moins de trouble, que celle dont nous venons de parler. Pour bien entendre cela, la, il faut confidérer que dans les paſſages des Montagnes dont la pente eſt trop roide, les pluyes détruiſent les *Camellons*, elles font couler la terre & emportent ces petites foſſes. D'un côté on a pour l'ordinaire des côteaux eſcarpés, & de l'autre des abîmes dont la vue ſeule glace les veines; & comme tout cela ſuit la même direction que les Montagnes, & les mêmes irrégularités, il faut néceſſairement que le chemin s'y conforme, deſorte qu'au-lieu d'aller droit, il fait deux ou trois zig-zags dans l'eſpace de 250 ou 300 aunes ou un peu plus. C'eſt dans ces zig-zags que les *Camellons* ne peuvent ſubſiſter. Pour deſcendre de ces hauteurs les mules mêmes ſe preparent de cette ſorte. Dès-qu'elles ſont parvenues au-lieu où commence la deſcente, elles s'arrêtent & joignent leurs pieds de devant l'un contre l'autre, en les avançant un peu ſur une ligne égale, comme pour ſe cramponner. Elles joignent de-même leurs pieds de derriere, les avançant auſſi un peu en avant comme ſi elles vouloient s'accroupir. S'étant ainſi arrangées, elles commencent à aller quelques pas, comme pour éprouver le chemin, après quoi, ſans changer de poſture, elles ſe laiſſent couler en bas avec tant de viteſſe qu'on diroit que le vent les emporte. Pendant ce tems-là le Cavalier n'a autre choſe à faire qu'à ſe tenir ferme ſans remuer, parce qu'un mouvement fait mal-à-propos ſuffiroit pour faire perdre l'équilibre à la mule, & les précipiter tous les deux: d'ailleurs ſi elle s'écartoit tant ſoit peu de ce ſentier étroit, elle ſe perdroit dans quelque abîme. Ce qu'il y a de plus admirable, c'eſt l'adreſſe de ces animaux, qui dans un mouvement ſi rapide où il ſemble qu'ils ne peuvent ſe gouverner, ſuivent les différens tours du chemin, comme s'ils l'avoient reconnu auparavant & qu'ils l'euſſent exactement meſuré, afin de ſe précautionner contre les irrégularités qui pourroient les en écarter. Si tout cela n'étoit ainſi, il ſeroit impoſſible de paſſer par de ſemblables routes, où les brutes ſont obligées de ſervir de guides aux hommes.

Mais quoique ces mules à force de faire ce voyage ſoient accoutumées à ce dangereux manége, leur état de brutes, ni la coutume, n'empêchent pas qu'elles ne faſſent paroître, avant d'entrer dans cette carriere, une eſpéce de crainte, ou de ſaiſiſſement; car dès-qu'elles arrivent au lieu où commence une pareille gliſſoire, elles s'arrêtent ſans qu'on ait beſoin de tirer la bride pour les en avertir: & ſi par mégarde on leur donne de l'éperon, elles ne ſe hâtent pas davantage, & ne bougent point de la place, qu'elles n'ayent pris leurs précautions. De-même en s'arrêtant à l'entrée d'une de ces gliſſoires, elles font paroître l'altération qu'elles ſouffrent; car elles commencent d'abord à trembler, & l'on remarque en elles une
eſpece

eſpéce de raiſonnement ; car examinant le chemin auſſi loin que leur vue peut s'étendre, elles ſemblent vouloir éviter le danger qu'elles annoncent en s'ébrouant fortement, & épouvantant le Cavalier, qui, quand il n'eſt pas accoutumé à ces ſortes de cas, n'eſt pas peu étonné & allarmé de ces preſſentimens. Alors les *Indiens*, prenant les devans, ſe poſtent tout le long du paſſage, grimpant ſur quelque roc qui avance en ſaillie, s'acrochant & ſe cramponnant à quelques racines d'arbres qui paroiſſent à découvert dans ces lieux-là. Ils animent les Mules par leurs cris, & ces animaux encouragés par ce bruit ſe déterminent à courir le riſque de la deſcente, & ſe laiſſent aller tout le long de la gliſſoire. Outre la pente eſcarpée de ces Berges ſi droites qu'on ne peut y mettre les pieds ſans tomber, la nature du terrain & du climat contribue à rendre la gliſſade plus violente. En effet, comme je l'ai déjà remarqué, ce terrain eſt une craye graſſe, dont la ſuperficie, continuellement délayée par la pluye qui ne ceſſe ni nuit ni jour, reſſemble à du ſavon détrempé, & fait préciſément le même effet.

Il y a des endroits où en deſcendant ces gliſſoires, on ne court pas riſque de tomber dans des précipices ; mais le chemin y eſt ſi reſſerré, ſi profond, ſes côtés ſi hauts & ſi perpendiculaires, que le péril y eſt peut-être plus grand que dans les autres. Les montures ont ſi peu de place pour arrranger leurs pieds, & ces ſentiers ſont ſi étroits qu'à-peine ils peuvent contenir la Mule & le Cavalier, deſorte que ſi celle-là tombe, il eſt tout ſimple qu'elle foule celui-ci ; & dans un lieu où l'on n'a pas la liberté de ſe mouvoir, il eſt aſſez ordinaire qu'on ſe caſſe quelque bras ou jambe, ou même qu'on perde la vie. C'eſt une choſe admirable que de conſidérer ces Mules, quand après avoir ſurmonté leur premiere frayeur, elles ſe livrent au mouvement impétueux qui les fait gliſſer en-bas ; avec quelle adreſſe elles roidiſſent leurs jambes de devant ſur une ligne égale, pour garder l'équilibre & ne pas tomber de côté ; & comme elles ſe préparent elles-mêmes à une diſtance raiſonnable, avant de donner à leur corps cette inclinaiſon inſenſible qui eſt néceſſaire pour paſſer heureuſement les détours du chemin. Certainement les hommes ne ſauroient témoigner plus de prudence. Quand une Mule a paſſé pluſieurs fois par ces ſortes d'épreuves, & qu'elle y eſt bien exercée, elle acquiert une certaine réputation dans le Pays, & mérite bien qu'on faſſe cas de ſon expérience.

A l'entrée de l'Hiver & au commencement de l'Eté ces voyages ſont plus périlleux & plus incommodes que dans toute autre Saiſon ; car alors la pluye forme des torrens épouvantables, qui en quelques endroits font disparoître les chemins, & en quelques autres les ruïnent tellement qu'il n'est pas possible d'y passer, à-moins qu'on n'ait la précaution d'envoyer auparavant dès *Indiens* pour les raccommoder; mais nonobstant les réparations qu'ils y font à la hâte, ces chemins restent tels que quand cette Nation les croit passables, on peut compter qu'ils effrayent encore les *Européens*.

Le peu de soin qu'on a d'entretenir ces chemins, qui passent le plus souvent par des Montagnes & des Rochers, en augmente l'incommodité naturelle. Si un arbre est déraciné & tombé au-travers du chemin, bouchant entiérement le passage, il ne faut pas croire qu'on se mette en peine de l'en ôter : & quoique tous ceux qui passent n'ayent pas peu de peine à surmonter cet embarras, il n'y a personne qui ait la complaisance de couper l'arbre pour débarasser le chemin à ceux qui viennent après. Ces arbres sont quelquefois si gros, qu'il y a des troncs qui ont au-delà d'une aune & demie de diamétre. Quand leur volume est tel ou à peu près, les *Indiens* en diminuent à coups de hache une partie, selon qu'ils le jugent nécessaire, & ils aident ensuite les Mules à sauter par-dessus le reste du tronc : pour cet effet ils déchargent ces animaux, & à force de travail ils leur font surmonter cet obstacle, non sans perte de beaucoup de tems & autres dommages. Après tous ces efforts ils laissent l'arbre dans la même situation où ils l'ont trouvé, & ceux qui viennent après eux tiennent la même conduite, laissant toujours aux autres le soin de s'aider de la même maniere; l'arbre reste ainsi jusqu'à ce que le tems l'ait pourri, & alors le chemin redevient libre. Au-reste il ne faut pas croire que ce ne sont que les chemins qui conduisent de *Guayaquil* aux Montagnes, dont on a si peu de soin : cette négligence est générale dans cette Contrée, tout chemin qui est dans une Montagne est aussi mauvais.

Le 18 à 6 heures du matin, le Thermométre marquoit à *Cruz de Cannas* 1010. Nous recommençâmes à marcher par un chemin pareil à celui du jour précédent, & arrivâmes à un endroit appellé en Langue du Pays *Pucara*: c'est-là que finit la Berge de la Riviere. Le mot *Pucara* répond au mot *Porte*, ou *Passage étroit de Montagne*. Il signifie encore plus proprement une *Forteresse*, un *Lieu fortifié*; & peut-être ceux qui ont donné ce nom au passage en question, ont-ils voulu marquer qu'ils le regardoient comme une Forteresse naturelle, défendue par sa situation. Delà nous recommençâmes à cheminer, descendant insensiblement vers le côté qui regarde la Province de *Chimbo*, par un chemin semblable aux précédens. Le Corrégidor

gidor de *Guaranda* ou *Chimbo* vint au-devant de nous, accompagné de l'Alcalde Provincial & des principales perfonnes de fon Bourg, & nous joignit à demie lieue environ de fa réfidence. Il nous fit beaucoup d'amitiés, & à quelques pas de-là nous rencontrâmes le Curé du même Bourg, Religieux Dominicain, accompagné de quelques-uns de fes Confreres & de plufieurs habitans qui venoient auffi nous complimenter fur notre heureufe arrivée. Ils étoient fuivis d'un gros de *Cholos*, c'eft-à-dire, de jeunes Garçons *Indiens*, à pied, qui vouloient pareillement nous marquer en leur maniere la joye que leur donnoit notre arrivée.

Ces *Cholos* étoient vétus de bleu avec une ceinture de ruban, ayant fur la tête une efpéce de turban. Ils portoient dans leurs mains de petits étendards, & dans cet équipage ils formoient deux ou trois Compagnies, danfant à leur façon, criant, & prononçant quelques paroles en leur Langue, qui exprimoient, à ce qu'on nous dit, le plaifir qu'ils avoient de nous voir en leur Pays. Ce cortége nous accompagna jufques au Bourg, où nous ne fûmes pas plutôt arrivés qu'on mit toutes les cloches en branle, on fonna de divers cors, on fit entendre des fifres & des tambourins.

Surpris d'une réception fi bruyante, nous demandâmes au Corrégidor quelle en pouvoit être la raifon. A quoi il répondit qu'il n'y avoit dans tout cela rien qui dût nous étonner; qu'on n'en ufoit jamais autrement envers les Etrangers de quelque diftinction; & que c'étoit une coutume générale dans tout le Pays, chaque Bourg fe piquant à l'envi de bien recevoir les Voyageurs diftingués qui abordoient chez eux.

Tout ce que l'on découvre au-delà du *Pucara*, quand on a paffé les hauteurs de cette *Cordillére*, eft un terrain fans Montagnes, ni Arbres, de deux lieues environ d'étendue, mêlé de Plaines rafes, & de fort petites Collines, les unes & les autres femées de Froment, d'Orge, de Maïz, & autres Grains, dont la verdure différente de celle des Montagnes réjouiffoit la vue, & paroiffoit un objet tout nouveau à des gens qui depuis près d'un an étoient accoutumés aux verdures des Pays chauds & humides, entiérement différentes de celles-ci qui reffemblent fi fort à celles de nos Campagnes d'*Europe*.

Nous nous repofâmes à *Guaranda* jufqu'au 21 du même mois, logés & fervis dans la maifon du Corrégidor. Le même jour nous partîmes pour continuer notre route vers *Quito*, & ce jour-là, ainfi que les deux jours précédens, le Thermométre marqua 1004 $\frac{1}{2}$.

Le 22 nous commençâmes à traverfer la Bruyere ou le Défert de *Chimborazo*, laiffant toujours la Montagne de ce nom à la gauche, &

cheminant par différens Tertres & Collines fablonneufes, qui depuis le Cap de Neige vont toujours en fe dilatant. Ce Cap, au moyen de fes Terres qui vont par un long efpace en panchant des deux côtés vers la Mer, environne & revêt pour ainfi dire la Montagne dont je viens de parler, & en forme en quelque maniere les côtés. Sur les 5 ½ heures du foir nous arrivâmes à un endroit nommé *Rumi-machai*, c'eft-à-dire, *Cuve de pierre*. Ce nom vient de ce qu'il y a-là un gros Rocher, qui forme un Creux ou une efpéce de Caverne dans fa concavité, & cette Caverne fert de couvert & de logement aux Voyageurs.

Cette journée ne laiffa pas d'être incommode; car quoique le chemin n'eût ni précipes, ni paffages dangereux, comme ceux que nous avions eus jufqu'à *Guaranda*, néanmoins le froid exceffif & la violence du vent nous incommodoient extrêmement. Après que nous eûmes paffé le grand *Arénal* & furmonté les plus grandes difficultés de cette efpéce de Bruyere, nous apperçûmes les ruïnes d'un ancien Palais des *Incas*, fitué dans l'efpace que deux Montagnes laiffent entre elles, & dont il ne refte plus que quelques pans de muraille.

Le 23 à 5 ¼ heures du matin le Thermométre marquoit 1000, ce qui eft le terme de la congélation dans cet Inftrument. La Campagne parut toute blanche de frimats & de gréfil, & la cabane où nous avions couché toute couverte de gelée. A 9 heures du matin nous pourfuivîmes notre route côtoyant toujours le *Chimborazo* à l'Eft. A 2 heures du foir nous arrivâmes à *Mocha*, qui n'eft qu'un petit Hameau fort pauvre, où nous paffâmes la nuit.

Le 24 à 6 heures du matin le Thermométre marquoit 1006: à 9 heures avant midi nous continuâmes notre chemin vers une Auberge, appellée *Hambato*, où nous arrivâmes à une heure après-midi. Dans ce Paffage on trouve diverfes crevaffes ou coulées qui defcendent du *Carguairaizo*: cette Montagne, toujours couverte de neige, eft à quelque diftance & au Nord du *Chimborazo*. Entre les crevaffes dont je viens de parler, il y en a une par où il ne coule jamais d'eau, & même la terre argileufe dont elle eft formée, refte féche à plus de 4 aunes de profondeur. Cette ouverture a été caufée par un grand Tremblement de terre, dont nous parlerons dans un autre endroit.

Le 25 du même mois le Thermométre avoit marqué 1010 à 5 ¼ heures du matin dans *Hambato* où nous paffâmes la nuit, & le 26 à 6 heures du matin la liqueur fe maintint à 1009 ⅔. Le même jour nous paffâmes la Riviere de *Hambato* fur un pont de bois, enfuite celle de *St. Michel*

chel sur un pareil pont, & arrivâmes à *Latacunga*, Auberge de passage.

Le 27 le Thermométre marqua à 6 heures du matin 1007. Le même jour nous partîmes de *Latacunga*, & arrivâmes sur le soir au Village de *Mula-halo*, après avoir passé à gué une Riviere nommée *Alaques*.

Le 28 la Liqueur du Thermométre se maintint à *Mula-halo* au même degré qu'à *Latacunga*. Le soir du même jour nous arrivâmes à une Maison de campagne, ou espéce de Gentilhommiere nommée *Chi-schinche*. Le chemin de cette journée commença par une Plaine assez grande, au bout de laquelle se trouve un Edifice construit autrefois par les *Indiens Gentils*, & qui étoit un des Palais de leurs *Incas*. On le nomme *Callo*, & il donne son nom à toute la Plaine. De-là nous montâmes un Côteau, au haut duquel on trouve une Plaine aussi étendue que la précédente, & dont le nom est *Tiopullo*. En bas, du côté du Nord, est une maison où nous passâmes la nuit.

Le 29 à six heures du matin le Thermométre marqua 1003 ¼. Nous commençâmes notre journée un peu de bonne heure, parce que c'étoit la derniere. Nous marchâmes par divers sentiers & crevasses, & enfin nous arrivâmes à une grande Plaine nommée *Turu-bamba*, c'est-à-dire, *Plaine bourbeuse*, à l'extrémité de laquelle est la Cité de *Quito*, où nous entrâmes le même jour à cinq heures du soir. Le Président qui gouvernoit alors cette Province étoit *Don Denys de Alzedo y Heirera*, qui nous avoit fait préparer un logement au Palais de l'audience, & nous régala splendidement les trois premiers jours, pendant lesquels nous reçûmes les visites de l'Evêque, des Auditeurs, des Chanvines, & des Régidors de cette Ville, ainsi que de toute la Noblesse & autres Personnes de distinction, qui voulurent à l'envi les unes des autres faire éclater leur politesse envers nous.

Après avoir parlé assez au long des incommodités & des périls auxquels nous avons été exposés dans les diverses Contrées par lesquelles nous avons passé, il ne sera pas moins convenable de faire mention des choses les plus remarquables que la Nature y produit.

Il y a deux sortes de terrain dans l'espace qui est entre *Babahoyo*, ou depuis le *Caracol* jusqu'à *Guaranda*. Le premier jusqu'à *Tarigagua* est uni, & depuis *Tarigagua* jusqu'à *Guaranda* ce n'est que montées & que descentes. L'un & l'autre, & même jusqu'à deux lieues au-delà de *Pucara*, sont remplis de Montagnes couvertes de grands arbres de différentes espéces, dont le branchage & les feuilles, aussi-bien que la grosseur de leurs troncs, ont quelque chose de singulier. Les Montagnes qui forment cette *Cordillere* font auſſi garnies de bois dans leur partie occidentale, qu'elles en font dénuées à la partie orientale. C'eſt du ſein de ces Montagnes que ſort la Riviere, qui groſſie de toutes parts par une infinité de ruiſſeaux, occupe un ſi vaſte lit depuis le *Caracol* juſqu'à *Guayaquil*.

Toute l'étendue de la Montagne, qui a beaucoup de terrain uni dans ſa partie ſupérieure, abonde en divers Animaux & Oiſeaux qui ne different pas de ceux dont nous avons parlé à l'article de *Carthagéne*. On peut y ajoûter les Paons ſauvages, les Faiſans, une eſpéce de Poules, & quelques autres dont il y a ſi grande quantité dans ces Montagnes, que s'ils ne ſe perchoient pas ſi haut & ne ſe cachoient ſous les feuilles des arbres, les Voyageurs n'auroient beſoin que d'un fuſil & de munitions pour avoir à tout moment des proviſions de bouche. Il s'y trouve beaucoup de Serpens & un grand nombre de Singes. Parmi ces derniers il s'en trouve une eſpéce particuliere, qu'on nomme dans le Pays *Marimondas*. Ils font ſi grands que quand ils ſe dreſſent ſur leurs pieds ils ont une aune & demie & même davantage de hauteur. Ils ont le poil noir, & ſont extrêmement laids, mais fort aiſés à apprivoiſer: quoiqu'ils ſoient aſſez communs dans tous les Pays montagneux, il ſemble qu'ils le ſoient encore plus dans les environs de *Guayaquil*.

Entre pluſieurs Plantes que produiſent ces Montagnes, il y en a trois qui me paroiſſent mériter par leur ſingularité, que j'en donne quelque deſcription. Ce ſont les *Cannes*, la *Vijahua*, & les *Béjuques*, matériaux dont on bâtit les maiſons de la Juriſdiction de *Guayaquil*, & qui ſervent encore à beaucoup d'autres uſages.

Les *Cannas* ou *Cannes* ſont remarquables tant par leur exceſſive longueur & groſſeur, que par l'eau que ſes tuyaux renferment. Leur longueur eſt ordinairement de ſix à huit toiſes, & quoique leur groſſeur varie, les plus épaiſſes n'ont que ſix pouces, pied de Roi, de diamétre, ce qui fait à peu près un quart d'aune de *Caſtille*. La partie ferme & maſſive de chaque tuyau a ſix lignes d'épaiſſeur: ſi on fait attention à leur épaiſſeur, il eſt aiſé de comprendre qu'étant ouvertes, elles forment une planche d'un pied & demi de large; & on ne s'étonnera pas de l'uſage qu'on en fait, ſoit dans la bâtiſſe des maiſons, ſoit en pluſieurs autres choſes. Du moment qu'elles pouſſent on les laiſſe croître juſqu'au dernier degré, & alors on les coupe, ou on les laiſſe ſecher ſur pied. La plupart des tuyaux ſont remplis d'eau, avec cette différence que pendant la pleine Lune, ou ils ſont tout-à-fait pleins, ou peu s'en faut, & qu'à-meſure que la Lune décroît leur eau diminue, juſqu'à ce que dans la conjonction

tion ils en font entiérement vuides, ou en retiennent fi peu qu'à peine peut-on reconnoître qu'il y en ait eu. J'en ai coupé dans tous les tems, & l'expérience m'a toutes les fois affuré de ce fait. J'ai auffi obfervé que quand l'eau diminue elle fe trouble, & qu'au-contraire quand la Lune eft en fon plein, ou environ ce tems-là, elle eft claire comme du criftal. Les *Indiens* ajoûtent d'autres particularités: ils difent que tous les tuyaux ne fe rempliffent pas d'eau à la fois, mais qu'entre deux qui deviennent pleins il y en a un qui refte vuide. Ce qu'il y a de certain, c'eft que quand on ouvre un tuyau qui eft vuide, on en trouve deux autres de fuite qui font pleins. C'eft ce qu'on obferve ordinairement dans toutes les *Cannes*. On attribue à cette eau la vertu de préferver de toute apoftume qui peut naître d'une chute. C'eft pour cela que tous les Voyageurs qui defcendent des Montagnes ne manquent guere d'en boire, pour prévenir les fuites des coups & meurtriffures qu'on ne peut guere éviter dans cette route. Après qu'on a coupé ces *Cannes* on les laiffe fecher d'elles-mêmes, où guérir, pour parler comme eux: étant féches elles font extrêmement fortes, & l'on s'en fert pour des chevrons ou folives ; on en fait auffi des tables ou des planches & des mâts pour les *Balzes* ; on en double les foutes des Vaiffeaux, quand ils ont chargé du Cacao, pour empêcher que la grande chaleur de ce fruit ne confume le bois. On en fait des perches ou bras de Litieres, & divers autres ouvrages femblables.

Les *Vijahuas* font des feuilles fi grandes, qu'elles pourroient fervir de linceul ou drap de lit. Elles viennent de terre fans culture, & naiffent fans tige. Elles ont d'ordinaire cinq pieds de long, fur deux ou deux & demi de large. Sa principale côte, qui fort immédiatement de la terre, a quatre ou cinq lignes de large, & tout le refte de la feuille eft liffe & fort uni. Elle eft verte en dedans & blanche en dehors, & fe trouve couverte en ce côté extérieur d'une pouffiere très-fine & gluante. Outre l'ufage ordinaire de fervir de toit aux maifons, on l'employe encore à empaqueter le Sel, le Poiffon, & autres chofes femblables que l'on tranfporte dans les Montagnes, au moyen de quoi on garantit ces Marchandifes de l'humidité. Elles font encore d'une grande utilité dans ces Déferts, quand on veut bâtir une hute fur le champ, comme nous l'avons vu ci-deffus.

Les *Béjuques* font une efpéce de corde ou de lien de bois. Il y en a de deux efpéces ; les uns croiffent de la terre & s'entortillent aux arbres, & l'on donne le même nom de *Béjuques* aux branches fouples de certains arbres qui ont le même ufage que les premiers. Les uns & les autres croiffent en fe courbant jufqu'à ce qu'ils touchent la terre, & qu'en s'étendant

ils

ils atteignent un autre tronc : alors ils pouffent en s'entortillant autour de l'arbre jufqu'à fa cime, après quoi ils commencent à croître en defcendant vers la terre; deforte qu'ils forment ainfi plufieurs liens, & qu'on en voit même qui tiennent à deux arbres comme une corde qu'on y auroit attachée par chaque bout à deffein. Ils font fi flexibles & fi fouples qu'on peut les plier & les tordre fans les rompre. On en fait des nœuds très-fermes & très-ferrés: au-refte ils deviennent exceffivement gros fi on ne les coupe. Les plus minces ont quatre à cinq lignes de diamètre, & pour l'ordinaire ils en ont fix ou huit; toutefois il y en a de beaucoup plus gros, mais dont on ne fait aucun ufage à-caufe de leur dureté. En général tous, à l'exception de ces derniers, fervent à attacher tout ce que l'on veut : fi on en joint plufieurs enfemble, de la maniere dont on fait les groffes cordes en *Europe*, on s'en peut fervir comme de cables pour amarrer les *Balzes* ou autres petits Bâtimens, & ils font de très-bon ufage pour la durée dans l'eau.

Il croît encore dans ces Montagnes un Arbre nommé *Matapalo* *, & ce nom lui convient parfaitement. Il croît foible & mince à côté d'un puiffant arbre, auquel il fe joint, & le long duquel il monte jufqu'à ce qu'il foit parvenu à le dominer: alors il élargit fa houpe extraordinairement, jufqu'à dérober à l'arbre les rayons du Soleil; il fe nourrit de la fubftance de ce même arbre qui lui a fervi d'appui, jufqu'à ce qu'il l'ait confumé & détruit, par-là il refte maître de la place; après quoi il devient fi gros, qu'on s'en fert pour faire des Canots fort grands, à quoi fon bois eft extrêmement propre par la quantité de fes fibres & fa légéreté.

CHAPITRE II.

De la peine que nous eûmes à faire les Obfervations de la Méridienne, & de la maniere de vivre à laquelle nous fûmes réduits tant que ces Opérations durerent.

Tout ce que nous avions fait pendant une année de tems que nous avions paffé avant que d'arriver à *Quito*, n'avoit abouti qu'à furmonter les difficultés du voyage qu'il nous falloit faire pour parvenir dans ces Lieux où nous devions exécuter le principal ouvrage dont nous étions chargés. Dans le fond ce n'étoit pas peu de chofe que d'avoir achevé un voyage auffi immenfe, traverfé tant de Mers & de Climats différens. Les

pre-

* Mot à mot *Tue-pieus*

premiers jours de notre arrivée à *Quito* furent employés à recevoir les visites de différentes personnes & à les rendre à notre tour, après quoi nous commençâmes à travailler à l'exécution de nos desseins. Mrs. *Bouguer* & *de la Condamine* venoient de nous joindre, étant arrivés à *Quito*, le premier le 10. de *Juin* 1736 par la même route de *Guaranda*, & le second le 4. du même mois par la Riviere *des Emeraudes* & le Gouvernement d'*Atacames*.

Pour commencer nos opérations, il nous faloit mesurer un terrain qui pût servir de baze à tout l'ouvrage. C'est à quoi nous fûmes occupés tout le reste de cette année, comme il est rapporté dans le Livre des *Observations Astronomiques & Physiques*. Le choix de ce terrain nous couta des peines infinies, n'ayant cessé d'être incommodés du vent, de la pluye, & quelquefois des ardeurs du Soleil. Après bien des courses & du travail, nous nous fixâmes à un terrain uni, plus bas que le sol de *Quito* de 249 toises, & à quatre lieues au Nord-Est de cette Ville. On l'appelle la *Plaine d'Yaruqui*, du nom du Village à côté duquel ce lieu est situé. Il y a dans ces environs des Plaines plus grandes que celle-là, mais elles auroient été trop éloignées de la direction de notre baze, ce terrain étant assez bas en comparaison de celui de *Quito*, & aussi moins froid que ce dernier. De-plus il se trouve fermé à l'Orient par la haute *Cordillere de Guanami* & de *Pambamarca*, & à l'Occident par celle de *Pichincha*. Le sol est tout de sable; desorte qu'outre la chaleur que les rayons du Soleil y produisent, ces mêmes rayons sont encore réfléchis par les deux *Cordilleres* qui terminent de deux côtés cette Plaine: de-là vient aussi qu'elle est exposée à de fréquens orages de tonnerres, à des éclairs, & à des pluyes; & comme des côtés du Nord & du Sud elle est tout ouverte, il s'y forme de si grands & de si fréquens tourbillons, que cet espace se trouve quelquefois rempli de colonnes de sable élevées par la rapidité & le tournoyement des rafales de vent qui se heurtent: desorte qu'il arrive quelquefois, & il y en a eu un exemple pendant que nous y étions, qu'un *Indien* se trouvant pris & enveloppé dans un de ces tourbillons, en fut absolument étouffé. Il n'y a rien-là qui doive étonner, puisqu'il est tout simple que la quantité de sable contenue dans une de ces colonnes empêche entiérement la respiration & suffoque celui qui s'y trouve enveloppé.

Notre tâche journaliere consistoit à mesurer ce terrain dans une ligne horizontale, nivelant continuellement pour en corriger les défauts. Nous commencions cet exercice avec le jour, & nous ne discontinuyons qu'à l'approche de la nuit, à-moins que quelque orage subit ne nous obligeât à le fussuspendre aussi longtems qu'il duroit; & en attendant qu'il cessât nous nous retirions dans une petite tente de campagne, qu'on nous tenoit toujours prête pour ce sujet: nous y entrions aussi régulièrement à midi pour prendre quelque repos, pendant que le Soleil dardoit ses rayons a-vec le plus de force.

Avant qu'on se fût déterminé à mesurer la baze dans cette Plaine, on avoit eu dessein de faire cette opération dans le terrain également uni de *Cayambe*, qui est à douze lieues environ au Nord de *Quito*. Ce dernier lieu fut donc celui où toute la Compagnie se transporta d'abord pour l'examiner. Ce fut aussi-là que mourut Mr. *Couplet* le 17 de *Septembre* 1736, après deux jours de maladie. Il étoit à-la-vérité parti de *Quito* un peu indisposé, mais comme il étoit d'un tempérament robuste, il méprisa cette légere indisposition, & voulut être du voyage; mais en arrivant son mal redoubla, & il n'eut que le tems de se préparer en bon *Chrétien* à la mort. Ce décès presque subit d'un homme qui étoit à la fleur de son âge nous consterna d'autant plus, que nous ignorions de quel mal il avoit été atteint.

La mesure de la baze fut suivie de l'observation des angles tant horizontaux que verticaux des premiers triangles que nous y voulûmes construire, & dont plusieurs ne servirent point, parce que dans la suite on changea leurs dispositions, & on leur donna une autre forme meilleure que celle qu'on avoit d'abord imaginée. Pour cet effet Mr. *Verguin* fut envoyé avec quelques autres pour reconnoître le terrain au Sud de *Quito*, & en lever un Plan ou Carte Géographique, pendant que Mr. *Bouguer* feroit la même chose du côté du Nord: précaution nécessaire pour reconnoître les points où les signaux devoient être placés afin de former des triangles plus réguliers, & que la direction de leurs côtés ne fût point coupée par l'interposition d'autres hauteurs considérables.

Pendant qu'on travailloit à lever des Cartes de tous ces Terrains, Mr. *de la Condamine* se transporta à *Lima*, dans la vue d'y solliciter quelque secours d'argent sur les Lettres de crédit & de recommandation qu'il avoit apportées de *France*, pour subvenir aux dépenses de sa Compagnie, en attendant qu'il leur vînt des subsides de *France*. Don *George Juan* l'y suivit, pour s'aboucher avec le Viceroi, & terminer quelques différends survenus avec le nouveau Président.

Ces deux Messieurs ayant heureusement terminé leur Commission, revinrent à *Quito* vers le milieu de *Juin* 1737, dans le tems que Mr. *Bouguer* venoit de finir sa tâche, de-même que ceux qui avoient été du côté du

Sud.

VOYAGE AU PEROU. Liv. V. Ch. II.

Sud. Il fut réfolu de continuer les triangles par ce dernier côté, & la Compagnie fe partagea alors en deux, tant de *François* que d'*Efpagnols*. Chaque divifion partit pour fe rendre au lieu qui lui étoit affigné. *Don George Juan* & Mr. *Godin* avec ceux qui les accompagnoient, paflerent à la Montagne de *Pambamarca*, Mrs. *Bouguer, de la Condamine*, & moi, étions déjà montés au plus haut de la Montagne de *Pichincha*. On fouffrit beaucoup dans l'une & l'autre deftination, tant de la rigoureufe température de ces lieux que de la violence des vents, qui fouffloient continuellement, & qui nous incommodoient d'autant plus que notre tempérament n'étoit point fait à ces fortes de fouffrances. Il femble que nous trouvant dans la *Zone-Torride* au-deflous de l'Equateur, il étoit naturel que nous fuffions brulés de l'excès du chaud, & toutefois c'étoit tout le contraire, puifqu'en effet nous étions la plupart du tems tranfis de froid. On pourra juger du degré de froidure auquel nous étions expofés, fi l'on jette les yeux fur la Note fuivante, où font contenues les expériences faites à *Pichincha* avec le Thermométre placé à l'abri du vent.

Le 15 d'*Août* 1737 à midi la liqueur étoit à la hauteur de .... 1003. A 4 heures du foir .... 1001 $\frac{1}{2}$. A 6 heures du foir 998 $\frac{1}{4}$.

Le 16 d'*Août* à 6 heures du matin .... 997. A 10 heures du matin .... 1005. A midi .... 1008. A 5 heures du foir .... 1001 $\frac{1}{4}$. A fix .... 999 $\frac{1}{4}$.

Le 17 à 5 heures $\frac{1}{4}$ du matin .... 996. A 9 heures du matin .... 1001. A midi & $\frac{1}{4}$ .... 1010. A 2 heures $\frac{1}{4}$ du foir .... 1012 $\frac{1}{4}$. A 6 du foir .... 999. A 10 du foir .... 998.

Le terme de la congélation étant, comme on l'a déjà dit, 1000 dans ce Thermométre.

On jugea à propos pour fe loger dans ces Montagnes de fe munir d'une tente de campagne qui fervît à chaque Compagnie, mais nous ne pûmes en faire ufage à *Pichincha*, parce que la place étoit trop petite pour un fi grand volume; & pour suppléer à la tente il fallut conftruire une cabane proportionnée au terrain. Cette cabane étoit fi petite, qu'à-peine elle pouvoit nous contenir tous tant que nous étions. Cela ne paroîtra pas étrange fi l'on confidere le peu d'étendue & la mauvaife difpofition du lieu; car nous étions fur le fommet d'une Roche qui s'éléve environ 200 toifes au-deflus de la Bruyere de *Pichincha*. Ce Rocher forme diverfes pointes, & nous étions poftés fur la plus haute. Toute la Roche étoit couverte de neige & de glace, ainfi notre cabane ne pouvoit manquer d'être chargée de l'une & de l'autre.

Les mules peuvent monter jufqu'au pied de cette formidable Roche. Mais de-là jufqu'au fommet il faut abfolument aller à pied en montant ou plutôt graviſſant pendant quatre heures entieres. Une agitation ſi violente, jointe à la trop grande ſubtilité de l'air, nous ôtoit les forces & la reſpiration. J'avois déja monté plus de la moitié du chemin lorſque haraſſé de fatigue, & ne pouvant plus reſpirer, je tombai ſans connoiſſance, & preſqu'étouffé. Cet accident m'obligea, lorſque je me trouvai un peu mieux, de deſcendre au pied de la Roche où étoient reſtés nos Inſtrumens & nos Domeſtiques, & de remonter le jour ſuivant, à quoi j'aurois tout auſſi peu réuſſi ſans le ſecours de quelques *Indiens*, qui me ſoutenoient dans les endroits les plus eſcarpés & les plus difficiles.

L'étrange maniere de vivre à laquelle nous fûmes réduits pendant le tems que nous employâmes à meſurer géométriquement la Méridienne, mérite qu'on en donne quelque idée. C'eſt ce que fera un récit abrégé de ce que nous eûmes à ſouffrir au *Pichincha*. Car toutes les autres Montagnes & Roches étant preſque également ſujettes aux injures du froid & des vents, il ſera aiſé de juger du courage & de la conſtance dont il falut nous armer pour ne point abandonner un travail qui nous expoſoit à diverſes incommodités des moins ſupportables, & ſouvent même à un danger évident de périr. Toute la différence qui s'eſt trouvée en ces ſortes d'endroits, conſiſtoit dans le plus ou le moins d'éloignement des vivres, & dans le degré d'intempérie qui devenoit plus ou moins ſenſible, ſuivant la hauteur des lieux, ou la conſtitution des tems où il nous y falloit monter.

Nous nous tenions ordinairement dans la cabane, tant à-cauſe de la rigueur du froid & de la violence des vents, que parce que nous étions continuellement enveloppés d'une nuée ſi épaiſſe, qu'elle ne nous permettoit pas de voir un objet diſtinctement à la diſtance de 7 ou 8 pas. Quelquefois pourtant ces ténébres ceſſoient & le Ciel s'éclairciſſoit, lorſque les nuages s'affaiſſant par leur propre poids deſcendoient au col de la Montagne & l'environnoient ſouvent de près, quelquefois à une aſſez grande diſtance; alors ces nuages paroiſſoient comme une vaſte Mer au milieu de laquelle notre Rocher s'élevoit comme une Ile. Nous entendions le bruit des orages qui crevoient ſur la Ville de *Quito* & ſur les environs; nous voyions partir la foudre & les éclairs fort au-deſſous de nous, & pendant que des torrens de pluye inondoient tout le Pays d'alentour, nous jouiſſions d'une paiſible ſérénité. En effet pendant ce tems-là nous ne ſentions preſque point de vent, le Ciel étoit clair, & le Soleil, dont les rayons n'étoient plus interceptés, tempéroit la froideur de ces Lieux. Mais auſſi c'étoit tout le contraire, quand les nuages étoient élevés; leur denſité nous rendoit la reſpiration fort difficile,

la

la neige & la grêle tomboient continuellement par gros flocons, la violence des vents nous faifoit appréhender à tous momens de nous voir enlevés avec notre habitation, & jettés dans quelque abîme, ou de nous trouver bientôt enfévelis fous les glaces & les neiges qui s'ammoncelant fur le toit pouvoient croûler avec lui fur nos têtes.

La force des vents étoit telle que la viteffe avec laquelle ils faifoient courir les nues, éblouiffoit les yeux. Le craquement des Rochers qui fe détachoient & qui ébranloient en tombant la pointe où nous étions, augmentoit encore nos frayeurs. Il étoit d'autant plus frappant, que jamais aucun autre bruit ne s'entendoit dans ces Déferts; aufli n'y avoit-il point de fommeil qui pût y tenir pendant les nuits.

Lorfque le tems étoit un peu tranquille, & que les nuages s'étant portés fur les autres Montagnes où nous devions faire des obfervations, nous ôtoient le moyen d'y vaquer, nous fortions de notre cabane pour faire quelque exercice qui nous échauffât un peu. Tantôt nous defcendions & remontions un petit efpace, tantôt nous nous amufions à faire rouler de gros cailloux du Rocher en bas, & nous éprouvions avec étonnement que toutes nos forces réunies pouvoient à-peine égaler celles des vents à cet égard. Au-refte nous n'ofions nous écarter beaucoup de la pointe de notre Roche, afin d'y pouvoir revenir promtement dès-que les nuages commençoient à s'en emparer, ainfi que cela arrivoit fouvent & fubitement.

La porte de notre cabane étoit fermée de cuirs de bœuf, & en dedans nous avions grand foin de boucher tous les trous, pour empêcher le vent d'y pénétrer; car quoiqu'elle fût bien couverte de paille le vent ne laiffoit pas de s'y introduire, tous nos foins & nos peines ne fuffifant pas à l'en bannir entiérement. Souvent les jours par leur entiere obfcurité ne fe diftinguoient point des nuits; & toute la clarté que nous avions venoit d'une ou deux lampes, que nous tenions toujours allumées, pour nous reconnoître les uns les autres, ainfi que pour paffer le tems à quelque lecture. La petiteffe de la cabane remplie de perfonnes, & la chaleur que donnoient les lampes, nous laiffoient encore dans la néceflité d'avoir chacun une chaufferette, pour tempérer la rigueur du froid. Avec ces précautions nous nous ferions moqués de la froidure, fi nous n'avions été continuellement dans un danger prochain de périr, & fi toutes les fois qu'il neigeoit nous n'avions été obligés de fortir de notre hute munis de péles, pour décharger le toit de la neige qui s'y entaffoit, fans quoi il fe feroit affaiffé fous ce poids. Ce n'eft pas que nous n'euffions des Domeftiques & des *Indiens* qui auroient pu faire cet ouvrage; mais ils étoient fi engourdis du froid, qu'il n'étoit pas aifé de les faire fortir de leur canoniere * où ils fe blotiffoient, & fe chauffoient continuellement au feu qu'ils avoient foin d'entretenir. Deforte qu'il falloit partager avec eux cette corvée, encore ne s'y portoient-ils que lentement & avec pareffe.

On peut juger maintenant en quel état devoient être des corps obligés de foufrir la rigueur d'un pareil Climat. Nos pieds étoient enflés & devenus fi fenfibles qu'ils ne pouvoient ni foufrir la chaleur du feu, ni presque marcher, fans douleur. Nos mains étoient pleines d'engelures; nos lévres enflées & gerfées au point que le mouvement qu'il leur faloit faire, quand nous parlions ou que nous mangions, les faifoit faigner. On peut croire que dans cet état nous n'avions guere envie de rire, auffi ne pouvions-nous le faire fans que nos lévres par l'extenfion qu'elles prennent dans cette fonction, ne fe fendiffent encore plus, & ne nous caufaffent un furcroît de douleur pendant un ou deux jours.

Notre nourriture la plus ordinaire confiftoit en un peu de riz, où nous faifions bouillir un morceau de viande, ou quelque oifeau que nous faifions apporter de *Quito*. Au-lieu d'eau pour cuire ce riz, nous nous fervions de neige, ou jettions un morceau de glace dans la marmite, car il n'y avoit aucune eau courante, tout étoit gelé. Quand nous voulions boire nous faifions fondre de la neige. Pendant que nous mangions il faloit tenir l'affiette fur le charbon, car dès-qu'on l'en retiroit le manger fe geloit. Au commencement nous buvions des liqueurs fortes, dans l'idée que cette boiffon nous rechaufferoit un peu; mais elles devenoient fi foibles, qu'on ne s'appercevoit pas de leur force en les buvant, & qu'elles ne nous échauffoient pas plus que l'eau ordinaire. D'ailleurs nous appréhendions que leur fréquent ufage ne nuifît à notre fanté, c'eft pourquoi nous n'en bûmes plus que rarement, & ordinairement nous en régalions nos *Indiens*, à qui outre le falaire ordinaire que nous leur donnions quatre fois plus fort que celui qu'ils gagnoient à la journée, nous faifions encore diftribuer les vivres qu'on nous envoyoit de *Quito*.

Malgré cette groffe paye & nourriture que nous fourniffions à nos *Indiens*, il n'y avoit pas moyen de les retenir auprès de nous; dès-qu'ils avoient tâté de ce Climat, ils ne fongeoient qu'à déferter & nous abandonnoient. Il nous arriva à ce fujet au commencement de notre féjour en ce Défert une avanture, qui auroit pu avoir de fâcheufes fuites pour nous, fi l'un d'eux n'eût été plus raifonnable que les autres, & ne nous eût avertis enfin de leur évafion. Pour bien comprendre le fait il faut favoir

* C'eft une efpéce de petite tente.

sçavoir que nos *Indiens* ne pouvant être baraqués dans un lieu aussi peu spacieux qu'étoit la pointe du Rocher où nous séjournions, descendoient tous les soirs au pied de la Roche, pour coucher dans une espéce de caverne, où le froid étoit beaucoup moins sensible; sans compter qu'ils avoient la liberté d'y faire grand feu, & par conséquent d'y être au-moins pendant la nuit, garantis des incommodités que l'on souffroit en-haut. Avant de se retirer ils fermoient en-dehors la porte de notre cabane, qui étoit si basse qu'on ne pouvoit y passer sans se courber: & comme la neige qui tomboit durant la nuit faisoit une espéce de mur devant cette porte & la bouchoit presqu'entiérement, il faloit que tous les matins nos *Indiens* vinssent ôter ce qui en empêchoit l'ouverture ; car quoique nos Négres restâssent dans la Canoniere, ils étoient si engourdis du froid, & avoient les pieds en si mauvais état, qu'ils se seroient plutôt laissé mourir que de se remuer. Les *Indiens* venoient donc faire cette corvée réglément tous les matins à 9 ou 10 heures. Mais le 4. ou 5. jour de notre arrivée, il étoit midi qu'ils n'avoient point encore paru. Nous ne savions qu'en penser, lorsque celui qui avoit eu la constance de rester vint nous donner avis de la fuite des quatre autres, & nous entrouvrit la porte de maniere que nous nous vîmes en état de la rendre entiérement libre: cela fait nous dépéchâmes l'*Indien* au Corrégidor de *Quito*, pour l'informer de l'extrémité où nous avions été réduits. Ce Magistrat nous envoya sur le champ d'autres *Indiens*, leur enjoignant de nous servir fidélement à peine d'être sévérement châtiés. Cette menace ne fut pas capable de les retenir, & après avoir été deux jours sur la Montagne, ils déserterent comme les premiers. Cette seconde désertion fit résoudre le Corrégidor d'envoyer un Alcalde avec les quatre *Indiens* qu'il nous faloit, & de les faire relever par d'autres de quatre en quatre jours.

Nous passâmes 23 jours sur cette Roche, c'est-à-dire jusqu'au 6 de *Septembre*, sans que nous eussions pu finir les observations des angles; par la raison que quand nous pouvions jouïr d'un peu de clarté sur la hauteur où nous étions, les autres sur le sommet desquels étoient les signaux qui formoient les triangles pour la mesuré Géométrique de notre Méridienne, étoient enveloppés de nuages : & les instans où nous jugions que ceux-ci alloient être libres de cet embarras, & ne le devenoient pourtant jamais entiérement, étoient le tems où la Montagne de *Pichincha* y étoit le plus assujettie. Nous fûmes donc obligés de placer les signaux dans un lieu plus bas, où la température pût aussi être moins rigoureuse. Cela n'empêcha pas que nous ne continuassions notre séjour sur cette Montagne

jus-

jusqu'au commencement de *Décembre*; auquel tems ayant terminé l'observation qui regardoit en particulier *Pichincha*, nous nous transportâmes en d'autres lieux, où nous ne fîmes pas moins de séjour, ni n'eûmes pas moins d'incommodités, de froid & de peine. En effet, comme tous les signaux devoient être placés sur des lieux élevés, il nous étoit assez ordinaire de trouver par-tout les mêmes desagrémens; le seul repos dont nous pouvions jouïr, se trouvoit seulement dans le tems que nous mettions à passer d'une Montagne à l'autre.

Dans toutes les stations que nous fîmes après celle de *Pichincha* pendant le travail qui étoit nécessaire pour former notre Méridienne, toute la Compagnie logea sous une tente de campagne, qui malgré sa petitesse nous étoit un peu plus commode que la premiere cabane; à cela près qu'il faloit encore plus d'attention à l'alléger du poids de la neige, de peur qu'elle n'en fût déchirée. Il est vrai qu'au commencement nous la faisions dresser dans les lieux les plus à l'abri, mais cela ne dura pas longtems, ayant été décidé que ces tentes serviroient de signaux, afin d'éviter les inconvéniens auxquels étoient sujets les signaux de bois. Les vents étoient si violens dans ces endroits-là, que quelquefois notre tente en étoit renversée, & les piquets qui la soutenoient, abattus. Alors nous eûmes lieu de nous applaudir d'avoir fait apporter des tentes de réserve, & de pouvoir en dresser une à la place de celle que le vent venoit d'arracher; sans cette précaution nous aurions péri infailliblement. Dans le Désert d'*Asuay* trois tentes que la Compagnie où j'étois avoit fait apporter, furent abattues les unes après les autres à diverses reprises, & les deux gros chevrons en étant aussi brisés, nous n'eûmes point d'autre ressource que de nous résoudre à quitter au plus vite ce poste, qui n'étoit pas éloigné du signal de *Sinasaguan*, & nous nous retirâmes à l'abri d'une crevasse. Les deux Compagnies se trouvoient alors dans le même Désert, & ne souffrirent pas moins l'une que l'autre. Les *Indiens* de toutes les deux s'enfuirent dès-qu'ils virent les ravages que le vent faisoit, qu'ils commencerent à sentir le froid, & qu'ils se virent employés à déblayer la neige; desorte que n'ayant personne qui nous aidât, il nous falut faire nous-mêmes toutes ces corvées, jusqu'à ce qu'on nous envoyât d'une Métairie, qui étoit à un peu plus de trois lieues de nous, au pied de la Montagne, un renfort d'autres *Indiens*, qui nous accompagnerent ensuite au lieu où nous nous retirâmes.

Pendant que nous étions ainsi exposés aux tempêtes, aux frimâts & à la neige, que nos *Indiens* nous abandonnoient, que nous manquions de
vivres,

vivres, & de bois pour nous chaufer, & pour ainſi dire ſans logement, le Curé de *Cannar* *, Village ſitué au pied de ces *Cordilleres* à environ cinq lieues d'un chemin très-rude au Sud-Oueſt du ſignal de *Sinaſaguan*, faiſoit de ferventes prieres pour nous. Ce bon-homme, & tous les *Eſpagnols* du Village voyant les nuages noirs & épais dont l'air étoit couvert, préſage d'un horrible tempête, ne doutoient preſque pas que nous ne périſſions dans ce lieu. Deſorte que lorſqu'ayant fini les obſervations, & partant de cette Montagne, nous vinmes à paſſer par le Village en queſtion, ces bonnes gens témoignerent une ſurpriſe extraordinaire, & nous accablerent de félicitations ſur ce que bravant un très-grand danger, nous avions eu le bonheur d'en ſortir victorieux & triomphans. C'étoit en effet une eſpéce de triomphe aux yeux de gens accoutumés à regarder avec horreur ces ſortes d'endroits.

Au commencement de nos travaux, nous avions réſolu de conſtruire nos ſignaux de bois en forme pyramidale; mais nous fûmes obligés d'abandonner cette méthode, qui nous jettoit dans des longueurs infinies & perpétuoit nos ſouffrances. En effet quand après pluſieurs jours de ténébres cauſées par des nuages conſtans, nous obtenions un moment de clarté, ou la vue rapportoit les ſignaux à d'autres Montagnes, & par-là ils ſe confondoient & ne ſe pouvoient diſtinguer, ou ils étoient arrachés par le vent, ou détruits par les *Indiens*, qui gardoient les Troupeaux ſur le panchant des Montagnes, & qui venoient dérober le bois des ſignaux & les cordes qui les ſoutenoient: deſorte que pour remédier à ces inconvéniens, nous jugeâmes qu'il falloit employer pour ſignaux les tentes-mêmes où nous habitions: car ni les ordres de la Juſtice, ni les menaces des Curés, ne ſuffiſoient pas pour retenir les voleurs encouragés par l'aſſurance de l'impunité, n'étant pas poſſible dans ces Lieux inhabités de découvrir les auteurs du vol.

Nous fîmes dans les Bruyeres de *Pambamarca* & de *Pichincha* le noviciat de la vie que nous menâmes depuis le commencement d'*Août* 1737, juſqu'à la fin de *Juillet* 1739. Dans cet eſpace de tems ma Compagnie habita dans 35 différentes Bruyeres, & celle de *Don Jorge Juan* dans 32; l'on en donnera une plus ample notice dans le Chapitre ſuivant, avec le nom de chacune de ces Bruyeres, qui faiſoient les points où ſe formoient les triangles. Nous n'éprouvâmes par-tout d'autre ſoulagement que celui de l'accoutumance, nos corps s'étant enfin endurcis &

fami-

---

* Le mot de *Cannar* ſe prononce *Cagnar*.

familiarifés avec ces Climats, ainfi qu'avec la rufticité des Alimens, que nous n'avions fouvent qu'en très-petite quantité quand nous étions trop éloignés des lieux habités. Nous nous habituâmes auffi à cette profonde folitude, & à la diverfité de température que nous éprouvions quelquefois, comme il arrivoit quand nous defcendions d'une Montagne pour paffer à l'autre ; car alors nous traverfions des Plaines & des Vallons * où régnoit une chaleur modérée en foi, mais exceffive pour des gens qui venoient d'un Climat fi froid. Enfin l'habitude nous rendit infenfibles aux périls où nous nous expofions en grimpant fur ces Montagnes, & en nous y arrêtant fi longtems. A notre départ de quelqu'un de ces lieux élevés, les cabanes de *Indiens* & les étables ou vacheries difperfées fur le panchant de ces Montagnes où nous avions féjourné, nous paroiffoient des Palais ; les hameux les plus ruftiques des Villes opulentes, la converfation d'un Curé & de deux ou trois perfonnes qui lui tenoient compagnie, nous fembloit comparable au commerce de *Platon*; le plus petit marché qui fe tenoit lorfque nous paffions les dimanches par ces Villages, nous paroiffoit une grande foire. En un mot tous les objets groffiffoient à nos yeux, quand nous quittions pour deux ou trois jours cet exil, où nous étions quelquefois cinquante jours de fuite. Il y eut des occafions où nous aurions perdu toute patience & abandonné notre entreprife, fi l'honneur & la fidélité à nos devoirs, n'avoient foutenu notre courage, & ne nous avoient déterminés à mourir à la peine, ou à terminer un ouvrage fi défiré des Nations policées, & protégé par deux grands Monarques nos Souverains.

C'eft ici le lieu de dire un mot des différens jugemens que notre travail faifoit faire aux habitans des Villages voifins. D'un côté ils admiroient notre témérité, & de l'autre ils ne comprenoient rien à la conftance que nous faifions paroître. Dans cette confufion de leurs idées, ils interrogeoient curieufement nos *Indiens* fur le genre de vie que nous menions dans ces Déferts, & les réponfes qu'ils en recevoient ne faifoient qu'augmenter leur étonnement. Ils voyoient que la plupart des *Indiens*, malgré le gros falaire que nous leur donnions, & quoique naturellement robuftes & accoutumés aux fatigues, refufoient de nous fervir, ils étoient témoins de la tranquillité d'efprit avec laquelle nous paffions un tems indéterminé fur le fommet de ces hautes Montagnes, & de la conftance avec laquelle nous paffions de l'une à l'autre, auffi tranquillement que fi nous n'avions rien eu à fouffrir dans celle que nous quittions. Tout cela

leur

* En *Efpagnol*, *Cannadas*, qui veut dire un chemin étroit entre deux Montagnes.

leur paroissoit si étrange, qu'ils ne savoient véritablement qu'en penser. Les uns nous regardoient comme des fous, les autres comme des gens avides de richesses, qui cherchoient des Mines d'or par le moyen de quelque nouvelle méthode. Il y en avoit qui nous croyoient sorciers, & tous ensemble étoient agités de diverses opinions à-mesure qu'ils réfléchissoient davantage sur nos actions, ne trouvant pas de proportion entre les peines & les fatigues que nous souffrions, & les desseins qu'ils nous attribuoient. Tout cela les mettoit en défaut, & quand on leur disoit le véritable motif de nos travaux, ils n'avoient garde d'y ajoûter foi, n'ayant pas assez de lumieres pour en concevoir l'importance.

Je pourrois raconter diverses avantures plaisantes qui nous arriverent à ce sujet. Mais il suffira de deux, dont je me souviens parfaitement. Dans le tems que nous étions au signal de *Vengotasin*, à peu de distance du Bourg de *Latacunga*, il y avoit une vacherie à une lieue de la hauteur où étoit notre canoniere, ou tente de campagne: tous les soirs nous descendions pour passer la nuit dans la vacherie, nous y étions invités par la proximité du lieu, & parce que la descente n'étoit pas des plus rudes. S'il faisoit beau, nous pouvions aisément revenir le matin à la canoniere, & retourner le soir à la vacherie. Un matin que nous faisions ce voyage, nous crûmes appercevoir de loin trois ou quatre *Indiens* à genou. Etant à portée d'eux, nous les trouvâmes en effet dans cette posture, les mains élevées vers le Ciel, & faisant des exclamations dans leur idiôme que nous n'entendions point; mais leur action & leurs regards faisoient assez connoître que c'étoit à nous qu'ils parloient. Envain nous leur fîmes signe plusieurs fois de se lever, ils n'en voulurent rien faire, jusqu'à ce que nous fussions loin. Nous arrivons à notre tente, & nous commençons à préparer nos Instrumens, lorsque tout-à-coup nos oreilles sont frappées de cris réitérés que l'on faisoit à la porte de la tente. Nous sortîmes pour voir ce que c'étoit, & nous vîmes les mêmes *Indiens* dans la même posture où nous les avions rencontrés. Sur quoi nous appellâmes un Domestique qui parloit *Indien* & *Espagnol*, & nous lui ordonnâmes de nous interpréter ce que ces bonnes gens disoient. Il nous apprit que le plus vieux étoit le Pere des autres: qu'on lui avoit dérobé un Ane, ou que du-moins il l'avoit perdu, & que comme rien ne nous étoit caché, il nous prioit de vouloir bien lui faire recouvrer son Ane. Cette naïveté nous divertit beaucoup. Nous fîmes notre possible par le moyen de notre interpréte pour desabuser ces pauvres gens, mais on ne put jamais leur ôter cette idée de l'esprit. Enfin, las de nous solliciter inutilement,

& voyant que nous ne faifions aucun cas de leurs prieres, ils fe leverent & s'en allerent fort défolés, & bien perfuadés que c'étoit plus par malice, que par ignorance, que nous ne voulions pas leur indiquer où étoit leur Ane.

 L'autre avanture m'arriva à moi-même en particulier, non pas avec de pauvres & idiots Payfans *Indiens*, mais avec une des principales perfonnes de la Ville de *Cuenca*. Nous étions alors fur la Montagne de *Bueran*, peu éloignés du Village de *Cannar*, lorfque le Curé du lieu me fit dire qu'il étoit arrivé chez lui deux P. P. Jéfuites de ma connoiffance; que fi je voulois les voir, je n'avois qu'à defcendre de la Montagne; ce que je fis auffi, & en chemin je rencontrai un Gentilhomme de *Cuenca*, qui alloit vifiter les *Haciendas*, & qui auffitôt qu'il avoit pu diftinguer notre canoniere avoit compris ce que c'étoit, d'autant plus qu'il m'en voyoit defcendre. Ce Cavalier me connoiffoit de nom, mais ne m'avoit jamais vu. Dès-qu'il fut à portée de moi, me voyant dans un équipage auffi ruftique que celui que les Métifs & gens du plus bas peuple portent dans ce Pays, & qui étoit pourtant le feul que nous puffions porter dans notre travail, il me prit pour un des Domeftiques. Il me fit plufieurs queftions, & m'étant apperçu de fon erreur, je ne jugeai à propos de le defabufer qu'après qu'il auroit débité tout ce qu'il penfoit. Il me dit donc que lui & tous les habitans du Pays étoient perfuadés que le motif que nous alléguions de vérifier la figure de la Terre, n'étoit pas affez puiffant pour nous réduire au genre de vie que nous menions: Qu'il n'étoit pas poffible que nous n'euffions découvert diverfes Mines, quoique nous n'en vouluffions pas convenir; mais que les gens d'efprit comme lui n'étoient pas la dupe de nos négatives. Je crus qu'il étoit tems de lui faire fentir le ridicule de ces idées. J'y employai toute ma logique, mais ce fut envain; notre Gentilhomme n'en voulut rien rabattre, & s'affermit au-contraire davantage dans fon opinion, prétendant que par les fecours de la Science Magique que nous poffédions, nous pouvions plus faire de ces fortes de découvertes que nul autre. Il ajoûtoit à toutes ces folles imaginations, d'autres idées qui ne fentoient pas moins le petit peuple, & jamais il ne me fut poffible de le guérir de fa prévention.

 Toute la fuite des triangles étant terminée du côté du Sud, nous mefurâmes une feconde baze, pour que chaque Compagnie pût en vérifier la juftefse, & l'on commença les Obfervations Aftronomiques au dernier triangle. Mais nos Inftrumens n'étant pas tout-à-fait propres à notre deffein, nous fûmes obligés de retourner au mois de *Décembre* de la même année, pour conftruire un Inftrument plus propre à ce que nous nous propofions, posions. Ce travail nous retint jusqu'au mois d'*Août* de l'année suivante 1740, auquel tems l'Instrument se trouvant achevé, nous nous rendîmes à *Cuenca*, & dès notre arrivée nous commençâmes nos observations, qui furent longues & durerent jusqu'à la fin de *Septembre*, parce que l'Atmosphere de ce Pays est peu favorable aux Astronômes; car si sur les Montagnes les nuages dont nous étions environnés nous empêchoient de voir les autres signaux, ceux qui au-dessus de cette Ville formoient un pavillon ne nous permettoient pas d'appercevoir les étoiles quand elles passoient par le Méridien. Mais à force de patience en étant venus à bout, nous nous disposâmes à passer au Nord de l'Equateur pour les Observations Astronomiques qu'il convenoit de faire à l'autre bout de la Méridienne, & finir par-là notre ouvrage: mais ce voyage fut différé pour quelque tems, par un motif alors plus pressant que les observations, que nous laissâmes suspendues pour courir à *Lima*, comme je le dirai dans la seconde Partie.

Au mois de *Décembre* 1743, les raisons qui nous avoient retenus à *Lima*, à *Guayaquil*, & au *Chily*, ne subsistant plus, nous retournâmes à *Quito* au mois de *Janvier* 1744, & ce fut alors que nous prolongeâmes la Méridienne par le Nord de l'Equateur, Don *Jorge Juan* & moi, par le moyen de quatre triangles, qui la porterent jusqu'à l'endroit où en 1740 Mr. *Godin* avoit fait la seconde Observation Astronomique, que nous réitérâmes en même tems, & terminâmes le tout au mois de *Mai* de la même année 1744, comme on le verra dans le Tome déjà cité des *Observations Astronomiques & Physiques*, où l'on trouvera toutes les autres Observations & les Expériences qui furent faites.

Messieurs *Bouguer* & de la *Condamine* ayant dans ce tems-là terminé leur tâche, partirent de *Quito* dans le dessein de retourner en *France*, le premier par la voye de *Carthagéne*, & le second par la Riviére de *Marannon* ou des *Amazones*: mais tout le reste de la Compagnie resta à *Quito*, les uns à-cause de la guerre, craignant d'être pris sur mer par les Ennemis, les autres faute de moyens; car ayant contracté quelques dettes, ils ne vouloient point partir avant de les avoir acquittées: desorte que ces deux Messieurs furent les seuls qui prirent la résolution de satisfaire le désir qu'ils avoient de revoir leur Patrie, & de s'aller reposer de tant de fatigues & de travaux dont nous ressentions tous les effets, la santé de chacun de nous se trouvant plus ou moins altérée.

CHAPITRE III.

Comprenant les noms des Bruyeres, & autres Lieux où étoient les Signaux qui formoient les Triangles de la Méridienne, & ceux où chaque Compagnie séjourna pour faire les Observations convenables; avec de courtes remarques sur le tems qu'il fit pendant ces Opérations.

POur satisfaire entiérement à la curiosité du Lecteur au sujet des lieux où chaque Compagnie fit ses observations, & du tems qu'on fut obligé d'y séjourner, j'ai cru devoir en parler dans des articles à part, sans néanmoins entrer dans un détail ennuyeux de mille circonstances, dont la plupart même ne seroient que des répétitions de ce que nous avons déjà dit ailleurs. On n'inférera point ici non plus les stations qui en 1736, d'abord qu'on eut achevé de mesurer la baze de *Yaruqui*, furent faites aux extrémités de cette baze, & sur les Bruyeres de *Pambamarca* & d'*Yllabalo*, vu qu'on fut obligé de les reïtérer, lorsqu'on changea l'ordre & l'arrangement des triangles: ainsi nous les considérerons comme si on ne les eût point pour lors achevées: je commencerai par les signaux où cette circonstance ne se rencontra point, & je les arrangerai selon leur ordre.

Bruyeres où étoient les signaux de la Compagnie, composée de Mrs. *Bouguer*, *de la Condamine*, & moi.

I. *Signal & Station, dans la Bruyere de* Pichincha.

Pichincha. Au commencement la station fut au sommet de cette Montagne; mais ensuite, ayant remarqué que le lieu le plus élevé n'étoit pas le plus propre aux observations, la station fut établie au pied du Rocher, où nous plaçâmes aussi le signal. Les observations commencerent au *Pichincha* le 14 d'*Août* 1737, & ne finirent que vers le commencement de *Décembre* de la même année.

II. *Signal, à* Oyambaro, *terme Austral de la baze d'*Yaruqui.

Le 20 de *Décembre* 1737 nous passâmes à *Oyambaro*; & le 29 du même mois tout ce qu'on y vouloit opérer, fut fini.

III. *Signal, à* Caraburu *terme Boréal de la baze d'*Yaruqui.

Le 30 de *Décembre* nous nous rendîmes à *Caraburu*, & y demeurâmes jusqu'au 24 *Janvier* de l'année 1738, ayant été retenus partie par le mauvais tems, partie par le manque de signaux.

IV. *Signal, dans la* Bruyere *de* Pambamarca.

Nous fîmes une nouvelle station dans cette Bruyere, où nous avions déjà

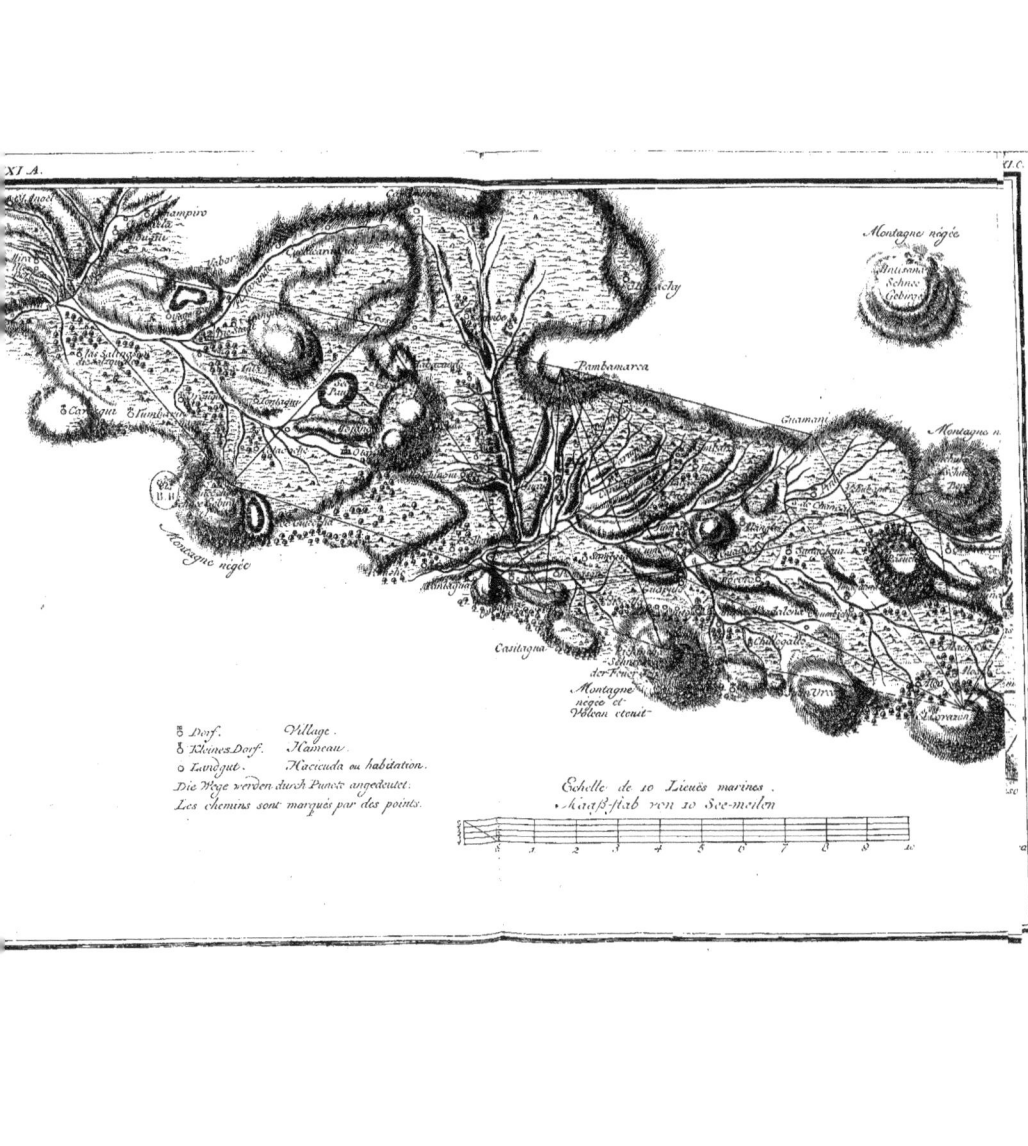

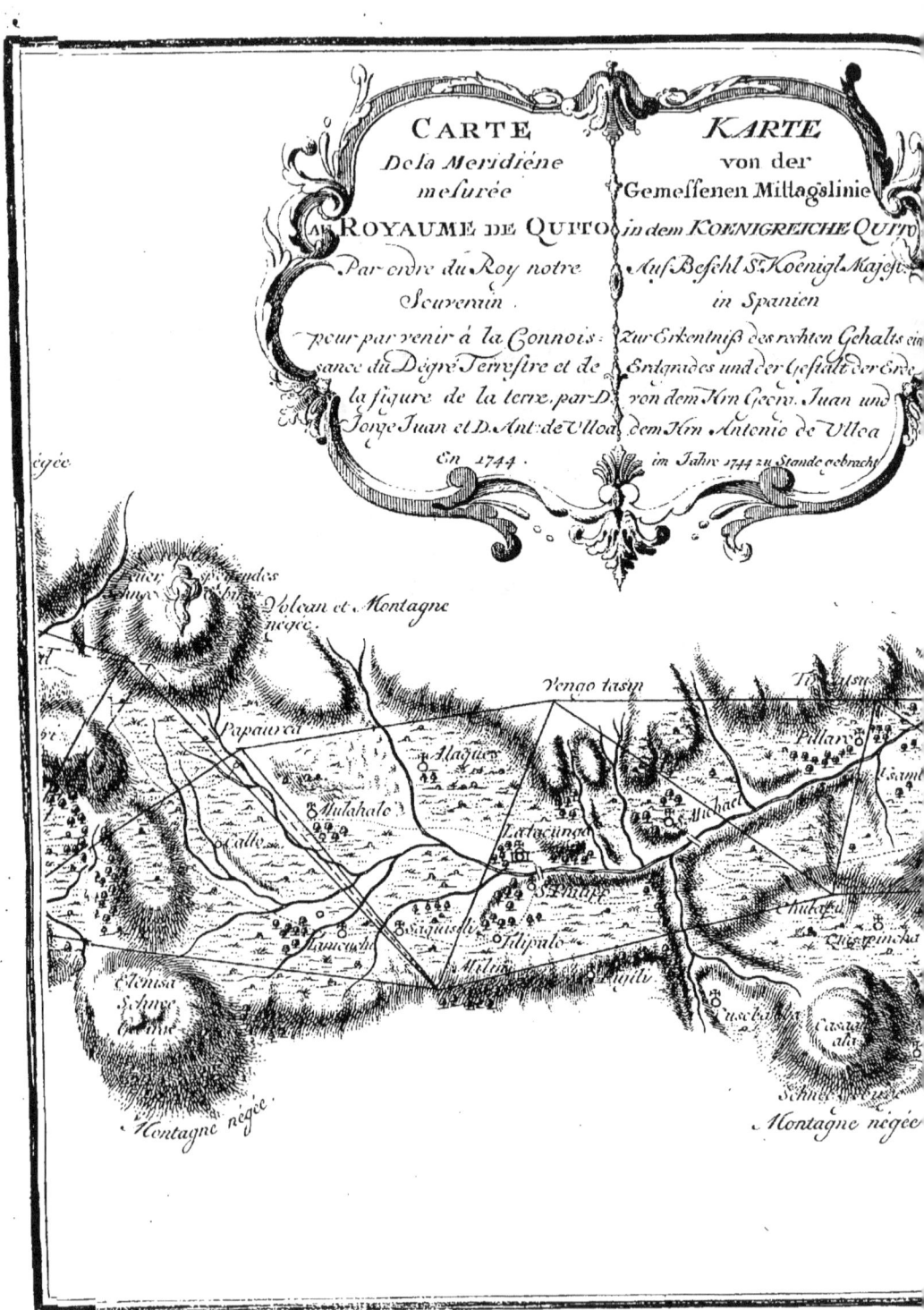

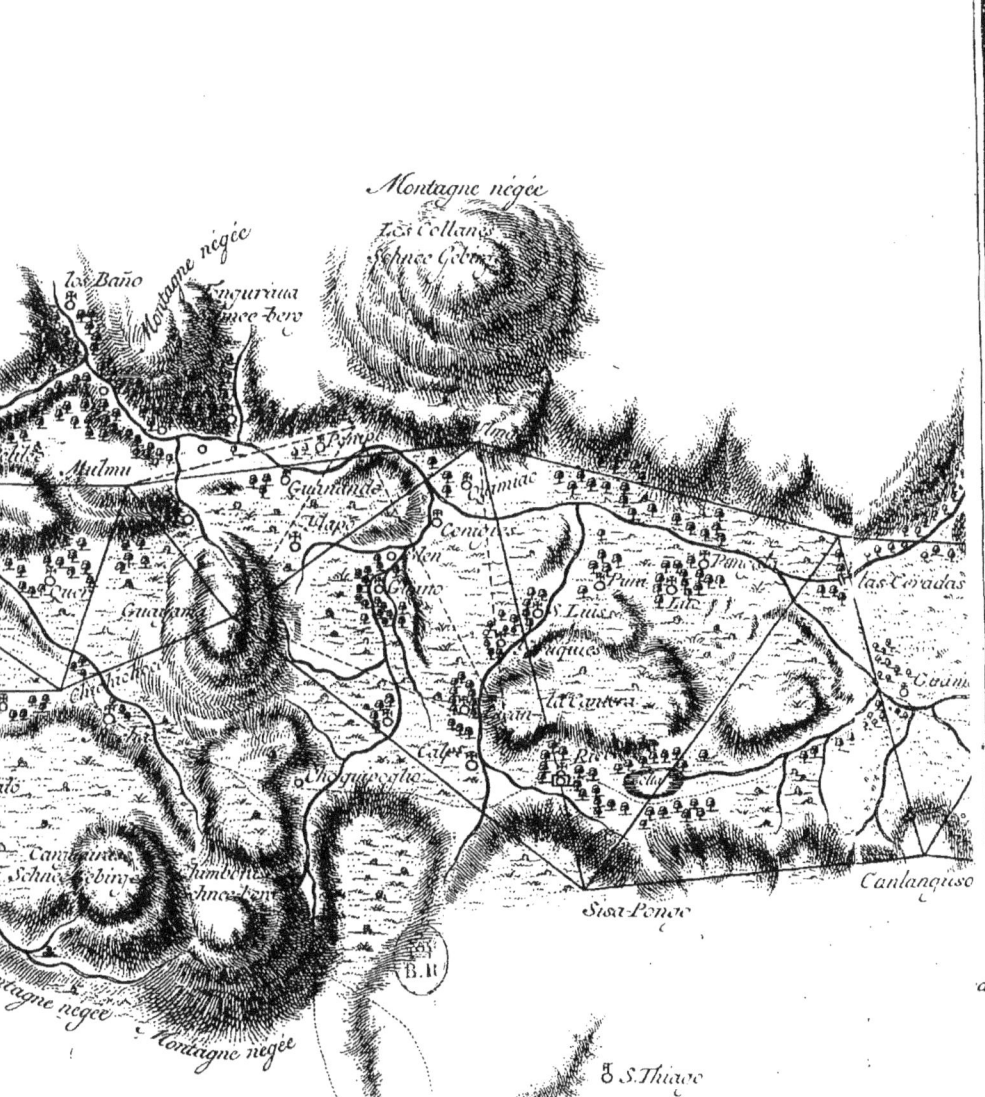

Pl. XXI.B

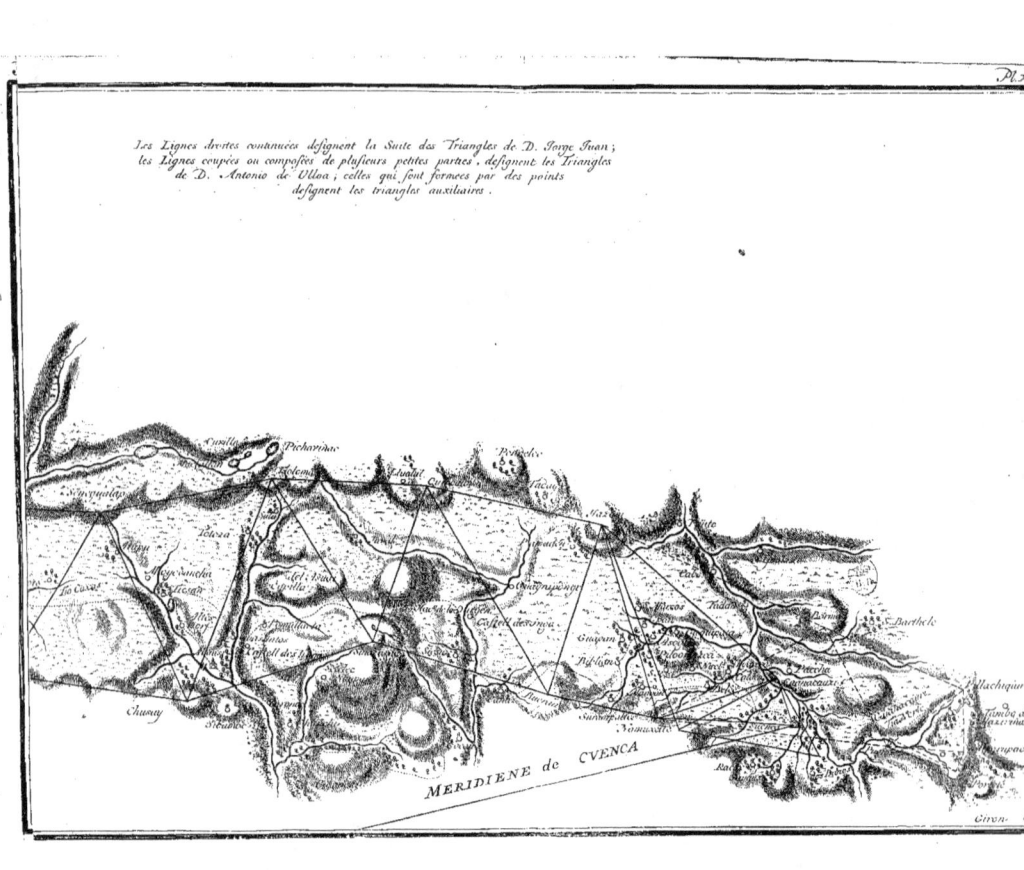

déjà été en 1736, quand nous eûmes achevé de mesurer la baze d'*Yaruqui*, comme il a déjà été dit. J'y montai avec le reste de notre Compagnie le 20 de *Janvier* 1738, & nous y demeurâmes jusqu'au 8 de *Février*; & quoique les frimâts & la neige ne nous y incommodassent pas tant qu'au *Pichincha* & en quelques autres Montagnes où nous fûmes depuis, les vents y étoient si forts qu'on ne pouvoit s'y tenir debout qu'avec beaucoup de difficulté; ce qui fut cause que nous ne pûmes qu'avec beaucoup de peine exécuter les observations avec l'exactitude & le loisir convenables; parce que nous ne trouvions pas d'abri où les quarts de cercle pussent être tranquilles.

V. *Signal, en la Montagne de* Tanlagua.

Le 12 de *Février* nous montâmes sur la Montagne de *Talangua*, & le jour suivant nous finîmes les observations que nous y voulions faire. Cette Montagne est petite en comparaison des autres qui forment ces *Cordilleres*, & il n'y avoit pas à beaucoup près autant d'incommodités à souffrir: cela doit s'entendre du sommet, car d'ailleurs les côtes ou flancs en sont si escarpés & si droits qu'on ne peut y gravir qu'à quatre pieds, & il faut bien prendre garde de se tenir ferme, sans quoi on courroit grand risque. On peut juger combien cet exercice est fatigant, puisqu'il y a au-moins pour quatre ou cinq heures à monter. La descente n'est pas moins rude, il faut presque toujours être assis, & se laisser couler tout doucement & peu à peu sur le derriere, pour ne point rouler jusqu'au bas du précipice.

VI. *Signal, Plaine de* Changalli.

Nous passâmes le 7 de *Mars* à la station de *Changalli*, & y restâmes jusqu'au 20. C'est une Plaine où nous ne souffrîmes aucune incommodité. Nous fûmes logés dans une *Hacienda*, ou Métairie fort près du signal, & à portée du Village de *Pintac*. Nous profitâmes de tous les momens où les signaux des Montagnes n'étoient point offusqués par des nuages, désirant de finir au-plutôt les observations que nous devions faire dans cette Plaine; mais nous fûmes retardés, même lorsque les Montagnes étoient dégagées de vapeurs, parce que nous trouvions des signaux à dire; c'étoient ceux que le vent avoit abattus. Ce fut alors que nous prîmes la résolution d'employer au-lieu de perches, des canonieres, ou petites tentes pour signaux, & nous suivîmes depuis cette méthode.

VII. *Signal à* Pucaguaico *sur le panchant de la Montagne de* Cotopacsi.

Pucaguaico est un Volcan affreux à mi-côte de la Montagne de *Cotopacsi*. Nous y montâmes le 21 de *Mars*, & le 4 d'*Avril* nous en descendîmes, sans y avoir fait autre chose que de nous y morfondre dans la neige ge & la glace, & d'y être tourmentés par de si horribles vents, qu'on eût dit qu'ils alloient emporter le Volcan. Nous y pâtîmes pour le moins autant que fur le fommet du *Pichincha*. Il n'y avoit pas jufqu'aux bêtes qui ne témoignaffent ne pouvoir réfifter à la rigueur de ce Climat, puifque les mules deftinées à nous porter, s'en éloignoient & alloient chercher un Ciel plus doux, dès-quelles pouvoient s'échapper.

Nous nous apperçûmes à *Pucaguaico*, que le fignal qui fuivoit par le côté du Sud, avoit befoin d'être changé, ou du-moins qu'il en faudroit mettre un entre-deux: on délibéra fur le parti qu'il y avoit à prendre: mais comme avant de fe déterminer il y avoit encore d'autres chofes à faire, on fufpendit-là les opérations, & l'on profita de cet intervalle pour faire des obfervations fur *la viteffe du Son*, & autres rapportées dans le Tome qui traite de cette matiere. Tout étant prêt pour recommencer nos opérations, nous retournâmes pour la feconde fois à *Pucaguaico*, où nous demeurâmes depuis le 16 jufqu'au 22 d'*Août*, que nous achevâmes les obfervations néceffaires.

VIII. *Signal, fur le* Corazon.

Avant que de finir la ftation de *Pucaguaico*, nous étions montés à la Bruyere du *Corazon*, le 12 de *Juillet*, & n'en étions partis que le 9 d'*Août*. Le *Corazon* eft une Montagne affez femblable à celle de *Pichincha* pour la hauteur, ayant auffi fur fon fommet une Roche fort élevée, au pied de laquelle étoit le fignal; deforte que cette ftation reffembloit beaucoup à celle de *Pichincha*, excepté que nous n'y fouffrîmes pas tant que fur le fommet de la Roche du même *Pichincha*, quoiqu'on n'y fût pas exemt de glace, de neiges, & de vent.

IX. *Signal*, Papa-Urco.

Il fut décidé qu'on mettroit fur *Papa-Urco* le fignal intermédiaire, qui devoit être placé entre *Pucaguaico* & *Vengotafin*, qui eft plus vers le Sud. *Papa-Urco* eft une Montagne de médiocre hauteur, où nous montâmes le 11 d'*Août* & n'en partîmes que le 16 du même mois, que nous retournâmes à *Pucaguaico*, deforte que *Papa-Urco* fut pour nous une recréation entre les ftations de *Corazon* & de *Pucaguaico*.

X. *Signal, fur la Colline de* Milin.

Milin eft plutôt une Colline qu'une Montagne. Les obfervations que nous avions à y faire, ne durerent que depuis le 23 jufqu'au 29 d'*Août*.

XI. *Signal, fur la Montagne de* Ventogafin.

La Montagne de *Ventogafin* n'eft pas fort haute. Nous y féjournâmes plus longtems que nous n'avions cru, ayant employé à y obferver depuis

le

VOYAGE AU PEROU. Liv. V. Ch. III.

le 4 de *Septembre* jusqu'au 18, par la raison que nous eûmes bien des difficultés à surmonter avant de pouvoir placer le signal qui devoit suivre du côté du Sud. Cette Montagne est tout près de *Latacunga*, qui a dans ses environs plusieurs Métairies, ce qui nous procuroit des commodités que nous ne trouvions pas dans plusieurs autres stations.

XII. *Signal, sur la Montagne de* Chalapu.

La station sur la Montagne de *Chalapu* fut la plus courte de toutes celles que nous fîmes dans tout le cours de la Méridienne; car y étant montés le 20 de *Septembre* nous en descendîmes le 23. Cette Montagne est d'une hauteur médiocre, peu éloignée du Bourg de *Hambato*; le panchant en est semé de Métairies. On n'y peut gueres monter qu'à pied.

XIII. *Signal de* Chichi-Choco.

Le signal de *Chichi-Choco* étoit placé sur le panchant de la Montagne de ce nom, qui est une branche de la fameuse Montagne, ou *Cordillere du Carguairaso*. Nous n'y fûmes que depuis le 24 jusqu'au 29 de *Septembre*; & quoique le lieu où étoit le signal fût peu élevé en comparaison des autres Montagnes, il ne laissoit pas d'etre fort froid à-cause du voisinage du *Carguairaso*. Dans le tems que nos *Indiens* étoient occupés à charger nos effets sur les mules, & nous autres sous la tente prêts à partir, il se fit un tremblement de terre, que l'on sentit à quatre lieues à la ronde: notre tente de campagne en fut ballotée d'un côté à l'autre, & la terre faisoit un mouvement semblable aux vagues; néanmoins ce tremblement étoit un des plus petits que l'on sente dans ce Pays.

XIV. *Signal de* Mulmul.

Ce signal & les trois suivans occasionnerent divers voyages, parce qu'on fut contraint pour l'exactitude des observations à former des triangles auxiliaires, pour vérifier les distances résultantes des principaux: la difficulté de distinguer quelques signaux des autres, obligea à les changer de place, & conséquemment à aller d'une station à l'autre. Le 8 de *Novembre* 1738 on passa à *Riobamba*, où je me trouvois depuis le 20 d'*Octobre*, à-cause d'une maladie sérieuse qui m'étoit survenue à *Chichi-Choco*, & qui s'etant encore augmentée à *Mulmul* me contraignit de m'arrêter dans une vacherie de cette Montagne, & j'achevai ensuite de me rétablir à *Riobamba*, ce qui m'empêcha d'assister aux Observations des Signaux XV. XVI. & XVII. c'est-à-dire, ceux de *Guayama*, de *Llmal*, & de *Nabuso*.

XVIII. *Signal de* Sifa-Pongo.

Le signal de *Sifa-Pongo* nous occupa depuis le 19 de *Novembre* 1738 jusqu'à jufqu'à la fin du même mois. Les opérations furent fufpendues à cette ftation, en attendant le retour de *Don Jorge Juan* & de Mr. *Godin*, qui, comme je l'ai dit, étoient allés faire un voyage à *Quito*. Dans cet entre-tems Mr. *Bouguer* entreprit de faire des obfervations relatives au Syftême de l'Attraction, & choifit pour cet effet la Montagne de *Chimborazo*. Cette ftation, & la feconde qui fe fit fur l'*Arénal* de cette Montagne, furent les plus facheufes de toute la Méridienne. Au-refte ces obfervations n'ont point été inférées dans le Tome des *Obfervations Aftronomiques & Phyfiques*, parce que je ne pus affifter qu'aux premieres, qui furent faites fur le *Chimborazo* depuis le 29 de *Novembre* 1739 jufqu'au 17 *Décembre*, m'étant trouvé de-nouveau attaqué de la même indifpofition que j'avois eue auparavant.

XIX. *Signal de* Lalangufo.

Nous reftâmes fur la *Bruyere* de *Lalangufo* depuis le 24 jufqu'au 31 *Janvier* 1739.

XX. *Signal, Bruyere de* Chufay.

La *Bruyere* de *Chufay* fut une des plus longues ftations de la Méridienne, puifque nous y fûmes détenus depuis le 3 de *Février* 1739 jufqu'au 24 *Mars*; ce qui fut occafionné par la difficulté de trouver des lieux propres à placer les fignaux qui fuivoient, de maniere que des uns on pût découvrir les autres, & qu'ils formaffent des triangles réguliers. En effet les hautes Montagnes de la *Cordillere* de l'*Azuay* où ces fignaux devoient être placés, fe font obftacle les unes aux autres. Outre la longueur de la ftation de cette *Bruyere*, nous y fouffrîmes beaucoup de l'intempérie de l'air.

XXI. *Signal, Bruyere de* Tioloma.

Nous demeurâmes fur cette Bruyere depuis le 26 de *Mars* jufqu'au 25 d'*Avril*.

XXII. *Signal fur la Bruyere de* Sinafaguan.

Notre féjour fur la Bruyere de *Sinafaguan*, dont nous avons déjà fait mention, fut depuis le 27 d'*Avril* jufqu'au 9 de *May*. J'ai déjà parlé de ce que nous fouffrîmes dans ce Défert, ainfi je ne le répéterai pas.

XXIII. *Signal fur la Bruyere de* Bueran.

La ftation de *Bueran* dura depuis le 10 de *May* jufqu'au 1 de *Juin*. Ce n'eft au-refte qu'une Colline, qui n'eft qu'à deux lieues du Village de *Cannar*. Le féjour que nous y fîmes, n'eut rien de defagréable. La proximité du Village nous procuroit toutes les provifions dont nous avions befoin, & l'air y étoit doux en comparaifon des autres Montagnes. Tous les Dimanches nous allions au Village pour entendre la Meffe, & par-là nous

VOYAGE AU PEROU. Liv. V. Ch. III.

nous faisions un peu diversion à la profonde solitude où nous vivions. Pendant que nous étions sur cette Bruyere la foudre tomba souvent dans les Plaines voisines, & les *Indiens*, les animaux & les maisons de campagne en ressentirent par trois fois les tristes effets. Cette Contrée est fort sujette à de violens orages, surtout la Bruyere de *Burgay*, qui est tout près de celle de *Bueran*.

XXIV. *Signal, Bruyere d'*Yasuay.

La station d'*Yasuay* ne finit que le 16 de *Juillet*, parce qu'avant de la terminer il falloit chercher le lieu le plus commode pour mesurer une seconde baze, par où l'on pût vérifier l'exactitude des Opérations Géométriques pratiquées jusqu'alors, & après avoir choisi le lieu, voir quelle seroit la meilleure maniere de placer les signaux entre *Yasuay* & la baze en question. Pour cet effet nous nous transportâmes à *Cuenca*, & de-là nous fûmes reconnoître les Plaines de *Talqui* & de *Los Bannos*. Dès-que cela fut fait, & qu'il fut décidé qu'on mesureroit dans le premier de ces deux lieux la baze qui devoit servir, à l'égard de notre Compagnie, de preuve à la mesure des triangles, tandis que dans le second on mesureroit la baze nécessaire à l'autre Compagnie pour la même opération, on plaça les signaux qui manquoient, & nous retournâmes à notre premier ouvrage sur la Bruyere d'*Yasuay*, où nous étions venus dès le 7 de *Juillet*. C'est la Montagne la plus haute de la Jurisdiction de *Cuenca*. Elle est d'ailleurs si escarpée, qu'on ne peut y monter en partie qu'à pied & avec difficulté. Malgré sa hauteur l'air n'y est pas aussi fâcheux qu'à *Sinasaguan*, ni qu'aux autres Montagnes qui sont vers le Nord de cette *Cordillere*.

XXV. *Signal, sur le Monticule de* Borma.

Le Monticule de *Borma* n'est gueres haut, non plus que les autres du côté de *Cuenca*: de-là vient que son sommet n'est pas engagé dans des nuages: c'est pourquoi nos observations s'y firent avec d'autant plus de facilité, que la Montagne de *Yasuay*, qui étoit beaucoup plus exposée à cet inconvénient, en fut entierement exempte le 19 de *Juillet*, ce qui fit que nous eûmes achevé en très-peu de tems.

XXVI. XXVII. XXVIII. XXIX. *Signaux de* Pugin, Pillachiquir, Alparupasca, & Chinan: *ces deux derniers étant les termes Nord & Sud de la baze de* Talqui.

Les stations de *Pugin, Pillachiquir, Aparupasca*, & *Chinan* ne nous arrêterent guere. D'ailleurs comme elles étoient près de la baze de *Talqui*, nous nous logeâmes dans des Métairies ou *Haciendas*, d'où nous allions journellement mesurer les angles. Il faut en excepter seulement la station de *Pillachiquir*, qui étant plus éloignée des *Haciendas* que les autres, ne nous permettoit pas d'uſer de cette commodité ; mais nous fûmes aſſez heureux pour y terminer les obſervations le même jour que nous y fûmes pour les faire.

XXX. XXXI. Guana Cauri *& la Tour de la principale Egliſe de* Cuenca.

Ayant terminé cette ſuite de triangles, aux deux derniers près des extrémités de la ſeconde baze, il falut en former d'autres pour ſervir d'Obſervatoire, où après avoir achevé la meſure Géometrique, on pût commencer l'Aſtronomique. Les triangles qui me tomberent en partage étoient formés par un ſignal ſur le Mont de *Guanacauri*, & par la Tour de la grande Egliſe de *Cuenca*, où ſe firent les obſervations convenables, au même tems qu'on faiſoit les Obſervations Aſtronomiques.

A la partie Septentrionale de la Méridienne on forma de nouveaux triangles, comme il a été dit dans le Chapitre précédent, ce qui occaſionna de nouvelles ſtations ſur les Montagnes où furent placés les ſignaux qui formoient ces nouveaux triangles. On ſuivit le même ordre qui avoit été réglé & ſuivi pendant qu'on traçoit la Méridienne, ſavoir que chaque membre de la Compagnie obſerveroit deux angles dans tous les triangles ; & ceux qui m'échurent en partage furent les ſuivans.

XXXII. XXXIII. XXXIV. XXXV. *Signaux de* Guapulo, *de* Campanario, *de* Coſin *& de* Mira.

Les Obſervations qui devoient ſe faire à ces quatre ſignaux, ne purent être terminées qu'après que nous eûmes vu la fin des affaires qui nous avoient appellés *Don Jorge Juan* & moi à *Lima* & au *Chily*, & que nous fûmes revenus à *Quito*. Nous ne fûmes point obligés de demeurer ſur la premiere & la derniere de ces quatre ſtations, parce qu'étant fort proche de *Quito* & du Village de *Mira*, nous nous y rendions quand le tems étoit favorable ; mais il n'en fut pas de-même à l'égard de celles de *Campanario* & de *Coſin*. Toutes les quatre furent abandonnées le 23 May 1744, jour auquel nous terminâmes, *Don Jorge Juan* & moi, les Obſervations Aſtronomiques que nous avions repriſes le 14 *Février* de la même année, & par-là fut terminé tout ce qui concernoit la Méridienne.

Signaux & Stations de Mr. Godin *& de* Don Jorge Juan.

Les ſtations qui ſe firent après qu'on eut achevé de meſurer la baze de *Yaruqui* en 1736, & qui enſuite ne ſervirent point, comme il a déjà été dit, furent communes aux deux Compagnies ; parce qu'on ne s'étoit pas encore aviſé de la méthode qui fut ſuivie depuis, ſavoir que chacune obſervât deux angles dans tous les triangles pour faciliter & abréger le travail ;

travail; desorte que *Don Jorge Juan* & Mr. *Godin* étoient sur les Montagnes d'*Illahalo* & de *Pambamarca* en même tems que Mrs. *Bouguer*, *de la Condamine*, & moi.

I. & II. *Signaux aux extrémités de la Baze d'*Yaruqui.

Pour faire les observations convenables à ces deux signaux, ces Messieurs partirent de *Quito* le 20 d'*Août* 1737, & les terminerent le 27 du même mois.

III. *Signal*, *Bruyere de* Pambamarca.

Après qu'ils eurent fait aux extrémités de la baze les observations nécessaires, ils passerent à la Bruyere de *Pambamarca*, où ils finirent leurs opérations le 1 *Septembre* 1737.

IV. *Signal*, *la Montagne de* Tanlagua.

Ayant terminé leurs opérations sur *Pambamarca*, ils descendirent au Village de *Quinche*, qui est le plus près sur le chemin de la Montagne de *Talangua*: mais les *Indiens* qui devoient les accompagner, bien instruits de ce qu'ils auroient à souffrir de l'intempérie de l'air sur cette Montagne, & déjà épouvantés de ce qu'ils avoient éprouvé sur *Pambamarca*, eurent la précaution de s'enfuir. Ceux du Village craignant que cette suite ne fît tomber le fort sur eux, disparurent & se cacherent. Les mouvemens que l'Alcalde se donna pour découvrir le lieu de leur retraite, ni les soins du Curé pour les déterrer & les engager à revenir, ne servirent de rien. Après que ces Messieurs eurent passé deux jours dans ce Village sans que les déserteurs parussent, il falut que le Curé disposât son Sacristain & quelques autres *Indiens* employés au service de l'Eglise, à les accompagner & à prendre soin des mules de charge jusqu'à *Tanlagua*, qui est une Métairie où ils arriverent le 5 de *Septembre* 1737, & le jour suivant ils commencerent à monter la Montagne, mais avec tant de difficulté qu'ils furent tout un jour à en surmonter l'âpreté. Les *Indiens* portoient sur leur dos la tente de campagne, les Instrumens & le bagage; ils ne purent ce jour-là monter jusqu'au haut, & furent obligés de s'arrêter à mi-chemin, & de passer la nuit sans couvert ni abri. Peu s'en falut qu'ils ne périssent de froid. En effet il survint une forte gelée, qui les maltraita si fort qu'ils ne pouvoient remuer ni bras ni jambes. Nos Messieurs ne purent point alors achever les observations, trouvant qu'il manquoit des signaux, qui avoient été renversés par la violence des vents, ou dérobés par les Pâtres *Indiens*. En attendant qu'on les remît sur pied, ils se rendirent à *Quito*, pour y mieux employer leur tems, & examiner les divisions des quarts-de-cercle. Tout cela fut long, & les occupa jusqu'au mois de *Décembre* 1737, que les fignaux ayant été rétablis, ils retournerent à *Tanlagua* le 20 de *Décembre*, & le 27 les obfervations furent terminées.

V. *Signal fur la Colline de* Guapulo.

Guapulo n'eft pas fort haut, & cette Colline eft tout près de *Quito*, deforte que ces Meffieurs n'avoient que faire d'y coucher: tous les matins ils fortoient de la Ville & fe rendoient à la tente de campagne, où étoient tous les Inftrumens qui fervoient aux obfervations; & quoiqu'ils travaillaffent avec beaucoup de diligence & d'affiduïté, les obfervations ne purent être finies que le 24 de *Janvier* 1738.

VI. *Signal dans la Cordillere & Bruyere de* Guamani.

Le fignal de *Guamani* fe trouvant placé de maniere qu'on ne découvroit point celui du *Corazon*, il falut remédier à cet inconvénient, ce qui occafionna deux voyages; le premier le 28 de *Janvier*, le fecond le 7 de *Février*, & ce dernier fut fi heureux que le lendemain 8 du même mois tout y fut achevé.

VII. *Signal fur le* Corazon.

Il y eut auffi deux voyages fur cette Montagne, l'un le 11 de *Février*, l'autre le 12 de *Mars* 1738.

VIII. *Signal, de* Limpie-Pongo *fur la Bruyere de* Cotopacfi.

Le 16 de *Mars* ces Meffieurs monterent à la Bruyere de *Cotopacfi*; ils y refterent jufqu'au 31, qu'ayant reconnu qu'on ne pouvoit pas découvrir de-là le fignal de *Guamani*, il falut en aller pofer un entre deux, ce qui ne fut achevé que le 9 d'*Août* 1737, jour auquel on revint au fignal de *Limpie-Pongo*, où l'on refta jufqu'au 13. Ce fut dans ce fecond voyage, que *Don Jorge Juan* montant la Montagne fur fa mule, tomba avec fa monture dans un creux de quatre à cinq toifes de profondeur, fans fe faire aucun mal.

Outre le fignal qu'il falut mettre entre ceux de *Guamani* & de *Limpie-Pongo*, on fut encore obligé d'obferver les angles de quelques ftations déjà terminées. Pendant que les obfervations de *Limpie-Pongo* furent fufpendues, ils firent des obfervations fur la viteffe du Son, pour remplir cet intervalle de tems.

IX. *Signal, Bruyere de* Chinchulagua.

Le fignal de *Chinchulagua* étoit fitué fur la Bruyere de ce nom. Les obfervations y furent achevées le 8 *Août* 1738. Mais s'étant élevé quelque doute touchant l'un des angles obfervés, il falut réitérer cette ftation après qu'on eut terminé celle de *Limpie-Pongo*, pour s'en affurer.

X. *Si-*

X. *Signal, sur la Montagne de* Papa-Urco.

Après qu'ils eurent vérifié l'observation de *Chinchulagua*, ils passerent au signal de *Papa-Urco*, où ils finirent les observations le 16 du méme mois; & de-là ils retournerent à *Quito* pour quelques affaires concernant Messieurs les Académiciens *François*.

XI. *Signal, sur la Colline de* Milin.

Les affaires qui avoient appellé Mr. *Godin* à *Quito*, furent terminées dans le courant de ce mois, & le 1. *Septembre* 1738 tous ces Messieurs retournerent au signal de *Milin*, où ils furent occupés jusqu'au 7.

XII. *Signal, sur la Bruyere de* Chulapu.

De *Milin* ils passerent à *Chulapu*, où ils resterent jusqu'au 18 *Septembre*. Jusqu'à ce signal exclusivement chacune des deux Compagnies observa les trois angles de tous ses triangles, tant parce qu'ils différoient entre eux, que parce que cette attention vérifioit les erreurs des divisions des quarts-de-cercle, trouvées par les autres méthodes dont on s'étoit servi pour les connoître. Mais depuis ce signal en avant chaque Compagnie se contenta d'observer deux angles des mêmes triangles & en commun, comme on en étoit convenu.

XIII. *Signal, de* Jivicatsu.

Le signal de *Jivicatsu* situé sur la Colline de ce nom n'occupa ces Messieurs que depuis le 18 jusqu'au 26 de *Septembre*. Cette station fut des moins incommodes; la Colline étoit peu élevée, & l'air n'y étoit point froid; les environs en sont agréables, & ils étoient à portée du Village de *Pillaro*, d'où ils pouvoient tirer toutes les provisions dont ils avoient besoin.

XIV. & XV. *Signaux, sur les Bruyeres de* Mulmul *& de* Guayama.

Je joins ces deux Montagnes ensemble, parce que leurs croupes sont unies par de petites Collines où l'on trouve une vacherie, qui sert de retraite aux Bouviers *Indiens* qui menent paître leurs bœufs & vaches sur les panchans de ces Montagnes. Mr. *Godin* & *Don Jorge Juan* se logerent dans cette vacherie, d'où ils avoient coutume de se rendre le matin sur l'une & l'autre Montagne, pour y faire leurs observations quand le tems étoit favorable. Mais comme la distance entre ces deux Montagnes étoit si courte, & qu'il faloit vérifier les distances suivantes qu'on auroit à conclure par celle-ci, par celle de trois autres triangles auxiliaires, il fallut indispensablement déterminer les endroits où l'on devoit former ces triangles, & s'arrêter dans ce lieu jusqu'à ce que ces distances étant établies, on pût achever toutes les observations, ce dont on ne vint à bout que le 20 d'*Octobre* 1738.

Après cela ils passèrent à *Riobamba*, dans la résolution de continuer leur travail sans intermission; mais ayant rencontré quelques difficultés par rapport à la meilleure maniere de disposer les triangles subséquens, & commençant tous tant que nous étions, tant *François* qu'*Espagnols*, à sentir quelque disette d'argent, on trouva à propos de profiter du tems qu'il faloit pour déterminer les lieux où l'on placeroit les signaux, pour renouveller nos finances; & pour cette fin Mr. *Godin* & *Don Jorge Juan* se mirent en route pour *Quito* le 7 *Novembre* 1738, d'où ils ne purent être de retour que le 2 de *Février* 1739, parce que le premier y fut attaqué de la fiévre, qui ne lui permit pas de se remettre plutôt en chemin.

XVI. & XVII. *Signaux*, d'Amula, & *de* Sisa-Pongo.

Les observations qui devoient se faire au signal d'*Amula* furent terminées avant le voyage dont nous venons de parler, & depuis le 2 de *Février* 1739 que ces Messieurs revinrent à *Riobamba* jusqu'au 19, on acheva celles de *Sisa-Pongo*.

XVIII. *Signal, de la Montagne de* Sesgum.

On ne demeura sur cette Montagne que depuis le 20 jusqu'au 23 de *Février*, parce que le signal étoit placé sur le panchant d'une hauteur d'où l'on profitoit des momens que les autres Bruyeres étoient débarassées des nuages dont elles sont ordinairement environnées.

XIX. *Signal, Bruyere de* Senegualap.

La station fut plus longue à ce signal, & dura depuis le 23 de *Février* jusqu'au 13 de *Mars* 1739, quoique cette Bruyere ne fût pas des plus incommodes de la Méridienne.

XX. *Signal, Bruyere de* Chusay.

De *Senegualap* ils passèrent à la Bruyere de *Chusai*, où cette Compagnie ne souffrit pas moins que la nôtre. Ils y resterent depuis le 14 de *Mars* jusqu'au 23 d'*Avril* 1739.

Cette station n'étoit point du ressort de ma Compagnie; car en suivant l'ordre alternatif établi entre les deux Compagnies, nous devions aller au signal de *Senegualap*; mais après que nous eûmes achevé les observations à *Lalaugufo*, voyant que Mr. *Godin* & *Don Jorge Juan* s'arrêtoient trop longtems à *Quito*, nous subdivisâmes notre Compagnie en deux, pour continuer à mesurer en attendant le retour de ces Messieurs. Par cet arrangement Mr. *Bouguer* passa au signal de *Senegualap*, & Mr. *de la Condamine* & moi nous allâmes à celui de *Chusay*, où Mr. *Godin* & *Don Jorge Juan* nous ayant joints, notre Compagnie se réunit, & nous continuâmes notre ouvrage selon l'ordre que chaque Compagnie devoit observer.

XXI. *Si-*

VOYAGE AU PEROU. Liv. V. Ch. III.

XXI. *Signal, Bruyere de* Sinafaguan.

Cette station étoit une de celles où les deux Compagnies devoient observer en commun. Elles s'y rencontrerent toutes les deux dans le même tems. Celle de *Don Jorge Juan* y resta depuis le 28 d'*Avril* jusqu'au 9 de *May* 1739, & toutes les deux eurent part au travail & aux peines qui ne furent pas petites, l'air de cette Montagne étant très-froid & très-rude.

XXII. *Signal, Bruyere de* Quinoa-Loma.

La Montagne de *Quinoa-Loma* fut une des plus fâcheuses que l'on rencontra en traçant la Méridienne. On y demeura depuis le 9 de *May* jusqu'au 31, qu'on mit fin à la mesure des angles correspondans à ce signal.

De *Quinoa-Loma* ces Messieurs se rendirent au Village de *Los Azogues*, où ils laisserent Instrumens & bagages, pour aller à *Cuenca* reconnoître les Plaines de *Talqui* & de *Los Bannos*, pour en choisir une qui servît de baze; & s'étant déterminés pour cette derniere, ils convinrent avec nous de la maniere dont il falloit disposer les signaux; après quoi ils retournerent à *Los Azogues*.

XXIII. *Signal, Bruyere* d'Yasuay.

Le 15 de *Juin* la Compagnie de *Don Jorge Juan* passa au signal de la Bruyere d'*Yasuay*, & y resta jusqu'au 11 de *Juillet*, qu'elle retourna à *Cuenca*, où elle s'occupa à mesurer la baze de *Los Bannos*, & à commencer les Observations Astronomiques, qui durerent jusqu'au 10 de *Décembre* de la même année qu'elle retourna à *Quito*, pour y fabriquer un nouvel Instrument plus propre à faire ces observations avec plus de justesse.

XXIV. XXV. XXVI. & XXVII. *Signaux*, Namurelte, Guanacauri, Los Bannos, & *la Tour de la Grande Eglise de* Cuenca.

Pendant que ces Messieurs faisoient les Observations Astronomiques à *Cuenca*, ils acheverent celles qui appartenoient à la mesure Géométrique, aux quatre signaux ci-dessus. Les trois premiers servirent à joindre la baze (laquelle s'étendoit depuis *Guanacauri* jusqu'à *Los Bannos*) avec la suite des triangles, & le dernier servoit d'observatoire conjointement avec la dite baze. Et par-là finirent toutes les stations: car quoique l'année suivante on fût obligé de retourner à *Cuenca* pour y réitérer les Observations Astronomiques, il n'en est pas moins vrai que dès-lors toutes les opérations concernant la mesure Géométrique furent terminées de ce côté-là.

XXVIII. XXIX. XXX. XXXI. & XXXII. *Signaux sur les Montagnes de* Guapulo, Pambamarca, Campanario, Cuicocha, & Mira.

En 1744, les affaires qui nous avoient appellés à *Lima*, Don *Jorge Juan* & moi, étant finies, nous revînmes dans la Province de *Quito* pour

Tome I.   E e   achever

achever les Obfervations Aftronomiques, qui ayant été terminées à *Cuenca* avoient été fufpendues, comme il a déjà été remarqué. *Don George Juan* fit cinq ftations de plus; parce qu'il fut obligé de réitérer celles de *Guapulo*, & de *Pambamarca*, afin de prolonger les triangles vers le Nord, & qu'il lui falut retourner fur les Montagnes de *Campanario* & de *Cuicocha*. Il fut obligé de féjourner fur ces deux dernieres & fur *Pambamarca*, expofé à l'intempérie de l'air, comme on l'avoit été la premiere fois. Il n'en fut pas de-même fur celles de *Guapulo* & de *Mira*; & comme j'eus part à cette derniere ftation & obfervation, & que nous les fîmes enfemble, je ne répéterai pas combien de tems nous y employâmes, l'ayant déjà marqué plus haut.

CHAPITRE IV.

Defcription de la Ville de Quito. *Tribunaux qui y font établis.*

EN faifant la defcription des Villes où j'ai été, mon plan, comme on l'a pu voir jufqu'ici, n'eft point de compiler des Remarques Hiftoriques & Chronologiques, on ne doit pas s'attendre que je m'écarte de cette méthode à l'égard de *Quito*. Mon but eft de faire connoître ces Contrées telles qu'elles font actuellement, foit à l'égard de leur fertilité, foit à l'égard des mœurs & coutumes de leurs habitans. Par-là ceux qui ne les connoiffent que de nom, pourront éviter les erreurs nuifibles où l'on tombe, quand on s'avife de juger des chofes dont on n'a pas de juftes idées. Je ne parlerai du paffé que très-fuccinctement, & autant qu'il conviendra à mon fujet. Je dirai donc préliminairement, que le Royaume de *Quito* fut foumis au joug des *Incas* par *Tupac-Inca-Yupanqui*, le XI. de ces Empereurs.

Garcilaffo de la Vega, qu'il paroît que nous devons fuivre à cet égard, ajoûte dans fon *Hiftoire des Incas* *, que la conquête de ce Pays fut faite par le Fils aîné de cet Empereur, nommé *Huayna-Capac*, qui commandoit l'Armée de fon Pere, auquel il fuccéda à l'Empire: que *Huayna-Capac* eut entre autres Fils naturels *Alta-Huallpa* né de la Fille du dernier Roi de *Quito*; que ce Fils étoit doué de beaucoup de bonnes qualités, qui le rendoient

---

* Intitulée en *Efpagnol*, Commentarios Reales de los Ingas del Peru. On fait que *Garcilaffo* étoit lui-même de la famille des *Incas*. Not. du Trad.

doient aimable; & que fon Pere ayant une grande tendreffe pour lui, engagea *Huafcar* fon Fils aîné & légitime à lui céder le Royaume de *Quito* à titre de Fief de l'Empire: c'étoit une Loi de l'Empire, que les Provinces conquifes y demeuraffent toujours unies; par conféquent il ne pouvoit pas en difpofer autrement. Qu'*Alta-Huallpa* étant ainfi devenu Roi de *Quito* fe révolta contre fon Frere, après la mort d'*Huayna-Capac*; qu'il s'empara de l'Empire, qu'il mit aux fers, & fit mourir *Huafcar*; mais que Dieu fufcita *Don Francifco Pizarro* pour faire fouffrir la même peine à ce Prince ingrat & cruel; que *Pizarro* chargea de la conquête de *Quito Sebaftien de Belalcazar*, lequel ayant défait les *Indiens* en diverfes rencontres, s'empara du Royaume, & en rebâtit la Capitale qui avoit été ruinée, y établiffant les *Efpagnols* en 1534, & voulant qu'elle portât deformais le nom de *San Francifco de Quito*, qu'elle conferve encore aujourd'hui.

Cette Ville eft par les oo deg. 13 min. 33 fec. de Latitude Auftrale, & 298 deg. 15 min. 45 fec. de Longitude comptée du Méridien de *Ténériffe*, felon nos propres obfervations. Elle eft fituée dans l'intérieur des Terres de l'*Amérique* méridionale, & fur le côté oriental de la partie occidentale de la *Cordillera de los Andes*, à peu près à 35 lieues des côtes de la Mer du Sud.

Elle eft épaulée au Nord par la Montagne de *Pichincha*, célébre dans le Pays par fa hauteur, & par les richeffes qu'on prétend qu'elle renferme depuis le tems des Idolâtres, fans qu'on en ait d'autre affurance qu'une tradition vague. La Ville eft fituée fur le panchant de cette haute Montagne, environnée de Collines, & pofée fur d'autres Collines formées par les Crevaffes, ou *Guaycos*, pour me fervir du nom qu'on leur donne dans le Pays, qui font les Vallons de *Pichincha*. Ces Crevaffes, ou *Guaycos*, la traverfent d'un bout à l'autre; & quelques-unes font fi profondes qu'il a falu bâtir des voûtes par-deffus pour égalifer un peu le terrain, deforte qu'une partie de la Ville a fes fondemens fur des arcades: de-là vient que plufieurs de fes rues font très-irrégulières, & qu'étant mêlées de Collines & de Crevaffes, il faut, en les traverfant dans leur longueur, tantôt monter, tantôt defcendre. Cette Ville eft de la grandeur de celles du fecond ordre en *Europe*, & paroîtroit beaucoup plus étendue qu'elle ne paroît, fi elle étoit fur un terrain moins inégal & moins crevaffé.

Elle a dans fon voifinage deux Plaines fpacieufes, l'une au Sud, appellée *Turu-Bamba*, qui a bien trois lieues d'étendue, l'autre au Nord, nommée *Inna-Quito*, laquelle s'étend à deux lieues. Toutes les deux font remplies de Maifons de campagne & de Terres cultivées qui ornent beau-

coup

coup les environs de la Ville : ajoûtez à cela que la verdure continuelle des herbes, l'émail des fleurs dont les Champs de ces Plaines, & les Collines d'alentour sont toujours couvertes, forment un Printems éternel. On nourrit dans ces Champs & sur ces Collines de nombreux Troupeaux de gros & de menu Bétail, qui ne peuvent consumer l'herbe que produit ce fertile terroir.

Ces deux Plaines se retrécissent à-mesure qu'elles approchent de la Ville, & en se joignant elles forment une gorge dans l'endroit où les Côteaux & les Collines semblent vouloir se joindre, & c'est-là que la Ville est placée. On auroit peut-être dû la bâtir dans l'une des deux Plaines en question, elle auroit été plus belle & plus commode; mais il paroît que ses premiers Fondateurs ont moins cherché l'agrément & la commodité qu'à conserver la mémoire de leur conquête, en bâtissant sur le même terrein de l'ancienne Ville des *Indiens*, qui choisissoient ces sortes d'endroits pour bâtir, & pour ainsi dire sur ses ruines. Ils ne croyoient pas sans-doute qu'elle dût devenir si considérable, c'est pourquoi ils se contenterent de substituer des édifices solides aux maisons fragiles qui y étoient auparavant, & insensiblement ces édifices s'accrurent. *Quito* étoit autrefois beaucoup plus opulente qu'aujourd'hui. Le nombre des habitans, particuliérement des *Indiens*, y est fort diminué, comme il paroît par les ruines, qu'on voit encore de rues entieres.

Vers le Sud, dans la partie de la Ville située dans cette gorge que forme la Plaine de *Turu-bamba*, est une Colline, qu'ils nomment *el Panecillo*, à-cause de sa figure, qui ressemble à un Pain de sucre. Cette Colline n'a pas plus de cent toises de haut: entre elle & les Collines qui couvrent la Ville à l'Orient est un chemin fort étroit. Au Sud & à l'Ouëst le *Panecillo* fournit d'abondantes sources d'eaux délicieuses, & de *Pichincha* il se précipite divers ruisseaux par les *Guaycos*, d'où par le moyen des conduits & tuyaux souterrains l'eau est distribuée dans toute la Ville : & de ce qui en reste, ainsi que de celle des sources, se forme une Riviere qui coule au Sud de la Ville, & à laquelle ils donnent le nom de *Machangara*. On la passe sur un pont de pierre.

La Montagne de *Pichincha* est un Volcan qui vomissoit du tems des *Indiens* Gentils, ce qu'il a aussi fait quelquefois depuis la conquête. La bouche de ce Volcan est dans une Roche à peu près aussi haute que celle où nous fîmes notre station, & ces deux Roches sont très-proche l'une de l'autre; le caillou ou roc de cette crête est tout calciné, & ressemble au tuf. Le Volcan ne vomit point de feu, & n'exhale aucune fumée;

mais

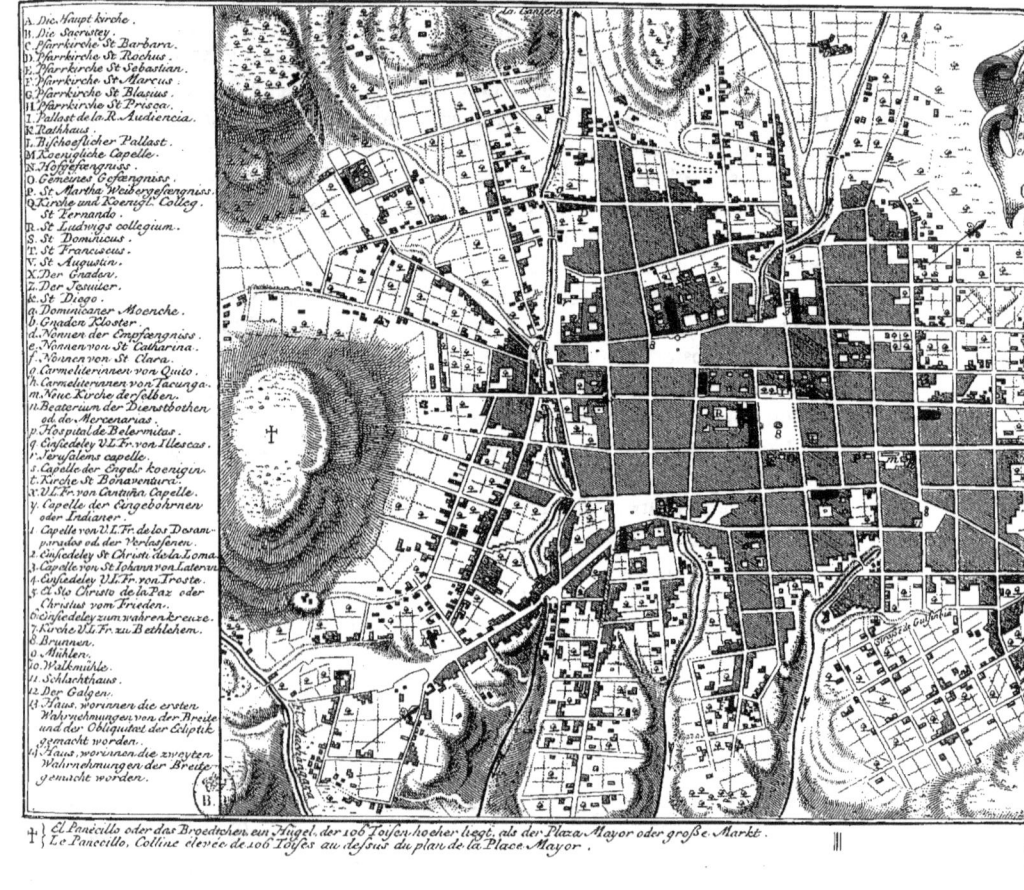

coup les environs de la Ville: ajoûtez à cela que la verdure continuelle des herbes, l'émail des fleurs dont les Champs de ces Plaines, & les Collines d'alentour sont toujours couvertes, forment un Printems éternel. On nourrit dans ces Champs & sur ces Collines de nombreux Troupeaux de gros & de menu Bétail, qui ne peuvent consumer l'herbe que produit ce fertile terroir.

 Ces deux Plaines se rétrécissent à-mesure qu'elles approchent de la Ville, & en se joignant elles forment une gorge dans l'endroit où les Côteaux & les Collines semblent vouloir se joindre, & c'est-là que la Ville est placée. On auroit peut-être dû la bâtir dans l'une des deux Plaines en question, elle auroit été plus belle & plus commode; mais il paroît que ses premiers Fondateurs ont moins cherché l'agrément & la commodité qu'à conserver la mémoire de leur conquête, en bâtissant sur le même terrein de l'ancienne Ville des *Indiens*, qui choisissoient ces sortes d'endroits pour bâtir, & pour ainsi dire sur ses ruines. Ils ne croyoient pas sans-doute qu'elle dût devenir si considérable, c'est pourquoi ils se contenterent de substituer des édifices solides aux maisons fragiles qui y étoient auparavant, & insensiblement ces édifices s'accrurent. *Quito* étoit autrefois beaucoup plus opulente qu'aujourd'hui. Le nombre des habitans, particuliérement des *Indiens*, y est fort diminué, comme il paroît par les ruines, qu'on voit encore de rues entieres.

 Vers le Sud, dans la partie de la Ville située dans cette gorge que forme la Plaine de *Turu-bamba*, est une Colline, qu'ils nomment *el Panecillo*, à-cause de sa figure, qui ressemble à un Pain de sucre. Cette Colline n'a pas plus de cent toises de haut: entre elle & les Collines qui couvrent la Ville à l'Orient est un chemin fort étroit. Au Sud & à l'Ouëst le *Panecillo* fournit d'abondantes sources d'eaux délicieuses, & de *Pichincha* il se précipite divers ruisseaux par les *Guaycos*, d'où par le moyen des conduits & tuyaux souterrains l'eau est distribuée dans toute la Ville: & de ce qui en reste, ainsi que de celle des sources, se forme une Riviere qui coule au Sud de la Ville, & à laquelle ils donnent le nom de *Machangara*. On la passe sur un pont de pierre.

 La Montagne de *Pichincha* est un Volcan qui vomissoit du tems des *Indiens* Gentils, ce qu'il a aussi fait quelquefois depuis la conquête. La bouche de ce Volcan est dans une Roche à peu près aussi haute que celle où nous fîmes notre station, & ces deux Roches sont très-proche l'une de l'autre; le caillou ou roc de cette crête est tout calciné, & ressemble au tuf. Le Volcan ne vomit point de feu, & n'exhale aucune fumée;

mais

PL.I.

PLAN DE LA VILLE ET CITÉ DE St. FRANÇOIS DE QUITO,

Située par les 00°.D.13⅓.M. de Latitude Meridionale, et par les 81.D.45.M. de Longitude comptée vers l'Ouest en prenant pour premier Meridien l'Observatoire de Paris.

GRUNDRISS VON DER STADT S. FRANCISCO DEL QUITO

in dem 00 Gr. 13⅓.M. Suder breite, und in dem 81 Gr. 45.M. der Længe gegen Westen gelegen von der Pariser Mittagslinie gerechnet.

Left legend (German):

- A. Die Haupt K[irche]
- B. Die Sacriste[i]
- C. Pfarrkirche
- D. Pfarrkirche
- E. Pfarrkirche
- F. Pfarrkirche
- G. Pfarrkirche
- H. Pfarrkirche
- I. Pallast de la[…]
- K. Rathhaus
- L. Bischoeflichen
- M. Roenigliche
- N. Hofgefængn[is]
- O. Gemeines G[…]
- P. St. Martha
- Q. Kirche und […] St. Fernan[d]
- R. St Ludwig
- S. St. Dominic[us]
- T. St. Francis[cus]
- V. St. Augusti[n]
- X. Der Gnade[n]
- Z. Der Jesuite[n]
- &c. St. Diego
- a. Dominicane[r]
- b. Gnaden Kl[oster]
- d. Nonnen der [...]
- e. Nonnen von [...]
- f. Nonnen von [...]
- g. Carmeliterin[nen]
- h. Carmeliterin[nen]
- m. Neue Kirche
- n. Beaterium o[der] Mer[...]
- p. Hospital de [...]
- q. Einsiedeley U[...]
- r. Jerusalems
- s. Capelle der C[...]
- t. Kirche St. B[...]
- x. U.L.Fr. von C[...]
- y. Capelle der [...] oder Indian[er]
- 1. Capelle von U[...] parados od. [...]
- 2. Einsiedeley [...]
- 3. Capelle von U[...]
- 4. Einsiedeley U[...]
- 5. el Sto Chri[stus] Christus von [...]
- 6. Einsiedeley zu [...]
- 7. Kirche U.L.Fr.
- 8. Brunnen
- 9. Mühlen
- 10. Walkmühlen
- 11. Schlachthau[s]
- 12. Der Galgen
- 13. Haus, worin […] Wahrnehmun[g] und der Obl[iquität] gemacht wo[rden]
- 14. Haus, worin […] Wahrnehmun[g] gemacht wo[rden]

Right legend (French):

- A. l'Eglise Cathédrale
- B. le Sagrario
- C. Paroisse de Ste. Barbe
- D. Paroisse de St. Rocq
- E. Paroisse de St. Sebastien
- F. Paroisse de St. Marc
- G. Paroisse de St. Blaise
- H. Paroisse de Ste. Prisque
- I. Palais de l'Audience
- K. Maison du Cabildo
- L. Palais de l'Eveque
- M. Chapelle Royale
- N. Prison d'Etat
- O. Prison ordinaire
- P. Ste. Marthe, Maison de force pour les femmes
- Q. Eglise et College Rd. de St. Fernand
- R. College de St. Louis
- S. St. Dominique
- T. St. François
- V. St. Augustin
- X. la Merci
- Z. Jesuites
- &c. St. Jacques
- a. Recollets de Sto. Domingo
- b. Recollets de la Merci
- d. Religieuses de la Conception
- e. Religieuses de Ste. Catherine
- f. Religieuses de Ste. Claire
- g. Carmelites de Quito
- h. Carmelites de la Tacunga
- m. Eglise neuve des mêmes
- n. Beaterie des filles de la Mer[ci]
- p. Hôpital de Bethleem
- q. Hermitage de Notre Dame Illescas
- r. Chapelle de Jerusalem
- s. Chapelle de la Reine des Ang[es]
- t. Eglise de St. Bonaventure
- x. Chapelle de Ntre. Dme. de Cant[…]
- y. Chapelle des Indiens
- 1. Chapelle de Ntre. Dme. de los samparados, ou des Abandon[nés]
- 2. Hermitage de St. Christ de la Lo[…]
- 3. Chapelle de St. Jean de Latran
- 4. Hermitage de Ntre. Dme. de Consolation
- 5. le St. Christ de la Paz
- 6. Hermitage de la vraye Croix
- 7. Eglise de Ntre. Dme. de Bethleem
- 8. Fontaines
- 9. Moulins
- 10. Moulin à foulon
- 11. Boucherie
- 12. Gibet
- 13. Maison où se firent les premieres observations de la Latitude et de l'obliquité de l'Ecliptique
- 14. Maison où se firent les secondes observations de Latitude

Echelle de 200 Toises
Maaßstab

† { El Panécil[lo]
  { Le Panec[illo]

⚓ { See, die zuweilen auszutrocknen pflegt
  { Lagune qui est quelquefois à Sec

Haras du Roi

VOYAGE AU PEROU. Liv. V. Ch. IV.

mais il est des tems où il effraye par les ronflemens affreux que le vent fait dans ses concavités intérieures, & qui ressemblent au bruit du tonnerre: les habitans tremblent alors, se rappellant les ravages que ce Volcan a causés en crevant, couvrant toute la Ville & les Champs voisins de cendres, & poussant des nuages de la même matiere, qui obscurcissoient l'air. Près de la Plaine d'*Inna-Quito* est un endroit nommé *Rumi-Pamba*, comme qui diroit la *Plaine des Cailloux*; & ce nom lui a été donné, parce qu'il est semé de gros cailloux ou morceaux de roc que le Volcan y a poussés en crevant. Le sommet de cette Montagne, comme nous l'avons déjà dit, n'est jamais sans glace & sans neige. On en apporte une grande quantité dans la Ville, qu'on employe dans plusieurs sortes de Boisson.

La grand' Place est quarrée: ses quatre faces sont ornées de grands Edifices; l'une de l'Eglise Cathédrale; l'autre du Palais de l'Audience; l'autre de l'Hôtel de Ville; & la quatriéme du Palais Episcopal. Cette Place est grande, le centre en est occupé par une fort belle Fontaine. Le Palais de l'Audience qui devroit en faire le plus bel ornement, la défigure. Cet Edifice a été négligé à un point que les trois quarts en sont ruinés. Il n'en reste plus que la Chambre de l'Audience, celle de l'*Acuerdo*, celle des Finances, & les murs extérieurs qui menacent ruine. Les quatre grandes rues qui aboutissent aux angles de la Place sont droites, larges & belles: mais dès-qu'on s'écarte de la Place de la longueur de trois ou quatre *Quadras* *, on s'apperçoit de leur inégalité; car des-lors il faut monter & descendre. C'est ce défaut qui est cause qu'il n'y a dans toute la Ville ni carosse, ni autre espéce de voiture. Au-lieu de cela les Personnes de distinction se font accompagner d'un domestique qui porte un grand parasol, & les Dames se font porter en chaise. Aux quatre rues près dont nous venons de parler, toutes les autres sont tortes, sans symétrie & sans ordre. Quelques-unes sont traversées de crevasses, & les maisons qui sont à côté, suivent les tours & courbures de ces crevasses. Les principales rues sont pavées; mais dans plusieurs quartiers elles ne le sont pas, & on n'y peut marcher, tant elles sont inondées par les fréquentes pluyes.

Outre la Place principale, il y en a encore deux fort spacieuses, & plusieurs petites près des Couvens d'Hommes & de Femmes. Les Bâtimens,

par

---

* Ils appellent *Quadra* dans ce Pays-là l'espace entre un coin d'une rue, & l'autre. Ordinairement la *Quadra* est évaluée à cent aunes; mais il y en a qui sont davantage, & d'autres moins.

par l'architecture de leurs frontispices & de leurs portails, ornent beaucoup ces Places; & particuliérement le Couvent des Religieux de *St. François*, qui est tout de pierre de taille. Par les belles proportions, la beauté de tout l'ouvrage & l'invention, il pourroit figurer entre les beaux Edifices de l'*Europe*, & doit être d'autant plus estimé dans ce Pays-là qu'il a couté des sommes immenses.

Les principales maisons sont grandes, quelques-unes ont les appartemens fort dégagés & bien distribués. Elles ont toutes un étage, outre le rez-de-chaussée. En-dehors elles sont ornées de balcons; mais les portes & les fenêtres, surtout en-dedans, sont petites & étroites, dans le goût des *Indiens*, qui aiment à bâtir dans les coulées, & à faire de petites portes & fenêtres à leurs habitations, se persuadant que cela les met davantage à l'abri du vent. Je ne prétens pas nier que cela ne puisse être, mais il est probable que les *Espagnols* n'ont bâti ainsi que par imitation.

Les matériaux ordinaires qu'ils employent dans la bâtisse, sont les briques crues & la boue, mais la terre en est de si bonne qualité que ces matériaux résistent autant que de plus solides, pourvu cependant qu'ils ne restent pas exposés à la pluye. Les *Indiens*, avant la conquête, se servoient de cette terre pour bâtir leurs maisons, & toute sorte de murailles; on en voit encore des restes tant aux environs de la Ville qu'en divers autres endroits de la Province, sans que le tems puisse achever de les détruire: preuve évidente de la solidité des Edifices où l'on employe cette terre.

La Ville est divisée en sept Paroisses, qui sont *el Sagrario*, *San Sebastian*, *San Blas*, *Santa Barbara*, *San Roque*, *San Marcos*, & *Santa Prisca*. A l'exception de la Cathédrale & du *Sagrario*, qui sont richement pourvues d'argenterie, d'étoffes précieuses, & d'ornemens d'un très-grand prix, les autres Paroisses sont pauvres à cet égard, & n'ont que ce qu'il faut absolument pour le culte: plusieurs même ne sont point pavées en-dedans, & le reste y répond. La Chapelle du *Sagrario* est grande, & bâtie toute de pierre d'une bonne architecture, aussi belle en-dehors que bien distribuée en-dedans.

Les Couvens de *Quito* sont ceux de *St. Augustin*, de *St. Dominique*, de *St. François*, & de la *Merci*, outre un de *Recollets*, un autre de *Dominicains*, & un autre de la *Merci*. A ces trois derniers près tous ces Couvens sont Chefs de Province. Un grand Collége de *Jésuites*, deux Colléges pour les études des Séculiers, l'un sous le nom de *St. Louis*, où les *Jésuites* régentent, & l'autre de *San Fernando*, sous la conduite des P P. *Dominicains*. Le Roi a fondé dans le premier douze Bénéfices destinés

pour

pour les fils des Auditeurs & autres Officiers Royaux. Ce Collége est une Univerſité, & a *St. Gregoire* pour Patron. Le Collége de *San Fernando* est de fondation Royale, & a *St. Thomas* pour Patron. Sa Majeſté paye les honoraires des Régens ou Lecteurs, dont quelques-uns ſont gradués, comme ceux qui enſeignent le Droit Civil, le Droit Canonique, & la Médecine; mais cette derniere Chaire est toujours vacante, parce qu'il n'y a perſonne qui enſeigne cette Science, quoiqu'on diſpenſe du concours. Le Couvent de *St. François*, ou des *Cordeliers*, a une *Caſa de Eſtudios* ou Collége, ſous le nom de *St. Bonaventure*, pour les Religieux de l'Ordre: & quoique ce Collége faſſe partie du Couvent, il a néanmoins ſes Supérieurs à part.

Les Couvens de Filles ſont ceux de *la Conception*, de *Ste. Claire*, de *Ste. Catherine*, & deux de *Carmélites déchauſſées*: l'un de ceux-ci a eu ſa premiere fondation au Bourg de *Latacunga*; mais ayant été renverſé par un tremblement de terre avec le reſte du Bourg, les Religieuſes ſe transporterent à *Quito* & y ſont reſtées depuis, quoique leur Couvent non plus que l'Egliſe ne fût pas encore achevé lorſque nous partîmes de cette Ville.

Le Collége des *Jéſuites*, auſſi-bien que tous les Couvens d'Hommes, ſont grands, bien bâtis, & extraordinairement riches; les Egliſes richement ornées, grandes & fort décentes. Aux Fêtes ſolemnelles on y voit briller, comme à la Cathédrale, quantité d'argenterie, qui ſert en même tems à relever la majeſté du Culte Divin & à la magnificence de ces Temples; les riches tapiſſeries & les ornemens ſomptueux contribuent également à ce double effet. Les Couvens de Filles, ſans être ſi richement ornés, ne laiſſent pas d'avoir de la magnificence. Il n'en eſt pas de-même des Paroiſſes, la pauvreté s'y remarque par-tout; mais c'eſt en quelque maniere par la négligence de ceux à qui la charge en eſt commiſe.

L'Hôpital de *Quito* eſt diſtribué en Sales, les unes pour les Hommes, les autres pour les Femmes. Quoiqu'il ne ſoit pas extrêmement renté, il a néanmoins de quoi ſubvenir aux dépenſes néceſſaires. Cet Hôpital eſt dirigé par les Peres Hoſpitaliers de *Notre Dame de Bethléhem*. Autrefois des particuliers en avoient l'adminiſtration; mais la diſſipation des deniers cauſée par leur négligence ou par leur avarice, a été cauſe qu'on y a établi ces Religieux, qui depuis qu'ils y ſont, ont fait bâtir tout leur Couvent, une Infirmerie, & une Egliſe, qui quoique petite ne laiſſe pas d'être fort ornée & fort belle.

La Congregation des Religieux Hoſpitaliers de *Bethléhem* a été fondée dans la Province de *Guatemala* par Frere *Pierre de St. Joſeph Betancour*, né au Village de *Chafna* ou *Villa fuerte* dans l'Ile de *Ténériffe* en 1626. Il étoit fils d'*Amador Gonzalès de Betancour* & d'*Anne Garcie*. Après sa mort, la Congregation qu'il avoit inftituée, fut approuvée par le Pape *Clément X*. dans fes Bulles du 2 *May* 1672, & plus formellement par celles du 3 *Novembre* 1674. Elle fut depuis érigée en Communauté réguliere par une Bulle d'*Innocent XI*. datée du 26 *Mars* 1687, & depuis ce tems elle s'eft accrue & étendue dans ces Contrées, comme un Ordre Religieux. De la Province de *Guatemala* ce nouvel Ordre s'étoit déjà étendu au *Mexique*, enfuite à *Lima* en 1671, où on lui confia l'Hôpital *del Carmen*. Dans la Ville de *St. Michel de Piura* il prit poffeffion de l'Hôpital de *Santa Ana*, le 20 d'*Octobre* 1678, & à *Truxillo* de celui de *San Sebaftian* au mois de *Juillet* 1680. Enfin diverfes autres Villes & Bourgs ont appellé ces Religieux pour avoir foin de leurs Hôpitaux, & depuis peu d'années la Ville de *Quito* a fuivi cet exemple.

Ces Moines font déchauffés. Leurs habits font de bure, d'un brun obfcur, & peu différens pour la forme de ceux des Capucins, auxquels ces Religeux reffemblent encore par la barbe. Sur un des côtés du manteau ils portent l'image de *Notre Dame de Bethléem*. Tous les fix ans ils affemblent leur Chapitre alternativement au *Mexique* & à *Lima*, pour élire leur Général. Qui voudra en favoir davantage fur ce fujet, n'a qu'à lire l'Ouvrage de *Fr. Jofeph Garcia de la Conception*, intitulé *Hiftoria Bethlemitica*, imprimé à *Seville* en 1723, ou celui du Docteur *Medrano*, qui a pour titre *Vida del Padre de Betancour*.

L'Audience Royale eft le premier Tribunal de *Quito*. Elle y fut établie en 1563. Elle eft compofée d'un Préfident, qui eft en meme tems Gouverneur de toute la Province; de quatre Auditeurs, qui font en même tems *Alcaldes de Cour*, & Juges Civils & Criminels; & d'un *Fifcal du Roi*, ainfi nommé parce qu'outre qu'il connoît des affaires qui reffortiffent à l'Audience, il concourt auffi dans tout ce qui eft du reffort du Bureau des Finances du Roi, & des autres Droits du Souverain. Il y a un autre Fifcal avec titre de *Protecteur des Indiens*, prépofé pour la défenfe de cette Nation, & qui plaide pour eux devant l'Audience. La Jurisdiction de celle-ci s'étend fur tout ce qui appartient à la Province. On ne peut appeller de fes jugemens qu'au Confeil Supréme des *Indes*, & feulement dans le cas de déni de Juftice, ou d'injuftice notoire.

Après l'Audience Royale vient la Chambre des Finances ou Caiffe Royale, compofée d'un Maître des Comptes, d'un Tréforier, & du Fifcal du Roi. Les deniers qui entrent dans ces Caiffes, font les Tributs

des

des *Indiens* de ce Corrégiment & de ceux d'*Otobalo*, de la Ville de *St. Michel* d'*Ibarra*, de *Latacunga*, de *Chimbo*, de *Riobamba*, & des Impôts de ces mêmes Bailliages; à quoi il faut ajoûter les Droits de Douane des Magazins de *Babahoyo*, *Yaguache*, & du *Caracol*. Les sommes provenant de tous ces droits sont envoyées en partie à *Carthagéne* & à *Santa Marta*, & en partie employées aux pensions du Président, des Auditeurs, du Fiscal Royal, & du Protecteur des *Indiens*, des Corrégidors, des Curés, des Gouverneurs de *Mayuas*, & de *Quijos*; une troisiéme portion est destinée aux payemens des Commanderies à ceux qui les possédent, & des *Cacicats* pour les Caciques des Villages.

Il y a un Tribunal de la *Croisade*, composé d'un Commissaire, qui est ordinairement un *Chanoine*, ou quelque autre Ecclésiastique constitué en dignité du Chapitre de la Cathédrale; & d'un Trésorier, par les mains de qui passent toutes les affaires appartenant à la *Croisade*.

Outre cela il y a une Trésorerie des *Biens des Morts*, établie anciennement dans toutes les *Indes* pour avoir soin des fonds délaissés par des personnes dont les héritiers étoient en *Espagne*, & empêcher que lesdits fonds ne fussent dissipés ou aliénés au préjudice des intéressés: Institution vraiment *Chrétienne*, si elle étoit observée de maniere que les fonds ne souffrissent pas de grandes diminutions avant d'arriver à ceux à qui ils appartiennent.

Il ne faut pas oublier parmi les Tribunaux, le *Commissariat de l'Inquisition*, composé d'un Commissaire, d'un *Alguazil Mayor*, & des *Familiers du Saint Office*, tous nommés par l'Inquisition de *Lima*.

L'*Ayuntamiento*, ou Corps de Ville, consiste en un Corrégidor, en deux Alcaldes ordinaires qui sont nommés annuellement, & en Régidors. Ceux-ci ont le droit d'élire les Alcaldes: cérémonie qui ne cause pas peu de rumeur dans cette Ville, attendu qu'elle est divisée en deux factions, l'une composée des *Créoles*, l'autre des *Européens*, ou *Chapetons*. Ces deux Partis sont si opposés l'un à l'autre, qu'ils ne peuvent vivre en bonne amitié. C'est le Corps de Ville qui nomme & élit encore l'*Alcalde Mayor* des *Indiens* de *Quito*, qui est toujours pris parmi les *Governadores* ou *Caciques* des Villages situés à 5 lieues autour de cette Ville. Le même Corps de Ville nomme d'autres Alcaldes inférieurs pour le maintien de la Police, & ces Alcaldes, ainsi que l'*Alcalde Mayor des Indiens*, ne sont autre chose que les *Alguazils* du Corrégidor & des Alcaldes ordinaires, quoique dans leur premiere institution ils ayent eu plus d'autorité. Il y a d'autres Alcaldes *Indiens* nommés *Alcaldes de Harrieros*, ou *des Voituriers*, préposés fés pour avoir foin de faire fournir des mules aux Voyageurs; & quoique les uns & les autres doivent être fubordonnés à l'*Alcalde Mayor* des *Indiens*, on peut dire que ce n'eft que dans le droit; car dans le fait il n'a pas la moindre autorité fur eux.

Le Chapitre de la Cathédrale eft compofé de l'Evêque, d'un Doyen, d'un Archidiacre, d'un Chantre, d'un Ecolâtre, d'un Tréforier, d'un *Doctoral*, d'un Pénitencier, d'un *Magiftral*, de trois Chanoines *de Préfentation*, de quatre appellés Prébendiers, & de deux Demi-Prébendiers. Leurs revenus font fixes; ceux de l'Evêque montent annuellement à 24000 écus. La dignité de Doyen en rapporte 2500. Les quatre dignités fuivantes 2000 chacune. Les fix Canonicats 1500, les Prébendes 600 écus, & les Demi-Prébendes 420. Le Siége Epifcopal de *Quito* fut fondé en 1545. On célébre dans l'Eglife Cathédrale avec une magnificence toute particuliere la Fête-Dieu, & celle de la Conception de la Sainte Vierge; tous les Tribunaux & toutes les Perfonnes de diftinction de la Ville y affiftent. Je ne crois pas devoir paffer fous filence quelques circonftances de la premiere, & furtout la pompe avec laquelle on porte en proceffion le Saint Sacrement, & les danfes des *Indiens* qui l'accompagnent. Les rues par où il doit paffer font tendues de magnifiques tapifferies, ornées d'Arcs de triomphe, & d'Autels de diftance en diftance. On y voit briller les plus beaux ouvrages d'orfévrerie & les plus riches joyaux. La Proceffion commence avec un cortége tel qu'on peut fe l'imaginer, & achéve fes ftations avec non moins de magnificence que de folemnité.

A l'égard des Danfes des *Indiens*, il faut favoir que c'eft la coutume dans les Paroiffes de *Quito*, ainfi que dans toutes celles de la *Sierra*, ou Pays des Montagnes, que les Curés nomment, un mois avant la célébration de cette Fête, un certain nombre d'*Indiens* pour former ces danfes. Ceux-ci s'exercent à bien joüer leur rôle, & répétent les danfes, qu'ils confervent encore depuis leur *Paganifme*. Un *Indien* touche d'un tambourin & d'une flûte, & les autres font quelques pirouettes affez maladroitement, & voilà toute leur danfe, qui affurément n'a rien d'agréable à la vue. Ils s'affublent d'un pourpoint fait en maniere de tonnelet, avec une camifole, & un jupon plus ou moins riche, felon les facultés de chacun: fur leurs bas ils mettent des bottines ou brodequins piqués, & garnis d'un bon nombre de grelots fort gros: ils fe couvrent la tête & le vifage d'un grand mafque fait de rubans de diverfes couleurs. Dans cet équipage ils fe donnent eux-mêmes pour des Anges, quoiqu'ils n'en ayent guere la mine. Ils fe joignent par bandes de huit ou dix, & paffent les jours entiers

à

à courre les rues au bruit de leurs grelots, & s'arrêtant à chaque instant ils font leurs danses en grande confusion. Ce qu'il y a de plus singulier en tout cela, c'est que sans être payés, ni autre motif que leur propre goût, ils soutiennent cet exercice sans se lasser, depuis quinze jours avant la Fête jusqu'au-delà d'un mois après qu'elle est passée, ne se souciant ni de travailler, ni d'aucune autre chose, & continuant ainsi du matin jusqu'au soir ils ne s'ennuyent point, tandis que les Spectateurs paroissent excédés d'ennui de voir toujours les mêmes objets.

Ils paroissent dans le même équipage à toutes les autres Processions, de-même qu'aux Courses des Taureaux, tems solemnels pour eux, en ce qu'ils sont alors dispensés de travailler.

Les Magistrats & le Chapitre de la Cathédrale célébrent annuellement deux Fêtes à l'honneur de Notre-Dame, dont on conserve deux images, l'une à *Guapulo*, & l'autre à *Quinche*, Villages de la jurisdiction du Corrégidor de *Quito*. Ces deux images sont apportées avec beaucoup de dévotion dans cette Ville, où l'on fait à cette occasion une grande fête & une neuvaine; le premier jour, l'Audience & tous les autres Tribunaux assistent à la cérémonie; après que tout est fini les images sont reportées dans leurs Eglises, dont l'une est à une lieue & l'autre à six de *Quito*. Ces démonstrations pieuses n'ont d'autre origine que les tremblemens de terre & les vomissemens du Volcan de *Pichincha*, lesquels exciterent la dévotion des habitans de *Quito*, qui implorerent à cette occasion l'intercession de la Très-Sainte Vierge, & par-là furent exemts du malheur qu'éprouverent les Bourgs de *Latacunga*, de *Hambato*, & une grande partie de *Riobamba*, lesquels furent entiérement détruits, tandis qu'à *Quito* il n'est arrivé aucun accident fâcheux, quoique ces tremblemens s'y soient fait sentir aussi forts & aussi fréquens que dans ces autres endroits.

CHAPITRE V.

Des Habitans de Quito, *de leurs différentes Classes, de leurs Mœurs, & de leurs Richesses.*

LA Ville de *Quito* est fort peuplée: on compte des Familles fort distinguées parmi ses habitans, quoique le nombre de ces familles ne soit pas grand eu égard à l'étendue de la Ville, où le nombre des pauvres & des gens de la moyenne classe est à proportion beaucoup plus grand. Ces familles

milles doivent leur origine ou aux premiers Conquérans, ou à des Préfidens, ou à des Auditeurs, ou à des Perfonnes confidérables venues d'*Espagne* en diverfes occafions. Ces Maifons fe font confervées dans leur luftre, en s'alliant entre elles fans fe méler avec des gens du commun.

Les habitans de baffe condition, ou petit-peuple, peuvent être diftingués en quatre claffes, favoir les *Efpagnols* ou Blancs, les Métifs, les *Indiens* ou Naturels du Pays, & les Négres & leurs defcendans, lefquels ne font pas en fort grand nombre en comparaifon de quelques autres Villes des *Indes*; car il n'eft pas aifé d'amener des Négres jufqu'à *Quito*, & d'ailleurs ce font les *Indiens* qui cultivent les Terres en ce Pays-là.

Par le nom d'*Efpagnol* on n'entend pas ici un *Chapeton* ou *Européen*, mais proprement un homme né de Parens *Efpagnols* fans nul melange d'autre fang. Plufieurs Métifs paroiffent plus *Efpagnols* que ces *Efpagnols*-là; car ils ont la peau blanche & les cheveux blonds; c'eft pourquoi auffi ils font confidérés comme *Efpagnols*, quoiqu'ils ne le foient pas réellement.

Après avoir ainfi déterminé les familles qui jouiffent du privilége de la couleur blanche, on pourra les regarder comme faifant la fixiéme partie des habitans de *Quito*.

On appelle Métifs ou Métices, ceux qui font iffus d'*Efpagnols* & d'*Indiens*: il faut les confidérer felon les mêmes degrés déjà expliqués à l'article de *Carthagéne* à l'égard des Noirs & des Blancs; avec cette différence, que les degrés des Métifs à *Quito* ne montent pas fi haut, étant réputés Blancs & *Efpagnols* dès la feconde ou troifiéme génération. La couleur des Métifs eft obfcure, un peu rougeâtre, mais pas tant que celle des Mulâtres clairs*; c'eft-là le premier degré, ou la procréation d'un *Efpagnol* & d'une *Indienne*: quelques-uns néanmoins font auffi hâlés que les *Indiens* mêmes, & ne différent d'avec eux que par la barbe qui leur vient: au-contraire il y en a qui tirent fur le blanc, & qui pourroient être regardés comme Blancs, s'il ne leur reftoit certaines marques de leur origine, qui les décélent, quand on y prend garde. Ces marques, font un front fi étroit que leur cheveux paroiffent toucher à leurs fourcis, & occupent les deux temples, fe terminant au-deffous de l'oreille: ces mêmes cheveux font d'ailleurs rudes, gros, droits comme du crin, & fort noirs. Ils ont le nez petit & mince avec une petite éminence à l'os, d'où il fe termine en pointe, & fe recourbe vers la lévre fupérieure. Ces fignes, auffi-bien que quelques taches noires qu'ils ont fur le corps, décélent

---

* Il faut obferver, pour bien entendre ceci, que la peau des *Indiens* eft rougeâtre, & d'une couleur affez femblable à celle du cuivre. Not. du Trad.

VOYAGE AU PEROU. Liv. V. Ch. V.

lent ce que la couleur du tein semble cacher. Au-reste les Métifs font à peu près le tiers des habitans de cette Ville.

L'autre tiers est composé d'*Indiens*, le reste qui fait comme un sixiéme, est composé d'un mêlange de diverses races. Toutes ces classes prises ensemble font, selon les calculs les plus avérés & conformes aux Régîtres des Paroisses, le nombre de 50 à 60000 âmes que cette Ville contient.

On conçoit que parmi ces quatre espéces de gens, les *Espagnols* sont les plus considérés: mais il faut tout dire, ils sont aussi les plus pauvres & les plus misérables; car ils aiment mieux être gueux que de travailler de leurs mains; & ils croiroient en exerçant une profession ou métier, avilir leur dignité, laquelle consiste à n'être ni noirs, ni bruns, ni couleur de cuivre. Les Métifs moins orgueilleux apprennent des métiers, & s'appliquent aux Arts: ils deviennent Orfévres, Peintres, Sculpteurs & autres choses semblables; laissant néanmoins aux *Indiens* les métiers trop méchaniques & moins estimés. Ils excellent dans ces professions, particuliérement dans la Peinture & la Sculpture; & l'on a vu un Métif Peintre nommé *Miguel de Santiago*, dont les ouvrages ont été estimés en *Espagne*, & même à *Rome*, où quelques-uns de ses tableaux sont parvenus. Ils ont un talent singulier pour imiter tout ce qu'ils voyent, & sont beaucoup moins propres à l'invention qu'à l'imitation. Ce qu'on doit le plus admirer, c'est qu'ils puissent réussir aussi-bien qu'ils font, n'ayant presqu'aucun des Instrumens convenables aux ouvrages qu'ils entreprennent. Il faut avouer aussi qu'ils ont un panchant extrême à la paresse, & que la fainéantise est le caractere qui les domine; desorte que très-souvent ils quittent leur travail, pour se promener des jours entiers d'une rue à l'autre sans rien faire. Les *Indiens* sont sujets au même défaut. Comme ils sont la plupart Cordonniers, Maçons, Tisserands, &c. c'est à eux qu'ils faut s'adresser pour ces sortes d'ouvrages. Ils sont Barbiers, & saignent aussi adroitement qu'en *Europe*. Mais leur fainéantise est telle que pour avoir une paire des souliers, après avoir attendu longtems, il faut envoyer prendre l'*Indien*, lui donner tous les matériaux nécessaires, & l'enfermer jusqu'à ce que les souliers soient faits. Une chose qui ne contribue pas peu à leur paresse, c'est la coutume qu'on a de payer les ouvrages avant qu'ils soient faits. Dès-que l'*Indien* a reçu ainsi son salaire d'avance, il se met peu en peine de faire l'ouvrage & ne songe qu'à se rigoler avec la *Chicha* *: il ne sort de son ivresse que lorsqu'il n'a plus

d'ar-

---
* Sorte de Biére de Maïz mâché par de vieilles femmes. Elle enivre facilement. N. d. T.

d'argent ; après cela il n'est pas aifé de ravoir ce qu'on lui a donné, il faut attendre qu'il lui plaife de faire l'ouvrage pour lequel il a été payé.

Les habitans de *Quito* s'habillent un peu différemment de la maniere d'*Efpagne*, les hommes moins encore que les femmes. Ceux-là portent fous la cape une cafaque fans plis, qui leur defcend jufqu'aux genoux, les manches fans paremens, ouvertes par les côtés ; fur toutes les coutures du corps & des manches il y a des boutonnieres & deux rangs de boutons pour ornement. A cela près les Gens de qualité font vétus magnifiquement d'étoffes d'or ou d'argent, de drap fin, & de tout ce qu'il y a de plus beau en étoffes de laine & de foye.

L'habillement des Métifs eft tout bleu, & de drap du Pays ; & quoique les *Efpagnols* du bas étage tâchent de fe diftinguer de ces gens-là, foit par la couleur, foit par la qualité du drap, il y a en général peu de différence à cet égard entre les uns & les autres.

S'il y a un habillement qui femble fingulier à force d'être chetif & pauvre, c'eft celui des *Indiens* : car premiérement ils ont depuis la ceinture jufqu'au milieu de la jambe une maniere de chauffes ou de caleçons de toile blanche de coton fabriquée dans le Pays, quelquefois auffi de toile d'*Europe* : la partie inférieure de ce caleçon, qui va le long de la jambe, eft ouverte, & garnie tout autour d'une dentelle proportionnée à la groffiéreté de la toile. La plupart ne portent point de chemife, & fe couvrent le corps d'une chemifette de coton noir tiffue pour cet ufage. Cette chemifette a la forme d'un fac, au fond duquel il y a trois trous, l'un au milieu, les autres deux à chaque côté ; le premier fert à paffer la tête, & les deux autres à paffer les bras, qui reftent nuds, & le corps eft couvert par la chemifette jufqu'aux genoux. Par-deffus cela ils mettent un *Capifayo*, qui eft une efpéce de manteau de ferge, au milieu duquel eft un trou pour paffer la tête, fur laquelle ils mettent un chapeau fabriqué dans le Pays, & voilà leur plus pompeux équipage, qu'ils ne quittent pas même pour dormir. Jamais ils ne changent de mode, jamais ils n'ajoûtent rien à leur habillement ordinaire, jamais ils ne fe couvrent les jambes, & ne portent de fouliers, & cependant ils vont également dans les lieux froids & dans les lieux chauds.

Les *Indiens*, qui font un peu plus à leur aife, & furtout les Barbiers & ceux qui faignent, fe diftinguent un peu des autres, en ce que leurs caleçons font de toile plus fine ; ils portent des chemifes, mais fans manches. Autour du col de la chemifette eft attachée une dentelle d'environ quatre doigts de large, laquelle forme une efpéce de fraife, en fe rabattant fur

la

la chemifette noire, tant devant l'eftomac que fur les épaules: ils portent des fouliers à boucles d'or ou d'argent, mais ils ne mettent ni bas, ni rien qui leur couvre les jambes; & au-lieu du *Capifayo*, ils portent la cape à l'*Efpagnole*, que plufieurs font faire de fin drap, & galonner d'or ou d'argent fur tous les bords.

L'habillement des Dames confifte en un *Faldellin* ou Jupe, telle que nous l'avons expliqué dans l'article de *Guayaquil*; fur le corps elles mettent une chemife qui ne defcend que jufqu'à la ceinture, & quelquefois un *Jubon*, ou Pourpoint orné de dentelles & fans agrafes, avec une manteline de Bayéte, qui leur ferme tout le haut du corps, & qui confifte en une aune & demie de cette étoffe, dans laquelle elles s'enveloppent, fans autre façon, & telle qu'elle eft coupée de la piéce. Elles employent beaucoup de dentelles dans leur ajuftement, & garniffent le tout d'étoffes riches & précieufes. Elles portent leurs cheveux en treffes, dont elles forment une efpéce de bourrelet, croifant les treffes l'une fur l'autre près du chignon. Enfuite elles fe ceignent deux fois la tête d'un ruban qu'elles nomment *Balaca*, & qu'elles nouent près de la temple du côté où les deux bouts fe rencontrent. Ce ruban eft fouvent garni de diamans, & de fleurs qui font un fort joli effet. Quelquefois elles prennent la mante pour aller à l'Eglife, & la *Bafquigne* ou Jupe ronde; mais le plus fouvent elles y vont en manteline.

Les Femmes *Métives* ou *Métices* ne font diftinguées des *Efpagnoles* quant à l'habillement, que par la qualité des étoffes, & en ce que celles qui font pauvres vont nuds-pieds, auffi-bien que les hommes de cette *Cafte*, qui ne font pas à leur aife.

Les Naturelles du Pays, ou *Indiennes*, ont deux fortes d'habillemens, qui ne demandent pas plus d'apprêt que ceux des hommes de leur efpéce ou *Cafte*. Les femmes de ceux qui font un peu à leur aife, & les jeunes *Indiennes* qu'ils nomment *Chinas*, parce qu'elles fervent dans les bonnes Maifons & dans les Couvens de Religieufes, font vétues d'une efpéce de jupes fort courtes, & d'une manteline tout de Bayéte du Pays. Les *Indiennes* ordinaires ont pour toute parure un fac de la même forme & étoffe que les chemifettes des *Indiens*; elles le nomment *Anaco*, & l'arrêtent fur les épaules avec deux groffes épingles qu'elles nomment *Tupu*, ou par corruption *Topo*. L'*Anaco* des femmes eft plus long que la chemifette des hommes, & defcend jufqu'aux jambes. Elles ne font d'autre cérémonie que de fe mettre une ceinture autour du corps par-deffus ce fac, & au-lieu de manteline elles mettent fur le cou un lambeau de la même étoffe

&

& noir, qu'elles nomment *Lliclla*, & voilà tout leur ajuſtement; leurs bras reſtent nuds de-même que leurs jambes.

Les *Caciqueſſes*, c'eſt-à-dire, les Femmes des principaux *Indiens*, *Alcaldes Mayores*, Gouverneurs, & autres, s'habillent d'une troiſiéme maniere, qui eſt un compoſé des deux précédentes, & conſiſte en une eſpéce de jupon de Bayéte, garnie de rubans tout autour, & par-deſſus laquelle elles mettent au-lieu d'*Anaco* une robe noire qu'elles nomment *Acſo*, & qui leur deſcend depuis le chignon en-bas: il eſt ouvert par un côté, pliſſé de haut en bas, & ceint avec un cordon au-deſſus des hanches, de maniere qu'il ne croiſe pas comme la Jupe ou *Faldellin*. Au-lieu de la *Lliclla* que les *Indiennes* du commun portent ſur les épaules, elles en portent une beaucoup plus grande qui leur deſcend depuis le cou à peu près juſqu'au bout du jupon. Elles l'arrêtent par-devant ſur la poitrine avec un grand poinçon d'argent nommé *Tupu*, comme les épingles de l'*Anaco*. Elles ſe couvrent la tête d'un linge blanc, plié en divers doubles, dont le bout pend par derriere, & donnent à ce linge le nom de *Colla*. Elles s'en ſervent pour ornement, pour ſe diſtinguer, & pour ſe garantir du Soleil; mais ce qui les diſtingue le plus, c'eſt qu'elles portent des ſouliers. Cet habillement, & celui des autres *Indiens* & *Indiennes*, eſt le même qu'ils avoient coutume de porter du tems de leurs *Incas*: celui-là étoit particulier aux Gens de diſtinction, & celui-ci étoit propre aux perſonnes du commun. Les Caciques ne ſont pas aujourd'hui habillés autrement que les Métifs; ils portent la cape, le chapeau, & des ſouliers, c'eſt tout ce qui les diſtingue des *Indiens* du commun.

Les Hommes de ce Pays, tant *Créoles* qu'*Eſpagnols*, ſont bien faits & bien proportionnés. Les *Métifs* ſont en général d'une taille au-deſſus de la médiocre, & très-bien bâtis. Les *Indiens* & *Indiennes* ne ſont pas grands, mais ils ſont aſſez bien faits, quoique courtauds & trapus. A-la-vérité il y en a quantité qui ſont monſtrueux à force d'être petits, d'autres qui ſont imbécilles, muëts, aveugles, & d'autres à qui il manque quelque membre en naiſſant. Ils ont la tête bien fournie de cheveux qu'ils ne coupent jamais, & ſont accoutumés de les laiſſer flotter, ſans jamais les attacher, ni aſſujettir en aucune maniere, pas même pour dormir. Les femmes enveloppent les leurs dans un ruban, rejettant ſur le front ceux qu'elles ont depuis le milieu de la tête en avant, & les coupant à la hauteur des ſourcis depuis une oreille juſqu'à l'autre. Ils conſiderent leurs cheveux comme faiſant partie d'eux-mêmes, & c'eſt pour cela qu'ils ne les coupent jamais, regardant comme la plus cruelle injure qu'on leur

puiſſe

puisse faire, celle de les priver de leur chevelure; desorte que ne se plaignant point des autres châtimens que leurs Maîtres leur infligent, ils ne leur pardonnent jamais celui-là. Aussi cette peine n'est-elle permise que pour des crimes graves. Ces cheveux sont d'un noir foncé, & pourroient plutôt être appellés des crins que des cheveux, tant ils sont rudes & grossiers. Pour se distinguer des *Indiens*, les *Métifs* se coupent tout-à-fait les cheveux; mais les femmes de la même race n'imitent pas cet exemple. Les *Indiens* n'ont jamais de barbe; car je ne crois pas qu'on veuille donner ce nom à quelques poils fort courts & fort rares, qui leur viennent par-ci par-là dans un âge avancé: les hommes ni les femmes parmi eux n'ont jamais ce poil folet, qu'ils devroient avoir généralement après avoir atteint l'âge de puberté.

Les Jeunes-gens de distinction dans ce Pays s'appliquent à l'étude de la Philosophie & de la Théologie; quelques-uns étudient la Jurisprudence sans en vouloir faire profession. Ils réussissent assez bien dans ces Sciences, mais ils sont d'une ignorance extrême dans les Matieres Politiques, l'Histoire, & les autres Sciences Humaines, qui contribuent tant à former l'esprit, & à l'élever à un degré de perfection où il ne peut arriver lorsqu'il est dénué de ces lumieres. Tout cela ne vient que du peu d'occasions que les Jeunes-gens ont de fréquenter des personnes instruites de ces Sciences, & en état de les en instruire eux-mêmes; car les Marchands que le Commerce attire dans ces Pays, ne sont pas au fait de ces choses: desorte qu'après 7 ou 8 années d'étude dans les Colléges, ces Jeunes-gens n'ont rien appris qu'un peu de Scholastique, & ignorent parfaitement toutes les autres Sciences. Cependant la Nature leur a donné toutes les dispositions nécessaires pour réussir sans beaucoup de travail dans tout ce qu'on leur enseigne.

Les Femmes de distinction joignent aux agrémens de leur figure un caractere de douceur, qui est général chez ce Sexe dans toutes les *Indes*: les enfans sont pour ainsi dire élevés sous les aîles de leurs Meres, & l'éducation qu'ils en reçoivent n'est propre qu'à leur inspirer des sentimens de vanité & d'orgueil: l'amour immodéré qu'elles ont pour eux, va jusqu'à leur voiler leurs vices, ce qui est la perte des Jeunes-gens, la ruine des bonnes Mœurs, & l'écueil de la Raison. Non seulement ces Meres aveugles ne veulent point voir les folies & les écarts de leurs enfans, mais même n'oublient rien pour les cacher aux Peres, qui pourroient y mettre ordre.

On observe qu'il y a dans ce Pays beaucoup plus de femmes que d'hommes; & cela est d'autant plus remarquable, que les hommes ne voyagent ni ne s'abfentent point ici, comme il eft ordinaire en *Europe*. On voit des familles chargées de filles, & peu de garçons. Le tempérament même des hommes, furtout ceux qui ont été élevés délicatement, s'affoiblit dès l'âge de trente ans; les femmes au-contraire deviennent plus fortes & plus robuftes après cet âge. Le Climat peut être caufe de cette différence, & les alimens y contribuent peut-être auffi : mais je fuis perfuadé que ce qui y a le plus de part, c'eft la débauche à laquelle on fe livre, pour ainfi dire, dès l'enfance; car de-là vient que l'eftomac perdant fa vigueur, n'a plus la force néceffaire pour faire la digeftion; deforte que plufieurs perfonnes rendent demie-heure, ou une heure après le repas, tout ce qu'ils ont mangé, foit que cela arrive par la force de l'habitude, ou par le moyen de quelque drogue; s'ils manquent un jour à le faire, ils s'en trouvent incommodés. Mais quoiqu'accablés d'infirmités, ils ne laiffent pas de vivre l'âge ordinaire, on en voit même de fort vieux.

L'unique exercice que font les Perfonnes de diftinction qui n'ont point pris le parti de l'Eglife, eft de vifiter de tems en tems leurs Biens de campagne, & d'y paffer tout le tems de la récolte. Il eft rare que ces Perfonnes s'appliquent au Commerce; ils l'abandonnent aux *Chapetons*, ou *Européens*, qui font des voyages, & fe donnent des mouvemens pour le Négoce, dont la pareffe des *Créoles* ne s'accommoderoit point : il y en a néanmoins quelques-uns de ceux-ci, & même quelques *Métifs*, qui ont des boutiques dans la Ville où ils revendent en détail.

Ce defœuvrement général, fuite de la pareffe & de la fainéantife naturelle, le manque total d'éducation chez les gens du commun, joint à l'oifiveté, augmente en eux ce goût général dans toutes les *Indes* pour les danfes qu'ils nomment *Fandangos*. Ces danfes font plus fréquentes & plus licentieufes à *Quito* que nulle autre part. Les poftures indécentes y font pouffées au plus haut degré d'abomination qu'on puiffe imaginer, & le defordre qui en réfulte eft égal. Ces fortes de divertiffemens font célébrés avec une profufion d'Eau-de-vie de *Cannes* & de *Chicha*, dont les effets troublent d'ordinaire defaftreufement la fête. Au-refte ceci ne regarde point les Perfonnes de qualité; ce feroit leur faire tort que de les accufer de tels excès.

L'Eau-de-vie de *Cannes* eft une boiffon très-commune dans ce Pays, avec cette différence que les honnêtes-gens en ufent modérément; on la prépare ordinairement en Roffolis, & on la fert dans les Feftins. On la préfere au Vin, qu'on dit être pernicieux. Les *Chapetons* s'accoutument auffi à cette liqueur, le Vin qu'on apporte de *Lima* étant fort cher &

fort

VOYAGE AU PEROU. Liv. V. Ch. V.

fort rare; mais ils préferent l'Eau-de-vie de Vin à celle de *Cannes*. Les effets de cette boisson se remarquent communément parmi les *Métifs*, car ce sont eux qui en consument le plus; ils en boivent à toute heure, & ne cessent d'en boire que quand leurs finances sont à sec. Les *Espagnoles* de basse condition & les *Métives* en boivent aussi à l'excès, & résistent plus à l'ivresse qu'on ne devroit l'attendre de leur sexe.

Le *Maté* est encore une boisson fort commune en ce Pays-là, elle y tient la place du Thé, quoique la maniere de le prendre soit fort différente. Elle est composée de l'Herbe connue dans toute cette partie de l'*Amérique*, sous le nom d'Herbe du *Paraguay*, parce que c'est de-là qu'elle vient. Pour la préparer ils en mettent une certaine quantité dans une coupe de Calebasse armée d'argent, laquelle ils appellent *Maté*, ou *Totumo*, ou *Calabacito*; ils jettent dans ce vase une portion de sucre, & versent un peu d'eau froide sur le tout, afin que l'herbe se détrempe, ensuite ils emplissent le vase d'eau bouillante : & comme l'herbe est fort menue, ils boivent par un tuyau, assez grand pour que l'eau puisse couler, mais trop petit pour que l'herbe puisse passer en même tems. A-mesure que l'eau diminue on la renouvelle, ajoûtant toujours du sucre, jusqu'à ce que l'herbe ne surnage plus à l'eau; alors on en met une nouvelle dose. Ils y mêlent souvent du jus d'Orange amere, ou de Citron, & des fleurs odoriférantes. Cette boisson se prend ordinairement le matin à jeun; il y a néanmoins des gens qui en prennent encore l'après-diné. Il se peut que l'usage de cette boisson soit salutaire; mais la maniere de la prendre est extrêmement dégoûtante; car quelque grande que soit une Compagnie, chacun boit par le même tuyau, & tour à tour, jusqu'à ce qu'on en ait assez, faisant ainsi passer le *Maté* de l'un à l'autre. Les *Chapetons* ne font pas grand cas de cette boisson, mais les *Créoles* en sont passionnément friands. Quand ils voyagent, ils en ont toujours provision, & ne manquent jamais d'en prendre chaque jour, la préférant à toute sorte d'alimens, & ne mangeant jamais qu'après l'avoir prise..

Il n'y a point de vice que l'oisiveté n'enfante, ni desœuvrement d'où il ne naisse quelque vice. Cela étant, quels vices ne doivent pas régner dans un Pays, dont la plupart des habitans ne s'occupent à rien d'utile, qui puisse détourner leur imagination des objets qui la séduisent. Nous avons déjà vu que l'ivrognerie est un des vices dominans des habitans de ce Pays; mais que dirons-nous de leur passion pour le jeu? Passion si générale, que les personnes les plus distinguées, & les plus respectables par leurs emplois, n'en sont pas exemtes, & à leur imitation ceux d'un moindre état la pouffent jufqu'à la fureur, jouant tant qu'il leur refte de quoi jouer; les uns perdant les fonds qu'ils ont, & les autres l'habit qu'ils portent, & fouvent même celui de leurs femmes. Quelques-uns ont attribué ce panchant général qu'on a pour le jeu dans la plus grande partie des *Indes*, à des caufes qui me paroiffent peu probables; & je fuis perfuadé qu'il n'en faut chercher la fource que dans l'oifiveté, la pareffe, la fainéantife; car l'efprit n'étant occupé à rien, cherche naturellement quelque chofe qui l'amufe & qui l'intéreffe.

Le petit-peuple, & furtout les *Indiens*, font extrêmement portés au larcin, & volent ordinairement avec adreffe: les domeftiques mêmes ne font pas exemts de ce défaut. De-là vient la méfiance des Maîtres à leur égard. Les *Métifs*, quoique naturellement poltrons, font néanmoins de hardis filoux. Rarement ils attaquent quelqu'un en rue, même à heure indue: mais ils font fubtils à enlever les chapeaux, ce qu'ils appellent *volarlos*, qui veut dire *s'envoler avec*, comme ils font en effet, & fi vite que d'ordinaire celui qui a été volé ne fauroit dire par quel côté s'eft enfui le voleur. Ces fortes de vols paroiffent d'abord de peu de conféquence, ils ne laiffent pourtant pas d'être quelquefois confidérables: en effet les Gens de condition & même les fimples Bourgeois, qui ont quelque bien, & qui portent la cape, ont des chapeaux blancs de Caftor qui coutent 15 à 20 écus de ce Pays-là. Le bas de la forme de ces chapeaux eft entouré d'un cordon d'or ou d'argent arrêté par une boucle de diamans ou d'émeraudes, ou d'autres pierres fines montées en or. Il s'eft commis quelques vols fur les grands-chemins, mais les exemples en font rares. On peut même mettre ces fortes de vols au rang des vols domeftiques, ayant été commis, ou par les muletiers, ou par les valets. Quand les voleurs veulent faire quelque grand coup dans la Ville, ils profitent de l'obfcurité & du filence de la nuit, & appliquent le feu à la porte des boutiques ou des magazins où ils fe figurent qu'il doit y avoir de l'argent, & y ayant fait une ouverture fuffifante pour paffer un homme, l'un d'eux y entre & les autres reftent dehors pour mieux cacher leur jeu, jufqu'à ce que l'autre ait fait fon coup. Pour éviter ces accidens, les Marchands entretiennent une Compagnie de gens armés, qui doivent patrouiller toute la nuit dans les rues où ces fortes de cas font à craindre: par-là les boutiques font en fureté, & fuppofé qu'il arrivât quelque accident pareil, le Capitaine de la patrouille eft obligé de bonifier tout ce qui a été dérobé dans les boutiques confiées à fes foins.

Les *Indiens*, ni les *Métifs*, ni toute la canaille de *Quito*, ne croyent pas

pas que ce foit dérober que de prendre les chofes comeftibles. Si un *In-dien* fe trouve par hazard dans un lieu où il y a de l'argenterie ou autres effets, il s'approche tout doucement, & après avoir examiné fi perfonne ne le voit, il en prend une piéce feulement, & choifit toujours la moins précieufe, fe flatant qu'on s'en appercevra d'autant moins. Dès-qu'une fois il s'en eft faifi, s'il vient à être découvert, fût-il même pris fur le fait, il nie toujours par un mot extrêmement expreffif dans fa Langue, & qui s'eft introduit dans la Langue *Efpagnole* que l'on parle dans ce Pays. Cet mot eft *Yanga*, qui eft une réponfe à la queftion que l'on fait fur le vol, & fignifie, *fans néceffité, fans profit, fans mauvaife intention*. Et ce mot fert à une infinité d'excufes & de défaites, & à prouver que le voleur n'eft point coupable. Si l'*Indien* n'a point été apperçu, & qu'on n'ait contre lui que des foupçons violens, il n'eft pas poffible de les conftater; car jamais il n'avoue; c'eft-là une coutume générale parmi cette Nation.

Le Langage qu'on parle à *Quito*, & dans les autres lieux de la Province, n'eft point uniforme; la Langue *Efpagnole* y eft auffi commune que l'*Indienne*, & les *Créoles* parlent autant l'une que l'autre. En général il y a dans toutes les deux un mélange de beaucoup de mots pris de l'une ou de l'autre. La premiere que les Enfans parlent, eft l'*Indienne*, parce que c'eft la Langue de leurs nourrices, qui pour l'ordinaire ne parlent ni n'entendent l'*Efpagnol*, deforte qu'il eft rare qu'un Enfant fache parler *Efpagnol* avant l'âge de cinq à fix ans, & même dans la fuite ils fe font un jargon où ils mêlent indifféremment les expreffions de l'une dans l'autre; ce qui arrive même aux *Européens* qui font parvenus à parler la Langue du Pays. Surtout ils en contractent la coutume de parler dans un fens imperfonnel, coutume fi générale qu'elle s'étend jufqu'aux perfonnes les plus qualifiées. Outre qu'il leur eft ordinaire d'employer des termes impropres, de maniere que quand on n'y eft pas fait, un *Efpagnol* a befoin d'un Interpréte pour entendre l'*Efpagnol* qu'ils parlent.

La fomptuofité des Enterremens dont nous avons parlé en d'autres endroits, n'eft rien en comparaifon de ce qui fe pratique à *Quito* en ces occafions. La pompe & le luxe y font pouffés à l'excès, & ruïnent bien des maifons, par une funefte vanité qui fait que l'un ne veut pas céder à l'autre en magnificence. On peut dire à ce propos & avec raifon, que ces gens-là n'amaffent du bien pendant leur vie que pour pouvoir fe faire enterrer après leur mort. Pour peu que le défunt laiffe de bien, il faut que toutes les Communautés Religieufes, le Chapitre même de la Cathédrale, affiftent à fon enterrement. Il faut que la pompe funébre fe faffe au double fon des cloches de toutes les Eglises. Ces obséques se font après avec le même appareil, & l'anniversaire au bout de l'an. C'est une affaire importante pour l'orgueil des habitans de n'être pas enterré dans leur Paroisse, & cette manie s'étend jusqu'au menu-peuple qui n'a que sa misere pour appanage. On n'oublie pas l'offrande aux obséques ou à l'anniversaire: elle consiste en des brocs de vin, en du pain & des animaux, chacun selon son pouvoir.

La Ville de *Quito* n'est pas riche en comparaison de quelques autres Villes des *Indes*. Elle a été autrefois beaucoup plus opulente, comme il paroît par les anciennes Rélations; mais aujourd'hui ses facultés sont fort diminuées, & ne peuvent pas faire grand bruit dans le Monde. Les plus riches des habitans sont ceux qui ont des *Haciendas de campo*, ou Biens de campagne, qui sont de diverses sortes, comme je le dirai ci-après. Le Commerce dont je parlerai en son lieu, n'enrichit personne dans ce Pays jusqu'à un certain point, & fait tout au plus des gens à leur aise. On voit aussi des *Haciendas* très-considérables; mais qui ne rendent pas à proportion de leur étendue, ni du commerce continuel qui se fait, quoique médiocre. Malgré cela toutes ces grandes maisons ne laissent pas d'être bien pourvues de vaisselle d'argent, sur laquelle ils mangent tous les jours; les pauvres gens malgré leur peu de moyens, ont aussi quelque piéce d'argenterie, qui paroît toujours sur leur table.

CHAPITRE VI.

Climat de Quito: *maniere de distinguer l'Hiver de l'Eté, ses particularités: les inconvéniens auxquels on y est exposé: ses avantages & les maladies qui y regnent.*

POur juger du Climat de *Quito* il faut plus que la spéculation, & il est nécessaire d'avoir recours à l'expérience, pour redresser les erreurs du jugement. En effet qui pourra se persuader, à-moins d'en avoir été témoin, ou de l'avoir ouï dire à des personnes dignes de foi, qu'au centre de la Zone torride, &, pour mieux dire, sous l'Equateur même, non seulement la chaleur n'a rien d'incommode, mais que même il y a des endroits où le froid est très-sensible; & que dans ceux où il est moins excessif, on a l'avantage de jouïr d'un Printems continuel, & de voir des Campagnes couvertes d'une perpétuelle verdure & émaillées d'une infinité de fleurs. La douceur du Climat, l'égalité des nuits & des

jours,

jours, rendent délicieux un Pays qui de prime-abord paroît inhabitable par sa situation, à n'en juger que par les lumieres du bon-sens. La Nature y déploye sa magnificence avec tant de prodigalité, qu'elle le rend préférable aux Pays situés sous les Zones tempérées, où l'on ressent les incommodités des changemens de Saisons, en passant du froid au chaud & du chaud au froid.

Le moyen que la Nature employe pour faire de ce Pays un séjour délicieux, consiste à rassembler diverses circonstances, dont une seule le rendroit inhabitable, ou du-moins très-incommode, si elle venoit à manquer: mais par le concours de toutes ensemble les rayons du Soleil sont affoiblis, & la chaleur de cet Astre est modérée. La principale de ces circonstances, c'est l'élevation de ce terrain au-dessus de la superficie de la Mer, ou, pour mieux dire, de toute la Terre. C'est cette élevation qui diminue la réflexion de la chaleur; & qui fait que dans ce Pays, qui atteint à une région si haute de l'Atmosphere, les vents sont plus subtils, la congélation plus naturelle, & la chaleur plus foible: effets si naturels, qu'il n'est pas douteux qu'ils ne soient le principe & la cause de la température de ce Pays, & des merveilles que la Nature y produit. D'un côté, des Montagnes d'une hauteur & d'une étendue immense, toutes couvertes de glace & de neige depuis leur sommet jusqu'à leur croupe; de l'autre, quantité de volcans, dont les entrailles brulent continuellement, tandis qu'ils font voir au-dehors leurs pointes élevées, & leur ouverture: l'air tempéré qui régne dans les Plaines, la chaleur qu'on sent dans les crevasses & dans les vallons: enfin, selon que le terrain est profond, ou élevé, bas ou haut, cette variété de Climats qu'on peut à-peine concevoir entre les deux extrémités du froid & du chaud.

Le Climat de *Quito* est tel que ni les chaleurs, ni le froid n'y sont pas incommodes, quoique les neiges & les glaces soient si proche de cette Ville. Les Expériences faites par le moyen du Thermométre sont une preuve suffisante de ce que j'avance. Le 31 de *Mai* 1736 à six heures du matin il marquoit... 1011. A midi & demi..... 1014. Le 1. de *Juin* à six heures du matin .... 1011. A midi .... 1013½. Sur quoi il faut remarquer que cela reste ainsi durant toute l'année, & que la différence d'un jour à un autre est presque imperceptible: ainsi les matinées sont fraîches, le reste du jour est tempéré, & les nuits ne sont ni fraîches, ni chaudes, mais agréables: de-là vient qu'il y a si peu d'uniformité dans les habits à l'égard du tems; & qu'on voit des gens vétus de soye & autres étoffes légeres, pendant que d'autres portent du drap, ou quelque

autre

autre étoffe pefante, fans que le froid incommode ceux-là, ni que ceux-ci fe plaignent d'une chaleur exceffive.

Il régne continuellement à *Quito* des vents falutaires, fans être forts; les plus ordinaires font ceux qui fouflent par le Sud ou par le Nord. Il en vient auffi d'autres côtés fans diftinction de Saifon. Comme ces vents font conftans de quelque part qu'ils viennent, ils rafraîchiffent continuellement la terre, & empêchent l'impreffion exceffive que les rayons du Soleil pourroient y faire. Si tous ces avantages n'étoient pas balancés par de grandes incommodités, ce Pays pourroit être regardé comme le meilleur de l'Univers: mais qu'on eft obligé de rabattre de cette idée, quand on penfe aux terribles & continuelles pluyes qu'il y fait; aux tonnerres, aux éclairs dont elles font accompagnées; aux tremblemens de terre qui furprennent, & arrivent lorfqu'on y fonge le moins!

Il fait ordinairement beau toute la matinée en ce Pays-là, jufqu'à une ou deux heures après-midi: le Ciel eft ferein, le Soleil fort brillant, & l'Air exemt de tout nuage; mais dès-que cette heure eft paffée, les vapeurs commencent à s'élever, l'air fe couvre de nuages noirs & épais, qui fe convertiffent bientôt en orage: alors la foudre, le tonnerre, les éclairs fe fuccédant continuellement, font retentir avec un fracas horrible les Montagnes d'alentour, & caufent fouvent bien des malheurs dans la Ville, qui eft enfin inondée d'eau. Les rues font changées en rivieres, les places en étangs malgré leur pente, & cela dure jufqu'à ce que le Soleil étant fur le point de terminer fa carriere dans cet Hémifphere, le tems redevient ferein, & le Ciel paroît auffi beau qu'auparavant. Il faut tout dire, ces révolutions ne font pas fi régulieres qu'il n'arrive quelquefois que la pluye dure toute la nuit, & même toute la matinée, deforte que trois ou quatre jours fe paffent fans qu'il ceffe pour ainfi dire de pleuvoir.

Il arrive auffi quelquefois que le tems refte beau fans interruption pendant trois, quatre, fix, & huit jours : il eft cependant plus ordinaire qu'après qu'il a plu fix ou huit jours de la maniere dont on vient de le dire, on ait deux ou trois jours fans pluye. On peut compter à vue de pays, que la quatriéme ou cinquiéme partie des jours de l'année font de ceux dans lefquels le beau tems eft mêlé de mauvais.

La diftinction qu'on y fait de l'Hiver & de l'Eté, confifte en une fort petite différence. Depuis le mois de *Décembre* jufqu'au mois d'*Avril*, de *Mai*, ou de *Juin*, c'eft l'Hiver, tout le refte s'appelle Eté. Le premier de ces deux intervalles eft le plus orageux, l'autre eft marqué de plus de jours fereins. Si les pluyes font interrompues au-delà de quinze jours, toute la Ville est en allarmes, & les habitans en prières & en oraisons, pour obtenir leur retour; & quand elles continuent sans intermission les prières publiques recommencent, pour les faire cesser. La raison de cette conduite est que la sécheresse produit des maladies & des accidens fort dangereux, & que la pluye continuelle ruine les semences & les pourrit, en empêchant le Soleil de pénétrer la terre de ses rayons & de lui imprimer son activité. Les pluyes servent non seulement à tempérer la chaleur des rayons du Soleil, mais aussi à nettoyer les rues de la Ville, que les gens du commun remplissent de toute sorte d'immondices. Ces gens, tant hommes que femmes, sallissent ces rues à toute heure, & en font un monceau de fumier.

La disposition de ce Pays aux tremblemens de terre n'en est pas un des moindres desagrémens: il est bien vrai que les tremblemens n'y sont pas si fréquens que dans quelques autres Villes des *Indes*, mais ils ne laissent pourtant pas que de s'y faire sentir de tems en tems, & quelquefois même d'une maniere violente. Pendant notre séjour à *Quito*, ou aux environs, il y en eut deux assez forts pour renverser quelques Maisons de campagne où plusieurs personnes furent ensévelies toutes vives.

C'est à la qualité du Climat qu'il faut attribuer une particularité qui doit le rendre recommandable: c'est que l'air y est si pur & si contraire à la génération des Insectes, que non seulement on n'y voit pas de ces Mosquites qui tourmentent les hommes par leurs piquures dans les Climats chauds, mais même les habitans ne les connoissent pas: on n'y est pas non plus incommodé des Punaises, car elles y sont fort rares: les Serpens, s'il y en a, n'y sont pas dangereux: & en général il est peu sujet aux Insectes incommodes, excepté à la *Pique* ou *Nigua*, dont nous avons parlé ailleurs.

Quoiqu'à proprement parler il ne soit jamais question en ce Pays-là ni de Peste ni de Contagion, vu qu'il n'y en a jamais eu dans toute l'étendue de l'*Amérique*, il y a néanmoins des maladies qui ressemblent beaucoup à celles-là, & qui courent sous le nom de *Fièvres malignes*, de *Pleurésies* ou *Points de côtés*, lesquelles causent souvent de grandes mortalités; desorte que quand elles régnent dans la Ville, on peut dire qu'il y a une espéce de Contagion sous un nom différent. Il y a une autre maladie épidémique qu'ils nomment *le Mal de la Vallée*, ou *Vicho*: elle est si commune, qu'au commencement d'une autre indisposition ils appliquent toujours les remédes propres à celle-là, étant ordinaire qu'elle survienne après deux ou trois jours de fiévre. Mr. *de Jussieu* assuroit qu'ils donnent souvent

vent ces remédes à ceux qui n'ont point du tout ce mal, lequel n'est autre chose selon lui que la cangréne qui se met au boyau *rectum*; ajoûtant qu'il étoit commun dans ce Climat, & qu'il importoit de le guérir avant qu'il fît des' progrès, dès-qu'il existe réellement : c'est ce qui arrive plus ordinairement qu'en nulle autre occasion, quand on est atteint de la dissenterie, ou de quelque infirmité semblable. Mais comme ces Peuples se sont mis dans l'esprit qu'il n'y a point de maladie qui ne soit accompagnée du *Vicho*, ils ne manquent jamais de prendre des remédes en conséquence. Ces remédes sont violens, & consistent en de petites boules qu'ils introduisent dans l'intestin par l'anus. Ces boules sont composées de Citrons pelés jusqu'au jus, de Poudre à canon, d'*Aji*, ou de *Piment*, le tout pilé & broyé ensemble. Ils les changent trois à quatre fois par jour, jusqu'à ce qu'ils se croyent guéris de ce mal.

Les Maladies Vénériennes sont très-communes dans cette Contrée, & il y a très-peu de personnes qui en soient exemtes, quoiqu'elles fassent plus d'effet sur les uns que sur les autres, & que dans quelques-uns elles ne se manifestent pas au-dehors: on remarque même que de petits Enfans incapables par eux-mêmes de contracter cette maladie, soit à cause de leur bas-âge, ou de leur sexe, ou de leur qualité, ne laissent pas de ressentir les mêmes accidens que ceux chez qui elle est une suite du libertinage. On sent qu'il n'est pas nécessaire de cacher ce mal, ni d'en faire mystere dans un Pays comme celui-là. Ce qui contribue à le rendre si général, c'est le peu de soin qu'on a de se guérir quand on en est atteint. Le Climat est fort favorable à ceux qui ont cette maladie, c'est pourquoi aussi le tempérament résiste davantage à la malignité du venin qu'en d'autres Pays. Il est rare que cette indisposition oblige à garder le lit, & encore plus qu'on veuille s'assujettir à ce qu'il faut faire pour une parfaite guérison. Il n'est pas douteux que cela ne doive en quelque maniere abréger leur vie; mais ils y font d'autant moins attention, qu'il est assez ordinaire de voir des gens qui atteignent l'âge de soixante & dix ans, & même au-delà, sans que la maladie héréditaire, ou contractée dès leur plus bas âge, les ait quittés un instant.

Quand les vents de Nord & de Nord-Est, qui sont les plus froids, régnent, on est affligé de catarres qu'ils appellent *Pechugueras*, & toute la Ville ressent cette incommodité, qui est assez fâcheuse. L'air est alors un peu desagréable; car les matinées sont plus froides qu'à l'ordinaire, & il faut se vêtir plus que de coutume; mais cela cesse vers le milieu du jour.

Tout comme on n'éprouve point à *Quito*, ni dans toute l'étendue de

l'Amél'*Amérique* Méridionale, les ravages de la Peste, qui sont si terribles en *Europe* & en diverses autres parties du Monde, de-même les Chiens n'y sont point sujets à la rage. A-la-vérité on y a quelque idée de la Peste, puisqu'on en donne le nom à quelques maladies dont les effets sont assez semblables à ceux de la Peste. Mais on ne peut pas dire la même chose de la Rage, puisqu'ils ignorent absolument ce que c'est, & les tristes effets occasionnés par le venin de cette maladie leur sont entiérement inconnus. Au-lieu de cela les Chiens de ce Pays sont sujets à un mal qu'on peut comparer à la petite-vérole des créatures raisonnables; car étant encore petits ils prennent cette maladie, & il y en a très-peu qui en soient exemts. S'ils en échappent ils en sont quittes pour toujours. Cette maladie est aussi appellée Peste. Le Chien qui en est atteint a des convulsions dans toutes les parties de son corps, il mord continuellement autour de soi, il a des vertiges, il jette des grumeaux de sang par la gueule. S'il n'est pas assez fort pour résister à ces accidens, il créve. Au-reste ce mal est commun à tous les Chiens des Provinces & Royaumes de l'*Amérique* Méridionale.

CHAPITRE VII.

De la Fertilité du Terroir de Quito: *des Alimens ordinaires des Habitans, de leur espéce, & de leur abondance en tout tems.*

ON croira qu'après avoir parlé du Climat de ce Pays je vais traiter des Fruits que le terroir produit si abondamment; mais comme dans chaque Corrégiment il y a des fruits différens, j'ai pensé qu'il seroit plus exact de renvoyer cette matiere jusqu'à ce que je vienne à faire mention de chaque Corrégiment en particulier. Je me contenterai donc de parler ici en général de la beauté de ces Campagnes, qui n'ont pas leurs pareilles à cet égard; car si le Climat est exemt de changement sensible, la terre n'est point exposée à la stérilité que causent les trop grandes chaleurs, durant lesquelles les Plantes, les Grains, & les Arbres semblent languir & secher sur pied, dépouillés de leurs plus beaux ornemens, & comme épuisés.

Il seroit difficile de bien représenter par des paroles la fertilité de ces Campagnes, & elle paroîtroit incroyable, si on ne refléchissoit sur les circonstances déjà rapportées du Climat; car le chaud & le froid y sont tellement tempérés, qu'on ne sauroit désirer un plus juste milieu entre ces deux contraires. L'humidité y étant continuelle, & le Soleil fréquemment en état d'agir, de pénétrer & de fertiliser la terre, il n'est pas étonnant que ce Pays soit plus fertile que ceux qui ne jouïssent pas des mêmes avantages ; car sans qu'il y ait de changement sensible dans tout le cours de l'année, toute l'année même a les propriétés de l'Automne, tous les charmes du Printems, toutes les qualités de l'Eté, & toutes celles qu'il faut pour produire les effets de l'Hiver. On remarque avec étonnement, qu'à-mesure que l'herbe des Prez séche, il en revient d'autre à la place ; & qu'à-peine les fleurs qui émailloient ces Prez sont fanées, qu'on en voit éclôre de nouvelles. Il en est de-même des Arbres, dont les fruits sont à-peine mûrs & cueillis, leurs feuilles à-peine flétries, qu'il en revient d'autres ; desorte que les Arbres sont continuellement ornés de feuilles vertes & de fleurs odoriférantes, qu'ils sont toujours chargés de fruits les uns plus verds & plus petits que les autres.

La même chose arrive à l'égard des Grains : on voit dans le même lieu moissonner d'un côté & semer de l'autre : on voit en même tems germer les grains qui ont été semés peu auparavant, croître ceux que le Laboureur avoit confié à la terre plutôt, & les plus avancés poussent des épis, desorte que ces Collines sont une vive peinture des quatre Saisons de l'Année.

Quoique ce que nous venons de dire soit général, il ne laisse pas d'y avoir des tems réglés pour les grandes récoltes : mais il arrive souvent que c'est le tems le plus propre à semer dans un lieu, tandis que dans un autre qui n'en est qu'à trois ou quatre lieues, ce tems est passé depuis un ou deux mois, & n'est pas encore arrivé dans un troisiéme qui n'est pas plus éloigné du premier. Ainsi toute l'année se passe à semer & à recueillir, soit dans le même lieu, soit en divers lieux éloignés les uns des autres. Cette différence provient de la diversité des situations des Montagnes, des Collines, des Plaines, des Coulées : la même diversité qui régne dans ces situations par rapport au Climat, se trouve à l'égard des semailles, sans que cela détruise ce que j'ai dit ailleurs, comme nous le verrons dans la description des Corrégimens.

Cette grande fertilité du terroir doit naturellement produire une grande abondance de toute sorte de Fruits & de Denrées d'un goût excellent. C'est aussi ce que l'on remarque dans les viandes que l'on mange à *Quito*, soit Veau, Porc, Mouton, ou Volaille. Le Pain de froment y est aussi en abondance, quoiqu'il ne soit pas des meilleurs ; ce qui ne vient que de ce qu'il est boulangé par des *Indiennes*, qui ne savent ni le paîtrir ni le cuire : car d'ailleurs il pourroit être aussi bon qu'aucun autre, vu que le fro-

ment

ment est excellent, comme il paroît par le pain qui s'en fait dans quelques maisons particulieres.

Le Veau & le Bœuf, qu'on peut comparer à ce qu'il y a de meilleur en *Europe*, se vendent par arrobes dans les boucheries, & chaque arrobe coute quatre réaux du Pays, & chacun peut choisir ce qui lui plaît. Le Mouton se vend par piéces, c'est-à-dire, tout entier, par moitié, ou par quartiers; & s'il est gras & jeune, il coute tout entier 5 à 6 réaux. Pour tous les autres vivres on les vend sans poids ni mesure: l'usage & une certaine combinaison font régler la quantité sur le prix.

La chose dont il n'y a pas grande abondance dans ce Pays, ce sont les Légumes verds; au-lieu de cela on a des Racines, & des Légumes secs. Les espéces des Racines sont les *Camotes*, les *Arracaches*, les *Tucas*, les *Ocas*, & les *Papas*. Les trois premieres viennent des Contrées chaudes, où croissent les Cannes de sucre: ils appellent ces Contrées *Vallées* ou *Tungas*, quoique ces deux noms ayent deux sens différens; car par le premier ils entendent ces petites Plaines enfoncées entre des Collines, & par le second celles qui sont au pied des *Cordilleres*; le Climat des uns & des autres est chaud. C'est de-là que l'on tire les Fruits de *Platanes*, les *Guinéos*, l'*Aji* ou Piment, les *Chirimoyes*, les *Aguacatés*, les *Grenadilles*, les *Pignes* ou *Ananas*, les *Gouyaves*, les *Guabas*, & les autres qui y viennent naturellement, comme dans les autres Pays dont nous avons parlé. Les Contrées froides produisent de petites Poires, des Pèches, des Pavies, des Brugnons, des *Guaitambos*, des *Aurimeles*, des Abricots, & quelques Melons, & des Melons d'eau. Ces derniers ont une saison déterminée, & les autres croissent également dans tous les tems de l'année. Les Contrées où le climat n'est proprement ni chaud ni froid, produisent aussi toute l'année des *Frutilles* ou *Fraises* du *Pérou*, des Figues de *Tuna*, & des Pommes. Les Fruits qui ont beaucoup de jus, & qui demandent un Pays chaud, sont aussi produits toute l'année & en grande abondance: tels sont les Oranges de *Portugal* & les Oranges ameres, les *Citrons Royaux*, & les petits Limons, les *Limes douces* & aigres, les *Cedrato*, & les *Toronjes*, qui sont encore une autre espéce de Citrons tout ronds & petits. Les Arbres qui portent ces fruits, ont des fleurs pendant toute l'année, & ne cessent de porter du fruit, imitant dans ce Climat chaud la propriété des Arbres qui y croissent naturellement.

Les tables sont toujours abondamment couvertes de ces diverses espéces de fruits; ce sont les premiers plats que l'on sert, & les derniers que l'on ôte. Ils servent non seulement à recréer la vue, mais à flater le goût,

goût, puisque c'est assez la coutume de s'en servir pour rendre les autres mêts plus piquans.

Les *Chirimoyas*, les *Aguacates*, les *Guabas*, les *Grenadilles*, les *Frutilles* ou *Fraises* du *Pérou*, sont des fruits dont nous n'avons encore fait aucune mention, non plus que des Racines nommées *Ocas* & *Papas*, c'est pourquoi je vais en parler un peu en détail. La *Chirimoya* est, selon le sentiment commun, le Fruit le plus délicieux non seulement des *Indes*, mais aussi de tous ceux dont on ait connoissance en *Europe*. Sa grosseur n'est point égale. Il y en a qui ont un pouce, d'autres deux, quelques-unes quatre, & jusqu'à cinq pouces de diamétre. Elle est de figure ronde, un peu applatie par la tige où elle forme une espéce de nombril. Elle est couverte d'une écorce mince, molle, & si unie à la chair, qu'on ne peut la séparer sans couteau. En-dehors elle est d'un verd obscur avant d'être mure, mais à mesure qu'elle meurit elle devient d'une couleur plus claire. L'écorce, ou la peau qui la couvre, a plusieurs côtes ou veines, qui paroissent au-dessus comme des écailles, dont elle est toute couverte. Le dedans est blanc mêlé de quelques fibres presqu'imperceptibles qui forment le trognon, lequel s'étend d'un bout à l'autre du fruit. Le jus du fruit même est doux avec un mélange d'acide fort léger, & une si agréable odeur que le goût n'en est pas peu relevé. Les pepins ou graines sont enveloppés dans la chair, & ont environ sept lignes de long sur trois à quatre lignes de large. Ils sont un peu plats, & mêlés de rayes qui rendent leur superficie inégale.

L'Arbre qui porte ce fruit est haut & toufu, le tronc en est rond, gros & un peu raboteux. Ses feuilles sont arrondies, cependant un peu plus longues que larges, & se terminent en pointe. Elles ont environ trois pouces de long sur deux ou deux & demi de large, & leur couleur est un verd foncé. C'est une singularité dans ce Climat, que la propriété qu'a cette Arbre de se dépouiller de ses feuilles pour en reprendre de nouvelles, qui à leur tour se séchent & tombent tous les ans. La fleur qu'il pousse avant de produire le fruit, a aussi quelque chose de particulier: d'abord sa couleur n'est guére différente de celle des feuilles, mais quand elle est parvenue à sa perfection, elle est d'un verd jaunâtre. Quant à la figure elle ressemble à la fleur de Caprier, un peu plus grosse, plus épaisse, & ouverte en quatre pétales. Elle n'est pas belle à voir, mais d'autant plus agréable à sentir, & à cet égard il n'y a point d'odeur qui en approche. Ces fleurs ne sont pas en grande quantité, l'Arbre n'en produit qu'autant qu'il doit produire de fruits. Le nombre en est même diminué par la

passion

passion que les Dames ont pour cette fleur: ce qui fait qu'on les coupe avant que le fruit ait germé, & elles se vendent fort cher.

L'*Aguacaté* est appellé à *Lima* & en d'autres lieux du *Pérou*, *Palta*, qui est le nom propre que les *Indiens* lui ont donné. C'est un des bons fruits de ce Pays. Sa figure est assez semblable à celle des Citrouilles ou Calebasses, dont on fait des Tabatieres; c'est-à-dire qu'elle est ronde par en-bas, & va toujours en s'allongeant jusqu'à ce qu'elle forme un goulot par en-haut, qui se termine à la tige: de-là jusqu'à sa baze il a environ quatre à cinq pouces de long. Il est couvert d'une écorce fort déliée, qui se sépare aisément de la chair quand le fruit est mûr. En-dehors elle est luisante, lisse & comme vernissée, de couleur verte avant & après sa maturité, mais d'un verd plus clair quand il a meuri. La chair qu'elle couvre a de la consistance, mais pas assez pour qu'elle ne se sépare pas étant pressée avec les doigts. Elle est blanche tirant sur le verd. Le goût n'en est point doux, il faut la manger avec un peu de sel pour la rendre meilleure. Elle est un peu filasseuse; mais celles qui sont de bon acabit, le sont beaucoup moins que les autres. Ce fruit renferme un noyau de deux pouces de long & d'un pouce & demi de diamétre. Il se termine en pointe, il est amer, & n'est pas si dur qu'on ne puisse l'ouvrir au moyen d'un couteau. Ce noyau est composé de deux gousses, au milieu desquelles on voit le germe de l'Arbre: son écorce n'est qu'une peau déliée qui le sépare de la chair du fruit, à laquelle cette peau est pourtant quelquefois attachée & d'autrefois collée au pepin. L'Arbre qui produit l'*Aguacaté* est fort haut & fort toufu. Ses feuilles sont un peu plus grandes que celles du *Chirimoyer*, & d'une forme un peu différente.

Dans toute la Province de *Quito* on donne le nom de *Guabas* à un Fruit qu'on appelle dans tout le reste du *Pérou*, *Pacaés*, qui est le nom *Indien*. Ce fruit consiste en une cosse pareille à celle de l'*Algarrobo* *, un peu platte de deux côtés; sa longueur est d'environ un tiers d'aune du-moins pour l'ordinaire, quoiqu'il y en ait de plus longues & de plus courtes selon le Pays. Sa couleur est un verd foncé. Toute la cosse est couverte d'un duvet qui est doux quand on y passe la main de haut en bas, mais en remontant c'est le contraire, comme il en est du velour. On ouvre cette cosse en long, & les diverses cavités qu'elle renferme d'un bout à l'autre sont remplies d'une moëlle spongieuse, légere, & blanche comme le Coton. Cette moëlle renferme des pepins noirs d'une grosseur démesurée, puisqu'ils ne laissent tout autour de soi qu'une place d'une ligne ou
d'une

---

* L'Auteur a déjà expliqué ce que c'est que l'*Algarrobo* aux *Indes*.

d'une ligne & demie à la moëlle, qui du-refte fait un jus frais & doux. L'Arbre eft à peu près comme les deux ci-deffus.

La *Grenadille* eft faite comme un œuf de Poule, mais plus groffe. L'écorce en eft fort liffe, luifante au-dehors, & de couleur incarnate. En-dedans elle eft blanche & molle: elle a environ une ligne & demie d'épaiffeur. La fubftance qu'elle renferme eft vifqueufe & liquide. Dans cette fubftance font enveloppés des pepins ou graines fort petites, délicates, & beaucoup moins dures que les grains des Grenades ordinaires; une membrane extrêmement fine & tranfparente enveloppe toute la fubftance de cette moëlle, & la fépare de l'écorce. Le goût de la Grenadille eft aigre-doux, fort agréable, cordial & rafraîchiffant; deforte que quoiqu'on en mange avec excès il n'y a point à craindre qu'elle faffe du mal, non plus que les deux autres efpéces de fruit dont je viens de parler. Au refte ce fruit n'eft point produit par un Arbre, mais par une Plante, qui pouffe une fleur femblable à celles qu'on nomme *Fleurs de la Paffion*, laquelle répand une odeur très-fuave. Il eft bon de rapporter ici une particularité que l'on remarque généralement dans la plupart des fruits de ces Pays, furtout ceux des Climats chauds; c'eft qu'ils ne meuriffent pas fur les Arbres, comme ceux d'*Europe*; mais pour qu'ils meuriffent il faut les cueillir & les garder quelque tems, & alors ils font bons à manger; car fi on ne les cueilloit pas ils ne meuriroient jamais, mais fe flétriroient, & fe deffécheroient au point qu'ils ne feroient plus bons à rien.

Le dernier fruit dont il me refte à parler, c'eft la *Frutille* ou Fraife du *Pérou*. Elle eft fort différente des Fraifes d'*Europe* par fa groffeur, puifqu'elle a ordinairement un bon pouce de long, fur deux tiers de pouce dans fon diamétre. Il y en a de plus groffes encore en d'autres lieux du *Pérou*: elles n'ont pas fi bon goût que celles d'*Europe*, parce qu'elles ont trop de jus; elles ne font pourtant pas mauvaifes. La Plante ne differe du Fraifier d'*Efpagne*, qu'en ce que les feuilles de celle-là font un peu plus grandes.

Les *Papas* font une Racine de Climat froid. Ils font communs en *Efpagne* & en d'autres Pays d'*Europe*. En *Efpagne* on les connoît fous le nom de *Patates* *. Il n'eft pas néceffaire d'en dire autre chofe, finon qu'il y en a en abondance dans ce Pays, & que les habitans les mangent en guife de pain. Ils en font toute forte de ragoûts, & en général c'eft leur principale nourriture. Les *Creoles* les préférent à la Volaille & aux meilleures Viandes. Ils en font un ragoût particulier qu'ils nomment *Lo-*

cro,

---

* En *François Topinambous*, ou *Pommes de terre*.

cro, & que l'on sert sur toutes les tables, & toujours à la fin du repas, pour boire de l'eau après : précaution nécessaire selon eux, pour que l'eau qu'ils boivent après le repas ne leur fasse point de mal. Les gens pauvres n'ont pas d'autre ressource que les *Papas* pour se nourrir ; ces racines leur tiennent lieu de tout autre mêt plus solide.

L'*Oca* est une racine longue de deux ou trois pouces, & grosse d'environ un demi pouce, mais non pas dans toute sa longueur ; car elle forme divers nœuds, qui la rendent inégale & torte. Elle est couverte d'une peau mince, qui est jaune dans quelques-unes, & rouge en d'autres, & quelquefois elle participe de l'une & de l'autre couleur. Cette racine se mange bouillie ou frite, & a le goût de la Chataigne, avec cette différence, qui distingue les fruits des *Indes*, qu'elle est douce. On en fait des conserves au sucre, qui au goût des gens du Pays sont délicieuses. On la sert sur les tables parmi les autres mêts, étant bonne à manger en toute saison. Cette racine est celle d'une Plante plus petite que les *Camotes*, les *Yucas*, & autres dont il a été parlé.

Parmi les Grains que ce Pays produit, & dont il n'est pas nécessaire de nommer ici toutes les espéces, étant les mêmes que ceux d'*Europe*, le Maïz & l'Orge sont ceux dont le Peuple & surtout les *Indiens* se servent au-lieu de pain. Ils mangent le Maïz de plusieurs façons ; la plus commune est de le faire rôtir, & alors ils l'appellent *Camcha*. C'est de ce même grain qu'ils font la *Chicha*, boisson ordinaire des *Indiens* avant la conquête, & dont ils sont encore très-friands. Voici comme ils la préparent. Ils font tremper le Maïz, & lorsqu'il commence à pousser un peu son germe, ils le retirent de l'eau, le font bien sécher au Soleil, puis le font un peu rôtir au feu, & le moulent ensuite. Ils brassent cette farine jusqu'à un certain point, & la mettent enfin dans de grandes cruches, y ajoûtant autant d'eau qu'il est nécessaire. Cette eau fermente le second ou troisiéme jour, & quand elle a fermenté autant de tems, ils en boivent. Cette boisson est, dit-on, rafraîchissante : ce qu'il y a de sûr, c'est qu'elle enivre quand on en boit avec aussi peu de modération que les *Indiens*. Ceux-ci, quand ils en ont une cruche, ne la quittent point qu'ils ne l'ayent vuidée, & qu'ils n'ayent perdu la raison. Le goût de la *Chicha* est assez bon, & ressemble assez au goût du *Cidre* ; mais elle a le défaut de ne pouvoir se conserver plus de huit jours, elle s'aigrit au bout de ce tems. Outre qu'elle rafraîchit, elle a encore d'autres propriétés médicinales, & entre autres celle d'être fort apéritive. On attribue aussi à cette boisson l'avantage qu'on remarque que les *Indiens* ont, de n'être jamais sujets à des suppresfions d'urine: elle eſt d'ailleurs fort nourriſſante; & l'on obſerve que ſans manger autre choſe que de la *Camcha*, du *Moté*, de la *Machca*, & ſans boire que de la *Chicha*, les *Indiens* ſont forts, robuſtes, & d'un bon tempérament.

Le même Maïz cuit dans de l'eau juſqu'à ce que le grain s'ouvre, tient lieu de *Camcha*; & non ſeulement ſert à la nourriture des *Indiens*, mais auſſi des autres pauvres gens, & ſurtout des domeſtiques, qui étant accoutumés dès leur enfance à cet aliment, auſſi-bien qu'à la *Camcha*, le préferent ſouvent au pain.

Quand le Maïz eſt encore tendre ou en lait, ils le nomment *Chogllos*: on le vend en épis, on l'accommode de diverſes manieres, & tout le monde en mange par régal.

Le *Quinoa* eſt une ſemence particuliere & naturelle à ce Pays. Elle reſſemble à nos Lentilles, mais elle eſt beaucoup plus petite & de couleur blanche. Elle ſert de nourriture & de reméde. En la premiere qualité, elle a fort bon goût; & en la ſeconde elle eſt admirable pour prévenir toute ſorte d'abſcès & d'apoſtumes. Quand on la fait cuire elle s'ouvre, & il en ſort un petit filament tourné en ſpirale, qui reſſemble à un vermiceau, & qui eſt plus blanc que le dehors de la ſemence. La Plante qui produit cette eſpéce de légume ſe ſéme, & ſe coupe tous les ans. Elle croît à la hauteur de trois à quatre pieds, ou d'une aune & demie à peu près. Ses feuilles ſont grandes & pointues, aſſez ſemblables à celles de la *Mauve*. Du milieu de ſa tige, elle pouſſe une fleur de cinq à ſix pouces de long ou un peu plus, ſemblable à celle de la Plante de Maïz, dans laquelle, comme dans un épi, ſont les grains de la ſemence. On mange la *Quinoa* cuite comme le riz; l'eau dans laquelle elle a bouilli ſert d'apozéme étant bue; & quand on veut appliquer la ſemence même extérieurement, on la moud, & on la fait bouillir, après quoi on en fait un emplâtre, qui appliqué ſur une contuſion, attire l'humeur corrompue qui commençoit à former un dépôt; & elle l'attire ſi promtement, qu'en très-peu de tems on en apperçoit les effets, comme il eſt vérifié par une infinité d'expériences.

Outre les Viandes ordinaires, on a auſſi du Gibier; des Lapins en abondance ſur les Montagnes; des Perdrix, mais en petit nombre, & d'une eſpéce qui reſſemble peu à celles d'*Europe*, n'étant pas plus groſſes que des Cailles; beaucoup de Tourterelles: mais on en trouve peu à acheter, les habitans n'étant point du tout portés à la chaſſe.

Le Fromage eſt un des principaux alimens des habitans de *Quito*. On compte qu'il s'y en débite tous les ans pour 70 à 80000 écus, monnoye du Pays. Ils l'apprêtent de diverses manieres. Les Beurre de vache qui se fait aux environs de *Quito* est fort bon, & il s'en consomme une grande quantité, quoique moins que de fromage.

Le goût des habitans de ce Pays pour les douceurs surpasse tout ce que nous avons dit des autres Peuples. Il est étonnant combien il se consomme de Sucre & de Miel dans cette Ville & dans les lieux considérables de sa jurisdiction. Après qu'ils ont tiré le Miel ou Jus des *Cannes* ils le laissent cailler, & en font de petits pains en maniere de tourtes, qu'ils appellent *Raspaduras*. C'est la nourriture la plus commune des pauvres gens: avec une de ces tourtes, du fromage & du pain, ils font un repas qu'ils préferent aux mets chauds. D'où il est aisé de conclure qu'on vit dans ce Pays un peu différemment de la maniere d'*Espagne*. Je crois en avoir dit assez pour satisfaire la curiosité du Lecteur à cet égard.

CHAPITRE VIII.

Commerce de Quito *& de toute la Province de ce nom, tant en marchandises d'*Espagne *qu'en celles du Pays & autres du* Pérou.

ON peut juger par tout ce que nous venons de dire du Commerce & des Fabriques de la Province de *Quito*. Tout le Négoce, pour ainsi dire, est entre les mains des *Chapetons* ou *Européens*, les uns habitués dans le Pays, les autres qui y viennent du dehors. Ceux-ci achettent des Marchandises du Pays, & y vendent celles d'*Europe*. Les Marchandises du Pays consistent, comme il a déjà été dit, en Toiles de coton, les unes blanches, qu'ils nomment *Tucuyos*, les autres rayées; en Bayétes & en Draps qu'ils envoyent à *Lima*, où ils sont vendus: de-là on les envoye dans toutes les Provinces du *Pérou*: le retour consiste en Argent, en Fils d'or & d'argent, en Franges fabriquées à *Lima*, en Vins, Eaux-de-vie, Huiles, & autres Marchandises de ces Provinces, comme Cuivre, Etaim, Plomb, Vif-argent, &c. Les Fabriquans envoyent les Marchandises pour leur propre compte avec les susdits Marchands, ou les leur vendent s'ils y trouvent leur avantage.

Quand les Galiions sont à *Carthagéne*, ces mêmes Commerçans s'y rendent par *Popayan* ou *Santa-Fé*, pour employer leurs fonds en Marchandises d'*Europe*, & les répandent à leur retour dans toute cette Province.

Quant aux Fruits & aux Denrées du cru du terroir, elles se consomment presque toutes dans la Province, excepté les Farines, que l'on transporte des Corrégimens de *Riobamba* & de *Chimbo* à *Guayaquil*: c'est le Négoce des *Métifs* & des pauvres gens de ces endroits-là. Il pourroit être plus confidérable, si les fraix du transport l'étoient moins. Cela renchérit si fort cette Marchandife, qu'il n'y a pas de proportion entre la peine de la faire charrier dans les lieux où elle est nécessaire, & le peu d'espérance qu'il y a d'y gagner.

Les Toiles fabriquées en particulier par les *Indiens*, ainsi que les Denrées, sont portées, quoiqu'en médiocre quantité, dans la Jurisdiction de *Barbacoas*. C'est par ce Négocé que les *Chapetons* font leur premier essai. Ils troquent ces Marchandifes contre de l'Or, que l'on tire dans cette Contrée, & qu'ils envoyent vendre à *Lima*, où il est en plus grande estime & à plus haut prix. Les Draps & Bayétes trouvent un pareil débouché dans les autres parties des Gouvernemens de *Popayan* & de *Santa-Fé*, & ce Commerce va toujours; mais en *tems mort* on ne reçoit point de Marchandife d'*Europe* en échange, & les retours sont en Or en barre. Cet Or passe ensuite à *Lima* comme celui de *Barbacoas*.

On tire des côtes de la *Nouvelle-Espagne* l'Indigo, dont il se fait une grande consommation dans les Fabriques; vu que la plupart des Draps du Pays font teints en bleu, qui est la seule couleur à la mode en ce Pays, & la seule qui plaise aux habitans. Par la voye de *Guayaquil* il vient du Fer & de l'Acier tant d'*Europe*, que de la côte de *Guatemala*. Ces deux espéces de Marchandifes sont d'un si grand usage dans les *Haciendas* pour la culture des Champs, qu'elles sont d'un prix excessif, le Fer se vendant quelquefois cent écus le quintal, & l'Acier cent cinquante.

Le Commerce réciproque entre les divers Corrégimens de la Province, est entre les mains des habitans mêmes des Villages. Ceux du Corrégiment de *Chimbo* achettent dans les Villages des Corrégimens de *Riobamba* & de *Quito* des *Tuouyos*, des *Bayétes* du Pays qu'ils portent à *Guayaquil*, & en rapportent en échange du Sel, du Poisson sec, du Coton, qui étant manufacturé dans la Province de *Quito* retourne à *Guayaquil* en Toiles. Les Jurisdictions de *Riobamba*, *Alausi*, & *Cuenca*, ont un Commerce réglé avec *Guayaquil* par le moyen des Magazins de *Yaguache* & de *Naranjal*.

Ce Commerce consiste en Marchandifes du Pays; & quoiqu'il soit médiocre, ne consistant qu'en trois articles, qui font Draps, Bayétes & Toiles, il ne laisse pas d'être fort utile, vu que non seulement les pauvres gens dont le nombre surpasse toujours celui des riches, mais encore les gens aisés à l'exception de ceux de la Capitale, ne portent que de ces

Draps

Draps & Toiles du Pays, n'étant pas en état d'acheter ces Marchandifes d'*Europe*. Il n'y a que les *Efpagnols* qui font raifonnablement riches, & les Perfonnes de diftinction qui fe vétiffent de ces étoffes. Par où il eft aifé de juger de la quantité de *Draps*, *Bayétes*, *Tucuyos*, &c. qui doivent fe fabriquer dans le Pays, & tout cela par les *Indiens*, foit dans leurs propres maifons, foit dans les Fabriques ou Manufactures: ce qui contribue à conferver cette Province dans l'état où elle eft, tant par l'emploi de tant de monde, que par les autres avantages qu'on en retire.

LIVRE

VOYAGE AU PÉROU.
LIVRE SIXIEME.

Description de la Province de *Quito*, quant à l'étendue de la jurisdiction de son Audience. Remarques sur la Géographie, l'Histoire tant politique que naturelle de ce Pays, & sur ses Habitans.

CHAPITRE I.

Etendue de la Province de Quito, *ou Jurisdiction de l'Audience de ce nom: Gouvernemens & Corrégimens qu'elle comprend, & notice des derniers en particulier.*

Nous avons traité, dans les cinq Livres précédens, de diverses matieres, en suivant l'ordre dans lequel elles se sont présentées durant le cours de notre voyage, & selon la nature des affaires qui en étoient l'objet. On a pu remarquer dans cette suite de rélations, que les descriptions des Lieux & des Provinces marchent d'un pas égal avec les Observations Astronomiques. C'est que nous avons cru que si celles-ci intéressent les Sciences & ceux qui en font profession, celles-là n'intéressent pas moins les personnes qui s'appliquent à l'Histoire, à la Politique, à la Géographie, & à l'Etude des Mœurs & des Coutumes des différens Peuples. Nous avons donné dans le cinquiéme Livre une description de la Ville de *Quito*; & pour ne rien laisser à désirer, nous ajoûterons ici celle de la Province de ce nom, que nous connoissons mieux qu'aucune des autres où nous avons été; parce que nous l'avons presque toute parcourue pour exécuter nos Opérations Géométriques & Astronomiques, & les autres commissions dont nous étions chargés. Ce sera donc d'après nos propres observations que nous parlerons, ou sur le témoignage des personnes les plus dignes de foi que nous ayons eu occasion de consulter sur les choses que nous n'avons pu voir de nos propres yeux; témoignage que nous n'admettons même qu'après un mûr examen, & qu'avec toutes les précautions que peut suggérer la plus sévere Critique; desorte que nous pouvons avec juste raison garantir la conformité de ce que nous dirons avec la plus exacte vérité, qui est le principal objet de l'Histoire.

La Province de *Quito*, dès le commencement de l'établissement des

Efpagnols, fut fubordonnée à *Lima* Capitale du *Pérou*, & aux Vicerois de ce nom jufqu'en 1718, auquel tems on établit un Viceroi à *Santa-Fé de Bogota* Capitale du Royaume de la *Nouvelle-Grenade*, & la Province de *Quito* fut annexée à ce nouvel Etat pour faire partie de fa Jurifdiction. Pour que cette Viceroyauté ne fût point à charge au Tréfor Royal, on fupprima l'Audience de *Quito*, & les appointemens des membres qui la compofoient furent affignés au nouveau Viceroi. Le même motif fit auffi abolir l'Audience de *Panama* au Royaume de *Tierra Firme* (quoique ce Royaume reftât toujours de la dépendance des Vicerois de *Lima*). Le but qu'on fe propofoit par cet arrangement, n'eut pas le fuccès qu'on en avoit efpéré. On s'apperçut bientôt que les Villes où ces Tribunaux avoient été fupprimés ne pouvoient fe paffer d'eux, à-caufe du préjudice que le Public fouffroit de leur fuppreffion, & des fraix immenfes qu'il falloit faire pour pourfuivre une affaire, vu la diftance de *Panama* à *Lima*, & de *Santa-Fé* à *Quito*. Joignez à cela que ce qu'on avoit gagné par l'abolition des deux Audiences, ne fuffifoit pas pour foutenir une Dignité auffi diftinguée que l'eft celle de Viceroi. Tout cela bien confidéré, fit rétablir les chofes fur l'ancien pied dès 1722; & pendant ce court efpace de tems la nouvelle Viceroyauté fut exercée par *Don George de Villelongue*, Lieutenant-Général des Armées du Roi, & qui étoit Gouverneur du *Callao*, & commandant les armes du *Pérou*, lorfqu'il fut revêtu de la Dignité de Viceroi. Les Audiences ainfi rétablies continuerent fur le même pied que ci-devant: mais les raifons qu'on avoit eues d'établir un Viceroi à *Santa-Fé*, fubfiftant toujours, on fongea à le rétablir, fans fupprimer les Audiences, & fans que cela fût à charge au Public ni au Tréfor Royal. En 1739 le projet fut de-nouveau mis en exécution, & la Dignité de Viceroi de la *Nouvelle-Grenade* fut conférée à *Don Sébaftien de Eflava* Lieutenant-Général, qui étant parti vers la fin de la même année pour prendre poffeffion de fa nouvelle Charge, l'exerce encore aujourd'hui avec un applaudiffement général. Toute l'étendue du Royaume de *Tierra-Firme*, & toute la Province de *Quito*, ont été remifes fous la jurifdiction du nouveau Viceroi.

Du côté du Nord, la Province de *Quito* eft limitrophe de celle de *Santa-Fé* de *Bogota*. Elle comprend de ce côté-là une partie du Gouvernement de *Popayan*: au Sud elle confine aux Corrégimens de *Piura* & de *Chachapoyas*: à l'Orient elle occupe toute l'étendue du Gouvernement de *Maynas* fur la Riviere de *Marannon* ou des *Amazones*, jufques à la Ligne de féparation qui divife les Conquêtes des *Efpagnols* de celles des *Portugais*:

tugais: à l'Occident elle a pour bornes les Côtes de *Machala* fur le Golphe de *la Puna* jufqu'à celles que comprend le Gouvernement d'*Atacames*, & la Jurisdiction de *Barbacoas* fur le Golphe de la *Gorgone*. Du Nord au Sud fa plus grande largeur eft de 200 lieues, & fa longueur de l'Orient à l'Occident jufqu'à la Ligne ci-deffus mentionnée eft de plus de 600 lieues en droiture: mais une grande partie du Pays, eft ou habitée par des Nations Barbares, ou peu connue des *Efpagnols*, & par conféquent peu habitée. La feule partie de cette vafte Contrée qu'on puiffe dire à la rigueur être bien peuplée, c'eft l'efpace que laiffent entre elles les deux *Cordilleres* des *Andes*, lequel, comparé à ce grand Pays, reffemble à une ruelle: il s'étend depuis le Corrégiment de *St. Michel de Ibarra* jufqu'à celui de *Loja*: il renferme encore & comprend l'efpace qui s'étend de-là jufqu'au Gouvernement de *Popayan*, y comprife même une partie de ce Gouvernement, & enfin tout le Pays qui s'étend depuis la *Cordillere* Occidentale jufques à la Mer. L'étendue de ces Corrégimens d'Orient en Occident eft environ de 15 lieues ou un peu plus, ce qui eft la diftance qu'il y a entre les deux *Cordilleres*. A quoi il faut ajoûter ce qui eft compris dans les Gouvernemens de *Jaen de Bracamoros*, qui confine au Corrégiment de *Loja* au bout de toute la Province, à l'Eft de la *Cordillere* Orientale; & en allant vers le Nord celui de *Quixos*, & à l'Orient de celui-ci le Gouvernement de *Maynas*: il y a entre les uns & les autres de longues lifieres habitées feulement par des *Indiens* idolâtres. Au Nord de toute la Province eft le Gouvernement de *Popayan*, qui à tout prendre fait une Province à part. Ainfi dans la partie occidentale de cette ruelle formée par les deux *Cordilleres*, eft le Gouvernement d'*Atacames* nouvellement érigé, & le Corrégiment de *Guayaquil*: dans la partie orientale les trois autres Gouvernemens nommés ci-deffus, & dans celle du Nord le Gouvernement de *Popayan*.

 Outre ces cinq Gouvernemens cette Province contient neuf Corrégimens, auxquels on donne dans le Pays le nom de *Provinces*, fubdivifant la Province de *Quito* en autant d'autres Provinces qu'elle contient de Gouvernemens & de Corrégimens. C'eft fur quoi il eft bon de prévenir le Lecteur, pour éviter toute équivoque & obfcurité lorfqu'il m'arrivera de donner le nom de *Province* à la jurisdiction d'un Corrégiment, quoique je fois réfolu de m'en abftenir autant qu'il fera poffible. Voici les noms de ces Corrégimens, en commençant par celui qui eft le plus Septentrional.

I. Ville

VOYAGE AU PEROU. Liv. VI. Ch. I.

I. Ville de *St. Michel d'Ibarra*.
II. Village d'*Otabalo*.
III. Cité de *Quito*.
IV. Bourg de *Latacunga*.
V. Ville de *Riobamba*.
VI. Bourg de *Chimbo*, ou *Guaranda*.
VII. Cité de *Guayaquil*.
VIII. Ville de *Cuenca*.
IX. Cité de *Loja*.

Nous allons donner une idée de chacun de ces Corrégimens, après quoi nous passerons aux Gouvernemens.

I. La Ville de *St. Michel* d'*Ibarra* est le Chef-lieu de ce Corrégiment, qui outre cela contient huit Villages ou Paroisses principales, savoir:

I. *Mira*.
II. *Pimanpiro*.
III. *Carangue*.
IV. *St. Antoine de Carangue*.
V. *Salinas*.
VI. *Tumbabiro*.
VII. *Quilca*.
VIII. *Caguasqui*.

Autrefois toute la Jurisdiction du Corrégiment d'*Otabalo* appartenoit à celui dont il est question ici; mais on l'en a séparée pour en faire deux, à-cause qu'elle étoit trop étendue.

La Ville de *St. Michel d'Ibarra* est située dans une Plaine ou Prairie fort spacieuse, près d'un des côtés, entre deux Rivieres auxquelles cette Plaine doit la bonté de ses pâturages, à peu de distance d'une Montagne médiocre qu'elle a à l'Orient. Le terrain où elle est bâtie est mou & humide, c'est pourquoi les maisons s'affaissent & s'enfoncent. Cette Ville est assez grande, les rues en sont larges & droites, les maisons bâties de pierres ou de briques crues & couvertes de tuiles. Il y a hors de son enceinte divers Quartiers ou Fauxbourgs habités par des *Indiens*, dont les maisons sont des baraques ou des chaumieres du même goût que celles que ces Peuples ont accoutumé de bâtir, c'est-à-dire petites & pauvres. Les maisons du dedans de la Ville sont assez jolies; celles de la Place ont un étage au-dessus du rez-de-chauffée; toutes les autres sont basses, & n'ont que le rez-de-chauffée. L'Eglise Paroissiale est bâtie des mêmes matériaux que les maisons. Elle est belle & bien ornée. Outre cette Eglise il y a un Couvent de *Cordeliers*, un de *Dominicains*, un des P. P. de la *Merci*, un Collége de *Jésuites*, & un Monastere de Filles de la *Conception*. On fait monter le nombre des habitans à dix ou douze mille âmes de tout âge, de tout sexe, & de toute condition.

Dans la Jurisdiction de ce Corrégiment est le célébre Lac de *Yagar-Cocha*, si connu dans l'Histoire des *Incas* pour avoir été le tombeau des habitans d'*Otabulo*, lorsque *Huayna-Capac XII. Inca*, irrité de la résistance que ce Peuple avoit faite à ses armes, leur fit couper la tête à tous, tant à ceux

Tome I. K k qui

qui furent pris qu'à ceux qui se rendirent, & fit jetter leurs corps dans le Lac qui en fut tout rougi, d'où lui est aussi venu le nom Indien de *Yagar-Coca*, qui signifie *Lac de sang*.

Le climat de cette Ville est fort doux, moins froid que celui de *Quito*, mais pas si chaud qu'on en soit incommodé. Tous les Villages de sa jurisdiction ont différente température, l'air est pourtant chaud dans la plupart à-cause de leur situation dans des terrains bas. Ces terrains sont appellés dans le Pays *Vallées*, comme il a déjà été dit; telles sont les Vallées de *Chota*, de *Carpuela*, & plusieurs autres. Une partie des Plantations ou *Haciendas* consiste en Cannes de Sucre, qu'on travaille dans des *Trapiches* ou Moulins, où il se fabrique beaucoup de Sucre & fort blanc; les autres produisent des Fruits propres aux climats chauds, les autres du Coton en abondance & très-bon.

Les Cannes de Sucre n'y sont pas si tardives que dans la Jurisdiction de *Quito*: on peut les moudre en tout tems, parce qu'on n'est pas obligé de les couper plutôt en une saison qu'en l'autre; & qu'elles ne diminuent rien de leur bonté, pour n'être coupées qu'un ou deux mois après leur maturité. Ainsi on se contente de les couper par *quadras*, c'est-à-dire par quartier, ou de trois mois en trois mois, & toute l'année les *Trapiches* ou Moulins sont occupés.

Les autres Lieux où le climat est moins chaud, sont remplis de *Haciendas*, de Grains, Maïz en abondance, Froment, & Orge, que l'on séme de la même maniere qu'à *Otabalo*, dont nous donnerons bientôt l'explication. Il y a aussi beaucoup de Haras, mais peu de Troupeaux de Moutons en comparaison; & quoiqu'il y ait moins de Fabrique de Draperie qu'à *Otabalo*, les *Indiens* ne laissent pas d'y fabriquer quelques Toiles & Etoffes de laine & de coton.

Il y a dans le district du Village de *Las Salinas* des Mines de Sel, qui se consomme dans ce Bailliage, ou est transporté dans les Pays au Nord. Ce sel est mêlé de nitre, & n'est pourtant point mal-sain quand on y est accoutumé. Le seul défaut qu'il ait, c'est de n'être pas bon pour les salaisons, à quoi il faut qu'on employe le sel de *Guayaquil*.

Dans les terres de la dépendance du Village de *Mira*, il y a des endroits où l'on voit des Anes sauvages, qui se multiplient beaucoup, & qui sont difficiles à prendre. Les Propriétaires de ces terres permettent à qui les en prie, de donner la chasse à ces animaux, & d'en prendre autant qu'ils peuvent, moyennant une petite reconnoissance proportionnée au nombre des jours qu'ils y employent. La maniere de prendre ces Anes sauvages, consiste à assembler force *Indiens* à cheval & à pied, & à faire une battue pour les environner dans quel-

quelque *Caghade* où Vallon. Là on leur jette le lacqs à pleine courfe de cheval, pour qu'ils ne puiffent échaper; car dès qu'ils fe voyent enclos & renfermés, ils tâchent de fe fauver; & dès que l'un d'eux a fait une ouverture, tous les autres le fuivent à la file, & fe fauvent par le même endroit. Dès qu'on les a enlacés, on les renverfe par terre, & on leur met des entraves pour les empêcher de courir. Quand on s'en eft ainfi affuré, on les laiffe jufqu'à ce que le tems que doit durer la chaffe foit expiré, & alors on les accouple avec des Anes domeftiques pour les emmener avec moins de peine. Mais on a beau faire, la chofe n'en eft pas moins difficile; car ces animaux font fi braves que perfonne n'oferoit tenir devant eux. Quand ils font en liberté ils courent comme le meilleur cheval, tant aux defcentes qu'aux montées. S'ils fe fentent preffés, ils fe défendent en ruant & mordant avec tant d'adreffe, que fans ceffer de courre ils eftropient fouvent ceux qui les pourfuivent. Ce qu'il y a d'étonnant, c'eft que dès la premiere charge qu'on leur met fur le dos ils perdent leur légéreté, deviennent doux & paifibles, & quittent cet air farouche qu'ils avoient dans les champs, pour prendre cet air de lenteur & de ftupidité qui femble être l'apanage de tous les animaux de leur efpéce. Les Anes fauvages ne fouffrent point qu'aucun cheval mette les pieds dans le champ où ils font: s'il y en vient quelqu'un par hazard, le fentir & lui courre-fus n'eft qu'une même chofe; ils ne lui donnent pas le tems de fuir, & ne ceffent de le mordre qu'après qu'ils lui ont ôté la vie. Quand on paffe près des champs où il y a des Anes fauvages, on eft alourdi des concerts continuels de leurs voix, répétées par les échos des collines & des coulées. A peine les uns ont fini d'un côté, que les autres commencent de l'autre, de maniere que cela ne finit point.

II. Le Corrégiment qui vient du côté du Sud après celui de *St. Michel d'Ibarra*, c'eft celui d'*Otabalo*, qui comprend huit Villages ou Paroiffes.

I. *Cayambe.*   V. *Cotacache.*
II. *Tabacundo.* VI. *San Pablo.*
III. *Otabalo.* VII. *Tocache.*
IV. *Atontaqui.* VIII. *Urquuqui.*

Le Bourg d'*Otabalo* eft grand, bien fitué, & fi peuplé, qu'on y compte 18 à 20000 âmes: les *Efpagnols* font la plus grande partie des habitans, & tout le refte eft compofé de familles *Indiennes*.

Le terroir de ce Corrégiment eft cultivé & plein d'*Haciendas*, comme le précédent, excepté qu'il n'y a pas tant de *Trapiches* ou Moulins à Sucre:

mais en revanche les Fabriques d'Etoffes y sont en plus grande quantité & plus riches, à-cause du nombre d'*Indiens* qu'il y a, & du goût que ceux-ci ont pour ces Manufactures. Car outre les Etoffes qui se font dans les Fabriques mêmes, les Particuliers qui ne sont pas *Mitagos*, c'est-à-dire engagés ou mercenaires, en font quantité pour leur compte, comme *Tucuyos*, ou Toiles de coton, tapas, pavillons pour les lits, courtes-pointes damascées, les unes blanches & rayées, les autres bleues ou tout-à-fait blanches. Tous ces ouvrages sont faits de coton, & on les estime beaucoup tant dans la Province de *Quito* que dans les autres Provinces où on les envoie.

La maniere de semer le Froment & l'Orge dans cette Jurisdiction n'est pas la même que dans les autres; car au-lieu d'écarter le grain en le semant, comme on fait ailleurs, ils divisent un champ labouré en quarreaux, chaque quarreau formé par deux sillons tirés en pente & à quelque distance l'un de l'autre. Dans ces sillons, ils font des trous à un pied de distance l'un de l'autre: ils inserent dans chaque trou cinq à six grains de semence. Cette méthode est un peu longue, mais le Propriétaire est amplement dédommagé de cette longueur, par l'abondance de la récolte qui a coutume de rendre cent ou cent cinquante pour un.

Les *Haciendas* de cette Jurisdiction nourrissent quantité de Chevaux & de Vaches dont on tire beaucoup de lait, qui procure du fromage en abondance. Ce qui contribue à ces engrais, c'est la quantité de ruisseaux dont le Pays est arrosé. On n'y manque pas non plus de Brebis, quoiqu'elles n'y soient pas en aussi grande quantité que le gros Bétail.

Le Village de *Cayambe* est situé au milieu d'une grande Plaine qui a derriére elle une Montagne des plus grandes de ces *Cordilleres*. Cette Montagne est appellée *Cayamburo*: elle n'est ni moins élevée, ni moins couverte de neige que le *Chimborazo*. Elle paroît au-dessus de toutes les autres qui sont entre elle & *Quito*, & on en voit la cime de cette Ville-même. Les autres Montagnes qui, sans le voisinage de celle-ci, paroîtroient hautes, semblent plutôt des monticules que des montagnes vis-à-vis du *Cayamburo*. Mais c'est ce voisinage qui rend la Plaine de *Cayambe* froide & désagréable, étant exposée aux vents, qui y souflent continuellement & avec force.

Dans le territoire de ce Corrégiment on trouve deux Lacs, dont l'un est appellé *de San Pablo*, à-cause du Village de ce nom bâti sur le bord de ce Lac, qui peut avoir une lieue de long, sur demie lieue de large. Ses bords sont remplis d'une sorte de Joncs appellés dans le Pays *Totoral*; on y trouve des *Oyes*, & des *Gallarétes*. Les eaux qui tombent de la Montagne de *Mojanda* fe perdent dans ce Lac, & il en fort un des bras qui forment la Riviere appellée *Rio-Blanco*. L'autre Lac ne differe pas beaucoup de celui-là en longueur & en largeur: il eft fur une Montagne appellée *Cuicocha*, & il en tire fon nom. Sa fituation n'eft pas précifément fur le fommet de la Montagne, mais à mi-côte, dans un terrain plat qui fe trouve fur la croupe de la Montagne avant d'arriver au fommet. Au milieu de ce Lac il y a deux Iles, où l'on trouve des *Cuyes* de montagne & des *Daims*, lefquels traverfent le Lac pour venir en terre-ferme, & pour retourner dans les Iles quand ils fe voyent pourfuivis par les Chaffeurs.

Ce Lac produit une efpéce de petit Poiffon femblable aux *Camarons*; mais fans écaille. On les nomme dans le Pays *Prennadillas*. On en envoye de tout marinés à *Quito*, où ils font eftimés, parce qu'on n'y voit point de poiffon frais. Cette Pêche n'eft pas des plus abondantes. Le même Poiffon fe prend auffi dans le Lac de *San Pablo*.

Le Corrégiment de *Quito* eft compofé de 25 Paroiffes outre celles de la Ville.

I. *St. Jean l'Evangélifte.*
II. *Ste. Marie Madeleine.*
III. *Chilogalle.*
IV. *Cono-Coto.*
V. *Zambiza.*
VI. *Pintac.*
VII. *Sangolqui.*
VIII. *Amaguanna.*
IX. *Guapulo.*
X. *Cumbaya.*
XI. *Coto-Collao.*
XII. *Puembo & Pifo.*
XIII. *Yaruqui.*
XIV. *Le Quinche.*
XV. *Guayllabamba.*
XVI. *Machache.*
XVII. *Aloafi.*
XVIII. *Aloa.*
XIX. *Uyumbicho.*
XX. *Alangafi.*
XXI. *Pomasque.*
XXII. *San Antonio de Lulumbamba.*
XXIII. *Perucho.*
XXIV. *Cola-Cali.*
XXV. *Tumbaco.*

Ce Corrégiment eft encore appellé le *Territoire des cinq lieues*, mais il eft certain qu'il en a davantage en quelques endroits. Il eft rempli d'*Haciendas*, les unes dans des plaines, les autres dans de grandes & fpatieufes coulées, & plufieurs fur les montagnes. Les Fruits qu'on y recueille font différens félon la nature du climat & la difpofition du terrain: dans les plaines où l'air eft tempéré, on recueille beaucoup de Maïz: dans les coulées, & les *Cagnades* profondes, où l'air eft chaud, on trouve beaucoup de Cannes de Sucre, & du fucre qu'on en tire on fait une forte de paftilles appellées *Raspaduras*, une espéce de Miel, du *Guarapo*, & l'on y distile du *Rum*, ou Eau-de-vie de canne. Les Fruits que le terroir produit sont employés à diverses sortes de confitures qu'ils appellent *Rayados*, dont les gens de ce Pays font une grande consommation.

Les Cannes de Sucre son fort tardives dans le terroir de ce Corrégiment; car quoique l'air soit chaud dans les lieux où on les cultive, il ne l'est pourtant pas assez pour qu'elles mûrissent hâtivement, desorte qu'on ne peut les couper que trois ans après avoir été plantées : elles ne donnent leur fruit qu'une fois, & après qu'on l'a cueilli on tire encore le germe appellé *Soca*, qui sert à replanter la canne.

La Boisson dont nous avons parlé tout à l'heure, & qui est appellée *Guarapo*, n'est autre chose que le suc des cannes tel qu'il sort du *Trapiche*, & après qu'on l'a laissé un peu fermenter. Cette liqueur a un goût aigre-doux fort agréable; mais pour peu qu'on en prenne avec excès elle monte à la tête & enivre comme le vin; elle est fort en vogue parmi les gens du commun.

Les *Haciendas* des Montagnes, où l'air est plus ou moins froid, produisent du Froment & de l'Orge, toute sorte d'Herbes potageres, & beaucoup de *Papas*. Sur le sommet de ces Montagnes paissent divers Troupeaux de Brebis & de Vaches qui donnent beaucoup de fromage & de beurre. Il y a d'autres *Haciendas* où l'on fabrique des Draps du Pays, des Etamines, des Bayétes, & des Serges.

Par tout ce que nous avons dit, on comprendra aisément qu'il n'est pas possible de fixer le climat qui régne dans les divers endroits de ce Pays. Il est si différent qu'ici vous sentez une chaleur qui vous rappelle que vous êtes sous la Zone torride ; & là, sans aller fort loin, vous ne voyez que neige & que glace. Mais ce qu'il y a de plus remarquable, c'est la régularité & la constance de l'air dans ce Pays. En effet dans les lieux où l'air est tempéré, jamais il ne devient froid, & la chaleur n'augmente jamais au-delà de son degré naturel. Ce n'est que dans les Montagnes que l'air varie, parce qu'étant naturellement froid, il le devient encore davantage par les vents qui soufflent souvent avec une violence extrème, ou même par le tems qu'il fait quelquefois, & qu'on nomme *Tiempo de Paramos*, par où l'on entend que les Montagnes sont pour la plupart couvertes de nuages qui se convertissent continuellement en gresil mêlé de neige ; car alors le froid est si aigu qu'on ne peut y résister long-tems. Au-contraire quand l'air est un peu serein, que le vent souffle modérément, & que les rayons du So-

leil

ļeil peuvent pénétrer juſqu'à ces Montagnes, l'air y eſt aſſez ſupportable.

Dans les Villages, l'Egliſe & la Maiſon du Curé ſont appellées le Couvent, quoique le Curé ſoit Prêtre Séculier, mais parce qu'ils ont eu autrefois des Religieux pour Curés. La plupart de ces Villages ſont bâtis ſans aucune forme ni méthode. La maiſon du Curé eſt la principale, les autres ſont plutôt des *Chozas* ou chaumieres répandues çà & là dans les champs, faites de boue & couvertes de paille. Chacune à ſa *Chacarite*, c'eſt-à-dire, un petit eſpace de terre que chacun cultive pour ſoi. La plupart des habitans de ces Villages ſont des *Indiens*, qui y ſont leur demeure quand ils ne ſont pas de *Mita* ou engagés ailleurs. Il y a auſſi des *Métifs*, dont le nombre ſurpaſſe même en certains endroits celui des *Indiens*, & on y rencontre auſſi quoique rarement quelques familles d'*Eſpagnols*.

Le premier Corrégiment que l'on rencontre au Sud de *Quito* eſt celui de *Latacunga*. Le mot *Aſſiento* par où l'on déſigne ce lieu, & pluſieurs autres de la même eſpéce, ſignifie un Lieu moindre qu'une Ville, mais plus qu'un Village. L'*Aſſiento* ou Bourg de *Latacunga* eſt ſitué dans une Plaine ſpacieuſe, qui a à dos du côté de l'Eſt la *Cordillere* orientale des *Andes*, & d'où s'avance une Montagne fort haute, au pied de laquelle eſt *Latacunga*, par les 55 min. 14¼ ſec. de Latitude Auſtrale. A l'Occident le Bourg eſt environné d'une Riviere qu'on paſſe à gué, mais qu'il faut paſſer ſur des ponts pour peu qu'elle s'enfle; car elle eſt d'ailleurs aſſez profonde. Le Bourg eſt bien bâti & les maiſons en ſont bien alignées, les rues larges & droites. Les maiſons ſont à pierres & à chaux, toutes voûtées & fort bien ſituées: elles n'ont que le rez-de-chauſſée, à-cauſe des tremblemens de terre auxquels elles ſont expoſées. Le 20 de *Juin* 1698, il en fit un qui renverſa toutes les maiſons de *Latacunga*, & ſe fit généralement ſentir dans toute la Province de *Quito*, où pluſieurs autres Lieux ſouffrirent de grands dommages, comme nous le dirons ci-après. A *Latacunga* parmi plus de 600 maiſons il ne reſta ſur pied que l'Egliſe des *Jéſuites* & une partie d'une maiſon, encore fallut-il abattre l'une & l'autre tant elles avoient été maltraitées; tout le reſte croûla, & les habitans furent preſque tous écraſés ſous leurs ruines, & paſſerent des bras du ſommeil dans ceux de la mort; car le tremblement de terre commença à une heure du matin, & continua toute la nuit & une partie du jour.

Les pierres dont les maiſons & les Egliſes de l'*Aſſiento* ſont bâties, reſſemblent beaucoup à la pierre-ponce, étant poreuſes & ſpongieuſes à tel point qu'elles nagent ſur l'eau. On les tire des carrieres formées par les Volcans. La chaux s'inſinue parfaitement dans ces pierres, & leur légereté

reté jointe au peu d'élevation des maisons, semblent aujourd'hui garantir la vie des habitans. Lors de ce grand tremblement elles avoient un étage outre le rez-de-chauffée.

La Jurisdiction de ce Corrégiment comprend dix-sept Villages, qui sont,

I. *Zicchos-Mayor.*
II. *Zicchos-Menor.*
III. *Yungas* ou *Colorados.*
IV. *Yfilimbi.*
V. *Chifa-Halo,* ou *Toacafo.*
VI. *Pillaro.*
VII. *San Phelipe.*
VIII. *Mula-Halo.*
IX. *Alaquez.*
X. *San Miguel de Molleambato.*
XI. *Sáquifili.*
XII. *Pugili.*
XIII. *Tanicuchi.*
XIV. *Cuzubamba.*
XV. *Tifaleo.*
XVI. *Angamarca.*
XVII. *Pila-Halo.*

L'air du Bourg est froid, n'étant qu'à 6 lieues de la Montagne de *Cotepaxi*, non moins haute, & couverte de neige, que le *Chimborazo*, & le *Coyamburo*. Cette Montagne est un Volcan qui creva avec beaucoup de violence en 1533, lorsque *Sébastien de Belalcazar* se trouvoit déjà dans cette Province, ayant entrepris d'en faire la conquête. Cet accident ne favorisa pas peu ses desseins; car les *Indiens* prévenus par leurs Devins que le Pays passeroit sous la domination d'un Prince inconnu, & qu'ils lui seroient tous assujettis lorsque ce Volcan créveroit, regarderent cet événement comme le signal de leur défaite, & en furent si découragés que *Belalcazar* ne trouva que peu ou point de résistance; & dans l'espace d'un an il se vit maître de toute la Province, & en soumit les Peuples & & leurs Caciques au Roi d'*Espagne*. La Plaine quoique spacieuse est toute semée de gros morceaux de roc, dont quelques-uns lors de l'éruption du Volcan furent lancés jusqu'à plus de cinq lieues à la ronde. En 1743 nous trouvant sur les côtes du *Chili*, le même Volcan creva. Mais je réserve pour un autre lieu les particularités de ce dernier accident.

Les Villages de cette Jurisdiction étant situés les uns dans des lieux bas, les autres dans des lieux élevés, ont aussi des climats fort divers. En général ces Villages sont plus grands & plus peuplés que ceux d'aucun autre Corrégiment de la Province. Les habitans sont *Indiens*, ou *Métifs*, & on y trouve peu d'*Espagnols*.

Outre l'Eglise Paroissiale qui est dans ce Bourg, & qui est desservie par deux Curés, l'un pour les *Espagnols*, l'autre pour les *Indiens*, il y a un Couvent de *Cordeliers*, un de *St. Augustin*, un de la *Merci*, & un de *Jésuites*. Toutes les Eglises y sont fort bien bâties, très-propres, & ornées

nées à proportion du nombre des habitans, qu'on fait monter à 10 ou 12000 ames; la plupart font *Espagnols* & *Métices*, & parmi les premiers il y a des Familles d'une qualité distinguée & assez riches. Les *Indiens* y vivent comme à *Quito* dans des quartiers séparés proche de la Campagne.

On trouve dans ce Bourg toute sorte d'Artisans; on y fabrique, comme dans le reste de sa Jurisdiction, des Draps, des *Bayétes*, de *Tucuyos*. On y fait beaucoup de Lard, que l'on envoye à *Quito*, *Riobamba*, & *Guayaquil*, où il est fort estimé, à-cause qu'il est si bien préparé que le goût en est exquis, & qu'il ne se corrompt pas ni ne perd rien de sa bonté.

Les Campagnes aux environs du Bourg sont semées d'*Alfalfa* *, & de Saules dont les feuilles toujours vertes forment un aspect riant, qui ne contribue pas peu à rendre ce séjour un des plus agréables.

Les *Indiens* des Villages de *Pujili* & de *Saquisili*, sont excellens Potiers, & font toute sorte d'ouvrages d'argile, pots, cruches, terrines, &c. On en transporte dans toute la Province de *Quito*. L'argile qu'ils employent est rouge, fine, & a une très-bonne odeur.

Le Corrégiment de *Riobamba* vient ensuite, dont le Chef-lieu est la Ville du même nom. Sa Jurisdiction est divisée en deux Bailliages. Le Corrégidor de *Riobamba* nomme le Baillif de l'*Assiento* de *Hambato*, Bourg situé entre cette Ville & *Latacunga*. La Jurisdiction de *Riobamba* comprend dix-huit Villages, savoir,

I. *Calpi*.
II. *Lican*.
III. *Yaruquiz*.
IV. *St. Louis*.
V. *Cajabamba*.
VI. *St. Andrés*.
VII. *Puni*.
VIII. *Chambo*.
IX. *Quimia*.
X. *Pungala*.
XI. *Lito*.
XII. *Guano*.
XIII. *Hilapo*.
XIV. *Guanando*.
XV. *Pénipe*.
XVI. *Cubijies*.
XVII. *Cévadas*.
XVIII. *Pallactanga*.

Le Bailliage du Bourg de *Hambato* contient six Villages:

I. *Isamba*.
II. *Quisapincha*.
III. *Quéro*.
IV. *Péliléo*.
V. *Patate*.
VI. *Sta. Rosa de Pilaguin*.

La Ville de *Riobamba* est située par 1 deg. 41 ½ min. de Latitude Méridionale à l'occident de *Quito*. C'étoit une Bourgade d'*Indiens* lorsque *Sébastien* de *Belalcazar* y entra en 1533. L'année suivante le Maréchal
Diégo

* Sorte de **Luzerne**.

Diégo de Almagro jetta les premiers fondemens de la Ville, qui se trouve dans une Plaine fort large, quoiqu'environnée de Montagnes. Vers le Nord elle a une autre Plaine fermée par la haute Montagne de *Chimborazo*, qu'on voit de ce côté-là en plein, & dont la croupe n'est pas fort éloignée de la Ville. Dans la Plaine du Sud où la Ville est située, il y a un Lac d'environ une lieue de long sur trois quarts de lieues de large. Ce Lac est appellé *Colta*. On trouve des *Oyes* & des *Gallaretes* en quantité sur ses bords, & aux environs beaucoup de *Haciendas*.

Les rues & la grand' place de cette Ville sont fort régulieres, droites & dégagées. Les maisons sont bâties d'une pierre assez légere, mais moins que la pierre-ponce de *Latacunga*. Quelques-unes ont un étage, sans le rez-de-chaussée, particuliérement celles qui sont face à la grand' place. Le reste est fort bas, crainte des tremblemens de terre, dont elle a aussi ressenti les tristes effets, surtout de celui de 1698. Avant la conquête les *Indiens* qui composoient la Peuplade de *Riobamba*, aussi-bien que ceux qui suivoient par la partie méridionale de sa Jurisdiction, étoient appellés *Peruayes*; nom qu'ils ont conservé depuis, & par où on les distingue encore aujourd'hui des autres *Indiens* de la Province.

Outre la grande Eglise, il y a une autre Paroisse sous le nom de *St. Sébastien*, & des Couvens des mêmes Religieux qu'à *Latacunga*, avec un Monastere de Filles de la *Conception*. Il y a aussi un Hôpital presque tout ruiné, où l'on ne reçoit point de malades.

Une Riviere qui coule à l'occident baigne les murailles de la Ville, & arrose les Campagnes voisines par le moyen de divers canaux.

Le nombre des habitans est estimé de 16 à 20000 âmes; leurs mœurs & leurs usages ne sont pas différens de ceux des Citoyens de *Quito*, dont les plus distingués tirent presque tous leur origine de *Riobamba*; parce que les premieres Familles de distinction qui passerent d'*Espagne* en *Amérique* après la conquête, s'établirent dans cette derniere Ville comme dans leur Patrimoine, & que depuis les Familles distinguées de *Quito* se sont toujours alliées par des mariages avec celles-ci.

Le *Cabildo*, ou Corps de Ville, est composé de *Régidors* pris dans les principales Familles, & parmi lesquels on élit tous les ans les Alcaldes ordinaires, par l'unanimité des suffrages; car s'il s'en trouve un de contraire, l'élection est nulle. C'est à la Ville à confirmer ou à rejetter ensuite les Elus, ce qui est un privilége dont aucune autre Ville de la Province ne jouït.

Le

VOYAGE AU PEROU. Liv VI. Ch. I.

Le voifinage de la Montagne de *Chimborazo* rend le climat de cette Ville un peu plus froid que celui de *Quito*. Quand le vent fouffle de ce côté-là, le froid augmente à tel point que les Perfonnes de diftinction fe retirent à leurs *Haciendas*, qui, quoiqu'à peu de diftance de la Ville, jouïffent d'un climat plus doux. C'eft furtout depuis le mois de *Décembre* jufqu'au mois de *May* qu'on eft expofé à ce froid, parce que c'eft alors que régnent les vents de Nord & de Nord-Ouëft. Les pluyes y font moins fortes & moins fréquentes qu'à *Quito*, & les tempêtes n'y font pas fi violentes; le Ciel y eft fouvent ferein, ainfi que dans tout le refte de la Jurifdiction.

Les *Haciendas* font très-fréquens dans ce Diftrict, & les Fabriques y font en plus grand nombre, & plus confidérables qu'en nul autre lieu de la Province. Les *Indiens* y font naturellement portés à cette forte de travail, principalement dans le Village de *Guano*, lieu fameux par fes Fabriques de Bas de laine. Les *Haciendas* où l'on nourrit du menu bétail font riches, & fourniffent toute la laine qu'il faut pour les étoffes de cette efpéce. Le Terroir eft fertile; il produit en abondance toute forte de Légumes: on y voit plus fréquemment, ce que j'ai déjà dit ailleurs, femer d'un côté & recueillir de l'autre. La Campagne eft peinte de tant de diverfes couleurs, que l'Art pourroit à-peine mettre une fi grande variété dans fes tableaux.

Dans la Jurifdiction de ce Corrégiment fe trouve une vafte Plaine au Sud de la Ville. On la nomme *Tiocaxas*. Elle eft fameufe dans l'Hiftoire, pour avoir été le théatre d'une fanglante bataille entre les *Efpagnols* commandés par *Belalcazar*, & les *Indiens Puruayes*, qui vouloient l'empêcher de pénétrer jufqu'à *Riobamba*, & dans le refte de la Province. La bataille fut indécife.

L'*Affiento* de *Hambato*, fecond Bailliage de ce Corrégiment, eft bâti dans une Plaine fort étendue formée par une vafte coulée. Au Nord coule une Riviere que l'on paffe fur des ponts, à-caufe de fa profondeur & de fa rapidité. Le Bourg eft en fort bonne fituation, & n'eft guere moins confidérable que *Latacunga*, puifque l'on y compte 8 à 10000 âmes. Les maifons y font bâties de briques crues; elles font jolies, mais fort baffes crainte des tremblemens de terre. Il y a une Paroiffe, deux Succurfales, & un Couvent de Religieux *Cordeliers*. *Hambato* fut entiérement détruit par le tremblement de terre qui détruifit *Latacunga*. La terre s'ouvrit en différens endroits aux environs du Bourg, & il en refte encore au fud du Bourg une fente de quatre à cinq pieds de large & d'environ une lieue de long du Nord au Sud; & du côté du Nord, après avoir paffé la Riviere, on trouve d'autres fentes pareilles. Dans cette occafion la Montagne de *Carguairafo* toujours couverte de neige, étant venue à crever, les cendres qu'elle vomit s'étant mêlées à la prodigieufe quantité de neige que les flammes de ce Volcan fondirent, formerent une Riviere bourbeufe, qui fondant fur les Campagnes avec cette rapidité proportionnée à fa pente, détruifit les Champs enfemencés, engloutit les Troupeaux qui paiffoient fur fa route, & couvrit de fange tous les lieux par où elle paffa: on voit encore cette fange fechée par le tems au fud du Bourg.

Les habitans de *Hambato* ne different pas de ceux de *Quito* quant aux coutumes: il n'y a pas parmi eux tant de Gens de diftinction qu'à *Riobamba*. Du-refte ils font naturellement guerriers; mais méchans, & fort décriés fur la probité dans tout le refte de la Province, de-même que chez leurs voifins.

Cette Jurifdiction l'emporte en bien des chofes fur les autres Jurifdictions de la Province, foit par les ouvrages qui s'y font, foit parce que la terre y produit toutes fortes de Denrées. Le Pain qu'on fait dans le Bourg eft fameux dans toute la Province, on en tranfporte des *rufcas* * à *Quito*, où l'on en mange par régal: on en envoye en divers autres endroits, fans que le tems qu'on met à les voiturer diminue de fa bonté. Dans le Village de *Quéro* on fait toute forte d'ouvrages de menuiferie recherchés dans toute la Province, les habitans de ce Village étant prefque tous menuifiers, & les feuls de la Province qui s'appliquent à ce métier. Le terroir du Village de *Patate* eft fertile en Cannes de Sucre, & le Sucre en eft excellent. Celui de *Ste. Rofe Pilaguin*, fitué fur la croupe du *Carguairafo*, produit beaucoup de bon Orge; & le terroir aux environs de *Hambato* eft fertile en Fruits excellens, dont on envoye une quantité confidérable à *Quito*, furtout de l'efpéce de ceux que nous avons en *Europe*, & qui y viennent très-bien à-caufe de la température de l'air.

Le Corrégiment de *Chimbo* eft à l'occident de celui de *Riobamba*, entre celui-ci & celui de *Guayaquil*. Il eft compofé d'un Bourg & de fept Villages: le Bourg eft *Chimbo*, où réfidoit autrefois le Corrégidor, qui fait maintenant fon féjour à *Guaranda*, pour la commodité du Commerce. Le Bourg ou *Affiento* eft compofé d'environ 80 familles pauvres, parmi lesquelles il y a quelques *Efpagnols* établis; mais les *Métifs* & *Indiens* font le plus grand nombre de fes habitans.

Villa-

* Sorte de bifcuit.

Villages du Corrégiment de *Chimbo*.

I. San Lorenzo.
II. Afancoto.
III. Chapacoto.
IV. San Miguel.
V. Guaranda.
VI. Guanujo.

Le Village de *Guaranda* eſt le plus peuplé de tous. Les habitans ſont la plupart *Métifs*, les autres ſont *Indiens*, & il y a peu d'*Eſpagnols*.

Comme ce Corrégiment de *Cimbo* eſt le premier des Montagnes qui confine à celui de *Guayaquil*, c'eſt auſſi celui qui entretient les plus de Mules qui vont par grandes troupes appellées *Reynas*, & entretiennent le Commerce entre *Quito* & les autres Provinces du *Pérou* par la voye de *Guayaquil*, où elles tranſportent des ballots de Drap & autres Etoffes & Toiles des Fabriques de la Province de *Quito*, ainſi que les Farines & autres Denrées qu'elle produit; & en rapportent à leur retour du Vin, de l'Eau-de-vie de vin, des Raiſins ſecs, du Sel, du Coton, du Poiſſon, de l'Huile & autres Denrées, qui manquent dans cette Province. Ce Commerce eſt d'une utilité conſidérable pour les habitans de cette Juriſdiction; mais il faut remarquer qu'il ne peut avoir lieu que pendant l'Eté; car dès que l'Hiver vient, les chemins ſont impraticables pour des Bêtes de ſomme, comme nous l'avons dit ailleurs; c'eſt ce que les gens du Pays appellent *Cerranſe la Montanna* *.

L'air de *Guaranda* & de la plus grande partie de la Juriſdiction de *Chimbo* eſt très-froid, à-cauſe de la proximité du *Chimborazo*. Le terroir eſt fort étendu & fertile, comme dans les autres parties de la Province deſquelles il a été fait mention; mais les *Haciendas* conſiſtent généralement, ou en Troupeaux de Mules qu'on y nourrit, ou en Grains.

Le Corrégiment de *Guayaquil* eſt le dernier à l'occident de celui de *Guaranda*. En ayant déja donné ailleurs la deſcription, nous nous contenterons d'y renvoyer ici le Lecteur.

CHAPITRE II.

Continuation des Remarques ſur les derniers Corrégimens de la Province de Quito.

LE Corrégiment de *Cuenca* commence au Sud de celui de *Riobamba*. *Cuenca*, qui en eſt le Chef-lieu, fut fondée en 1557 par *Gil Ramirez Davalos*. La Juriſdiction eſt diviſée en deux Parties ou Bailliages, dont

l'un

---

* *La Montagne eſt fermée.*

l'un appartient à la Ville même, & l'autre au Bourg d'*Alauſi*, & s'étend juſqu'aux confins de la Jurisdiction de *Riobamba*. Le Bailliage d'*Alauſi* eſt gouverné par un Lieutenant nommé par le Corrégidor de *Cuenca*, & compte dans ſon reſſort quatre Villages principaux.

I. *Chumche*.
II. *Guaſuntos*.
III. *Cibambe*.
IV. *Ticſan*.

Le Bailliage de *Cuenca* en compte dix:

I. *Azogues*.
II. *Atuncannar*.
III. *Giron*.
IV. *Cannary-Bamba*.
V. *Spiritu Santo*.
VI. *Paccha*.
VII. *Gualaſéo*.
VIII. *Pauté*.
IX. *Délec*.
X. *Molleturo*.

La Ville de *Cuenca* eſt ſituée par les 2 deg. 53 min. 42 ſec. de Latitude Auſtrale, & à 29 min. 26 ſec. à l'occident du Méridien de *Quito*. Elle eſt dans une Plaine fort grande, que traverſe une Riviere nommée *Machangara*, à un peu plus d'une demie-lieue au nord de la Ville. Le *Matadero*, autre Riviere qui baigne les murs de la Ville du côté du Sud, coule par la même Plaine. Une troiſiéme Riviere nommée *Yanuncay* coule un peu plus loin, environ à un demi quart de lieue de la Ville. Enfin à la même diſtance paſſe une quatriéme Riviere, qui eſt celle de *Los Bagnos*, nom qu'elle prend d'un Village près duquel elle paſſe. Ces quatre Rivieres, quoique guéables ordinairement, ſont dangereuſes dès-qu'elles s'enflent, & alors il faut les paſſer ſur des ponts.

La Plaine où la Ville eſt bâtie s'étend à plus de ſix lieues au Nord. Les quatre Rivieres dont nous avons parlé courent au-travers de cette Plaine, & à quelque diſtance de-là elles ſe joignent enſemble & ſe confondent pour former un Fleuve conſidérable. Du côté du Sud on trouve encore une autre Plaine d'environ deux lieues, toute couverte d'Arbres plantés réguliérement, & de *Chacaros* ou Terres cultivées qui embelliſſent le Pays en tout tems.

On peut compter parmi les Villes du quatriéme rang celle de *Cuenca*. Les rues ſont droites & aſſez larges, les maiſons bâties de briques crues, & couvertes de tuiles. Pluſieurs ont un étage outre le rez-de-chauſſée: celles du Fauxbourg ſont conſtruites ruſtiquement & ſans alignement, n'étant habitées que par des *Indiens*: les rues ſont arroſées de l'eau de diverſes rigoles, que les Rivieres fourniſſent: & la Ville pourroit être le jardin & les délices non ſeulement de cette Province, mais de tout le *Pérou*, tant à-cauſe de la commodité des eaux qui y coulent de toutes

parts,

VOYAGE AU PEROU. Liv. VI. Ch. II.

parts, que par sa situation & la fertilité du terrain : avantages bien rares dans ces Contrées, mais que la faineantise & l'indolence des habitans rendent inutiles. Les Montagnes qui élévent si fort leurs têtes dans le *Pérou* jusqu'à *Quito*, diminuent ici, & deviennent de petites Collines qui semblent n'être faites que pour la variété des Champs ; mais bientôt elles recommencent à s'élever, & l'on s'en apperçoit en voyant l'*Azuay*, Montagne qui sépare cette Jurisdiction de celle d'*Alausi*. Ainsi rien ne borne la vue autour de *Cuenca* ; elle peut parcourir sans obstacle de vastes & agréables Campagnes.

Il y a trois Paroisses à *Cuenca*. La principale est pour les *Espagnols* & les *Métifs* ; les deux autres, appellées l'une *St. Blaise*, & l'autre *St. Sébastien*, sont pour les *Indiens*. Outre ces trois Eglises, il y a encore un Couvent de *Cordeliers*, un de *Dominicains*, un d'*Augustins*, un de la *Merci*, & un Collége de *Jésuites*, deux Couvens de *Religieuses*, un de la *Conception* & l'autre de *Ste. Thérése*. Quant à l'Hôpital il est dans un état pitoyable, & ne mérite pas ce nom. Il est mal administré, & plus qu'à demi-ruiné.

Le Corps de Ville est composé de Régidors & d'Alcaldes ordinaires, qu'on élit selon la coutume tous les ans, & qui ont à leur tête le Corrégidor. Le Tribunal, ou Chambre des Finances établie à *Cuenca* est composée d'un Controlleur & d'un Trésorier. Cette Chambre étoit autrefois à *Séville de l'Or*, Ville & Chef-lieu du Bailliage de *Macas* ; mais après la perte de la Ville de *Logronno*, de la Bourgade de *Guamboya* & autres Lieux, elle fut transférée à *Loja*, & de-là à *Cuenca* où elle est restée jusqu'à-présent. Les Deniers qui entrent dans les Caisses du Roi consistent dans les Tributs des *Indiens* de ce Bailliage, de celui d'*Alausi*, du Corrégiment de *Loja*, & du Gouvernement de *Jaen de Bracamoros* ; à quoi il faut ajoûter les *Alcavales*, ou Impôts sur les Denrées, & les Droits de Douane des Magazins de *Naranjal*.

Quant aux habitans de *Cuenca*, ils ne different pas dans leur espéce de ceux de *Quito*, mais on y remarque quelque différence quant au génie & aux mœurs. En effet ceux de *Cuenca* surpassent en paresse tous les autres Peuples, ils ont une aversion insurmontable pour toute sorte de travail : le petit-peuple y est tapageur, vindicatif, & enclin à toute sorte de méchancetés. Les femmes au-contraire y sont laborieuses, & aiment à s'occuper. Elles filent la laine, & fabriquent des Bayétes qui sont estimées dans tout le *Pérou* par leur bonne qualité & la finesse de la teinture qu'elles savent leur donner : elles font aussi des *Tucuyos*, traitent avec les Marchands, vendent, achettent, & font aller ce petit Commerce, qui est

toute

toute la reſſource de leurs familles, pendant que leurs Maris, ou leurs Freres, ou leurs Peres ſe livrent à l'oiſiveté & à tous les vices qui en ſont la ſuite. On croit que le nombre des habitans de cette Ville monte à 25 ou 30000 âmes. Ces habitans & tous ceux de cette Juriſdiction ſont connus ſous le nom vulgaire de *Morlaques*.

La douceur du climat répond à la bonté du terroir de ce Pays. En effet la liqueur ſe maintient dans le Thermométre depuis 1013 juſqu'à 1015 dans toutes les ſaiſons de l'Année, par conſéquent on y ſent très-peu de froid, & la chaleur n'y eſt point incommode. Les orages y ſont pareils à ceux de *Quito*; quand l'air eſt paiſible le Ciel eſt ſerein, & le Climat eſt ſain, beaucoup moins ſujet à cauſer des fiévres malignes, & des pleuréſies que celui de *Quito*, quoique ces deux maladies ſoient générales dans toute la Province. Les Campagnes ſont remplies de *Haciendas*, dont pluſieurs ſont fertiles en Cannes de Sucre, les autres conſiſtent en Grains qui ſervent à nourrir du Bétail, & l'on y fait quantité de Fromage, fort recherché dans toute la Province & au-dehors, & qui ne le céde pas à celui d'*Europe*.

Atun-Cannar, qui veut autant dire que *Grand Cannar*, eſt un Village fameux par la grande quantité de Grains que ſon terroir produit, de-même que par la valeur des anciens *Indiens*, par les richeſſes renfermées dans les terres de ce Lieu, & par la fidélité des habitans envers *Tupac-Yupanqui*, *Inca* auquel ils ſe ſoumirent, ne ſe voyant pas en état de réſiſter aux forces de ce Prince. Il firent plus, & lui rendirent tous les honneurs dont ils purent s'aviſer; deſorte que l'*Inca*, charmé de leur zéle, voulut leur en témoigner ſa ſatisfaction, & fit bâtir dans leur Pays des Temples magnifiques pour le Culte du Soleil, des Palais, des Maiſons ſomptueuſes, & des Fortereſſes, le tout de pierre & dans le goût des Edifices & Fortereſſes de *Cuzco*. Les murs en-dedans étoient revêtus de lames d'or. On voit encore dans ce Pays les reſtes d'un Palais & d'une Fortereſſe, qui ne ſont pas ſi défigurés qu'on n'y apperçoive des traces de cette magnificence; nous en ferons ailleurs la deſcription. Ces *Indiens Cannaris* furent la victime de leur fidélité; car s'étant déclarés pour *Huaſcar Inca* leur légitime Souverain contre le rebelle *Ata-Huallpa* ſon Frere, & celui-ci ayant été victorieux, fit tomber tout le poids de ſa vengeance ſur ce pauvre Peuple, qui n'avoit commis d'autre crime que d'avoir fait ſon devoir, & en fit égorger 6000 hommes, dont le ſang acheva de ſouiller la victoire du Tyran, & acquit à ce Peuple une gloire immortelle.

Les *Indiens* de *Guaſuntos* & de *Pomallacta* avoient toujours été étroitement

tement alliés avec ceux d'*Atun-Cannar*, & pour marquer encore mieux leur affociation avec eux ils prenoient le nom de *Cannarijiens*. On voit encore chez eux des veftiges d'anciennes Forterefles.

L'*Afjiento* d'*Alaufi*, qui, comme nous l'avons dit, eft le Chef-lieu du Bailliage de ce nom, ne contient qu'un petit nombre d'habitans, parmi lefquels on compte quelques Familles diftinguées d'*Efpagnols*; le refte eft de *Métifs* & d'*Indiens*. Il n'y a d'autre Eglife que la Paroiffe, qui même eft affez pauvre.

Le Village de *Ticfan* appartenant à ce Bailliage a été ruiné par des tremblemens de terre, & abandonné par les habitans, qui fe font bâti des habitations dans un lieu qu'ils ont cru moins expofé à ces fâcheux accidens, dont toutes les Montagnes d'alentour portent de triftes marques, étant toutes fendues & entrouvertes en précipices caufés par les fréquentes fecouffes de la terre. On voit même en plufieurs endroits des crevaffes de deux à trois pieds de large, ce qui prouve que ce qui fait trembler la terre y fait auffi des ouvertures. L'air de ce Bailliage eft un peu plus froid que celui de *Cuenca*, mais le terroir n'y eft pas moins fertile.

Je parlerai ailleurs plus au long des Mines du Pays de *Cuenca*, parmi lefquelles, felon l'opinion commune, celles d'Or & d'Argent ne font pas les moindres. La renommée s'eft même tant plû à les groffir, que pour prouver combien ces précieux Métaux y abondent, on rapporte une avanture de la vérité de laquelle je ne prétens pas être garant : elle eft trop au-deffus de l'ordre des chofes naturelles pour ne pas révolter la Raifon. Je ne laifferai pourtant pas de la rapporter, non pas pour la rendre plus croyable, mais pour donner une idée de l'opinion qu'on a des richeffes qu'on prétend que cette terre renferme dans fes entrailles : opinion qui ne peut être qu'une tradition des anciens *Indiens* ; car dans ces fortes d'affaires où le fuccès eft incertain, la fiction eft d'ordinaire appuyée fur quelque principe qui ne l'eft point.

Entre les Vallées de *Chuqui-Pata*, qui s'étendent au Sud du Village des *Azogues*, & celle de *Paute* qui s'étend à l'Orient jufqu'à la Riviere du même nom, on trouve diverfes Collines qui féparent les deux Plaines, & parmi ces Collines il en eft une qui s'élève de beaucoup au-deffus des autres & fe fait remarquer par fa hauteur. On la nomme *Supay-Urco*, & ce nom lui vient de l'hiftoire que nous allons raconter. Un habitant de la Province d'*Eftramadure* en *Efpagne*, fe trouvant dans une mifere extrême, entra dans un tel défespoir, que tantôt il invoquoit le Diable à fon

Tome I. M m

secours, tantôt il prenoit la résolution de s'arracher une vie qui lui étoit à charge. Enfin transporté de fureur il alloit attenter sur ses jours, quand le Diable lui apparut, mais sous une forme & des habits capables de déguiser sa profession. Le Diable voyant l'*Estramadour* dans ce terrible transport, feignit d'en ignorer la cause, & la lui demanda. L'autre l'en ayant instruit, le Diable pour le consoler, lui offrit de lui enseigner un endroit où il pourroit prendre à son gré autant de richesses qu'il voudroit; qu'il n'avoit qu'à le suivre. L'*Estramadour* accepta avec plaisir l'offre qu'on lui faisoit, & prévoyant qu'il lui faudroit marcher quelques jours avant que d'arriver à cet endroit, il se munit de quelques pains qu'il mit dans ses poches; mais en attendant l'heure où il devoit se rendre à un certain lieu prescrit par son conducteur, où celui-ci avoit promis de le joindre pour faire ensuite le voyage ensemble, il arriva qu'il s'endormit, & qu'à son réveil il se trouva dans un Pays aussi inconnu à ses yeux que le pouvoit être la Plaine de *Chuqui-Pata* qui paroissoit à sa vue, & la Montagne de *Supay-Urco*, sur la croupe de laquelle il se trouvoit transplanté. On peut juger quel fut l'étonnement de notre homme à l'aspect d'une terre qui lui sembloit si étrangere. Il ne savoit si c'étoit réalité ou illusion. Dans cette perplexité, il résolut de s'approcher d'une des maisons qu'il découvroit, & de tâcher d'éclaircir ses doutes. Il se trouva, par le plus grand hazard du monde, que l'habitation où il se présenta appartenoit à un particulier natif de la Province d'*Estramadure* en *Espagne*. Celui-ci averti par ses domestiques qu'il y avoit-là un étranger qui se disoit *Estramadour*, accourut pour le voir, & le pria d'entrer chez lui; & comme c'étoit l'heure de déjeuner, il le pria d'agréer qu'il le régalât. On se mit donc à table, & en attendant qu'on eût servi, l'*Estramadour* fit mille questions à son nouvel hôte sur son Pays, ses amis, ses parens, qu'il n'avoit vus depuis longtems. Le nouveau-venu ayant sur ces entrefaites tiré son pain de sa poche, le maître du logis frappé à cette vue, & ne pouvant comprendre comment il avoit pu conserver dans un si long voyage du pain qui paroissoit encore frais, & qui par sa figure témoignoit avoir été fait en *Estramadure*, veut éclaircir les doutes qui naissent en foule dans son esprit: il interroge son hôte, & le prie de lui apprendre comment il avoit pu en si peu de tems faire un si long voyage & traverser tant de Mers; à quoi celui-ci ayant satisfait, on ne douta plus que cette étonnante avanture ne fût l'ouvrage de Satan; & depuis ce tems-là, ajoûte-t-on, la Montagne fut appellée *Supay-Urco*, qui signifie, *Montagne du Diable* : chacun s'étant persuadé que Satan avoit transporté cet hom-

me

me sur cette Montagne pour l'enrichir, en le mettant à même de fouiller dans les tréfors qu'elle renferme dans ses entrailles. Cette histoire est si accréditée parmi les habitans de la Jurisdiction de *Cuenca*, qu'il n'y a personne qui l'ignore. Le Pere *Manuel Rodriguez*, dans son Histoire du *Marannon*, Liv. II. Chap. IV. en fait aussi mention: d'où il paroît que cette tradition est aussi ancienne que ceux de *Cuenca* le donnent à entendre, que sans être altérée par le laps des tems elle a subsisté constamment dans ce Pays jusqu'aujourd'hui; & qu'enfin c'est-là la raison pourquoi on est communément persuadé dans cette Contrée, que la Montagne en question renferme des richesses immenses, sans qu'ils en ayent d'autre preuve que leur préjugé.

Loja est le dernier Corrégiment de l'Audience de *Quito* de ce côté-là. La Ville qui donne son nom à ce Corrégiment fut fondée en 1546. par le Capitaine *Alonso de Mercadillo*. Elle ne différe presqu'en rien du *Cuenca*, sinon que l'air y est plus chaud, comme dans tout le reste de sa Jurisdiction, laquelle renferme 14 Villages, qui sont:

I.	*Saraguro, y Onna.*	VIII.	*Zozvranga.*
II.	*San Juan del Valle.*	IX.	*Dominguillo.*
III.	*Zaruma.*	X.	*Catacocha.*
IV.	*Tuluc.*	XI.	*San Lucas de Amboca.*
V.	*Guachanama.*	XII.	*El Sisne.*
VI.	*Gonzanama.*	XIII.	*Malacatos.*
VII.	*Cariamanga.*	XIV.	*San Pedro del Valle.*

La Ville a deux Paroisses, & des Couvens de divers Ordres, entre autres un de Filles, un Collége de Jésuites, & un Hôpital.

C'est dans le terroir de ce Corrégiment que croît le fameux Spécifique contre les fiévres intermittentes connu en *Espagne* sous le nom de *Cascarilla de Loja*, & dans le reste de l'*Europe* sous celui de *Quinquina*. Il y en a de diverses qualités, & entre autres un plus parfait que les autres par son efficacité. M. *de Jussieu*, dont nous avons déjà parlé ailleurs, étant chargé principalement de l'examen des Plantes, fit un voyage exprès à *Loja* pour examiner l'Arbre qui produit ce fameux Fébrifuge. Il en a fait une description fort circonstanciée pour la satisfaction de ceux qui s'appliquent à la Botanique, & avec cette capacité qu'on lui connoît il en distingue les différentes espéces. Il voulut bien avant son depart donner au *Corrégidor* de *Loja* les instructions nécessaires pour distinguer la meilleure espéce, ainsi qu'aux *Indiens* qui sont employés à la couper, pour qu'ils ne la mêlassent pas avec les autres, & qu'on eût toujours eu *Europe* celle qui eſt la plus efficace. Il leur enſeigna en même tems la maniere d'en faire des extraits ; & enfin il eut la ſatisfaction d'en établir l'uſage dans ce Pays, où elle n'étoit jamais employée, quoique le climat y cauſe autant de ces ſortes de fiévres, qu'aucun autre : mais c'eſt que les habitans ſe figuroient que cette Drogue ne paſſoit en *Europe* que pour y être employée à teindre les Etoffes ; & quoiqu'ils n'ignoraſſent pas abſolument ſa vertu, ils croyoient que ce Simple étant extrêmement chaud, il ne pouvoit leur être utile, & ils en appréhendoient même l'uſage. Mais Mr. de *Juſſieu* les raſſura, & les deſabuſa tellement par quelques heureuſes expériences, qu'ils en uſent aujourd'hui fréquemment & avec tant de confiance, qu'ils en prennent pour toute ſorte de fiévres, & toujours avec un ſuccès capable de les confirmer dans l'idée qu'ils ont de ſa propriété. C'eſt ce que j'ai appris de perſonnes dignes de foi qui avoient été à *Loja*, & par des gens mêmes de cette Ville.

L'Arbre qui produit cette fameuſe Ecorce n'eſt pas grand, il n'a guere plus de deux toiſes & demie de haut du pied juſqu'au ſommet. Le tronc & les branches ſont d'une groſſeur proportionnée. La différence vient préciſément de la groſſeur de l'Arbre, l'écorce des plus gros n'étant pas la meilleure. Il y a auſſi quelque différence à faire dans la fleur & la graine. Pour tirer le *Quinquina*, on coupe l'Arbre, on cerne l'écorce, & après qu'on l'a détachée du bois, on la fait ſecher. A force de couper ces Arbres on n'auroit depuis longtems plus de *Quinquina*, ſi les graines qui tombent à terre n'en produiſoient d'autres, deſorte qu'on voit des Montagnes qui en ſont toutes couvertes : ce qui n'empêche pas qu'on ne remarque une diminution conſidérable ; car comme on n'a pas l'attention d'en ſemer de nouveaux, ceux qui viennent d'eux-mêmes n'égalent pas le nombre de ceux qu'on coupe.

On a découvert dans le Territoire de *Cuenca* pluſieurs Montagnes où croiſſent des Arbres de la même eſpéce ; & dans le tems que j'étois dans ce Pays le Curé Mayeur de *Cuenca* fit ramaſſer une certaine quantité de ce *Quinquina* qu'il envoya à *Panama*, qui eſt le ſeul débouché de cette marchandiſe : cet exemple, joint aux aſſurances données aux habitans de cette Ville que leur *Quinquina* étoit le même que celui de *Loja*, en engagea pluſieurs à découvrir davantage de ces Arbres, & ils trouverent que dans toute l'étendue de cette Juriſdiction il y avoit des Montagnes qui en étoient toutes remplies.

Le terroir de *Loja* a auſſi l'avantage de produire de la Cochenille, qui ſelon de fort habiles gens eſt de la même eſpéce & de la même qualité

que

que celle de la Province d'*Oaxa* dans la *Nouvelle Espagne*; mais les habitans de *Loja* ne font pas fi foigneux que ceux de cette Province, d'en cueillir en affez grande quantité pour en faire un Commerce réglé. Ils fe contentent d'en cultiver autant qu'il leur en faut pour leur ufage particulier, & pour celui des Teintureries de *Cuenca*. C'eft à la Cochenille qu'il faut attribuer le cas que l'on fait des Bayétes de *Cuenca* & des Tapis de *Loja*, que l'on préfere à ceux de *Quito*. Je ne nierai pourtant pas que cette préférence ne puiffe provenir de l'habileté des Ouvriers, plus adroits à *Loja* & à *Cuenca* que ceux de *Quito* & des autres lieux de cette Province où l'on fabrique les mêmes marchandifes. La Cochenille croît auffi dans le Bailliage de *Hambato*, quoiqu'on n'en faffe pas des récoltes formelles; mais il n'eft pas douteux que fi on la cultivoit avec plus de foin, elle ne vînt auffi bien en abondance qu'en petite quantité.

Puifque je fuis venu infenfiblement à parler de cet Infecte fi fameux par le beau rouge qu'il donne à la Laine, à la Soye, au Lin & au Coton, il ne fera pas hors de propos de le faire connoître un peu plus particuliérement: pour cet effet je rapporterai non feulement ce que j'ai obfervé moi-même à *Loja* & à *Hambato*, mais auffi ce que j'ai appris de perfonnes au fait de cette matiere, & qui connoiffent à fond les productions de la Province d'*Oaxaca*, qui eft pour ainfi dire la fource de la Cochenille.

La Graine ou Cochenille croît, fe nourrit, & fe perfectionne dans une Plante, connue dans la Province d'*Oaxaca*, & dans tous les lieux où elle vient, fous le nom de *Nopal** ou *Nopaléra*. Elle reffemble, mais avec quelque différence dans les feuilles, à la Plante nommée *Tuna*, qui croît en abondance dans l'*Andaloufie*. Les feuilles de la *Tuna* font larges & plattes, pleines d'épines par-tout, les unes grandes, les autres petites; celles du *Nopal* au-contraire font prefque rondes, ou plutôt ovales, formant diverfes éminences; elles ne font point couvertes d'épines, mais d'une peau déliée & lice, toujours vertes.

On féme le *Nopal* en faifant en terre des trous de demie aune de profondeur, à deux aunes de diftance les uns des autres, & rangés à la file comme on plante les Vignes. Dans chacun de ces trous on met une ou deux feuilles de *Nopal* étendues, que l'on couvre enfuite de terre. La feuille commence bientôt après à paroître & à pouffer une plante, qui va toujours en croiffant, & commence à former un tronc, qui fe divife en même tems en plufieurs branches, qui produifent fucceffivement de nouvelles feuilles,

* Les *François* des Iles la nomment *Raquette*, & quelques Voyageurs l'appellent *Figuier des Indes*. Not. du Trad.

feuilles, dont les plus grandes font celles qui font le plus près de l'endroit où naît le tronc. Ce tronc eſt rempli de nœuds de-même que les rameaux, c'eſt de ces nœuds que les feuilles viennent; toute la plante n'a que trois aunes de hauteur au plus.

Le *Nopal* eſt dans ſon plus grand degré de perfection, comme les autres Plantes dès le Printems, qui commence en *Oaxaca* & dans ces parties ſeptentrionales de l'*Amérique Eſpagnole* avec les mêmes mois qu'en *Eſpagne*. Alors il fleurit, & ſa fleur eſt petite, ayant la figure d'un cocon incarnat, du centre duquel ſort la *Tuna* (c'eſt le nom qu'on donne auſſi au fruit); & à meſure que celle-ci croît, la fleur perd ſa vive couleur & ſe ternit juſqu'à ce qu'elle tombe. Quand la Figue ou *Tuna* eſt mure, ſa peau extérieure eſt blanche, mais ſa chair eſt d'un beau cramoiſi. Ceux qui en mangent peuvent compter que leur urine reſſemblera parfaitement à du ſang quant à la couleur, ce qui effraye d'abord ceux qui n'y ſont point accoutumés; mais c'eſt ſans conſéquence, & le fruit eſt ſain & fort bon à manger.

Pour cultiver les *Nopales*, il ne faut qu'avoir ſoin de nettoyer le terrain où ils croiſſent de toute autre herbe, afin qu'ils profitent mieux. On les émonde après qu'on en a tiré la graine, ce qui ſe fait en coupant & retranchant toutes les feuilles, afin qu'ils en pouſſent de nouvelles l'année ſuivante; car il eſt remarquable que quand ces rejettons ſont nouveaux la graine qui s'en nourrit eſt de meilleure qualité, & groſſit davantage que quand ils ſont vieux de quelques années, auquel cas il faut les replanter au moyen des feuilles qu'on en a coupées.

Il fut un tems où l'on croyoit que la Graine ou Cochenille étoit un fruit, une ſemence de certains Arbres ou Plantes: c'étoit une erreur fondée ſur l'ignorance où l'on étoit de la maniere dont elle ſe reproduiſoit & ſe multiplioit. Aujourd'hui il n'y a perſonne qui ne ſache que c'eſt un Animal vivant, & non un Fruit. Son nom vient de ſa reſſemblance avec les *Cochinillas* *, qu'on trouve dans les lieux humides, & en particulier dans les jardins. Quand on les touche elles ſe tortillent, & forment une petite balle un peu plus petite qu'un pois. En quelques Provinces on les connoît ſous le nom de *Baquillas de San Anton*, ou *petites Vaches de St. Antoine*. Telle eſt la figure de la Cochenille, avec cette différence qu'elle ne

* Ce mot *Eſpagnol* eſt un diminutif de *Cochino*, *Cochon*, & c'eſt ainſi qu'on appelle en *Eſpagne* les *Cloportes*, ſorte d'Inſecte qu'on appelle en quelques Provinces de *France Porc*, ou *Porcelet de St Antoine* & en Dauphiné *Caïou*, qui ſignifie *Cochon*. Au-reſte cet Inſecte eſt commun dans les caves, les vieilles murailles, & en général par-tout où il y a de l'humidité. Not. du Trad.

ne se tortille point. Sa grosseur n'excede pas celle des Tiques, sorte de Vermine qu'on voit communément sur la peau des Chiens & dans la toison des Brebis.

Cet Animal dépose ses œufs avec beaucoup de soin sur les feuilles du *Nopal*: là, à-mesure qu'ils éclôsent, ils sucent le jus de la feuille & le convertissent insensiblement en leur propre substance, qui les rendent du plus beau rouge qu'on puisse voir, au-lieu qu'ils étoient auparavant comme de l'eau & ne paroissoient bons à rien. La Cochenille dépose ses œufs ou sa semence pendant les mois de *May* & de *Juin*, pendant que la plante est dans sa plus grande vigueur & a le plus de substance. D'abord l'Animal en sortant du germe, n'est pas plus gros qu'un Ciron, mais dans l'espace de deux mois il grossit au point que nous venons de le dire: avant que d'éclôre il est sujet à divers accidens qui le détruisent, & avec lui l'espérance de la récolte. Un des plus dangereux de ces accidens, c'est le vent de Nord, qui étant naturellement impétueux, emporte les œufs de la Cochenille en les détachant du *Nopal*. Les pluyes, les neiges, les brouillards & les gelées tuent ces Animaux, & brulent en même tems les feuilles de la plante. Dans ces sortes de cas l'unique moyen de les conserver, c'est d'entretenir du feu & de faire beaucoup de fumée à une petite distance.

Les Poules, & certains petits Oiseaux sont les ennemis mortels des Cochenilles dont ils aiment fort à se nourrir, de-même que quelques Insectes qui naissent là où il y a des *Nopals*: c'est pourquoi il faut les garantir des uns & des autres, écartant avec soin les Oiseaux, & détruisant les Vermisseaux qui leur nuisent.

Quand la Cochenille est au point qu'elle doit être, on la met dans des pots de terre, observant qu'elle n'en puisse sortir, ni s'éparpiller; car en ce cas elle se perdroit, ce qui n'arrive point quand elle est sur le *Nopal*; parce que cette plante étant son élément naturel, elle ne s'en écarte jamais, quoiqu'elle passe d'une feuille à l'autre. Pour éviter qu'elles ne s'écartent, on les couvre dès-qu'elles sont parvenues à leur parfaite grosseur, & aussitôt qu'on les a amassées on les tue: c'est ce que les *Indiens* font de diverses manieres, les uns employant l'eau chaude, les autres le feu, & les autres le Soleil; & de-là vient que la couleur de la Cochenille est plus ou moins vive, pâle, ou foncée. Toutes ces trois méthodes requierent un certain tempérament. Quand c'est avec de l'eau chaude on fait attention au degré de chaleur qu'elle doit avoir, & à la quantité qu'on en verse. Ceux qui employent le feu mettent la Cochenille

nille sur des pêles qu'ils fourrent dans un four chauffé, mesurément à ce dessein; car il importe, pour que la Cochenille soit de meilleure qualité, qu'on ne la laisse pas trop secher en la tuant. Tout cela bien considéré, il paroît que la meilleure maniere est d'employer la chaleur du Soleil pour cette opération.

Outre l'attention qu'il faut avoir dans la maniere de tuer la Cochenille, il faut aussi connoître parfaitement le point où il convient de l'ôter du *Nopal*; mais comme cela dépend de l'expérience, on n'en peut donner des régles fixes. On remarque même que dans les Provinces où les *Indiens* s'employent à ce travail, il y a de la différence entre la Cochenille qu'on recueille dans un Village, & celle qu'on recueille dans l'autre, & même entre celle que chaque *Indien* du même Village recueille, chacun se réglant sur la pratique & la méthode particuliere qu'il s'est faite.

On peut à certains égards comparer la Cochenille aux Vers-à-soye, particuliérement dans la maniere de faire leur semence; car après qu'on a pris les Cochenilles qu'on destine à cet usage, on les met dans un cofin doublé en-dedans de grosse toile en plusieurs doubles pour qu'il ne s'en perde aucune: la Cochenille y pose ses œufs, après quoi elle meurt. On tient le cofin bien fermé jusqu'à ce qu'il soit tems de porter la semence aux *Nopals*: alors on prend garde s'il y a quelque mouvement dans le cofin, & s'il y en a on en infere que la Cochenille est éclose: mais comme cet Animal est si petit dans sa naissance, il n'est pas aisé de l'appercevoir distinctement. C'est cette semence que l'on place sur les feuilles du *Nopal*; la quantité qu'un œuf de Poule peut en contenir suffit pour en remplir une de ces plantes dans toute son étendue; & ce qu'il y a de singulier, c'est que pour se nourrir cet Animal ne ronge pas la feuille ni ne l'altére visiblement, il ne fait qu'en sucer insensiblement le jus à-travers la peau qui couvre les feuilles.

Les Pays connus où croît la Cochenille sont *Oaxaca*, *Tlascala*, *Chahula*, la *Nouvelle-Gallice*, *Chiapa* dans la *Nouvelle Espagne*, *Hambato*, *Loja*, & *Tucuman* du *Pérou*; & quoique dans tous ces Pays les *Nopals* croissent aussi-bien dans l'un que dans l'autre, ce n'est pourtant qu'à *Oaxaca* que l'on fait de grandes récoltes de Cochenille & un grand Commerce de cette sorte de Marchandise, parce les *Indiens* s'y appliquent à la cultiver; & dans les autres Pays la Cochenille vient sans culture & sans soin de la part des habitans, c'est pourquoi on appelle *Cochenille sauvage* celle qu'on y recueille; non qu'elle soit d'une autre espéce, non plus que les *Nopals*; car quoiqu'elle differe dans la couleur d'avec celle d'*Oaxaca*, cela ne vient
que

que du défaut de culture, & non de la différence d'espéce. La raison pourquoi les *Indiens* ne la cultivent pas dans les autres Pays, c'est ou parce qu'ils ne sont point au fait de ce Négoce, ou parce qu'ils sont rebutés des soins qu'il faut avoir pour conserver ces petits animaux jusqu'à leur degré de perfection, & de la difficulté de les préserver des accidens qui en font perdre la récolte.

Quant au climat qui convient le plus à cet Animal, on ne peut le déterminer bien précisément, vu que dans le Pays d'*Oaxaca* il y a différentes sortes de climats, comme dans la Province de *Quito*: dans un endroit l'air est chaud, dans l'autre tempéré, & froid dans le troisiéme, & néanmoins la Cochenille vient aussi-bien dans l'un que dans l'autre. On peut cependant assurer que le climat tempéré est le plus convenable, & le terroir le plus sec & le plus aride est le plus avantageux à la plante: c'est ainsi du-moins que le dénote le *Nopal*, qui croît beaucoup mieux dans ces sortes de terroirs que dans aucun autre: aussi remarque-t-on que cette plante est beaucoup plus commune à *Hambato* & à *Loja*, que dans les endroits où il fait plus chaud ou plus froid.

A mon avis, la Province d'*Andalousie* en *Espagne* seroit un Pays fort convenable pour la Cochenille, tant par rapport à la nature du Climat, que parce que les *Tunas* ou *Figuiers d'Inde* y viennent si bien. Elle y seroit à l'abri des gelées, des brouillards & des neiges, surtout durant le Printems, l'air y étant si tempéré que le froid ni le chaud n'y sont jamais excessifs, & tel qu'il le faut à l'animal en question, ainsi que nous l'avons déjà dit.

Loja a été autrefois une des principales Villes de cette Province, mais aujourd'hui on y compte à peine 10000 habitans. Ils sont connus dans toutes ces Contrées sous le nom de *Lojanos*, & ne sont pas si méchans que ceux de *Cuenca*. Pour le naturel, les coutumes, & les qualités, ils ressemblent aux autres Peuples de ce Corrégiment, sans être aussi sujets à la paresse que ceux de *Cuenca*. Ce Corrégiment fournit une grande quantité de Bœufs & de Mules aux autres lieux de la Province, & même à *Piura* dans les Vallées; on y fabrique aussi des tapis très-beaux & estimés dans tout le Pays.

Le Corrégidor de *Loja* réunit toujours en sa personne les Dignités de Gouverneur de *Yaguarsongo* & d'*Alcalde Mayor* des Mines de *Zaruma*, & en ces deux qualités, quand il se trouve dans les cérémonies publiques de l'Eglise, il est assis dans un fauteuil: prérogative qui n'appartient qu'aux Présidens, ou Gouverneurs de Province. L'emploi de Gouverneur de *Ya-*

guarſongo n'eſt préſentement qu'un titre, vu qu'il n'y a plus dequoi en exercer les fonctions, les lieux qui compoſoient ce Gouvernement ayant été les uns détruits dans le ſoulévement des *Indiens*, & les autres incorporés au Gouvernement de *Jaen*; deſorte qu'il ne reſte au Corrégidor de *Loja*, que les honneurs qu'il ſemble qu'on ne lui rende que pour conſerver la mémoire de ce Gouvernement.

La Ville de *Zaruma*, dans la Jurisdiction de laquelle ſe trouvent les Mines d'Or dont je parlerai ailleurs, reconnoît le Corrégidor de *Loja* pour ſon *Alcalde Mayor*. Elle fut une des premieres Villes que l'on fonda dans cette Province, & s'eſt vue l'une des plus riches & des plus opulentes; mais aujourd'hui elle eſt dans un état fort médiocre. Les plus conſidérables Familles *Eſpagnoles* s'étant retirées partie à *Cuenca*, partie à *Loja*, la Ville & les Mines ſont tombées en décadence, deſorte qu'on ne compte pas au-delà de ſix mille âmes dans cette Ville. Le dérangement arrivé aux Mines, moins par le manque de métal, que par la négligence des propriétaires, a fait un tort infini au Bailliage de *Loja*, & diminué de beaucoup le nombre de ſes habitans.

Voilà tout ce que j'avois à dire des neuf Corrégimens qui font la meilleure & la plus riche partie de la Province de *Quito*. Je remets aux Chapitres ſuivans à parler des Gouvernemens. Cependant j'avertirai ici en paſſant que la ſituation des premiers ſe pourra voir dans la Carte de la Méridienne, que nous donnerons ci-après.

CHAPITRE III.

Comprenant la Deſcription du Gouvernement de Popayan *&* d'Atacames, *appartenant à la Province de* Quito. *Comment ce Pays fut découvert, conquis & peuplé.*

APrès avoir traité, dans les Chapitres précédens, des Corrégimens de la Province de *Quito*, ce ſeroit ne faire connoître ce Pays qu'à moitié, que de ne point faire mention des Gouvernemens où les Decrets & les Déciſions de l'Audience Royale ne ſont pas moins reſpectés que dans les Corrégimens, deſorte que les uns & les autres forment la Jurisdiction de ce Tribunal, & la vaſte Province de *Quito*. Je ſai bien qu'il eſt très-ordinaire aux Gens de ce Pays-là d'appeller Province chaque Gouvernement,

cha-

chaque Corrégiment, & même les Lieutenances dans lesquelles les uns & les autres font subdivisés: mais c'est un abus que nous ne devons pas suivre ici, d'autant plus qu'il n'est réellement fondé que fur ce qu'anciennement ces Districts étoient habités par différentes Nations *Indiennes*, dont chacune avoit fon *Curaca* particulier, qui étoit une espéce de Souverain; & qui même après que les *Incas* eurent fubjugué ces Peuples, conferverent tous les droits qui pouvoient compâtir avec l'autorité fuprême des Empereurs, dont ils devinrent plutôt les Vaffaux immédiats que les Sujets. Si nous voulions nous conformer à cette divifion, chaque Peuple deviendroit une Province; puifqu'en effet, du tems du Paganifme des *Indes*, chaque Peuple avoit fon Seigneur ou *Curaca*; & quelquefois, comme dans les Vallées, dans la même Jurifdiction de *Popayan*, dans celle de *Maynas*, & le long du Fleuve *Marannon*, non feulement ces différens Peuples avoient chacun fon *Curaca* revêtu de toute l'Autorité Souveraine, mais parloient même une langue différente, fe gouvernoient par des Loix & des Coutumes particulieres, & étoient à tous égards indépendans les uns des autres. Tous ces Peuples fe trouvent aujourd'hui réünis fous le même Gouvernement, & compofent une même Province: ainfi les Gouvernemens qui pour la Juftice reffortiffent à l'Audience de *Quito*, doivent être regardés comme faifant partie de cette Province, & par conféquent je ne faurois me difpenfer d'en faire la Defcription.

Le premier Gouvernement de la Province de *Quito*, qui la termine au Nord, c'eft celui de *Popayan*. Ce Gouvernement n'appartient pourtant qu'en partie à la Jurifdiction de l'Audience de *Quito*, c'eft ce qui eft au Sud & à l'Occident: mais ce qui eft au Nord & à l'Orient eft fous la Jurifdiction de l'Audience de *Santa Fé*, ou *Nouveau Royaume de Grenade*: c'eft pourquoi auffi, fans omettre les chofes effentielles qui concernent tout le Gouvernement en général, je parlerai plus en détail de la partie qui eft fous la Jurifdiction de l'Audience de *Quito*, pour ne point changer l'ordre & la méthode que j'ai fuivie jufqu'ici dans la Defcription des Corrégimens.

Tout le Pays compris dans le Gouvernement de *Popayan*, ou du-moins la plus grande partie, fut conquife par le célébre *Adelantado Sebaftian de Belalcazar*. Ce Général fe trouvant alors Gouverneur de la Province de *Quito*, & ayant appris que du côté du Nord il y avoit des Contrées non moins étendues ni moins riches que celles de fon Gouvernement, il forma la réfolution d'y porter la guerre, pouffé de ce noble defir qui dominoit alors les *Efpagnols*, d'étendre le bruit de leur nom & la gloire de leurs exploits par de nouvelles entreprises. Il partit à la tête de trois cens Soldats de sa nation tous gens d'élite, & commença son expédition l'an 1536. Il força tous les défilés que les *Indiens* gardoient, & vint livrer bataille aux deux plus puissans *Curacas* de ces Contrées, l'un nommé *Calambas*, & l'autre *Popayan*, dont le nom est resté à tout le Pays de ce Gouvernement & à la Capitale. Ces deux Chefs *Indiens* étoient freres, tous les deux fort acrédités chez ces Nations, & tous les deux vaillans. *Belalcazar* les vainquit, s'empara de leur Pays, & le bruit de sa victoire effraya si fort les Peuples voisins, qu'ils se soumirent tous, & promirent obéissance aux Rois d'*Espagne*. *Belalcazar*, après plusieurs chocs & combats, ayant mis fin à la guerre par une bataille décisive, établit le Siége de la Domination *Espagnole* dans ces Contrées, au milieu même des Pays qu'il venoit de conquérir, & choisit pour cet effet la même année le lieu où il étoit campé; emplacement des plus agréables par la beauté des campagnes, la fertilité des terres, & la salubrité de l'air. L'année suivante 1537 il y jetta les fondemens de la premiere Ville, laquelle conserve encore aujourd'hui le nom de *Popayan*, & est la Capitale de tout le Gouvernement; & pendant qu'on la bâtissoit, il divisa ses troupes en plusieurs petites Escouades commandées par d'habiles Capitaines, & les envoya par diverses routes dans les terres voisines, tant pour prévenir l'oisiveté que pour contenir les *Indiens* soumis, les empêcher de se réünir, ou de se joindre à ceux qui résistoient encore, & soumettre ceux qui étoient plus éloignés.

Belalcazar n'eut pas plutôt achevé de bâtir la Ville de *Popayan*, qu'ayant reçu avis de ses Officiers que le Pays renfermoit des richesses considérables, il partit pour aller examiner toutes ces choses en personne, & augmenter le nombre des Colonies. Etant arrivé à *Cali* dans le Pays des *Indiens Gorrons*, il y fonda la Ville qui conserve encore le même nom de *Cali*, quoique placée sur un autre terrain, *Miguel Munnos* l'ayant transférée ailleurs, pour la tirer d'un terrain où l'air étoit extrêmement pernicieux. De *Cali*, *Belalcazar* passa dans d'autres terres où il fonda une troisiéme Ville sous le nom de *Santa Fé de Antioquia*, & ce fut ainsi que tout le Pays fut peuplé. Le Général s'y plaîsoit toujours de plus en plus, à-cause de la fertilité & des richesses qu'il y découvroit.

Pour mettre le comble à sa gloire *Belalcazar* ne s'occupa qu'à découvrir un chemin qui conduisît directement de *Quito* à la Mer du Nord, comme il en avoit découvert un qui conduisoit à la Mer du Sud. Pendant qu'il étoit occupé à bâtir *Popayan*, ses Capitaines firent une découverte importante: c'étoit qu'à peu de distance de cette derniere Ville il y avoit deux

des.

des principales sources de la grande Riviere de la *Madeleine*, par où il conçut l'espérance de pouvoir passer à la Mer du Nord; & s'en étant instruit, voyant d'ailleurs les affaires du Pays en bon état, sa conquête assurée, & les principales Colonies bien établies, il résolut de passer en *Espagne* en suivant le cours de cette Riviére, & de solliciter la Dignité de Gouverneur du Pays qu'il venoit de découvrir, de conquérir & de peupler. Comme ses services parloient en sa faveur, il ne lui fut pas difficile d'obtenir ce qu'il demandoit. Il fut le premier Gouverneur de ces Pays, qui furent toujours unis depuis sous un même Gouvernement, excepté dans ces derniers tems, qu'on en a séparé le Pays de *Choco*, pour en faire un Gouvernement particulier: c'est ce qui a été exécuté en 1730, quoiqu'on n'y ait pourvu qu'en 1735. Comme ce Gouvernement appartient au nouveau Royaume de *Grenade*, je n'en ferai pas autrement mention.

La Ville de *Popayan* est la premiere de ces Contrées qui ait reçu le titre de Cité, qui lui fut accordé le 25 de Juin 1538. Elle est bâtie dans une plaine fort rase vers le Nord, & est située au Nord de l'Equateur par les 2 deg. 25 min. & à l'égard du Méridien de *Quito* plus à l'Orient environ 2 deg. A l'Orient de la Ville est une Montagne médiocrement haute, & couverte d'arbres de haute futaie appellée l'*M*, à cause qu'elle a la figure de cette lettre; & à l'Occident s'élèvent quelques petites collines plus propres à recréer la vue que ne le seroit un païs uni.

La Ville est médiocrement grande, les rues larges, & tirées au cordeau. Elles ne sont pas entiérement pavées, mais seulement en partie; le terrain le plus proche des maisons est pavé; le reste qui fait le milieu de la rue ne l'est pas, mais le sol est un gravois menu, qui ne peut jamais être converti en poudre, ni en boue, desorte qu'on y marche plus commodément & plus proprement que sur le pavé.

Les maisons sont de briques crues, & bâties dans le goût de celles de *Quito*; la plupart ont un étage outre le rez-de-chaussée, les autres sont fort basses. A les voir en-dehors on juge que les appartemens en sont bien distribués, & ils sont tous meublés de meubles & ornemens d'*Europe*: ce qui n'est pas une petite magnificence, vu la cherté des marchandises d'*Europe*, occasionnée par les risques qu'elles courent pour venir dans un Pays où il faut les voiturer à une grande distance par terre.

Il y a une Eglise érigée en Cathédrale l'an 1547, c'est la seule Paroisse de la Ville: non qu'elle ne soit pas assez considérable pour en entretenir davantage; mais parce que cette Eglise s'étant trouvée seule dès le commencement, les Prébendiers qui la desservent n'ont jamais voulu consentir qu'elle fût subdivisée, & qu'on l'affoiblît pour former d'autres Paroisses. En revanche il y a des Couvens de *St. François*, de *St. Dominique*, de *St. Augustin*, & un Collége de la Compagnie de *Jésus*, où l'on enseigne les Humanités, & où l'on parle aujourd'hui d'y fonder une Université & d'en confier la direction à ces P. P. qui en ont déjà obtenu le privilége. Tous ces Couvens ne contiennent qu'un nombre médiocre de sujets, guére plus de sept à huit chacun. Il n'en est pas de-même des Couvens de Filles, tels que ceux de *Ste. Thérése* & de l'*Incarnation* : ce dernier, qui est sous la Régle de *St. Augustin*, ne contient guere plus de 40 à 50 Religieuses Professes; mais le nombre des Novices, des Pensionnaires, & des Servantes monte à plus de 400 personnes. Au-reste ils sont bien bâtis, ainsi que les Eglises. Il y avoit aussi autrefois un Couvent de *Carmes déchaussés*, situé dans une grande plaine au milieu de la croupe de l'*M*: mais les Religieux trouvant cet endroit mal-sain, à-cause de la trop grande subtilité de l'air & des vents froids qui y régnent continuellement, ils l'abandonnerent au bout de quelques années, & s'établirent au pied de la Montagne, où quoique dans une situation plus avantageuse ils ne purent pas subsister longtems, n'y trouvant d'autre nourriture convenable à leur Institut, qui étoit d'observer une abstinence perpétuelle, que du poisson sec ou salé avec des légumes : cela les détermina à s'en retourner à leur premier Couvent, d'où ils étoient sortis pour faire cette fondation. La même chose est arrivée à un autre Couvent qu'on avoit commencé d'établir au Bourg de *Latacunga*, & qui fut abandonné, faute d'y pouvoir subsister n'y ayant aucun Poisson frais. Il est remarquable que les Couvens de Filles de la même Régle de *Ste. Thérése* se maintiennent fort bien, & il n'y a pas d'exemple qu'il s'y soit trouvé moins de Religieuses qu'il n'en faut pour remplir le nombre prescrit.

De la Montagne de l'*M* descend une Riviere, qui traversant la Ville ne contribue pas peu à la tenir propre, par le soin qu'elle a d'entraîner dans sa course toutes les immondices. Cette Riviere partage la Ville, & l'on va de l'un à l'autre côté par le moyen de deux ponts, l'un de pierre, l'autre de bois : elle s'appelle *Rio del Molino*; ses eaux sont fort saines & médicinales, parce qu'elles contractent la vertu de quantité de ronces par où elles passent. Sur cette même Montagne est une Source dont l'eau est excellente, mais non pas assez abondante pour en fournir à toute la Ville : aussi est-elle réservée pour les Couvens de Filles, & pour un petit nombre de maisons particulieres qui sont les plus riches & les plus distinguées de la Ville. A une lieue ou un peu plus au Nord de *Popayan*, passe

la

VOYAGE AU PEROU. Liv. VI. Ch. III. 287

la Riviere de *Cauca*: elle eft profonde, fes débordemens font terribles, & arrivent d'ordinaire dans les mois de *Juin*, *Juillet*, & *Août*, faifon où les pluyes font continuelles fur le *Guanacas*, où cette Riviere prend fa fource. Les orages font alors fi fréquens & fi furieux fur cette Montagne, qu'il eft dangereux d'en paffer trop près, comme ceux qui ont eu l'imprudence de s'y expofer, l'ont éprouvé à leurs dépens.

A *Quito* & dans les autres Villes de la Province de ce nom, le mélange du fang eft du fang *Efpagnol* & *Indien*; mais à *Popayan*, comme à *Carthagéne* & autres lieux où il y a beaucoup de *Négres*, la plus grande partie de la populace eft un mélange du fang *Efpagnol* avec le fang *Négre*. Cela vient de ce que chacun y a des Efclaves *Négres*, tant pour la culture des Champs que pour le travail des Mines, & qu'il y a très-peu d'*Indiens* en comparaifon de *Quito*, & de toute cette Province. Cela ne doit pourtant s'entendre que de *Popayan*, & des autres Villes *Efpagnoles* de ce Gouvernement, où le nombre des *Négres* excéde de beaucoup celui des *Indiens*; ce qui n'empêche pas qu'il n'y ait beaucoup de Villages de ces derniers. On compte 20 à 25000 âmes de toute race à *Popayan*, & beaucoup de Familles *Efpagnoles*, parmi lesquelles il y en a environ 60 d'ancienne Nobleffe, iffues de Maifons diftinguées en *Efpagne*. Il eft remarquable que tandis que le nombre des habitans diminue dans plufieurs autres Villes des *Indes*, il s'accroît tous les jours dans *Popayan*, ce qu'on attribue aux abondantes Mines d'Or qu'il y a dans tout ce Diftrict, lesquelles y attirent & y font fubfifter un grand nombre de perfonnes.

Le Gouverneur fait fa réfidence ordinaire à *Popayan*. Il dirige les Affaires Politiques, Civiles, & Militaires. Il eft le Chef du Corps de Ville, compofé de deux Alcaldes ordinaires, & d'un nombre convenable de Régidors, comme dans les autres Cités.

Il y a à *Popayan* une Chambre des Finances pour la perception des Deniers du Roi, Tributs des *Indiens*, Alcavales, Quint des Métaux, & autres femblables.

Le Chapitre de l'Eglife Cathédrale eft compofé de l'Evêque, qui jouit d'un revenu de 6000 *Pefos* par an, d'un Doyen qui en a 500, d'un Archidiacre, Chantre, Ecolâtre, & Tréforier; qui en ont chacun 400. L'Evêque eft Suffragant de l'Archevêque de *Santa-Fé de Bogota*.

Le Tribunal de l'Inquifition établi à *Carthagéne* étend fa jurisdiction jufqu'à *Popayan*, où il nomme un Commiffaire. Outre celui-là il y en a encore un pour les Affaires de la *Cruzada*; mais leur autorité ne s'étend pas au-delà du Diocéfe qui n'eft pas fi étendu que le Gouvernement, vu

qu'une

qu'une partie des Pays qui compofent ce dernier, font du Diocéfe de *Quito*.

La Jurisdiction du Gouvernement de *Popayan* s'étend par le Sud jufqu'à la Riviere de *Mayo*, & jufqu'à *Ipiales*, par où il confine avec le Corrégiment de la Ville de *St. Michel d'Ibarra*. Au Nord-Eft elle eft bornée par la Province de *Santa-Fé*, qui confine à celle d'*Antioquia*, la derniere de ce Gouvernement de ce côté-là; & au Nord il eft borné par le territoire du Gouvernement de *Carthagéne*. A l'Occident il n'avoit autrefois d'autres limites que la *Mer du Sud*; mais aujourd'hui il eft retreci par le nouveau Gouvernement de *Choco*, & ne confine plus à cette Mer que par les côtes qui appartiennent au Bailliage de *Barbacoas*. A l'Orient il touche aux fources de la Riviere de *Caquete*, qu'on croit être auffi les fources des Fleuves *Orinoco*, ou *Oronoque*, & *Négro*. Ses limites ne font pas bien déterminées, mais on juge qu'il peut avoir 80 lieues de l'Orient à l'Occident, & un peu moins du Nord au Sud. Sa Jurisdiction comprenant une infinité de lieux tant grands que petits, eft divifée en divers Territoires ou Bailliages, où le Gouverneur nomme chaque Baillif pour y adminiftrer la juftice. Il les nomme, & l'Audience dont le Bailliage reléve les confirme; circonftance néceffaire pour que ces Magiftrats fubalternes foient plus refpectés dans leurs fonctions.

Bailliages du Gouvernement de *Popayan*.

I.	*Santiago de Cali*.	VII.	*Almaguer*.
II.	*Santa-Fé de Antioquia*.	VIII.	*Caloto*.
III.	*Las quatro Ciudades*.	IX.	*San Juan de Pafto*.
IV.	*Timana*.	X.	*El Rapofo*.
V.	*Guadalajara de Buga*.	XI.	*Barbacoas*.
VI.	*San Sebaftian de la Plata*.		

Tous ces Bailliages, outre le Chef-lieu, contiennent des Bourgs & Villages confidérables & bien peuplés, fans compter les *Haciendas*, dont plufieurs font fi riches, & ont tant de gens employés qu'elles reffemblent plus à des Villages qu'à des Habitations champêtres.

Parmi les Bailliages que nous venons de nommer, ceux qui font au nord & à l'orient de la Ville de *Popayan*, tels que *Santa-Fé de Antioquia*, *las quatro Ciudades*, *Timana* & *San Sebaftian de la Plata*, appartiennent à l'Audience & Province de *Santa-Fé*; les autres qui font plus près de *Quito* appartiennent à la Province de ce nom; ceux de *San Juan de Pafto* & de *Barbacoas* font du Diocéfe de l'Evêché de *Quito*.

Les Bailliages de *Cali* & de *Buga*, fitués entre *Popayan* & le *Choco*, font riches à-caufe du commerce qui fe fait entre ces deux Gouvernemens. Il n'en n'en est pas de-même du Bailliage d'*Almaquer*, qui n'a que fort peu d'étendue, & dont le Commerce n'est pas considérable. Celui de *Caloto* est fort étendu, riche & abondant en Denrées; le terroir y étant très-fertile, le *Raposo* peut aller de pair avec *Cali* & *Buga*; du côté de *Choco* le Bailliage de *Pasto* est aussi fort étendu, mais pas si riche; mais celui de *Barbacoas* est petit, & manque des choses nécessaires à la vie, excepté de Racines & de Grains qui croissent dans les terroirs chauds & humides.

 Le climat de ce Gouvernement est en tout semblable à celui du reste de la Province de *Quito*, dont j'ai déjà parlé, c'est-à-dire, qu'il varie selon les différentes situations des lieux: dans les uns il fait plus froid que chaud, & dans les autres plus chaud que froid, & en quelques endroits, particuliérement à *Popayan*, il régne un Printems perpétuel. La même chose peut se dire de la fertilité des Terres, elles produisent abondamment des Grains, ou des Fruits, selon la qualité de chaque terroir. Les Terres de ce Gouvernement aux environs de la Ville fournissent beaucoup de Troupeaux, tant pour la consommation des Villes que pour le service des habitans. Le Bailliage de *Pasto* fait un Commerce considérable avec *Quito*, où il fournit beaucoup de Bétail, de Mules & de Chevaux. Le territoire de *Popayan* est fort sujet aux orages & aux tremblemens de terre, qui y sont même plus fréquens qu'à *Quito*, où ils sont pourtant si ordinaires. Il n'y a pas longtems, c'est-à-dire en 1735 le 2 *Février*, qu'il souffrit une si furieuse secousse, que la plus grande partie des maisons en fut renversée. Il paroît que ces fréquens orages & tremblemens de terre sont l'effet des métaux que cette terre renferme en beaucoup plus grande quantité que la Province de *Quito*.

 On prétend que *Caloto* est de tous les lieux de ce Gouvernement celui qui est le plus sujet aux tonnerres & à la foudre; de-là est venu l'usage des *las Campanillas* ou *Clochettes de Caloto*: quelques personnes qui en font beaucoup de cas s'en servent, dans la persuasion que le son de ces clochettes a une vertu particuliére contre la foudre. Et à ce propos ils vous racontent tant de prodiges, qu'on ne sait qu'en croire. Sans prétendre ici décider de la vérité ou de la fausseté de ces bruits, & laissant à chacun la liberté de croire ou de ne pas croire, selon ce que sa prudence lui dictera, je rapporterai ce qu'on pense communément dans ce Pays sur le sujet en question. La Bourgade de *Caloto*, dont le District contenoit un grand nombre d'*Indiens* connus sous le nom de *Paezes*, étoit très-considérable au commencement de sa fondation; mais ces *Indiens* s'étant soulevés, assaillirent subitement le Bourg, mirent le feu aux maisons, & le détruisirent entiérement, maſſacrant ſans quartier tous les habitans. Ils en vouloient ſurtout au Curé, qui tâchoit de les tirer de l'Idolâtrie, & les avoit toujours endoctrinés avec beaucoup de zéle. Ils l'égorgerent donc auſſi, & ſe ſouvenant que la cloche de l'Egliſe avoit été l'inſtrument dont on s'étoit ſervi pour les avertir de l'obligation qu'on leur avoit impoſée d'aſſiſter au Cathéchiſme, ils réſolurent de la détruire, & ſe mirent en devoir de la mettre en piéces; mais n'ayant pu y réuſſir ils prirent le parti de l'enterrer. La nouvelle de cette révolte étant parvenue aux *Eſpagnols* du voiſinage, ils marcherent pour faire rentrer les rebelles dans le devoir & relever le Bourg ruiné. Ayant réuſſi dans l'un & l'autre de ces deux points, ils retirerent la cloche du lieu où les *Indiens* l'avoient jettée, & la placerent dans le clocher de la nouvelle Egliſe: là-on s'apperçut bientôt du pouvoir qu'elle avoit ſur les tempêtes; car dès-qu'il paroiſſoit quelque gros nuage qui menaçoit de la foudre & des éclairs, on n'avoit qu'à la ſonner tant ſoit peu, & auſſitôt le Ciel devenoit ſerein, les nuages s'écartoient, & alloient crever ailleurs. Des merveilles de cette nature ne pouvoient pas manquer de faire du bruit. La renommée s'en répandit bientôt de tous côtés. Pluſieurs perſonnes ſolliciterent d'avoir des morceaux de cette cloche pour avoir part à ſes bienfaits; & de ces morceaux ils ont fait les battans des clochettes qui courent ſous le nom de *Campanillas de Caloto*.

Dans les Vallées de *Neyba*, & autres du Gouvernement de *Popayan*, on trouve un Inſecte bien extraordinaire, & bien dangereux par la violence du venin qu'il contient dans ſon petit volume. Cet Inſecte eſt une eſpéce d'Araignée ou de Vermiſſeau ſi petit qu'il a à peine la groſſeur d'une Punaiſe. On l'appelle *Coya* ou *Coyba*. Il eſt de couleur d'écarlate, & ſe tient comme les Araignées dans les coins des murailles, & parmi les herbes. L'humeur qu'il renferme dans la petite circonférence de ſon corps eſt ſi maligne, que ſi on l'écraſe & qu'elle rejailliſſe ſur la peau de quelque perſonne ou bête, elle pénétre les pores, & s'inſinuant dans la maſſe du ſang fait enfler horriblement le corps, ce qui eſt bientôt ſuivi de la mort. L'unique remède à ce mal, c'eſt de flamber le malade auſſitôt qu'il commence à enfler, & de ſe ſervir pour cet effet d'une certaine paille que l'on trouve dans ces Plaines. Auſſitôt que cette paille eſt allumée quelques *Indiens* prennent le malade les uns par les pieds les autres par les mains, & lui font avec beaucoup d'adreſſe cette opération, après laquelle on peut compter qu'il ne mourra pas de cet accident. Ce qu'il y a de ſingulier, c'eſt que ſi l'Inſecte créve dans la paume de la main de quelqu'un, celui-ci n'en recevra aucun dommage: d'où l'on peut inférer que la callofité ordinaire du dedans des mains empêche le venin de pénétrer, au-lieu que fur le revers la peau eft plus déliée. Les Voituriers *Indiens* qui paffent & repaffent par les lieux où il y a de ces Infectes, les écrafent entre les deux mains pour fatisfaire la curiofité des Voyageurs: je ne voudrois pourtant pas confeiller aux perfonnes qui ont la peau plus fine que ces fortes de gens, de faire une pareille épreuve; je ne doute pas qu'ils ne s'en trouvaffent auffi mal que fi c'étoit fur une autre partie de leurs corps.

La Nature, auffi admirable dans fes ouvrages que dans les précautions qu'elle prend pour les conferver, a donné la raifon aux Hommes pour fuir tout ce qui leur eft nuifible, & un inftinct aux Brutes pour prévenir les ennemis qui peuvent les detruire. Les perfonnes qui paffent par ces Vallées où les *Coyas* pullulent & mettent les paffans en un danger évident, ces perfonnes, dis-je, averties d'avance par les *Indiens* qui les accompagnent, ont grand foin, dès-qu'elles fentent que quelque chofe les pique ou les demange au col ou au vifage, de ne pas fe grater, ni même de porter la main à cette partie, parce que la *Coya* eft fi délicate que dans le moment elle créveroit; & comme elle ne fait point de mal tant que fon fang ou fa liqueur eft renfermée dans fa peau, la perfonne qui la fent remuer avertit quelqu'un de la compagnie, qui examinant l'endroit où eft la *Coya* ne fait autre chofe que de fouffler deffus & l'enléve par ce moyen. A l'égard des Animaux, leur inftinct leur faifant craindre qu'il n'y ait des *Coyas* dans l'herbe qu'ils broutent, avant d'y mordre ils s'ébrouent fortement pour écarter ce dangereux Infecte. Quand par leur odorat ils fentent qu'il y a un nid de cette engeance dans un endroit, ils s'en éloignent & paffent à un autre. De cette maniere ils évitent un fi cruel poifon. Il arrive néanmoins quelquefois que l'Infecte eft fi bien caché dans l'herbe, que la Mule ne peut l'en écarter par fes ébrouemens, & qu'elle broute néanmoins cette herbe: en ce cas il n'y a point de remède, il faut que la Mule créve.

Parmi les Herbes que produit le Pays de *Popayan*, on diftingue la *Cuca* ou *Coca*, fi eftimée des *Indiens* qu'il n'y a point de mets, point de métal, point de pierres précieufes qu'ils ne cédent volontiers pour en avoir. C'eft une plante foible & qui s'entrelaffe aux autres plantes, à peu près comme le Sarment. La feuille en eft fort lice, longue d'environ un pouce & demi. Les *Indiens* la mâchent après l'avoir mêlée avec de la craye ou terre blanche qu'ils nomment *Mambi*. Ils mettent dans la bouche partie de feuille de *Coca*, & partie de *Mambi*, & mâchant le tout enfemble, ils crachent d'abord, mais enfuite ils avalent leur falive mélée de ce jus, & tournent le morceau tantôt d'un côté de la bouche, tantôt de l'autre jufqu'à ce que la feuille ne rende plus de jus, alors ils la rejettent. Cette herbe leur tient lieu de toute autre nourriture, tant qu'ils en ont, ils ne mangent rien quelque travail qu'ils faffent. Ils prétendent que le jus de la *Coca* les rend vigoureux, & en effet l'experience fait voir qu'ils ont moins de force quand cette herbe leur manque. Ils ajoûtent qu'elle raffermit les gencives, & fortifie l'eftomac. Cette Herbe croît en abondance dans les Provinces méridionales du *Pérou*, où les *Indiens* la cultivent avec foin. La meilleure eft celle qui croît aux environs de *Cuzco*. Il s'en fait un grand commerce, particuliérement aux lieux où l'on exploite des Mines; car les *Indiens* ne fauroient travailler fi cet aliment leur manquoit; c'eft pourquoi les Propriétaires des Mines ont foin de leur en fournir tant qu'ils veulent, en rabattant fur leur falaire journalier.

La *Coca* eft abfolument la même Plante que celle qui eft connue dans les *Indes* Orientales fous le nom de *Bettel*. Il n'y a aucune différence ni dans la tige, ni dans les feuilles, ni dans l'ufage qu'on en fait. Elle a les mêmes propriétés, & les *Indiens* Orientaux n'en font pas moins friands que ceux du *Pérou* & de *Popayan*. Mais dans le refte de la Province de *Quito*, non feulement cette Plante ne croît point, mais même les *Indiens* n'en font aucun cas.

Dans le Bailliage ou *Partido* de *Pafto*, qui eft le plus méridional de ce Gouvernement, il y a certains Arbres d'où l'on voit fuinter continuellement une gomme ou réfine appellée *Mopamopa*: on s'en fert pour faire toute forte de laque ou vernis en bois. Ce vernis eft fi beau & fi durable que l'eau bouillante même ne peut ni le ternir, ni le détacher. La maniere de l'appliquer confifte à mettre dans la bouche un morceau de la réfine, & l'ayant délayée avec la falive on y paffe le pinceau, après quoi l'on prend la couleur que l'on veut avec le même pinceau, & on l'applique fur le bois, où elle forme un vernis permanent & auffi beau que la laque de la *Chine*. Les Ouvrages que les *Indiens* verniffent ainfi, font d'un bon débit à *Quito*, où l'on en eft fort curieux.

Popayan eft un des Pays de la Province de *Quito* qui fait le plus de commerce, c'eft le chemin par où elle reçoit les Etoffes & autres marchandifes d'*Efpagne* qui paffent de *Carthagéne* à *Popayan* & de-là à *Quito*. De maniere que *Popayan* eft l'Echelle de tout ce commerce, qui fe répand de-là dans les Corrégimens de toute la Province. Outre ce négoce qu'on peut appeller paffager, il a un trafic réciproque avec *Quito*, lequel confifte

VOYAGE AU PEROU. Liv VI. Ch. III.

fifte en Mules & Bêtes à cornes, qu'il envoye en échange pour des *Bayétes*, *Pagnes* &c. Le Commerce actif confifte en Bœuf fumé ou feché, Jambons, Tabac en feuille, Saindoux, Eau-de-vie de canne, Fil de coton, de la Pite, des Rubans, & autres menues marchandifes qu'on tranfporte au *Choco*, où elles font échangées pour de l'Or. On apporte de *Santa Fé* à *Popayan* du Tabac en poudre qui fe fabrique à *Gunjar*, & l'on en rapporte des *Draps* & des *Bayétes* des Fabriques du Pays. Il y a encore un autre commerce; c'eft le Change de l'Argent contre de l'Or: car ce dernier étant en abondance dans le Pays, & le premier y étant rare, on y apporte de l'Argent pour acheter de l'Or, qui étant enfuite converti en Doublons procure un profit confidérable. La même chofe fe pratique au *Choco* & à *Barbacoas*, où l'on eft dans le même cas.

La Ville de *Popayan* étant comme le centre de tous ces différens commerces, eft auffi le lieu où font les plus fortes bourfes du Pays. On y compte cinq à fix habitans riches de 100 mille *Pefos* & au-delà; environ vingt depuis quarante jufques à quatre-vingt-mille, & beaucoup d'autres un peu au-deffous. Je ne comprens point ici les Biens fonds ou *Haciendas*, ni les Mines dont ce Pays abonde. Celles-là quant à leurs productions & au climat ne different pas de celles de la même Province, dont nous avons parlé.

A l'Ouëft de la *Cordillere* Occidentale des *Andes* eft le Gouvernement d'*Atacames*, qui confine de ce côté-là avec la Jurisdiction des Corrégimens de *Quito*, & de *St. Michel de Ibara*, au Nord avec le Bailliage de *Barbacoas* du Gouvernement de *Popayan*; à l'Occident avec les côtes de la Mer du Sud; & au Midi avec les Terres de *Guayaquil*, de maniere qu'il s'étend le long de la côte depuis l'Ile de *Tumaco* & la Plage de *Heufmal* qui eft par 1½ deg. à peu près de Latitude Boréale, jufques à la Baye des *Caraques* & les Montagnes de *Baûme*, qui font par les 34 min. de Latitude Auftrale.

Le Pays qui compofe le Gouvernement d'*Atacames* a été longtems inculte, & en partie inconnu; car après que *Sébaftien de Belalcazar* en eut fait la conquête, on le négligea entièrement; foit parce que les *Efpagnols* furent plus occupés à de nouvelles conquêtes qu'à faire valoir celles qu'ils avoient déjà faites; foit que le Pays même leur parût moins propre que celui des Montagnes à nourrir des Colonies; foit enfin parce qu'ils le croyoient ingrat, ftérile, mal-fain. On fe contentoit d'envoyer des Curés de *Quito* pour inftruire les Naturels du Pays, mais fans établir parmi eux aucune police femblable à celle qu'on voyoit régner parmi les autres *Indiens*, parmi lesquels il y avoit des Colonies *Espagnoles*. Ainsi ces Peuples devenoient *Chrétiens*, mais restoient dans toute la rusticité & la barbarie qu'on peut se figurer dans des gens privés de tout commerce raisonnable qui pût les civiliser, ne sortant de leurs Forêts que pour aller vendre à *Quito* leurs Denrées, l'*Agi* & l'*Achot*. Quand ils arrivoient dans cette Ville ils étoient dans un étonnement inexprimable, en voyant un si grand concours de gens dans un même lieu. C'étoit en effet une chose merveilleuse pour des gens qui ne connoissoient que leurs pauvres chaumieres, qui étoient toujours renfermés dans des Bois, bornés par des Montagnes, dispersés çà & là, & vivant parmi les Bêtes féroces.

Quoique le Pays d'*Atacames* fût ainsi abandonné, même depuis que ses habitans s'étoient soumis à la Foi *Chrétienne*, & à l'obéissance des Rois d'*Espagne*, on ne laissoit pas de sentir l'importance de cette acquisition & la nécessité d'y former des établissemens, pour en faire l'Echelle du Commerce entre *Quito* & le Royaume de *Tierra-Firme*, & remédier à l'incommodité de le faire par la voye de *Guayaquil*, voye trop longue & qui apportoit un préjudice considérable à ce Commerce, & le rendoit presqu'impraticable; au-lieu qu'en établissant des *Espagnols* à *Atacames*, la communication devenoit plus aisée entre *Tierra-Firme* & *Quito*, dont la Province pouvoit fournir ce Royaume des Denrées dont elle abonde, & recevoir de celui-ci avec la plus grande facilité toutes les Marchandises d'*Europe* dont elle a besoin.

Ces considérations furent cause qu'en 1621 on conféra l'emploi de Gouverneur d'*Atacames* & Riviere des *Emeraudes* à *Paul Durango Delgadillo*; qui, quelques années auparavant, avoit fait un accord avec le Marquis de *Montes-Claros* alors Viceroi du *Pérou*, par où il s'étoit engagé d'ouvrir un chemin entre la Ville de *St. Michel de Ibarra*, & la Riviere de *Santiago*, l'une de celles qui traversent le Pays de ce Gouvernement; mais n'ayant pu y réussir après bien du travail, on donna sa place à *Francisco Perez Menacho* en 1626. Ce nouveau Gouverneur n'eut pas un meilleur succès que le précédent.

A ces deux-là succéda *Jean Vincencio Justiniani*, qui abandonnant le plan de ses Prédécesseurs résolut d'ouvrir le chemin par la Riviere de *Mira*, mais il ne réussit pas mieux que les autres; & *Hernando de Soto Calderon*, qui lui succéda en 1713, fut aussi malheureux. Les choses resterent en cet état jusqu'en 1735, que *Don Pedro Vincent Maldonado* prenant sur lui le succès de cette affaire, fut revetu de l'emploi de Gouverneur avec les mêmes avantages & prérogatives dont avoient joüi ses prédécesseurs.

Ce

Ce Seigneur fut plus heureux que ceux-là, & par ses soins la communication fut ouverte & assurée en 1741, depuis *Quito* jusqu'à la Riviere *des Emeraudes* en droiture. Et ayant rendu compte de tout à l'Audience de *Quito* il en fut approuvé, après quoi il repassa en *Espagne* pour demander que le Gouvernement lui fût confirmé, & qu'on lui accordât les graces & les récompenses qui lui avoient été promises. Le Conseil des *Indes* satisfait de sa conduite, trouva ses demandes justes, & en ayant parlé à Sa Majesté, il fut décidé qu'il seroit confirmé dans le Gouvernement, ce qui fut exécuté en 1746, & l'année suivante 1747 *Atacames* fut érigé formellement en Gouvernement par Lettres Patentes, & *Don Pedro Vincent Maldonado* est le premier qui l'ait possédé avec les honneurs & les distinctions conformes à cette Dignité *.

Les Villages & autres Lieux compris actuellement dans le Gouvernement d'*Atacames* sont petits & pauvres. Ils se ressentent encore du défaut de commerce où tout le Pays a été; mais par le changement dont on commence à éprouver les avantages, & par le zéle du Gouverneur, on doit espérer que dans peu de tems les affaires changeront de face. La fertilité du Pays à l'égard des Denrées qui lui sont propres, contribuera beaucoup à y attirer des Colons, & la communication ouverte entre *Quito* & le Royaume de *Tierra-Firme* y fera fleurir le commerce. En attendant on y compte 20 Villages, cinq sur les côtes maritimes de sa jurisdiction, lesquels sont les premiers de la liste suivante, & les autres dans l'intérieur du Pays.

I.	*Tumaco.*	XI.	*Tambillo.*
II.	*Tola.*	XII.	*Niguas.*
III.	*St. Mathieu des Emeraudes.*	XIII.	*Cachillacta.*
IV.	*Atacames.*	XIV.	*Mindo.*
V.	*La Canoa.*	XV.	*Tambe.*
VI.	*Lachas.*	XVI.	*Cocaniguas.*
VII.	*Cayapas.*	XVII.	*Cansa-Coto.*
VIII.	*Inta.*	XVIII.	*Santo Domingo.*
IX.	*Gualéa.*	XIX.	*San Miguel.*
X.	*Nanégal.*	XX.	*Nono.*

Les

---

* Monsieur *Maldonado* n'a pas joui longtems de sa nouvelle Dignité; peu de tems après en avoir été revêtu, il mourut à *Londres*, fort regretté de ceux qui avoient eu l'avantage de le connoître: à un mérite des plus distingués il joignoit des connoissances peu communes, & travailloit continuellement à en acquérir de nouvelles, qui le missent de plus en plus en état d'être utile dans son Gouvernement, dont il se proposoit d'aller prendre possession au-plutôt. Not. du Trad.

Les habitans des cinq premiers Villages font *Espagnols*, *Métifs*, *Négres*, & d'autres gens issus du mélange de ceux-là. Le quinze autres n'ont pour habitans que des *Indiens*, & très-peu d'*Espagnols* & de *Mulâtres*. Pour le Gouvernement Spirituel il y a onze Curés *Doctrinaires*, qui résident constamment dans les principaux Villages, & assistent les autres comme étant des annexes de ceux-là.

A *Atacames* le climat est le même qu'à *Guayaquil*, & la terre y produit les mêmes Denrées. Dans quelques endroits le terroir est meilleur, parce qu'étant plus élevé, il n'est pas exposé en Hiver aux inondations que les débordemens des Rivieres causent à *Guayaquil*; aussi le Cacao qu'il produit ayant toute l'humidité nécessaire sans être entièrement noyé, est d'une qualité supérieure & beaucoup plus huileux. On y recueille aussi beaucoup de Vanille, d'Achot, de Salse-pareille, & de l'Indigo bâtard*. On y fait aussi beaucoup de Cire. Les Montagnes y sont couvertes d'Arbres de haute futaye, si serrés qu'on ne peut les traverser. Ces arbres sont, comme ceux des Montagnes de *Guayaquil*, propres les uns pour bâtir des maisons, les autres pour la bâtisse des Vaisseaux.

CHAPITRE IV.

Description des Gouvernemens de Quixos, *de* Macas, *& de* Jaen *de Bracamoros, avec une idée abrégée de la découverte & de la conquête qui en furent faites.*

APrès le Gouvernement de *Popayan*, dont nous avons traité dans le Chapitre précédent, vient celui de *Quixos* & *Macas* vers le côté oriental de la *Cordillere des Andes*. Ce Gouvernement doit être considéré comme divisé en deux Bailliages, celui de *Quixos*, qui comprend la partie septentrionale du Gouvernement, & celui de *Macas* qui en fait la partie la plus méridionale. Entre deux est le Pays de *Canelos*. Je traiterai de l'un & de l'autre séparément, en commençant par *Quixos*. Celui-ci est borné au Nord par le Territoire de *Popayan*, à l'Orient par la Riviere d'*Aguarico*, & à l'Occident par les Corrégimens de *Quito* de *Latacunga* & de *St. Michel de Ibarra*, dont il n'est séparé que par les *Cordilleres de Cotopacsi* & de *Cayamburo*. Le Pays de *Quixos* fut découvert & reconnu par *Gonzale Diaz de Pineda* en 1536. Ce *Gonzale Diaz de Pineda* étoit un des Capi-

taines

* Les *Espagnols* l'appellent *Yerva de Tinta Annil*. N. D. T.

taines que *Belalcazar* envoya pour reconnoître le cours de la grande Riviere de la *Madeleine*, & les Pays voisins de celui qu'on venoit de soumettre, pendant que lui-même étoit occupé à fonder *Popayan*. *Gonzale Diaz* fut choisi pour aller du côté du Midi, où il trouva le Pays de *Quixos*; & ayant remarqué qu'il y avoit beaucoup de Mines d'Or, & même des Arbres qui portent la Canéle, il s'en retourna fort satisfait, & informa les siens de tout ce qu'il avoit vu, & dont il avoit pu s'instruire chemin faisant. C'est ce qui donna lieu à l'entrée qu'y fit en 1539 *Gonzale Pizarro*, alors Gouverneur de *Quito*; mais cette expédition ayant mal tourné, la conquête de ce Pays resta suspendue jusqu'en 1559, que *Don Andrés Hurtado de Mendoza* Marquis de *Cannéte*, alors Viceroi du *Pérou*, ordonna à *Gil Ramirez Davalos* de marcher pour réduire les *Indiens* du Pays en question, & y former des établissemens. Ce Général exécuta heureusement sa commission, & fonda la Bourgade de *Baëza*, qui devint la Capitale du Gouvernement en 1559, & qui fut suivie des Villes & Villages qui subsistent encore, & qui ne se sont point du tout accrus ni améliorés depuis leur fondation.

La Bourgade de *Baëza*, malgré l'avantage qu'elle a eu d'avoir été la premiere Peuplade de ce Pays, & la résidence des Gouverneurs, est toujours restée dans son état de médiocrité; parce que les Villes d'*Avila* & d'*Archidona*, ayant ensuite été bâties, attirerent toute l'attention des Chefs, qui laisserent *Baëza* comme ils l'avoient trouvée. Mais ces deux Villes qui furent alors décorées du titre de Cité, ne sont jamais parvenues à un état digne de ce titre, & leur premiere enceinte est restée telle qu'elle étoit au commencement. Ce qu'on ne peut attribuer qu'à la nature du Pays, qui n'étant pas comparable à celui de *Quito* pour la douceur du climat, la fertilité & les commodités de la vie, n'a pu attirer des gens à qui il étoit libre de mieux choisir. *Baëza* loin de s'agrandir a diminué de telle sorte, que ce n'est présentement plus qu'un Hameau de huit ou neuf maisons de paille, habitées par une vingtaine de personnes de tout âge. Ce Hameau est une annexe de celui de *Papallacta*, auquel un troisiéme est encore annexe, c'est celui de *Maspu*. Ces trois Hameaux ne font qu'une Paroisse, dont le Curé demeure à *Papallacta*. Le Gouverneur ne fait plus sa résidence à *Baëza*, mais à *Archidona*.

Archidona n'a que le nom de Cité, qui la distingue d'un Bourg médiocre. Elle est située par 1 degré & quelques minutes au Sud de l'Equinoxial, & environ 1 deg. 50 min. à l'Orient du Méridien de *Quito*. Ses maisons sont de merrein, couvertes de pailles, habitées par 650 à 700 personnes

nes de tout âge, tant *Espagnols* qu'*Indiens*, *Négres*, *Métifs*, & *Mulâtres*. Il n'y a qu'un Curé, dont la Jurisdiction Spirituelle s'étend sur les Villages de *Misagualli*, de *Tena*, & de *Napo*. Ce dernier tient son nom d'une Riviere ainsi appellée, sur le bord de laquelle il étoit situé. Ce voisinage a été funeste à ce Village; car le 30 de *Novembre* 1744 le Volcan de *Cotopacsi* ayant recommencé à crever, & fait couler une prodigieuse quantité de neige fondue par ses flammes, la Riviere en fut si enflée qu'elle sortit de son lit & rasa le Village, comme si jamais il n'y en avoit eu. Nous parlerons de ce Volcan.

Avila est une Ville située par les oo deg. 40 min. de Latitude Australe, & environ par les 2 deg. 20 min. à l'Orient de *Quito*. Elle est encore plus petite que la précédente. Les maisons y sont bâties de-même, & il y a à peine 300 habitans tant grands que petits. Il y a aussi un Curé qui dirige encore six Villages, dont quelques-uns sont aussi grands que la Ville. Ces Villages sont

I. La *Conception*.   IV. *Motté*.
II. *Loreto*.   V. *Cota Pinni*.
III. *San Salvador*.   VI. *Santa Rosa*.

Les lieux dont nous venons de parler, forment la partie la plus considérable du Gouvernement de *Quixos*. Mais il comprend encore les Villages des Missions de *Succambios*, dont le Chef-lieu est celui de *St. Miguel*. Au commencement de ce siécle ces Villages étoient au nombre de dix, mais aujourd'hui ils sont réduits à cinq, savoir,

I. *San Diégo de los Palmares*.   IV. *San Christoval de los Yaguages*.
II. *St. Francisco de los Curiquaxes*. V. *San Pedro de Alcantara de la Co-*
III. *St. Joseph de Abuccées*.   *ca*, ou *Nariguera*.

Les habitans des deux Villes, & des Villages, vivent dans des appréhensions continuelles, & sont toujours pour ainsi dire les armes à la main pour défendre leurs maisons, & leurs *Chacarés* ou Biens de campagne, contre les fréquentes invasions des *Indiens* infidéles, qui environnent tellement le Pays, que chaque Village est menacé de la part de ces Barbares qui habitent dans son voisinage. Ces *Indiens* sont aussi différens de nation & de langage que nombreux. Toutes les fois que les habitans ont pris les armes pour les repousser, ils n'ont eu d'autre avantage que d'être entrés sur leurs terres, & d'y faire quelques prisonniers, après quoi il a falu s'en retourner comme on étoit venu, sans aucun butin; car ces Peuples ne possédant rien, & n'estimant rien de ce que les autres hommes estiment, portent toutes leurs richesses avec eux: quand ils se-

voient

voient pourfuivis d'un côté, ils paffent dans un autre ; & quand les nôtres fe font retirés & que le danger eft paffé, ils reviennent fur leurs pas & recouvrent le Pays, qu'ils trouvent tout auffi inculte qu'ils l'avoient laiffé. Ils fe rapprochent peu à peu des Villages *Efpagnols*, & quand ils remarquent que les habitans ne font point fur leurs gardes, ils les attaquent fubitement & pillent tout ce qu'ils peuvent. Ce danger où les deux Villes font expofées, a été, indépendamment du climat, une des principales raifons qui a empêché leur accroiffement.

L'air eft fort chaud dans tout ce Pays, & les pluyes y font continuelles. La feule chofe en quoi il differe de celui de *Guayaquil*, de *Portobélo*, & autres de la même efpéce, c'eft que l'Eté n'y eft pas fi long. Du-refte on y fouffre les mêmes incommodités, & l'on y eft fujet aux mêmes maux. Le Pays en foi eft montagneux, fourré de Bois épais & d'Arbres prodigieufement gros, parmi lesquels on voit des Caneliers, furtout vers la partie méridionale & à l'occident. Ces Caneliers furent découverts par *Gonzale Diaz de Pineda*, & furent caufe qu'on donna aux terroirs qui les produifent le nom de *Canelos*, qu'ils confervent encore. On tire une certaine quantité de cette Canéle, qui eft confumée tant dans la Province de *Quito*, que dans les Vallées. Cette Canéle n'eft pas fi bonne que celle des *Indes Orientales*, mais à cela près elle lui reffemble beaucoup dans tout le refte. L'odeur, la groffeur du tuyau & fon épaiffeur, ne different pas de celle-là ; quant à la couleur, la Canéle de ce terroir-ci eft d'un brun plus foncé. La plus grande différence eft dans le goût. Celle de *Quixos* eft plus piquante, & n'a pas la délicateffe de celle d'*Orient*. La feuille eft parfaitement femblable, & a une odeur auffi excellente que l'écorce : la fleur & la graine furpaffent celle d'*Orient* : l'odeur de la fleur n'a rien de comparable, vu l'abondance des particules aromatiques qu'elle enferre. C'eft ce qui fait croire avec affez de fondement, que fi ces Arbres étoient cultivés, la Canéle pourroit fe perfectionner au point que fi elle n'effaçoit pas celle de *Ceylan*, elle ne lui feroit point inférieure.

Les autres Denrées que produit ce terroir, font les mêmes que celles que produifent tous les Pays où le climat eft pareil à celui-ci ; & ainfi on y recueille des Fruits, des Racines, des Légumes ; mais le Bled, l'Orge & autres femblables Grains qui requierent un climat froid, n'y viennent pas bien.

Le Bailliage de *Macas*, qui eft le fecond de ce Gouvernement, eft borné à l'Orient par les Terres du Gouvernement de *Maynas* ; au Sud par celles de *Bracamoros* & d'*Taguarfongo* ; & à l'Occident la *Cordillere* Orientale

tale des *Andes* le fépare des Corrégimens de *Riobamba* & de *Cuenca*. Le Lieu principal eft décoré du titre de Cité de *Macas*, qui eft le nom qu'on donne communément à tout le Pays, plus connu aujourd'hui fous cette dénomination que fous celle de *Seville de l'Or* qu'on lui donnoit anciennement. Cette Ville eft par les 2 deg. 30 min. de Latitude Auftrale, 40 min. à l'Orient de *Quito*. Elle eft fi peu de chofe qu'à peine y compte-t-on 130 maifons de merrein couvertes de chaume; & quand on dit qu'il y a 1200 âmes, cela doit s'entendre de toutes les perfonnes qui vivent dans le reffort de ce Bailliage, & qui en général font *Métifs* ou *Mulâtres*, y ayant très-peu d'*Efpagnols*. Huit autres Villages appartiennent encore à ce Gouvernement. En voici les noms.

I. *San Miguel de Narbaes.* V. *Zunna.*
II. *Barahonas.*   VI. *Payra.*
III. *Yuquipa.*   VII. *Copuéno.*
IV. *Juan Lopez.*   VIII. *Aguayos.*

Tous ces Villages font fous le Gouvernement Spirituel de deux Curés, dont l'un demeure dans la Ville & a les quatre premiers Villages pour annexes; l'autre demeure à *Zunna*, & eft Curé de ce lieu & des trois autres. Lorfqu'on fit la conquête de ce Pays il étoit fort peuplé, & fi riche qu'on donna à la Capitale le nom de *Seville de l'Or*; mais il ne refte plus aujourd'hui que le fouvenir de cette opulence. Cette décadence eft venue d'un foulévement des *Indiens* du Pays, lefquels après avoir juré obéïffance aux Rois d'*Efpagne*, prirent tout d'un coup les armes, s'emparerent de la Ville de *Logronno* & d'un Village nommé *Guamboya*, appartenant à cette Jurifdiction, & très-riches. Cette révolte ruïna tellement le Pays, qu'on n'y voit aujourd'hui d'autre monnoye que les Marchandifes & les Denrées qu'il produit, & que les habitans font obligés de troquer, pour avoir des provifions de bouche & autres marchandifes dont ils ont befoin.

Macas eft trop près de la *Cordillere* des *Andes*, pour que fon climat ne foit pas différent de celui de *Quito*. En effet outre que c'eft auffi un Pays de Montagnes, on y remarque fuffifamment la différence qu'il y a entre les deux Saifons de l'année les plus éloignées l'une de l'autre. Autant que le terroir de *Macas* eft différent de celui des Corrégimens de la Province de *Quito*, autant y a-t-il de différence par rapport aux Saifons. Ainfi l'Hiver commence-là au mois d'*Avril*, & dure jufqu'en *Septembre*, qui eft le tems où l'on a l'Eté dans les Pays qui font entre les *Cordilleres*; & à *Macas* c'eft en *Septembre* que l'Eté commence; car c'eft alors qu'on y jouit

jouit de la fraîcheur des vents de Nord, d'autant plus frais qu'ils ont paſſé ſur la neige de ces hautes Montagnes. Le Ciel eſt ſerein, la terre a un air de gayeté qui en inſpire aux hommes; on eſt enfin délivré des incommodités de l'Hiver, qui ne ſont pas moins inſupportables ici qu'à *Guayaquil*.

Le terroir eſt fertile en Grains & autres Denrées qui demandent un climat chaud; mais ce qu'on y cultive le plus, c'eſt le Tabac, dont y fait d'abondantes récoltes. On en fait des rouleaux que l'on envoye au *Pérou*, où il eſt fort eſtimé. Les Cannes de Sucre y viennent bien, ainſi que le Coton; mais ils ne ſément de l'un & de l'autre qu'autant qu'il leur en faut pour leur uſage, n'étant pas peu embaraſſés à garantir leurs biens des courſes que font les *Indiens* guerriers pour les détruire: car ces pauvres habitans ſont auſſi environnés de ces Barbares que ceux de *Quixos*; & quand ils les croyent loin, c'eſt alors qu'ils les ont ſur les bras. De-là vient qu'il faut preſque toujours avoir les armes à la main pour repouſſer leurs inſultes.

Parmi les Arbres & les Plantes qui couvrent tout ce Pays on trouve le *Storax*, qui eſt un Arbre dont la gomme répand une odeur bien ſupérieure à toutes les autres. Cette Gomme ou Réſine eſt aſſez rare, parce que les lieux où les arbres croiſſent étant un peu écartés des habitations, il eſt dangereux d'y aller à cauſe des *Indiens Bravos* qui ſe cachent quelquefois entre les arbres, & ſont à l'affut comme des bêtes féroces. La même choſe arrive à l'égard de la Poudre d'azur qu'on y trouve en divers endroits bien qu'en petite quantité, mais il y en a d'une qualité admirable.

Dans le terroir de la dépendance de *Macas* on rencontre auſſi des Caneliers, & ſelon le rapport que m'en fit le Curé de *Zunna*, Don *Juan Joſeph de Loza y Acunna*, perſonnage de mérite & ſavant dans l'Hiſtoire Naturelle, la canéle qu'on en tire eſt d'une qualité ſupérieure à celle de *Ceylan*, qu'on diſtingue à *Macas* par le nom de *Canéle de Caſtille*. C'eſt ce qui m'a été confirmé par d'autres perſonnes intelligentes. Cette *Canéle de Macas* n'eſt pas peu différente de celle de *Quixos*. Il paroît par le témoignage de ces mêmes perſonnes, que ce qui rend la premiere ſi excellente, c'eſt que l'arbre qui la produit ſe trouve à *Macas* dans des lieux découverts, exempt de l'ombrage des autres arbres qui lui peuvent dérober les rayons du Soleil, & débaraſſé des racines étrangeres qui pourroient lui prendre la nourriture néceſſaire pour donner au fruit la perfection requiſe. Cette conjecture eſt confirmée par l'expérience qu'on a faite d'un Canelier planté par hazard ou à deſſein dans le terroir de la Ville même de *Macas*, duquel on a tiré une écorce fort ſupérieure à celle d'Orient tant pour le goût que pour l'odeur; foit que réellement elle fût meilleure, foit parce qu'étant fraîche elle n'avoit pas eu le tems de perdre fes particules aromatiques. La fleur de ce Canelier avoit une odeur qui furpafloit encore celle de l'écorce.

On tire beaucoup de *Copal* du terroir de *Macas*, on y trouve auffi de la Cire fauvage appellée par les habitans *Cera de palo*, qui n'eft pas bonne; car outre qu'elle eft rouge, elle ne fe durcit point, & répand une odeur très-defagréable. Celle de *Guayaquil* & des Vallées a les mêmes défauts, & toutes les Cires de ces Pays ne valent pas celle d'*Europe*; auffi les Abeilles font-elles un peu différentes. Celles de ce Pays font beaucoup plus groffes que celles d'*Europe*, elles font prefque noires; mais peut-être la cire n'en feroit-elle pas plus mauvaife, fi l'on y favoit l'art de la nettéier, & de la préparer comme on fait en *Europe*. Du-moins fi elle n'égaloit pas celle-là en tout, elle pourroit acquérir plus de confiftance.

IV. Le Gouvernement de *Jaen* eft le terme de la Jurifdiction de l'Audience de *Quito* du côté du Sud, & fuit celui de *Macas*. Le Pays de ce Gouvernement fut découvert & conquis par *Pedro de Vergara*, à qui *Hermando Pizarro* confia cette commiffion en 1538. Enfuite *Juan de Salinas* entra dans ce Pays avec le titre de Gouverneur, & ce fut alors qu'on s'y établit formellement; car le nouveau Gouverneur ayant appaifé les foulévemens des *Indiens*, & engagé ces Peuples à fe foûmettre, rien ne l'empêcha d'y jetter les fondemens des principales Peuplades qu'on y voit encore, mais fi chetives qu'elles ne valent pas mieux que celles de *Macas* & de *Quixos*. Quelques-unes ont le titre pompeux de Cité, & le confervent encore; mais c'eft plutôt pour jouir des priviléges qui y font attachés, que pour donner l'idée d'une grandeur qu'elles n'ont pas.

Anciennement ce Gouvernement étoit connu fous les noms d'*Igualfongo* & de *Pacamoros*, dont on a fait par corruption *Yaguarfongo*, & *Bracamoros*; c'étoient les noms qu'il avoit fous *Juan de Salinas*. On continua pendant plufieurs années à l'appeller ainfi, jufqu'à ce que les *Indiens* des deux diftricts s'étant foulevés, détruifirent les principaux lieux, & ceux qu'ils épargnerent après avoir refté près d'un fiécle dans l'état miférable où ils font encore, s'unirent à la Ville de *Jaen*, le tout enfemble formant un Gouvernement fous le nom de *Jaen de Bracamoros*, & le titre de Gouverneur d'*Yaguarfongo* paffa aux Corrégidors de *Loja*, comme nous l'avons dit ailleurs.

Le furnom de *Bracamoros* a été ajoûté à *Jaen* à-caufe de la réunion des Peuplades de *Pacamoros* ou *Bracamoros* à cette Ville, laquelle fut fondée

en

en 1549. par *Diego Palomino*, dans la Jurifdiction de *Chaca-Inca* appartenante à la Province de *Chuquimayo*. C'eft dans *Jaen* que réfide le Gouverneur du Pays. La Ville eft fituée fur la rive boréale de la Riviere de *Chinchipe*, dans un coude qu'elle forme en fe dégorgeant dans le *Maranon*. Elle eft par les 5 deg. 25 min. de Latitude Auftrale; & quoique fa Longitude ne foit pas bien certaine, on peut compter qu'elle n'eft pas fort éloignée du Méridien de *Quito*, ou qu'elle eft fous le même Méridien. Au-refte nous ne croyons pas qu'elle mérite une plus ample defcription, n'étant guere moins petite ni moins pauvre que les Villes de *Macas* & de *Quixos*: il faut pourtant convenir qu'elle eft plus peuplée; car on y compte jufqu'à trois ou quatre mille âmes, la plupart *Métifs*, quelques *Indiens*, & très-peu d'*Espagnols*.

Les Peuplades fondées par *Jean de Salinas*, dans fon Gouvernement de *Yaguarfongo* & de *Bracamoros*, confiftoient en trois Villes, qui fubfiftent encore, auffi dénuées de défenfe & pauvres que celle de *Jaen*. Elles ont confervé jufqu'aujourd'hui les noms qu'elles reçurent d'abord, qui font, *Valladolid*, *Loyola*, & *Santiago des Montagnes*. Cette derniere eft fur les confins du Gouvernement de *Maynas*, & n'eft éloignée de *Borja*, Capitale de ce Gouvernement, que par le *Pongo de Manceriche* *. Outre ces Villes il y a dans le Pays de *Jaen de Bracamoros* diverfes petites Bourgades dont voici les noms.

I.	*San Jofeph.*	VI.	*Chincipe.*
II.	*Chito.*	VII.	*Chyrinos.*
III.	*Sander.*	VIII.	*Pomaca.*
IV.	*Charope.*	IX.	*Tomependo.*
V.	*Pucara.*	X.	*Chuchunga.*

Les habitans de tous ces lieux-là font *Indiens*, à la réferve d'un très-petit nombre de Métifs.

Nous avons dit que *Jaen* eft fitué fur le confluent de la *Chincipe* & du *Marannon*, & nous ajoûterons que ce dernier Fleuve n'eft pas encore navigable en cet endroit, & que pour s'y embarquer il faut defcendre depuis *Jaen* jufqu'à *Chuchunga*, qui n'eft qu'un hameau fur le bord de la Riviere du même nom, & par les 5 deg. 21 min. †. Là on s'embarque pour gagner le *Marannon*. *Chuchunga*, qui eft l'Embarcadaire de ce Fleuve, eft à quatre journées de chemin de *Jaen*, felon la maniere de compter du Pays; par où l'on ne doit pas juger de la diftance; parce que les difficul-

---

* L'Auteur expliquera ci-après ce que c'eft que le *Pongo de Manceriche*.
† Latitude obfervée par Mr. *de la Condamine* dans fon Voyage du *Maragnon* l'an 1743.

ficultés des routes font employer un tems peu proportionné à la distance réelle, & un chemin qu'on pourroit faire ailleurs dans une heure ou deux, coute quelquefois un jour entier dans ce Pays-là.

Le Climat de *Jaen* & de tout le Pays de sa Jurisdiction n'est pas différent de celui de *Quixos*, excepté qu'il est moins pluvieux, & qu'il jouit comme celui de *Macas* de quelque intervalle d'Eté. La chaleur y est plus temperée, & les autres incommodités ordinaires de l'Hiver y sont beaucoup moindres.

Le Pays est fertile en Denrées propres au climat. Il est rempli d'Arbres sauvages, parmi lesquels le *Cacaoyers* croissent & donnent du fruit en abondance, lequel égale en bonté le *Cacao* cultivé; mais on n'en profite guere, vu qu'il s'en consomme très-peu dans le Pays ni aux environs; & que de l'envoyer en *Europe*, les fraix du transport le feroient monter à un prix qui ne permettroit pas de le vendre. C'est pourquoi on le laisse à la discrétion des Singes & autres Animaux, ou se perdre sur les arbres.

Dès le commencement de la conquête & de la découverte de ce Pays, il passoit pour renfermer de grandes richesses; & en-effet on en tiroit beaucoup d'Or, mais cela cessa lors de la révolte des *Indiens*; & l'opinion commune est que cette révolte fut occasionnée par la dureté avec laquelle les *Espagnols* les outroient de travail dans l'exploitation des Mines. Aujourd'hui l'Or qu'on en tire est en petite quantité, encore n'est-ce pas des Minieres qu'il vient, mais de ce que les *Indiens* ramassent en lavant le sable des Rivieres qui se débordent; par-là ils trouvent des grains, de la poudre & des paillettes d'or, qui leur servent de monnoye pour payer les tributs, ou se pourvoir des choses dont ils ont le plus besoin. Leur indifférence pour ce métal est telle, que quoiqu'ils pussent en amasser beaucoup en continuant à laver du sable, ils ne veulent pas s'en donner la peine; & il n'y a guere que les plus pauvres d'entre eux qui ayent recours à ce moyen quand la nécessité les presse. Quant aux *Indiens* Gentils, ou indépendans, ils ne se mettent pas plus en peine de l'or que de la boue.

Le Gouvernement de *Jaen* est extrêmement fertile en Tabac. La culture de cette plante fait la principale occupation des habitans. Quand ils ont cueilli & seché les feuilles, ils en font des carottes, chacune de cent feuilles, & les préparent avec des bouillons d'Hydromel ou des décoctions de quelques Herbes propres à lui conserver sa force. C'est dans cette forme qu'on le transporte au *Pérou*, dans toute la Province de *Quito* & dans tout le *Chily*, où l'on ne se sert pas d'autre tabac pour fumer

fumer dans des cornets de papier selon la coutume de tous ces Pays. Ce tabac n'est si recherché, qu'à cause de la préparation qu'on lui donne en l'humectant dans cette décoction à mesure qu'on le forme en carottes: car par-là il rend une fumée plus forte & d'un goût particulier, en un mot telle qu'on la souhaite pour cet usage. Le Coton croît abondamment dans ce terroir, & l'on y éléve beaucoup de Mules. C'est dans ces trois articles que consiste tout le commerce que ce Pays fait avec les Corrégimens de la Province, & les autres Contrées du *Pérou*.

Dans les Pays du Gouvernement de *Jaen* de *Bracamoros*, de *Quixos* & de *Macas*, il y a une quantité étonnante de Bêtes féroces des mêmes espéces dont on a parlé en traitant de Pays semblables à ceux-là pour le climat. Outre les Tigres, on y voit des *Lions* bâtards *, des Ours, des *Dantes* ou *Gran Bestias*. Ces trois espéces ne sont pas communes dans les autres Pays dont il a été fait mention, & c'est le voisinage des Cordilleres qui fait que ces animaux se trouvent plus ordinairement dans ces campagnes; car portés de leur naturel à vivre dans des lieux froids, ils ne laissent pas de descendre quelquefois de ces Montagnes voisines, & de venir dans des Pays où ils ne paroîtroient peut-être point sans ce voisinage. Parmi les Reptiles qu'on voit dans le Pays de *Macas*, il y en a un fort remarquable: c'est un Serpent que les *Indiens* nomment *Curi-Mullinvo*, nom qui lui a été donné à cause d'une peau de couleur d'or & tavelée comme celle des Tigres; car *Curi* en *Indien* signifie Or. Cette peau est toute couverte d'écailles, & la figure du reptile même est affreuse. La tête est d'une grosseur démesurée, & le corps à proportion. Sa gueule est armée de deux rangs de dents, & de crochets aussi grands & plus aigus que ceux des Chiens ordinaires. Les *Indiens Idolâtres*, pour se donner un air plus terrible & plus vaillant, peignent sur les rondaches ou targuettes dont ils se servent à la guerre, des figures de ce serpent; qui au-reste est si dangereux que quand il mord il en coute sûrement la vie, n'étant pas facile de lui faire lâcher prise quand une fois il a saisi quelqu'un.

* C'est apparemment l'animal que d'autres Voyageurs appellent *Lion du Pérou*.

CHAPITRE V.

Description du Gouvernement de Maynas, *& de la Riviere* Marannon *ou des* Amazones. *Découverte & cours de ce Fleuve. Rivieres qui s'y jettent.*

AUx Gouvernemens de *Popayan* & de *Jaen de Bracamoros*, qui font les limites de la Province de *Quito* par le Sud & le Nord, il faut joindre celui de *Maynas*, par lequel cette Province est terminée à l'Orient, & qui est le terme de la Jurisdiction de l'Audience. Je me suis determiné à dire un mot de ce Gouvernement, parce que voulant traiter du Fleuve des *Amazones*, il m'a paru convenable de donner une idée d'un Pays que ce Fleuve arrose, & qui d'ailleurs entre dans mon plan.

Le Gouvernement de *Maynas* s'étend vers l'Orient, & suit immédiatement ceux de *Quixos* & de *Jaen de Bracamoros*. C'est dans son territoire que prennent leurs sources les différentes Rivieres, qui après avoir parcouru une vaste étendue de pays, se réunissent & forment entre elles la fameuse Riviere des *Amazones* ou *Marannon*. Les Rives de celle-ci & de plusieurs autres qui lui rendent le tribut de leurs eaux cristallines, entourent ce Pays & le traversent. Au-reste ses limites au Nord & au Sud sont si peu connues, que tout ce qu'on en peut dire, c'est qu'il se perd dans les terres habitées par les *Indiens* Infidéles; ce qu'on en sait de plus ne peut être que sur le raport des Jésuites, qui sont chargés du Gouvernement Spirituel des Nations Barbares qui l'habitent. A l'Orient il confine aux terres des *Portugais*, & est borné par la fameuse Méridienne ou *Ligne de séparation*, qui limite également les possessions des Couronnes d'*Espagne* & de *Portugal* en *Amérique*.

Comme le Fleuve des *Amazones* est ce qu'il y a de plus remarquable dans le Gouvernement de *Maynas*, je passe à la description particuliere de ce Fleuve, laquelle contiendra en même-tems le détail de ce Gouvernement, vu la liaison qu'il y a entre ce Pays & ce Fleuve; & pour ne rien laisser à desirer à la curiosité du *Lecteur* sur un sujet d'autant plus intéressant qu'il est peu connu, & d'autant plus difficile à connoître qu'il est plus éloigné, je diviserai cette matiere en trois paragraphes que je renfermerai dans ce Chapitre.

§. I. Où il est parlé des Sources du *Marannon*, & de diverses Rivieres qui grossissent ce Fleuve; du cours qu'il a, & des divers noms sous lesquels il est connu.

Il

Il en est du Fleuve des *Amazones* comme d'un grand & puissant Arbre que nourissent une infinité de racines, sans que l'on puisse dire précisément quelle est sa racine primitive, & celle dont il tire son origine. En effet il est bien difficile de décider quelle est la premiere & la principale source d'un Fleuve qui en a tant, & de la lui assigner dans le *Pérou*, tandis que tant d'autres Rivieres sortant des *Cordilleres*, & grossies par les neiges & les glaces qui se fondent dans leurs eaux, vont former un Fleuve qui dans son principe ne mérite pas même le nom de Riviere.

Les racines, ou pour parler plus proprement, les sources de ce grand Fleuve sont en si grand nombre, qu'on peut, sans craindre de se tromper, en compter autant qu'il y a de Rivieres qui descendent de la *Cordillere* orientale des *Andes*, depuis le Gouvernement de *Popayan*, où sont les sources de la Riviere de *Caquéte* ou *Yupura*, jusqu'à la Province ou Corrégiment de *Guanuco*, à 30 lieues ou environ de *Lima*. Toutes les eaux qui descendent de cette partie orientale de la *Cordillere* croissant à-mesure qu'elles s'éloignent de leurs foibles sources, & qu'elles reçoivent d'autres eaux, forment ces Rivieres considérables, qui se réunissant dans un terrain plus spacieux, composent cet immense Fleuve de *Marannon*, dont nous traitons ici. Les unes traversant plus de Pays tirent leurs sources de plus loin, les autres venant de plus près sont grossies par une plus grande quantité de ruisseaux, & suppléent par-là à ce qui leur manque du côté de leur cours, & égalent celles qui viennent de plus loin; desorte qu'on ne peut décider plutôt pour l'un que pour l'autre, & que bien loin de vouloir prononcer ici définitivement sur cette question, je me contenterai de nommer les Rivieres qui parcourent une plus grande étendue de Pays, & celles qui tombant en cascade des Montagnes des *Andes*, grossissent leurs eaux en peu de tems, & se précipitent avec tant de force & de rapidité, qu'elles semblent vouloir devancer celles-là, & les recevoir dans le lit commun dont elles sont déjà en possession. Après cela je laisserai à chacun la liberté de juger de la véritable source du *Marannon*, selon qu'il y trouvera plus de raison & de probabilité.

L'opinion la plus généralement reçue aujourd'hui touchant la source la plus reculée du Fleuve des *Amazones*, est celle qui la place dans la Sénechaussée ou Corrégiment de *Tarma*, prenant le commencement de son cours dès la *Lagune* ou Lac de *Lauricocha*, près de la Ville de *Guanuco*, par les 11 degrés ou environ de Latitude Australe. De-là il coule au Sud à la hauteur de presque 12 degrés, traversant le Pays appartenant à ce Corrégiment, & tournant insensiblement vers l'Orient, il passe par les ficultés des routes font employer un tems peu proportionné à la distance réelle, & un chemin qu'on pourroit faire ailleurs dans une heure ou deux, coute quelquefois un jour entier dans ce Pays-là.

Le Climat de *Jaen* & de tout le Pays de sa Jurisdiction n'est pas différent de celui de *Quixos*, excepté qu'il est moins pluvieux, & qu'il jouit comme celui de *Macas* de quelque intervalle d'Eté. La chaleur y est plus temperée, & les autres incommodités ordinaires de l'Hiver y sont beaucoup moindres.

Le Pays est fertile en Denrées propres au climat. Il est rempli d'Arbres sauvages, parmi lesquels le *Cacaoyers* croissent & donnent du fruit en abondance, lequel égale en bonté le *Cacao* cultivé; mais on n'en profite guere, vu qu'il s'en consomme très-peu dans le Pays ni aux environs; & que de l'envoyer en *Europe*, les fraix du transport le feroient monter à un prix qui ne permettroit pas de le vendre. C'est pourquoi on le laisse à la discrétion des Singes & autres Animaux, ou se perdre sur les arbres.

Dès le commencement de la conquête & de la découverte de ce Pays, il passoit pour renfermer de grandes richesses; & en-effet on en tiroit beaucoup d'Or, mais cela cessa lors de la révolte des *Indiens*; & l'opinion commune est que cette révolte fut occasionnée par la dureté avec laquelle les *Espagnols* les outroient de travail dans l'exploitation des Mines. Aujourd'hui l'Or qu'on en tire est en petite quantité, encore n'est-ce pas des Minieres qu'il vient, mais de ce que les *Indiens* ramassent en lavant le sable des Rivieres qui se débordent; par-là ils trouvent des grains, de la poudre & des paillettes d'or, qui leur servent de monnoye pour payer les tributs, ou se pourvoir des choses dont ils ont le plus besoin. Leur indifférence pour ce métal est telle, que quoiqu'ils pussent en amasser beaucoup en continuant à laver du sable, ils ne veulent pas s'en donner la peine; & il n'y a guere que les plus pauvres d'entre eux qui ayent recours à ce moyen quand la nécessité les presse. Quant aux *Indiens* Gentils, ou indépendans, ils ne se mettent pas plus en peine de l'or que de la boue.

Le Gouvernement de *Jaen* est extrêmement fertile en Tabac. La culture de cette plante fait la principale occupation des habitans. Quand ils ont cueilli & seché les feuilles, ils en font des carottes, chacune de cent feuilles, & les préparent avec des bouillons d'Hydromel ou des décoctions de quelques Herbes propres à lui conserver sa force. C'est dans cette forme qu'on le transporte au *Pérou*, dans toute la Province de *Quito* & dans tout le *Chily*, où l'on ne se sert pas d'autre tabac pour fumer

fumer dans des cornets de papier selon la coutume de tous ces Pays. Ce tabac n'est si recherché, qu'à cause de la préparation qu'on lui donne en l'humectant dans cette décoction à mesure qu'on le forme en carottes: car par-là il rend une fumée plus forte & d'un goût particulier, en un mot telle qu'on la souhaite pour cet usage. Le Coton croît abondamment dans ce terroir, & l'on y éléve beaucoup de Mules. C'est dans ces trois articles que consiste tout le commerce que ce Pays fait avec les Corrégimens de la Province, & les autres Contrées du *Pérou*.

Dans les Pays du Gouvernement de *Jaen de Bracamoros*, de *Quixos* & de *Macas*, il y a une quantité étonnante de Bêtes féroces des mêmes espéces dont on a parlé en traitant de Pays semblables à ceux-là pour le climat. Outre les Tigres, on y voit des *Lions* bâtards [*], des Ours, des *Dantes* ou *Gran Bestias*. Ces trois espéces ne sont pas communes dans les autres Pays dont il a été fait mention, & c'est le voisinage des Cordilleres qui fait que ces animaux se trouvent plus ordinairement dans ces campagnes; car portés de leur naturel à vivre dans des lieux froids, ils ne laissent pas de descendre quelquefois de ces Montagnes voisines, & de venir dans des Pays où ils ne paroîtroient peut-être point sans ce voisinage. Parmi les Reptiles qu'on voit dans le Pays de *Macas*, il y en a un fort remarquable: c'est un Serpent que les *Indiens* nomment *Curi-Mullinvo*, nom qui lui a été donné à cause d'une peau de couleur d'or & tavelée comme celle des Tigres; car *Curi* en *Indien* signifie *Or*. Cette peau est toute couverte d'écailles, & la figure du reptile même est affreuse. La tête est d'une grosseur démesurée, & le corps à proportion. Sa gueule est armée de deux rangs de dents, & de crochets aussi grands & plus aigus que ceux des Chiens ordinaires. Les *Indiens Idolâtres*, pour se donner un air plus terrible & plus vaillant, peignent sur les rondaches ou targuettes dont ils se servent à la guerre, des figures de ce serpent; qui au-reste est si dangereux que quand il mord il en coute surement la vie, n'étant pas facile de lui faire lâcher prise quand une fois il a saisi quelqu'un.

[*] C'est apparemment l'animal que d'autres Voyageurs appellent *Lion du Pérou*.

Terres de *Jauxa*. Enfuite il tourne au Nord après avoir paffé à l'orient de la *Cordillere* des *Andes*, & laiffant à l'occident les Provinces de *Moyo-Bamba* & de *Chacha-Poyas*, il continue fon cours jufqu'à la Ville de *Jaen*, qui eft, comme nous l'avons dit dans le Chapitre précédent, par les 5 deg. 21 fec. Là il fait un angle ou coude, & pourfuit fon cours vers l'Orient jufqu'à ce qu'il paye le tribut de fes eaux à l'Océan, par une embouchure qui s'étend en largeur depuis la Ligne Equinoxiale jufqu'aux deux premiers degrés de Latitude Boréale. Sa longueur depuis la *Lagune* de *Lauricocha* jufqu'à *Jaen*, eft de plus de deux cens lieues, y compris les détours qu'il fait. De-là jufqu'à la Mer où eft fon embouchure, fa longueur eft à l'Orient de 30 degrés de différence dans la Longitude, ce qui fait 600 lieues marines, qu'on peut compter à 900 en y comprenant les tours & les détours qu'il fait dans tout cet efpace, & environ à 1100 tout l'espace qu'il parcourt depuis la *Lagune* de *Lauricocha* jufqu'à ce qu'il fe perde dans l'Océan.

La branche qui part de *Lauricocha* n'eft pas la feule qui vienne de ce côté-là au *Marannon*, & ce n'eft pas non plus la plus méridionale de celles qui groffiffent ce Fleuve; puifqu'au fud de la même *Lagune*, & non loin d'*Afungaro* eft la fource de la Riviere qui paffe par *Guamanga*. Plus loin dans les Provinces de *Vilcas* & d'*Andaguaylas* il y a deux autres Rivieres, qui après avoir coulé quelque tems féparément uniffent leurs eaux, & les vont décharger dans la Riviere qui fort de la *Lagune de Lauricocha*. Une autre vient de la Province de *Chumbi-Vilcas*. Enfin celle qui prend fa fource le plus au Sud, c'eft celle d'*Apurimac*, qui prenant fon cours vers le Nord, paffe par *Cuzco* non loin de *Lima-Tambo*, & reçoit plufieurs autres Riviéres, après quoi il rencontre le *Marannon*, & s'unit avec lui à fix-vingt lieues environ à l'orient de l'endroit où celui-ci reçoit la Riviere de *Santiago*. Celle-là eft fi large & fi profonde, qu'on ne fait fi c'eft elle qui fe jette dans le *Marannon*, ou fi c'eft celui-ci qui fe dégorge dans l'*Ucayale* (c'eft ainfi qu'on appelle la Riviere d'*Apurimac*, à-mefure qu'elle approche du *Marannon*). Les eaux des deux Rivieres en s'uniffant fe heurtent avec tant de violence, que celles de l'*Apurimac* ou *Ucayale* forcent le *Marannon* à changer de cours & à céder au poids qui le heurte, deforte que fes eaux qui avoient un cours direct, courent en ferpentant. Plufieurs croyent que l'*Uyacale* eft le véritable *Marannon*: ils fondent leur opinion fur ce qu'il eft démontré que fa fource eft la plus éloignée, & que s'il ne furpaffe pas il égale du-moins en profondeur la Riviere de *Lauricocha*.

Dans l'efpace depuis le Confluent du *Marannon* & de la Riviere de *Santiago*,

VOYAGE AU PEROU. Liv. VI. Ch. V.

go, où se trouve le *Pongo* de *Manzeriche*, jusqu'à l'embouchure de la Riviere d'*Ucayale*, & presqu'au milieu de cet espace, la Riviere de *Guallaga*, qui prend aussi sa source dans les Cordilleres à l'orient de la Province de *Guamanga*, se jette dans le *Marannon*. Une autre Riviere qui a sa source dans les Montagnes de *Moyo-Bamba* concourt à former le *Marannon* après s'être jointe à la *Guallaga*. La premiere a sur sa rive au milieu de son cours un Village appellé *Llamas*: on croit que c'est-là que s'embarqua *Pedro de Orsua* avec des Troupes pour aller à la découverte du *Marannon*, & pour conquérir les Pays qu'il arrose.

A l'orient de l'*Ucayale*, le *Marannon* reçoit la Riviere d'*Yabari*, & ensuite quatre autres, qui sont l'*Yutay*, l'*Yurva*, la *Oséfe* & le *Coari*, qui viennent toutes du côté du Sud, où elles ont leurs sources presque dans les mêmes Cordilleres d'où sort l'*Ucayale*; mais comme les Pays qu'elles traversent sont habités par des *Indiens* idolâtres assez peu connus des *Espagnols*, on ignore la véritable route qu'elles tiennent avant d'entrer dans le *Marannon*. On sait seulement d'après quelques *Indiens*, qu'elles sont navigables en certains mois de l'année. On prétend aussi que quelques personnes ont pénétré dans le Pays en remontant ces Rivieres, & ont reconnu à certaines marques qu'elles coulent fort près des Provinces du *Pérou*.

Au-delà de la Riviere de *Coari* en tirant vers l'Orient, celle de *Chuchibara*, autrement *Purus*, tombe dans le *Marannon*, & ensuite la Riviere de *Madere*, qui est une des plus considérables de celles qui se jettent dans ce Fleuve. En 1741 les *Portugais* remonterent cette Riviere si avant, qu'ils vinrent à peu de distance de *Santa Cruz de la Sierra* par les 17 ou 18 deg. de Latitude Méridionale. Depuis le boqueron de la Riviere de *Madere* jusqu'à la Mer, les *Portugais* donnent au *Marannon* le nom de *Riviere des Amazones*, mais de-là au-dessus ils l'appellent *Rio de Salimoes*. Bientôt après la *Madere*, vient la Riviere des *Topayos*, qui est une des plus grandes de celles qui grossissent le *Marannon*. Sa source est dans les Mines du *Bresil*. Enfin les Rivieres de *Dos Bocas*, de *Xingu*, de *Tocantines* & de *Muju*. C'est sur le bord oriental de cette derniere qu'est bâtie la Ville de *Gran-Para*. Au-reste toutes ces quatre Rivieres ont leurs sources dans les Montagnes du *Bresil*.

Après avoir vu quelles sont les racines les plus éloignées du fameux Fleuve des *Amazones*, & les principales Rivieres qu'il reçoit du côté du Sud, reste à parler de celles qui ont leurs sources moins éloignées dans les Cordilleres, & qui dès leur naissance prennent leur cours vers l'Orient, traversant la vaste étendue de cette partie de l'*Amérique*, & de celles enfin qui viennent du côté du Nord. Nous les nommerons toutes felon l'ordre qu'elles ont entre elles, en defcendant du Midi au Septentrion.

Dans les Montagnes de *Loja* & *Zamora* plufieurs petites Rivieres prennent leurs fources, & réunies enfemble forment la Riviere de *Santiago*. D'autres petites Rivieres qui viennent des Montagnes de *Cuenca*, forment la Riviere de *Paute*. Celle-ci perd fon nom en fe joignant à celle de *Santiago*, ainfi appellée à caufe de la Ville de ce nom, près de laquelle elle fe joint aux deux Rivieres qui viennent de *Lauricocha* & d'*Apurimac*. La *Marona* eft une Riviere qui prend fa fource dans la Montagne de *Sangay*, & paffant près de la Ville de *Macas* court au Sud-Eft, jufqu'à ce qu'elle rencontre le *Marannon*, auquel elle fe joint à environ vingt lieues à l'Orient de *Borja*, Capitale du Gouvernement de *Maynas*.

La *Paftaza* & le *Tigre* ont leurs fources dans les Montagnes du Corrégiment de *Riobamba*, de *Latacunga*, & de *St. Michel de Ibarra*. Les Rivieres de *Coca* & de *Napo* viennent de la Cordillere de *Cotopacci*. Ces deux Rivieres, après avoir couru un affez long efpace à quelque diftance l'une de l'autre, fe joignent enfemble, & retenant le nom de *Napo*, fe perdent dans le *Marannon*, après avoir parcouru plus de deux cens lieues de pays en droite ligne de l'Occident à l'Orient avec une inclinaifon prefque imperceptible vers le Sud. Le Pere *Chriftoval de Acunna*, dont nous parlerons ci-après, croit que le *Napo* eft le véritable *Marannon*; parce qu'étant la principale & la plus confidérable de toutes ces Rivieres, on peut dire que c'eft dans celle-ci que les autres fe jettent.

Le *Putu-Mayo*, autrement *Ica*, vient des Montagnes du Corrégiment de *St. Michel de Ibarra* & de celles de *Pafto*. Cette Riviere, après avoir parcouru plus de 300 lieues de Pays entre Eft & Sud-Eft, fe jette dans le *Marannon*, beaucoup plus à l'Orient que le *Napo*. Enfin la Riviere de *Caquéte*, qui vient du pays de *Popayan*, fe divife en deux bras, l'un defquels, qui eft le plus occidental, fe jette, fous le nom de *Yupura*, dans le Fleuve *Marannon*, & femblable au *Nil* il y entre par fept ou huit bouches fi écartées les unes des autres qu'entre la premiere & la derniere on compte plus de cent lieues: l'autre bras qui a fon cours plus à l'Orient, n'eft pas moins célébre fous le nom de *Rio Negro*. On croit que c'eft par le *Negro* que l'*Orinoco* ou l'*Orénoque* communique avec le *Marannon*; c'eft du-moins l'opinion de M. *de la Condamine*, qui cite à ce fujet une Lettre du P. *Jean Ferreira*, Recteur du Collége des *Jéfuites* de la Ville de *Gran-Para*, dans laquelle ce Religieux marque expreffément, qu'en 1744 quelques *Portugais* d'un camp volant qui avoit pris pofte fur *Rio Negro*, s'étant

tant embarqués fur cette Riviere, l'avoient defcendue jufques près des Miffions de l'*Orenoque*, dont ils avoient rencontré le Supérieur, avec qui ils avoient remonté le *Négro*, & étoient revenus au camp-volant, fans faire aucun chemin par terre. A quoi cet Auteur ajoûte les réflexions fuivantes. La Riviere de *Caquéte* vient de *Mocoa*, Pays contigu à *Almaguer* dans la Jurisdiction de *Popayan*, qui eft à l'Occident. Cette Riviere, dont nous avons fait mention, & qui tire fon nom d'un petit lieu près duquel elle paffe affez près de fa fource, prend fon cours vers l'Orient inclinant peu au Sud, & fe partage en deux bras, l'un qui court plus au Sud fous le nom de *Yapura*, lequel fubdivifé enfuite en plufieurs autres bras fe jette, comme nous l'avons dit, par fept ou huit bouches dans le *Marannon*; l'autre pourfuivant fa route vers l'Orient fe fubdivife encore en deux bras, l'un desquels prend fon cours vers le Nord-Eft & entre dans l'*Orenoque*, & l'autre qui court au Sud-Eft & le *Rio Négro*. Il eft certain que cette fubdivifion de bras en Rivieres profondes qui prennent des cours fi oppofés, n'eft pas une chofe ordinaire; mais elle n'eft pas non plus abfolument hors de vraifemblance. En effet il eft fort poffible qu'une Riviere arrivant dans un terrain uni, & prefque par-tout de niveau, s'épanche à droite & à gauche auffitôt qu'elle rencontre un peu de pente dans le terrain, & fe divife en deux ou plufieurs bras: fi la pente n'eft pas bien grande, & que la Riviere foit confidérable & fort profonde, chaque bras fera navigable, & l'on paffera de l'un à l'autre fans difficulté. C'eft ce qui arrive dans les *Eftéros* en Pays de plaine, & que nous avons vu par expérience dans le Pays de *Tumbez*. En effet l'eau de la Mer y entre dans le montant par plufieurs bouches, dont quelques-unes font éloignées de plus de vingt lieues l'une de l'autre. Celui qui navigue entre par un bras à la faveur du montant; mais en arrivant-là où le terrain s'éléve, la marée lui devient contraire, & il commence à fentir à l'oppofite l'eau que le même montant fait entrer par un autre bras. De-même le juffant fépare les eaux à ce point-là, & chaque portion d'eau prend pour reffortir la même route ou le même côté par où elle eft entrée, fans que pour cela le lieu où la féparation fe fait, refte à fec. Mais quand même le lieu où les eaux de la *Caquéte* fe fubdivifent, ne feroit pas uni, & à peu près horizontal, mais fort en pente, cela étant égal des deux côtés, rien n'empêche qu'une partie des eaux ne panche vers l'*Orenoque*, & l'autre partie vers le *Négro*. Tout ce qui en réfulteroit, c'eft que la grande rapidité des eaux dans cet endroit-là les rendroit innavigables; mais il ne s'enfuivroit nullement qu'étant arrivées elles ne puffent fe divifer, & tenir

dif-

différentes routes, puisque tout cela consiste à faire une Ile plus ou moins grande.

On entre dans le *Marannon* par trois différentes routes en partant de *Quito*. Ces trois routes sont très-incommodes par la quantité de roches & de pierres dont elles sont semées & par la nature du climat, desorte qu'il faut marcher à pied les trois quarts du tems. Le premier de ces chemins, qui est en même tems le plus près de *Quito*, passe par *Baeza* & *Archidona*, d'où l'on va s'embarquer sur le *Napo*. Le second est par *Hambato* & passe par *Patate* & au pied de la Montagne de *Tunguragua*, & de là jusqu'au Pays de la Canéle que traverse la Riviere de *Bobonaza*, qui se joint à *Pastaza*, & toutes deux vont se perdre dans le *Marannon*. Le troisiéme chemin passe par *Cuenca*, *Loja*, *Valladolid* & *Jaen*. Dès cette Ville, ou dès le Village de *Chuchunga*, qui est l'Embarcadaire du *Marannon*, ce grand Fleuve est navigable. C'est à *Chuchunga* que l'on s'embarque pour aller à *Maynas*, ou pour naviguer plus loin sur le Fleuve. De tous ces chemins le dernier est le seul qui soit praticable pour les Bétes de somme, & par où elles puissent arriver jusqu'à l'Embarcadaire sans obstacle: mais comme il est en même tems le plus long, il est aussi le moins fréquenté; car les Missionnaires qui font ces voyages plus fréquemment que personne autre, pour éviter la longueur de ce chemin & le danger qu'il y a au passage du *Pongo de Manzeriche*, aiment mieux s'exposer aux fatigues & aux incommodités des deux autres, parce qu'ils sont moins longs, quoique non moins dangereux.

Dans le cours immense de ce Fleuve depuis *Chuchunga* jusqu'à la Mer il y a des endroits où ses bords resserrés par les terres forment divers détroits où la rapidité de ses eaux rend le passage dangereux. Dans quelques autres endroits son cours changeant tout-à-coup de direction & se recourbant, ses eaux heurtent avec violence les rochers escarpés de ses bords, ce qui leur fait former des tournoyemens, qui les rendent comme immobiles; & ce repos apparent n'est guere moins dangereux pour les Bâtimens, que le mouvement impétueux causé par les détroits, qu'ils ont heureusement franchis. Parmi ces détroits qui rendent cette navigation périlleuse, le plus fameux est celui qui est entre *Santiago de Las Montannas* & *Borja*, auquel on donne le nom de *Pongo de Manzeriche*. *Pongo* en *Indien* signifie une *Porte*, & ces Peuples appelloient ainsi généralement tous les lieux étroits. *Manzeriche* est le nom de la Contrée voisine du détroit en question.

Les Rélations des *Espagnols* qui ont passé par-là, font ce passage si

étroit

étroit qu'elles ne lui donnent que 25 aunes de large, & affûrent qu'il a trois lieues de long, que l'on fait fans autre fecours que le mouvement des eaux, en un quart d'heure de tems avec beaucoup de danger. Si cela eſt ainſi, ce feroit à raiſon de 12 lieues par heure, ce qui certainement eſt une viteſſe étonnante. Mais felon Mr. *de la Condamine*, qui a examiné tout cela avec l'attention d'un Philoſophe, & dont le témoignage l'emporte fans-doute de beaucoup fur celui des Voyageurs ordinaires, & mérite infiniment plus de créance, le *Pongo*, dans l'endroit où il eſt le plus étroit, a 25 toiſes de large, ce qui fait un peu plus de 60 aunes; & ce ſavant Mathématicien ne lui donne que deux lieues de long, depuis l'endroit où commence le retreciſſement juſqu'à la Ville de *Borja*, ajoûtant qu'il fit ces deux lieues dans une *Balze* en 57 minutes, ce qui eſt plus dans l'ordre ordinaire. Il dit auſſi que la *Balze* avoit le vent contraire, ce qui fans-doute retarda l'impulſion du courant. Or en computant le tems qu'il mit à faire ces deux lieues, il réfulte que la viteſſe de l'eau étoit de deux & demie, ou tout au plus de trois lieues par heure.

La largeur & la profondeur de ce grand Fleuve font proportionnées à la longueur de fon cours. Il eſt à ſuppoſer que dans les *Pongos*, ou *Détroits*, il gagne dans la profondeur ce qu'il perd dans la largeur: & en effet quand on regarde quelques-unes des Rivieres qu'il reçoit, on eſt trompé par les apparences: on diroit à voir la largeur de leurs lits, qu'ils ſurpaſſent le *Marannon*, mais quand on les voit mêler leurs eaux avec les ſiennes, le peu d'augmentation qu'on remarque dans celui-ci defabuſe bientôt de cette fauſſe opinion: car ce grand Fleuve continuant fon cours fans aucun changement ſenſible, ni dans ſa largeur, ni dans ſa viteſſe, fait bien voir la différence qu'il y a entre lui & les Rivieres en queſtion. Dans quelques endroits il déploye ſes eaux au large, & forme une grande quantité d'Iles: c'eſt ce qu'on remarque principalement depuis un endroit un peu à l'orient de l'embouchure du *Napo*, juſqu'à celle du *Coari*, qui eſt un peu à l'occident du *Négro*. Là, divifé en pluſieurs bras, il forme dans cet eſpace une infinité d'Iles. Entre la Miſſion de *los Pebas*, qui préſentement eſt la derniere des *Eſpagnols*, & celle de *San Pablo*, où commencent celles des *Portugais*, Mr. *de la Condamine*, & Don Pedro Maldonado, meſurerent la largeur de quelques-uns de ces bras du *Marannon*, & ils trouverent qu'ils avoient chacun près de 900 toiſes, qui font 2356¼ aunes de *Caſtille*, ou environ la troiſiéme partie d'une lieue marine Près de la Riviere de *Chuchunga*, où le *Marannon* commence à être navigable, & où Mr. *de la Condamine* s'embarqua, ce Savant trouva que ſa largeur étoit de 135 toiſes, qui font

355½ aunes de *Caſtille*; & quoiqu'il ſoit-là preſqu'à ſon commencement, on ne trouvoit pas de fond à 28 braſſes de ſonde, quoiqu'on ne fût qu'au tiers de ſa largeur.

Les Iles que le Fleuve forme à l'Orient du *Napo*, finiſſent à la Riviere de *Coari*, & le *Marannon* recommence à réunir ſes eaux dans un ſeul canal. Là ſa largeur eſt de 1000 à 1200 toiſes, où 2618 à 3142 aunes, ce qui fait une petite demi-lieue. Le même Mr. *de la Condamine* prenant contre le courant les précautions néceſſaires, comme il avoit fait dans l'embouchure de la Riviere de *Chuchunga*, de maniere que faiſant ramer contre le fil de l'eau pour que le canot fût immobile, il ne put trouver de fond à 103 braſſes de ſonde. Le *Négro* meſuré à deux lieues au-deſſus de ſon embouchure, fut trouvé de 1200 toiſes de large; c'eſt la largeur que le Fleuve même a dans cet endroit; & la même choſe arrive à quelques autres Rivieres déjà nommées, telles que l'*Ucayale*, la *Madere* & autres.

Cent lieues au-deſſous de l'embouchure du *Négro*, les bords du *Marannon* recommencent à ſe retrecir près de la Riviere de *Trumbetas*: c'eſt cet endroit qu'on nomme le *Détroit* de *Pauxis*. Là, ainſi que dans les poſtes de *Para*, *Curupa*, & *Macapa* ſur les bords du Fleuve, & ſur la rive orientale du *Négro*, les *Portugais* ont des Forterelles. Au Détroit de *Pauxis* le Fleuve a 900 toiſes de large ou 2356¼ aunes. C'eſt-là que l'on commence à ſentir les effets des marées, quoiqu'il y ait encore plus de deux cens lieues de-là juſqu'à la Mer. Ces effets conſiſtent en ce que les eaux ſans changer de cours diminuent de viteſſe, & s'enflent juſqu'à ſortir de leur lit. Le flux & le reflux y ſont réguliers de douze en douze heures. Mais Mr. *de la Condamine* obſerva avec beaucoup de raiſon, comme on pourra le voir dans la Relation de ſon Voyage, que le flux & le reflux que l'on ſent à la même heure & au même jour dans divers autres parages voiſins, depuis la côte maritime, ou embouchure du Fleuve, juſqu'à *Pauxis*, n'eſt pas le flux & le reflux qu'on éprouve dans la Mer au même jour & à la même heure déterminée; mais que c'eſt plutôt l'effet des marées des jours précédens, en d'autant plus grand nombre, que la diſtance eſt plus grande du parage à l'embouchure; car l'eau d'une marée ne pouvant monter 200 lieues, ni beaucoup moins, en 12 heures, il faut néceſſairement que produiſant ſon effet juſqu'à une diſtance déterminée pendant le cours d'une journée, & que continuant à le produire les jours ſuivans à l'aide d'autres marées qui ſe ſuivent par un mouvement ſucceſſif, il parcoure ce long eſpace, de maniere que le

VOYAGE AU PEROU. Liv. VI. Ch. V.

montant & le juffant fe fuccédent alternativement d'une certaine heure à l'autre, & qu'en certains endroits ces heures fe trouvent répondre à celles des marées de la Mer.

Après avoir parcouru un efpace immenfe, reçu dans fon fein tant de différentes Eaux & Rivieres, formé des tours & des détours, des fauts & des détroits; après s'être divifé en divers bras, après avoir formé tant d'Iles, les unes grandes, les autres petites, le *Marannon* commence dès l'embouchure de la Riviere de *Xingu* à tourner vers le Nord-Eft, étendant fes eaux, comme pour entrer dans la Mer avec plus d'aifance; & dans ce large efpace il forme plufieurs grandes Iles, dont quelques-unes font très-fertiles. La plus remarquable eft celle de *Los Joannes* ou de *Marayo;* pour la formation de laquelle il fe détache du fein du Fleuve un bras ou canal à 25 lieues au-delà de l'embouchure du *Chingu* ou *Xingu*, lequel bras eft appellé *Tagipuru;* & prenant fon cours au Sud, à l'oppofite du cours du Fleuve-même, il reçoit la Riviere appellée *Dos Bocas,* laquelle eft formée du *Guanupu* & du *Pacayas,* & qui a plus de deux lieues de large à fon embouchure. La Riviere des *Tocantines* fe joint enfuite à celles-là, & eft encore plus large à fon embouchure: après elle vient la Riviere de *Muju,* fur le bord oriental de laquelle eft bâtie la Ville de *Gran-Para.* Un peu au-deffous, le *Capi,* qui baigne auffi les murailles de cette Ville, fe jette dans le *Muju.*

Après que le *Dos-Bocas* s'eft joint au Canal de *Tagipuru,* le cours de celui-ci tirant vers l'Orient forme la figure d'un arc, jufqu'à la Riviere des *Tocantines,* d'où il court au Nord-Eft comme le *Marannon,* laiffant entre deux l'Ile de *Los Joannes,* dont la figure eft prefque triangulaire, quoiqu'un peu arrondie vers le Sud: cette Ile a plus de 150 lieues de circonférence. C'eft elle qui fépare les deux bouches par lefquelles le Fleuve entre dans la Mer. La principale de ces bouches eft entre le Cap *Maguari,* qui eft dans l'Ile, & le Cap du Nord; elle a 45 lieues de large: l'autre qui eft celle du Canal de *Tagipuru* & des Rivieres qui l'ont joint dans fon cours, a douze lieues de large, depuis le même Cap *Maguari* jufqu'à la pointe de *Tigioca.*

Ce fameux Fleuve des *Amazones,* le plus grand de tous ceux dont il foit fait mention dans l'Hiftoire tant facrée que profane, eft connu fous trois noms différens, & fa renommée eft fi étendue que fous chacun des trois, il n'y a perfonne qui ne le connoiffe; deforte que chacun de ces noms annonce également la grandeur de ce Fleuve, l'avantage qu'il a fur tous ceux qui arrofent & fertilifent l'*Europe,* tous ceux qui parcourent les vastes Pays d'*Afrique*, tous ceux qui embellissent les Campagnes de l'*Asie*; & il semble que c'est ce que le hazard a voulu donner à entendre, en lui imposant trois noms différens; desorte qu'on peut dire que sous chacun de ces noms, comme sous une énigme, il enveloppe les noms des trois Fleuves les plus célébres de l'ancien Monde, le *Danube* en *Europe*, le *Gange* en *Asie*, & le *Nil* en *Afrique*.

Ces trois noms, qui annoncent la grandeur de ce Fleuve, sont ceux de *Marannon*, des *Amazones*, & d'*Orellana*. On ne sait point lequel de ces trois noms il portoit avant que les *Espagnols* le découvrissent, ni quel nom les *Indiens* lui donnoient, quoiqu'il ne soit point douteux qu'ils ne lui en donnassent un, & peut-être même plusieurs; car ses bords étant habités par diverses Nations, il étoit naturel que chacune lui donnât un nom particulier, ou le designât par celui que quelque autre lui avoit imposé. Mais ou les premiers *Espagnols* négligerent de s'en instruire en y navigeant, ou ces noms sont restés confondus dans les autres qu'on lui donna d'abord, de maniere qu'il n'en reste plus aucune idée.

Des trois noms rapportés ci-dessus, le plus ancien est celui des *Marannon* : à-la-verité quelques Auteurs prétendent le contraire ; mais à cet égard, aussi-bien que pour la raison qu'ils alleguent, pourquoi ce nom a été imposé à ce Fleuve, il paroît qu'ils s'abusent : puisqu'ils supposent qu'il lui fut imposé par les *Espagnols* qui le descendirent avec *Pedro Orsua* en 1559 ou 1560. Or il est certain que plusieurs années auparavant il le portoit déjà. En-effet *Pierre-Martyr*, dans ses Décades [*] parlant de la découverte des côtes du *Bresil* faite en 1500 par Vincent *Yannez Pinzon*, rapporte entre autres choses qu'il étoit arrivé à une Riviere appellée *Marannon*. Ce Livre fut imprimé en 1516, long-tems avant que *Gonzalo Pizarro* entreprît la découverte & la conquête de ce Fleuve par terre, & que *Francisco de Orellana* s'y embarquât. C'est une preuve sans replique qu'il avoit déjà le nom de *Marannon*; mais il n'est pas aisé, ni de déterminer le tems où il lui fut imposé, ni son étimologie. Quelques-uns, suivant l'opinion d'*Augustin de Zarate* [†], dérivent ce nom de celui d'un Capitaine *Espagnol* nommé *Marannon*, qui, disent-ils, fut le premier qui y navigua; mais cette opinion est plus spécieuse que solide, & n'a d'autre fondement que la ressemblance des noms, qui est un argument bien sujet à caution. Et ce qui me le persuade, c'est qu'il n'est

pas

---

[*] Pedro Martyr de Angleria déc. 1. l. 9.
[†] Augustin Zarate, Hist. du *Pérou* liv. 4. cap. 4.

pas fait la moindre mention d'un tel Capitaine dans toutes les Hiſtoires où il eſt queſtion des découvertes de ces Contrées. D'où l'on peut inferer que *Zarate* voyant que ce Fleuve s'appelloit *Marannon*, s'eſt imaginé que ce nom lui étoit venu de quelqu'un qui y avoit navigué; car s'il en avoit ſu davantage, il étoit tout ſimple qu'il parlât d'une maniere moins vague, & qu'il inſerât dans ſon Hiſtoire les particularités de cette découverte; & au cas qu'on prétendît qu'il les a omiſes, comme les jugeant trop peu importantes, on conviendra que tous les autres Hiſtoriens n'en ont pas jugé de-même, & qu'il n'eſt pas poſſible qu'ils ayent affecté de laiſſer dans l'oubli un *Eſpagnol* qui avoit donné ſon propre nom au plus grand Fleuve que l'on connoiſſe au Monde. Ce qui eſt plus probable, c'eſt que quand *Vincent Yannez Pinzon* arriva ſur ce Fleuve, il entendit que les *Indiens* qui habitoient dans cette multitude d'Iles qu'il forme, & ſur ſes bords, lui donnoient ce nom, ou quelque autre qui avoit un ſon à peu près ſemblable, d'où *Yannez Pinzon* conclut qu'il s'appelloit *Marannon*. Quoi qu'il en ſoit de cette conjecture, il eſt indubitable que ce nom eſt le plus ancien de tous ceux par où l'on déſigne ce Fleuve; & que ce ne fut ni *Orſua*, ni ſes gens qui le lui impoſerent par alluſion aux démêlés qu'ils eurent enſemble, & qu'on exprime en *Eſpagnol* par le mot *Marannas*; ou parce qu'ils s'égarerent dans la multitude de ſes Iles, qui forment comme un labyrinthe de *Canaux* (*Enmarannado*) dont on a de la peine à ſortir, ainſi que le racontent d'autres Hiſtoriens.

Le ſecond nom eſt celui de *Riviere des Amazones*, qui lui fut impoſé par *Franciſco de Orellana*, parce que parmi les Nations qui prirent les armes pour lui diſputer le paſſage & l'empêcher de débarquer à terre, il y en avoit une de femmes guerrieres, qui l'attaquerent, maniant l'arc & les fléches avec autant d'adreſſe que les *Indiens* les plus expérimentés, & qui ſe comporterent ſi vaillamment dans la chaleur du combat, qu'elles l'obligerent à s'éloigner du rivage, & ſans pouvoir débarquer là où elles étoient, il fut contraint de naviguer par le milieu du Fleuve pour ſe mettre hors de la portée de leurs coups. Ce Général étant de retour en *Eſpagne* y raconta cette circonſtance; c'eſt pourquoi dans les Lettres Patentes qui lui furent expédiées pour lui en conférer le Gouvernement, il fut dit expreſſément que c'étoit pour le récompenſer de la conquête des *Amazones*, dont depuis ce tems-là le Fleuve a conſervé le nom.

On a douté ſi le *Marannon* & la Riviere des *Amazones* étoient un même Fleuve; & pluſieurs ont été perſuadés que c'étoient deux Fleuves différens; mais ce ſentiment n'a été occaſionné que parce qu'avant la fin

du fiécle paffé on n'avoit pas encore reconnu cette Riviere avec affez de foin.

Tous les Ecrivains qui font mention de ce Fleuve, & du Voyage d'O-
rellana, affurent pofitivement l'avanture des *Amazones*. Ce témoignage
unanime eft une preuve fuffifante, dans une affaire où il n'y a rien d'ailleurs de contraire à la vraifemblance; mais ce qui eft plus fort, c'eft
le fouvenir qui fe conferve encore parmi les Naturels du Pays, felon le
témoignage d'un Génie des plus étendus & de plus fpéculatifs qui foient
jamais fortis de la Province de *Quito*. Je parle de *D. Pedro Maldonado*,
natif de la Ville de *Riobamba*, & domicilié à *Quito*, qui mérite une place honorable parmi ceux qui cultivent les Sciences. Cet illuftre perfon-
nage ayant réfolu de paffer en *Efpagne*, s'embarqua fur le *Marannon* en
compagnie de Mr. *de la Condamine* en 1743; & parmi une infinité d'occupations, il ne négligea pas d'examiner ce Fleuve, & fur-tout à l'égard
des *Amazones*. Quelques vieux *Indiens* lui rapporterent qu'on avoit connu dans ce Pays des Femmes, qui formant une République particuliere
entre elles, n'admettoient jamais aucun homme dans le Gouvernement;
ajoûtant que ces femmes vivoient encore dans la même forme de Gouvernement, mais qu'elles s'étoient retirées loin des bords du Fleuve dans
l'intérieur du Pays; & ils affuroient même en avoir vu de tems en tems
quelques-unes. Cela eft rapporté auffi par Mr. *de la Condamine* dans la
Rélation de fon Voyage par cette Riviere, Ouvrage qui a été imprimé
à *Paris* en 1745. Ce Savant avoit été en compagnie de *Don Pedro Maldonado* dans ce voyage, & n'avoit pas eu moins d'attention à s'informer de tout. Il raconte quelques faits entre autres qui lui furent cités
par les *Indiens*, fur l'apparition de quelques *Amazones*. Ceux qui voudront
en favoir davantage fur ce fujet, pourront confulter l'Ouvrage de ce Savant. Je me contenterai ici de rapporter ce que difent les Hiftoriens fur
ce fujet, laiffant à chacun la liberté de donner telle créance qu'il lui plaî-
ra à l'avanture d'*Orellana*, & à l'exiftence actuelle des *Amazones*.

Plufieurs, en fuppofant comme indubitable l'avanture d'*Orellana* avec
les *Amazones*, & repréfentant celles-ci comme des *Viragos* en valeur &
en courage, ont nié la particularité de leur République, & qu'elles n'ad-
miffent point d'homme parmi elles. Ceux qui font de ce fentiment, prétendent avec affez de raifon que les femmes contre qui *Orellana* combattit étoient de la Nation d'*Yurimagua*, qui occupoit alors le plus de terrain fur le *Marannon*, & fe faifoit refpecter de toutes les autres par fa valeur. Or, difent-ils, il étoit affez naturel que les femmes participaffent

à

VOYAGE AU PEROU. Liv. VI. Ch. V.

à la valeur peu commune de leurs maris, & priſſent les armes pour les accompagner à la guerre, comme cela arrive en divers autres Pays des *Indes*.

Le troiſiéme nom de ce Fleuve, eſt celui d'*Orellana*, qui lui fut donné à-cauſe de *F. d'Orellana*, qui y navigua le premier, & combattit les *Indiens* qui habitoient ſur ſes bords. Quelques-uns ont voulu diſtinguer diverſes diſtances dans ſon cours, & ont donné un nom à un certain eſpace. Ainſi ils l'appellent *Orellana* à l'endroit où ce Capitaine deſcendit avec ſon Brigantin, juſqu'à l'endroit où il eut à combattre les *Amazones* avec tant de mauvais ſuccès. C'eſt-là qu'ils lui donnent le nom d'*Amazones*, qu'ils lui conſervent juſqu'à la Mer. A l'égard du troiſiéme nom, qui eſt celui de *Marannon*, ils le lui donnent depuis ſes ſources du *Pérou* juſques fort au-delà du *Pongo* en deſcendant, alléguant pour raiſon que ce fut par-là que *Pedro Orſua* entra dans le Fleuve, & s'appuyant de cette étymologie incertaine dont nous avons parlé, qui eſt que *Marannon* eſt dérivé des diſſentions de ſes gens. Ce qu'il y a de certain en tout cela, c'eſt que la Riviere des *Amazones*, celle du *Marannon*, & celle d'*Orellana*, ne ſont qu'un ſeul & même Fleuve; & que ce qu'on entend par ces trois noms, n'eſt autre choſe que ce grand & vaſte Canal, où ſe rendent toutes ces grandes Rivieres qui contribuent à la grandeur de ce Fleuve, & qu'au premier nom de *Marannon* on a ajoûté les autres par les raiſons déjà rapportées. L'opinion dont je parle ici, a ſurtout été fomentée par les *Portugais*, qui n'ont donné à ce Fleuve que le ſeul nom de Riviere des *Amazones*, & ont tranſporté celui de *Marannon* à une des Capitainies du *Bréſil*, qui eſt entre celle du *Gran-Para*, & celle de la *Siara*, dont la Ville de *St. Louis du Marannon* eſt la Capitale.

§. II. *Premieres Découvertes & Navigations entrepriſes en divers tems pour reconnoître le* Marannon.

Après avoir traité du cours, & des noms qu'on donne à ce fameux Fleuve, il convient de dire de quelle maniere, & par qui il fut découvert, & quelles navigations y ont été entrepriſes. *Vincent Yannez Pinzon*, l'un de ceux qui avoient accompagné l'Amiral *Don Chriſtophle Colomb* dans ſon premier voyage, découvrit l'embouchure de ce Fleuve dans l'Océan, ainſi que nous l'avons déjà dit. Il arma au Port de *Palos* quatre Vaiſſeaux à ſes dépens pendant le mois de *Décembre* 1499; & réſolut de les employer à faire de nouvelles découvertes aux *Indes*; c'étoit alors le goût dominant. Dans cette vue il fit voile vers les *Canaries*, d'où il doubla les Iles du *Cap Verd*; & naviguant enſuite à l'Occident, il découvrit terre le 26 de *Janvier*

vier 1500 ; & comme c'étoit après une furieuſe tourmente, il nomma cette Terre *Cabo de Conſolation*, & elle eſt connue aujourd'hui ſous le nom de *Cap St. Auguſtin*. Après être deſcendu à cette Terre, & l'avoir reconnue, il ſe rembarqua, & la côtoya vers le Nord ; s'éloignant & la perdant quelquefois de vue, il ſe trouva tout-à-coup au milieu d'une Mer dont l'eau étoit douce. Curieux de ſavoir d'où cela pouvoit provenir, il gouverna de ce côté-là, & arriva à l'embouchure du *Marannon*, dont les Iles lui parurent extrêmement agréables. Il fit-là quelque ſéjour traitant amicalement avec les *Indiens* du voiſinage, qui ſe montroient pacifiques & point ennemis des étrangers. Il continua à s'avancer dans le Fleuve pour le reconnoître, à-meſure que de nouvelles terres lui montroient le chemin qu'il devoit tenir pour en découvrir d'autres.

Cette découverte par mer fut ſuivie de celle que fit par terre en 1540 *Gonzale Pizarre*, qui fut chargé de cette entrepriſe par ſon frere le Marquis D. *Franciſco Pizarro*, en lui conférant le Gouvernement de *Quito*. Ce Général avoit conçu l'idée de cette découverte ſur le rapport que *Gonzale Dias de Pineda* avoit fait du Pays de la Canéle en 1536. *Gonzale Pizarre* arriva en ce Pays, & ſuivit le cours d'une Riviere, on ne ſait pas bien laquelle, ſi ce fut le *Napo* ou la *Coca*. Il eſt vraiſemblable que c'étoit la premiere. *Gonzale Pizarre* rencontra des difficultés & des travaux infinis ; & ſe voyant dans une diſette totale d'alimens, & que ſes gens réduits à manger des feuilles, des écorces d'arbres, des ſerpens de toute eſpéce, périſſoient tous les uns après les autres, il fit travailler à la fabrique d'un Brigantin pour paſſer à un endroit où cette Riviere ſe joignoit avec une autre, & où les *Indiens* l'avoient aſſuré qu'il trouveroit des vivres en abondance. Le Brigantin étant achevé, il en donna le commandement à ſon Lieutenant-Général D. *Fr. de Orellana*, perſonnage digne de toute ſa confiance, lui enjoignant de faire diligence pour le tirer de l'extrémité où il étoit. *Orellana* s'embarque & deſcend environ 80 lieues ſur la Riviere, juſques au confluent de l'autre ; mais n'ayant pas rencontré ce qu'il cherchoit, & ne voyant aucune eſpéce de fruits ſauvages, ſoit que les Arbres ne fuſſent pas propres à en produire, ſoit que les *Indiens* les euſſent épuiſés, il lui parut bien difficile de remonter la Riviere pour rejoindre *Pizarre*, ne croyant pas que le Brigantin pût ſurmonter la rapidité du courant. D'ailleurs il étoit fâché de s'en retourner ſans avoir exécuté ſa commiſſion, & de voir que tant de peines & de travaux alloient devenir inutiles. Tout cela bien conſidéré, ſans rien témoigner à ſes compagnons, il réſolut de s'abandonner au courant de l'eau & de deſcendre juſqu'à la Mer. Ce deſ-

ſein

sein ne put être entiérement caché. Ses gens s'en douterent quand ils virent remettre les voiles. Quelques-uns s'oppoferent au projet de leur Chef. Il se forma entre eux deux partis, qui furent sur le point de s'égorger. Mais enfin *Orellana* trouva moyen d'appaifer les mécontens par de belles promeffes, & ils cefferent de lui être contraires. Tous réfolurent de fuivre le Général par-tout où il les voudroit mener. *Orellana* voulut bien oublier leur mutinerie; il excepta feulement de ce pardon *Hernand Sanchez de Vargas*, qui avoit paru un des plus obftinés mutins. Pour le punir on le mit à terre, & on l'abandonna à la faim & aux bêtes féroces.

Pizarre ne voyant point revenir fon Lieutenant-Général, defcendit par terre jufqu'au confluent des deux Rivieres où il penfoit le trouver; mais il n'y rencontra que le malheureux *Vargas*, de qui il apprit tout ce qui s'étoit paffé. Alors *Pizarro* rebuté de tant de malheurs, dénué de vivres, la plupart de fes gens morts de faim & de fatigue, le refte si excédé de travail & exténué de faim, qu'à chaque pas il en mouroit quelqu'un, & le peu qui reftoit reffembloit plutôt à des ombres qu'à des corps; *Pizarre*, dis-je, réfolut de s'en retourner. Il exécuta cette réfolution avec des peines pires que tout ce qu'il avoit fouffert jufques-là; mais enfin il arriva à *Quito* en 1542 avec un très-petit nombre de gens, fans avoir fait autre chofe que de reconnoître ces Rivieres & le Pays aux environs: foible triomphe pour tant de travaux, tant de peines, & tant de morts.

Telle fut la premiere entreprife qui fut faite formellement pour découvrir le *Marannon*; & fi *Gonzale Pizarre* n'eut pas tout le fuccès qu'il defiroit, il fut du-moins caufe que le projet fut entiérement exécuté par un autre. C'eft à fa fermeté à ne pas céder aux difficultés & à tout tenter pour fortir du cruel embarras où il étoit, qu'on doit attribuer le fuccès qu'eut *Orellana* qui lui étoit fubordonné; car celui-ci dans fa navigation reconnut le fameux Fleuve des *Amazones* dans toute fon étendue, cette infinité d'Iles qu'il forme dans la longueur de fon cours, & une prodigieufe diverfité de Nations qui habitoient fur fes bords. C'eft fur quoi je crois qu'il eft à propos d'entrer dans quelque détail.

François d'Orellana, déterminé à defcendre le Fleuve jufqu'au bout, fuivit fa route au commencement de 1541, & rencontrant diverfes Nations fur les bords, il fit amitié avec plufieurs, & les difpofa à reconnoître le Roi d'*Efpagne* pour leur Souverain, après quoi il fit la cérémonie de prendre poffeffion du Pays, du confentement des *Caciques*. Il ne trouva pas la même docilité chez quelques autres, il lui falut combattre contre une infinité de Canots, chargés d'*Indiens*, qui venoient lui barrer le paffage

fage du Fleuve, pendant que ceux qui paroiſſoient en armes ſur les rives empêchoient ſes gens d'aborder. Parmi les Nations il y en avoit une ſi belliqueuſe, que les femmes mêmes avoient pris les armes & combattoient pêle-mêle parmi les hommes, ſe ſervant de l'arc & des fléches avec une adreſſe infinie, & attaquant avec une audace extrême; c'eſt ce qui engagea *Orellana* à nommer ce Fleuve *Riviere des Amazones*. Par tout ce qu'il dit lui-même dans ſa rélation, on peut juger à vue de pays qu'il rencontra ces femmes guerrieres un peu au-delà de l'endroit où le *Négro* ſe jette dans le *Marannon*. *Orellana* continua ſon voyage; le 26 *Août* de la même année il rencontra une prodigieuſe quantité d'Iles au-travers deſquelles il entra dans la Mer. Il ſe rendit à l'Ile de *Cubagua*, ou ſelon d'autres à celle de la *Trinité*, dans le deſſein de paſſer en *Eſpagne* pour y ſolliciter le titre de Gouverneur de ces Pays. Selon ſon calcul il avoit navigué l'eſpace de 1800 lieues ſur le Fleuve.

Cette entrepriſe fut ſuivie d'une autre en 1559 ou 1560, faite par les ordres de D. *André Hurtado de Mendoza* Marquis *de Cannete*, & confiée à *Pedro de Orſua*, qui fut revêtu des titres pompeux de Gouverneur & de Conquérant des Pays le long du *Marannon*; mais à peine y eut-il mis le pied qu'il fut tué en trahiſon avec la plupart de ſes gens par les Naturels du Pays, ſans qu'il pût s'en prendre qu'à ſon imprudence. On perdit par-là tous les frais de cet armement.

En 1602 le P. *Raphaël Ferrer* de la Compagnie de *Jéſus*, ayant entrepris la Miſſion des *Cophanes*, deſcendit le *Marannon*, & reconnut le Pays juſques au confluent des deux Rivieres où *Orellana* avoit abandonné le malheureux *Sanchez de Vargas*. Ce Religieux retourna à *Quito*, où il fit rapport de tout ce qu'il avoit vu, & des Nations différentes qu'il avoit découvertes.

En 1616 vingt Soldats *Eſpagnols* de la Ville de *Santiago* des montagnes dans la Province d'*Yaguarſongo*, pourſuivant quelques *Indiens* qui avoient commis un meurtre dans cette Ville & s'étoient ſauvés à travers champ, s'embarquerent ſur le *Marannon* dans des Canots, & ſe laiſſant aller au courant, arriverent à la Nation des *Maynas*, qui les reçut comme amis, & parurent diſpoſés à ſe ſoumettre aux Rois d'*Eſpagne* & à demander des Miſſionaires. De retour à *Santiago* ces Soldats firent leur rapport de tout cela, ſur quoi il en fut donné avis au Viceroi du *Pérou*, Don *François Borgia* Prince d'*Eſquilache*; & en 1618 D. *Diego Baca de Vega* fut fait Gouverneur du Pays de *Maynas* & du *Marannon*. Ce nouveau Gouverneur étoit habitué à *Loja*, & il fut le premier qui obtint cet emploi dans les formes;

car

car quoique *Gonzale Pizarre*, *Francifco de Orellana*, *Pedro de Orfua* en euffent reçu le titre, ils ne prirent jamais poffeffion de la chofe même, n'ayant pu réuffir à faire des conquêtes folides fur ce Fleuve, ce qui étoit effentiel pour réalifer ce titre.

En 1635 & 1636 deux Religieux *Francifcains* partis de *Quito* en compagnie d'autres Religieux de leur Ordre, & dans la réfolution d'aller prêcher l'Evangile aux *Indiens* du *Marannon*, prirent la route de ce Fleuve; mais la plupart de ces Peres ne purent réfifter aux fatigues, & rebutés du peu de fuccès de leur zéle, après avoir quelque tems erré dans ces Bois, ces Montagnes & ces Déferts, reprirent la route de *Quito*, deforte qu'il ne refta dans ces Contrées que les deux dont nous parlons ici, l'un nommé *Fr. Dominique de Brieda*, & l'autre *Fr. André de Tolède*, tous les deux Laïcs. Ces deux Freres plus zélés, plus courageux, & peut-être auffi plus curieux, entreprirent d'entrer plus avant dans ces vaftes Pays, accompagnés de fix Soldats d'une Compagnie qui avoient été envoyés fous les ordres du Capitaine *Juan de Palacios*, pour foutenir les Miffionaires. Le Capitaine étoit refté avec ces fix Soldats, le refte de fa troupe étoit retourné à *Quito* avec les Miffionaires. Ce brave homme fut tué quelques jours après dans un combat contre les *Indiens*.

Les fix Soldats & les deux Freres laïcs, pleins d'une généreufe réfolution, & bravant les périls qu'ils rencontroient dans des endroits habités par une Nation barbare, lieux inconnus & environnés de précipices, fe mirent dans une efpèce de Pirogue, & s'abandonnerent au courant du Fleuve, & après bien des peines & des fouffrances ils vinrent à bout de leur entreprife, & arriverent à la Ville de *Para*, alors dépendante de la Capitainie du *Marannon*, ou unie à cette Capitainie dont le Gouverneur faifoit fa réfidence à *St. Louis*. Nos Avanturiers s'y rendirent, & lui firent un fidéle rapport de tout ce qu'ils avoient découvert & obfervé dans leur voyage.

Dans ce tems-là le *Portugal* n'avoit qu'un même Roi avec l'*Efpagne*, & ces deux Couronnes ceignoient la tête du même Monarque. La Capitainie du *Marannon* étoit gouvernée alors par *Jacome Reymond de Noronna*, qui ne négligeoit rien pour la découverte de ces Pays, perfuadé qu'il y alloit du véritable fervice de fon Maître. Dans cette idée il équipa une Flottille de Canots, dont il confia le commandement au Capitaine *Pedro Texeyra*, afin que remontant le Fleuve il examinât toutes chofes avec plus d'attention. Cette Flottille partit des environs de *Para* le 28 d'Octobre 1637, & les deux Religieux avec les fix Soldats s'y étant embarqués, on navigua avec les peines qu'on peut fe figurer, ayant continuellement le courant du Fleuve à furmonter. Après des fatigues infinies, ils arrivèrent au Port de *Payamino* le 24 de Juin de l'année fuivante 1638. Ce lieu étoit de la Jurisdiction du Gouvernemeut de *Quixos*. De-là *Texeyra* fe rendit avec les deux Religieux & les fix Soldats à *Quito*, où il fit fon rapport à l'Audience, qui donna avis de tout au Viceroi du *Pérou*, (c'étoit alors D. *Jérôme Fernandez de Cabrera* Comte de *Chinchon*) qui donna de nouveaux ordres pour le fuccès de l'entreprife.

Les ordres du Comte de *Chinchon* portoient que la Flottille *Portugaife* retourneroit à *Para*, & prendroit à bord des perfonnes d'une capacité reconnue, zélées pour le fervice du Roi, lefquelles examinaffent à loifir tout ce qui concernoit le *Marannon* & les Pays qu'il arrofe, & qu'enfuite ils paffaffent en *Efpagne* pour informer directement Sa Majefté par fon Confeil Royal des *Indes* de tout ce qu'ils auroient obfervé touchant ces Contrées, afin qu'on pût prendre des mefures en conféquence pour réduire ces Nations. On choifit avec un applaudiffement général les P. P. *Chriftoval de Acunna* & *André d'Artieda* Jéfuites, lefquels partirent de *Quito* le 16 de *Février* de 1639, & vinrent s'embarquer fur l'Armadille, entrerent dans le *Marannon*, & arriverent au *Grand-Para* le 12 *Décembre* de la même année, d'où ils continuerent leur voyage en *Efpague*, où ils firent une rélation digne de la confiance qu'on avoit eue en eux.

A la fin du fiécle paffé on répéta le reconnoiffement de ce grand Fleuve: mais il étoit déjà fi connu, que la plus grande partie de fes terres étoient défrichées par l'établiffement des Miffions des P. P. Jéfuites. Le Gouvernement de *Maynas* s'étend actuellement fur plufieurs Nations, qui ayant reçu la Religion *Catholique*, graces à la ferveur du zéle de ces *Peres*, ont rendu obéiffance aux Rois d'*Efpagne*; & les bords du Fleuve habités autrefois par des *Indiens* plus féroces que les Bêtes, font aujourd'hui parfemés de Villages, bien fitués, bien réglés, & peuplés d'hommes raifonnables. Un de ceux qui a le plus contribué à ce changement, ç'a été le P. *Samuel Fritz*, qui commença à prêcher à ces Peuples en 1686, avec tant de fuccès qu'en peu de tems il convertit plufieurs Nations; mais tant de travaux & de fatigues lui cauferent une maladie, qui l'obligea de fe faire transporter à *Para* plutôt qu'à *Quito*, où le voyage eût été plus difficile. Il partit le dernier jour de *Janvier* 1689, & arriva à *Para* le 11 *Septembre* de la même année. Il fut obligé de s'y arrêter, non feulement jufqu'à l'entier rétabliffement de fa fanté, mais encore jufqu'à ce qu'il eût fini certaines affaires qui étoient furvenues, & fur lefquelles il falloit attendre la réponfe de la Cour de *Lisbonne*.

Le

Le 8 de *Juillet* 1691 le Pere *Samuel Fritz* partit de *Para* pour retourner dans ses Missions, qui s'étendoient déjà alors depuis l'embouchure du *Napo* jusqu'au-delà de celui de *Négro*, & comprenoient les *Indiens Omaguas*, *Yurimaguas*, *Ayfuares*, & autres Nations voisines les plus nombreuses de tout le *Marannon*. Le 13. Octobre de la même année il arriva au Village nommé *Notre Dame des Néges*, Chef-lieu de la Nation *Yurimagua*; & ayant parcouru tous les autres au nombre de 41, fort grands & bien peuplés, qui étoient sous sa direction, il passa pour d'autres affaires au Village de la *Lagune*, qui est le Chef-lieu & comme la Capitale de toutes les Missions du *Marannon*, où résidoit le Supérieur-Général. De-là il se rendit à *Lima*, pour informer de l'état de ce Pays le Comte *de la Moncloa*, qui étoit alors Viceroi du *Pérou*. Il fit ce voyage par la Riviere de *Guallaga*, d'où il entra dans le *Paranapura*, delà il passa à *Moyabamba*, à *Chachapoyas*, *Caxamarca*, *Truxillo* & *Lima*.

Le P. *Fritz* ayant fini ses affaires à *Lima*, retourna dans ses Missions au mois d'Août 1693, & prit sa route par la Ville de *Jaen de Bracamoros*, dans la vue de mieux s'instruire du cours & des situations des Rivieres qui viennent du Sud pour se joindre au *Marannon*. Les lumieres qu'il acquit par-là & celles qu'il avoit déja, le mirent en état de donner au Public une Carte de ce fameux Fleuve, laquelle fut gravée à *Quito* en 1707. Elle étoit moins exacte qu'on ne l'auroit souhaité, à cause que ce Pere n'avoit pas les instrumens nécessaires pour observer les latitudes & les longitudes des principaux Lieux, connoître la direction des Rivieres, & déterminer les distances que leurs eaux parcourent: malgré cela cette Carte ne laissa pas d'etre fort estimée, parce qu'il n'en avoit encore point paru d'autre, où l'origine & le cours des Rivieres qui se jettent dans le *Marannon*, & le cours de celui-ci jusques à la Mer, fussent marqués.

§. III. *Où il est traité des Conquêtes faites sur le* Marannon, *des Missions qui y sont établies, des Nations qui habitent sur les bords de ce Fleuve, avec d'autres particularités dignes de l'attention du Lecteur.*

La découverte de ce fameux Fleuve, l'examen des Pays qu'il arrose, & des Nations qui habitent sur ses bords, furent suivis de la conquête de ces mêmes Pays & des Iles formées par les eaux du Fleuve. Nous avons vu le mauvais succès de l'expédition de *Gonzale Pizarre*, & de celle d'*Orellana*. *Orsua* fut encore plus malheureux, il y périt & plusieurs de ses compagnons: il est tems de parler un peu plus au long de l'heureuse entreprise de D. *Diego Baca de Vega*, dont nous avons déja dit un mot en passant.

Baca de Vega ayant été revêtu du Gouvernement de *Maynas* & du *Ma-*

rannon, déjà affuré de l'affection des *Indiens Maynas*, laquelle il avoit cultivée depuis que les Soldats de *Santiago* en eurent jetté les fondemens, entra dans leurs terres, accompagné de quelque monde, & fonda la Ville de *San Francifco de Borja* en 1634, qu'il érigea en Capitale de tout ce Gouvernement; titre qu'elle méritoit, tant parce que c'étoit le premier établiffement des *Efpagnols* dans ce Pays, que parce que les *Indiens* qui l'habitoient s'étoient diftingués par leur amitié envers eux depuis leur arrivée dans le Païs. Le nouveau Gouverneur, naturellement judicieux & pénétrant, remarqua bientôt que l'humeur de ces Nations n'avoit befoin pour être gouvernée que de la prudence & de la douceur accompagnées de fermeté pour rendre l'autorité refpectable, mais qu'il ne faloit ufer ni de févérité ni de rudeffe. C'eft ce qu'il eut foin de faire entendre à l'Audience de *Quito* & aux *Jéfuites*. Ces derniers envoyerent les P. P. Gafpar *de Cuxia* & *Lucas de Cuebas*, qui entrerent dans le Pays de *Maynas* en 1637. Leurs prédications furent fi efficaces, qu'ils demanderent des Compagnons pour les foulager dans leurs travaux; & ce fut ainfi que peu à peu le nombre des Miffionaires s'accrut, à mefure que le nombre des *Néophytes* augmenta, & cette Converfion étoit toujours fuivie de l'obéïffance aux Rois d'*Efpagne*.

Mais les plus grands progrès de la Religion & de l'obéiffance au Roi d'*Efpagne*, font dus au P. *Samuel Fritz* en 1688. Il fe rendit directement chez les *Omaguas*. Ce Peuple avoit été informé par les *Cocamas* de la bonté avec laquelle les Miffionnaires *Jéfuites* leur enfeignoient des Loix juftes & équitables & une Police inconnue jufqu'alors parmi eux, au moyen de quoi leur Nation devenoit meilleure, ainfi que les autres qui écoutoient leurs préceptes. Animée par ce récit, cette Nation avoit envoyé des Députés au Village de la *Laguna* appartenant aux *Cocamas*, pour demander des Miffionnaires au Pere *Laurent Lucero*, alors Supérieur des Miffions; ce que ce Pere ne put leur accorder pour lors, tous les Miffionnaires étant occupés ailleurs; mais il leur promit qu'auffi-tôt qu'il en arriveroit de *Quito*, il leur en enverroit un pour les civilifer & les policer.

Les *Omaguas* ne donnerent pas le tems au P. *Lucero* d'oublier fa promeffe; car ayant appris qu'il étoit arrivé à *Laguna* de nouveau Miffionnaires de *Quito*, & entre autres le P. *Samuel Fritz*, ils le folliciterent de tenir la parole qu'il leur avoit donnée, & peu contens de cela, ils vinrent au Village de *Laguna* au nombre de plus de trente Canots, pour recevoir le P. *Samuel Fritz*, & l'emmener dans leur Pays, lui témoignant une fi grande vénération qu'ils le portoient fur leurs épaules, & que c'étoit même me un privilége réfervé aux *Caciques* de le porter ainfi. Les fuccès des prédications du Pere répondirent à l'eftime qu'on lui témoignoit, deforte que dans peu toute cette Nation fut convertie & devint *Chrétienne*; & qu'ayant ouvert les yeux de l'entendement & reconnu le vrai Dieu, elle ne lui rendit plus qu'un culte légitime, fecoua la férocité & l'ignorance où elle vivoit, & embraffa des Loix juftes, feules propres à faire le bonheur des hommes. Plufieurs autres Nations voifines fuivirent l'exemple de celle-là, entre autres les *Turimaguas*, les *Ayfuares*, les *Banames*, qui venoient de leur propre mouvement prier le P. *Samuel Fritz* de leur venir enfeigner auffi à bien vivre, felon la bonne méthode qu'il avoit enfeignée aux *Omaguas*. C'eft ainfi que ces Nations fe foumirent à la Souveraineté de nos Rois, & que nous conquîmes tous les Pays depuis le *Napo* jufqu'au-deffous du *Négro*, fans qu'il fût néceffaire d'employer la force des armes dans toute cette étendue qui compofe le Gouvernement de *Maynas*. Le nombre des Nations qui fe foumirent fe trouvoit fi grand fur la fin du fiécle paffé, que le P. *Samuel Fritz* pouvoit à peine dans l'efpace d'une année faire la vifite de chaque Village de celles qui étoient fous fa direction, fans compter les autres Nations dirigées par d'autres Miffionnaires, telles que les *Maynas*, les *Xebares*, les *Cocames*, les *Panes*, les *Chamicures*, les *Aguans*, les *Muniches*, les *Otanabes*, les *Roamaynas*, les *Gaes*, & autres, dont nous omettons les noms, comme étant moins confidérables.

Nous avons dit que la Ville de *San Francifco de Borja* eft la Capitale du Gouvernement de *Maynas*, à quoi il faut ajoûter que cette Ville eft fituée par les 4 deg. 28 min. de Latitude Auftrale à l'Orient du Méridien de *Quito* 1 deg. 54 min. Elle ne differe point dans la grandeur, ni dans la ftructure de ce que nous avons dit des Villes du Gouvernement de *Jaen*; & le Peuple qui l'habite, quoique compofé de *Métifs* & d'*Indiens*, & quoique la Ville foit la réfidence du Gouverneur de *Maynas* & du *Marannon*, eft moins nombreux encore que celui de *Jaen de Bracamoros*. Le principal Village des Miffions, celui où doit toujours réfider le Supérieur, c'eft *Santiago* de la *Laguna*, comme il a déjà été dit. Ce Village ou Bourg eft fitué fur le bord oriental de la Riviere de *Guallaga*; les autres Villages que contiennent ces Miffions, & qui dépendent du Gouvernement de *Maynas* pour le Temporel, & de l'*Evêché* de *Quito* pour le Spirituel, font:

Sur le *Napo*.

I.	Saint Barthelemi de Necoya.	IV.	St. Louis de Gonzague.
II.	San Pedro d'Aguarico.	V.	Santa Cruz.
III.	San Staniflas d'Aguarico.	VI.	Le Nom de Jéfus.

VII.

VII. *St. Paul de Guajoya.*
VIII. *Le Nom de Ste. Marie.*
IX. *St. Xavier d'Jaoguates.*

X. *St. Jean Batiste de los Enca-bellados.*
XI. *La Reine des Anges.*
XII. *St. Xavier d'Urarines.*

Sur le Marannon, ou Riviere des *Amazones.*

I. La Ville de *St. François de Borgia.*
II. . . . .
III. *St. Ignace de Maynas.*
IV. *St. André de l'Alto.*
V. *St. Thomas* Apôtre d'*Andoas.*
VI. *Simigaes.*
VII. *St. Joseph de Pinches.*
VIII. *La* Conception de *Caguapanes.*
IX. La Préfentation de *Chayabitas.*
X. La Conception de *Xebaros.*
XI. L'Incarnation de *Panapuras.*
XII. *St. Antoine de la Laguna.*

XIII. *St. Xavier de Chamicuro.*
XIV. *St. Antoine* Abbé des d'*Aguanos.*
XV. Notre Dame des *Néges Yurimaguas.*
XVI. *St. Antoine de Padoue.*
XVII. *St. Joachim* de la grande *Omagua.*
XVIII. *St. Paul* Apôtre de *Naptanos.*
XIX. *St. Philippe de Amaonas.*
XX. *St. Simon de Nahuapo.*
XXI. *St. François Regis d'Yameos.*
XXII. *St. Ignace de Pevas y Caumares.*
XXIII. *Notre Dame des Néges.*
XXIV. *St. François Regis du Baradero.*

Outre ces Villages qui fubfiftent depuis long-tems, il y en a plufieurs autres qui commencent à fe peupler d'*Indiens* de Nations différentes de celles que nous venons de nommer. Il y en a auffi d'autres en grand nombre fur le bord des Rivieres qui fe jettent dans le *Marannon*, ou un peu loin des bords de ce Fleuve. Quelques-unes de ces Nations vivent en amitié avec les Miffionnaires *Efpagnols* & les habitans des Bourgades des *Indiens* convertis, avec lefquels ils trafiquent, de-même qu'avec les *Efpagnols* & les *Métifs* établis à *Borja* & à la *Laguna.*

Les Coutumes de toutes ces Nations, quoiqu'affez femblables les unes aux autres, ne le font pas au point qu'il n'y ait quelque différence, mais furtout dans leurs langages, chacune ayant le fien à part, quoique plufieurs de ces langages fe reffemblent affez, & que quelques-uns ne foient pas auffi différens entr'eux que le font d'autres dialectes de la langue générale du *Pérou*. La langue des *Indiens Yameos* eft la plus difficile de toutes à entendre & à prononcer. Celle des *Omaguas* au-contraire eft la plus aifée, & la plus douce. A l'égard des difpofitions & du génie de ces Nations, on a remarqué une diverfité proportionnée à celle du langage. Ainfi les *Omaguas* même avant de fe foumettre témoignoient avoir de la pénétration & du jugement, & les *Yarimaguas* paroiffoient encore plus

fpispirituels. Ceux-là vivoient avec quelque espéce de police, habitoient ensemble dans des *Bourgades*, & obéissoient à des Chefs qu'ils nommoient *Curacas*. Ils n'étoient pas plongés dans les ténébres d'une si affreuse barbarie; leurs mœurs n'étoient ni déréglees, ni licentieuses, comme il est ordinaire chez les *Indiens*. Les *Turimaguas* faisoient un Corps de nation formant une espéce de République, fondée sur les principes du Gouvernement, & observant des Loix Politiques. On prétend néanmoins qu'en fait de Police les *Omaguas* l'emportoient sur ces derniers: car outre qu'ils vivoient unis & en société, ils observoient plus de décence, & couvroient leur nudité avec plus de soin que les autres *Indiens*, qui sembloient avoir entiérement étoufé tout sentiment de modestie. Ces foibles dispositions où se trouvoient ces deux Nations, pour se rapprocher des coutumes civiles & d'une vie raisonnable, furent ce qui contribua le plus à les déterminer à admettre les Loix Divines & Humaines que leur prêchoient les Jésuites: car par leurs lumieres naturelles il leur fut aisé de juger de la vérité des choses qu'on leur proposoit, de l'avantage qui leur en reviendroit, & de reconnoître pour mal ce qu'ils pratiquoient dans une genre de vie peu différent de celui des Bêtes.

Parmi les coutumes singulieres que chacune de ces Nations a, celle des *Omaguas* frappe le plus: ce Peuple croit que c'est une grande beauté d'avoir la téte en talus, & en conséquence de cette belle idée, les Meres ne manquent pas d'applatir le front aux Enfans, & l'occiput, de maniere qu'ils en deviennent monstrueux : car leur front s'éléve à-mesure qu'il s'applatit, & continuant ainsi depuis le commencement du nez jusqu'au toupet, cet espace est beaucoup plus grand que du commencement du nez en bas jusqu'au bout du menton ; il en est de-même à l'égard de la partie postérieure de la téte. Les côtés en sont fort étroits, par un effet de la pression, qui faisant allonger la tête la retrecit, desorte qu'elle perd dans la circonférence ce qu'elle gagne dans la longueur. Cette mode est ancienne parmi eux ; ils n'ont pu se résoudre à la changer, & l'observent encore avec tant de prévention, qu'ils se moquent des autres Nations qui ne la pratiquent pas, les appellant par dérision *Têtes de Citrouille* *. Pour applatir leurs têtes, ils mettent le front des Enfans, dès leur naissance, entre deux planchettes en forme de pressoir, & de tems en tems ils pressent

---

* Peut-être veulent-ils désigner par-là des têtes legeres & éventées, c'est du-moins le double sens du mot *Espagnol Cabezas de Calabazo*. R. d. T.

sent un peu davantage; desorte qu'ils viennent à bout de leur donner la forme qu'ils desirent.

Il y a une autre Nation parmi ces *Indiens* qui pousse la bizarrerie jusqu'à se remplir les lévres, tant inférieure que supérieure, les côtés du nez, les mâchoires & le menton de trous, dans lesquels ils fourrent des plumes d'Oiseaux, & de petites fléches de huit à dix pouces de long, qui les font ressembler à des Diables, ou du-moins à des Porcs-épics. D'autres se distinguent par leurs grandes oreilles, qu'ils font croître de telle sorte que le lobe inférieur touche presque aux épaules; ce Peuple est appellé à cause de cela les *Grandes-Oreilles*. Pour allonger leurs oreilles, ils y font un petit trou & y attachent un petit poids, qu'ils augmentent tous les jours, & peu à peu l'oreille se tire & reste allongée au point que nous l'avons dit. Quelques-uns se peignent le corps en partie, les autres entiérement. Enfin ils ont diverses modes & coutumes assez différentes les unes des autres, mais tout-à-fait étranges par rapport aux nôtres.

Après avoir donné la description de ce grand Fleuve, des Villages, & des Nations qui sont aux environs, il me semble que je ne dois pas omettre quelques espéces extraordinaires de Poisson qu'on trouve dans ses aux, ni les Oiseaux & autres animaux qui vivent sur ses bords. Parmi es Poissons, il y a deux amphibies, qui sont les *Caymans* & les Tortues, dont les bords & les Iles abondent; les Tortues y ont si bon goût qu'on les préfére à celles de la Mer. Le *Pexa Buey*, ou Veau-marin, est un Poisson qui a quelque ressemblance avec le Veau ordinaire, & c'est le plus gros qu'on puisse trouver dans aucun Fleuve, puisqu'il a communément trois à quatre aunes de long. Sa chair est fort bonne, & a, selon l'avis de ceux qui en ont mangé, le goût approchant de la chair de Bœuf. Il se nourrit de l'herbe qui croît sur les bords du Fleuve, sans sortir de l'eau, la structure de son corps ne le lui permettant pas. La femelle a des mammelles pour nourrir ses petits; & quoique quelques Voyageurs ayent étendu encore plus loin la ressemblance avec l'espéce qui vit sur terre, il est certain que ce Poisson n'a ni cornes ni pieds, mais seulement deux nageoires qui lui servent pour nâger & pour se tenir au bord de l'eau quand il veut paître.

Les *Indiens* ne connoissent d'autre maniere de pêcher que par le moyen des herbes qui ennivrent le Poisson, de la maniere que le pratiquent les *Indiens* de *Guayaquil*. Ils se servent aussi de fléches empoisonnées: & l'activité du poison est telle, qu'il suffit que la fléche pique & tire un peu de sang, pour que l'Animal meure sur le champ. Ils en usent de-même à la

chaschaffe, & font fi adroits qu'il est rare qu'ils manquent leur coup. Ce poison n'est autre chofe que le jus d'une *Liène* ou *Béjuque* de quatre doigts de large, platte des deux côtés, de couleur brunâtre, qui croît dans les lieux humides & marécageux. Ils la coupent en piéces qu'ils écachent un peu, & la font enfuite bouillir. Après qu'ils ont retiré le vafe du feu, la liqueur fe fige, & forme une efpéce de gelée dont ils frottent la pointe de leurs fléches; & fi après quelques jours elle fe trouve féche, ils ne font que l'humecter avec de la falive. Ce poifon eft fi froid, qu'en touchant le fang il le fait tout retirer vers le cœur, dont les vaiffeaux ne pouvant le contenir crévent néceffairement: mais ce qui doit le plus étonner, c'eft que la chair de l'Animal mort de ce poifon, ni le fang même coagulé par fa qualité exceffivement froide, ne fait aucun mal à ceux qui en mangent. L'antidote le plus efficace contre ce poifon, c'eft le fucre, quand on en avale immédiatement après la bleffure. Mais ce reméde n'eft pourtant pas fi affuré, qu'il n'ait manqué en diverfes occafions, après avoir réuffi en beaucoup d'autres, tant il eft dangereux d'être atteint d'un venin fi deftructeur.

Les bords & les campagnes de ce fameux Fleuve & de celles des Rivieres qui mêlent leurs eaux aux fiennes, font remplis d'une infinité d'Arbres de diverfes couleurs, forts, grands & beaux, les uns tirant fur le blanc, les autres fur le brun; quelques-uns rouges, quelques autres jafpés. Il y en a d'où découlent des réfines d'une odeur agréable, ou des gommes médécinales & rares, & d'autres qui portent des fruits exquis. Sans aucun foin ni culture de la part des hommes, & par la feule difpofition du terroir, les Champs produifent le *Cacao Silveftre*, & il n'y eft ni moins abondant, ni moins bon que dans les Jurifdictions de *Jaen* & de *Quixos*. On y recueille auffi beaucoup de Salfepareille, de Vanille, & d'une certaine Ecorce appellée *Clavo*, parce que, quoiqu'elle ait la même figure que la Canéle, fi ce n'eft que la couleur en eft un peu plus foncée, elle a le même goût & la même odeur que le Clou de gérofle des *Indes Orientales*.

Quant aux Quadrupédes, Oifeaux, Reptiles & Infectes, ces Montagnes ont à-peu-près les mêmes que ceux dont il a été parlé à l'égard des Pays chauds; & ceux qui fe trouvent dans les Campagnes de *Jaen* & de *Quixos*, y font auffi communs. Mais avant de terminer mes remarques fur le *Marannòn*, il faut que je parle d'un Reptile le plus extraordinaire dont on ait jamais ouï parler en aucun autre Pays, fi ce n'eft dans les Provinces de la *Nouvelle Efpagne*, où il s'en trouve auffi. C'eft par la defcription de cet Animal que je finirai ce que j'avois à dire fur le *Marannon*.

Dans

Dans les Pays que le Fleuve des *Amazones* arrofe, on trouve un Serpent auffi affreux par fa groffeur & fa longueur, que par les propriétés que quelques-uns lui attribuent. Plufieurs, pour donner une idée de la grandeur de cette Couleuvre, difent qu'elle a le gofier & la gueule fi large qu'elle avale un animal entier, & qu'elle fait de-même d'un homme. Mais ce qu'on en conte de plus fort, c'est qu'elle a dans fon haleine une vertu fi attractive, que fans fe mouvoir elle attire à foi quelque animal que ce foit qui fe trouve dans un lieu où fon haleine peut atteindre. Cela paroît un peu difficile à croire. Ce monftrueux Reptile s'appelle en langue du Pays *Yacu-Mama*, *Mere de l'eau*, parce que comme il aime les lieux marécageux & humides on peut le regarder en quelque forte comme amphibie. Tout ce que je puis dire fur ce fujet, après m'en être informé avec toute l'exactitude, c'eft qu'il eft d'une grandeur extraordinaire. Quelques perfonnes graves & dignes de toute créance, qui ont vu cet animal dans la *Nouvelle Efpagne*, m'en ont parlé fur le même ton, & tout ce qu'ils m'ont dit de la groffeur prodigieufe de ce Serpent s'accorde avec ce qu'on raconte de ceux du *Marannon*, mais differe à l'égard de la vertu attractive.

En fuppofant, comme je crois qu'on peut le faire fans témérité, que l'on peut fufpendre fon jugement, & ne pas ajoûter foi à toutes les particularités que le Vulgaire raconte de cet Animal; particularités d'autant plus fufpectes, qu'elles peuvent être l'effet de l'admiration & de la furprife qui adoptent affez communément les plus grandes abfurdités fans examiner le degré de certitude des chofes, il me fera permis d'examiner ici la caufe en changeant feulement un peu les accidens, afin que par-là on puiffe parvenir à la connoiffance des propriétés dont il eft difficile de s'affurer quand elles ne font pas appuyées de certaines expériences. Je ne prétends pourtant pas que mon opinion décide, & je laiffe à la prudente pénétration de chacun de fe ranger au fentiment qui lui paroîtra le plus fûr. J'ajoûte que je ne parle ici que par ouï-dire & fur le témoignage de témoins oculaires, fans qu'il m'ait été poffible de vérifier leur rapport par ma propre expérience.

Premiérement, dit-on, dans fa longueur & dans fa groffeur cette Couleuvre reffemble beaucoup à un vieux tronc d'arbre abattu, & qui ne tire plus aucune nourriture de fes racines. Secondement, elle a tout autour de fon corps une efpéce de barbe ou de mouffe pareille à celle qu'on voit autour des Arbres fauvages: cette mouffe eft apparemment un effet de la pouffiere ou de la boue qui s'attache à fon corps, s'humecte par l'eau, & eft fechée par le Soleil. De-là il fe forme une croute fur les écailles de fa peau, laquelle croute d'abord mince va toujours en augmentant & s'épaiffiffant, & ne contribue pas peu à la pareffe & au mouvement lent de cet Animal : car à-moins qu'il ne foit preffé de la faim, il refte fans mouvement pendant plufieurs jours dans le même endroit ; & quand il veut changer de place, fon mouvement eft prefqu'imperceptible, & fon corps fait dans la terre où il paffe une traînée, comme feroit un mât ou un gros arbre que l'on traîneroit.

Troifiémement, le foufle que ce Serpent pouffe hors de foi, eft fi venimeux qu'il étourdit la perfonne ou l'animal qui paffe par l'endroit par où il le dirige, & lui fait faire un mouvement qui le méne vers lui malgré foi, jufqu'à ce qu'il foit affez près pour qu'il le puiffe dévorer. Voilà ce que le Vulgaire raconte, ajoûtant que le moyen d'éviter un fi grand péril, c'eft de couper ce foufle, c'eft-à-dire, de l'arrêter par l'interpofition d'un corps étranger, qui fe mettant promptement entre deux, rompe le fil de cette haleine, & que celui qu'on veut fauver puiffe profiter de cet inftant pour prendre une autre route, & fortir de ce péril. Toutes ces chofes bien confidérées paroiffent fabuleufes, & n'ont pas même l'apparence de la vérité, comme le même Mr. *de la Condamine* déjà cité le fait affez connoître dans fa rélation. En effet les circonftances dont on orne toute cette hiftoire, la rendent peu vraifemblable. Mais pour peu qu'on change ces circonftances, il me femble qu'on fera moins choqué de la chofe même ; car ce qui paroiffoit extrêmement fabuleux fous un certain point de vue, devient naturel fous un autre.

On ne peut pas nier abfolument que l'haleine de ce Serpent n'ait la vertu de caufer une efpéce d'ivreffe à une certaine diftance, puifque nous voyons que l'urine du Renard fait le même effet : & que fort fréquemment les bâillemens des Baleines font fi puans qu'on ne peut les fupporter. Je ne vois donc pas de difficulté à convenir que l'haleine de ce Serpent a la propriété qu'on lui attribue, & qu'il fupplée par-là à la lenteur de fon corps, pour fe procurer les alimens dont il a befoin ; car les Animaux frappés de cette odeur putride & envenimée, peuvent bien perdre la préfence d'efprit & le fang froid néceffaire pour fuir, ou pour continuer leur chemin. Ils font tout étourdis, ils perdent les fens, ils tombent, & la Couleuvre par fon mouvement tardif s'approche, jufqu'à le faifir & le dévorer. A l'égard de ce qu'on raconte du coupement de l'haleine, & que le chemin contre lequel le Serpent dirige fon foufle, eft le feul endroit dangereux, & où il peut nuire, ce font des hiftoires auxquelles on ne fauroit ajoûter foi, à-moins d'ignorer l'origine & le progrès des odeurs.

La plupart de ces circonstances ont été inventées par ces Nations Barbares, & les autres les ont crues de bonne foi ; parce que personne pour satisfaire sa curiosité, n'a voulu s'exposer au danger de l'examen.

CHAPITRE VI.

Génie, Coutumes, & Qualités des Indiens *de la Province de* Quito.

CE qui va faire le sujet de ce Chapitre est de nature, & les circonstances en sont telles, qu'en le lisant, on pourra bien se rappeller dans la mémoire ce qu'on trouve répandu dans les anciennes Histoires, mais on s'appercevra en même tems du peu de ressemblance. En effet il y a une si grande différence entre ce qu'elles rapportent & ce que je vais dire ici, que quand je jette moi-même les yeux sur les tems passés, je ne sai que penser en voyant les choses si changées. D'un côté je vois des débris de Monumens, des restes de superbes Edifices, & autres Ouvrages magnifiques qui ont signalé la police, l'industrie, les Loix des *Indiens du Pérou*, & qui ne permettent pas à ma raison de douter de ce qu'en rapporte l'Histoire: de l'autre je vois une Nation plongée dans les ténébres de l'ignorance, pleine de rusticité, & peu éloignée d'une barbarie totale & semblable à celle des Sauvages qui vivent à peu près comme les Bêtes féroces, répandus çà & là dans les champs, & se tenant le plus souvent dans les Bois. A cet aspect je ne puis presqu'ajoûter foi à ce que j'ai lu. En effet comment concevoir qu'une Nation assez sage pour faire des Loix équitables, pour établir un Gouvernement aussi singulier que celui sous lequel elle vivoit, ne donne aujourd'hui aucun signe de ce fond d'esprit & de capacité qu'il a fallu avoir pour régler avec tant de succès toute l'économie de la Société Civile, quoiqu'elle soit sans-doute la même Nation, peu différente encore aujourd'hui de ce qu'elle étoit autrefois quant à certaines qualités & coutumes. Je laisse donc à chacun la liberté de raisonner sur ce sujet, & de trouver le nœud de cette énigme de la maniere qu'il jugera la plus probable: quant à moi, sans m'arrêter davantage à ces réflexions, je vais parler de ce qu'on observe aujourd'hui du Génie, des Mœurs, & des Usages des *Indiens*, selon les lumieres que m'ont fourni plus de dix années de séjour parmi eux. On trouvera qu'en quelques occasions ils ressemblent encore à leurs Ancêtres, & qu'en d'autres ils manquent des lumieres qu'on dit qu'ils ont eues sur certaines Sciences, & qu'ils n'ont plus la même sagesse dans leur conduite, ni les mêmes dispositions qu'ils avoient pour le Gouvernement, ni la même exactitude dans l'observance des Loix.

C'est une entreprise bien difficile que celle que je forme de décrire les coutumes & les inclinations des *Indiens*, & de définir exactement les véritables qualités de leur génie & de leur humeur. Si on les envisage comme des hommes, les bornes de leur esprit semblent incompatibles avec l'excellence de l'Ame, & leur imbécillité est si visible, qu'à-peine en certain cas on peut se faire d'eux un autre idée que celle qu'on a des Bêtes, encore n'ont-ils pas quelquefois la prérogative de l'instinct naturel. D'un autre côté il n'y a pas de gens qui ayent plus de compréhension, ni de malice plus réfléchie. Cette inégalité peut jetter dans le doute l'homme le plus habile: car s'il ne juge que par les premieres actions qu'il leur verra faire, peu s'en faudra qu'il ne les prenne pour des gens d'un esprit vif; mais s'il fait attention à leur barbarie, à leur rusticité, à l'extravagance de leurs opinions, & à leur maniere de vivre, il ne sera point étonnant que les voyant s'écarter si fort du bon-sens & de la raison il ne les croie que très-peu éloignés de l'espéce des *Brutes*.

L'humeur des *Indiens* est telle, que si leur indifférence pour les choses de ce Monde ne s'étendoit pas jusqu'aux choses Eternelles, on pourroit dire que le Siécle d'or des Anciens ne s'étoit jamais mieux trouvé que parmi eux. Rien n'altere la tranquillité de leur âme également insensible aux revers & aux prospérités. Quoiqu'à demi-nuds ils sont contens comme le Roi le plus somptueux dans ses habillemens; & non seulement ils n'envient jamais les habits meilleurs que le hazard offre à leurs yeux, mais même ils n'ambitionnent pas d'allonger un peu celui qu'ils portent quelque court qu'il soit. Les richesses n'ont pas le moindre attrait pour eux; & l'autorité & les dignités où ils peuvent prétendre sont si peu des objets d'ambition pour ces Peuples, qu'un *Indien* recevra avec la même indifférence l'emploi d'Alcalde & celui de Bourreau, si on lui ôte l'un pour lui donner l'autre; ainsi chez eux certains emplois ne rendent pas plus honorable, ni certains autres moins estimable. Dans leurs repas ils ne souhaitent jamais au-delà de ce qu'il leur faut pour se rassasier, & ils sont tout aussi contens de leurs mets grossiers & rustiques, que si on leur présentoit les mets les plus exquis; je crois pourtant que si on leur servoit également des uns & des autres, ils préféreroient peut-être ces derniers. Quoi qu'il en soit, ils témoignent si peu d'empressement pour la bonne

che-

chere & les commodités de la vie, qu'il semble que plus une chose est simple & chetive, plus elle est conforme à leur goût naturel.

Rien ne peut les émouvoir ni les changer; l'intérêt n'a aucun pouvoir sur eux, & souvent ils refusent de rendre un petit service quand ils voyent une grosse récompense. La crainte ne fait aucun effet sur eux, le respect n'en produit pas davantage : humeur d'autant plus singuliere qu'on ne peut la fléchir par aucun moyen, ni la tirer de cette indifférence par où ils semblent défier les plus sages personnages, ni leur faire abandonner cette grossiere ignorance qui met en défaut les personnes les plus prudentes, ni les corriger de leur négligence par laquelle ils rendent inutiles les efforts & les soins des personnes les plus vigilantes. Mais pour donner une plus juste idée du génie de ces Peuples, nous rapporterons quelques traits particuliers de leur génie & de leurs coutumes, sans ce secours il seroit impossible de rien comprendre à leur caractere.

Généralement les *Indiens* sont fort lents, & mettent beaucoup de tems à faire quelque chose ; c'est ce qui paroît par les ouvrages qu'ils font : delà vient le Proverbe qu'on applique aux choses qui peu considérables de soi requierent beaucoup de tems & de patience, *Il n'y a qu'un Indien qui puisse faire un tel ouvrage*. Dans leurs Fabriques de tapis, de rideaux & de couvertures de lit, & autres semblables étoffes, toute leur industrie consiste à prendre chaque fil l'un après l'autre, à les compter chaque fois, & à y faire ensuite passer la trame, desorte que pour fabriquer une piéce de quelqu'une de ces étoffes, ils employent jusques à deux ans ou même davantage. Il n'est pas douteux que leur peu d'adresse & d'invention ne contribue autant que leur lenteur naturelle à cette longueur ; & il est certain que si on leur enseignoit les inventions qui abrégent le travail, ils y feroient de grands progrès, ayant naturellement beaucoup de conception & de facilité à exécuter ce qu'on leur montre dans toute sorte d'ouvrages de mains : c'est ce qui paroît visiblement dans les ruines de divers Ouvrages anciens, qui se sont conservées jusques à présent dans le *Pérou*, & dont nous parlerons ailleurs plus au long.

Au génie lent & grave des *Indiens* se joint la paresse, qui en est la compagne ordinaire. Cette paresse est chez eux si enracinée, que ni leur propre intérêt, ni celui de leurs Maîtres ne les touchent, ni ne peut les porter au travail. S'il faut qu'ils fassent quelque chose pour eux-mêmes, ils en laissent le soin à leurs femmes. Celles-ci filent, font les chemisettes & les caleçons, unique vétement des maris. Elles préparent le *Matclotage*, c'est le nom général qu'ils donnent à leur nourriture. On les voit

mou-

moudre l'Orge pour la *Machca*, faire griller le Maïs pour la *Camcha*, & leur préparer la *Chicha*: pendant ce tems-là, à-moins que son Maître ne l'anime au travail, l'*Indien* est acroupi (c'est la posture ordinaire de tous les *Indiens*) & regarde travailler sa femme: en attendant il boit ou se tient près de son petit foyer, sans se remuer, jusqu'à ce qu'il soit obligé de se lever pour chercher à manger ou pour accompagner ses amis. La seule chose qu'ils fassent pour leur propre compte, c'est de labourer le terrain qui forme leur *Chacarite*; mais ce sont encore les femmes & leurs enfans qui l'ensemencent, & qui font tout ce qu'il faut de plus pour la culture de cet espace de terre. Quand une fois ils sont dans la posture que j'ai dit, nul motif d'intérêt ou de lucre ne les fait remuer, desorte que quand un Voyageur s'égare, ce qui arrive assez souvent, & qu'il s'achemine vers une cabane pour prier qu'on lui montre le chemin, l'*Indien* se cache dès qu'il l'entend à la porte, & envoye sa femme répondre qu'il n'est pas au logie, aimant mieux rester dans son oisiveté, que de faire un quart de lieue pour gagner une réale, qui est ce qu'on leur donne ordinairement pour cette sorte de service. Si le Voyageur met pied à terre, & entre dans la cabane, il ne lui est pas aisé de trouver l'*Indien*, parce que ces cabanes étant tout-à-fait obscures, à un peu de lumiere près qui entre par un trou de porte, on n'y sauroit distinguer les objets quand on vient du grand jour. Mais supposé qu'il vienne à bout de le découvrir, il n'en est pas plus avancé pour cela; car ni offres, ni promesses, ni prieres ne peuvent l'engager à le venir guider jusqu'à une petite distance. Il en est de-même à l'égard des autres occupations où l'on veut les employer.

Pour engager un *Indien* à faire l'ouvrage que son Maître lui prescrit, & pour lequel il le paye, il ne suffit pas que le Maître lui dise ce qu'il doit faire, mais il faut qu'il ait continuellement les yeux sur lui. S'il tourne le dos pour un moment, l'*Indien* s'arrête & cesse de travailler jusqu'à ce qu'il entende revenir celui dont il craint les reprimandes. La seule chose qu'ils ne refusent jamais, & à quoi ils sont toujours disposés, c'est de se divertir: ils ne se font jamais tirer l'oreille pour aller aux fêtes où il y a des danses, ni à aucune autre occasion de se réjouir: mais il faut que la boisson soit de toutes ces parties; c'est-là le comble de leurs divertissemens; c'est par-là qu'ils commencent la journée & par-là qu'ils la finissent, ne cessant de trinquer qu'après qu'ils ont perdu le sens.

Leur panchant à l'Ivrognerie est si grand, qu'il n'y a ni Dignité de *Cacique*, ni Emploi d'*Alcalde* qui tienne, tous accourant également aux fêtes solemnelles, & c'est à qui boira davantage, jusqu'à ce que la *Chicha* ait

ait fait perdre la raifon au Magiftrat comme au Manant. Mais ce qui paroîtra le plus fingulier, c'eft que les perfonnes du fexe, foit femmes ou filles, de-même que les jeunes garçons, font entiérement exempts de ce défaut: car felon leurs mœurs, il n'eft permis qu'à un Pere de famille de boire à outrance & de s'enivrer; parce qu'il n'y a que les Peres de famille qui ayent quelqu'un qui prenne foin d'eux quand ils font hors de fens. La maniere dont ils célébrent leurs folemnités eft finguliere, & mérite qu'on en faffe mention.

Celui qui donne la fête, ou qui la fait célébrer, fait inviter chez lui toutes les perfonnes de fa connoiffance, & tenir prête une quantité de *Chicha* proportionnée au nombre des Conviés, deforte qu'il y en ait environ une cruche pour chacun, la cruche contenant au moins trente chopines. Dans la cour du logis, fi c'eft en une grande Bourgade, ou devant la cabane, fi c'eft à la campagne, ils mettent une table couverte d'un tapis de *Tucuyo* réfervé pour ces occafions. Tout le repas fe réduit à la *Camcha*, & à quelques herbes fauvages qu'on a fait bouillir avec de l'eau dans un petit pot. Les Conviés s'affemblent; on leur donne à chacun deux ou trois feuilles de cette décoction, à quoi l'on joint dix à douze grains de *Camcha*, & voilà le repas fini. Auffi-tôt les femmes accourent & donnent à boire à leurs maris dans des Gourdes ou *Totumos* ronds qu'ils appellent *Pilches*, ce qu'elles réiterent jufqu'à ce qu'ils foient gais. Alors quelqu'un de la compagnie touche du tambourin d'une main, & de l'autre joue du flageollet *; tandis que les autres forment leurs danfes, qui confiftent à fe mouvoir tantôt d'un côté tantôt de l'autre fans ordre ni cadence. Pendant ce tems-là quelques *Indiennes* chantent des chanfons dans leur propre Langue, & c'eft par-là que l'on continue la réjouiffance & la fête, le tout accompagné de grands coups de *Chicha*, qui fe fuivent de près. Le plus beau de l'affaire, c'eft que ceux qui ne danfent pas, fe tiennent à croupetons, en attendant que leur tour vienne. La table n'eft-là que pour la parade, car il n'y a rien à manger deffus, & les Convives n'y font point affis autour. Quand à force de boire ils fe font tous enivrés à ne pouvoir plus fe tenir fur leurs jambes, ils fe couchent là pêle-mêle hommes & femmes, fans fe foucier fi l'un eft auprès de la femme de l'autre, de fa propre fœur, ou de fa propre fille, ou une autre d'une parenté plus éloignée; de maniere qu'ils oublient tout devoir dans ces occafions qui durent

---

* Les Provençaux fe fervent auffi de ces deux inftrumens & en jouent à la fois avec beaucoup d'adreffe, pendant que les autres danfent. R. d. T.

rent trois ou quatre jours, jusqu'à ce que les Curés prennent le parti de s'y tranfporter en perfonne, de répandre la *Chicha*, & de les emmener eux-mêmes de peur qu'ils n'en aillent acheter d'autre.

Le lendemain de la fête eft appellé *Concho*, c'eft-à-dire, *le Jour* où l'on boit ce qui eft refté de la veille au fond du pot. C'eft par ces reftes qu'ils recommencent, & dès qu'ils font bus, chaque Convié court à fa maifon chercher les cruches qu'on y tient toutes prêtes, ou ils en achettent à frais communs. Ainfi il refte un nouveau *Concho* pour le lendemain, & fucceffivement d'un jour à l'autre, fi on les laiffe faire, leur coutume étant de ne finir que quand il n'y a plus de *Chicha* à vendre, ou plus d'argent pour en acheter, & qu'on ne veut plus en donner à crédit.

Leur maniere de pleurer les Morts, c'eft de bien boire. La maifon où l'on méne deuil eft remplie de cruches. Ainfi non feulement ceux qui font dans l'affliction, & ceux qui les accompagnent, boivent; mais même ces derniers fortent dans la rue & arrêtent tous les paffans de leur Nation, fans diftinction de fexe, les font entrer dans la maifon du deuil, & les obligent de boire à l'honneur du défunt. Cette cérémonie dure quatre à cinq jours, quelquefois davantage; car leur plus grand fouci, l'objet qui les occupe le plus, c'eft la boiffon; c'eft-là qu'aboutiffent tous leurs vœux, tous leurs defirs.

Autant que les *Indiens* font enclins à l'Ivrognerie, autant font-ils indifférens pour le Jeu, qui paroît pourtant une fuite de l'autre paffion. On ne remarque pas en eux le moindre goût pour cet amufement, il ne paroît pas qu'ils ayent jamais connu d'autre jeu que celui qu'ils nomment *Pofa*, qui fignifie *cent*, parce qu'il faut atteindre ce nombre pour gagner. Ce jeu s'eft confervé parmi eux depuis le tems de la *Gentilité*. Pour le jouer ils fe fervent de deux inftrumens; l'un eft un aigle de bois & à deux têtes, avec dix trous de chaque côté, où l'on marque par dizaine, & au moyen de quelques clous, les points que chacun fait; l'autre eft un offelet taillé en maniere de dez & à fept facettes, dont l'une diftinguée par une certaine marque fe nomme *Guayro*; cinq autres font nommées felon leur nombre & rang, & la feptiéme refte blanche. La maniere de jouer c'eft de jetter l'offelet en l'air, & en retombant on compte les points marqués par la facette de deffus: fi c'eft celle qu'ils nomment *Guayro*, on marque dix points, & on en perd autant fi c'eft la blanche. Quoique ce jeu foit particulier à leur Nation, il eft rare qu'ils le jouent, fi ce n'eft quand ils commencent à boire.

La Nourriture ordinaire des *Indiens*, c'eft, comme nous l'avons dit, le

Maïz changé en *Camcha* ou *Mot*, & la *Machca*. La maniere de préparer celle-ci, c'eſt de faire griller l'orge & de le réduire en farine, & ſans autre apprêt ni ingrédient ils la mangent à cueillerées, ils en mangent deux ou trois & avec une certaine quantité de *Chicha* qu'ils boivent là-deſſus, voilà leurs repas finis; au défaut de *Chicha* il boivent de l'eau. Dans leurs voyages il ne leur faut pas de grands frais; toutes leurs proviſions ſont renfermées dans un petit ſac qu'ils nomment *Gicrita*, lequel eſt rempli de farine d'orge grillé, ou *Machca*, avec une cuillier, ce qui leur ſuffit pour un voyage de 50 & même de 100 lieues. Pour repaître ils font halte près d'une cabane, ou autre lieu où il y a de la *Chicha*, ou près d'un ruiſſeau. Là ils puiſent avec la cuillier un peu de leur farine hors du ſachet, & la mettent dans la bouche, où ils la tiennent quelque tems avant de la pouvoir avaler. Après avoir pris ainſi deux ou trois cuillerées, ils boivent une grande quantité de *Chicha*, ou d'eau, moyennant quoi ils ſe remettent en route auſſi contens que s'ils avoient fait la meilleure chere.

Leurs Habitations ſont auſſi petites qu'il eſt poſſible de ſe l'imaginer. Elles conſiſtent en une chaumine au milieu de laquelle on allume le feu, & c'eſt-là qu'ils demeurent eux & leurs animaux domeſtiques, tels que les Chiens, que les *Indiens* aiment beaucoup, & dont ils ont toujours trois ou quatre; un ou deux Cochons, des Poules & des *Cuyes*. C'eſt-là leur plus grand fond, & leurs principaux meubles; car d'ailleurs ils ont à-peine au-delà de quelques vaiſſeaux de terre, des pots, des cruches, des *Pilches*, de brocs; à quoi il faut ajoûter le coton que leurs femmes filent, & vous aurez tout l'inventaire des richeſſes d'un *Indien*. Leurs lits conſiſtent en une ou deux peaux de Mouton, étendues à terre, ſans couſſin ni autre choſe quelconque. Communément ils ne ſe couchent point, mais dorment à croupetons ſur ces peaux; ils ne ſe deshabillent & ne s'habillent jamais, deſorte qu'ils ſont toujours dans le même état.

Quoique les *Indiens* élévent des Poules & autres animaux dans leurs chaumines, jamais elles ne les mangent. Leur affection pour ces bêtes va ſi loin qu'elles ne peuvent ſe réſoudre à les tuer, ni à les vendre. Si un Voyageur eſt forcé de paſſer la nuit dans une des chaumines, il a beau offrir de l'argent pour avoir une poule ou une poulet à manger, il ne l'obtiendra pas volontairement. Le ſeul parti eſt de le tuer ſoi-même; alors l'*Indienne* jette les hauts cris, pleure, ſe déſole, comme ſi elle avoit perdu ſon fils ou ſon mari; mais enfin voyant qu'il n'y a point de reméde, elles ſe conſolent, & reçoivent le prix de la volaille morte.

Dans leurs voyages pluſieurs ménent avec eux toute leur famille à pied.

Les

Les Meres portent leurs petits enfans fur les épaules. La cabane refte fermée; & comme il n'y a point de meuble à voler, une fimple courroye fuffit pour toute ferrure. Les animaux domeftiques de la famille voyageufe font confiés à un *Indien* ami ou voifin, fuppofé que le voyage doive durer quelques jours, finon on s'en remet à la garde des Chiens. Ces animaux font fi fidéles, qu'ils ne laiffent approcher perfonne de la cabane que leur Maître. Sur quoi je remarquerai en paffant comme une chofe extraordinaire, que les Chiens élevés par les *Efpagnols* ou par des *Métifs*, ont une haine fi furieufe contre les *Indiens*, que fi quelqu'un de cette Nation entre dans une maifon où il ne foit pas particuliérement connu, ils s'élancent deffus à l'inftant & le déchirent à-moins qu'il n'y ait quelqu'un pour les contenir. Et que d'un autre côté les Chiens élevés par les *Indiens* ont la même haine contre les *Efpagnols* & les *Métifs*, qu'ils fentent d'auffi loin que les *Indiens* eux-mêmes font apperçus par l'odorat de ceux élevés par les *Efpagnols*.

En général les *Indiens* qui ne font pas nés dans quelque Ville ou grande Bourgade ne parlent d'autre Langue que la leur propre, qu'ils appellent *Quichua*, laquelle fut établie & répandue par les *Incas* dans toute l'étendue de leur vafte domination, afin qu'il y eût une Langue générale que tout le monde entendît & parlât; c'eft de-là que cette Langue a pris le nom de *Lengua del Inga*. Il y a néanmoins quelques-uns de ces *Indiens* qui entendent l'*Efpagnol*, & le favent même parler; mais rarement ils ont la complaifance de répondre en cette Langue, quoiqu'ils fachent que la perfonne à qui ils ont affaire n'entend pas la *Quichua*. Il eft inutile de s'amufer à les prier de s'expliquer en *Efpagnol*, on ne viendra pas à bout de les y réfoudre. Les *Indiens* élevés dans les Villes ou les Bourgs, n'ont pas cette ridicule opiniâtreté; bien loin de-là, ils répondent en *Efpagnol* même à ceux qui leur parlent en *Quichua*.

Tous les *Indiens* font fuperftitieux, & fe piquent de connoître l'avenir. C'eft un refte de leur ancienne Religion, dont leurs Curés, ni l'expérience qu'ils font tous les jours eux-mêmes de leur aveuglement, n'ont pu encore les guérir radicalement. Ils employent quantité de compofitions diaboliques, & d'artifices, pour être heureux, pour réuffir dans tel & tel deffein. Leurs efprits font fi infatués de ces folles erreurs, qu'il eft très-difficile de les defabufer & de les obliger à embraffer fincérement le *Chriftianifme*, dont ils n'ont que quelques foibles notions, & dans lequel ils ne font rien moins qu'affermis; car s'ils affiftent les Dimanches & les Fêtes à la Meffe & à la Doctrine, c'eft qu'ils y font forcés, & qu'ils craignent le châtiment porté contre eux, fans quoi il n'y en auroit pas un qui y allât; & pour preuve de ce que j'avance, je rapporterai entre une infinité d'autres exemples que je pourrois citer, ce qui m'a été raconté à ce propos par un Curé de Village. Un *Indien* avoit manqué à la Meffe & à la Doctrine: le Curé ayant fu des autres *Indiens* que c'étoit pour s'être amufé à boire de bonne heure, chargea ceux-ci de fon châtiment & le condamna à être fuftigé; c'eft la punition ordinaire en ces fortes de cas pour les *Indiens* de tout âge & de tout fexe, & c'eft peut-être la plus convenable pour des efprits fi bornés. L'*Indien* après avoir été fouëtté, vint trouver le Curé, & le remercia de la bonté qu'il avoit eu de le faire châtier. Le Curé lui fit une reprimande, & l'exhorta lui & les autres à ne jamais négliger leurs devoirs de *Chrétiens*. A-peine il avoit fini de parler, que l'*Indien* s'approchant lui dit d'un air humble & naïf, qu'il le prioit de lui faire appliquer encore un pareil nombre de coups de fouët pour le Dimanche fuivant, parce qu'il avoit deffein de ne pas venir à la Meffe, & de fe divertir encore à boire. On voit par-là le peu de progrès qu'ils font dans la Doctrine *Chrétienne*, dans laquelle on les inftruit pourtant continuellement, depuis que leur jugement commence à fe former avec l'âge jufques à leur mort, ce qui n'empêche pas qu'ils ne foient d'une ignorance inconcevable fur les principaux points de la Religion.

Leur indifférence à cet égard eft fi grande, qu'on peut dire qu'ils ne fe mettent pas plus en peine de leurs âmes que de leurs corps. Je ne prétens pas nier qu'il ne s'en trouve qui font auffi foigneux d'éclairer leurs efprits & leurs confciences des vérités de la Religion, que les perfonnes les plus fages, mais le plus grand nombre eft plongé dans une ignorance craffe qui les rend fourds pour tout ce qui a rapport à l'Eternité. Leur méchanceté les aveugle tellement qu'ils font infenfibles aux exhortations *Chrétiennes*. Ce n'eft pas qu'ils difputent: au-contraire ils accordent tout, & ne rejettent jamais rien de ce qu'on leur propofe; mais ils fe défient de tout, & dans le fond ils ne croyent rien. Je ne m'aviferois pas dans une matiere fi délicate de reprocher de tels défauts à cette Nation, s'ils n'étoient bien avérés; & pour qu'on voye quelles font leurs difpofitions à cet égard, & qu'on ne puiffe m'accufer de prévention, je rapporterai encore quelques autres exemples.

Les Curés Doctrinaires employent tous les Dimanches de l'année à inftruire leurs Paroiffiens *Indiens* avec un zèle infatigable. Dès-qu'ils apprennent qu'il y en a quelqu'un qui eft malade & en danger, ils le vont voir & l'exhortent à fe préparer à bien mourir, ajoûtant tout ce qu'ils

jugent

jugent néceffaire pour lui faire ouvrir les yeux de l'entendement : il lui parle des attributs du Créateur, & du danger où il eſt de mourir : il l'exhorte à appaiſer ce juſte Juge par un repentir ſincere de ſes péchés, à deſarmer ſon bras déjà levé pour le punir éternellement, à demander pardon à Dieu, à implorer ſa miſéricorde pour n'être point l'objet de ſa colere & éviter le ſupplice dont ſon âme ſera punie dans l'éternité : pendant cette exhortation, l'*Indien* écoute tout ſans donner le moindre ſigne de ſenſibilité ; & quand le Curé a ceſſé de parler, le malade répond froidement, *vous avez raiſon, Pere.* Faiſant entendre par-là que les choſes arriveront comme le Curé le dit, mais que lui *Indien* ne comprend pas en quoi conſiſte le malheur qu'on lui annonce. Ce que je dis-là, c'eſt ce que diſent les Curés de ce Peuple à qui veut l'entendre, & ces Curés ſont gens de mérite & ſavans. Cette ignorance prodigieuſe eſt cauſe qu'il y a très-peu d'*Indiens* que l'on admette à la communion du Corps de *Jéſus-Chriſt*, la plupart n'ayant pas la capacité néceſſaire. Au-reſte ceux d'une habitation où il y a un malade, n'en avertiroient jamais le Curé s'ils n'y étoient forcés par la crainte du châtiment ; encore malgré cela négligent-ils ſouvent de le faire, & laiſſent mourir le malade ſans Sacremens.

Dans leurs Mariages ils ont le préjugé le plus extravagant qu'on puiſſe imaginer, vu que contre toute raiſon ils eſtiment ce que les autres Nations déteſtent ; ſe perſuadant que ſi la perſonne qu'ils choiſiſſent pour épouſe n'a point été connue par d'autres hommes avant eux, c'eſt une preuve qu'elle a peu de mérite.

Dès-qu'un Jeune-homme a demandé une Fille en mariage au Pere, & que celui-ci l'a accordée, les deux Fiancés commencent à vivre enſemble ni plus ni moins que s'ils étoient mariés ; l'un & l'autre aident le Beaupere dans le petit travail de ſa *Chacare*. Après trois ou quatre mois, quelquefois un an, le Fiancé dégoûté de ſa promiſe l'abandonne, diſant pour raiſon, ou qu'elle ne lui plaît pas, ou plus clairement qu'elle n'a point de mérite, & que perſonne ne s'eſt ſoucié d'elle avant lui ; ſe plaignant de ſon Beaupere qui l'avoit voulu tromper, & l'engager avec une fille ſi peu eſtimable. Si après avoir vécu trois ou quatre mois enſemble, ce qu'ils appellent entre eux *Amannarſe* *, ce repentir ne vient point, il ſe marie avec elle. Cette coutume eſt ſi commune parmi eux, que les plus vives remontrances des Curés & des Evêques, n'ont encore pu parvenir à la déraciner : deſorte qu'actuellement la premiere queſtion que font les Curés à ceux qui ſe préſentent pour être mariés, c'eſt s'ils ſe ſont *Amannados*,

---

* S'éprouver, ſe rendre habile, faire ſon apprentiſſage.

afin de les abfoudre de ce péché avant de leur donner la bénédiction nuptiale. Ils ne croyent pas qu'un mariage foit bon, quand il n'eft pas folemnel : fuivant eux tout confifte dans la bénédiction nuptiale, qu'il ne faut pas négliger de leur donner le jour même qu'ils fe donnent la main; car fi on la differe ils fe féparent quand la fantaifie leur en prend, & il n'y a pas moyen de leur faire entendre qu'ils font engagés & mariés. On ne peut les châtier pour aucun de ces abus, dans la vue de les corriger ; parce qu'aucun châtiment n'imprimant chez eux rien de honteux, il n'y en a point qui faffe effet. C'eft une même chofe pour eux de les expofer à la rifée publique, ou de leur permettre de danfer à quelque fête, qui eft ce qu'ils eftiment le plus. Ils font fenfibles aux châtimens corporels pendant qu'ils durent, mais un moment après qu'ils font finis, ils ne femblent pas avoir été touchés, & s'en mettent peu en peine ; de-là vient qu'on leur paffe bien des chofes, & qu'on tâche d'y remédier par d'autres voyes.

Il arrive affez fouvent qu'ils changent de femme, fans autre traité ni convention, que d'avoir eu des familiarités enfemble, deforte que fous ce prétexte une femme fe donne à un autre homme. La femme de celui-ci céde la place à fa rivale, & va fe venger avec fon mari de l'affront qu'on leur fait à tous les deux; & quand on les reprend de cette démarche, ils alléguent pour raifon qu'il falloit bien qu'ils fe vengeaffent : fi on les fépare, on n'y gagne rien ; car ils retournent bientôt au même genre de vie. Les Inceftes font très-fréquens parmi eux, tant par une fuite de leur ivrognerie, comme nous l'avons fait voir, que parce que ne connoiffant ni honneur ni deshonneur, il n'eft aucun motif qui retienne leurs plus honteux appétits.

Si des Mœurs & des Coutumes pareilles paroiffent extraordinaires, la maniere dont ce Peuple confeffe fes péchés ne le paroîtra pas moins. Car outre que la plupart poffédent affez peu la Langue *Efpagnole*, ils n'ont aucune méthode qu'ils puiffent fuivre pour fe confeffer. Dès-qu'ils entrent dans le Confeffionnal où le Curé les a fait venir, il faut que celui-ci leur enfeigne exactement tout ce qu'ils doivent faire, & qu'il ait la patience de réciter avec eux le *Confiteor* d'un bout à l'autre; car s'il s'arrête, l'*Indien* s'arrête auffi. Après cela il ne fuffit pas que le Confeffeur lui demande s'il a commis tel & tel péché, mais il faut qu'il affirme qu'il l'a commis lorfqu'il s'agit d'un de ces péchés ordinaires, fans quoi l'*Indien* nieroit tout, & le Prêtre infiftant, difant même qu'il fait la chofe pour certain, & qu'il en a des preuves, l'*Indien* preffé de la forte avoue, s'imaginant que le Prêtre fait tout par quelque moyen furnaturel, & alors il découvre toutes les
cir-

circonftances mêmes fur lefquelles il n'a pas été interrogé. S'il eft difficile non feulement de leur faire déclarer leurs fautes, mais même de les empêcher de les nier quand elles font publiques, il ne l'eft pas moins de les engager à en déterminer le nombre, & ce n'eft que par des rufes & des ftratagêmes qu'on en vient à bout, non fans beaucoup d'obfcurité, & encore ne peut-on gueres fe fier à ce qu'ils difent.

La crainte que l'idée ou l'approche de la mort imprime naturellement dans tous les hommes, a beaucoup moins de force fur les *Indiens*, que fur aucune autre Nation. Leur mépris pour les maux qui font le plus d'impreffion fur les efprits ne fauroit aller plus loin, puisque jamais l'approche de la mort ne les trouble, étant plus abattus des douleurs de la maladie, qu'étonnés de fe voir dans le plus grand danger. Je tiens encore cela de la bouche même de plufieurs Curés, & la preuve la plus évidente de cette fermeté, ce font les exemples qu'on en voit fréquemment; car quand les Curés vont préparer les confciences des *Indiens* malades, quand ils les exhortent à fe difpofer à bien mourir, ils répondent avec une férénité & une tranquillité, qui ne laiffent aucun lieu de douter que les difpofitions intérieures ne foient les mêmes que celles du dehors dont elles font le principe & la caufe. Ceux de cette Nation que l'on méne à la mort pour leurs crimes, témoignent un égal mépris pour ce terrible paffage. Entre plufieurs exemples que j'en fai, je rapporterai celui dont je fus moi-même témoin oculaire. Il y avoit de mon tems à *Quito* deux Criminels prêts à être exécutés; l'un, je ne fai s'il étoit *Métif* ou *Mulatre*, l'autre étoit *Indien*. Tous les deux ayant été amenés dans la Chapelle de la prifon, je fus les voir la nuit avant l'exécution. Le premier que plufieurs Prêtres exhortoient en *Efpagnol*, faifoit beaucoup d'actes de foi, d'amour de Dieu & de contrition: on voyoit en lui toute la frayeur que peut caufer un fort pareil à celui qui l'attendoit. L'*Indien* avoit dans le même endroit autour de lui d'autres Prêtres, qui le préparoient en fa Langue naturelle. La tranquillité de fon efprit qui fe peignoit fur fon vifage, furpaffoit celle des affiftans; il paroiffoit plutôt labourer une *Chacare*, ou garder un Troupeau, qu'être à la veille de perdre la vie. L'approche de la mort bien loin de lui ôter l'appétit, comme à fon Compagnon d'infortune, ne faifoit que l'animer à profiter du dégoût de celui-ci à manger fa portion; & on avoit affez de peine à le contenir & à l'empêcher de donner dans la gourmandife en une pareille extrémité. Le Criminel parloit à tout le monde avec la même liberté que s'il avoit joué une farce: fi on l'exhortoit il répondoit fans fe troubler,

bler; quand on lui difoit de s'agenouiller, il le faifoit; & dans la ferveur des prieres il répétoit tout mot pour mot, regardant tantôt d'un côté, tantôt de l'autre, comme un Enfant vif, qui ne fait qu'une médiocre attention à cequ'on lui fait faire ou dire. Il demeura dans cet état jufqu'à ce qu'on le conduisît au gibet où étoit déjà fon Compagnon, & tant qu'il eut un foufle de vie on ne remarqua pas la moindre altération en lui.

Ce caractere des *Indiens* fe manifefte en bien d'autres occafions; c'eft par exemple encore avec la même audace qu'ils s'expofent au devant d'un Taureau, fans autre rufe que de s'en laiffer frapper à plein, & par-là le Taureau les fait voler en l'air; ils tombent d'affez haut pour fe tuer, fi c'étoit tout autre qu'un *Indien*. Mais celui-ci n'étant pas même bleffé fe reléve fort content de fa victoire, qu'on pourroit encore mieux nommer la victoire du Taureau. Quand ils fe joignent par troupes pour combattre contre d'autres Hommes, ils les attaquent, fans avoir égard à la fupériorité des armes du parti contraire, & fans faire attention au monde qu'ils perdent ni aux bleffés: intrépidité qui chez une Nation plus cultivée pourroit paffer pour un effort de valeur, mais qui n'eft dans ce Peuple qu'un effet de fa barbarie & un manque de réflexion. Ils font fort adroits à paffer un laqs à un Taureau, en courant à toute bride; & comme ils ne craignent point le danger, ils s'y expofent inconfidérément. C'eft avec la même dextérité qu'ils pourfuivent les Ours. Un *Indien* fur fon cheval, fans autres armes qu'un laqs, attaque ce furieux animal & triomphe de toutes fes rufes. Il porte dans fa main une courroye fi menue que l'animal ne puiffe la faifir avec fes pattes, & fi forte qu'elle ne puiffe rompre à l'effort de la courfe du cheval & de la réfiftance de la bête. Dès-qu'il apperçoit l'Ours il pouffe à lui, & celui-ci s'affied pour s'élancer fur le cheval. L'*Indien* arrivant à portée de l'Ours lui jette le laqs, & le faifit au col; en même tems il paffe l'autre bout du laqs deux ou trois fois à la felle du cheval avec la plus grande promtitude, & pouffe fa monture à toute bride: pendant ce tems-là l'Ours occupé à défaire le nœud coulant qui l'étrangle ne peut fuivre le cheval, & tombe enfin roide mort; action vraiment hardie, & adroite. Dans la Province d'*Alaufi* vers la Cordillere Orientale, qui eft le Pays où ces animaux abondent le plus, on voit fréquemment de femblables cas.

La rufticité qu'on remarque dans l'efprit des *Indiens* vient en partie de ce qu'ils ne font point cultivés; car en quelques endroits on en voit qui ayant reçu une bonne éducation font auffi raifonnables que les autres hommes; & s'ils ne font pas auffi polis que les Nations cultivées, du-

moins

moins font-ils capables de difcerner les chofes & de les connoître. On en voit des exemples affez frappans; il faut ranger dans cette claffe les *Indiens* des Miffions du *Paraguay* dirigées par le zéle des R. P. *Jéfuites*, qui en peu d'années font parvenus à former une République de gens raifonnables. Le moyen le plus efficace qu'ils ayent employé pour cela, a été d'enfeigner la Langue *Efpagnole* aux Enfans, & même la Langue *Latine* à ceux qui ont paru avoir de la difpofition pour cela. Ils ont des Ecoles publiques dans chaque Village des Miffions, ils y enfeignent à lire, à écrire, & les Arts méchaniques, où les *Indiens* de ces Miffions fe font rendus fi habiles, qu'ils ne le cédent point aux Ouvriers d'*Europe*. Enfin ces *Indiens* font tout-à-fait différens de ceux dont nous venons de parler; ils ont plus de lumieres & plus de raifon, ils vivent en un mot comme des hommes, deforte qu'il femble qu'ils foient d'une autre nature que les autres Peuples de ce Continent; car c'eft une remarque que j'ai faite dans le *Pérou*, que les *Indiens* des différentes & vaftes Provinces que je parcourois, n'étoient pas différens entre eux; que ceux de *Quito* n'étoient pas plus fots que ceux des Vallées ou de *Lima*; ni ceux de cette Province plus intelligens que ceux du *Chily* ou d'*Arauco*.

Sans fortir de la Province de *Quito*, nous avons des exemples qui confirment ce que j'ai avancé plus haut: c'eft que les *Indiens* élevés dans les Villes, & dans les grands Bourgs, qui exercent quelque métier & parlent *Efpagnol*, ont plus d'efprit que ceux de la Campagne ou qui habitent dans de petites Bourgades; & leurs mœurs ne font pas fi approchantes de celles de la *Gentilité*. Ils ont de l'adreffe, de l'habileté, & ne font point fujets à tant d'erreurs; c'eft pourquoi auffi on les appelle *Ladinos* [*]; & s'ils confervent quelques ufages ou coutumes des autres *Indiens*, c'eft par communication, & par le faux préjugé qu'il faut conferver les coutumes de fes Ancêtres comme un héritage. Ceux d'entre eux qui exercent le métier de Barbiers, font les plus fpirituels de tous; ils faignent auffi, & fi adroitement, au jugement même de Mr. *de Juffieu*, & de Mr. *Seniergues* Chirurgien Anatomifte de Mrs. les Académiens *François*, qu'ils peuvent aller de pair avec les plus fameux Phlébotomiftes d'*Europe*. Le commerce que leur profeffion leur procure avec les perfonnes bien élevées leur aiguife l'efprit, & c'eft par-là qu'ils fe diftinguent de leurs compatriotes. Il paroît certain que fi dans les Villages il y avoit des Ecoles où l'on enfeignât la Langue *Efpagnole* aux *Indiens*, comme il eft ordonné dans les

Ré-

[*] Comme qui diroit *Prudhommes*.

Réglemens concernant les *Indes*, il paroît, dis-je, certain que ce Peuple pouvant converser davantage avec les *Espagnols*, se guériroit d'un grand nombre d'erreurs, & s'instruiroit d'une infinité de choses qui n'ont point de nom dans leur Langue. Aussi remarque-t-on que les *Cholos* (c'est ainsi qu'on nomme les petits garçons *Indiens*) qui savent l'*Espagnol*, sont beaucoup plus éclairés que ceux qui ne le savent pas, & qu'ils traitent de *Barbares*, pendant qu'ils se donnent hardiment à eux-mêmes l'épithéte de *Ladinos*.

Je ne prétens pas dire par-là que la Langue *Espagnole* ait de soi la propriété de donner de l'esprit aux *Indiens*; je veux seulement prouver que l'usage de cette Langue les mettroit plus souvent à même de pouvoir converser avec les *Espagnols*, ce qui contribueroit à les tirer de l'ignorance où ils croupissent: car ou ils parlent entre eux, & en ce cas que peuvent-ils apprendre les uns des autres? ou ils parlent avec les *Espagnols* qui entendent la *Quichua*; mais ce ne peut être que pour des nécessités indispensables, & tout le discours ne consiste qu'en deux ou trois questions; car quel est l'homme qui ira faire de longs discours pour instruire des gens si grossiers & si peu cultivés. Mais s'ils possédoient l'*Espagnol* ils pourroient profiter des discours des Voyageurs qu'ils voiturent ou accompagnent, de ceux des Citoyens quand ils vont dans les Villes, des Curés, des Corrégidors, & autres personnes qu'ils servent ou qu'ils fréquentent. Pouvant entendre tout ce qui se dit, peu à peu ils profiteroient, & enfin seroient moins idiots & moins grossiers qu'ils ne sont; car chaque jour on apprend quelque chose de nouveau, quand on vit avec des hommes raisonnables, & à la fin on fait des choses dont on ne se doutoit pas même auparavant.

Ne voyons-nous pas parmi nous-mêmes un Enfant, sans autre secours que sa Langue maternelle, acquérir tous les jours de nouvelles lumieres à mesure qu'il entend parler des personnes éclairées? Mais ne voyons-nous pas en même tems l'avantage qu'a sur celui-là, celui qui s'applique à l'étude des autres Langues? Combien de lumieres & de connoissances n'a-t-il pas au-dessus de l'autre, par cela même qu'il est plus cultivé? Les Gens de la Campagne simples & idiots quand ils ne sont jamais sortis de leur Village, deviennent plus habiles à mesure qu'ils fréquentent les Villes, & retournent toujours chez eux avec un degré de connoissance qui les rend les oracles du Village. Il en est de-même des *Indiens*, & je suis d'avis que la Langue *Espagnole* leur procureroit bien des lumieres qu'ils n'ont pas, & que ç'a été le but des *Ordonnances* faites au sujet des *Indes*, dans lesquelles on insiste tant sur cet article.

Les *Indiens* sont naturellement vigoureux & robustes. Le Mal Vénérien

rien si commun dans ce Pays, ne les attaque pas beaucoup, & il est même rare qu'on puisse le remarquer dans quelqu'un d'eux. La principale cause de cette différence vient sans-doute de la disposition de leurs humeurs peu susceptibles du venin de cette maladie. Plusieurs l'attribuent au fréquent usage de la *Chicha*, que l'on croit avoir cette propriété. La maladie qui fait le plus de ravage parmi les *Indiens*, c'est la Petite-Vérole, dont il en échappe fort peu ; aussi-la regarde-t-on dans le Pays comme la plus grande peste qu'il y ait. Cette maladie ne régne pas continuellement, il se passe quelquefois sept à huit ans & même au-delà sans qu'on en entende parler ; mais dès-qu'une fois elle commence, elle désole les Villages. La cause de cette mortalité, c'est sans-doute la malignité extrême de cette maladie, mais en partie aussi parce qu'ils n'ont point de Médecin qui les assiste, ni personne qui les soigne comme il faut soigner des malades : aussi dès-qu'ils se sentent attaqués ils font avertir le Curé pour qu'il vienne les confesser, & pour l'ordinaire ils crévent faute de quelque reméde qui aide la nature. La même chose arrive dans toutes leurs autres maladies, & si elles étoient frequentes elles causeroient les mêmes ravages. La preuve que ces mortalités ne viennent que du manque de soin & de secours, c'est qu'au même tems que la Petite-Verole les attaque ; elle attaque aussi les *Créoles*, & quoiqu'il en meure plusieurs de ceux-ci, la plupart échappent pourtant, & se rétablissent parce qu'ils sont soignés & secourus. Mais pour les *Indiens*, ils manquent de tout ; on a déjà vu comme ils sont vêtus & logés. Leur lit ne change jamais, qu'ils soient malades ou en santé : leurs alimens sont toujours les mêmes quant à l'espéce, on ne change que la maniere de les prendre. Le tout se réduit à un peu de *Machca* mise dans un *Pilche* & dissoute en *Chicha*, que l'on donne à boire au malade ; ils ne connoissent pas d'autres cordiaux, ni de meilleurs consommés. Par où l'on voit que ceux des *Indiens* qui sont attaqués de cette maladie, & qui en échappent, ne doivent leur salut qu'à la force de leur tempérament, & nullement à des secours extérieurs.

Ces Peuples sont aussi fort sujets au *Mal de la Vallée*, ou *Bicho* ; mais ils s'en guérissent en peu de tems. Quelquefois, mais rarement, ils sont attaqués de fiévres malignes, ou *Tabardilles*, dont la guérison est aussi fort promte & singuliere : ils approchent le malade du feu, & le posent sur les deux peaux de Mouton qui lui servent de lit : ils mettent tout près de lui une jatte de *Chicha*. La chaleur de la fiévre & celle du feu lui causent une soif qui le fait boire à chaque instant, ce qui lui procure une abondante éruption, deforte que le lendemain, ou il eſt guéri ou il empire & meurt en peu de tems.

Ceux qui échappent de ces maladies épidémiques vivent long-tems: on en voit, ſoit hommes, ſoit femmes, qui ont plus de cent ans. J'en ai connu pluſieurs, qui dans un âge auſſi avancé étoient encore robuſtes & ingambes. Il n'eſt pas douteux que leur nourriture ſimple & toujours la même ne contribue beaucoup à fortifier leur tempérament. Outre les alimens dont nous avons parlé, ils mangent de l'*Agi* avec beaucoup de ſel: pour cet effet ils cueillent de gros morceaux d'*Agi*, mettent pluſieurs grains de ſel dans la bouche, & de l'*Agi* en même tems, & enſuite ils avalent de la *Machca*, ou de la *Camcha*, & ainſi alternativement juſqu'à ce qu'ils ſoient raſſaſſiés. Ils aiment tant à manger le ſel de cette maniere*, qu'ils en préferent deux ou trois grains à tous les autres mêts. On remarque le goût qu'ils ont pour cette matiere, dans le ſoin qu'ils prennent à la recueillir quand ils la trouvent répandue quelque part.

Après avoir décrit les mœurs & le génie des *Indiens*, il eſt à propos que je parle de leurs occupations; mais avant que d'entrer en matiere, j'avertis que ce que je vais dire ne regarde point les *Indiens* des Villes & des Bourgs qui exercent quelque emploi ou quelque métier, & qui travaillant pour l'utilité publique, vivent bourgeoiſement.

Les autres ſont occupés dans le Royaume de *Quito*, ou aux Fabriques, ou aux Plantations, ou aux Bergeries. Pour cet effet chaque Village eſt obligé de fournir tous les ans aux *Haciendas* de ſa Juriſdiction un certain nombre d'*Indiens*, auxquels le Propriétaire de la *Hacienda* paye tant pour ſa part, ſelon ce qui a été réglé par les Ordonnances de nos Rois. Après une année de ſervice, ces *Indiens* retournent dans leurs Villages, & il en vient d'autres à leur place. Cette repartition s'appelle *Mita*. A l'égard des Fabriques, quoiqu'on dût obſerver la même choſe on ne le fait point, parce que tous n'étant pas Tiſſerans de profeſſion, on ne prend que ceux qui ſavent ce métier, leſquels ſe fixent avec leurs familles dans ces Fabriques, & enſeignent leur métier à leurs enfans, qui deviennent Ouvriers à leur tour. Les Tiſſerans ſont de tous ces *Indiens* ceux qui gagnent le plus, comme exerçant une profeſſion qui demande plus de capacité. Outre le ſalaire annuel, leurs Maîtres leur donnent encore des fonds de terre & des bœufs, pour les faire valoir. Alors ils labourent ces terres, y ſément

* Le Sel & l'*Agi* enſemble devroient bruler les entrailles d'un cheval; car l'*Agi* eſt plus fort que le plus fort Poivre. N. D. T.

ment des grains pour le besoin de leurs familles, & ces terres ainsi défrichées s'appellent *Chacaras*; ils bâtissent des cabanes autour de la *Hacienda*, ou Métairie, qui devient bientôt Maison Seigneuriale, parce que les cabanes se multiplient au point de former un Village, dont il y a tel qui contient cent cinquante familles.

CHAPITRE VII.

Description Historique des Montagnes & Bruyeres les plus remarquables des Cordilleres des Andes; des Rivieres qui en viennent; & la maniere de les passer.

JE viens maintenant aux Montagnes les plus connues du Royàume de *Quito*, & aux Rivieres qui y ont leur source, & traversent ce Pays, qui n'est pas moins remarquable par-là que par la disposition du terrain, où s'élèvent de prodigieuses pyramides de neige.

Nous avons déjà vu que tout ce qui appartient aux Corrégimens de cette Jurisdiction, est situé entre les deux *Cordilleres* des *Andes*, où l'air est plus ou moins froid, la terre plus ou moins aride, à proportion que les Montagnes sont plus ou moins élevées. Celles qui sont les plus arides sont désignées par le nom de *Paramos* *; car quoiqu'elles soient toutes arides, il y en a pourtant qui le sont plus que d'autres, & quelques-unes où le froid, causé par la neige continuelle, est si aigu, qu'elles sont inhabitables, & qu'on n'y voit même ni Plantes, ni Animaux.

Il y en a entre autres qui élèvent leurs sommets au-dessus de toutes les autres, & dont la prodigieuse étendue est couverte de neige jusqu'à la cime: c'est de ces dernieres que nous parlerons, comme étant les plus remarquables.

Le *Paramo* de l'*Assuay*, qui est formé par l'union des deux Cordilleres, n'entre point dans cette classe; car quoiqu'il soit fameux dans la Contrée, à cause de son aridité & du froid qu'il y fait, il n'est pourtant pas plus élevé que la Cordillere en général, & beaucoup moins que la *Pichincha* & le *Corazon*: sa hauteur est le degré où commence & se maintient la congélation, comme il arrive dans toute la Province à la même hauteur: mais à mesure que les Montagnes sont plus élevées, elles sont la plupart continuellement couvertes de neiges; desorte que d'un point déterminé, par

exem-

* Qui veut dire *Bruyeres*.

exemple, *Caraburu*, ou la fuperficie de la Mer, on voit la congélation dans toutes les Montagnes à une même hauteur. Par les expériences faites avec le Barométre à *Pucaguaico* fur la Montagne de *Cotopacfi*, le Mercure s'y foutenoit à la hauteur de 16 pouces $5\frac{1}{7}$ lignes, & par-là nous concluons dans le Tome des *Obfervations Aftronomiques & Phyfiques*, que la hauteur de ce lieu-là eft de 1023 toifes fur le Plan de *Caraburu*. Celle que ce même Lieu a à l'égard de la fuperficie de la Mer, comme on pourra le voir dans l'Ouvrage déjà cité, eft de 1268 à peu de chofe près; par conféquent la hauteur de *Pucaguayco* au-deffus de la fuperficie de la Mer, eft de 2291 toifes. Le fignal que nous avions placé fur cette Montagne, fe trouvoit à 30 ou 40 toifes au-deffous de la glace endurcie; & depuis le commencement de cette glace jufqu'à la crête de la Montagne on peut compter, par une fupputation fondée fur quelques obfervations des Angles de hauteur pris à cet effet, que la hauteur perpendiculaire eft d'environ 800 toifes: donc la cime de *Cotopacfi* eft élevée au-deffus de la fuperficie de la Mer de 3126 toifes, qui font 7280 aunes de *Caftille*, un peu plus d'une lieue marine, & plus haute que le fommet de *Pichincha* de 639 toifes. C'eft de cette efpéce de Montagnes que je vais traiter. Celles dont je ferai mention font toutes d'une hauteur a peu près égale à celle-là.

La plus méridionale de toutes celles de ces Cordilleres, eft la Montagne de *Macas*, appellée plus proprement *Sangay*, quoique plus connue dans le Pays fous le premier nom, parce qu'elle eft dans la Jurifdiction de *Macas*. Elle eft d'une hauteur confidérable, & prefque par-tout couverte de neige dans toute fa circonférence. Elle vomit de fon fommet un feu continuel, accompagné d'un fracas épouvantable que l'on entend à plufieurs lieues à la ronde. On l'entend de *Pintau*, comme fi on en étoit tout près, quoique ce Village, de la Jurifdiction du Corrégidor de *Quito*, foit à près de quarante lieues plus bas, & fouvent quand le vent eft favorable on l'entend de *Quito* même. Les Campagnes voifines de ce terrible Volcan font tout-à-fait ftériles, par la quantité de cendres dont elles font couvertes. C'eft de ce *Paramo* que vient la Riviere de *Sangay*, qui n'eft pas petite, & qui après avoir reçu celle d'*Upano* change de nom pour prendre celui de *Payra*, qui fe jette dans le *Marannon*.

Dans la même *Cordillere* Orientale, presqu'Eft-Ouëft de la Ville de *Riobamba* à environ fix lieues de cette Ville, eft une haute Montagne dont le fommet eft divifé en deux crêtes, toutes les deux couvertes de neige. Celle qui eft au Nord s'appelle *Collanes*, & celle qui eft au Sud fe nomme *Altar*. L'efpace que la neige y occupe, n'eft pas comparable à celui de *Sangay* & aux autres de cette claſſe: auſſi cette Montagne eſt-elle moins haute que celles-là.

Au Nord de la même Ville environ à ſept lieues de diſtance eſt la Montagne de *Tunguragua*. De quelque côté qu'on la regarde, elle a la figure d'un cône, également eſcarpé par-tout. Le terrain par où elle commence à s'élever eſt un peu plus bas que celui de la *Cordillere*, ſinguliérement du côté du Nord, où il ſemble qu'elle commence à croître dès la plaine où ſont les Bourgades. C'eſt-là qu'eſt le Village de *los Bagnos*, dans une petite plaine entre la croupe de la Montagne & la *Cordillere*. Le nom de *los Bannos* lui eſt venu des eaux chaudes qui y ſont, & qui ont tant de réputation qu'on y accourt de toute la Contrée pour s'y baigner. Au Sud de *Cuenca*, & non loin d'un autre Village appellé auſſi *los Bannos* appartenant à ce Corrégiment, il y a auſſi d'autres Bains chauds au haut d'une Colline, ou par diverſes ſources de quatre à cinq pouces de diamétre on voit ſourdre l'eau à gros bouillons, & ſi chaude que les œufs s'y durciſſent en moins de tems qu'il n'en faut pour les durcir dans de l'eau bouillante au feu. Cette eau forme, en ſortant de ces différentes ſources, un ruiſſeau qui jaunit les pierres & la terre par où il coule, & a un goût ſomache. Toute cette Colline eſt crevaſſée, & exhale une fumée continuelle; ce qui prouve qu'elle enferre dans ſes entrailles beaucoup de matiéres ſulphureuſes & nitreuſes.

Le *Chimborazo* eſt au Nord de *Riobamba*, en tirant de quelques degrés vers le Nord-Oueſt. Le chemin de *Quito* à *Guayaquil* paſſe par la croupe de cette Montagne, ſoit qu'on la laiſſe au Nord ou au Sud. Lorſque les *Eſpagnols* voulurent pénétrer dans le Royaume de *Quito*, ils traverſerent les longs & fâcheux déſerts des côtes de cette Montagne; pluſieurs y périrent, & reſterent *emparamados**. Mais aujourd'hui plus familiariſés avec ce Climat, ils n'éprouvent plus un ſi triſte ſort, parce qu'ils ont d'ailleurs la précaution de ne paſſer par-là, que quand ils voyent qu'il fait beau, & que le vent s'eſt un peu appaiſé.

Le *Carguayraſo* eſt au Nord du *Chimborazo*. Nous en avons ſuffiſamment parlé ailleurs.

Le *Cotopacſi* eſt une Montagne au Nord de *Latacunga* à environ cinq lieues de ce Bourg. Elle dépaſſe les autres Montagnes au Nord-Oueſt, & au Sud, comme pour retrecir l'eſpace que laiſſent entre elles les deux Cor-

---

* Mot factice qui vient de *Paramo*, bruyere ou lieu plein de bruyeres, & c'eſt comme qui diroit en *François embruyéré*, pour *reſté mort dans les bruyeres*. N. d. T.

Cordilleres. J'ai déjà rapporté comme il avoit crevé dans le tems que les *Espagnols* entrerent dans le Pays. En 1743 il creva de nouveau, après avoir fait quelques jours auparavant un fracas terrible dans fes concavités. Il s'y fit une ouverture au fommet, & trois fur le panchant qui étoit tout couvert de neige. Les cendres qu'il pouffa fe mêlant avec une prodigieufe quantité de glace & de neige fondue par les flammes qu'il vomit, furent entraînées avec une étonnante rapidité. La plaine fut inondée depuis *Callo* jusqu'à *Latacunga*, & dans un moment tout ce terrain devint une mer dont les ondes troubles firent périr une infinité de gens, fans qu'il échappât que ceux qui eurent affez de légéreté, & affez de préfence d'efprit pour s'enfuir au plus vite, tant l'eau fondit avec violence & rapidité. Les cafes des *Indiens* & des pauvres gens furent renverfées & emportées par les ondes épaiffes. La Riviere qui paffe à *Latacunga*, fut le canal par où s'écoulerent ces eaux, autant que fon lit & la hauteur de fes bords en pouvoient contenir. Mais comme cette coulée ne fuffifoit pas pour contenir la nouvelle mer, elle déborda du côté des habitations, & emporta les maifons auffi loin que l'eau put s'étendre. Les habitans fe retirerent fur une hauteur près du Bourg, où ils furent témoins de la ruine de leurs maifons. Tout le Bourg ne fut pourtant pas détruit, il n'y eut que les maifons qui fe trouverent fur le paffage de l'eau qui en furent emportées. La crainte d'un plus grand malheur dura trois jours entiers, pendant lesquels le Volcan continua à pouffer des cendres fort loin, & les flammes à faire couler la glace & la neige qu'elles fondoient. Peu à peu cela diminua, & ceffa enfin tout-à-fait; mais le feu continua encore plufieurs jours, ainfi que le fracas caufé par le vent qui entroit par l'ouverture du Volcan, & qui faifoit bien plus de bruit que l'air qui étoit comprimé dans les concavités de la Montagne. Enfin le feu ceffa auffi, on ne vit plus même de fumée, ni on n'entendit de bruit, jusqu'à l'année fuivante 1744, au Mois de *May*, tems auquel les flammes fe renforcerent, & s'ouvrirent plufieurs paffages, même par les flancs de la Montagne; deforte que pendant les nuits où il ne faifoit pas de brouillards, la lumiere des flammes réfléchie par les glaces formoit une illumination des plus belles qu'on pût voir. Tout cela n'étoit que le prélude d'une grande éruption, qui arriva en effet le 30 *Novembre*, avec tant de violence qu'elle jetta dans une nouvelle confternation les habitans de *Latacunga*. Il fit les mêmes ravages que l'année précédente, pouffant une prodigieufe quantité de flammes & de cendres, & caufant de terribles inondations. Ce ne fut pas un petit bonheur pour nous que cela n'arrivât

pas

pas durant les deux occafions où nous fûmes obligés de camper affez de tems fur la croupe de cette Montagne, comme il a été dit au Chapitre III. du Livre précédent.

Le Mont *Elénifa* eft à cinq lieues à l'Occident du précédent, fon fommet divifé en deux eft auffi toujours couvert de neige. Plufieurs ruiffeaux y ont leurs fources. Ceux qui viennent du fommet Boréal prennent leurs cours vers le Nord, & ceux qui defcendent du fommet Auftral courent au Sud. Ces derniers fe rendent par le *Marannon* dans la Mer nommée *Mer du Nord*, & ceux-là vont dans la *Mer du Sud* par la Riviere des *Emeraudes*.

La Montagne de *Chinchilagua* au Nord de *Cotopacfi* & inclinant de quelques degrés au N. E. eft couverte auffi de neige. Elle n'eft guere différente de la précédente, & aucune des deux ne peut être comparée aux autres en grandeur.

Au Nord de *Quito*, tirant un peu vers l'Orient, eft le *Cayamburo*, qui eft de la premiere grandeur, environ à 11 lieues de cette Cité, & tirant de quelques degrés vers l'Orient. On n'a pas d'idée que cette Montagne ait jamais crevé. Plufieurs Rivieres ont leur fource dans cette Montagne. Celles qui viennent de l'Ouëft & du Nord fe jettent les unes dans la Riviere des *Emeraudes*, les autres dans celle de *Mira*, & fe rendent toutes dans la Mer du Sud. Celles qui viennent de l'Orient fe vont perdre dans le *Marannon*.

Outre les ruiffeaux qui defcendent des Montagnes couvertes de neige, il y en a d'autres qui ont leurs fources dans des Montagnes moins élevées, & tous enfemble forment en s'uniffant des Rivieres fort profondes, qui fe rendent ou dans la Mer du Nord ou dans celle du Sud.

Toutes les fources qui viennent des Montagnes près de *Cuenca* du côté de l'Occident & du Sud jufqu'à *Talqui*, ainfi que celles de la *Cordillere Orientale*, fe joignent à celles qui viennent du Nord environ à une demie lieue à l'Occident d'un petit Village nommé *Judan*, qui eft une annexe de la Paroiffe de *Paute*, & forment une Riviere qui coule près de ce Village & en prend le nom. Elle arrive fi profonde à *Paute*, que quoique le lit en foit fort large, on ne peut la paffer à gué. Elle fe perd dans le *Marannon*.

Des Montagnes de *Yafuay* & de *Bueron* vient une Riviere confidérable qu'on paffe fur des ponts; elle prend le nom de *Cannar*, du Village ainfi nommé près duquel elle coule. Elle paffe enfuite près de *Tocon*, & fe va perdre dans la Riviere de *Guayaquil* au golfe de ce nom.

Du côté septentrional du *Paramo d'Asuay* descendent aussi plusieurs Rivieres, qui s'unissant avec d'autres qui viennent de la Montagne de *Senegualap* & de la *Cordillere* Orientale du côté de l'Ouëst, forment la Riviere d'*Alausi*, qui va se jetter dans le même golfe.

Au haut du *Paramo* de *Tioloma*, non loin du signal que nous y plaçâmes, il y a quatre Marais ou Lagunes, dont trois qui étoient les plus proches du signal sont moins considérables que la quatriéme qui en étoit plus éloignée. Cette derniere est nommée *Colay*, & a environ une demi-lieue de long. Les noms des trois autres sont *Pichavinnon*, *Cubillu*, *Muctallan*. C'est de ces trois petits lacs que se forme la Riviere des *Cébadas*, qui passe assez près du Village de ce nom, & à laquelle se joint une autre Riviere formée des ruisseaux qui descendent du *Paramo* de *Lalangufo*, & des eaux qui s'écoulent de la Lagune de *Colta*. Après avoir coulé par *Pungala* en tirant un peu du Nord vers l'Orient, & environ à une lieue du Village de *Puni*, elle reçoit la Riviere de *Riobamba*, qui prend sa source au *Paramo* de *Sifapongo*. Une autre Riviere qui descend du *Chimborazo*, coule près du Village de *Cobigies*, & prenant d'abord son cours au Nord, tourne à l'Orient dès-qu'elle est arrivée à l'Est-Ouest de la Montagne de *Tunguragua*, & se perd enfin dans le *Marannon*. Mais avant que d'arriver-là elle passe par le Village de *Pénipe*, & est si profonde en cet endroit qu'on ne peut la traverser que sur un pont de Liéne. Elle reçoit avant d'arriver à *los Bannos* les Rivieres de *Latacunga* & de *Hambato*, & toutes celles qui viennent de l'une & de l'autre *Cordillere*, ainsi que de la pointe australe du Mont *Elénisa*, & du côté méridional de *Ruminnavi* & de *Cotopacsi*.

Les eaux qui descendent de la pointe septentrionale du Mont *Elénisa*, vont, comme je l'ai déjà dit, vers le Nord, & se joignent avec celle de la même *Cordillere*, & celles qui descendent de la partie septentrionale & de l'occidentale de la Montagne de *Ruminnavi*, ainsi que d'autres qui viennent de *Pafuchua*, & toutes ces eaux ensemble forment la Riviere d'*Amaguanna*. Ces deux dernieres Montagnes sont Nord & Sud dans l'espace qui est entre les deux *Cordilleres*. De la partie septentrionale de *Cotopacsi*, du *Paramo* de *Chinchulagua*, qui est aussi couvert de neige, & de la *Cordillere* de *Guamani* descendent d'autres Rivieres qui par leur réunion forment celle d'*Ichubamba*, qui se joint vers le Nord avec la Riviere d'*Amaguanna*, à peu de distance au Nord du Village de *Cono-coto*, est ensuite grossie des torrens qui descendent du côté Ouëst de la *Cordillere* Orientale, & prend le nom de *Rio de Guayllabambo*. Les eaux qui viennent du Mont de *Cayamburo*

VOYAGE AU PEROU. Liv. VI. Ch. VII.

buro du côté occidental, celles qui descendent de la partie méridionale du Mont de *Moxanda* font une autre Riviere appellée le *Pisque*, qui court d'abord à l'Occident, & se joignant à celle de *Guayllabamba* prend le nom d'*Alchipichi*. Cette Riviere devient si profonde & si large au Nord du Village de *St. Antoine* de la Jurisdiction du Corrégidor de *Quito*, qu'on est obligé de la passer sur une *Tarabite*. Elle continue à couler vers le Nord, & va se perdre dans la Riviere des *Emeraudes*.

La Montagne de *Mojanda* est dans l'espace que les *Cordilleres* laissent entre elles; la cime de cette Montagne se divise en deux, l'une à l'Orient, l'autre à l'Occident. De chacune de ces cimes part une chaîne de Montagnes ou *Cordillere*, qui ferme ce vallon & en fait une espéce de cul-de-sac en se joignant.

Deux torrens descendent du côté septentrional de cette Montagne, entrent dans la Lagune de *St. Paul*, d'où sort une Riviere, qui jointe avec d'autres torrens & avec un grand ruisseau qui vient des hauteurs de *Pézillo*, forme la Riviere qui passe à *St. Michel de Ibarra*; & prend ensuite le nom de *Mira*, laquelle se rend dans la Mer du Sud, au Nord de la Riviere des *Emeraudes*.

Quand ces Rivieres sont trop profondes pour être passées à gué, on y jette des ponts dans les endroits nécessaires. Il y a trois sortes de ponts dans ce Pays-là; ceux de pierres, qui sont en très-petit nombre; ceux de bois, qui sont les plus communs; & ceux de Liéne ou *Béjuque*. Pour jetter un pont de bois, on choisit l'endroit le plus étroit de la Riviere entre quelques hauts rochers: on met en travers quatre grandes poutres, & voilà le pont tout construit: il a environ une aune & demie de large, c'est-à-dire pas plus qu'il ne faut pour qu'une personne puisse passer avec sa monture, non sans grand risque de tomber & de se perdre sans retour avec tout ce qu'on a de bien. On fait des ponts de Liéne, quand la trop grande largeur des Rivieres ne permet pas qu'on y jette des poutres, qui de quelque longueur qu'elles fussent, ne sauroient atteindre de l'un à l'autre bord. Pour cet effet on tord plusieurs Liénes ou *Béjuques* ensemble, dont on forme de gros palans ou cordes de la longueur dont on a besoin. On les tend de l'un à l'autre bord au nombre de six pour chaque pont; les deux palans qui sont les premiers de chaque côté, sont plus élevés que les autres quatre, & servent comme de gardefous ou d'appui. On attache en travers sur les quatre palans de gros bâtons, & par dessus on ajoûte des branches d'arbres; c'est-là le sol où l'on marche. Les deux palans qui servent de gardefous sont amarrés à ceux qui forment le pont, afin que ceux qui paſſent puiſſent s'y appuyer, ſans cela on courroit risque de tomber à chaque pas à-cauſe du balancement continuel du pont, balancement aſſez ſemblable au jeu de l'eſcarpolette. Il n'y a que les hommes qui paſſent ſur ces ponts, & quant aux bêtes de charge il faut qu'elles paſſent à la nage. Pour cet effet on les décharge & les débâte, & on les fait paſſer à environ une demi-lieue au-deſſus du pont, afin qu'elles puiſſent ſortir de l'eau près de-là; car le courant les fait dériver conſidérablement. Des *Indiens* en attendant portent la charge & les bâts des Mules ſur les épaules, & les charrient ſur le pont juſqu'à l'autre bord. Il y a des ponts de Liéne dans le *Pérou*, ſi larges que les Mules y peuvent paſſer toutes chargées: tel eſt celui qui eſt ſur la Riviere d'*Apurimac*, par où paſſent toutes les marchandiſes & autres effets, en quoi conſiſte le Commerce entre le *Pérou* & les Provinces de *Lima*, de *Cuzco*, *la Plata*, & autres Contrées méridionales.

Il y a des Rivieres où au-lieu de pont de *Béjuque* on paſſe par des *Tarabites*; c'eſt ce qui arrive quand on veut paſſer la Riviere d'*Alchipichi*; & non ſeulement les perſonnes & les charges traverſent la Riviere par *Tarabites*, mais même les Mules; parce que l'extrême rapidité de l'eau, & les gros cailloux qu'elle roule, ne permettent pas qu'elles paſſent à la nage.

La *Tarabite* n'eſt autre choſe qu'une corde de Liéne ou de courroyes de cuir de Vache, compoſée de pluſieurs fils de ſept à huit pouces d'épaiſſeur, laquelle eſt tendue d'un bord à l'autre & fortement attachée des deux côtés à des pilotis, à l'un deſquels eſt une roue ou un tour pour donner à la *Tarabite* le degré de tenſion que l'on juge à propos. La maniere de paſſer eſt unique. Pour la bien comprendre, il faut ſavoir que ſur ce gros Palan ou *Tarabite* pendent deux grands crocs, l'un d'un côté l'autre de l'autre, leſquels on fait courir tout le long du palan. A ces deux crocs pend un grand manequin de cuir de Vache, aſſez large pour pouvoir recevoir un homme & pour qu'il puiſſe s'y coucher. Celui qui veut paſſer ſe met dans le manequin, & d'une pouſſade qu'on lui donne de la rive d'où il part, il coule tout le long de la *Tarabite* avec d'autant plus de viteſſe, que par le moyen de deux cordes attachées au manequin on le tire de l'autre bord.

Pour paſſer les Mules il y a deux *Tarabites*. On ſerre avec des ſangles le ventre de l'animal, le cou & les jambes, pour qu'il ne puiſſe pas faire de mouvement violent. Dans cet état on le ſuſpend à un gros croc de bois courant entre les deux *Tarabites*, par le moyen d'une groſſe corde où il eſt attaché. Cela fait on pouſſe l'animal qui part avec tant de viteſſe

1. Pont de Liane ou Bejuques. 2. Tarabite pour passer les Animaux. 3. Tarabite pour passer les Hommes.

1. Brücke von Bindweiden od. Stricken. 2. Ueberfuhrt für Thiere. 3. Ueberfuhrt für Menschen.

VOYAGE AU PEROU. Liv. VI. Ch. VII.

teſſe qu'en un tour de main il eſt de l'autre côté. Les Mules qui ſont accoutumées à paſſer de cette maniere, ne font pas le moindre mouvement, & s'offrent d'elles-mêmes pour être attachées: mais celles qui ſont neuves s'effarouchent de façon qu'on a bien de la peine à les tenir, & quand elles perdent terre & ſe voyent précipiter de cette maniere, elles s'élancent dans l'air. La *Tarabite* d'*Alchipichi* a d'une rive à l'autre 30 à 40 toiſes, ou 70 à 90 aunes, & elle eſt élevée au-deſſus de l'eau de 20 à 25 toiſes, 47 à 60 aunes, ce qui eſt ſuffiſant pour faire friſſonner d'horreur à la premiere vue.

Les chemins de ce Pays ſont à l'avenant des ponts: car quoiqu'il y ait de grandes Plaines depuis *Quito* juſqu'à *Riobamba*, & auſſi en partie de *Riobamba* à *Alauſi*, & de-même au Nord de cette Ville ; ces Plaines ſont néanmoins coupées de terribles coulées, dont les deſcentes & les montées ſont non ſeulement incommodes, & d'une longueur infinie, mais auſſi fort dangereuſes. Dans quelques endroits il faut paſſer par des *Laderes** ſi étroites, qu'il y a des endroits où le chemin peut à-peine contenir les pieds d'une monture, dont le corps & celui du Cavalier ſont perpendiculaires à l'eau d'une Riviere qui coule 50 ou 60 toiſes au-deſſous. Il n'y a que la néceſſité indiſpenſable de paſſer par-là qui puiſſe diminuer l'horreur d'un ſi grand péril. Il n'arrive que trop ſouvent que des Voyageurs périſſent dans ces profondes abîmes, en traverſant ces dangereux chemins, où l'on n'a d'autre garant de ſa vie & du bien qu'on porte avec ſoi, que l'adreſſe & la bonté des Mules, tandis qu'un faux pas eſt ſuffiſant pour faire périr la monture & le Cavalier. Ce danger eſt récompenſé par la ſureté où l'on eſt des voleurs; deſorte qu'on voit-là ce qui ſe voit en peu de Pays du Monde, des Voyageurs chargés d'or & d'argent marcher ſans armes, avec autant de ſureté que s'ils étoient accompagnés d'une nombreuſe eſcorte. Si la nuit ſurprend le Voyageur dans un Déſert, il s'y arrête & y dort ſans la moindre crainte; ſi c'eſt dans un *Tambo* ou Auberge, il y couche avec la même quiétude d'eſprit, quoiqu'il n'y ait nulle porte fermée. Perſonne ne le trouble non plus dans ſa route, ſans qu'il ait beſoin d'autre défenſe que la confiance avec laquelle il voyage: choſe extrêmement commode, & qu'il ſeroit à ſouhaiter qui ſe rencontrât ainſi dans tous les autres Pays du Monde.

*-Les côtes ou flancs des Montagnes, la partie au-deſſous du ſommet.

CHAPITRE VIII.

Continuation des particularités des Paramos *ou Bruyeres. Animaux & Oiseaux qu'on y trouve; & autres particularités de cette Province, desquelles il n'a point encore été fait mention.*

POur achever les remarques que j'ai encore à faire touchant les *Paramos*, & que j'ai été obligé d'interrompre pour parler des Rivieres, des Ponts & des Chemins, je dirai que quand les Montagnes sont assez peu hautes pour que la congélation n'y parvienne pas, elles sont toutes couvertes d'une espéce de petit jonc assez semblable à l'*Esparto* *, mais plus mou & plus souple, lequel croît en si grande abondance que toute la terre en est couverte. Il a environ trois quarts d'aune de hauteur, & quand il est cru à ce point il a la même couleur que l'*Esparto* sec. Là où la neige se soutient quelque tems sans se fondre, on ne voit aucune des Plantes qui croissent dans les Climats habitables; mais des Plantes sauvages quoiqu'en petit nombre, & seulement jusqu'à une certaine hauteur de la Montagne; mais de-là jusqu'au commencement de la congélation, ce ne sont que sables & que pierres.

Dans les lieux où il ne croît que du petit jonc, & où la terre n'est pas propre à la semence, on trouve un Arbre que les gens du Pays nomment *Quinual*, dont la nature répond à la rudesse du climat. Il est médiocrement haut, houpé, d'un bois fort; la feuille même dans sa longueur, est épaisse, & d'un verd foncé. Quoiqu'il porte le même nom que la Graine appellée *Quinua*, dont nous avons parlé ailleurs, & qui croît en abondance en ce Pays, ce n'est pourtant pas cet arbre qui la produit, & la plante où elle naît n'a rien de commun avec lui.

Le climat propre à l'Arbre de *Quinual*, l'est aussi à une petite Plante que les *Indiens* nomment *Palo de Luz* †. Elle est haute ordinairement d'environ deux pieds. Elle consiste en plusieurs tiges, qui sortent de terre & ont la même racine. Ces tiges sont droites & unies jusqu'à leur sommet, où elles poussent de petits rameaux, qui portent des feuilles fort menues. Elles montent presque toutes à une même hauteur, excepté les plus extérieures, qui sont plus petites. On coupe cette Plante rez-terre, où elle a environ trois lignes de diamétre; on l'allume pendant qu'elle

---

* Espéce de Genéte ou de Jonc particulier en *Espagne*, dont on fait des cabas & même des souliers. C'est de quoi l'on fait les nattes & les cordes. N. d. T.

† *Bâton de Lumiere.*

qu'elle eſt verte, & elle répand une lumiere pareille à celle d'un flambeau; & cela dure juſqu'au bout, pourvu qu'on ait ſoin d'en ſéparer le charbon qu'elle fait en brulant au-lieu de lumignon.

On trouve dans les mêmes lieux la Plante que les mêmes *Indiens* appellent *Achupalla*, compoſée de diverſes côtes peu différentes de celles de la *Subilla* ou *Sabine*; & à meſure qu'elle en produit de nouvelles, les premieres vieilliſſent & ſe deſſéchent. De ces côtes il ſe forme une eſpéce de tronc garni de feuilles horizontales, & creux au milieu. Ce tronc étant petit eſt bon à manger comme celui des *Palmites*.

Au-deſſus du lieu où croît le petit jonc & où le froid commence à être plus ſenſible, on trouve des Oignons ou *Pains* appellés dans la Langue du Pays *Puchugchu*; ils ſont formés d'une herbe dont les feuilles ſont rondes & ſi preſſées les unes contre les autres, qu'elles forment comme une bulbe fort unie, au dedans de laquelle il n'y a que les racines, lesquelles à meſure qu'elles groſſiſſent, élargiſſent ce paquet de feuilles juſqu'à ce qu'elles forment enſemble la figure d'un pain arrondi, lequel a environ deux pieds de haut & à peu près autant de diamétre. Quand il eſt bien verd il eſt ſi dur, que le pied d'un homme ni d'un cheval ne peut l'écraſer; mais quand il eſt ſec il s'égruge aiſément. Quand il eſt entre verd & ſec, ſes racines jouent comme des reſſorts, deſorte qu'en le comprimant il s'applatit, & s'arrondit enſuite quand on ceſſe de le preſſer.

Là où croiſſent les *Puchugchus* on trouve auſſi la *Canchalagua*, connue en *Europe* pour ſes vertus. Cette plante reſſemble aux plus petits joncs ou au chaume fort mince, ſans aucune feuille, mais ſeulement de la graine aux extrémités. Elle eſt fort médicinale, & excellente pour la guériſon des fiévres. Elle eſt un peu amere, & donne le même goût à l'eau, ſoit qu'on la faſſe infuſer, ou en décoction. Elle purifie le ſang, & l'on s'en ſert pour cet effet dans le Pays, quoiqu'on la croye d'une qualité chaude. Elle croît-là en abondance, & on en trouve parmi les *Puchugchus*, & ailleurs ſur les bruyeres où il ne fait pas extrêmement froid.

Une autre Plante non moins recommandable eſt la *Calaguela* ou *Calaguala*, qui croît dans les lieux que le froid & les neiges continuelles rendent ſtériles, ou dont le ſol eſt de ſable. Elle a ſept à huit pouces de haut, & conſiſte en divers petits troncs; on la trouve dans le ſable, ou parmi les pierres. Ses petits rameaux reſſemblent aux racines des autres plantes, & n'ont que deux ou trois lignes d'épaiſſeur; ils ſont remplis de nœuds à peu de diſtance les uns des autres, & couverts d'une eſpéce de pellicule, qui ſe détache de ſoi-même quand elle eſt ſéche. Cette plante eſt excellente pour diſſiper les apoſtêmes tant au-dehors qu'au-dedans du corps. Elle les guérit en très-peu de tems. On la prend en décoction, ou en l'écachant & la faiſant infuſer dans du vin. Trois ou quatre priſes par jour ſuffiſent pour qu'elle faſſe ſon effet, ſans compter qu'étant chaude au ſouverain degré, elle pourroit être nuiſible ſi on en prenoit ſans néceſſité. C'eſt pour cela auſſi que trois ou quatre morceaux de la longueur de trois ou quatre pouces ſuffiſent, & on prend la quantité de vin qu'il faut pour diſſiper ſon amertume. Celle qui croît ſur ces *Paramos* n'eſt pas à beaucoup près de ſi bonne qualité que celle des autres Provinces du *Pérou*, auſſi cette derniere eſt-elle beaucoup plus eſtimée. Les feuilles en ſont fort petites; elle en a peu, & elles ſont attachées immédiatement au tronc.

C'eſt encore ſur les bruyeres que croît la *Contra-Yerva*, ſi fameuſe en *Europe* pour ſon efficace contre le poiſon. Cette plante s'éléve peu de terre, mais s'étend beaucoup plus à proportion. Ses feuilles ſont longues de trois à quatre pouces, ſur un peu plus d'un pouce de large, épaiſſes & veloutées en dehors. Elles ſont d'un verd pâle; en dedans elle eſt lice & d'un verd plus vif que ſur le revers: de ſes bourgeons naiſſent de grands fleurons compoſés d'autres petites fleurs, tirant un peu ſur le violet. Ces fleurs & autres qui croiſſent-là en abondance avec des propriétés différentes, ſelon la diverſité du climat, ſont fort eſtimées dans le Pays, & ne coutent que la peine de les envoyer couper ſur la plante.

Quoique l'air des *Paramos* ſoit ſi rude qu'aucun animal n'y puiſſe ſubſiſter à parler en général, il y a cependant quelques animaux dont le tempérament s'y accommode: tels ſont les Chevreuils qui y vont paître la paille dont nous avons parlé, & qui eſt une herbe particuliere à ces lieux-là. On rencontre quelquefois de ces animaux au plus haut des Montagnes, où l'air eſt le plus rude.

Parmi la paille on trouve beaucoup de Lapins & quelques Renards, qui dans leur eſpéce & propriétés ne different pas de ceux de *Carthagéne*, & des autres Contrées des *Indes*.

Les Oiſeaux qu'on rencontre en ces lieux ne ſont pas nombreux dans leur eſpéce: ce ne ſont guere que des Perdrix, des *Condors* ou *Buytres* * & des *Zumbadores* ou *Bourdonneurs*. Les Perdrix de ce Pays ne ſont pas exactement pareilles à celles d'*Europe*, elles reſſemblent plutôt aux Cailles. Elles ne ſont pas non plus en abondance.

Le

* *Garcilaſſo de la Vega* parle auſſi de cet Oiſeau monſtrueux, dont il dit n'en avoir vu qu'un à *Quito*, qui étoit encore fort jeune. N. d. T.

Le *Condor* est sans-contredit le plus grand Oiseau de l'*Amérique*. Il ressemble aux *Gallinazos* pour la couleur & pour l'encolure. Il s'élève au-dessus des Montagnes les plus hautes, & à perte de vue. On ne le voit jamais dans les lieux bas, & il semble que sa complexion demande un air fort subtil pour vivre commodément; ce qui n'empêche pas qu'on n'en puisse apprivoiser dans les Villages & les *Haciendas*. Ils sont carnaciers autant que les *Gallinaces*. On les voit souvent enlever des agneaux du milieu des troupeaux qui paissent au bas des Montagnes. C'est dequoi je fus moi-même témoin oculaire un jour que j'allois du Signal de *Lalangufo* à la *Hacienda* de *Pul*, qui est au bas de cette Montagne; car ayant remarqué sur une colline voisine de celle où je passois, une grande confusion dans un troupeau de Brebis, j'en vis partir tout-à-coup un *Condor* qui enlevoit un agneau dans ses serres, lequel il laissa tomber quand il fut à une certaine hauteur, & fondant de-nouveau dessus il l'enleva encore & le jetta deux fois de la même maniere, & à la troisieme je le perdis de vue, parce qu'il s'éloigna de cet endroit, fuyant les *Indiens* qui étoient accourus aux cris des garçons qui gardoient le troupeau, & aux japemens des chiens.

Il y a des Montagnes où cet Oiseau est plus commun qu'en d'autres, & comme il fait de grands ravages dans le bétail, les *Indiens* lui tendent des piéges pour le prendre. Pour cet effet ils tuent quelque vache ou autre animal inutile, & en frottent la chair du jus de quelques herbes fortes qu'ils ôtent ensuite; car il est si rusé & si soupçonneux que sans cette précaution il ne toucheroit pas à la chair: & pour qu'il ne puisse distinguer le jus-même de l'herbe par son odorat, on enterre la bête morte, jusqu'à ce qu'elle tourne à la pourriture; alors on la déterre, & aussitôt les *Condors* accourent, la dévorent & s'enivrent, de maniere qu'ils restent longtems sans mouvement, & dans cet état les *Indiens* les assomment. D'autres fois, quand ceux-ci en rencontrent près d'une charogne, ils leur tendent des lacs & les prennent. Cet Oiseau est si fort que d'un coup d'aîle donné à plein il terrasse un homme, & estropie quelquefois du même coup celui qui l'attaque. Leurs aîles sont leur plus grande défense, ils les présentent comme un bouclier pour recevoir les coups qu'on leur porte, & les rendent par-là inutiles.

Le *Zumbador* est un Oiseau nocturne qui ne se trouve que dans ces Montagnes, & qu'on voit rarement, mais qui se fait souvent entendre, tant par son chant, que par un bourdonnement extraordinaire qu'il cause dans l'air par la violence de son vol, & que l'on distingue à plus de cinquante toises de distance. Ce bourdonnement est plus fort à mesure qu'on est plus près, & surpasse le bruit que fait une fusée volante en s'élevant dans l'air par la force de la poudre allumée. De tems en tems il pousse un sifflement assez semblable à celui des autres Oiseaux nocturnes. Pendant les clairs de Lune, qui est le tems où il se fait le plus entendre, nous nous mettions aux aguets, pour observer sa grosseur & la violence de son vol; & quoiqu'il en passât assez près de nous, il nous fut toujours impossible de distinguer leur figure; nous n'appercevions autre chose que la route qu'ils tenoient, & qu'ils traçoient dans l'air comme une ligne blanche par l'impression de leurs aîles. Cette ligne étoit aisée à appercevoir quand on n'étoit pas trop éloigné du lieu où l'Oiseau voloit.

Curieux d'examiner un Oiseau si singulier, nous chargeâmes quelques *Indiens* du soin de nous en procurer. Ceux-ci en eurent bientôt trouvé une nichée, qu'ils nous apporterent. Les petits qui étoient dans le nid commençoient à peine à avoir des plumes, & néanmoins ils étoient gros comme des Perdrix. Les plumes étoient mouchetées de deux couleurs grises, l'une foncée & l'autre claire, le bec bien proportionné & droit; les narines beaucoup plus grandes que dans les autres Oiseaux, la queue petite & les aîles assez grandes. Si on en croit les *Indiens*, c'est par l'ouverture des narines qu'il fait le bourdonnement en question. Mais quoique cette ouverture soit considérable, elle ne me paroît pas suffisante pour causer un si grand bruit, particuliérement au moment qu'il sifle; car il fait l'un & l'autre en même tems. Je ne voudrois pourtant pas nier qu'elle n'y contribue beaucoup.

Dans les *Cannades* ou vallons que forment ces Montagnes, & qui sont remplis de marécages à cause des eaux qui s'extravasent des sources, on trouve un Oiseau que les gens du Pays nomment *Canelon*, nom qui exprime assez bien la nature du chant de cet animal. Il est semblable à la *Bandurrie*, gros comme une Oye, le cou long & épais, la tête assez approchante de celle de l'Oye, le bec droit & gros, les pieds & les jambes à proportion du corps, les plumes de ses aîles grises au-dessus & blanches au-dessous. A l'endroit où les deux se joignent il a deux éperons qui sortent en dehors d'environ un pouce & demi, dont il se sert pour se défendre. Le mâle & la femelle volent toujours ensemble, sans s'éloigner l'un de l'autre soit dans l'air, soit à terre où ils sont presque toujours, ne volant que pour passer d'un vallon à l'autre, ou pour fuir quand on les poursuit. On mange la chair de cet Oiseau, qui est même assez bonne quand elle est un peu mortifiée. Ces Oiseaux se tiennent aussi dans d'autres lieux moins froids que les Montagnes, mais ils y sont un peu différens, ayant fur le front une petite corne calleufe & molle, & les uns & les autres ont une crête de plumes, ou petit panache fur la tête.

Dans les jardins de ce Pays-là on trouve communément un Oifillon fingulier par fa petiteffe & le coloris de fes plumes. Le nom fous lequel il eft le plus connu eft celui de *Béquefleurs*, parce qu'en effet il s'occupe inceffamment à voltiger fur les fleurs, & à en fucer le jus avec tant de legereté qu'il ne les dérange ni ne les gâte. Son nom eft proprement *Quinde*, & on lui donne encore ceux de *Robilargue*, & de *Lifongere*. Tout le volume de fon corps avec les plumes n'eft pas plus gros qu'une petite noix ou noix-mufcade, la queue eft trois fois plus longue que le corps, le cou court, la tête proportionnée au corps, les yeux vifs, le bec eft blanc vers la racine & noir au bout, il eft long & fort mince, fes aîles font longues & déliées, le plumage verd tacheté de jaune & de bleu prefque par-tout. Cet Oifeau eft diftingué en diverfes efpéces, qui different un peu en groffeur & dans la couleur des taches de leur plumage. On croit que c'eft le plus petit de tous les volatiles connus, comme on en peut juger par ce que nous avons dit. La femelle ne pond que deux œufs petits comme des pois: il fait fon nid fur les arbres, & le fait des plus petites & menues pailles qu'il peut trouver.

Dans le refte du Pays où le terroir n'eft ni de Bruyeres ni de Montagnes, on ne voit d'autres animaux que des animaux domeftiques, par où l'on peut juger qu'avant l'arrivée des *Efpagnols* les efpéces particulieres au Pays étoient en très-petite quantité, puifque la plupart de ceux qu'on y voit y ont été amenés d'*Efpagne*, à l'exception des *Llamas*, auxquelles les *Indiens* avoient encore donné le nom de *Runa*, qui en leur Langue fignifie *Brebis*. *Llama* eft un nom général qui fignifie animal brute, & aujourd'hui on entend par *Runa Llama* une *Brebis* des *Indes*. La *Llama* eft un animal qui a beaucoup de rapport avec le Chameau; elle en a la tête, la figure & le poil, mais non pas la boffe: d'ailleurs elle eft plus petite; elle a le pied fourchu; & toutes ne font pas de la même couleur. Il y en a de brunes, beaucoup de blanches, d'autres qui font noires, d'autres tigrées. Elles marchent comme le Chameau, & leur corps n'eft pas plus haut qu'un Anon d'un an ou un peu plus. Les *Indiens* les employent à porter des charges du poids de quatre-vingts à cent livres. La Jurisdiction de *Riobamba* eft la Contrée où l'on en voit davantage. Là prefque tous les *Indiens* en ont pour leur petit trafic d'un Village à l'autre. Avant la conquête ces Peuples mangeoient la chair de cet animal, & ils en ufent encore ainfi à l'égard de celles qui font trop vieilles pour continuer leurs fervices. Ils difent que leur chair a le goût de celle du Mouton ordinaire, fi ce n'eft qu'elle eft un peu plus fade. Ces bêtes font extrêmement dociles & faciles à entretenir. Toute leur défenfe confifte dans leurs narines, d'où elles lancent une humeur visqueufe, qui, à ce qu'on affure, fait venir la gale à ceux qu'elle touche.

Dans les Provinces de *Cuzco*, *la Paz*, *la Plata*, & autres Contrées méridionales du *Pérou*, on trouve deux autres efpeces d'Animaux affez femblables à la *Llama*, favoir la *Vicunna* ou *Vicogne* & le *Guanaco*. La *Vicunna* ne differe de la *Llama* qu'en ce qu'elle eft plus petite, fa laine plus fine & plus déliée, brune par tout le corps à l'exception du ventre qui eft blanchâtre. Le *Guanaco* au-contraire eft plus grand, a le poil plus rude & plus long; à cela près toute leur figure eft femblable. Les *Guanacos* font d'une grande utilité dans les Minieres pour charrier le minerais par des chemins fi âpres & fi mauvais qu'aucun autre animal n'y fauroit paffer.

On trouve dans les maifons de ce Pays-ci un animal appellé *Chucha*, & dans les autres Provinces méridionales du *Pérou Muca-Muca*, qui eft le nom *Indien*. Il a la figure d'un Rat, mais il eft plus gros qu'un gros Chat. Son mufeau eft comme le grouïn d'un petit Cochon & fort long, fes pieds & fon dos font comme ceux d'un Rat. Il eft couvert d'un poil plus long & plus noir. Cet animal a une bourfe qui s'étend depuis le commencement de l'eftomac jufqu'à l'orifice des parties naturelles, & confifte en deux peaux membraneufes, qui tiennent aux côtes inférieures, & fe joignent au milieu du ventre, dont elles fuivent la configuration & qu'elles enveloppent. Cette bourfe a une ouverture au milieu qui occupe environ les deux tiers de fa longueur, & que l'animal ouvre & ferme à fon gré par le moyen des mufcles que la nature lui a donnés pour cet effet. Après qu'elle a mis bas elle renferme fes petits dans cette bourfe, & les porte comme une feconde ventrée, jufqu'à ce qu'ils foient grands & qu'elle les veuille fevrer: alors elle lâche fes mufcles & met fes petits dehors. Mr. *de Juffieu* & Mr. *Seniergues* firent pendant qu'ils étoient à *Quito* une expérience à ce fujet à laquelle nous affiftâmes *Don George Juan* & moi. Il y avoit déjà trois jours que la mere étoit morte, & dans une telle corruption qu'elle puoit extrêmement; néanmoins l'orifice de la bourfe étoit encore ferré fuffifamment, & les petits s'y maintenoient encore tout vivans; chacun d'eux tenoit une mamelle dans fa gueule, & il fortit de ces mamelles quelques goûtes de lait lorfqu'on en arracha les petits. Je n'ai jamais vu le mâle, mais j'ai ouï dire dans le Pays qu'il eft de la même grandeur & de la même figure que la femelle, à la bourfe près qu'il n'a point; & qu'il à deux testicules gros comme des œufs de Poule, ce qui est monstrueux à proportion du corps de cet animal. Au-reste la *Chucha* ou *Muca-Muca*, mâle & femelle, est ennemi mortel de la Volaille & de tout Oiseau domestique. Non seulement il vit dans les maisons, mais aussi aux champs, où il fait un grand dégat dans les Maïz. Les *Indiens* mangent ces animaux autant qu'ils en peuvent attraper, & disent que sa chair n'est pas mauvaise; mais les sentimens de cette Nation en fait de goût, sont toujours fort suspects, & sujets à caution.

CHAPITRE IX.

Phénomènes singuliers sur les Paramos *& dans le reste de la Province. Maniere de courre le Chevreuil, & adresse des Chevaux de ce Pays.*

AU commencement les Phénoménes dont nous fûmes témoins sur ces *Paramos* nous causerent un étonnement infini, mais à force d'en voir nous nous y accoutumâmes. Le premier que nous vîmes ce fut sur *Pambamarca*, la premiere fois que nous montâmes sur cette Montagne. Il consistoit en un Arc-en-ciel entier & triple, formé de la maniere suivante.

Ce fut un matin au point du jour que toute cette Montagne se trouvant enveloppée de nuages épais, qui dissipés par les premiers rayons du Soleil, ne laisserent que de légeres vapeurs que la vue ne pouvoit discerner: nous apperçûmes, du côté opposé à celui d'où le Soleil se levoit, & à environ dix toises de distance de l'endroit où nous étions, comme un miroir où la figure de chacun de nous étoit représentée, & dont l'extrémité supérieure étoit environnée de trois Arcs-en-ciel, ayant tous les trois un même centre, & les dernieres couleurs ou les couleurs extérieures de l'un touchoient aux couleurs intérieures du suivant, & hors de ces Arcs-en-Ciel on voyoit à quelque distance un quatriéme Arc de couleur blanchâtre. Tous les quatre étoient perpendiculaires à l'horizon; quand un de nous alloit d'un côté à l'autre, le Phénoméne le suivoit entierement sans se déranger & dans la même disposition. Ce qu'il y avoit de plus admirable, c'est que nous trouvant-là six ou sept personnes ensemble, chacun voyoit le Phénoméne en soi & ne l'appercevoit pas dans les autres. La grandeur du diametre de ces Arcs varioit successivement à-mesure que le Soleil s'élevoit davantage sur l'horizon, en même tems les couleurs disparoissoient, & l'image de chaque corps devenant peu à peu imperperceptible, le Phénoméne s'évanouïſſoit entierement. Le diamétre de l'Arc intérieur, pris à ſa derniere couleur, étoit d'abord de 5¼ deg. ou environ, & celui de l'Arc blanc extérieur ſéparé des autres, étoit de 67 degrés. Quand le Phénoméne commençoit les Arcs paroiſſoient de figure ovale ou elliptique comme le diſque du Soleil, mais enſuite ils devenoient peu à peu parfaitement circulaires. Chaque petit Arc étoit rouge ou incarnat, mais cette couleur ſe paſſoit & la couleur d'orange ſuccédoit, & à celle-ci le jaune, enſuite le jonquille, & enfin le verd; la couleur extérieure de tous reſtoit rouge. Tout cela ſe pourra mieux comprendre par l'eſtampe ci-jointe.

En diverſes occaſions nous remarquâmes dans ces Montagnes les Arcs que formoit la clarté de la Lune. J'en vis un bien ſingulier le 4 d'*Avril* 1738, dans la Plaine de *Turubamba* ſur les 8 heures du ſoir; mais le plus extraordinaire de tous fut obſervé par *Don George Juan* ſur la Montagne de *Quinoa-Loma* le 22 de *Mai* 1739 à 8 heures du ſoir. Ces Arcs ne ſont compoſés d'autre couleur que du blanc, & ſe forment en s'appuyant à la croupe de quelque Montagne. Celui que nous vîmes étoit compoſé de trois Arcs réunis dans un même point. Le diamétre de celui du milieu étoit de 60 degrés, & l'épaiſſeur de la couleur blanche occupöit un eſpace de 5 degrés. Les deux autres Arcs étoient ſemblables à celui-là.

L'air de cette athmoſphere & les exhalaiſons de ce terroir paroiſſent plus propres qu'en aucun autre lieu à allumer les vapeurs qui s'y élévent. C'eſt pourquoi l'on y voit plus ſouvent ces Phénoménes, qui quelquefois ſont très-grands, & durent davantage qu'ailleurs. Un de ces feux, ſingulier par ſa grandeur, parut à *Quito* dans la nuit, pendant que nous étions dans cette Ville. Je n'en ſaurois bien fixer la date, parce que les Papiers où elle étoit marquée ſe perdirent quand je fus pris par les *Anglois*; mais voici ce qui m'en eſt reſté dans l'idée, autant que ma memoire peut me le rappeller.

Sur les 9 heures du ſoir il s'éleva du côté du Mont *Pichincha*, à ce qu'il ſembloit, un Globe de feu enflammé & ſi grand qu'il éclaira toute la partie de la Ville qui eſt de ce côté-là. Les fenêtres de la maiſon où je logeois donnoient préciſément vers cette Montagne, & quoiqu'elles fuſſent fermées à contrevents, la lumiere fut aſſez forte pour pénétrer à-travers les fentes, & me faire remarquer une clarté extraordinaire. Cela joint au tintamarre que les gens faiſoient dans la rue, me fit promtement ouvrir mes fenêtres, & je vins aſſez à tems pour voir ce Phénoméne, au

milieu

Fig.1. Montagne de Cotopaxi noyee comme il parut lorsqu'elle creva en 1743. Fig.2. Phenomene de trois Arcs en ciel observes pour la premiere fois a Pambamarca et ensuite sur plusieurs autres

Fig.1. Schneeberg Cotopaxi, wie solcher ausgesehen, als er sich im Jahre 1743 spaltete. Fig.2. Lufterscheinung von drey Regenbogen, die zum erstenmale in Pamb
Fig.3. Lufterscheinung von dem Kreise um den Mond, wie sich solcher an den Abhængen

perceptible, le Phénoméne s'évanouïſſoit entierement. Le diamétre de l'Arc intérieur, pris à ſa derniere couleur, étoit d'abord de 5¼ deg. ou environ, & celui de l'Arc blanc extérieur ſéparé des autres, étoit de 67 degrés. Quand le Phénoméne commençoit les Arcs paroiſſoient de figure ovale ou elliptique comme le diſque du Soleil, mais enſuite ils devenoient peu à peu parfaitement circulaires. Chaque petit Arc étoit rouge ou incarnat, mais cette couleur ſe paſſoit & la couleur d'orange ſuccédoit, & à celle-ci le jaune, enſuite le jonquille, & enfin le verd; la couleur extérieure de tous reſtoit rouge. Tout cela ſe pourra mieux comprendre par l'eſtampe ci-jointe.

En diverſes occaſions nous remarquâmes dans ces Montagnes les Arcs que formoit la clarté de la Lune. J'en vis un bien ſingulier le 4 d'*Avril* 1738, dans la Plaine de *Turubamba* ſur les 8 heures du ſoir; mais le plus extraordinaire de tous fut obſervé par *Don George Juan* ſur la Montagne de *Quinoa-Loma* le 22 de *Mai* 1739 à 8 heures du ſoir. Ces Arcs ne ſont compoſés d'autre couleur que du blanc, & ſe forment en s'appuyant à la croupe de quelque Montagne. Celui que nous vîmes étoit compoſé de trois Arcs réunis dans un même point. Le diamétre de celui du milieu étoit de 60 degrés, & l'épaiſſeur de la couleur blanche occupoit un eſpace de 5 degrés. Les deux autres Arcs étoient ſemblables à celui-là.

L'air de cette athmoſphere & les exhalaiſons de ce terroir paroiſſent plus propres qu'en aucun autre lieu à allumer les vapeurs qui s'y élévent. C'eſt pourquoi l'on y voit plus ſouvent ces Phénoménes, qui quelquefois ſont très-grands, & durent davantage qu'ailleurs. Un de ces feux, ſingulier par ſa grandeur, parut à *Quito* dans la nuit, pendant que nous étions dans cette Ville. Je n'en ſaurois bien fixer la date, parce que les Papiers où elle étoit marquée ſe perdirent quand je fus pris par les *Anglois*; mais voici ce qui m'en eſt reſté dans l'idée, autant que ma memoire peut me le rappeller.

Sur les 9 heures du ſoir il s'éleva du côté du Mont *Pichincha*, à ce qu'il ſembloit, un Globe de feu enflammé & ſi grand qu'il éclaira toute la partie de la Ville qui eſt de ce côté-là. Les fenêtres de la maiſon où je logeois donnoient préciſément vers cette Montagne, & quoiqu'elles fuſſent fermées à contrevents, la lumiere fut aſſez forte pour pénétrer à travers les fentes, & me faire remarquer une clarté extraordinaire. Cela joint au tintamarre que les gens faiſoient dans la rue, me fit promtement ouvrir mes fenêtres, & je vins aſſez à tems pour voir ce Phénoméne, au

milieu

Fig.1.Montagne de Cotopagnes.Fig.3 Phénomène de l'Arc de la Lune comme il se présentoit sur le penchant de la Montagne.

Fig.1. Schneeberg. Cotocca beobachtet und hernach in verschiedenen andern Gebirgen wiederholet word
erge entwirft.

milieu de fa courfe, qui étoit de l'Occident au Sud, jufqu'à ce que je le perdis de vue, m'ayant été intercepté par le *Panecillo*, qui eft de ce côté-là. Ce feu étoit de figure ronde, & il me parut avoir environ un pied de diamétre. J'ai dit qu'il fembloit venir de la croupe du *Pinchincha*: j'en jugeai ainfi par la route qu'il tenoit, & il me parut qu'il s'étoit formé derriere cette Montagne. Après qu'il eut fait la moitié de fa courfe vifible, il commença à perdre confidérablement de fon éclat, & ne répandit plus que fort peu de lumiere.

Refte à parler, pour terminer ce Chapitre, de la maniere dont on court les Chevreuils en ce Pays; c'eft le plus grand plaifir que l'on ait à la Campagne, & un exercice pour lequel on eft fort paffionné. Il eft remarquable par la hardieffe & l'intrépidité qu'on y fait paroître, & qu'on pourroit nommer témérité, fi on ne voyoit des hommes fages s'en mêler auffi, après en avoir effayé une fois, fe confiant à la bonté de leurs chevaux, ce qui fait qu'on ne le regarde que comme une occafion de faire briller fon adreffe & comme un fimple divertiffement. A cet égard on peut dire que les Chevaux & les Cavaliers d'*Europe* les plus fameux ne font rien en comparaifon de ceux de ce Pays, & que la légereté la plus vantée de ceux-là n'eft que lenteur au prix de la viteffe avec laquelle ceux-ci courent au-travers des Roches & des Montagnes.

Cette courfe fe fait entre plufieurs perfonnes à la fois divifées en deux claffes, l'une de gens à cheval, l'autre d'*Indiens* à pied. Ces derniers font deftinés à faire lever la bête, & les autres à courre. Les uns & les autres fe rendent à la pointe du jour au lieu dont on eft convenu, & pour l'ordinaire au haut des *Paramos* ou Montagnes. Chacun méne un levrier en leffe. Les Cavaliers fe poftent fur les plus hautes roches, tandis que les Piétons battent le fond des coulées, faifant tout le bruit qu'ils peuvent pour faire partir les Chevreuils. On embraffe de cette maniere un efpace de trois à quatre lieues, fi l'on a affez de monde pour cela. Dès-que la bête part le cheval le plus proche s'en apperçoit auffitôt par le bruit qu'elle fait, & part après elle fans que le Cavalier puiffe ni le retenir, ni le gouverner quelque effort qu'il faffe. Il court par des defcentes fi efcarpées, qu'un homme à pied n'y pourroit paffer qu'avec beaucoup de précaution & de rifque. Une perfonne qui pour la premiere fois verroit un de ces chevaux porter fon Cavalier à-travers ces précipices, ne pourroit s'empêcher de juger qu'il vaudroit mieux fe laiffer choir de la felle & couler en-bas de la defcente, que de confier fa vie au caprice d'un ani-

Tome I. A a a mal

mal qui ne connoît ni frein, ni péril qui l'arrête. Cependant le Cavalier est emporté jusqu'à ce que le Chevreuil soit pris ou que le cheval fatigué de l'exercice commence à s'affoiblir & à céder la victoire à la bête qui fuit, après l'avoir poursuivie l'espace de quatre à cinq lieues. Ceux qui font dans les autres postes voyant courre celui-ci se mettent en mouvement, & se débandent successivement après le Chevreuil, les uns tâchant de lui couper chemin, les autres à le prendre de front, le poursuivant de maniere qu'il est rare qu'il puisse échapper. Ces chevaux n'ont pas besoin pour courre que les Cavaliers les animent, ni qu'ils les mettent en train en secouant la bride; il leur suffit pour s'élancer de voir le mouvement de celui qui est sur la Montagne voisine, d'entendre les cris des Chasseurs & le japement des chiens; ou seulement d'appercevoir le mouvement d'un des levriers qu'on mène en lesse, au moment que celui-ci par son odorat découvre la bête. Le meilleur parti qu'on puisse prendre alors, c'est de le laisser courre & de l'animer de l'éperon, afin qu'il franchisse mieux ces précipices: mais en même tems il faut être bien ferme sur l'arçon, sans quoi dans des descentes si perpendiculaires la plus légere inattention suffit pour faire sauter le Cavalier par dessus la tête du cheval, & alors la comédie se change en tragédie; car il est sûr qu'il en coute la vie à celui à qui ce malheur arrive, soit par le coup qu'il se donne en tombant, soit parce que le cheval qui poursuit sa course l'écrase sous ses pieds. On donne le nom de *Parameros* à ces chevaux, parce qu'à peine ils sont, pour ainsi dire, nés, qu'on les exerce à courre dans les *Paramos*, ou Montagnes escarpées. Ils sont tous troteurs ou traquenards; mais il y en a d'autres qu'on appelle *Aguilillas*, qui ne sont ni moins fermes, ni moins agiles. Ces *Aguilillas* ne vont que le pas tout simple, mais un pas si vif qu'il égale le plus grand trot des autres, & même il y en a plusieurs qui sont si agiles qu'il n'y a point de cheval qui puisse les passer ni les atteindre. J'en avois un de cette race, qui sans être des plus vites me portoit en 29 minutes du *Callao* à *Lima*, ce qui fait deux grandes lieues & demie mesurées Géométriquement, & d'un chemin pierreux & mauvais; & en 28 ou 29 autres minutes me reportoit au *Callao* sans débrider: c'est une expérience que j'ai faite plusieurs fois. Ordinairement ces chevaux ne savent ni troter ni galoper, & ne peuvent l'apprendre quelque soin qu'on prenne pour le leur enseigner, & il est au-contraire fort aisé d'accoutumer au pas les Troteurs. Le pas des *Aguilillas* consiste à lever en même tems le pied de devant & celui de derriere du mê-

me

me côté; & au-lieu de porter, comme les autres chevaux qui vont le pas, le pied de derriere dans l'endroit où ils ont eu le pied de devant, ils le portent plus avant & vis-à-vis du pied de devant du côté opposé, ou même plus loin. Par-là leur mouvement est doublé de celui d'un cheval ordinaire, & d'ailleurs beaucoup plus doux pour le Cavalier.

Ce que ces Chevaux font naturellement, s'enseigne à d'autres chevaux qui ne sont pas de cette race; pour cet effet il y a des gens exprès, des espéces d'Ecuyers, chargés du soin de les dresser. Dès-qu'ils l'ont une fois appris ils vont aussi bien que ceux aux quels cette allure est naturelle. Les uns & les autres ne sont pas beaux; mais ils sont pour l'ordinaire fort doux & fort dociles pour le manége, & en même tems pleins de courage.

CHAPITRE X.

Courtes Remarques sur les Minieres d'Argent & d'Or dont la Province de Quito abonde. Maniere d'extraire le Métal de quelques Mines d'Or.

Chacun sait qu'une des plus grandes richesses des Provinces & Royaumes du *Pérou*, & même de toutes les *Indes* Occidentales, ce sont les précieux Métaux, qui en une infinité de ramifications pénétrent toute l'étendue de ces Contrées. Ce n'est pas la fertilité du terroir, l'abondance des moissons & des récoltes, la quantité de pâturages qui font qu'on estime quelqu'un de ces Pays, c'est le nombre des Mines qu'il renferme dans ses entrailles, c'est-là-dessus qu'on mesure le plus ou le moins d'attention qu'on y donne. Les autres bienfaits de la Nature, qui sont réellement les plus excellens, n'entrent point en considération, si les veines de la terre ne produisent d'abondantes portions de fin argent. Telle est la bizarrerie de l'esprit-humain: une Province est appellée riche quand on en tire beaucoup d'or ou d'argent, quoique réellement elle soit pauvre, puisqu'elle ne produit pas de quoi nourrir ceux qui sont employés aux travaux des Mines, & qu'il faut faire venir d'ailleurs les vivres dont elle a besoin; & on appelle pauvres, celles qui ne le sont qu'en apparence, & qui produisent beaucoup de bétail, des fruits en abondance, dont le climat est doux, où l'on trouve toutes les commodités de la vie, mais où il n'y a point de Mines, & où, s'il y en a, elles sont négligées & abandonnées. Il seroit inutile de s'arrêter davantage sur ce sujet, puisque la chose parle d'elle même. Ces

Pays font comme des lieux d'entrepôt, l'or & l'argent qui fort de fon fein, n'en fort que pour être envoyé ailleurs: à peine a-t-il refté là un peu de tems, qu'on fe hâte de l'emporter dans des Pays lointains; le Pays qui le produit eft celui où il fait le moins de féjour. C'eft une preffe générale dans toutes les *Indes* : il n'y a ni Ville, ni Village, ni Province qui ne paye le tribut de fes richeffes à l'*Europe*, parce que ne pouvant fe paffer des marchandifes que l'on fabrique dans cette partie du Monde, il faut y envoyer l'or & l'argent que l'*Amérique* produit pour avoir ces mêmes marchandifes.

Dans une Province où l'on n'exploite aucune Mine, on ne remarque point la fertilité du terroir, quelque grande qu'elle foit; parce que la rareté de l'argent eft caufe que les denrées y font à fi bas prix, que le Laboureur n'étant point animé par l'efpoir d'un honnête falaire, ceffe d'enfemencer autant de terre qu'il le pourroit, & fe contente de ce qui eft néceffaire pour la confommation ordinaire, & pour fon entretien. Tout ce qu'on donne en échange de ces denrées, quand le bonheur veut qu'on en livre hors du Pays, confifte en marchandifes d'*Europe*, la rareté de l'argent fubfifte toujours, & le Laboureur eft toujours pauvre n'ayant fouvent pas de quoi fe procurer le néceffaire. Il n'en eft pas de-même dans les autres Provinces qui abondent en Mines, qui font l'objet de l'attention des habitans: à mefure qu'on en emporte les richeffes, il en fort de nouvelles du fein de la terre, & à mefure qu'on les en retire fucceffivement, on ne manque ni de marchandifes d'*Europe*, ni de denrées, quoique l'aridité du terroir & la rigueur du climat ne permettent pas qu'on y en recueille. On y accourt de toutes parts pour partager les richeffes des Mines, & pour troquer contre de l'or ou de l'argent tout ce qu'on peut fouhaiter, ou du-moins tout ce qui eft néceffaire pour les befoins de la vie. Il n'eft pas douteux qu'une Province qui réuniroit l'avantage des Mines avec la fertilité du terroir, ne fût plus floriffante que celles où l'un de ces deux avantages manque. La Province de *Quito* peut être mife dans la premiere claffe, étant la plus fertile, la plus peuplée d'*Indiens* & d'*Efpagnols*, la plus abondante en Troupeaux, la mieux pourvue de Fabriques, & finon la plus riche du *Pérou* en Mines, du moins auffi avantagée à cet égard qu'aucune de celles où la Nature a prodigué cette forte de bienfaits. Mais il femble que le Deftin ait réfolu d'empêcher qu'aucune ne foit parfaitement heureufe, en refufant à celle-là le concours des Nations qui auroient pu profiter de tous les biens dont la Nature l'a dotée: car il n'eft pas

pas aifé de trouver une autre raifon qui puiffe juftifier les habitans de cette Province de leur négligence à fouiller dans les Mines. Quoiqu'on en ait découvert un grand nombre, & qu'on ait tout lieu de croire que ces *Cordillerès* en contiennent encore une infinité d'autres, il y en a très-peu qui foient exploitées, furtout dans l'étendue des Corrégimens: ainfi les richeffes du Pays reftant comme enterrées, la fertilité du terroir ne fuffit pas pour rendre la Province auffi brillante que les autres du *Pérou* où l'argent circule, au moyen de quoi chacun vit à l'aife & dans le luxe.

Anciennement on exploitoit dans la Province de *Quito* des Mines qui font aujourd'hui abandonnées. Alors les habitans connoiffoient mieux leurs intérêts, mais préfentement il ne leur refte plus que le fouvenir de leur opulence paffée. Dans ce tems-là la Capitale & les autres Villes étoient plus peuplées qu'à cette heure, & les richeffes de quelques-uns de leurs habitans étoient fameufes dans tout le *Pérou*. Les riches Minieres de la Jurifdiction de *Macas* furent perdues par le foulévement des *Indiens*, & on n'a fait aucun effort pour les recouvrer, deforte que par le laps des tems on a perdu même le fouvenir des lieux précis où elles étoient. Les Mines de *Zaruma* font tout-à-fait tombées, parce qu'on y a oublié l'art de bénéficier le minerais, & qu'on n'a pas l'application néceffaire pour y réuffir. La même décadence s'eft fait fentir dans toutes les autres Mines de la Province, qui fans rien perdre de fa fertilité naturelle à fon terroir, & qui eft un effet du climat dont elle jouït, eft fi déchue à l'égard de fon ancienne magnificence, qu'elle n'eft pas même l'ombre de ce qu'elle a été autrefois. A mefure qu'on y envoye de *Lima* & des Vallées de l'argent pour fes étoffes & fes denrées, elle eft obligée de s'en priver pour avoir des marchandifes d'*Europe*; & c'eft pour cela qu'on n'y voit point, comme je l'ai remarqué ailleurs, l'or & l'argent que l'on voit ordinairement dans les autres Provinces méridionales.

Le Gouvernement de *Popayan* jouit encore aujourd'hui de toutes les richeffes auparavant générales dans toute la Province de *Quito*. Ce Gouvernement eft rempli de Minieres d'or, & le nombre de celles qu'on y exploite eft très-confidérable: mais afin que la curiofité du Lecteur n'ait rien à défirer à cet égard, je parlerai des plus remarquables, & de la maniere d'y bénéficier l'or, laquelle eft différente de ce qui fe pratique dans les Mines de *Caxa*, & j'ajoûterai quelques particularités touchant les autres Mines connues dans l'étendue de cette Province.

Tout le Pays compris dans le Gouvernement de *Popayan* abonde en

Mines d'or, deforte qu'il n'y a point de Bailliage où l'on ne tire de ce précieux métal plus ou moins, & chaque jour on y découvre & exploite quelque nouvelle Mine, ce qui rend le Pays peuplé, nonobſtant l'incommodité du climat en quelques endroits. Les *Partidos* ou Bailliages de *Cali*, *Buga*, *Almaguer* & *Barbacoas*, font de tous ceux de la Province de *Quito* les plus abondans en or, & on ne ceſſe d'y exploiter les Mines; & ce qu'il y a de particulier, c'eſt que l'or n'y eſt mêlé avec aucun corps étranger, ce qui en rend l'exploitation plus ſimple & plus facile, puiſqu'on n'a pas beſoin d'y employer le mercure. Auſſi eſt-il appellé *or* en ſortant du lavoir réduit en poudre.

On appelle Mines de *Caxa* celles où le minérais eſt renfermé entre des pierres, comme entre des murailles naturelles. Les Mines du Pays de *Popayan* ne font pas de cette eſpéce. Le minerais y eſt mêlé & répandu dans la terre, & le gravier de la même maniere que le ſable ſe trouve mêlé avec diverſes ſortes de terre. Toute la difficulté conſiſte donc à ſéparer les grains d'or de la terre parmi laquelle ils font; ce qui ſe fait facilement par le moyen des rigoles, ſans leſquelles il ne ſeroit pas poſſible d'en venir à bout. Cette précaution eſt auſſi néceſſaire dans les Mines de *Caxa* que dans celles dont il eſt ici queſtion: la raiſon en eſt que quand on a tiré le minerais, ſoit or ou argent, avec les corps étrangers auxquels il eſt uni, & qu'on y a appliqué le mercure, il faut le mettre au lavoir pour ſéparer encore l'écume & autres ordures, après quoi le minerais reſte pur & compoſé de mercure d'or ou d'argent ſelon l'eſpéce de métal qu'on a tiré.

La maniere d'extraire l'or dans toute la Juriſdiction de *Popayan* conſiſte à creuſer la terre de la Miniere, & à la charrier dans un grand réſervoir, qu'ils appellent *Cocha*, deſtiné à cet effet juſqu'à ce qu'il y en ait une quantité proportionnée à ſa capacité, enſuite on y fait entrer l'eau par un conduit juſqu'à ce que le reſervoir ſoit plein. Alors ils rémuent la terre déjà changée en boue, & par ce moyen les parties les plus legeres ſortent par un autre conduit par où l'on fait écouler l'eau. Ils continuent cet exercice juſqu'à ce qu'il ne reſte plus au fond que les parties les plus peſantes, le ſable, le gravier & l'or. Cela fait ils entrent dans la *Cocha* avec des baquets de bois faits exprès où ils mettent ces matieres enſemble, & les remuent circulairement par un mouvement prompt & uniforme; & changeant l'eau ils ſeparent le plus léger du plus peſant, & enfin il ne reſte plus que l'or au fond des baquets, & un or purgé de tous les corps étrangers avec leſquels il étoit mêlé. Pour l'ordinaire il ſe trouve en poudre, mêlé quelquefois de

Pe-

Pepites ou grains plus ou moins gros, mais ordinairement petits. L'eau de la *Cocha* s'arrête dans un autre réservoir pratiqué un peu au-deſſous du premier, & où l'on fait la même choſe qu'au précédent, afin de ſéparer le plus ſubtil de l'or qui peut avoir été emporté par le mouvement de l'eau dans ce ſecond baſſin. Enfin il y a une troiſiéme *Cocha*, où l'on fait encore la même leſſive, & dont on ramaſſe encore quelque peu de poudre d'or.

Ce travail ſe fait dans toutes les Minieres de la Juriſdiction de *Popayan* par des Eſclaves Négres, que chaque Proprietaire des Mines tient pour cet effet. Une partie de ces Eſclaves eſt employée aux lavoirs, pendant que l'autre remue la terre des Minieres ; de cette maniere les lavoirs vont continuellement. L'aloi de cet or eſt pour l'ordinaire de 22 carats, quelquefois il va au-delà & juſqu'à 23 carats, & quelquefois au - contraire il eſt au-deſſous de 22, mais très-rarement moins de 21. Dans le Bailliage de *Choco*, outre beaucoup de Mines de lavoir, comme celles dont nous venons de parler, il y en a auſſi quelques-unes où le minerais ſe trouve enveloppé dans d'autres matieres métalliques, des pierres & des ſucs bitumineux, deſorte qu'on eſt obligé d'y employer le mercure. Quelquefois il s'y trouve des Minieres où la *Platine* eſt cauſe qu'on eſt obligé de les abandonner. On appelle *Platine*, une pierre ſi dure qu'on ne peut la briſer ſur une enclume d'acier, ni la réduire par la calcination, ni par conſéquent en extraire le minerais qu'elle enferre, qu'avec un travail infini & beaucoup de fraix. Parmi ces Mines il s'en trouve quelques-unes où l'or eſt melé avec un tombac auſſi fin que celui d'Orient, & avec la proprieté ſinguliere de ne jamais engendrer le verdet, comme cela arrive au cuivre ordinaire & de reſiſter aux acides.

La plus grande partie de l'or que l'on tire des lavoirs dans la Province de *Quito*, circule dans le Pays, mais peu de tems, parce que bientôt il prend la route de *Lima*; c'eſt neanmoins par cette circulation momentanée que cette Province ſe ſoûtient, & c'eſt même ce qui l'empêche de choir entierement. L'autre partie de cet or paſſe à *Santa-Fé* ou à *Carthagéne*, & rarement à *Quito*.

Dans le Bailliage de *Zaruma*, qui eſt du Corrégiment de *Loxa*, il y a pluſieurs Mines d'or exploitées, & quoique l'or en ſoit de bas aloi, puiſqu'il n'eſt qu'à 18 & quelquefois à 16 carats, il eſt néanmoins ſi abondant, qu'affiné à 20 carats il apporte plus de profit aux Proprietaires que les autres Mines où l'or eſt naturellement de cet aloi, mais moins abondant.

dant. Autrefois on trouvoit beaucoup de veines d'or dans ce Bailliage, mais les habitans font tombés dans une fi grande négligence à cet égard, qu'ils n'en exploitent plus guere. Toutes les Minieres de ce Diftrict font de *Caxa*, & l'on applique le mercure au minerais. Dans le Gouvernement de *Jaën de Bracamoros* il y a des Mines d'or de la même efpéce, d'où l'on tiroit une quantité confiderable de ce précieux Metal, il y a 80 à 100 ans; mais depuis que les *Indiens* de cette Contrée, à l'imitation de ceux de *Macas*, fe font foulevés, on a entiérement oublié ces Mines, & jamais on n'a pris la peine de les rechercher depuis. L'or qu'on en tiroit, quoique d'un aloi inférieur à celui de la Jurifdiction de *Popayan*, furpaffoit de beaucoup celui de *Zaruma*. Les *Indiens* en tirent encore quelque petite quantité, quand la néceffité de payer les tributs les oblige à avoir recours à ce moyen: alors ils s'acheminent vers quelque Ruiffeau ou Riviere, & attendent que l'eau fe déborde, & quand elle s'eft retirée ils ramaffent le fable, le lavent dans le Ruiffeau ou la Riviere, & en feparent l'or, obfervant de n'en tirer que bien précifément ce qu'il leur en faut, & finiffant-là leur corvée. Dans la Jurifdiction du Bourg de *Latacunga*, près du Village d'*Angamarca*, il y avoit autrefois une Mine dont le Proprietaire étoit un habitant de ce Village, nommé *Sanabria*. On tiroit une fi grande abondance d'or, que pour ne pas perdre de tems il y faifoit travailler la nuit par des *Negres*, & le jour par des *Indiens*: malheureufement cette Mine s'abîma par l'effet d'un orage terrible; & il ne fut pas poffible depuis de decouvrir la veine, jufqu'à ce qu'enfin un homme plus heureux que ceux qui avoient fait jufques-là des efforts inutiles, la découvrit en partie en 1743, par un accident femblable à celui qui l'avoit fait perdre; car ce fut par un orage, & une chute épouvantable d'eau, que cette Mine fut rouverte, & cet heureux fuccès a engagé cet homme à continuer fon travail.

Il paroît à diverfes marques qu'il y a encore bien d'autres Mines dans la vafte Province de *Quito*, qui ont été exploitées en divers tems, & dont on a tiré une bonne quantité de métal; & quoique la nature ou difpofition du Pays paroiffe plus propre aux Mines d'or, il y a neanmoins affez de veines d'argent, qui ont toutes les marques de richeffe & d'abondance, comme il paroît par les Régîtres des Caiffes Royales & de l'Audience de *Quito*; particulierement quelques-unes qui ont été exploitées dans ces derniers tems, quoiqu'avec peu de progrès. De ce nombre on peut compter la Mine appellée *Guayaca* dans la Jurifdiction de *Ziccbos*, frontiere de *Latacunga*, & une autre Mine d'argent qui n'eſt qu'à environ deux lieues de celle-là. On a travaillé à l'une & à l'autre, mais jamais audelà de leur ſuperficie, parce que les Entrepreneurs manquoient de fond ſuffiſant pour cela. La plus fameuſe de toutes les Mines d'argent qu'il y a dans ce Bailliage, eſt celle de *Sarapullo* à 18 lieues du Village de *Zicchos*, que l'on avoit commencé à faire valoir, mais dont l'exploitation a été ſuſpendue, faute de fond de la part de l'Entrepreneur.

On ne trouve pas moins d'indices de riches Mines dans les autres Corregimens que dans celui de *Latacunga*, quoiqu'on n'y en ait point decouvert un ſi grand nombre que dans ce dernier Corregiment. Dans la Juriſdiction du Corrégiment de *Quito* la Montagne de *Pichincha* a encore la réputation de renfermer de grandes richeſſes, & quelques grains qu'on trouve dans les ſables des Ruiſſeaux qui y ont leur ſource, autoriſent aſſez cette opinion, quoiqu'on n'y trouve aucun veſtige qui denote qu'il y a eu des Mines formelles, ni qu'on en ait decouvert ni exploité aucune. A-la-verité cela ne prouve rien, puiſque les orages & le laps des tems ſuffiſent pour défigurer tellement ces ſortes de choſes qu'il n'en reſte plus aucun indice. Quoi qu'il en ſoit, ce n'eſt que par le travail & l'application qu'on peut parvenir à découvrir ces richeſſes. Au ſurplus on trouve les mêmes indices de riches Mines dans toute cette *Cordillere* dont le *Pichincha* fait partie, & encore dans la *Cordillere* Orientale de *Guamani* & autres endroits & coulées de cette Juriſdiction.

En examinant les Bailliages d'*Otabalo* & de *St. Michel de Ibarra*, on trouve dans le diſtrict du Village de *Cayambe* entre les côtes de la haute Montagne de *Cayambure*, qu'il y a eu des minieres fort riches, dont on conſerve encore le ſouvenir, & les veſtiges, comme ayant été exploitées du tems de la *Gentilité* avec un ſuccès infini. Pluſieurs Montagnes aux environs du Village de *Mira* ont la même réputation, entre autres celle qu'on nomme *Pachon*, qui outre le préjugé général a encore l'exemple d'un habitant du même Village, qui, il n'y a pas long-tems, en a tiré de grandes richeſſes. Aucune de ces Mines n'eſt exploitée, ce qui ne paroîtra pas étrange, ſi l'on conſidere combien on néglige les Mines déjà découvertes & connues depuis long-tems.

Tout le Pays de *Pallactanga* dans la Juriſdiction de *Riobamba* eſt rempli de Minieres d'or & d'argent. Le nombre en eſt ſi grand, qu'une ſeule perſonne de celles que j'ai connues dans cette Ville, & qui ſe diſtingua le plus par les politeſſes qu'elle fit à nous & aux Académiciens *Fran-*

Tome I. Bbb *çois,*

çois, avoit fait enrégîtrer pour son compte dans les Caisses Royales * de *Qui-to* 18 veines d'argent & d'or toutes riches & de bon aloi. J'ai moi-même entre les mains un Certificat original, par lequel l'Essayeur-Général *Don Juan Antonio de la Mota y Torres* certifie en date du 27 *Décembre* 1728, que les minerais d'une de ces veines, essayés à *Lima* pour le compte de la même personne, & de l'espéce de ceux que les Mineurs appellent *Negrillos*, rendoient 80 marcs d'argent par caisson, ce qui est une chose étonnante ; puisque pour l'ordinaire on tient pour fort riches les Mines qui rendent huit à dix marcs d'argent par caisson, le caisson contenant cinquante quintaux de minerais ; c'est du-moins ce qui se voit dans les Mines du *Potosi* & de *Lipes*, qui malgré les fraix du charroi du minerais de la Mine à d'autres endroits plus commodes où il se bénéficie, enrichissent encore les Entrepreneurs. En revanche il y a des Mines où le caisson de minerais ne rapporte pas cinq à six marcs d'argent, & baisse même quelquefois jusqu'à trois. On peut néanmoins les exploiter, parce que c'est dans des Pays commodes où les vivres sont à grand marché & en abondance, & où il y a beaucoup de gens pour les faire valoir, moyennant un modique salaire.

 Par une tradition venue des anciens *Indiens*, on croit que les Montagnes de la Jurisdiction de *Cuenca* sont autant de Minieres d'or & d'argent, mais on n'en a pas d'autres preuves ; toutefois il y a des endroits où il y a des Mines découvertes qu'on exploitoit il n'y a pas long-tems, quoiqu'avec moins de soin qu'il n'en faloit pour en retirer tout le profit que l'on pouvoit. Il y en avoit une dans le Bailliage d'*Alausi* à environ six lieues d'une *Hacienda* appellée *Susha* ; le Maître de cette *Hacienda* en faisoit tirer le minerais, qui lui rapportoit beaucoup ; mais comme il manquoit de fonds pour continuer ce travail sans que sa plantation en souffrît, il ne put jamais en tirer une quantité d'argent proportionnée à ce que la Mine promettoit. Tout ce Pays est si rempli de Mines, que si les habitans vouloient s'adonner à ce travail, il ne le céderoit point à cet égard à aucun autre, pas même aux Provinces méridionales du *Pérou* qui sont devenues si célébres ; mais ils sont d'une nonchalance, dont on ne peut attribuer la cause qu'à l'abondance des denrées, & au peu qu'il en coute pour se nourrir dans ce Pays-là ; car les habitans pouvant à peu de fraix vivre à leur aise, ne se soucient guere de fouiller dans les entrailles de la terre

* Bureau des Finances.

terre pour y trouver de l'or. De-là vient auſſi que n'y ayant pas dans les Villes des gens qui ayent de grands fonds, il ne ſe trouve point d'habitant qui ſoit en état de faire les avances qu'il faut pour ces ſortes d'entrepriſes, qui demandent de grandes dépenſes. Ajoûtez à cela le préjugé, ou plutôt la crainte des difficultés, qui fait que quand un homme témoigne avoir deſſein de fouiller dans quelque Mine, les autres le regardent comme un extravagant qui court à ſa perte, & qui riſque une ruine certaine pour des eſpérances éloignées & très-douteuſes. Ils tâchent de le détourner de ſon deſſein, & s'il n'y peuvent réuſſir, ils le fuyent en l'évitant, comme s'ils craignoient qu'il ne leur communiquât ſon mal. Il ne doit donc pas paroître étrange que ces Mines, quoique riches ſelon toutes les apparences, ſoient négligées, chacun ayant une averſion pour ces entrepriſes qu'on n'a pas dans le *Pérou*, où les Entrepreneurs ſont gens de poids, des premieres maiſons du Pays, & puiſſamment riches, ſans compter un grand nombre d'autres moins conſidérables qui s'intéreſſent ſelon leurs facultés dans l'exploitation des Mines.

Les Gouvernemens de *Quijos* & de *Macas* foiſonnent de Minieres, & celui de *Jaen* en a d'une grande valeur, de-même que ceux de *Maſnas* & d'*Atacames*. A l'égard du premier, il eſt certain que les *Indiens* du *Marannon* tiroient de l'or du ſable de quelques Rivieres qui déchargent leurs eaux dans ce Fleuve; & comme il faut aſſigner une ſource à cet or, il eſt naturel de la ſuppoſer dans les Mines de ce Pays. Quant au ſecond on ne doute point que les rives des Rivieres de *Santiago* & de *Mira* ne ſoient remplies de veines d'or, comme l'expérience le prouve, puiſque les Métifs & les Mulâtres trouvent ſouvent des parties de ce métal dans le ſable; mais perſonne ne s'étant appliqué à la recherche de ces Mines, on ne ſe met point en devoir de les exploiter.

Outre ces Mines d'or & d'argent la Province de *Quito* en a d'autres métaux, ainſi que des Carrieres de pierres en abondance. Il ſemble que la Nature ne lui ait rien refuſé de ce qui eſt néceſſaire aux commodités de la vie, & à l'opulence; puiſqu'en y répandant l'or & l'argent, elle y a placé les autres métaux qui ſont néceſſaires pour ſéparer ceux-ci de leur Mine. On y trouve des Mines de mercure dans la partie méridionale, dans le diſtrict du Village d'*Azogue* qui en tire ſon nom*, dans le reſſort du Corrégiment de *Cuenca*. C'eſt de cette Mine qu'on tiroit autrefois

---

* Ce mot ſignifie *Vif-argent* ou *Mercure*.

fois le mercure qu'on employoit dans les Mines de la Province; mais cela a été défendu, & il n'est plus permis dans tous ces Royaumes d'employer d'autre mercure que celui de *Guanca Velica*, afin de prévenir les fraudes qui se commettoient dans les *Quints* ou cinquiémes du produit des Mines qu'on payoit au Roi, en employant du mercure de contrebande au-lieu de celui qu'on doit tirer des Caisses Royales de la Ville où les Mines appartiennent, ou de l'*Assiento* principal. Cette Ordonnance a en partie remédié à ces abus; mais il est certain en même-tems qu'elle contribue à faire déchoir le travail des Mines d'argent dans toute la Province de *Quito*, en fermant celle de Mercure. Peut-être qu'en faisant là-dessus de sérieuses réflexions on trouvera le moyen de les remettre en vigueur, sans préjudicier aux droits de Sa Majesté.

Selon le témoignage de quelques personnes intelligentes, & les marques qui s'offrent aux yeux avec évidence, on ne sauroit douter que le terrain où est bâtie la Ville de *Cuenca* ne soit une Miniere de fer, dont les veines se découvrent dans les fonds des coulées; & les morceaux de minerais que l'on tire quelquefois de leurs fondrieres ne laissent point douter que ce ne soit de ce métal, tant à cause de la couleur & du poids, que parce qu'étant cassé les fragmens de cette matiere ont la propriété d'être attiré par l'Aiman: & des gens bien au fait de ces choses prétendent non seulement que c'est du fer, mais que la Mine en seroit très-abondante; c'est ce qu'on ne peut pourtant prouver que par l'expérience.

On ne peut douter non plus que si les habitans étoient plus laborieux dans ces sortes de choses, il ne se trouvât dans ces Contrées des Mines de cuivre, d'étaim, & de plomb, quoiqu'on n'en connoisse pas présentement: mais on sait assez que là où il y a des Mines d'or & d'argent il y a aussi du cuivre, & du plomb; le contraire est regardé comme une chose étonnante. Je parlerai dans le Chapitre suivant de quelques autres Mines, particuliérement des Carrieres & des Pierres qui embellissent cette Province, afin de n'omettre rien des choses propres à faire connoître un Pays si célébre.

CHAPITRE XI.

Monumens des anciens Indiens *dans la Province de* Quito, & *Remarques sur quelques Pierres curieuses qui se trouvent dans les Carrieres.*

Quoique les Nations qui habitoient anciennement les vastes Contrées du *Pérou* n'eussent pas fait de grands progrès dans les Sciences avant l'arrivée des *Espagnols*, ils en avoient néanmoins quelques connoissances, mais si foibles qu'elles ne suffisoient pas pour donner à leurs esprits toutes les lumieres qu'ils auroient pu acquérir. Il en étoit de-même à l'égard des Arts mécaniques; le peu qu'ils en savoient étoit mêlé de tant de grossiéreté, qu'ils ne s'écartoient jamais de ce qu'ils avoient vu pratiquer, à-moins qu'ils n'y fussent forcés par la nécessité. L'industrie qui sert de directrice à tous les hommes, est celle qui leur enseigne les Arts utiles; & chez eux le travail suplée à la Science; desorte qu'à force de tems & d'application ils font des ouvrages, qui malgré leurs défauts ne laissent pas d'exciter l'attention & l'admiration de ceux qui les voyent & qui pensent aux circonstances où ils ont été faits. Tels sont quelques-uns de leurs ouvrages, dont il reste encore des vestiges assez considérables, pour exciter l'étonnement, si l'on fait réflexion à la grandeur du travail, & au peu d'instrumens qu'ils ont eu pour ces sortes d'ouvrages. Si on n'y remarque pas cette élégance, cet art, cette disposition qui font une suite des progrès des Beaux-arts, ils ont d'autres perfections qui les font admirer, malgré la rusticité qu'on y découvre.

Les *Péruviens* consacroient des ouvrages à la postérité; les Campagnes en sont pleines, soit près des Villes & des Bourgades, soit dans les Plaines, sur les Montagnes & sur les Collines. Ils aimoient, comme les anciens *Egyptiens*, à être inhumés dans des lieux remarquables. On sait que ceux-ci se bâtissoient des pyramides au milieu desquelles étoient leurs sépulcres, où l'on déposoit leurs corps enbaumés: de-même les *Indiens*, après avoir porté le corps dans le lieu où il devoit reposer, sans l'enterrer, ils l'entouroient de beaucoup de pierres & de briques dont ils lui bâtissoient une maniere de mausolée, sur lequel ceux qui étoient de la dépendance du defunt jettoient une si grande quantité de terre, que le mausolée étoit changé en une espéce de colline artificielle qu'ils appelloient *Guaque*. La figure de ces *Guaques* n'est pas exactement pyramidale. Il paroît plutôt que ces Peuples avoient en vue d'imiter la Nature dans la figure des Montagnes & des Collines. Leur hauteur ordinaire est de huit à dix toises, qui font 23 aunes. Leur longueur est de 20 à 26 toises, ou 47 à 58 aunes, sur un peu moins de largeur. Il y en a pourtant qui sont plus grandes de beaucoup. Quoique, comme je l'ai déjà dit, on trouve de ces sortes de monumens dans tout le Pays, il y en a néanmoins une plus grande quantité dans le district du Village de *Cayambe*, dont les plaines en sont toutes semées, à cause que ces Peuples avoient-là un de leurs plus grands *Adoratoires* ou Temples, & qu'ils regardoient comme sanctifiées toutes les Campagnes qui en étoient voisines: c'est pourquoi aussi les Rois & Caciques de *Quito* y vouloient être inhumés, & à leur imitation les Caciques des Villages voisins.

La différence qu'on remarque dans la grandeur de ces monumens donne lieu de croire qu'ils étoient proportionnés à la dignité, au rang & aux richesses des personnes; n'étant pas douteux que les *Guaques* des Caciques du premier ordre qui avoient sous leur domination un grand nombre de vassaux, qui assistant à leurs funerailles devoient naturellement contribuer tous à lui faire une *Guaque* plus considérable que celle d'un Particulier, qui n'avoit que sa famille & ses amis pour lui jetter de la terre. Tous étoient ensevelis avec leurs meubles & effets à leur usage tant d'or que de cuivre, de pierre & d'argile; c'est ce qui excite aujourd'hui la curiosité, ou, si l'on veut, la cupidité des *Espagnols*, dont plusieurs passent leur tems à fouiller dans ces monumens, pour y chercher les richesses qu'ils imaginent y devoir trouver; trompés par l'appas de quelques effets d'or qu'ils ont trouvés dans quelques-unes, ils s'acharnent si fort à cette recherche qu'ils y perdent leur tems & leurs biens. Il y en a quelquefois qui à force de fouiller, trouvent enfin la récompense de leur confiance. La chose arriva ainsi deux fois pendant que nous étions dans ce Pays, la première un peu avant notre arrivée à *Quito*, & se passa près du Village de *Cayambe* dans la Plaine de *Pesillo*, de laquelle on tira beaucoup d'effets d'or, dont on voyoit encore quelques-uns dans les Caisses Royales qu'on y avoit porté pour payer le *Quint*. La seconde arriva sur la fin de notre séjour dans cette Contrée, & ce fut un Religieux Dominicain qui fit cette trouvaille dans la Jurisdiction de *los Pastos*. Ce Religieux, après avoir employé à cette recherche presque tout le tems de sa vie & un argent infini, trouva, à ce qu'on disoit, des richesses considérables. Ce qu'il y a de certain, c'est qu'il en envoya quelques morceaux à son Provincial & à quelques personnes de *Quito*. Dans la plupart des *Guaques* on ne

trou-

Pl. XVI.

encore dans leurs Guaques ou Tombeaux.
...tirana, ou pincettes dont les Indiens se servoient pour
...racher le peu de poil qu'ils avoient au menton.
...dont les Indiennes se servoient pour pendre l'Anac sur
...urs epaules.
...sorte d'aiguille avec quoi les Indiennes pendent au cou la Pliella
...elles mettent sur l'Anac.
...s Gobelets où les Indiens buvoient la Chicha.
...acaba Cruches ou Jarres de terre où ils tenoient leur boisson.
...ullus ou pierres pour faire des coliers et des Bracelets
...d'or ou statue de quelque Indien distingué.

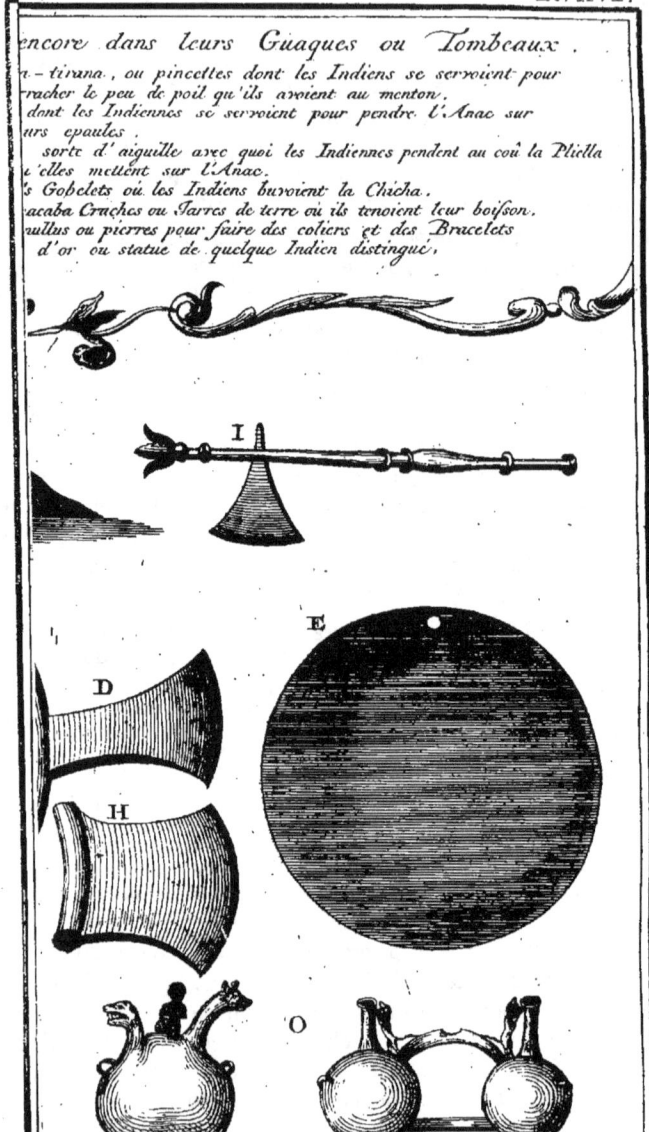

figure des Montagnes & des Collines. Leur hauteur ordinaire est de huit à dix toises, qui font 23 aunes. Leur longueur est de 20 à 26 toises, ou 47 à 58 aunes, sur un peu moins de largeur. Il y en a pourtant qui sont plus grandes de beaucoup. Quoique, comme je l'ai déja dit, on trouve de ces sortes de monumens dans tout le Pays, il y en a néanmoins une plus grande quantité dans le district du Village de *Cayambe*, dont les plaines en sont toutes semées, à cause que ces Peuples avoient-là un de leurs plus grands *Adoratoires* ou Temples, & qu'ils regardoient comme sanctifiées toutes les Campagnes qui en étoient voisines: c'est pourquoi aussi les Rois & Caciques de *Quito* y vouloient être inhumés, & à leur imitation les Caciques des Villages voisins.

La différence qu'on remarque dans la grandeur de ces monumens donne lieu de croire qu'ils étoient proportionnés à la dignité, au rang & aux richesses des personnes; n'étant pas douteux que les *Guaques* des Caciques du premier ordre qui avoient sous leur domination un grand nombre de vassaux, qui assistant à leurs funerailles devoient naturellement contribuer tous à lui faire une *Guaque* plus considérable que celle d'un Particulier, qui n'avoit que sa famille & ses amis pour lui jetter de la terre. Tous étoient ensevelis avec leurs meubles & effets à leur usage tant d'or que de cuivre, de pierre & d'argile; c'est ce qui excite aujourd'hui la curiosité, ou, si l'on veut, la cupidité des *Espagnols*, dont plusieurs passent leur tems à fouiller dans ces monumens, pour y chercher les richesses qu'ils imaginent y devoir trouver; trompés par l'appas de quelques effets d'or qu'ils ont trouvés dans quelques-unes, ils s'acharnent si fort à cette recherche qu'ils y perdent leur tems & leurs biens. Il y en a quelquefois qui à force de fouiller, trouvent enfin la récompense de leur confiance. La chose arriva ainsi deux fois pendant que nous étions dans ce Pays, la premiere un peu avant notre arrivée à *Quito*, & se passa près du Village de *Cayambe* dans la Plaine de *Pesillo*, de laquelle on tira beaucoup d'effets d'or, dont on voyoit encore quelques-uns dans les Caisses Royales qu'on y avoit porté pour payer le *Quint*. La seconde arriva sur la fin de notre séjour dans cette Contrée, & ce fut un Religieux Dominicain qui fit cette trouvaille dans la Jurisdiction de *los Pastos*. Ce Religieux, après avoir employé à cette recherche presque tout le tems de sa vie & un argent infini, trouva, à ce qu'on disoit, des richesses considérables. Ce qu'il y a de certain, c'est qu'il en envoya quelques morceaux à son Provincial & à quelques personnes de *Quito*. Dans la plupart des *Guaques* on ne

trou-

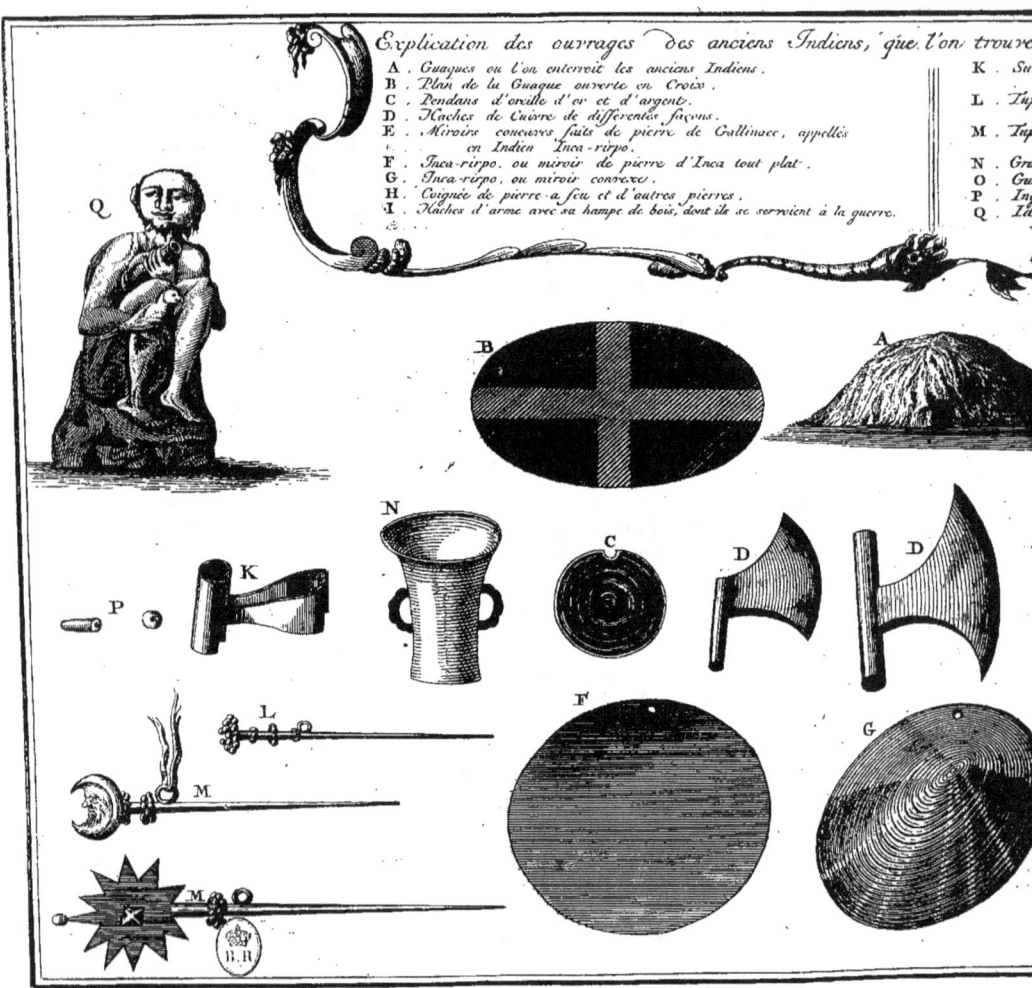

figure des Montagnes & des Collines. Leur hauteur ordinaire est de huit à dix toises, qui font 23 aunes. Leur longueur est de 20 à 26 toises, ou 47 à 58 aunes, sur un peu moins de largeur. Il y en a pourtant qui sont plus grandes de beaucoup. Quoique, comme je l'ai déjà dit, on trouve de ces sortes de monumens dans tout le Pays, il y en a néanmoins une plus grande quantité dans le district du Village de *Cayambe*, dont les plaines en sont toutes semées, à cause que ces Peuples avoient-là un de leurs plus grands *Adoratoires* ou Temples, & qu'ils regardoient comme sanctifiées toutes les Campagnes qui en étoient voisines: c'est pourquoi aussi les Rois & Caciques de *Quito* y vouloient être inhumés, & à leur imitation les Caciques des Villages voisins.

La différence qu'on remarque dans la grandeur de ces monumens donne lieu de croire qu'ils étoient proportionnés à la dignité, au rang & aux richesses des personnes; n'étant pas douteux que les *Guaques* des Caciques du premier ordre qui avoient sous leur domination un grand nombre de vassaux, qui assistant à leurs funerailles devoient naturellement contribuer tous à lui faire une *Guaque* plus considérable que celle d'un Particulier, qui n'avoit que sa famille & ses amis pour lui jetter de la terre. Tous étoient ensevelis avec leurs meubles & effets à leur usage tant d'or que de cuivre, de pierre & d'argile; c'est ce qui excite aujourd'hui la curiosité, ou, si l'on veut, la cupidité des *Espagnols*, dont plusieurs passent leur tems à fouiller dans ces monumens, pour y chercher les richesses qu'ils imaginent y devoir trouver; trompés par l'appas de quelques effets d'or qu'ils ont trouvés dans quelques-unes, ils s'acharnent si fort à cette recherche qu'ils y perdent leur tems & leurs biens. Il y en a quelquefois qui à force de fouiller, trouvent enfin la récompense de leur constance. La chose arriva ainsi deux fois pendant que nous étions dans ce Pays, la premiere un peu avant notre arrivée à *Quito*, & se passa près du Village de *Cayambe* dans la Plaine de *Pesillo*, de laquelle on tira beaucoup d'effets d'or, dont on voyoit encore quelques-uns dans les Caisses Royales qu'on y avoit porté pour payer le *Quint*. La seconde arriva sur la fin de notre séjour dans cette Contrée, & ce fut un Religieux Dominicain qui fit cette trouvaille dans la Jurisdiction de *los Pastos*. Ce Religieux, après avoir employé à cette recherche presque tout le tems de sa vie & un argent infini, trouva, à ce qu'on disoit, des richesses considérables. Ce qu'il y a de certain, c'est qu'il en envoya quelques morceaux à son Provincial & à quelques personnes de *Quito*. Dans la plupart des *Guaques* on ne

trou-

Pl. XVI.

encore dans leurs Guaques ou Tombeaux.
 -tirana, ou pincettes dont les Indiens se servoient pour
rracher le peu de poil qu'ils avoient au menton.
 dont les Indiennes se servoient pour pendre l'Anac sur
urs epaules.
 sorte d'aiguille avec quoi les Indiennes pendent au cou la Pliella
 'elles mettent sur l'Anac.
 s Gobelets où les Indiens buvoient la Chicha.
acaba Cruches ou Jarres de terre où ils tenoient leur boisson.
ullus ou pierres pour faire des coliers et des Bracelets
 d'or ou statue de quelque Indien distingué.

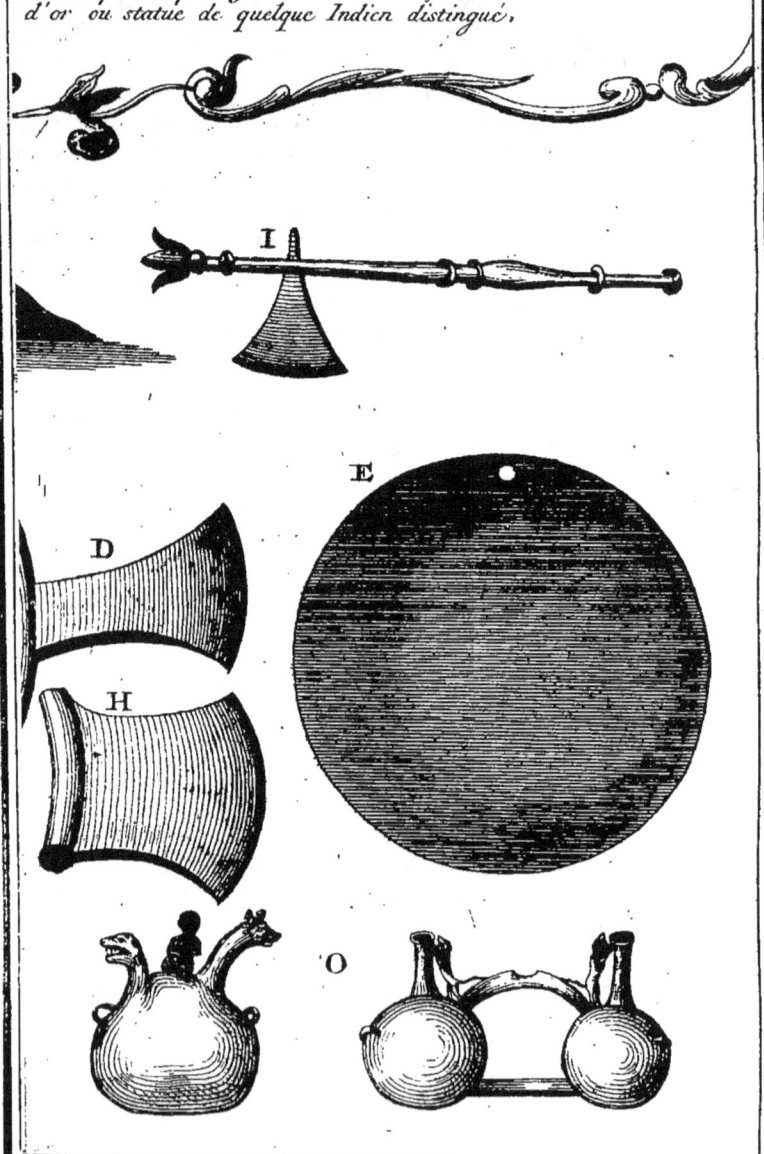

trouve que le fquelette de celui qui avoit été enféveli, les vafes de terre où il buvoit la *Chicha*, lefquels on nomme à-préfent *Guaqueres*, quelques haches de cuivre, des miroirs de pierre d'*Inca*, & autres pareilles chofes de peu de valeur, quoique curieufes d'ailleurs, & dignes d'attention pour leur antiquité, & pour avoir été faites par une Nation fi peu cultivée.

Pour ouvrir les *Guaques* on les perce par en-bas en long & en travers, de forte que les deux croifées fe joignent au centre de la *Guaque*, & c'eft-là que fe trouvent le corps entier & les meubles.

On trouve dans les *Guaques* deux fortes de miroirs de pierre, les uns de pierre d'*Inca*, & les autres de pierre de *Gallinace*. Celle-là eft molle & n'eft point tranfparente, elle a la couleur du plomb. Ordinairement ces miroirs font ronds; l'une des furfaces eft platte, & auffi lice que celle d'un miroir de criftal; l'autre eft ovale, ou un peu fphérique, moins lice & moins polie. Quoiqu'ils foient de différente grandeur, communément ils ont trois à quatre pouces de diamétre: j'en ai vu un qui avoit environ un pied & demi: la principale fuperficie en étoit concave, & groffiffoit beaucoup les objets, auffi polie d'ailleurs que le fauroit faire parmi nous le plus habile Ouvrier. Cette pierre a le défaut d'avoir des veines & des pailles qui gâtent fa fuperficie, & rendent la pierre fi caffante qu'au moindre coup elle fe fend. Bien des gens font perfuadés, ou du-moins foupçonnent que c'eft une compofition & non pas une pierre; & en effet il y a quelque apparence à cela, mais on n'en a aucune preuve folide. Au-contraire il y a des Coulées où l'on trouve des mineraux de cette efpéce de pierre, & dont on en tire encore quelques-unes, quoiqu'on ne les travaille plus pour l'ufage que les *Indiens* en faifoient. Cependant cela n'empêcheroit pas qu'on n'ait pu les fondre comme les métaux, pour les perfectionner tant pour la qualité que pour la figure.

La Pierre de *Gallinace* eft extrêmement dure, & caffante comme la pierre-à-feu. Son nom vient de fa couleur noire, comme celle du *Gallinazo*. Les *Indiens* la travailloient également des deux côtés, & l'arrondiffoient auffi. Ils la perçoient en haut, & paffoient une ficelle dans ce trou pour la pendre à quelque crochet. Ils favoient lui donner un poli femblable à celui de la Pierre d'*Inca*, & dans cet état elle réfléchiffoit fuffifamment les objets. Parmi les miroirs de cette derniere efpéce, on en trouve qui font tout plats, d'autres qui font concaves, & d'autres convexes. J'en ai vu plufieurs de toutes les fortes, & j'en ai eu même quelques-uns auffi bien travaillés que fi cette Nation avoit eu les inftrumens les plus propres à ces sortes d'ouvrages, & une grande connoissance de l'Optique. On trouve encore des Carrieres de ces pierres, qui sont entierement négligées; & dont on ne fait aucun cas, quoique sa couleur, sa transparence & sa dureté la rendent fort luisante & fort belle, ayant rarement des veines & des pailles qui en gâtent la superficie.

Les Haches de cuivre des *Indiens* ne different guere des nôtres pour la façon. Il paroît qu'ils travailloient la plupart de leurs ouvrages avec ces haches; puisque si ce n'est pas le seul instrument tranchant qu'ils eussent, c'est au-moins celui que l'on trouve le plus communément chez eux, n'y ayant d'autre différence sinon que les unes sont plus grandes que les autres. Il y en a qui ont le tranchant rond, & plus ou moins long; quelques-unes sont échancrées, quelques autres ont une pointe du côté opposé au tranchant, avec un manche tors, par où ils les manioient. Le cuivre est la matiere la plus ordinaire de ces instrumens; on en trouve pourtant de pierre de *Gallinace*, ou d'une autre pierre assez semblable à la pierre-à-feu, quoique moins dure & moins nette. De cette pierre & de celle de *Gallinace*, on trouve des pointes taillées à dessein dont ils se servoient en guise de lancettes. C'étoit-là les deux instrumens, & peut-être les seuls qui fussent usités parmi eux. S'ils en ont eu d'autres, il est assez surprenant qu'on n'en trouve point dans ce grand nombre de *Guaques* où l'on a fouillé & où l'on fouille encore tous les jours.

Les *Guaqueres* ou Vases pour la boisson, sont d'une argile fort fine & de couleur noire. On ignore absolument d'où ils la tiroient. Ces vases ont la figure d'une cruche sans pied, & ronde avec une anse au milieu, & d'un côté l'ouverture pour boire & de l'autre la tête d'un *Indien*, dont les traits sont si bien imités, que je défie nos Potiers de rien faire qui en approche. Quelques-unes de ces cruches, sans différer de celles-là quant à la forme, sont d'une argile rouge, & l'on trouve de ces deux matieres divers autres vases grands & petits dont on se servoit pour faire la *Chicha* & pour la garder.

Parmi les Meubles d'or on trouve des *Nasieres*, semblables aux paténes de calice, mais plus petites, lesquelles ils avoient coutume de pendre au cartilage du nez qui separe les deux narines; des coliers ou carcans, des bracelets, des pendans-d'oreille presque semblables aux *Nasieres*, & des idoles, le tout d'un or mince comme du papier. Les idoles sont des figures qui representent toutes les parties du corps. Elles sont creuses en-dedans, & jusqu'aux moindres traits tout est évuidé; & comme ces figu-

res

res font toutes d'une pièce; puisqu'il n'y a pas la moindre trace de soudure, il est difficile de comprendre comment ils ont fait pour les évuider. Je prévois qu'on dira qu'ils les jettoient en fonte; mais cela ne réfout point la difficulté, puisqu'il n'est pas aisé de concevoir qu'ils ayent pu faire des moules assez fragiles pour pouvoir les rompre sans endommager des ouvrages si minces & si deliés.

Le Maïz ayant toujours été la principale nourriture des *Indiens*, qui leur servoit outre cela pour faire la *Chicha*, ils en représentoient les épics en pierres fort dures, avec tant d'art, qu'en mettant une de ces figures vis-à-vis de l'original il est difficile de les distinguer à la vue. Ils n'étoient pas moins habiles à imiter les couleurs; les unes imitent le Maïz jaune, les autres le Maïz blanc, & les autres celui dont les grains paroissent enfumés à force d'avoir resté dans leurs cabanes.

Le plus surprenant en tout cela, c'est la maniere dont ils faisoient ces ouvrages, qui devient une énigme quand on considere le peu d'outils qu'ils avoient, & combien ils étoient mal faits. D'ailleurs il faut convenir que c'étoient ou des outils de cuivre; & comment accorder la flexibilité de ce metal avec la dureté des pierres qu'ils travailloient, & avec le poli qu'ils donnoient à leurs ouvrages? ou enfin des outils d'autres pierres. Mais quel travail, quel tems, quelle patience ne faudroit-il pas pour faire un foret d'une pierre de *Gallinace*, & un foret propre à faire un trou pareil à celui qu'on voit à leurs miroirs, ou un autre instrument propre à polir ces miroirs au point de les rendre aussi unis & aussi beaux qu'une glace? Je crois qu'on embarasseroit le plus habile Artisan d'*Europe*, si on le chargeoit de faire de pareils ouvrages avec un morceau de cuivre, ou des pierres, sans lui permettre d'employer aucun autre outil. C'est ce qui prouve qu'il faloit que ces Peuples eussent dans leur imagination des ressources que les autres n'ont pas, puisque sans autre secours que celui de leur propre génie ils venoient à bout de pareilles choses.

L'habileté des *Indiens* à travailler les Emeraudes surpassoit tout ce que nous venons de dire. Ils tiroient ces pierres de la côte de *Manta*, & d'un quartier du Gouvernement d'*Atacames* appellé *Coaquis* ou *Quaques*. Ces Emeraudes dont on n'a pu retrouver les Mines, sans-doute faute de soin & d'attention, se trouvent dans les tombeaux des *Indiens* de *Manta* & d'*Atacames*; elles sont superieures en dureté & en beauté à celles que l'on tire de la Jurisdiction de *Santa Fé*. Ce qui étonne, c'est de les voir taillées les unes en figure sphérique, les autres en figure cilindrique, & les autres en cône, & de diverses manieres. On ne conçoit pas qu'un Peuple qui n'avoit aucune connoissance du fer ni de l'acier, ait pu tailler & percer une matiere aussi dure que celle de ces pierres précieuses. Cependant ils les perçoient avec autant de délicatesse qu'il est possible de le faire aujourd'hui: la disposition des pertuis n'est même pas un petit sujet d'étonnement, les uns traversant diamétralement, les autres ne pénétrant que jusqu'au centre de la pierre, & sortant par les côtés pour former un triangle à peu de distance les uns des autres. La figure de la pierre n'étoit pas moins variée que celle des pertuis.

Après avoir donné la description des *Guaques* de ces Peuples idolâtres dont l'usage à cet égard n'étoit pas moins commun chez les habitans des Provinces méridionales du *Perou*, je passe aux Edifices somptueux qu'ils ont bâtis, tant pour servir à leur Culte, que pour loger leurs Souverains, & servir de barriere à leurs Pays. Et quoique ces Edifices ayent été moins magnifiques dans le Royaume de *Quito* qu'à *Guzco*, qui étoit la Capitale de l'Empire, & la résidence des Empereurs *Incas*, il en reste néanmoins encore assez pour faire juger de la grandeur de la Nation, & de son inclination à l'Architecture, comme si elle avoit voulu réparer par la somptuosité & la magnificence ce qui lui manquoit du côté du goût & de la science.

On voit encore la plus grande partie d'un de ces ouvrages dans la Ville de *Cayambe*: ce sont les restes d'un Adoratoire ou Temple de briques crues. Il est situé sur un terrain élevé du même Village, lequel forme une espéce de monticule assez peu haute. La figure de l'Edifice est ronde & d'une grandeur suffisante, puisqu'il a environ huit toises de diamétre, qui font 18 à 19 aunes ; sur environ 60 aunes de circonference. Il ne reste de cet Edifice que les simples murailles, qui se maintiennent encore, hautes d'environ deux toises & demie, ou cinq à six aunes, sur quatre à cinq pieds d'épaisseur. Les briques sont jointes avec de la terre même dont elles ont été faites; & le tout ensemble forme un mur aussi solide que s'il étoit de pierre, puisqu'il résiste aux injures du tems, auxquelles il est exposé faute de couvert.

Outre la tradition par laquelle on sait que cet Edifice a été un Temple, la maniere dont il est construit ne permet pas d'en douter; en effet sa forme ronde, & sans aucune séparation au-dedans, fait assez voir que c'étoit un lieu d'assemblée publique, & non une demeure particuliere. La porte qui est fort petite, donne lieu de penser que les Rois *Incas* entroient

ici

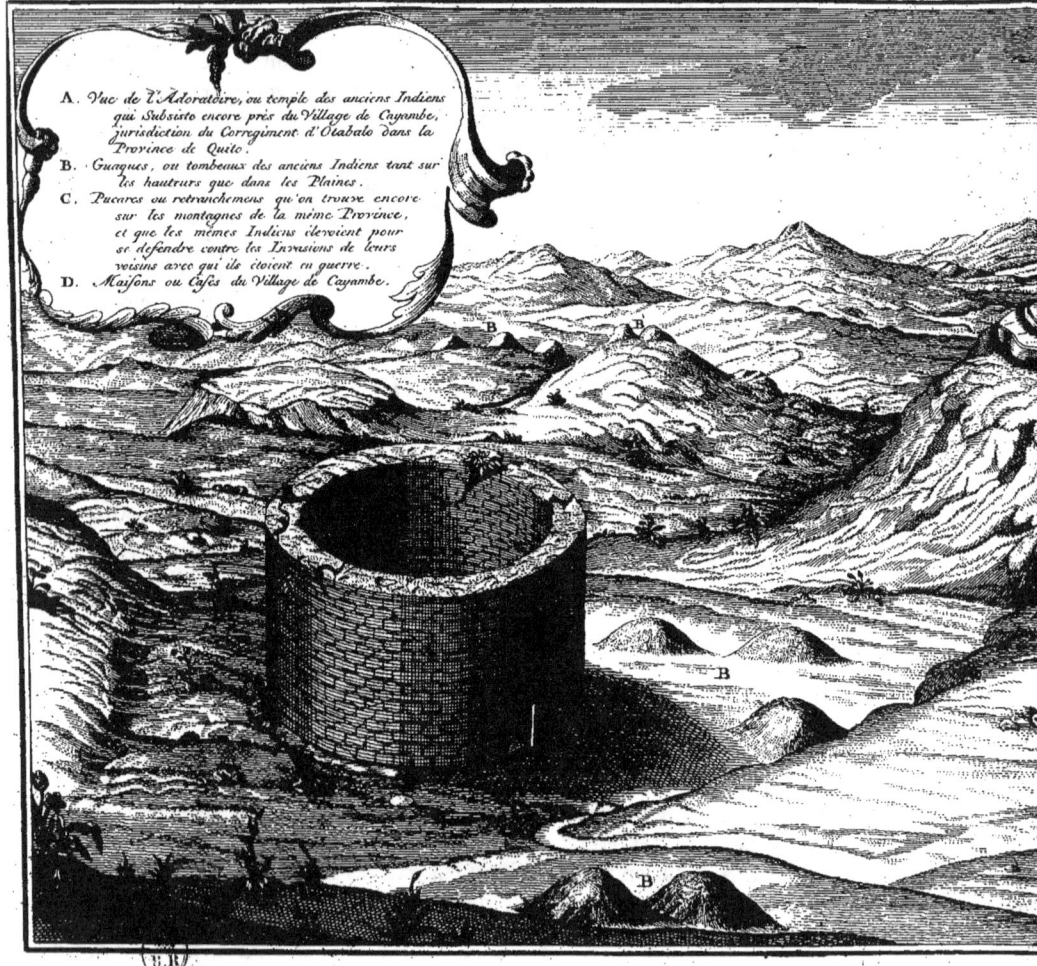

autres en cône, & de diverses manieres. On ne conçoit pas qu'un Peuple qui n'avoit aucune connoissance du fer ni de l'acier, ait pu tailler & percer une matiere aussi dure que celle de ces pierres précieuses. Cependant ils les perçoient avec autant de délicatesse qu'il est possible de le faire aujourd'hui: la disposition des pertuis n'est même pas un petit sujet d'étonnement, les uns traversant diamétralement, les autres ne pénétrant que jusqu'au centre de la pierre, & sortant par les côtés pour former un triangle à peu de distance les uns des autres. La figure de la pierre n'étoit pas moins variée que celle des pertuis.

Après avoir donné la description des *Guaques* de ces Peuples idolâtres dont l'usage à cet égard n'étoit pas moins commun chez les habitans des Provinces méridionales du *Perou*, je passe aux Edifices somptueux qu'ils ont bâtis, tant pour servir à leur Culte, que pour loger leurs Souverains, & servir de barriere à leurs Pays. Et quoique ces Edifices ayent été moins magnifiques dans le Royaume de *Quito* qu'à *Guzco*, qui étoit la Capitale de l'Empire, & la résidence des Empereurs *Incas*, il en reste néanmoins encore assez pour faire juger de la grandeur de la Nation, & de son inclination à l'Architecture, comme si elle avoit voulu réparer par la somptuosité & la magnificence ce qui lui manquoit du côté du goût & de la science.

On voit encore la plus grande partie d'un de ces ouvrages dans la Ville de *Cayambe*: ce sont les restes d'un Adoratoire ou Temple de briques crues. Il est situé sur un terrain élevé du même Village, lequel forme une espéce de monticule assez peu haute. La figure de l'Edifice est ronde & d'une grandeur suffisante, puisqu'il a environ huit toises de diamétre, qui font 18 à 19 aunes; sur environ 60 aunes de circonference. Il ne reste de cet Edifice que les simples murailles, qui se maintiennent encore, hautes d'environ deux toises & demie, ou cinq à six aunes, sur quatre à cinq pieds d'épaisseur. Les briques sont jointes avec de la terre même dont elles ont été faites; & le tout ensemble forme un mur aussi solide que s'il étoit de pierre, puisqu'il résiste aux injures du tems, auxquelles il est exposé faute de couvert.

Outre la tradition par laquelle on sait que cet Edifice a été un Temple, la maniere dont il est construit ne permet pas d'en douter; en effet sa forme ronde, & sans aucune séparation au-dedans, fait assez voir que c'étoit un lieu d'assemblée publique, & non une demeure particuliere. La porte qui est fort petite, donne lieu de penser que les Rois *Incas* entroient

ici

Pl. XVII.

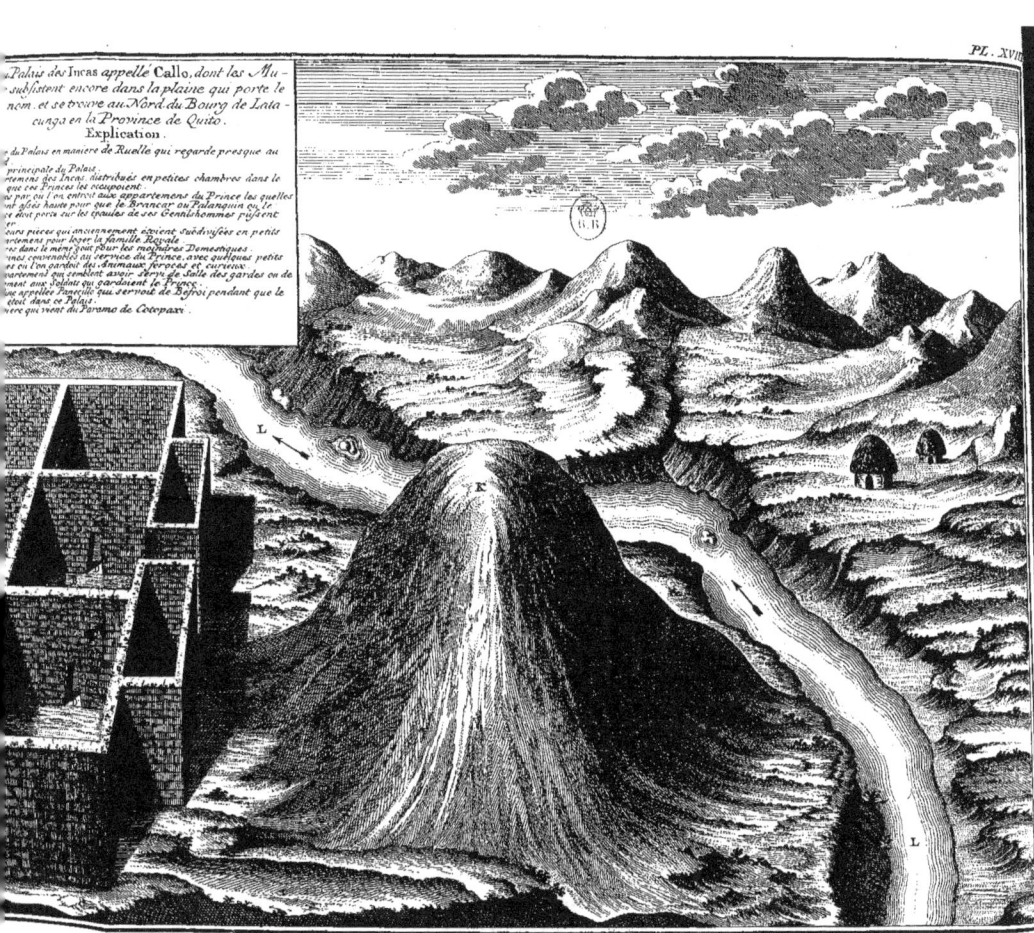

ici à pied par respect pour le lieu, quoique dans leur Palais & par-tout ailleurs ils entrassent & allassent toujours en chaise, comme on le verra ci-après. D'ailleurs, comme nous l'avons déjà dit, il est certain que dans le voisinage de *Cayambe* il y avoit un de leurs plus grands Adoratoires ou principaux Temples, il semble donc que ce ne peut être que celui-ci.

Dans la plaine qui s'étend depuis *Latacunga* vers le Nord, on voit encore, comme il a été dit ailleurs en passant, les murailles d'un des Palais des Empereurs *Incas* & Rois de *Quito*, lequel se nommoit *Callo*, nom qui lui est resté depuis. Il sert aujourd'hui de Maison de campagne aux R. P. *Augustins de Quito*, qui ont là une Plantation. On n'y remarque ni la beauté, ni la grandeur des Edifices des *Egyptiens*, des *Romains* ou autres Peuples; mais eu égard aux connoissances bornées des *Indiens*, & en comparaison de leurs autres habitations, on ne laisse pas d'y appercevoir de la grandeur, de la somptuosité, & quelque chose enfin qui annonce la majesté des Monarques qui y faisoient leur demeure. On y entre par une ruelle de cinq à six toises de long, qui conduit dans une cour autour de laquelle sont trois grands salons, qui en forment le quarré occupant les trois côtés. Dans chacun de ces salons il y a des séparations, & derriere celui qui fait face à l'entrée, on trouve divers petits réduits qui paroissent avoir été des fourrieres, excepté un qui servoit de ménagerie; car on voit encore les séparations où tenoit chaque animal. L'ouvrage ancien est un peu défiguré, quoique les principales parties subsistent encore comme elles étoient; mais dans ces derniers tems on y a bâti des habitations, & on a changé la disposition des appartemens qu'il y avoit.

Ce Bâtiment est tout d'une pierre, qui ressemble pour sa dureté à la pierre-à-fusil, & d'une couleur presque noire, si bien jointes qu'on ne sauroit faire entrer entre deux la pointe d'un couteau, les jointures étant plus minces qu'une feuille du plus fin papier, & ne paroissant qu'autant qu'il le faut pour faire juger que la muraille n'est pas toute d'une seule piéce. On n'y remarque ni mortier, ni ciment qui les joigne; & au-dehors elles sont toutes convexes, mais à l'entrée des portes elles sont plattes. On voit de l'inégalité non seulement dans les rangs des pierres, mais dans les pierres-mêmes; & c'est ce qui rend l'ouvrage d'autant plus singulier, parce qu'une petite pierre est immédiatement suivie d'une grande & mal quarrée, & celle de dessus est néanmoins accommodée aux inégalités de ces deux-là, de-même qu'aux saillies & irrégularités de leurs faces, le tout si parfaitement, que de tous les côtés qu'on les regarde on les voit jointes avec la

PL. XVII

...riß von dem Pallaste der Koenige Yngas, Callo genannt... | Vue du Palais des Incas
...von das Mauerwerk auf der Ebene steht, welche eben | railles subsistent encor
...heißt und gegen Norden von dem Sitze Latacunga, | même nom, et se trouv
...in der Provinz Quito, gefunden wird. | cunga en la

Erklærung.   E

...ingang in den Pallast, gleich einer engen Straße, welcher fast ge- | A. *Entrée du Palais en maniere*
...de gegen Norden sieht. | *Nord.*
...Der Vornehmste Hof des Pallastes. | B. *Cour principale du Palais*
...Zimmer oder Sæle, welche zum Aufenthalte der Koenige Yngas, die- | C. *Appartemens des Incas, di*
...neten, und zu der zeit, da sie dazu bestimmet, wiederum in kleinere | *tems que ces Princes les oc*
...Zimmer abgetheilet waren. | D. *Portes par où l'on entroit*
...Thüren, welche den Einlaß zu den Koeniglichen Wohnzimmern ga- | *etoient assés haute pour q*
...ben, und hoch genug waren, daß die Baaren oder Tragen, da- | *Prince etoit porté sur les ep*
...durch gehen konnten, auf welchen der Fürst auf den Schultern | *passer.*
...der Edelleute, getragen wurde. | E. *Plusieurs pieces qui ancien*
...Verschiedene Zimmer, die vor Alters wiederum in kleinere Ge- | *appartemens pour loger le*
...mächer zur Wohnung der Familie abgetheilet waren. | F. *Autres dans le même goût p*
...Eben dergleichen für die geringern Bedienten. | G. *Officines convenables au s*
...Werkstæte, die zum Dienste des Fürsten gehoerten, nebst einigen | *bouges où l'on gardoit des*
...Abtheilungen, die zum Theile noch stehen, worinnen sie einige wil- | H. *Appartemens qui semblen*
...de und andere Thiere begruben. | *logement aux Soldats qu*
...Gemächer, worinnen sich, wie es scheint, die Wachen aufhielten, | K. *Colline appellée Panecillo*
...welche, den Koenig begleiteten. | *Roi etoit dans ce Palais.*
...Hügel, el Panecillo oder das Broedtchen genannt, auf dessen | L. *Riviere qui vient du Para*
...Gipfel Wache gehalten wurde, wenn sich die Koenige Yngas
...in dem Pallaste befanden.
...Fluß, welcher aus der Wüste von Cotopaxi koemmt.

ici à pied par refpect pour le lieu, quoique dans leur Palais & par-tout ailleurs ils entraffent & allaffent toujours en chaife, comme on le verra ci-après. D'ailleurs, comme nous l'avons déjà dit, il eft certain que dans le voifinage de *Cayambe* il y avoit un de leurs plus grands Adoratoires ou principaux Temples, il femble donc que ce ne peut être que celui-ci.

Dans la plaine qui s'étend depuis *Latacunga* vers le Nord, on voit encore, comme il a été dit ailleurs en paffant, les murailles d'un des Palais des Empereurs *Incas* & Rois de *Quito*, lequel fe nommoit *Callo*, nom qui lui eft refté depuis. Il fert aujourd'hui de Maifon de campagne aux R. P. *Auguftins de Quito*, qui ont là une Plantation. On n'y remarque ni la beauté, ni la grandeur des Edifices des *Egyptiens*, des *Romains* ou autres Peuples; mais eu égard aux connoiffances bornées des *Indiens*, & en comparaifon de leurs autres habitations, on ne laiffe pas d'y appercevoir de la grandeur, de la fomptuofité, & quelque chofe enfin qui annonce la majefté des Monarques qui y faifoient leur demeure. On y entre par une ruelle de cinq à fix toifes de long, qui conduit dans une cour autour de laquelle font trois grands falons, qui en forment le quarré occupant les trois côtés. Dans chacun de ces falons il y a des féparations, & derriere celui qui fait face à l'entrée, on trouve divers petits réduits qui paroiffent avoir été des fourrieres, excepté un qui fervoit de ménagerie; car on voit encore les féparations où tenoit chaque animal. L'ouvrage ancien eft un peu défiguré, quoique les principales parties fubfiftent encore comme elles étoient; mais dans ces derniers tems on y a bâti des habitations, & on a changé la difpofition des appartemens qu'il y avoit.

Ce Bâtiment eft tout d'une pierre, qui reffemble pour fa dureté à la pierre-à-fufil, & d'une couleur prefque noire, fi bien jointes qu'on ne fauroit faire entrer entre deux la pointe d'un couteau, les jointures étant plus minces qu'une feuille du plus fin papier, & ne paroiffant qu'autant qu'il le faut pour faire juger que la muraille n'eft pas toute d'une feule piéce. On n'y remarque ni mortier, ni ciment qui les joigne; & au-dehors elles font toutes convexes, mais à l'entrée des portes elles font plattes. On voit de l'inégalité non feulement dans les rangs des pierres, mais dans les pierres-mêmes; & c'eft ce qui rend l'ouvrage d'autant plus fingulier, parce qu'une petite pierre eft immédiatement fuivie d'une grande & mal quarrée, & celle de deffus eft néanmoins accommodée aux inégalités de ces deux-là, de-même qu'aux faillies & irrégularités de leurs faces, le tout fi parfaitement, que de tous les côtés qu'on les regarde on les voit jointes avec la mê-

même exactitude & la même longueur. Ces murailles sont hautes comme celles de l'Adoratoire de *Cayambe*, de deux toises & demie sur trois ou quatre pieds d'épaisseur; & les portes de deux toises de haut, qui font environ cinq aunes, sur trois à quatre pieds de large par en-bas, & vont en se retrecissant par le haut jusqu'à deux pieds & demi. Ils leur donnoient cette hauteur excessive, afin que le Monarque pût y passer dans sa chaise, dont les brancars étoient portés sur les épaules des *Indiens*, & qu'il pût entrer de cette maniere dans son appartement, qui étoit le seul lieu où il marchât sur ses pieds. On ignore si ce Palais & les autres de la même espéce avoient un étage au-dessus du rez-de-chaussée, & de quelle maniere ils étoient couverts. Ceux que nous avons examinés, ou n'avoient point de toit, ou avoient été couverts par les *Espagnols*; il paroît néanmoins certain que leurs toits étoient en terrasse, & faits de bois, soutenu par des poutres qui traversoient d'une muraille à l'autre; car il n'y a aucune marque aux principales murailles qui puisse faire croire qu'elles ont soutenu des combles: sur ces toits faits ainsi en terrasse, ils pratiquoient apparemment quelque pente pour faire écouler l'eau. La raison pourquoi ils retrecissoient leurs portes par en-haut, c'est qu'ils n'avoient aucune connoissance de l'usage des cintres, & qu'ils étoient obligés de faire les linteaux de leurs portes d'une seule pierre; & comme ils n'avoient aucune idée ni des voûtes, ni de la coupe des pierres qui servent de clé aux voûtes, on ne trouve parmi leurs ouvrages rien qui soit cintré ou fait en arc.

A cinquante toises environ de ce Palais vers le Nord, qui est le côté où est la porte, il y a une Colline appellée *Panecillo de Callo* au milieu de la plaine, ce qui paroît assez extraordinaire: elle est haute de 25 à 30 toises, ou 58 à 70 aunes. Elle est ronde comme un pain de sucre, si égale de tous les côtés qu'on croit qu'elle a été faite à la main, d'autant plus que le bas de sa pente pris de tous les côtés forme parfaitement le même angle avec le terrain où il est. On croit que c'est un Monument où gît quelque *Indien* d'un rang distingué, & cette opinion est d'autant plus probable qu'ils étoient fort portés à élever des *Guaques* quand les occasions s'en présentoient: on ajoûte encore que la terre en a été tirée de la coulée voisine, par laquelle coule une petite Riviere, au pied de la colline du côté Nord; mais il n'y a aucune preuve de cela. Il se pourroit bien aussi que cette colline n'ait été autre chose qu'un béfroi, pour découvrir ce qui se passoit dans la campagne, & pouvoir mettre le Prince en

sûre-

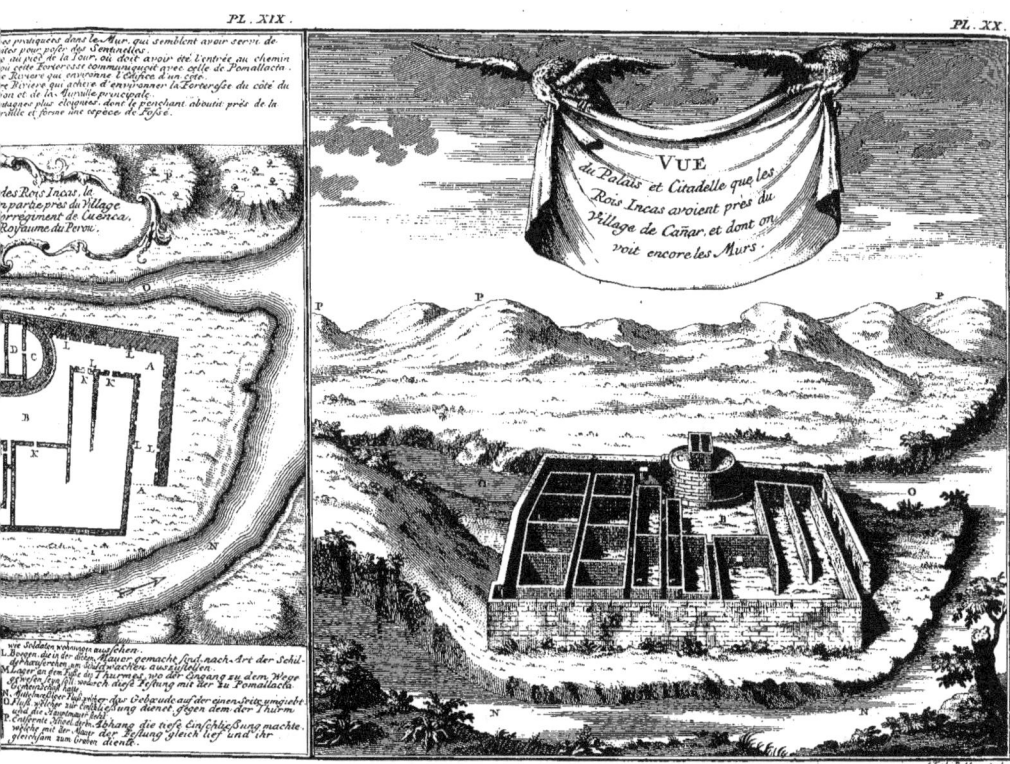

sûreté à la premiere allarme de l'attaque imprévue de quelque Nation en-nemie; ce qui arrivoit très-souvent, comme je le prouverai en parlant des lieux forts bâtis pour la défense du Pays.

Au Nord-Eſt du Village d'*Atun-Cannar* ou grand *Cannar*, à environ deux lieues de diſtance, eſt une Forterefſe & Palais des Rois *Incas*. C'eſt la plus entiere, la plus grande & la mieux bâtie de tout ce Royaume. Du côté par où l'on y entre paſſe une petite Riviere qui lui ſert de foſſé, & à l'oppoſite elle s'éléve ſur une colline par une haute muraille, qui auſſi bien que la pente de la colline en rend l'approche difficile. Au milieu eſt un tourillon de figure ovale, lequel s'éléve du terrain intérieur de l'édi-fice à la hauteur d'une & demie ou deux toiſes, mais du côté extérieur il s'éléve au-deſſus de la colline ſix à huit toiſes. Du milieu du tourillon s'éléve un quarré en maniere de Donjon formé par quatre murailles, dont les angles touchent à la circonférence de l'Ovale, & ferment le paſſage entre deux, ne laiſſant qu'un paſſage étroit du côté oppoſé, qui répond à l'intérieur du tourillon. Au milieu du Donjon il y a deux petits réduits ſéparés, dans leſquels on entre par une porte à l'oppoſite de l'eſpace qui les ſépare. Ces deux réduits ſont deux manieres de guérite, ayant de pe-tites fenêtres par où les Sentinelles avoient la vue ſur la campagne, & le tourillon même ſervoit de corps de garde.

Du côté de la ſuperficie extérieure du tourillon, la muraille de la For-tereſſe s'étend à environ 40 toiſes à gauche, & à 25 toiſes à droi-te. Cette muraille ſe replie enſuite, & formant divers angles irréguliers embraſſe un terrain ſpacieux. On n'y entre que par une porte vis-à-vis du tourillon, & fort près de la petite coulée qui ſert de lit à la Riviere. De cette porte on entre dans une ruelle étroite où deux perſonnes peu-vent à peine paſſer de front, & qui méne droit à la muraille oppoſée, d'où elle ſe replie vers le tourillon, reſtant toujours dans la même lar-geur; & de-là continuant à s'incliner vers la coulée, & s'élargiſſant, elle forme une petite place devant le tourillon. On a pratiqué de trois en trois pas dans l'épaiſſeur de la muraille de la Forterefſe, tout le long de cette ruelle, des niches en maniere de guérite; & dans la muraille intérieure qui forme la ruelle, deux portes, qui ſervoient d'entrée à deux corps de lo-gis, qui paroiſſent avoir ſervi de cazernes aux Soldats de la garniſon. Dans l'enceinte intérieure à la gauche du tourillon, étoient divers appartemens, dont la hauteur, la diſtribution, & les portes, font aſſez voir que c'étoit le Palais du Prince. Dans tous ces appartemens il y a des enfoncemens

PL. XX.

A Entrée du Palais et Forteresse. B. Place d'Armes ou Cour.
C Tourillon en forme de Donjon.
D Commodités qui servoient de Corps de Garde.
E Mur principal avec son apentis exterieur comme au Tourillon.
F Escalier pour monter à la Muraille, et f. autre pour monter au Tourillon.
G Salles qui composent les apartemens et où il n'y a qu'une porte à chacune.
H Ruelles, où donnent les portes des Salles et des apartemens.
I Hautes portes plus étroites par le haut que par le bas.
K Portes basses par où l'on entre dans quelques logemens, qui paroissent avoir servi à des Soldats.
L Niches pratiquées dans guerites pour poser des
M Place au pied de la Tou par où cette Forteresse
N Petite Riviere qui envir
O Autre Riviere qui achè Donjon et de la Muraill
P Montagnes plus éloigné Muraille et forme une

PLAN
du Palais et Citadelle des Rois Incas, la quelle subsiste encore en partie près du V de Cañar, Jurisdiction du Corrégiment de C Province de Quito, Royaume du Perou

A Eingang in den Pallast und in die Festung. B. Waffenplatz oder Hof.
C Grosser Thurm in eyrunder Gestalt, welcher gleichsam ein Caßo macht
D Gemaecher, welche zu Wachhaüser auf dem Thurme dieneten.
E Hauptmauer mit ihrer Abdachung, die ebenso wie bey dem Thurme von aussen war.
F Treppe auf die Mauer und f. von der Mauer auf den Thurm, welcher etwas höher ist, als solche.
G Säle, welche die Wohnzimmer ausmachen, wo nicht mehr als eine Thüre heraus geht.
H Enge Gäßchen, in welche die Thüren von den Sälen od. Gemächern gehen
I Sehr hohe Thüren, die oben enger als unten sind.
K Niedrige Thüren, wodurch man in einige große Zimmer koemt, die
wie Soldaten wohnungen
L Bogen, die in der dicken der haüserchen, um Sch
M Lager an dem Fusse des gewesen seyn soll, wodu Gemeinschaft hatte
N Mittelmæßiger Fluß, welc
O Fluß, welcher zur Einsch und die Hauptmauer ste
P Entfernte Hügel, der in welche mit der Mauer gleichsam zum Graben

F. de Bakker Sculp.

sûreté à la premiere allarme de l'attaque imprévue de quelque Nation en‑
nemie; ce qui arrivoit très-souvent, comme je le prouverai en parlant des
lieux forts bâtis pour la défense du Pays.

Au Nord-Eſt du Village d'*Atun-Cannar* ou grand *Cannar*, à environ
deux lieues de diſtance, eſt une Foreteſſe & Palais des Rois *Incas*. C'eſt
la plus entiere, la plus grande & la mieux bâtie de tout ce Royaume. Du
côté par où l'on y entre paſſe une petite Riviere qui lui ſert de foſſé, &
à l'oppoſite elle s'éléve ſur une colline par une haute muraille, qui auſſi
bien que la pente de la colline en rend l'approche difficile. Au milieu
eſt un tourillon de figure ovale, lequel s'éléve du terrain intérieur de l'édi‑
fice à la hauteur d'une & demie ou deux toiſes, mais du côté extérieur il
s'éléve au-deſſus de la colline ſix à huit toiſes. Du milieu du tourillon
s'éléve un quarré en maniere de Donjon formé par quatre murailles, dont
les angles touchent à la circonférence de l'Ovale, & ferment le paſſage
entre deux, ne laiſſant qu'un paſſage étroit du côté oppoſé, qui répond
à l'intérieur du tourillon. Au milieu du Donjon il y a deux petits réduits
ſéparés, dans leſquels on entre par une porte à l'oppoſite de l'eſpace qui
les ſépare. Ces deux réduits ſont deux manieres de guérite, ayant de pe‑
tites fenêtres par où les Sentinelles avoient la vue ſur la campagne, & le
tourillon même ſervoit de corps de garde.

Du côté de la ſuperficie extérieure du tourillon, la muraille de la For‑
tereſſe s'étend à environ 40 toiſes à gauche, & à 25 toiſes à droi‑
te. Cette muraille ſe replie enſuite, & formant divers angles irréguliers
embraſſe un terrain ſpacieux. On n'y entre que par une porte vis-à-vis
du tourillon, & fort près de la petite coulée qui ſert de lit à la Riviere.
De cette porte on entre dans une ruelle étroite où deux perſonnes peu‑
vent à peine paſſer de front, & qui méne droit à la muraille oppoſée,
d'où elle ſe replie vers le tourillon, reſtant toujours dans la même lar‑
geur; & de-là continuant à s'incliner vers la coulée, & s'élargiſſant, elle
forme une petite place devant le tourillon. On a pratiqué de trois en trois
pas dans l'épaiſſeur de la muraille de la Fortereſſe, tout le long de cette
ruelle, des niches en maniere de guérite; & dans la muraille intérieure qui
forme la ruelle, deux portes, qui ſervoient d'entrée à deux corps de lo‑
gis, qui paroiſſent avoir ſervi de cazernes aux Soldats de la garniſon. Dans
l'enceinte intérieure à la gauche du tourillon, étoient divers appartemens,
dont la hauteur, la diſtribution, & les portes, font aſſez voir que c'étoit
le Palais du Prince. Dans tous ces appartemens il y a des enfoncemens

en maniere d'armoires, de-même que les deux réduits du tourillon; les niches de la ruelle, & le Donjon, ont des pierres en faillie de 6 à 8 pouces de long, fur trois ou quatre de diamétre. Ces pierres fervoient vraifemblablement à pendre les armes ufitées parmi ces Peuples.

Toute la muraille principale qui eft fur le panchant de la colline, & qui defcend latéralement depuis le tourillon, eft fort épaiffe & efcarpée par dehors, avec un terre-plein en-dedans & un parapet d'une hauteur ordinaire. Pour monter au terre-plein du rempart qui régne tout autour, il n'y a qu'un efcalier près du tourillon. Toutes les murailles, tant en-dehors qu'en-dedans, font d'une pierre auffi dure, auffi polie & auffi bien jointe que celles du *Callo*; & de-même que dans ce Palais tous les appartemens font découverts, & fans plancher, ni marque d'en avoir eû.

On prétend qu'il y avoit à *Pomallacta*, dans la Jurisdiction de *Guafuntos*, une Fortereffe pareille à celle-là; & l'opinion vulgaire veut que ces deux Fortereffes communiquaffent de l'une à l'autre par un chemin creufé fous terre; ce qui n'eft pas vraifemblable, vu que l'une étant au Nord, l'autre au Midi, il y a une diftance de près de fix lieues d'un terrain coupé de Montagnes des *Cordilleres* & de coulées où paffent divers torrens: mais on n'ôteroit pas cela de l'efprit de ces gens, dont quelques-uns affuroient que peu d'années avant notre arrivée un homme étoit entré dans ce fouterrain par la bouche, qui eft dans la Fortereffe de *Cannar*; mais que les chandelles qui l'éclairoient s'étant éteintes, il n'avoit pu continuer fa route. Ils difent que cette bouche eft au pied du tourillon en-dedans de la Fortereffe. Nous y vîmes en effet une efpéce de trappe bouchée avec la terre, laquelle fervoit fans-doute à quelque ufage; mais ce n'eft pas à dire qu'il y eût une communication d'une Fortereffe à l'autre, puifqu'il auroit fallu des foupiraux pour donner de l'air & du jour au fouterrain; & ces foupiraux n'étoient pas praticable à caufe des Montagnes dont le terrain eft coupé.

On trouve beaucoup d'autres murailles & ruines dans tout ce Pays, tant dans les plaines que fur les hauteurs, mais particuliérement dans les lieux déferts, fans aucun veftige de Village ou autre lieu habité. Elles font toutes, à l'exception des trois dont nous venons de parler, de briques crues, ou de pierres ordinaires de maçonnerie: ce qui fait croire que c'eft l'ouvrage des *Indiens* avant qu'ils fuffent foumis à l'obéiffance des Empereurs *Incas*; au-lieu que les murailles de *Callo* & des deux Fortereffes, dont nous avons fait mention, furent bâties depuis, & fur de meilleurs

idées

idées que ces Princes leur fournirent, de-même qu'à l'égard du Gouvernement & de la Police, introduisant les Arts avec les Loix, chez tous les Peuples qu'ils réduisoient à leur obéissance. Les *Indiens* donnent à tous ces restes d'Edifices antiques le nom d'*Inca-Pirca,* qui signifie *Murailles d'Inca.*

Ces Peuples avoient encore une autre maniere de se fortifier, dont il reste quelques vestiges. C'étoit de creuser tout autour d'une Montagne escarpée, & élevée non pas jusqu'au degré de congélation, mais néanmoins fort haute, & d'y pratiquer trois ou quatre redans, à quelque distance les uns des autres, & au-dedans desquels ils élevoient une petite muraille à hauteur d'appui pour se couvrir contre l'ennemi & le repousser avec moins de danger. Ils donnoient à ces fortifications le nom de *Pucaras.* Au fond de ces fossés ils bâtissoient des cases de briques crues, ou de pierres qui servoient apparemment pour loger les Soldats destinés à garder ces postes. Ces sortes de fortifications étoient si communes, qu'il y a peu de Montagnes où l'on n'en trouve: sur les pointes de la Montagne de *Pambamarca* il y en a trois ou quatre dont l'une étoit sur la hauteur où nous avions placé le signal qui servoit pour la mesure de notre méridienne; & nous en trouvions sur presque toutes les autres Montagnes. Nous remarquions quelquefois que le premier fossé étoit si spatieux dans sa circonférence, qu'il formoit une circonvallation de plus d'une lieue; chaque fossé avoit constamment par-tout la même profondeur & la même largeur; ils différoient néanmoins les uns à l'égard des autres, y en ayant qui avoient deux toises de large, & d'autres qui en avoient moins d'une. Au-reste ils faisoient toujours ensorte que le bord intérieur fût plus élevé que l'extérieur au-moins de trois à quatre pieds pour avoir plus d'avantage sur les attaquans.

Tout ce qu'on trouve de ruines de murailles bâties par les *Indiens*, & où l'on admire les jointures & la polissure, font suffisamment connoître que ces Peuples se servoient de pierres pour polir d'autres pierres en frottant les unes contre les autres; car il n'est pas probable qu'ils ayent pu en venir à bout avec le peu d'outils qu'ils avoient. Il paroît hors de doute qu'ils n'ont point connu l'art de travailler le Fer. Cela est démontré, parce qu'ayant chez eux des Mines de ce métal il n'y a aucun vestige qui puisse seulement faire soupçonner qu'ils les ayent exploitées, ni qu'ils en ayent jamais rien tiré en aucun tems: on ne lit nulle part qu'il se soit trouvé un morceau de fer chez eux à l'entrée des *Espagnols ;* on voit au-contraire que dans ce tems-là ils faisoient grand cas de quelques bagatelles faites de ce métal. Pour avoir une idée complette de ces Edifices, on pourra con-
sul-

fulter les figures qu'on en donne ici. Cependant je vais terminer ce Chapitre par quelques remarques sur diverses Pierres précieuses & Minéraux qu'on trouve dans ce Royaume, & par quelques observations sur les *Indiens* guerriers qui habitent dans le voisinage de ses Provinces.

J'ai déjà dit qu'il y avoit dans le Royaume de *Quito* des Carrieres des deux espéces de pierres dont les *Indiens* fabriquoient leurs miroirs. J'ajoûte qu'outre celles-là il y en a d'autres, qui dans un Pays où l'or & l'argent seroient moins communs, s'attireroient plus d'attention & d'estime. Au Sud de *Cuenca*, dans la Plaine de *Talqui*, il y a une Carriere d'où l'on tire de fort grandes & belles piéces d'Albâtre blanc, & assez transparent. Le seul défaut qu'il ait, c'est d'être un peu trop mou, quoique cela n'empêche pas qu'on n'en fasse toute sorte d'ouvrages, puisqu'au-contraire la flexibilité fait qu'on le travaille avec plus de succès, & sans craindre qu'il en saute des éclats qui gâtent souvent toute une piéce. On ne connoît pas d'autre Carriere de cette pierre que celle de *Cuenca*; mais il y en a beaucoup de cristal de roches. J'en ai vu des morceaux fort grands, fort clairs, transparens, & d'une dureté particuliere. On ne fait aucun usage de cette pierre dans le Pays, & elle n'y est point estimée. Le hazard seul en fait quelquefois rencontrer de gros morceaux.

Dans la même Jurisdiction de *Cuenca*, à environ deux lieues de cette Ville près des Villages de *Racan* & de *Sayansi*, il y a une petite colline toute couverte de pierres-à-feu grandes & petites, la plupart noires, quelques-unes rougeâtres, & quelques autres blancheâtres; mais faute de savoir la maniere de les couper, les gens du Pays n'en profitent point; & il y a des tems que les pierres-à-fusil & à pistolets coutent à *Cuenca*, comme à *Quito* & dans tout ce Pays, jusqu'à deux réales & communément une réale, parce qu'il n'y en a pas d'autres que celles qu'on apporte d'*Europe*: desorte qu'ayant une Carriere de ces pierres, il faut que les habitans les achetent à si haut prix faute d'industrie.

Nous avons déjà remarqué que les Jurisdictions d'*Atacames* & de *Manta* abondoient anciennement en Emeraudes supérieures à celles qu'on tire des Mines de la Jurisdiction de *Santa-Fé*. Au commencement les *Espagnols* n'en briserent pas une petite quantité, se figurant follement que si c'étoient des pierres fines, elles devoient resister au marteau. Une autre Mine non moins recommandable que les Emeraudes oubliées d'*Atacames*, & que les Mines d'or & d'argent que la negligence a fait abandonner, c'est celle des Rubis dans la Jurisdiction de *Cuenca*, de laquelle on n'a à

la

la-vérité que des signes, mais des signes qui valent des preuves. Ces signes sont des fragmens de Rubis fins, selon le témoignage de personnes intelligentes, lesquels on trouve parmi le sable qu'une Riviere médiocre, qui coule assez près du Village des *Azogues*, entraîne dans son lit. Les habitans de ce Village, *Indiens* & autres, s'occupent quelquefois à laver ce sable, & en tirent des Rubis tantôt petits, tantôt gros, quelques-uns comme des grains de lentille, & quelques autres encore plus gros; & il n'est pas douteux que ces petits grains ne soient des fragmens que l'eau détache peu à peu de la Mine, & emporte avec le sable qu'elle roule. Ces marques, quoiqu'évidentes, n'ont pu encore engager les habitans du Pays à chercher la Mine de ces pierres précieuses pour l'exploiter formellement. J'ai vu quelques fragmens de ces Rubis bruts, me trouvant dans le Village des *Azogues*, & je puis assurer que leur eau & leur dureté en garantissoit suffisamment la finesse.

Il y a une autre espéce de Pierre que tout ce Pays produit en abondance, & qui est aussi peu prisée que les précédentes. Elle est d'un verd foncé, plus dure que l'albâtre sans être transparente; on en fait quelques petits ouvrages.

Il s'y trouve aussi des Mines de soufre que l'on tire en pierres, des Mines de vitriol en quelques endroits; mais on n'en fait que ce que la Nature veut bien en découvrir; car du reste on ne s'en met point en peine, peut-être parce qu'on n'en a pas besoin; mais plus vraisemblablement, parce qu'on hait dans ce Pays tout ce qui demande du travail.

Du côté septentrional de *Quito* entre deux *Haciendas* qui sont au pied de la Montagne de *Talangua*, l'une desquelles porte le nom de la Montagne, & l'autre celui de *Conrogal*, passe une fort grande Riviere qui pétrifie tout le bois qu'on y jette, jusqu'aux feuilles des arbres, & autres matieres aisées à se corrompre. J'ai eu des branches entieres qui se sont changées en pierres; & non seulement on y appercevoit encore la porosité des troncs, & les fibres du bois & l'écorce, mais jusqu'aux plus petites veines des feuilles, tout aussi exactement qu'on les distingue dans les feuilles que l'on coupe d'un arbre. J'ai eu aussi de grandes buches, qui au premier abord, avant de les toucher, paroissoient être du bois fort sec, quoiqu'elles fussent pétrifiées, mais elles n'avoient fait que changer de couleur & non de figure.

Malgré tout cela je ne puis me persuader que le même bois, les feuilles, & autres choses semblables que l'on met dans la Riviere, se convertissent

Tome I.   D d d   en

en pierre d'une dureté pareille à celle que l'on voit : mais comme il n'y a pas moyen de nier le fait, il faut tâcher d'expliquer cette métamorphose. Pour cet effet je suppose, comme on le remarque sur les lieux, que les rocs, & tout ce que cette Riviere baigne de ses eaux, est couvert d'une croute aussi dure que la pierre même, laquelle écorce augmente le volume des pierres, rocs, ou cailloux, dont la couleur est différente de celle de cette espéce d'écorce qui est jaunâtre : de-là nous pouvons inférer que les eaux de cette Riviere sont mêlées de quelques matieres ou parties fort subtiles, pétrifiantes, visqueuses & gluantes, qui s'unissent au corps qu'elles touchent ; & à-mesure que par leur légereté elles s'introduisent dans ses pores, elles occupent la place des fibres que la même humidité pourrit, & détache peu à peu, jusqu'à ce qu'enfin tout ce qui étoit feuille ou bois se trouve remplacé par cette matiere pétrifiante conservant toujours l'impression de la premiere, c'est-à-dire, les fibres & les veines ; parce qu'en même tems que celle-là s'introduit, leurs conduits lui servent de moule & lui font prendre leur figure. Une observation faite sur quelques branches me confirma dans cette opinion ; car en les rompant il en sauta quelques feuilles & quelques morceaux de la superficie ; tandis que le dedans étoit aussi ferme que s'il eût été véritablement de pierre, sans qu'il restât rien de leur premiere substance que la figure. Dans quelques autres branches ce qui étoit déjà consolidé par la matiere pierreuse sautoit, & les fibres qui n'avoient pas eu assez de tems pour se corrompre tout-à-fait paroissoient comme du bois, les unes plus ou moins pourries. J'avois quelques feuilles, qui n'étoient que légerement couvertes d'une crépine de la matiere pétrifiante, & qui étoient feuilles partout en-dedans, excepté qu'en quelques endroits elles avoient commencé à se corrompre.

Il faut noter que cette matiere se cole & s'unit avec bien plus de facilité à tout ce qui est corruptible, qu'à ce qui est plus solide, comme les roches & les pierres ; & il n'est pas douteux que ce ne soit parce que les corps corruptibles ont plus de pores par où cette matiere s'insinue & reste fixe, au-lieu que les pierres en ayant peu, elle n'y pénétre point, & l'eau qui passe continuellement dessus enléve le peu qui s'attache à leur superficie, desorte que quoiqu'on y voye quelques croutes, elle ne sauroit jamais augmenter de beaucoup le volume d'une pierre. La couleur des feuilles pétrifiées, tant au-dedans qu'au-dehors, est d'un jaune pâle tirant sur le blanc. Il en est de-même à l'égard du bois, qui néanmoins conserve toujours quelque chose de sa couleur naturelle, comme quand il est sec.

Dans

Dans toute l'étendue du Royaume de *Quito* du Nord au Sud il n'y a point d'*Indiens* guerriers ou idolâtres qui le menacent d'invafion; mais on fait qu'ils n'en font pas fort éloignés du côté des Gouvernemens de *Quixos*, de *Macas*, de *Jaën*, & de *Maynas*, qui font environnés & entrecoupés de différentes Nations de ces *Indiens*, comme nous l'avons remarqué ailleurs: auffi n'a-t-on qu'à paffer la *Cordillere* Orientale des *Andes* de ce côté-là, pour voir de divers endroits de ces hauteurs la fumée de leurs feux. C'eft furtout de la *Cordillere* derriere laquelle eft le Village de *Cayambe* qu'on peut fe procurer ce fpectacle, & en fuivant tout du long jufqu'au nord du Village de *Mira* appartenant à la Jurisdiction de la Ville de *St. Michel d'Ibarra*. Ceux qui prennent le divertiffement de la Chaffe au Chevreuil ont fouvent occafion de voir cette fumée, tant de ce côté-là, que depuis la Jurisdiction de *Riobamba* jufqu'à celle de *Cuenca* dans la même *Cordillere*. Dans le Village de *Mira* on a vu fubitement paroître quelques-uns de ces *Indiens*, qui y étant venus de leurs Terres fe font retirés avec la même promtitude. Quelques *Indiens* de ces Corrégimens défertent leurs Villages pour fe retirer chez ces Barbares, & s'abandonner à l'idolâtrie, au libertinage, à toute forte de vices, & à la pareffe, n'ayant d'autre avantage que d'être fervis par leurs femmes, qui font obligées de les foigner & de les nourrir. Quant à eux ils ne font rien que chaffer quand la néceffité les y oblige, ou que la fantaifie leur prend de fortir de leur profonde oifiveté. Du-refte ils vivent honteufement fans Loix, fans Religion, exemts de toute obligation & de toute correction, ce qui eft précifément ce que leur inclination corrompue défire le plus, & à quoi leur génie les porte.

Fin de la premiere Partie.

VOYAGE
FAIT AU ROYAUME
DE PEROU,
SECONDE PARTIE.

Dans le deffein de vérifier la valeur des degrés terreftres du Méridien, & de parvenir à la connoiffance de la véritable

FIGURE DE LA TERRE:

CONTENANT

CE QUI S'EST PASSÉ À LIMA,

CAPITALE DU PEROU, ET AU

ROYAUME DE CHILI,

AVEC LA DESCRIPTION DE CES PAYS,

Celle des Côtes & de la Navigation, notre retour en *Espagne* par le Cap de *Horn*, & les événemens qui nous font furvenus dans ce retour.

VOYAGE
FAIT AU ROYAUME
DE PEROU,

LIVRE PREMIER.

Contenant les motifs de notre Voyage à *Lima*. Relation de ce Voyage. Description des Peuplades qui se rencontrent sur la route, & de la Ville de *Lima*.

CHAPITRE I.

Voyage par terre de Quito *à* Truxillo. *Raisons de notre départ pour* Lima. *Relation de la Route & des Peuplades, avec la maniere de voyager en ces Pays.*

LA variété des accidens auxquels les entreprises & dispositions humaines sont exposées, influant avec une inconstante mais admirable harmonie sur l'ordre de nos actions, n'y répand pas moins de variation & de changement. C'est cette variété qui dans le Monde visible & végétable embellit la Nature, & rend plus recommandable la Puissance ; & la Science infinie du Suprême Artisan ne brille pas moins,

dans

dans le Monde Politique, où l'on admire la diverfité des événemens, la multitude & la différence des actions, & les effets divers de la Politique, qui fe fuccédant les uns aux autres avec un enchaînement continuel, forment ce beau fpectacle que nous voyons briller dans les agréables Champs de l'Hiftoire. L'inconftance que l'on obferve même dans les chofes les plus folides & les plus ftables, n'eft fouvent pas un des moindres obftacles qui empêche qu'on ne retire tout l'avantage qu'on fe promet des ouvrages de quelque durée. Quelque grands que l'efprit les ait conçus & entrepris, ils tombent en décadence, & font ruinés par les viciffitudes des tems, & par l'inconftance des chofes, qui s'oppofent à leur perfection. Tantôt c'eft faute de protection & d'appui qu'on eft forcé d'en abandonner l'exécution; tantôt ce font les délais, les difficultés, & mille embarras qui rebutent l'efprit, le découragent, & le mettent dans l'impoffibilité de continuer. Notre principale entreprife, qui confiftoit à mefurer les degrés du Méridien près de l'Equateur, confidérée en idée & dépouillée des difficultés de l'exécution paroiffoit aifée; mais l'expérience nous defabufa, & nous fit reconnoître qu'elle ne demandoit pas feulement de notre part du travail & de l'application, mais auffi qu'un ouvrage de cette importance, où toutes les Nations étoient intéreffées, ne manquoit ni d'embarras, ni de retardemens, ni d'obftacles, qui devoient en augmenter le mérite. Car outre les difficultés qui naiffoient de l'entreprife même, par rapport à l'exactitude néceffaire dans les obfervations, le tems qu'il falloit pour parvenir au point défiré, les interruptions caufées par les nuages, par les Montagnes & le terrein, tout cela s'oppofoit à la briéveté de l'entreprife, & donnoit lieu de craindre que s'il fe joignoit à ces difficultés des obftacles extérieurs, ils ne rendiffent la chofe imparfaite, finon tout-à-fait, du-moins pour quelque tems, & ne fuffent interrompues de notre part par quelque accident imprévu.

J'ai déjà dit dans le 2 *Chap.* du *V. Livre Part.* 1. qu'étant arrivés à *Cuenca* pour terminer nos obfervations Aftronomiques à cette extrémité de la Méridienne, nous reçûmes inopinément des Lettres par lefquelles le Marquis de *Villa Garcia*, Viceroi du *Pérou*, nous appelloit dans fa Capitale. La maniere preffante dont il nous y exhortoit, n'admettoit point de délai; & toujours prêts d'ailleurs à fignaler notre zéle pour le fervice du Roi, nous ne voulions pas différer d'obéir: nous fûmes donc obligés de fufpendre pour lors notre ouvrage, quoiqu'il n'y manquât pour le terminer que la feconde obfervation Aftronomique à la partie du Nord où finiffoit la fuite des triangles.

Le

VOYAGE AU PEROU. Liv. I. Ch. I.

Le sujet qui porta le Viceroi à nous appeller auprès de lui, venoit de ce qu'il avoit reçu avis que la guerre étant déclarée entre l'*Espagne* & l'*Angleterre*, cette derniere avoit résolu de se prévaloir de cette circonstance pour envoyer une grande armée navale dans ces Mers, avec des vues secrettes, dont la principale étoit de faire quelque entreprise importante ou sur les côtes, ou sur les ports de ce Païs. On avoit proposé diverses précautions nécessaires pour s'opposer à ces desseins; & le Viceroi croyant peut-être que nous pourrions être de quelque utilité dans cette conjoncture, voulut bien confier à notre conduite une partie des mesures qu'il falloit prendre, nous faisant entendre que le choix qu'il faisoit de nous étoit une preuve de son estime particuliere, à laquelle il se flattoit que nous serions d'autant plus sensibles, que 400 lieues de distance n'avoient pas empêché que nous ne fussions présens à son souvenir, dont il nous donnoit une si glorieuse marque dans cette occasion.

Le 24 de *Septembre* 1740. les Lettres du Viceroi nous furent remises, & immédiatement après nous prîmes la route de *Quito*, où nous voulions nous pourvoir des choses nécessaires pour le voyage. Nous partîmes de cette Ville le 21 d'*Octobre*, prenant notre route par *Guaranda* & *Guayaquil*; car quoiqu'on puisse faire le chemin par terre en passant par *Cuenca* & *Loja*, l'autre route nous parut plus commode, tant parce qu'on n'y est pas exposé à être si long-tems retardé par les mauvais chemins, qu'à cause qu'on a avec plus de facilité & de ponctualité les montures nécessaires, n'étant pas exposés à être retenus dans les différentes Bourgades, sans compter les autres accidens qu'on éprouve communément dans cette route; & qui sont causés par les Rivieres, les torrens & les débordemens des eaux.

Le 30 d'*Octobre* nous arrivâmes aux *Bodegas* ou Magazins de *Baba-hoyo*, & prenant un Canot léger nous continuâmes notre route par la Riviere jusqu'à *Guayaquil*, où nous étant embarqués sur une petite Fregate qui partoit pour le Port de *Puna*, nous y vinmes donner fond le 3 de *Novembre*. Là nous fretâmes une grande Balze, & nous fîmes route au-travers de ce Golfe jusqu'à *Machala*. Mais quoique communément & réguliérement on gouverne par le Saut de *Tumbez*, nous fûmes obligés de dériver, le Pilote ne connoissant pas bien l'entrée de cet *Estero* ou Bras de Mer, qu'on appelle de *Jambéli*, où se trouve le Saut. Enfin le 5 *Novembre* 1740. au matin notre Balze approcha de la plage de *Machala*, dont le Bourg, où nous nous rendîmes par terre, est distant d'environ deux petites lieues.

Le jour suivant 6 nous fimes partir nos équipages dans un grand Canot, pour le *Saut* de *Tumbez* ou *Bonque*; je me mis sur ce Bâtiment, me trouvant extrêmement indisposé d'une rude chute que j'avois faite dans le Bourg. *Don George Juan* & les domestiques suivirent à cheval par terre, chemin qu'on ne peut faire qu'en défilant un à un; car le terrein étant fort uni, il est rempli de marais salés, qui sont inondés à chaque marée.

Le *Saut* où j'arrivai le 7 dans la nuit, est un endroit qui sert de port aux petits Bâtimens, comme bateaux, balzes &c. Il est situé dans l'intérieur de quelques *Estéros*, ou Bras de Mer, & en particulier de celui qu'on nomme *Jambéli*, distant de la plage de 14 à 15 lieues. Cet endroit n'est absolument point habité, parce que ni là, ni à une grande distance aux environs il ne se trouve pas une goute d'eau douce, & ainsi ce lieu n'est bon qu'à servir d'entrepôt aux marchandises que l'on charge sur ces petits Bâtimens : de-là elles sont transportées à *Tumbez* par des mules, qu'on y tient prêtes pour cet effet, & c'est-là tout le commerce que fait le Bourg dont nous avons parlé. Non seulement le Saut est inhabité, mais on n'y trouve pas même de couvert; tous les bagages & marchandises qui y arrivent, sont mis dans un petit endroit en plein air; & comme il est fort rare qu'il tombe de la pluye en ce climat, il n'est pas à craindre que ces effets se gâtent en attendant qu'on les transporte à *Tumbez*.

Dans cet endroit, ainsi que partout sur le bord de la Mer, les Arbres appellés Mangles ou Mangliers sont si épais, que leurs racines & rameaux entrelassés le rendent tout-à-fait impénétrable, & extrêmement incommode par la quantité prodigieuse de *Mosquites* qui s'y assemblent, & contre lesquels il n'y a pas d'autre moyen de se défendre que d'étendre une grosse toile dans l'endroit où l'on arrive, & de se mettre dessous jusqu'à ce que les montures soient prêtes, & qu'on puisse se remettre en chemin. L'intérieur du terrein où la marée ne parvient pas, est entrecoupé de collines & couvert d'arbrisseaux sauvages où l'on trouve beaucoup de Daims & de Tigres. Les piquures continuelles & insuportables des *Mosquites*, ne laissant aucun repos aux voyageurs, leur procurent l'avantage de ne pouvoir être surpris par les Tigres, animaux dangereux dont on ne peut se garantir que par une attention continuelle; & l'on a de tristes & lamentables exemples du risque que l'on court de leur part dans ces contrées.

Le 9 au matin j'arrivai au Bourg de *Tumbez*, qui est à sept lieues de
dis-

VOYAGE AU PEROU. Liv. I. Ch. I.

diſtance du Saut; & comme tout le chemin eſt inhabité & dans un terrein en partie noyé, & en partie couvert de ſables ſtériles, il arrive que le Soleil par ſa reverbération cauſe une ſi grande incommodité, qu'on eſt obligé d'aller la nuit, afin que les mules ou les chevaux puiſſent ſupporter la fatigue: car y ayant ſept lieues pour aller, & autant pour revenir, ſans eau douce, ni rien à manger, c'eſt aſſurément une grande journée pour ces animaux; mais ce ſeroit encore bien pis s'ils la faiſoient de jour. C'eſt auſſi pour cela que jamais les montures ne partent de *Tumbez* pour le Saut ſans être précédées par un Exprès, qui fait préparer tout ce qui eſt néceſſaire; à quoi on deſtine d'ordinaire un homme de l'équipage du Vaiſſeau; ſans cette précaution ce chemin ſeroit impraticable, n'étant pas poſſible de s'arrêter en cet endroit.

Don George Juan étoit arrivé à *Tumbez* le 8, & quelque mouvement qu'il ſe donnât pour avoir promtement des mules pour continuer notre voyage, il ne put ſi bien faire que nous ne fuſſions retenus quelque tems. Nous en profitâmes pour meſurer le 9 la latitude de cette Bourgade au moyen d'un Quart-de-cercle, & nous la trouvâmes de 3 deg. 33 min. 16 ſec. vers le Sud.

Il y a dans le voiſinage de *Tumbez* une Riviere du même nom qui ſe jette dans le Golfe de *Guayaquil*, preſque vis-à-vis de l'Ile de l'*Amortajado*, ou *Ste. Claire*. Les Barques, Batteaux, Balzes & Canots, la peuvent remonter juſques au Bourg, ayant environ 3 braſſes d'eau de profondeur, & 25 toiſes de large. Mais en Hiver il eſt dangereux de la remonter à cauſe de la rapidité du courant, qui eſt augmenté par les eaux qui deſcendent de la *Sierra* ou Montagnes en abondance dans cette ſaiſon. A peu de diſtance de ces Montagnes, à un des bords du Fleuve, ſe trouve la Bourgade, ſur un terrein fort ſablonneux, & tant ſoit peu inégal à cauſe des petites éminences de ſable aſſez ſemblables aux dunes. Le Bourg conſiſte en 70 maiſons de cannes, couvertes de chaume, & bâties çà & là ſans ordre ni ſimétrie, qui ſervent de demeure à 150 familles de *Métifs*, *Indiens*, *Mulâtres*, & quelque peu d'*Eſpagnols*. Outre ces familles, il y en a encore d'autres qui habitent le long des bords du Fleuve, & qui jouiſſent de quelque agrément dans leurs terres, par la commodité qu'ils ont de les arroſer.

L'air y eſt extraordinairement chaud & ſec, deſorte qu'il y pleut rarement, & quand cela arrive, ce n'eſt qu'au bout de pluſieurs années, & alors la pluye dure tout l'Hiver. Depuis le Bourg de *Tumbez* juſqu'à

Lima tout ce Pays eſt connu dans la partie qui s'étend depuis le panchant de la *Cordillere* des *Andes* juſqu'à la Mer, ſous le nom de *Vallées* : & ainſi on ne ſera pas ſurpris s'il en eſt parlé quelquefois ſous ce nom dans divers articles de cette Hiſtoire.

Ce fut à *Tumbez* que les *Eſpagnols* aborderent pour la premiere fois à cette partie de l'*Amérique Méridionale*, ſous la conduite de *Don Franciſco Pizarro* en 1526, traitant alors paiſiblement avec les *Caciques* Seigneurs de la Contrée, & déjà Vaſſaux des *Incas*. Si les *Indiens* furent étonnés de voir les *Eſpagnols*, ceux-ci ne le furent pas moins de voir les grandes richeſſes des habitans, les Palais, les Temples, & les Forettreſſes bâties de pierre, & dont il ne reſte aujourd'hui aucun veſtige.

Sur les rives agréables de ce Fleuve, auſſi loin qu'on peut tirer des canaux pour arroſer & humecter la terre, on recueille du Maïz en abondance, & les autres Fruits & Racines qui croiſſent dans les Pays chauds. Dans l'intérieur des terres où l'on ne jouit pas de cet avantage, il y a une eſpéce d'Arbre légumineux nommé *Algarrobale*, qui porte un haricot fort réſineux avec quoi on nourrit toute ſorte de Bétail. Ce légume n'eſt pas tout-à-fait ſemblable à celui que l'on connoît en *Eſpagne* ſous le nom de *Valencia* : ſes coſſes ont quatre à cinq pouces de long, ſur environ quatre lignes de large. Sa couleur eſt blancheâtre entremêlée de petites taches jaunes. C'eſt une nourriture qui fortifie les bêtes de ſomme, & qui engraiſſe extrêmement les troupeaux, & donne à leur chair un très-bon goût, par lequel elle ſe diſtingue.

Le 14 ayant pourſuivi mon voyage j'arrivai à la Ville de *Piura*, où je fus obligé de m'arrêter, tant pour y attendre *Don George Juan*, que pour me rétablir de ma chute ; & à cette occaſion j'éprouvai l'efficace du Simple nommé *Calaguéle* dont il a été parlé ailleurs, qui me procura un ſi promt ſoulagement que je trouvai que ce reméde méritoit bien la réputation où il eſt en *Eſpagne* & dans toute l'*Europe*.

De la Bourgade de *Tumbez* juſqu'à la Ville de *Piura*, il y a ſoixante & deux lieues, que nous fimes en cinquante-quatre heures, non compris le tems où nous nous repoſâmes. Le grand pas des mules, & leur continuïté à marcher, ſont cauſe qu'elles font plus d'une lieue par heure. On compte quarante-huit lieues juſqu'au Bourg d'*Amotapé*, qui eſt le ſeul lieu habité dans toute cette route, le reſte étant entiérement déſert : c'eſt pour cela qu'on ne donne que deux ou trois heures de repos aux montures, quand elles en ont beſoin, ou qu'on eſt à portée de leur faire boire un

peu

peu d'eau falée & bourbeufe, les feules qu'on rencontre dans toute cette route. En fortant de *Tumbez* on traverfe la Riviere dans des *Balzes*, on entre enfuite dans une épaiffe Forêt d'*Algarrobales*, & d'autres arbres, qui dure environ deux lieues; après quoi on commence à côtoyer le rivage de la Mer jufqu'à *Mançora*, diftant de *Tumbez* de 24 lieues ou environ. Pour aller à un *Mançora*, il faut tâcher de profiter du juffant ou reflux pour paffer un endroit nommé *Malpaffo* à 6 lieues environ de *Tumbez*. C'eft un rocher efcarpé que la marée bat quand elle monte; & comme il n'y a aucune trace de chemin au-deffus à caufe des roches, des crevaffes & des précipices dont il eft entrecoupé, il faut paffer par-enbas dans toute fa longueur qui eft d'environ demie-lieue, & ne pas attendre le tems où la marée monte ; parce qu'alors cet étroit efpace eft entiérement fermé & inondé, & qu'il eft même dangereux de s'y trouver quand le montant arrive. Il eft encore à propos de profiter dans ce même voyage, de l'occafion où la Mer n'eft point dans fon flux ; car toute cette Contrée étant couverte de dunes, les montures y enfonceroient, & fe fatigueroient tellement dès les premieres lieues, qu'elles ne pourroient continuer le voyage. Il faut donc être attentif à paffer avant que le flot vienne, & prendre fon chemin le plus proche qu'il eft poffible du rivage, où les ondes fe brifent, & où le fable eft plus ferme qu'à une plus grande diftance de la Mer. *Mançora* eft un lieu où coule en Hiver un petit ruiffeau d'eau douce, où l'on peut abreuver les mules ; mais en Eté, à peine refte-t-il dans fon lit un peu d'eau croupiffante & faumache, que la néceffité feule peut faire boire, tant elle a un goût defagréable de fel. Les bords du ruiffeau rendus fertiles par fon humidité, font couverts & bordés de cet arbre, qu'on nomme *Algarrobale*, en fi grande quantité, & fi épais, qu'il forme comme une fombre Forêt.

Depuis *Mançora* on continue à marcher encore 14 lieues parmi des Collines un peu éloignées du rivage, deforte qu'il faut tantôt monter & tantôt defcendre, jufqu'à un lieu nommé *la Crevaffe de Parignas*, qui eft le fecond féjour, & où il faut obferver la même chofe qu'à *Mançora*. De-là on fait encore dix lieues par des Plaines de fable jufqu'au Bourg d'*Amotapé*, toujours à une petite diftance de la Mer.

Ce Bourg, dont la Latitude Auftrale eft par les 4 deg. 51 min. 43 fec. eft une annexe de la Cure de *Tumbez*, & fait partie de fa Lieutenance, qui pour le Civil en eft une du Corrégiment de *Piura*. Le Bourg confifte en 30 maifons de cannes, couvertes de chaume, & habitées par des *Indiens* & des *Métifs*. A un quart de lieue de-là coule une Riviere du même nom que le Bourg, & dont les eaux rendent le terroir fort fertile: c'est pourquoi aussi il est tout ensemencé & cultivé, & l'on y recueille en abondance du grain, des racines, & des fruits convenables à un climat chaud tel que celui-ci; qualité qui l'assujettit, ainsi que *Tumbez*, au fléau continuel des *Mosquites*: en Eté on traverse la Riviere à gué, mais en Hiver qu'il pleut sur les Montagnes, il faut la passer en *Balze*, car alors sa profondeur & sa rapidité augmentent de beaucoup. On est obligé de la passer quand on veut aller à *Piura*, & après qu'on l'a passée on marche environ quatre lieues dans des Foréts d'*Algarrobales* extrémement hauts. Après cela le terrein s'éclaircit & devient si sablonneux, que les plus habiles Voituriers & les meilleurs Routiers *Indiens* perdent souvent là trace du chemin; car le vent impétueux pousse le sable, détruit les dunes qui pourroient diriger les guides, & efface jusqu'au moindre sentier. Dans cet horizon terrestre il faut régler sa route & la diriger par l'orient du Soleil, si c'est de jour, & si c'est de nuit par certaines Etoiles: c'est à quoi les *Indiens* font peu d'attention, aussi s'égarent-ils fréquemment & ne peuvent retrouver le vrai chemin qu'avec bien de la peine.

On peut juger, par ce qui a été dit, de l'incommodité de cette route, où il faut porter, jusqu'à *Amotapé*, tout ce dont on a besoin pour manger, & de l'eau pour boire, & avoir la précaution de prendre de l'amadou, & tout ce qu'il faut pour faire du feu, sans quoi il faudroit manger la chair toute crue. Dans le voisinage d'*Amotapé* il y a une Mine d'une espéce de bitume nommé *Copé*, dont on se sert au-lieu de goudron. On en envoye une grande quantité à *Callao*, & autres Ports: mais il a le défaut de bruler les amarres & cordages, toutefois on s'en sert parce qu'il est à bon marché, mais en y mêlant du goudron.

La Ville de *Piura*, qui est aujourd'hui le Chef-lieu de cette Sénéchaussée, fut la premiere Peuplade des *Espagnols* au *Pérou*. Elle fut fondée en 1531 par *Don Francisco Pizarro*, qui y fit bâtir la premiere Eglise. On lui donna d'abord le nom de *St. Michel de Piura*, & on la bâtît au commencement dans la Vallée de *Targasala*, mais elle n'y subsista pas longtems; l'air y parut si malsain, qu'on jugea à propos de la transférer là où elle est présentement. Elle est aujourd'hui située sur un terrain fort élevé & sablonneux. Sa Latitude Australe est par les 5 deg. 11 min. 1 sec. & l'on observe que l'aiguille y varie de 8 deg. 13 min. Nord-Est. Ses maisons sont bâties de briques crues, car on en employe peu d'autres dans

ces

ces Contrées, ou d'une espéce de roseaux qu'on appelle *Quinchas*; communément elles sont fort basses. Le Corrégidor, ou Sénéchal, y fait sa résidence; sa Jurisdiction s'étend partie dans le Pays des Vallées, partie dans celui des Montagnes. Il y a dans *Piura* un Bureau des Finances du Roi, avec un *Contador* ou *Controlleur*, & un Trésorier, qui se relévent tous les six mois, l'un faisant sa résidence au Port de *Payta*, l'autre à *Piura*. Celui-là est préposé pour percevoir les droits d'entrée sur les marchandises qui débarquent dans ce Port pour prendre cette route, & est aussi chargé de veiller à empêcher la contrebande. Celui-ci doit faire la même chose à l'égard des marchandises qui passent par *Piura*, soit qu'elles viennent des Montagnes vers *Loja*, soit qu'elles ayent passé par *Tumbez* pour aller à *Lima*.

Piura contient environ 15000 habitans *Espagnols*, *Métifs*, *Indiens*, & *Mulâtres*. Parmi les premiers il y a des Familles distinguées. L'air y est chaud, & fort sec, attendu qu'il y pleut encore moins qu'à *Tumbez*, mais il est sain. Il y passe une Riviere qui baigne les maisons, & qui fertilise les terres; & comme le Pays est sablonneux & uni, on peut mener l'eau & la distribuer comme on veut par le moyen des canaux. En Eté l'eau y manque si absolument qu'on ne voit pas même la moindre trace de son passage, & le peu d'eau qui vient des Montagnes se perd dans son lit; desorte que la Ville n'a pas d'autre ressource pour remédier à cet inconvénient, que de creuser des puits profonds à proportion de la sécheresse de l'année, & d'en tirer toute l'eau qu'il lui faut pour les divers besoins de la vie.

Il y a à *Piura* un Hôpital desservi par des Religieux *Bethléemites*. On y guérit toute sorte d'infirmités & de maladies, sur-tout le mal de *Naples*, dont la cure est admirablement aidée par la qualité du climat: ceux qui sont infectés de ce vilain mal y accourent de toutes parts, & l'on remarque qu'on y employe en moindre quantité, que dans d'autres Pays, le spécifique convenable, & que sans tant incommoder le malade on le rétablit dans sa premiere santé.

Comme tout le terroir de ce Corrégiment, compris sous le nom de *Vallées*, ne produit que des *Algarrobales*, du Maïz, du Coton, du Grain, quelque peu de Fruits & de Racines, dont les habitans se nourrissent, leurs plus grandes richesses consistent dans les pâturages; où ils engraissent de grands troupeaux de chévres, & de chevreaux, dont les boucheries sont toujours fournies, tandis que de leurs peaux on fait du maroquin, & de leur

leur graiſſe du ſavon, dont il ſe conſomme une grande quantité à *Lima*, *Quito*, & *Panama*, où l'on en fait des envois conſidérables. Une autre branche du commerce de *Piura*, c'eſt la *Cabuye* ou *Pite* *, dont il croît une prodigieuſe quantité dans la partie montagneuſe de cette Juriſdiction. A quoi il faut encore ajoûter un autre commerce actif, qui n'eſt pas moins avantageux; je veux parler des troupeaux de mules dont les habitans de cette Ville & de ſon diſtrict, retirent un grand profit; car toute ſorte d'effets ou de marchandiſes qu'on tranſporte de *Quito* à *Lima*, ou qui venant d'*Eſpagne* débarquent au Port de *Payta*, ne peuvent être remiſes à leur deſtination que par les mules de cette Ville & de ſon diſtrict. Ces envois ſont ſi fréquens, qu'il eſt aiſé de comprendre quelle quantité de mules doivent être employées à ce travail, qui dure ſans diſcontinuer, mais plus ou moins fortement ſelon les ſaiſons; car il eſt bien plus fort quand les Rivieres ſont à ſec, ou qu'il n'y a que très-peu d'eau.

Dès que *Don Jorge Juan* fut arrivé à *Piura*, nous fîmes préparer les montures qui nous étoient néceſſaires, & le 21 nous continuâmes notre route. Le lendemain nous arrivâmes au Bourg de *Séchura*, à dix lieues comptées d'après le tems que l'on met à les faire. Toute cette route eſt déſerte, & le Pays fort uni, mais couvert de ſable, qui fatigue raiſonnablement les montures.

Quoique d'ordinaire le voyage au *Perou* ſe faſſe ſur des mules, à cauſe du mauvais état des chemins, qui ne permet pas qu'on ait d'autres voitures, on peut pourtant avoir l'agrément d'aller en litiere depuis *Piura* juſqu'à *Lima*. Au-lieu de brancard, ces litieres ſont ſuſpendues à deux cannes d'une groſſeur pareille à celles de *Guayaquil*, & elles ſont tellement diſpoſées qu'elles ne touchent point l'eau quand on paſſe les Rivieres, ni ne heurtent contre aucun embaras d'un chemin inégal. Soit qu'on monte ou qu'on deſcende, ſoit que l'on paſſe une Riviere, on ne ſent pas le moindre cahot.

Comme les montures que l'on prend à *Piura* font tout le voyage juſqu'à *Lima* ſans être relayées, & que dans cet eſpace de chemin il faut traverſer pluſieurs déſerts, non moins fatigans par leur longueur, que par la qualité du chemin tout de ſable, il eſt à propos de donner quelque repos à ces animaux pendant le cours du voyage, particuliérement à *Séchura*, parce que de-là on entre immédiatement dans le déſert qui porte le mê-

* Sorte d'Aloes dont on fait du fil fort & délié. N. d. T.

même nom. Ce fut le motif qui nous y retint deux jours, pendant lequel tems nous obfervâmes que ce lieu eft par les 5 deg. 32 min. 33½ fec. de latitude auftrale.

Le Bourg de *Sechura* fut d'abord bâti tout proche de la Mer, peu éloigné d'une pointe nommée *Aguja*. Mais ayant été fubmergé & englouti par la Mer, on l'établit à environ une lieue, qui eft la diftance qui fe trouve aujourd'hui entre le Bourg & la Mer. Il y a dans le voifinage une Riviere du même nom que le Bourg, à laquelle il arrive la même chofe qu'à celle de *Piura*. Quand nous la paffâmes il ne paroiffoit pas y avoir jamais eu d'eau; mais depuis les mois de *Fevrier*, *Mars*, jufqu'à celui d'*Août* & même de *Septembre*, elle en eft fi bien fournie, qu'il n'y a pas moyen de la guéer, mais il faut la paffer en Balze; c'eft ce que nous éprouvâmes dans notre fecond & troifiéme voyage à *Lima*. Quand elle eft à fec, on peut auffi creufer dans fon lit des puits qui fourniffent de l'eau, mais une eau épaiffe & faumache. *Sechura* contient environ deux cens maifons de cannes, avec une Eglife fort grande & bâtie de briques: fes habitans font tous *Indiens*, au nombre de quatre cens familles, prefque tous Voituriers ou Pêcheurs.

Les maifons de toutes ces *Bourgades* font fi fimples, & il y a fi peu d'art, que leurs parois ne font que de rofeaux fichés en terre & même affez peu avant; le toit qui eft plat, eft auffi de rofeaux, qui n'étant pas bien joints enfemble, donnent des ouvertures de partout, & le foleil & le vent pénétrent facilement dans l'intérieur des maifons. Leurs Habitans *Indiens* ont une Langue différente de celle des autres *Indiens* de *Quito*, & du refte du *Perou*; c'eft ce qu'on remarque principalement dans plufieurs endroits des *Vallées*; & non feulement leur langage differe dans les mots, mais auffi dans l'accent; car outre qu'ils donnent à leurs paroles un fon affez femblable à un chant trifte & élégiaque, ils mangent la moitié des fillabes finales, comme s'ils manquoient d'haleine pour les achever.

L'Habillement des Femmes *Indiennes* de ces Contrées, differe auffi en quelque chofe de celui des autres. Il confifte en un *Anac*, comme celui que portent les Femmes de *Quito*, mais fi long qu'il traîne par terre: il eft auffi beaucoup plus large, & fans manches; il n'eft point attaché par une ceinture; quand elles marchent elles le relévent un peu, & le retrouffent fous les bras. Elles fe couvrent la tête d'une *Pagne* de coton blanc, brodée, ou brochée de diverfes couleurs; avec cette différence, que les Veuves en portent de noires. L'état de chacune fe diftingue par leur maniere de fe

Tome I.   F ff   coicoïfer; les Vierges & les Veuves divifent leur chevelure en deux treffes qui pendent fur chaque épaule, & les Femmes mariées ne portent qu'une treffe. Elles font généralement laborieufes: leur occupation ordinaire eft de faire des ferviétes, & autres ouvrages de coton. Les Hommes vivent à l'*Efpagnole*, & par conféquent portent des chauffures; mais les femmes vont nuds-pieds: ils font naturellement fiers, altiers, & intelligens; leurs mœurs different un peu des mœurs de ceux de *Quito*. On voit parmi eux la preuve de ce qui a été dit au Chap. 6. Liv. 6. de la premiere Partie de cet Ouvrage, que la connoiffance de la Langue *Caftillane* les rend plus habiles en une infinité de chofes: il n'y a perfonne d'entre eux qui ne poffède cette Langue; ils la parlent communément, & la mêlent indifféremment avec la leur. Ils réuffiffent fort bien dans tout ce qu'ils entreprennent; ne font ni fi fuperftitieux, ni fi fujets au defordre & aux vices que les autres *Indiens*; & enfin à la couleur & aux autres accidens corporels près, ils font très-différens du refte de leurs compatriotes. Même dans le panchant à la boiffon, & dans les autres paffions caractéristiques des *Indiens*, ils témoignent une certaine modération, & quelque amour de l'ordre. Au-refte pour éviter des redites ennuyeufes, je dirai en deux mots que tous les *Indiens* des *Vallées* depuis *Tumbez* jufqu'à *Lima*, font généralement tels que nous venons de les reprefenter, adroits, fages, & civils, plus qu'on ne fe l'imagineroit.

Sechura eft le dernier Bourg de la Jurisdiction de *Piura* de ce côté-là. Ses habitans non feulement refufent de fournir des mules à ceux qui en demandent, mais même ne laiffent paffer perfonne de quelque qualité qu'on foit, fi on n'eft muni d'un paffeport du Corrégidor; c'eft une précaution que l'on prend dans la vue d'empêcher le commerce illicite. En fortant du Bourg, il n'y a que deux chemins, celui du défert, & un autre nommé le *Rodéo*. Il faut opter entre ces deux routes. Si l'on prend celle du défert, il faut, outre les montures, prendre des mules à *Sechura* pour porter de l'eau, dont on abreuve à la moitié du chemin les bêtes de charge. On emplit d'eau des outres, ou de grandes calebaffes; pour quatre bêtes de charge, il y a une mule chargée d'eau, & une autre pour les deux mules qui portent la litiere. Quand on va en chaife roulante, on charge l'eau fur la chaife-même dans des outres faits exprès. Soit qu'on aille en litiere, en chaife, ou à cheval, il faut que chaque voyageur faffe fa propre provifion d'eau pour boire, fans quoi il rifque de périr de foif; car dans toute cette route on ne voit que fable, que tourbillons,

lons que le vent forme du fable, quelques pierres de fel fort clair femées, mais ni arbre, ni herbe, ni quoi que ce foit de verd.

Le 24 nous partîmes de *Sechura*, & entrant dans le défert nous marchâmes fans nous arrêter que pour prendre quelque repos & abreuver nos mules; & le jour fuivant fur les cinq heures du foir nous arrivâmes au Bourg de *Morropé*, ayant fait 28 à 30 lieues, qui eft la diftance de ce Bourg à celui de *Sechura*; & fi ceux du Pays en comptent davantage, il ne faut pas les en croire. Le terrain eft fi égal, fi uni, & d'une fi vafte étendue, qu'il eft aifé de fe tromper de chemin; d'ailleurs le fable eft fi continuellement remué par le vent, que les plus habiles routiers perdent la trace & font dans un moment hors des voyes. L'habileté des guides confifte à revenir fur la voye & à retrouver le chemin dans ces fortes d'occafions. Pour cet effet on fe fert de deux moyens; le premier, c'eft d'obferver fi l'on a le vent en face quand on va vers *Lima*, & au dos quand on en revient: avec cette régle on eft fûr de ne point s'égarer, parce que les vents de Sud régnent conftamment dans cette Contrée. Le fecond moyen de reconnoître la voye, pratiqué par les *Indiens*, c'eft de prendre dans leurs mains, en diverfes places, des poignées de fable, & de le flairer; ils diftinguent par l'odorat fi des mules ont paffé par-là, peut-être parce que le crotin de ces animaux laiffe quelque impreffion dans le fable. Ceux qui n'ont pas une connoiffance fuffifante de ce Pays, & qui s'arrêtent pour repofer & pour dormir, s'expofent à un grand danger; car ils courent rifque à leur réveil de ne favoir quelle route tenir, & pour ainfi dire où donner de la tête: or, dès-qu'une fois on a perdu la tramontane dans ce défert, il faut périr de mifere ou de fatigue, comme cela eft arrivé à plufieurs perfonnes.

Le Bourg de *Morropé* a environ 70 à 80 maifons bâties comme celles des Bourgs précédens, & à peu près 160 familles toutes *Indiennes*. Il eft fitué auprès d'une Riviere appellée *Pozuelos*, à qui il arrive dans l'Eté la même chofe qu'à celles dont il a été déjà parlé; cependant on voit le long de fes bords beaucoup d'Arbres, & de *Chacaras* ou Champs labourés. C'eft une chofe admirable que l'inftinct des bêtes qui font cette route: car découvrant par la force de leur odorat l'eau de la Riviere à plus de quatre lieues de diftance, elles henniffent & fe démenent fi fort qu'il feroit difficile de les retenir; auffi coupent-elles à travers champ pour arriver plutôt à la Riviere, & on n'a qu'à les laiffer faire, on eft fûr d'abréger le chemin, & de terminer bientôt la journée.

Fff 2

Le

Le 26 nous passâmes de *Morropé* à la Bourgade de *Lambayéque*, qui n'est qu'à quatre lieues de-là. Nous y séjournâmes tout le jour du 27, & observâmes que sa latitude australe étoit de 6 deg. 41 min. 37 sec. Ce Bourg est composé d'environ 1500 maisons de toute espéce: quelques-unes sont de briques, d'autres de *Bajaréques*, c'est-à-dire que les parois en sont de cannes, mais recrepies en dedans & en dehors de terre grasse. Celles où les *Indiens* habitent ne sont que de cannes ou de roseaux. Le nombre des Chefs de famille est d'environ 3000 personnes, parmi lesquelles il en a quelques-uns de distinction & fort à leur aise, le reste consiste en *Espagnols* pauvres, en *Métifs*, *Indiens*, & *Mulâtres*. L'Eglise paroissiale est bâtie de pierres & de chaux. Elle est grande, fort belle en dehors, & ornée convenablement en dedans. Elle renferme quatre Chapelles, qu'ils nomment *Ramos*, desservies par autant de Curés, qui sont chargés alternativement de la conduite spirituelle des *Indiens*, & des autres Habitans.

Ce qui a rendu ce Bourg si considérable & si peuplé, c'est qu'il a été augmenté par les familles qui habitoient ci-devant dans la Ville de *Sagna*, laquelle fut ruinée & saccagée en 1681 par le Pirate *Edouard David*, Anglois de nation, & quelques années après, la même Ville ayant été submergée par un débordement de la Riviere du même nom; ce dernier malheur acheva de la détruire. Elle fut entiérement abandonnée par ses habitans, qui vinrent tous s'établir à *Lambayéque*. Il y a dans ce dernier endroit un Corrégidor, dont la Jurisdiction s'étend sur divers Bourgs, & en particulier sur celui de *Morropé*. Il y a aussi un Officier Royal, qui y est envoyé de *Truxillo*. A peu de distance du Bourg coule la Riviere nommée aussi *Lambayéque*: quand les eaux sont hautes, comme elles l'étoient alors, on la passe sur un pont de bois; mais quand elles sont basses on la passe à gué. Il arrive quelquefois qu'elle est entiérement à sec.

Le terroir de *Lambayéque*, autant que peut s'étendre l'humidité de la Riviere, & l'industrie des canaux, est fertile en toute sorte de Fruits; quelques-uns pareils à ceux d'*Europe*, & quelques autres qui tiennent de la nature des fruits de l'une & de l'autre région, ayant été greffés aux *Indes*. A environ dix lieues delà il y a des treilles, dont les raisins fournissent quelque peu de vin, mais il n'est ni si abondant, ni si bon que dans quelques autres Contrées du *Perou*. Les pauvres habitans gagnent leur vie à faire des ouvrages de coton, *courtes-pointes piquées*, *manteaux* &c.

Le

Le 28 nous partîmes de *Lambayéque*, & prenant notre route par le Bourg de *Monfefu*, qui eſt à quatre à cinq lieues de-là, nous vinmes nous repoſer près du rivage de la Mer, à un endroit nommé *las Lagunas* (*les Marais*), ainſi appellé à-cauſe des mares que forment près de-là les eaux extravaſées de la Riviere de *Sagna*; & le 29 nous étant remis en route, nous paſſames à gué la Riviere de *Xéquétépéque*, laiſſant le Bourg du même nom à un quart de lieue de diſtance, & nous finîmes notre journée au Bourg de *San Pédro* à vingt lieues de *Lambayéque*, & le dernier de ſa Juriſdiction. La latitude de *San Pédro* fut trouvée de 7 deg. 25 min. 49 ſec.

Ce Bourg contient environ 130 maiſons, bâties de *bajaréques*, c'eſt-à-dire, de cannes recrepies & enduites de terre graſſe dedans & dehors. Ses habitans conſiſtent en 130 Familles *Indiennes*, 30 de *Blancs* ou *Métifs*, & 10 à 12 de *Mulâtres*. Il y a un Couvent d'*Auguſtins* qui n'a que trois Religieux, le Prieur, le Curé du Bourg, & ſon Secondaire ou Vicaire. La Riviere qui coule auprès s'appelle *Pacaſmoyo*. Tout le terroir eſt fertile & abonde en fruits. Le chemin de *Lambayéque* à *San Pédro* ſe fait le long de la plage, par retailles ou coupures, & l'on en eſt aſſez près, lorſqu'on s'en éloigne le plus.

Le 30 de *Novembre* continuant notre voyage, nous paſſames par le Bourg de *Payjan*, qui eſt le premier de la Juriſdiction du Corrégidor de *Truxillo*; & le 1 de *Décembre* nous arrivâmes au Bourg de *Chocopé* à 13 à 14 lieues de *San Pédro*. Sa latitude eſt de 7 deg. 46 min. 40 ſec. Le voiſinage de la Riviere nommé *Chicama* fertiliſe ſon terroir, qui produit en abondance des Cannes de Sucre, des Raiſins, & des Fruits de toute eſpéce tant d'*Europe* que des *Indes*. Le Maïz, qui eſt la ſemence la plus générale des Vallées, y vient auſſi en abondance. Depuis les bords de la Riviere de *Lambayéque* juſqu'ici, les Cannes de Sucre croiſſent près de toutes les autres Rivieres, mais nulle part ſi abondamment ni de ſi bonne qualité que ſur les bords de la *Chicama*.

Le Bourg de *Chocopé* conſiſte en 80 à 90 maiſons de *bajaréques*, couvertes de terre cuite. Il a pour habitans 60 à 70 familles, la plupart *Eſpagnoles*, & le reſte *Indiennes* au nombre de 20 à 25. L'Egliſe, bâtie de briques, eſt grande & décente. On remarque dans ce Bourg comme une choſe fort ſinguliere dans ces climats, qu'en 1726 il y plut durant quarante jours continuels, avec cette particularité, que la pluye commençoit le ſoir ſur les quatre à cinq heures, & finiſſoit le lendemain matin à la même heure, le Ciel étant ſerein tout le reſte du jour. Cet accident imprévu ruina & détruifit toutes les maifons, n'étant refté que quelques débris des parois de l'Eglife, qui réfifta davantage étant bâtie de briques. Mais ce qui dut paroître le plus étrange aux yeux de ces pauvres habitans, c'eft que pendant tout ce déluge les vents de Sud, non feulement ne varierent point, mais foufflerent avec tant de force qu'ils agitoient le fable changé en limon. Au bout de deux ans il y plut pendant onze ou douze jours, mais non pas avec la même force. Et depuis lors on n'a pas vu de pareil phénoméne, & on ne fe fouvenoit pas d'en avoir jamais vu de femblable auparavant.

CHAPITRE II.

Arrivée à Truxillo. *Defcription abrégée de cette Ville, & continuation du Voyage jufqu'à* Lima.

NOus ne nous arrêtâmes à *Chocopé* qu'autant de tems qu'il en falloit pour donner quelque repos à nos montures, après quoi nous continuâmes notre voyage, & arrivâmes heureufement à *Truxillo*, qui en eft à onze lieues, & dont la latitude felon les obfervations que nous y fîmes, eft de 8 deg. 6 min. & 3 fec. Cette Ville fut bâtie en 1535 dans la Vallée de *Chimo* par *Don Francifco Pizarro*. Elle eft agréablement fituée, quoique fur un terrain fablonneux, défaut général des Villes de ces Vallées. Elle eft enceinte d'une muraille de brique, & quant à fa grandeur on peut la compter parmi les Villes du troifiéme rang. Elle eft à environ demie lieue du rivage de la Mer, & elle a deux lieues au nord: le Port de *Guanchaco* lui fert pour fon Commerce maritime. Les maifons n'y font pas fans apparence: les principales font de briques avec de beaux balcons, & des portails qui font un bel effet. Celles qui font moins confidérables font de *bajaréques*; les unes & les autres très-peu exhauffées, & il y en a même fort peu qui ayent un étage au-deffus du rez-de-chauffée, le tout à-caufe des tremblemens de terre.

Il y a à *Truxillo* un Corrégidor qui gouverne tout ce Département, un Evêque dont le Diocéfe commence à *Tumbez*, avec un Chapitre confiftant en trois Dignités, celle de Doyen, d'Archidiacre, & de Chantre, quatre Chanoines, & deux Prébendiers. Il y a un Tréfor Royal & deux Officiers des Finances du Roi, le *Contador* & le Tréforier, dont l'un,

comme

comme je l'ai déjà dit, passe à *Lambayéque* pour y résider, pendant que l'autre réside à *Truxillo*. Il y a dans cette derniere Ville divers Couvens de différens Ordres; un Collége de *Jésuites*, un Hôpital de *Notre Dame de Bethléhem*, & deux Monasteres de Filles, l'un de *Ste Claire*, & l'autre de Religieuses de *Ste. Thérése* ou *Carmélites* déchaussées.

Les habitans sont mêlés d'*Espagnols* & de gens de toute race. Parmi les *Espagnols*, il y a des familles très-distinguées. En général ils sont tous civils, bien réglés, & assez instruits. Les femmes y sont habillées à peu près comme celles de *Lima*, dont on parlera plus amplement ci-après. Elles ont presque les mêmes usages. Toutes les familles tant soit peu aisées ont leurs caléches, sans lesquelles il est difficile de marcher dans les rues à cause de la quantité de sable qu'il y a, & c'est ce qui a fait multiplier extraordinairement ces voitures.

Dans ce Climat on remarque une différence sensible de l'Hiver à l'Eté, depuis cette Ville jusqu'au-delà; car dans la premiere de ces deux saisons le froid se fait sentir, & le chaud dans la seconde. Les campagnes de toute cette *Vallée* sont extrêmement fertiles : elles produisent beaucoup de Cannes de sucre, de Maïz, toute sorte de Verdures & de Fruits, une partie est plantée de Vignes & l'autre d'Oliviers. Les terres qui sont les plus voisines des Montagnes, produisent du Froment, de l'Orge, & autres semblables denrées, non seulement assez pour la nourriture des habitans, mais aussi pour en envoyer à *Panama*, surtout de la Farine de froment, & du Sucre qu'ils ont de reste. La grande fertilité de la terre rend le Pays fort agréable. La Ville est remplie & environnée d'arbres touffus; les uns forment des rues pour le plaisir de la promenade, les autres forment des vergers & des jardins; on y jouit toujours d'un beau Ciel, ce qui est un agrément pour les habitans, & une consolation pour les étrangers. A une lieue de la Ville coule une Riviere qui fertilise les campagnes par le moyen des canaux. Nous la passâmes à gué le 4, & continuant notre voyage nous passâmes par le Bourg de *Moche*, & le jour suivant nous arrivâmes à celui de *Bira*, à 10 lieues de *Truxillo*. Au Bourg de *Moche*, il faut exhiber aux Alcades le passeport qu'on a reçu du Corregidor de *Truxillo*, sans quoi ils ne vous laissent pas passer non plus qu'à *Sechura*.

Moche est situé par les 8 deg. 24 min. 59 sec. de latitude australe. Ce Bourg consiste en 50 maisons de *bajaréques*, habitées par 70 familles d'*Espagnols*, d'*Indiens* & de *Mulâtres*. A demie lieue au nord du Bourg on trouve un ruisseau, d'où l'on a tiré divers canaux pour arroser les terres qui en dépendent, & qui ne font pas moins fertiles que celles de *Truxillo*; il en eft de-même des autres Bourgs que l'on rencontre en remontant la Riviere. Le même jour 5 nous nous remîmes en chemin, & côtoyant de tems en tems la plage, & quelquefois nous en éloignant, quoique jamais plus d'une à deux lieues, nous vinmes le 6 faire alte à un lieu défert, nommé le *Tambo de Chao*, d'où nous vinmes fur les bords de la Riviere de *Santa*, que nous paffâmes avec le fecours des *Chimbadores*, pour entrer dans la Ville du même nom, qui en eft à environ un quart de lieue, & à 15 lieues de *Biru*. Cette route offre de vaftes campagnes de fable, & deux côtes qui les coupent.

Le Fleuve de *Santa* s'élargit dans l'endroit où on le paffe ordinairement à gué l'efpace d'environ un quart de lieue, & forme cinq branches principales, par lesquelles il coule en toute faifon avec beaucoup de profondeur. Pour le guéer, il y a fur fes bords des hommes entretenus pour cela, & montés fur des chevaux fort hauts, dreffés à ce manége, & à réfifter au courant de l'eau, qui eft toujours fort confidérable. Ces hommes font appellés en langage du Pays *Chimbadores*. Ils font chargés de reconnoître les gués pour conduire à l'autre bord les voyageurs & leurs effets; fans cette précaution il ne feroit pas poffible d'en venir à bout, vu que les gués changent fréquemment, & qu'il eft difficile en arrivant de les découvrir. Il arrive même quelquefois à ces *Chimbadores*, que les gués changeant tout d'un coup dans quelqu'un des bras du Fleuve, ils font entraînés par la violence du courant & périffent dans les ondes. En Hiver quand il pleut dans les Montagnes, le Fleuve s'enfle de maniere qu'il n'y a pas moyen de le guéer nulle part pendant plufieurs jours, tellement que les voyageurs font obligés d'attendre que les eaux ayent diminué, furtout s'ils ont des marchandifes avec eux. Quand on n'eft point embaraffé de bagages, on fe fert de *Balzes* de calebaffes jointes enfemble, & l'on commence à paffer en louvoyant à fix ou huit lieues au-deffus du Bourg, mais affurément ce n'eft jamais fans danger; car quelquefois le courant eft fi fort qu'il emporte la *Balze* avec fa charge dans la Mer. Lorfque nous le traverfâmes il étoit extrêmement bas, toutefois par trois expériences que nous fimes fur fes bords, & qui s'accordoient toutes, nous trouvâmes qu'en 29½ fecondes de tems l'eau parcouroit 35 toifes, & par conféquent 4271 toifes dans une heure, ce qui fait une lieue & demie marine. La violence de cette eau eft néanmoins un peu moins grande que celle que Mr. *de la Condamine* remarque dans la rélation de fon Voyage au Fleuve de

Ma-

Maragnon au *Pongo*, ou Détroit de *Manceriche*. Je ne doute pourtant pas que quand le Fleuve de *Santa* est parvenu à son plus haut degré de profondeur, il ne surpasse en célérité l'eau du *Pongo*; & ce qui me le fait croire, c'est que lorsque nous fîmes cette observation il étoit aussi bas qu'il puisse l'être.

Santa Maria de la Parilla (car c'est ainsi que cette Ville s'appelle proprement) fut d'abord bâtie sur la plage, dont elle est éloignée présentement d'un peu plus d'une demie lieue. Elle étoit dans ce tems-là fort considérable, & très-peuplée; elle avoit divers Couvens, & un Corrégidor; mais ayant été détruite par le Pirate Anglois *Edouard David* en 1685. les habitans l'abandonnerent, & ceux qui n'avoient pas les moyens de se transporter dans des lieux plus sûrs, s'établirent dans l'endroit où est présentement la Ville, si l'on peut appeller ainsi 25 à 30 maisons de *bajaréque*, ou de chaume, habitées par des gens fort pauvres, divisés en cinquante familles d'*Indiens* & de *Mulâtres*. Nous observâmes sa latitude par le moyen de quelques étoiles, n'ayant pu le faire par le Soleil, & nous trouvâmes qu'elle étoit située par les 8 deg. 17 min. 36 sec.

Pendant que nous faisions ces observations, il parut dans l'air un Phénomène éclatant, comme une grande vapeur enflammée, ou un globe de feu, semblable à celui dont nous avons parlé dans la premiere Partie de cet Ouvrage, qui fut remarqué à *Quito*, quoique moins grand & moins éclatant. Celui dont il est ici question, parcourut un grand espace à l'Ouest, & étant arrivé au bord de la Mer, il disparut en faisant un bruit pareil à celui du canon. Ceux qui ne l'avoient point observé prirent l'allarme, & croyant que ce coup annonçoit l'arrivée de quelque vaisseau dans le port, tous les habitans prirent les armes & monterent à cheval, accourant pour border le rivage de la Mer & s'opposer aux descentes, au cas que ce fussent des ennemis; mais n'ayant rien apperçu, ils s'en retournerent chez eux, laissant seulement des sentinelles sur la côte pour être avertis de tout ce qui arriveroit. Dans tout ce Pays des *Vallées* ces sortes de Phénoménes ne sont point rares. On en a même vu plusieurs dans l'espace d'une nuit, dont quelques-uns étoient fort grands & fort brillans, & duroient assez long-tems.

Les habitans de ce lieu sont affligés d'un fléau insupportable, ce sont les *Mosquites*, qui les désolent, quoiqu'ils dussent y être accoutumés. Il y a des tems où le nombre en diminue de beaucoup; quelquefois même, mais rarement, on n'en voit point du tout. Communément ils foisonnent dans toutes ces Contrées, excepté quand on a passé *Piura*; car alors on ne voit guere de ces insectes, si ce n'est dans les Bourgs situés près des Fleuves, mais nulle part en si grande quantité qu'à *Santa*. Nous partîmes de cette Ville le 8, & arrivâmes à *Guaca-Tambo* à huit lieues de *Santa*. *Guaca* n'est qu'une *Hacienda* près de laquelle est le *Tambo*, ou Auberge consistant en un simple couvert pour loger les voyageurs; un Ruisseau médiocre coule près de-là.

Le 9 nous arrivâmes à une autre Hacienda nommée *Manchan*, après avoir passé par le Bourg appellé *Casma-la-Baxa* à environ une lieue de la Hacienda. Ce Bourg n'est composé que de dix à douze maisons avec une Eglise, & dans l'espace qui est entre le Bourg & *Manchan* coule un Ruisseau assez peu considérable. La Hacienda de *Manchan* est éloignée de 8 lieues de la précédente. Le 10 nous continuâmes notre voyage par un chemin fort pierreux, & incommode particuliérement pour les litieres. Ce chemin est appellé *Cuestas de Culebras*; le 11 nous arrivâmes au Bourg de *Guarmey* à 16 lieues de *Manchan*. Nous ne nous y arrêtâmes pas & allâmes giter à trois lieues au-delà pour faire la *Pescana*, c'est ainsi qu'ils nomment les couchées ou pauses que l'on fait en chemin dans des *Tambos*, ou chaumieres qu'ils nomment aussi *Culebras*, & qui sont les gites ordinaires. Le Bourg de *Guarmey* est peu considérable, n'étant composé que de quelque quarante maisons bâties comme celles des autres Bourgs. Il y a environ 70 familles, parmi lesquelles on compte peu d'*Espagnoles*: le reste est *Indiens*, *Mulâtres* &c. La latitude de ce lieu est de 10 deg. 3 min. 53 secondes. Le Corrégidor qui demeuroit autrefois à *Santa*, fait à-présent sa résidence ordinaire dans *Guarmey*.

Le 13 après avoir marché par des chemins affreux, par le sable continuel, les côtes & les collines, nous arrivâmes à un endroit nommé *Callejones* à 13 lieues de *Guarmey*. Parmi les mauvais chemins de cette journée, il y en a un surtout nommé le *Salte d'El-Frayle* ou *Saut du Moine*, qu'on ne passe pas sans danger; c'est un rocher vif fort élevé & très-escarpé: vers la Mer il faut nécessairement passer sur la pente de ce rocher, au risque de tomber dans un précipice qui fait frémir les hommes & les animaux. Le jour suivant nous passâmes par *Guamannayo*, Hameau situé sur le bord de la Riviere de *Barranca*, & appartenant au Bourg de *Pativilca*, distant d'environ huit lieues de *Callejones*. Ce Bourg est le dernier du ressort du Corrégidor de *Santa*, ou plutôt de *Guarmey*.

Le Bourg de *Pativilca* est médiocre, n'étant composé que de 50 à 60
mai-

maifons, & d'un nombre proportionné d'habitans, parmi lefquels on compte quelques familles *Efpagnoles*; la plupart des habitans font de race mêlée, mais il y a fort peu d'*Indiens*. Sur le bord de la Mer, laquelle n'eft qu'à trois quarts de lieue de *Guamannayo*, on voit les reftes d'un ancien Edifice des *Indiens*. Ce font des murailles de briques, dont la grandeur fait affez voir que ce font les ruines du Palais des anciens *Caciques* de ce quartier, & je ne doute pas que la fituation de ce Palais n'ait été choifie à deffein, la vue s'étendant de-là fur la campagne qui eft fort fertile & fort agréable, & fur la Mer.

De *Pativilca* nous partîmes le 15 pour *Guaura*. Nous paffâmes la *Barranca* à gué, à l'aide des *Chimbadores*; cette Riviere étoit alors fort baffe, & fe partageoit en trois branches; le fond en eft fort pierreux, & par-là même dangereux en tout tems. A une lieue en-delà eft le Bourg de la *Baranca*, où commence la Jurifdiction de *Guaura*. Il contient 60 à 70 maifons. Il eft fort peuplé, particuliérement d'*Efpagnols*. Le même jour nous arrivâmes à *Guaura*, ayant fait neuf lieues depuis *Guamannayo*.

Toute la Ville de *Guaura* confifte en une rue de près d'un quart de lieue de long, & de 150 ou 200 maifons, les unes de briques, les autres de *bajaréques*, & quelques cabanes d'*Indiens*. Outre l'Eglife Paroiffiale il y a un Couvent de *Francifcains*. Avant que d'entrer dans la Ville, on paffe par les plus beaux champs qu'on puiffe voir, & en fi grande quantité, qu'ils s'étendent le long du chemin à plus d'une lieue, ce qui rend cette avenue extrêmement agréable; car auffi loin que la vue peut s'étendre vers l'Orient on ne voit que des Cannes de fucre, & vers l'Occident que du Froment, du Maïz, & autres femblables grains, qui couvrent non feulement les campagnes autour de la Ville, mais toute cette vallée qui eft fort fpatieufe.

Au bout méridional de la rue de *Guaura*, eft une grande tourelle avec une porte, au-deffus de laquelle eft une efpéce de *Donjon*. Cette tourelle donne entrée à un pont de pierre, fous lequel paffe la Riviere de *Guaura*, laquelle eft paffablement profonde, & fi proche de la Ville qu'elle en baigne les fondemens fans pouvoir les endommager, parce qu'ils font bâtis fur le roc. En delà de la Riviere eft une efpéce de Fauxbourg de la même Ville, dont les maifons, un peu éloignées les unes des autres, s'étendent le long du chemin à une bonne demie lieue. Les arbres & les jardins, qui rempliffent les intervalles des maifons, rendent ce chemin fort gai. Ayant obfervé par le Soleil la latitude de *Guaura*, nous la trouvâmes de 11 deg. 3 min. 36 fec. auftrales.

Le climat de cette Ville est fort agréable & fort sain; car quoiqu'on y sente la différence des Saisons, il est très-vrai que le froid n'y est point incommode en Hiver, ni le chaud en Eté.

A quelque distance de *Guarmey* on trouve plusieurs vestiges des anciens Edifices des *Incas*. Les uns sont des murailles de Palais, les autres des ruines de murs bâtis de grosses briques, lesquels murs formoient des Chemins Royaux d'une largeur suffisante. Enfin on voit les restes des Forteresses ou Châteaux, bâtis dans les lieux convenables pour résister à leurs Ennemis & aux Nations avec qui ils étoient en guerre. Un de ces derniers monumens se trouve à deux ou trois lieues au nord du Bourg de *Pativilca*, pas loin d'un ruisseau, & sur une colline médiocrement haute, à peu de distance de la Mer. Ce ne sont que des débris de vieilles murailles.

De *Guaura* nous nous rendîmes à *Chancay*, qui en est à 14 lieues, quoiqu'on n'en compte communément que 12. Cette Ville est par les 11 deg. 33 min. 47 sec. de latitude australe. Elle est composée d'environ trois cens maisons, les unes de briques, les autres de torchis, & plusieurs de cannes. Elle est fort peuplée, contient grand nombre de familles *Espagnoles*, dont quelques-unes sont de grande distinction; le reste est mêlé de toute sorte de Races, comme dans les autres Villes. Outre l'Eglise Paroissiale il y a un Couvent de *Franciscains*, & un Hôpital desservi par les habitans mêmes. Cette Ville est la plus considérable du Corrégiment de son nom. Le Corrégidor y fait sa résidence ordinaire. Il nomme un Grand-Justicier, qu'il envoye résider à *Guaura* pour y être comme son Subdélégué, car *Guaura* ressortit à cette Sénéchaussée. Les Campagnes de *Chancay* sont fertiles & arrosées des eaux de la Riviere de *Passamayo*, que l'on distribue par le moyen des canaux. Cette Riviere coule au sud de la Ville, à environ une lieue & demie de distance. Le terroir produit force Maïz, dont on engraisse dans les champs de grands troupeaux de Cochons, qu'ils vont vendre à *Lima*; & le profit qu'ils font dans ce commerce, est cause qu'ils ne sément presque que du Maïz.

Le 17, jour auquel nous arrivâmes à *Chancai*, nous en partîmes, & ayant passé le *Passamayo* à gué, quoiqu'il fût assez haut, à une lieue de-là nous trouvâmes le *Tambo*, qui porte le nom de cette Riviere. C'est-là que commence une Montagne de sable qu'il faut passer, & qui est fort incommode, tant parce qu'on y enfonce, qu'à cause de sa longueur & de la difficulté de la monter; c'est pourquoi on choisit ordinairement la nuit pour la passer, afin de diminuer un peu la fatigue. Le 18 nous arrivâmes à

Tambo

VOYAGE AU PEROU. Liv. I. Ch. II. 421

Tambo de Inga, & le même jour nous nous rendîmes à *Lima*, ayant fait ce jour-là 12 lieues depuis *Chancai*.

On voit par le Journal de ce Voyage, que de *Tumbez* à *Piura* il y a 62 lieues, de *Piura* à *Truxillo* 89, & de *Truxillo* à *Lima* 113, en tout 264. Ordinairement ce chemin se fait de nuit, à cause que tout le Pays étant couvert de sable, la reverbération des rayons du Soleil y est telle que les mules n'en pourroient jamais supporter la chaleur durant le milieu du jour: d'ailleurs on n'y rencontre, ni eau, ni herbes, ni rien de semblable. Aussi tout le chemin se reconnoît plutôt aux ossemens des mules qui paroissent y avoir péri de fatigue, qu'aux traces de leurs pieds; car quoique la route soit si fréquentée qu'il ne cesse en aucune saison d'y passer du monde, le vent empêche bien qu'on ne puisse distinguer les vestiges des pas, & à-peine les mules ont achevé de passer, qu'il remue le sable & efface entierement l'impression de leurs pieds. La verdure & les arbrisseaux y sont si rares, que dès-qu'on en voit on peut être assuré qu'on n'est pas loin d'une Bourgade, ou de quelqu'autre lieu habité: la raison en est que ces lieux sont situés près des Rivieres dont l'humidité produit ces sortes de choses; car les lieux inhabités ne sont tels que parce qu'ils manquent d'eau, & que sans ce secours les Peuples ne peuvent, ni subsister, ni faire valoir les terres.

Dans tous les lieux habités on trouve en abondance les choses nécessaires à la vie, de la volaille, du pain, du vin, des fruits, le tout très-bon & même délicat & à un prix ordinaire: tout ce qu'il y a, c'est qu'un Voyageur est obligé de s'apprêter à manger lui-même, ou de le faire apprêter par ses domestiques; car envain chercheroit-il dans la plupart des Villages des gens capables de bien faire à manger. Ce n'est que dans les grands Bourgs que ceux qui ont la direction des *Tambos* vous préparent à manger. Dans les petits endroits les *Tambos*, ou *Logemens*, ne sont que des chaumieres où l'on ne trouve que les quatre murailles, & un méchant couvert, sans autre chose quelconque; desorte qu'il faut qu'un Voyageur porte avec soi d'un lieu à l'autre l'eau, le bois, la viande, & ses propres ustencilles pour la préparer. On trouve à-la-vérité en abondance dans les plus petits lieux, des poules, des poulets, des pigeons, des coqs d'*Indes* & des oyes, une grande quantité de tourterelles qui se nourrissent de Maïz & de la graine des Plantes, & qui se multiplient extrêmement: les Voyageurs se divertissent à la chasse de ces Oiseaux, pendant qu'ils s'arrêtent dans les Bourgades; mais à cela près, & à la réserve de quelques petits Oiseaux, il n'y a dans toute cette route ni animaux sauvages & malfaisans, ni reptiles.

Les canaux au moyen desquels les Rivieres fertilisent le terroir, sont des ouvrages dont on est redevable aux soins & à l'industrie des *Incas*, & une de leurs premieres attentions à gratifier leurs Sujets, leur enseignant par-là les moyens de se procurer tout ce qui étoit nécessaire à leur subsistance, & aux agrémens de la vie. Parmi ces Rivieres il y en a plusieurs qui sont à sec quand il cesse tout-à-fait de pleuvoir dans les Montagnes, mais la *Santa*, la *Barrança*, la *Guaura*, le *Passamayo*, & d'autres non seulement ne manquent jamais d'eau, mais même sont fort profondes dans la plus grande sécheresse.

Les premieres commencent à avoir de l'eau réguliérement dans les mois de *Janvier* ou de *Février*, jusqu'au mois de *Juin*, que l'Hiver régne dans les Montagnes, au-lieu que c'est l'Eté dans les Vallées. Là il pleut, & ici le Soleil darde ses rayons avec force. Depuis le mois de *Juin* l'eau commence à manquer, desorte qu'en *Novembre* & *Décembre* c'est le tems de la plus grande sécheresse, & il est alors Hiver dans les Vallées, & Eté dans les Montagnes. Cette opposition dans une si petite distance, marque bien la différence de climat & de température.

CHAPITRE III.

Description de la Ville de Lima *Capitale du Pérou, & résidence de ses Vicerois; son admirable situation, son étendue, & la majesté de ses Tribunaux.*

IL semble que les événemens que le hazard produit, méritent quelquefois qu'on les estime assez pour qu'on les mette au rang des plus heureux succès, telle est la raison imprévue qui nous a appellé à *Lima*; sans elle l'Histoire de notre Voyage, bornée aux observations faites dans la Province de *Quito*, perdroit une partie de son prix. Pour qu'elle plaise & instruise davantage, il faut qu'elle renferme aussi ce qu'il y a de plus remarquable dans la Province de *Lima*. En présentant aux yeux du Lecteur un champ si vaste & si agréable, notre relation lui fera connoître à combien juste titre la Ville qui porte ce nom, a mérité d'être la Capitale du *Pérou*, & la Reine des Villes des Contrées Méridionales de l'*Amérique*. Suprimer un article si important, ce seroit rendre notre Ouvrage
impar-

imparfait. Le Lecteur y trouveroit à dire des chofes qu'il s'étoit flatté d'avance d'y lire touchant cette grande & fameufe Ville, & feroit fruftré de l'efpérance de pouvoir s'inftruire en même tems de ce qu'il y a de plus remarquable dans la plus importante Province de ce Continent; & nous, nous ferions privés du plaifir d'en faire la defcription, & de dire comment nous avons porté nos fpéculations à des objets fi dignes d'attention, & qui avec de fi grands avantages peuvent infiniment rehauffer la gloire de nos travaux, déjà enrichis d'Obfervations Aftronomiques, & de Spéculations Nautiques, jointes à l'examen d'un vafte Pays. Il eft donc raifonnable que nous donnions un détail d'autres Contrées encore plus éloignées, détail qui peut répandre plus de variété dans la rélation de notre Voyage, dont l'entreprife étant grande dans fes principes, doit être telle jufqu'à la fin.

Mon deffein n'eft pas dans ce Chapitre de repréfenter la Ville de *Lima* telle qu'elle eft préfentement. Au-lieu de décrire des chofes grandes & magnifiques, ce feroit remplir cette Hiftoire de fcénes des plus triftes & des plus tragiques, en décrivant les ruines de fes Palais, le bouleverfement de fes Eglifes, de fes Tours élevées, & enfin de tout ce qui rendoit cette Ville fi recommandable. Tous ces Ouvrages & Edifices, grands médiocres & petits, qui compofoient cette grande Cité, & en formoient un Corps fi bien proportionné, ont été renverfés & détruits par les fecouffes violentes du tremblement qui a bouleverfé tout le terrein qu'elle occupoit le 28 d'*Octobre* de l'année derniere 1746. Il fera parlé ailleurs de ce trifte événement. Cette funefte nouvelle arriva en *Europe* avec cette célérité naturelle aux malheurs, & à l'occafion qui termine cette feconde Partie avec la récapitulation des profpérités de ces Royaumes. Je ne repréfenterai donc point ici *Lima* comme la proye déplorable des tremblemens de terre, mais comme la merveille de cette partie de l'*Amérique*. Je ne parlerai que de fa gloire éclipfée, de fa magnificence, de fon opulence, & de tout ce qui la rendoit célébre dans le Monde, & en donnoit l'idée fous laquelle nous la connoiffons; fon fouvenir augmente dans nos efprits la peine que nous font fes cruels revers. Après cet avertiffement on ne trouvera pas étrange que je parle de cette Ville & de fes Edifices, comme fi elle exiftoit encore; cette rélation fe rapportant au tems précédent, où la Ville fe trouvoit telle que je vais la décrire, & où elle n'avoit pas encore effuyé ce terrible tremblement.

La Ville de *Lima*, autrement *la Ville des Rois*, fut fondée par *Don Fran-*

Francifco Pizarro en 1535 le Jour *des Rois*. Selon *Garcilaffo* dans fon *Histoire des Incas*, les opinions ne font pas uniformes fur ce fujet; quelques-uns prétendent que ce fut le 18 de *Janvier*, & ce fentiment eft confirmé par un Acte ou Mémoire de fondation qui fe conferve dans les Archives de cette Ville. Quoi qu'il en foit, *Lima* eft fituée dans la grande & agréable vallée de *Rimac*, mot *Indien* qui fignifie *celui qui parle*, & qui eft le véritable nom de la Ville même, les *Efpagnols* l'ayant nommée *Lima* par corruption de *Rimac*, qui eft encore le nom de la Vallée & du Fleuve. On prétend que ce nom vient d'une Idole à qui les *Indiens* facrifioient les naturels du Pays, depuis que les *Incas* eurent étendu jufques-là les bornes de leur Empire. On affure que cette Idole ayant répondu aux prieres qu'on lui adreffoit, fut appellée *Rimac*, c'eft-à-dire *celui qui parle*; ce qui doit s'entendre rélativement à leurs autres faux-Dieux. *Lima* eft par les 12 deg. 2 min. 31 fec. de latitude auftrale. Sa longitude eft de 299 deg. 27 min. 7½ fec. à la compter depuis le méridien de *Ténérife*, felon ce qui nous parut par les différentes obfervations que nous fîmes à ce fujet. A *Lima* l'aiguille varie de 9 deg. 2½ min. au Nord-Eft.

La fituation de la Ville eft des plus avantageufes qu'on puiffe imaginer; car fe trouvant au milieu de cette grande & fpacieufe vallée elle la domine entiérement fans que rien empêche la vue: cette vallée eft bornée du côté du Nord, mais à une affez grande diftance, par la *Cordillere de los Andos*; quelques collines & monticules détachées de cette *Cordillere* s'avancent jufqu'à la plaine. Celles de ces collines qui s'en approchent le plus, font celles de *San Chriftoval* & d'*Amancaes*. Les premieres, felon la mefure Géométrique prife par *Don George Juan* & par Mr. *de la Condamine* en 1737, s'élèvent au-deffus du terrain qui leur fert de bafe, à 134 toifes, qui font 312 aunes *Caftillanes*. Le Pere *Feuillée* les avoit mefurées, & leur avoit donné 146 toifes & un pied de hauteur. Cette différence ne vient fans-doute, que de n'avoir pas mefuré avec une égale précifion la bafe fur laquelle ils fondent leurs calculs. Les collines d'*Amancaes*, quoique moins hautes que celles-là, n'en different pas de beaucoup, & ne font qu'à un quart de lieue plus ou moins de la Ville. C'eft du côté du Nord que coule la Riviere du même nom que la vallée, tout près de la Ville; & quoiqu'on la puiffe aifément guéer lorfqu'il ne tombe pas d'eau fur les Montagnes, il eft des tems où elle croît fi fort qu'il feroit dangereux de l'entreprendre, tant à caufe de fa profondeur, que de fa rapidité. On la paffe fur un beau & large pont de pierres, au bout duquel eft une arca-

de

PLAN SENOGRAPHIQUE DE LA CITÉ DES ROIS ou LIMA, Capitale du Royaume DE PEROU.

Située par les 12 Deg. 2 M. 31 S. de Latitude Meridionale, et par les 299 D. 27. M. 7 S. de Longitude à l'Occident du Meridien de Teneriffe, telle qu'elle etoit avant qu'elle fut détruite par le dernier tremblement de terre.

1. Palais du Vice-roi.
2. Cathedrale.
3. Maison de l'Ayuntamiento.
4. Los Desamparados, May.on Professe.
5. Dominicains et Jesuites.
6. S.te Rose, Monastere.
7. Rose, Bratterie.
8. Hospital du S.t Esprit.
9. Monserrate.
10. Paroisse de S.t Sebastien.
11. Antiochia.
12. Paroisse de S.t Marceau.
13. S.t Francois de Paule, Couvent.
14. Monastere de S.t Christ, ou les Nazareens.
15. La Merci. 16. Jesus Maria.
17. S.t Juan de Dios.
18. Recollection de Bethléem.
19. Recollection de S.t Dominique.
20. Incarnation.
21. La Trinité.
22. S.t Joseph, Bratterie.
23. Maison de pauvres femmes.
24. Noviciat des Jesuites.
25. La Gadaloupe.
26. Les Orselines.
27. Les Carmelites. 28. S.t Paul.
29. S.t Martin, College.
30. La Conception.
31. Inquisition.
32. S.t Francois.
33. S.t Ildefonse.
34. Hopital des Prêtres.
35. S.t Pedro.
36. Les Trinitaires, Religieuses.
37. S.t Philippe, Couvent Royal.
38. l'Université.
39. La Charité.
40. Collegede femmes. Collegio de las Mugeres.
41. College de S.t Thomas.
42. Monastere de S.te Rose.
43. S.t Pedro Nolasco.
44. Monastere de S.te Catherine.
45. Hopital de S.t Andre.
46. Hopital de S.te Anne.
47. Hopital de S.t Barthelemi.
48. La Conception, Confrerie.
49. El Carmen.
50. Monastere de S.te Claire.
51. Monastere de los Descalzas.
52. Religieuses du Prado.
53. College du Cercado.
54. S.t Pierre d'Alcantara.
55. Les Incurables.
56. Hôpital des Convalescens, ou la Convalecencia.
57. Monastere des filles de la Merci.
58. S.te Rose de Viterbo.
59. Hôtel de la Monnoye.
60. Seminaire de S.t Toribio.
61. N.tre D.me de Cocharcas.
62. S.t Lazare.
63. N.tre D.me de Copacavana.
64. Le Baratillo, ou la Friperie.
65. N.tre D.me de las Cruzes.
66. Les Peignes, ou les Peignes.
67. La Alameda, ou le Promenoir.
68. Moulin à poudre.
69. Promenade de L'Acho.
70. Colline de S.t Christofle.

PL. XXII.

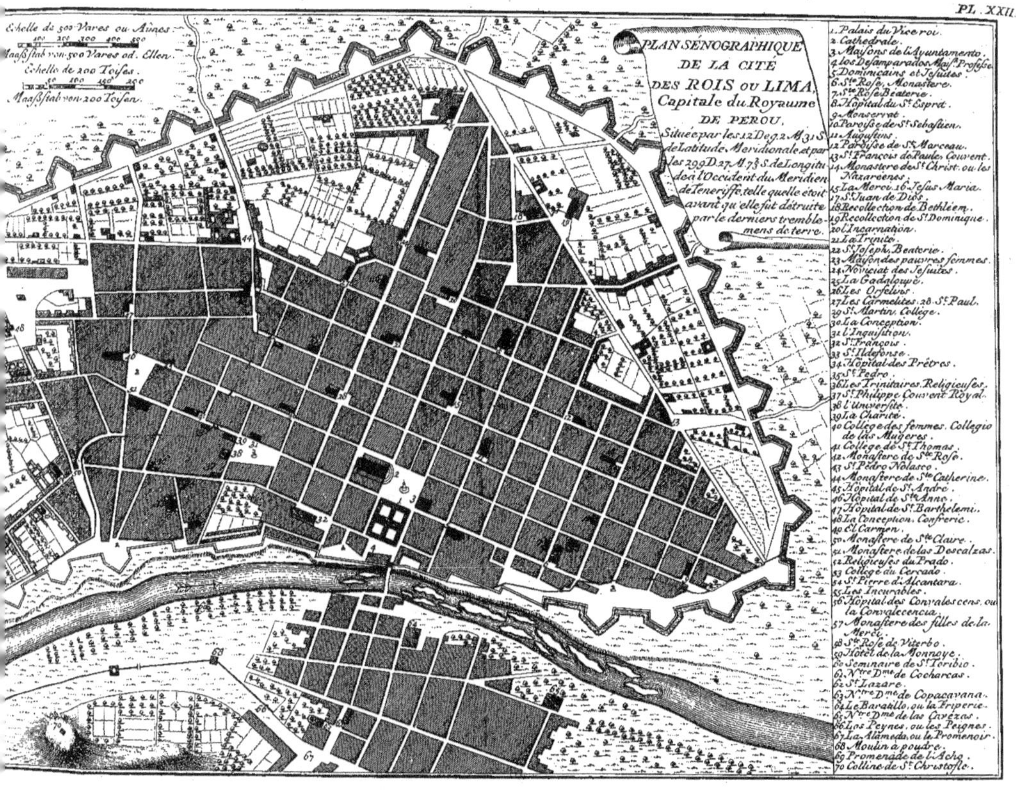

Echelle de 500 Vares ou Aunes.
Maasstab von 500 Vares od. Ellen.
Echelle de 200 Toises.
Maasstab von 200 Toisen.

de d'une architecture assortissante au reste de l'ouvrage. Cette arcade sert d'entrée ou de porte à la Ville & à la Grand-place ou Place Royale, qui en est tout proche. Cette Place est de figure quarrée, fort spacieuse & fort ornée. Il y a au centre une magnifique Fontaine, non moins remarquable par sa grandeur & par sa beauté, que par une Statue de la Renommée dont elle est surmontée. Cette figure est toute de bronze, ainsi que quatre petites conques qu'elle a autour d'elle. L'eau jaillit en abondance de la trompe de cette Renommée, ainsi que de la gueule de huit lions aussi de bronze, lesquels relévent beaucoup la beauté de tout cet ouvrage.

Le côté de cette Place qui fait face à l'Orient est occupé par l'Eglise Cathédrale & par le Palais *Archiépiscopal*, qui s'éléve au-dessus de tous les édifices de la Ville; sa façade, ses colonnes, ses pilastres, & ses fondemens sont de pierres de taille: l'Eglise est bâtie sur le modéle de la Cathédrale de *Séville*, si ce n'est qu'elle est moins grande. Elle est ornée en dehors d'un magnifique frontispice, au milieu duquel est le portail, accompagné de deux tours qui en relévent la beauté. Tout autour de cet ouvrage régne un large escalier garni de balustrades d'un bois qui imite le bronze pour la couleur, & à quelque distance les unes des autres s'élévent sur le sol des pyramides de grandeur médiocre, qui font un fort bel effet. Le côté de la Place qui fait face au Nord, est occupé par le Palais du Viceroi, dans lequel tous les Tribunaux civils, criminels, & de police, ainsi que le Bureau des finances tiennent leurs séances. C'est aussi-là que sont les Prisons Royales. Anciennement cet édifice étoit d'une grande magnificence; mais un furieux tremblement de terre arrivé en 1687 le 20 d'*Octobre*, en ayant ruiné la plus considérable partie, ainsi que presque toute la Ville, il fut rebâti, ou plutôt on y substitua des appartemens bas, qui sont ceux qui servent de demeure au Viceroi & à sa famille.

Au côté occidental, qui fait front à la Cathédrale, sont l'Hôtel de Ville & les Prisons de la Ville. Le côté méridional est occupé de maisons de particuliers, qui n'ont qu'un seul étage, mais dont les deux façades sont ornées de portails de pierres, qui par leur uniformité, leurs arcades, & leur dégagement rehauffent la beauté des Edifices & de la Place, dont chaque côté à 80 toises de long, ou 186½ aunes *Castillanes*.

La Ville forme un triangle, dont la base ou le grand côté se prolonge le long du Fleuve; & a de longueur 1920 toises, ou 4471½ aunes *Castillanes*, qui font précisément deux tiers de lieue, ou deux milles maritimes; & sa plus grande largeur du Nord au Sud, c'est-à-dire, depuis le pont

PL. XXII

SCENOGRAPHISCHER
ABRISS VON DER STADT
de los REYES (KOENIGSSTADT)
oder LIMA,
Hauptstadt in dem
Koenigreiche PERU,
in dem 12.G.2.M.31.S. Süderbreite
und in dem 299.G.27.M.7⅔.S. der
Laenge gegen Abend von dem
Teneriffischen Meridian, so wie
sie vor dem letzten Erdbeben
ausgesehen hat.

Echelle de 50 100 200 toise
Maaßstab von Separados Maaß
Echelle dains
Maaßstab vodu 50

1. Pallast des Unter koeniges.
2. Domkirche.
3. Rath und Versamlungs haeuser.
4. Die Verlassenen, ein Professhaus.
5. St. Dominicus.
6. Sta. Rosa Cov.to
7. Sta Rosa Beat?
8. Heil. Geists hospital.
9. Monservate.
10. Pfarrkirche St. Sebastian.
11. St. Augustin.
12. Pfarrkirche St. Marcello.
13. St. Franciscus de Paula.
14. Kloster Christi od. die Nazarener.
15. La Merced od. der Gnaden.
16. Jesus Maria.
17. St. Johann de Dios.
18. Die Bethlemiter.
19. Die Dominicaner.
20. Die Menschwerdung od. la Encarnation.
21. Dreyeinigkeits kloster.
22. St. Joseph.
23. Arme Weiber haus.
24. Noviciat haus der Jesuiten.
25. Guadalupe.
26. los Huerfanos oder die Waisen.
27. Die Carmeliterinnen.
28. St. Paul.
29. St. Martins collegium.
30. Kloster der Empfængniß.
31. Inquisitions gericht.
32. St. Franciscus.
33. St. Ildefonsus.
34. Priester hospital.
35. St. Petre.
36. Die Dreyeinigkeits schwestern od. Trinitarierinnen.
37. St. Philippi.
38. Die Universitæt.
39. La Caridad od. Armen haus.
40. Weiberhaus od. Collegio de Mugeres.
41. St. Thomas collegium.
42. St. Rosen kloster.
43. St. Pedro Nolasco.
44. St. Catharinen kloster.
45. St. Andreas hospital.
46. St. Annen hospital.
47. St. Bartholomæus hospital.
48. Bruderschaft der Empfængniß.
49. Carmeliter kloster.
50. St. Claren kloster.
51. Baarfüßer kloster.
52. Die Nonnen del Prado.
53. El Cercado. Collegium.
54. St. Peter von Alcantara.
55. Die Unheilbaren. los Incurables.
56. Die Genesung. la Convalecencia.
57. Kloster der Barmherzigerinnen od. las Mercedarias.
58. Sta Rosa de Viterbo.
59. Münzhaus.
60. Seminarium St. Toribii.
61. Uns. L. Fr. von Cocharcas.
62. St. Lazari.
63. U. L. Fr. von Copacavana.
64. Die kleine Bank.
65. U. L. Fr. de las Cavezas.
66. Los Peines od. die Kæmme.
67. Erlengang. 68. Pulvermühle.
69. Spatziergang.
70. St. Christophs hügel.

VOYAGE AU PEROU. Liv. I. Ch. III. 425.

de d'une architecture affortiffante au refte de l'ouvrage. Cette arcade fert d'entrée ou de porte à la Ville & à la Grand-place ou Place Royale, qui en eft tout proche. Cette Place eft de figure quarrée, fort fpacieufe & fort ornée. Il y a au centre une magnifique Fontaine, non moins remarquable par fa grandeur & par fa beauté, que par une Statue de la Renommée dont elle eft furmontéé. Cette figure eft toute de bronze, ainfi que quatre petites conques qu'elle a autour d'elle. L'eau jaillit en abondance de la trompe de cette Renommée, ainfi que de la gueule de huit lions auffi de bronze, lefquels relévent beaucoup la beauté de tout cet ouvrage.

Le côté de cette Place qui fait face à l'Orient eft occupé par l'Eglife Cathédrale & par le Palais *Archiépifcopal*, qui s'éléve au-deffus de tous les édifices de la Ville; fa façade, fes colonnes, fes pilaftres, & fes fondemens font de pierres de taille: l'Eglife eft bâtie fur le modéle de la Cathédrale de *Séville*, fi ce n'eft qu'elle eft moins grande. Elle eft ornée en dehors d'un magnifique frontifpice, au milieu duquel eft le portail, accompagné de deux tours qui en relévent la beauté. Tout autour de cet ouvrage régne un large efcalier garni de baluftrades d'un bois qui imite le bronze pour la couleur, & à quelque diftance les unes des autres s'élévent fur le fol des pyramides de grandeur médiocre, qui font un fort bel effet. Le côté de la Place qui fait face au Nord, eft occupé par le Palais du Viceroi, dans lequel tous les Tribunaux civils, criminels, & de police, ainfi que le Bureau des finances tiennent leurs féances. C'eft auffi-là que font les Prifons Royales. Anciennement cet édifice étoit d'une grande magnificence; mais un furieux tremblement de terre arrivé en 1687 le 20 d'*Octobre*, en ayant ruiné la plus confidérable partie, ainfi que prefque toute la Ville, il fut rebâti, ou plutôt on y fubftitua des appartemens bas, qui font ceux qui fervent de demeure au Viceroi & à fa famille.

Au côté occidental, qui fait front à la Cathédrale, font l'Hôtel de Ville & les Prifons de la Ville. Le côté méridional eft occupé de maifons de particuliers, qui n'ont qu'un feul étage, mais dont les deux façades font ornées de portails de pierres, qui par leur uniformité, leurs arcades, & leur dégagement rehauffent la beauté des Edifices & de la Place, dont chaque côté à 80 toifes de long, ou 186½ aunes *Caftillanes*.

La Ville forme un triangle, dont la bafe ou le grand côté fe prolonge le long du Fleuve; & a de longueur 1920 toifes, ou 4471⅓ aunes *Caftillanes*, qui font précifément deux tiers de lieue, ou deux milles maritimes; & fa plus grande largeur du Nord au Sud, c'eft-à-dire, depuis le pont

Tome I. Hhh juf-

jufqu'à l'angle oppofé à la bafe, eft de 1080 toifes, égales à 2515 aunes *Caftillanes*, ou les deux cinquiémes d'une lieue. Toute la Ville eft environnée de murailles de brique fuffifamment larges pour le but dans lequel elles ont été bâties, mais fort irrégulieres dans leurs proportions. Cet ouvrage fut entrepris & fini par le Duc *de la Palata* en l'an 1685. Il eft flanqué de 34 baftions fans terre-plein, ni embrazures ; parce qu'on n'a eu en vue que de fermer la Ville, & de la mettre à couvert d'une furprife de la part des *Indiens*. Dans toute cette enceinte il y a fept grandes portes & trois poternes ou fauffes portes, par où l'on fort dans la Campagne.

En-delà de la Riviere, à l'oppofite de la Ville, eft un Fauxbourg affez étendu nommé *San Lazaro*, qui s'eft fort acru depuis quelques années. Les rues, ainfi que celles de la Ville, en font fort larges, tirées au cordeau dans leur longueur, & paralléles les unes aux autres ; de maniere que les unes vont du Nord au Sud & les autres de l'Orient à l'Occident, formant des quarrés de maifons de 150 aunes chacun, qui eft la grandeur ordinaire de ces fortes de quarrés dans toutes ces Contrées, quoiqu'à *Quito* elle ne foit que de 100 aunes. Les rues y font pavées, traverfées par les canaux tirés du Fleuve, dont les eaux paffent par des voûtes fouterraines & fervent à fa propreté fans caufer aucune incommodité.

Les maifons, quoique fort baffes pour la plupart, font en dehors très agréables à voir. Elles font toutes bâties de *Bajaréque*, ou de *Quinchas*, & à les voir on les croiroit bâties de matériaux beaucoup plus folides ; car par l'épaiffeur dont les parois femblent être, & par les feintes corniches dont ils les ornent, on diroit qu'elles font maffives. Voici comme ils s'y prennent pour tromper les yeux, & pour prévenir en même-tems autant qu'en eux eft les terribles effets des tremblemens de terre dont cette Ville eft toujours menacée. D'abord ils conftruifent le corps de la maifon de piéces de bois emmortoifées avec les folives du toit ; ils couvrent enfuite ces piéces de bois de cannes fauvages en dedans & en dehors, ou d'ofier, pour mieux cacher la boiferie, ou charpente ; ils recrépiffent bien le tout, & y mettent une couche de chaux pour le bien blanchir, après quoi ils peignent tout l'extérieur, imitant autant qu'ils peuvent les pierres de taille. Ils en ufent de-même aux corniches, & aux portes de charpente, leur donnant la couleur de pierre. De cette maniere ceux qui ne font pas au fait de cette tromperie, croyent que ces maifons font bâties des matériaux qu'elles repréfentent. Les toits font tous plats & unis, &

n'ont

n'ont que l'épaisseur nécessaire pour empêcher les rayons du Soleil & le vent de pénétrer dans la maison. Sur les planches qui forment ces toits, & qui présentent en dedans un travail, & des moulures assez curieuses, ils mettent en dehors une couche de terre grasse, qui est suffisante pour émousser les rayons du Soleil; & comme jamais en ce Pays il ne pleut avec force, ni abondance, ils n'ont pas besoin de plus de précautions, ni d'avoir des couverts plus solides. De cette manière les maisons ne sont pas à beaucoup près si dangereuses, que quand elles étoient construites de matériaux moins fragiles; parce que leurs parties liées ensemble cédent aux secousses des tremblemens, & en suivent tous les mouvemens, & que faisant moins de résistance, elles ne font qu'un peu endommagées, mais ne tombent & ne croûlent pas si aisément.

Les cannes sauvages dont ils forment la superficie des parois, sont de la grosseur & de la longueur de celles d'*Europe*, avec cette différence qu'elles sont massives, & sans aucune concavité; c'est un bois fort & extrêmement souple, peu sujet d'ailleurs à la corruption. L'Osier est un arbrisseau sauvage qui croît sur les Montagnes & sur les bords des Rivieres; il n'est ni moins fort ni moins pliant que les cannes. On le nomme dans le Pays *Chagllas*. C'est de ces deux sortes de matériaux que sont bâties les maisons de toutes les Bourgades des Vallées, desquelles nous avons parlé ci-devant

Vers l'Orient, le Midi & l'Occident de *Lima*, dans les quartiers reculés, mais pourtant dans l'enceinte de ses murailles, il y a des Vergers remplis de toute sorte d'arbres fruitiers, & d'herbages; & dans l'enclos des principales maisons il y a des Jardins qu'on peut toujours arroser, l'eau conduite par des canaux étant à portée.

Toute la Ville est partagée en cinq Paroisses, qui sont 1 le *Sagrario*, desservie par trois Curés; 2 *Santa Ana*, & 3 *San Sebastian*, desservies par deux chacune; 4 *San Marcelo*, & 5 *San Lazaro*, qui n'ont qu'un Curé chacune. Cette derniere Paroisse comprend encore tout ce qui est entre *Lima* & la Vallée de *Carabaillo*, ce qui fait la distance d'environ cinq lieues, & par conséquent toutes les vastes & nombreuses Campagnes qui occupent cet espace lui appartiennent. Il y a des Chapelles où les Prêtres de cette Paroisse sont tenus d'aller dire la messe les jours de précepte, afin que les habitans ne soient pas contraints de faire un voyage pour satisfaire à ce devoir. Il y a pareillement deux Succursales, qui sont *San Salvador* & *Santa Ana*; & la Chapelle des Orphelins de la Paroisse de *Sagrario*, & une

Paroiſſe d'*Indiens* dans le *Cercado*, qui eſt un des quartiers de la Ville. Cette Paroiſſe eſt deſſervie par des *Jéſuites*.

Lima abonde en Couvens de Religieux. Il y en a quatre de l'Ordre de *St. Dominique*, ſavoir, *la Caſa grande*, *la Recolleccion de la Magdalena*, le Collége de *Santo Thomas*, où l'on enſeigne les Sciences, & *Santa Roſa*. Les *Franciſcains* en ont trois, *Caſa grande*, *Recoletos de Nueſtra Segnora de los Angéles* ou *Guadalupe*, & *los Deſcalzos de San Diégo*, ſitué dans le Fauxbourg de *San Lazaro*. Trois autres Couvens d'*Auguſtins*; *Caſa grande*, *San Idelphonſo* qui eſt un Collége, & *Nueſtra Segnora de Guia* qui leur ſert de Noviciat. Les Peres de *la Merci* y en ont auſſi trois, la *Caſa grande*, ou *grand Couvent*, le Collége de *San Pédro Nolaſco*, & une Recolleƈtion avec le nom de *Bethléhem*.

Les *Jéſuites* ont ſix Colléges, ou Maiſons; *San Pablo*, qui eſt le grand Collége; *San Martin*, Collége pour les Séculiers; *San Antonio*, qui eſt le Noviciat; la Maiſon Profeſſe nommée *los Deſemperados*, ſous l'invocation de *Nueſtra Segnora de los Dolores*; le Collége du *Cercado*, qui eſt en même tems une Paroiſſe où l'on inſtruit les *Indiens*, & où on leur adminiſtre la nourriture ſpirituelle; enfin celui de la *Chacarilla*, deſtiné aux *Exercices de St. Ignace*. On admet à ces Exercices tous les Séculiers qui demandent à y être admis. Ils peuvent les entreprendre quand ils en ont le tems & l'occaſion, & ſont bien traités aux dépens du Collége pendant les huit jours que les Exercices durent. Nous ſommes obligés d'avertir le Leƈteur qu'à l'égard de tous ces Couvens il n'y a guere que les *Caſas grandes*, ou Couvens principaux qui ſoient conſidérables, les autres ſont peu de choſe, & contiennent peu de Religieux.

Outre les 19 Monaſteres & Colléges rapportés ci-deſſus, il y a encore un Oratoire de *San Phelipe de Néri*, & un Monaſtere de l'Ordre de *Saint Benoit*, ſous le nom de *Nueſtra Segnora de Monſerrat*, où il n'y a d'ordinaire que l'Abbé qu'on y envoye d'*Eſpagne*; & quoique ce Monaſtere ſoit une des plus anciennes fondations de la Ville, la modicité de ſes revenus eſt cauſe qu'il y a ſi peu de ſujets; un Couvent de Religieux de *Nueſtra Segnora de la Buéno Muerte*, plus connus ſous le nom de Religieux des *Agonizans*. Ces Religieux eurent d'abord un Hoſpice dans cette Ville en 1715, lequel fut fondé par les PP. *Juan Mugnos* & *Juan Fernandez*, qui paſſerent d'*Eſpagne* en *Amérique* accompagnés d'un *Frere Laïc*, pour exécuter ce deſſein; & en 1736 ayant obtenu privilége du Suprême Conſeil des *Indes* le Couvent fut fondé pour une Communauté dans toutes les formes; un Couvent

vent de *St. François de Paule*, fondé aussi depuis peu au Fauxbourg *St. Lazare*, sous le nom de *Nuestra Segnora del Soccoro*; ce Couvent n'étoit point achevé lors de la ruine de la Ville.

Il y a encore à *Lima* trois Couvens Hospitaliers, qui sont *San Juan de Dios*, desservi par les Religieux de cet Ordre, destinés au service des Convalescens. Deux de *Bethléhémites*; l'un qui est le plus considérable, ou *Casa grande*, est situé hors de la Ville, & est pour les *Indiens* Convalescens qui ont été guéris à *Santa Ana*; l'autre est dans la Ville sous le nom d'*Hôpital des Incurables*, pour les personnes affligées de ces sortes de maux. Il fut fondé, comme il a été dit au Livre V. Chapitre III. de la premiere Partie, dès l'an 1671. Outre ces Hôpitaux il y en a neuf autres, chacun desquels a sa destination particuliere. En voici la liste.

1. *Saint André* de fondation Royale, où l'on ne reçoit que des *Espagnols*.
2. *San Pédro* pour les pauvres Ecclésiastiques.
3. *Le St. Esprit* pour les Matelots qui servent sur les Vaisseaux qui sont dans ces Mers: les Equipages de ces Vaisseaux payent une certaine contribution pour l'entretien de cet Hôpital.
4. *Saint Barthélémi* pour les *Négres*.
5. *Segnora Santa Ana* pour les *Indiens*.
6. *San Pédro de Alcantara* pour les Femmes.
7. Un autre desservi par les Peres de *Bethléhem*, situé vis-à-vis de leur *Casa grande*.
8. *La Charité*, aussi pour les Femmes.
9. *San Lazaro*, pour les Lépreux; & ainsi douze Hôpitaux en tout.

Il y a outre cela quatorze Couvens de Filles, dont on pourroit former une petite Ville eu égard au nombre des personnes qu'ils renferment. Les cinq premiers sont Réguliers, & les neuf autres de *Recolétes*:

1. *L'Incarnation.*	2. *La Conception.*
3. *Ste. Catherine.*	4. *Ste. Claire.*
5. *La Trinité.*	6. *Les Carmélites.*
7. *Ste. Thérése.*	8. *Las Descalzas de San Joseph.*
9. *Les Capucines.*	10. *Les Nazarénes.*
11. *Las Mercedarias.*	12. *Ste. Rose.*
13. *Las Trinitarias Descalzas.*	14. *Las Monjas del Prado.*

Enfin il y a encore quatre Maisons conventuelles de Sœurs de Tiers-Ordre, qui ne sont pas toutes recluses, quoique la plupart de ces Sœurs tiennent la clôture. Ces Maisons sont *Santa Rosa de Viterbo*; *Nuestra*

Segnora del Patrocinio; *Nueſtra Segnora de Copacabaña* pour les Demoiſelles *Indiennes*; & *San Joſeph*. Cette derniere eſt pour les femmes qui veulent être ſéparées de leurs maris. A quoi il faut ajoûter une autre Maiſon, qui eſt auſſi une eſpéce de Couvent pour les Femmes pauvres, où elles trouvent un azyle contre la miſere, & qui eſt dirigée par un Eccléſiaſtique nommé par l'Archevêque, qui eſt auſſi leur Aumônier.

L'Incarnation, la *Conception*, *Ste. Claire* & *Ste. Cathérine* ſont les plus peuplés de tous ces Couvens. Les *Recoletes* ménent une vie fort réglée & fort auſtere, & ſont en exemple à toute la Ville.

Il y a auſſi une Maiſon d'Orphelins partagée en deux Colléges, l'un pour les Garçons & l'autre pour les Filles, outre diverſes Chapelles répandues dans la Ville, ſous divers noms. La liſte ſuivante fera mieux comprendre tout ce que nous avons dit des Paroiſſes, Hôpitaux, Egliſes & Monaſteres de *Lima*.

Recapitulation des Paroiſſes, Couvens d'Hommes de chaque ordre, Hôpitaux, Monaſteres de Filles & Confrairies de tiers ordre qui ſont à Lima.

Paroiſſes 6

Couvens de *Saint Dominique*	4
——— de *Saint François*.	3
——— de *Saint Auguſtin*.	3
——— de *la Merci*	3
Colléges de *Jéſuites*.	6
Oratoire de *Saint Philipe de Neri*.	1
Couvens de *Bénédictins*.	1
——— de *Saint François de Paule*.	1
——— des *Agonizans*.	1
——— de *San Juan de Dios*.	1
——— de *Bethléémites*.	2
Monaſteres de Filles réguliers.	5
Monaſteres de *Récolétes*.	9
Refuge de Femmes pauvres.	1
Maiſons d'Orphelins, ou des Enfans trouvés.	1
Hôpitaux.	12

Toutes les Egliſes, tant Paroiſſiales que Couvens & Chapelles, ſont grandes, bâties en partie de pierres, enrichies de peintures & d'ornemens de prix; particulierement la Cathédrale, celles de *Saint Dominique*, de

Saint

Saint François, de *Saint Augustin*, de *la Merci* & des *Jésuites*, dont les richesses sont incomprehensibles pour quiconque ne les a pas vues. C'est surtout aux Fêtes solemnelles que l'opulence & la magnificence de cette Ville sont étalées. On y voit les autels, depuis leur base jusqu'aux escabelons des retables, couverts d'argent massif, travaillé en diverses sortes d'ornemens: les murailles des Eglises cachées sous des tentures de velours, ou autres tapisseries aussi précieuses, garnies de franges & de houpes d'or & d'argent, & ornées de distance en distance de meubles émaillés de ce dernier métal, & arrangés avec une simétrie qui flatte agréablement la vue. Mais on cesse bientôt de regarder les voûtes, les cintres, & les colonnes, pour jetter les yeux plus bas & pour considérer les chandeliers d'argent massif de six à sept pieds de haut rangés sur deux files le long du principal vaisseau de l'Eglise, dont ils occupent toute la longueur, avec des tables garnies du même métal dans les intervalles, servant à porter des piedestaux d'argent, chargés de figures d'Anges de ce métal. Enfin tout ce qu'on voit dans ces Eglises est du plus fin argent, ou de quelque matiere aussi précieuse. Ce qui fait que le Culte Divin se célébre à *Lima* avec une pompe difficile à se figurer; & l'on peut dire que les ornemens dont on se sert même les jours ouvriers sont en si grand nombre & si riches, qu'ils surpassent ceux que dans plusieurs grandes Villes d'*Europe* on employe pour les Fêtes de la premiere classe.

On peut juger par-là de la richesse des meubles qui servent plus immédiatement au Service Divin, tels que les vases sacrés, les ciboires, les châsses où l'on met le St. Sacrement; tout cela est d'or couvert de perles & de diamans, en si grande quantité que les yeux en sont éblouis. Desorte qu'en aucune Ville du Monde le Culte Divin ne se fait avec plus de décence & de pompe, & la majesté suprême de Dieu ne peut être plus révérée que par le zéle *Catholique* des habitans de *Lima*. Les Vêtemens Sacerdotaux sont toujours d'étoffes d'or ou d'argent des plus nouvelles & des plus précieuses qu'apportent les Flottes, & les Vaisseaux de régître. Enfin tout ce qui sert à ces Eglises est du plus grand prix & de la derniere magnificence.

Les principaux Couvens sont fort grands, & les logemens en sont spacieux. En dehors ils sont la plupart de brique crue ou seulement durcie au Soleil, mais les murs intérieurs sont de *Bajaréques* ou de *Quinchas*, comme le reste de la Ville. Les voûtes des Eglises sont quelques-unes de brique, quelques autres de *Quinchas*, avec une architecture si bien imitée qu'elle masque, pour ainsi dire, entiérement ces matériaux. Leurs frontitifpices, leurs principales portes, ont de la grandeur au moyen de cette invention. Les colonnes, les frifes, les chapiteaux, les ftatues, & les corniches font de bois fculpté, qui imite fi parfaitement la pierre, qu'on ne peut éviter de s'y méprendre qu'en les touchant. Ce n'eft pas par economie que l'on bâtit ainfi, mais pour prévenir autant que l'on peut les triftes effets des tremblemens de terre, qui ne permettent pas fans un danger evident de fe loger dans des maifons compofées de matériaux pefans qu'il faut joindre par d'autres qui ne le font pas moins.

Au-deflus de ces edifices s'élévent de jolis tourillons par où le jour fe communique dans l'interieur du bâtiment, & qui font un fort bel effet avec les clochers dont ils font accompagnés. Et quoique ces tourillons ne foient que de bois, on ne s'en douteroit pas, fi l'on n'en étoit inftruit. Les clochers font de pierres jufqu'à la hauteur d'une & demie ou deux toifes, de-là au-deflus ils font de brique jufques à la fin du premier corps de l'édifice, & le refte eft de bois déguifé en pierres-de-taille. La hauteur de ces clochers, felon la mefure Géométrique que nous prîmes de celui du Couvent de *St. Dominique*, n'excéde pas 50 à 60 aunes, ce qui n'eft proportionné ni à leur bafe, ni à leur groffeur; mais qui eft une précaution néceffaire contre les tremblemens de terre, & contre le poids & le nombre des cloches, qui furpaffent de beaucoup à cet égard celles qu'on a en *Efpagne*, & qui font un carrillon qui n'eft pas defagréable dans les fonneries générales.

Outre l'eau de la Riviere qui paffe par la Ville par les conduits fouterrains dont il a été parlé, il y a encore une fource dont l'eau coule par des tuyaux dans la Ville, & eft portée dans les Couvens, & dans les maifons des habitans. Les Communautés d'hommes & de femmes font obligées d'entretenir une fontaine dans leur rue, pour la commodité des pauvres gens qui n'ont pas d'eau dans leur maifon.

Les Vicerois du *Perou* font leur demeure ordinaire à *Lima*. L'Audience & Province de *Quito* a été depuis peu fouftraite à leur Jurifdiction, comme il a été dit. Leur gouvernement n'eft que triennal, mais il dépend du Souverain de les continuer dans leur emploi. L'autorité du Viceroi eft fi grande, qu'il recueille feul les fruits de la confiance & de la fatisfaction du Prince. Il eft abfolu dans les affaires politiques, militaires, civiles & criminelles, & dans les finances. Il difpofe de tout à fon gré, & comme il trouve le plus convenable. Il eft à la tête de tous les Tribunaux dont il fe fert pour l'expédition des affaires. Son emploi eft fi éminent, qu'après la Dignité

Ro-

Royale, on n'en connoît pas d'autre qui en approche. Toute fa pompe extérieure répond à l'étendue de fon autorité. Il a deux Compagnies de Gardes, l'une à cheval de 160 Maîtres, un Capitaine & un Lieutenant. Leur uniforme eft bleu, avec des paremens d'écarlate garnis de franges d'argent, & des bandolieres de-même. Toute cette Compagnie eft compofée d'*Efpagnols*, tous gens choifis. L'emploi de Capitaine de cette troupe eft confidérable, & très-diftingué. Ils montent la garde à la principale porte du Palais, & toutes les fois que le Viceroi fort il eft accompagné d'un piquet de huit de ces gardes, dont quatre le précédent, & les quatre autres le fuivent. L'autre Compagnie eft compofée de 50 Hallebardiers auffi *Efpagnols*, habillés de bleu, paremens & veftes de velours cramoifi galonnés d'or. Ils font la garde à la porte des falons par où l'on entre pour aller à l'audience publique, & aux appartemens du Viceroi. Ils l'accompagnent auffi toutes les fois qu'il fort, ou qu'il paffe dans les fales où fe tiennent les Tribunaux, & ils le reconduifent de-même à fon retour. Cette Compagnie eft commandée par un Capitaine, dont l'emploi eft très-diftingué, & tous ces Officiers font nommés par le Viceroi. Outre ces deux troupes, il y a encore dans l'intérieur du Palais un détachement d'Infanterie, tiré de la Garnifon de *Callao*, de cent Soldats, un Capitaine, un Lieutenant & un Sous-Lieutenant: cette troupe eft employée à faire exécuter les ordres du Viceroi, & tout ce qui a été réglé & décidé dans les Tribunaux.

Non feulement le Viceroi affifte aux délibérations des Cours de Juftice, des Confeils des Finances & de Guerre, mais encore il donne journellement audience à toute forte des perfonnes. Pour cet effet il y a dans fon Palais trois beaux falons. Dans le premier, qui eft orné des portraits de tous les Vicerois, il reçoit & entend les *Indiens & Mulâtres*; dans le fecond les *Efpagnols*; & dans le troifieme, où l'on voit fous un dais magnifique les portraits du Roi & de la Reine actuellement régnans, il donne audience aux Dames qui fouhaitent lui parler fans être connues.

Les affaires concernant le Gouvernement font expédiées par un Sécretaire d'Etat, de l'avis d'un Affeffeur, lequel choifit & nomme la perfonne qui lui paroît la plus propre à cet emploi. C'eft dans ce Bureau que s'expédie l'ordre pour les paffeports que les Voyageurs doivent recevoir des Corrégidors. Dans toute l'étendue de fa Jurifdiction il pourvoit pour deux ans aux Charges de Judicature vacantes, & à celles des Magiftrats, qui ayant fini leur tems n'ont point été remplacés, après un certain tems, par quelqu'un nommé par le Roi. Enfin tout ce qui concerne la Guerre & le Gouvernement paſſe par ce Bureau.

Les affaires concernant l'adminiſtration de la Juſtice ſe jugent au Tribunal appellé *Audience*. Elles y ſont décidées en dernier reſſort, & ſans qu'on puiſſe appeller au *Conſeil ſuprême des Indes*, excepté dans le cas d'une injuſtice notoire, ou de déni de juſtice. Le Viceroi préſide à toutes les délibérations. L'*Audience* eſt le principal Tribunal qu'il y ait à *Lima*. Il eſt compoſé de huit Auditeurs, & d'un Fiſcal Civil. Elle s'aſſemble au Palais du Viceroi, dans trois ſales deſtinées à cet uſage: dans l'une on délibere, & dans les deux autres on plaide publiquement ou à huis clos. Le Doyen des Auditeurs en eſt le Préſident. Les Affaires Criminelles ſe jugent dans une quatriéme ſale, ou chambre compoſée de quatre *Alcaldes de Corte*, & d'un Fiſcal au Criminel. Outre ces Officiers il y a un Fiſcal protecteur des *Indiens*, & quelques Officiers ſurnuméraires.

Après le Tribunal de l'*Audience* vient la Chambre des Comptes, compoſée d'un Régent, qui préſide, de cinq Maîtres de Comptes généraux, deux des *Reſultats*, & les deux autres *Ordonnateurs*, auxquels il faut ajoûter quelques ſurnuméraires de chacune de ces deux claſſes. Dans ce Tribunal on expoſe, on examine, & l'on juge définitivement les comptes de tous les Corrégidors qui ont été chargés de la perception des tributs. On y régle les diſtributions des Finances du Roi, & leur adminiſtration.

Enfin il y a un Tribunal de la *Caiſſe Royale*, compoſé d'un Facteur, d'un Maître des comptes & d'un Tréſorier avec titre d'Officiers Royaux, leſquels ont l'inſpection de tous les biens du Roi dans preſque tout ce Royaume, puiſque tout ce qui doit entrer dans les cofres du Roi quant au *Pérou* eſt remis à *Lima*, qui en eſt la Capitale, auſſi-tôt qu'on a prélevé ce qu'il faut pour les penſions & les gages des Officiers; & dans ces remiſes ſont compris les Tributs des *Indiens*, de-même que les *Alcavalas*, c'eſt-à-dire, le quint, ou cinquiéme du produit des Mines.

Le Corps de Ville eſt compoſé de Régidors, ou *Echevins*, d'un *Alferez Real*, qui eſt une eſpéce de Lieutenant-Général de Police, & de deux *Alcaldes* qui ſont les Juges Royaux, le tout tiré dans la principale Nobleſſe de la Ville. Dans le Gouvernement économique, ou adminiſtration ordinaire de la Juſtice, les *Alcaldes* ordinaires préſident alternativement, chacun pendant un mois, ſelon leur rang. Car cette Ville ayant des priviléges particuliers, la Juriſdiction de ſon Corrégidor ne s'étend que ſur les *Indiens*.

Le

Le Tribunal *de la Caiſſe des Morts* eſt compoſé d'un Juge Supérieur, (c'eſt ordinairement un *Auditeur* qui exerce cette charge par commiſſion) d'un Avocat, & d'un Tréſorier. Ce Tribunal connoît de toutes les cauſes concernant les biens des perſonnes mortes *ab inteſtat* ſans laiſſer d'Héritier légitime, ou qui ont été chargées des deniers d'autrui.

Les Négocians ont auſſi un Tribunal pour les affaires du Commerce, c'eſt le Tribunal du *Conſulat*, compoſé d'un Prévôt des Marchands & de deux Conſuls, élus par le Corps des Négocians parmi les plus apparens de ce Corps. Ces trois Juges ſecondés d'un Aſſeſſeur décident les cauſes litigieuſes qui ſont de leur reſſort, ſuivant les memes réglemens que les Conſuls de *Cadix* & de *Bilbao*.

Il y a auſſi à *Lima* un Corrégidor, dont la Juriſdiction s'étend ſur tous les *Indiens du Cercado*, & autres de cette Nation qui habitent dans la Ville & à cinq lieues à la ronde. Les principales Bourgades qui le reconnoiſſent pour leur Juge Supérieur ſont *Surco*, *Los Chorillos*, *Miraflores*, *La Magdalena*, *Lurigancho*, *Late*, *Pachacama*, *Lurin*, & les *Indiens* habitués dans les Fauxbourgs de *Callao*, appellés le nouveau & le vieux *Pitipiti*. Le nombre infini d'*Indiens* qui habitoient cette Vallée avant & dans le tems de la Conquête, eſt préſentement réduit à ces petites Peuplades, parmi leſquelles on ne connoît aujourd'hui que deux *Caciques*, qui ſont celui de *Miraflores*, & celui de *Surco*, leſquels ſont ſi pauvres & ſi miſérables qu'ils ſont réduits, pour vivre, à enſeigner à *Lima* à jouer de quelque inſtrument.

Le Chapitre de la Cathédrale, à la tête duquel eſt l'Archevêque, eſt compoſé de cinq Dignités, d'un Doyen, d'un Archidiacre, d'un Chantre, d'un Ecolâtre, & d'un Tréſorier; de neuf Chanoines, dont quatre obtiennent leurs Canonicats par concours, & les autres cinq par préſentation, de ſix Prébendiers, & de ſix Demi-Prébendiers. Le Tribunal Eccléſiaſtique eſt compoſé ſeulement de l'Archevêque & de ſon Official. Les Sufragans de ce Prélat ſont les Evêques de *Panama*, de *Quito*, de *Truxillo*, de *Guamanga*, d'*Arequipa*, de *Cuzco*, de *Santiago*, & de la *Conception*. Ces deux derniers ſont dans le Royaume de *Chili*.

Le Tribunal de l'Inquiſition eſt compoſé de deux Inquiſiteurs & d'un Fiſcal, leſquels, ainſi que les Miniſtres ſubalternes, ſont à la nomination de l'Inquiſiteur-Général; mais pendant la vacance de cet emploi, c'eſt le Conſeil Suprême de l'Inquiſition qui nomme ces Officiers.

Le Tribunal de la *Cruzada* eſt compoſé d'un Commiſſaire ſubdélégué, d'un Tréforier & d'un Maître des Comptes. Il est affifté dans fes délibérations du Doyen des *Auditeurs* de l'*Audience*. Enfin il y a à *Lima* un Hôtel des Monnoyes, où l'on marque la Monnoye d'or & d'argent. Cet Hôtel contient un nombre fuffifant d'Officiers.

Les Ecoles publiques de l'Univerfité, & les Colléges de cette Ville, cultivent & perfectionnent dans les Lettres divines & humaines les efprits fubtils des naturels du Pays, qui, comme je le dirai ailleurs, commencent bientôt à faire briller le favoir qu'ils ont acquis dans peu de tems; ce qui eft plutôt l'effet de leur difpofition naturelle, que de la culture & de l'art; & s'ils ne fe diftinguent pas également dans d'autres genres d'étude, ce n'eft affûrément ni négligence, ni manque de génie de leur part, mais c'eft faute d'avoir d'habiles gens qui les dirigent dans cette carriere; car on peut juger par leur facilité à faifir ce qu'on leur enfeigne, de celle qu'ils auroient à apprendre ce qu'on ne leur enfeigne pas. L'Univerfité de *Saint Marc*, les Colléges de *Santo Toribio* & de *St. Philippe*, ont des chaires où l'on profeffe toutes les Sciences, & qui font occupées par les plus favans hommes de la Ville, parmi lefquels il y en a eu dont les Ouvrages ont fait affez de bruit, pour mériter l'eftime des Européens, nonobftant l'immenfe diftance des deux Continens.

Le Bâtiment de l'Univerfité a de la grandeur en dehors, & eft très-beau en dedans. La cour en eft quarrée, fpacieufe, ornée de pilaftres & d'arcades. Tout autour font les fales où les Profeffeurs de chaque Faculté font leurs leçons. A l'un des angles eft le falon où fe font les exercices publics & littéraires. On y voit les portraits des grands-hommes que cette Univerfité a produits. Ces portraits font dans des cadres d'une belle fculpture & dorés. Autour du falon il y a deux rangs de fiéges auffi fculptés & dorés.

Par tout ce qu'on vient de dire il eft aifé de juger que *Lima* n'eft pas feulement une Ville grande par fon étendue, magnifique par les ouvrages qu'elle renferme, capitale d'un vafte Empire, le fiége & la réfidence du Viceroi qui le gouverne; mais qu'elle a auffi l'avantage fur les autres Cités de cultiver les facultés de l'efprit, & par une prérogative propre au climat, de pouffer les Sciences au plus haut degré de perfection. Refte à parler de quelques autres avantages, qui fuffiront pour faire avouer qu'à cet égard, encore moins qu'à tout autre, aucun des Lieux qui lui cédent la primatie ne peut s'égaler à elle.

On a déjà vu la richeffe des Eglifes, & avec quelle fomptuofité on y fait le Service Divin. La magnificence des habitans dans les fonctions publiques répond à celle du Culte Divin. Et la maniere dont ils se distinguent à cet égard, montre bien jusques à quel point ils aiment la gloire, & combien ils surpassent en effet dans les solemnités du premier ordre, les habitans des autres Villes qui reconnoissent *Lima* pour leur Capitale, quelque effort que ceux-ci fassent pour briller.

L'Entrée des Vicerois des *Indes* est la plus grande de toutes les solemnités que l'on célébre dans ces Contrées, & où chacun s'empresse le plus d'étaler sa magnificence. C'est surtout dans ces occasions que *Lima* paroît l'emporter de haute lute sur toutes les autres Villes. On ne voit que carosses, que voitures, qu'équipages magnifiques, que bijoux, que pierreries. Les Seigneurs se distinguent par la magnificence de leurs livrées faites des plus richesses étoffes. Cette fête en un mot est si célébre, que je ne puis m'empêcher d'entrer dans quelque détail sur ce sujet, & c'est aussi ce que je ferai dans l'article suivant, persuadé que le Lecteur m'en saura bon-gré.

CHAPITRE IV.

De la Réception que la Ville de Lima *fait à ses Vicerois. Pompe & somptuosité de cette Cérémonie, & d'autres qui reviennent tous les ans.*

Aussi-tôt que le Viceroi a débarqué au Port de *Payta*, à 204 lieues de *Lima*, il dépêche une Personne de la premiere distinction, ou quelque Officier de sa suite, qui se rend à *Lima* revêtu du caractere de son Ambassadeur; & lui remet des Lettres pour le Viceroi qui est en possession, par lesquelles il lui donne avis de son arrivée, & de la bonté que le Roi a eue de lui conférer le gouvernement de ce Royaume. Dès que l'Ambassadeur est arrivé à *Lima* & qu'il a remis ces Lettres à l'ancien Viceroi, celui-ci fait partir un *Chasqui* ou Courier, pour complimenter le nouveau Viceroi sur son arrivée. Ensuite il congédie l'Ambassadeur & le régale de quelque joyau de prix, & d'un ou deux Corrégimens qui se trouvent alors vacans, lui laissant la liberté de les faire exercer en son nom par des substituts, au cas qu'il ait d'autres occupations qui ne lui permettent pas d'en faire lui-même les fonctions. Le Corrégidor de *Piura* reçoit dans le même Port de *Payta* le Viceroi, lui fournit les litieres néceſſaires pour ſa perſonne & pour ſa famille, & toutes les voitures dont il a beſoin pour tranſporter ſes effets juſqu'à la Juriſdiction d'un autre Corrégidor. Il a ſoin auſſi de faire préparer des ramées dans les lieux déſerts où le Viceroi doit ſe repoſer ; il l'accompagne, & le défraye juſqu'à ce qu'il ſoit relevé par le plus proche Corrégidor. Etant enfin arrivé à *Lima* le Viceroi traverſe cette Ville ſans s'arrêter, & comme incognito, & ſe rend au Port de *Callao* qui eſt le plus proche, & à deux lieues & demie de *Lima*. Là il eſt reçu, & reconnu par un des *Alcaldes* ordinaires de *Lima* nommé à cette fin, & par les Officiers militaires. On le loge dans les Palais qu'occupent les Vicerois, & qui eſt meublé avec beaucoup de magnificence dans cette occaſion. Le jour ſuivant tous les Tribunaux Séculiers & Eccléſiaſtiques le viennent complimenter, & il les reçoit aſſis ſous un dais. Ils viennent en cet ordre : premierement l'*Audience*, enſuite la Chambre des Comptes, le Clergé, le Corps de Ville, le *Conſulat*, l'*Inquiſition*, le Tribunal de la *Cruzada*. Enfin les Supérieurs d'Ordres, les Colléges, & les Perſonnes de marque. Le même jour les *Auditeurs* l'accompagnent au magnifique repas que l'Alcalde lui fait ſervir, & toutes les perſonnes de diſtinction font de-même à l'égard de ſa famille, & groſſiſſent ſon cortége. Le ſoir il y a Comédie pour le Viceroi : & il eſt permis aux femmes de qualité & autres, d'y venir ſelon leur coutume, & de voir le nouveau Viceroi.

Le lendemain, qui eſt le ſecond jour de ſon arrivée, il ſort dans le caroſſe que la Ville tient tout prêt pour lui, & ſe rend à la *Chapelle de la legua*, ainſi nommée parce qu'elle eſt à moitié chemin de *Callao* à *Lima*, où ſe trouve auſſi dans le même tems le Viceroi qu'il vient relever. Tous les deux ſortent de leur voiture, & ce dernier remet à l'autre le bâton de commandement, pour marquer que l'autorité doit paſſer dans ſes mains. Il accompagne cette cérémonie d'un compliment que la politeſſe lui dicte ; après quoi ils ſe ſéparent, & chacun s'en retourne par le même chemin.

Si le nouveau Viceroi veut faire ſon entrée publique à *Lima* dans peu de jours, il retourne au *Callao*, où il demeure juſqu'au jour préfixé ; mais comme d'ordinaire il donne un eſpace de tems convenable aux préparatifs de cette fête, en ce cas il ne revient pas au *Callao*, & ſe rend tout de ſuite à *Lima*, où il va loger dans ſon Palais, que le plus jeune des Auditeurs a ſoin de faire préparer conjointement avec le plus jeune des Alcaldes ordinaires.

Le jour de l'Entrée publique étant arrivé, les rues bien nettéiées, & ten-

tendues de tapisseries avec des arcs de triomphe de distance en distance, où l'art & la richesse brillent également, le Viceroi se rend incognito à deux heures après midi à l'Eglise du Monastere de *Monserrat*, qui est séparé de la rue, où il doit commencer sa marche, par un arc de triomphe, & par une porte. Dès que son Cortége est rassemblé, le Viceroi & toute sa famille montent sur les chevaux que la Ville leur fournit pour cette cérémonie. On ouvre les portes, & la marche commence dans cet ordre. D'abord on voit défiler les Compagnies de milice, ensuite les Colléges, l'Université, dont les Docteurs sont vétus selon l'usage de l'Université. Après ceux-là vient la Chambre des Comptes, l'*Audience* sur des chevaux bien enharnachés, & le Corps de Ville vétus de robes de velours cramoisi, doublées de brocard de la même couleur, & avec de grands bonnets sur la tête, habillement réservé à cette seule occasion. Quelques membres du Corps de Ville marchent à pied & portent le dais sous lequel marche le Viceroi. Deux Alcaldes ordinaires aussi à pied lui servent de palfreniers, & tiennent chacun un côté de la bride de son cheval. Au reste cette cérémonie est défendue par les loix des *Indes*, ce qui n'empêche pas qu'elle ne s'observe de la façon que nous venons de la décrire; car cette coutume est si ancienne, que les Magistrats n'ont pas jugé à propos d'y toucher, pour ne point diminuer le respect dû aux Vicerois, & personne n'a voulu prendre sur soi une pareille innovation.

La marche que le Viceroi fait dans cet ordre dure un peu long-tems, attendu qu'il passe dans plusieurs rues jusqu'à ce qu'étant arrivé sur la Place, où le Cortége se range faisant face à la Cathédrale devant laquelle le Viceroi met pied à terre. L'Archevêque à la tête de son Chapitre le reçoit à la porte. Le Viceroi entre dans l'Eglise où l'on entonne le *Te Deum*, & se place avec les Tribunaux sur les siéges qui leur sont destinés. Le *Te Deum* fini, le Viceroi remonte à cheval & se rend à son Palais, où il est accompagné jusqu'au Cabinet par le Tribunal de l'*Audience*. Là on sert une magnifique colation, à laquelle toute la Noblesse qui se trouve dans les salons est admise.

Le lendemain matin il retourne à la Cathédrale dans son carosse avec la suite & la pompe accoutumée dans toutes les fêtes solennelles & fonctions publiques. Il est précédé de la Compagnie de ses Gardes à cheval, des Tribunaux en carosse, après quoi il vient lui-même avec sa famille, & est suivi de ses Hallebardiers. L'Eglise est ornée aussi richement qu'il est possible: l'Archevêque officie pontificalement dans la Messe d'actions de grace; & l'un des meilleurs Orateurs du Chapitre prononce un Sermon, après quoi le Viceroi retourne à son Palais suivi de toute la Noblesse, qui n'oublie rien pour briller dans cette occasion. Le soir de ce jour & les deux suivans, on sert des rafraîchissemens en abondance, & avec toute la délicatesse imaginable. Les confitures & les glaces sont présentées aux Dames & aux Cavaliers dans de la vaisselle d'argent. Il est permis aux Femmes de qualité & aux Bourgeoises de la Ville de venir alors au Palais, dans les salons, les galeries, & les jardins. Là elles peuvent briller par la finesse de leur esprit, par la vivacité de leurs reparties, & par des conversations animées qui marquent le caractere de leur génie, dont la subtilité met quelquefois en défaut, & étonne les Etrangers les plus spirituels.

A toutes ces fêtes succédent les Courses de Taureaux que la Ville donne, & qui durent cinq jours; les trois premiers pour le Viceroi, & les deux autres pour l'Ambassadeur qui a apporté la nouvelle de son arrivée, & de l'honneur que le Souverain lui a fait de le revêtir du Gouvernement. Il est bon d'ajoûter à ce qui a déjà été dit de cet Ambassadeur, qui, je le répéte, est une personne de distinction; que le même jour de son arrivée à *Lima* il fait son Entrée publique, & que la Noblesse va le recevoir & l'accompagne jusqu'au Palais du Viceroi, d'où elle le conduit au logement qu'on lui a fait préparer. Les fêtes de sa réception devroient succéder immédiatement à son Entrée; mais pour éviter ce double embaras, on les renvoye jusqu'à celles qui doivent suivre la réception du Viceroi, & on donne les unes avec les autres tout de suite.

Après les fetes des Taureaux suit la cérémonie que font l'Université, les Colléges, les Couvens de Religieux & de Religieuses, de reconnoître le Viceroi comme *Vice-Protecteur-Royal*. Cette cérémonie ne se fait pas avec moins de magnificence que les autres. On distribue des prix à ceux qui ont le mieux réussi à célébrer les louanges du Viceroi. Et comme ce qui se pratique à cette occasion donne une plus juste idée de la splendeur de cette Ville, & n'est pas fort connu en *Europe*, j'espere qu'on me pardonnera si j'entre dans un plus grand détail sur ce sujet.

L'Université commence la cérémonie, & pour cet effet le Recteur prépare un *Jeu* ou *Combat poëtique*, dont l'idée est aussi singuliere que propre à faire briller l'érudition des Auteurs; & après en avoir publié les sujets, & les prix qui seront donnés à ceux qui réussiront le mieux, il se rend chez le Viceroi pour lui en faire part, & lui demander quel jour il lui plaît d'honorer ce jeu de sa préfence. Cependant les prix sont arrangés dans la

prin-

principale sale; les sujets sont affichés aux piliers dans ces cadres sculptés, & sont magnifiquement imprimés.

Le Viceroi arrivé, entre dans la salle, & se place dans le siége Rectoral, qu'on a eu soin d'orner autant qu'il est possible. Vis-à-vis est un autre siége occupé par le Recteur, ou à son défaut par une personne des plus distinguées de ce savant Corps. Il prononce un Discours éloquent, dont le but est de marquer le désir qu'a l'Université de mériter la protection d'un tel Patron; après quoi le Viceroi retourne à son Palais, où le lendemain le Recteur vient lui apporter le Livre du *Jeu Poëtique* relié en velours avec des cornieres d'or, & accompagné de quelque meuble de la valeur à peu près de mille écus.

Le principal but de l'Université dans tout ceci étant d'honorer le Viceroi & sa famille, le Recteur a soin que les Poëmes pour les premiers prix soient faits au nom des plus distingués de sa maison, afin que ces prix qui sont les plus considérables leur soient réservés & distribués. Et comme il y a douze sujets proposés & trois prix pour chaque contendant, les deux moins considérables sont réservés pour les meilleurs génies de l'Université. Les meubles qui composent ces prix sont tous d'argent, & d'un prix considérable, tant pour la matiere que pour le travail qui est très-beau.

Les Colléges de *San Phelippe*, & de *San Martin*, observent les mêmes cérémonies, excepté qu'ils n'ont point de *Jeu Poëtique public*.

Après cela viennent tous les Ordres Religieux selon l'ancienneté de leur établissement aux *Indes*. Ils dédient au Viceroi des Théses publiques, soutenues par les plus habiles Lecteurs en Philosophie ou Théologie, qui veulent obtenir les degrés de Maîtres. Le Viceroi assiste à toutes, & chaque opposant lui adresse un long éloge avant que de commencer ses objections.

Les Supérieures des Couvens de Religieuses envoyent féliciter le Viceroi; & quand il les va voir, elles lui donnent un concert magnifique où se font entendre les plus belles voix; & enfin elles le régalent de toutes les choses qu'on fabrique dans les Couvens, autant que leur Institut le permet.

Outre ces cérémonies solemnelles qui sont les plus grandes qui se fassent à *Lima*, il y en a d'autres toutes les années, qui ne sont pas une moindre preuve de la grandeur de la Ville. Le jour du nouvel-an, par exemple, les Alcaldes ayant été élus, & confirmés par le Viceroi, sortent le même soir à cheval, accompagnant son carosse de chaque côté. Ils sont vêtus de golilles à manches d'étofe brochée, parés de joyaux de prix, & proportionnellement leur cheveux bien enharnachés. Cette marche publique est fort pompeuse, étant précédée des deux Compagnies de Gardes-du-corps, & de Hallebardiers du Viceroi, de tous les Tribunaux en carosse, & fermée par le Viceroi-même accompagné de la Noblesse & des Dames.

Le matin du Jour des Rois, & le soir auparavant, le Viceroi fait une promenade par la Ville à cheval, faisant porter devant soi l'Etendard Royal, en mémoire de la fondation de la Ville, qu'on croit, comme il a déjà été dit, avoir été fondée à pareil jour. On chante solemnellement les vêpres à la Cathédrale, & on y célébre la messe, & le soir la cérémonie est terminée par une promenade à cheval pareille à celle du jour de l'an.

Les nouveaux Alcaldes élus pour l'année donnent chacun un festin public dans leurs maisons pendant trois nuits consécutives; & pour ne pas se nuire l'un à l'autre, comme cela arriveroit s'ils régaloient tous les deux à la fois, ils s'arrangent de maniere que l'un régale les trois jours immédiatement après l'Election, & l'autre le jour des Rois & les deux suivans. Par-là ils ont tous les deux un plus grand nombre de Convives, & les dépenses sont plus considérables & plus éclatantes. Toutes les autres Fêtes qui se donnent dans le cours de l'année sont semblables à celle-ci; il ne s'en fait aucune où il y ait un moindre concours de monde, & qui soit moins dispendieuse. En voilà assez pour juger jusqu'où l'on pousse la magnificence à *Lima*.

CHAPITRE V.

Du nombre des Habitans de Lima; *leur Race, leur humeur, leurs usages, leur richesse, avec leur maniere de s'habiller.*

Comme dans toutes les Descriptions que nous avons faites jusques ici des lieux par où nous avons passé, il ne sera pas cependant hors de propos de dire encore ici ce que nous savons du nombre des habitans de *Lima*, & d'en faire un article particulier, en y joignant des observations sur leurs coutumes, assez différentes de celles des autres Villes, pour mériter qu'on en fasse mention. Car quoiqu'il soit vrai qu'il y a toujours quelque ressemblance entre les usages des Peuples

PL. XXIV.

1. Mulatresse à Cheval. 2. Caléche à la maniere de Lima. 3. Vicogne ou Vicuña. 4. Huanaco ou Taruga qui est une sorte de Chevres dans l'estomac desquelles on trouve le Bezoard. 5. Llama ou Mouton du Perou.

1. Eine Mulattin wie sie reutet. 2. Calesche nach der Art zu Lima. 3. Vicuña, oder eine Art von wilden Ziegen. 4. Huanaco, oder Taruga. 5. Llama oder Landschaf.

ples voisins, il est pourtant certain qu'il s'y rencontre toujours quelque différence, & nulle part au monde on ne s'en apperçoit mieux que dans ce Continent, où la variété à cet égard ne peut être attribuée qu'au grand éloignement qu'il y a souvent d'une Ville à la plus proche.

Les habitans de *Lima* sont mêlés de Blancs ou *Espagnols*, de Négres & de race de Négres, d'*Indiens*, de *Métifs*, & d'autres races ou espéces, qui proviennent du mélange de ces trois.

Les Familles *Espagnoles* sont en grand nombre; on les fait monter jusqu'à 16 à 18 mille personnes selon les calculs les plus exacts. Dans ce nombre on compte un tiers ou une quatriéme partie de Noblesse la plus distinguée & la plus avérée du *Perou*. Plusieurs sont décorés de titres de *Castille* anciens & modernes, & parmi ceux-là on compte quarante-cinq tant Comtes que Marquis. Le nombre des Chevaliers des Ordres Militaires est à proportion. Dans le reste de la Noblesse il y a des Familles non moins considérables, & non moins illustres. On compte parmi elles 24 Majorats sans titre, mais dont la plupart sont d'ancienne fondation, ce qui ne prouve pas peu l'ancienneté des Familles. Il y en a une entre autres qui tire son origine des *Incas*, ou Rois du *Perou*, c'est celle d'*Ampuero*, ainsi nommée du nom d'un des Capitaines *Espagnols* qui se trouverent à la conquête, & qui se maria avec une *Coya* (c'est ainsi que les *Incas* appelloient les Princesses de leur Sang Royal.) Les Rois d'*Espagne* ont accordé à cette Famille divers honneurs & des prérogatives distinguées, dont elle jouit comme une marque de sa haute qualité. Plusieurs Familles des plus illustres de la Ville se sont alliées avec celle-là. Les Familles forment dans chaque maison une peuplade. Elles sont toutes une figure convenable à leur rang, & à leur opulence. Elles ont un grand nombre de Domestiques & d'Esclaves. Les plus distinguées ont des carosses autant pour le luxe que pour leur commodité; celles qui ne se piquent pas de tant de magnificence, se contentent d'avoir des caléches. Ces dernieres voitures y sont si communes, que les habitans tant soit peu aisés en ont pour leur usage: & il faut avouer qu'elles sont peut-être plus nécessaires à *Lima* qu'en aucun autre lieu, à cause du charroi continuel, & de la quantité de chevaux & de mules qui entrent ou qui sortent de la Ville, qui gâtent si fort les rues & les remplissent de tant de fiente, qui se convertit en une poussiere si insupportable, dès que le Soleil l'a sechée, qu'il n'y a pas moyen d'aller à pied sans s'incommoder considérablement & sans risquer de se faire mal à la poitrine. Les caléches qui ne sont tirées que par une mule, & qui n'ont que deux roues, avec un fiége au fond & fur le devant, peuvent contenir quatre perfonnes. La façon en eft fort agréable, mais elles font exorbitamment cheres, puifqu'elles coutent 800 & même 1000 écus ; du-refte elles font toutes dorées, & font beaucoup de parade. On en fait monter le nombre jufqu'à 5 à 6000, & quoique celui des caroffes ne foit pas fi grand il ne laiffe pas d'être confidérable.

Les Majorats établis dans les Familles empêchent qu'elles ne tombent dans la décadence, qui fans cela feroit inévitable, vu la dépenfe qu'elles font pour vivre avec une magnificence & fplendeur qu'il ne feroit pas poffible de foutenir dans tout autre Pays. Elles ont des Terres confidérables, des Emplois Politiques & Militaires; & ceux des Nobles qui n'ont ni revenus de Majorats, ni Terres libres, fe foutiennent par des avantages non moins réels que leur procure le Négoce, auquel ils s'adonnent fans déroger, quoiqu'ils foient des premieres maifons de la Ville. Car à *Lima* le Commerce n'eft point incompatible avec la Nobleffe. J'entens le Commerce en gros, & non pas celui qui confifte uniquement à acheter & à revendre en détail dans une boutique. De cette maniere les familles fe foutiennent, fans éprouver ces ruïnes fi fréquentes en *Efpagne* dans les familles qui ne jouïffent pas de Majorats très-confidérables. Non feulement on n'a pas honte de commercer à *Lima*, mais même les plus grandes richeffes ne s'y acquierent que par cette voye. Il eft vrai qu'il s'y trouve affez de gens qui faute de fonds en argent comptant, ou par pareffe, ne prennent pas ce parti. Cette reffource qui fe trouve-là, & qui s'y eft établie fans peine, & fans fin déterminée, puifque les *Efpagnols* n'avoient au commencement qu'un défir vague de fe rendre riches, eft le moyen qui foutient la fplendeur où ces Maifons fe maintiennent. La Déclaration Royale donnée dès le commencement de la Conquête, étoit fort propre à les guérir de la répugnance qu'ils pouvoient avoir pour le Commerce. Il y eft porté expreffément qu'on pouvoit fans déroger & fans craindre d'être exclu des Ordres Militaires, être *Cargador*, ou Commerçant aux *Indes*: réfolution fi heureufe que l'*Efpagne* en reffentiroit bientôt de plus grands avantages, fi elle étoit commune à tous fes Royaumes.

A *Lima* comme à *Quito* parmi les Familles diftinguées il y en a qui y font établies depuis longtems, & d'autres qui ne le font que depuis peu : ce qui vient de ce que cette Ville étant le centre de tout le Commerce du *Pérou*, il y aborde beaucoup plus d'*Européens* qu'en aucune autre, les uns pour commercer, les autres pour y exercer les emplois dont on les a gratifiés

A. Femme de Lima en Habit de Ville. B. En Habit de Ménage.
C. Espagnol vétu comme on l'est au Perou. D. Mulatresse.
E. Negre Domestique.

A. Limanerinn, in ihrer Kleidung, wenn sie ausgeht. B. In ihrer Hauskleidung.
C. Ein Spanier, in Peruanischer Tracht. D. Eine Mulattinn.
E. Ein Negro bedienter.

tifiés en *Espagne*. Parmi les uns & les autres il y a des gens de beaucoup de mérite, & fort distingués. Plusieurs à-la-vérité s'en retournent chez eux après avoir fini leurs affaires, ou le tems de leurs emplois, mais la plupart y restent, charmés de la fertilité & de la bonté du Climat; ils épousent des Demoiselles qui aux dons de la fortune joignent encore ceux de l'esprit; & c'est ainsi qu'il s'établit tous les jours de nouvelles familles.

Les Négres, Mulâtres & leurs enfans font le plus grand nombre des habitans, & sont ceux qui exercent les Arts Mécaniques, à quoi les *Européens* s'adonnent aussi, sans se soucier, comme à *Quito*, si la même profession est exercée par des Mulâtres; car chacun cherchant à gagner, & les moyens de parvenir à ce but étant différens à *Lima*, on ne songe guere aux obstacles.

La troisiéme & derniere espéce d'habitans sont les *Indiens* & les *Métifs*, dont le nombre est fort petit à proportion de la grandeur de la Ville, & de la quantité de Mulâtres. Leur occupation ordinaire est d'ensemencer les terres, de faire des ouvrages de potterie, & d'aller vendre les denrées au Marché; car dans les maisons tout le service se fait par des Négres, ou par des Mulâtres, libres ou esclaves, mais plus de ces derniers que des premiers.

Les vêtemens que les hommes portent à *Lima* ne sont pas fort différens de ceux qui sont en usage en *Espagne*, & la différence n'est pas non plus fort grande entre les diverses conditions. Toutes les étofes sont communes, & qui peut les acheter peut les porter, desorte qu'il n'est pas étonnant de voir un Mulâtre qui exerce un métier, vétu d'une étofe riche, pendant qu'une personne de la premiere distinction n'en trouve pas de plus belle pour se distinguer. Tous donnent dans le plus grand luxe, & l'on peut dire sans exagération, que les étofes qui se fabriquent dans les Pays où l'industrie invente tous les jours quelque chose de nouveau, ne brillent nulle autre part autant qu'à *Lima*, l'usage en étant tout-à-fait ordinaire & général. C'est ce qui fait que celles que les Gallions & les Vaisseaux de Régître apportent, sont bientôt débitées; & quoique ce qu'elles coutent-là soit incomparablement au-dessus du prix qu'elles ont en *Europe*, on ne les achète ni plus ni moins; on se pique même d'avoir les plus belles, & on les porte avec plaisir & ostentation, sans même en avoir le soin que semble exiger leur cherté. Mais à cet égard les femmes l'emportent de beaucoup sur les hommes, & leur luxe va si loin qu'il mérite bien un article à part.

C'est une chose étonnante que l'attention & le goût que ces femmes apportent dans le choix des dentelles, dont elles chargent leur ajustement; c'est une émulation générale non seulement parmi les Femmes de qualité, mais parmi toutes les autres excepté les Négresses, qui sont celles du plus bas étage. Les dentelles sont cousues à la toile si près à près, qu'on ne voit qu'une petite partie de celle-ci, & même dans quelques piéces de leur habillement elle en est si couverte, que le peu qu'on voit, paroît être plutôt pour l'ornement que pour l'usage. Au-reste il faut que ces dentelles soient des plus fines de *Brabant*, les autres sont regardées comme trop communes.

Leur habillement est bien différent de celui des femmes d'*Europe*, & il n'y a que l'usage du Pays qui le puisse rendre supportable. Au commencement il ne laisse pas de choquer les *Espagnols*, qui le trouvent peu décent. Cet habillement se réduit à la chaussure, la chemise, une jupe de toile nommée *Fustan*, & que nous appellons en *Espagne* Jupe blanche ou de dessous. Ensuite une jupe ouverte, & un pourpoint blanc en Eté, & d'étofe en Hiver. Quelques-unes, mais en petit nombre, ajoûtent à cela une espéce de mante autour du corps, qui d'ordinaire n'est point serrée. La différence de cet ajustement à celui des femmes de *Quito*, quoique composé des mêmes piéces, consiste en ce que celui des femmes de *Lima* est beaucoup plus court, de maniere que le jupon attaché au-dessous du ventre ne descend que jusqu'au milieu des mollets, & de-là jusqu'à un peu au-dessus de la cheville pend la dentelle fine qui est autour de la *Fustan*. Au travers de cette dentelle on voit pendre les bouts des jarretieres bordés d'or ou d'argent, & quelquefois ornés de perles. Mais cela n'est pas commun: le jupon qui est ou de velours, ou d'étofe riche, n'est pas moins chargé d'ornemens que ceux dont nous avons parlé dans la 1. Partie; mais elles cherchent toujours les plus rares, & le garnissent encore de franges, de dentelles, ou de rubans. Les manches de la chemise, qui ont une aune & demi de long, & deux de large, sont garnies d'un bout à l'autre de dentelles unies, & attachées diversement ensemble. Par dessus la chemise elles mettent le pourpoint, dont les manches, qui sont fort grandes, forment une figure circulaire; ces manches sont de dentelles, avec des bandes de batiste ou de linon très-fin entre deux. Les manches de la chemises quand elles ne sont pas des plus belles, sont faites de même; la chemise est arrêtée sur les épaules par des rubans qu'elles ont pour cet effet à leur corset. Ensuite elles retroussent les manches rondes du pourpoint sur 'es

épau-

épaules, & font de-même de celles de la chemife, qui reftent fur celles-là, & les ayant arrêtées-là, ces quatre rangs de manche forment comme quatre aîles qui defcendent jufqu'à la ceinture. Celles qui portent la mante, s'en ceignent le corps, fans ceffer pour cela de porter le pourpoint ordinaire. En Eté elles s'affublent d'un voile, ou *Pagne*, affez femblable à la chemife & au corps du pourpoint; il eft fait de batifte ou de linon très-fin, garni de dentelles, les unes en l'air, comme elles difent, c'eft-à-dire attachées par un côté feulement, & les autres rangées alternativement avec les bandes de toile, comme il a été dit des manches. En Hiver dans leurs maifons elles s'enveloppent d'un *Rebos*, qui n'eft autre chofe qu'un morceau de *Bayéte*, ou de *Flanelle*, fans façon; mais quand elles fortent dans tous leurs atours, ce *Rebos* eft orné & garni comme le jupon: quelques-unes le garniffent de franges tout autour, quelques autres de paffemens de velours noir d'un tiers de large, ou peu s'en faut. Au-deffus du jupon elles mettent un tablier pareil aux manches du pourpoint, qui ne paffe pas le bord de celui-ci. On peut juger de tout cela combien doit couter un habillement où l'on employe plus de matiere pour les garnitures que pour le fond: & après cela il ne paroîtra pas étrange que la chemife d'une nouvelle mariée revienne quelquefois à plus de mille écus.

Une des chofes dont ces Femmes fe piquent le plus, c'eft d'avoir le pied petit; car dans ce Pays-là la petiteffe du pied eft une grande beauté, & c'eft un reproche qu'on y fait aux *Efpagnoles*, qui en comparaifon de ces femmes-là ont le pied grand: & comme elles ont accoutumé, dès leur enfance, de porter des fouliers extrêmement étroits, il n'eft pas rare d'y voir des femmes avec des pieds qui ont à peine $5\frac{1}{2}$ à 6 pouces de long, mefure de *Paris*. La façon des fouliers eft toute plate. Il n'y a prefque pas de femelle, ou plutôt il n'y en a point du tout: une piéce de *maroquin* fert d'empeigne & de femelle en même tems. Ils ont la pointe auffi large & auffi ronde que le talon, deforte qu'ils ont la figure d'un 8 allongé. Cette forme de foulier n'eft pas commode, mais le pied refte plus régulier. Elles les ferment avec des boucles de diamans, ou d'autres pierres, felon les facultés de chacune, plutôt pour l'ornement que pour l'ufage; car ces fouliers font faits de façon qu'ils n'ont pas befoin de boucles pour refter fermes au pied, étant tout-à-fait plats, & les boucles n'empêchant point qu'on ne puiffe les ôter aifément. Ce n'eft pas leur coutume de les orner de perles, & il eft difficile d'en deviner la raifon, vu qu'elles en mettent à tous leurs ajuftemens, & qu'elles regardent les

per-

perles comme chofe fort ordinaire. Les Cordonniers qui connoiffent le foible que ces femmes ont de faire briller leurs pieds, ont coutume d'y faire des arriere-points, & de les piquer de maniere qu'ils ne durent pas longtems. Ils les vendent ordinairement un écu & demi la paire : ceux qui font brodés d'or ou d'argent coutent huit à dix écus ; mais ceux de cette forte font peu en ufage, parce qu'ils font peu propres à faire briller la petiteffe du pied, vu que ces ornemens le font paroître gros.

Elles portent ordinairement aux jambes des bas de foye blancs & fort déliés, pour que la jambe paroiffe d'autant mieux faite : quelquefois ces bas font de couleur avec des coins brodés, mais la couleur blanche eft le plus à la mode, comme étant moins propre à cacher les défauts de la jambe, qui eft prefque toute découverte, & expofe ces défauts à la vue. Prévenues de cette idée elles n'ont garde de charger leurs jambes d'ornemens qui les empêcheroient de paroître telles qu'elles font naturellement. Ces fortes de chofes font fouvent le fujet de leurs converfations, & ce n'eft pas un petit amufement que de les entendre critiquer les défauts qu'elles remarquent les unes aux autres.

Jufqu'ici nous n'avons parlé que de l'habillement des Dames, & de leur chauffure. Il y auroit de la négligence à ne rien dire des autres atours qu'elles employent quand elles fortent du logis pour faire des vifites, pour fe promener, ou pour quelque autre fonction publique. Nous commencerons ce tableau par leur coifure, qui étant toute naturelle leur fied extrêmement ; & de tous les préfens que leur a fait la Nature, leur chevelure n'eft certainement pas le moindre. Elles ont généralement les cheveux noirs, fort épais, & fi longs qu'ils leur defcendent jufqu'au-deffous de la ceinture. Elles les relévent & les attachent à la partie poftérieure de la tête en fix treffes, qui en occupent toute la largeur, & dans lefquelles elles paffent une aiguille d'or un peu courbe, qu'elles appellent *Polizon*. Elles donnent le même nom à deux boutons de diamant gros comme de petites noifettes, qui font aux deux extrémités de l'aiguille. La partie des treffes qui n'eft point attachée à la tête, retombe fur les épaules, formant la figure d'un cercle applati. Elle n'y mettent ni rubans, ni aucun autre ornement, pour en laiffer paroître d'autant plus la beauté. Au devant & au derriere de la tête, elles mettent des aigrettes de diamans. Des cheveux de devant elles font de petites boucles qui defcendent de la partie fupérieure des tempes jufqu'au milieu des oreilles, & fur chaque tempe elles mettent un petit emplâtre de velours noir, de la mê-

même maniere que nous l'avons déjà dit ailleurs, & qui ne leur sied pas mal.

Les Pendans d'oreille sont des brillans, accompagnés de glands ou houpes de soye noire, qu'elles nomment aussi *Polizons*, de la même maniere qu'il a été dit ailleurs, lesquels glands elles ornent de perles. Cet ornement est même si commun parmi elles, qu'outre les Carcans de perles qu'elles portent autour du cou, elles y pendent encore des Rosaires, dont les grains sont de perles fines ainsi que les dizaines, qui sont de la grosseur d'une noisette. Celles qui composent la croix du Rosaire sont même un peu plus grosses.

Outre les bagues, anneaux de diamans & bracelets de perles les plus grosses & de la meilleure qualité qu'on puisse trouver, il y a plusieurs Dames qui portent des diamans enchassés dans de l'or, ou, pour plus grande singularité, dans du tombac, de la largeur d'un pouce & demi ou davantage, où le metal n'est-là que pour soutenir les pierreries. Enfin elles portent au dessous de l'estomac un affiquet rond & fort grand, attaché à un ruban qui leur ceint le corps : il est garni & enrichi de diamans en grand nombre. Si l'on se représente une de ces femmes toute vétue de dentelles au lieu de linge, & des plus riches étoffes, toute brillante de Perles & de Diamans, on n'aura pas de peine à croire que lorsqu'elle est dans ses plus beaux atours, elle ait sur son corps pour la valeur de 30 à 40 mille écus, plus ou moins selon ses facultés; magnificence d'autant plus surprenante, qu'elle régne même chez les femmes des particuliers.

Mais ce qu'on aura plus de peine à comprendre, c'est la générosité & la façon libre dont ces personnes usent de ces riches joyaux : le peu de soin qu'elles en ont, est cause qu'ils ne durent pas autant qu'ils devroient, & qu'il y a toujours quelque réparation à faire, surtout aux Perles qui étant plus fragiles, sont plus sujettes à se gâter.

Elles ont deux façons de se mettre à l'ordinaire pour sortir. L'une consiste en un voile de tafetas noir & une longue jupe, l'autre en une cape & une jupe ronde. La premiere est pour aller à l'Eglise, l'autre pour la promenade & les parties de plaisir. Ces deux habillemens sont brodés d'or, d'argent ou de soye sur un fond de toile, qui ne répond guere à ces ornemens.

C'est surtout le Jeudi Saint qu'elles se mettent de la premiere façon. Elles vont ce jour-là visiter les Eglises, & se font accompagner de trois ou quatre femmes Efclaves, Négreſſes ou *Mulâtres*, vétues de livrées comme les laquais, & en tout cela il y a beaucoup d'oſtentation.

A l'égard de leur figure, toutes les femmes de *Lima* en général font d'une taille moyenne, fort jolies, & fort agréables; elles ont la peau d'une grande blancheur, fans aucun fard. Communément la Nature leur donne en partage de beaux cheveux, comme nous l'avons déjà dit, de la vivacité, des yeux charmans, & un tein admirable. A ces avantages corporels fe joignent ceux de l'efprit. Elles ont de la pénétration, penfent avec juſteſſe, s'expriment avec élégance, leur converfation eſt douce & amufante, en un mot elles font très-aimables. De-là vient auſſi que tant d'*Européens* forment des attachemens, & fe fixent dans cette Ville par les nœuds du mariage.

On pourroit leur reprocher, qu'un peu trop prévenues de leur mérite, elles ont un certain orgueil qui ne leur permet pas de fe foumettre à la volonté d'autrui, ni même à celle de leurs maris. Mais comme elles font infinuantes & habiles, elles favent s'emparer de l'efprit de leurs Maîtres, & parviennent à les gouverner. Un ou deux exemples contraires ne détruiſent pas cette obfervation, on fait bien que les talens ne font pas égaux. Ce feroit auſſi envain qu'on pourroit tirer de ce que je viens de dire des conféquences injurieufes au beau-fexe de ce Pays-là; car ſi on les accufe d'être plus dépenſieres que les autres femmes, je répondrai que cela vient du prix exorbitant où les chofes font dans ce Pays-là; & à l'égard de l'indépendance qu'elles affectent: la raifon en eſt fort fimple, c'eſt que c'eſt un ufage établi dans le Pays; ajoûtez que ces Femmes y étant nées, & non leurs maris pour l'ordinaire, il eſt naturel que ceux-ci foient un peu regardés comme étrangers, que leur autorité en fouffre, & que les abus fubfiſtent. Les maris s'y conforment, parce qu'ils les trouvent établis; & d'ailleurs ils en font bien dédommagés pour les attentions & les complaifances de leurs femmes, qui à cet égard n'ont pas leurs pareilles dans le Monde.

Elles aiment beaucoup les fenteurs, & portent toujours de l'ambre fur elles. Elles en mettent derriere les oreilles, dans leurs robes & leurs autres affiquets. Elles en mettent même dans les bouquets, comme ſi les fleurs n'étoient pas aſſez odoriférantes. Elles mettent dans leurs cheveux les fleurs les plus belles, & celles auſſi qui font plus recherchées pour leur odeur que pour leur beauté. Elles en garniſſent leurs manches; de

forte

forte qu'à une assez grande distance l'odorat est saisi du parfum qu'elles répandent. Une des fleurs qu'elles aiment le plus, c'est celle qu'elles nomment *Chirimoya*, qui, comme on l'a déjà dit ailleurs, a une odeur très-agréable, sans plaire fort à la vue. La grand'Place est journellement comme un jardin par l'abondance des fleurs qui y sont étalées, & qui recréent la vue ainsi que l'odorat. Les Dames y vont dans leurs caléches acheter les fleurs qui leur plaisent le plus, sans avoir égard au prix. Il y a toujours un grand concours de monde sur cette Place, & l'on a le plaisir d'y voir les personnes les plus distinguées, quand des affaires domestiques ne les empêchent pas de s'y rendre.

Chaque femme dans sa sphere tâche d'imiter les Dames dans leurs ajustemens. Il n'y en a aucune qui aille à pied, pas même les Négresses, en cela bien différentes des femmes de *Quito*. Ici elles veulent toutes imiter les Femmes de qualité dans la chaussure; comme elles, elles pressent leurs pieds & les mettent à la gêne dans de petits souliers qui en cachent la grandeur naturelle, & elles ne souffrent pas peu avant d'être arrivées à ce point de perfection. L'envie de primer par la parure est si générale, qu'elles vont toujours enmitouflées de dentelles, dont elles étalent les feuillages qu'elles en font sur leurs corps. Elles se piquent d'une très-grande propreté, & prennent grand soin que tout soit de la derniere netteté dans leurs maisons.

Elles sont naturellement gayes, badines & railleuses; leur bonne humeur est néanmoins toujours accompagnée de décence, & leurs railleries d'agrément. La musique est une de leurs plus grandes passions, jusques-là que parmi les gens du commun on n'entend que chansons ingénieuses & agréables; ils font des concerts ensemble où les meilleures voix se font entendre, & quelques-unes même avec tant de succès qu'elles se font admirer. Les bals sont fort fréquens; on y voit danser avec une légereté qui étonne, & à cet égard on peut dire que l'humeur du Beau-sexe de *Lima* ne le porte point à la mélancolie, mais panché plutôt à tout ce qui s'appelle passe-tems & divertissement.

Outre la vivacité, & la pénétration naturelle des habitans de cette Ville, tant hommes que femmes, ils ont beaucoup d'acquis, s'instruisant dans la conversation avec des personnes éclairées qui passent d'*Espagne* à *Lima*. La coutume qu'ils ont de former entre eux de petites assemblées, est aussi fort propre à éguiser leurs esprits, par l'émulation qu'on a de ne pas vouloir paroître moins spirituels que les autres: ces assemblées sont d'assez bonnes écoles, quoiqu'elles ne soient pas instituées par l'autorité publique.

Le caractere de ces habitans quoiqu'un peu fier, est néanmoins docile; ils n'aiment pas à être commandés avec hauteur, mais pour peu qu'on ménage leur amour-propre à cet égard, on les trouve toujours disposés à l'obéiſſance; car ils aiment fort les manieres douces, & les bons exemples font grande impreſſion sur leurs eſprits. Du reſte ils sont courageux, & ont un certain point d'honneur qui ne leur permet ni de diſſimuler un affront, ni d'être querelleurs; deſorte qu'ils vivent tranquillement entre eux, & qu'ils sont fort sociables. Les Mulâtres étant moins bien élevés, & moins éclairés, sont plus sujets aux défauts contraires. Ils sont rudes, altiers, inquiets, ont souvent des démêlés les uns avec les autres; cependant on n'en voit pas réſulter des deſaſtres, & les malheurs que ces vices cauſent d'ordinaire n'y sont pas fréquens à proportion de la grandeur de la Ville, & du grand nombre de peuple qu'elle contient.

Les mœurs de la Nobleſſe sont parfaitement convenables au rang qu'elle tient. La politeſſe brille dans toutes ſes actions. Sa prévenance envers les Etrangers eſt ſans bornes. Elle leur fait accueil ſans fierté & ſans baſſeſſe, & tous les *Européens* qui négocient avec elle ne peuvent que ſe louer de ſes manieres.

CHAPITRE VI.

De la température dont jouït la Ville de Lima *ainſi que tout le Pays des Vallées. Diviſion des Saiſons de l'Année.*

IL ſeroit difficile de déterminer la température de la Cité de *Lima* & ſes changemens, ſi l'on devoit en juger par ce qui s'expérimente dans une égale latitude à la partie Nord de l'Equinoxial; car en ce cas on concluroit que *Lima* eſt une autre *Carthagéne*, vu que les hauteurs de ces deux Villes, l'une à l'hémiſphere Boréal, l'autre à l'hémiſphere Auſtral, ne different que fort peu entre elles. Mais on ſe tromperoit, car autant que le climat de *Carthagéne* eſt chaud & fâcheux, autant celui de *Lima* eſt agréable; & quoique les quatre ſaiſons de l'année y ſoient ſenſibles, il n'y en a aucune qui ſoit incommode.

Le Printems commence à *Lima*, peu de tems avant la fin de l'année, à peu près à la fin de *Novembre*, ou au commencement de *Décembre*: ce qui pourtant ne doit s'entendre que de l'air; car alors les vapeurs dont il

a été

a été chargé pendant tout l'Hiver, venant à se dissiper, le Soleil recommence à paroître & à réjouir la terre par la chaleur de ses rayons, dont la privation l'avoit plongée dans un état de langueur. Ensuite vient l'Eté, qui quoique chaud, par la grande impression que le Soleil fait sur la terre, n'est pourtant point ennuyeux à l'excès; parce que la chaleur est tempérée par les vents de Sud, qui soufflent, quoiqu'avec moins de force, en cette saison. L'Hiver commence au mois de *Juin*, ou au commencement de *Juillet*, & dure jusqu'en *Novembre* ou *Décembre*, avec un peu d'automne entre deux. C'est à la fin de l'Eté que les vents de Sud commencent à souffler avec plus de force, & à répandre le froid; non pas un froid pareil à celui qu'il fait dans les lieux où l'on voit la neige & la glace, mais assez fort pour obliger les gens à quitter leurs habits legers, & à se vétir de drap, ou de quelque étoffe semblable.

Il y a deux causes qui produisent le froid qu'on éprouve dans ce Pays. La Nature toujours sage en assigne deux autres, qui produisent le même effet à *Quito*. Le froid est produit à *Lima*, premierement par les vents qui venant des froids climats du Pole Austral, conservent l'impression qu'ils reçoivent des glaces & des neiges, de maniere qu'ils la rendent sensible; mais peut-être ne la conserveroient-ils pas pendant un si grand voyage que celui qu'ils font depuis la Zone glaciale de leur hémisphere, jusqu'à la Zone torride, si la Nature n'y avoit remédié (& c'est ici la seconde cause); car pendant que l'Hiver dure, la terre se couvre d'un brouillard épais, qui est comme un voile qui empêche les rayons du Soleil de pénétrer jusqu'à la terre, desorte que les vents soufflant sous ce voile conservent le froid qu'ils ont contracté en passant par ces Pays qui sont naturellement froids. Ce brouillard ne comprend pas seulement tout le terroir de *Lima*, mais il s'étend encore vers le Nord dans toutes ses Vallées, & ne se borne pas à la terre, puisqu'il couvre aussi l'atmosphere maritime, comme nous le dirons en son lieu.

Le brouillard se maintient sur la terre régulierement toute la matinée, & à dix ou onze heures avant midi au plutôt, ou au plus tard à midi, il commence à s'élever, sans se dissiper entierement; cependant il n'offusque plus la vue, & cache seulement le Soleil durant le jour, & les Etoiles pendant la nuit; car le Ciel est sans-cesse couvert, soit que les vapeurs s'élevent dans l'air, soit qu'elles s'étendent sur la terre. Quelquefois néanmoins elles se dissipent un peu, & laissent appercevoir l'image du Soleil, sans laisser sentir la chaleur de ses rayons.

C'est une observation assez singuliere pour ne devoir pas être passée sous silence, qu'à deux ou trois lieues de *Lima*, depuis midi jusqu'au soir, les vapeurs se dissipent beaucoup plus que dans cette Ville ; puisqu'elles laissent voir le Soleil à plein & sentir ses rayons, qui moderent le froid dans ces lieux-là. Au *Callao*, par exemple, qui n'est qu'à deux lieues & demie de *Lima*, les Hivers sont beaucoup moins desagréables, & le Ciel y est moins enbrumé dans cette saison-là. Les jours de *Lima*, comme nous l'avons déjà remarqué, sont en Hiver tristes & ennuyeux, tant à cause de l'obscurité continuelle qu'il y fait, que parce qu'il arrive souvent que les vapeurs se maintiennent tout le jour dans la même densité, sans se séparer, ou s'élever au dessus de la terre.

Ce n'est que dans cette saison que ces vapeurs se résolvant en une bruïne fort menue, ou une espéce de rosée, la terre est humectée également par-tout. Ils appellent cette rosée *Garua*. Au moyen de cette humidité on voit se couvrir de verdure les collines & les côteaux qui avoient paru arides tout le reste de l'année, on les voit, dis-je, émaillés des diverses fleurs que chaque plante produit, & qui recréent la vue des habitans. Ceux-ci, dès que le fort de l'Hiver est passé, vont à la campagne se divertir, & jouir du plaisir que leur offrent ces objets agréables. Jamais ces *Garua*, ou rosées, ne sont assez fortes pour rendre les chemins impraticables ; à peine peuvent-elles pénétrer l'habit le plus léger qui leur auroit été exposé un assez long espace de tems, & cependant elles suffisent pour pénétrer la terre, & pour fertiliser le plus aride & le plus stérile de sa superficie, parce que le Soleil ne peut la dessécher. Par la même raison elles remplissent de boue les rues de *Lima*, en détrempant cette fiente qui cause tant d'incommodité en Eté.

Les vents qui régnent en Hiver ne sont pas précisément ceux de Sud, quoiqu'ils leur donnent ordinairement ce nom ; mais ils se tournent un peu vers le Sud-Est, & soufflent continuellement entre Sud-Est & Sud. C'est du-moins ainsi que nous le remarquâmes pendant le cours de deux Hivers que nous passâmes l'un à *Lima*, l'autre au *Callao* ; le premier en 1742, & le second l'année suivante 1743. Ce dernier fut des plus rigoureux que l'on ait jamais senti, & en général dans toute cette partie de l'*Amérique* jusques au Cap *Hornes*. Dans le *Chili*, à *Valdivia*, à *Chiloé*, le froid y fut proportionné à leur hauteur du Pole, & à *Lima* il causa des constipations & des fluxions qui emporterent beaucoup de monde, & qui parurent contagieuses : & quoiqu'elles y soient assez communes dans cette Saison, elles ne furent jamais si dangereuses.

Une

VOYAGE AU PEROU. Liv. I. Ch. VI.

Une singularité aussi grande que celle qu'on remarque dans les Vallées du *Pérou* où il ne pleut jamais, ou, pour parler plus proprement, où les nuages ne se résolvent point en eaux formelles, a donné occasion à plusieurs Philosophes d'en rechercher la cause, & leur a fait imaginer diverses solutions pour expliquer les moyens que la Nature employe pour opérer un effet si peu commun. Les uns ont cru les trouver dans les vents de Sud, qui soufflant constamment & sans discontinuation, tiennent dans une agitation continuelle vers le même côté les vapeurs qui s'élèvent soit de la terre, soit de la mer. Et comme elles ne s'arrêtent en aucun lieu de l'une ni de l'autre, faute d'autre vent qui les repousse, ils concluent que le tems ne leur fournit point d'occasion de se condenser, & de s'unir les unes aux autres, ni par conséquent de former des goutes d'eau par l'union d'une quantité suffisante de leurs particules, desorte que ces mêmes vapeurs converties en pluye puissent se précipiter sur la terre par leur propre poids. D'autres ont prétendu que le froid naturel que les vents de Sud portent avec soi, tenant dans un certain & égal degré cette atmosphere pendant toute l'année, à-mesure qu'ils grossissent les particules de l'air par les particules salines dont ils les pénétrent, & dont ils se chargent en passant par l'atmosphere maritime, ainsi que par les particules nitreuses des Minéraux dont ce Pays abonde, ces vents n'ont pas un mouvement assez fort pour unir les vapeurs de la terre, desorte qu'elles puissent former des goutes d'eau dont le poids surpasse celui des particules de l'air: à quoi il faut ajoûter que les rayons du Soleil n'ayant pas l'activité nécessaire pour mettre ces vapeurs en mouvement, & pour les unir, vu que le même froid de ces vents diminue trop leur chaleur, elles ne sauroient se résoudre en pluye parfaite, puisque tant que le poids de la nue n'excéde pas celui de l'air qui la soutient, il est impossible que celle-là se précipite, ni par conséquent se forme en pluye.

Je ne m'efforcerai pas à réfuter ces solutions, ni plusieurs autres qu'on a données sur le sujet que je vais traiter, n'étant pas moi-même bien sûr d'en avoir trouvé la vraye cause; je me contenterai de dire mon sentiment sur une matiere si difficile, laissant aux Philosophes le champ libre pour exercer leurs conjectures. On me permettra d'abord de poser quelques principes préalables, qui pourront servir de fondement à ceux qui se dévoueront à cette recherche, & de guide à ceux qui voudront juger de la solidité des différentes solutions qui ont été proposées sur ce sujet.

Premierement il faut supposer que dans tous les Pays des *Vallées* il ne régne d'autres vents en toute l'année, que ceux qui viennent du Pole Austral,

ſtral, c'eſt-à-dire, du Sud au Sud-Eſt, tant ſur la terre que juſqu'à une certaine diſtance des côtes ſur la mer. Il me paroît évident que ces vents ſont entre Sud & Sud-Eſt; & à l'égard de ce que diſent quelques Ecrivains, qui prétendent qu'ils viennent entre le Sud & le Sud-Oueſt, il me ſemble qu'ils ſe trompent. On doit encore ſuppoſer, malgré ce qui a été dit, qu'il eſt des occaſions où ces vents ſe calment totalement, & qu'alors on ſent du côté du Nord une certaine moiteur dans l'air, quoique très-foible, dont ſe forme le brouillard. Secondement, les vents de Sud ſoufflent avec plus de violence & de force en Hiver qu'en Eté, ce qui doit s'entendre à l'égard de la terre. Troiſiémement, quoiqu'on ne voye point de pluye formelle dans les Vallées, on y éprouve de petites bruïnes qu'ils nomment *Garuas*, & cela eſt preſque continuel en Hiver, & n'arrive jamais en Eté. Quatriémement, toutes les fois qu'il fait des *Garuas*, les nuages, brouillards, ou vapeurs qui s'élévent de la terre y reſtent comme colés & attachés, & le même brouillard qui ſe réſout en *Garuas*, commence par la moiteur, ou air humide, & peu à peu l'humidité devient plus ſenſible, juſqu'à ce que le brouillard étant arrivé à ſa plus grande condenſation, on diſtingue les goutelettes qui s'en ſéparent. Cela eſt ſi naturel qu'on le remarque dans tous les Pays froids, & par-là même il ne faut pas s'étonner qu'il arrive dans le Pays dont il s'agit ici.

J'appelle *nuage*, *brouillard*, ou *vapeurs*, ce qui produit la *Garua*, ou petite bruïne; car, quoiqu'il puiſſe y avoir entre ces trois eſpéces des différences accidentelles, je ne crois pas devoir m'y arrêter. En effet ce qui dans ſon principe ſe nomme vapeur, devient brouillard en ſe condenſant; & le nuage n'eſt qu'un brouillard plus élevé & plus denſe que la vapeur & que le brouillard proprement dit. Dans le fond il faut les regarder tous trois comme une même choſe, ne différant entre eux que du plus ou du moins de denſité; & il importe peu à notre ſujet lequel de ces trois noms on lui donne.

Cinquiémement, en Eté l'action des rayons du Soleil ſur la terre dans toutes ces Vallées, fait ſentir une très-grande chaleur; d'autant plus que ces rayons agiſſent ſur le ſable, où la reverbération étant très-forte, & le vent fort foible, la chaleur augmente de beaucoup. D'où il paroît que les motifs expoſés dans la ſeconde opinion rapportée ci-deſſus, ne peuvent avoir lieu, du-moins quant à ce tems-là. En effet ſi la force & l'agitation des vents de Sud eſt ce qui empêche les vapeurs de s'élever juſqu'à la hauteur néceſſaire pour former la pluye, il ſuit que cette raiſon ceſſant

fant pendant la plus grande partie de l'Eté, il doit pleuvoir dans cette
faifon: mais c'eft tout le contraire, puifque la *Garua* n'eft pas même alors reguliere. Sixiémement, dans les Vallées il y a eu des occafions où la nature du climat fortant de fon train ordinaire, on a eu des pluyes formelles, comme il a été rapporté dans le Chapitre I. de cette feconde Partie, en parlant du Bourg de *Chocopé*, de *Truxillo*, de *Tumbez* & autres lieux: avec cette particularité que non feulement les vents n'avoient point varié, mais que s'étant maintenus au Sud, ils avoient été beaucoup plus forts quand les pluyes furvinrent, qu'ils ne le font d'ordinaire en Eté & en Hiver.

Les fix principes que je viens de pofer, font fi propres à ce Climat, qu'on peut les appliquer à tous les lieux dont il eft fait mention dans ce Chapitre. Nous pafferons maintenant aux raifons pourquoi il n'y pleut pas avec la même force qu'en *Europe*, ou, pour mieux dire, avec la force ordinaire fous la Zone torride: nous tâcherons de donner une folution, qui s'accorde de tout point avec l'expérience.

Il nous paroît tout fimple de fuppofer pour principe conftant, que le vent foufle avec plus de force dans certains efpaces ou régions de l'atmofphere que dans d'autres. On le prouve par l'expérience qui fe fait tous les jours fur les Montagnes élevées, au fommet defquelles le vent foufle avec violence, pendant qu'au bas on s'apperçoit à peine du moindre mouvement: c'eft ce que nous expérimentâmes fur toutes les Montagnes de la *Cordillere*, la grande force des vents ayant été une des incommodités que nous y fouffrîmes. Cette expérience fe peut faire par-tout. On n'a qu'à monter au haut d'une tour, on y fentira bientôt la différence en queftion; & quoique plufieurs prétendent prouver que cela vient des inégalités de la Terre, comme montagnes, collines & autres obftacles, qui empêchent les vents de foufler avec la même force dans la plaine & autres lieux bas, que fur les lieux élevés, comme ce que nous avons dit de la Terre arrive auffi fur Mer, ainfi que l'expérience le démontre & qu'on le voit tous les jours fur les vaiffeaux, il paroît décidé que ce n'eft pas immédiatement fur la furface de la Terre que le vent a fa plus grande force. Ce point accordé, nous pourrons pofer, ce me femble, avec quelque certitude, que les vents de Sud portent leur plus grande force par un intervalle de l'atmofphere un peu féparé de la Terre, mais non pas au point de furpaffer celui où fe forme la pluye, ou dans lequel les particules d'eau que les vapeurs enferrent, fe réuniffant enfemble, compofent des

Tome I. Mmm gou-

goutes de quelque poids. Ainfi dans ce Pays on voit que les nuages ou vapeurs qui s'élévent au-deſſus de cet eſpace, c'eſt-à-dire, celles qui s'élévent le plus, ſont mues beaucoup plus lentement, que celles qui ont les vents au deſſous d'elles. Souvent en d'autres Climats hors des Vallées, ces nuages ſe meuvent dans un ſens contraire à celui que ſuivent les gros nuages, qui ſont au deſſous. Il me paroît donc que ſans courir riſque de ſuppoſer une choſe irréguliére, on peut tomber d'accord, que l'eſpace de l'atmoſphére où ordinairement les vents ſouflent avec le plus de force, eſt le même où ſe forme la groſſe pluye, ou celle à qui d'ordinaire on donne ce nom.

Maintenant pour expliquer ce phénoméne de la Nature, je dis qu'en Eté l'atmoſphere étant plus raréfiée, le Soleil par l'influence de ſes rayons attire les vapeurs de la Terre & les raréfie dans le même degré qu'eſt l'atmoſphere; parce que dardant ſes rayons plus perpendiculairement il a plus de force pour faire lever les vapeurs, qui venant à toucher la partie inférieure à la région de l'atmoſphere par où les vents ſouflent avec le plus de force, ſont emportées par ces mêmes vents, qui ne leur donnent pas le tems de s'élever dans cette même région, & par-là de s'unir & ſe joindre enſemble au moyen de l'atmoſphere, pour former des goutes: or cette circonſtance manquant, il ne peut y avoir de pluye. D'ailleurs, à meſure que les vapeurs s'élévent de la Terre, elles prennent leur cours par cette partie inférieure de l'atmoſphere, ſans s'arrêter nulle part; & comme les vents ſont continuels & conſtans dans cette partie auſtrale, il eſt tout ſimple que dans leur viteſſe ils emportent ces vapeurs raréfiées à proportion de l'action que la chaleur du Soleil leur imprime. La trop grande activité de cet Aſtre les empêche auſſi de s'unir, & de-là vient qu'en Eté l'atmoſphere eſt claire & dégagée de vapeurs.

En Hiver les rayons du Soleil ne tombant qu'obliquement ſur la Terre l'atmoſphere reſte condenſée; & l'air qui vient des parties auſtrales l'eſt encore bien davantage, vu qu'il eſt chargé de cette congélation naturelle que les glaces lui communiquent, & qu'il communique à ſon tour aux vapeurs à meſure qu'elles ſortent de la Terre; de-là vient qu'elles ſont plus *denſes* qu'en Eté, ce qui les empêche de s'élever avec cette promptitude qu'elles ont dans cette derniere ſaiſon.

A cela il faut ajoûter deux autres raiſons: l'une, que les rayons du Soleil n'ayant pas tant d'activité, à proportion qu'il les diſſipe moins, les vapeurs ont en Hiver plus de difficulté à s'élever: l'autre, que la région de l'atmosphere où l'air a le plus de vitesse, s'approchant de la Terre dans cette saison, ne permet pas aux vapeurs de s'élever beaucoup; desorte qu'elles restent attachées à la Terre, & suivant le même rumb du vent, elles se changent en brouillards humides, tels qu'on les voit alors; & comme dans cette situation elles ont moins d'espace pour se répandre & s'étendre, que quand elles s'élèvent davantage, il est tout simple qu'elles ayent la facilité de se joindre & de former la *Garua*, peu de tems après qu'elles ont commencé à se condenser, ou à se changer en brouillard.

Vers le milieu du jour, la *Garua* cesse, & les vapeurs se dissipent, ce qui provient de ce que le Soleil ayant alors plus d'activité, raréfie l'atmosphere, & peut en même tems attirer les vapeurs à une plus grande hauteur: par où non seulement il les rend plus subtiles, mais les retenant dans un espace plus étendu, où elles peuvent se mouvoir, il en sépare ces parties plus foibles, jusqu'à ce qu'il les écarte, les dissipe, & les rend tout-à-fait imperceptibles.

Malgré tout cela, il faut convenir que tant en Eté qu'en Hiver, quelques vapeurs doivent vaincre la difficulté de la rapidité du vent dans cet espace où il court avec le plus de vitesse, & surmontant cet obstacle, doivent s'élever à une hauteur supérieure au vent; non pas précisément dans cette partie où elles ont commencé à rencontrer & vaincre la difficulté, mais beaucoup plus en avant, desorte que nous devons considérer ces vapeurs suivant d'un côté le cours de l'air, & de l'autre s'élevant à proportion de la raréfaction où les rayons du Soleil les ont mises. Dans cette supposition, il est clair que ces vapeurs ne doivent pas être celles qui sont le plus condensées, puisque plus elles le seroient, plus elles auroient de difficulté à s'élever, & plus il leur conviendroit par leur trop grand poids de céder à l'agitation du vent. Par conséquent les vapeurs en question devant être les plus subtiles, dès qu'elles sont parvenues audessus de cette région de l'atmosphere, diminuent l'accélération par laquelle elles étoient emportées auparavant; & ainsi plusieurs se joignant ensemble forment ce nuage élevé, qu'on apperçoit après que le brouillard est entiérement dissipé. Ce nuage ne peut se changer en pluye, parce qu'ayant outre-passé la région qui est propre à la formation de la pluye, toutes ses parties sont congelées: or comme elles ne peuvent acroître assez leur poids pour vaincre la résistance de l'air qui les soutient, celles qui pourroient surmonter cette difficulté, n'étant pas en quantité, il ne leur est pas aisé de se joindre à de nouvelles vapeurs pour remédier à la diffipation continuelle où l'activité du Soleil les expose. Aussi peu peuvent-elles se précipiter changées en neige, ou en grêle, qui est ce qui répond à leur état actuel. Joignez à cela, que tenant, quoiqu'avec plus de lenteur, la même route que le vent, celui-ci les empêche de s'unir & de former une nue épaisse, ainsi qu'on le remarque, puisque ces nuages sont si déliés & si transparens qu'on peut les distinguer à travers la figure du Soleil pendant le jour, & les étoiles quand il fait nuit, quoique confusément.

Reste à satisfaire à une difficulté, pour que ce que nous avons exposé jusqu'ici s'accorde entièrement avec l'expérience : c'est que ces nuages élevés ne se font voir qu'en Hiver, & point en Eté : mais cela même est ce qui doit naturellement arriver selon mon sentiment; car outre cette raison générale, que le Soleil dissipe ces mêmes nuages par sa trop grande activité, en Hiver les vents courent par un espace plus contigu à la Terre qu'en Eté, & à proportion de la contiguité de la partie inférieure de cette région à la Terre, la partie supérieure de la même région se trouve plus basse. En Eté au contraire sa partie supérieure est d'autant plus élevée que l'inférieure l'est davantage. On doit supposer d'ailleurs avec tous les Philosophes, que les vapeurs de la Terre peuvent seulement s'élever jusqu'à cette hauteur où les globules de vapeur pèsent moins que les globules d'air : or les vents conservant en Eté leur rapidité jusqu'à cette hauteur, il n'est pas possible que les vapeurs évitent la violente agitation avec laquelle ils les emportent, ni conséquemment qu'elles se condensent, puisqu'il les empêche de s'unir, ni qu'elles forment ce nuage visible, si ordinaire en Hiver. Car dans cette saison les vents soufflant avec plus de violence par un espace plus contigu à la Terre, à raison de la contiguité de la partie inférieure du même espace, sont plus foibles vers la partie supérieure, c'est-à-dire, au-dessous du terme où les vapeurs peuvent s'élever, desorte qu'elles occupent un espace plus élevé que celui où les vents courent avec le plus de force & de célérité. Tout cela est naturel & conforme à l'expérience, qui montre qu'en Hiver les vents de Sud sont plus forts sur la Terre qu'en Eté. Ce qui suit pourra encore servir de preuve.

Nous avons dit qu'au Bourg de *Chocopé* on avoit eu en deux occasions, des pluyes très-fortes & continues, & qu'encore plus fréquemment la même chose arrive inopinément à *Tumbez* au bout de quelques années : ce qui est extraordinaire, vu que *Tumbez* & *Chocopé* étant dans les Vallées, & par conséquent dans un Climat peu différent de *Lima*, il ne doit pas y

pleu-

pleuvoir davantage qu'en cette derniere Ville. Cependant j'entrevois deux caufes qui peuvent occafionner cette irrégularité, lefquelles naiffent l'une de l'autre. Je vais commencer à expofer la premiere, dont la feconde n'eft qu'une fuite.

On doit conclure de tout ce qui a été dit ci-deffus, que dans un Pays, ou Climat, où le même vent régne conftamment, il ne peut y avoir de pluye formelle; & pour qu'il y en ait, ou il faut que le vent ceffe totalement, ou qu'il y en ait un autre qui foufle du côté oppofé, & qui uniffant les vapeurs qui fe font élevées à une certaine hauteur avec celles que la Terre exhale actuellement, les condenfe à mefure qu'elles font attirées par le Soleil, jufqu'à ce qu'ayant acquis une pefanteur fupérieure à celle de l'air qui les foutient, elles puiffent tomber changées en gouttes d'eau.

Si l'on fait attention aux circonftances rapportées à l'égard de ce qui s'eft paffé à *Chocopé*, on remarquera que durant tout le jour l'air étoit ferein, & que la pluye ne commençoit que vers les cinq heures du foir, & avec elle la force du vent: d'ailleurs il eft bon d'avertir, que quand les vents d'Eft régnent dans les Climats où ils font réguliers, ils ne fouflent avec force que depuis le coucher du Soleil jufqu'à l'aurore, & cela continue depuis *Décembre* en-çà, qui eft le tems d'Eté dans les Vallées; & alors les jours font clairs, & l'air toujours ferein. C'eft ainfi que la chofe étoit à *Chocopé* au tems de cette pluye: car quoique les habitans ne fiffent pas précifément mention de la faifon, ils donnoient fuffifamment à entendre que c'étoit en Eté, & que les vents de Sud régnoient alors avec plus de force qu'ils n'en ont ordinairement dans cette faifon: ce qui n'auroit pas paru étrange en Hiver, où il vente avec beaucoup d'inégalité, mais le plus fouvent avec force. Nous pouvons donc établir avec fureté, que ces accidens arriverent en Eté, & conclure de leurs circonftances que les vents d'Eft étant plus forts qu'à l'ordinaire, & s'avançant cette année-là plus que de coutume fur le continent, couroient par cet efpace fupérieur, où les vents de Sud paffent avec le plus de violence & de rapidité; & les premiers faifant effort contre les feconds, les contraignoient à changer de rumb: & comme il n'étoit pas praticable qu'en rebrouffant ils priffent celui qu'ils avoient tenu, parce qu'ils en étoient empêchés par la continuité des mêmes vents qui les fuivoient, il falloit qu'ils quittaffent cette région pour la céder à un plus grand poids, & que defcendant de-là au deffous des vents d'Eft ils s'approchaffent de la Terre. Alors les vapeurs

peurs qui fe levoient de fon fein pendant tout le cours du jour, après avoir couru avec le vent le plus près de la Terre une certaine diftance, s'élevoient jufqu'à la région où l'autre vent régnoit, & refoulées par celui-ci elles avoient le moyen & le tems de fe condenfer: car dans cette région où fe forme la pluye, c'eft-à-dire, où une infinité de goutelettes imperceptibles compofent une quantité innombrable de goutes qui ont plus de corps & de poids, s'avançoient les vapeurs, étant élevées par l'effet de leur diffipation caufée par l'activité du Soleil; & cela jufqu'à ce que cet Aftre commençant à décliner fenfiblement, & fon influence à ceffer, les vapeurs recommençoient à s'épaiffir, & ne pouvant plus fe foutenir retomboient par leur propre poids, changées en une pluye d'autant plus groffe, que les vapeurs étoient plus condenfées par la force ou la viteffe avec laquelle les vents d'Eft les rechaffoient. Ces vents s'affoibliffoient pour l'ordinaire dès qu'il commençoit à faire jour, & dès lors la pluye ceffoit. Les vents de Sud au-contraire foufloient pendant tout le jour, & n'y ayant dans la partie fupérieure de l'atmosphere aucun vent qui leur fit obftacle, ils emportoient avec eux les vapeurs à mefure qu'elles s'élevoient, & par ce moyen l'air reftoit ferein & paifible.

Voilà ce qui eft arrivé à *Chocopé*, qui eft beaucoup plus éloigné des lieux jufqu'où les vents d'Eft foufflent, que *Tumbez*, *Piura*, *Séchura*, & autres Bourgades où cela arrive plus fréquemment, felon qu'ils font plus près de l'Equinoxial, fans qu'on expérimente néanmoins les vents d'Eft ou de Nord dans cet efpace de l'atmosphere qui eft le plus proche de la Terre. Il eft donc vraifemblable, & ce paroît être une chofe réguliere, qu'il eft plus facile aux vents de Nord de foufler dans le tems qu'ils régnent, jufqu'aux lieux les plus proches de l'Equinoxial, qu'à ceux qui en font plus éloignés, quoique ce ne foit pas fi près de la Terre qu'ils s'y faffent fentir, mais en courant par un efpace plus élevé. Confequemment il eft naturel qu'il pleuve plus dans ces lieux qu'en d'autres, où il eft rare que ces vents parviennent, foit par l'efpace de l'atmosphere le plus contigu à la Terre, foit par celui qui en eft plus éloigné, & où le vent porte fa plus grande force & fa plus grande rapidité.

Je l'ai d'abord déclaré; je ne fuis pas fi perfuadé que les raifons que je viens d'expofer foient fi décifives, qu'il ne puiffe y en avoir de plus convainquantes, & de plus conformes à l'expérience; mais comme il eft difficile de trouver d'abord des raifons qui conviennent à toutes les circonftances, qui laiffent l'efprit fatisfait de leur probabilité, & que celles qu'on
peut

peut chercher ne font pas toutes également propres à s'accorder avec les particularités auxquelles il faut qu'elles s'accommodent, il me fuffit d'avoir dit ce que je penfe, & qui me paroît le plus plaufible; laiffant une entiere liberté aux Philofophes d'exercer leurs fpéculations pour trouver la véritable caufe, & de rejetter mon opinion, que je vais achever d'expofer.

Si, régulierement parlant, il ne pleut jamais à *Lima*, il n'y fait non plus jamais d'orage, & fes habitans qui n'ont jamais voyagé, ni dans les Montagnes, ni à *Guayaquil*, ni au *Chili*, ni en d'autres lieux, ne favent ce que c'eft que tonnerres, & n'ont jamais vu d'éclair, puifqu'il n'en fait jamais à *Lima*: auffi font-ils fort étonnés & épouvantés quand ils entendent les uns & voyent les autres pour la premiere fois. Mais c'eft une chofe admirable, que ce qui eft fi inconnu à *Lima*, foit fi fréquent à trente lieues, ou un peu moins à l'orient de cette Ville (car c'eft la diftance des Montagnes de ce côté-là). Les pluyes & les orages y font auffi réguliers qu'à *Quito*. Les vents quoique conftans à *Lima*, ainfi qu'il a été dit, varient néanmoins un peu, mais prefqu'imperceptiblement, comme nous l'expliquerons tout à l'heure. Ils font d'ailleurs fort modérés en toute faifon, puifqu'ils ne foufflent jamais avec affez de force pour incommoder, pas même en Hiver; & fi cette Ville n'étoit pas fujette à d'autres inconvéniens, fes habitans n'auroient rien à défirer pour les commodités de la vie: mais la Nature a balancé ces avantages par des inconvéniens qui en diminuent fort le prix, & qui peuvent bien confoler les autres Peuples qui ne jouiffent pas des mêmes prérogatives.

Nous avons déjà obfervé, que les vents qui fe font généralement fentir dans les Vallées viennent des parties auftrales. Cette expreffion eft générale, & fouffre quelque exception, qui fans rien changer au fond de la chofe, fait voir qu'il y a des occafions où il régne des vents de Nord, mais fi foibles & fi imperceptibles, qu'à peine ils ont la force de mouvoir les girouettes & banderolles des Vaiffeaux. C'eft une foible agitation de l'air, un peu plus que le calme, & qui fuffit pour faire remarquer que les vents de Sud ne régnent pas. Cela arrive régulierement en Hiver, & c'eft par cette foible agitation que les brouillards commencent, ce qui paroît conforme en quelque maniere à ce qui a été dit auparavant de la raifon pourquoi il ne fait pas de pluye proprement dite à *Lima*. Ce fouffle de vent, comme l'appellent les Gens de mer, eft fi particulier que dès qu'il commence, même avant que le brouillard foit condenfé, les habitans le fentent; parce qu'il leur caufe des maux de tête, ou migraines fi fortes, qu'ils peuvent facilement deviner quel tems il fera, même avant de fortir de leurs lits, & de voir ce qui fe paffe dehors.

CHAPITRE VII.

Fléaux auxquels la Ville de Lima *eſt ſujette. Particularités des Trémblemens de terre. Maladies dont les Habitans de cette Ville ſont affligés.*

UN des Fléaux de *Lima*, ce font les Puces & les Punaifes. Il n'y a pas moyen de fe garantir de ces deux engeances, quelque foin que l'on prenne, & quelque préfervatif qu'on employe. Ce qui contribue le plus à les faire pulluler, c'eſt ce crotin dont les rues font toujours pleines, & la maniere dont les toits des maifons font conſtruits, qui étant tout plats, comme nous l'avons dit, font toujours couverts de ce crotin pulvérifé que le vent emporte, deforte qu'on voit continuellement tomber à travers les ais puces & punaifes, dont les maifons ne font jamais exemtes. A ces deux fléaux fe joignent les *Moſquites*, qui néanmoins ne font pas fi incommodes que les deux précédens.

Toutes ces playes ne font pourtant rien en comparaifon des Tremblemens de terre. Ce Pays y eſt fi fujet que fes habitans vivent dans des allarmes continuelles. Les fecouffes font fubites, & fe fuivent de près, & les trémouſſemens de la terre furprennent & étonnent les plus braves, les frappent de terreur, & leur font craindre avec juſtice d'être enſévelis dans les ruines de leurs habitations. Ces funeſtes & lamentables accidens n'ont que trop été réitérés pour le malheur de cette Ville, qui vient enfin d'être entierement détruite par ce fléau. Les tremblemens n'y font pas toujours continus: il eſt des occaſions où ils font réitérés plus fréquemment qu'en d'autres, & où les fecouſſes ne font pas égales, ou dumoins d'une égale durée, y ayant quelquefois de la différence. Cependant il n'y a jamais un intervalle aſſez confidérable pour que l'efprit puiſſe fe tranquillifer; au-contraire il eſt plus inquiet & plus agité au bout de quelques jours, quand la fecouſſe eſt paſſée, dans la juſte appréhenſion que celle qui va furvenir ne foit plus violente & plus longue. En 1742 j'eus la curioſité, pendant un certain tems, de marquer l'heure des tremblemens de terre qu'on y eſſuya. Voici le réſultat de mes obſervations.
I. Le 9 de *Mai* à 9¼ du matin. II. Le 19 du même mois vers le minuit.

nuit. III. Le 27 à 5 heures 35 minutes du soir. IV. Le 12 de *Juin* à 5¼ du matin. V. Le 14 d'*Octobre* à 9 heures du soir. Je ne pris pas davantage la peine de les marquer. Mais je dois avertir que je n'ai noté que les plus considérables, & ceux qui ont duré pour le moins environ une minute. Celui du 27 *Mai* en dura même deux, ayant commencé par une grande secousse, qui fut suivie par différens petits trémoussemens, jusqu'à ce qu'il cessa entierement : dans les intervalles de ceux que j'ai marqués, il en arriva d'autres moins considérables qui ne se firent pas tant sentir.

Ces tremblemens, tout inopinés & subits qu'ils sont, ne laissent pas d'avoir des avant-coureurs qui annoncent leur approche. Un peu auparavant, c'est-à-dire environ une minute avant les secousses, on entend un bruit sourd qui se fait dans les concavités de la terre, & qui ne s'arrête pas du côté où il se forme, mais court de côté & d'autre sous terre ; à quoi il faut ajoûter les aboyemens des chiens, qui pressentant les premiers le tremblement, se mettent à japer, ou plutôt à hurler d'une façon extraordinaire. Les bêtes de charge & autres qui vont dans les rues, s'arrêtent tout court, & par un instinct naturel écartent leurs jambes pour se cramponer, & ne pas tomber. Au premier de ces signaux, les pauvres habitans, tout effrayés & la terreur peinte sur le visage, quittent leurs maisons, & se répandent dans les rues pour y chercher la sureté qu'ils ne trouvent pas dans leurs habitations. Tout cela se fait avec tant de précipitation, que sans faire réflexion en quel état ils sont, ils courent tout comme ils se trouvent. Desorte que si c'est de nuit pendant qu'ils reposent, il leur est ordinaire de sortir tout nuds, la terreur & la hâte ne leur permettant pas même de se couvrir d'une robe. Ainsi les rues présentent une scéne de figures si étranges & si singulieres, que le spectacle ne seroit pas peu comique pour quiconque pourroit être de sang froid dans une frayeur si générale & au milieu des plus justes transes. A cette affluence subite se joignent les criailleries des petits enfans, qui ayant été tirés du plus profond sommeil semblent se plaindre qu'on les ait interrompus, pendant que leurs meres & toutes les femmes en général poussent des cris & des lamentations, invoquant tous les Saints du Paradis, & augmentant par-là la crainte & l'épouvante. D'un autre côté les hommes, guere moins effrayés, ne peuvent non plus garder le silence, & les hurlemens des chiens se mêlant à tout ce fracas, ce n'est plus qu'un cahos, & une confusion qui dure longtems après que le tremblement est fini : la raison en est que, chacun craignant avec raison qu'il ne se réitere, personne

Tome I. N n n n'a

n'a la hardiesse de se retirer chez soi, ayant éprouvé plusieurs fois que les malheurs qui n'étoient point arrivés par les premieres secousses avoient été causés par les secondes, celles-ci achevant de renverser ce que les autres avoient ébranlé.

Par le soin que j'ai pris de marquer l'heure précise où se firent les tremblemens de terre rapportés ci-dessus, il paroît qu'ils sont arrivés indifféremment, ou lorsque la marée étoit au milieu de son décroissement, ou lorsqu'elle étoit au milieu de son regorgement, & jamais en son flux parfait, ni en son reflux total; au-contraire de ce que quelques-uns ont prétendu que les tremblemens de terre n'arrivoient que durant les six heures de reflux, ou de basse-marée, & non durant les six autres heures de flux ou de haute marée. Cela convient au système qu'ils ont imaginé pour en expliquer les causes; lequel système, à mon avis, ne s'accorde point assez avec les observations pour qu'on soit obligé d'y souscrire.

La nature de ce Pays est si propre aux tremblemens de terre, que de tout tems on y en a senti dont les effets ont été bien déplorables. Et pour que la curiosité du Lecteur n'ait rien à désirer à cet égard, j'ai jugé à propos de parler ici des anciens tremblemens, en attendant que j'aye occasion de faire une plus particuliere mention du dernier, qui a achevé de détruire cette grande Ville.

Le premier des plus considérables tremblemens de terre depuis l'établissement des *Espagnols* dans ce Pays-là, arriva quelques années après la fondation de *Lima* en 1582. La Ville ne reçut alors aucun dommage. Tout le mal tomba sur la Ville d'*Arequipa*, qui se trouvant située du côté où il paroît que le mouvement de la terre fut le plus fort, ne put éviter sa ruine.

II. En 1586 le 9 *Juillet* on sentit un nouveau tremblement de terre, qui est compté parmi les plus considérables. La Ville en fait la commémoration le jour de la *Visitation de Ste. Elisabeth.*

III. En 1609 il y en eut un pareil au précédent.

IV. Le 27 *Novembre* 1630, il y eut un tremblement qui causa beaucoup de mal, & qui fit craindre la ruine entiere de la Ville. En reconnoissance de ce qu'elle fut préservée, on y célèbre tous les ans la Fête de *Nuestra Segnora del Milagro* (*Notre Dame du Miracle*).

V. En 1655 le 13 *Novembre* un terrible tremblement de terre renversa les plus grands édifices & plusieurs maisons. Sa violence contraignit les habitans d'aller vivre plusieurs jours dans les Campagnes, fuyant le péril qui les menaçoit dans la Ville.

VI. En

VI. En 1678 le 17 de *Juin* un autre tremblement endommagea beaucoup les Eglises, & renversa diverses maisons.

VII. Parmi les plus grands tremblemens, on compte celui du 20 *Octobre* 1687. Il commença à 4 heures du matin, & ruina un grand nombre d'édifices & de maisons, où beaucoup de perfonnes furent écrafées. Ces malheurs firent preffentir ce qui devoit fuivre, & ce fut ce qui empêcha le refte des habitans d'être enfévelis fous les ruines de la Ville. En effet les fecouffes ayant recommencé d'une maniere affreufe à fix heures du matin, les maifons qui avoient réfifté jufques-là furent renverfées, les habitans s'eftimant encore fort heureux de n'être que fpectateurs de leur ruine, & de les pouvoir confidérer des rues & des places où le premier avertiffement les avoit conduits. Dans cette feconde fecouffe la Mer fe retira fenfiblement de fes bornes, & voulant revenir les occuper en élevant des montagnes d'eau, excéda tellement fes limites qu'elle inonda *Callao* & autres lieux, & noya toutes les perfonnes qui s'y trouverent.

VIII. Le 29 de *Septembre* de l'année 1697, on fentit de grandes fecouffes.

IX. Le 14 *Juillet* 1699, on en fentit d'autres, qui cauferent de grands dommages aux maifons.

X. Le 6 de *Février* de l'année 1716, autre tremblement de terre.

XI. Le 8 de *Janvier* 1725 le tremblement de terre endommagea divers édifices.

XII. Le 2 de *Décembre* 1732, autre femblable au précédent. Dans les années 1690, 1734 & 1743, on en compte trois, non pas de la même force & durée que les précedens; enfin il n'y en eut jamais d'égal au dernier dont nous allons parler.

XVI. Le 28 d'*Octobre* 1746, fur les dix heures & demie du foir, cinq heures & trois quarts avant la pleine Lune, les fecouffes commencerent avec tant de violence, qu'en un peu plus de trois minutes tous les édifices grands & petits, ou du-moins la plus grande partie, furent détruits, & les habitans enfévelis dans leurs ruines, ceux, s'entend, qui ne fe hâterent pas de fortir promptement de leurs maifons, & de préferver leur vie en fe fauvant dans les rues, où dans les places, les feuls afiles qu'il y ait dans ces occafions. Les premieres fecouffes de cet affreux tremblement de terre ayant ceffé, il fembloit que les malheurs devoient finir; mais cette tranquilité ne fut pas longue, & les fecouffes ayant recommencé, on en compta jufqu'à deux cens dans les premieres 24 heures, felon une rélation particuliere: & jufqu'au 24 *Février* de l'année fuivante 1747, jour de la date de la rélation, on en avoit compté 451, dont plufieurs n'avoient pas été moins fortes que les premieres, quoiqu'elles n'euffent pas tant duré.

La Fortereffe de *Callao* dans le même tems éprouva une égale infortune, mais le dommage caufé à fes édifices & maifons par le tremblement de terre fut peu de chofe en comparaifon de ce qui s'en fuivit; car la Mer s'étant retirée de fes bords, comme il étoit arrivé dans d'autres cas femblables, revint furieufe en élevant des montagnes d'écume, & tomba fur *Callao* qu'elle changea en un abîme d'eau. Cela n'arriva pas du premier coup: car la Mer s'étant retirée encore une fois, revint bientôt plus furieufe qu'auparavant, & élevant plus haut fes ondes, cette infortunée Ville, qui avoit réfifté à la premiere inondation, fut entiérement engloutie, fans qu'il en reftât d'autre veftige qu'un pan de la muraille du Fort de *Santa Cruz*, qui fembla n'avoir été préferve que pour fervir de monument à la poftérité du malheur de cette Ville. Il y avoit alors 23 Vaiffeaux à l'ancre dans le Port; 19 furent fubmergés, les quatre autres, parmi lesquels il y avoit une Fregate nommée *San Fermin*, furent enlevés par la force des eaux, & refterent embourbés dans la terre, à une diftance confidérable de la côte.

Les autres Ports de cette côte eurent le même fort que *Callao*, entre autres *Cavalla* & *Guanapé*. Les Villes de *Chancay* & *Guaura*, & les Vallées de la *Barranca*, de *Supé* & *Pativilca*, furent ravagées par le tremblement de terre auffi-bien que *Lima*. Le nombre des cadavres qu'on découvrit fous les ruines de cette derniere Ville jufqu'au 31 du même Mois d'*Octobre*, montant à 1300 perfonnes, outre les eftropiés qui n'étoient pas en petit nombre, & qui fembloient avoir été réfervés pour finir leur vie dans des douleurs plus vives & plus dignes de compaffion. A *Callao* de quatre mille perfonnes qui s'y trouvoient, il n'en échappa que 200, & de ce nombre 22 furent confervés par ce pan de muraille dont nous avons parlé.

Selon des avis reçus à *Lima* après ces funeftes accidens, il y eut la même nuit à *Lucanas* un Volcan qui creva tout à coup, & dont il fortit une fi grande quantité d'eau que toutes les campagnes voifines en furent inondées; & il en creva trois autres dans la Montagne appellée *Convenfiones de Caxamarquilla*, lesquels inonderent tout le Pays aux environs, de la même maniere qu'il arriva à *Carguayrafo*, dont il a été fait mention dans la premiere Partie de cet Ouvrage.

Quel-

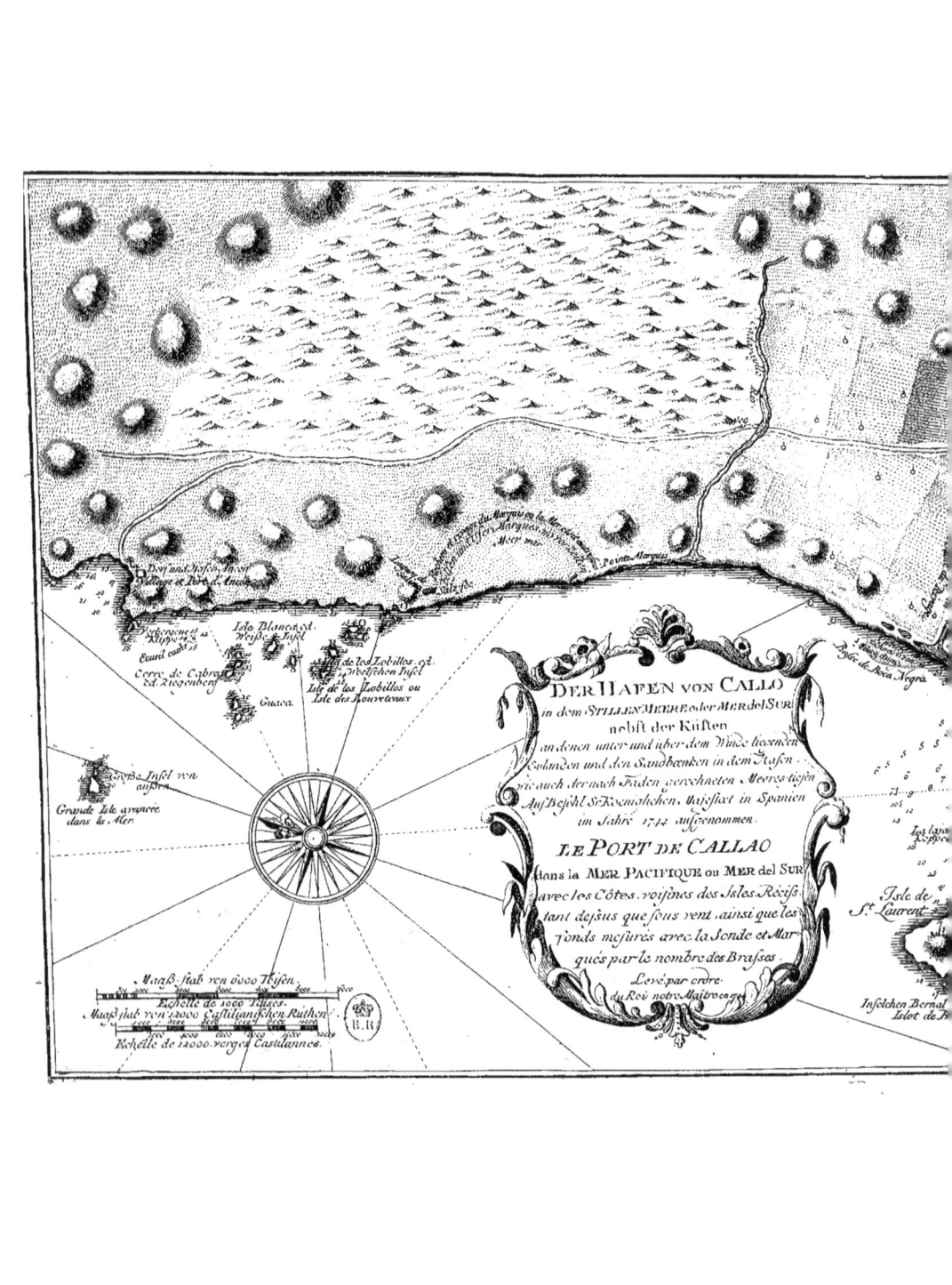

selon une rélation particuliere : & jufqu'au 24 *Février* de l'année fuivante 1747, jour de la date de la rélation, on en avoit compté 451, dont plufieurs n'avoient pas été moins fortes que les premieres, quoiqu'elles n'euffent pas tant duré.

La Forterefſe de *Callao* dans le même tems éprouva une égale infortune, mais le dommage caufé à fes édifices & maifons par le tremblement de terre fut peu de chofe en comparaifon de ce qui s'en fuivit; car la Mer s'étant retirée de fes bords, comme il étoit arrivé dans d'autres cas femblables, revint furieufe en élevant des montagnes d'écume, & tomba fur *Callao* qu'elle changea en un abîme d'eau. Cela n'arriva pas du premier coup: car la Mer s'étant retirée encore une fois, revint bientôt plus furieufe qu'auparavant, & élevant plus haut fes ondes, cette infortunée Ville, qui avoit réfifté à la premiere inondation, fut entierement engloutie, fans qu'il en reftât d'autre veftige qu'un pan de la muraille du Fort de *Santa Cruz*, qui fembla n'avoir été préferve que pour fervir de monument à la poftérité du malheur de cette Ville. Il y avoit alors 23 Vaifſeaux à l'ancre dans le Port; 19 furent fubmergés, les quatre autres, parmi lefquels il y avoit une Fregate nommée *San Fennin*, furent enlevés par la force des eaux, & refterent embourbés dans la terre, à une diftance confidérable de la côte.

Les autres Ports de cette côte eurent le même fort que *Callao*, entre autres *Cavalla* & *Guanapé*. Les Villes de *Chancay* & *Guaura*, & les Vallées de la *Barranca*, de *Supé* & *Pativilca*, furent ravagées par le tremblement de terre auffi-bien que *Lima*. Le nombre des cadavres qu'on découvrit fous les ruines de cette derniere Ville jufqu'au 31 du même Mois d'*Octobre*, montant à 1300 perfonnes, outre les eftropiés qui n'étoient pas en petit nombre, & qui fembloient avoir été réfervés pour finir leur vie dans des douleurs plus vives & plus dignes de compaffion. A *Callao* de quatre mille perfonnes qui s'y trouvoient, il n'en échappa que 200, & de ce nombre 22 furent confervés par ce pan de muraille dont nous avons parlé.

Selon des avis reçus à *Lima* après ces funeftes accidens, il y eut la même nuit à *Lucanas* un Volcan qui creva tout à coup, & dont il fortit une fi grande quantité d'eau que toutes les campagnes voifines en furent inondées; & il en creva trois autres dans la Montagne appellée *Convenfiones de Caxamarquilla*, lefquels inonderent tout le Pays aux environs, de la même maniere qu'il arriva à *Carguayrafo*, dont il a été fait mention dans la premiere Partie de cet Ouvrage.

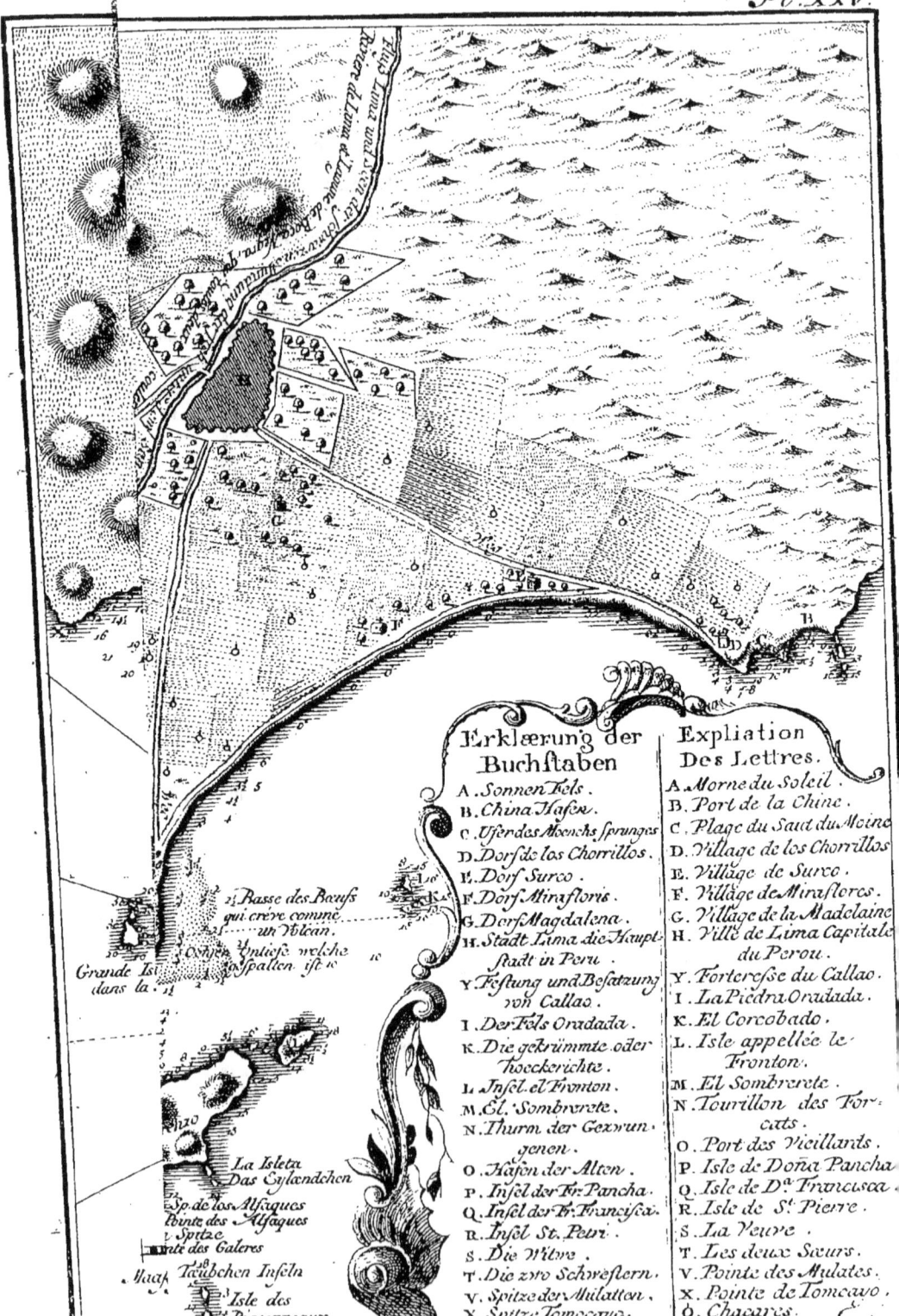

Quelques jours avant ce terrible tremblement de terre, on entendit à *Lima* un bruit fouterrain, tantôt comme des mugiffemens, tantôt comme des coups de canon. On les entendoit même après le tremblement de terre, pendant la nuit, lorfqu'ils ne pouvoient être confondus avec d'autres bruits: figne évident que la matiere inflammable n'étoit pas entiérement éteinte, & que la caufe des mouvemens de la terre n'étoit pas finie.

Les fréquens tremblemens de terre auxquels l'*Amérique* méridionale, & furtout *Lima* & les Pays des Vallées, eft plus fujette qu'aucune autre Contrée, n'eft pas un champ moins vafte aux raifonnemens & aux découvertes que le fujet que nous avons traité ci-deffus. Les Philofophes ont raifonné différemment fur les caufes des tremblemens de terre. La plupart s'accordent néanmoins, & ce fentiment eft affez vraifemblable, à attribuer ces mouvemens extraordinaires à l'effort que les vents font en fe dilatant, tant ceux qui font renfermés dans des matieres fulphureufes, ou autres minéraux, que ceux qui font répandus dans les porofités de la terre, où étant comprimés, & trop à l'étroit dans l'efpace refferré de fes veines, tâchent de fortir pour s'étendre davantage. Il ne paroît aucune contradiction dans ce fentiment, & outre la raifon naturelle qui le perfuade, il eft encore appuyé de l'expérience. Néanmoins il fe préfente une difficulté, c'eft qu'on ne comprend pas comment les veines de la terre recommencent à s'emplir d'air après qu'un tremblement de terre eft fini, lequel doit avoir épuifé la quantité qui y étoit renfermée & comprimée, deforte qu'il femble que de longtems il ne devroit pas y avoir de tremblement de terre. La queftion eft encore de favoir pourquoi un Pays eft plus fujet qu'un autre à ces fortes d'accidens. Quoique tout cela ait été traité par d'autres Auteurs, je ne me crois pas difpenfé d'en dire mon fentiment felon ma portée, & ce qui me paroît le plus probable.

L'expérience nous montre, & en ce Pays-là plus qu'en nul autre, par les fréquens Volcans qui font dans les *Cordilleres*, Montagnes qui le traverfent, que quand un de ces Volcans créve nouvellement, il donne une fi furieufe fecouffe à la terre, que les Villages les plus à portée en font renverfés & détruits, comme cela arriva à la Montagne de *Carguayrafo*, ainfi qu'on le peut voir dans la I. Partie. Cette fecouffe que nous pouvons, fans courir rifque de parler improprement, appeller tremblement de terre, n'arrive pas fi ordinairement dans les éruptions où l'ouverture eft déja faite; ou s'il fe fait alors fentir quelque trémouffement, c'eft peu de chofe. D'où l'on infére que dès que la bouche ou le foupirail du Volcan eſt ouvert, les fecouſſes ceſſent, quoique la matiere s'enflamme à diverſes repriſes. Et la raiſon en paroît naturelle; car nonobſtant que la réiteration ſubite de cet accident augmente de beaucoup le volume de l'air en le raréfiant, comme il trouve une iſſue facile ſans qu'il ſoit contraint de faire effort vers la terre pour s'ouvrir le paſſage, il n'y cauſe d'autre mouvement que celui que doit cauſer l'éclat d'une grande quantité d'air, qui paſſe par une iſſue étroite en comparaiſon de la grandeur de ſon volume.

On ſait très-bien aujourd'hui de quelle maniere ſe forment les Volcans, & qu'ils ſont cauſés par les parties ſulphureuſes, nitreuſes, & autres matieres combuſtibles renfermées dans les entrailles de la terre; ces matieres s'étant unies & formant une eſpéce de pâte, préparée par les eaux ſouterraines, fermentent juſqu'à un certain point, s'enflamment enſuite; & alors le vent, ou l'air qui rempliſſoit leurs pores, ſe dilate, & ſon volume s'acroît exceſſivement en comparaiſon de celui qu'il avoit avant l'inflammation, & produit le même effet que la poudre qu'on allume dans l'eſpace étroit d'une mine: avec cette différence pourtant, que la poudre diſparoît auſſi-tôt qu'elle eſt en feu, au-lieu que le Volcan étant une fois allumé, ne ceſſe de l'être qu'après qu'il a conſumé toutes ces matieres huileuſes & ſulphureuſes qu'il contenoit en abondance, & qui de plus étoient liées avec ſa maſſe.

On doit ſe figurer deux ſortes de Volcans; les uns contraints ou gênés, & les autres dilatés. Ceux-là ſeront là où dans un petit eſpace il y a une grande quantité de matiere inflammable; & ceux-ci là où une certaine quantité de matiere ſe trouve répandue dans un eſpace large; les premiers ſont propres à être contenus dans le ſein des Montagnes, qui ſont dépoſitaires légitimes de cette matiere. Les ſeconds, quoique nés des premiers, en ſont neanmoins indépendans. Ce ſont des rameaux qui s'étendent à droite & à gauche ſous les plaines ſans aucune union ou correſpondance avec la mine principale. Cela poſé, il reſte certain que le Pays où les Volcans, c'eſt-à-dire, les dépôts de ces matieres ſont plus communs, & comme minéraux propres de ce même Pays, s'en trouvera plus veiné & plus ramifié dans ſes plaines: car il ne faut pas s'imaginer que les matieres de cette nature n'exiſtent que dans le cœur des Montagnes, & qu'elles ſoient ſéparées du reſte du terrain qui les avoiſine. Le Pays dont nous parlons étant donc plus abondant qu'aucun autre en ces ſortes de matieres, il eſt tout ſimple qu'il ſoit plus expoſé aux tremblemens de terre

té par la continuelle inflammation qui furvient, lorfqu'elles ont affez fermenté pour en être fufceptibles.

Outre la raifon naturelle qui dicte, qu'un Pays qui contient beaucoup de Volcans, doit contenir auffi beaucoup de rameaux de la matiere qui les forme, l'expérience le démontre au *Pérou*, vû qu'on rencontre à tout moment dans ce Pays-là du falpêtre, du fouphre, du vitriol, du fel, & autres matieres combuftibles; c'eft ce qui fait que je n'ai aucun doute fur la juftefle de mes conféquences.

Le terrain tant de *Quito*, que des Vallées, & celui-ci plus que celui-là eft fpongieux & creux; deforte qu'il a plus de concavités & de pores, que n'en a d'ordinaire le terroir des autres Pays. C'eft pourquoi il eft humecté par beaucoup d'eaux fouterraines: d'ailleurs, comme je l'expliquerai plus au long, les eaux des glaces qui fe fondent continuellement dans les Montagnes, en tombant de-là, fe filtrent par les porofités de la terre, & courent dans fes concavités. Là, elles humectent, uniffent, & convertiffent en pâte ces matieres fulphureufes & nitreufes; & bienque celles-ci ne foient pas-là en fi grande quantité que dans les Volcans, néanmoins elles font fuffifantes pour s'enflammer, & pouffer l'air qu'elles contiennent; lequel ayant la facilité de s'incorporer dans celui qui eft renfermé dans les pores, cavités, ou veines de la terre, & le comprimant par fon extenfion, fait effort pour le dilater, en lui communiquant la raréfaction dont il participe, & qui eft une fuite naturelle de l'inflammation. Cet air, ou vent fe trouvant trop à l'étroit dans la prifon qui le renferme, fait effort pour fortir, & dans ce moment même il ébranle tous les efpaces par où il tâche de s'échapper, & ceux qui y font attenans, jufqu'à ce qu'enfin il fort par l'endroit où il trouve moins de réfiftance, & le laiffe quelquefois fermé par le mouvement même de la fecouffe, quelquefois auffi ouvert, ainfi que l'expérience le fait voir dans tous ces Pays. Quand il fort par divers endroits, comme cela arrive lorfqu'il trouve par-tout une égale réfiftance, les ouvertures qu'il fe fait font d'ordinaire plus petites, & l'on n'en trouve aucun veftige après la fecouffe. D'autres fois, quand les concavités de la terre font fi grandes qu'elles forment des cavernes fpacieufes, non feulement il crevaffe le terrain, & le gerfe à chaque tremblement de terre, mais même l'enfonce en partie. C'eft ce qu'on a fouvent obfervé, & que je remarquai moi-même près du Bourg de *Guaranda*, Jurisdiction du Corrégidor de *Chimbo*, dans la Province de *Quito*, où par un tremblement de terre tout le terrain s'enfonça d'environ une

aune

aune de profondeur d'un côté de la crevaffe, laiffant le terrain de l'autre côté plus haut de la même quantité ou mefure, mais pourtant avec quelques inégalités, étant plus ou moins haut en quelques endroits. Une pareille circonftance n'avoit jamais été remarquée auparavant dans ce lieu-là.

Le bruit qui précéde les tremblemens de terre, qui reffemble à celui du tonnerre, & qu'on entend à une grande diftance, s'accorde fort bien avec leur caufe & leur formation: puifqu'il ne peut provenir que de cet air enflammé & raréfié, qui dès-que la matiere s'eft allumée, commence à courir par les concavités de la terre, pouffant & dilatant en même-tems celui qu'elles contiennent déjà, jufqu'à ce que ne pouvant trouver la prompte iffue qu'il cherche, après les avoir toutes remplies, fait effort pour fe mettre plus au large, & caufe de cette maniere la fecouffe par où il finit.

Il faut remarquer que dans le tems que la terre s'ouvre, & que cette quantité d'air comprimé dans fes entrailles s'échappe, on ne voit ni le feu ni la lumiere que répandent les Volcans. La raifon en eft, que ce feu ou lumiere n'exifte qu'au moment de l'inflammation de la matiere, & l'air fe répandant par toutes les veines de la terre s'évanouit par fa dilatation, & la lumiere refte imperceptible. Il eft néceffaire de fuppofer que depuis l'inflammation jufqu'à l'effet, il y a un intervalle de tems, quoique court. La flamme n'eft pas non plus de durée, parce que la matiere qui s'enflamme contient moins de parties folides & huileufes que les Volcans, qui en ont une quantité prodigieufe en comparaifon de la matiere dont il s'agit. Quoique celle-ci en ait quelques-unes qui s'allument effectivement, & fe maintiennent un court efpace de tems en cet état, elles ne fuffifent pourtant pas pour s'élever du lieu où elles s'enflamment jufqu'à la fuperficie de la terre. Ajoûtez à cela que ce lieu n'étant pas celui où la matiere étoit renfermée, mais celui par où elle fe fait ouverture pour chaffer la quantité d'air qu'elle raréfie, la lumiere fe perd dans les efpaces de la terre où elle fe répand, deforte qu'il n'eft pas poffible de la voir quand le vent vient à s'échapper. Cependant il y a eu des occafions où l'on a apperçu la lumiere, mais plus fouvent la fumée, bien-qu'il foit affez ordinaire que cette fumée fe confonde avec la pouffiere qui fe léve de la terre pendant le tremblement.

Les tremblemens de terre font répétés à peu de diftance l'un de l'autre, & fe renouvellent peu de jours après s'être fuccédé les uns aux autres. Cela vient de ce que la matiere étant répandue en divers lieux, en diver-

diverses portions, & avec différens degrés d'aptitude à s'enflammer, une portion s'allume avant l'autre, & ainsi de suite, selon que chaque portion est plus ou moins préparée. De-là vient la différence des secousses, qui se suivent à différente distance, les unes plus fortes que les autres. En effet d'abord la quantité de matiere qui a acquis avant les autres la derniere disposition à s'enflammer, s'enflamme, & la chaleur de son feu hâte la disposition des autres quantités, qui ne l'avoient pas encore; desorte que celles qui ne se feroient enflammées qu'au bout de quelques jours ou d'un mois, ont été rendues propres à faire leur effet en peu d'heures par le secours du feu qui les touche & les perfectionne. Les secondes secousses sont toujours plus fortes, & font bien plus de ravage que les premieres : c'est que le feu de la premiere matiere qui s'enflamme, quoique peu considérable, suffit pour hâter la fermentation d'une grande quantité. Et par conséquent celle qui s'enflamme après la premiere, doit avoir plus de force, & faire plus d'effet.

Quoiqu'en Eté ce Pays soit chaud avec la modération dont nous avons parlé, on n'y voit pourtant aucune espéce d'Animaux ni de Reptiles venimeux, & on y vit dans une grande tranquillité à cet égard. C'est la même chose dans toutes les Vallées, quoiqu'il y ait quelques endroits, comme *Tumbez* & *Piura*, où la chaleur est presqu'aussi sensible qu'à *Guayaquil*. Il ne peut y avoir d'autre raison à cela, que la sécheresse naturelle du climat.

Les Maladies qui font communément le plus de ravage à *Lima*, sont les Fiévres malignes, intermittentes & catarrales, les Pleurésies, Constipations, & autres, qui y sont si fréquentes que les habitans en sont continuellement affligés. La Petite-vérole y régne comme à *Quito*: elle n'est pas annuelle, mais quand elle s'y met, elle emporte beaucoup de monde.

Les *Pasmes* sont fort communs à *Lima*. Cette maladie inconnue à *Quito*, est ordinaire dans toutes les Vallées, mais plus dangereuse en un lieu que dans l'autre. Nous en avons dit quelque chose dans la Description de *Carthagéne*; nous ajoûterons encore ici quelques particularités.

On divise cette maladie en *Pasme commun* ou *partial*, & en *Pasme malin* ou *d'arc*; l'un & l'autre surviennent dans la crise de quelque autre maladie aigue. La différence qu'il y a entre ces deux *Pasmes*, c'est que les malades que le *Pasme commun* attaque, échappent souvent. Le plus grand nombre pourtant meurt le quatriéme ou cinquiéme jour, qui est le tems de sa durée. Quant au *Pasme malin*, ou *Pasme d'arc*, ceux qui en sont atteints peuvent compter de ne pas languir longtems: c'est l'affaire de deux ou trois jours, & il est très-rare que la nature triomphe de ce mal. Il est plus ordinaire de voir mourir les gens dans ce court espace de tems.

Le *Pasme* consiste en général à mettre tous les muscles dans une inaction totale, à racourcir tous les nerfs du corps en commençant par ceux de la tête. Comme c'est par le moyen de ces nerfs que le corps reçoit la substance qui lui sert de nourriture, cette substance étant arrêtée par le resserrement de ses conduits, chaque partie du corps souffre successivement. Et comme les muscles en perdant leur activité ne peuvent contribuer aux fonctions des mouvemens des nerfs, ceux-ci à force d'être comprimés ne peuvent du tout point se les procurer. Joignez à cela une humeur mordicante qui se répand dans toutes les membranes, & y causent des douleurs insupportables par les piquures dont elle les blesse, & qui font souffrir au malade un martyre intolérable, mais bien plus douloureux encore quand on veut le remuer de l'un ou de l'autre côté. Le gosier se resserre si fort par les mouvemens convulsifs, qu'il n'est pas possible d'y introduire le moindre aliment, & quelquefois les machoires sont si pressées l'une contre l'autre, qu'on ne peut les ouvrir même avec force. C'est ainsi que le malade reste sans aucun mouvement, & avec une angoisse intérieure continuelle, causée par les douleurs que tout son corps éprouve. De maniere que la nature affoiblie, ne pouvant combattre contre un si furieux ennemi, prend le parti de céder & de se laisser emporter à la force du mal.

Dans le *Pasme partial*, le pouls n'est pas plus élevé que dans la maladie qui la précéde; & il n'est même pas étranger de voir diminuer la fiévre; mais dans le *Pasme d'arc* elle augmente, parce que le mal accélere la circulation; & soit par l'effet de l'humeur maligne qui circule dans toutes les parties du corps, ou des douleurs causées par les blessures, ou déchirement des membranes, & par l'émoussement des muscles, il arrive régulièrement dans l'un & l'autre *Pasme*, que le malade tombe dans une létargie, mais qui ne l'empêche pas de sentir les douleurs des piquures tantôt à une partie du corps, tantôt à l'autre avec tant de violence & d'activité qu'elles le tirent de son assoupissement, pour lui faire pousser de lamentables gémissemens.

Le *Pasme malin*, ou *Pasme d'arc*, est ainsi nommé par les habitans du Pays, à-cause que dès le commencement de cette maladie la malignité

en

en est si grande, qu'elle commence à causer une contraction de nerfs qui accompagnent les vertébres de l'épine du dos, depuis le cerveau en bas; & à mesure que la maladie augmente & que l'humeur maligne s'acroît, cette contraction gagne de maniere que le corps du malade se courbe contre nature en arriere comme un arc, & a tous les os disloqués. On peut juger quelle douleur une pareille révolution doit causer. A cela se joignent encore les maux communs aux deux *Pasmes*, & la violence en est telle que bientôt le malade perd tout sentiment & toute respiration.

Ordinairement les convulsions commencent avec la maladie: elles affectent toutes les parties du corps; & pendant qu'elles durent, le malade est privé de tout sentiment. Elles sont plus fréquentes & plus longues à proportion que la maladie augmente, jusqu'à ce qu'enfin la nature soit entiérement épuisée: alors elles cessent, mais les accès de létargie se suivent, & c'est ordinairement dans un de ces accès que le malade expire.

La maniere ordinaire de traiter cette maladie, c'est d'empêcher autant qu'on peut l'air de pénétrer dans le lit du malade, & même dans l'appartement, où l'on tient toujours du feu, afin que la chaleur ouvre les pores, & facilite la transpiration. On applique des lavemens pour modérer le feu intérieur, pendant qu'on frotte extérieurement avec divers onguens, que l'on met des cataplâmes pour adoucir les parties, & assouplir les nerfs; on employe les cordiaux, les breuvages diurétiques, & quelquefois le bain pour débarasser la masse du sang de l'humeur maligne & en empêcher les progrès. Le bain n'a lieu que dans le commencement, lorsque le mal n'a que peu d'activité; mais quand il est dans sa force, comme dans le second jour, on ne l'employe jamais.

Les femmes de *Lima* sont sujettes à une fâcheuse infirmité, qui est presqu'incurable, & fort contagieuse. C'est un Cancer à la matrice, qui dès le commencement leur cause des douleurs si aigues, qu'elles ne font que gémir & se plaindre. Elles rendent une grande quantité d'humeurs corrompues; elles maigrissent, tombent dans un état de langueur & meurent. Cette maladie dure ordinairement plusieurs années, avec des intervalles de repos, durant lesquels, si l'évacuation ne cesse pas tout-à-fait, elle est du-moins suspendue en partie: les douleurs semblent s'assoupir, & les malades sont en état d'agir, d'aller & de venir. Mais tout d'un coup la maladie recommence plus fort que jamais, & la malade est soudain abattue, & rendue incapable de rien faire. Ce mal est si traître qu'il ne s'anonce ni par le changement des traits du visage, ni par l'altération du pouls, ni par aucun autre symptôme, jusqu'à ce qu'il soit à son dernier période. Il est si contagieux qu'il se communique pour s'être assis sur la chaise ordinaire de la personne qui en est affligée ou pour avoir porté un de ses habits: mais cela ne regarde que les femmes, & sa contagion ne s'étend pas jusqu'aux hommes, puisque plusieurs femmes qui en sont affligées ne laissent pas de vivre avec leurs époux, jusqu'au moment où le mal les jette dans cet état d'anéantissement dont nous avons parlé. On attribue cette dangereuse maladie à deux causes entre autres; à l'abondance des odeurs dont les femmes sont toujours munies, ce qui en effet peut y contribuer beaucoup, & au continuel mouvement qu'elles se donnent dans leurs calèches. Cette derniere cause ne paroît pas si naturelle que la premiere; & pour prouver qu'elle est véritable, il faudroit que toutes les femmes qui vont en carosse, & celles qui dans d'autres Pays vont beaucoup à cheval, fussent sujettes à cette incommodité.

Les Fiévres lentes, ou Phtisies, sont assez fréquentes dans cette Ville. Elles se communiquent aussi, mais plus faute d'attention que par la qualité du Climat.

La Maladie Vénérienne est aussi commune dans cette Contrée, que dans celles dont nous avons parlé; car elle est générale dans toute cette partie des *Indes*. On apporte aussi peu de soin à *Lima* que dans les autres Pays de l'*Amérique* Méridionale, à se guérir de cette maladie avant qu'elle prenne racine, desorte qu'il seroit inutile d'en faire encore ici mention.

CHAPITRE VIII.

Fertilité du terroir de Lima. Espéces & abondance de Fruits qu'il produit, avec la maniere de cultiver les Terres.

IL semble qu'un Pays que la pluye n'arrose jamais, doive être absolument stérile. Mais c'est ici tout le contraire, & ce terroir est si fertile qu'il n'a pas sujet de porter envie aux autres. Il y vient toute sorte de Grains, & autant d'espéces de Fruits qu'on en peut désirer. L'industrie suplée à l'humidité que le Ciel semble lui refuser, & par ce moyen il est rendu si fertile qu'on est étonné de l'abondance & de la variété de ses productions.

Nous avons déjà observé qu'un des soins des *Incas*, & peut-être ce
qui

qui fait le plus d'honneur à leur Gouvernement, fut d'imaginer & de faire creuser des canaux par le moyen desquels l'eau des Rivieres servît à rendre fécondes toutes les Terres où elle pourroit atteindre, & facilitât à leurs Sujets les moyens de cultiver leurs *Chacaras*, ou Champs. Les *Espagnols* ont trouvé ces ouvrages tout faits, & ils les ont conservés dans le même ordre où les *Indiens* les avoient distribués. C'est par-là que l'on arrose encore aujourd'hui les Champs de Froment & d'Orge, les Luzernes pour la nourriture des Chevaux, les vastes quarrés de Cannes de Sucre, les Oliviers, les Vignes & les Jardins de toute espéce, & l'on y fait d'abondantes recoltes de toutes ces choses, chacune dans leur saison. Il n'en est pas de *Lima* comme de *Quito*, où les Fruits n'ont aucune saison déterminée. Ici les champs produisent leurs fruits dans un certain tems, & la recolte se fait au mois d'*Août*. Les arbres se dépouillent de leurs feuilles, autant que leur nature l'exige : car ceux qui ne sont propres qu'aux Climats chauds ne font que perdre la vivacité de leur verdure, & ne se dépouillent de leurs feuilles, que lorsqu'il en vient d'autres à la place qui chassent les premieres. Il en est de-même des Fleurs; elles ont aussi leurs saisons. Desorte que ce Pays, où l'on distingue l'Hiver & l'Eté, comme sous la Zone tempérée, a le même avantage dans la production des Arbres, des Fleurs, & des Fruits.

Avant le tremblement de terre arrivé en 1687, qui causa tant de dommage à la Ville, les recoltes de froment & d'orge étoient extrémement abondantes, & les habitans n'avoient que faire d'en tirer d'ailleurs; mais après cet accident le terroir se trouva si altéré, que les semences de froment s'y pourrissoient avant que de germer, ce qu'on attribue à la quantité de vapeurs sulphureuses qui avoient été exhalées, & aux particules nitreuses qui étoient restées répandues sur la terre. Cela engagea les Propriétaires des champs devenus sages à leurs dépens, d'employer leurs terres à d'autres usages; ils se contenterent d'y semer de la Luzerne, d'y planter des Cannes de Sucre, & autres choses qui y réussissoient mieux. Cette stérilité dura quarante ans, & au bout de ce tems les Laboureurs s'apperçurent que la terre s'amélioroit, sur quoi ils recommencerent à semer comme auparavant, mais en moindre quantité au commencement, se contentant de petites recoltes, jusqu'à ce que voyant la terre rétablie dans sa premiere force, ils semerent & recueillirent le froment dans la même quantité; mais quant aux autres plantes qui avoient été suprimées dans ces mêmes terres, on n'en a plus tant semé, soit à cause de quelque mauvais fuccès, foit par quelque défiance de la part des Laboureurs, ou des Propriétaires. Après le dernier tremblement de terre, il eſt naturel de croire que la terre eſt redevenue ſtérile; mais préſentement cela ne ſera pas d'une ſi grande conſéquence, parce que depuis ce tems-là il s'eſt établi un Commerce de Grains avec la Province de *Chili*.

La choſe dont on féme le plus aux environs de *Lima*, c'eſt la Luzerne, dont il ſe conſomme une quantité prodigieuſe; car cette plante étant fort propre à la nourriture des Bêtes, on en nourrit les mules qui ſervent à tirer les caroſſes & les caléches, & celles qui ſervent au tranſport des marchandiſes de *Callao* à *Lima*, & enfin toutes les montures comme chevaux, & autres, dont le nombre eſt immenſe, & dont on pourra ſe faire une idée, ſi l'on conſidere qu'il n'y a perſonne ſans diſtinction de qualité ni de ſexe, s'il en a les moyens, qui ne tienne équipage. Ceux même qui ne ſont pas aſſez aiſés pour avoir caroſſe ou caléche, ont du-moins toujours un cheval ou une mule.

Le reſte du terroir eſt occupé par les trois autres ſemences dont j'ai parlé, parmi leſquelles les Cannes douces d'où l'on tire des Sucres exquis, ne ſont pas les moindres. Tous ces champs ſont cultivés par des Eſclaves *Négres*, que l'on achette à cet effet; toutes les perſonnes des Vallées, qui ont quelque bien, ont auſſi de pareils Eſclaves.

Les Oliviers reſſemblent à des forêts, à cauſe de leur épaiſſeur; car outre que ces arbres ſont plus hauts, plus touffus & plus gros de tronc que ceux d'*Eſpagne*, comme on ne les taille point d'ailleurs, ils pouſſent tant de rameaux, qu'entrelacés les uns dans les autres le jour ne peut pénétrer leurs houpes. Jamais la charrue ne paſſe dans le champ où ſont ces arbres. La ſeule culture qu'ils leur donnent, c'eſt de curer les rigoles qui conduiſent l'eau des canaux au pied de chaque Olivier, & de nettéier tous les trois ou quatre ans la terre de tous ces petits rameaux, qui croiſſent tout autour, pour pouvoir cueillir les fruits de l'arbre. Il ne leur en coute pas davantage pour avoir en abondance de très-belles olives, dont ils font de l'huile, ou qu'ils conſervent; & elles ſont très-propres à cet uſage, tant par leur groſſeur & leur beauté, que par la douceur de leur jus, & leur facilité à ſe détacher de leurs noyaux; qualités que celles d'*Eſpagne* n'ont pas: auſſi l'huile de *Lima* eſt-elle ſupérieure à la nôtre.

Le terroir autour de la Ville eſt rempli de Jardins où croiſſent toutes les eſpéces de Verdures que l'on connoît en *Eſpagne*, & qui ſont ſi belles & ſi bonnes, qu'elles ne laiſſent rien à déſirer ni pour la vue ni pour

le

lé goût. Les fruits des arbres ne cédent en rien aux herbages pour la beauté & pour le goût, tant ceux qui ont été apportés d'*Europe* & plantés dans le Pays, que ceux qui font particuliers aux *Indes* : avantage fort rare dans ces Pays-là : & je ne crois pas que dans tout le refte du *Pérou* on puiffe rien trouver en fait de fruit, qui égale ceux de *Lima*; du-moins ne l'avons nous pas remarqué, quoiqu'il nous en ait beaucoup paffé par les mains. Il n'eft donc pas étrange de les voir en fi grande abondance dans cette Ville, & que les rues & les carrefours en foient remplis.

Mais un avantage non moins confidérable que celui-là, c'eft que toute l'année eft la faifon de fruits, puifqu'on peut les manger frais en tout tems, par la raifon que les faifons étant alternativement dans les Montagnes & dans les Vallées, quand les fruits ceffent de croître dans celles-ci, ceux des Montagnes fe mûriffent; & comme *Lima* n'eft qu'à 25 à 30 lieües des Montagnes, on y apporte de-là toute forte de fruits, excepté quelques-uns qui femblent exiger un terroir plus chaud que celui des Montagnes, & qui par cette raifon n'y viennent pas bien; tels font les Raifins, les Melons, les Melons d'eau, & autres efpéces.

Les Raifins font de diverfes efpéces à *Lima*, & entre autres il y en a une qu'ils appellent *Raifin d'Italie*, lequel eft fort gros & de très-bon goût. Tous ces raifins font raifins de treilles, & ces treilles s'étendent fur la terre où elles viennent fort bien, parce qu'elle eft pierreufe & fablonneufe. On les taille & les arrofe dans le tems qu'il faut & fans autre culture on les laiffe produire. On ne fait pas plus de cérémonie aux Vignes dont les fruits font deftinés à faire du vin. A *Ica*, à *Pifco*, à *Nafca*, & autres lieux ces Vignes font des ceps. On ne fait pas de vin des raifins qui croiffent dans le terroir de *Lima*, mais on les vend tels qu'on les a cueillis, & il s'en confomme ainfi une grande quantité.

La qualité de ce terroir eft pierreufe & fablonneufe, c'eft-à-dire, qu'il eft compofé de petites pierres à fufil ou de cailloux liffes, qui y font en fi grande quantité, qu'on peut dire que fi d'autres terroirs font entierement de fable, de pierre vive, ou de terre, celui-ci eft tout de ce petit caillotage. C'eft ce qui rend certains chemins fort incommodes pour les paffans, foit qu'ils aillent à pied, à cheval, ou en voiture. Les endroits où l'on féme ont un pied & demi ou deux de bonne terre au deffus, mais dès qu'on creufe au-delà ce n'eft plus que pierres. Par cette circonftance, & parce que toute la plage n'a pas d'autre fond que de cette forte, on peut penfer qu'anciennement la Mer couvroit tout cet efpace, & qu'elle s'étendoit

doit en divers endroits à trois, quatre lieues, ou même davantage au-delà de ce qui est aujourd'hui le rivage. Ce qui se voit dans un petit Golfe à environ 5 lieues au Nord de *Callao*, qu'on nomme plage de *Marqués*, confirme la conjecture. Il n'y a pas bien longtems, selon toute apparence, que la Mer remplissoit ce golfe ou bassin, & que par conséquent elle entroit au-moins à demie lieue dans l'intérieur de ce que nous appellons aujourd'hui *terre ferme*, & environ à une lieue & demie le long de la côte. Mais laissant ce bassin à sec, & son terroir plein de cailloux, la Mer ne fait plus qu'élever la plage par la terre qu'elle y pousse, & rend le terrain plus spacieux. Les roches vives, qui se trouvent dans la partie la plus intérieure de cette plage, sont percées & lavées tout-de-même que celles que la Mer bat. Marque certaine que la Mer a dû venir jusques-là, & qu'elle y a demeuré assez longtems pour avoir pu ouvrir les concavités des unes, & en abattre d'autres fort grandes qui sont tombées à terre, effet du continuel battement des eaux. Cela étant, il est tout simple que la même chose soit arrivée au terroir de *Lima*, & que tout le terrain qui est couvert de cailloux semblables à ceux du fond de la Mer, en ait été occupé dans un autre tems.

Une autre particularité de ce terroir, c'est qu'il est rempli de Sources, & qu'on y trouve l'eau pour peu que l'on creuse; quatre à cinq pieds de profondeur suffisent quelquefois pour donner de l'eau. Cela peut venir de deux causes: l'une, que la terre devant être fort poreuse, comme il paroît par les matieres qu'elle contient, l'eau de la Mer s'y insinue aisément & se filtre par ces pores: l'autre, que divers ruisseaux & torrens qui coulent des Montagnes, & se perdent dans ces plaines ou vallées, avant que d'avoir pu se jetter dans quelque Riviere, inondent cette terre, en passant par ses veines, & se répandent intérieurement dans son sein; car il est probable que cette qualité pierreuse du terroir en question, n'est que superficielle, ou du-moins n'est pas fort profonde, & que ce qui est dessous est solide: ainsi l'eau devant couler par où elle trouve moins de résistance, s'introduit dans les pores & conduits de la partie pierreuse de ce terrain, laissant la superficie à sec. On a vu dans le premier Chapitre de cette seconde Partie, que plusieurs Rivieres des Vallées, qui durant l'Eté de la *Sierra*, ou Pays des Montagnes, sont à sec superficiellement, & que les habitans des Bourgs & Villages font leur provision d'eau en pratiquant des puits dans le lit même par où passe la Riviere en Hiver. On passe aussi d'autres Rivieres qui ne paroissent pas, & le terrain étant pierreux; dès-qu'un animal y remue ses pieds, il en fait sourdre l'eau : ce qui ne vient absolument que de ce que l'eau, qui couloit auparavant par dessus la superficie, coule alors un peu par-dessous. Je ne doute point que cela n'arrive de-même dans toutes ces Vallées, avec cette différence qu'il y aura plus d'eau en un lieu qu'en l'autre, & qu'elle sera plus ou moins profonde.

Cette abondance d'eaux souterraines contribue plus que toute autre chose à la fertilité du Pays, surtout à l'égard des hautes Plantes, dont les racines entrent plus avant dans la terre. Tout cela pâroît un effet de la sagesse de l'Auteur de la Nature, qui pour remédier à la stérilité qu'auroit causé le manque de pluye dans ces Vallées, a voulu que les Montagnes y suppléassent ou par des Rivieres, ou par des Torrens dont les eaux coulent par des conduits souterrains.

Pour rechauffer les terres de la Jurisdiction de *Chancay*, on a recours à ce qui se pratique dans plusieurs autres Contrées des côtes du *Pérou*, c'est-à-dire à la fiente de certains Oiseaux de mer qui sont extraordinairement abondans dans cette Contrée, & qu'ils appellent *Guanaes*, & leur fiente *Guano*, nom général de la Langue *Indienne*, qui signifie tout excrément en général. Ces Oiseaux, après avoir passé tout le jour à la pêche sur les côtes de la Mer, vont se gîter pendant la nuit dans les Iles voisines de la côte. Le nombre en est si grand qu'ils couvrent la terre de ces Iles, & y laissent une quantité proportionnée de fiente, dont la chaleur du Soleil forme une espéce de croute, qui s'augmente journellement. Ce fumier est si abondant, que quelque quantité qu'on en tire, on ne l'épuise jamais, parce que ces animaux en ont bientôt remis d'autre à la place de celui qu'on enlève. Quelques-uns ont prétendu que ce *Guano* n'étoit que de la terre, mais une terre qui avoit la propriété de rechauffer les autres. Ils appuyoient leur opinion sur la quantité prodigieuse qu'on employoit de cette matiere, sans l'épuiser; & sur ce que l'expérience faisoit voir, que quoiqu'on creusât profondément elle étoit la même au fond du creux qu'à sa superficie : d'où ils concluent que telle est la qualité de cette terre, que de sa nature elle peut tenir lieu de fumier ou *Guano*. Ces raisonnemens persuaderoient assez, si la vue & l'odorat ne faisoient connoître que c'est véritablement le fumier en question. J'ai été dans ces Iles lorsque quelques Barques venoient y charger de ce fumier, & je puis dire que l'odeur qu'il répandoit étoit insupportable, & ne laissoit pas le moindre doute sur la nature de la chose. Toutefois je ne nierai point qu'il ne puiſſe y avoir de la terre mêlée avec ce fumier, ou que la partie la plus ſuperficielle de la terre où il ſe trouve, participant un peu de ſa nature, ne puiſſe avoir à peu près les mêmes propriétés que lui. Quoi qu'il en ſoit, on employe ce *Guano* dans les champs où l'on féme le Maïz. Il ne contribue pas peu à procurer une abondante recolte conjointement avec les arroſemens. Enfin il eſt bon pour diverſes autres ſemences excepté le Froment & l'Orge, & toutefois il s'en conſume beaucoup.

Outre les Vergers, les Jardins, & les Semences dont les Campagnes ſont variées, & par où elles réjouiſſent & amuſent dans le tems des recoltes, il y a des lieux où la Nature toute ſeule a ſoin de produire ſans aucun ſecours étranger, & de fournir aux habitans un ſpectacle agréable, & une nourriture abondante à leurs Troupeaux. Les Collines de *San Chriſtoval* & d'*Amancaes* ſemblent par leur verdure & la variété des fleurs dont elles ſont couvertes au Printems, inviter les habitans du voiſinage à venir joüir des plaiſirs qu'elles offrent à la vue. Les lieux voiſins de la Ville, juſqu'à 6 ou 8 lieues de diſtance, offrent les mêmes agrémens, & ne ſont pas moins fréquentés par beaucoup de familles que les lieux les plus à portée; on y vient joüir d'innocens plaiſirs, & changer d'air.

Le Mont d'*Amancaes*, dont nous avons déjà parlé, tire ſon nom d'une fleur qui y croît. Elle eſt jaune, de la figure d'une clochette, d'où ſortent quatre feuilles qui ſe terminent en pointe; la couleur en eſt très-vive, mais la fleur ne ſent rien, & n'eſt eſtimée que pour ſa beauté extérieure.

Outre ces promenades, la Ville en a encore une publique au bout du Fauxbourg *San Lazaro*, laquelle ils appellent *Alameda*; elle eſt formée par cinq allées d'Orangers & de Citronniers, d'environ 200 toiſes de long. Leur feuillage toujours verd ſert de recréation aux habitans, ainſi que les allées de l'*Acho* ſur les bords de la Riviere, & d'autres encore où l'on voit tous les jours une foule de caroſſes, & de chaiſes ou caléches.

Dans le voiſinage de *Lima* on ne voit plus d'autres Monumens d'Antiquité que les *Guacas*, ou Sépulcres des anciens *Indiens*, & quelques Murailles qui bordoient les chemins, & qu'on remarque dans toutes ces Campagnes. Mais à trois lieues de la Ville vers le Nord-Eſt, eſt une Vallée appellée *Guacachipa*, où ſubſiſtent encore les murailles d'une grande Bourgade; & quoique je ne les aye jamais vues, n'en ayant pas oüi parler alors, je n'ai pas laiſſé d'en être inſtruit auſſi particulierement que ſi je les avois vues. J'en ai l'obligation à *Don Gaſpard de Munive, y Tello*, Marquis de *Valde Lyrios*, perſonnage de grand mérite & doué de talens eſtimables,

mables, lequel ayant examiné avec beaucoup de foin ces ruines, remarqua que les rues qui compofoient cette Bourgade étoient fort étroites: les maifons, qui felon la maniere de ce tems-là n'avoient point de toit, & dont les murailles n'étoient que de bauge, formoient par leur difpofition trois appartemens petits & quarrés. Les portes qui donnoient fur la rue n'étoient pas fi hautes que la ftature ordinaire d'un homme, la hauteur des murailles étoit d'environ trois aunes à peu près. Parmi toutes les maifons qui compofoient cette grande Bourgade, qui étoit fituée au pied d'une Colline il y en a une dont les murailles s'élévent fort au-deffus de celles des autres, ce qui la rend fort remarquable, & fait foupçonner que ce pourroit bien avoir été la Maifon du *Cacique* de ce Diftrict. Mais il n'eft pas poffible de porter un jugement décifif là-deffus. Ceux qui habitent cette Vallée, que la Riviere de *Rimac* traverfe non loin de cette Bourgade, lui donnent le nom de *Caxamarca la vieille*; mais on ignore fi elle a porté ce nom du tems de la *Gentilité*, puifqu'outre qu'il n'y a perfonne fur les lieux qui ait confervé aucune idée de cette Tradition, les Hiftoriens qui ont écrit de ce Royaume, comme l'*Inca Garcilaffo* & *Herrera* dans fes *Décades*, n'en font aucune mention: & tout ce qu'on en fait, c'eft que pour diftinguer cette Bourgade de la Ville de *Caxamarca*, on lui donne aujourd'hui le furnom de *vieille*.

Une chofe qui frappe, tant dans ces murailles, que dans celles qu'on rencontre dans les Vallées voifines, c'eft qu'elles font bâties fur la fuperficie de la terre, fans mortier ni ciment; & néanmoins elles réfiftent & ont réfifté inébranlablement aux violentes fecouffes des grands tremblemens de terre, tandis que les plus folides édifices de *Lima* & de tous les lieux confidérables bâtis par des Architectes *Efpagnols* ont fuccombé. Ces maifons bâties par les *Indiens* Gentils n'ont fouffert d'autre dommage que d'avoir été abandonnées, ou que celui que les Bergers y ont fait en y retirant leurs Troupeaux pendant qu'ils les font repofer en les menant à *Lima*.

Par cette maniere de bâtir on doit conclure que l'expérience fervoit de maître aux naturels du Pays, & leur enfeignoit que dans une Contrée fi fujette aux tremblemens de terre il ne convenoit point d'employer le mortier pour rendre les maifons plus fermes. Auffi affure-t-on que quand les *Indiens* nouvellement conquis virent les *Efpagnols* employer le mortier & le ciment pour élever des édifices, ils dirent, en fe moquant d'eux, que les *Efpagnols* fe creufoient des tombeaux pour s'enterrer, voulant infinuer

finuer que les tremblemens de terre les enféveliroient fous ces murailles qu'ils bâtiſſoient. Mais ce qui ne furprendra pas moins, c'eſt qu'après tant de fâcheux exemples, & après avoir vu la méthode des *Indiens*, & la Ville trois à quatre fois changée en ruines, on ne ſe ſoit pas corrigé dans l'eſpace de plus de deux cens ans; & cela parce qu'on a toujours voulu avoir des maiſons ſpacieuſes & hautes, afin que les appartemens en fuſſent plus beaux & plus commodes, & qu'on ne pût en bâtir de pareilles qu'en liant les matériaux par du mortier ou par quelqu'autre ciment convenable à la grandeur de l'ouvrage, & au poids qu'il devoit ſoutenir.

CHAPITRE IX.

Abondance de nourriture à Lima; différentes eſpéces d'alimens & maniere de s'en pourvoir.

LA fertilité de la terre d'un côté, la bonté du climat de l'autre, & la ſituation commode & agréable de cette Ville, contribuent également à l'entretien & à la nourriture de ſes habitans. On a déjà vu qu'elle ne manquoit ni de Fruits, ni d'Herbages; reſte à dire un mot des Viandes & du Poiſſon qu'on y mange.

Le Pain que l'on fait à *Lima* eſt le meilleur que l'on puiſſe manger dans cette partie de l'*Amérique*, tant à-cauſe de ſa blancheur, que par le bon goût qu'il a, à quoi contribuent la bonté des farines, & la maniere de le faire. Il n'eſt pas cher pour le Pays; c'eſt ce qui fait que les habitans n'en mangent pas d'autre, étant d'ailleurs trop accoutumés à celui-là. Ce pain eſt de trois ſortes; l'un qu'ils appellent *Criollo*, qui eſt fort perciſlé en dedans & fort leger; l'autre qu'ils nomment *pain à la Françoiſe*; & enfin *le pain mollet*. Ce ſont les *Négres* qui fabriquent tous ces pains pour le compte des Boulangers, & les boulangeries en ſont toujours bien fournies. Ces Boulangers ſont gens fort riches, & le nombre d'Eſclaves qu'ils poſſédent, fait une partie conſidérable de leurs Biens. Outre ces Eſclaves à eux, ils reçoivent encore tous ceux que les Maîtres, n'étant pas ſatisfaits de leur conduite, veulent faire châtier, auquel cas, outre la nourriture de l'Eſclave le Boulanger paye ſon travail journalier au Maître en argent ou en pain. Ce châtiment eſt le plus grand qu'on puiſſe leur infliger, & véritablement les plus cruelles peines des Galeres n'égalent

lent point ce que ces misérables souffrent. Ils y sont forcés à travailler incessamment tout le jour & une partie de la nuit: on leur donne peu à manger, & encore moins de tems pour dormir: desorte qu'en peu de jours l'Esclave le plus vigoureux & le plus alerte, est tout-à-fait abattu & affoibli. Aussi n'ont-ils point de repos qu'ils n'ayent fait leur paix avec leurs Maîtres, soit par promesses ou par soumissions, ne désirant rien tant que de sortir de ce lieu, pour lequel ils ont une telle crainte, qu'il n'est pas douteux que l'idée seule ne contribue à contenir la multitude d'Esclaves qu'il y a tant dedans que dehors la Ville.

Le Mouton est la viande la plus ordinaire à *Lima*. Il a très-bon goût à cause des sels répandus dans les pâturages dont il s'engraisse. La viande de Bœuf y est aussi très bonne, mais il s'en consomme peu, & deux ou trois bœufs par semaine suffisent pour toute la Ville, n'y ayant guere que les *Européens* qui en mangent. Il y a de la Volaille en abondance & de très-bonne: on y a aussi du Gibier, comme Perdrix, Tourterelles, Sarcelles & autres de cette espéce, mais en petite quantité. On y consomme aussi beaucoup de chair de Porc qui est fort bonne, mais moins délicate qu'à *Carthagéne*. On y accommode toutes les viandes & le poisson avec de la graisse de cet animal, & l'on n'employe l'huile que dans les salades & autres mets semblables; tous les autres s'apprêtent avec du saindoux, ou du vieux oing; & cet usage vient apparemment de ce qu'au commencement il n'y avoit point d'huile, & que ce que la nécessité avoit enseigné est passé en coutume, même depuis qu'on a de l'huile du cru du Pays. Ce fut en 1560, qu'*Antonio de Rivera*, habitant de *Lima*, planta le premier Olivier qu'on eût vu au *Pérou*, & c'est de-là que sont venus ces vergers nombreux d'Oliviers qu'il y a présentement.

On apporte quelquefois des Montagnes du Veau gelé, comme un grand régal, & en effet c'en est un. On y tue les veaux, & on les laisse dans la bruyere un ou deux jours à l'air pour qu'ils se gélent, après quoi on les apporte à *Lima*, & ils se maintiennent ainsi autant qu'on veut sans la moindre corruption.

Les Poissons que l'on mange sont de diverses espéces. On en apporte journellement des Ports de *Chorillos*, de *Callao*, & d'*Ancon*, dont les habitans *Indiens* s'occupent à ce petit négoce. Les plus délicats sont le *Cordudo*, & les Poissons Rois, ou *Pége-Reyes*. Les plus abondans sont les Anchois, lesquels sont aussi délicieux. Les *Cordudos* sont ici beaucoup plus délicats qu'en *Espagne*: & les *Pége-Reyes* sont meilleurs & plus gros,

ayant ordinairement fix à fept pouces, pied de *Paris*, en longueur : ce poiſ-
fon eſt une eſpéce de Gradeau, appellé *Poiſſon-Roi*, ou *Roi des Poiſſons*, à-
cauſe de ſa délicateſſe. Cependant on prétend que ceux que l'on pêche
dans la Riviere de *Buénos-Ayres*, l'emportent encore ſur ceux-là. Au-reſte c'eſt un poiſſon d'eau ſalée, mais il n'eſt pas different quant à la figure, de celui qu'on pêche ſous ce nom dans les Rivieres d'*Eſpagne*. Il y a
d'autres eſpéces de Poiſſon dans la Riviere de *Lima*, entre autres les Che-
vrettes de deux ou trois pouces de large, & nommées plus proprement
Ecreviſſe, parce qu'elles en ont la figure.

Les Anchois ſont en ſi grande abondance ſur ces côtes, qu'il n'y a
point d'expreſſion qui puiſſe en repréſenter la quantité. Il ſuffira de dire
qu'ils ſervent de nourriture à une infinité d'oiſeaux qui leur font la guerre, & dont toutes ces Iles ſont peuplées. Ces oiſeaux ſont communément appellés *Guanaés*, nom dérivé peut-être de *Guqno*, ou Fumier dont
il a été parlé au Chapitre précédent. Parmi ces oiſeaux il y a beaucoup
d'*Alcatraz*, qui ſont une eſpéce de Cormorans ; mais tous ſont compris
ſous le nom général de *Guanaés*. Quelquefois ils s'élévent de ces Iles,
& forment comme un nuage qui obſcurcit le Soleil. Ils employent ſouvent une heure & demie ou deux heures de tems pour paſſer d'un endroit
à l'autre, ſans qu'on voye diminuer leur multitude. Ils s'étendent au-deſſus
de la Mer & occupent un grand eſpace, après quoi ils commencent leur
pêche d'une maniere fort divertiſſante : car ſe ſoutenant dans l'air en tour-
noyant à une hauteur aſſez grande, mais proportionnée à leur vue, auſſitôt qu'ils apperçoivent un poiſſon ils fondent deſſus la tête en bas, ſer-
rant les ailes au corps, & frappant avec tant de force qu'on apperçoit le
bouillonnement de l'eau d'aſſez loin. Ils reprennent enſuite leur vol en
l'air en avalant le poiſſon. Quelquefois ils demeurent un long eſpace de
tems ſous l'eau, & en ſortent loin de l'endroit où ils s'y ſont précipités ;
ſans-doute parce que le poiſſon fait effort pour échapper, & qu'ils le
pourſuivent diſputant avec lui de légereté même à nâger. Ainſi on les
voit ſans-ceſſe dans l'endroit qu'ils fréquentent ; les uns ſe laiſſant chévir
dans l'eau, les autres s'élevant ; & comme le nombre en eſt fort grand,
c'eſt un plaiſir que de voir cette confuſion. Quand ils ſont raſſaſſiés ils ſe
repoſent ſur les ondes, & au coucher du Soleil ils ſe réuniſſent, & toute
cette nombreuſe bande va chercher ſon gite.

On a obſervé à *Callao*, que tous les Oiſeaux qui ſe gîtent dans les Iles
& Ilots qui ſont au Nord de ce Port, vont dès le matin faire leur peche,

du

du côté du Sud, & reviennent fur le foir dans les lieux d'où ils font partis. Quand ils commencent à traverfer le Port, on n'en voit ni le commencement ni la fin, & ils s'arrêtent auffi longtems que nous l'avons dit.

Quoique cette côte n'ait que très-peu de Coquillages, le Port de Callao ne laiffe pas d'en fournir quelque peu. On y prend beaucoup d'un certain Poiffon à écaille, qui quoiqu'il reffemble aux moules quant à l'extérieur, eft beaucoup plus gros, & le poiffon même reffemble plutôt aux huitres, & en a à-peu-près le goût.

Les Vins font de différentes qualités à *Lima*, les uns blancs, les autres fort couverts, & les autres rouges, & parmi ce nombre il y en a d'excellens. Il y en a qui viennent de la Côte de *Nafca*, d'autres de *Pico*, de *Lucumba* & du *Chili*; de ce dernier viennent les plus exquis, & on compte parmi ce nombre quelque peu de Mufcat. Celui de la *Nafca* eft blanc & de peu de débit, les autres lui étant fort fupérieurs. Celui dont on boit le plus eft celui de *Pifco*, dont on fait auffi toutes les Eaux-de-vie qui fe confomment à *Lima*, & qui font même portées plus loin; on ne fait ici aucune Eau-de-vie de Cannes, & cette Boiffon n'y eft point en ufage.

Les Fruits fecs viennent du *Chili*, & par le Commerce entre ce Royaume & celui du *Pérou*, on y a tout ce qu'on peut avoir en *Efpagne*, comme Amandes, Noix, Noifettes, Poires, Pommes &c. en fi grande abondance, qu'il eft aifé de juger de la bonne chere qu'on fait dans un Pays où l'on peut joindre les Fruits d'*Europe* à ceux des *Indes*.

Mais quoique les Vivres y foient fi abondans, ils ne laiffent pas d'être chers dans chaque efpéce, y ayant à cet égard une différence confidérable entre *Lima* & *Quito*. Dans la premiere de ces deux Villes les Denrées font quatre à cinq fois plus cheres que dans l'autre. Les Vins, les Huiles, les Fruits fecs, font celles qui coutent le moins. Les gens pauvres, comme les *Négres* & autres, ne fe nourriffent pourtant point mal. Ils mangent le poiffon le moins eftimé, & qui par cette raifon eft à fort bas prix. Il en eft de-même des iffues de Mouton & de Bœuf, dont les gens aifés ne font aucun cas.

Les Confitures n'y font pas en moindre quantité que dans les autres Villes des *Indes*, quoiqu'il s'y en faffe un ufage plus modéré, & qu'on n'en mange ordinairement qu'au deffert. Le Chocolat y eft peu à la mode; on y prend du *Maté* à la place, qu'on prépare deux fois par jour; & quoique cette boiffon y ait le même défaut qu'on a déjà obfervé, on la fert avec beaucoup plus d'apparat qu'en aucun autre endroit.

CHAPITRE X.

Commerce de Lima, *tant en Marchandifes d'*Europe, *que de celles du cru du* Pérou, *& de la Nouvelle* Efpagne.

LA Ville de *Lima* feroit moins fameufe & moins confidérable, fi à l'avantage d'être la Capitale du *Pérou* elle ne joignoit encore celui d'être l'entrepôt de toutes les Marchandifes de ce Royaume. Ainfi tout comme le Viceroi y fait fa réfidence & que les Tribunaux fuprêmes y tiennent leurs fiéges, de-même il y a une Factorerie générale pour le Commerce dont elle eft le centre. C'eft-là que fe raffemble tout ce qui fe fabrique dans les autres Provinces, & toutes les Marchandifes que les Galions & les Vaiffeaux de Régître apportent. C'eft de-là qu'elles fe répandent enfuite dans la vafte étendue de cet Empire, dont *Lima* eft comme la mere commune.

Le Tribunal du Confulat, dont nous avons parlé plus haut, eft à la tête du Commerce de ce Royaume. On tire de ce Corps des Députés Commiffaires pour réfider dans les autres Villes dépendantes de ce Gouvernement, & qui renfermées dans les bornes du Royaume du *Pérou*, reconnoiffent ce Tribunal pour fupérieur, & comme le feul qui foit établi pour cette forte d'affaires.

Toutes les richeffes de ces Provinces Méridionales fe dépofent à *Lima*, pour être embarquées fur la Flottille qui part du Port de *Callao*, pour aller à *Panama* dans le tems de l'arrivée des Gallions. Les Propriétaires de ces fonds en donnent la direction aux Commerçans de *Lima*, & ceux-ci les vont trafiquer à la Foire conjointement avec les leurs propres. La même Flottille fe rend enfuite au Port de *Payta*, où tous les Négocians prennent terre, & font débarquer les Marchandifes d'*Europe* dont ils ont fait emplette, & qui, pour éviter les longueurs de la Navigation, font voiturées par terre jufques à *Callao*, au moyen des nombreufes mules qui font dans cette Sénéchauffée. Les Marchandifes les moins précieufes continuent cependant le voyage par mer jufqu'à ce Port.

Auffi-tôt que tous ces effets font arrivés à *Lima*, les Commerçans expédient chaque portion à leurs Correfpondans qui leur ont confié leurs deniers, & ferrent dans des Magazins celles qui font pour leur propre compte, te, jusqu'à ce qu'il se présente des Acheteurs qui ne manquent pas de se rendre à *Lima* dans ce tems-là. Ou bien ils ont des Commis ou Caissiers dans les Provinces intérieures auxquels ils en font des envois, & à mesure que ceux-ci les débitent ils font tenir à leurs Maîtres ou l'argent comptant, ou les lettres de change qu'ils ont reçues, & ceux-ci leur font de nouveaux envois de leurs Marchandises, jusqu'à ce qu'ils s'en soient défaits, desorte que le commerce d'une Flottille dure assez longtems, n'étant pas possible que tout se débite si promtement.

Le produit de ce qui se vend dans l'intérieur du Pays consiste en Argent en barre, en Pignes *, ou en Argent travaillé. Tout cela est ensuite frappé & converti en espéces dans la Maison de la monnoye à *Lima*. De cette maniere les Commerçans ne gagnent pas seulement sur leurs marchandises, mais aussi sur les retours de l'argent, qu'ils prennent à plus bas prix qu'ils ne le donnent. On voit par-là que tout ce commerce n'est proprement qu'un troc de marchandises pour d'autres; car celui qui vend des Etoffes par exemple, convient avec l'Acheteur tant à l'égard du prix de la marchandise qu'à l'égard de celui de l'Argent en barre, ou en Pignes, desorte qu'à le bien prendre ce commerce est en même-tems une vente de marchandises & une vente d'argent.

Les deniers qu'on fait remettre à *Lima* dans l'intervalle d'une Flottille à l'autre, sont employés par les Propriétaires en étoffes du cru du Pays qui viennent de la Province de *Quito*, observant la même méthode avec cette marchandise-là qu'avec les autres; car comme il s'en consomme une égale quantité & même davantage, elle n'est pas moins nécessaire dans les Provinces que celles d'*Europe*, vu que les gens pauvres & de basse condition s'en vêtissent, leurs facultés n'allant pas jusqu'à leur permettre l'usage de celles qui sont plus magnifiques, & auxquelles ils donnent le nom général d'*Etoffes de Castille*. Les Commerçans qui avec des fonds médiocres font leurs emplettes à *Lima*, se pourvoyent également de ces étoffes & de celles d'*Europe*, afin d'avoir un assortiment qui puisse contenter tout le monde.

Outre ce commerce, qui est sans-doute le plus considérable, & qui se fait tout par la voye de *Lima*, il y a celui que cette Ville fait avec tous

les

---

* Ce qu'on nomme *Pignes* au *Pérou* & au *Chili* sont des Masses d'argent poreuses & legeres, faites d'une pâte desséchée, & qu'on fait par le mélange du Mercure & de la Poudre d'argent tirée des Minières. N. d. T.

Tome I. Qqq

les Pays méridionaux & septentrionaux de l'*Amérique* : la denrée dont elle tire le plus de la partie septentrionale, c'est le Tabac en poudre, qui transporté de la *Havane* au *Mexique* y est préparé & accommodé, & de-là envoyé à *Lima*, d'où il passe dans les autres Contrées. Ce commerce se fait à peu près comme celui de *Panama*. Mais les Marchands qui le font, ne se mêlent pas de celui des étoffes, & ne vendent que des parfums, comme Ambre, Musc &c. & de la Porcelaine de la *Chine* : les uns sont établis à *Lima*, les autres n'y sont qu'en passant, & ils sont tous pour l'ordinaire des Correspondans des Marchands *Mexiquains*. Des Ports de la nouvelle *Espagne* il vient à *Lima* de la Poix, du Goudron, & du Fer avec de l'Indigo, mais en petite quantité.

Il vient du Royaume de *Tierra Firme* beaucoup de Tabac en feuille, & des Perles, dont il se fait un grand débit, vu qu'outre la quantité que les Dames en employent dans leur parure, il n'y a point de femme mulâtre qui n'en ait quelque affiquet. Quand l'*Assiento*, c'est-à-dire la traite des *Négres* n'est point interrompue, ce commerce se fait aussi par la voye de *Panama*, & il s'en fait un grand débit.

Il y a a *Lima* une mode si enracinée & si générale, qu'elle est commune à toutes les femmes sans distinction ; c'est qu'elles portent dans la bouche un *Limpion* de Tabac. L'origine de cette coutume, fut sans-doute le desir de maintenir les dents propres, comme le témoigne le nom-même de la chose ; car *Limpion* vient de *limpiar*, qui signifie nettéier. Ces *Limpions* sont de petits rouleaux de tabac, de quatre pouces de long sur neuf lignes de diamétre, enveloppé dans du fil de lin fort blanc, qu'elles défont à mesure qu'elles usent le Tabac. Elles mettent ce *Limpion* dans la bouche par un bout, & après en avoir un peu mâché, elles s'en frottent les dents, & les maintiennent par-là belles & propres. Les gens du commun qui changent en vice les meilleures choses, poussent cette coutume à l'excès. Les femmes sont horribles à voir avec un rouleau de tabac d'un pouce & demi de diamétre continuellement dans la bouche. Il semble qu'elles veuillent se défigurer, en renchérissant si prodigieusement sur les *Limpions* des Dames. Cet usage, & celui du Tabac à fumer, qui est aussi à la mode parmi les hommes, fait qu'il se consomme une grande quantité de Tabac en feuilles. Les *Limpions* sont faits de Tabac de *Guayaquil* mêlé d'un peu de celui qui vient de la *Havane* par *Panama* ; & celui qu'on employe à fumer vient de *Sagna*, de *Moyabamba*, de *Jaën de Bracamores*, de *Llulla*, & de *Chillaos* où il s'en recueille en grande quantité, & qui passe pour fort bon pour cet usage.

Tout

Tout le Merrein qu'on employe à *Lima* dans la bâtiſſe des maiſons vient de *Guayaquil*, ainſi que celui qu'on employe au *Callao* dans le carenage des Vaiſſeaux & la fabrique des petits Bâtimens. On en tire auſſi du Cacao, mais en petite quantité, la conſommation de cette denrée étant peu conſidérable à *Lima* en comparaiſon des autres Villes des *Indes*; ce qui vient de l'uſage général qu'on y fait de l'Herbe du *Paraguay*. Les Maîtres des Vaiſſeaux font le Commerce du Bois. Ils l'apportent pour leur propre compte, & en font des Magazins au *Callao*, où ils le vendent quand l'occaſion s'en préſente.

Des côtes de *Nafca* & de *Pifco* on tire des Vins, des Eaux-de-vie, des Olives, des Huiles, des Raiſins ſecs. De celles du *Chili*, du Froment, des Farines, des Cordouans, des Amarres de chanvre, des Vins, des Fruits ſecs, & quelque peu d'Or. Outre ces Marchandiſes, on en trouve de toutes les ſortes dans les Magazins du *Callao*, deſtinés à recevoir les marchandiſes dont les unes appartiennent aux Négocians qui les y envoyent pour y être débitées, les autres ſont pour le compte des Maîtres de Navire, qui les vont acheter ſur les lieux où elles croiſſent. Tous les Lundis de l'Année il y a une Foire au *Callao*, où les Vendeurs & les Acheteurs ſe rendent de toutes parts pour leurs affaires. Les effets achetés à ces Foires ſont tranſportés dans les lieux reſpectifs par des mules que les Vendeurs tiennent à cet effet, qui n'ont d'autre profit dans le loyer de ces animaux que le ſervice qu'ils rendent.

Les Denrées que l'on envoye à *Lima* ne ſont pas toutes conſommées par les habitans de cette grande Ville. Une partie paſſe à celles de la Province de *Quito*, dans les Vallées & à *Panama*, où il s'en fait des remiſes de toutes les eſpéces. On tire de *Coquimbo*, & de la côte de ce nom, du Cuivre & de l'Etaim en barre & en abondance. Des Montagnes de *Caxamarca* & de *Chachapoyas*, des Toiles de Coton & de Pite, pour les voiles de Navire; des Vallées, du Cordouan ſorte de Maroquin, & du Savon. Des Provinces Méridionales, ſavoir, *la Plata*, *Oruro*, *Potoſi* & *Cuzco*, la Laine de Vicogne pour la fabrique des Chapeaux, & quelques Etoffes fines. Du *Paraguai*, l'Herbe du même nom, dont il ſe fait à *Lima* une grande conſommation, & qui paſſe de-là dans les autres Provinces juſques à *Quito*. Enfin il n'eſt Contrée ni Lieu dans tout le *Pérou*, qui n'envoye les marchandiſes de ſon cru dans cette Ville pour la vente, & qui ne s'y pourvoye de celles qui lui manquent, & par conſéquent *Lima* eſt le centre d'un Commerce où toutes les Nations ſont intéreſſées. De-là vient aussi que le trafic & l'abord des Etrangers y sont continuels; & que les Familles de considération peuvent, par le moyen du Négoce, fournir aux fraix de la figure qu'elles font, & dont nous avons parlé. Sans cette ressource elles seroient bientôt à l'Hôpital.

Il semble d'abord qu'un Commerce si grand & si étendu, devroit enrichir prodigieusement les habitans de cette Ville qui y ont part; il semble, dis-je, qu'ils devroient faire des profits immenses. Il en est bien quelque chose; mais si l'on y fait attention, on trouvera qu'il y a à peine depuis dix jusqu'à quinze maisons commerçantes, dont les Capitaux de Commerce, en Argent ou en Marchandises (à part les Biens fonds & les Majorats) aillent chacun à 5 ou 600000 écus. On en trouvera à-la-vérité dans ce nombre quelques-uns qui vont au-delà, mais il y en a aussi dont les Capitaux ne vont pas si haut. Ceux qui possèdent des fonds moyens, comme depuis 100 jusqu'à 300000 piastres, sont en grand nombre, & c'est entre les mains de ceux-ci qu'est le fort du Commerce; auxquels se joignent les petits, dont les fonds sont depuis 50 jusqu'à 100000 piastres. Ce qui provient sans-doute des dépenses exorbitantes que ces gens font; sans compter que les dotes des filles & l'établissement des fils emportent une bonne partie du Capital; desorte que souvent l'opulence de la famille finit avec celui qui l'a commencée, & que de son Capital il s'en forme plusieurs médiocres qui le réduisent presqu'à rien, à-moins que ses héritiers n'ayent le bonheur de faire valoir avec profit ce qu'ils ont eu en partage.

Les Citoyens de *Lima* ont beaucoup de talent & de disposition pour le Négoce. Ils savent parfaitement pénétrer les ruses des Acheteurs, & les ramener aux leurs. Ils ont le don de persuader, & de ne pas se laisser persuader. Ils affectent, en achetant, de mépriser & de ravaler ce qui attire le plus leur attention & qu'il souhaitent le plus; & par cette ruse ils obtiennent plus facilement ce qu'ils marchandent, que ceux qui achétent d'eux. Ils ont la réputation d'être fort économes dans leurs achats, mais exacts & fidéles à remplir les conditions des marchés conclus.

Il y a des boutiques où l'on vend en détail toute sorte d'Etoffes; il y en a aussi pour le Tabac, & c'est dans celles-ci que l'on trouve l'Argent travaillé, que l'on envoye acheter dans les Villes situées près des Minieres où il se fabrique.

Les Commerçans en gros qui ont des magazins de marchandises, ne laissent pas d'avoir une boutique dans leurs maisons, où ils vendent eux-mêmes en détail, ou font vendre par un de leurs Commis en qui ils se confient

fient le plus. Ils en ufent ainfi pour ne pas céder à d'autres les profits ordinaires dans cette forte de Commerce. Au-refte cela ne les dégrade en aucune maniere, & l'on y eft trop accoutumé pour y trouver à redire; ce qui fait voir, combien le Commerce eft eftimé & favorifé dans cette Ville. Ce n'eft pas qu'il n'y ait des Familles illuftres, qui, comme nous l'avons dit, fe foutiennent dans leur éclat à la faveur des Majorats, & par les revenus de leurs Biens fonds fans fe mêler aucunement de trafic. Mais il y en a encore davantage, qui quoiqu'elles ayent auffi des Majorats, ont befoin de cette reffource pour fe foutenir dans leur luftre, de maniere que par la fuite du tems elles ne tombent pas en décadence. Elles s'intéreffent en gros aux Foires des Gallions & autres trafics, & ne foupçonnent pas même que ce Commerce puiffe déroger à l'éclat de leur nobleffe. Elles ont entierement perdu ces idées que leurs Ancêtres avoient apportées d'*Espagne*, & s'en trouvent très-bien.

CHAPITRE XI.

Etendue de la Viceroyauté du Pérou. *Audiences qui y font contenues. Evêchés dépendans de chacune. Corrégimens ou Sénéchauffées felon leur rang, & en particulier de celles qui appartiennent à l'Archevêché de* Lima.

TOut ce que nous venons d'expofer nous méne naturellement à parler de l'étendue de la Jurisdiction de l'Audience Royale de *Lima*, & de celle du Viceroi du *Pérou*. Mais comme pour en donner une connoiffance auffi exacte que celle qu'on a vu dans la premiere Partie, au fujet de *Quito*, il feroit néceffaire d'avoir parcouru en perfonne toutes les Provinces particulieres ou Corrégimens de ce Royaume, & d'en faire un Livre à part, je me contenterai d'en donner une idée générale, fuffifante pour connoître en gros tout ce que renferment à cet égard les vaftes Domaines de ce Pays. Je puis affurer d'avance que pour m'acquitter de cette tâche avec plus d'utilité, j'ai confulté diverfes perfonnes fur le fujet que je vais traiter, dont quelques-uns ayant gouverné ce vafte Royaume, étoient parfaitement inftruits de tout ce qui le regarde, & quelques autres qui étant du Pays même, & s'étant appliqué à le connoître, pouvoient nous donner des lumieres telles que nous les défirions, & diriger nos jugemens par leur prudence & leur expérience. Nous avons été obli gés de nous servir de ce moyen faute d'avoir eu l'occasion de pénétrer dans les Provinces intérieures du *Pérou*; & si nous voulions entrer dans un grand détail, tout ce que nous aurions pu apprendre à *Lima* ne suffiroit pas pour nous faire parler avec assurance, vu la grande distance qui est entre la Capitale & plusieurs Provinces & Corrégimens, desorte qu'on n'en peut guere attendre que des idées générales. On ne sera donc pas surpris si nous passons légerement sur quelques-uns; car en nous conformant à la méthode que nous nous sommes proposée dès le commencement de cette rélation, nous n'admettrons que ce qui nous paroît certain & bien avéré, estimant qu'il vaut mieux dire peu & vrai, que de courir risque d'alléguer faux en nous étendant davantage.

Pour mieux réussir dans la description des Pays dépendans du Gouvernement du *Pérou*, sans nous écarter de l'ordre que nous avons suivi jusqu'ici, nous diviserons toute sa Jurisdiction dans celles des Audiences qui le composent, & les Audiences dans les Evêchés qu'elles renferment, & & chaque Evêché ou Archevêchés dans les Corrégimens ou Sénéchaussées. Cet ordre nous paroît propre à rendre cette description plus utile, & facilitera notre rélation générale de l'état actuel de ces Provinces.

Le Gouvernement ou Viceroyauté du *Pérou* dans l'*Amérique Méridionale* s'étend sur ces vastes Pays qui sont sous la Jurisdiction des Audiences de *Lima*, de *Los Charcas*, & du *Chili*, sous lesquelles sont encore compris les Gouvernemens de *Santa Cruz de la Sierra*, du *Paraguay*, de *Tucuman* & de *Buénos-Ayres*, bienque ces trois dernieres Provinces; ainsi que le Royaume de *Chili*, ayent leurs Gouverneurs particuliers, qui ont une autorité convenable à leur caractere, c'est-à-dire, qu'ils sont absolus tant dans les Affaires Politiques, que Civiles & Militaires, toutefois en certaines choses ils reconnoissent la supériorité du Viceroi, qui, par exemple, a le droit de nommer à leurs Gouvernemens par provision, en cas de mort de leur part; & ainsi à l'égard de quelques autres cas non moins importans. Avant l'an 1739 qu'on érigea pour la seconde fois la *Nouvelle Grenade* en Viceroyauté, celle du *Pérou* s'étendoit, comme il a déjà été dit, sur tous les Pays compris dans les Audiences de *Tierra-Firme* & de *Quito*. Mais celles-ci en ayant été séparées, cette Viceroyauté se trouva bornée au nord à ce qui est renfermé dans le Corrégiment de *Piura*, qui confine à ceux de *Guayaquil*, de *Loxa*, & de *Chacapoya*, qui finit au Gouvernement de *Jaën de Bracamoros*. Desorte que la Viceroyauté du *Pérou* commence au Golphe de *Guayaquil*; & s'étend depuis la côte de

Tumbez,

Tumbez, par les 3 deg. 25 min. de Latitude Auſtrale, juſqu'aux Terres Magellaniques environ 54 degrés de la hauteur du même Pole, qui font 1012 lieues marines. A l'Orient il confine en partie au *Bréſil*, étant borné de ce côté-là par la fameuſe *Ligne* ou *Méridienne de Démarcation*, qui diviſe les Domaines des Couronnes de *Caſtille* & de *Portugal*, & en partie à la *Mer du Nord*. A l'Occident c'eſt la *Mer du Sud* qui lui ſert de limites.

L'Audience Royale de *Lima* érigée en 1542, quoiqu'elle ne commençât à s'aſſembler qu'en 1544, comprend dans ſa Juriſdiction un Archevêché & quatre Evêchés, qui ſont:

L'*Archevêché* de Lima.

Evêchés.

I. *Truxillo*.   III. *Cuzco*.
II. *Guamanga*.   IV. *Arequipa*.

L'Archevêché de *Lima* doit à juſte titre précéder les autres Prélatures, & faire le ſujet de ce Chapitre. Nous traiterons dans le ſuivant des quatre Evêchés ſuffragans de cet Archevêché. Le Dioceſe de celui-ci comprend quinze Corrégimens ou Provinces. Nous traiterons d'abord des Corrégimens d'auprès de *Lima*, en continuant toujours par le plus proche, & ainſi de ſuite juſqu'aux plus éloignés. Et cette méthode ſera obſervée à l'égard des autres Dioceſes.

Corrégimens ou Provinces de l'Archevêché de Lima.

I. *Le* Cercado *de* Lima.

II.   *Chancay*.   IX.   *Yauyos*.
III. *Santa*.   X.   *Caxatambo*.
IV.   *Canta*.   XI.   *Tarma*.
V.   *Cagnéte*.   XII. *Jauxa*.
VI.   *Ica*, *Piſco*, & *Naſca*.   XIII. *Conchucos*.
VII. *Guarechiri*.   XIV. *Guaylas*.
VIII. *Guanuco*.   XV.   *Guamalies*.

I. II. III. Ici le Lecteur nous permettra de le renvoyer aux Chapitres II. & III. où il a été parlé des trois premiers Corrégimens: ce ſeroit abufer de fa patience, que de répéter ce qui a déjà été dit du *Cercado* de *Lima*, de *Chancay*, & de *Santa*.

IV. Après les trois Corrégimens notés ci-deſſus, vient celui de *Cauta*, à cinq lieues au Nord-Nord-Eſt de *Lima*, deſorte qu'il confine au Corrégiment du *Cercado*. Son étendue eſt de plus de trente lieues, dont la plus grande partie occupe les premieres branches des Montagnes connues ſous le nom de *Cordillere Royale des Andes*; c'eſt pourquoi auſſi le climat en eſt divers ſelon la diſpoſition du Pays. Le climat de la partie baſſe ou des vallées, eſt chaud. Celui de la partie haute, c'eſt-à-dire, qui eſt entrecoupée de collines, eſt tempéré, & froid ſur les collines-mêmes. De cette diverſité de température il réſulte un grand avantage pour les ſemences & les pâturages: parce qu'étant maîtres de choiſir le terroir ſelon ſes propriétés, les habitans font des recoltes d'autant plus abondantes. Parmi les Fruits qu'ils recueillent, les *Papas* ſont les meilleurs. On en porte les racines à *Lima* pour les y vendre, & il s'y en fait une grande conſommation. Les vaſtes campagnes de *Bombon* appartiennent en partie à cette Province; & comme elles ſont dans la partie élevée, elles ſont toujours froides. Elles nourriſſent de nombreux Troupeaux de Brebis & de Moutons. Au-reſte ces campagnes ont diverſes *Haciendas*, ou terres qui appartiennent aux principales familles de la Nobleſſe de *Lima*.

A *Guamantangua*, Bourgade de cette Sénéchauſſée, on révere une Image d'un *Santo Chriſto*, & les habitans de *Lima*, & ceux des environs y vont en pélérinage aux Fétes de la Pentecôte pour aſſiſter à la fête qu'on y célébre.

V. La Ville de *Cagnéte* eſt le Chef-lieu de la Sénéchauſſée, à laquelle elle donne ſon nom. Sa Juriſdiction commence à ſix lieues au Sud de *Lima*, & s'étend par le même rumb à plus de trente lieues le long de la côte. Le climat y eſt ſemblable à celui des vallées de *Lima*, & les terres en ſont fertiliſées par une Riviere & par divers ruiſſeaux qui les traverſent. Elles produiſent force Froment & Maïz. Une partie de ces terres eſt plantée de Cannes douces, dont on tire beaucoup de Sucre. Les Familles nobles de *Lima* en ſont auſſi propriétaires. Dans le voiſinage du Bourg de *Chilca*, ſitué dans cette Sénéchauſſée, à environ dix lieues de *Lima*, on trouve beaucoup de Salpétre, dont on ſe ſert dans cette Ville pour faire de la Poudre à canon. Outre ces avantages, cette Province a encore celui de la Pêche, à laquelle la plupart des *Indiens*, habitans des Bourgs s'adonnent, ſurtout ceux qui demeurent près de la Mer; des Fruits, des Légumes, des Oiſeaux

do-

domestiques des *Indes*, & le commerce qu'elle fait de toutes ces Denrées avec *Lima* est considérable.

VI. *Ica*, *Pisco*, & *Nasca*, sont trois Villes qui donnent leur nom au Corrégiment dont nous allons parler, & dont la partie antérieure s'étend le long de cette côte vers le Sud. Sa Jurisdiction comprend plus de soixante lieues de pays en longueur, entrecoupé de quelques déserts; & comme le terroir en est sablonneux, ces campagnes restent incultes par-tout où les Rivieres & les Canaux ne peuvent atteindre; toutefois il faut excepter certains quartiers, qui sans pouvoir être arrosés n'en sont pas moins plantés de vignes, dont les ceps se maintiennent par l'humidité intérieure de la terre, & donnent beaucoup de raisins; on en fait du Vin qui est transporté à *Callao*, d'où il passe à *Guayaquil* & à *Panama*. *Guamanga*, & les autres Provinces intérieures s'en pourvoient aussi, & l'on en fait beaucoup d'Eau-de-vie. Enfin il y a des endroits plantés d'Oliviers, dont les olives servent également à l'huile, & à être mangées. Les terroirs où l'eau peut atteindre produisent beaucoup de Froment & de Maïz, & quantité de toute sorte de Fruits. Dans la Jurisdiction d'*Ica* il y a des Forêts d'*Algarrobales*, dont on nourrit une prodigieuse quantité d'Anes; article qui augmente beaucoup le commerce des habitans, vu qu'on employe grand nombre de ces animaux à la culture des champs, tant aux environs de *Lima*, que des autres Provinces. Les *Indiens* qui habitent le long des côtes ou dans les Ports, ont soin de la pêche. Ils salent le Poisson qu'ils prennent, & l'envoyent dans les Montagnes, où il est de bon débit.

VII. La Sénéchauffée ou Corrégiment de *Guarachiri* renferme dans les terres de sa dépendance la premiere branche des Montagnes & partie de la seconde de la *Cordillere des Andes*, & s'étend par l'une & l'autre à plus de quarante lieues: cette Province commence à six lieues à l'Orient de *Lima*. La situation des terres qu'elle renferme, est cause qu'il n'y a guere que les vallons & autres lieux bas qui soient peuplés & fertiles. Ils abondent en Froment, Orge, Maïz, & autres Grains, de-même qu'en Fruits. Les Montagnes de sa dépendance ont des Minieres d'argent, dont quelques-unes sont exploitées, mais le nombre en est petit, ce métal n'y étant pas des plus abondans.

VIII. *Guanuco* est le Chef-lieu du Corrégiment de son nom à quarante lieues Nord-Est de *Lima*. C'a été anciennement une des principales Villes de ces Contrées, dans laquelle s'établirent plusieurs des premiers Conquérans. Aujourd'hui elle est dans un état bien différent, & les maisons fons principales, où ces grands-hommes vivoient alors, semblent n'y subfifter encore que pour fervir de monument à fon ancienne opulence. Du reste elle égale à peine à-préfent une Bourgade *Indienne* des plus médiocres. Le climat des terres de fa Jurisdiction est doux & tempéré, & les campagnes font fertiles en Grains & en Fruits. On y fait différentes fortes de Confitures & de Gelées, qui font estimées & recherchées dans les autres Provinces.

IX. Le Corrégiment de *Tauyos* commence à environ vingt lieues de *Lima* vers le Sud-Est. Il comprend partie de la premiere & feconde branche des Montagnes de la *Cordillere*, & le climat en est inégal. Sa Jurisdiction dans fa plus grande longueur a plus de trente lieues d'étendue. On y recueille du Froment, de l'Orge, du Maïz, & autres Grains, ainfi que les Fruits ordinaires dans ces Pays. Ses champs font toujours couverts d'herbes où vont paître le gros & le menu Bétail, qui font le principal article de fon Commerce, & que l'on méne vendre à *Lima*.

X. La Jurisdiction du Corrégiment de *Caxa-Tambo* commence à 35 lieues au Nord de *Lima*. Sa plus grande étendue est d'environ vingt lieues, dont une partie est fituée dans les Montagnes. Tout fon territoire est fertile en Grains. Il y a auffi des Minieres d'argent, mais peu abondantes, avec quelques Fabriques de *Bayétes* établies par les *Indiens*: ces fabriques font partie du Commerce de cette Sénéchauffée.

XI. Le Corrégiment de *Tarma* est un des plus confidérables de tout le Diocéfe de cet Archevêché. Sa Jurisdiction commence à quarante lieues de *Lima* au Nord-Est, & confine à l'Orient aux *Indiens* Sauvages ou Gentils nommés dans le Pays *Maran-Cochas*, lefquels infultent fouvent les habitans de cette frontiere. Cette Province est fertile en Froment, Orge, & Maïz dans fa partie tempérée; dans la partie froide, elle nourrit quantité de gros & de menu Bétail. Elle a de riches Mines d'argent auxquelles on travaille, ce qui rend le Pays riche à proportion. Outre ces fources de commerce elle a des Fabriques de *Bayétes* & autres groffes étoffes, qui occupent une bonne partie du grand nombre d'*Indiens* qu'il y a dans cette Province.

XII. Le Corrégiment de *Jauxa* commence à quarante lieues à l'Est de *Lima*. Son étendue est du même nombre de lieues. Il occupe les vaftes Vallées & Plaines qui fe trouvent entre les deux *Cordilleres* Orientale & Occidentale des *Andes*. Il est traverfé par la Riviere auffi appellée *Jauxa*, qui prend fa fource dans le Lac *Chicay-Cocha*, qui est dans la Province de *Tarma*, & forme un des bras du *Maragnon*. Toute la Jurisdicdiction de cette Sénéchauffée eſt divifée en deux parties par la Riviere même. Elle eſt remplie de belles Bourgades bien peuplées d'*Eſpagnols*, de *Métifs* & d'*Indiens*. Son terroir eſt fertile en Grains & en Fruits; & ſon commerce confidérable, à caufe que c'eſt la grande route pour aller dans les Provinces de *Cuzco*, de la *Paz* & de la *Plata*, & les autres Contrées méridionales que l'on appelle ici *Tierra de Arriba*, *Provinces d'en haut* ou *hautes Provinces*. Elle confine, comme la précédente, aux *Indiens* fauvages de la Montagne, parmi lesquels les Religieux de l'Ordre de *St. François* ont commencé à établir des Miſſions, dont la premiere eſt dans le Bourg d'*Ocopa*. Il y a dans la Sénéchauffée de *Jauxa* quelques Mines d'argent qui contribuent à enrichir cette Province.

XIII. Le Corrégiment de *Conchucos* commence à quarante lieues de *Lima* vers le Nord-Nord-Eſt, & s'étend par le centre des Montagnes, d'où vient que le climat y eſt inégal à proportion de la diverfité de la fituation des lieux. Le Pays abonde en Grains & en Fruits. Le terroir moins propre aux femences, nourrit quantité de Beſtiaux. Il y a dans cette Jurisdiction beaucoup de Tiſſerands & de Drapiers *Indiens* qui font des *Bayétes*, des Droguets de laine & autres Draps groſſiers, dont ce Pays fait un bon commerce avec les autres Provinces.

XIV. Le Corrégiment de *Guaylas* occupe comme le précédent le centre des Montagnes, & commence à cinquante lieues de *Lima*, & s'étend vers le même côté. Sa Jurisdiction eſt aſſez étendue, & le terroir a les mêmes propriétés que le précédent. On y nourrit quantité de Beſtiaux, qui font la plus grande partie du commerce que ce Corrégiment fait avec les autres Provinces.

XV. Le Corrégiment de *Guamalies* eſt le dernier de l'Archevêché de *Lima*. Sa fituation eſt auſſi dans le centre des *Cordilleres*, & le climat n'y eſt pas moins inégal. Sa Jurisdiction commence à 80 lieues de *Lima* vers le Nord-Eſt. Le froid y eſt plus ordinaire que le chaud, c'eſt pourquoi auſſi le terroir en eſt peu fertile dans l'eſpace de plus de quarante lieues qu'il renferme. Les *Indiens* qui habitent dans les Bourgades de fa Jurisdiction s'appliquent aux Métiers de Tiſſerands, de Cardeurs & de Drapiers, fabriquant des *Bayétes*, & des Serges, que l'on vend dans les Provinces où il n'y a pas de telles fabriques.

Tous ces Corrégimens, ou Provinces, de-même que ceux qui fe trouvent dans les Diocéfes de l'Audience Royale de *Lima*, & des Evêchés de celle de *Charcas*, font remplis de Peuplades, Bourgs, Villages & Hámeaux,

meaux, habités par des *Espagnols*, des *Métifs*, & des *Indiens*. Ces derniers font en quelques endroits moins nombreux que les précédens, & dans quelques autres c'est tout le contraire. Comme le lieu où le Corrégidor fait sa résidence, lequel est appellé à cause de cela *la Capital del Corregimiento, la Capitale de la Province*, ou Sénéchaussée, est souvent fort éloigné des extrémités du Pays de sa Jurisdiction, & que par conséquent il ne peut veiller de si loin au maintien de la Police & de la Justice, on a jugé à propos de subdiviser ces Provinces en divers départemens, chacun de trois à quatre peuplades, plus ou moins selon leur grandeur & leur distance de l'une à l'autre. Dans chacun de ces départemens il y a un Subdélégué du Corrégidor.

Les grandes Peuplades ont ordinairement chacune leur Curé particulier pour la direction des âmes. Quand les lieux sont petits, on en joint deux, trois, ou même davantage sous un même Curé. Quand ils sont trop éloignés, ce Curé les fait diriger par ses secondaires. Au-reste les Curés sont ou Séculiers, ou Réguliers, selon le droit que chacune de ces deux classes a acquis sur la Cure, pour avoir été employés à la réduction & à la conversion des *Indiens* dans le tems de la Conquête. Passons maintenant aux Corrégimens des Evêchés.

CHAPITRE XII.

Où l'on traite des Corrégimens contenus dans les Diocèses de Truxillo, Guamanga, Cuzco *&* Arequipa.

TRUXILLO. Premier Evêché de l'Audience Royale de *Lima*.

AU Nord de l'Archevêché de *Lima* est l'Evêché de *Truxillo*, dont le Diocése de ce côté-là est le terme où finit la Jurisdiction de l'Audience de *Lima* & de la Viceroyauté du *Pérou*. Il s'étend même au-delà, puisqu'il comprend le Gouvernement de *Jaën de Bracamoros*, qui touche, comme on l'a déjà dit dans la I. Partie, à la Province & Audience de *Quito*. Ainsi laissant ce Gouvernement à part, nous ne parlerons que des sept *Corrégimens* de cet Evêché appartenant à l'Audience & au Gouvernement du *Pérou*.

Cor-

Corrégimens de l'Evêché de *Truxillo*.

I. *Truxillo*.

II. *Sagna*.
III. *Piura*.
IV. *Caxamarca*.
V. *Chachapoyas*.
VI. *Llulla & Chillaos*.
VII. *Pataz* ou *Caxamarquilla*.

I. II. III. Il a déjà été fait suffisamment mention des trois Corrégimens de *Truxillo*, de *Sagna* & de *Piura* aux Chapitres I. & II. Reste à parler des quatre autres.

IV. *Caxamarca* est situé à l'Orient de *Truxillo*. Sa Jurisdiction s'étend fort loin par l'espace que laissent entre elles les deux *Cordilleres des Andes*. Le terroir est fertile en Grains, Fruits, & Légumes, & nourrit du gros & du menu Bétail, mais principalement il abonde en Haras. Les Propriétaires des champs des vallées s'y viennent pourvoir de chevaux & de mules, qu'ils engraissent avec du Maïz, & revendent ensuite dans les grandes Villes. C'est ainsi qu'on en use dans la Vallée de *Chancay* & autres, d'où l'on envoye ces animaux à *Lima*, *Truxillo* &c. Les *Indiens* de toute cette Jurisdiction sont Tisserands, & font beaucoup de toiles de coton pour des voiles de Navire, pour des pavillons & des couvertures de lit & autres semblables ouvrages, dont on fait un bon débit dans les Villes, & c'est un des meilleurs articles de son commerce. Il y a aussi quelques Mines d'argent, mais de peu de conséquence.

V. Vers le même côté, mais plus à l'Orient, est le Corrégiment de *Chachapoyas*. Le climat y est chaud, parce que ce Pays étant situé hors des *Cordilieres* & à l'orient de ces Montagnes, est fort bas. Son étendue est considérable, mais la plus grande partie est un Désert. Les Fruits sont proportionnés à sa température. Les *Indiens* s'y occupent aussi à faire des Toiles de coton, principalement pour des tapisseries & autres meubles, qui font un fort bel effet à la vue par la finesse des couleurs qu'ils mêlent dans le tissu de leurs ouvrages, en quoi ils sont fort habiles. Cet article, à quoi il faut ajoûter les Canevas qu'ils fabriquent pour les voiles de Navire, fait le fond du commerce qu'ils entretiennent avec quelques autres Provinces où leurs ouvrages sont recherchés.

VI. A l'extrémité méridionale du Corrégiment de *Chachapoyas*, & à l'orient de la *Cordillere* des *Andes* on trouve le Corrégiment de *Llulla* & *Chillaos*, où le climat est chaud & humide, parce que le terrain est bas;

de-là vient auſſi qu'il y a beaucoup de Forêts, ce qui rend une grande partie de cette Jurisdiction inhabitée. Au-reſte elle confine à la Riviere de *Moyobamba*, qui commençant à couler de ces Provinces méridionales du *Pérou* forme le Fleuve de *Marannon*, comme il a été dit dans la premiere Partie. La principale Denrée de ce Diſtrict c'eſt le Tabac, à quoi il faut ajoûter les Amandes connues ſous le nom des *Andes*, & quelques autres Fruits qui font le fond du commerce de cette Contrée avec celles des environs.

VII. Le Corrégiment de *Patas*, ou de *Caxamarquilla*, eſt le dernier de ce Diocéſe. Son terroir eſt diverſement ſitué, & le climat y eſt différent, ainſi que les Fruits, par la même raiſon. Le Pays produit de l'Or, & le principal commerce conſiſte à troquer ce métal contre de la monnoye courante, ſurtout pour des eſpéces d'argent, qui y ſont plus eſtimées que l'or, pour être plus rares.

II. Evêché de l'Audience de *Lima*.

Guamanga.

La Ville de *Guamanga*, où eſt le Siége Epiſcopal, fut fondée par *Don Franciſco Pizarro* en 1539 dans le même lieu où ſe trouvoit un Village d'*Indiens* qui avoit le même nom. Les *Eſpagnols* en bâtiſſant la Ville lui donnerent celui de *Saint Jean de la Victoire*, en mémoire de la retraite de l'*Inca Manco*, qui n'ayant oſé accepter la bataille que *Pizarre* lui préſentoit, abandonna la campagne & ſe retira dans les Montagnes. Cette Ville fut fondée dans la vue de faciliter le commerce entre *Lima* & *Cuzco*: car dans cette vaſte étendue de chemin il n'y avoit aucune autre Ville, ce qui expoſoit les Voyageurs aux courſes des *Indiens* de l'Armée de *Manco*. Ce fut cette raiſon qui fit choiſir le lieu où étoit le Village en queſtion; lieu incommode pour les beſoins de la vie, étant proche de la *Cordillere* des *Andes*. Mais auſſitôt qu'on eut exterminé le parti de l'*Inca Manco*, & que la guerre fut finie avec ce Prince, on changea la ſituation de la Ville, & on la bâtît dans l'emplacement où elle eſt aujourd'hui. Sa Juriſdiction, telle qu'elle fut réglée dès ſa fondation, commençoit où finit le Corrégiment de *Jauxa*, & s'étendoit juſqu'au pont de *Vilcas*. A-préſent elle a pour bornes les Provinces qui l'environnent, & elle renferme le Bourg ou Bailliage d'*Anco*, qui n'eſt qu'à trois lieues de la Ville. Celle-ci eſt ſituée ſur le panchant de quelques collines, qui s'é-

ten-

tendant vers le Sud enferment une plaine qui est à l'Orient de la Ville. Une Riviere qui prend sa source dans ces collines traverse la même plaine; ce qui n'empêche pas que la Ville ne souffre quelque disette d'eau, étant située dans un terrain plus élevé que celui de la plaine; de maniere que les habitans n'ont d'autre ressource que quelques petites Fontaines qu'elle renferme dans son enceinte. On compte parmi les Citoyens de *Guamanga* environ vingt Familles de Nobles, qui occupent le centre de cette Ville, dont les maisons sont la plupart hautes, bâties de pierres, bien travaillées, & généralement couvertes de tuiles. L'espace qu'elles occupent ne se borne pas aux appartemens pour loger les propriétaires à leur aise, mais leur offre un terrain suffisant pour des vergers & des jardins, difficiles à entretenir à cause de la disette d'eau. Les grands Fauxbourgs habités par les *Indiens*, dont la Ville est environnée, ajoûtent beaucoup à sa grandeur: les maisons de ceux-ci, quoique basses, sont aussi bâties de pierres, & couvertes de tuiles, ce qui rend la Ville fort agréable à voir. Au-reste cette façon de bâtir est généralement usitée dans les lieux éloignés des côtes.

L'Eglise Cathédrale est bien ornée. Son Chapitre est composé outre l'Evêque, d'un Doyen, d'un Archidiacre, d'un Chantre, de deux Chanoines dont les Canonicats s'obtiennent par concours, de deux Prébendiers, & d'un Pénitencier. Il y a un Séminaire pour le service de l'Eglise sous le nom de *St. Christoval*. L'Eglise de ce Séminaire est la Paroisse des *Espagnols*, & l'Eglise de *Ste. Anne* la Paroisse des *Indiens*, qui a pour Succursales les Chapelles *del Carmen* vulgairement *Carmenca*, de *Bélen*, de *San Sebastian*, & *San Juan Baptista*. La Paroisse de la *Madeleine*, composée aussi d'*Indiens*, est desservie par les *Dominicains*, dont l'un a le titre de Curé. Enfin il y a une Université avec les revenus nécessaires pour des Professeurs en Philosophie, Théologie & Jurisprudence. Cette Université jouit des mêmes prérogatives que celle de *Lima*, étant aussi de fondation Royale. Le Magistrat ou *Cabildo Secular* de cette Ville est composé des Nobles, & a pour Président le Corrégidor. Tous les ans on élit parmi les Régidors les Alcaldes qui doivent veiller à la police & au bon ordre.

Outre les Paroisses il y a encore dans l'enceinte de cette Ville les Couvens de *St. Dominique*, des *Cordeliers*, de la *Merci*, de *St. Augustin*, de *St. Juan de Dios*, un Collége de *Jésuites*, & un Hospice de *St. François de Paule*, les Religieuses de *Ste. Claire* & celles d'*El Carmen*, & une Communauté de Dévotes.

Les Corrégimens compris dans le Diocéfe de *Guamanga*, font:

I. *Guamanga.*

II. *Guanta.*
III. *Vilcas-Guaman.*
IV. *Andaguaylas.*
V. *Guanca-Bélica.*

VI. *Angaraés.*
VII. *Caftro-Virreyna.*
VIII. *Prima-Cocha.*
IX. *Lucanas.*

I. Le Corrégiment de *Guamanga* jouit d'un bon climat dans toute fon étendue, auffi eft-il bien peuplé, & fertile en Grains, Fruits & autres denrées, fans compter les Troupeaux, qui font partie de fon commerce; l'autre partie confifte en Cuirs & dans les Semelles de fouliers qui y font coupées & préparées, outre les Confitures en conferves & en gelées que l'on tranfporte dans les autres Provinces.

II. La Jurisdiction du Corrégiment de *Guanta* eft à l'Ouëft-Nord-Ouëft de *Guamanga*, & commence à un peu plus de quatre lieues de cette Ville. Il s'étend à plus de 25 ou 30 lieues au long. L'air y eft bon prefque par-tout, & le terroir abondant en Grains & en Fruits. Il y a des Mines d'argent, qui autrefois rapportoient beaucoup, mais qui préfentement font extrêmement déchues. La Riviere de *Jauxa* forme, dans l'endroit où elle commence à porter le nom de *Tayacaxa*, une Ile où croît en abondance la *Coca*, dont nous avons parlé dans la I. Partie de cet Ouvrage. Cette Herbe & le Plomb que l'on tire des Mines de ce métal qui font dans cette Jurisdiction, font les principales branches de fon commerce avec les autres Provinces, à quoi il faut ajoûter les Denrées qu'elle fournit pour la nourriture ordinaire des habitans de *Guamanga*.

III. Au Sud-Eft de *Guamanga* à fix ou fept lieues de cette Ville commence le Corrégiment de *Vilcas-Guaman*, qui a plus de trente lieues d'étendue. L'air y eft tempéré, & le terroir produit quantité de Grains, Fruits, & nourrit beaucoup de Bétail gros & menu. Les *Indiens* qui habitent les Villages de ce Corrégiment s'occupent à fabriquer des *Bayétes*, des *Cordellats* & autres étoffes de laine que l'on tranfporte a *Cuzco* au *Potofi*, & en d'autres Provinces. Ce commerce eft pénible à-caufe de la grande diftance des lieux. On trouve dans cette Jurisdiction une Foreterreffe des anciens *Indiens*, en la maniere décrite dans la I. Partie au fujet de celle qui eft près du Village de *Cannar*. Le Bourg même de *Vilcas-Guaman* en avoit

une

une autre fort fameufe, qui a été ruinée pour bâtir l'Eglife de fes débris.

IV. A l'Orient de *Guamanga*, en tirant un peu vers le Sud, on trouve le Corrégiment d'*Andaguaylas*, dont la Jurifdiction s'étend vers l'Orient par l'efpace que laiffent entre eux deux rameaux de Montagnes de la *Cordillere* à un peu plus de vingt lieues. Son terroir arrofé de quelques petites Rivieres, en eft rendu extrêmement fertile. L'air y eft en partie chaud & en partie tempéré. Les terres y produifent, à proportion de l'arrofement qu'elles reçoivent, des Cannes de Sucre, du Maïz, du Froment, & autres denrées en abondance. Le Pays eft un des plus peuplés de ces Contrées. Les Familles Nobles de *Guamanga* y ont des *Haciendas*, qui produifent confidérablement de Sucre.

V. Le Gouvernement de *Guanca-Bélica* commence à trente lieues au Nord de *Guamanga*. La Ville de *Guanca-Bélica* fut fondée à l'occafion de la fameufe & riche Mine de vif-argent qui eft dans le voifinage. Elle ne fubfifte que de l'exploitation de cette Mine; car d'ailleurs l'air y eft fi rude que la terre n'y produit rien, & il faut tout tirer du dehors. Il y a dans cette Ville une Fontaine dont l'eau eft pétrifiante, & les habitans employent les pierres qu'elle produit à bâtir leurs maifons & autres ouvrages.

Les Mines de vif-argent qu'on exploite en ce lieu-là, font les feules dont on tire celui qu'on employe dans les Mines d'argent du *Pérou*. Et malgré la quantité qu'elles en fourniffent actuellement & qu'elles en ont fourni, on ne s'apperçoit pas qu'elles diminuent. Elles furent découvertes felon quelques-uns en 1556 par un *Portugais* nommé *Enrique Garcès*, qui rencontra par hazard en ce lieu un *Indien* avec quelques pierres de Cinabre, que les *Indiens* appelloient *Llimpi*, & dont ils fe fervoient pour fe peindre le vifage. D'autres, tels qu'*Acofta*, de *Laëtt*, & *Efcalona*, prétendent que la Mine de *Guanca-Bélica* fut découverte par un *Indien* nommé *Navincopa*, domeftique d'*Amador Cabrera*, & qu'avant l'an 1564 *Pedro Contréras* & *Enrique Garcès* en avoient découvert une à *Pataz*. Mais quoi qu'il en foit la Mine de *Guanca-Bélica* eft celle qu'on a toujours exploitée, & le mercure n'a été mis en ufage pour raffembler l'argent des minerais qu'en 1571 par *Pedro Fernandez Vélafco*. Les Rois d'*Efpagne* fe font réfervés & appropriés cette Mine dès le tems de fa découverte. Autrefois la Ville de *Guanca-Bélica* étoit gouvernée par un des Auditeurs de l'Audience de *Lima* avec titre de Surintendant; au bout de cinq ans un autre Auditeur venoit relever celui qui étoit en place, au bout de ce tems un autre relevoit celui-ci, & ainfi tour à tour de cinq en cinq ans. Mais en 1735 le Roi

Philippe V. jugea à-propos d'envoyer un Gouverneur particulier avec le même titre de Surintendant de cette Mine, & jetta les yeux sur un sujet bien au fait de la maniere dont il faut exploiter ce métal, s'en étant instruit aux Mines d'*Almaden* où il avoit été longtems. Le nouveau Gouverneur a si bien rempli les vues du Monarque, qu'on ne doute pas qu'en suivant la méthode qu'il a établie, la Mine ne subsiste beaucoup plus longtems & avec moins de fraix. Le vif-argent qu'on tire de cette Mine se vend en partie sur les lieux aux Exploiteurs des Mines d'argent, & le reste est envoyé aux Caisses Royales de tout le *Pérou*, pour que ceux qui exploitent des Mines éloignées puissent s'en pourvoir plus commodément.

VI. Le Corrégiment d'*Angaraës* est dépendant du Gouvernement de *Guanca-Bélica*, sa Jurisdiction commence à environ vingt lieues de la Cité de *Guamanca* vers l'Ouëst-Nord-Ouëst. L'air y est bon & le terroir fertile en Froment, Maïz & autres Grains & Fruits, & nourrit beaucoup de gros & de ménu Bétail.

VII. Le Corrégiment de *Castro-Virreyna* est à l'Occident de *Guamanga*, & a plus de trente lieues d'étendue. Le terroir y est fertile, quoique de différente nature. Dans les Bruyeres, qui sont les lieux les plus froids, il y a beaucoup de ce Bétail que les Gens du Pays nomment *Vicunnas*, dont la laine fait la meilleure partie du commerce de cette Contrée. Cet animal étoit autrefois commun dans les Pays de *Jauxa*, de *Guanuco* & de *Chiquiabo*: mais depuis la conquête chacun s'étant mêlé de leur donner la chasse pour en avoir la laine, ils sont devenus si rares qu'on ne les trouve plus que sur les Montagnes, où il est bien difficile de les joindre.

VIII. A environ vingt lieues de la Ville de *Guamanga* vers le Sud on entre dans le Corrégiment de *Parina-Cocha*, dont la Jurisdiction a 25 lieues d'étendue. On y nourrit quelques Troupeaux, & on y recueille des Fruits & des Grains en abondance. Il y a aussi plusieurs Mines d'or & d'argent plus abondantes aujourd'hui que jamais; & ce sont ces deux précieux Métaux qui font la principale branche de son commerce actif; quant au commerce passif il est sur le même pied que celui du Corrégiment dont nous allons parler.

IX. A vingt-cinq à trente lieues de *Guamanga* entre l'Occident & le Sud, est le Corrégiment de *Lucanas*; le climat y est froid ou tempéré. On y recueille abondamment des Fruits & des Grains, & il s'y nourrit de grands Troupeaux de Bétail gros & menu. Ce Pays est très-abondant en Mines d'argent si riches, qu'on les compte parmi celles qui contribuent le

plus

plus aux richesses du *Pérou*: de-là vient que le commerce qui s'y fait est des plus considérables; car il s'y rend un grand nombre de Commerçans avec des Marchandises; d'autres y apportent des Denrées que ce Pays ne produit point, & ils prennent en échange de l'argent en barre & en *pignes*.

III. *Diocése de l'Audience de* Lima.

Cuzco.

La Ville du *Cuzco* est la plus ancienne de toutes les Villes du *Pérou*. Elle fut fondée en même-tems que le vaste Empire des *Incas* par *Manco-Capac*, premier Empereur de cette Monarchie. Il la peupla des premiers *Indiens* qui se rangerent volontairement sous son obéissance, & la divisa en deux parties, appellées *Hanam-Cozco* & *Hurin-Cozco*, c'est-à-dire, en *Haut-* & *Bas-Cuzco*. Celui-là fut peuplé des *Indiens* que *Manco-Capac* avoit attirés à soi, & celui-ci de ceux que son Epouse *Mama-Oëllo* avoit réduits & rassemblés des champs où ils vivoient répandus çà & là. Le *Haut-Cuzco* est la partie septentrionale de la Ville, & le *Bas-Buzco* en est la partie méridionale. Les maisons au commencement étoient petites & semblables à des cabanes, mais à mesure que l'Empire s'agrandissoit, la Ville s'étendoit & s'embellissoit; de maniere que quand les *Espagnols* pénétrerent jusques-là, ils ne furent pas peu surpris de trouver une Cité de cette importance. Ils admiroient la somptuosité des Temples du Soleil, la magnificence des Palais des *Incas*, & cet air de grandeur qui annonce une Ville digne d'être la résidence d'un puissant Monarque & la Capitale d'un grand Empire. *Don Francisco Pizarro* y entra au mois d'*Octobre* de l'an 1534, & en prit possession au nom de *Charles-Quint*, Empereur & Roi d'*Espagne*. Bientôt après l'*Inca Manco* en vint faire le siége, & la réduisit presque toute en cendres, sans pouvoir néanmoins venir à bout d'en chasser entiérement les *Espagnols*, quoiqu'il eût imaginé ce moyen comme le seul propre à forcer à se retirer une poignée d'hommes dont toutes les forces de sa formidable Armée n'avoient pu, dans diverses batailles ni durant le cours d'un long siége, lasser la constance ni abattre le courage.

Cette Ville est située dans un terrain fort inégal, & sur le panchant de plusieurs collines, dont le voisinage ne pouvoit offrir d'emplacement plus commode. On voit encore sur une de ces collines au Nord de la Ville les ruines de la fameuse Forteresse que les *Incas* avoient fait bâtir pour la défense de la Place. Ces ruines font juger que ces Princes avoient eu dessein d'enfermer cette hauteur d'un grand mur taluté, pour fermer le passage à l'Ennemi qui voudroit pénétrer jusqu'à la Ville, & afin de faciliter la défense de ceux du dedans en augmentant la difficulté de la montée aux Ennemis du dehors, qui n'auroient pas eu peu à faire à escalader une si haute muraille. Ce rempart étoit tout de pierres bien travaillées, comme dans tous les ouvrages des *Incas*, dont il a été parlé dans la premiere Partie; mais il étoit encore plus remarquable par la grandeur des pierres, qui sont de différente figure & grosseur. Celles qui sont la principale partie du mur, sont si grandes qu'il n'est pas aisé de comprendre comment des hommes ont pu, sans le secours d'aucune machine, les amener des carrieres d'où on les tiroit jusqu'au lieu où elles sont. Dans les creux que forment les irrégularités de ces grandes pierres, on en a introduit de petites si bien ajustées, & liées ensemble, qu'on ne peut les appercevoir que par une attention particuliere. Il y a une de ces grandes pierres couchée à terre & qui paroît n'avoir pas été employée, laquelle est d'une grosseur si prodigieuse qu'on ne peut concevoir par quel moyen ils ont pu la charrier jusques-là. Cette Pierre est vulgairement nommée *la Cansada* *, par allusion apparemment à sa prodigieuse grosseur, & à la peine qu'on a eue à l'amener en cet endroit. Les ouvrages intérieurs de la Forteresse, c'est-à-dire les logemens, sont en partie détruits & ruinés, mais ceux du dehors existent encore.

Cuzco est une Ville grande à peu près comme *Lima*. Au Nord & à l'Occident elle est environnée de collines qui forment un arc auquel ils donnent le nom de *Senca*. Au Sud-Est elle a une plaine, où aboutissent plusieurs allées fort agréables. La plupart des maisons sont bâties de pierres & couvertes de tuiles fort rouges, qui font un joli effet. Les appartemens en sont bien distribués, les moulures des portes sont dorées, & les autres ornemens ainsi que les meubles répondent à cette magnificence.

L'Eglise Cathédrale ressemble beaucoup à celle de *Lima*, tant par rapport à la grandeur, qu'à l'égard de la disposition & de l'ordonnance. Celle de *Lima* est peut-être plus grande, mais en revanche celle-ci est toute de pierres & d'un meilleur goût d'Architecture. La Chapelle du *Sagrario*, sous le titre de *Nuestra Sennora del Triunfo*, est desservie par trois Curés, l'un desquels en particulier est pour les *Indiens* de cette Paroisse, & les autres deux pour les *Espagnols*. Au-reste cette Chapelle a été dédiée à *Notre Dame*, parce que ce fut-là que les *Espagnols* se retirerent lors du siége que *Manca* mit devant la Place, laquelle il brula presqu'entierement,

sans

* *La Fatiguée.*

fans que les flammes pénétraffent à l'endroit où étoient les *Espagnols*, ce que ceux-ci attribuerent au puiffant fecours de la Sainte Vierge. Outre ces Paroiffes, il y en a encore huit, favoir:

I. *Bélen.*	V. *San Blas.*
II. *L'Eglife de l'Hôtel-Dieu.*	VI. *San Chriftoval.*
III. *Santa Anna.*	VII. *San Sebaftian.*
IV. *Santiago.*	VIII. *San Gerouymo.*

Ces deux dernieres, quoiqu'éloignées l'une d'une lieue, l'autre de deux, ne laiffent pas d'être Paroiffes de la Ville.

Le Couvent des *Dominicains* de *Cuzco* a pour murailles principales celles du Temple du Soleil, & le Saint Sacrement eft placé au même endroit où les *Indiens* avoient mis la figure d'or de cet Aftre. Il y a un Couvent de *Francifcains*, de qui dépendent tous les autres Couvens du même Ordre dans la Province, un d'*Auguftins* & un de *la Merci*, qui jouiffent de la même prérogative. Il y a auffi un Collége des P. P. de la Compagnie de *Jéfus*. Les Couvens de St. *Jean de Dios* & des *Bethléémites* font des Hôpitaux: ce dernier eft deftiné en particulier pour les *Indiens* malades, qui y font traités avec toute la charité & tout le foin poffible. Les Monaftéres des Religieufes font, Ste. *Claire*, Ste. *Catherine*, les *Carmélites*, & une Communauté de Dévotes nommées *Nazaréennes*.

Le Corrégidor eft le Chef de la Régence de la Ville; il a fous lui les Régidors qui font tirés de la premiere Nobleffe. C'eft du Corps des Régidors qu'on élit tous les ans les *Alcaldes* ordinaires, comme il fe pratique généralement dans toutes les Villes des *Indes* de la domination *Efpagnole*. Le Chapitre eft compofé outre l'Evêque de cinq Dignitaires, favoir d'un Doyen, d'un Archidiacre, d'un Chantre, d'un Ecolâtre, & d'un Tréforier: il y a deux Chanoines qui obtiennent leurs Canonicats par *oppofition*, Magiftral, & Pénitencier, deux autres de *Préfentation*, & deux Prébendiers. Il y a trois Colléges pour l'étude des Sciences: l'un fous le nom de St. *Antoine*, où il y a des chaires fondées pour enfeigner le Latin, la Philofophie, & la Théologie aux Séminariftes qui affiftent au fervice de l'Eglife Cathédrale: l'autre fous le nom de St. *Bernard*, où les P. P. de la *Compagnie* régentent & enfeignent les Humanités à ce qu'il y a de plus diftingué parmi les jeunes-gens de la Ville: & le troifiéme fous le nom de St. *François de Borgia*, appartenant auffi aux *Jéfuites*, & deftiné à l'éducation des jeunes *Indiens* enfans des *Caciques*. Dans les deux premiers on confere tous les Degrés jufqu'au Doctorat, ayant été érigés en Univerfité.

Parmi les Tribunaux il y en a un pour les Droits Royaux, composé de deux Juges Officiers des Finances du Roi: un Commissariat de l'Inquisition composé des Commissaires & Officiers subalternes, & un autre Commissariat de *la Croisade*, comme dans les autres grandes Villes dont nous avons fait mention. Autrefois la Ville de *Cuzco* étoit peuplée d'une grande quantité d'*Espagnols*, parmi lesquels on comptoit diverses familles nobles, mais le nombre en est fort diminué à l'heure qu'il est.

Corrégimens de l'Evéché de Cuzco.

I.	*Cuzco.*	VIII.	*Canas & Chanches* ou *Tinta.*
II.	*Quispicanchi.*	IX.	*Aymaraës.*
III	*Avancay.*	X.	*Chumbi-Vilcas.*
IV.	*Paucartambo.*	XI.	*Lampa.*
V.	*Calcaylares.*	XII.	*Carabaya.*
VI.	*Chilques, & Masques.*	XIII.	*Asangaro & Asilo.*
VII.	*Cotabamba.*	XIV.	*Apolo-bamba.*

I. La Jurisdiction du Corrégiment de *Cuzco* s'étend à deux lieues aux environs. L'air y est tempéré, excepté sur quelques Montagnes où il fait plus froid que chaud, & ou l'on éléve des Troupeaux, tandis que dans les lieux bas il croît du Grain & des Fruits en abondance.

II. Le Corrégiment de *Quispicanchi* commence presque aux portes de la Ville de *Cuzco* du côté du Sud, & s'étend d'Orient à l'Occident un peu plus de vingt lieues. Les terres de cette Jurisdiction sont des possessions des Familles Nobles de *Cuzco*; on y recueille du Froment, du Maïz & autres denrées; & l'on y fabrique des *Bayétes* & des Droguets de laine. Une partie de ce Corrégiment confine aux Forêts habitées par les *Indios Brabos* ou Sauvages; & c'est dans cette partie que l'on recueille beaucoup de *Coca*, herbe qui fait un des principaux articles du commerce du Pays.

III. A quatre lieues au Nord-Est de *Cuzco* commence le Corrégiment d'*Avancay*, qui a plus de 30 lieues d'étendue. La température de l'air y est différente selon la différente situation des lieux: en général il est plus chaud que tempéré: là où la chaleur se fait plus sentir l'on voit de vastes Plantations de Cannes douces, dont on tire des Sucres d'une qualité supérieure. Les endroits moins chauds produisent abondamment de Froment, du Maïz & autres denrées, qui se débitent à *Cuzco*. C'est dans

cet-

cette Jurisdiction que se trouve la Vallée appellée *Xaquijaguana*, & par corruption *Xajaguana*, où se donna ce fameux combat où *Gonzalo Pizarro* * fut défait & fait prisonnier par le Préſident *Pedro de la Gaſca*.

IV. Le commencement de la Jurisdiction du Corrégiment de *Paucartambo* eſt à huit lieues à l'Orient de *Cuzco*. Elle eſt d'une aſſez grande étendue, & le terroir produiſoit du tems des *Incas* plus de *Coca* qu'aucun autre, mais cela eſt fort diminué aujourd'hui, cette Herbe étant cultivée en diverſes autres Provinces qui ſe ſont emparées de ce commerce. Du-reſte il produit aſſez d'autres Denrées.

V. A quatre lieues à l'Occident de *Cuzco* on entre dans la Jurisdiction du *Calcaylares*, qui l'emporte ſur toutes les autres Provinces par la douceur de ſon climat, ce qui rend le terroir extraordinairement fertile en toute ſorte de Grains & en Fruits délicats. Il y a des endroits que les habitans du Pays nomment *Lares*, qui étant plus expoſés que les autres aux rayons du Soleil, produiſoient autrefois beaucoup de Sucre; mais faute de gens pour les cultiver, cette denrée y eſt aujourd'hui ſi diminuée qu'on en tire à peine 30000 arrobes, au-lieu de 60 à 80000 qu'on en tiroit autrefois. Ce Sucre eſt d'ailleurs excellent, & ſans autre apprêt que celui qu'on lui donne communément ſur les lieux; il eſt auſſi ferme & auſſi blanc que celui qui ſort des Rafineries d'*Europe*. La diminution de cette denrée a diminué le commerce de cette Jurisdiction, dont elle étoit la principale branche.

VI. Le Corrégiment de *Chilques* & *Maſqués* commence à 7 à 8 lieues au Sud-Oueſt de *Cuzco*, & s'étend à plus de 30 lieues. Le terroir y produit des Grains & nourrit beaucoup de Beſtiaux, & les *Indiens* y fabriquent diverſes Etoffes de laine.

VII. A vingt lieues au Sud-Oueſt de la même Ville on entre dans le Corrégiment de *Cotabamba*, qui s'étend entre les deux Rivieres d'*Arancay* & d'*Apurimac*, à plus de trente lieues. L'air y eſt divers ſelon la différente ſituation des lieux. Le terroir nourrit beaucoup de gros & de menu

---

* *Gonſale Pizarre* s'étoit fait donner la Viceroyauté du *Pérou* par l'Audience de *Lima*, & avoit défait & tué dans une bataille le véritable Viceroi *Blaſco Nunnez*. Huit mois après, c'eſt-à-dire la même année 1546, *Pierre de la Gaſca*, envoyé par la Cour d'*Eſpagne* pour remettre toutes choſes en ordre, arriva à *Panama*, où il fit publier une amniſtie, & ayant raſſemblé des forces il marcha contre *Gonſale Pizarre*, qui s'obſtinoit dans ſa deſobéiſſance; il le vainquit dans cette Vallée, le fit priſonnier, & lui fit trancher la tête. Ce *Gaſca* étoit Prêtre du Conſeil Souverain de l'Inquiſition. Not. du Trad.

nu Bétail, & là où le climat eft tempéré ou un peu chaud on recueille force Froment, Maïz, & Fruits. Il y a auſſi beaucoup de Mines d'argent & d'or; & autrefois on en tiroit quantité de ces métaux qui enrichiſſoient le Pays, mais aujourd'hui on en tire beaucoup moins.

VIII. La Jurisdiction du Corrégiment de *Canas* & *Canches*, ou *Tinta*, commence à environ vingt lieues au Sud de *Cuzco*, & s'étend tant du Nord au Midi, que de l'Eſt à l'Oueſt, à vingt lieues de chaque côté. La *Cordillere* la diviſe en deux parties; l'une qui eſt haute, & ſituée dans ces Montagnes, s'appelle *Canas*; & l'autre qui eſt baſſe, ſe nomme *Canches*. Celle-ci jouit d'un air tempéré, & produit toute ſorte de Grains; celle-là plus expoſée au froid ne produit guere que des Pâturages, où l'on nourrit quantité de Beſtiaux, & l'on compte que dans les grandes Prairies qui ſont entre les collines il paît tous les ans 25 à 30000 Mules qu'on y améne du *Tucuman*. On vend ces Mules à une Foire qui ſe tient pour cela, & à laquelle ceux des autres Provinces de ce Diocéſe viennent acheter les Mules dont ils ont beſoin, & s'il en reſte on les envoye vendre dans d'autres Provinces plus éloignées. Dans la Partie nommée *Canas* il y a une célébre Mine d'argent connue ſous le nom de *Condonoma*.

IX. Le Corrégiment d'*Aymaraës* commence à quarante lieues au Sud-Oueſt de *Cuzco*, & s'étend à trente lieues. Il produit beaucoup de Grains, de Sucre, nourrit force Troupeaux, & renferme des Mines d'or & d'argent, qui étoient autrefois fort abondantes, mais qui rendent peu aujourd'hui faute de gens pour les exploiter.

X. A l'Occident de *Cuzco*, à un peu plus de quarante lieues de cette Ville, commence la Jurisdiction du Corrégiment de *Chumbi-Vilcas*, laquelle s'étend à trente lieues ou environ. On y recueille beaucoup de Grains, & on y nourrit quantité de Beſtiaux. Il y a auſſi par-ci par-là quelques Mines d'or & d'argent.

XI. A trente lieues au Sud de la même Cité, on entre ſur les Terres du Corrégiment de *Lampa*, qui eſt la Province principale parmi celles qui ſont compriſes ſous le nom de *Collao*. Le Pays eſt mêlé de plaines & de collines, couvertes les unes & les autres d'abondans pâturages, où l'on voit toujours paître un grand nombre de Troupeaux. Au-reſte comme c'eſt un climat froid, il n'y croît d'autres fruits que des *Papas* & des *Quinoas*. En revanche il y a des Mines d'argent, qui ſont en bon état, & qui rendent beaucoup.

XII. Le Corrégiment de *Caravaya* commence à ſoixante lieues Sud-Eſt
de

de *Cuzco*, & a plus de cinquante lieues d'étendue. L'air y est froid, excepté dans quelques lieux bas & plus exposés au Soleil, dans lesquels on recueille quelque peu de *Coca*. A cela près ils abondent en Grains, Fruits, Légumes, & Pâturages. Tout le Pays est rempli de Mines d'or, & c'est-là que sont les fameux Lavoirs appellés *Lavaderos de San Juan del Oro, y Pablo Coya*, de-même que celui qu'on nomme *Monte de Ananea*, qui est à deux lieues du Bourg de *Poto*, où résident les Officiers des Deniers du Roi pour percevoir les Quints qui reviennent à Sa Majesté. Il y a une Riviere qui sépare cette Province des *Indiens* Gentils qui habitent dans les Montagnes. Cette Riviere charrie tant d'or avec soi, qu'en certains tems de l'année les *Caciques*, ou Chefs des Villages *Indiens*, font partir quantité de leurs gens qu'ils envoyent par bandes sur les bords de la Riviere, pour amasser l'or qui se trouve parmi le sable & le gravier, jusqu'à ce qu'ils en ayent assez pour payer le tribut qu'ils doivent au Roi. Ils appellent cette espéce de Corvée *Chichina*. Outre les Mines d'or, il y a encore beaucoup de Mines d'argent dans cette Province ou Corrégiment, lesquelles sont exploitées fort diligemment. En 1713 sur la Montagne appellée *Ucuntaya* on découvrit une grande croute d'argent presque massif qui rendit plusieurs millions, mais qui fut bientôt épuisée, & cela fait espérer qu'on en trouvera encore de pareilles, qui rendront encore davantage. Entre autres Minieres d'or contenues dans cette Jurisdiction, il y en a une fameuse nommée *Aporoma* qui est fort abondante: l'or qu'on en tire a vingt-trois carats d'aloi.

XIII. A cinquante lieues au Sud de *Cuzco* on trouve le Corrégiment d'*Asangaro* & *Asilo*, où l'air est froid, & le terroir ne produit que des Pâturages, dans lesquels on nourrit de nombreux Troupeaux qui font le principal commerce de cette Contrée. Au Nord-Est il y a quelques Mines d'argent assez négligées. Les Racines propres aux climats froids viennent en abondance dans ce terroir, telles sont les *Papas*, la *Quinoa*, la *Cannagua*; les habitans se servent de ces deux dernieres pour faire de la *Chicha*, de la même façon qu'on la fait avec le Maïz. Ce Corrégiment est du ressort de l'Audience de *Charcas*.

XIV. A soixante lieues de *Cuzco* sur les frontieres des *Moxos*, qui sont des Missions des *Jésuites*, on trouve celles qui appartiennent à l'Ordre de St. *François*. Ces dernieres consistent en sept Villages d'*Indiens* de diverses Nations nouvellement convertis, & qui s'étant soumis à la Foi *Chrétienne* ont renoncé à leur vie sauvage. Pour donner plus d'autorité aux

Miſſionaires, les faire reſpecter & les défendre contre les entrepriſes des *Indiens* idolâtres, il y a-là un *Maeſtre de Campo*, qui eſt Magiſtrat & Officier, commandant les Milices formées des habitans mêmes de ces Villages.

IV. *Evêché de l'Audience de* Lima.

AREQUIPA.

La Ville d'*Aréquipa* fut fondée dans un lieu qui portoit déjà ce nom. Ce fut le fameux *François Pizarre* qui fit jetter les premiers fondemens de cette Cité. Dans la ſuite cette ſituation n'ayant pas paru aſſez avantageuſe aux habitans, ils choiſirent un autre emplacement dans la Vallée de *Quilca* à vingt lieues de la Mer. *Maita-Capac*, *IV. Inca*, avoit conquis ce Pays & l'avoit ajoûté à ſon Empire. Il en trouva l'air ſi agréable, & le terroir ſi bon, qu'il y fit venir 3000 familles des Provinces voiſines qui étoient moins fertiles, & par cette augmentation d'habitans il fonda quatre à cinq Bourgades bien peuplées.

Cette Ville eſt une des plus grandes qu'il y ait au *Pérou*. Elle eſt avantageuſement ſituée dans un terrain uni, bien bâtie de pierres; les appartemens des maiſons bien entendus, logeables, & commodes; les meubles fort beaux & de bon goût. Le climat y eſt fort doux; jamais on n'y ſent de froid exceſſif, quoique le givre y tombe quelquefois; la chaleur n'y eſt non plus jamais incommode; deſorte que pendant toute l'année la Campagne eſt émaillée de Fleurs & offre aux yeux un Printems éternel. Un air ſi doux ne ſauroit qu'être favorable à la ſanté, auſſi n'y voit-on point régner de ces maladies fâcheuſes qui ſont ſouvent l'effet du mauvais air. Tout près de la Ville coule une Riviere, dont les eaux par le moyen des canaux ſont conduites dans les rues où elles entraînent toutes les immondices qui pourroient infecter l'air.

Tous ces agrémens & ces avantages ſont néanmoins bien diminués, par la fâcheuſe circonſtance des tremblemens de terre auxquels cette Ville eſt ſujette, comme toutes les autres Villes de cette partie de l'*Amérique*. On compte quatre de ces tremblemens de terre qui l'ont tout-à-fait ruinée. Le premier arriva en 1582, le ſecond en 1600 le 24 de *Février*. Celui-ci fut accompagné du crévement d'un Volcan nommé *Guayna-Putina*, qui eſt tout près de la Ville. Le troiſiéme tremblement arriva en 1604, le quatriéme en 1725, & quoique ces trois derniers fiſſent moins de ravage, ils ne laiſſerent pas de renverſer les grands édifices & beaucoup de maiſons.

La

La Ville eſt fort peuplée. On y compte grand nombre de Familles Nobles, parce que c'eſt le lieu où il s'eſt établi le plus d'*Eſpagnols*, attirés par les avantages que nous avons touchés ci-deſſus, & par la commodité du commerce qui peut ſe faire par le Port d'*Aranta* qui n'en eſt qu'à vingt lieues. Le Chef du Gouvernement Civil & Militaire eſt le Corrégidor, qui a ſous lui les Régidors, qui ſont choiſis parmi la premiere Nobleſſe de la Ville, & parmi lesquels on élit tous les ans à la pluralité des voix les Alcaldes ordinaires, comme cela ſe pratique dans les autres Villes.

Autrefois la Ville d'*Aréquipa* étoit du Diocéſe de l'Evêché de *Cuzco*; mais en 1609 elle en fut ſéparée, & on y établit un Siége Epiſcopal le 20 de *Juillet* de la même année. Le Chapitre eſt compoſé, outre l'Evêque, de cinq Dignités, le Doyen, l'Archidiacre, le Chantre, l'Ecolâtre, le Tréſorier & de cinq Canonicats. Outre la Paroiſſe *del Sagrario*, deſſervie par deux Curés pour les *Eſpagnols*, il y a encore celle de *Santa Marta* pour les *Indiens* qui habitent dans la Ville. Il y a un Couvent d'*Obſervantins*, ou de *l'Etroite Obſervance*, & un de *Récollets*, qui ſont de la Province de *Cuzco*. Un de *Dominicains* & un d'*Auguſtins*, qui ſont de la Province de *Lima*; il y en a auſſi un de *la Merci*, appartenant à celle de *Cuzco*. Le Collége des *Jéſuites* & l'Hôpital de *San Juan de Dios* ſont de celle de *Lima*. Il y a un Séminaire pour les Eccléſiaſtiques qui ſont employés au ſervice de la Cathédrale. On n'y compte que deux Couvens de Filles, ceux des *Carmélites* & de *Ste. Catherine*; mais on avoit commencé à en bâtir un pour les Religieuſes de *Ste. Roſe*. Le Tribunal des Deniers Royaux établi à *Aréquipa*, eſt compoſé d'un *Contador* ou Controlleur & d'un Tréſorier. Enfin il y a auſſi des Commiſſaires de l'Inquiſition & de la Croiſade, comme dans les autres Villes.

*Corrégimens de l'Evêché d'*Aréquipa.

I. *Aréquipa.*
II. *Camana.*
III. *Condéſuyos d'*Aréquipa.*
IV. *Caylloma.*
V. *Moquegua.*
VI. *Arica.*

I. Le Corrégiment d'*Aréquipa* ne s'étend pas au-delà des Villages des environs, où le climat n'eſt pas différent de celui de la Ville. Le terroir n'y éprouve jamais la ſtérilité de l'Eté: ils ſont toujours couverts de Fleurs, de Fruits, de Grains & de Verdure. Les Pâturages y ſont ſi abondans, que les Troupeaux toujours gras ne peuvent les conſumer.

II. En ſuivant les côtes de la Mer du Sud, à quelque diſtance pourtant

tant des plages, on traverse le Corrégiment de *Camana*, dont la Jurisdiction renferme plusieurs déserts le long de la côte. Il s'étend vers l'Orient jusqu'aux premieres Montagnes de la *Cordillere*: son principal commerce consiste en Bourriques, & quelque peu d'Argent qu'on tire de quelques Mines assez négligées, & qui se trouvent dans la partie montagneuse.

III. Au Nord d'*Aréquipa*, environ à cinquante lieues de distance, on entre dans le Corrégiment de *Condesuyos de Arequipa*, lequel a quelque trente lieues d'étendue. L'air y est différent selon la situation des lieux, & le terroir est plus ou moins fertile par la même raison. C'est dans ce terroir qu'on trouve la Cochenille sauvage, dont les *Indiens* font quelque commerce avec les autres Provinces, qui ont des Fabriques d'Etoffes de laine. Il réduisent cette Cochenille en poudre en la faisant moudre, & en mêlent quatre onces avec douze de Maïz violet; ils paitrissent le tout ensemble, & en font de petits pains quarrés de quatre onces piéce, auxquels ils donnent le nom de *Magno*. C'est dans cette forme qu'ils débitent leur Cochenille, à un piastre la livre. C'est le prix ordinaire. On trouve dans le Pays beaucoup de Mines d'or & d'argent que l'on exploite encore actuellement, mais non pas avec tant de soin qu'autrefois.

IV. Le Corrégiment de *Caylloma* est à trente lieues Nord-Est d'*Aréquipa*. Ce Pays est fameux à-cause des Mines d'argent qu'il renferme, & d'une Montagne nommée aussi *Caylloma*. Quoique ces Mines n'ayent pas cessé d'être exploitées depuis leur découverte qui est très-ancienne, on continue encore à en tirer beaucoup de ce précieux métal: c'est pourquoi aussi dans le principal lieu du Pays, lequel lieu se nomme aussi *Caylloma*, il y a des Officiers des Finances du Roi pour la perception des Quints, & pour la distribution du Vif-argent, & un Gouverneur. La plus grande partie de ce Pays est si froide, qu'elle ne produit ni Grains, ni Fruits, & qu'il faut faire venir ces Denrées du dehors. Sur les pentes des Montagnes & dans les espaces qui sont entre elles, où le climat est un peu plus tempéré, il croît quelques Denrées, mais en fort petite quantité. On y voit dans certains Cantons paître quantité d'Anes sauvages, comme ceux dont il a été fait mention dans la I. Partie.

V. Le Corrégiment de *Moquégua* commence à quarante lieues au Sud d'*Aréquipa*, & s'étend à 16 lieues des côtes de la Mer du Sud. Le principal Bourg qui donne son nom à la Province, est tout peuplé d'*Espagnols*, parmi lesquels on compte quelques familles nobles, qui sont fort à leur aise. Cette te Jurisdiction a environ 40 lieues d'étendue: l'air y est fort doux, & le terroir est rempli de Vignobles qui donnent beaucoup de Vin & d'Eau-de-vie, qui font tout le commerce du Pays, d'où on les transporte par terre dans les Provinces des Montagnes & jusqu'au *Potosi*, & par mer jusqu'à *Callao*. Il produit aussi force *Papas* & quelque peu d'Olives.

VI. *Arica* est le dernier Corrégiment de cet Evêché. Il est situé le long de la côte de la Mer du Sud. L'air y est chaud & mal sain, & la plus grande partie du terroir stérile excepté en *Ayi* ou *Piment*, qui y croît en abondance; & cet article seul suffit pour procurer un commerce considérable aux habitans, cette épicerie étant extrêmement en usage dans toute l'*Amérique* méridionale. On la vient enlever des Provinces intérieures des Montagnes, & l'on tient qu'il s'en recueille tous les ans dans ces campagnes pour plus de soixante mille écus. L'*Ayi* ou *Agi* a environ un quart d'aune de long. Après qu'on l'a cueilli on le fait sécher au Soleil, & on le met ensuite dans de grands sacs de jonc; chaque sac en contient un arrobe. Cette Drogue entre dans tous les mets qu'on apprête dans l'*Amérique Espagnole* excepté dans les Confitures, comme il a été remarqué dans la I. Partie. Dans quelques parties du terroir de cette Jurisdiction il croît beaucoup d'Oliviers, dont les olives grosses comme un petit œuf de poule, sont aussi délicates qu'aucunes d'*Europe*: on en fait quelque peu d'huile, dont une partie est transportée dans les Pays des Montagnes, & l'autre partie est employée en saumure, dont on transporte quelque peu à *Callao*.

CHAPITRE XIII.

Audience de Charcas. *Evêchés Suffragans de cet Archevêché, & Corrégimens compris dans ce Diocése.*

SI l'on considere la Province de *Charcas* dans toute l'étendue de la Jurisdiction de son Audience, on trouvera qu'elle ne céde guere à la Province de *Lima* en grandeur; avec cette différence néanmoins, que celle-ci est bien peuplée, & que celle-là est d'un côté entre-coupée de Déserts, de Montagnes couvertes de Bois épais qui les rendent impénétrables; & de l'autre traversée par les hautes Montagnes de la *Cordillere des Andes* & par les vastes *Pampas* ou Plaines qu'elles laissent entre elles. Anciennement on comprenoit sous le nom de *Charcas* diverses Contrées ou Provinces habitées d'un nombre prodigieux d'*Indiens*, dont le V. *Inca*, *Capac Yupanqui*, entreprit la conquête: mais ses progrès ne s'étendirent pas au-delà des Provinces appellées *Tutyras* & *Chaqui*, & *Collasuyo* fut le terme de ses conquêtes. Après sa mort l'*Inca Roca* son fils, qui lui succéda, poursuivit ses projets, & tourna ses armes de ce même côté. Il soumit toutes ces Nations jusqu'à la Province de *Chuquisaca*, où fut fondée depuis la Ville de la *Plata*, qui est aujourd'hui Capitale de la Province de *Charcas*. La Jurisdiction de cette Ville commence du côté du Nord à *Vilcanota*, lieu appartenant à la Province ou Corrégiment de *Lampa* dans le Diocèse de *Cuzco*; de-là elle s'étend vers le Sud jusqu'à *Buénos-Ayres*. A l'Orient elle touche au *Brésil*, n'ayant d'autres bornes de ce côté-là que la fameuse *Ligne de séparation*. A l'Occident elle touche à la côte de la Mer du Sud par la Province d'*Atacames* qui est du ressort de cette Audience; le reste de la Province de *Charcas* confine au Royaume de *Chili*. On compte dans cette vaste étendue de Pays un Archevêché & cinq Evêchés, sçavoir:

Archevêché de la Plata.

Evêchés Suffragans.

I. *La Paz*
II. *Santa Cruz de la Sierra.*
III. *Tucuman.*
IV. *Paraguay.*
V. *Buénos-Ayres.*

Ce Chapitre traitera de l'Archevêché de *la Plata*, & les suivans contiendront les notices des Evêchés Suffragans.

Archevêché de l'Audience de Charcas *ou* Chuquisaca.

La Plata.

Après que les *Espagnols* eurent subjugué presque tous les Pays qui s'étendent depuis *Tumbez* jusqu'à *Cuzco*, & qu'ils eurent appaisé les différends qui s'étoient élevés entre les Conquérans, ils tournerent toutes leurs vues vers les Nations les plus éloignées, & ne songerent qu'à les soumettre. Dans ce dessein *Gonzalo Pizarro*, & quelques autres Capitaines avec un bon Corps de Troupes *Espagnoles* partirent de *Cuzco* l'an 1538, s'avancerent jusqu'à *los Charcas*, & attaquerent les Nations qui habitoient ce Pays

&

& celui des *Carangues*: il trouva une si grande résistance dans divers combats qu'il leur livra, qu'il n'eut pas peu de peine à les réduire. Mais tout cela n'étoit rien en comparaison du courage que firent paroître les *Chuquisaques*; car *Gonzalo Pizarro* ayant pénétré après plusieurs combats jusqu'à leur principale Bourgade, il s'y trouva tout d'un coup assiégé par ces Barbares, qui le serrerent de telle sorte que si son Frere *Francisco Pizarro* n'avoit eu la précaution de faire partir de *Cuzco* en toute diligence un bon secours de Troupes, c'étoit fait du peu d'*Espagnols* qui restoient encore des combats précédens. Ce renfort étant arrivé avec bon nombre de Volontaires de distinction, les *Indiens* furent mis en déroute, & obligés de plier sous le joug, & de reconnoître les Rois d'*Espagne* pour leurs Maîtres & Souverains. L'année suivante 1539. le Marquis *Francisco Pizarro* voyant combien il étoit nécessaire de former en ces lieux un établissement solide, donna commission au Capitaine *Pédro Anzures* d'y bâtir une Ville, ce que celui-ci exécuta, choisissant pour cet effet le Bourg même de *Chuquisaca*. Plusieurs de ceux qui avoient assisté à la conquête s'établirent dans la nouvelle Ville, pour être à portée de soumettre les autres Nations voisines. A une petite distance de cette Ville est une Montagne appellée *el Porco*, où il y a quelques Mines d'argent que les Empereurs du *Pérou* faisoient exploiter pour leur compte par un certain nombre d'*Indiens*, & d'où ils tiroient beaucoup de ce métal: par allusion à cette circonstance les Fondateurs de la nouvelle Ville voulurent qu'elle fût appellée *Ciudad de la Plata* *; mais le premier nom du Bourg a prévalu, & la Ville est encore aujourd'hui plus connue sous le nom de *Chuquisaca* que sous celui de *la Plata*.

La *Plata* ou *Chuquisaca* est située dans une petite Plaine environnée de Montagnes qui la mettent à l'abri des vents. En Eté l'air n'y est point trop chaud, & il est tempéré presque toute l'année. En Hiver, saison qui commence dans ce Pays en *Décembre* & dure jusqu'en *Mars*, les pluyes y sont extrêmement fréquentes, & presque toujours accompagnées de tonnerres & d'éclairs, à cela près l'air est tranquile & serein le reste de l'année. Les Maisons de la grand' Place & des environs ont un étage sans le rez-de-chaussée. Elles sont couvertes de tuiles; les appartemens en sont grands & bien distribués, & elles sont accompagnées de Jardins & de Vergers remplis d'arbres fruitiers d'*Europe* pour le plaisir des habitans. L'eau courante y est assez rare, il n'y en a que bien précisément la quantité nécessaire pour la consommation des habitans. Elle y est distribuée

* Cité d'argent.

buée par des Fontaines publiques, pratiquées en divers quartiers. On compte environ quatorze mille âmes dans la Ville, soit *Espagnols* ou *Indiens*.

La Grande Eglise a trois nefs. Elle est passablement grande, ornée de beaux tableaux, & de dorures. Elle est desservie par deux Curés Recteurs, l'un desquels est pour les *Espagnols*, l'autre pour les *Indiens*. Il y a encore une autre Paroisse sous le nom de *St. Sébastien* à l'une des extrémités de la Ville; les Paroissiens en sont presque tous *Indiens*, & montent au nombre d'environ trois mille âmes. Les Couvens de Religieux ont des Eglises magnifiques, & des appartemens très-grands. Ces Couvens sont; les *Cordeliers*, les *Dominicains*, la *Merci*, les *Augustins*, un Collége de la *Compagnie*, un Hôpital de *St. Jean de Dios*, entretenu aux dépens du Roi; deux Couvens de Filles, *Ste. Claire*, & *Ste. Monique*.

Il y a dans la même Ville une Université dédiée à *St. François Xavier*, dont le Recteur est un *Jésuite*, qui est en même tems Recteur du Collége de la *Compagnie*, & les Professeurs des Prêtres Séculiers, & des Personnes Laïques. On fait des leçons publiques en toute Faculté, dans deux Colléges; celui de *St. Jean* où les *Jésuites* régentent, & celui de *St. Christoval* qui est un Séminaire sous l'inspection d'un Ecclésiastique nommé par l'Archevêque.

A deux lieues de la *Plata* coule une Riviere nommée *Cachimayo*, dont les bords sont remplis de Maisons de campagne où les Citadins vont se divertir. La Riviere de *Pilco-Mayo* coule à six lieues de la Ville sur le chemin de *Potosi*; on traverse cette Riviere sur un grand pont de pierre. Elle fournit du poisson à la Ville pendant plusieurs mois de l'année. On y en pêche de diverses sortes & de très-bon goût, entre autre ceux qu'on nomme *Dorades*, qui sont si grands qu'ils pésent pour l'ordinaire 20 à 25 livres. Les autres vivres, Pain, Viande, Légumes & Fruits y sont apportés de toutes les Provinces voisines.

L'Audience Royale établie à *Plata* est le premier des Tribunaux de cette Ville. Elle y fut établie en 1559 & a pour Chef un Président, qui est en même tems Gouverneur & Capitaine-Général de toute la Province, à la réserve des Gouvernemens de *Santa Cruz de la Sierra*, de *Tucuman*, de *Paraguay*, & de *Buénos-Ayres*, qui sont indépendans & absolus dans les Affaires Militaires: outre le Président elle est composée de cinq Auditeurs, d'un Fiscal, d'un autre Fiscal Protecteur des *Indiens*, sans compter deux Auditeurs surnuméraires.

Le

Le Corps de Ville eſt compoſé, comme dans toutes les autres, de Régidors, qui ordinairement ſont des perſonnes des plus diſtinguées de la Ville, ayant pour Chef le Corrégidor; & tous les ans on élit deux *Alcades* ordinaires pour veiller au bon Ordre & à la Police.

L'Egliſe de *la Plata* fut érigée en Siége Epiſcopal l'année 1551, la Ville ayant déjà alors le titre de Cité; & en 1608 elle fut érigée en Métropole. Le Chapitre eſt compoſé outre l'Archevêque des cinq Dignités ordinaires & de treize Chanoines. L'Archevêque & ſon Official forment le Tribunal Eccléſiaſtique.

Le Tribunal de la Croiſade eſt compoſé d'un Commiſſaire ſubdélégué & autres Officiers ordinaires. Le Tribunal de l'Inquiſition eſt compoſé de même, & dépend de l'Inquiſition de *Lima*. Enfin il y a auſſi un Tribunal des Biens des Défunts, comme dans les autres Villes dont il a été parlé.

Les Corrégimens du Diocéſe de *la Plata* ſont au nombre de 14. En voici les noms.

I. *La Plata* & la Ville Impériale de *Potoſi*.

II.	*Tomina*.	IX.	*Cochabamba*.
III.	*Porco*.	X.	*Chayantas*.
IV.	*Tarija*.	XI.	*Paria*.
V.	*Lipes*.	XII.	*Carangas*.
VI.	*Amparaës*.	XIII.	*Cicacica*.
VII	*Oruro*.	XIV.	*Atacama*.
VIII.	*Pilaya, & Paſpaya*.		

I. La Jurisdiction du Corrégiment de *la Plata* eſt ſi étendue vers l'Occident, qu'elle comprend la Ville Impériale de *Potoſi*, dans laquelle le Corrégidor fait toujours ſa réſidence, ainſi que le Tribunal des Finances du Roi compoſé d'un Controlleur & d'un Tréſorier. Ce Tribunal a été établi dans cette Ville, afin qu'il fût à portée d'enrégiſtrer l'argent qui ſe tire des Mines.

La fameuſe Montagne de *Potoſi*, au pied de laquelle eſt ſituée du côté du Sud la Ville du même nom, eſt une ſource inépuiſable d'argent, & ce précieux métal que l'on tire de ſes entrailles, en circulant dans toutes les parties du Monde y a rendu célébre le nom de *Potoſi*. Ces Mines furent découvertes en 1545 par un pur hazard, comme cela étoit arrivé auparavant & eſt arrivé depuis en divers lieux. Un *Indien* nommé ſelon quelques-uns *Gualpa*, & felon d'autre *Hualpa*, pourfuivant des chevreuils jufqu'au haut de la Montagne, fe trouva près d'un rocher un peu efcarpé, & voulut s'acrocher à la branche d'un arbriffeau pour mieux efcalader le roc; mais cet arbriffeau n'ayant pas de racines affez profondes pour réfifter à ce poids, fut arraché, & fit voir dans le trou où avoit été la racine un lingot d'argent fin, qui paroiffoit au-travers d'une croute de terre qui le couvroit. L'*Indien* fe contenta pour lors des fragmens de ce métal qui étoient reftés mêlés avec la terre autour de la racine, & s'étant retiré à *Porco* où il faifoit fa demeure, il nettéia fécrettement les fragmens d'argent qu'il avoit ramaffés: & depuis ce jour il continua à aller fur la Montagne toutes les fois qu'il vouloit avoir de l'argent. Un de fes plus intimes amis auffi *Indien*, nommé *Guanca*, s'appercevant du changement avantageux arrivé à fa fortune en voulut favoir la caufe, & le pria avec tant d'inftance que celui-ci eut la foibleffe de lui avouer fon fecret. Ils continuerent quelque tems à tirer de l'argent enfemble; mais *Gualpa* ou *Hualpa* n'ayant jamais voulu découvrir à fon ami comment il s'y prenoit pour nettéier le minerais, la divifion fe mit entre eux, & *Guanca* alla tout découvrir à fon Maître nommé *Villarroël*, qui étoit un *Efpagnol* habitant de *Porco*. *Villaroël* alla auffi-tôt, c'eft-à-dire le 1 *Avril* 1545, reconnoître la Miniere, qui dès-lors fut exploitée, & d'où l'on a tiré des richeffes immenfes.

Cette premiere Mine fut appellée la *Découvreufe*, parce qu'elle fut caufe qu'on découvrit d'autres fources de richeffes que la Montague renfermoit dans fon fein. En effet peu de tems après on découvrit une feconde Miniere, à laquelle on donna le nom de *Mina del Eftanno* ou de l'Etain, enfuite une troifieme, qui fut furnommée la *Riche*, & enfin une quatrieme qu'on appella *Mendieta*. Ce font-là les quatre principales Mines d'argent de cette fameufe Montagne, qui en renferme encore beaucoup d'autres moins confidérables qui la traverfent de tous côtés. La fituation des premieres eft dans la partie feptentrionale de la Montagne, & leur direction eft du Nord au Sud, inclinant un tant foit peu vers l'Occident. J'ai ouï dire aux plus habiles gens du *Pérou* dans ces fortes de matieres, que les Mines les plus riches étoient celles qui ont cette forte de direction.

Dès que le bruit de cette découverte fe fut répandu, on vit accourir des gens de toutes parts, & en particulier de la Ville de *la Plata*, d'où cette Montagne eft éloignée de 20 à 25 lieues. De cette maniere la Ville de *Potofi* devint extrémement opulente, & peuplée au point qu'on lui don-

VOYAGE AU PEROU. Liv. I. Ch. XIII.

donne deux lieues de circuit. Plusieurs familles nobles intéressées aux Mines s'y établirent. L'air de la Montagne est froid & sec, c'est ce qui fait que le terroir de la Ville est aride & stérile, ne produisant ni Grains, ni Fruits, ni pas une Herbe : malgré cela & la quantité d'habitans, la Ville ne manque de rien; les vivres y viennent en abondance de toutes les autres Provinces. Le Commerce qui s'y fait est plus grand que dans aucune autre Ville du *Pérou*, excepté *Lima*. Les Provinces fertiles en Grains & en Fruits trouvent à s'en défaire à *Potosi*; celles qui abondent en Troupeaux ne cessent d'y en envoyer; & celles qui ont des Fabriques y trouvent le débit de leurs étoffes : des Marchands qui négocient en Marchandises d'*Europe* font un trafic considérable avec cette Ville. Les payemens s'y font par troc de marchandises contre de l'argent en barres, ou en *pignes*.

Outre ces Commerces il y a encore celui des *Aviadores*, qui sont des Marchands qui avancent certaines sommes d'argent monnoyé aux Maîtres des Mines pour subvenir aux fraix nécessaires pour l'exploitation de ces Mines, lesquelles sommes sont ensuite payées en argent en barres ou en *pignes*. Le Commerce du Vif-argent pour extraire le métal, est aussi fort important. C'est un article réservé au Trésor Royal; & l'on peut juger de la quantité qu'on en consomme, par la quantité de l'argent que l'on tire de ces Mines. Avant qu'on eût perfectionné la maniere d'appliquer le mercure au minerai d'argent, c'est-à-dire, avant qu'on sût faire la même opération avec moins de vif-argent, on employoit un marc de mercure pour un marc d'argent net, souvent même on en employoit davantage, quand les Ouvriers manquoient d'habileté. Il suffira de rapporter ce que quelques Auteurs ont écrit sur ce sujet pour comprendre jusqu'où va la consommation du mercure, & les richesses qu'on a tirées de cette Montagne. *Alvan Alonso Barba*, qui avoit été Curé à *Potosi*, & qui a écrit sur les Métaux en 1637, dit que depuis l'an 1574, que l'on commença à appliquer le mercure à l'argent, jusqu'au tems où il écrivoit, on avoit apporté aux Caisses Royales de *Potosi* deux cens quatre mille sept cens quintaux de mercure, sans compter ce qui étoit entré par contrebande; & comme cet espace de tems étoit de 63 ans, il s'ensuit que la quantité de vif-argent employé à ces Mines montoit à 3249 quintaux par année. *Don Gaspar de Escalona*, qui écrivoit un an après, assure dans son *Gazophilacio Péruvico*, pag. 193, qu'on avoit tiré de cette Montagne jusqu'à cette année trois cens quatre-vingts-quinze millions, six cens & dix-neuf mille pias-

piastres: or comme il y a précisément l'espace de 93 ans, depuis la découverte de la Miniere jusqu'à ce tems-là, il suit qu'on a tiré par an quatre millions deux cens cinquante-cinq mille quarante-trois piastres d'argent net: par où l'on peut encore juger quel doit être le Commerce de cette Ville, puisqu'il en sort des sommes si considérables en échange de ce qu'on y apporte & qui s'y consomme; car tout son commerce actif est en argent. L'Argent est son unique Denrée: les recoltes n'en font pas à-la-vérité aujourd'hui aussi abondantes qu'autrefois, mais elles ne laissent pourtant pas d'être encore sur un fort bon pied. Il y a près de *Potosi* des Eaux minérales chaudes, dont les bains sont bons pour la santé: on les nomme *bains de Don Diégo*; plusieurs personnes les prennent par goût, plusieurs autres par reméde.

II. Le Corrégiment de *Tomina* commence à dix-huit lieues au Sud-Ouest de la Ville de *la Plata*, & confine aux *Indiens Brabos* ou Sauvages de la Montagne, appellés autrement *Chiriguans*, dont les terres sont à l'Orient. L'air de ce Corrégiment est chaud, & le terroir produit des Grains, des Fruits, quelque peu de Vin, & beaucoup de Sucre. On y nourrit aussi du gros & menu Bétail. Sa Jurisdiction a environ 40 lieues d'étendue. Le voisinage des *Indiens Chiriguans* tient les Villages de cette Province en de continuelles allarmes, & la Ville même de *la Plata* craint leurs fréquentes courses, d'autant plus qu'ils ont plusieurs fois tenté de la surprendre.

III. Le Corrégiment de *Porco* commence tout près de la Ville Impériale de *Potosi*, à 25 lieues de *la Plata*; & s'étend vers l'Occident environ 20 lieues. L'air y est froid, & par-là même peu propre aux Semences & aux Fruits; mais fort bon pour les Troupes pour lesquelles le terroir produit assez de pâturages. C'est dans ce District qu'est la Montagne de *Porco*, d'où, comme il a déjà été dit, les *Incas* tiroient tout l'argent dont ils avoient besoin pour leur service & leurs ornemens; & ce fut la premiere Mine que les *Espagnols* exploiterent après la conquête.

IV. Au Sud de *la Plata* à environ trente lieues de cette Ville, on trouve le Corrégiment de *Tarija* ou de *Chichas*, qui a environ 35 lieues d'étendue. L'air est chaud dans une partie, & froid dans l'autre, & le terroir produit à proportion. Il nourrit beaucoup de Bétail, & on y trouve par-tout des Mines d'or & d'argent, surtout dans cette partie appellée *Chocayas*. A l'extrémité du Pays, & sur les confins des *Indiens* Idolâtres, coule le Fleuve *Tipuanys*, dont le sable est mêlé de beaucoup d'or,

&

& où l'on envoye des *Arpailleurs*, comme à la Riviere de *Caravaya*.

V. Du même côté, en tirant un peu vers le Sud-Oüëst de *la Plata*, est le Corrégiment de *Lipes*, qui a aussi 35 lieues d'étendue. L'air y est fort froid, & le terroir n'y produit que des Pâcages où paissent diverses Troupes de *Vicunnas*, d'*Alpacas* ou *Tarugas*, & de *Llamas*. Ces Animaux sont d'ailleurs assez communs dans toutes les autres Provinces de *Panas*, c'est-à-dire les Provinces où il y a des Montagnes hautes où le froid est continuel. Le Pays de *Lipes* a des Mines d'or qui sont aujourd'hui abandonnées, mais qui témoignent avoir été travaillées autrefois, particulierement dans une des Montagnes voisines de *Colcha*, à laquelle on a donné le nom d'*Abitanis*, qui dans la Langue du Pays signifie Mine d'or. La Montagne de *St. Chriftofle d'Acochala* a été une des plus fameuses du *Pérou* pour la richesse de ses Mines d'argent. Ce Métal y étoit en telle quantité qu'on l'y coupoit avec le ciseau. Aujourd'hui elles sont fort déchues en comparaison de ce qu'elles ont été autrefois, quoiqu'on ne cesse de les exploiter; mais avec trop peu de monde, sans quoi il n'y a pas de doute que cette Mine ne rendît autant que par le passé.

Le Corrégiment d'*Amparaës* commence à peu de distance à l'Orient de *la Plata*, & s'étend jusqu'aux Corrégimens de l'Evêché de *Santa Cruz de la Sierra*, & entre autres jusqu'à celui de *Misque Pocona*. Le Corrégidor de cette Province d'*Amparaës* a sous sa Jurisdiction les *Indiens* qui demeurent à *la Plata*. Le froid domine dans certains endroits de cette Province, la chaleur dans d'autres; elle nourrit quelques Troupeaux, & produit beaucoup de Grains, particulierement de l'Orge, dont elle fait son principal Commerce.

VII. Au Nord de *la Plata* on trouve la Province d'*Oruro*, dont la Capitale est appellée *San Philipe de Austria de Gruro*, & est située à environ 40 lieues de *la Plata*. Le Pays est stérile, excepté en pâturages, où paissent beaucoup de *Vicunnas*, *Guanacos*, & *Llamas*. On y trouve beaucoup de Mines d'or & d'argent: les premieres, quoique découvertes dès le tems des *Incas*, ont été peu exploitées, mais les secondes ont produit de grandes richesses: toutefois elles sont aujourd'hui un peu déchues s'étant remplies d'Eau, sans qu'on ait pu venir à bout de les saigner, quelques soins que les Mineurs ayent pris pour cela. Il n'y a plus que celles de *Popo*, qui sont des Montagnes à 12 lieues de la Ville, lesquelles rendent encore considérablement. Cette Ville d'*Oruro* est grande, bien peuplée, & fait un fort grand Commerce, que les Mines y ont attiré. Il y a des Officiers des Finances du Roi pour la perception des Droits de Sa Majesté sur le produit des Mines.

La Province de *Pilaya* & *Paspaya* ou *Cinti* commence au Sud de *la Plata* environ à 40 lieues de distance. La plus grande partie du Pays est située dans des Coulées, où l'air est fort bon, & qui produisent toute sorte de Denrées, Grains, Fruits, Légumes, & même du Vin en quantité. De tout cela il se fait un Commerce avantageux avec les Provinces voisines.

IX. *Cochabamba* est un autre Corrégiment, qui commence au Sud-Est, à 50 lieues de *la Plata*, & à 56 de *Potosi*. La Capitale est une des plus considérables Villes du *Pérou*, & sa Jurisdiction s'étend en certains endroits à plus de 40 lieues. La Ville est située dans une Plaine fertile & délicieuse; & tout le reste du Pays étant arrosé de diverses Rivieres & Ruisseaux, produit une si grande quantité de Grains, qu'on l'appelle le Grenier de tout le Diocése de l'Archevêché de *la Plata*, & de celui de l'Evêché de *la Paz*. L'air y est très-bon presque par-tout, & dans quelques endroits on y trouve des Mines d'argent.

X. Au Nord-Est de la même Ville de *la Plata* à 50 lieues de distance, on entre dans le Corrégiment de *Chayautas*, qui s'étend à 40 lieues ou environ. C'est un Pays fameux par ses Mines d'or & argent. Celles d'or sont négligées aujourd'hui, quoiqu'elles ayent été exploitées autrefois, comme il paroît par les *Socabons* * qu'on y voit encore. La Province est traversée par une Riviere que les habitans nomment *Grande*, laquelle roule & des grains & des sables d'or. Quant aux Mines d'argent, elles sont exploitées avec soin & rendent considérablement. Le terroir nourrit des Troupeaux de gros & menu Bétail qui suffisent pour la nourriture des habitans.

XI. Vers le même côté de Nord-Est à quelque 70 lieues de *la Plata*, commence le Corrégiment de *Paria*, qui a plus de 40 lieues d'étendue: l'air y est froid, & le terroir n'y produit que des Pâturages où se nourrissent de grands Troupeaux de gros & de menu Bétail. Il s'y fait une grande quantité de Fromage qu'on transporte dans tout le *Pérou*, où ils sont fort estimés. On y rencontre par-ci par-là quelques Mines d'argent. Au-reste cette Province tire son nom d'un grand Lac qu'elle renferme, & qui est

---

* Les *Socabons* sont des Mines perdues, que l'on fait pour saigner la Miniere, qui est noyée d'eau. Not. du Trad.

est formé de l'écoulement des eaux du Lac de *Titi-caca*, ou *Chacuito*.

XII. Le Corrégiment de *Carangas* commence à 70 lieues à l'Occident de *la Plata*, & a plus de 50 lieues d'étendue. L'air y est fort froid, & par cette raison le terroir n'y produit que des *Papas*, des *Quinoas*, & des *Cannaguas*, & nourrit beaucoup de Bétail. Il y a aussi beaucoup de Mines d'argent qui sont continuellement exploitées. Celle de *Turco* est la plus fameuse de toutes, parce qu'elle est entiérement de *Métal machacado*, c'est ainsi que les Mineurs appellent le minerais, où les filons du Métal forment un tissu admirable avec la pierre dans laquelle ils sont incorporés. Les Mines de cette espéce sont pour l'ordinaire les plus riches. Il y a d'autres Minieres dans cette Contrée, qui, si elles ne sont pas plus riches, sont du-moins plus singulieres. Elles se trouvent dans les Déserts sablonneux qui s'étendent vers les côtes de la *Mer du Sud*. Ce n'est ni dans des Rocs, ni dans des Montagnes qu'il faut creuser, mais dans le sable même. On n'a qu'à y faire un trou pour en tirer des morceaux d'argent sans autre mélange que de quelque peu de sable qui s'y est attaché. Les gens du Pays appellent ces morceaux d'argent *Papas*, parce qu'on les tire de la terre comme les *Papas*, qui sont une racine dont nous avons parlé ailleurs. A-la-vérité il n'est pas aisé de comprendre comment ces morceaux d'argent se peuvent trouver dans le sable mouvant, sans soutien, sans être enchassés dans rien. A mon avis il y a deux moyens d'expliquer cette énigme. Le premier en admettant la reproduction continuelle des Métaux dont il y a tant de preuves, tels que sont les Minerais appellés *Criaderos de Oro y Plata*, qui se trouvent dans diverses Minieres du *Pérou*; les Minieres mêmes qui abandonnées durant un certain tems, ont été reprises avec grand profit; & plus que tout cela, les ossemens des *Indiens* qui ont été écrasés & ensévelis dans les Mines où ils travailloient. Dans la suite on est venu refouiller dans ces Mines, & l'on a trouvé dans les cranes & les os des filets d'argent, qui les pénétroient comme la veine même. Cela supposé comme incontestable, il est à croire que la matiere dont se forme l'argent court avant de se fixer; & que quand elle a acquis un certain degré de perfection, il s'en filtre quelques parties entre les porosités du sable, jusqu'à ce que s'arrêtant-là où elles arrivent avec toute la disposition nécessaire pour se fixer, elles restent entierement converties en argent, & unies à ces parties de terre qu'elles ont ramassées dans leur course, jusqu'à l'endroit où la matiere s'est arrêtée, & le tout ensemble consolidé.

Quoique cette opinion soit assez probable, je suis plus porté pour celle qui fuit, & qui me paroît plus fimple & plus naturelle. Les feux fouterrains étant très-communs dans cette partie de l'*Amérique*, comme je l'ai obfervé en parlant des tremblemens de terre, il n'eft pas douteux qu'ils n'ayent affez d'activité pour fondre les Métaux qui fe trouvent dans les endroits où ils s'allument, & pour communiquer à la matiere liquéfiée une chaleur qui puiffe durer longtems. Or une portion de l'argent ainfi fondu doit néceffairement couler, & s'infinuant dans les plus grands pores de la terre, continuer à courir, jufqu'à ce que s'étant refroidi il fe condenfe & reprenne fa premiere confiftance, conjointement avec les corps étrangers qu'il a rencontré. A cela on peut faire deux objections; la premiere, que le métal paffant du lieu où il s'eft fondu à un autre, doit fe refroidir auffitôt qu'il change de place & fe figer dans un lieu froid. La feconde, que les porofités de la terre étant fort étroites, particulierement là où il y a du fable, dont les parties fe confolident davantage, le métal devroit paroître en filets ou ramifications déliées & minces, & non pas en gros morceaux comme il arrive ici. Je vais tâcher de répondre à ces deux difficultés.

Avant que l'argent commence à courir du lieu où il s'eft fondu, le feu fouterrain court par les porofités de la terre, lesquelles s'élargiffent à-mefure que le corps de l'air contenu dans les mêmes pores fe dilate. Le métal fuit immédiatement, & rencontrant un paffage déjà fuffifant pour s'introduire, il achéve de comprimer les particules de terre les plus voifines de celles qu'il emporte avec foi, & continue ainfi fans obftacle. Le feu fouterrain qui précéde le métal, communique à la terre une chaleur fuffifante pour en chaffer la froidure, & le métal trouvant la terre dans cette difpofition, il eft tout fimple qu'il ne perde pas la chaleur qu'il a contractée, & qu'il ne s'arrête qu'après avoir couru un fort long efpace au bout duquel enfin il fe fige & s'arrête. Une chofe qui contribue encore à lui faire conferver fa chaleur, c'eft que n'y ayant aucun foupirail aux conduits de la terre, il eft bien difficile qu'elle perde fitôt la premiere chaleur que le feu fouterrain lui a communiquée, par conféquent le métal peut bien ne s'arréter qu'à une grande diftance du lieu où il eft devenu fluïde. Les premieres parties de ce métal s'arrêtant à un endroit où le froid qu'elles ont enfin contracté les condenfe & les fige, celles qui fuivent fe joignent à elles & forment comme un dépôt; & le tout étant entierement coagulé fait une maffe, qui eft partie argent, partie fcories, qu'elle a tiré du minéral même dont elle eft fortie.

VOYAGE AU PEROU. Liv. I. Ch. XIII.

Ces *Papas* d'argent font différens du minerai des Minieres; car à la vue ils paroiffent comme de l'argent fondu; & quiconque n'aura aucune connoiffance de la maniere dont on les trouve, ne doutera point que ce ne foit de l'argent fondu. Dans ces *Papas* l'argent forme une maffe, & les parties terreftres font fur la fuperficie, ne pénétrant que peu ou point ladite maffe; au-lieu que l'argent qu'on tire des Minieres eft pénétré & mêlé de terreftréités & de parties hétérogénes, qui ont une couleur noire, & qui paroiffent en tout fens de véritables calcinations; avec cette différence pourtant, que quelques-unes le paroiffent moins que d'autres, & qu'il y en a qui font moins pénétrées de parties terreftres que d'autres. Si cela doit arriver ainfi, dès lors que les *Papas* fe forment par la fonte du métal, il eft clair que la derniere opinion a un degré de probabilité qui approche de l'évidence, ou que du-moins elle eft plus naturelle que la premiere.

Ces *Papas*, ou Maffes, font de différentes groffeur & figure. Il y en a qui péfent deux marcs, d'autres moins, d'autres plus. Dans le tems que j'étois à *Lima* j'en vis deux des plus groffes qu'on ait jamais tirées de ces fablonnieres; l'une pefoit 60 marcs, & étoit pourtant petite en comparaifon de l'autre, qui en pefoit 150 & quelque chofe au-delà. Elle avoit plus d'un pied de *Paris* de long, ce qui fait à peu près trois huitiémes d'une de nos aunes de *Caftille*. Ces morceaux d'argent fe trouvent répandus en divers lieux du même terrain. Il eft rare d'en trouver plufieurs près à près, parce que le métal en coulant fuit diverfes routes, & s'introduit par les porofités où il trouve plus d'efpace. C'eft auffi du plus ou moins de largeur des pores de la terre, que vient le plus ou moins de groffeur des *Papas* qui fe forment.

Le Corrégiment de *Cicacica* eft au Nord & à 90 lieues de *la Plata*, mais feulement à 40 de *la Paz*. Le Bourg principal eft appellé *Cicacica*, & donne fon nom à toute la Province. Ce Bourg, ainfi que tout ce qui eft fitué au Sud, appartient à l'Archevêché de *la Plata*; mais la plus grande partie de ce qui eft au Nord eft du Diocéfe de l'Evêché de *la Paz*. Le Pays s'étend à plus de cent lieues, & dans les endroits où l'air eft fort chaud, il produit de la *Coca* en grande abondance, & en fournit les principaux lieux des Mines de toute la Province de *Charcas* jufqu'à *Potofi*, ce qui fait un commerce confidérable. On met cette herbe dans des corbeilles, qui felon l'Ordonnance doivent en contenir le poids de 18 livres. Chaque corbeille fe vend à *Oruro*, *Potofi*, & autres lieux près des Minieres, avant & après les récoltes, 9 à 10 écus, & quelquefois davantage. Le terroir où l'air est froid, est tout de pacages, où l'on nourrit du Bétail gros & menu, & où l'on trouve des *Vicunnas*, *Guanacos*, & autres Bestiaux sauvages. Il y a aussi quelques Mines d'argent qui n'égalent pas celles dont nous avons parlé ci-dessus.

XIV. *Atacama* est un Bourg à plus de cent vingt lieues de *la Plata*, lequel donne son nom à la derniere Sénéchaussée de la Province de *Charcas*. Cette Sénéchaussée s'étend le long des côtes occidentales de la *Mer du Sud*, à une distance assez considérable. Le Pays est fertile, mais mêlé de quelques Déserts, particulierement vers le Sud, où il y en a un qui sépare le *Pérou* du *Chili*. On pêche sur les côtes de ce Corrégiment une grande quantité de poisson appellé *Tollo*, que l'on transporte dans toutes les Provinces intérieures, pour provisions de Carême & d'autres Jours d'abstinence. Il s'en fait un fort grand commerce.

CHAPITRE XIV.

Notices des trois Evêchés de la Paz, Santa Cruz *de la* Sierra, & Tucuman, & *des Corrégimens qu'ils contiennent.*

LA Province, où la Cité de la *Paz* est située, a été anciennement connue sous le nom de *Chuquiyapu*, & par corruption *Chuquiabo*, qui selon la plus commune opinion signifie en langage du Pays la même chose que *Chacra*, qui veut dire *Héritage d'or*. *Garcilasso de la Vega* prétend que *Chuquiyapu* est la même chose que *Lanza Capitana* en *Espagnol* *. Cela peut être dans la Langue générale des *Incas*, & au moyen d'un changement dans la pénultiéme sillabe, n'étant pas rare qu'un mot prononcé un peu différemment signifie diverses choses dans chaque Langue. *Mayta-Cupac*, IV. *Inca*, fit le premier la conquête de ce Pays. Les *Espagnols* y étant entrés s'en rendirent maîtres, & les différends survenus entre eux ayant été étouffés, le Licentié *Pedro de la Gasca* fit bâtir la Ville de *la Paz*, ainsi nommée en memoire de cet événement occasionné par la défaite & le supplice de *Gonzalo Pizarro*, & la ruine de son Parti. La *Gasca* voulut que la Ville par sa situation contribuât à la sureté & à la commo-
di-

* *La principale Lance.*

dité des Négocians que le commerce attire d'*Aréquipa* à *la Plata*, & de *la Plata* à *Aréquipa*, Villes éloignées à 170 lieues l'une de l'autre, sans qu'il y en eût d'autres entre deux. *Gasca* chargea du soin de cette fondation *Alonso de Mendoza*, lui enjoignant de bâtir la nouvelle Ville à mi-chemin entre *Cuzco* & *Charcas*, qui sont distantes l'une de l'autre de 160 lieues. Enfin il lui ordonna de lui donner le nom de *Nuestra Sennora de la Paz*. On choisit pour emplacement une Vallée du Pays appellé *los Pacasas*, Pays fertile, & bien peuplé d'*Indiens*. Les premiers fondemens de la nouvelle Ville furent jettés le 20 d'*Octobre* 1548.

A travers la Vallée de la *Paz* coule une Riviere médiocre, qui s'enfle considérablement quand il pleut dans les Montagnes. Ces Montagnes ne sont éloignées que de douze lieues de la Ville, & leur voisinage rend la plus grande partie du Pays froide, & l'expose aux gelées fortes, aux neiges & aux frimats. La Ville toutefois par sa bonne situation est exemte de ces desagrémens. Il y a aussi quelques lieux bas où il fait assez chaud pour qu'il y croisse des Cannes de sucre, de la *Coca*, du Maïz &c. Les Montagnes sont couvertes d'arbres dont le bois est fort bon, & dans ces Forêts on trouve des Ours, des Tigres, des Léopards, des Daims; & dans les Bruyeres des *Guanacos*, des *Vicunnas*, des *Llamas*, & beaucoup de Bétail d'*Europe*, comme on le verra dans le détail de chaque Corrégiment.

La *Paz* est une Ville médiocrement grande, bâtie dans les coulées formées par la *Cordillere*, & sur un terrain inégal. Elle si environnée de collines que la vue en est bornée de tous côtés excepté vers la Riviere, encore ne s'étend-elle pas au-delà du lit de cette même Riviere. Quand les eaux de celle-ci s'enflent ou par les pluyes ou par la fonte des neiges, elles entraînent des rochers prodigieux, & roulent des morceaux d'or que l'on trouve quand le débordement est passé; & par-là on peut juger des richesses que renferment les Montagnes voisines. En 1730 un *Indien* étant allé par hazard se laver les pieds au bord de cette Riviere, trouva un morceau d'or si extraordinairement gros, que le Marquis de *Castel-Fuerte* l'acheta douze mille piastres, & l'envoya en *Espagne* comme une piéce digne de la curiosité du Souverain.

La Ville est gouvernée par un Corrégidor avec les Régidors & les Alcaldes ordinaires, comme dans toutes les autres. Outre l'Eglise Cathédrale, & la Paroisse du *Sagrario* desservie par deux Curés, il y en a encore trois, qui sont, *Ste. Barbe*, *St. Sébastien*, & *St. Pierre*: un Couvent de *Cordeliers*, un autre de *Dominicains*, un troisieme de *la Merci*, & un quatrieme d'*Augustins*; à quoi il faut ajoûter un Collége des P. P. de la Compagnie de *Jésus*, un Hôpital de *Saint Jean de Dios*, & deux Monasteres de Filles de la *Conception*, & de *Ste. Thérése* : enfin un Séminaire sous l'invocation de *St. Jérôme*, où l'on éléve les jeunes gens qui se destinent à l'Eglise, & où l'on enseigne les Sciences tant aux Ecclésiastiques qu'aux Séculiers qui y veulent étudier.

L'Eglise de *la Paz* fut érigée en Cathédrale en 1608, ayant été séparée du Diocése de *Chuquisaca*, pour former un nouvel Evêché. Son Chapitre est composé de l'Evêque, d'un Doyen, d'un Archidiacre, d'un Chantre, & de six Chanoines. D'ailleurs la Ville étant sur le même pied que celles dont nous avons parlé, il seroit superflu d'entrer dans un plus grand détail; c'est pourquoi je passe aux notices des Corrégimens compris dans ce Diocése.

I. *Evêché de l'Audience de* Charcas.

La Paz.

Le Diocése de *la Paz* contient six Corrégimens, y compris celui de cette Ville. En voici les noms.

I. La Paz.
II. *Omasuyos*.
III. *Pacajes*.
IV. *Laricaxas*.
V. *Chicuito*.
VI. *Paucar-Colla*.

La Jurisdiction du Corrégiment de *la Paz* est fort bornée, & n'a guere d'autre lieu que cette Ville même. A environ quatorze lieues à l'Orient il y a dans la même *Cordillere* une Montagne fort haute appellée *Illimani*, qui renferme de grandes richesses. Il y a environ 50 ans qu'un coup de tonnerre en détacha une roche, qui étant tombée sur d'autres Montagnes, qui sont toutes basses au prix de celle-là, y apporta tant d'or que l'once de ce précieux métal ne valoit que huit piastres dans la Ville de *la Paz*, tant on en tira de cette roche. On n'exploite aucune Mine dans cette Montagne, attendu qu'elle est toujours couverte de neige, à peu près comme celles de *Quito*, dont nous avons fait mention dans la premiere Partie de cet Ouvrage. Toutes les tentatives qu'on y a faites ont été inutiles.

II. Le Corrégiment d'*Omasuyos* commence presque aux portes de *la Paz* vers le Nord-Oüest de cette Ville. Il a quelque vingt lieues d'étendue, étant borné à l'Occident par le fameux Lac de *Titi-Caca*, ou *Chuquito*, dont nous parlerons ci-après. L'air de ce Pays est plutôt froid que tempéré; c'est pourquoi aussi le terroir ne produit point de Grains, mais seulement des pâturages où l'on nourrit force Bétail. Les *Indiens* qui habitent près du Lac s'adonnent à la pêche, & font commerce du Poisson qu'ils prennent.

III. Au Sud-Ouëst de *la Paz* on rencontre le Corrégiment de *Pacajes*; l'air & le terroir y font comme au précédent. A cela près le Pays abonde en Minieres d'argent, quoiqu'il n'y en ait qu'un petit nombre qui soient exploitées, & que celui de celles qui ne le sont pas, ou qu'on n'a pas encore découvertes, soit beaucoup plus grand. On sait pour certain que même dès le tems des *Incas* ces Mines étoient exploitées. On y trouve aussi des Mines de talc, appellé dans le Pays *Jaspe Blanco de Vérenguéla*. Ce talc est fort blanc & fort transparent. On en fait commerce dans tout le *Pérou*, où l'on s'en sert au-lieu de glaces aux fenêtres des Maisons & des Eglises, à-peu-près comme dans la *Nouvelle Espagne* on employe la pierre appellée *Técali*. Enfin on y trouve des Carrieres de marbre de diverses couleurs, & une Mine d'émeraudes bien connue, mais dont on ne tire aucun profit parce qu'on n'y travaille pas. C'est dans les Minieres de ce Corrégiment que se trouve le fameux Minerai d'argent appellé de *Vérenguéla*, & les Montagnes de *Santa Juana*, de *Tampaya* & autres, d'où l'on a tiré tant de richesses.

IV. A peu de distance des terres de *la Paz*, au Nord de cette Ville, on entre dans le Corrégiment de *Laricaxas*, qui s'étend de l'Orient à l'Occident à 118 lieues, & à 30 du Nord au Sud. Ce Pays jouit de toute sorte de climats, & produit à peu près les mêmes Denrées que la Province de *Carabaya*, à laquelle il confine du côté du Nord. Il abonde en Mines d'or: & ce métal y est de si bon aloi, que son titre ordinaire est de 23 carats & trois grains. C'est dans cette Contrée qu'est la fameuse Montagne de *Sunchuli*, où l'on découvrit il y a quelque cinquante ans une abondante Mine d'or, d'où l'on tira des sommes immenses de ce métal au même titre dont nous venons de parler: malheureusement dans la suite cette Mine s'est remplie d'eau: on a tenté de la saigner par le moyen d'un *Socabon*, c'est-à-dire, en perçant le pied de la Montagne; mais après bien des dépenses on n'a pu y réussir, parce que le travail a été mal dirigé.

V. Le Corrégiment de *Chiquito* commence à quelque vingt lieues à l'Occident de *la Paz*. Comme il touche d'un côté au Lac de *Titi-Caca*, il lui communique son nom; car on le nomme souvent Lac de *Chicuito*. Cette Jurisdiction s'étend du Nord au Sud vingt-six à vingt-huit lieues, & de l'Orient à l'Occident à plus de quarante. L'air y est en général fort froid; la moitié de l'année il y géle, & l'autre moitié il y nége, d'où l'on peut juger de la ftérilité du terroir, qui en effet ne produit guere que des *Papas* & de la *Quinoa*. On y engraiffe une grande quantité de Bétail tant d'*Europe* que du Pays. Il s'y fait un grand commerce de Viandes falées, pour lesquelles on reçoit des Eaux-de-vie & des Vins en échange. Cette marchandife, ainfi que les *Papas* & autres Denrées des climats froids, étant tranfportée à *Cochabamba*, procure des Farines de retour. Toutes les Montagnes de cette Jurisdiction ont des Mines d'argent, qui ont beaucoup rendu autrefois, mais qui font aujourd'hui dans une entiére décadence.

La Province de *Chicuito* touche au bord occidental du Lac de *Titi-Caca*; ce Lac eft trop fameux, pour que nous le paffions fous filence. Il eft fitué dans les Provinces comprifes fous le nom de *Collao*. C'eft le plus grand de tous les Lacs que l'on connoiffe dans cette partie de l'*Amérique*, puisqu'il a 80 lieues de circuit, formant une figure un peu ovale du Nord-Oueft au Sud-Eft. Il a 70 à 80 braffes de profondeur. Dix à douze grandes Rivieres, fans compter les petites, s'y déchargent continuellement. L'eau du Lac n'eft ni amere, ni falée; mais elle eft fi épaiffe, & fi dégoûtante, qu'on ne peut la boire. On y prend deux fortes de Poiffons, les uns fort gros & très-bons, que les *Indiens* nomment *Suchis*; les autres petits, très-mauvais & pleins d'arêtes, auxquels les *Efpagnols* ont donné le nom de *Bogas*. On y trouve auffi beaucoup d'Oyes & d'autres Oifeaux. Ses bords font remplis d'une efpéce de Glayeul & de Joncs qui ont fervi à faire le pont dont nous parlerons tout à l'heure.

Le territoire qui borde ce Lac du côté oriental fe nomme *Omafayo*, & celui qui eft à l'Occident s'appelle *Chicuito*. Le Lac renferme plufieurs Iles dans fon fein, entre autres une qui eft remarquable par fa grandeur, & qui anciennement formoit une Colline qui fut applanie par ordre des *Incas*. Cette Colline s'appelloit *Titi-Caca*, qui en Langue du Pays fignifie *Colline de Plomb*: c'eft de-là que le Lac a pris fon nom général. Cette même Ile donna lieu à la fable inventée par le premier *Inca Manco-Capac*, Fondateur de l'Empire du *Pérou*, qui publioit que le Soleil fon Pere l'avoit mis lui & fa fœur & fa femme *Mama Oëllo Huaco* dans cette Ile, & leur avoit commandé de donner des Loix raifonnables & juftes à tous ces Peuples, de les tirer de leur barbare rufticité, & de les policer par de bons Réglemens, & par un Culte Religieux. Cette fable fut caufe que les *Indiens* regarderent toujours cette Ile comme facrée, & les *Incas*

y

y voulant faire bâtir un Temple consacré au Soleil, firent applanir le terrain, afin qu'il fût plus commode & plus agréable.

Ce Temple fut l'un des plus somptueux de tout l'Empire ; les murailles étoient entiérement couvertes de plaques d'or & d'argent. Ces richesses n'égaloient pourtant point encore celles qui étoient amoncelées hors du Temple ; car toutes les Provinces soumises à l'Empire visitoient une fois l'an le Temple, & y apportoient par maniere d'offrande une certaine quantité d'or, d'argent & de pierres précieuses. On croit communément que les *Indiens* voyant que les *Espagnols* s'emparoient de leur Pays, & qu'ils s'approprioient tout ce qu'ils trouvoient, jetterent toutes ces richesses dans le Lac. C'est ce qu'ils exécuterent aussi à l'égard d'une partie de celles qui étoient à *Cuzco*, & entre autres de la fameuse chaîne d'or que l'*Inca Huayna-Capac* avoit commandée pour la fête où l'on devoit donner un nom à son fils aîné : on dit que tout cela fut jetté dans un autre Lac de la Vallée d'*Orcos* à six lieues au Sud de *Cuzco* ; quelques *Espagnols* tenterent de sauver ces richesses, mais inutilement : le Lac se trouva trop profond ; car quoiqu'il n'ait pas plus de demi-lieue de circuit, il a en beaucoup d'endroits 23 à 24 brasses d'eau ; à quoi il faut ajoûter la mauvaise disposition du fond, qui est de bourbe ou fange déliée, ce qui rendoit encore l'entreprise plus difficile.

Les bords du Lac de *Titi-caca* se retrecissent & forment vers le Sud une espéce de Golfe, au bout duquel coule une Riviere nommée le *Desaguadéro* * : laquelle va former le Lac de *Paria*, d'où il ne sort pas à-la-vérité de Riviere visible ; mais par les tournoyemens que l'eau fait, on juge avec raison qu'elle a une issue par quelques conduits souterrains. Sur le *Desaguadéro* on voit encore le Pont de Joncs & de *Totoras* ou Glayeul que le V. *Inca, Capac Yupanqui*, inventa pour passer de l'autre côté avec toute son Armée, & pouvoir faire la conquête des Provinces de *Collasuyo*. Le *Désaguadéro* a environ 80 à 100 aunes de large ; & quoique ses eaux paroissent dormantes à leur superficie, elles coulent au-dessous d'une grande rapidité. L'*Inca* étant arrivé-là, envoya couper de cette paille, que l'on trouve en abondance sur toutes les collines & monticules des Bruyeres du *Pérou*, & que les *Indiens* nomment *Ichu*. Il en fit faire quatre gros palans, qui sont le fondement de tout le pont. Deux de ces palans ayant été tendus au-dessus de l'eau, il fit mettre en travers une grande quantité de botes ou fagots de Joncs, & de *Totora* séche, bien liés les uns

aux

---

* L'égoût, le canal par où l'eau s'écoule.

aux autres, & bien amarrés aux palans, & fur le tout on mit les deux autres palans bien tendus, que l'on couvrit encore des mêmes matériaux, mais plus petits, & non moins bien amarrés & arrangés; ce fut par-là que défila toute l'Armée. Ce pont singulier a environ cinq aunes de large, & n'est élevé au-dessus de l'eau que d'une aune & demi; on le conserve toujours en y faisant les réparations nécessaires, ou en le renouvellant tous les six mois, à quoi les Provinces voisines sont obligées de pourvoir & de contribuer également, par une Loi que le même *Inca* publia dès-lors, & qui depuis a été confirmée par les Rois d'*Espagne*. C'est ainsi que les Provinces que le *Desaguadèro* sépare, peuvent commercer ensemble par le moyen de ce pont.

VI. La Ville de *Puno* est la Capitale du Corrégiment de *Paucar-colla*, le dernier de cet Evêché. Sa Jurisdiction confine au Sud avec celle de *Chicuito*, & son climat est à-peu-près le même que celui de cette derniere. Aussi la terre n'y produit-elle rien, & il faut tirer des Provinces voisines les Denrées nécessaires pour la nourriture des habitans. Mais on y nourrit quantité de Bestiaux, tant de l'*Europe* que de ceux du Pays, dont les *Indiens* employent la laine à faire des sacs, en quoi consiste une partie de leur commerce. Les Montagnes du Pays renferment d'abondantes Minieres d'argent, témoin celle de *Layca-cota*, qui appartenoit à *Joseph Salcédo*, où l'on coupoit souvent l'argent au ciseau. Les grandes richesses qu'on en tiroit, furent cause de la mort prématurée du Propriétaire. Cette Mine ayant été noyée, on a fait beaucoup de dépense pour la remettre à sec, mais on n'a pu y réussir, & il a falu l'abandonner. Les autres sont négligées, ainsi que la plupart de celles de la Jurisdiction de cette Audience, & en particulier du Diocése de l'Archevêché de *Charcas*, & de l'Evêché de *la Paz*.

II. *Evêché de l'Audience de* Charcas.

Santa Cruz de la Sierra.

La Province *de Santa Cruz de la Sierra* est un Gouvernement & Capitainie-Générale: & quoique d'une vaste étendue, il y a peu d'*Espagnols*, la plus grande partie du petit nombre de Bourgs qu'il y a, étant des Missions auxquelles on donne le nom de Missions de *Paraguay*. La Capitale fut érigée en Siége Episcopal l'an 1605. Le Chapitre de la Cathédrale n'est composé que de l'Evêque, d'un Doyen & d'un Archidiacre, sans

au-

autres Dignités, ni Prébendes. L'Evêque fait sa résidence ordinaire dans la Ville de *Misque Pocona*, qui est à 80 lieues de celle de *Santa Cruz de la Sierra*.

La Jurisdiction de *Misque Pocona* a plus de 30 lieues d'étendue; & quoique la Ville soit presque déserte, les autres lieux sont bien peuplés. L'air y est chaud, ce qui n'empêche pas que le Pays ne produise des raisins. La Vallée où la Ville est située a plus de 8 lieues de circonférence; elle produit toute sorte de Denrées. Les Bois, les Montagnes fournissent du Miel & de la Cire, qui font partie du commerce du Pays.

Les Missions que les P. P. *Jésuites* ont dans le Diocése de cet Evêché, sont celles qu'ils nomment des *Indiens Chiquitos*; nom que les *Espagnols* donnerent à ce Peuple, parce qu'ils remarquerent que les portes de leurs maisons étoient fort petites *. Le Pays qu'ils habitent s'étend depuis *Santa Cruz de la Sierra* jusqu'au Lac *Xarayes*, d'où sort la Riviere du *Paraguay*, qui se joignant à d'autres Rivieres devient le Fleuve si connu sous le nom de *Rio de la Plata*. Les *Jésuites* commencerent à prêcher dans ce Pays à la fin du dernier siécle, & avec un tel succès qu'en 1732 ils avoient formé sept Peuplades ou Villages de plus de six cens familles chacun. Cette même année ils pensoient à former d'autres Peuplades, des *Indiens* qui se convertissoient continuellement. Les *Chiquitos* sont bien faits & vaillans, comme ils l'ont fait voir dans les occasions où ils ont été obligés de se défendre contre les *Portugais*, qui faisoient des courses sur leurs terres, pour enlever les habitans & les emmener comme esclaves dans leurs Colonies. Les armes de ce Peuple sont les fusils, les sabres, & les fléches empoisonnées. Leur Langue est différente de celle des autres Nations du *Paraguay*, mais quant à leurs usages ils ne different guere des autres *Indiens*.

Une autre Nation d'*Indiens* idolâtres nommés *Chiriguans*, ou *Chériguanes*, confine à celle-là, & ne veut point entendre parler d'embrasser la Foi Catholique. Cela n'empêche pas que les *Jésuites* n'entrent dans leur Pays, en menant avec eux quelques *Indiens Chiquitos* pour leur sureté : ils y prêchent & gagnent de tems en tems quelque ame à Dieu, & quelques sujets à leurs Peuplades. C'est ce qui arrive ordinairement quand dans les guerres continuelles qu'ils soutiennent contre les *Chiquitos*, ils ont reçu quelque échec considérable : alors craignant que ceux-ci ne profitent de leur victoire, ils ont recours aux Missionnaires & demandent à se convertir;

mais

---

* *Chiquito* signifie *petit, bas*.

mais ceux-ci ne font pas plutôt arrivés dans le Pays qu'ils les congédient, fous prétexte qu'ils n'aiment pas qu'on châtie ceux qui s'écartent des régles de la raifon *. Ce qui fait voir qu'ils font incapables de difcipline, & qu'ils n'ont du goût que pour la vie licencieufe qu'ils ménent.

Santa Cruz de la Sierra eft à quelque 80 ou 90 lieues à l'Orient de la Ville de *la Plata*. Elle étoit autrefois fituée plus au Sud près de la Cordillere des *Chiriguans*. Le Capitaine *Nuflo de Chaves* en jetta les premiers fondemens l'an 1548, & lui donna le nom de *Santa Cruz* en mémoire du lieu de fa naiffance, qui eft un Bourg du même nom près de *Truxillo* en *Efpagne*. La Ville de *Santa Cruz de la Sierra* ayant été ruinée, fut rebâtie dans le lieu où elle eft préfentement. Elle eft médiocrement grande, mal bâtie, & n'a rien qui la rende digne du titre de Cité dont elle jouit.

III. Evêché de l'Audience de *Charcas*.

Tucuman.

Le Gouvernement de *Tucma*, que les *Efpagnols* appellent *Tucuman*, eft au centre de cette partie de l'*Amérique*, & commence au Sud de *la Plata* au-delà des Villages de *Chichas*, qui fourniffent des *Indiens* aux Mines de *Potofi*. Il s'étend depuis le *Paraguay* & *Buénos-Ayres* à l'Orient jufqu'au Royaume de *Chili* à l'Occident, & au Sud jufqu'aux *Pampas*, ou Plaines de la *Terre Magellanique*. Le Pays, quoiqu'uni autrefois à l'Empire des *Incas*, n'avoit point été foumis par leurs armes; car avant qu'ils en vinffent à la force, les *Curacas* † de *Tucma* envoyerent des Ambaffadeurs à *Viracocha*, VIII. *Inca*, pour le prier de les recevoir au nombre de fes Sujets, & de vouloir bien leur envoyer des Gouverneurs qui réformaffent le Pays par les fages Loix & la Police établie dans les autres Provinces de l'Empire. Les *Efpagnols* ayant pénétré dans le *Pérou*, & achevé la conquête de prefque tout cet Empire, pafferent à celle de la Province de *Tucuman* l'an 1549. Le Préfident *Pedro de la Gafca* chargea de cette entreprife le Capitaine *Nunnez de Prado*, qui trouva de grandes facilités dans l'exécution; car ce Peuple étant d'un naturel docile confentit fans peine à fe foumettre, & l'on bâtit quatre Villes dans le Pays. La premiere fut *Santiago*

---

* Cela paroît une énigme: on le comprendra mieux quand on lira ce que l'Auteur dira ci-après de la police des Miffions des *Jéfuites*. Not. du Trad.

† La même chofe que *Caciques*, Chefs de certains Diftricts.

tiago del Eſtéro, ainſi appellée parce qu'elle fut fondée près d'une Riviere du même nom, dont les débordemens dans le tems des avalanges fertiliſent beaucoup les terres. Cette Ville eſt à plus de 160 lieues au Sud de la Plata. La ſeconde fut *San Miguel* de *Tucuman*, ſituée à 25 ou 30 lieues à l'Occident de *Santiago*. La troiſiéme *Nueſtra Sennora de Talavéra*, à un peu plus de 40 lieues au Nord de *Santiago*: & la quatriéme *Cordoue* de la *Nouvelle Andalouſie*, à plus de 80 lieues au Sud de *Santiago*.

Le Pays compris dans ce Gouvernement eſt ſi vaſte qu'il a plus de 200 lieues du Sud au Nord, & plus de 100 en quelques endroits de l'Orient à l'Occident; c'eſt ce qui a fait ſonger à augmenter les Peuplades d'*Eſpagnols*; & pour cet effet on y a bâti encore deux Villes, qui ſont la *Rioja* à plus de 80 lieues au Sud-Oüeſt de *Santiago*, & *Salta* au Nord-Eſt & à un peu plus de 60 lieues de la même Ville. A quoi il faut ajoûter une Villote qui eſt *San Salvador*, ou *Xuxuy*, à un peu plus de 20 lieues au Nord de *Salta*. Toutes ces Villes ſont petites, mal conſtruites, & bâties ſans ordre ni ſymétrie. Le Gouverneur ne fait point ſa réſidence à *Santiago*, quoique la plus ancienne, mais à *Salta*; & l'Evêque & ſon Chapitre à *Cordoue*, qui eſt la plus grande de toutes ces Villes: les autres ont leurs Corrégidors particuliers qui gouvernent les *Indiens* de leurs Diſtricts. Le nombre n'en eſt pas bien grand, une partie du Pays étant compoſée de Déſerts inhabitables, tant à cauſe des hautes & ſpacieuſes Montagnes qui l'occupent & du manque d'eau, qu'à cauſe des courſes continuelles des *Indiens* ſauvages.

L'Egliſe de *Tucuman*, qui, comme je l'ai dit, eſt établie à *Cordoue*, fut érigée en Evêché l'an 1570. Son Chapitre eſt compoſé, ſans compter l'Evêque, de cinq Dignités, Doyen, Archidiacre, Chantre, Ecolâtre, & Tréſorier, ſans autres Chanoines ni Prébendiers.

Le terroir eſt fertile par-tout où l'on peut conduire l'eau des Rivieres; les terres ainſi arroſées produiſent des Grains & des Fruits ſuffiſamment pour la nourriture des habitans. Dans les Bois on trouve du Miel ſauvage & de la Cire. Dans les lieux chauds on recueille du Sucre & du Coton dont on fait des toiles, qui avec quelques étoffes de laine fabriquées dans le Pays ſont une partie de ſon commerce. Mais la branche la plus conſidérable, ce ſont les Mules que l'on nourrit dans les Vallées où il y a des pacages en abondance. On envoye des troupeaux innombrables de ces animaux au *Pérou*, où ils ſont de bon débit, les Mules de *Tucuman* étant renommées dans toutes ces Contrées, comme les meilleures & les plus fortes qu'il y ait.

CHAPITRE XV.

Notice des deux derniers Gouvernemens de l'Audience de Charcas, le Paraguay & Buénos-Ayres, & des Missions que les Jésuites y ont établies, avec la maniere dont ils les gouvernent, & la Police qu'ils y font observer.

IV. Evêché de l'Audience de *Charcas.*

Le Paraguay.

LE Gouvernement du *Paraguay* comprend les Pays qui sont au Sud de *Santa Cruz de la Sierra* & à l'Orient des Terres du *Tucuman*. Vers le Sud il confine au Gouvernement de *Buénos-Ayres*, à l'Orient il s'étend jusqu'à la Capitainie de *St. Vincent* du *Bréfil*, dont *St. Paul* est la Capitale. *Sébastien Gaboto* fut le premier qui entreprit la découverte du *Paraguay*. Il entra dans le *Rio de la Plata* l'an 1526, & rencontra dans des Barques la Riviere de *Parana*, & entra par-là dans le *Paraguay*. Dix ans après *Jean de Ayolas* fut nommé par *Don Pedro de Mendoza* premier Gouverneur de *Buénos-Ayres*, dont il reçut commission avec le monde nécessaire pour la même expédition; & par l'ordre du même *Mendoza*, *Jean de Salinas* bâtit la Ville de *Nuestra Sennora de la Assuncion*, qui est la Capitale de toute la Province. Et comme ces Capitaines n'avoient point découvert tout le Pays, ni soumis les Peuples qui l'habitoient, *Alvar Nunnez*, surnommé *Tête de vache*, y fit une nouvelle expédition. Cet *Alvar Nunnez Cabéza de Baca* fut nommé depuis au Gouvernement de *Buénos-Ayres*, où il succéda à *Don Pedro de Mendoza*.

Les Peuplades d'*Espagnols* qui sont dans le Gouvernement du *Paraguay* se réduisent à la Ville de l'*Assomption*, celle de *Villa Rica*, & autres lieux, dont les habitans sont *Espagnols*, *Métifs*, & quelque peu d'*Indiens*; mais le plus grand nombre est de race mêlée. Les deux Villes sont très-médiocres, & les Villages à l'avenant. Les maisons de celles-là & de ceux-ci sont séparées par des jardins & par des arbres, sans aucun ordre. L'*Assomption* a le titre de Cité; c'est le lieu de la résidence du Gouverneur de la Province, qui avoit autrefois sous sa Jurisdiction une partie des Peuplades des Missions du *Paraguay*; mais depuis quelques années elles en ont été séparées, & unies au Gouvernement de *Buénos-Ayres*; mais quant au Gouvernement spirituel les choses subsistent sur le pied qu'elles ont tou-

toujours été. Il y a une Eglife Cathédrale à l'*Affomption*, dont le Chapitre est compofé de l'Evêque, d'un Doyen, d'un Archidiacre, d'un Chantre, d'un Tréforier, & de deux autres Chanoines. Les *Francifcains* font Curés de toutes les Paroiffes, excepté dans les Miffions où il n'y a d'autres Curés que les *Jéfuites*; & comme les Peuplades de ces Miffions font le plus grand nombre des habitans de cette Province, nous en parlerons dans un article à part, obfervant la même briéveté avec laquelle j'ai parlé des Corrégimens.

Les Miffions du *Paraguay* ne fe bornent pas au territoire de la Province de ce nom, mais s'étendent en partie fur celui de *Santa Cruz de la Sierra*, de *Tucuman*, & de *Buénos-Ayres*. Depuis environ un fiécle & demi qu'elles ont commencé, elles ont au giron de l'Églife quantité de Nations d'*Indiens*, qui répandus dans les terres de ces quatre Evêchés, vivoient dans les ténébres de l'Idolâtrie & dans les mœurs barbares qu'ils avoient hérité de leurs ancêtres. Les P. P. de la Compagnie de *Jéfus* pouffés par leur Zéle Apoftolique commencerent cette conquête fpirituelle en prêchant les *Indiens Guaranies*, qui habitoient les uns fur les Rivieres d'*Uruguay* & de *Parana*, & les autres à cent lieues plus haut dans les terres qui font au Nord-Ouëft du *Guayra*. Les *Portugais*, qui ne fongeoient qu'à l'avantage de leurs Colonies faifoient des courfes continuelles fur ces Peuples, en enlevoient autant qu'ils pouvoient, & les menoient en efclavage pour les faire travailler aux Plantations; mais pour ne point expofer les Néophytes à ce malheur, on jugea à propos de les tranfplanter au nombre de plus de douze mille, tant grands que petits, dans le *Paraguay*: outre ceux-là on en amena un pareil nombre du *Tapé*, afin qu'ils vécuffent avec plus de fureté & de tranquillité.

Ces Peuplades groffies encore de tems en tems de nouveaux convertis, fe multiplierent fi fort, que felon une rélation que j'ai eue de bonne main pendant que j'étois à *Quito*, en 1734, il y avoit trente-deux Bourgs ou Villages d'*Indiens Guaranies*, & l'on y comptoit au-delà de trente mille familles; & comme leur nombre augmentoit tous les jours, on fongeoit alors à fonder trois nouveaux Bourgs. Une partie de ces 32 Peuplades eft du Diocéfe de l'Evêché de *Buénos-Ayres*, l'autre partie eft du Diocéfe de celui du *Paraguay*. Cette même année il y avoit fept Peuplades de la Nation des *Chiquitos* dans le Diocéfe *de Santa Cruz de la Sierra*, & l'on penfoit à augmenter le nombre des Villages à caufe de l'accroiffement des habitans.

Les Miffions du *Paraguay* font environnées d'*Indiens* idolâtres: les uns vivant en amitié avec les nouveaux convertis, & les autres les menaçant sans-cesse de leurs incursions. Les P. P. Missionnaires font de fréquens voyages chez ces derniers, les prêchent, & tâchent de leur faire connoître la Loi de *Jésus-Christ*. Leurs peines ne sont pas toujours inutiles, les plus raisonnables de ces Barbares ouvrent quelquefois les yeux, & reconnoissent le vrai Dieu: alors ils quittent leur Pays, & passent dans les Villages des *Chrétiens*, où après avoir été duement catéchisés ils reçoivent le Baptême.

A environ cent lieues des Missions il y a une Nation d'*Indiens* idolâtres appellés *Guanoas*, qu'il est bien difficile d'amener à la lumiere de l'Evangile, tant parce qu'ils aiment la vie licentieuse, que parce que plusieurs *Métifs* & quelques *Espagnols*, pour éviter le châtiment dû à leurs crimes, se sont réfugiés parmi eux. Le mauvais exemple de ceux-ci sont cause que ces *Indiens* se moquent de ce qu'on leur prêche. D'ailleurs ils sont fort portés à l'oisiveté & à la fainéantise, ne cultivant pas même leurs terres & ne vivant que de la chasse; & comme ils sentent qu'en se convertissant & se soumettant aux Missionnaires, ils seront obligés de travailler, ils aiment mieux rester *Payens* & jouir de leur oisiveté. Cependant il en vient quelques-uns chez les *Chrétiens* pour visiter leurs parens, & voir comment ils vivent, & il s'en trouve plusieurs d'entre eux qui embrassent la vraye Religion.

Il en est de-même des *Charruas*, Peuple qui habite entre les Rivieres de *Parana* & d'*Uraguay*. Ceux qui habitent les bords de la *Parana* depuis le Bourg du *St. Sacrement* en haut, & qui sont appellés *Guagnagnas*, sont plus traitables, & les Missionnaires les prêchent avec plus de succès, parce que ce Peuple est laborieux, & qu'il cultive ses terres; outre qu'ils n'ont point de commerce ni de communication avec les fugitifs. Non loin de la Ville de *Cordova* il y a une autre Nation d'*Indiens* idolâtres appellés *Pampas*, lesquels sont difficiles à convertir, bien-qu'ils viennent souvent dans la Ville vendre leurs Denrées. Ces quatre Nations vivent en paix avec les *Chrétiens*.

Dans le voisinage de *Santa Fé*, Ville de la Province de *Buénos-Ayres*, il y a divers autres Peuples qui sont continuellement en guerre, poussant leurs excursions si loin qu'ils viennent souvent jusqu'aux environs de *Santiago* & de *Salta* dans le Gouvernement de *Tucuman*, faisant de grands ravages dans les Biens des Campagnes & dans les Villages. Les autres Nations qui habitent depuis les confins de ceux-là jusqu'à ceux des *Chiquitos*, & jusqu'au qu'au Lac de *Xarayes*, font peu connues. Dans ces derniers tems il y eut des Miffionnaires *Jéfuites* qui pénétrerent jufques chez ces Peuples par la Riviere de *Pilcomayo*, qui coule depuis le *Potofi* jufqu'à l'*Affomption*, fans avoir pu les découvrir; ce qu'il faut attribuer à la vafte étendue du Pays, & à l'humeur errante de ces Peuples, qui n'ont jamais de demeure fixe, fans compter qu'ils ne font pas en fort grand nombre.

Vers le Nord de l'*Affomption* il y a un petit nombre d'*Indiens* Gentils. Quelques-uns d'eux ayant été rencontrés des Miffionnaires qui voyageoient pour les découvrir, les ont fuivis fans répugnance aux Villages *Chrétiens*, & embraffé la Religion *Chrétienne*. Les *Chiriguans*, dont nous avons déjà parlé, habitent auffi de ce côté-là, & n'aiment guere qu'on leur parle de mener une vie moins libre que celle dont ils jouiffent dans leurs Montagnes.

Il eft aifé de juger par ce qui a été dit ci-deffus, que les Miffions du *Paraguay* occupent un Pays affez confidérable. L'air y eft en général affez tempéré & humide, ce qui n'empêche pas qu'il n'y ait des endroits plus froids que tempérés. Le terroir y eft fertile & abondant en toute forte de Denrées tant du Pays que d'*Europe*. On y recueille en particulier beaucoup de Coton, dont on fait un grand commerce. Les récoltes en font fi abondantes, qu'il n'y a point de Village qui n'en amaffe plus de deux mille arrobes. Les *Indiens* en fabriquent des toiles, & autres chofes femblables que l'on tranfporte hors du Pays. On y plante beaucoup de Tabac, quelque peu de Sucre, & une quantité prodigieufe de cette Herbe appellée *Herbe du Paraguay*, qui feule fait un article confidérable du Commerce de cette Province; car elle ne croît que là, & c'eft de-là qu'elle paffe dans toutes les Provinces du *Pérou* & dans le *Chili*, où il s'en fait une grande confommation, furtout de celle qu'on nomme *Camini*, qui eft la feuille toute pure; car celle qu'on appelle *Palos*, eft moins fine, & n'eft pas fi propre pour faire le *Maté*, ni fi eftimée.

Ces marchandifes font envoyées pour être vendues à *Santa-Fé* & *Buénos-Ayres*, où les P. P. *Jéfuites* ont un Commis particulier qui a foin de la vente; car le peu d'intelligence & d'adreffe des *Indiens*, furtout des *Guaranies*, les rend incapables de ce foin. Ces Commis reçoivent ce qu'on leur envoye du *Paraguay*, & après s'en être défaits ils en employent le montant en marchandifes d'*Europe*, felon la quantité dont les Peuplades ont befoin, tant pour l'entretien des habitans, que pour l'ornement des Eglifes, & ce qui eft néceffaire aux Curés qui les deffervent. On a foin avant d'employer ainfi cet argent, d'en prélever le tribut que chaque Village, ou plutôt chaque *Indien* doit payer. Ces fommes font envoyées aux Caiffes Royales, fans autre retranchement ou décompte que ce qui revient aux Curés pour leurs appointemens, & les penfions des *Caciques*.

Les autres Denrées que le terroir produit, & le Bétail qu'on y nourrit, fervent à la nourriture des habitans ; le tout leur eft diftribué avec un ordre fi admirable, que ce feroit faire tort à la fage conduite de ceux qui dirigent ces Miffions, que de ne pas parler de la police qu'ils y font régner.

Chaque Peuplade des Miffions du *Paraguay* a, à l'exemple des Cités & autres grandes Peuplades des *Efpagnols*, un Gouverneur, des Regidors & des Alcaldes. Les Gouverneurs font élus par les *Indiens* mêmes, & confirmés par les Curés, afin qu'on ne puiffe élever à cet emploi une perfonne incapable d'en bien remplir toutes les fonctions. Les Alcaldes font nommés tous les ans par les Corrégidors, & conjointement avec eux le Gouverneur veille au maintien du bon ordre parmi les habitans ; & pour que ces Magiftrats, dont les lumieres font fort bornées, ne puiffent abufer de leur autorité, & commettre des injuftices en fe laiffant emporter à la vengeance contre les autres *Indiens*, il leur eft défendu d'infliger aucun châtiment fans en avoir auparavant donné part au Curé, qui examine d'abord l'affaire, & s'il trouve que l'accufé eft véritablement coupable, il le laiffe prendre & châtier fur le champ felon l'exigence du cas ; quelquefois c'eft la prifon, quelquefois le jeûne. Si le délit eft grand, le coupable reçoit quelques coups de fouët : c'eft-là la plus grande peine, vu que parmi ces gens il n'arrive jamais de cas affez grave pour mériter une plus févre punition : car dès l'établiffement de ces Miffions, les Néophytes furent endoctrinés de maniere à n'avoir que de l'horreur pour le meurtre, les affaffinats & autres crimes femblables. Les châtimens font toujours précédés d'une remontrance de la part du Curé au coupable. Il lui repréfente doucement fa faute, lui en infpire de l'horreur, & le fait tomber d'accord de la juftice du châtiment, le difpofant à le recevoir plutôt comme une correction fraternelle que comme une punition, deforte que par-là le Curé fe met à couvert des effets de la haine & de la vengeance de celui qu'il fait châtier : & bien loin même d'être haïs, ces P. P. font au-contraire fi chéris, fi refpectés de leurs Paroiffiens, que quand même ils les feroient châtier fans raifon, ils croiroient l'avoir mérité, fuppofant par un effet de l'eftime & de la confiance qu'ils ont pour eux, qu'ils ne font jamais rien fans caufe légitime.

Cha-

VOYAGE AU PEROU. Liv I. Ch. XV.

Chaque Peuplade a un Arfenal particulier où l'on renferme toutes les armes tant fufils qu'épées & bayonnettes, dont on arme les Milices, quand le cas arrive de fe mettre en campagne, foit contre les *Portugais*, foit contre les *Indiens* infidéles du voifinage; & pour fe mettre au fait du maniement des armes, ils font l'exercice tous les foirs des jours de Fête fur les Places des Villages, lesquelles font fuffifamment fpacieufes pour cela. Tous les hommes en état de porter les armes forment diverfes Compagnies dans chaque Village: on choifit pour Officiers ceux d'entre eux qui ont le plus d'intelligence; ils font vétus d'uniformes galonnés d'or ou d'argent, avec la devife de leur Canton. C'eft dans cet équipage qu'ils paroiffent les jours de Fête, & quand ils affiftent aux Exercices Militaires. Le Gouverneur, les Régidors, les Alcaldes ont auffi des habits de Cérémonie differens de ceux qu'ils portent journellement.

Dans chaque Village il y a des Ecoles publiques pour apprendre à lire & à écrire: il y en a pour la Danfe & pour la Mufique, où l'on enfeigne les jeunes-gens, & où l'on fait d'excellens éléves, parce que l'on confulte l'inclination & les talens de chacun d'eux, avant de les pouffer dans quelqu'un de ces Arts. On enfeigne le Latin à plufieurs en qui l'on remarque du génie, & ils s'y rendent fort habiles. Dans la cour de la maifon que le Curé occupe dans chaque Village, il y a divers atteliers, ou boutiques de Peintres, de Sculpteurs, de Doreurs, d'Orfévres, de Serruriers, de Charpentiers, de Tifferans, d'Horlogers, & de toute forte de Profeffions & Métiers néceffaires, où ceux qui les exercent travaillent journellement pour tout le Village, fous la direction des Vicaires ou Secondaires du Curé. Les jeunes-gens fréquentent ces atteliers pour y apprendre les profeffions pour lesquelles ils ont le plus de goût.

Les Eglifes des Villages font grandes & très-bien ornées, & ne le cédent en magnificence à aucune du *Pérou*. Les maifons des *Indiens* font fi bien difpofées, fi commodes, & fi bien fournies d'ornemens & des ameublemens néceffaires, qu'il feroit bien à fouhaiter que dans plufieurs Bourgs de l'*Amérique* celles des *Efpagnols* les égalaffent. La plupart ne font pourtant bâties que de bauge, quelques-unes de briques crues, & quelques autres de pierres; mais toutes font couvertes de tuiles. Tout eft fur un fi bon pied dans ces Villages, qu'il y a jufqu'à une maifon particuliere où l'on fabrique de la poudre à canon, pour qu'on n'en manque jamais quand il eft queftion de prendre les armes, & de faire les feux d'artifice avec lesquels on folemnife les Fêtes de l'Eglife ou autres, dont ils n'omettent pas une de celles qui se solemnisent dans les grandes Villes. A la proclamation des Rois d'*Espagne*, tous les Officiers Civils & Militaires sont habillés de neuf & magnifiquement, conformément au desir qu'ils ont de témoigner leur affection au Monarque qui vient de monter sur le Trône.

Chaque Eglise a sa Chapelle de Musique, composée de Chanteurs & de nombre d'Instrumens de toute espéce. Le Service Divin s'y célébre avec la même pompe & la même dignité que dans les Eglises Cathédrales. La même chose s'observe dans les Processions publiques, & surtout à celle du St. *Sacrement*, où assistent le Gouverneur, les Régidors, les Alcaldes en habits de Cérémonie, & les Milices en Corps de troupes ; le reste du Peuple porte des flambeaux, & tous marchent dans le plus grand ordre & avec beaucoup de respect. Ces Processions sont accompagnées de fort belles danses, bien différentes de celles dont j'ai parlé dans la premiere Partie, à l'Article de *Quito*. Il y a des habits particuliers & fort riches pour ces sortes d'occasions.

Dans chaque Village il y a une Maison de force, où l'on met les femmes de mauvaise vie. Cette Maison est en même-tems une *Béaterie*, où les femmes qui n'ont point de famille se retirent, quand leurs époux sont absens. Pour l'entretien de cette Maison, pour la subsistance des Vieillards, des Orfelins, & de ceux qui sont hors d'état de gagner leur vie, les habitans de chaque Village sont obligés de travailler deux jours de la semaine pour ensemencer & cultiver en commun un espace de terre convenable, ce qui s'appelle *Travail de la Communauté*. Si le produit surpasse les besoins, on applique le surplus à l'ornement des Eglises, & à l'habillement des Vieillards, des Orphelins, & des Impotens, & par-là nul des habitans ne manque du nécessaire. Les Tributs Royaux sont payés ponctuellement, sans rabais ni déchet. Enfin il semble que ces lieux soient le séjour de la félicité, effet de la paix & de l'union des habitans ; & tout cela est dû à la vigilance, & à l'exactitude avec laquelle on observe les sages réglemens établis dans cette nouvelle République.

Les PP. *Jésuites*, Curés de ces Missions, ont soin de faire vendre les marchandises qui se fabriquent dans les Villages, & les denrées que les champs produisent principalement, à cause que les *Indiens Guaranies* sont si portés à l'oisiveté & à la dissipation de leurs effets, que sans l'attention de ces Peres ils s'abandonneroient à la paresse, & se laisseroient manquer de tout. Il n'en est pas de-même des *Chiquitos*. Ils aiment le travail & sont fort bons ménagers. Les Curés des Villages de cette Nation ne sont point

entre-

entretenus par le Roi. Ce font les *Indiens* mêmes qui pourvoyent à leur entretien. Pour cet effet ils cultivent tous enfemble une Plántation remplie de toute forte de Grains & de Fruits pour le Curé, qui fuffit pour fa nourriture ordinaire & même au-delà.

Pour que rien de ce qui eft néceffaire ne manque aux *Indiens*, les Curés ont foin de faire provifion de Ferremens, d'Etoffes, & d'autres marchandifes; & quand ceux-là en ont befoin, ils s'adreffent à eux, & leur donnent en échange de la Cire & autres Fruits du Pays, obfervant de part & d'autre dans ces trocs une bonne-foi inviolable. Les Curés remettent ce qu'ils ont reçu de cette maniere au Supérieur des Miffions, qui n'eft pas le même que celui des *Guaranies*. Ce Supérieur fait vendre tout cela, & du produit on achéte de nouvelles marchandifes pour les befoins des Communautés. De cette maniere on empêche que les *Indiens* ne fortent de leurs Cantons pour fe pourvoir de ces effets; & l'on prévient l'inconvénient qu'en paffant chez d'autres Peuples, ils ne contractent des vices dont ils fe font préfervés.

Le Gouvernement Spirituel de ces Peuplades n'eft pas moins extraordinaire que le Gouvernement Politique. Chaque Village a fon Curé particulier, qui eft affifté d'un autre Prêtre de la même Société, fouvent même de deux, felon que le Village eft plus ou moins peuplé. Ces deux ou trois Prêtres fervis par fix jeunes garçons, qui font l'office de Clercs à l'Eglife, forment une efpéce de petit Collége dans chaque Village, où toutes les heures d'exercice font réglées comme dans les Colléges des grandes Villes. Les plus pénibles fonctions des Curés, font de vifiter en perfonne les Plantations des *Indiens*, pour voir s'ils ne les négligent point; car la pareffe des *Guaranies* eft telle, que fans une continuelle attention de la part des Curés, ils abandonneroient la culture des terres, & ne prendroient pas la moindre peine pour les faire valoir. Le Curé affifte auffi régulierement à la Boucherie publique, où l'on tue des Beftiaux pris parmi ceux que les *Indiens* élévent. On en diftribue la viande par rations, à proportion du nombre de perfonnes dont une famille eft compofée, de maniere que le néceffaire ne manque à perfonne, & qu'en même-tems il ne fe trouve rien de fuperflu. Il vifite auffi les malades, pour voir s'ils font fervis avec charité. Tout cela l'occupe prefque tout le jour, & lui laiffe à peine le tems de concourir aux autres offices fpirituels dont fon Vicaire eft chargé. Celui-ci doit catéchifer dans l'Eglife tous les jours de la femaine, à l'exception des Jeudis & des Samedis; pour inftruire les jeunes garçons & les jeunes filles, dont il y a un si grand nombre qu'on en compte plus de deux mille de l'un & de l'autre sexe dans chaque Village. Le Dimanche tous les habitans se rendent au Catéchisme. Enfin il faut aller confesser les malades, leur porter le Viatique, & faire toutes les autres fonctions dont un Curé ne peut se dispenser.

A la rigueur ces Curés devroient être nommés par le Gouverneur comme Vice-Patrons de ces Eglises, ensuite admis par l'Evêque aux Fonctions Curiales: mais comme parmi les trois sujets qui devroient être présentés au Vice-Patron à chaque nomination, il s'en trouveroit toujours un plus propre que les autres, & que personne ne connoît mieux le mérite des sujets que les Provinciaux de l'Ordre, les Gouverneurs, & les Evêques, ont bien voulu leur céder leurs droits, de maniere que c'est le Provincial qui nomme, & qui pourvoit les Curés selon son gré.

Les Missions des *Guaranies* ont un Supérieur-Général, qui nomme les Secondaires de tous les autres Villages. Il fait sa résidence dans le Bourg de la *Candelaria*, qui est au centre de toutes les Missions; de-là il va visiter les autres Peuplades pour voir ce qui s'y passe, & envoyer en mêmetems des Missionnaires chez les *Indiens* Gentils, pour les attirer & gagner leur confiance. Il est soulagé dans ses fonctions par deux Vice-Supérieurs, qui résident l'un près de la *Parana* & l'autre près de l'*Uruguay*, de maniere que toutes ces Doctrines forment un Collége fort étendu & dispersé, dont le Supérieur est Recteur, & chaque Village une famille bien chérie, & soignée par son Pere spirituel, qui est le Curé.

Le Roi donne la portion congrue aux Curés des Missions *Guaranies*, laquelle monte à 300 piastres par an, y compris le salaire de son Adjoint ou Secondaire. Cette somme est remise à la disposition du Supérieur, & celui-ci fournit tous les mois à chaque Curé, ce qui est nécessaire pour leur nourriture & leur vestiaire; & toutes les fois qu'ils ont besoin de quelque chose de plus que l'ordinaire, ils s'adressent à lui, & il le leur fournit exactement.

Les Missions des *Indiens Chiquitos* ont un Supérieur à part, comme nous l'avons déjà dit, dont les fonctions ne different pas de celles du précédent; mais ces Peuples étant plus laborieux que les *Guaranies*, les Curés n'y sont pas si occupés à les exciter au travail.

Tous ces *Indiens* sont sujets à des maladies contagieuses telles que la petite vérole, des fiévres malignes, & autres auxquelles ils donnent vulgairement le nom de peste, à cause des ravages qu'elles font; c'est ce qui

fait

fait que ces Peuplades ne multiplient pas à proportion du nombre de personnes qu'il y a, du tems qui s'est écoulé depuis leur établissement, du repos & de la tranquillité dont elles jouissent. Quand ces maladies régnent les Curés & leurs Adjoints ont bien de la peine à survenir à ce surcroit de travail, c'est pourquoi aussi on a soin de leur envoyer des Aides.

Les Missionnaires ne souffrent jamais qu'aucun habitant du *Pérou*, de quelque nation qu'il soit, *Espagnol*, ou *Métif*, ou autre, entre dans les Missions qu'ils administrent au *Paraguay*; non pour cacher ce qui s'y passe, ni par crainte que l'on partage avec eux le commerce des denrées qu'on y recueille, ni pour aucune des raisons avancées gratuitement par des personnes envieuses; mais pour que les *Indiens* qui ne font que de sortir de leur barbarie, & d'entrer dans les voyes de la lumiere, se maintiennent dans cet état d'innocence & de simplicité, ne connoissant d'autres vices que ceux qui sont communs entre eux, & qu'ils ont aujourd'hui en abomination grace aux exhortations & aux conseils de leurs Directeurs. Ces *Indiens* ne connoissent ni l'inobéissance, ni la rancune, ni l'envie, ni les autres passions qui causent tant de maux dans le Monde. Si les Etrangers venoient chez eux, à peine ils y seroient arrivés que leurs mauvais exemples leur apprendroient des choses qu'ils ignorent, & bientôt renonçant à la modestie, & au respect qu'ils ont pour les instructions de leurs Curés, on exposeroit le salut de tant d'âmes qui rendent à Dieu un véritable culte; & l'on priveroit le Souverain d'une infinité de sujets, qui le reconnoissent volontairement pour leur seul Seigneur naturel.

Ces *Indiens* vivent aujourd'hui dans la parfaite croyance que tout ce que le Curé dit est bien, & que tout ce qu'il blâme est mal. Ils perdroient bientôt cette idée, s'ils voyoient des *Chrétiens* moins touchés des vérités de l'Evangile, & dont les actions seroient opposées à leur croyance. Aujourd'hui ils sont persuadés que la vente & les achats doivent se faire de bonne foi, & avec droiture; ils ne connoissent ni les rufes, ni la mauvaise foi. Or il est certain que s'il étoit permis à chacun de venir trafiquer avec eux, la premiere maxime qu'ils apprendroient, seroit qu'il faut toujours acheter à bas prix, & vendre le plus cher qu'on peut; & cette méchanceté en attireroit beaucoup d'autres qui en sont les suites naturelles, & dont il n'y auroit plus moyen de les retirer si une fois ils s'y laissoient entraîner. Je ne prétens point par-là diminuer en aucune façon la bonne réputation des *Espagnols*, ni des autres Nations qui sont à portée de trafiquer avec les Missions du *Paraguay*; mais on conviendra que dans le grand nombre, il y a toujours quelqu'un entaché de quelque vice : un feul homme de cette efpéce fuffit pour infecter tout un Pays ; & qui peut affurer, que fi l'on permettoit aux Etrangers l'entrée libre des Miffions, il n'y viendroit pas parmi le nombre quelqu'un dont les mœurs corromproient celles de ces heureux habitans ? Qui fait même fi ce ne feroit pas le premier qui y viendroit ? C'eft donc avec raifon que les P. P. *Jéfuites* ont toujours refufé & refufent encore d'admettre aucun Etranger dans le Pays. Rien n'eft plus propre à les confirmer dans cette conduite, que les exemples déplorables du dépériffement des Doctrines du *Pérou*.

Quoiqu'il n'y ait pas de Mine d'or ni d'argent dans cette partie du *Paraguay* que les Miffions ont toujours occupée, il y en a dans les terres qui y appartienent, & dans les domaines des Rois d'*Efpagne*, dont les *Portugais* retirent feuls les avantages. Cette Nation a fu s'introduire jufqu'au Lac *Xarayes*, dans le voifinage duquel on découvrit il y a un peu plus de vingt ans quelques Minieres abondantes d'or qu'elle s'eft appropriées fans autre titre que leur convenance, & s'y eft maintenue, les Miniftres d'*Efpagne* n'ayant pas jugé à propos d'employer des remédes violens, pour ne point altérer la paix entre deux Nations fi voifines & fi alliées.

V. *Evêché de l'Audience de* Charcas.

Buénos-Ayres.

La Jurisdiction Eccléfiaftique de l'Evêque de *Buénos-Ayres* s'étend auffi loin que le Gouvernement de ce nom ; lequel s'étend depuis les Côtes maritimes à l'Orient jufqu'au Pays de *Tucuman* à l'Occident, & depuis les Terres *Magellaniques* au Midi jufqu'au *Paraguay* au Nord. Les Terres que le *Rio de la Plata* arrofe font de ce Gouvernement. Elles furent découvertes par *Don Juan Dias de Soliz*, qui étant parti en 1515 d'*Efpagne* avec deux Vaiffeaux arriva fur les bords de ce Fleuve, & prit poffeffion des Pays voifins au nom du Roi d'*Efpagne*. Ce Capitaine ayant été tué par les *Indiens* du Pays à qui il s'étoit trop fié, on envoya en 1526 *Sébaftien Gaboto*, qui entrant dans le Fleuve, découvrit l'Ile, qu'il nomma de *St. Gabriel*; & paffant plus avant il découvrit une autre Riviere qui fe jette dans *Rio de la Plata*, & à laquelle il donna le nom de *San Salvador* : il y fit entrer ces Vaiffeaux, & mettre fes troupes à terre ; puis ayant bâti un Fort où il mit garnifon, il continua à naviguer par la Riviere de *Parana* environ 200 lieues, & découvrit le *Paraguay*. *Gabato* ayant reçu quel-

quelques lingots d'argent des *Indiens* qu'il avoit rencontrés, particuliérement des *Guaranies*, qui les avoient apportés des autres Provinces du *Pérou*, s'imagina qu'ils les avoient tirés des environs du Fleuve; c'est ce qui le porta à donner à ce Fleuve le nom de *Rio de la Plata* *: & ce nom a prévalu sur celui de *Rio de Soliz*, qu'on lui avoit donné en mémoire de celui qui l'avoit découvert. Il n'y a plus qu'une petite Riviere qui est à sept ou huit lieues à l'Occident de la Baye de *Maldonado*, qui ait retenu le nom de *Soliz*.

La Ville Capitale de ce Gouvernement est appellée *Nuestra Sennora de Buénos-Ayres*. Elle fut bâtie en 1535, par *Don Pedro de Mendoza*, qui fut le premier Gouverneur. Les fondemens en furent jettés dans un lieu nommé *Cabo Blanco* sur la côte méridionale de *Rio de la Plata*, & tout près d'une petite Riviere qui coule par-là. La Ville, selon le Pere *Feuillée* est par les 34 deg. 34 min. 38 sec. de Latitude Méridionale. Elle a été appellée *Buénos-Ayres*, parce qu'en effet l'air y est meilleur qu'en aucun autre lieu de cette partie de l'*Amérique*. *Buénos-Ayres* est bâtie sur une plaine un peu élevée au-dessus du plan par où passe la petite Riviere en question. C'est une Ville assez grande, puisqu'on y compte jusqu'à trois mille maisons habitées par des *Espagnols*, & gens de race mêlée. Sa figure est longue & étroite; les rues droites, & médiocrement larges; la grande Place est fort spacieuse, aboutissant à la petite Riviere, vis-à-vis de laquelle est un Fort où le Gouverneur fait sa résidence ordinaire: la Garnison de ce Fort, & des autres qui défendent la Ville, est de 1000 hommes de Troupes réglées. Les maisons n'étoient autrefois que de bauge, couvertes de paille, & fort basses: aujourd'hui elles sont de chaux & de brique, & presque toutes sont couvertes de tuiles, & d'un étage sans le rez-de-chaussée.

L'Eglise Cathédrale est bien bâtie. C'est la Paroisse de la plupart des habitans; car quoiqu'il y en ait une autre à l'extrémité de la Ville, elle n'est guere que pour les *Indiens*. Le Chapitre est composé de l'Evêque, d'un Doyen, d'un Archidiacre, & de deux Canonicats, dont l'un s'obtient par opposition, & l'autre par présentation. Outre ces deux Eglises il y a plusieurs Couvens, & une Chapelle Royale dans la Citadelle. Du-reste la Ville est gouvernée sur le même pied que les autres dont nous avons parlé.

Le climat de *Buénos-Ayres* n'est pas différent de celui d'*Espagne*. Les fai-

* *Riviere d'argent.*

faifons y font diftinguées de la même maniere qu'ici. Les orages y font fréquens en Hiver, & en Eté la chaleur y eft tempérée par quelques vents agréables qui fouflent dès les huit ou neuf heures du matin.

La Ville eft environnée de vaftes campagnes toujours vertes, & où rien n'empêche la vue. Leur fertilité procure une fi grande abondance de Viandes, qu'il n'y a pas de Ville au Monde où elles foient'à meilleur marché, ni de meilleur goût: le cuir des Beftiaux eft prefque la feule chofe que l'on paye; toute la viande fe donne pour rien, ou peu s'en faut. Il n'y a pas plus de vingt ans que les Campagnes près de *Buénos-Ayres*, vers l'Occident, le Sud & le Nord, foifonnoient de Bœufs & de Chevaux fauvages, deforte qu'ils ne coutoient que la peine de les prendre; un Cheval fe vendoit un écu, & un Bœuf choifi fur un Troupeau de deux ou trois cens fe vendoit quatre réaux. Quoique ces animaux ne manquent pas aujourd'hui, ils ne font plus en fi grande abondance depuis les tueries que les *Efpagnols* & les *Portugais* en ont fait pour en avoir les cuirs, qui font un des principaux commerces du Pays.

Le Gibier n'y eft pas moins abondant que la Viande de boucherie; & la Riviere fournit de très-bons Poiffons, furtout des *Péges-Reyes*, qui y ont une demi-aune & plus de longueur. Les Fruits d'*Europe* & du Pays viennent très-bien dans ce terroir, & on y en recueille beaucoup. En un mot c'eft le Pays de la bonne chere, & ce qui vaut mieux encore l'air y eft fort falubre.

Buénos-Ayres eft éloignée du Cap *Sainte Marie*, qui eft à l'entrée de *Rio de la Plata* par la Côte du Nord, de 77 lieues; & comme le Fleuve n'a pas affez de fond pour que les grands Vaiffeaux remontent jufqu'à *Buénos-Ayres*, ils mouillent dans une des deux Bayes qu'il y a à cette même Côte. La plus orientale de ces Bayes eft éloignée du Cap *Sainte Marie* de neuf lieues: on la nomme *Baye de Maldonado*, & l'autre eft appellée *Monté Video*, du nom d'une haute Montagne qui n'en eft pas loin, & environ à vingt lieues de ce Cap.

Les Villes de *Santa Fé*, *las Corrientes*, & *Monté Video* appartiennent au Gouvernement de *Buénos-Ayres*. *Monté Video* a été bâtie il n'y a que quelques années: elle eft fituée fur le bord de la Baye dont elle porte le nom. *Santa Fé* eft à 90 lieues au Nord-Ouëft de *Buénos-Ayres*. Elle eft fituée entre *Rio de la Plata* & *Rio Salado*, Riviere qui paffant par les Terres de *Tucuman* fe jette dans celle-là. Cette Ville eft petite, mal bâtie, & a été fouvent ruinée par les *Indiens* infidéles, qui la tiennent en-
co-

core dans des allarmes continuelles. C'est par la voye de cette Ville que se fait le commerce de l'Herbe *Camini*, & de *Palos*, entre le *Paraguay* & *Buénos-Ayres*. La Ville de *las Corrientes* est entre *Rio de la Plata* & la Riviere de *Parana*, à cent lieues de *Santa Fé*. Cette Ville n'est proprement Ville que de nom, tant elle est petite & mal-bâtie. Dans ces deux dernieres il y a un Corrégidor particulier, qui est Lieutenant du Gouverneur; leurs habitans & ceux de la Campagne forment des milices destinées à résister aux *Indiens* dans leurs incursions. Une partie des Villages des Missions du *Paraguay* appartiennent, comme il a été dit, au Diocése de *Buénos-Ayres*; & quant à la Jurisdiction Royale elles sont à-présent toutes dépendantes du Gouvernement de *Buénos-Ayres*, celles qui appartenoient autrefois au Gouvernement du *Paraguay* en ayant été séparées.

Après ce détail des deux Audiences de *Lima* & de *Charcas*, il ne nous reste plus, pour finir tout ce qui concerne la Viceroyauté du *Pérou*, que de parler du Royaume & de l'Audience de *Chili*: mais comme il me semble que ce sujet mérite d'être traité un peu au long, j'ai cru devoir le réserver pour le Livre suivant. Je serai plus court que dans les précédens articles, qui étoient en effet d'une tout autre importance; car par ce que j'ai dit dans la Premiere Partie de la Province de *Quito*, on peut juger de la différence des deux Provinces dont je vais traiter, d'avec celles que je viens de décrire. En effet, la Province de *Quito* n'a qu'un seul Evêché, & celle de *Lima* a un Archevêché & quatre Evêchés, & celle de *Charcas* un Evêché plus que celle de *Lima*. La Province de *Quito* n'a que très-peu de Mines, encore sont-elles négligées; au-lieu que les Provinces de *Lima* & de *los Charcas* abondent en Minieres actuellement exploitées avec des profits immenses; ce qui y attire beaucoup de monde, rend le Pays plus peuplé, plus opulent, & y occasionne un plus grand commerce. Cependant le nombre des habitans de ces Provinces n'est point proportionné à l'étendue du Pays qu'ils occupent, desorte qu'on a raison de dire qu'il y a beaucoup de déserts; & il n'importe qu'un Corrégiment contienne vingt Villages, si ses terres s'étendent à trente lieues & au-delà, & à quinze là où il a le moins d'étendue; puisque si l'on forme un quarré long de toutes ces proportions, il contiendra quatre-cens-cinquante lieues quarrées de Pays, & dans cette supposition il se trouvera que chaque Village aura un terroir de vingt-deux lieues & demie quarrées. Ce calcul est pris sur les moindres distances, car nous avons vu des Corrégimens beaucoup plus étendus, & d'autres qui sans l'être moins, n'ont pas même vingt Villages.

A l'égard de ce que j'ai dit des Productions & des Fabriques de chaque Corrégiment, on comprend que je n'en ai parlé qu'en général, & qu'outre cela il y a des choses particulieres qui croissent ou se fabriquent dans un Village, qui ne sont pas communes aux autres. Cela soit dit en passant, pour servir de régle au Lecteur qui veut se former une juste idée de ces Pays, qui sont dignes de toute attention, non seulement par leurs richesses, leur fertilité, leur immense étendue; mais par diverses autres considérations, qui ont du rapport à la Religion, & à la grandeur de la Monarchie, vu que ces Pays ont toujours été les plus fidéles à la Couronne. Quoi de plus glorieux pour nos Rois que d'avoir établi la vraie Religion, le Culte de Dieu, & l'Obéissance au Pontife Romain dans ces Contrées, & retiré tant d'âmes des ténébres de l'Idolâtrie?

FIN DU TOME PREMIER.

www.ingramcontent.com/pod-product-compliance
Lightning Source LLC
Chambersburg PA
CBHW050315240426
43673CB00042B/1415